稠油高效开发技术新进展

孙焕泉　李兆敏　杨　勇　刘慧卿　曹绪龙　伦增珉◎编

中国石化出版社

·北京·

图书在版编目（CIP）数据

稠油高效开发技术新进展／孙焕泉等编 . — 北京：
中国石化出版社，2023.11
ISBN 978-7-5114-7281-6

Ⅰ．①稠… Ⅱ．①孙… Ⅲ．①稠油开采-研究 Ⅳ．
①TE345

中国国家版本馆 CIP 数据核字（2023）第 211821 号

中国石化出版社出版发行

地址：北京市东城区安定门外大街 58 号
邮编：100011 电话：(010) 57512446
发行部电话：(010) 57512575
http://www.sinopec-press.com
E-mail：press@sinopec.com
北京艾普海德印刷有限公司印刷
全国各地新华书店经销

*

889 毫米×1194 毫米 16 开本 52.25 印张 1321 千字
2023 年 11 月第 1 版　2023 年 11 月第 1 次印刷
定价：388.00 元

前 言

　　为了推动我国稠油高效开发理论发展与技术创新，总结和交流稠油开发领域的科研成果、现场工程工艺和管理经验，加强稠油高效开发新技术、新产品的推广应用，梳理稠油高效开发技术面临的挑战，国家自然科学基金企业创新发展联合基金"难采稠油多元热复合高效开发机理与关键技术基础研究"项目团队联合中国石油学会石油工程专业委员会，努力克服新冠疫情影响，于 2022 年 11 月在北京召开稠油高效开发技术国际学术论坛。本次会议距上一次稠油国际会议已经过去了十多年，在行业内产生了较大影响和良好效果。

　　本次会议得到了国内外稠油开发领域广大科研人员、工程技术人员、院校师生的积极响应和热情参与，共优选论文 122 篇，内容涵盖了稠油开发油藏地质与基础理论研究、油田化学与工程工艺研究、地面工程与经济管理研究及新理论新技术等，全面反映了近年来稠油开发技术的进展。会后众多科技人员表达了希望会议论文结集出版的强烈愿望。项目组站在行业全局高度，邀请行业专家重新对每篇论文进行了认真审阅，请论文作者进行了认真修改完善。经过修改后的论文，对近年来国内外稠油开发领域攻关重点成果和现场应用典型案例进行总结，能够从稠油开发领域的高度阐述和分析问题，可对从事稠油开发技术领域的科研人员、工程技术人员及院校师生提供参考和借鉴。

本次论文结集出版得到了中国石化、中国石油、中国海油和中国石油大学(北京)、中国石油大学(华东)的鼎力支持，在此一并致以衷心的感谢！

本书编委会

Contents 目 录

渤海稠油油藏调整井
实施界限及生产特征研究

岳宝林　刘　斌　冯海潮　陈存良　赵健男

【中海石油(中国)有限公司天津分公司】

摘　要：调整井是海上油田开发过程中调整挖潜的重要措施，但伴随着油田的深入调整和含水的上升，调整井的实施效果逐年变差。通过深入跟踪渤海矿区典型稠油油藏调整井增油幅度变化规律，应用水驱曲线实现了不同阶段下的调整井增油量计算，在此基础上，选择了油田地层流体黏度分别为 260mPa·s、132mPa·s、52mPa·s 的渤海 3 个典型油田，以油田含水表征开发阶段、以井控储量表征调整程度，计算了不同开发阶段、不同调整程度下的调整井可采储量，反算了调整井增油量为 $3×10^4m^3$、$4×10^4m^3$、$5×10^4m^3$、$6×10^4m^3$ 下的油田含水、井控储量要求。并研究不同黏度油藏开发过程中的动态特征，随着含水的上升，稠油单井产液量能达到初期产液量的 2.5~6.5 倍，从而影响到平台液处理能力及措施方向。以图版、表格的形式量化研究成果，可为油田开发调整方案的制定提供依据。

关键词：不同黏度油田；调整井；含水阶段；调整程度；实施界限

海上油田开发由于受到平台使用年限的限制，一般采用稀井网大井距、较高采油速度的开采方式，使得油藏开发过程中逐步暴露出平面和层间上储量运用差异大、综合含水上升快、单井控制储量过高的问题[1]。因此，自"十一五"开始，渤海矿区各油田开始实施大规模的综合调整。调整井一方面提高了薄差及表外储层的水驱控制程度，改善了油层对井网的适应性，新井直接增加了可采储量，另一方面完善了井网的注采系统，使老井可采储量有所增加。近 10 年渤海矿区实施调整井 1237 口，平均井控储量由 $130×10^4m^3$/口降到 $79×10^4m^3$/口，实现平均年增油 $127×10^4m^3$，调整井已成为渤海油田增产挖潜最重要的手段。但是，伴随着油田含水的不断上升、调整潜力的不断深入，调整井的增油量逐年下降[2]，尤其在油价低迷时，许多调整井的增油量已经接近经济界限。有必要对渤海矿区油田开展调整力增油幅度规律研究，以指导下步挖潜的方向并量化开发调整的潜力，为油田开发调整方案的制定提供依据。

1　调整井增油幅度计算方法实例

调整井投产后一方面本身提高油田可采储量，另一方面缩小开发井距、增加水驱控制程度及储量有效动用程度，改善井网控制下的渗流场。反映到油田开发特征上，总体开发效果得到改善[3]。

以渤海某 32-6 油田为例，2001~2002 年投产基础井网井数 156 口；2003~2011 年实施局部调整，共实施调整井 52 口；2012~2019 年实施整体调整，共实施调整井 169 口，见图 1。以 2003 年、2012 年为时间节点，油田开发分 3 个阶段：基础井网、局部调整后井网、整体调整后井网。3 个阶段分别完

作者简介：岳宝林，1986 年生，男，硕士研究生，工程师，主要从事油气田开发方向。E-mail：yuebl@cnooc.com.cn

成动态数据丙型水驱曲线(累产液-液油比)统计,见图2,根据丙型水驱曲线特征,斜率越小,可采储量越大,开发效果越好,伴随着调整井的实施,不同阶段水驱曲线斜率逐渐变大,水驱效果得到改善。应用丙型水驱曲线非常完成各阶段可采储量的计算。基础井网预测可采储量为 N_R,实施完局部调整后(井数 n_1)油田可采储量为 N_{R1},实施完整体调整后(井数 n_2)油田可采储量为 N_{R2},那么,第一批调整井单井增油量 $(N_{R1}-N_R)/n_1$,第二批调整井单井整油量 $(N_{R2}-N_{R1})/n_2$。调整后,井控从 $125×10^4m^3$ 降到 $54×10^4m^3$,油田可采储量从 $2752×10^4m^3$ 增加至 $4129×10^4m^3$,调整井单井增油量幅度从 $17×10^4m^3$ 降至 $5×10^4m^3$,调整井增油效果呈现不断降低的趋势,见表1。

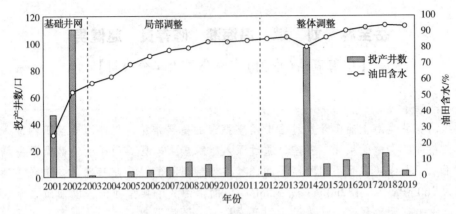

图1 某32-6油田调整井投产井数

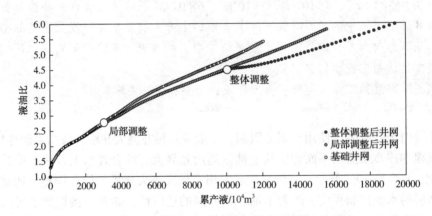

图2 某32-6油田分阶段丙氏曲线

表1 某32-6油田分阶段调整井增油量统计表

阶　段	油田含水/%	投产井数/口	井控储量/10^4m^3	油田可采储量/10^4m^3	调整井单井增油量/10^4m^3
基础井网	0~52	156	125.06	2752.59	17.64
局部调整后井网	53~85	208	93.79	3254.86	9.66
整体调整后井网	86~94	377	54.38	4129.52	5.18

2　渤海典型油田调整井实施界限研究

由调整井增油幅度计算实例中发现,调整井效果逐渐变差,变差的原因:一是伴随着油田开发的进行,含水上升、剩余油减少,整体油田的可采储量不断降低的情况下,调整井的可采储量必然也是下降的;二是伴随着调整井的不断实施,井网不断加密,在井控储量不断降低的情况下,单井调整井可动用储量、可采储量下降。因此,影响油田的调整潜力因素主要有两方面:油田的开发程度和油田的调整程度。为量化影响因素,油田的开发程度选择油田含水表征,油田的调整程度选择单井井控储量表征[4-5],在此基础上进行调整井增油量研究。

为证明方法的适用性，选择渤海 3 个典型主力油田 32-6 油田、36-1 油田、10-1 油田。3 个油田地层流体黏度分别为 260mPa·s、132mPa·s、12mPa·s，基本涵盖了渤海水驱油藏流体范围，便于方法的适用性分析；储量规律大，目前投产油水井分别达到了 377 口、488 口、80 口，调整井轮次多，井控储量变化幅度大，便于井控储量因素的研究；含水分别达到了 94%、85%、93%，均基本进入特高含水期，开发进程基本涵盖了全开发阶段，便于含水因素的分析。

如表 1 所示，应用不同阶段井网下的丙氏水驱曲线可以实现各油田含水、井控储量与调整井单井增油量的数据计算[6]。海上油田一般经历二阶段调整：局部调整阶段与整体调整阶段，每个阶段又进行多轮次的调整井实施，为研究调整井增油量规律，以 3 年为一间隔，计算各时间节点下含水、井控储量与调整井单井增油量，见图 3、图 4。含水率<60%，井控储量>80×10⁴m³，调整井可采储量较高，伴随着油田含水率的上升、井控储量的下降，调整井单井可采储量逐渐降低。为实现整体阶段规律的研究，除了统计数据外，引入边界条件，含水 98% 时，此时油田开发已到达极限含水，调整井可采储量为 0；伴随着无穷加密，至井控储量无限接近 0 时，调整井可采储量无限接近 0。最终实现调整井增油量与油田含水、井控储量的关系曲线。

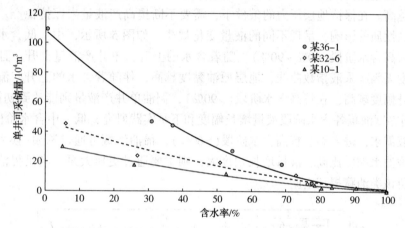

图 3　油田含水率与调整井单井可采储量关系

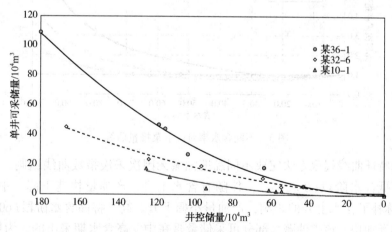

图 4　井控储量与调整井单井可采储量关系

海上油田开发成本高，开发难度大，加密调整要考虑调整井的经济效益，对比开发投资，调整井收入估算是通过变卖该井所产原油为基础进行计算的，即调整井的单井增油量是决定是否实施的重要参照指标[7]。伴随着油价变化和不同油田操作费用的差异，不同油田调整井实施增油量界限不同，基本分布于 (3~6)×10⁴m³ 之间，表 2 中的 3 个典型油藏基本涵盖了不同流体性质的渤海矿区水驱油藏，应用调整井单井增油量与油田含水、井控储量的关系，分别实现增油量为 3×10⁴m³、4×10⁴m³、5×10⁴m³、6×10⁴m³ 下的油田含水、井控储量要求。

表2　渤海典型油藏调整井实施界限

油　田	层　位	油藏埋深/m	有效厚度/m	渗透率/10⁻³μm²	地层黏度/mPa·s	调整井单井增油量							
						>6×10⁴m³		>5×10⁴m³		>4×10⁴m³		>3×10⁴m³	
						含水/%	井控储量/×10⁴m³	含水/%	井控储量/×10⁴m³	含水/%	井控储量/×10⁴m³	含水/%	井控储量/×10⁴m³
某10-1	东营组	1435	41	2454	52	<81	>44	<83	>40	<86	>35	<89	>30
某36-1	东营组	1489	27	1200	132	<80	>50	<84	>44	<88	>37	<92	>30
某32-6	馆陶组	1300	26	3065	261	<69	>87	<74	>81	<79	>75	<84	>69

3　开发特征

应用单井平均特征曲线提取方法完成不同黏度油藏无因次采液指数曲线编制，渤海矿区绝大多数水驱开发主力油田已进入高采出、高含水的"双高期"阶段。伴随着油田开发过程中含水率的升高，油田稳产难度越来越高。在保持地层压力的条件下，需要不断提高产液量来保持稳产。不同油田受到不同地质条件、油品性质的影响，呈现不同的液量变化规律。如图5所示，中、低含水阶段，单井产液量基本平稳，进入高含水阶段（60%~90%），随着含水的上升，单井产液量上升，且上升幅度逐渐加快，对比不同黏度无因次采液指数曲线，地层原油黏度越高，伴随着含水的上升，流动改善效果越明显，采液指数上升幅度越高，在特高含水阶段（>90%），稠油单井产液量则能达到初期产液量的4.5~6.5倍。结合不同黏度油藏各含水阶段液量增长幅度和下泵实践研究，低、中含水阶段（<60%）依据提频操作可满足提液需求，进入高、特高含水阶段（>60%），稀油油藏可通过调频+换大泵的方式满足提液需求；稠油油藏油水黏度比高，液量增长幅度大，则主要通过更换大泵，满足提液需求，平台液处理能力设计要预留该类油藏提液空间。

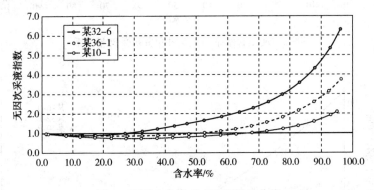

图5　不同含水率对应下泵排量曲线

应用单井平均特征曲线提取方法完成不同黏度油藏无因次采液指数曲线编制，见图6。稠油油藏开发水突进严重，低含水阶段（0~20%），伴随着含水上升，产油量快速下降。中含水阶段（20%~60%），提液幅度弥补了含水上升的影响，产油量小幅上升。高、特高含水阶段（60%~90%、>90%）产油量下降幅度逐渐加快，该类油藏大部分可采储量是在中、高含水期采出的，为保持油田的相对稳产，对该类油藏后期提液提出了更高要求，开发过程中应结合检泵、变频等方案逐步提高液量，可有效缓解油田递减。

4　结论

（1）伴随着油田含水的上升、调整的不断深入，调整井增油量逐渐减少，应用水驱曲线阶段性评价油田水驱效果，可计算各阶段下的调整井单井增油量。

（2）油田的开发程度选择油田含水表征，油田的调整程度选择井控储量表征，在此基础上选择渤

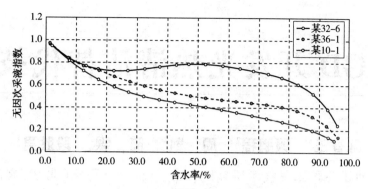

图 6 不同黏度油藏无因次采油指数曲线

海 3 个典型油田进行调整井增油量研究，完成了不同增油量需求下的油田含水、井控储量要求。

（3）油价低迷时，调整井的增油量已经接近经济界限，应用该研究成果可量化油田调整潜力以指导下步产量挖潜，为油田调整开发方案的制定提供依据。

参考文献

［1］张伟，耿站立，焦婷，等．海上油田调整井新增可采储量预测方法对比［J］．当代化工，2017，46（2）：277-279.

［2］洪楚侨，钟家峻，王雯娟，等．断块油田井控储量与水驱采收率关系研究［J］．科学技术与工程，2017，17（16）：177-181.

［3］鲁瑞彬，胡琳，汤明光，等．南海西部油田调整井产量规划预测新方法［J］．石油化工应用，2016，35（8）：10-15.

［4］钟家峻，洪楚侨，陈平，等．海上断块油极限井控储量研究［J］．特种油气藏，2015，22（4）：133-136.

［5］陈元千，孙兵．确定油井经济极限产量和极限井控面积的简易方法［J］．断块油气田，2010，17（1）：55-56.

［6］高文君，殷瑞，杨静．新型水驱特征曲线的建立及理论基础［J］．石油学报，2020，41（3）：343-348.

［7］张金庆，安桂荣，耿站立，等．中国近海陆相典型沉积类型油田水驱高效开发模式探讨［J］．中国海上油气，2017，29（2）：70-77.

稠油 SAGD 开发光热清洁替代技术研究

陈香玉[1] **顾鹏程**[2] **周 凯**[1] **简 霖**[1] **段胜男**[1]

【1. 新疆油田公司工程技术研究院；2. 中新碳合科技(北京)有限公司】

摘 要： 稠油注蒸汽热采是开发稠油的有效技术，通过注汽锅炉燃烧天然气或者煤炭生产高温高压蒸汽，烧"气"换"油"，使得稠油生产能耗高、碳排放强度大。本文结合新疆油田公司稠油 SAGD 采油的生产用能特点，在分析当地光资源基础上，比选太阳能聚光集热技术路线，优化光热制蒸汽方案。通过光热制蒸汽系统与注汽锅炉的耦合运行，为稠油作业区提供低碳清洁的蒸汽，探索"双碳"目标下稠油清洁低碳开采提出新思路，对稠油可持续开发具有重要指导意义。

关键词： SAGD；蒸汽腔；高温光热制蒸汽；DSG；光热转换效率

准噶尔盆地是大型盆地之一，周边为褶皱山系环绕，盆地面积约 $13 \times 10^4 km^2$，沉积岩厚度达 $1.4 \times 10^4 m$，盆地内蕴藏着丰富的石油和天然气资源，其中盆地西北缘是浅层稠油富集带。西北缘稠油是优质的环烷基原油，是国防军工和重大工程建设的战略性原材料，被誉为石油中的"稀土"。

盆地西北缘稠油具有埋深浅、溶解气量小、天然驱动能量弱，黏度特别高等特性。稠油密度在 $0.900 \sim 0.986 g/cm^3$ 之间，黏度范围 $1000 \sim 50000 mPa \cdot s(20℃)$，密度与黏度两者之间有良好的相关性，稠油黏度随温度升高下降很快。开采稠油时需要向油藏注入高温高压蒸汽，利用蒸汽汽化潜热，加热稠油使其黏度下降，增加其流动性，达到开采和提高采收率的目的。稠油注蒸汽采油目前有蒸汽吞吐、蒸汽驱和蒸汽辅助重力泄油(SAGD)三种方式。

1991 年，新疆油田公司对特、超稠油开始投入开采试验，相继采取竖直井蒸汽吞吐、竖直井-水平井间接汽驱、水平井蒸汽吞吐等方式开采，取得一定效果。2008 年，风城作业区开始采用 SAGD 技术并获得成功，并逐步将 SAGD 技术推广应用到西北缘其他浅层稠油作业区，成为西北缘稠油的主要开采方式。

2021 年，新疆油田公司产能结构中稠油占比约33%，生产能耗量占比约80%，其中注汽系统占稠油生产能耗约78%，主要消耗天然气，碳排放高。在"双碳"目标下，非常有必要对稠油热采燃用的天然气开展可再生能源清洁替代，以降低化石能源能耗和碳排放量，提升低碳生产水平[1]。

1 SAGD 开采工艺及用能特点

SAGD 开采通常采用双水平井结构，在油层底部钻两口平行的水平井，上水平井注汽，下水平井采油。注入蒸汽中饱和蒸汽向上超覆，被加热的原油以及蒸汽凝积水靠重力作用泄到下面生产井下与饱和水一同采出。原油产出的孔隙体积由蒸汽占据，形成蒸汽腔，随着蒸汽腔扩展产量不断发生变化。SAGD 技术开采稠油原理参见图 1。

具有如下主要特点：

(1) 主要利用蒸汽汽化潜热加热油藏。稳产后在地下形成巨大的汽腔相当于一个大型的储热罐，这阶段对注入油井的蒸汽压力、温度和流量波动敏感度较低。

作者简介：陈香玉，新疆油田工程技术研究院(监理公司)，中级工程师。E-mail：chenxiangyu1@ petrochina. com. cn

（2）重力作为驱动原油的主要动力，加热后的原油直接流入生产井，通过重力作用利用水平井生产获得相当高采油速度。

（3）采收率高，能达到 50% 以上。

与蒸汽吞吐、蒸汽驱热采方式不同，在 SAGD 开发过程中，加热油藏主要依靠湿饱和蒸汽中汽相的汽化潜热，其热量以传导为主、对流为辅，施加给原油，饱和水的热焓不能利用。为获得更高的气化潜热，需要提高

图 1　SAGD 开采原理

注入蒸汽干度或采用过热蒸汽。SAGD 生产作业区大多采用过热蒸汽锅炉供能，考虑到蒸汽在管道输送过程中存在温降损失，锅炉出口蒸汽要具备有一定过热度。

新疆油田某 SAGD 井区正处于 SAGD 开发的汽腔横向扩展阶段，地下汽腔容积达到数十万立方米，其中两对井蒸汽腔已经连通，地下发育形成的蒸汽腔具有良好储热条件。当前注汽井口压力 2.5~2.8MPa，井口为微过热蒸汽，单井平均注汽量 5~6t/h。同时基于生产数据分析，SAGD 开发允许注入蒸汽有一定波动性。

综上所述，SAGD 采油工艺特点决定了需要向油藏注入高品质的过热蒸汽，且随着地下汽腔的形成，提升了 SAGD 开发对变量/间歇注汽的适应能力，有利于与新能源供能的结合。

2　太阳能聚光集热技术

太阳能聚光集热技术已经广泛应用于光热发电行业，其原理是通过反射镜把太阳光反射并聚集到接收器，接收器聚集太阳能并将其转换为热能，利用热能生产的高温高压蒸汽，推动汽轮机进而驱动发电机发电。截至 2021 年底，我国光热发电累计装机容量达到 538MW[2]。

光热发电工艺系统可分为聚光集热、储热、换热以及后端的蒸汽发电系统。太阳能聚光集热技术可分为槽式、线性菲涅尔式（以下简称线菲）、塔式和碟式四种集热方式（图 2）。目前，在我国已建成的光热发电项目中，塔式技术路线占比最高达到 60%，槽式技术占比约 28%，线性菲涅尔技术约占12%。作为成熟技术，槽式、线菲和塔式光热技术各具特点，适用于光热发电以及中高温蒸汽供热场景。具体特点参见表 1。

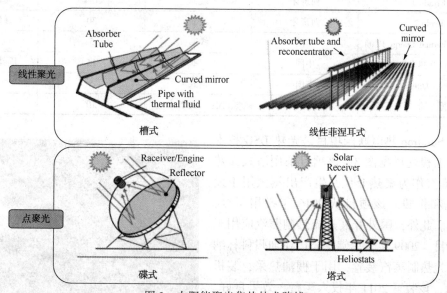

图 2　太阳能聚光集热技术路线

光热发电项目中集热工质多为熔融盐和导热油，处理后的水工质也可作为集热介质，通过吸热器直接生产蒸汽（简称 DSG），可用于发电、海水淡化、供暖、工业制蒸汽等应用场景。国内外采用 DSG 技术的部分商业项目见表 2。

表1　不同聚光集热技术的特点

项　目	槽　式	塔　式	线　菲	碟　式
聚光比	30~100	200~3000	35~150	1000~4000
工质	导热油/水	熔盐/导热油/水/空气	熔盐/导热油/水	空气/氮气
工作温度/℃	300~400	300~1000	260~400	500~1200
储能	低参数储热(约390℃)，储罐容积较大	高参数储热(约560℃)，储罐容积较小	低参数储热(约390℃)，储罐容积较大	无
适合单体电站功率/MW	10~200	10~200	10~100	0.01~1
环境条件要求	对场平要求高	对场平要求低	对场平要求高	对场平要求低
优点	最早商业化，占地相对较小，可混合发电	光热转化效率高，已成为光热主流技术，可混合发电，可高温储热	支架强度要求低，反射镜面精度要求低，可减少建设成本	最高的光热转化效率，可模块化，可混合发电
缺点	光热转换效率较低，抗风性能较差	技术壁垒较高，控制系统复杂	光热转换效率较低，系统复杂，运维要求高	造价高，无与之匹配的商业化热机，不适合供热，可靠性偏低

表2　采用DSG技术的部分商业项目

项目名称	国　家	集热系统类型	容量/MW	储　热
Coalinga	美国	小定日镜塔式	29	无
SunDrop	澳大利亚	小定日镜塔式	36.6	无
Sierra Sun Tower	美国	小定日镜塔式	5	无
ACME Bikaner	印度	小定日镜塔式	2.5	无
PS10 Solar Power Tower	西班牙	塔式	11	蒸汽
PS20 Solar Power Tower	西班牙	塔式	20	蒸汽
Ivanpah	美国	塔式	400	无
Mirrah	阿曼	封闭槽	7	无
Puerto Errado 1	西班牙	线菲	1.4	单罐跃层储热
Puerto Errdo 2	西班牙	线菲	30	单罐跃层储热
Kimberlina Solar Thermal Energy Plant	美国	线菲	5	无
兆阳张家口光热发电	中国	线菲	15	固体混凝土储热
Thai Solar One	泰国	槽式	5	无
中控德令哈	中国	小定日镜塔式	10	无

　　澳大利亚Sundrop热电联产项目是光热DSG技术的典型代表，工程现场见图3。该项目采用塔式光热技术，以水/蒸汽作为集热介质，生产出蒸汽用于发电、海水淡化和供暖。该项目从2016年投用至今，运行效果良好。此外，国外开展过光热制蒸汽应用于稠油热采的项目。2009年，雪佛龙公司在加州科林纳开始建设塔式光热制蒸汽装置，用于稠油热采，装机规模为29MWt，该装置2011年投入运行，效果良好。阿曼石油开发署在2013年建设Miraah光热制蒸汽项目，是中东首个太阳能应用于稠油热采项目，装机容量7MWt，采用封闭式槽式光热系统。

图3　Sundrop光热项目

光热制蒸汽应用于稠油热采，在技术、工艺方面是成熟的，制约条件主要是项目的经济性。影响光热制蒸汽经济性的主要因素包括光资源(太阳能法向直接辐射 DNI)、光热转化效率、项目规模与投资。

3 光资源分析

结合 SolarGIS 长期太阳辐射量数据和周边测量站的实测数据，对上述 SAGD 井区光资源进行综合分析和评估。该区域多年平均直接辐射量为 1360kW·h/m^2，其中最大年 1501kW·h/m^2，最小年 1224kW·h/m^2，二者差值为 277kW·h/m^2。区域内太阳能资源总量丰富，水平面总辐照量 1445kW·h/m^2，但稳定度欠佳，为 0.25。太阳能资源数据见图 4，等级分析见表 3。

时间	Jan	Feb	Mar	Apr	May	Jun	Jul	Aug	Sep	Oct	Nov	Dec	Year	
1999	100	91	152	140	146	139	144	144	108	98	70	75	1407	1999
2000	10	96	152	164	140	133	149	136	139	87	53	7	1264	2000
2001	14	66	186	122	226	148	127	150	116	83	75	52	1364	2001
2002	36	56	112	100	160	117	141	137	161	98	72	33	1224	2002
2003	50	14	110	141	141	142	143	186	157	139	93	68	1383	2003
2004	68	63	110	111	170	184	169	166	161	134	48	20	1403	2004
2005	7	33	114	155	145	167	144	132	160	132	61	63	1312	2005
2006	92	69	131	131	186	167	158	171	149	101	67	7	1430	2006
2007	30	51	157	126	146	158	124	156	152	116	87	37	1339	2007
2008	55	115	133	129	180	161	180	154	106	126	84	79	1501	2008
2009	9	96	140	97	179	161	149	156	122	125	40	57	1330	2009
2010	26	81	130	152	171	169	129	155	142	117	85	75	1434	2010
2011	35	64	175	100	158	113	195	131	161	103	33	48	1315	2011
2012	80	78	110	165	192	131	117	172	135	120	87	32	1419	2012
2013	45	81	105	121	163	129	129	138	148	109	85	22	1276	2013
2014	15	27	125	123	188	181	144	177	152	102	71	58	1365	2014
2015	54	108	125	135	152	142	184	165	116	100	40	14	1334	2015
2016	13	34	109	156	176	155	141	177	155	77	27	7	1226	2016
2017	63	68	78	128	185	135	179	159	132	104	64	79	1374	2017
2018	44	55	121	138	183	160	162	147	145	109	67	58	1389	2018
2019	43	61	96	141	162	149	171	166	114	131	78	35	1347	2019
2020	40	56	177	159	188	161	151	151	125	128	76	14	1424	2020
2021	22	18	88	190	205	163	152	164	145	128	80	67	1422	2021
2022	34	66	82	—	—	—	—	—	—	—	—	—	—	2022
LTA	41	64	128	136	171	151	151	156	139	112	67	44	1360	

图 4 1999~2022 年太阳能资源数据

表 3 太阳能资源等级分析统计表

序号	指 标	数 值	等 级
1	水平面总辐照量/(kW·h/m^2)	1445	B(很丰富)
2	法向直接辐照量/(kW·h/m^2)	1360	C(丰富)
3	稳定度	0.25	D(欠稳定)

为确保太阳能资源最大化利用，保障运行期各月各时段产蒸汽量的有效预测和评估，对各时段直接太阳辐射的变化规律展开分析，见图 5。

该区域各月平均直接辐射量为 113.3kW·h/m^2，其中 5~9 月平均直接辐射量较好，5 月达到峰值 170.9kW·h/m^2，但地处高纬度地区，冬夏季月累计 *DNI* 差距较大，1 月份直接辐射量最小值仅为 43.6kW·h/m^2。从日照时长分析，12 月和 1 月白天时长最短，约 9 个小时，6 月和 7 月白天时长最长，约 16 个小时。

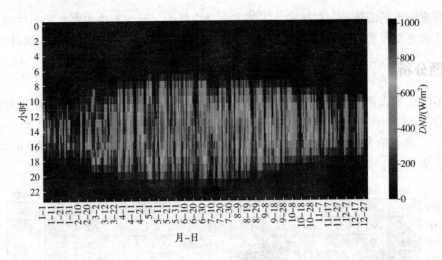

图 5　典型年逐时太阳能辐射变化趋势

4　高温光热制蒸汽方案

新疆油田地处北纬 44.0°~46.2°，属于高纬度地区，降雨少，瞬时风力强，土地整体存在一定坡度。油区单个区块开采时间一般在 10~20 年，而光热制蒸汽系统设计寿命一般为 25 年。因此，需要综合考虑光热转化效率、镜面清洗节水、定日镜抗风性、土地平整度要求以及设施可迁移性等影响因素，因地制宜优选聚光集热技术路线。

提高光学转化效率，在相同集热量下可减少镜场占地面积，从而降低工程投资。针对塔式、槽式以及线菲三种技术，在年集热量相同条件下，开展系统光热转换效率测算，对比结果详见表 4。其中，塔式光热方案相比槽式和线菲技术，光热转换效率较高，主要包括以下原因：

（1）随着纬度增加，光热转换效率呈衰减趋势，但塔式技术相比槽式和线菲，其光热效率下降速率趋缓。

（2）槽式和线菲集热系统采用单轴追日，余弦效应明显，导致槽式聚光集热系统在高纬度地区季节波动性很大。镜场布置方向对集热的均匀性有较大影响，如果镜场南北布置，纬度越高季节均匀性越差；而镜场东西布置时，季节性变化较小，但日集热量均匀性变差。

（3）塔式光热技术聚光比高，采取非圆形镜场布置，增大北侧镜场面积等镜场优化措施，提高了镜场的光学效率和土地利用率。

表 4　不同集热技术的光热转化效率测算

项　目	塔式	槽式	线菲
聚光面积/m²	51504	71377	77959
入射热量/MW·h	70040	97066	106016
年集热量/MW·h	37327	37327	37327
年均光热转换效率/%	53.3	38.5	35.2

塔式集热技术镜场包括大定日和小定日镜，小定日镜在减少清洗水量、承受瞬时大风，土地平整度要求以及系统可迁移性方面具有明显优势。通过比选确定了塔式小定日镜的技术路线。

上述 SAGD 井区有 5 台 20t/h 注汽锅炉，结合稠油 SAGD 井区的现有供能情况，在光热产汽波动对现有注汽锅炉以及蒸汽管网平稳运行不造成影响的前提下，基于井区周边场地资源，以光热制蒸汽经济性最佳为原则，确定光热制蒸汽系统的配置容量为替代 1~2 台注汽锅炉规模。蒸汽参数与油田流化床锅炉出口蒸汽参数保持一致，即 6MPa，305℃ 过热蒸汽。

根据两种不同工艺路线开展高温光热制蒸汽方案设计。

1. 带储热的熔盐工质塔式光热方案

配置 1 套 44MWt·h 塔式熔盐工质太阳能制蒸汽系统，配熔盐储热容量 132MW·h，利用储换热系统与注汽锅炉耦合运行，实现对井区蒸汽的供应与调节。图 6 为该方案的系统工艺流程图。

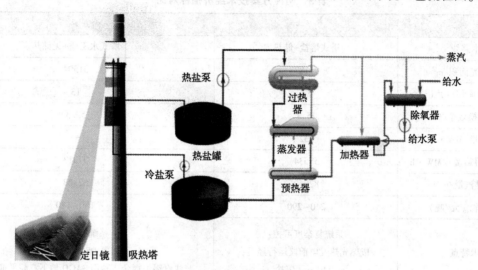

图 6　带储热的系统工艺流程图

具体工艺流程：光热系统启动后，冷盐罐内温度约 180℃ 的冷熔盐通过冷盐泵送至吸热塔上的吸热器管屏内，在吸收定日镜反射的太阳能后，熔盐工质被加热至 380~390℃。一部分热熔盐被送入蒸汽发生器内，将给水加热成过热蒸汽输入蒸汽管网；另外一部分被送入热熔盐罐内储存起来，用于晚上和光照不足时产生蒸汽。

2. 不带储热的水工质塔式光热方案

配置 1 套 26MWt·h 塔式水工质太阳能光热制蒸汽系统，不配地面储热，光热制蒸汽系统与注汽锅炉耦合运行，并利用 SAGD 地下汽腔作为缓冲，实现对井区蒸汽的供应与调节。该方案的系统工艺流程见图 7。

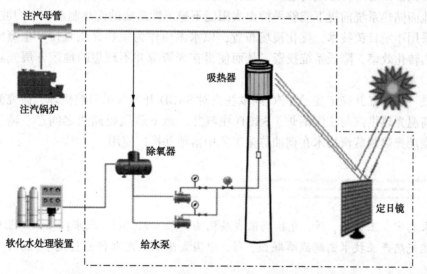

图 7　不带储热的系统工艺流程图

具体工艺流程：处理后的软化水进入除氧器，去除水中溶氧和其他气体后通过给水泵进入吸热器。给水流过蒸发段、锅筒以及过热段，被加热生成过热蒸汽，接入现有注汽母管，通过与现有注汽锅炉耦合运行，为井区提供稳定的蒸汽汽源。

方案二采用水工质作为集热介质，通过一次换热，直接制过热蒸汽，未设置地面储热。太阳能资源变化会造成供汽量波动，但通过与注汽锅炉耦合运行，并利用 SAGD 地下汽腔的缓冲作用，可平抑蒸汽量波动造成的影响。两种方案的具体技术经济指标参见表5。

表5　两种方案技术经济指标对比

指　标	方案一	方案二
技术路线	塔式熔盐+储热	塔式水工质+无储热
镜场采光面积/m²	94187	51504
镜场占地面积/10⁴m²	23	13
光热转换效率/%	45.7	53.3
储热容量/MW·h	132	—
年集热量(得热量)/MW·h	58534	37313
年供汽量/t	82050	52303
蒸汽成本/(元/吨)	240~290	150~180
技术特点	系统复杂度可控； 成熟光热发电前段运行经验； 考虑三元熔盐	系统相对简单； 成熟 DSG 运行经验； 与注汽锅炉耦合、利用 SAGD 地下汽腔平抑蒸汽波动

通过对比可以看出，方案二光热转化效率高，蒸汽成本低，主要因为无地面熔盐储热系统投资、优化镜场面积提高了余弦效率以及使用的水工质吸热器综合效率高于熔盐工质吸热器。因此，方案二更适合该 SAGD 区块注汽锅炉的清洁替代。

5　结论及认识

（1）利用高温光热制蒸汽技术生产无碳高温高压过热蒸汽，是稠油热采低碳绿色可持续开发的可行性技术。

（2）利用 SAGD 开发过程形成的地下汽腔作为蒸汽缓存区，并将光热制蒸汽系统与注汽锅炉耦合运行，在不设地面储热系统前提下能够平抑由太阳能不稳定性造成的光热制蒸汽出力波动。

（3）通过采用小定日镜技术，优化镜场布置，以水工质作为集热介质直接产生蒸汽，能够提升高纬度地区的光热转化效率，降低系统投资，从而使得在光资源并不理想的地区开展光热制蒸汽具备经济性。

（4）需要进一步探索并确定变量注汽/间歇注汽对 SAGD 开发效果影响机理，研究光热制汽系统的可靠性，建立高温光热供汽与注汽锅炉、SAGD 注汽井、地下蒸汽腔储热之间产、输、注、储耦合控制理论模型，推动光热制蒸汽技术在稠油热采工艺中落地并推广应用。

参考文献

[1] 彭顺龙，朱志宏，王嘉淮，等. 克拉玛依浅层稠油热采工艺[M]. 北京：石油工业出版社.

[2] 国家太阳能光热产业技术创新战略联盟，等. 中国太阳能热发电行业蓝皮书(2021).

Exploration on High-quality Development of Xinjiang High Naphthenic Base Heavy Oil Industry Chain

Xinxin Huo　Hasiyeti. Yesibolati　Bin Zheng　Bin Liu　Yiqiong Zheng　Yueli Xi

【Research Institute of Exploration and Development, Xinjiang Oilfield Company】

Abstract: Xinjiang high naphthenic base heavy oil is a high-quality raw material for processing, and its resources are precious and scarce. The purpose of this paper is to adequately develop and take full advantage of this precious resource, and realize the sustainable development and value maximization of the whole upstream and downstream industry chain. Firstly, it analyzes the current situation of upstream exploration and development and downstream refining and chemical sales. Furthermore, it studies the effects of international oil prices, costs, output, and tax policies on the benefits of upstream and downstream. Finally, it provides targeted methods and suggestions for the coordinated development of the whole industry chain as follows. The first is to provide a floating discount mechanism to coordinate the coordinated development of upstream and downstream and share the results. The second is to reduce the complete cost of products in the whole industry chain through reasonable control of output scale, preferential tax and fee policies. The third is to overcome key technologies such as green and low-carbon technology, and innovate to promote the value of end products.

Keywords: Naphthenic Base Heavy Oil; Industry Chain; Floating Discount; Benefit Adjustment; Pricing Mechanism

1　Introduction

The distribution of global naphthenic base crude oil resource is uneven and extremely scarce, its reserves account for only 2.2% of the world's proven reserves and only a few countries have relevant resources, making it one of the world's most precious and rare petroleum resources(Zheng, 2010). Resources of naphthenic base crude oil are mainly distributed over the Xinjiang Junggar Basin, Liaohe Oilfield, Dagang Oilfield and the Bohai Bay area in China, accounting for 1.6% of domestic crude oil output. In terms of the naphthenic base crude oil produced in the northwestern margin of the Junggar Basin in Xinjiang, it has high-quality characteristics

作者简介：霍心心，毕业于格拉斯哥大学，就职于新疆油田公司勘探开发研究院，助理工程师。E-mail：ghshuoxx @ petrochina. com. cn such as high naphthenic hydrocarbon content, high relative density, low freezing point, and relatively low viscosity that belongs to high naphthenic base heavy oil(Zhang, 2016). It is the source of raw materials for the production of naphthenic base lubricating oil, and its chemical products have been widely used in special fields such as military industry and aerospace with important strategic values(Ma et al., 2013). Therefore, the full exploitation and utilization of this scarce resource is of important practical significance for the implementation of the new development philosophy of "innovative, coordinated, green, open and shared development". It also plays an important role in realizing the sustainable development and value maximization of the whole industry chain of high naphthenic base heavy oil.

2　The analysis on the current situation of upstream and downstream of Xinjiang high naphthenic base heavy oil

2.1　The current situation of upstream exploration and development

The shallow layer of the Junggar Basin is rich in heavy oil resources, mainly distributed over Karamay, Hongshanzui, Chepaizi, Baikouquan and Fengcheng oil fields of the northwestern edge of the Junggar Basin. The scale development of heavy oil in Xinjiang began in 1984. After more than 20 years of exploration and development, a total of 105 million tons of high naphthenic base heavy oil have been produced. In order to ensure the purity of the high naphthenic base heavy oil, Xinjiang Oilfield adopted the collection and transportation method of separate production, separate storage, and separate transportation based on variety protection. From 1987 to 2012, a total of 8 pipeline branch lines of heavy oil were constructed. This collection and transportation method based on the protection of the quality of rare oil products provides a guarantee for downstream refineries to process characteristic products. It significantly reduces the cost of refining and chemical processing that starts a new era of the integration of upstream and downstream.

Xinjiang high naphthenicbase heavy oil has entered the middle and late stages of development at present, facing problems such as difficulty in stabilizing production, low single-well production, and high operation cost. In recent years, the upstream business of heavy oil has been at a loss for a long time affected by the continued decline in international oil prices.

2.2　The current situation of downstream refining and chemical sales

The downstream processing enterprise of Xinjiang high naphthenic base heavy oil is mainly Karamay Petrochemical Company(hereinafter referred to as KPC), with an annual processing capacity of 4 million tons of heavy oil. KPC utilizes the unique heavy oil resources to continuously innovate and improve the refining and chemical technology. Its naphthenic base crude oil processing technology has reached the international advanced level and won the 'First Class Prize of The State Scientific and Technological Progress Award'. Furthermore, the company is the largest lubricating oil production base of China National Petroleum Corporation(hereinafter referred to as CNPC)and the largest production base of heavy-traffic road asphalt in Northwest China. The quality and output of transformer oil, refrigerating machine oil, naphthenic base rubber oil, BS bright stock, high-grade road asphalt and other products developed and produced by it ranks first in China. The high-voltage direct current transformer oil produced by the company is the exclusive product designated by domestic ultra-high-voltage power transmission and transformation projects, and it occupies more than 60% of the national market share. Besides, the medium and high-grade rubber oil and refrigerating machine oil produced by KPC occupy 70% and 85% of the domestic market share respectively. Moreover, heavy-traffic road asphalt produced by the company is responsible for 100% of the supply of Xinjiang.

3　The analysis of influencing factors on upstream and downstream benefit of Xinjiang high naphthenic base heavy oil

3.1　The impact of international oilprices on upstream and downstream benefits

3.1.1　The analysis of upstream and downstream pricing mechanism

1. Domestic crude oil pricing mechanism

Domestic crude oil price adopts a pricing mechanism currently that is in line with the international market (Wu, 2021). The price of crude oil purchased and sold by CNPC's internal oil fields and refineries is linked to the Dubai oil price. The pricing formula is as follows:

$$Crude\ Oil\ Price = (Dubai\ Oil\ Price + Quality\ Discount) \times Exchange\ Rate \times \qquad (1)$$
$$Ton\ Barrel\ Ratio + Freight\ Discount$$

2. Domestic refined oil pricing mechanism

The pricing of domestic petroleum products is dominated by the government(Hui et al. , 2006; Liang and Wang, 2017; Lin, 2016; Xu, 2016). The current pricing mechanism for petroleum products is mainly based on the 'Measures for the Administration of Petroleum Prices' promulgated by the National Development and Reform Commission in 2016. It stipulates that the pricing of domestic refined oil products adopts a cost-plus method, which is based on the international crude oil price and determined by considering relevant taxes in circulation, refining and chemical costs and industry average profits. The calculation of the retail price of domestic refined oil products is divided into the following four cases. Firstly, when the international crude oil price is lower than 40 US dollars per barrel, the basic price of crude oil is 40 US dollars per barrel, plus the normal profit calculation. Secondly, when the international crude oil price is between 40 to 80 US dollars per barrel, it is calculated according to the normal processing profit. Thirdly, when the international crude oil price exceeds 80 US dollars per barrel, it is calculated by gradually reducing the processing profit in addition to the base crude oil price. Finally, if the international crude oil price is higher than 130 US dollars per barrel, the interests in all parties need to be taken into account, and the government will give financial subsidies to oil companies to maintain the stability of domestic refined oil price as much as possible. Furthermore, the price of refined oil is adjusted every 10 working days according to the change in the international crude oil price. If the price adjustment is less than 50 RMB per ton, the adjustment will not be made, and it will be accumulated until the next price adjustment.

3.1.2　Upstream and downstream benefit distribution under different international oil prices

1. The impact of international oil prices on upstream benefits

The international oil price has continued to fluctuate since 2014. From 2014 to 2016, international oil price fell from 115 US dollars per barrel to 28 US dollars per barrel, a drop of 76% due to the oversupply caused by the intensified increase in shale oil production in the United States. In the fourth quarter of 2018, the international oil price declined from 86 US dollars per barrel to 50 US dollars per barrel, a drop of 42% due to the increase in OPEC supplies and the addition of quantitative transactions. In 2020, due to the large-scale spread of the COVID-19, the international oil price fell from 70 US dollars per barrel to 19 US dollars per barrel, a drop of 73%. During 2015 to 2020, the upstream business of Xinjiang high naphthenic base heavy oil was in a state of loss for four years, with an average loss of 8.86 US dollars per barrel of crude oil produced.

As shown in Figure 1, affected by the crude oil price pricing mechanism, the upstream business profit of Xinjiang high naphthenic base heavy oil has a linear relationship with the international oil price, and the break-even oil price is Dubai oil price of 54.35 US dollars per barrel. When the international oil price is lower than the break-even oil price, the upstream business suffers a loss, and as the international oil price declines, the loss further increases and the profitability weakens. In contrast, when the international oil price is higher than the break-even oil price, the upstream business is profitable, and as the international oil price rises, the profitability is further enhanced. Therefore, changes in the international oil price have a direct and significant impact on the upstream of Xinjiang high naphthenic base heavy oil.

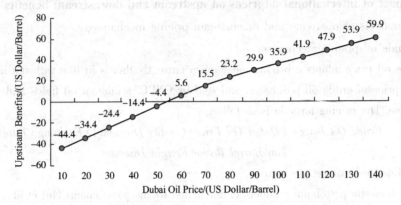

Fig. 1 Oil barrel profit of Xinjiang high naphthenic base heavy oil
upstream business under different international oil prices

2. The impact of the international price on downstream benefits

The main products of Xinjiang high naphthenic base heavy oil after refining are lubricating oil and asphalt, accounting for about 67% of the total products, followed by gasoline, diesel oil, and aviation kerosene that account for about 25% of the total products, the rest are some other refining and chemical products. According to the production cost of the product and the impact of the sales pricing mechanism, as shown in Figure 2, the impact of the international price on the downstream business can be divided into four ranges. When the international price is below 40 US dollars per barrel, as it drops, the downstream profitability enhances and the barrel of oil profit increases. When the international price is between 40 and 80 US dollars per barrel, the downstream profitability is stable, and the profit per barrel of crude oil processed is between 17.5 and 18.5 US dollars. When the international price is expensive than 80 US dollars per barrel, the profitability of downstream business gradually weakens with the increase of the international oil price. When the international oil price is expensive than 95 US dollars per barrel, the downstream suffers a loss, and the loss gradually deepens as the international oil price rises.

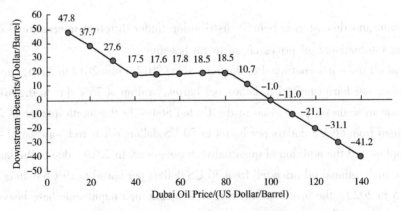

Fig. 2. The barrel oil profit of Xinjiang high naphthenic base heavy oil
downstream business under different international oil prices

3.2 The impact of cost on upstream and downstream benefits

Due to the high relative viscosity and poor flow properties of heavy oil, a special development process is required in the process of developing it, and a large amount of steam needs to be injected, which makes its development cost high. The full cost of upstream development of Xinjiang high naphthenic base heavy oil includes basic operating cost, personnel cost, management fee, depreciation, etc., which is 25% to 30% higher than that of thin oil. The largest proportion of the total cost is the basic operating cost, which accounts for 45%. The basic operating cost per unit is 15 to 20 US dollars per barrel, and more than 40% of the basic operating cost is used to produce steam.

Refining and chemical production of downstream has the characteristics of diverse product types, complex production processes, high risk factors in processing process, and continuous updating of production technologies and equipment to meet market changes. The production cost of the crude oil refining and chemical processing includes direct labor cost, direct material cost, direct power cost, manufacturing cost, auxiliary production cost, etc. Among them, the manufacturing cost accounts for the largest proportion of the total production cost, which is 45 to 50%. The full cost of processing a barrel of crude oil is 6 to 8 US dollars, of which 80% is fixed cost and 20% is variable cost.

Through the comparison of upstream and downstream costs, it can beshown that the upstream business accounts for a large proportion of the total cost of the whole industry chain, reaching more than 85%, while the downstream business cost accounts for less than 15%. Therefore, from the perspective of cost composition, the upstream business takes greater risk of benefit.

3.3 The impact of crude oil output on upstream and downstream benefits

For the upstream, due to the differences in the reservoir petrophysical properties, development modes, development stages and other factors of each development unit, the basic operating costs that must be incurred to maintain the normal production of oil and gas wells in each development unit are different, and the output that maximizes benefits is different under different oil prices. Benefit-maximizing output is the cumulative production of a single well or block that can recover basic operating costs after deducting taxes from sales revenue at a certain oil price. As shown in Figure 3, the output that maximizes benefits decrease as oil prices drop. When the Dubai oil price is 80 US dollars per barrel, the output that maximizes the upstream benefits is 4.2 million tons. When the Dubai oil price is 40 US dollars per barrel, the output that maximizes the upstream benefit is reduced to 3.49 million tons. Therefore, under low oil prices, the upstream can reasonably control production to maximize benefits, that is, to minimize losses by reducing heavy oil production.

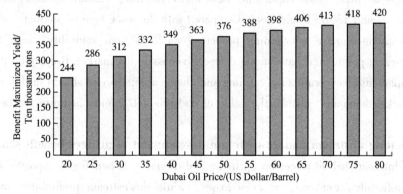

Fig. 3   The downstream and upstream benefit-maximizing
output scale under different international oil prices

For the downstream, because of the large proportion of fixed costs and small proportion of variable costs in the composition of production costs, ensuring a high production compliance rate of processing equipment is the premise to achieve benefits. When the load rate of heavy oil processing units drops to 60%, some units will be forced to shut down, assets and personnel will be idle, and economic losses will further increase. Therefore, reducing the production of heavy oil will lead to a decrease in the load rate of downstream heavy oil processing units, which will damage the benefits(Liu et al., 2012).

3.4　The impact of tax policy on upstream and downstream benefits

Taxes involve the whole oil industry chain, which include value-added tax, consumption tax, resource tax, education surcharge, urban maintenance and construction tax, special income, and income tax(Gao and Cao, 2019). Taxes included in the final sales price of products account for more than 40%, followed by value-added tax and resource tax.

In the process of selling crude oil from the upstream to the downstream, relevanttaxes are paid according to the sales revenue. Therefore, changes in settlement oil prices mainly affect taxes of upstream, and have less impact on downstream. With the rise of oil price, the sales revenue will increase, and the taxes to be paid will increase. When the settled oil price reaches 65 US dollars per barrel, the special benefit will be paid, which is subject to 5 levels of excess progressive ad valorem levy. It means that the higher the settlement oil price, the greater the handover ratio. Therefore, in the period of high oil prices, reducing the settlement oil price by increasing the discount can effectively reduce expenses of taxation, and help maximize the benefits of the whole industry chain.

4　High-quality development path of the whole industry chain of Xinjiang high naphthenic base heavy oil

Toadequately develop and make full use of the scarce resources of Xinjiang high naphthenic base heavy oil and maximize the value of its industry chain, it is necessary to thoroughly implement the new development philosophy of "innovative, coordinated, green, open and shared development". Furthermore, it is also important to take innovation as the first driving force to enhance product value, coordinate upstream and downstream development to achieve benefit sharing, realize product value enhancement through market opening, and explore green development technologies to achieve sustainable development and utilization of Xinjiang high naphthenic base heavy oil.

4.1　Innovation drives the value of end products

Xinjiang high naphthenic base heavy oil has irreplaceable unique value in important industrial fields, major national strategic projects, national defense, and aerospace engineering. The most distinctive and valuable end products are high-grade naphthenic base lubricating oil, including transformer oil, refrigerating machine oil, rubber oil and 150BS bright stock. Compared with the same type of products, naphthenic base lubricating oil series products have outstanding properties such as high solubility, high heat transfer, low viscosity and low freezing point, and have strong competitiveness in the market. Relying on the excellent quality of Xinjiang high naphthenic base crude oil, refining and chemical enterprises should further innovate and develop new products market demand, enhance the value of end products, and maximize the benefits of the whole industry chain.

4.2　Coordinating upstream and downstream development to achieve benefit sharing

The impact of international oil prices on upstream and downstream benefits is opposite. When oil prices are lower, upstream profitability weakens, or even losses, while downstream profitability increases, and vice versa. Therefore, it is essential to establish a coordination mechanism to achieve a community of upstream and downstream interests. According to the development philosophy of "coordinated" and "shared development", this paper attempts to explore the establishment of a set of mechanisms to reduce the impact of international oil price changes on upstream and downstream benefits, so as to promote balanced efforts between upstream and downstream, reduce internal friction, and share development results. Initial recommendations are as follows.

4.2.1　Establishing a floating discount mechanism for upstream and downstream linkages

At present, a fixed discount is adopted for the settlement of crude oil supplied to downstream refineries from upstream, which is not flexible enough. Under the condition that the overall framework of the existing pricing mechanism remains unchanged, the fixed discount will be changed to a floating discount. Different discounts are used in different international oil price ranges, so that the downstream subsidizes the upstream when the oil price is low and makes up for the upstream loss. When oil prices are high, the upstream subsidy supports the downstream and realizes benefit sharing.

4.2.2　Controlling the production scale of high naphthenic base heavy oil reasonably

To limit the exploitation of Xinjiang high naphthenic base heavy oil is benefit to maximize the value of resources. At present, the heavy oil processing capacity of KPC is 4 million tons, of which the processing capacity of high naphthenic base heavy oil of the lubricating oil processing unit is 2.5 million tons. While the upstream production capacity is more than 4 million tons, the production of heavy oil has exceeded KPC's processing capacity, and the remaining part needs to be exported to other refineries for processing into gasoline and diesel oil. Therefore, under the premise of ensuring the full-load operation of the oil processing plant of KPC, the production scale should be reasonably controlled. For the upstream, the production of high-cost blocks can be controlled and reduced, which can not only reduce the production cost, but also maximize the processing of high-value-added products of Xinjiang high naphthenic base heavy oil while meeting the needs of downstream refineries.

4.3　Opening the market to maximize the value of the industry chain

In order to take full advantage of prominent quality and scarcity of Xinjiang high naphthenic base heavy oil, it is adoptable to maximize its value through opening markets to realize the effective transmission of market-oriented prices and the coordinated development of all links in the industry chain. The main measures include the following three aspects. The first is to further expand the market-oriented mechanism of heavy oil development, storage and transportation, refining and other links, and reduce the overall production cost of the industry chain through technological innovation and management innovation. The second is to explore the marketization of crude oil sales and break the traditional unified purchase and sales model. Regional companies should be given more pricing autonomy, and internal pricing should be gradually changed from the headquarters-based pricing to the headquarters-guided pricing. The supply and demand sides should negotiate and price independently according to the market conditions, so as to reflect the real value of the product, realize the return of the value of Xinjiang high naphthenic base heavy oil, and increase the enthusiasm of upstream production to increase production and create benefits. The third is to strengthen customer-centric terminal product marketing, enhance brand awareness, develop differentiated and functional featured products, improve marketing capabilities, and maximize product value.

4.4　Exploring green development technologies to achieve low-carbon development of the whole industry chain

At the general debate of the 75th Session of the United Nations General Assembly on September 22, 2020, President Xi Jinping announced that China would scale up its Intended Nationally Determined Contributions by adopting more vigorous policies and measures. The aim is to have CO_2 emissions peak before 2030 and achieve carbon neutrality before 2060. Implementing dual-controls over energy intensity and gross energy consumption is an important institutional arrangement to strengthen the construction of ecological civilization and promote high-quality development.

Heavy oil production is the main energy consumption of Xinjiang Oilfield Company(hereinafter referred to as XOC), and its energy consumption accounts for 78% of the company's total energy consumption. Exploring new green and low-carbon technologies for heavy oil exploitation, optimizing the total amount of energy used for heavy oil development, and reducing the unit consumption of oil and gas production are the sure way to realize the sustainable development of Xinjiang high naphthenic base heavy oil. Through continuous technical exploration and accumulation, a complete theoretical and technical system for the efficient development of low-setting shallow heavy oil and ultra-heavy oil have been created. It has also formed a number of new unique key heavy oil thermal recovery technologies, such as strong heterogeneous super-heavy oil double horizontal well SAGD, multi-phase synergistic steam injection development, high-temperature fire flooding of steam injection tailings, high-efficiency treatment and resource utilization of produced fluids. In order to further reduce energy consumption, and realize green, low-carbon and carbon-reduction development, XOC is researching and testing some new and suitable development technologies. The first is the technology of recycling boiler flue gas. Flue gas contains 10% to 15% of carbon dioxide and 80% to 85% of nitrogen. The effect of oilfield development can be improved through capturing and recycling, which has the dual significance of energy saving and emission reduction and enhanced recovery. The second is the comprehensive utilization of new energy technology. Utilizing advanced technology to form new energy technologies such as combined heat and power, solar thermal energy, geothermal energy, and ultra-high temperature steam produced by multi-purpose modular small nuclear reactors. The third is the exploitation of heavy oil microbial technology. It can utilize microbial reproduction and metabolism to produce biosurfactants, gases, acids, polymers, etc. , emulsify or degrade crude oil, increase formation pressure, reduce interfacial tension and improve fluidity, so that to form advantages of heavy oil development with simple operation, low cost and relatively friendly environment.

Relying on abundant and efficient solar energy resources and internal power grids, KPC has piloted programs of greenand low-carbon development route of photovoltaic to green electricity-electrolysis of water to green hydrogen. It is proposed that XOC, KPC and photovoltaic enterprises jointly build an industrial demonstration device for photovoltaic power generation and electrolysis of water for hydrogen production. Green electricity is stably supplied from the photovoltaic power station to the electrolytic hydrogen production device of KPC through the self-provided power grid of XOC, and the green hydrogen produced are used in the hydrogen pipeline network of KPC. The joint venture company is controlled by CNPC to realize development of upstream and downstream integration of green and low-carbon new energy businesses. Through the construction and operation of this project, CNPC can fully grasp the operating experience and technical points of photovoltaic power generation and hydrogen production units, laying a foundation for the further development of photovoltaic green power and green hydrogen in the future.

4.5　Delicacy management to achieve cost control in the whole industry chain

Forthe exploration and development of upstream, it is necessary to start from four aspects, which are depreciation and depletion, basic operating expenses, labor costs, and management expenses. Refining the classification management of oil wells, and adopting different management and governance strategies for wells with different benefits. In terms of heavy oil production and injection distribution, maintaining stability of class one, class two and class three types of high-efficiency blocks, controlling and reducing marginal benefits and ineffective block production, and significantly reduce steam volume. By optimizing the allocation of cost resources, it can eliminate noneffective investment, reduce inefficient investment, and expand effective investment. Focusing on the treatment of ineffective wells, analyzing the reasons for high costs, and identifying the key problem are essential. Especially for oil wells with high basic operating costs per unit, comprehensively consider combined factors such as surface system, reservoir type, production characteristics, etc. , and carry out classified management measures such as switching development methods, improving production technology, reducing unnecessary investment, and optimization of intermittent opening so as to improve the efficiency of oil wells.

For refineries of downstream, it needs to continuously strengthen the cost-control mechanism, and carry out cost-control in the refining and chemical production process and material purchasing process. The first is to ensure the compliance rate of equipment operation and improve product output. The second is to reduce the procurement cost of auxiliary raw materials such as additives and catalysts, perfect the procurement mechanism, and enhance the bargaining power. Inquiries and forecasts for the procurement of various materials should be finished well, and the purchase time should be reasonably arranged to reduce the overall production cost.

4.6　Seeking tax policy support

For Xinjiang high naphthenic base heavy oil, the company should actively strive for preferential tax policies from the government, and the resource tax should be taken as a breakthrough. The new "Resource Tax Law of the People's Republic of China" implemented on September 1, 2020, that reduces the resource tax for low abundance, tertiary oil recovery, deep water production, heavy oil, high pour point oil, exhaustion period production, etc. The new tax policy reflects the determination of tax policies according to the grade of oil and gas resources, and encourages the development of low-grade reserves. According to the new resource tax law, the resource tax rate for exploiting Xinjiang high naphthenic base heavy oil is 3.6%. Xinjiang high naphthenic base heavy oil is in the middle and late stages of development, the cost of exploitation is high, and the terminal refining and chemical products have played an important role in special fields such as military industry and aerospace. Taking into account the above factors, in order to ensure the sustainable development of the whole industry chain, enterprises can seek to further reduce the resource tax for the development of Xinjiang high naphthenic base heavy oil.

5　Conclusion

Xinjianghigh naphthenic base heavy oil has excellent quality and its resources are scarce. The terminal products produced by refining and chemical processing are widely used in special fields such as national defense, military, aerospace, etc., which have important strategic value. In order to fully develop, protect and utilize this scarce resource, oilfields and refineries have carried out in-depth cooperation. The oilfield adopts a protective gathering and transportation method of separate production, separate storage and separate transportation, which provides a guarantee for downstream refineries to process specialty products based on Xinjiang high naphthenic base heavy oil.

Affected by the domestic crude oil andrefined oil products pricing mechanism, the distribution of upstream and downstream benefits is not balanced. When international crude oil prices are lower, upstream profitability is poor and losses occur, while downstream profitability increases and profits increase as crude oil prices drop. When international oil prices are high, upstream profits may be made while downstream losses may occur. By introducing the floating discount mechanism, the upstream and downstream benefits can be effectively adjusted and the sustainable development of the whole industry chain can be achieved.

The production scale, cost, and tax policies will have different impacts on the upstream and downstream ofXinjiang high naphthenic base heavy oil. Therefore, reasonable control of the output scale, cost control of the whole industry chain, and preferential tax policies are all effective ways to improve profits of the industry chain.

References

Gao, X. W. and Cao, Y. C., (2019). Research on Influence Mechanism of China's Petroleum Taxes on Refined Oil Market Price. Petroleum & Petrochemical Today, 27(03), pp. 25-31.

Hui, S., Chen, J. M. and Cong, R. G., (2006). Study on Asymmetry Relation between Gasoline and Crude Oil Price in China. Operations Research and Management Science, (06), pp. 155-159.

Liang, B. and Wang, H. Y., (2017). Power Game and the Evolution of Oil Pricing Mechanism in China. China Business and Market, 31(9), pp. 53-62.

Lin, W. W., (2016). Research on Pricing Mechanism China's Product Oil Marketization under the International Perspective. Prices Monthly, (07), pp. 20-23.

Liu, R., Sun, X. G., Wang, J. G., et al., (2012). Discussions on Integrated Economic Evaluation Method for heavy oil Development in Karamay. Journal of Southwest Petroleum University(Social Sciences Edition), 14(5), pp. 7-11.

Ma, S. J., Yang, J. X., Yang, J. J., et al., (2013). The Development and Application in Related Industries of Karamay High-grade Naphthenic Lubricating Oils. Lubricating Oil, 28(2), pp. 9-16.

Wu, H. Y., (2021). Analysis on the Transmission Mechanism of International Crude Oil Price and Domestic Product Oil Price. Market Weekly, 34(05), pp. 43-45.

Xu, H., (2016). The Influential Factors and the Strategies for Avoiding Risks of the Price of Domestic Product Oil. Journal of Liaoning Technical University(Social Science Edition), 18(3), pp. 236-238.

Zhang, H., (2016). Establishment & Application of Monitoring System about Naphthenic Base Crude Oil in Junggar Basin. China University of Petroleum.

Zheng, L. Q., (2010). Status Quo of Global Naphthenic Base Crude Oil Market and Chinese Countermeasures. Petroleum Products Application Research, 30(6), pp. 15-17.

春风油田排601-20区块稠油化学降黏吞吐技术研究及应用

胡 勇[1] 计秉玉[1] 关松涛[2] 刘京煊[2] 方吉超[1] 路 熙[1]

【1. 中国石油化工股份有限公司石油勘探开发研究院；
2. 中国石油化工股份有限公司胜利油田分公司】

摘 要：稠油化学降黏冷采技术作为一种绿色低碳的采油方式，能有效提高采收率、降低开发成本。本文针对春风油田排601-20区块原油，通过分子动力学方法阐明了稠油中沥青质分子间π—π作用主导的致黏机理。针对主导致黏因素，设计并合成了甲基丁香酚-丙烯酰胺-丙烯酸十八酯三元共聚物，也通过矿场试验进一步验证了以抑制沥青质分子间π—π作用为目标合成的三元共聚物能有效降低春风油田排601-20区块稠油的黏度，为稠油化学降黏吞吐技术的发展提供了理论指导。

关键词：分子动力学；致黏机理；三元共聚物；降黏；矿场应用

我国稠油主要分布在胜利、辽河、河南、新疆等油田。目前，开采稠油主要方法为蒸汽驱和蒸汽吞吐。由于稠油与蒸汽密度和黏度的差异，会出现蒸汽重力超覆和指进的现象，导致蒸汽开采体积波及系数降低，并且还面临注汽量增加、汽油比降低、生产成本增加的挑战。"十四五"稠油热采接替资源仍显不足，比"十三五"动用储量减少$5000×10^4$t，上产难度加大。特超稠油、深层稠油、敏感性稠油和薄层稠油还有$1.3×10^8$t储量未能动用。

2009年起，中国石化西部探区先后在准噶尔盆地发现了春风、春晖和阿拉德油田，至2022年6月，累计上报探明储量$15376×10^4$t，控制储量$2.5×10^4$t。准噶尔盆地西部隆起车排子凸起东部，纵向上依次发育石炭系、侏罗系、白垩系、沙湾组四套含油气层系。目前，主要开发的沙湾组稠油储层，为高孔、特高渗储层，原油平均密度$0.963g/cm^3$，地下平均黏度20821mPa·s，属于重质特稠油。受"层浅、油稠、出砂、边底水"的影响，准噶尔盆地稠油热采整体动用不足23%，采出程度不足5%。化学复合冷采可为准噶尔盆地浅层特稠油实现低成本、低能耗和低碳排放提供有力的技术支撑。

近年来，国内外越来越多的学者开展了稠油化学降黏的相关研究工作，设计、合成了多类稠油降黏剂，并基于XRD、TEM、红外等多种实验手段对稠油降黏剂的作用机理进行了探索，但仍然缺乏分子层面的认识。随着分子模拟技术的发展，分子动力学模拟已经在油田开发领域得到了广泛的应用，也逐渐成为微观机理研究的重要手段。本文采用分子动力学方法，研究稠油的聚集形态，以及降黏剂分子与沥青质分子间的相互作用，从分子尺度揭示稠油致黏机理和降黏剂作用机制，为稠油化学降黏技术的发展提供科学指导。

资助基金：国家重点研发计划项目（2018YFA0702400）。

作者简介：胡勇（1992—），女，中国石油化工股份有限公司石油勘探开发研究院博士后，从事油田开发和提高采收率的研究工作。E-mail：huyong.syky@sinopec.com

1 稠油致黏机理研究

1.1 模拟方法

本文采用 Gromacs 4.7.6 软件包进行分子动力学计算，并通过 VMD 软件对模拟结果进行可视化分析。构建稠油四组分模型[如图 1(a)所示]，其中饱和分、芳香分、胶质和沥青质的具体分子结构如图 1(b)~图 1(e)所示[6]。选用 GAFF 力场，采用共轭梯度法对体系进行能量最小化，并采用 V-rescale 和 Berendsen 方法分别控制体系的温度和压力，在 NPT 系综下进行 60ns 的分子动力学计算，得到热力学稳定构型。

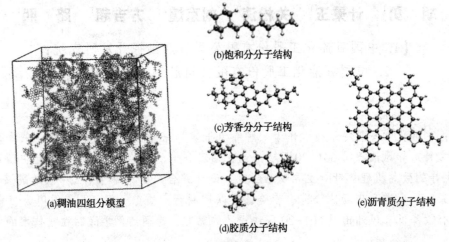

(b)饱和分分子结构

(c)芳香分分子结构

(d)胶质分子结构

(e)沥青质分子结构

(a)稠油四组分模型

图 1　稠油四组分模型

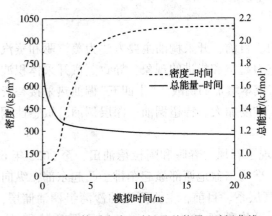

图 2　稠油体系密度-时间及总能量-时间曲线

稠油体系的密度和总能量随模拟时间的变化曲线如图 2 所示。由图 2 可以看出：稠油体系的密度在 15ns 之后几乎不再上升，趋于一个稳定值，而体系总能量在 10ns 之后也趋于稳定，充分说明稠油体系在模拟 20ns 后已经达到稳定状态。

1.2 结果与讨论

对稠油体系的轨迹文件进行分析，得到的热力学稳定构型中沥青质的聚集形态如图 3(a)所示。将稠油体系放大，可以发现稠油体系中的沥青质分子主要是通过 π—π 作用以面面堆积和 T 型堆积的方式存在[图 3(b)和图 3(c)][7-9]，再进一步形成沥青质聚集体，导致稠油具有高黏度。

(a)沥青质聚集形态

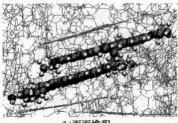

(b)面面堆积

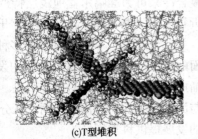

(c)T型堆积

图 3　沥青质聚集形态、面面堆积和 T 型堆积

径向分布函数（RDF）用于描述某一粒子周围出现其他粒子的概率，可以作为对比分子间相互作用强弱的参数[10-12]。为了深入研究沥青质、胶质分子间的相互作用，对沥青质-沥青质、沥青质-胶质、

胶质-胶质间的 RDF 曲线进行了分析，如图 4 所示。

通过 RDF 曲线可以发现，沥青质-沥青质的 RDF 曲线在 0.2~0.6nm 处出现了明显的峰，该峰所对应的峰位即为沥青质分子面面堆积时沥青质分子间的距离。沥青质-胶质、胶质-胶质的 RDF 曲线与沥青质-沥青质的 RDF 曲线相似，在 0.2~0.6nm 处也出现了峰，但其峰值明显小于沥青质-沥青质的 RDF 曲线在 0.2~0.6nm 处出现的峰的峰值。上述结果说明：沥青质-胶质、胶质-胶质分子间相互作用比沥青质-沥青质分子间的相互作用弱。并且，由于胶质分子尺寸比沥青质分子小，胶质分子间形成面面堆积时胶质分子间的距离较小，所以胶质-胶质的 RDF 曲线相比于沥青质-沥青质、沥青质-胶质的 RDF 曲线出峰的位置近。此外，沥青质-沥青质的 RDF 曲线在 0.9~1.2nm 处也

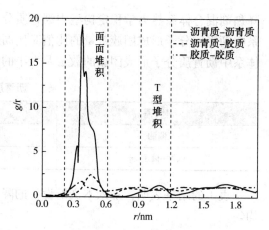

图 4　沥青质-沥青质、沥青质-胶质、胶质-胶质的 RDF 曲线

出现了峰，该峰所对应的峰位即为沥青质分子 T 型堆积时沥青质分子间的距离，但是其峰值明显小于沥青质-沥青质的 RDF 曲线在 0.2~0.6nm 处出现的峰的峰值，表明在稠油体系中沥青质分子间存在面面堆积和 T 型堆积，但主要以面面堆积为主。

2　降黏剂作用机理研究

基于上节稠油致黏机理的研究结果，选取苯环上连有两个甲氧基基团的甲基丁香酚，其具有电负性较大的氧原子，能够与稠油中的沥青质、胶质分子的极性基团形成氢键，抑制沥青质-沥青质、沥青质-胶质及胶质-胶质分子间的 π—π 作用，并引入丙烯酰胺、丙烯酸十八酯增加降黏剂分子的极性，使其破坏沥青质-沥青质、沥青质-胶质及胶质-胶质分子间的 π—π 作用的能力更强，降黏剂的分子结构如图 5 所示。

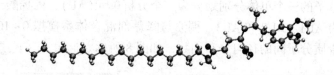

图 5　降黏剂的分子结构

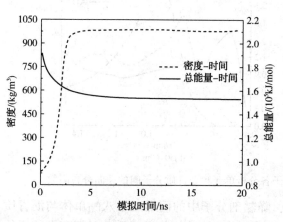

图 6　稠油与降黏剂混合体系密度-时间及能量-时间曲线

将一定数量的降黏剂分子添加到稠油四组分模型中，构建稠油与降黏剂混合体系。选用 GAFF 力场，采用共轭梯度法对体系进行能量最小化，并采用 V-rescale 和 Berendsen 方法分别控制体系的温度和压力，在 NPT 系综下进行 60ns 的分子动力学计算，得到热力学稳定构型。稠油与降黏剂混合体系的密度和总能量随模拟时间的变化曲线如图 6 所示，从图 6 中可以看出，稠油与降黏剂混合体系在模拟 20ns 后已经达到稳定状态。

Müller 等采用团簇分析比较了庚烷和甲苯溶剂对 4 种不同结构的沥青质分子和一种模型化胶质分子形成团簇的尺寸、外貌的影响[13]。为了明确降黏剂的降黏效果，本文也通过分析沥青质分子形成团簇的尺寸来对比稠油体系和稠油与降黏剂混合体系中沥青质分子的聚集程度。采用 Gromacs 默认的 3.5Å 来划分团簇，即两个分子间任意原子间距离小于 3.5Å 就归入同一个团簇中。按照上述规则对稠油体系和稠油与

降黏剂混合体系热力学稳定构型中沥青质分子间形成团簇的数量进行统计，并用沥青质分子数量与体系中沥青质分子形成团簇数量的比值对比沥青质分子形成团簇的大小。稠油体系和稠油与降黏剂混合体系中沥青质分子形成团簇的数量及大小的数据如表1所示。

表1 沥青质分子形成团簇的数量及大小

体系	团簇数量/个	沥青质分子数量/团簇数量
稠油	7	4.3
稠油-降黏剂	13	2.3

表1的结果表明，加入本文所设计的降黏剂，稠油中沥青质分子形成的团簇较小，沥青质分散较均匀。

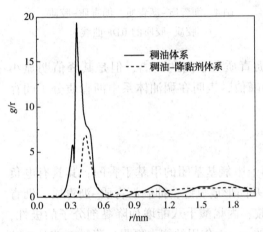

图7 沥青质-沥青质的 RDF 曲线

对稠油与降黏剂混合体系中沥青质-沥青质的 RDF 曲线进行分析（如图7所示），对比添加降黏剂分子前后沥青质-沥青质分子间的相互作用。从图7可以看出，稠油与降黏剂混合体系中沥青质-沥青质的 RDF 曲线仅在 $0.2\sim0.6$ nm 处存在一个明显的峰，其峰值比稠油体系中沥青质-沥青质 RDF 曲线的第一个峰的峰值小，其峰位也比稠油体系中沥青质-沥青质 RDF 曲线的第一个峰的峰位靠后。上述研究结果表明，加入降黏剂分子能够减弱沥青质分子间的 π—π 作用，减少沥青质分子间的面面堆积和 T 型堆积。

为了进一步探究降黏剂分子的降黏机理，通过分析降黏剂分子不同单体与沥青质分子间 RDF 曲线，对比稠油与降黏剂混合体系中降黏剂分子的三个单体与沥青质分子间的相互作用。将降黏剂分子的三个单体分别划分为三个分析单元（AU），丙烯酸十八酯、丙烯酰胺和甲基丁香酚三个单体分别为 AU1、AU2 和 AU3。稠油与降黏剂混合体系模拟 $0\sim10$ ns 和 $50\sim60$ ns 时降黏剂分子的三个单体和沥青质分子间的径向分布函数，如图8所示。

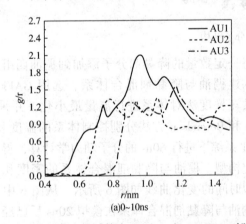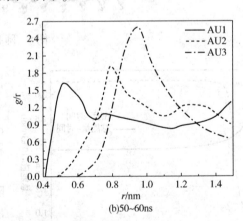

(a)0~10ns 　　　　　　　　　　(b)50~60ns

图8 分子动力学计算中 $0\sim10$ ns 和 $50\sim60$ ns 时降黏剂分子各分析单元和沥青质分子间的径向分布函数

从图8可以看出，在模拟开始阶段和体系平衡阶段，降黏剂分子中的丙烯酸十八酯单体与沥青质分子的 RDF 曲线均有明显的峰值，表明降黏剂分子中的丙烯酸十八酯单体与沥青质分子间存在较强的相互作用，且随着模拟的进行，降黏剂分子中的丙烯酸十八酯单体与沥青质分子的 RDF 曲线出峰的位置前移，降黏剂分子中的丙烯酸十八酯单体与沥青质分子间的距离减小。从模拟开始阶段到体系平衡阶段，降黏剂分子中的丙烯酰胺单体、甲基丁香酚单体与沥青质分子的 RDF 曲线的峰值明显增加，表明降黏剂分子中的丙烯酰胺单体、甲基丁香酚单体与沥青质分子间的相互作用增强。

3　降黏剂的合成及性能评价

3.1　降黏剂的合成

量取一定量的甲苯作为溶剂加入三口烧瓶中，将丙烯酸十八酯、甲基丁香酚和丙烯酰胺三个单体按比例加入 3 口烧瓶中，将引发剂溶于甲苯并加入恒压滴液漏斗中待滴入，整个实验在氮气保护下进行。抽真空，开动搅拌并缓缓加热到 70℃，样品完全溶解后，用恒压滴液漏斗缓慢滴入引发剂，待引发剂滴加完毕后，继续反应 6~7h。反应方程式如下：

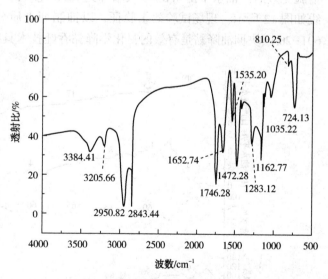

反应完毕，溶液呈淡黄色，将 3 口烧瓶中的液体缓缓倒入盛有一定量甲醇的烧杯中并搅拌，此时烧杯底部有白色固体析出，抽滤，在真空 40℃ 下干燥 12h 得到白色小颗粒状固体，得到甲基丁香酚-丙烯酰胺-丙烯酸十八酯三元共聚物。

3.2　降黏剂结构表征

对合成三元共聚物进行了红外谱图的测试，如图 9 所示。在 3205.66cm^{-1}、3384.41cm^{-1} 出现的宽峰为酰胺的吸收峰，在 2950.82cm^{-1} 与 2843.44cm^{-1} 附近出现的尖锐且强的吸收峰为长链—CH$_3$ 与—CH$_2$ 的伸缩振动吸收峰，在 1746.28cm^{-1} 出现的吸收峰为酯基的 $V_{C=O}$ 吸收峰，在 1652.74cm^{-1}、1535.20cm^{-1} 及 1472.28cm^{-1} 附近出现的 4 个峰为苯环骨架的振动吸收峰，在 1162.77cm^{-1}、1035.22cm^{-1} 附近出现的峰为酯中 C—O—C 的伸缩振动峰，在 724.13cm^{-1} 出现的尖锐峰为取代芳烃的振动吸收峰，红外光谱中无双键吸收峰。红外谱图结果表明：合成的三元共聚物为目标产物。

图 9　降黏剂分子的红外谱图

对所合成的三元共聚物进行了凝胶渗透谱图的测试，测其分子量，如图 10 所示。从图 10 可以看出，合成的三元共聚物的数均分子量 M_n 为 10308g/mol，重均分子量 M_w 为 16011g/mol，其中 $M_w/M_n=1.553$，证明所合成的三元共聚物分散均匀，分子量分布较均一。

3.3　三元共聚物降黏性能评价

在油样中添加合成的三元共聚物，其加量分别为 600mg/kg、700mg/kg、800mg/kg、900mg/kg、

1000mg/kg、1200mg/kg，在 50℃、剪切率为 10s^{-1} 的条件下，测定其加量与净降黏度的变化曲线，如图 11 所示。

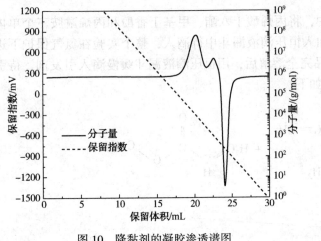

图 10　降黏剂的凝胶渗透谱图

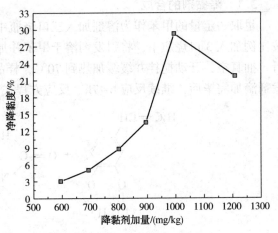

图 11　降黏剂加量-净降黏率变化曲线

从图 11 可以看出，随着三元共聚物加量的不断增大，净降黏度呈先增大后减少的趋势。当加量小于 1000mg/kg 时，随着加量的增大，三元共聚物对沥青质的分散作用增强，稠油降黏效果变好。但是，当加量达到 1000mg/kg 时，三元共聚物本身也会出现团聚的现象，从而使降黏效果变差。本研究所合成的三元共聚物降黏效果最佳的加量为 1000mg/kg，此时净降黏度可达 29.3%。

3.4　矿场试验效果

春风油田排 601-20 区块 2021 年含水达到 92.5%，目前因高含水关井 52 口，占总井的 44%。区块中排 601-更 452 井为 2020 年新投井，油层有效厚度 5.4m，孔隙度 30.2%，渗透率 4000×10^{-3} μm^2，投产后两轮注汽共 4000t，采出原油仅 100t，属于注汽低效井。于 2021 年开展化学降黏吞吐先导试验，措施见效后产油水平由 4.8 吨/天增加到 15.8 吨/天，含水下降 6%，产出投入比 1.43∶1。采油水平曲线如图 12 所示，现场试验效果验证，以抑制沥青质分子间 π—π 作用为目标合成的三元共聚物对排 601-20 区块稠油降黏是有效的，化学降黏吞吐技术具有可行性。

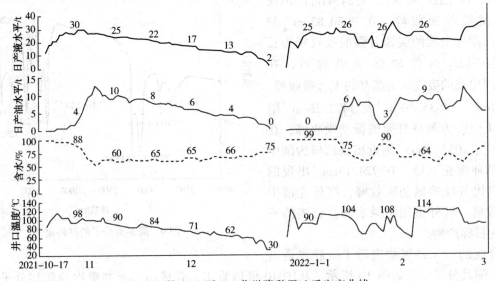

图 12　排 601-更 452 化学降黏吞吐后生产曲线

4　结论

本文采用分子动力学方法研究了稠油体系中沥青质的聚集形态，揭示了稠油中沥青质分子间的相互作用是主要致黏因素。针对稠油致黏主导因素，通过理论计算明确降黏机理，随后设计合成了一种三元共聚物作为稠油降黏剂，并进行了矿场验证。具体结论如下：

（1）稠油中沥青质分子通过 π—π 作用形成面面堆积聚集体，其作用力远大于沥青质-胶质、胶质-胶质间的相互作用力，是稠油致黏的主要因素。

（2）基于相似相容原理，合成的三元共聚物的丙烯酸十八酯单体、甲基丁香酚单体与沥青质分子间存在较强的相互作用，能够抑制沥青质分子间的 π—π 作用，达到稠油降黏的效果。

（3）以抑制沥青质分子间 π—π 作用为目标合成的三元共聚物有利于提高春风油田排 601-20 区块稠油开发效果。

参考文献

［1］蒋琪，游红娟，潘竟军，等. 稠油开采技术现状与发展方向初步探讨［J］. 特种油气藏，2020，27（6）：30-39.

［2］袁栋. 我国稠油开发的技术现状及发展趋势探析［J］. 工艺技术，2021，11：162-163.

［3］周林碧，秦冰，李伟，等. 国内外稠油降黏开采技术发展与应用［J］. 油田化学，2020，37（3）：557-563.

［4］贾晓燕. 塔河油田深层稠油开采技术研究［J］. 西部探矿工程，2014，4：46-48.

［5］修伟. 稠油热采技术及开发效果影响因素分析［J］. 化工设计通讯，2019，45（11）：35-36.

［6］Xu J, Xue S, Zhang J, et al. Molecular Design of the Amphiphilic Polymer as a Viscosity Reducer for Heavy Crude Oil：From Mesoscopic to Atomic Scale［J］. Energy & Fuels, 2021, 35：1152-1164.

［7］J. H. Pacheco-Sa'nchez, I. P. Zaragoza, and J. M. Martınez-Magadan. Asphaltene Aggregation under Vacuum at Different Temperatures by Molecular Dynamics［J］. Energy & Fuels, 2003, 17：1346-1355.

［8］Gao F, Xu Z, Liu G, et al. Molecular Dynamics Simulation：The Behavior of Asphaltene in Crude Oil and at the Oil/Water Interface［J］. Energy & Fuels, 2014, 28(12)：7368-7376.

［9］Su G, Zhang H, Geng T, et al. Effect of SDS on Reducing the Viscosity of Heavy Oil：A Molecular Dynamics Study［J］. Energy & Fuels, 2019, 33(6)：4921-4930.

［10］Venkataraman P, Zygourakis K, Chapman W, et la. Molecular Insights into Glass Transition in Condensed Core Asphaltenes［J］. Energy & Fuels, 2017, 31(2)：1182-1192.

［11］Shi K, Lian C, Bai, Z, et al. Dissipative Particle Dynamics Study of the Water/Benzene/Caprolactam System in the Absence or Presence of Non-ionic Surfactants［J］. Chem. Eng. Sci., 2015, 122：185-196.

［12］Bruce E, Okur H, Stegmaier S, et al. Molecular Mechanism for the Interactions of Hofmeister Cations with Macromolecules in Aqueous Solution［J］. J. Am. Chem. Soc., 2020, 142(45)：19094-19100.

［13］Headen T, Boek E, Jackson G, et al. Simulation of Asphaltene Aggregation through Molecular Dynamics：Insights and Limitations［J］. Energy & Fuels, 2017, 31(2)：1108-1125.

矿物绝缘电缆加热降黏技术
在塔河稠油开采的应用

闫永赞[1,2] 秦飞[1,2] 曹畅[1,2] 蒋磊[1] 丁保东[1,2] 费波[3]

【1. 中国石化集团缝洞型油藏提高采收率重点实验室；2. 中国石化
西北油田分公司石油工程技术研究院；3. 浙江久盛电气股份有限公司】

摘　要： 塔河油田稠油探明储量大，占油田探明总量的69%，稠油占比高。同时稠油埋藏超深（7000m）、超稠（$1.0×10^7$mPa·s/50℃），开发难度大。为了开发稠油资源，塔河油田主要采用掺稀降黏工艺，掺稀油需求量大。为降低掺稀比，节约稀油用量，开展了矿物绝缘电缆加热降黏技术攻关与实践，目前已成为塔河油田稠油开采的一项较为成熟的技术，累计应用43井次，取得了较好的效益。2021年应用7井次，实施后平均单井升温26℃、日增油4.7t、日掺稀减少27t、节约稀油率20.3%，降黏效果、节约稀油效果显著。

关键词： 矿物绝缘电缆；稠油；掺稀降黏；塔河油田；超深超稠

　　我国稠油资源分布广、储量大，产量占总产油量的比例逐年增加。一方面，由于稠油黏度大，油层渗流阻力大，稠油无法流入井筒；另一方面，稠油即便流入井底，在井筒中上升的过程中，温度、压力的降低，稠油逐渐失去流动性。这两个方面均导致稠油在地下流动性差，难以开采[1]。塔河油田拥有目前世界上埋藏最深（7000m）、储量最大、占塔河油田探明总量的69%、黏度最高（$1.0×10^7$ mPa·s/50℃）的超深井超稠油油藏[2]。油田稠油高含盐（$2.2×10^5$mg/L）、高含H_2S（$>1.0×10^4$mg/m^3），国内外无成熟技术可借鉴，被公认为世界级技术难题。在"十一五"至"十三五"期间，油田通过一系列的技术创新及应用，稠油稳步上产，年产量约$300×10^4$t[3]。为降低掺稀量，节约稀油资源，"十二五"期间塔河油田引进了新型的矿物绝缘电缆加热降黏技术，对设备的材料、结构、配套等方面进行了优化，通过引进优化取得了较好的加热降黏效果。

1　塔河稠油开发难点

1.1　塔河稠油特点

　　胶质与沥青质含量的比例关系是塔河稠油致稠的一个主要因素，塔河油田稠油胶质沥青质总含量高（30%~50%）。塔河原油发生沥青质沉积的稳定性指数 *CI* 值均大于0.9，易发生沥青质沉积。稠油胶质和沥青质中包含了绝大多数原油中极性化合物，缩合度相对较低的杂原子化合物富集在胶质中，而沥青质中富集有高缩合度的氮化物，胶质、沥青质中杂原子通过络合作用，进一步增加了稠油的黏度。同时塔河稠油金属元素含量高，微量元素Ni、V等容易与沥青质中的N、P、S元素形成配合物，

　　作者简介：闫永赞，男，硕士，2022年6月毕业于中国石油大学（北京）石油工程学院石油与天然气工程专业，2022年7月就职于中国石化西北油田分公司，研究领域为油气藏开发、机械采油、稠油开采等。E-mail：yanyongzan@126.com

加剧了胶质、沥青质的聚集。与国内外其他油田相比，塔河稠油过渡金属元素含量更大，导致了原油结构复杂，黏度高，开采困难[4]。

1.2 塔河稠油降黏技术难题

塔河油田高温高压，油藏埋藏超深，稠油在地层中具有一定流动性。随着井筒举升过程中温度降低，黏度会逐步增大，至一定深度后完全失去流动性，需采取井筒降黏工艺[5]。为了开发稠油资源，塔河油田在现场应用中采用了以掺稀降黏为主的工艺，同时不断攻关新型稠油降黏技术，探索塔河稠油高效开采方向。

塔河油田稠油开采过程中探索了多种降黏技术，包括电加热杆加热降黏技术、闭式热流体循环降黏技术、纳米保温油管技术等物理降黏技术，以及化学复合降黏技术、低温催化降黏技术等化学降黏技术。但存在以下难题：一是超稠油化学降黏的成本高、影响地面破乳。主要表现在：①常规油溶性及水溶性化学降黏的纯剂成本普遍在 2 万元/吨以上，加量浓度在 0.2%以上，节约稀油成本大于 300 元/吨；②水溶性降黏存在乳化与破乳的矛盾，尤其是面对 $100\times10^4 mPa\cdot s(50℃)$ 的特超稠油存在难以同时解决乳化与破乳的问题。二是常规物理加热降黏受地层及设备配套影响大。主要表现在：①超稠油黏温在井筒的拐点超过 3000m，加热设备下深难以满足；②常规电加热技术工艺复杂，加热降黏热损失大、热效率低、电加热杆易击穿、故障率高。基于以上问题，亟待寻找新型高效的稠油降黏技术。

2 矿物绝缘电缆加热降黏技术

塔河油藏埋深大，地层条件与井口温度压力条件差异大，加之原油温敏性强，电加热具有较大潜力。随着特超稠油储量的投入开发，目前稠油产量逐年上升，掺稀油用量持续增加，2021 年掺稀油用量达 $591\times10^4 t$。同时面临稀油缺口、稀稠油差价大的开采形势，制约了稠油产能的提升，影响了油田的经济效益[6]。电加热工艺在国内外广泛应用，通过加热原油，降低原油的黏度，在较低的掺稀比之下稠油便能采出，节约了宝贵的稀油资源。常规电加热技术存在加热效率低、故障率高、加热电缆下潜深度不够等问题。矿物绝缘电缆加热降黏技术由于其操作方便、采用 T_2 纯铜电阻生热、发热功率高、油管内加热、换热载体小、换热效率高、温度调节方便、井筒温度场变化小、下入深度大，在塔河油田得到了较为广泛的应用。

2.1 技术原理

矿物绝缘电缆由连续无缝的金属管作护套、单根或多根合金电阻丝作发热源、紧密压实的高纯氧化镁作导热绝缘体。电缆末端将三根发热线芯焊接，构成三相星型联接，并采用尾端组件进行密封和绝缘，尾端为锥形或球形导头，便于下井作业，矿物绝缘电缆结构如图 1 所示。矿物绝缘电缆为电阻性发热元件，纯铜发热，加热效率高，可以将电能 98%转化为热能。选用氧化镁粉末作为绝缘层设计，具有耐温高（≥800℃）、绝缘电阻高（≥100MΩ）以及加工流动性好等优点。电缆护套层材质选用 321 不锈钢，具有很强的耐腐蚀、耐高温特性[7]。

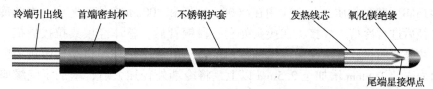

冷端引出线　首端密封杯　　　不锈钢护套　　　　发热线芯　氧化镁绝缘

尾端星接焊点

图 1　矿物绝缘电缆结构

2.2 技术特点

与常规电缆相比，矿物绝缘电缆可以满足塔河油田大功率、高下深的需求。常规电缆多采用单相电加热，功率低。矿物绝缘电缆采用三相电三芯生热，加热功率可达 350kW，远高于常规电缆的最高功率 150kW，能更好地适应大液量稠油井电加热的需求。

常规电缆一般采用集肤生热方式，电加热功率低，电热转换效率不超过 0.85，在塔河某些井的实际应用中一些井的电热效率仅为 0.65，造成了电能的浪费。矿物绝缘电缆优选低电阻率的 T_2 纯铜为发热导体，不同材料的电阻率如图 2 所示，转换生热方式为高效纯电阻生热，电热转换效率提升至 0.98。

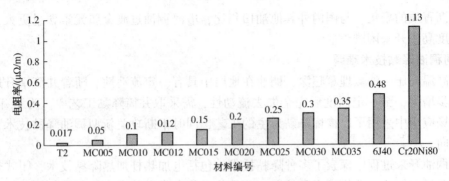

图2 不同材料电阻率对比

常规电缆的绝缘层多采用PVC、硅橡胶等有机类材料，这些材料不耐高温，易老化击穿造成故障，导热性能一般，极限工作温度低，如硅橡胶的极限温度为200℃，PVC材料的极限温度仅为60℃。矿物绝缘电缆采用耐温2800℃、绝缘电阻大于100MΩ·m的氧化镁作为电缆绝缘层，与常规绝缘层相比，显著提高了耐温抗老化能力，不同材料的绝缘层示意图如图3所示。针对塔河高盐、高硫腐蚀的井下环境，优选耐腐蚀、耐高温及高强度奥氏体合金护套，并组合形成整体式电缆，可以提高下深，其抗拉强度高达520MPa、质量仅2.2kg/m，电缆质量轻、负荷小，安全系数大，核算下深5000m时其安全系数大于1.89。

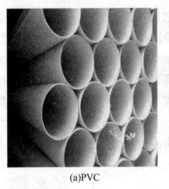  

(a)PVC   (b)硅橡胶   (c)MgO矿物

图3 电缆不同的绝缘层材料

2.3 工艺优化

针对塔河油田高温高压、稠油资源超深超稠的特点，在电缆的加工制备方面主要从原材料选型及品控、生产工艺、结构设计三个方面进行了改进升级。

加强电缆成品的检验力度，对出厂的每根油井电缆做拉力测试、电气性能耐压绝缘测试和金相分析，保证成品合格率为100%。选用屈服强度更大的油气用管线管，采用L390屈服强度390MPa和L415屈服强度415MPa两种材质，分别应用在2000m电缆和3000m电缆工艺中。电缆冷线经过模具缩径与热线达到等径后进行冷挤压焊接，在接头处套一段铜管后，整体经模具拉拔后抱紧接头，提高连接强度，并增加往复弯曲试验频次确保连接强度（图4）。电缆冷热端连接结构改进为阶梯变径，冷端位置绝缘厚度由原先的1.8mm增加至2.5mm以上，将冷端外径加大后，增加了绝缘厚度，提高了安全性能，确保电缆在使用过程中安全、平稳运行[8]。

针对塔河超深稠油井压力高、井控风险大、井深电缆安装周期长、沙漠昼夜温差大、回压波动大、工艺配套难的问题，油田现场通过升级井口密封装置、首创电缆不压井作业方法、研制智能控温系统，形成了超深、高压复杂工况井的电加热配套工艺，确保矿物绝缘电缆安全、高效运行。

塔河油田地层压力可到70MPa，井口压力超过20MPa，油气井井控风险大。常规加热工艺采用盘根密封（图5），盘根耐温90℃，密封承压仅为4MPa。矿物绝缘电缆加热工艺采用石墨盘根加双闸板防喷器密封（图6），盘根耐温提高至120℃，密封承压升高至45MPa，满足了高压井电加热安全生产要求。

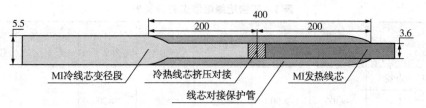

工艺介绍：1.冷线芯一端经过模具缩径达到热线直径。
2.缩径的冷线一端与同直径热线芯进行冷挤压焊接
接头打磨圆整保持与线芯等径。
3.冷热接头处套一段铜管，整体经模具拉拔抱紧接头
外径达到与冷线芯等径两端各20cm。

图 4　电缆冷热线焊接工艺改进示意图

图 5　常规空心杆电加热盘根密封装置

图 6　石墨盘根+双闸板防喷器密封装置

　　常规加热杆的配套工艺安装周期长、风险高。矿物绝缘电缆由于其整体式结构，安装时采用连续油管作业密封装置+连续杆作业车，形成了不压井作业快速安装方法，作业时间由 7d 降至 1d，单井节省费用 10 万元。该配套工艺避免了压井作业时压死油井，降低了作业周期及成本，同时连续油管防喷器组可重复使用。针对油田沙漠气候昼夜温差大、井温和回压波动问题，研发了电加热智能自控温系统实时调整加热功率，确保井口温度稳定，确保生产平稳同时起到节能作用，单井平均节能达 21.5%。

3　矿物绝缘电缆加热降黏技术现场应用

3.1　选井原则

　　总结前期 43 井次现场应用效果，针对不同类型油井，初步建立了矿物绝缘电缆在塔河油田的三级应用原则，如表 1 所示。

表1 矿物绝缘电缆选井分类表

分类	能量补充	类型	低含水周期/d	掺稀/t	稀稠比	升温空间/℃	日均优化潜力水平/t	日均增油水平/t	成本回收期/d	投入产出比
Ⅰ类	稳定生产	自喷	≥300	≥90	≥2.5	≥20	≥30	≥5	101	2.1
		电泵							101	2.1
		自喷+电泵							114	1.9
Ⅱ类	稳定生产	自喷	≥300	≥80	≥2.5	≥20	≥20	≥3	132	1.7
		电泵							132	1.7
		自喷+电泵							154	1.6
Ⅲ类	稳定生产	自喷	≥250	≥70	≥2.0	≥15	≥15	≥2	196	1.2
		电泵							196	1.2
		自喷+电泵							228	1.1
	周期补能生产天数>250	自喷							196	1.2
		电泵							196	1.2
		自喷+电泵							228	1.1

（1）Ⅰ类：地层含水<20%，低含水周期>300d，供液稳定300d及以上，掺稀量>90t、稀稠比>2.5，升温空间>20℃，日均优化潜力30t及以上，日均增油5t及以上，投入产出比>1.9，满足条件可直接作业应用。

（2）Ⅱ类：地层含水<20%，低含水周期>300d，供液稳定300d及以上，掺稀量>80t、稀稠比>2.5，升温空间>20℃，日均优化潜力20t及以上，日均增油3t及以上，投入产出比>1.5，满足条件开发研究所组织讨论应用。

（3）Ⅲ类：地层含水<20%，低含水周期>250d，供液稳定或周期补能生产天数>250d，掺稀量>70t、稀稠比>2.0，升温空间>15℃，日均优化潜力15t及以上，日均增油2t及以上，投入产出比>1.1，满足条件主管厂领导讨论应用。

3.2 应用概况及实例分析

通过持续优化改进，矿物绝缘电缆加热降黏技术日臻成熟。截至2022年8月，该工艺在塔河油田累计应用43井次，节约稀油48.6×10^4t，增油11.8×10^4t，电缆平均运行天数779d，日节约稀油505t，日增油79.2t，平均单井日耗电量4850kW·h。

以TH1209CX井为例分析。该井日产液量35t，日产油35t，含水0，日掺稀量110t，掺稀比3.1。3000m地层温度78℃，出液温度29℃。稠油比热容取2.5kJ/（kg·K），稀油比热容取2.2kJ/（kg·K）。

TH1209CX井岩层散热系数推算：

3000m深混合温度78℃，出液温度29℃，混合液举升过程降温释放热量，一部分向地下岩层散热Q_{sy}，另一部分经采油树向周围大气散热Q_{ss}。

根据能量守恒定律，$Q_f = Q_{sy} + Q_{ss}$，可计算出岩层综合散热系数：$k = 2.7$W/（m·K）

根据设计目标：加热深度3000m，出液温度80℃，稀稠比3.1，日产油35t。

按电热功率计算公式：

混合液从78℃提升至出液温度的加热功率：$Q_{升} = 188$kW

混合液向岩层及采油树周围大气的散热功率：$Q_{散} = 145$kW

安全系数取1.2，总电热功率：

$Q_{总} = 1.2 \times (Q_{升} + Q_{散}) = 1.2 \times (188 + 145) = 399.6$kW，取400kW。

因此，TH1209CX井的加热功率选择400kW，加热深度选择3000m。

该井采用矿物绝缘电缆加热后井口温度明显升高，掺稀量和掺稀比明显减小，节约稀油率明显。

加热前井口出液温度29℃，加热后井口温度80.7℃，井口温度增加51.7℃；加热前产油35t，加热后产油42.8t，产油增加7.8t；加热前掺稀110t，加热后掺稀67.7t，掺稀减少42.3t；掺稀比由3.1降至1.6；节约稀油率38.5%，符合设计预期，矿物绝缘电缆加热降黏技术在该井应用效果较好。

2021年，新增矿物绝缘电缆加热降黏技术7口井，井口温度升高、掺稀比和掺稀量降低明显，见表2。塔河稠油的拐点温度多在60℃左右[9]，加热以后井口温度普遍在65℃以上，高于黏温曲线上拐点温度，取得了较好的降黏开发效果。在7口井中，平均单井升温26℃；累计日产油32.8t，平均单井日增油4.7t；累计日掺稀油量减少189t，平均单井日掺稀量减少27t；平均单井节约稀油率20.3%。

表2 2021年油井应用效果

井 号	使用时间	阶 段	井温/℃	产油/(t/d)	掺稀/(t/d)	节约稀油率/%
TH1256	2021/4/20	加热前	46.6	26.9	160.6	-32.8
		加热后	72.3	24.3	108	
		差值	25.7	-2.6	-52.6	
TH1211	2021/4/23	加热前	54.8	32.8	188	-27.4
		加热后	82.1	41.6	136.5	
		差值	27.3	8.8	-51.5	
TH1260	2021/1/18	加热前	41.8	41.6	156.5	-12.7
		加热后	64.2	44.8	136.6	
		差值	22.4	3.2	-19.9	
TH1292X	2021/6/9	加热前	57.3	32.2	146	-4.0
		加热后	73.3	54.3	140.2	
		差值	16	22.1	-5.8	
TH1218CH	2021/8/17	加热前	45	22.3	115	-16.9
		加热后	64.6	25.2	95.6	
		差值	19.6	2.9	-19.4	
TH1271H	2021/9/3	加热前	42	15.3	61	-34.1
		加热后	69	6.8	40.2	
		差值	27	-8.5	-20.8	
TH1273H	2021/11/8	加热前	31	31.7	133	-14.3
		加热后	76	38.6	114	
		差值	45	6.9	-19	

4 结论

（1）矿物绝缘电缆采用整体式结构、三芯生热、绝缘层采用氧化镁矿物，可以满足塔河稠油井大功率、高下深、大液量的生产要求。电缆选用 T_2 铜为发热导体，采用高效纯电阻生热方式，电热转换效率达0.98，节约电能，提高了该技术的经济性。

（2）针对塔河超深稠油井压力高、井控风险大、井深电缆安装周期长、沙漠昼夜温差大、回压波动大、工艺配套难的问题，在配套工艺方面，油田现场通过升级井口密封装置、采用电缆不压井作业方法、开发智能控温系统，确保矿物绝缘电缆安全、高效运行。

（3）矿物绝缘电缆加热降黏技术目前已经成为塔河油田稠油降黏工艺的一项较为成熟的技术，并形成了矿物绝缘电缆的三级应用原则。在塔河油田累计应用43井次，节约稀油48.6×10⁴t，增油11.8×10⁴t，现场应用效果显著。

参考文献

[1] 张琪. 采油工程原理与设计[M]. 山东东营：中国石油大学出版社，2000.

[2] 刘中云. 基于难动用储量开发的石油工程协同管理创新及实践[J]. 石油勘探与开发，2020，47（06）：1220-1226.

[3] 任波，丁保东，杨祖国，等. 塔河油田高含沥青质稠油致稠机理及降黏技术研究[J]. 西安石油大学学报（自然科学版），2013，28（06）：82-85+11.

[4] 邹国君. 塔河油田超深超稠油藏采油新技术研究[J]. 西南石油大学学报（自然科学版），2008，30（4）：130-134.

[5] 贾晓燕. 塔河油田深层稠油开采技术研究[J]. 西部探矿工程，2014，26（4）：46-48.

[6] 梁志艳，邱振军，夏新跃，等. 矿物绝缘加热电缆在塔河超稠油开采中的应用[J]. 新疆石油天然气，2018，14（02）：64-67+4.

[7] 侯献海，李璐，李柏颉，等. 矿物绝缘电缆在超深超稠油开采中的应用[J]. 承德石油高等专科学校学报，2019，21（06）：12-15+68.

[8] 程仲富. 塔河油田超深超稠油矿物绝缘电缆加热技术研究[J]. 长江大学学报（自科版），2017，14（21）：32-35+4.

[9] 梅春明，李柏林. 塔河油田掺稀降黏工艺[J]. 石油钻探技术，2009，37（01）：73-76.

普通稠油油藏火驱
见效初期生产特征分析

李玉英[1]　**郑浩然**[2]　**曾庆桥**[1]　**陈　洪**[3]　**黄军英**[3]　**闫暄崎**[4]

【1. 中国石油华北油田勘探开发研究院；2. 中国石油勘探开发研究院；
3. 中国石油华北油田开发部；4. 中国石油华北油田工程技术研究院】

摘　要： 蒙古林砾岩为国内首个开展火驱技术的普通稠油油藏，试验的成功开展充分证明了普通稠油高含水开发后期火驱技术是可行的。采用室内实验和油藏工程方法，结合监测资料，研究了普通稠油油藏火驱见效初期的生产特征，结果表明注气压力呈现初期上升、后期下降或者小幅波动的规律；区块整体见效速度快，无排水期，生产井呈现明显的油量上升、含水下降的生产规律；原油发生改质，黏度降低，轻质组分含量上升；生产井温度无明显变化，油藏压力逐渐恢复；产出气组分基本稳定，氮气含量75%，氧气含量低于1%，反映地层燃烧情况良好；火线前缘沿物源方向和天然裂缝方向推进较快等见效规律，为同类型油藏开发提供经验借鉴。

关键词： 普通稠油；火驱技术；先导试验；生产动态

蒙古林砾岩油藏位于二连盆地马尼特坳陷东部，阿南凹陷阿尔善大断层上升盘，目的层位于阿尔善组阿三段，埋深760~900m，地下原油黏度102.1mPa·s，油层厚度10~25m，隔夹层不发育，为底水块状普通稠油油藏。自1989年投入开发以来，经历几十年的注水开发，常规调整措施效果逐渐变差，区块长期处于低速开发阶段，迫切需要转变开发方式以改善油藏开发效果。

火驱技术作为稠油油藏提高采收率的重要技术之一[1,2]，从1958年起国内开展技术攻关研究，伴随着在新疆、辽河、胜利等油田的成功试验和工业化应用，其提高采收率潜力也得到广泛认可。但是，矿场实施区块基本为蒸汽吞吐达到经济极限或者超稠油、超深层稠油、浅薄层、薄互层稠油、水敏性稠油等难动用的稠油油藏，对于水驱开发后期的普通稠油油藏，本次为国内火驱技术首次应用于该类型油藏，不论是现场试验工艺还是火驱见效特征，均与国内其他试验成功区块存在差别，为了进一步完善火驱技术理论体系，提高稠油开发的技术水平，对蒙古林砾岩油藏火驱先导试验矿场实施规律进行总结，为今后火驱技术的发展和同类型油藏开发提供借鉴。

1　室内物理模拟研究

蒙古林原油相较于国内实施火驱区块原油(辽河杜66、新疆红浅等)原油黏度低、油藏压力高，国内外缺乏参照实例。

室内燃烧管物理模拟实验结果证明，蒙古林原油点火温度应在400℃以上，如图1所示，在400℃开展注空气点火，形成450~470℃高温燃烧前缘。高温燃烧前缘可以充分耗氧、稳定推进，充分发挥火驱大幅度提高采收率的技术优势，如图2所示，高温燃烧前缘以15min一个测温点的速度稳步推进。

作者简介：李玉英，女，高级工程师，硕士研究生学历，毕业于中国石油大学(华东)油气田开发专业，就职于中国石油华北油田勘探开发研究院，长期从事提高采收率相关科研工作。E-mail：yjy_ liyuying@ petrochina. com. cn

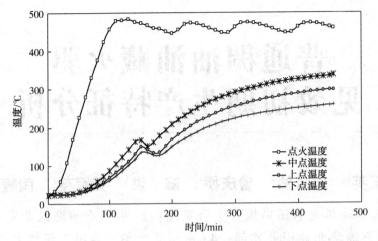

图 1　不同点火温度下燃烧前缘温度变化曲线

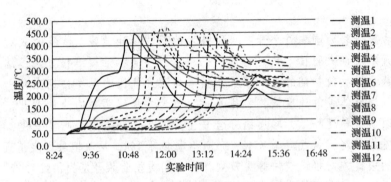

图 2　一维火驱物模不同测温点温度变化曲线

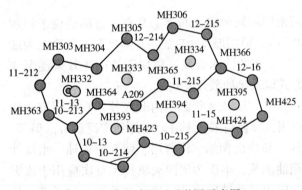

图 3　火驱先导试验井网示意图

2　先导试验方案及矿场实施概况

蒙古林砾岩油藏自 1989 年采用 300m 三角形井网投入开发，目前可采储量采出程度 96.6%，综合含水 91.26%，采油速度 0.26%，长期处于低速开发阶段，2022 年启动 6 个井组的火驱先导试验，新钻井 17 口，形成 6 注 22 采的反七点面积井网，井距 150m，如图 3 所示。目前，矿场已出现明显的见效反应，由于实施时间尚短，本文主要针对见效初期的见效特征进行总结，便于了解水驱开发后期普通稠油油藏火驱动态特征变化规律。

3　点火工艺方案及实施

油层成功点火是火驱成功的关键之一，为保障点火工作的顺利进行，蒙古林砾岩火驱先导试验采用智能电点火技术，并对注气流程和点火工艺进行了优化。首先注气方式为四阶段注入，油管预注氮气→环空注氮气保护段塞→油管注空气→持续注空气点火，考虑到原油黏度较低，第三阶段油管较长时间注入空气后，容易发生氧窜，因此将四阶段注气改进为三阶段注气，油管注空气时间由 3d 缩短为 1~2h，改为注入少量的空气顶替段塞，然后持续注空气点火，以此保证施工过程中的安全性。其次，对方案设计的四阶段逐级升温点火工艺进行改进，采用直接升温点火工艺，如图 4 所示，缩短点火时间，提升点火期间温度上升速度，提升点火效率。同时避免了油层内自发产生低温氧化反应，降低了井筒燃烧风险，提高点火效率，保证了施工过程中的安全性，成功实现 6 口注气井的点火。

4 注气井生产特征分析

4.1 注入压力变化规律

火驱注气压力的影响因素比较多，像地层物性、含油饱和度、原油性质、注气速度、注采井距等多个方面，矿场实施中，正常的注气压力对于维持地下稳定燃烧，促进油墙的形成和稳步推进有重要作用，各阶段压力变化指标也是表征地下燃烧状态的重要指标之一。

现场实施初期，注气压力随着注气速度的提升，地下燃烧前缘的逐步推进，慢慢形成稳定的油墙，注气压力呈现逐渐上升的规律，如图5所示，平均注入压力由13MPa上升到15MPa，当火线不断向前推进，燃烧半径逐渐扩大时，同样注气速度下，注气压力逐渐下降并维持稳定状态，平均注入压力由15MPa下降到13.4MPa，这个压力变化规律符合高温燃烧矿场见效反应。

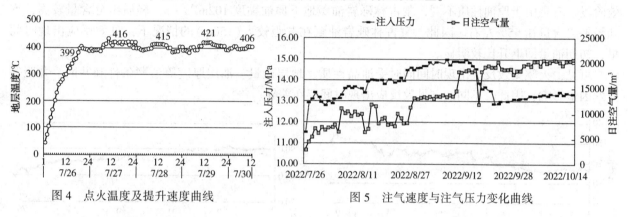

图4 点火温度及提升速度曲线   图5 注气速度与注气压力变化曲线

4.2 吸气剖面变化规律

采用高精度分布式光纤测温系统、声波震动测试系统及高温存储式多参数测试仪对点火前后的吸气剖面等情况进行监测，从测试数据可见，测试井段范围内声波振动信号振动响应特征强烈，如图6所示，点火前，油层平均温度为42.19℃，吸气率为82.15%，吸气量为853.54Nm³/h，吸气强度为142.26Nm³/(m·h)，吸气良好；点火后油层平均温度为80.94℃，吸气率为80.15%，吸气量为168.32Nm³/h，吸气强度为28.05Nm³/(m·h)，吸气良好。因此，目前注气井吸气剖面相对均匀，说明近井地带储层物性非均质性差异小，有利于后期火线的均匀推进。

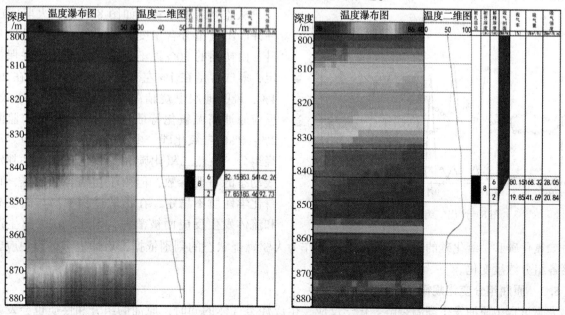

图6 点火前后吸气剖面测试图

5 生产井生产特征分析

5.1 见效井生产特征

从试验区点火注气后的见效井生产规律来看,火驱后,见效时间出现早,生产井 30d 左右即呈现油量上升、含水下降的生产规律,如图 7 所示,日产油由 16.7t 上升到 34.4t,含水由 90.3% 下降到 79.6%。因此,水驱后期普通稠油油藏与注蒸汽开发后期稠油油藏火驱呈现的见效特征存在差异,分析原因主要有以下几点:一是注蒸汽驱稠油油藏火驱实施后受地层中大量次生水体影响,见效前会先经历排水阶段,待燃烧带前缘大部分次生水体排出地层后才进入产量上升阶段[3,4]。蒙古林砾岩油藏为块状底水油藏,油层厚度大,水驱开发期间油水井间基本未形成横向驱替,油层中部次生水体含量少。二是火驱前采用蒸汽吞吐开发方式油藏,地下能量亏空明显,待地层补充一定地层能量后才能进入见效阶段。三是由于原油性质不同,蒙古林砾岩油藏地下原油黏度 102mPa·s,轻质组分含量较高,饱和烃平均含量在 55% 左右。因此,蒙古林砾岩油藏在井距较大(150m)的情况下,见效反应出现时间早,初期油量即上升比较明显。

可见,火驱见效反应出现时间同时受油品性质、地层能量、油层厚度等油藏条件和井网、井距等开发因素影响,因此,不同油藏见效反应出现时间存在差异。

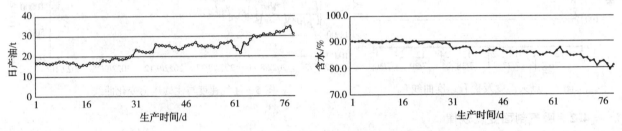

图 7　火驱试验生产井日产油、含水变化曲线

5.2 产出气组分变化规律

产出气组分变化规律是判断火驱地下连通状况、燃烧状态和见效情况等最经济普遍的方式,也是后期火线调控的有效依据和安全生产的保障之一[5,6]。为此,建立针对火驱产出气组分的监测方法,采用便携式气体测试仪和室内全烃气相色谱分析结合的方式,对火驱单井产出气组分进行监测,检测组分包括氧气、氮气、氢气、一氧化碳、二氧化碳、硫化氢、氢气、烷烃类气体等火驱气体重要组分。

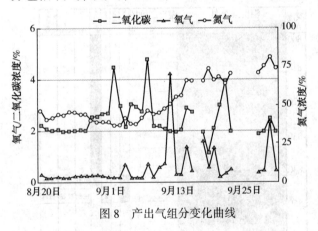

图 8　产出气组分变化曲线

从监测结果来看,如图 8 所示,火驱实施后油井产出气组分含量变化明显,氮气含量稳步上升,由初期的 30% 逐渐上升到 75% 左右并保持稳定,氧气含量在 1% 左右,二氧化碳维持在 2%~4%,说明地层燃烧情况良好,氧气利用率较高,反应原油高温氧化特征。另外,产出气中监测出 2%~4% 的二氧化碳、少量的一氧化碳、甲烷等轻烃组分。虽然二氧化碳和一氧化碳浓度是判定火线动态的重要参数,但由于初期含量较低,且本身化学性质不稳定,在扩散过程中易与储层矿物和流体发生反应而被消耗,因此,在火驱生产初期,二氧化碳和一氧化碳的含量较低,暂不能作为火驱燃烧状态的判别依据,后续生产过程中应密切观察各组分浓度变化。

5.3 原油组分变化规律

火驱过程中原油发生高温裂解等化学反应,生成烃类气体的同时,原油的组分和性质也会发生变化,实现了原油的改质[7,8]。通过对见效井点火前后原油取样对比发现,点火前后原油外观明显发生变化，如图9所示，见效后原油呈黄泥巴色，黏稠，室温下具有流动性，无游离水，且乳化程度较高。从原油黏度和组成的变化来看，如图10、图11所示，蒙古林砾岩油藏火驱实施后，生产井的原油黏度呈现不同程度的下降，平均下降幅度14%。原油组成中饱和烃含量上升，芳香烃、胶质、沥青质含量下降，其中轻质组分由30.86%上升到36.37%，这是由于火线向生产井推进过程中，原油裂解产生轻质组分，受热蒸馏和气驱作用，运移速度要快于重质组分，轻质组分首先到达生产井，初期原油性质会发生变化。

图9　原油外观变化

由于蒙古林原油黏度本身偏低，同时正处于见效初期，因此原油性质变化幅度较其他区块低。但从变化的规律来看，体现出火驱对原油的改质作用，反映了地下稳定的燃烧状态。

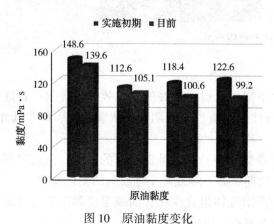

图10　原油黏度变化

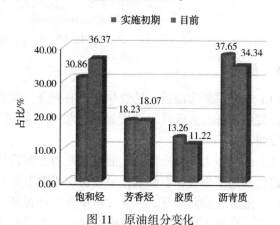

图11　原油组分变化

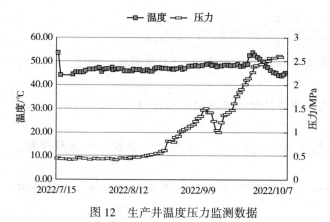

图12　生产井温度压力监测数据

5.4　油藏温度压力变化规律

火驱过程中伴随着复杂的传热、传质过程和物理化学变化，油藏燃烧产生大量的热和烟道气，对油藏的温度和压力产生一定量的影响，及时有效地掌握油藏温压状况对于火驱生产调控及开发调整具有重要的意义。

优选3口生产井，采用井下温压监测工艺对油藏的温度和压力进行实时监测。从温度监测情况来看，由于监测井为生产井，距离注气井较远，目前为实施初期，油藏温度基本稳定，如图12所示，维持在45℃左右的正常油藏温度范围内，表明目前火线推进正常，距离生产井较远。从压力变化情况来看，点火后，油藏压力逐渐上升，说明火驱技术的开展，一定程度上补充了地层的能量，有利于后期采收率的提高。

5.5　烟道气推进前缘展布形态规律

为了解火驱地下燃烧状况、火驱前缘推进速度和推进方向以及火线前缘在平面和纵向上的展布[9]，需要对火线的推进前缘情况进行监测，实施初期，火线燃烧半径较小，不同方向的推进半径大小差异性不明显，由于烟道气与流体均易沿高渗通道流动，所以前期烟道气推进前缘展布规律与后期火线前缘展布存在一定关系。

采用地面密集台阵能量扫描思维影像技术，对点火后的烟道气前缘展布情况进行连续监测，由于试验区地层倾角小，烟道气前缘在平面上展布相对均匀，受到沉积相影响，烟道气推进前缘沿物源方向推进较快，如图13所示，尤其是注采井间存在的存在天然裂缝的区域，烟道气推进速度明显快于其他区域，展布形态与见效井分布情况、烟道气产出量规律认识一致。后期加强西北和东南方向油井动态的密切跟踪，及时调整方案参数设计。

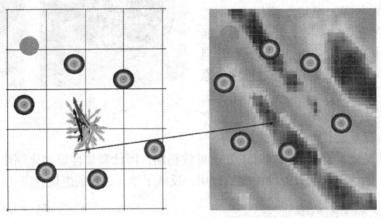

图13　烟道气推进前缘展布图

6　结论

（1）先导试验实施后，见效井日产油上升，含水下降，取得了较好的实施效果，表明了普通稠油水驱开发后期开展火驱技术改善油藏开发效果是可行性，与蒸汽驱后期油藏火驱相比，缺少排水期，见效较快。

（2）注气压力受地质因素、油藏因素和方案设计参数影响，压力呈现不同的水平，实施过程中受注气速度和地下燃烧状态影响，呈现初期压力上升，后期压力下降或者小幅波动的变化规律。

（3）地下燃烧状态复杂，通过对单井生产特征、产出流体组分变化、油藏温度和压力等方面规律进行总结，反映了地下实现高温燃烧状态，为后期动态调控提供依据。

参考文献

［1］王元基，何江川，廖广志，等．国内火驱技术发展历程与应用前景［J］．石油学报，2012，33（5）：909-914.

［2］关文龙，张霞林，席长丰，等．稠油老区直井火驱驱替特征与井网模式选择［J］．石油学报，2017，38（8）：935-945.

［3］袁士宝，宁奎，蒋海岩，等．火驱燃烧状态判定试验［J］．中国石油大学学报：自然科学版，2012，36（5）：114-118.

［4］林日亿，任旭虎，谢志勤，等．火烧开发现场动态跟踪分析［J］．中国石油大学学报：自然科学版，2012，36（1）：141-149.

［5］许国民．杜66块火驱开发动态调控技术研究［J］．特种油气藏，2014，21（1）：81-82.

［6］杨俊印，闫红星，刘家林，等．杜66块火驱典型产出流体变化特征［J］．特种油气藏，2020，27（3）：137-141.

［7］木合塔尔，高成国，袁士宝，等．红浅1井区注蒸汽后火烧油层生产特征分析［J］．大庆石油地质与开发，2021，40（4）：73-79.

［8］黄继红，关文龙，席长丰，等．注蒸汽后油藏火驱见效初期生产特征［J］．新疆石油地质，2010，31（5）：517-520.

［9］陈莉娟，潘竟军，陈龙，等．注蒸汽后期稠油油藏火驱配套工艺矿场试验与认识［J］．石油钻采工艺，2014，36（4）：93-96.

浅层超稠油 SAGD 水平井带压检泵技术攻关与实践

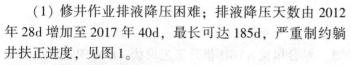

周晓义

【中国石油新疆油田公司风城油田作业区】

摘　要：随着风城 SAGD 生产规模的逐步扩大，泵卡、杆卡等待检泵问题井逐年增加，非机抽生产状态时出液温度、压力、液量波动大，油汽比低。而现场缺乏针对油藏埋深浅的双水平井 SAGD 带压检泵配套技术，待检泵井仅能采用"排液降压"的方式处理，因蒸汽腔逐步扩展，排液降压天数由 28d 增加至 40d，最长达 185d。针对这一问题，通过分析风城 SAGD 井检泵作业难点，开展带压检泵技术攻关，利用机械工具封堵井下压力，研发系列抽油泵及堵塞工具、优化施工工艺，形成 SAGD 井带压检泵配套技术，解决排液降压周期长、检泵作业难度大的问题，为风城油田及新疆油田 SAGD 规模应用提供强有力技术保障，并为国内油田同类问题的处理提供了借鉴经验。

关键词：SAGD；带压检泵；堵塞器；脱接器

1　前言

风城超稠油适合 SAGD 开发储量 $1.44×10^8t$，现场规模化应用 256 井组，建成百万吨产能规模，随着机抽生产井数的增加、连续生产时间的延长，泵卡、杆卡等问题凸显，由 2012 年 1 井次增加至 2017 年 25 井次，累计检泵作业发生 71 井次，非机抽生产状态时出液温度、压力、液量波动大，井下温度不易控制，油汽比低。而国内缺乏针对油藏埋深浅的双水平井 SAGD 带压检泵配套技术，现场仅能依靠"排液降压 - 压井 - 修井"的方式处理，即待修井通过密闭系统排液降压至一定温度、压力后，采用合适密度压井液平衡压井作业后开展提下管柱检泵作业，随着蒸汽腔体积的逐步发育，排液降压修井法也暴露出很多问题：

（1）修井作业排液降压困难；排液降压天数由 2012 年 28d 增加至 2017 年 40d，最长可达 185d，严重制约躺井扶正进度，见图 1。

（2）排液降压降低油井生产时率，油量损失大；排液降压影响 SAGD 单井日平均液量 $51.9m^3$，影响日平均油量 $10.8m^3$。

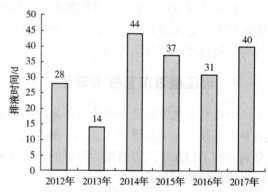

图 1　SAGD 检泵井排液降压天数分年统计

作者简介：周晓义（1985—），男，工程师，2010 年毕业于长江大学石油工程专业，现从事油气田开发工作。E-mail：fczhxy@ petrochina.com

（3）压井作业对储层污染大，降低了油井生产效果。采用高密度压井液实施压井后，储层受到一定伤害，平均影响单井日液量 15.7m³。

通过分析风城 SAGD 井检泵作业难点，开展带压检泵技术攻关，利用机械工具封堵井下压力，研发系列堵塞工具及抽油泵、优化施工工艺，形成 SAGD 井带压检泵配套技术，解决排液降压周期长、检泵作业难度大的问题。有效解决降本增效、安全生产矛盾突出的问题，实现 SAGD 高效开发，为风城油田及新疆油田 SAGD 规模应用提供技术保障。

2　耐高温封堵工具研制技术

针对 SAGD 井产出液温度高、压力大等特点，需研究耐高温封堵器、脱接器、全通径带压提杆装置及大井眼曲率配套投堵密封工具。

2.1　封堵器研究

研究内容包括：结构设计、材料优选，工具特点：①两组密封皮碗反向排列，密封压力 10MPa；②密封芯轴侧面封堵进油通道，中孔沉砂；③密封件采用非金属高分子聚苯，耐温 370℃，5 年；④芯轴通过轴向机械运动实现油流通道开启、关闭。

2.2　脱接器优化设计

脱接器依靠自身结构，连接堵塞器和抽油泵，通过杆柱机械运动实现密封芯轴的轴向运行，完成堵塞器开启、关闭动作。

柱塞和固定阀之间采用轨道式脱接器，与固定阀一体化设计，通过轴向运动可实现单次对接、双次脱开。室内实验显示轴向操作力 5kg、行程距离 20cm 可实现顺利脱开。

固定阀和堵塞器之间采用护套卡爪式脱接器，球笼式对接脱开工艺，通过轴向运动实现下放对接、上提到位脱开。室内实验显示，脱接位置处上提脱接力小于 100kg，轴向操作距离 50cm，进油状态时护套保护卡爪可承受 50t 拉压力不脱开。

2.3　全通径光杆密封器研制

注脂盘根盒通径 Φ26mm，杆柱最大直径 Φ70mm，不满足带压提杆工艺需求。研制了全通径光杆密封器，注脂密封和柱塞工作筒与闸板密封主壳体进行了一体化设计，压力等级 14MPa、工作温度 ≤260℃、主通径 Φ80mm，筛选出适合高温条件下密封胶芯，满足现场作业要求。

2.4　大井眼曲率井投堵、密封工艺

针对风城 SAGD 水平井井眼曲率大、轨迹不平滑特点，进行带压投堵及密封解封工艺研究，包括：油管桥塞、定压滑套、管柱设计 3 个方面；油管桥塞配合扶正装置、合理的桥塞尺寸和预投堵段设计可有效提高水平井投堵成功率。

3　带压检泵工艺技术研究

为攻克常规方法检泵作业所带来的一系列难题，开展了 SAGD 带压检泵技术攻关，核心问题是突破泵下或泵上压力封堵技术瓶颈，并保障封堵工具在长期高温条件下的工作可靠性。以此为出发点，分别开展了以泵下压力封堵为目标的不压井采油工具带压检泵试验，以及以泵上压力封堵为目标的管内投堵带压检泵试验。

3.1　泵下脱接堵塞器带压检泵工艺

基于举升泵、脱接器、堵塞器不同组合方式，结合风城 SAGD 举升工艺现状，形成四针对不同排量杆式泵、管式泵的泵下脱接堵塞器带压检泵工艺技术。

3.1.1　Φ70mm、Φ44mm 杆式泵不压采油工具带压检泵技术

由杆式泵（或管式泵）、脱接器、封堵总成三部分组成。该工艺利用杆式泵与封堵器相结合，以脱接器为连接纽带，通过上提杆式泵关闭封堵器封隔井下压力，下泵时通过脱接器对接，推动封堵器下移实现解封，打开油流通道再次生产，最终实现 SAGD 带压检泵（图 2、图 3）。

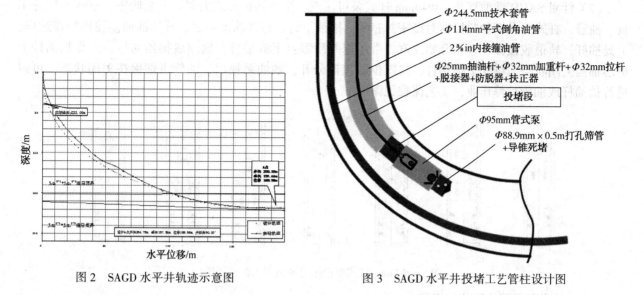

图 2　SAGD 水平井轨迹示意图　　　　图 3　SAGD 水平井投堵工艺管柱设计图

3.1.2　Φ95mm、Φ120mm 管式泵不压采油工具带压检泵技术

管式采用 Φ95mm、Φ120mm 两种规格，Ⅳ级、Ⅴ级配合间隙，内置柱塞总成及固定阀总。其下部设计有用于坐封固定阀总成的密封锁套。柱塞总成由柱塞和轨道式脱接器两部分组成。轨道式脱接器脱接方式为旋转对接式，通过不同次数的结合实现柱塞总成与固定阀总成的解脱与对接。

3.2　泵上投堵带压检泵技术研究

针对泵下堵塞失效情况下带压投堵提泵、带压下泵的工艺要求，通过备脱接功能的抽油泵、全通径光杆密封装置、油管桥塞及定压滑套，利用连续油管投堵桥塞实施管内压力封堵，配合设备完成带压检泵。

4　带压检泵施工工艺设计

4.1　设计原则

采用抽油泵脱接堵塞器技术，依托上提下放抽油杆实现泵下封堵油流通道，进行带压提下管杆作业；当堵塞器密封失效时，利用泵上投堵桥塞工艺，带压提杆和投堵油管，实现带压检泵作业。可进行后续检泵作业的标志是出口无外溢、试压时泵压稳定。

4.2　杆式泵带压检泵施工工艺

（1）针对低产量水平井，Φ70mm 杆式泵可满足生产需要。带压作业阶段：上提光杆通过杆式泵连动脱接器至限定位置后，油流通道封堵，继续上提至设计位置脱接器解脱丢手，起出杆式泵。下泵时将脱接器、杆式泵与抽杆连接，下放抽杆脱接器对接，封堵实现杆式泵坐封，同时杆式泵推动封堵器下移，油流通道打开，工艺流程见图 4。

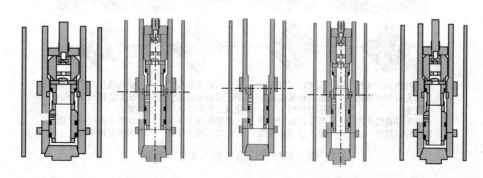

图 4　Φ70mm 杆式泵带压检泵施工工艺流程图

（2）针对 SAGD 辅助直井，Φ44mm 杆式泵可注汽、生产两种方式需要。下泵阶段：下入不压井工具、油管、杆式泵及两种脱接器对接密封芯轴。继续下行，打开油流通道，开始抽油。注汽操作过程：上提抽杆，轨道脱接器分开，开始注汽。带压修井阶段：下放抽杆，轨道脱接器对接，上提抽油杆上提芯轴至关闭状态，继续上提抽杆，将限位脱接器分开，抽油泵提出，油管下端保持关闭状态，可以进行抽油杆或油管检修作业，工艺流程见图5。

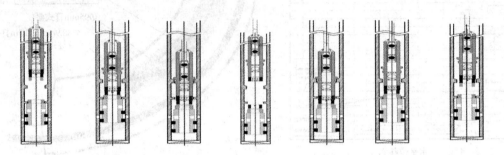

图 5　Φ44mm 杆式泵带压检泵施工工艺流程图

4.3　管式泵带压检泵施工工艺

针对较高产量油井，通过压井下入 Φ95mm、Φ120mm 管式泵及配套带压工具，可实现后期带压检泵作业。带压作业阶段：下放抽杆，柱塞和固定阀对接，再上提抽杆，固定阀下部卡爪上提封堵芯轴，至限定位置后（光杆上提距离0.4m），实现油流通道封堵，油管下部压力封隔，验证封堵效果，起出管内抽油杆柱，工艺流程见图6。

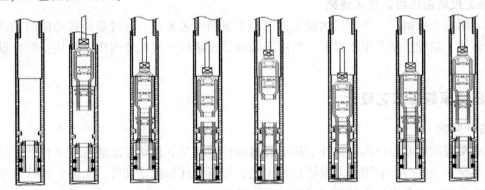

图 6　管式泵带压检泵施工工艺流程图

4.4　泵上投堵带压检泵施工工艺

泵上投堵带压检泵施工工艺泵作为一种补充方案。设计带压提杆、投堵、带压提泵、带压下泵杆及打滑套恢复生产等工序，工艺流程见图7。

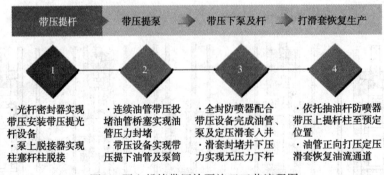

图 7　泵上投堵带压检泵施工工艺流程图

5 应用效果

（1）采用"泵下脱接堵塞器、泵上投堵桥塞"的机械封堵方法，成功解决了风城超稠油 SAGD 高温、带压检泵作业难题，形成了技术专利 7 项。本项目针对油藏埋深浅、物性差、汽腔压力高的风城超稠油 SAGD，采用常规排液降压修井周期长、效率低的问题，采用机械封堵的方法封堵井下压力，完成带压检泵作业 6 井次，最高作业压力 2.8MPa、温度 253℃。

（2）形成了 SAGD 带压检泵配套技术，工艺可靠率 100%。针对不同区块、不同产量的油井，研制了 4 种抽油泵及配套堵塞工艺，现场实施 91 井次，油流通道开启、关闭成功率 100%；开展带压维护扩大试验 20 井次。

（3）避免油井排液泄压，提高了油井生产时率。带压检泵工艺实施后，平均单井复产时间由前期的 40.3d（排液泄压+作业时间）降低至 7.3d（作业时间），问题井生产时间平均提高 33d，单井组减少排液降压期间油量损失 715.2t，见图 8。

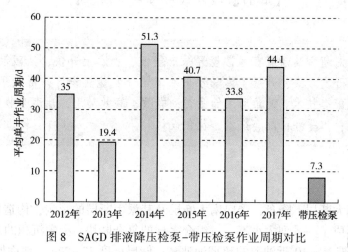

图 8　SAGD 排液降压检泵-带压检泵作业周期对比

6 结论及认识

（1）针对不同井型、产量油井，研发了系列抽油泵及配套机械堵塞工具，耐温达 370℃以上，成功完成了高温带压条件下的检泵作业。

（2）"泵下脱接堵塞器、泵上投堵桥塞"的方法，将抽油泵作为工作主体，利用柱塞、脱接器、封堵装置组合作用，实现进液通道的开启关闭，可以避免排液降压对产量造成的影响，成功率 100%。

（3）形成了带压检泵配套施工工艺技术。直井采用小直径注采两用杆式泵封堵工艺；低产水平井采取杆式泵脱接堵塞器封堵工艺；高产水平井采取管式泵脱接封堵器封堵工艺；水平井配套泵上投堵桥塞封堵工艺。

参考文献

[1] 邱福寿，等. SAGD 测试连续油管带压提下工艺的研究[J]. 新疆石油科技，2015，2.

[2] 万仁溥. 采油技术手册[M]. 北京：石油工业出版社，1998.

[3] 桑林翔，等. 风城超稠油双水平井蒸汽辅助重力泄油开发试验[J]. 新疆石油地质，2012，33（5）：570-573.

[4] 李呈祥，等. 带压起下抽油杆作业装置的研制与应用[J]. 机械工程与自动化，2016，12（6）.

馆下段超稠油油藏水平井热采开发配套技术
——以义 281 块开发为例

樊素烨　刘国宁　徐　磊　庄　栋

【胜利油田分公司河口采油厂】

摘　要：本文针对超稠油油藏直井常规开采产能低、含水上升快、油藏动用难度大、采收率低等突出问题，转换开发方式，开展了热采水平井单层开发优化设计，形成了热采水平井的经济技术政策界限及工艺配套技术。使难动用储量得到有效、高效动用，油藏采收率提高 9.7%。

关键词：超稠油；水平井；配套技术；优化设计

1　油藏特征

义 281 块位于埕南大断层下降盘，受埕南大断层及其派生断层的影响，构造复杂，断裂系统发育。多级断层相互切割，形成了一系列大小不一、组合多样的复杂断块，上覆沉积的多套薄互层砂泥岩及复杂的断裂系统形成了该带 $N_1g_2^10^3$ 近油源的超稠油油藏；储层厚度 12~22m，地面原油密度 $1.0061g/cm^3$，50℃原油黏度 109000mPa·s，重力分异作用形成了上水下油的油水系统，油层 10m 左右；油水体积比在 0.8~1.2 之间，局部发育 0.5~1.5m 的隔夹层。

2　开发难点

义 281 块 2005 年上报控制储量 $516.21×10^4t$，由于油稠及开发工艺配套技术限制一直未得到动用开发及储量升级。勘探期实施的直斜井常规试油获 1.8~2.2t/d 低产油流，累油少；50℃原油黏度 109000mPa·s，重质超稠油原油流动性差，热采注汽压力高；储层埋藏深 1560~1620m，热损失大，井筒举升困难；直井开发受顶部水体影响，含水上升快，目前无有效控顶水工艺，试采累产低。

3　热采水平井优化设计

3.1　热采可行性分析

胜利油区开发的实践经验，一般油层温度下地面脱气原始黏度低于 3000mPa·s 的稠油油藏，采用水驱开发；原始黏度在 3000mPa·s 以上的稠油，采用注蒸汽开采及其他热采方式。根据黏温曲线（图 1）可以看出，温度每升高 5℃时，原油黏度下降近一半，该块稠油油藏对温度敏感性强，适宜热采。义 281 块应立足于注蒸汽开发。

3.2　技术政策界限确定

利用 CMG 数值模拟软件，建立了井组概念模型，纵向上细分为 6 个小层，平面上 X 方向网格数为 46，Y 方向网格数为 21，总结点数为 5796（图 2）。

作者简介：樊素烨，就职于胜利油田分公司河口采油厂，高级工程师。E-mail：fansuye.slyt@ sinopec.com

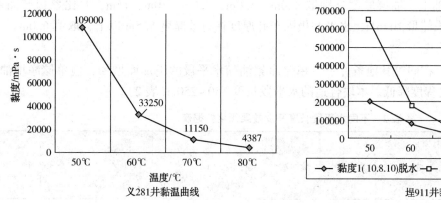
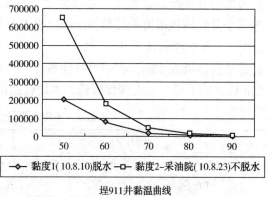

图1　黏温曲线对比图

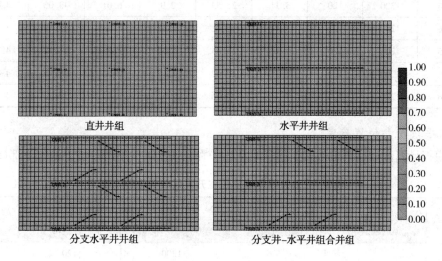

图2　概念模型不同井型设计

3.2.1　井型优化

根据数值模拟对不同井型在热损失以及不同开发方式下的净累油等方面的数据模拟，水平井对比直井可减少热损失28.1%，同时整体水平井开发在蒸汽吞吐开发方式和表1不同井型条件下吞吐生产指标对比表具有净累油高的优势，因此，充分考虑理论数据以及实际储量的有效控制，设计整体水平井开发(表1)。

表1　不同井型条件下吞吐生产指标对比表

开发方式	井型	吞吐阶段							
		周期数	累注汽/10^4t	CO_2注入量/t	降黏剂注入量/t	累产油/10^4t	油汽比/(t/t)	净累油/10^4t	采出程度/%
吞吐到底	整体直井	6.00	6000	600	3.49	0.58	2.47	20.02	
	整体水平井	14	8.40	2800	280	4.16	0.50	3.25	23.86
	水平井-分支水平井组合	13	10.92	3640	364	4.46	0.41	3.24	25.58
	整体分支水平井	11	11.88	3960	396	4.61	0.39	3.25	26.44

3.2.2　布井极限厚度确定

在油层厚度分别取3.0m、5.0m、8.0m、10m、15m，对比累积产油量。对于无底水的油藏而言，随着油层厚度的增加，累计产油量增加，考虑水平井的经济极限产油量，水平井吞吐开发的极限厚度要在3.0m以上。

在考虑吞吐生产的基础上，油层厚度分别取 3.0m、5.0m、8.0m、10m、15m，对比累积产油量。考虑热采平井经济极限可采储量 10761t，水平井极限布井厚度在有效厚度 5.5m 以上，取值 6.0m。

3.2.3 水平段长度确定

设定油层厚度在 10m，在同等其他条件下，单储净累油随水平段的增加而增加，但单储净增油量在 200m 后开始下降，采出程度降低。本块合适的水平段长度 150~250m（表2）。

表2 不同水平段长度开发效果优化数据表

水平段长度/m	吞吐阶段				汽驱阶段		累产油/10^4t	采出程度/%	净累油/10^4t	单储净累油/（t/t）
	累注汽/10^4t	CO_2注入量/t	降黏剂注入量/t	累产油/10^4t	累注汽/10^4t	累产油/10^4t				
80	3.6	1200	120	3.09	24.87	2.33	5.42	43.15	2.53	0.202
120	3.6	1200	120	3.11	25.53	2.9	6.01	43.06	3.07	0.22
150	3.6	1200	120	3.12	25.7	3.38	6.5	42.36	3.55	0.232
200	3.6	1200	120	3.13	26.44	4.04	7.17	41.12	4.17	0.239
250	3.6	1200	120	3.13	26.62	4.38	7.51	38.46	4.49	0.23
300	3.6	1200	120	3.14	27.16	4.63	7.77	37.14	4.71	0.225

3.2.4 水平段垂向位置确定

根据数值模拟计算数据，考虑油层上部顶水及热采吞吐注 CO_2，生产井位于油层下部（5/6）（表3）。

表3 采油井不同纵向位置开发效果优化数据表

采油井纵向位置	吞吐阶段				
	周期数	累注汽/10^4t	CO_2注入量/t	降黏剂注入量/t	累产油/10^4t
2/6	6	3.6	1200	120	3.03
3/6		3.6	1200	120	3.1
4/6		3.6	1200	120	3.13
5/6		3.6	1200	120	3.12

4 水平井热采配套技术

4.1 完井方式优化

根据超稠油油藏储层特点、井壁稳定性、出砂情况预测与防砂完井方式的评价结果，研究确定该块水平井的完井方式为高精密滤砂筛管完井方式。工艺模式为水平井防砂筛管顶部注水泥完井工艺。该技术的优点是采用适合地层挡砂精度的高精密滤砂管下至水平段油层部位，上部井段固井返至地面。与套管射孔防砂完井相比，筛管完井可减少近井污染和流体流入井筒阻力、增大油井泄油面积，更大限度发挥油井潜能，提高油井产能，防砂筛管完井先期投入少，后期投入费用少，单井可以节约费用（60~80）万元，经济效益更为显著。

特别是筛管挡砂精度的优选可以实现挡砂排砂相结合，可以有效解决滤砂管堵塞问题。根据室内模拟实验及现场应用实践，优选 7in 高精密滤砂筛管，挡砂精度 0.20mm。

4.2 水平井 HDCS 工艺

该块属于深层超稠油油藏，油层深、原油黏度高，井底的蒸汽质量对其热采开发效果影响很大。因此，在注汽时应尽量降低注汽压力，提高蒸汽干度。针对该区块的油藏特点，设计注汽前注入油溶性降黏剂和 CO_2，在降低注汽压力的同时，又可以提高蒸汽的波及体积，减小注汽热损失。注汽工艺设计主要包括油层预处理、注汽工艺管柱设计和注汽参数优化设计两部分。

4.2.1 油层预处理

根据数模图 3，确定义 281 块水平井单井油溶性降黏剂用量：15t，CO_2 注入量为 150t。

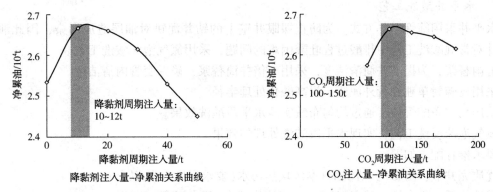

图 3　油溶性降黏剂、二氧化碳用量优化模拟图

4.2.2 注汽参数优化

应用"注蒸汽井筒热力参数计算软件"对不同压力下的井筒热力参数进行了计算。计算条件为垂深 1650m，造斜点 1300m，水平段长 200m，注汽管柱为 $4\frac{1}{2}$in×$2\frac{7}{8}$in 隔热油管（接箍处加隔热衬套），见表 4。

表 4　井口蒸汽干度为 80% 时水平井井底蒸汽参数（1650m）

井口压力/MPa	井口流量/(t/h)	压力/MPa	温度/℃	热损失/%
19	7	25.0	375.8	19.0
	8	24.7	378.1	16.6
	9	24.4	379.0	14.3
20	7	26.4	375.8	20.0
	8	26.1	379.1	17.0
	9	25.8	380.9	14.7
21	7	27.9	374.2	20.8
	8	27.6	378.6	17.6
	9	27.3	381.4	15.2

从计算结果可以看出，当注汽压力增加时，井底压力也增大，但由于饱和蒸汽的压力增大时其饱和温度也相应地上升，这时井筒与地层间的温差增加，因此井筒热损失也相应增加，井底干度下降。

因此，根据以上的分析，义 281 块 Ng10 砂组注汽时应根据注汽设备的情况尽量提高注汽速度和干度，同时在保证注汽速度和干度的情况下降低注汽压力，以提高蒸汽在井底的干度，减少热损失，提高注汽质量，增加油井产量。

根据数值模拟计算注汽强度 10t/m、12.5t/m、15t/m、18t/m，对比累产油和净累油，注气强度在 15t/m 下开发效果最佳（表 5）。

表 5　不同注汽强度蒸汽吞吐生产指标对比

注汽强度/(t/m)	累注汽 10⁴/t	CO_2 注入量/t	降黏剂注入量/t	累产油 10⁴/t	油汽比/(t/t)	净累油/10⁴t	采出程度/%
10	5.60	2800	280	3.57	0.64	2.88	20.47
12.5	7.00	2800	280	3.78	0.54	2.98	21.68
15	8.40	2800	280	4.16	0.50	3.25	23.86
18	10.08	2800	280	4.10	0.41	3.06	23.51

通过以上分析，得出义281块的注汽参数如下：注汽速率：9~12t/h，具体视注汽压力确定；注汽井口干度≥80%；注汽强度15t/m；锅炉选用亚临界注汽锅炉。

4.2.3 水平井酸洗工艺

该块水平井采用筛管完井方式。为防止裸眼井壁上的钻井泥饼对油层造成污染，因此油井采用酸洗工艺。针对常规酸洗工艺中排酸过程吐酸困难的问题，采用氮气泡沫酸洗工艺。

（1）管内替浆，为提高井筒清洁度，采用5倍井筒替浆，确保套管内清洁度。

（2）采用皮碗封单独替管外泥浆，提高酸化处理半径。

（3）采用均匀布酸管柱，通过均匀布酸实现水平段酸洗效果。

（4）氮气泡沫反洗工艺，实现水平段酸洗处理的效果。

根据要求推荐配方如下：

（1）优质完井液：防膨剂+清洗剂+本区块热污水（要求温度60℃以上）。

（2）酸洗体系：复合缓速酸+泡沫剂+本区块热污水（要求温度60℃以上）。

5 应用效果

近期，优选储量落实的埕南12-平33井区动用面积1.09km^2，石油地质储量185×10^{4}t，部署新井14口，前3年平均单井产能7.1t/d，新建产能3.37×10^{4}t。水平井单井周期峰值日产油10.5t/d，是直井的4.5倍，单元储量动用率由15.6%提高到67.8%，提高采收率9.7%，增加可采储量25×10^{4}t。同时，在埕南断裂带多个同类型超稠油油藏进行了矿场推广，共部署水平井35口，新建产能9.8×10^{4}t，单元提高采收率13.3%，增加可采储量65×10^{4}t。

6 结论与认识

（1）精细地质研究及认识是超稠油油藏有效动用的开发基础。

（2）应用数模技术，对超稠油油藏热采水平井开发技术政策界限进行了研究，确定了该油藏合理的开发方式，热采水平井参数等。

（3）通过精密滤砂筛管+酸洗+降黏剂等热采水平井配套技术应用，提高了超稠油油藏的储量动用率及采收率。

参考文献

［1］刘义刚，邹剑，王秋霞，等. 海上稠油油藏水平井注蒸汽开发技术研究［J］. 当代化工，2020.

［2］王波，张彬奇，王凯. 海上稠油热采水平井配套技术的研究与实践［J］. 化工管理，2020.

［3］付美龙，张鼎业. 杜84块超稠油油藏蒸汽+CO$_2$+助剂吞吐物理模拟实验［J］. 油田化学，2006，23（2）：147-148.

［4］霍广荣. 胜利油田稠油油藏热力开采技术［M］. 北京：石油工业出版社，1999.

泡沫油非连续降压冷采驱替特征实验研究

李星民　史晓星　沈　杨　杨朝蓬　陈长春

【中国石油勘探开发研究院】

摘　要： 保持一定的压降速度是含气重油油藏可就地形成稳定泡沫油流、取得较好冷采效果的前提条件。非连续降压冷采，泡沫油中油气赋存状态和驱替特征不清。通过室内一维岩心压力衰竭实验，对比泡沫油连续降压冷采和非连续降压冷采的驱替特征与油气赋存状态的差异。实验结果表明，非连续冷采，停产阶段油相中的分散气泡趋于聚并成大气泡和形成自由气。恢复生产后，相比连续冷采，泡沫油驱油作用减弱，产油速度峰值降低，拟泡点压力升高，采收率降低；增大压降速度，可一定程度增强泡沫油驱油作用。研究认识为制定该类油藏改善冷采效果的技术对策提供了理论依据。

关键词： 重油油藏；泡沫油；冷采；非连续降压；驱替特征

所谓"泡沫油"是指含溶解气重油，压力低于泡点压力后，溶解气滞后脱离油相，以分散气泡的形态存在于油相中，与原油一起流动，直至压力降至拟泡点压力，油气最终分离，成为常规溶解气驱[1]。泡沫油一次衰竭开发过程是一种非常规的溶解气驱过程，包含三个开采阶段：高压泡点压力的弹性开采阶段、泡点与拟泡点压力之间的泡沫油流阶段和低于拟泡点压力的油气两相流阶段[2]。其中，泡沫油流阶段，泡沫油流中分散气泡的存在，增大了原油的体积系数，提供了额外的驱动能量，是这类油藏能够取得较好衰竭开发(冷采)效果的一个重要原因，即泡沫油能量及其充分利用对冷采开发效果至关重要。泡沫油流形成及其稳定性影响因素包括溶解气油比、原油黏度、沥青质含量、压力衰竭速度、温度等，保持一定的生产压差和压降速度是含气重油油藏冷采形成稳定泡沫油流的前提条件[3-8]。但受生产条件等因素限制，泡沫油油藏冷采过程中，往往出现生产井频繁停启，甚至整体停产的情况，导致油藏处于非连续降压生产状态，冷采效果受到破坏。前人对正常和连续降压生产状态下的泡沫油驱油机理和开采特征做了大量的研究工作，但对非连续降压生产状态下的泡沫油的油气赋存状态以及驱替特征的研究属于空白。本研究利用委内瑞拉奥里诺科重油带典型的泡沫油油样，开展连续与非连续降压下的泡沫油一维岩心驱替对比实验，旨在揭示非连续降压生产状态下泡沫油驱油机理和开采特征，为改善该类油藏非连续降压生产状态下的开采效果提供理论依据。

基金项目：中国石油天然气股份有限公司"十四五"前瞻性基础性课题"美洲超重油改善开发效果与提高采收率技术研究"(2021DJ3208)

作者简介：李星民，男，1976年5月生，油气田开发工程专业博士，高级工程师，工作单位中国石油勘探开发研究院美洲研究所，从事重油开发优化与提高采收率等研究，任"十三五"国家油气科技重大专项课题"超重油油藏冷采稳产与改善开发效果技术"(2016ZX05031-001)、中国石油天然气股份有限公司"十四五"前瞻性基础性重大科技课题"美洲超重油改善开发效果与提高采收率技术研究"(2021DJ3208)课题长等。E-mail：lxingmin@petrochina.com.cn

1 实验

实验材料：脱气原油样品取自委内瑞拉重油带东端 M 油藏，具备典型的泡沫油油品特征。脱气原油密度 1.016g/cm³，饱和烃、芳香烃、胶质和沥青质含量分别为 6.0%、39.6%、33.5% 和 20.8%（质量分数），油藏温度 54℃ 下脱气原油黏度 26490mPa·s，原始溶解气油比 16m³/m³（溶解气中甲烷和 CO_2 的摩尔比为 85 : 15），地层条件下原油黏度 3000mPa·s。地层水为 $NaHCO_3$ 型，总矿化度 13000ppm。采用高温高压配样器复配活油，实验用甲烷、CO_2 纯度均为 99.99%。

实验装置及步骤：实验装置为一维长岩心驱替装置，包括流体注入系统、油藏模拟系统、测量和控制系统、生产和分离系统以及可视化微观渗流观察系统。该装置的特色之处在于含高温高压可视窗+内测压式长岩心夹持器，可实时记录泡沫油非连续降压冷采过程的开采特征、气泡微观形态变化。非连续降压冷采实验步骤包括饱和岩心制备、初始降压冷采、停产阶段（降至一定压力后停产一段时间）和恢复降压冷采。

实验方案及实验参数：模拟原始油藏压力 8.6MPa。实验方案 1 模拟连续降压冷采过程，压降速度 1MPa/h；实验方案 2 和方案 3 模拟以 1MPa/h 的压降速度衰竭开采至油藏压力 4MPa、停产 20h 后再恢复降压冷采的过程（表 1）。

表 1 实验方案设计

实验序号	岩心长度/cm	停产时油藏压力/MPa	停产时长/h	恢复降压冷采后压降速度/(MPa/h)
1	100	—	—	—
2	100	4	20	1
3	100	4	20	2

2 实验结果及分析

2.1 连续与非连续降压冷采产油、产气特征对比

对比实验 1 和实验 2 的产油速度和采收率（图 1 和图 2）。实验 1 连续生产状态下，泡沫油流阶段的产油速度大幅增加，油气两相流阶段的产油速度逐渐下降，呈现典型的泡沫油冷采特征。实验 2 非连续生产状态下，恢复生产后，相对于连续生产，呈现相对较弱的泡沫油开采特征，产油速度峰值降低；同时，冷采的采收率降低 2.58 个百分点。

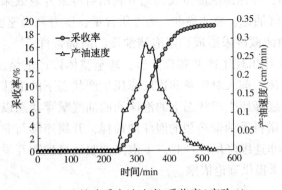

图 1 连续冷采产油速度/采收率（实验 1）

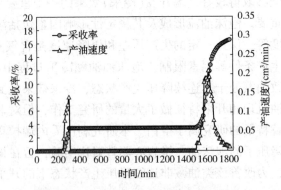

图 2 非连续冷采产油速度/采收率（实验 2）

对比实验 1 和实验 2 的瞬时生产气油比（图 3 和图 4）。实验 1 泡沫油流阶段的生产气油比一直维持在较低水平，油气两相流阶段的瞬时气油比大幅上升，然后随着自由气不断产出，产气速度逐渐降低。实验 2 恢复生产后，生产气油比先升高后快速下降，瞬时气油比峰值小于连续生产，但累产气量相对更高。非连续冷采瞬时生产气油比存在"两个波峰"，其中"第一波峰"是由停产后气泡聚并、形成自由气并产出所导致，表明停产破坏了泡沫油原有的油气分散的赋存状态。

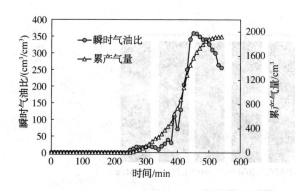

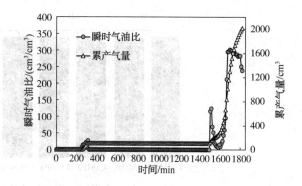

图 3 连续冷采生产气油比/累产气(实验 1)　　　图 4 非连续冷采生产气油比/累产气(实验 2)

2.2 连续与非连续冷采驱替特征对比

对比实验 1 和实验 2 的采出程度和瞬时生产气油比分别与油藏压力(沿程 6 个测压点的平均压力)的关系(图 5 和图 6)。泡沫油的拟泡点压力定义为泡沫油流动过程中,油相中的分散气泡开始大量聚并,产生连续气相的压力点。在一维衰竭实验中,可近似等同于图 5 中采出程度曲线出现明显拐点、其后曲线斜率明显减小那一点对应的油藏压力;也即图 6 中瞬时生产气油比曲线中,生产气油比开始大幅上升的那一点对应的油藏压力。

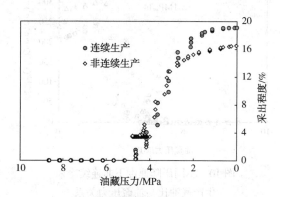

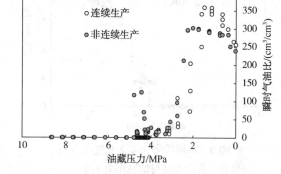

图 5 连续与非连续冷采采出程度与油藏压力关系　　图 6 连续与非连续冷采气油比与油藏压力关系

从图 5 和图 6 中,可以确定测试条件下,连续冷采的拟泡点压力为 2.0MPa,非连续冷采的拟泡点压力为 2.7MPa。相比连续生产,非连续生产的拟泡点压力升高;但从图 5 和图 6 可以得出,后者仍存在"三段式"驱替特征,即在恢复生产后仍存在泡沫油驱油作用,其强弱程度与停产时地层压力水平有关。

2.3 连续与非连续冷采微观渗流特征对比

测试条件下,实验用泡沫油油样的泡点压力为 4.6MPa。实验 1 连续冷采下,压力在泡点压力和拟泡点压力之间时,存在明显泡沫油现象;压力降至拟泡点压力后,气泡开始聚并,随着压力进一步降低,形成自由气相(图 7)。实验 2 非连续冷采下,将开采过程划分为四个阶段:①初始降压冷采阶段;②停产阶段;③恢复降压冷采初期;④恢复降压冷采中后期。与连续冷采状态下不同的的,非连续冷

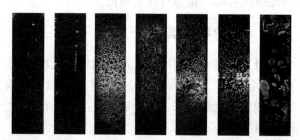

4.95MPa 4.15MPa 3.15MPa 2.15MPa 1.65MPa 1.15MPa 0.64MPa

图 7 泡沫油连续冷采微观渗流特征

采下,当恢复降压冷采后,可明显观察到由于此前停产所导致的气泡聚并形成的大气泡和局部连续气相的存在,这部分连续气首先被产出;然后,当压力进一步降低,原油中析出的溶解气,再次形成油气分散的泡沫油流现象,直至压力降至该生产状态下的拟泡点(图 8)。

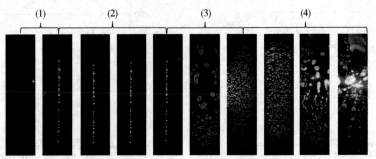

4.95MPa　4MPa　4.3MPa　4.6MPa　4.76MPa 4.26MPa 3.26MPa 2.76MPa 1.75MPa 0.65MPa

图 8　泡沫油非连续冷采微观渗流特征

由以上对比分析，可以得出，实验 1 和实验 2 的产油、产气特征和驱替特征，与微观渗流特征，即气泡赋存状态的变化，是一一对应的。

2.4　恢复降压冷采后压降速度对开发效果的影响

对比实验 2 和实验 3 的采出程度和瞬时生产气油比分别与油藏压力(如前所述，也即沿程 6 个测压点的平均压力)的关系(图 9、图 10)。

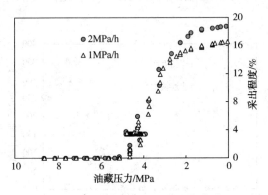

图 9　不同压降速度下非连续冷采采出程度与油藏压力关系

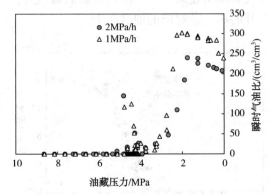

图 10　不同压降速度下非连续冷采生产气油比与油藏压力关系

可以得出，与压降速度为 1MPa/h 时相比，压降速度为 2MPa/h 时的非连续生产峰值产油速度提高，采收率增加 2.19 个百分点。这是因为更高的压降速度，气泡成核更加分散，泡沫油驱油作用更大，导致更高的产油速度和采收率。同时，压降速度越快，静止阶段产生的自由气越快速产出，瞬时气油比比第一个峰值较高，但后续泡沫油现象更明显，导致第二个峰值较低。压降速度增大，瞬时气油比曲线右移，拟泡点压力降低。

3　结论和认识

(1)相对于连续冷采，泡沫油非连续冷采的产油速度峰值降低，采收率降低；瞬时生产气油比存在"两个波峰"，"第一波峰"由停产后分散气泡聚并、形成自由气所导致。

(2)非连续冷采，停产后恢复生产，泡沫油流恢复，仍存在"三段式"驱替特征，但拟泡点压力升高、泡沫油作用减弱。

(3)停产井重启后，优化合理生产压差，激励泡沫油驱油作用，可一定程度上改善冷采开发效果。

参考文献

[1] B. B. Maini. Foamy Oil flow in heavy oilproduction[J]. Journal of Canadian Petroleum Technology, 1996, 35(6): 21-24.

［2］陈和平，李星民，等. 海外超重油油藏冷采开发理论与技术［M］. 北京：石油工业出版社，2019.

［3］Cengiz Satik, Carlon Robertson. A Study of Heavy Oil Solution Gas Drive for Hamaca Field：Depletion Studies and Interpretations［C］. Paper SPE 86967 presented at the 2004 SPE international Thermal Operations and Heavy Oil Symposium and Western Regional Meeting held in Bakersfield, California, U. S. A., 16-18 March 2004.

［4］O. Talabi, M., Pooladi-Darvish. Effect of rate and viscosity on gas mobility during solution-gas drive in heavy oils［C］. paper SPE 84032 presented at the SPE Annual Technical Conference and Exhibition held in Denver, Colorado, U. S. A., 5-8 October 2003.

［5］Kumar, R, Pooladi-Darvish, M. Solution Gas Drive in Heavy Oil：Viscosity Effect on Gas Relative Permeability［C］. paper CIM-152 presented at the 2001 CIM Annual Technical Meeting, Calgary, 12-14June.

［6］Zhang, Y. P., Maini, B. B., and Chakma, A. Effects of Temperature on Foamy Oil Flow in Solution Gas-Drive in Cold Lake Field［J］. JCPT, 2001.

［7］Tang, G., SPE, and Firoozabadi, A. Effect of GOR, Temperature, and Initial Water Saturation on Solution-Gas Drive in Heavy-Oil Reservoirs［C］. paper SPE 71499 presented at SPE Annual Technical Conference and Exhibition held in New Orleans, Louisiana, 30 September-3 October 2001.

［8］Busahmin, B. S., Maini, B. B A. Effect of Solution-Gas-Oil-Ratio on Performance of Solution Gas Drive in Foamy Heavy Oil System［C］. paper CSUG/SPE 137800 presented at the Canadian Unconventional Resources & International Petroleum Conference held in Calgary, Albert, Canada, 19 - 21 October 2010.

适用于稠油注蒸汽热采的固井水泥材料体系研究

王子正 柳华杰 步玉环 姜 旭 殷 慧 张洪旭

【中国石油大学(华东)石油工程学院】

摘 要：针对注蒸汽热采条件下水泥石高温强度衰退的问题，本论文通过对嘉华 G 级水泥加硅砂体系的理论及实验的综合研究。实验为分析出抗高温的水化产物，设计出合理的耐温(350~380℃)水泥材料的矿物成分组成，研究抗高温水泥材料体系的基础原材料构成，以耐温高强度为优化目标，对原材料各组分配比进行研究，构建出抗高温水泥材料体系。实验结果表明，加砂粒径为 200 目，硅钙比为 1.00 时，所得的 380℃条件下水泥石强度最高，为 42.8MPa。七轮次温度波动(室温~350℃)变化较小。根据耐温(350~380℃)材料的矿物成分组成分析，硬硅石含量的提升可以有效提高水泥石的抗高温性能。该研究将对于防止注蒸汽热采井水泥环的封固失效及提高注蒸汽热采井的生产寿命具有非常重要意义。

关键词：抗压强度；嘉华 G 级水泥；抗高温；稠油

0 前言

我国陆地油气资源 27% 以上为稠油，海洋油气资源 65% 以上为稠油。随着常规原油产量的递减，全球将转向非常规能源开采，稠油资源将是非常规油气资源开采的重点，如何高效、安全开发稠油资源是全球石油开采面临的难题和挑战，也是未来能源安全的关键之一。稠油开采主要以注蒸汽开采为主，热力采油时蒸汽温度高达 350℃。在热采条件下，常规油井水泥环在高温下将发生抗压强度衰退、渗透率增加现象，水泥石的稳定性遭到破坏，井筒层间封隔效能失效，井口冒气冒泡、套损等现象严重，大大缩短稠油井的生产寿命，影响稠油热采井开采效率。

稠油热采井固井水泥浆体系现在采用的一般做法是：在油井水泥中加入一定比例的石英砂，从而达到提高凝固后水泥石的耐高温性能、降低水泥石高温强度衰退的目的。但在稠油的热采过程中，部分加砂后的油井水泥石在 350℃热稳定性仍然很差，并且难以明确最优的加砂粒径及加砂量。

为了避免由于高温造成固井水泥石强度衰退的问题，本次研究设计并进行抗高温(350~380℃)水泥体系设计，构建抗高温水泥材料体系，从而开发出适合于稠油注蒸汽热采井强度要求的水泥材料体系，以期更好地满足稠油注蒸汽热采固井的需要。对稠油注蒸汽热采以及确保油气井长期安全生产有着重要意义。

1 嘉华 G 级油井水泥加硅砂在不同温度下的抗压强度特性

实验材料：嘉华 G 级水泥(四川嘉华企业股份有限公司)和硅砂(灵寿县金源矿业加工厂)。材料具体成分见表 1 和表 2。

选用 180 目的硅砂和嘉华 G 级水泥进行低温(50℃)和高温(380℃)实验。

表1　水泥化学组成及主要参数

化学组成/%	CaO	SiO₂	SO₃	Fe₂O₃	Al₂O₃	MgO	Na₂O	K₂O	Loss
G 级水泥	64.20	19.40	2.80	5.50	4.50	2.00	0.10	0.60	0.48

表2　硅砂化学组成及主要参数

化学组成/%	CaO	SiO₂	Al₂O₃	Fe₂O₃	其他
硅砂	98.7	0.02	0.01	0.01	1.26

1.1　嘉华 G 级油井水泥加砂在低温下抗压强度

称取嘉华 G 级水泥 600g，加入 30% 质量分数的 180 目硅砂，水灰比为 0.44，配制成水泥浆，其在 50℃常压条件下养护时间 2d、12d 后，测得抗压强度如图 1 所示。

由图 1 可以看出，50℃条件下嘉华 G 级加硅砂水泥的抗压强度随着养护时间的增加而升高，养护时间 12d 水泥石的抗压强度能达 32.4MPa，具有较高的抗压强度。

1.2　嘉华 G 级油井水泥加砂在高温下抗压强度

为测试 G 级加硅砂水泥在高温下的性能，将嘉华 G 级加硅微粉水泥在 50℃下养护成水泥块后放入高温高压养护釜进行 380℃养护，测得 380℃高压养护时间 2d、4d、10d 的抗压强度如图 2 所示。

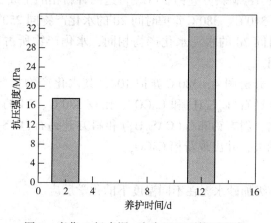

图1　嘉华 G 级水泥+硅砂 50℃下抗压强度

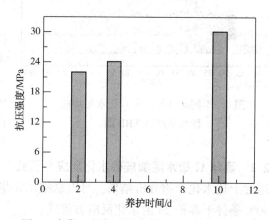

图2　嘉华 G 级加硅砂水泥 380℃下抗压强度

由图 2 可以看出，嘉华 G 级加硅砂水泥在 380℃高压养护下，其抗压强度随养护时间增加而升高，养护 10d 抗压强度达到 30.1MPa，未见明显衰退。

对比 380℃养护 2d 和 50℃养护 2d 的抗压强度，发现 380℃养护 2d 的水泥石抗压强度更高，这是因为硅砂在 50℃下未能完全参与反应，而在 380℃下硅砂参与反应使得抗压强度升高；随着养护时间的增加，抗压强度升高，可能是因为硅砂随养护时间的增加反应得更彻底。

1.3　嘉华 G 级加砂水泥系列温度下抗压强度

为了丰富实验数据，实验进一步研究了嘉华 G 级加砂水泥在 50℃、250℃、300℃、340℃、380℃下养护时间 2d 的抗压强度，如图 3 所示。

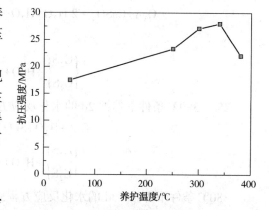

图3　养护温度对嘉华 G 级加砂水泥
抗压强度的影响

图 3 显示，随着养护温度的升高，嘉华 G 级加硅砂水泥的抗压强度升高，当温度为 380℃时，抗压强度略有下降，但高于 50℃养护 2d 时的抗压强度。实验表明，嘉华 G 级水泥加硅砂在高温条件下具有较高的抗压强度。

2 嘉华 G 级水泥加硅砂水化机理分析

G 级油井水泥是 API 标准中的一类基本水泥，是由水硬性硅酸钙为主要成分的硅酸盐水泥熟料，加入适量的石膏和水，磨细制成的产品。G 级油井水泥主要化学成分为氧化钙、二氧化硅和少量的氧化铝和氧化铁。

2.1 嘉华 G 级加砂水泥的水化产物分析

如图 4 所示，利用 XRD 分析 50℃ 养护 2d 的水泥石，其主要水化产物为：SiO_2、氢氧化钙 $Ca(OH)_2$ 缩写为 CH、钙矾石 AFt、斜方钙沸石（CAS_2H_4）、C_6S_3H。50℃ 条件下向嘉华 G 级水泥加入 30% 的硅砂，水化产物中含有 SiO_2，说明加入的硅砂未完全参与反应。

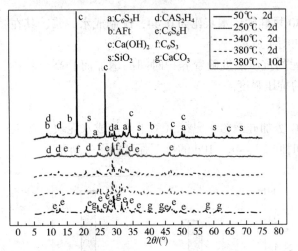

图 4 不同条件下嘉华 G 级水泥加硅砂水化产物 XRD 图

250℃、20.7MPa 下养护时间 2d，其水化产物主要为：斜方钙沸石（CAS_2H_4）、硬硅钙石（C_6S_6H）、斜方硅钙石（C_6S_4）。同 50℃ 养护时间 2d 相比，250℃、20.7MPa 条件下水化产物中没有 SiO_2 和 CH，说明在 250℃ 条件下加入的硅砂参与反应，并且有硬硅钙石（C_6S_6H）和斜方硅钙石（C_6S_4）这两种新相的生成。

340℃、380℃ 养护时间 2d 的水化产物同 250℃ 养护时间 2d 的水泥水化产物相同，水化产物所占含量不同。

分析图 4，380℃ 养护 10d，其水化产物主要为：硬硅钙石（C_6S_6H）和 $CaCO_3$。比较 380℃、2d 的水化产物，斜方钙沸石（CAS_2H_4）和斜方硅钙石（C_6S_4）的峰消失，并出现新相 $CaCO_3$。

2.2 嘉华 G 级水泥加硅砂水化反应方程式

通过上述水化产物分析结果，可以总结出嘉华 G 级加砂水泥在不同温度下的化学反应。

50℃ 条件下养护 2d 的水化反应方程式：

$$C_3A+CaSO_4 \cdot 2H_2O+H_2O+SiO_2 \rightarrow \left\{ \begin{array}{l} 3CaO \cdot Al_2O_3 \cdot 3CaSO_4 \cdot 32H_2O \\ Ca(OH)_2 \\ CaO \cdot Al_2O_3 \cdot 2SiO_2 \cdot 4H_2O \end{array} \right\}$$

$$\left. \begin{array}{l} C_3S \\ C_2S \end{array} \right\}+H_2O+SiO_2 \rightarrow \left\{ \begin{array}{l} 6CaO \cdot 3SiO_2 \cdot H_2O \\ Ca(OH)_2 \end{array} \right\}$$

250~380℃ 条件下养护 2d 的水化反应方程式可以总结为：

$$C_3A+H_2O+SiO_2 \rightarrow CaO \cdot Al_2O_3 \cdot 2SiO_2 \cdot 4H_2O$$

$$\left. \begin{array}{l} C_3S \\ C_2S \end{array} \right\}+H_2O+SiO_2 \rightarrow \{6CaO \cdot 6SiO_2 \cdot H_2O\}$$

380℃ 条件下养护 10d 的水化反应方程式：

$$\left. \begin{array}{l} C_3S \\ C_2S \end{array} \right\}+H_2O+SiO_2+CO_2 \rightarrow \left\{ \begin{array}{l} 6CaO \cdot 6SiO_2 \cdot H_2O \\ CaCO_3 \end{array} \right\}$$

3 嘉华 G 级水泥加砂水化产物的耐温性能分析

嘉华 G 级水泥加砂水化产物中大部分是硅酸钙水合物，其决定着水泥石的抗压强度及外观稳定。嘉华 G 级水泥加硅砂，其在 50℃ 下水化产物主要是：C_6S_3H、氢氧化钙 $Ca(OH)_2$ 缩写为 CH、钙矾石

AFt 和斜方钙沸石(CAS_2H_4)。在 250℃、340℃、380℃下养护 2d 的水化产物主要为：硬硅钙石(C_6S_6H）、斜方钙沸石(CAS_2H_4）和斜方硅钙石(C_6S_4）。50℃下生成的硅酸钙水合物为 C_6S_3H。

C_6S_3H 凝胶粒子互相接触而形成网状结构，这些粒子间的分支又能相互连接形成三维空间网络，因而使得 50℃下水泥石具有较高的抗压强度。然而 C_6S_3H 凝胶耐温性能比较差，温度升高到 250℃时 C_6S_3H 会向 C_6S_6H 转化，强度上升。

CH 晶体具有层状结构，但结构层之间以氢键相连，使得层间联系较弱，水泥石受力便可能产生裂缝。加砂时，CH 晶体会随着加入的硅砂参与反应而消失，从而避免 CH 晶体的不利影响。

斜方钙沸石中的沸石水在高温下会失去，低温下又会吸收水，所以这种晶体的存在对水泥石的抗压强度和渗透率具有负面影响。

为此表现为，不同温度下（50℃、250℃、340℃、380℃）相同配方的加砂嘉华 G 级水泥，养护 2d 的水泥石抗压强度分别为 17.5MPa、23.3MPa、38.1MPa 和 22MPa，即在高温热采温度（250~380℃）下养护时间 2d 的抗压强度均大于 50℃下养护时间 2d 时的抗压强度。

通过进一步对比分析 50℃、250℃、340℃、380℃下养护时间 2d 的水泥石抗压强度和水化产物可以得出：C_6S_6H 凝胶的生成使得水泥石在可以高温条件下保持较高的抗压强度。实验表明，C_6S_6H 凝胶耐温性能优异，在温度 250℃、340℃、380℃下均能稳定存在。

4 抗高温水化产物设计

根据上述，C_6S_6H 凝胶耐温性能优异通过水泥矿物组分设计，构建抗高温胶凝材料体系。

对于硬硅钙石晶体 C_6S_6H，常压条件下，在 1050℃温度以下都能保持稳定，当温度达到 1050℃时，C_6S_6H 发生分解，生成硅酸钙（$CaSiO_3$）和水（H_2O）。因硬硅钙石的耐高温的性质，常用来作保温材料，利用 C_6S_6H 做成的保温材料具有体积密度小和化学稳定性好等特点。硬硅钙石的合成需要在高温高压的条件下进行，合成温度一般为 180~400℃，工业中硬硅钙石的制备多是利用硅质原料和钙质原料在水热条件下反应生成，反应的化学方程式可以表示为：$6SiO_2+6Ca(OH)_2 = C_6S_6H+5H_2O$。通过化学反应方程式也可以看出，$SiO_2 : Ca(OH)_2$ 的摩尔比为 1:1 时刚好能完全转化成硬硅钙石，所以可以利用摩尔比 $SiO_2 : Ca(OH)_2$ 为 1:1 的混合物在水热条件下制备硬硅钙石。硬硅钙石的制备也可以通过在嘉华 G 级水泥中加入硅砂在高温水热条件下来实现。欲制备硬硅钙石 C_6S_6H，还可以将二氧化硅、氢氧化钙、嘉华 G 级水泥和硅砂四者混合然后与水反应的方案来实现。

因此，对于硬硅钙石 C_6S_6H 的设计，拟采用直接将硅砂加入嘉华 G 级水泥来制备硬硅钙石 C_6S_6H。

5 硅酸盐基抗高温胶凝材料体系构建

在已明确抗高温的水化产物后，为进一步确定嘉华 G 级水泥中的加砂粒径和加砂量对水泥石的抗高温性能影响，设计实验加砂粒径和加砂量进行优选。

5.1 硅砂粒径的优选

实验研究了不同目数的硅砂在井底温度 50℃下和高温 380℃条件下，体系的抗压强度。硅砂的粒径选取的有 180 目、200 目、325 目和 500 目，根据 API 标准推荐，加量都控制在嘉华 G 级水泥质量的 30%，水灰比为 0.44，配制水泥浆。其 50℃和 380℃条件下养护 2d 的水泥石抗压强度如图 5 所示。

如图 5 所示，50℃下养护时间 2d，分别加入 180 目、200 目、325 目和 500 目硅砂的嘉华 G 级水泥、硅砂和水体系水泥石的抗压强度分别为 17.5MPa、15.4MPa、17.5MPa 和 16.2MPa，差异较小，由此得出，50℃下养护时间 2d 硅砂粒径对水泥石抗压强度的影响较小。

380℃下养护时间 2d，分别加入 180 目、200 目、325 目和 500 目硅砂的嘉华 G 级水泥、硅砂和水体系水泥石的抗压强度分别为 22MPa、31.2MPa、24.8MPa 和 26MPa，所得水泥石的抗压强度比相同粒径 50℃下水泥石的抗压强度要高；加入不同粒径后水泥石的抗压强度之间的差异要大于 50℃下不同粒径后水泥石的抗压强度之间的差异。

实验结果表明：硅钙比 0.3 的条件下，加入粒径为 200 目的硅砂的水泥石在 380℃条件下养护时间 2d 后抗压强度最大，为 31.2MPa。

图 6 为 380℃下养护 2d，不同硅砂粒径下嘉华 G 级水泥、硅砂和水体系所得到的水泥石水化产物 XRD 曲线。通过对图 6 的分析可知：加入 180 目硅砂时，水化产物为 C_6S_6H、C_6S_3 和 CAS_2H_4；加入 200 目硅砂时，水化产物为 C_6S_6H 和 C_6S_3；加入 325 目硅砂时，水化产物为 C_6S_6H、C_6S_3 和 C_5S_6H；加入 500 目硅砂时，水化产物为 C_6S_6H 和 C_6S_3。

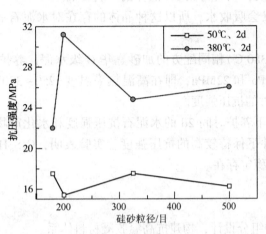

图 5 硅砂粒径对抗压强度的影响

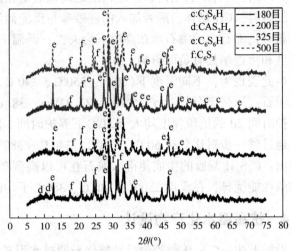

图 6 不同硅砂粒径下水泥石的 XRD 曲线图

通过分析可知，四种硅砂粒径下水化产物的 XRD 曲线特征峰都比较相似，水化产物主要都是 C_6S_6H，水化产物中都含有 C_6S_6H 和 C_6S_3。加入 180 目硅砂的水化产物中含有斜方钙沸石 CAS_2H_4，CAS_2H_4 晶体中含有沸石水，晶体本身强度不高，导致水泥石抗压强度相对于其他粒径下的水泥石抗压强度要低。

5.2　硅砂加量的优选

通过实验可得，硅砂粒径为 200 目，养护温度为 380℃的条件下，所得的水泥石的抗压强度最大。改变钙硅比分别为 0.70、0.78、0.87、1.00 和 1.44，水固比为 0.44，进行实验。实验在 50℃常温常压养护箱中养护成水泥石后进行 380℃高温高压养护实验，实验在 380℃下养护时间 2d 的水泥石抗压强度如图 7 所示。

如图 7 所示，嘉华 G 级水泥、硅粉和水体系在 380℃下养护 2d 的情况下抗压强度随着钙硅比的增加先增大后降低，当钙硅比为 1.00 时，得到水泥石的最大抗压强度为 42.8MPa。

图 8 为 380℃下养护 2d 不同钙硅比得到的水泥石水化产物 XRD 曲线图。

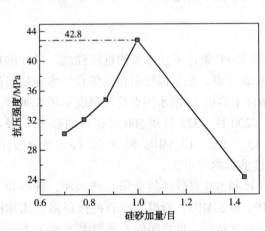

图 7 不同钙硅比对体系抗压强度的影响

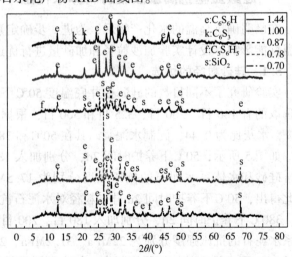

图 8 不同钙硅比水泥石水化产物 XRD 曲线图

如图 8 所示：

当钙硅比为 0.70 时，体系水化产物为 C_6S_6H、$C_5S_6H_5$ 和 SiO_2；当钙硅比为 0.78 时，体系水化产物为 C_6S_6H 和 SiO_2。

当钙硅比为 0.87 时，体系水化产物为 C_6S_6H、$C_5S_6H_5$ 和 SiO_2。

当钙硅比为 1.00 时，体系水化产物为 C_6S_6H，没有其他杂峰。

当钙硅比为 1.44 时，体系水化产物为 C_6S_6H 和 C_6S_3。

结合不同钙硅比下水泥石抗压强度和水化产物发现，当钙硅比为 0.70、0.78 和 0.87 时，所得水泥石水化产物中都含有 C_6S_6H 和 SiO_2，含有 SiO_2 是因为体系中加入的硅砂过量，过量的硅砂未参与水化反应；同时，随着钙硅比增加，即硅砂加量的减少，经过 380℃ 高温养护 2d 后水泥石水化产物中含有的 SiO_2 也减少，水泥石抗压强度升高。当钙硅比为 1.00 时，所得水泥石水化产物为 C_6S_6H，水泥石抗压强度达到最大，这进一步验证了抗高温水化产物设计理论的正确性；当钙硅比为 1.44 时，即加入的硅砂的量过少，形成的水化产物中的水化产物中的 C_6S_6H 的量就减少，且有 C_6S_3 生成，导致水泥石抗压强度最低。

6 模拟注蒸汽热采条件下硅酸盐基抗高温胶凝材料体系评价

稠油注蒸汽热采井固井时井底温度（50~60℃）较低，注蒸汽时蒸汽温度高达 350℃，为评价抗高温胶凝材料体系在这种工况下的抗压强度，设计了如图 9 所示的实验方案。首先是按实验配方配制好水泥浆，注入模具，然后在 60℃ 常温常压养护箱中养护 14d，取出放入高温高压养护釜进行高温多轮次实验，总共 7 个轮次，每个轮次养护时间为 4d。每个轮次都是先升温至 350℃，然后维持 350℃ 的高温到第 4 天，第 4 天降温至 60℃。实验过程如图 9 所示。

硅酸盐基抗高温胶凝材料体系在实验方案下的抗压强度如图 10 所示。在 60℃ 下常压养护 14d 的抗压强度为 34.1MPa，抗高温胶凝材料体系经过 350℃ 高温高压养护 4d 抗压强度升高到 50.8MPa，这是因为 350℃ 时硅砂参与反应，使得抗压强度升高。抗高温胶凝材料体系 1 经过 350℃ 第七轮次实验后，抗压强度为 51.9MPa。图 10 表明：抗高温胶凝材料体系 1 经过 60℃ 养护后再经受 350℃ 高温养护，抗压强度升高，未发生强度衰退；抗高温胶凝材料体系 1 经过 350℃ 第一轮次实验后，抗压强度都比较接近，在 51MPa 左右，经过 350℃ 第七轮次养护后抗压强度为 51.9MPa。实验结果表明，抗高温胶凝材料体系 1 耐高温性能优异，满足稠油注蒸汽热采井对固井水泥浆耐高温性能的要求。

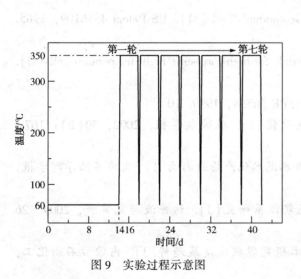

图 9　实验过程示意图　　　　　　　图 10　抗高温胶凝材料体系 1 长周期抗压强度

7 结论

本文通过文献调研和实验研究，对嘉华 G 级水泥在不同温度下的抗压强度和水化产物进行了实验分析和对比，分析出抗高温的水化产物，并对抗高温的水化产物的制备进行了方案设计和验证，构建出抗高温水泥材料体系，最后对抗高温水泥材料体系的固井适应性进行了评价。结论如下：

（1）嘉华 G 级水泥加硅砂在 250~340℃温度下养护时间 2d，抗压强度随温度的升高而升高，当温度达到 380℃时，抗压强度略有下降，仍大于井底温度（50℃）下的抗压强度。

（2）嘉华 G 级水泥加入 30%硅砂经过 50℃养护 2d，其主要水化产物有 SiO_2、CH、$C_2S_2H_4$ 和钙矾石；经过 250℃、20.7MPa 养护 2d，图谱中 SiO_2 特征峰消失，CH 峰也消失，出现了新相 C_6S_6H；经过 340℃、20.7MPa 养护 2d 和经过 380℃、20.7MPa 养护 2d 所得到的水化产物同 250℃、20.7MPa 下养护 2d 的主要水化产物组成相同；经过 380℃、20.7MPa 养护 10d，水化产物主要由 C_6S_6H 和 $CaCO_3$ 组成。

（3）对于抗高温水化产物为 C_6S_6H 的制备，设计了 3 种方案，构建了 3 种体系：第一种是二氧化硅、氢氧化钙和水体系；第二种是二氧化硅、氢氧化钙、嘉华 G 级水泥、硅砂和水体系；第三种是嘉华 G 级水泥、硅砂和水体系。

（4）嘉华 G 级水泥、硅砂和水体系，优选 200 目的硅砂，当钙硅比为 1.00 时，380℃养护 2d 所得水泥石水化产物为 C_6S_6H，水泥石抗压强度达到最大，为 42.8MPa，生成的 C_6S_6H 尺寸最小，水泥石最致密。

参考文献

[1] 刘崇建，黄柏宗，徐同台. 油气井注水泥理论与应用[M]. 北京：石油工业出版社，2001.

[2] 周守为. 海上稠油高效开发新模式研究及应用[J]. 西南石油大学学报，2007，29(5)：1-4.

[3] 贾选红，刘玉. 辽河油田稠油井套管损坏原因分析与治理措施[J]. 特种油气藏，2003，10(2)：69-72.

[4] Kaousek G. L. The Reactions of Cement Hydration Elevated Temperatures[M]. Proc. Third linl. Cong. Cem. Cement, London. 1952. 334-354.

[5] H. F. W. Taylor. The Chemistry of Cement[M]. Academic Press Ltd. London. 1964. Pages 106-122.

[6] E. B. Nelson. L. H. Eilers. Cementing Steamflood And Fireflood Wells-Slurry Design[J]. Journal of Canadian Petroleum Technology. Voluine24：373-377.

[7] Nelson E. B., Eilers L. H. . Process for Cementing Geothermal Wells[M]. US Patent 4556109, 1985. 166-168.

[8] Noik Ch, Rivereau A, Vernet Ch. Novel cement materials for high-pressure/high-temperaturewells[C]. SPE 50589, 1998.

[9] Noik Ch, Rivereau A. Oilwell cement durability[C]. SPE 56538, 1999. 10.

[10] 张景富，俞庆森，徐明. G 级油井水泥的水化及硬化[J]. 硅酸盐学报，2002，30(2)：167-171，177.

[11] 张景富，朱健军，代奎. 温度及外加剂对 G 级油井水泥水化产物的影响[J]. 大庆石油学院学报，2003，28(5)：94-97.

[12] 罗杨，陈大钧，尹水. 抗高温蒸汽吞吐(四)井水泥浆体系研究[J]. 钻井液与完井液，2009，26(5)：50-54.

[13] 张浩，李厚铭，符军放，等. 稠油热采水泥浆技术研究现状及发展趋势[J]. 内蒙古石油化工，2014，40(22)：107-109.

[14] Weber L, et al. Application of a new corrosion resistant cement in geothermal Wells[M]. USA：ransaction of the Geothermal Resources Council. 1998.

[15] T. Sugama, L. E. Brothers, T. R. Van de Puttee. Air-·foamed calcium aluminate phosphate cement

for geothermal wells[J]. Cement and Concrete Composites, 2005(27): 758-768.

[16] 李早元, 郭小阳, 杨远光, 等. 新型耐高温水泥用于热采井固井初探[J]. 西南石油大学学报, 2001, 23(4): 29-32.

[17] Debruijn G, Williams R, Therond E. Carbonaceous extenders for flexible cement: U. S. Patent 7, 836, 953[P]. 2010-11-23.

[18] Davidovits J. Geopolymers: Inorganic polymeric new materials[J]. J Thermal Analysis, 1997, (37): 1633.

[19] Van JAARSVELD J G S, Van DEVENTER J S J, LORENZEN L. The potential use of geopolymeric materials to immobolise toxic metals: Part I. Theory and applications[J]. Miner Eng, 1997, 10: 659-669.

[20] MALONE P G, KIRKPATRICK T, RANDALL C A. Potential Applications of Alkali-Activated Alumino-Silicate Binders in Military Operations[R]. ReportWES/MP/GL-85-15, USArmyCorpsof Engineers, Vicksburg, ML. 1986.

[21] Van JAARSVELD, J G S, Van DEVENTER J S J, lorenzen L. Factors affecting the immobilization of metals in geopolymerized fly ash[J]. Met mater Trans B, 1998, 29: 283-291.

[22] Van JAARSVELD, J G S, Van DEVENTER J S J. The potential use of geopolymeric materials to immobolise toxic metals: Part II Materials and leaching characteristics[J]. Miner Eng, 1999, 12: 75-91.

[23] 张景富. G级油井水泥的水化硬化及性能[D]. 杭州: 浙江大学, 2001.

[24] 李早元, 张松, 张弛, 等. 热力采油条件下粉煤灰改善铝酸盐水泥石耐高温性能及作用机理研究[J]. 硅酸盐通报, 2012, 31(05): 1101-1105.

[25] 唐明, 肖鹤. 煅烧煤矸石地聚物材料的研究[J]. 水泥, 2006, (7): 8210.

[26] 王刚, 马鸿文, 冯武威, 等. 利用提钾废渣和粉煤灰制备矿物聚合材料的试验研究[J]. 岩石矿物学杂质, 2003, (4): 4532457.

[27] 马鸿文, 杨静, 任卫峰, 等. 矿物聚合材料研究现状与发展前景[J]. 地学前缘, 2002, (10): 397-240.

[28] 江忠, 潘伟. 无机聚合物在内燃机排气管外包隔热方面的应用研究[R]. "八五攻关科技报告, 1998. 56.

浅薄层稠油油藏开发规律及调整方向

徐 庆 张德龙 李景伟 刘 畅 谭 科 李 达

【中国石油大庆油田大庆头台油田开发有限责任公司】

摘 要：大庆 H 稠油区块具备埋深浅、有效厚度薄、汽窜时间早的特点，本文利用动静态资料统计、数值模拟、密闭取心等方法，对浅薄层稠油的开发规律形成了一定认识，进行了原因分析，明确了浅薄层稠油的合理注汽强度和调整潜力。结果表明：一是有效厚度越薄，蒸汽波及半径远，每米有效厚度产油越多，初期采油速度快，但汽窜时间早，因此合理的注汽强度是决定区块开发效果的关键因素。二是夹层存在一定的封隔能力，蒸汽沿高渗薄层突进，导致汽窜时间早，厚层阶段采出程度降低。通过对汽窜暂堵调剖和 N_2 复合调剖措施效果的分析，明确了对汽窜通道的封堵是稠油开发后期的调整方向。

关键词：浅薄层稠油；开发规律；注汽强度；夹层；措施调整

大庆 H 稠油区块发育了较大规模的席坝及席状砂微相沉积，油藏埋深 270m，有效厚度 5.96m，渗透率 $1736\times10^{-3}\mu m^2$，原油黏度 3306.2mPa·s。吞吐井随着吞吐轮次的增加，生产油汽比逐年下降，单井吞吐 5.8 周期，油汽比 0.12t/t，年汽窜井占比超过 50%，重复受窜井占比近 70%。对比国内大部分稠油油藏[1-3]，浅薄层稠油蒸汽吞吐开发具有汽窜时间早、油汽比下降快的特点。本文结合本区块储层发育特征和历史动态开发数据，利用多种技术手段，对浅薄层稠油的开发规律进行深入细致研究，并确定了合理注汽强度和调整潜力。通过对两种调剖措施的现场试验效果分析，明确了下步的调整方向。对同类区块具备一定的借鉴意义。

1 开发规律与调整潜力

H 区块基础开发井网为 100×100m 的正方形井网，本文引用每米有效厚度产油(累计产油量/有效厚度)来表征稠油周期采油速度和阶段采出程度。通过统计分析 71 口开发井静态和动态数据，揭示了浅薄层稠油的热采开发规律。

1.1 有效厚度下对开发特征的影响

有效厚度越薄，周期采油速度快，但初期油汽比低且下降快，周期开发效果差。如表 1 所示，[2，4)m 储层除了第 1 周期油汽比略高于[4，7)m 储层外，周期油汽比均最低，并在第 3 周期开始油汽比下降到 0.20t/t 以下，油汽比快速下降；但[2，4)m 储层开发井第 1 周期每米有效厚度周期产油为 168t/m，并且随着周期增加一直处于较高值，周期采油速度快。相较于[2，4)m 和[7，12)m 储层，[4，7)m 储层周期油汽比高且下降幅度小，中等厚度储层周期开发效果最好。

随着有效厚度的增加，汽窜开始周期先上升后下降。如图 1 所示，有效厚度小于 5m 时，汽窜开始周期随着有效厚度的增加而增加；而有效厚度大于 7m 时，平均汽窜开始周期小于 3 周期。因此，[2，4)m 和[7，12)m 储层受汽窜时间提前影响，周期油汽比均下降幅度较快。

作者简介：徐庆，男，1993 年 6 月生，2019 年 7 月毕业于东北石油大学，获硕士学位，助理工程师，目前在头台油田地质工艺研究所从事稠油开发研究工作。E-mail：tt_ xuqing@petrochina.com.cn

表1 不同有效厚度级别下周期生产效果统计表

项 目	厚度分级/ m	井数/ 口	周 期					
			1	2	3	4	5	6
油汽比/ (t/t)	[7, 12)	22	0.70	0.53	0.47	0.28	0.19	0.22
	[4, 7)	30	0.42	0.49	0.42	0.38	0.34	0.24
	[2, 4)	10	0.55	0.40	0.16	0.16	0.13	0.11
每米有效厚度 周期产油/ (t/m)	[7, 12)	22	92	62	82	53	40	52
	[4, 7)	30	80	116	102	99	88	64
	[2, 4)	10	168	157	75	85	83	70

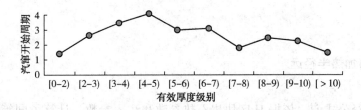

图1 不同有效厚度级别下汽窜开始周期统计图

有效厚度越薄,阶段采出程度越高。如图2所示,随着有效厚度的增加,每米有效厚度累计产油呈下降趋势。平均每米有效厚度累计产油最大值为649t/m,[2,5)m储层和[6,11)m储层平均每米累产油分别位于540~600t/m和380~500t/m范围内;当有效厚度大于11m后,每米累产油更是小于300t/m。因此,有效厚度越厚,每米有效厚度累计产油越低,调整潜力越大。

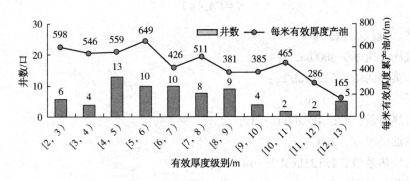

图2 不同有效厚度级别下生产效果统计图

1.2 夹层的影响

夹层发育影响浅薄层开发效果。如图3所示,随着射开夹层数的增加,每米射开有效厚度累产油呈下降趋势。H区块主力层内非均质性强,层内渗透率极差(含夹层)为167.3,单井发育夹层4.95个,且有效厚度越大,夹层密度和夹层频率越大,因此,夹层发育厚储层的调整潜力大。

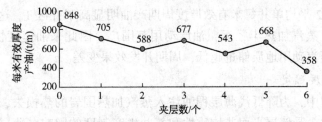

图3 每米射开有效厚度累产油与射开夹层数关系图

储层全部射开阶段采出程度高。如表 2 所示,全部射开储层的每米有效厚度累计产油优于考虑蒸汽超覆[4]而部分射开储层,平均增加 59t/m,夹层影响厚油层上部未射开储层动用。因此,开发初期将有效厚度全部射孔,可以提高储层动用程度。

表 2　不同有效厚度级别、射孔程度下每米有效厚度产油对比表

有效厚度级别/m	全部射开		部分射开		每米有效厚度累计产油/(t/m)
	井数/口	每米有效厚度累计产油/(t/m)	井数/口	每米有效厚度累计产油/(t/m)	
[4, 5)	7	591	6	521	71
[5, 6)	4	659	6	642	17
[6, 7)	1	548	9	412	136
[7, 8)	3	539	5	494	46
[8, 9)	3	397	6	372	25

2　原因分析

2.1　有效厚度薄加热半径远

2.1.1　加热半径计算

利用油层加热半径公式[5],依据 H 区块岩石热参数和注入参数,计算了同等注汽条件下不同有效厚度的第 1 周期加热半径。并利用数值模拟技术,对 H 区块 2 个不同厚度井区进行生产效果预测,井区 1 油井 10 口,平均有效厚度 6.24m;井区 2 油井 20 口,平均有效厚度 4.00m。

油层加热半径公式:

$$A_r = (I_s h_m h M_R \alpha_s) / [4\lambda_s^2(T_s - T_i)] \times [e^{tD} \cdot erfct_D^{1/2} + 2(t_D/\pi)^{1/2} - 1]$$

$$r_h = (A_r/\pi)^{1/2}$$

式中　A_r——加热区蒸汽面积,m^2;

　　　I_s——蒸汽注入速率,4000kg/h;

　　　h_m——饱和蒸汽的焓,522kcal/kg;

　　　h——油层厚度,[2, 10]m;

　　　M_R——岩石热容量,430.4kcal/$m^3 \cdot °C$;

　　　T_i——原始油层温度,20°C;

　　　λ_s——岩石导热系数,1.121kcal/h $\cdot$ m $\cdot$ °C;

　　　T——注入蒸汽时间,5d;

　　　α_s——热扩散系数,0.0026m^2/h;

　　　T_s——蒸汽温度,310°C;

　　　t_D——无因次时间;$t_D = (4 \cdot \lambda_s^2 \cdot T)/(M_R^2 h^2 \alpha_s)$。

有效厚度越薄,蒸汽加热半径越远,阶段采出程度越高。如图 4 所示,蒸汽加热半径均随着有效厚度的增加而减少。如表 3 所示,井区 2 平均单井油汽比低于井区 1,并且从第 4 周期开始油汽比下降到 0.20t/t 以下,但井区 2 平均单井每米有效厚度周期产油明显高于井区 1。这是因为在同等注汽条件下,有效厚度薄的储层,蒸汽加热半径远,油层动用范围广,因此采油速度快,阶段采出程度越高。但是,有效厚度越薄,蒸汽动用地质储量越低,周期开发效果变差。

2.1.2　合理注汽强度确定

在现场实际生产过程中,为降低浅薄层稠油注入蒸汽加热围岩的热损失,提高初期油汽比,注汽强度和注汽速度往往过大。受储层平面非均质性和邻井生产制度的影响,薄层的加热半径会沿单方向迅速扩大，导致汽窜时间提前，周期开发效果好迅速变差。因此，在开发中需要对注汽强度和注汽速度进行控制。

表3 不同有效厚度级别下单井周期生产效果数值模拟结果表

时间(周期)		1	2	3	4	5	6	7	8	9	10	合计
井区1	油汽比/(t/t)	0.56	0.63	0.62	0.50	0.43	0.35	0.32	0.31	0.27	0.24	—
	周期产/(t/m)	33.7	48.1	46.5	36.9	32.1	25.6	24.0	24.0	20.8	19.2	310.9
井区2	油汽比/(t/t)	0.31	0.31	0.23	0.18	0.12	0.08	0.08	0.07	0.06	0.06	—
	周期产/(t/m)	62.5	75.0	68.8	53.8	38.8	27.5	23.8	21.3	16.3	13.8	401.3

本文结合生产数据和数值模拟结果，确立了浅薄层稠油的合理注汽强度和速度。如图5所示，现场实际生产过程中，注汽强度保持在95~105t/m，周期开发效果最好。为了确定不同厚度储层最佳的注汽强度，开展数值模拟研究。如表4和表5所示，随着注汽强度和注汽速度的增加，周期产油增油幅度变缓。综合确定5m以下厚度油层注汽强度为110t/m，注汽速度为80t/d；大于5m厚度油层注汽强度为100t/m，注汽速度≥120t/d。

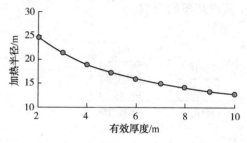

图4 第1周期蒸汽加热半径与有效
厚度关系图

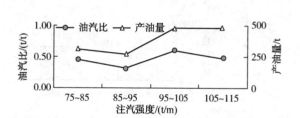

图5 现场不同注汽强度开发效果统计图

表4 不同注汽强度时蒸汽吞吐的开发效果

注汽强度/(t/m)	生产时间/d	有效厚度3m		有效厚度5m		有效厚度7m	
		产油量/t	油汽比/(t/t)	产油量/t	油汽比/(t/t)	产油量/t	油汽比/(t/t)
80	180	209.2	0.872	381.2	0.953	553.9	0.989
90	180	240.9	0.892	449.6	0.999	669.2	1.062
100	180	253.2	0.844	475	0.95	713.5	1.019
110	180	257.5	0.78	495.5	0.901	745.4	0.968
120	180	261.2	0.726	508.4	0.847	761.4	0.906
130	180	263.6	0.676	522.6	0.804	777.1	0.854

表5 不同注汽速度时蒸汽吞吐的开发效果

有效厚度3m	注汽速度/(t/d)	40	60	80	90	100	110	
	产油量/t	246.67	249.85	251.62	252.06	252.44	253.17	
有效厚度5m	注汽速度/(t/d)	50	70	80	90	100	110	130
	产油量/t	429.45	430.58	431.35	431.25	433.71	437.94	439.51
有效厚度7m	注汽速度/(t/d)	60	80	100	120	140		
	产油量/t	706.78	704.52	713.54	722.18	725.54		

2.2 夹层隔热效应

H 区块主力层泥质夹层发育，平均夹层分布频率为 0.46，平均单井发育夹层 3.3 个，局部发育连片钙质夹层。在夹层封隔能力下，蒸汽沿着高渗通道进入油层，使油层受热不均，局部高渗薄层在高注汽强度下，波及半径快速加大，严重时使井间汽窜提前。高升油田隔夹层室内实验研究表明[6]，隔夹层对流体具备一定的封隔、阻挡作用，其中泥质夹层隔绝热流体的能力最好，热导率最低。

H 区块取心井分析和生产情况也表明夹层会引起汽窜时间提前。2019 年，在 H7 井 50m 外钻冷冻取心井 HJ71 井，岩心分析结果显示有效厚度 9.8m，含油饱和度 64.72%，接近原始含油饱和度，但储层下部存在弱水洗。吞吐初期日产油 1.3t，第 1 周期中后期及第 2 周期日产油 0.1t，开发效果快速变差。吞吐注汽阶段与 H7 井汽窜严重，第 1 周期 H7 井砂柱高 50m，第 2 周期井口温度上升到 90℃。H7井转聚驱注入井后，HJ71 井日产液上升到 22.6t，见聚浓度大。H7 井吸水剖面显示夹层下部吸水明显好于夹层上部，两口井在夹层下部建立注采关系，导致储层动用不均。

夹层封隔能力作用，夹层上部油层动用程度低。在地质研究的基础上，H 区块在 2019~2021 年对 5 口井主力层夹层上部进行补孔，平均单井补孔有效厚度 3.7m。如图 6 所示，平均单井周期增油量 339.5t，油汽比上升 0.12t/t，补孔厚度周期增油强度 90.9t/m。补孔效果好，夹层上部油层动用程度低。结果表明，对于浅薄层稠油，夹层封隔蒸汽作用远大于蒸汽超覆的影响。

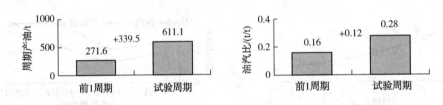

图 6　补孔效果对比图

3　调剖试验

目前针对稠油热采油汽比下降、汽窜影响开发效果的问题，国内外稠油区块普遍采取利用 N_2、CO_2、烟道气等非凝析气体或加入尿素、泡沫、表活剂等化学剂来辅助蒸汽的复合开发技术[7-10]，达到进一步提高采收率的目的。为验证稠油复合开采技术在 H 区块的可行性，根据开发规律分析，优选每米有效厚度累计产油量低、主力层全部射开且夹层发育的潜力井，先后开展了高温调剖剂+降黏剂辅助蒸汽的汽窜暂堵调剖试验和高温调剖剂+降黏剂+N_2 辅助蒸汽的复合调剖试验，并取得了良好的效果。

3.1 汽窜暂堵调剖

针对层内非均质性导致汽窜后油汽比快速下降问题，2020~2021 年选取汽窜井数 ≤3 口的调剖难度适中 8 口井，开展汽窜暂堵调剖试验。现场试验采用耐高温堵剂体系封堵高渗透层，增加流动通道的阻力，降低渗透率大、流动阻力小方向的注汽量，迫使注入的蒸汽转向进入未动用的低温油层，改善油层纵向和平面的动用程度，从而提高蒸汽波及系数[11-12]；在实现高渗通道封堵后，采用高效驱油助排剂[13-15]降低油水界面张力，形成水包油型乳化液，活性剂分子吸附于油珠周围，形成定向的单分子保护膜，防止了油珠重新聚合，从而降低稠油黏度；同时，表面活性剂具有润湿作用，可以显著降低液流流动阻力，达到提高原油采收率的目的。

通过调整注入颗粒的粒径及凝胶的浓度控制注入压力的升幅，达到改善注入剖面的目的。如表 6 所示，考虑前期及时封堵窜流薄层和后续热蒸汽流体吞吐，采用"前置聚合物-凝胶+颗粒-封口强凝胶-调驱助排液-清管顶替"的段塞组合方式注入，注入过程中依据压力变化情况，对注入浓度、注入量及药剂用量进行及时调整。

表 6   施工段塞设计

段塞名称	注入剂名称	段塞组成	压力控制/MPa	作　用
前置段塞	聚合物溶液	聚合物 0.10%（0.05%~0.10%）	0.5~1.0	试注、保护封堵段塞
主段塞	高温调剖剂	聚合物 0.30%（0.25%~0.40%）+交联剂 0.30%（0.25%~0.40%）+热稳定剂 0.18%（0.15%~0.24%）+控制剂 0.012%（0.01%~0.018%）+0.18%（0.025%~0.4%）颗粒	1.0~5.0	堵裂缝填充高渗层，扩大堵剂体积
封口段塞	强凝胶调部剂	聚合物 0.40%~0.80%+交联剂 0.30%（0.25%~0.40%）+热稳定剂 0.18%（0.15%~0.24%）+控制剂 0.012%（0.01%~0.018%）	1.0~3.0	保护填充段塞
调驱段塞	活性水助排剂	磺酸盐表面活性剂 0.5%+聚合物 0.15%	0.5~1.0	降黏助排
油管替液	聚合物稀溶液	聚合物 0.1%	—	将堵剂推远、清洗井筒
蒸汽	蒸汽	蒸汽	破裂压力	增加热量

注入段塞按压力控制注入，汽窜方向由原来的 2.6 个减少到 0.8 个，汽窜程度得到较好控制，取得较好试验效果。如图 7 所示，8 口试验井平均注汽压力上升 0.2MPa，平均周期增油量 371.8t，油汽比上升 0.21t/t。

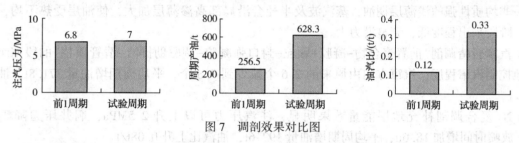

图 7   调剖效果对比图

3.2   N₂复合调剖

2021 年，在调剖试验取得较好效果的条件下，选取上一轮次采注比>1.4 的地层亏空严重 4 口井，开展 N₂复合调剖试验[16]。如表 7 所示，采取"调堵、降黏、增能"的思路，将 4 项工艺技术组合实施，改善层内和平面矛盾，延长吞吐周期生产时间，提高采收率，达到高轮次低效井、汽窜井有效开发。

4 口试验井平均单井降黏剂用量 525m³，氮气用量 16.2×10⁴m³，原受窜井均为再次汽窜，汽窜程度得到控制，生产效果改善。如图 8 所示，4 口试验井平均注汽压力上升 2.5MPa，焖井时间增加 2.8d，焖井期间平均压力降幅减缓 16.4%，放喷时间增加 18.6d，平均周期增油量 192.6t，油汽比上升 0.08t/t。

表 7   施工段塞设计

注入顺序	段塞组成	设计目的
第一段塞	调剖封堵剂	封堵高渗带
第二段塞	高效降黏剂	降黏增加原油流动性
第三段塞	N₂	隔绝温度，防止降黏剂高温失效；优选进入地层亏空大的高渗通道，补充地层能量，使蒸汽转向，提高蒸汽波及体积
第四段塞	蒸汽	提高降黏剂波及体积，增加热量

由于 N₂复合调剖试验主要优选地层亏空严重井，试验 N₂补充地层能量能力，优选井为地层亏空严重井，因此增油效果略差于汽窜暂堵调剖试验。但注汽压力大幅上升，焖井压降减缓，放喷时间延长，N₂复合调剖补能效果优异。

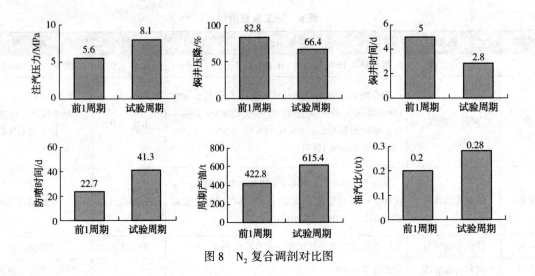

图 8　N_2 复合调剖对比图

4　结论

（1）有效厚度越薄，蒸汽加热半径越远，周期采油速度快，阶段采出程度越高，但油汽比低且下降快。夹层存在一定的封隔能力，蒸汽超覆对浅薄层稠油油藏影响较小，射孔时将有效厚度全部射开，开发效果较好。

（2）非均质性强的浅薄层稠油，蒸汽波及半径会沿局部高渗薄层加大，使油层受热不均，汽窜时间提前，阶段采出程度低，调整潜力大。

（3）汽窜暂堵调剖"前置聚合物-凝胶+颗粒-封口强凝胶-调驱助排液-清管顶替"的段塞组合，可以较好地控制汽窜程度，汽窜方向由原来的 2.6 个减少到 0.8 个，平均周期增油量 371.8t，油汽比上升 0.21t/t。

（4）N_2 复合调剖补充地层能量效果明显，注汽压力可以上升 2.5MPa，焖井压力降幅能减缓16.4%，放喷时间增加 18.6d，平均周期增油量 192.6t，油汽比上升 0.08t/t。

参考文献

［1］胡常忠，刘新福. 浅薄层稠油蒸汽吞吐规律［J］. 石油学报，1995，16（002）：71-76.

［2］贾学军. 高黏度稠油开采方法的现状与研究进展［J］. 石油天然气学报，2008，30（2）：529-531.

［3］胡长英. 论我国稠油开发面临的挑战与发展［J］. 化工管理，2017（15）.

［4］高永荣，闫存章，刘尚奇，等. 利用蒸汽超覆作用提高注蒸汽开发效果［J］. 石油学报，2007，28（4）：91-94.

［5］蒋小伟，牛霜杰，唐亮. 稠油蒸汽吞吐加热半径与动用半径关系研究［J］. 内蒙古石油化工，2013，39（7）：3.

［6］唐清山，施晓蓉. 高升油田高 3 块隔夹层特征及对稠油热采的影响［J］. 特种油气藏，1995，2（1）：9.

［7］贾学军. 高黏度稠油开采方法的现状与研究进展［J］. 石油天然气学报，2008，30（2）：529-531.

［8］李笃学. 稠油热采技术现状及发展趋势［J］. 工程技术引文版，2016（3）：00170-00170.

［9］李锦超，王磊，丁保东，等. 稠油热/化学驱油技术现状及发展趋势［J］. 西安石油大学学报（自然科学版），2010，25（4）：36-40.

［10］林辉. 稠油油藏注蒸汽和气体复合开采技术研究［D］. 大庆：东北石油大学，2013.

［11］王正东. 超稠油油藏深部封窜调剖技术的研究［J］. 石油化工高等学校学报，2006，19（4）：65-67.

[12] 董航. 稠油油藏 CO_2 辅助蒸汽吞吐的实验研究[D]. 大庆：东北石油大学, 2015.

[13] 夏惠芬, 张新春, 马文国, 等. 超低界面张力的二元驱油体系对水驱残余油启动和运移机理[J]. 西安石油大学学报(自然科学版), 2008, 023(006): 55-58.

[14] 孙记夫, 戴莹, 陈权生, 等. 岩石表面可润湿性反转对二元复合驱提高采收率的影响[J]. 日用化学工业, 2015, 45(9): 6.

[15] 肖中华. 原油乳状液破乳机理及影响因素研究[J]. 石油天然气学报, 2008, 30(4): 165-168.

[16] 林辉. 稠油油藏 N_2、CO_2 辅助蒸汽吞吐开采效果实验研究[J]. 天津科技, 2016, 43(10): 47-49.

普通稠油热聚驱规律
及驱油效果实验研究

王 涛 钱 昱 李 岩 朱 顺 刘 振 周 浩
【大庆油田有限责任公司勘探开发研究院】

摘 要： 目前大庆稠油油藏主要依靠热采方式开发，亟须探索热采后接替开发方式。本文针对大庆西斜坡地区 L95 区块普通稠油油藏，首先通过一系列常温驱油实验，优选出该区块最佳注聚参数；然后开展稠油和聚合物黏温特性评价实验，以及 25℃、45℃、70℃ 不同温度条件下的稠油热聚驱实验，研究普通稠油热聚驱驱油效果及规律；之后进行一组 50℃ 双管高、低渗并联驱油实验，考察油层非均质性对热聚驱效果的影响。实验结果表明：增加实验温度可以有效降低油/聚黏度比，提高波及系数，改善流动条件，降低稠油聚合物驱的注入压力，从而大幅提高驱油效率；聚合物地注入可以显著改善稠油油层层内非均质性对驱油带来的不利影响，有效提高低渗层及模型整体的驱油效率，降低综合含水率。

关键词： 普通稠油；热聚驱；油藏温度；驱油效率；波及效率；非均质性

随着常规原油产量的递减，稠油在满足世界能源需求中的作用会日益增加[1]，将会作为主要能源来弥补常规原油的减产和不足。自 20 世纪 60 年代以来，已相继在大庆长垣外围的富拉尔基富 7 井区、平洋、葡萄花南、他拉红、江桥以及新发区块发现稠油资源。目前多数油田均采用蒸汽吞吐或蒸汽驱开采稠油油藏[2]，在蒸汽开采方法中，由于稠油与蒸汽密度和黏度的差异，常常导致蒸汽重力超覆和指进，导致蒸汽开采体积波及系数降低，即使在蒸汽所波及的区域，由于受岩石-原油-水体系界面特性的影响，有很大一部分稠油不能从岩石表面剥离下来，降低了原油的最终采收率[3]，而且热采方法面临着投资成本高、经济风险性强的问题，且地面条件和油藏条件严格受到热采筛选标准的控制[4]。

聚合物驱油作为提高油田采收率的主要手段之一，已经在国内外油田开发中得到日益广泛的应用。普通稠油油藏聚合物驱是发展较晚的一种技术，应用于热力驱后的稠油油藏，由于蒸汽吞吐和蒸汽驱后还有大量的稠油不能被采出，为提高稠油采收率而发展了此项稠油开采接替技术[5]。国内学者崔传智等在 1997 年首次对热/聚合物技术进行了数学模拟，经算例验证，对热驱后的油藏进行聚合物驱是可行的，能够取得较好效果[6]。

1 实验

1.1 实验仪器

稠油及聚合物黏温特性测试采用德国 Anton Paar MCR301 高温高压流变仪。

稠油热聚驱实验采用江苏华安科研公司生产的高温岩芯驱替装置，主要由注入系统（ISCO-100D

作者简介：王涛（1985—），男，工程师，现主要从事稠油开发室内物理模拟实验研究工作。E-mail：306835213@ qq.com

高精度驱替泵，油、水容器，蒸汽发生器等)、岩心模型系统(填砂管、恒温箱等)、压力温度测量控制系统(压力、温度传感器，精密压力表，压差传感器等)及采出计量系统(回压阀、采集器等)等四部分组成。

1.2 实验材料

1.2.1 实验用油

取自大庆油田西部斜坡地区 L95 区块 S 油层地面脱气普通稠油，实验前对稠油进行过滤及脱水处理，稠油样品基础参数见表 1。

表 1 大庆西部斜坡区 L95 区块 S 油层普通稠油基础参数

相对密度 D_4^{20}	凝固点/℃	初馏点/℃	含蜡量/%	胶质/%	黏度(50℃)/mPa·s
0.9215	16.6	222	17.1	26.5	219

1.2.2 实验用水

根据西部斜坡地区 S 油层地层水矿化度配制地层模拟水，用于饱和实验岩样(地层水水质全分析见表 2)。水驱驱替岩心及配置聚合物溶液用水均取自 L95 区块现场过滤后清水，矿化度为 461mg/L。

表 2 地层水质全分析表

地层水离子含量/(mg/L)							总矿化度	水型	pH
阳离子			阴离子						
$K^+ + Na^+$	Ca^{2+}	Mg^{2+}	Cl^-	SO_4^{2-}	HCO_3^-	CO_3^{2-}			
2530	92.2	17	3620	48	812	0	7120	$NaHCO_3$	7.82

1.2.3 实验用化学剂

根据稠油的油藏地质条件及特点，并根据区块水质情况，初步选用 P(1600~1900)万聚合物溶液，开展稠油热聚驱室内评价实验。

1.2.4 实验模型

根据 L95 区块实际地层渗透率级差选择不同渗透率岩心，以模拟均质油层和非均质油层。岩心规格为 4.5cm×4.5cm×30cm，均质模型气测渗透率为 1200mD 左右，非均质模型高渗层气测渗透率为 1870mD，低渗层气测渗透率为 430mD。

1.3 实验方案

分别为：①选用高分 P(1600~1900)万聚合物，通过一系列对比实验，优选出最佳聚合物溶液浓度及注入量；②测试稠油和聚合物溶液的黏温特性，并进行不同温度下稠油热聚驱实验，考察温度对稠油聚驱效果的影响；③优选注聚参数下，进行一组双管并联聚驱实验，考察油层非均质性对稠油聚驱驱油效果的影响。

2 结果及分析

2.1 不同聚合物浓度对驱油效率的影响

用分子量为(1600~1900)万，浓度分别为 250mg/L、450mg/L、700mg/L、950mg/L、1200mg/L 聚合物溶液，在地层温度 30℃、注入速度 0.3mL/min、注入量 420PV·mg/L 条件下进行驱油实验，驱替方式为水驱至含水 98%+聚驱+后续水驱至含水 98% 以上时实验结束，实验数据及结果见表 3 和图 1。

在相同聚合物用量条件下，采收率提高值随聚合物

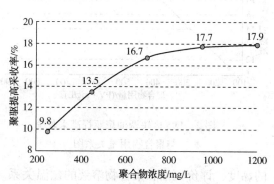

图 1 L95 区块稠油聚驱提高采收率与聚合物浓度关系图

浓度升高而提高。聚合物浓度大于700mg/L后，采收率提高值增幅减缓，因此优选聚合物浓度为700mg/L。分析认为，虽然聚合物溶液体系黏度随着溶液浓度的增加而升高，但过高黏度的聚合物溶液可能堵塞油层中小孔道，导致注入压力过大，既不安全，也不利于驱油。

表3　P(1600～1900)万聚合物浓度优选实验结果表

序号	聚合物分子量	浓度/(mg/L)	黏度/mPa·s	聚/油黏度比	注聚PV数	聚合物用量/(PV·mg/L)	岩心气测渗透率/mD	岩心水测渗透率/mD	水驱采收率/%	聚驱提高采收率/%	最终采收率/%
1	(1600～1900)万	250	23	0.12	1.68	420	1220	522	49.8	9.8	59.6
2		450	52	0.28	0.93		1265	585	50.6	13.5	64.1
3		700	99	0.53	0.60		1280	613	49.6	16.7	66.3
4		950	156	0.83	0.44		1278	590	49.4	17.7	66.9
5		1200	223	1.19	0.35		1284	595	50.3	17.9	68.1

2.2　不同注聚量对驱油效率的影响

用分子量为(1600～1900)万、浓度为700mg/L的聚合物溶液，在地层温度30℃，注入速度0.3mL/min，注入量分别为0.2PV、0.4PV、0.6PV、0.8PV、1.0PV和1.2PV条件下进行驱油实验，驱替方式为水驱至含水98%+聚驱+后续水驱至含水98%以上时实验结束，实验数据及结果见表4和图2。

表4　P(1600～1900)万聚合物用量优选实验结果表

序号	聚合物分子量	浓度/(mg/L)	黏度/mPa·s	聚/油黏度比	注聚PV数	聚合物用量/(PV·mg/L)	岩心气测渗透率/mD	岩心水测渗透率/mD	水驱采收率/%	聚驱提高采收率/%	最终采收率/%
1	(1600～1900)万	700	99	0.53	0.2	140	1279	618	50.1	11.5	61.6
2					0.4	280	1285	626	49.8	14.2	64
3					0.6	420	1280	613	49.6	16.7	66.3
4					0.8	560	1265	608	50.3	17.4	67.7
5					1	700	1215	636	48.5	17.8	66.3
6					1.2	840	1250	602	49.3	18	67.3

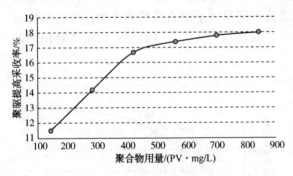

图2　L95区块稠油聚驱提高采收率与聚合物用量关系图

在相同聚合物浓度条件下，采收率提高值随聚合物用量增加而升高；当聚合物用量大于420PV·mg/L后，采收率提高值增幅明显减缓，优选聚合物用量为420PV·mg/L。分析认为，当注聚0.6PV左右时，模型内大部分原油已被驱替出来，多注的聚合物不仅没有驱替原油的效果，反而可能会成为后续水驱的阻力，影响最终驱油效率。

2.3　不同实验温度对驱油效果的影响

2.3.1　稠油和聚合物黏温特性测定

分别测定L95区块稠油和P(1600～1900)万、浓度700mg/L的聚合物溶液在30～90℃不同温度条件下的黏度，评价稠油和聚合物溶液的黏温关系。稠油和聚合物溶液的黏温数据见表5，黏温关系曲线见图3，油/聚黏度比随温度变化曲线见图4。

表5　L95区块稠油和聚合物溶液黏温关系表

温度/℃	黏度/mPa·s		油/聚黏度比 μ_o/μ_w
	稠油	P（1600~1900）万聚合物700mg/L	
30	652	102	6.4
40	365	95.4	3.8
50	219	90.1	2.4
60	140	85.9	1.6
70	94	82.3	1.1
80	66	77	0.9
90	49	73.7	0.7

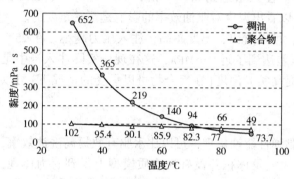

图3　L95区块稠油和聚合物溶液黏温关系曲线

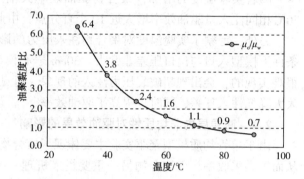

图4　油/聚黏度比随温度变化曲线

可以看出，随着温度升高，稠油和聚合物黏度都下降，但稠油黏度对温度要敏感得多，下降速率远远超过聚合物溶液。由公式（1）可知，当油/聚黏度比随着温度升高大幅下降时，产出液中油相分流率会显著增加，从而可以有效提高稠油聚合物驱驱油效率。

$$f_o = \cfrac{1}{\cfrac{\mu_o}{\mu_w} \times \cfrac{K_{rw}}{K_{ro}}} \tag{1}$$

式中　f_o——油相分流率；

μ_o、μ_w——油相、水相黏度，mPa·s；

K_{ro}、K_{rw}——油相、水相相对渗透率。

2.3.2　不同温度稠油热聚驱实验

在上述最优聚合物注入参数条件下，考察聚合物溶液在25℃、45℃、70℃条件下对L95区块普通稠油驱油效率的影响，驱油方式为直接注聚0.6PV+后续水驱至含水98%以上结束实验，实验数据及结果见表6，不同温度聚驱驱油效率和注入压力随注入量变化关系分别如图5、图6所示。

表6　L95区块稠油热聚驱实验结果表

序号	聚合物分子量	浓度/（mg/L）	温度/℃	驱替液黏度/mPa·s	原油黏度/mPa·s	油/聚黏度比	注聚PV数	聚合物用量/（PV·mg/L）	岩心气测渗透率/mD	岩心水测渗透率/mD	采收率/%
1	（1600~1900）万	700	25	106	652	0.16	0.6	420	1118	521	51.1
2			45	92	219	0.42			1130	502	60.8
3			70	82	99	0.83			1285	546	78.6

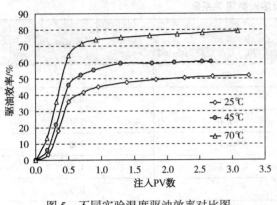

图 5　不同实验温度驱油效率对比图

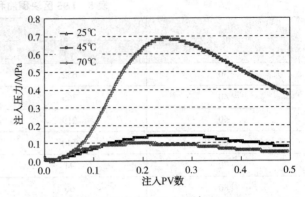

图 6　不同实验温度注入压差对比图

随着实验温度的增加，聚合物驱油效率大幅提高。注入量达到 0.5PV 后，25℃到 45℃、45℃到 70℃相同注入量驱油效率增大近 10 个百分点，由此可以看出温度对驱油效率的影响是至关重要的。

另外，考察了实验温度对聚合物注入压力的影响，可以看出，温度越高，注入压力越小。在 25℃条件下模型入口与出口压差非常大，30cm 岩心模型压差达到了近 0.6MPa，这在现场实际注入当中是很难实现的，会出现超破裂压力注入的现象。可见，提高实验温度（在聚合物可以承受的情况下）可以大大降低注入压差，同时也提高了驱油效率。

2.4　油层层内非均质性对驱油效果的影响

由于单管均质模型聚驱实验主要体现了聚合物的黏弹性驱油机理，可以比水驱有效提高洗油效率，从而提高采收率。而聚合物另一重要提采机理——扩大波及体积并没有在均质模型上得到有力体现，因此，有必要开展一组双管并联驱油实验，以模拟油层层内非均质性，从而考察油层非均质性对稠油聚驱驱油效果的影响。实验温度为 50℃，选用 P（1600～1900）万、浓度 700mg/L 的聚合物溶液，注入量为 420PV·mg/L，注入速度为 0.6ml/min，驱替方式为水驱 1PV+聚驱 0.6PV+后续水驱至含水 98%以上结束实验，高、低渗透层的渗透率级差为 5.1。实验数据及结果见表 7，高、低渗层的采收率、阶段含水率、分流率及注入压力随注入量变化关系见图 7~图 10。

表 7　稠油双管并联聚驱实验结果

模型	岩心气测渗透率/mD	岩心水测渗透率/mD	初始含油饱和度/%	水驱阶段			聚驱+后续水驱阶段		
				水驱 PV 数	采收率/%		最终采收率/%	聚驱提高采收率/%	残余油饱和度/%
高渗层	1870	1029	77.8	1.02	40.7	33.6	62.5	21.8	29.1
低渗层	430	202	70.8		25.7		53.2 58	27.5 24.4	33.1

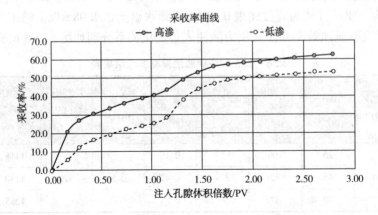

图 7　高、低渗透层采收率随注入量变化曲线

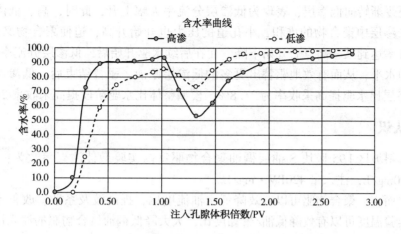

图 8　高、低渗透层含水率随注入量变化曲线

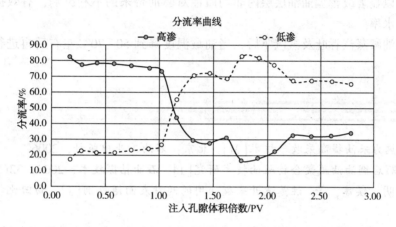

图 9　高、低渗透层分流率随注入量变化曲线

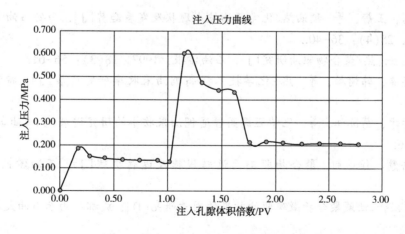

图 10　模型注入压力随注入量变化曲线

在稠油水驱过程中，由于水油流度比很大，会产生严重的指进现象，导致大量的原油无法被波及[7]。而向水中加入水溶性的聚合物后，将会使聚合物溶液非牛顿剪切力变小，增加了驱替液的黏度，同时由于聚合物能够吸附到油藏岩石表面，导致水相的相对渗透率降低，水相的流度大大减小，从而有效地降低了水油流度比，达到提高波及系数的目的[8]。

分析实验过程可以看到，在水驱阶段，高渗层分流率保持在80%左右，低渗层分流率仅为20%左右；水驱结束后，高渗层采收率达到40.7%，而低渗层仅为25.7%。开始注聚后，由于聚合物的黏滞力，随着聚合物注入量的增加，导致在高渗层的聚合物开始受到挤压，优势通道的压力逐渐升高，聚合物难以流动时便逐渐转向低渗层，表现为低渗层分流率大幅上升，此时，高、低渗层的吸液剖面开始反转[9]；随着低渗层中聚合物的堆积，小孔道的压力也开始升高，迫使聚合物又开始转向高渗层，表现为低渗层分流率达到某一高点后开始下降。而在后续水驱开始后，低渗层分流率并没有继续下降，而是保持在较高的水平，从而有效地驱替出更多的低渗层原油。驱替结束后，低渗层比水驱提高采收率27.5%，而高渗层比水驱提高采收率为21.8%，模型整体比水驱阶段提高采收率24.4个百分点。

3 结论及认识

（1）大庆西部斜坡区 L95 区块 S 油层稠油聚合物驱室内实验最佳注聚参数为：聚合物 P（1600～1900）万，浓度 700mg/L，注入量 420PV·mg/L。

（2）相比水驱而言，聚合物驱可以有效降低水油流度比，提高波及系数，改善流动条件，从而提高采收率；增加实验温度可以有效降低油/聚黏度比，大大降低稠油聚合物驱的注入压力，从而提高驱油效率。

（3）聚合物可以显著改善稠油油层层内非均质性对驱油带来的不利影响，有效提高低渗层的驱油效率，降低综合含水率。

（4）普通稠油油藏蒸汽吞吐及蒸汽驱后，当油藏温度降到 50～70℃ 左右后再进行聚合物驱，可以进一步提高采收率。

参考文献

[1] 张义堂, 等. 热力采油提高采收率技术[M]. 北京：石油工业出版社, 2006.

[2] 崔传智. 热力驱后稠油油藏聚合物驱油技术研究[J]. 石油钻探技术, 2004, 32(5)：42-44.

[3] 王玉斗, 陈月明, 侯建, 等. 注蒸汽开采稠油用的两种表面活性剂[J]. 油田化学, 2001, 18(4)：306-309.

[4] 蒋明, 许震芳. 辽河常规稠油油藏的聚合物驱问题研究[J]. 水动力学研究与进展, 1999, 1(2)：240-246.

[5] 李锦超, 王磊, 王静, 等. 稠油热/化学驱油技术现状及发展趋势[J]. 西安石油大学学报(自然科学版), 2010, 25(4)：36-40.

[6] 崔传智, 栾志安. 热/聚合物驱油研究[J]. 石油学报, 1997, 18(3)：56-61.

[7] 赵修太, 白英睿, 韩树柏, 等. 热-化学技术提高稠油采收率研究进展[J]. 特种油气藏, 2012, 19(3)：8-13.

[8] 裴海华, 张贵才, 葛际江, 等. 化学驱提高普通稠油采收率的研究进展[J]. 油田化学, 2010, 27(3)：350-356.

[9] 曹瑞波, 韩培慧, 侯维虹. 聚合物驱剖面返转规律及返转机理[J]. 石油学报, 2009, 30(2)：267-270.

[10] 胡秋筠. 影响稠油油藏聚合物微观驱油效果的因素研究[D]. 成都：西南石油大学, 2015.

高温高压条件下CO_2改善普通稠油流动特性实验研究

张 脊 李景伟 徐 庆 张德龙 李 达 谭 科

【中国石油大庆油田大庆头台油田开发有限责任公司】

摘 要： 稠油蒸汽多轮次热采中后期油汽比下降，汽窜问题严重。本文对大庆稠油的CO_2辅助吞吐作用机理和油藏适应性进行了深入研究，首次利用大庆H区块稠油开展了CO_2高压物性、CO_2萃取及固相沉积测定和油气界面张力实验，并对CO_2改善稠油流动特性能力进行了分析。实验结果表明：随着溶解压力增加，CO_2在原油中的溶解度增加，原油体积系数变大，原油密度、原油黏度和油气界面张力降低。体积系数变大增加地层弹性能量，从而提高流动压差；溶解、破乳作用降低原油黏度和密度，原油密度的降低可缩小油相与蒸汽相密度差，提高蒸汽热降黏效率。并且原油的固相沉积量最高只有0.0472mg/mL，地层原油不会发生明显的固相沉积。研究表明，H区块适应CO_2辅助吞吐，同时研究成果对类似稠油改善开发效果具有重要借鉴意义。

关键词： 高温高压；CO_2；稠油；流动特性；物理实验

大庆H区块储层埋深270m，平均有效厚度5.7m，油藏温度下地面脱气原油黏度为3306.2mPa·s，属于普通稠油I-2类。经过多轮次蒸汽吞吐开发后，油汽比逐年下降，井间汽窜程度日趋严重，热采效果变差。目前平均单井吞吐5.8周期，油汽比0.12t/t，年汽窜井占比超过50%，重复受窜井占比近70%。因此需要探索稠油蒸汽吞吐开发中后期提高采收率新技术[1-4]。本文首次利用H区块地层原油样品，进行不同乳化含水稠油与CO_2在不同温度、压力条件下的相互作用研究，和CO_2萃取及固相沉积测定实验。

根据达西渗流公式，生产压差和原油黏度是影响生产效果的两个主控因素。从增加驱替能量和降低稠油黏度两个方面，对CO_2辅助蒸汽吞吐[5-10]改善稠油流动特性能力进行了研究。

1 实验准备

1.1 试剂与药剂

药品：大庆H区块地层稠油，乳化含水0、5%、10%（H区块稠油最高乳化含水10.7%）；模拟地层水（$NaHCO_3$型），矿化度5000mg/L；工业用CO_2，纯度≥99.9%。

仪器：高温高压地层原油物性分析仪，PVTCELL240/1500F，法国ST公司；固相沉淀测定仪，DBR，加拿大DBR公司；气相色谱仪，7890B，美国Agilent公司；高温高压全自动界面张力仪，PDE 1700LL，德国KRUSS公司；视频旋转滴界面张力仪，SVT 20N，德国dataphysics公司。

1.2 评价方法

参照标准SY/T 5542—2011《油气藏流体物性分析方法》、SY/T 5779—2008《石油和沉积有机质烃类气相色谱分析方法》和SY/T 5370—1999《表面及界面张力测定方法》，开展不同温度、压力、溶解

CO_2气量条件下的高压物性实验、CO_2萃取及固相沉积测定实验和油气界面张力实验,系统研究了CO_2与稠油的作用机理。

本部分实验主要由4部分组成(图1、图2):

(1)80℃和160℃下在溶解CO_2压力为2MPa、5MPa、8MPa、11MPa、14MPa下不同乳化含水级别的高压物性实验,测试CO_2溶解度、原油体积系数、原油密度和原油黏度。

(2)160℃下溶解CO_2浓度(摩尔浓度)为2%、5%、10%、20%下不同乳化含水级别原油的高压物性实验,测试CO_2饱和压力、原油体积系数、原油密度和原油黏度。

(3)80℃和160℃下2MPa、5MPa、8MPa、11MPa和14MPa条件下CO_2与原油的相行为(萃取、固相沉积)实验。

(4)80℃、120℃和160℃下2MPa、5MPa、8MPa、11MPa和14MPa条件下油气界面张力实验。

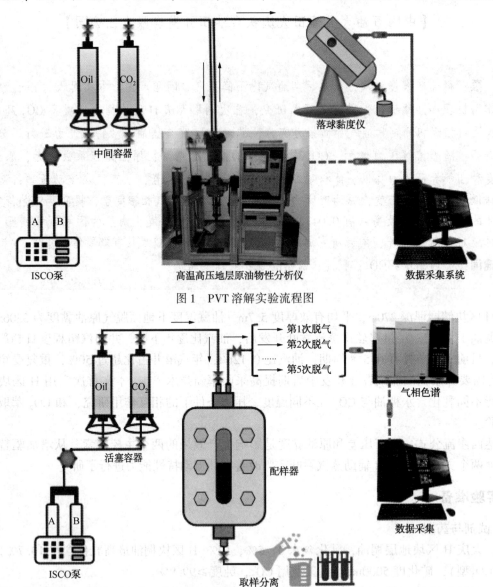

图1 PVT溶解实验流程图

图2 固相沉积实验流程图

2 提高驱替能量

2.1 原油溶解膨胀,增加地层能量

H区块原油溶解CO_2后体积膨胀明显,弹性能量增加。如图3所示,随着CO_2溶解压力的增加,

原油体积增加量明显上升。大量的室内研究和现场试验结果表明，由于原油中溶解气和热膨胀作用的影响远远大于地层压力下原油的压缩，原油溶解 CO_2 后会发生体积膨胀，原油体积膨胀可显著增加地层的弹性能量，并使膨胀后的剩余油（残余油）脱离地层孔隙或地层水的束缚，从地层微小孔道中"挤"出来，成为可动原油，降低残余油饱和度，提高微观驱油效率。

大气压　　　2.48MPa　　　5.36MPa　　　7.9MPa　　　10.16MPa　　　12.08MPa

图3　不同压力下溶解 CO_2 后原油体积膨胀对比（80℃）

在不超地层破裂压力下，H区块原油最高可溶解14%的 CO_2。如图4所示，随着溶解压力提高，CO_2 在原油中的溶解度增加。油藏温度为影响H区块稠油 CO_2 溶解度的主要因素，含水影响相对较小。在破裂压力7.4MPa、加热地层温度80℃下，CO_2 在未含水原油中的溶解为0.14g/g，当温度升至160℃，CO_2 在原油中的溶解度降低近一半。在同等温度条件下，随着原油乳化含水量增加，CO_2 的溶解度降低。这是因为 CO_2 溶解在含水原油中，水将分担溶解一部分 CO_2，而 CO_2 在水中的溶解度低于原油中的溶解度，因此 CO_2 在含水原油中的溶解度降低。根据溶解度曲线可以估算油藏温度压力下注入 CO_2 的用量。

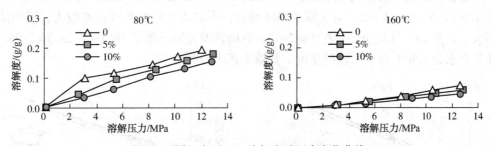

图4　不同温度下 CO_2 溶解度随压力变化曲线

H区块稠油溶解 CO_2 膨胀能提高2.4%~8.4%的采收率。如图5所示，随着溶解压力提高，原油体积系数变大。随着原油含水率增加，由于一部分 CO_2 溶解在水中，原油体积系数逐渐变小；温度由80℃增加至160℃，由于热膨胀占主导地位，原油体积系数增加。在H区块地层原始地层压力（2.8MPa）到破裂压力（7.8MPa）之间，未含水原油溶解 CO_2 后体积系数分布分别为1.024~1.07（80℃）和1.042~1.084（160℃），地层未含水原油体积可以膨胀2.4%~8.4%，提高微观驱油效率和原油动用程度。

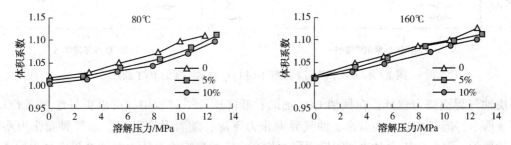

图5　不同温度下原油体积系数随压力变化曲线

2.2　CO_2 溶解气驱，增加驱替压差

从原油中脱出的气体分子数与溶解在原油中的分子数达到了动态平衡时，对应的压力称为原油的

饱和压力，现场人员常把饱和压力称作泡点压力。当油藏压力低于饱和压力时，原油中烃类气体析出，地下原油黏度增大，原油在地层中的流动阻力增加，降低了驱油效率。如图6所示，在稠油 CO_2 辅助吞吐开采中，通过控制井底流压，限制 CO_2 从原油中脱气量，可以在降低原油黏度的同时，形成溶解气驱，为油井生产提供驱动力。因此饱和压力是一个极其重要的参数。

图6　CO_2 从原油和水中的脱气过程

根据关系图版，可以控制 CO_2 辅助吞吐不同开发阶段合理的井底流压，在保证近井地带稠油流动性的同时，使 CO_2 分次析出，增加驱替压差，发挥溶解气驱油能力。如图7所示，溶解 CO_2 摩尔分数与原油的饱和压力、体积系数、原油密度和原油黏度都具有很好的线性相关关系，并且随着溶解 CO_2 的摩尔分数增加，原油的饱和压力逐渐变大，原油体积系数逐渐增加，原油密度和黏度下降。对于 H 区块稠油，不同含水原油溶解相同量 CO_2 时的饱和压力、体积系数和原油密度差距不大，在160℃下溶解20%的 CO_2，饱和压力分别为 7.3MPa、7.7MPa 和 7.8MPa，体积可以增加 7.5%~8.1%，原油密度分别下降 4.9%、5.1%、4.6%。对于原油黏度而言，不同含水原油黏度相差较大，但原油黏度下降幅度差距不大，溶解 CO_2 气量由2%增加至20%，原油黏度分别下降了 36.1%、28.9%、28.8%，溶解 CO_2 对于降低含水原油和不含水原油的黏度，其效果都十分明显。

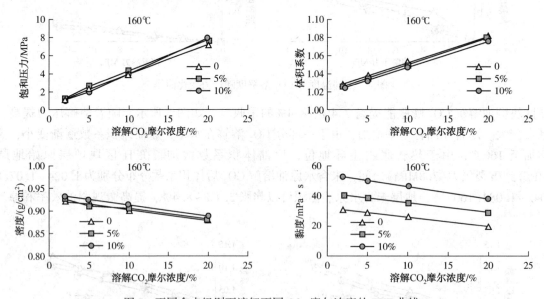

图7　不同含水级别下溶解不同 CO_2 摩尔浓度的 PVT 曲线

H 区块油气界面张力较低，在稠油 CO_2 辅助吞吐降压开采过程中，可以更好地发挥 CO_2 驱油能力。如图8所示，随着 CO_2 压力升高，油气界面张力下降；随着温度升高，油气界面张力略微降低。对于同一种原油，温度和压力对油气间界面张力均有一定的影响，且压力对油气界面张力的影响更大。温度升高，一方面增大了油相分子间的距离，另一方面轻烃蒸发至 CO_2 相中使得气液间分子力场差异变小，界面张力降低；压力升高，CO_2 在油相中的溶解度增加使油相密度减小，同时 CO_2 密度增加，两相密度差减小，导致两相分子间的差异变小，分子力场不平衡减弱，表现为界面张力减弱。对于 H

区块稠油，当压力增加至 5MPa，油气界面张力降低至 8.13~6.9mN/m，压力增加至 14MPa 时，油气界面张力降低至 0.76~0.22mN/m，达到 10^{-1} 级别。

3 降低稠油黏度

3.1 降低油相黏度，提高油相流动性

稠油黏度是决定稠油驱油效率最重要的内在因素，而 CO_2 的溶解降黏作用也是开采稠油重要的机理之一。H 区块稠油随着原油含水率增加，乳液黏度逐渐增加，在稠油乳液含水率 10.7% 时，乳液平均黏度较脱水原油增加 1.36 倍，黏度的增加对采油不利。常规的化学破乳剂在蒸汽的高温环境下分子结构容易发生破坏，破乳效果大打折扣。而 CO_2 对油包水乳液有明显的破乳作用，采用 CO_2 辅助吞吐开发稠油，从提高稠油驱油效率及开发成本上考虑都更具有优势。

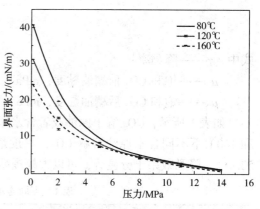

图 8 不同温度压力条件下 CO_2 与原油间的界面张力

CO_2 破乳能力强，H 区块稠油降黏效果明显。如图 9 和图 10 所示，随着 CO_2 溶解压力增加，含水原油溶解 CO_2 后油水发生分离，原油黏度大幅度降低，并且 CO_2 压力越高，油水分离越彻底，破乳效果越好。王慧、Nael、张运军等[11-14]认为，稠油和超稠油在注蒸汽过程中容易发生高温乳化现象，形成黏度较高的油包水乳液，其稳定性往往取决于乳液界面上的沥青质薄膜的稳定性。CO_2 对油包水型乳状液具有破乳作用：一是由于 CO_2 在油和水中溶解度不同（CO_2 在原油中的溶解度比在水中溶解度大 3~9 倍），扩散作用使得 CO_2 在溶于油包水乳状液体系后重新分配，在 CO_2 重新分配过程中油相与油相、水相和水相更容易结合，导致油包水乳液结构发生破坏并产生破乳，乳液体系在 CO_2 分配结束后重新达到另一稳定的相平衡状态；二是 CO_2 的破乳机理是能使油相中水滴周围吸附的沥青质薄膜脱落，沥青质发生不可逆的絮凝和沉淀，导致油水界面上的沥青质薄膜变薄，容易发生破裂，从而产生水滴聚并、破乳。

0.1MPa、80℃   2.6MPa、80℃   8.35MPa、80℃

图 9 原油溶解 CO_2 前后相态图

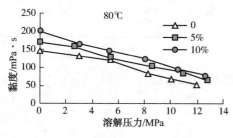 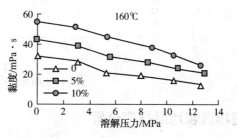

图 10 黏度-溶解压力关系图

乳液发生破乳后，我们最关心的就是乳液黏度的变化，CO_2 降低原油黏度的程度通常用降黏率表示。降黏率被定义为：在某一温度压力条件下，饱和 CO_2 前后原油黏度的降低程度，即：

$$\eta = \frac{\mu_1 - \mu_2}{\mu_1} \times 100\%$$

式中　η——降黏率；

　　μ_1——饱和 CO_2 前稠油黏度，mPa·s；

　　μ_2——饱和 CO_2 后稠油黏度，mPa·s。

如表 1 所示，CO_2 溶于原油或者含水原油后，黏度皆有一定幅度的下降。对于 H 区块原油，80℃和 160℃下不同含水原油溶解 CO_2，黏度最高分别降低 62.8% 和 56.7%、61.9% 和 51.2%、62.3% 和 52.7%，降黏效果十分显著，可以大幅提高稠油在地层中的流动性。

表 1　不同含水原油溶解 CO_2 后黏度值和降黏率

温度/℃	含水/%	原始黏度/mPa·s	溶解 CO_2 后原油黏度/mPa·s	降黏率/%
80	0	137	51~132	3.6~62.8
	5	168	64~158	6.0~61.9
	10	207	78~165	20.3~62.3
160	0	30	13~29	3.3~56.7
	5	43	21~39	9.3~51.2
	10	55	26~51	7.3~52.7

3.2　调整压力剖面，提高蒸汽热降黏效率

在蒸汽吞吐过程中，稠油乳化后会导致原油密度增加，加剧原油与蒸汽间的密度差异，对于纵向非均质性差异大的油藏，蒸汽与稠油间的密度差异较大，蒸汽易集中在油藏顶部产生蒸汽超覆，一方面增加了蒸汽的热量流失，另一方面不利于蒸汽腔的发育，减少了蒸汽的热波及效率。

CO_2 可缓解蒸汽超覆及改善蒸汽波及方向。如图 11 所示，随着溶解压力提高，溶解 CO_2 气量增加，含水稠油的密度显著降低。一方面，原油密度的降低会减低油相与蒸汽相间的密度差，减弱了蒸汽与原油间的重力分异作用，有利于缓解蒸汽超覆，增加蒸汽波及半径。另一方面，未溶解在原油和地层水里的 CO_2 有一部分会留存在大孔道中，改善压力剖面，使蒸汽向低渗透部位转向，改善吸汽剖面；另一部分 CO_2 在重力分异的作用下，占据上部油层空间，隔绝围岩与蒸汽，降低蒸汽热量向围岩中扩散。从而提高蒸汽的利用，使注入蒸汽能够充分与原油接触，在热降黏的作用下，地层稠油黏度大幅下降，提高油相流动性。

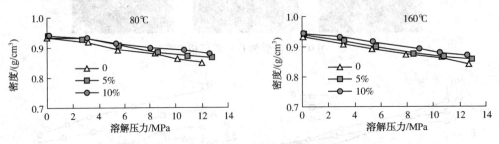

图 11　原油密度-溶解压力关系图

4　固相沉积地层损害分析

目前国内外许多学者将原油认为是一种胶体，即认为原油是由饱和烃和芳香烃为溶剂，胶质、沥青质以及石蜡等固相颗粒作为溶质分散在溶剂中的一种稳定的胶体溶液。在注 CO_2 过程中，CO_2 对原油中轻质组分的萃取和汽化是提高原油采收率的主要机理之一。但 CO_2 的萃取轻烃能力，会打破原油

胶体体系平衡，胶质、沥青质以及石蜡等固相颗粒容易聚集产生絮凝，引起固相沉积堵塞地层。因此，固相沉积量是评价 CO_2 辅助蒸汽开发稠油可行性的重要指标之一。

H 区块稠油固相沉积量低，储层损害小。如表 2 所示，随着脱气次数增加，原油密度增加；随着抽提压力增加，底部液的固相沉积量增加。原油和 CO_2 经过多次接触后，轻质组分逐渐从原油中萃取出来，原油中胶质、沥青质和石蜡等固相颗粒溶解平衡被打破，逐渐沉降在底部原油中；随着压力增加，CO_2 萃取轻烃能力增强，固相颗粒溶解平衡越易被打破，底部原油密度增加；随着温度升高，固相颗粒在原油中的溶解度增加，提高了固相颗粒在原油中的分散度，不容易发生聚集和沉降，底部原油密度减少。H 区块标准情况下脱气原油密度 $0.9315g/cm^3$、固相沉积量 $0.0152mg/mL$。多次接触后原油密度最大仅提高了 0.34%，固相沉积量最高只有 $0.0472mg/mL$，即生产 $1m^3$ 原油，仅产生不到 $0.05kg$ 固相沉积物，因此在 CO_2 辅助吞吐过程中原油不会发生明显的固相沉积。

表 2　不同含水原油溶解 CO_2 后黏度值和降黏率

项　目		80℃					160℃				
	脱气次数/次	2MPa	5MPa	8MPa	11MPa	14MPa	2MPa	5MPa	8MPa	11MPa	14MPa
脱气原油密度/ (g/cm^3)	1	0.9314	0.9316	0.9317	0.9319	0.9323	0.9315	0.9317	0.9316	0.9317	0.9318
	2	0.9315	0.9317	0.9318	0.9325	0.933	0.9315	0.9317	0.9319	0.9319	0.932
	3	0.9315	0.9318	0.9321	0.9331	0.9338	0.9314	0.9319	0.932	0.9322	0.9323
	4	0.9315	0.9318	0.9323	0.9334	0.9344	0.9313	0.9318	0.9321	0.9324	0.9325
	5	0.9315	0.9319	0.9325	0.9336	0.9347	0.9315	0.9318	0.9322	0.9325	0.9327
	增幅/%	0	0.04	0.11	0.23	0.34	0	0.03	0.08	0.11	0.13
固相沉积量/ (mg/mL)		0.0277	0.0328	0.0391	0.0411	0.0472	0.0164	0.0147	0.0267	0.0315	0.0347

5　结论

（1）稠油溶解 CO_2 后体积系数变大，可显著增加地层的弹性能量，驱动地层原油流动能力增强。并且，可以降低残余油饱和度，提高微观驱油效率。

（2）H 区块稠油在溶解降黏和破乳降黏的作用下，不同含水原油的黏度皆有大幅度的下降，可以大幅提高稠油地层流动性。

（3）溶解 CO_2 摩尔分数与原油的饱和压力、体积系数、密度和黏度都具有很好的线性相关关系。在稠油 CO_2 辅助吞吐开采中，控制井底流压，可以在保证地层原油具备较低黏度的同时，使 CO_2 分次析出，增加驱替压差，在较低的油气界面张力下，充分发挥溶解气驱油能力。

（4）溶解压力提高，溶解 CO_2 气量增加，油相与蒸汽相间的密度差减少，蒸汽与原油间的重力分异作用减弱，可以增加蒸汽波及半径。并且，未溶解的 CO_2 会改善吸汽剖面，隔绝围岩与蒸汽，提高低渗透层动用，降低蒸汽热量扩散，在热降黏的作用下，地层稠油黏度大幅下降，油相流动性增加。

（5）H 区块原油的固相沉积量最高只有 $0.0472mg/mL$，在 CO_2 辅助吞吐过程中，地层原油的固相沉积量不会对地层孔隙造成伤害。

参考文献

[1] 郑洪涛，崔凯华. 稠油开采技术[M]. 北京：石油工业出版社，2012.

[2] Larter S R, Head I M. Oil Sands and Heavy Oil：Origin and Exploitation[J]. Elements，2014，10 (4)：277.

[3] 林辉. 稠油油藏注蒸汽和气体复合开采技术研究[D]. 大庆：东北石油大学，2013.

[4] 李锦超，王磊，丁保东，等. 稠油热/化学驱油技术现状及发展趋势[J]. 西安石油大学学报(自然

科学版），2010，25（4）：36-40.

［5］宋远飞，伍晓妮. CO_2 辅助蒸汽吞吐开发效果实验研究［J］. 石油地质与工程，2016（01）：129-132.

［6］林涛，孙永涛，刘海涛，等. CO_2、N_2 与蒸汽混合增效作用研究［J］. 断块油气田，2013（02）：246-247-267.

［7］F. Giimrah, S. Bagci. Steam-CO_2 drive experiments using horizontal and vertical wells［J］. Journal of Petroleum Science and Engineering, 1997, 18：113-129.

［8］Bagci A. S, Gumrah F. Effects of CO_2 and CH_4 Addition to Steam on Recovery of West Kozluca Heavy Oil［C］. SPE 86953, USA. 2004, 1-7.

［9］Liu W, Wang S, Chen X, et al. Mechanisms and Application of Viscosity Reducer and CO_2-Assisted Steam Stimulation for a Deep Ultra-Heavy Oil Reservoir［C］. SPE Canada Heavy Oil Technical Conference. 2016.

［10］沈德煌，张义堂，张霞，等. 稠油油藏蒸汽吞吐后转注 CO_2 吞吐开采研究［J］. 石油学报，2005，26（1）：83-86.

［11］王慧，程丽华，王平，等. W/O 型乳状液破乳技术进展［J］. 应用化工，2012，41（8）：1434-1438.

［12］马超. 尚12-41稠油乳化机理及其防治技术研究［D］. 青岛：中国石油大学（华东），2012.

［13］赵勇. 稠油热采防乳增效剂的合成及评价［D］. 大庆：东北石油大学，2017.

［14］Nael N Z, Ruben G C, Peter K K. A novel process for demulsification of water-in-crude oil emulsions by dense carbon dioxide［J］. Industrial and Engineering Chemistry Research, 2003, 42：6661-6672.

单一型薄窄河道砂体稠油油藏高效开发技术政策研究

李 岩 钱 昱 王 涛 朱 顺 周 浩 刘 振

【大庆油田勘探开发研究院】

摘 要： 大庆长垣西部斜坡区萨尔图稠油油藏储量资源丰富，开发程度低，不同砂体规模布井模式及有效动用方式不明确，本文基于储层流体渗流特征、岩心驱油实验和数值模拟及经济评价研究；建立了单一型薄窄河道砂体稠油油藏布井模式及开发方式优化设计方法，明确了高效开发模式和技术经济界限，该研究为该类稠油油田效益建产提供了很强的理论指导，有较好的实际应用效果。研究成果指导开发方案设计，共部署开发井 446 口，预计建成产能 30.1×10^4t。目前区块投产 206 口井，区块累计产油 13.7×10^4t，采油速度 0.95%，采出程度 1.15%。

关键词： 薄窄河道砂体；稠油；高效开发技术；技术经济界限

大庆长垣西部斜坡区萨尔图稠油油藏储量资源丰富，具有浅、薄、分散的特点，属于低丰度单一型薄窄河道砂体稠油油藏[1]，平均有效厚度 3.5m，河道宽度 250m。2020 年以前仅在江 77、杜 66 等区块小规模开发，总体开发程度较低，未形成系统的浅薄层、低丰度普通稠油开发技术体系[2]。针对薄窄河道砂体布井模式和有效动用方式不明确，为实现江桥地区 SI 组稠油油藏全生命周期高效开发，开展室内实验和数值模拟、经济评价研究，探索适合的驱替介质和合理开发方式，落实研究区高效开发技术政策。该成果为该类稠油油藏效益建产提供了很强的理论指导，有较好的实际应用效果。

1 储层流体渗流特征研究

1.1 原油黏温曲线测定

进行原油黏温曲线测定，从黏温曲线可看出，在地层温度条件下该区块属于普通稠油(图 1)；原油黏度对温度的敏感性较强，随着温度的升高，原油黏度急剧降低，当温度达到 100℃时，黏度下降接近普通原油[3]。

1.2 原油流变性试验

流体依据其流变特征是否满足牛顿内摩擦定律可大致分为牛顿流体和非牛顿流体。通过室内流变性实验，得到地层温度下 LA 井剪切速率、剪切应力的关系曲线数据(图 2)，研究后发现在较低温度和较低剪切速率下，原油呈现非牛顿流体的特征[4]，且表现出具有一定的屈服值和剪切变稀特性的宾汉流体特征，原油的黏度随剪切速率的增加显著降低，随温度的升高，其非牛顿逐渐减弱，达到一定的温度后转化为牛顿流体的特征(图 3)。

作者简介：李岩(1984—)，女，籍贯黑龙江哈尔滨市，大学本科，大庆油田勘探开发研究院，从事稠油开发，高级工程师。E-mail：350803908@qq.com

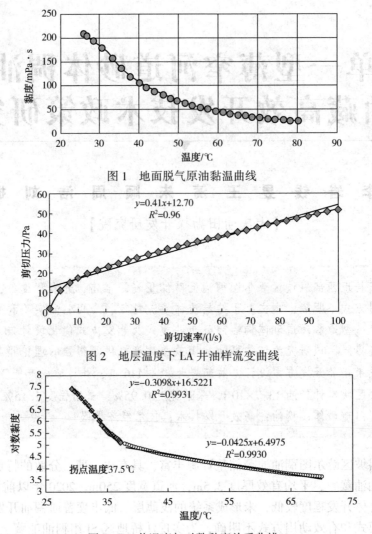

图 1　地面脱气原油黏温曲线

图 2　地层温度下 LA 井油样流变曲线

图 3　LA 井温度与对数黏度关系曲线

1.3　高温相对渗透率曲线测定

研究区稠油油相相对渗透率随含水饱和度升高呈下降趋势，曲线呈下凹形；水相相对渗透率呈上升趋势，曲线呈上凹形；温度升高，曲线整体上向右偏移[5]；束缚水饱和度有随温度升高而增大的趋势；随着温度升高，两相共渗区域变宽，同一含水饱和度下，油相渗透率增大，而水相渗透率变化不大。提高注入水温度有利于驱替出更多原油，从而降低油藏残余油饱和度，提高稠油驱油效率。随液相饱和度降低，油相相对渗透率明显下降，蒸汽相相对渗透率逐渐上升。250℃油汽相渗曲线形态较200℃汽驱明显变好，油相相对渗透率下降趋势变缓，油汽两相共渗范围变宽[6]，这说明蒸汽温度越高，越有利于延长稠油流动时间，提高采出程度(图4)。

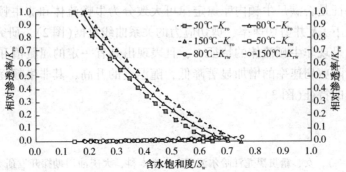

图 4　LA 井不同温度油水相对渗透率曲线

2 不同开发方式提高采收率研究

2.1 热水驱、蒸汽驱岩心驱油实验研究

共开展了不同温度水驱、不同温度蒸汽驱的岩心驱油实验共计7组不同温度岩心驱油实验[7]。当温度从常温升高到80℃时，驱油效率最高提升8.4个百分点；从80℃提高到150℃后，驱油效率提高10.9个百分点。相同温度下蒸汽驱比热水驱驱油效率高11.5个百分点。采用热采开发方式可以大幅度提高采收率，试验区适合采用热采方式开发(图5)。

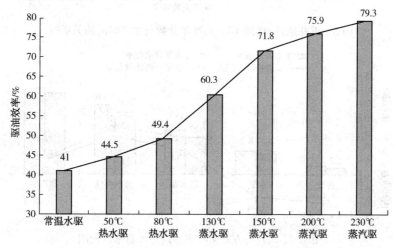

图5 不同温度热水驱及蒸汽驱驱油效率实验

2.2 不同开发方式开发效果对比

采用CMG数值模拟软件winprop模块将原油劈分为轻质、中质、重质三个拟组分(如表1所示)，进行数值模拟研究[8]。从弹性开发过程中，油相各组分变化规律可看出，轻质组分最先采出，随着生产过程的推移，近井地带的重质组分不断增多，轻质和中质组分变少，生产到190d时，近井地带的重质组分为100%，随着近井地带原油轻质组分的采出，原油黏度越来越高，流动性急剧下降；具体表现为弹性开采月递减率和年递减率高，生产300d以后，产液量、产油量急剧降低，部分井会出现供液不足现象。因此，弹性开发有效期在240~300d(图6)。

表1 不同温度原油组分劈分结果

温度/℃	轻质组分	中质组分	重质组分
10	108.9	357.0	2202.2
66	4.3	10.5	45.7
121	0.8	1.6	5.3
177	0.3	0.5	1.4
233	0.2	0.3	0.6
289	0.1	0.2	0.3
344	0.1	0.1	0.2
400	0.1	0.1	0.1

对比弹性开发、常温水驱、热水驱、蒸汽吞吐、蒸汽吞吐转蒸汽驱数值模拟和经济评价结果，可以看出弹性开发、常温水驱采收率较低，热水驱、蒸汽吞吐和蒸汽驱提高采收率在11%以上，由于受蒸汽成本制约，蒸汽驱内部收益率小于8%，经济效益上不达标。热水驱和蒸汽吞吐内部收益率在8%以上可获得较好开发效果(图7)。

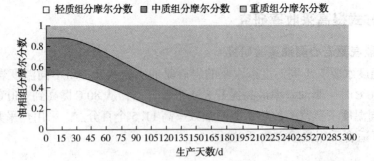

图6 近井地带油相各组分的摩尔分数与生产时间的关系图

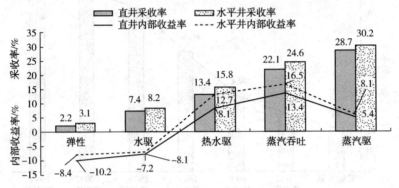

图7 不同开发方式采收率、内部收益率对比图

3 不同开发方式井型井距适应性研究

3.1 不同规模河道井型优化研究

计算了不同河道砂体规模下的直井和水平井的井控储量，可以看出窄河道条件下，直井开发效益优于水平井，河道宽度大于250m水平井单井控制储量明显增加。因此在布井时，依据风险认识、河道规模，制定"整体水平、灵活部署"对策(图8)。

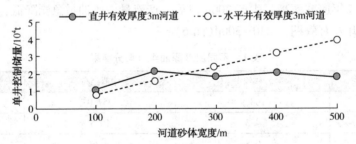

图8 不同河道砂体宽度直井、水平井井控制储量

3.2 不同开发方式井距适应性研究

应用单井产能分析法、谢尔卡乔夫公式、井网密度公式三种方法计算不同开发方式技术井距，应用数值模拟和经济评价方法计算不同开发方式经济井距。

单井产能分析法：根据采油速度和油井的单井产能，计算出所需的油井数，由油井数与总井数的关系，可确定出总井数，进而求出井网密度。

$$S = \frac{N_{ow}}{A} = \frac{NV_o}{330q_o \eta R_{ot} A} \tag{1}$$

式中 A——含油面积，km^2；

    N——地质储量，t；

    V_o——采油速度，f；

η——油井综合利用率，f；

q_o——油井单井产能，t/d；

R_{ot}——油井数与总井数之比。

谢尔卡乔夫公式：水驱采收率与井网密度的关系可用谢尔卡乔夫公式来表示：

$$E_R = E_D e^{-a/S} \qquad (2)$$

式中 E_R——水驱采收率，%；

E_D——驱油效率，%；

a——井网指数，决定于油层连通性、水油流度比、非均质特征等；

S——井网密度，口/km²。

采油速度与井网密度关系：

$$V_o = \lg\left(\frac{kh}{\mu}\right)^{0.82725} + 2.7345\eta^{-0.3163} - 0.7545 \qquad (3)$$

式中 V_0——采油速度，t/d；

k——渗透率，mD；

h——有效厚度，m；

μ——原油黏度，m·Pa·s；

η——井网密度，口/km²。

常温水驱、弹性开发井距技术上偏大、经济上偏小，蒸汽驱开发井距技术上偏大，不适合采用上述方式开发。因此，试验区适合开展蒸汽吞吐和热水驱开发(图9)。

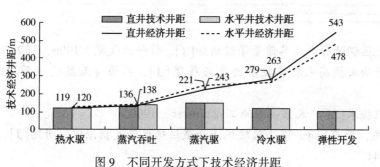

图9 不同开发方式下技术经济井距

3.3 蒸汽吞吐和热水驱有效开发厚度下限的确定

数值模拟计算了蒸汽吞吐、热水驱不同有效厚度下限，随着油层有效厚度的降低，蒸汽吞吐过程中顶底盖层的热损失逐渐增大，导致蒸汽的热利用率降低，经济效益变差。直井、水平井蒸汽吞吐经济开发的有效厚度界限分别为2.7m、2.3m；直井、水平井热水驱的有效厚度界限为2m。当油层有效厚度为2m，直井、水平井热水驱的内部收益率分别为8.2%、9.2%，而直井、水平井蒸汽吞吐的内部收益率均低于8%。因此，在选择开发方式时，由于有效厚度过薄蒸汽吞吐经济效益不过关的区域，可以考虑采取热水驱开发方式，达到有效动用、降低开发成本的目的(图10)。

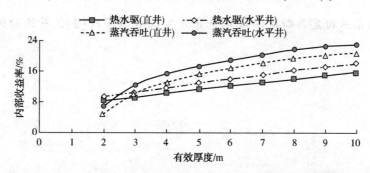

图10 不同有效厚度蒸汽吞吐、热水驱内部收益率图

4　现场应用

研究成果指导江桥地区开发井部署，根据不同河道宽度制定了灵活布井模式，采用"整体水平井提产、初期弹性开发、后期热力提采"开发思路[9]，在河道宽度<200m区域进行线性注水直井部署，200~250m进行小幅度之字型布井，>500m采取直平联合布井。研究成果指导开发方案设计，共部署开发井446口，预计建成产能30.1×10⁴t[10]。目前区块投产206口井，前期为弹性开发，后期开展蒸汽吞吐和热水驱开发，区块累计产油13.7×10⁴t，采油速度0.95%，采出程度1.15%。实现当年增储、当年建产、当年拿油，缩短建产周期2~3年。

5　结论

（1）研究区的稠油在地层温度下属于非牛顿流体，随温度的升高，其非牛顿逐渐减弱，达到一定的温度后转化为牛顿流体的特征。

（2）弹性开发过程中轻质组分最先采出，随着生产过程的推移，近井地带的重质组分不断增多，轻质和中质组分变少，生产到190d时，近井地带的重质组分为100%，弹性开发有效期为240~300d。热水驱和蒸汽吞吐内部收益率在8%以上可获得较好开发效果。根据研究结果采取前期弹性开发，然后开展蒸汽吞吐和热水驱开发。

（3）直井、水平井蒸汽吞吐经济开发的有效厚度界限分别为2.7m、2.3m；直井、水平井热水驱的有效厚度界限为2m。在布井时依据风险认识、河道和砂体规模，制定"整体水平、灵活部署"对策，<200m区域进行线性注水直井部署，200~250m进行小幅度之字型布井，>500m采取直平联合布井。

参考文献

[1] 康志勇. 辽河地区稠油分类及其储量等级划分[J]. 特种油气藏，1996，3(2)：7-12.

[2] 计秉玉. 国内外油田提高采收率技术进展与展望[J]. 石油与天然气地质，2012，33(1)：111-117.

[3] 张锐. 稠油热采技术[M]. 北京：石油工业出版社，1999.

[4] 丁祖鹏，焦松杰，李南，等. 潜山裂缝稠油油藏注热水开发相似理论研究[J]. 特种油气藏，2017，24(3)：140-144.

[5] 刘文章. 热采稠油油藏开发模式[M]. 北京：石油工业出版社，1998.

[6] 杨龙，沈德煌，王晓冬. 温度对稠油相对渗透率及残余油饱和度的影响[J]. 石油勘探与开发，2003，30(2)：97-99.

[7] 温度对稠油/热水相对渗透率的影响[J]. 西安石油大学学报（自然科学版），2017，39(2)：99-104

[8] 万仁溥. 中国不同类型油藏水平井开采技术[M]. 北京：石油工业出版社，1997.

[9] 张林凤，等. 草20块西区Ng1薄层特稠油油藏水平井热采设计[J]. 河南石油，2004，18(2)：40-41.

[10] 周海民，等. 冀东油田复杂断块油藏水平井开发技术与实践[J]. 石油勘探与开发，2006，33(5)：624.

耐高温连续油管光纤测试技术研究及应用

顾启林　孙玉豹　汪　成　胡厚猛　张同春　李大俭

【中海油田服务股份有限公司油田生产事业部】

摘　要： 海上热采井多为水平井，采用注汽开采面临着水平段动用程度不均匀、动用程度未知，汽窜、水窜流道不明等问题，影响了热采开发效果。再者，海上稠油油田已进入规模化热采开发阶段，对水平井热采测试技术的需求日益迫切。常规的油管携带式光纤测试技术测试作业时间长，作业过程中光缆易损坏而失去信号，而且井下光缆及配套工具无法重复使用，测试成本高、适用性不足。为此，充分结合连续油管与光纤的特点，研发了一种适用于注蒸汽井的耐高温复合连续油管光纤，研制了关键配套设备工具，可实现高温高压工况下的温度、压力及声波等数据测试。具有耐高温（350℃）、作业时间短、测试灵活高效，测试系统可实现回收的特点。该项技术于 2022 年 3 月首次应用于海上稠油油田蒸汽驱注汽井，成功获取了该井全井段的温度数据，了解了水平段的吸汽（吸水）状况，为该油田蒸汽驱效果评价、注汽管柱优化提供了科学指导依据。耐高温连续油管光纤测试技术解决了定向井、水平井测试光缆易损坏，测试成本高的问题，为光纤测井提供了一个新方法，具有良好的推广应用前景。

关键词： 热采井；连续油管光纤；测试；高温；注汽

我国海洋原油储量丰富，已发现稠油地质储量 $32.9 \times 10^8 m^3$，稠油热采技术已成为开发海上稠油油田的有效手段之一。稠油热采技术自 2008 年以来在渤海油田推广应用，取得了较好的开发效果[1-2]，随着海上油田增储上产需求以及技术的发展，已进入规模化热采开发阶段。但海上热采井多为水平井，注汽开采面临着水平段动用程度不均匀、动用程度未知，汽窜、水窜流道不明等问题[3-4]，影响了热采开发效果。因此，海上稠油热采对测试技术的需求日益迫切。

光纤测试技术因其分布式监测与高精度的特性，在辽河油田、新疆油田以及胜利油田等陆地油田均有应用，可实现稠油热采井的注采剖面监测、蒸汽驱或火驱波及情况监测、储气库监测以及冷采井找水、压裂监测[5-6]。张义强等[7]针对稠油热采提出了一种分布式光纤测温技术，使用 6.35mm 光纤管及分布式光纤测温系统测取井筒温度。郑金中等[8]基于光纤光栅传感器，研究了一种了井下永久式光纤温度-压力测试技术，适应井下 200℃高温测试需求。刘明尧等[9]基于光纤光栅压力检测原理，提出了一种套管井下压力光纤光栅测量方法，并开展了室内试验研究。任利华等[10]创新性地将温度监测光纤与压力监测电缆一体化封装、捆绑在油管柱下入，实现了全井筒温度及部分井段压力的实时动态监测。邵洪峰等[11]论述了国外光纤测井技术的发展概况以及开发耐高温光纤的情况。

虽然国内外关于光纤测井技术的研究较多，但主要以井下永久式、半永久式光纤测试技术为主，通过油管或者套管携带的方式下入测试光缆。但该类型测井技术作业时间长，作业过程中光缆易损坏

作者简介：顾启林，1986 年生，2010 年毕业于中国石油大学（北京）油气田开发专业，获硕士学位，现就职于中海油田服务股份有限公司，从事海上稠油开发开采研究及应用工作。E-mail：guql2@cosl.com.cn

而失去信号，而且井下光缆及配套工具无法重复使用，测试成本高、适用性不足。为此，研发了一种耐高温连续油管光纤测试技术，该项技术具有耐高温、作业时间短、测试灵活高效，测试系统可实现回收的特点。2022年3月应用于海上稠油油田蒸汽驱注汽井，成功获取了该井全井段的温度数据，了解了水平段的吸汽（吸水）状况，为该油田蒸汽驱效果评价、注采方案优化及堵调工艺措施实施提供了科学指导和依据。

1 耐高温连续油管光纤测试技术简介

1.1 测试工艺流程

通过将部署于连续油管内部的耐高温光纤下入井底，以光纤本身作为传感器，地面端连接连续油管光纤密封器、分布式温度传感测量系统（DTS）以及分布式声学传感系统（DAS），从而实现全井段的温度、压力以及声波等参数测试。通过 DTS 与 DAS 相结合，从而了解注汽井、生产井油层段的吸汽/产液状况，识别出水层位，为注采方案优化及工艺措施实施提供科学指导依据（图1）。

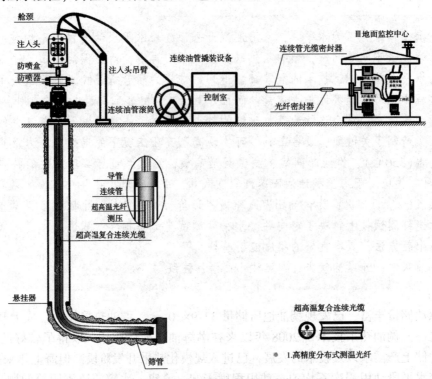

图1 水平井连续油管光纤测试工艺流程图

1.2 技术原理

1.2.1 分布式光纤温度测量原理

光纤温度测量原理主要依据是光纤的时域反射原理以及光纤的背向拉曼散射温度效应。当一个光脉冲从光纤一端射入光纤时，光脉冲会沿着光纤向前传播。由于光脉冲与光纤内部分子发生弹性碰撞和非弹性碰撞，故光脉冲在光纤中每一点都会产生反射，其中有一部分反射光其方向与入射光的方向相反（亦可称为背向）[12-13]。这种背向反射光的强度与该反射点的温度有一定的相关性。反射点的温度越高，反射光的强度也越大。若能测出后向反射光强度，便可计算出反射点的温度。通过对光纤系统进行温度标定，即可根据公式（1）计算出环境的实际温度[7]。

$$\frac{1}{T} = \frac{1}{T_0} - \frac{k}{hc\Delta\gamma}[\ln R(T) - \ln(T_0)] \tag{1}$$

式中 T——测量点环境温度，K；

T_0——恒温槽温度，K；

k——玻尔兹曼常数，$k = 1.38 \times 10^{-23} \mathrm{J \cdot K^{-1}}$；

h——普朗克常数，$h = 6.63 \times 10^{34} \mathrm{J \cdot s}$；

c——真空中的光速，$c = 3 \times 10^{8} \mathrm{m \cdot s^{-1}}$；

$\Delta\gamma$——偏移系数，$\mathrm{cm^{-1}}$；

$R(T)$——反斯托克斯光强度与斯托克斯光强度比值。

1.2.2 分布式光纤声波传感测试原理

C-OTDR 系统是基于光的干涉原理，对背向散射光的瑞利光信号以相干接收方法进行接收，可有效消除系统中光放大器引入的自发辐射噪声，增大了检测信号的信噪比和动态范围[14-16]。在探测方面，C-OTDR 引入外差探测，进一步提高了系统的信噪比，从而减少了平均次数，提高了系统的振动频响能力。基于 C-OTDR 的分布式光纤声波传感系统技术，其主要优势在于多点监测、灵敏度高及定位精度高(图 2)。

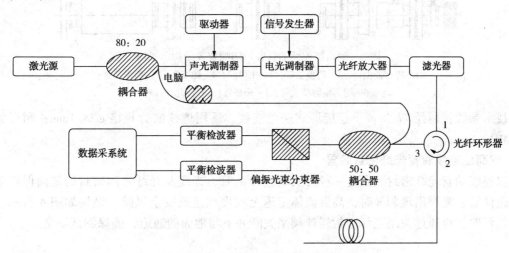

图 2　分布式光纤声波传感测试原理图

1.3　技术指标

(1) 测温范围：0~400℃，测温精度：±0.2℃。

(2) 测温分辨率：0.1℃，温度漂移：≤0.1℃/a。

(3) 测压精度：0.1%F·S；测压分辨率：0.001MPa。

(4) 定位精度：±0.5m；空间分辨率：≤0.5m。

(5) 测量频率范围：5~10kHz。

(6) 最大测量距离：>3km。

1.4　技术特点

(1) 直接、实时监测井下多点参数。

(2) 光纤传感器体积小、重量轻，可实现远距离测量。

(3) 耐高温、抗腐蚀、抗电磁干扰。

(4) 通过光纤精确定位连续油管下入深度。

(5) 测试作业灵活、高效，系统可回收。

2　关键配套设备工具

2.1　耐高温连续油管光纤

海上热采井多为水平井，井斜角及狗腿度大，且注蒸汽井温度高、压力高，井下工况条件极为苛刻。常规光纤光缆不耐高温，在热采水平井工况条下易损坏，进而氢离子渗入光缆侵蚀光纤，导致光纤失效[17]。为此，研发了耐高温连续油管光纤，可实热采水平井 350℃高温、21MPa 高压工况下的温度、压力等数据连续测试。

关键技术参数：连续油管外径 38.1mm，外层不锈钢毛细管外径 6.35mm，内层不锈钢毛细管外径 4mm，采用耐高温光纤，耐温 350℃、耐压 21MPa。

2.2 耐高温连续油管井口防喷装置

为实现对注汽井高温(≥300℃)、高压工况下的连续油管光纤测试，研发了耐高温连续油管井口防喷装置，其结构如图 3 所示。该装置采用耐高温密封组件，主要由耐高温防喷盒、双层防喷管、喷淋装置等部分组成。测试作业期间持续向防喷管中循环注入冷却水降温，并通过喷淋装置向防喷盒降温，保障高温下井口防喷装置的可靠性，确保连续油管测试作业安全。

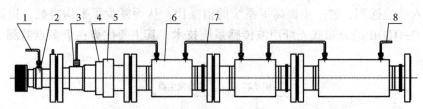

图 3　耐高温连续油管井口防喷装置结构示意图

1—冷却液出口；2—防喷立管；3—单向阀；4—防喷盒；5—喷淋装置；
6—耐高温防喷立管；7—循环管；8-冷却液入口

关键技术参数：通径 77.7mm、连接形式法兰连接、适用连续油管规格 ϕ38.1mm；耐温 ≥320℃、耐压 ≥21MPa。

2.3 耐高温连续油管光纤密封装置

耐高温连续油管光纤密封装置是一种可实现连续油管、光缆及光纤之间密封的地面保护装置，防止井下连续油管、光缆出现刺漏时，高温流体上返至地面端造成安全风险，结构如图 4 所示。当压力表有压力显示时，可通过关闭光纤密封器球阀来关断井下与地面的通道，确保测试安全。

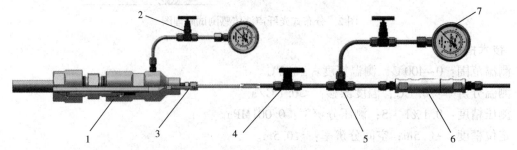

图 4　耐高温光纤连续油管密封装置结构示意图

1—连续油管密封；2—针阀；3—卡套；4—球阀；5—三通；6—光纤密封器；7-压力表

关键技术参数：适用连续管外径 ϕ38.1mm，适用光缆管直径 ϕ6.35mm，耐温 350℃、耐压 21MPa。

3　现场应用

3.1　测试井概况

X1 井为渤海某油田一口热采水平井，完钻井深 1752m。该井自 2011 年以来，开展了三轮次注热吞吐作业。为进一步提高该油田热采采收率，自 2020 年 6 月开展水平井蒸汽驱先导试验，注汽温度 330~340℃、注汽压力 9.5~11MPa、过热度>20℃。该井采用了高效隔热+水平段均匀注汽的组合管柱，水平段共布置了 10 个均衡配注阀，计划 2022 年 4 月进行换管柱作业。为了解该井水平段的吸汽情况，识别高渗、汽窜通道，在更换注汽管柱前开展连续油管光纤测试作业，为该井水平段注汽管柱优化、后续注热参数调整与调堵措施提供依据。

3.2　注汽井测试工艺

目标井注入过热蒸汽，温度高达 340℃，进行连续油管光纤测试作业，最大的风险点为连续油管井口防喷装置。为确保安全作业，待该井停注后下入连续油管光纤。复合连续油管光纤入井前连接光纤解调设备，确认光纤信号正常，入井过程中检测光纤信号，到水平段测试时间不少于12h。

3.3 测试结果解释分析

3.3.1 全井段光纤温度测试解释分析

2022年3月开展连续油管光纤测试作业，顺利下至目的深度1712m，成功测取了全井筒的温度数据。该井全井段光纤温度测试曲线如图5所示，水平段注汽管柱内温度为290.5~293.5℃，检验了连续油管光纤的耐高温性能。从图5中可以看出，注汽管柱存在多个温度低点，说明隔热油管接箍处的隔热性能要低于隔热油管本体，有必要进一步提高接箍处的隔热性能，降低热损失。

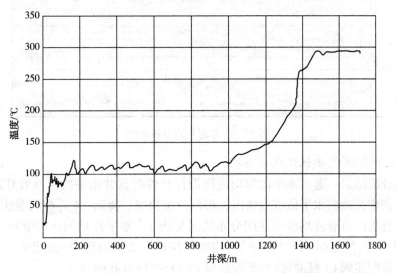

图5 X1井全井段光纤温度测试曲线

3.3.2 水平段温度测试解释分析

水平段温度测试曲线如图6所示，从图中可以看出，该井水平段吸汽不均匀，整体下半段吸汽情况优于上半段吸汽情况。

（1）吸汽相对差层段：1530~1575m井段温度相对偏低，平均温度约为291.5℃，吸汽层段温度1530~1550m>1550~1560m>1560~1575m。

（2）吸汽相对好层段：1587~1705m井段温度平稳偏高，平均温度约为293℃，吸汽层段温度1587~1652m>1661~1690m>1652~1661m>1690~1705m。

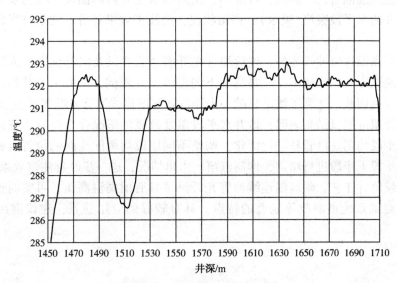

图6 X1井水平段温度变化趋势图

通过对比 X1 井测井地质解释曲线（见图 7）可知，水平段光纤测温相对偏低（286~288℃）的井段为泥岩层段（1453.4~1456.2m、1505~1520.3m），由于泥岩较砂岩吸热性差，导致该处注汽期间温度偏低，同时也验证了连续油管光纤测试数据的准确性。

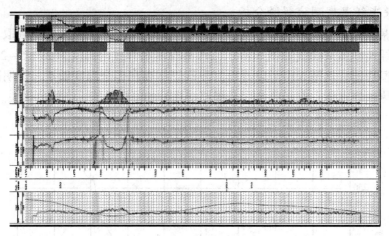

图 7　X1 井测井地质解释图

3.3.3　水平段均匀注汽管柱优化

根据测试数据分析结果，通过水平段均匀注汽设计软件对该井水平段注汽管柱进行优化，调整均衡配注阀的位置及密度，改善水平段吸汽情况，抑制汽窜情况，提高 X1 井蒸汽驱注汽效果。优化后的均衡配注阀分布与首次注汽管柱均衡配注阀分布情况见表 1，水平段均匀注汽管柱结构如下：变扣+2⅞in EU 油管 17 根+均衡配注阀+5×（1 根油管+均衡配注阀）+2 根油管+均衡配注阀+4 根油管+均衡配注阀+2 根油管+均衡配注阀+3 根油管+均衡配注阀+3 根油管+开孔圆堵。

表 1　优化后的均衡配注阀分布与均衡配注阀首次设计对比

均衡配注阀编号	1#	2#	3#	4#	5#	6#	7#	8#	9#	10#
首次下入深度/m	1498	1517	1536	1555	1575	1595	1614	1643	1672	1702
二次下入深度/m	1533	1543	1553	1563	1573	1583	1603	1641	1661	1690

4　结论与建议

（1）通过耐高温连续油管光纤测试，可准确、实时测取全井筒的温度、压力及振动数据，从而了解注汽井或者生产井的水平段吸汽（吸水）、产出状况，为注采效果评价、注采方案优化及工艺措施提供指导和依据。

（2）通过采用耐高温连续油管光纤、连续油管光纤密封装置以及向管柱内注入氮气阻隔高温流体上返至井口的组合测试方案，实现了注汽井高温下的连续光纤测试，获取了全井筒的温度数据，同时复合连续油管光纤顺利回收，达到了测试目的，为注汽井开展连续油管光纤测试积累了宝贵经验。

（3）此次水平段温度测试结果表明，该井水平段温度及吸汽情况存在差异，整体趋势下半段优于上半段，建议对水平段均匀注汽管柱进行优化，调整不同层段均衡配注阀的位置及密度，以改善注汽效果，后续可对水平段下半段进行堵调，抑制汽窜、水窜情况，进一步改善注汽效果。

（4）相对于传统测井工艺，耐高温连续油管光纤测试具有耐高温高压，可实时连续测取数据，作业灵活高效，井下测试系统可回收等显著的特点，具有较好的应用前景，建议继续在海上油田推广应用。

参考文献

[1] 唐晓旭, 马跃, 孙永涛. 海上稠油多元热流体吞吐工艺研究现场试验[J]. 中国海上油气, 2011, 23(3): 185-188.

[2] 黄颖辉, 刘东, 罗义科. 海上多元热流体吞吐先导试验井生产规律研究[J]. 特种油气藏, 2013, 20(2): 84-86.

[3] 郭太现, 苏彦春. 渤海油田稠油油藏开发现状和技术发展方向[J]. 中国海上油气, 2013, 25(4): 26-30.

[4] 林涛, 孙永涛, 马增华, 等. 多元热流体热采技术在海上探井测试中适应性研究[J]. 海洋石油, 2012, 32(2): 51-53.

[5] 阮林华, 王连生, 吴军, 等. 稠油热采水平井测试技术的研究与应用[J]. 石油科技论坛, 2009, 28(6): 43-46.

[6] 张孝燕. 监测技术在SAGD动态调控中的综合应用[J]. 石油石化节能, 2020, 10(1): 18-20.

[7] 张义强, 杜永欣, 吴国伟, 等. 油井分布式光纤测温系统研究与应用[J]. 石油机械, 2003, 31(6): 6-8.

[8] 郑金中, 姜广, 陈伟, 等. 井下永久式光纤温度-压力测试技术研究[J]. 石油机械, 2010, 38(10): 55-57.

[9] 刘明尧, 刘泉, 孙洋, 等. 套管井下压力光纤光栅测量方法研究[J]. 石油机械, 2016, 44(9): 70-74.

[10] 任利华, 陈德飞, 潘昭才, 等. 超深高温油气井永久式光纤监测新技术及应用[J]. 石油机械, 2019, 47(3): 75-80.

[11] 邵洪峰, 张春熹, 刘建胜. 耐高温光纤光缆在测井领域的应用[J]. 国外测井技术, 2008, 23(1): 33-36.

[12] 马坤, 郭强, 戴健飞, 等. 分布式光纤测井技术在稠油开采中的应用[J]. 石油矿场机械, 2012, 41(2): 45-48.

[13] 何祖源, 刘庆文. 光纤分布式声波传感器原理与应用[J]. 激光与光电子学进展, 2021, 58(13): 1306001-1-1306001-15.

[14] 王文郁. 面向测井的分布式声波传感系统设计与应用[D]. 成都: 电子科技大学, 2018.

[15] 孙琪真, 范存政, 李豪, 等. 光纤分布式声波传感技术在石油行业的研究进展[J]. 石油物探, 2022, 61(1): 50-59.

[16] 徐昊洋, 王燕声, 牛润海, 等. 水平井连续油管输送存储式产液剖面测试技术应用[J]. 油气井测试, 2014, 23(3): 46-48.

老井多元热流体解堵增产技术探索与实践

孙玉豹　张卫行　宋宏志

【中海油田服务股份有限公司油田生产事业部】

摘　要： 针对在生产稠油油田(原油黏度 150~350mPa·s)低产低效问题，引入老井多元热流体解堵增产技术，探索中低温多元热流体技术对在生产稠油油田冷采井的增产潜力。通过解堵增产机理研究，利用"热-气-化学"协同作用降低原油黏度、解除近井地带/泵/油管有机堵塞、增加地层原油流动性；同时，注入的气体可以补充地层能量。以渤海 A 油田 A33H 井为例，开展多元热流体解堵增产适用性分析及现场应用，累计注水量 3000t，累计注入氮气 41.4×10⁴Nm³，累计注入二氧化碳 7.3×10⁴Nm³，措施后日产油 18.6m³/d，为措施前 4.1 倍，措施后产液指数 12.0m³/(d·MPa)，较措施前提高 5.0 倍，证明解堵效果明显，截至 2022 年 8 月，日产油 11.4m³/d，措施后累增油 3868m³，有效期 305d。该技术成功应用为海上在生产稠油油田增产提供了技术借鉴。

关键词： 海上油田；老井；解堵；稠油

2008~2017 年，渤海稠油油田完成了近 30 井次高温多元热流体吞吐试验应用，取得了明显的增产效果。目前黏度 150~350mPa·s 的稠油油田主要采取冷采方式开发，单井投产初期产能较高，随着生产时间延长，部分油井出现低产低效现象，分析认为主要存在如下问题：原油黏度较高，原油流动性差，地层压力低；胶质、沥青质含量高，近井地带容易絮凝沉积形成有机垢；井筒产出过程中温度不断降低，有机垢在油管内壁及泵吸入口堆积，造成油管缩径及电潜泵堵塞。一般单井控制储量高，但采出程度低，具有一定挖潜潜力。

借鉴渤海稠油油田高温多元热流体吞吐实践经验，为改善在生产稠油油田冷采井生产状况，本文引入老井多元热流体解堵增产技术，利用"热-气-化学"协同作用降低原油黏度、解除近井地带/泵/油管有机堵塞、增加地层原油流动性；同时，注入的气体可以补充地层能量。

1　解堵增产机理

1.1　解堵作用

利用填砂管模型，对不同渗透率级别下(4000mD、3000mD、2000mD 和 1000mD)岩心进行初始渗透率测定，反向注入饱和脱气超稠油 0.2PV 模拟污染程度为 2.5%~20% 的近井地带封堵，并测定封堵后岩心渗透率，最后反向注入多元热流体 0.2PV 进行解堵，测定解堵后岩心渗透率，评价有机质堵塞对岩心渗透率的影响及多元热流体的解堵效果，从渗透率前后变化的角度来评价多元热流体解堵效果。

实验结果表明，不同渗透率级别下多元热流体解堵后，岩心水测渗透率均可恢复到初始岩心水测渗透率的 40%~50% 以上，污染程度为 2.5% 时不同渗透率级别岩心污染恢复率都可达到 90% 左右，取得了较好的解堵效果，说明热-气-化学作用溶解堵塞在筛管或近井地带有机质污染，增加了近井地带渗流能力(图 1、图 2)。

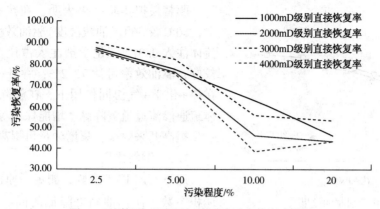

图 1　不同污染程度下解堵后渗透率恢复率曲线

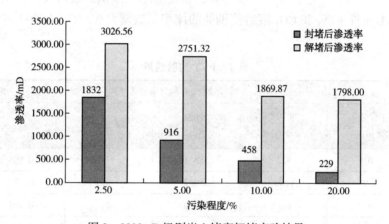

图 2　3000mD 级别岩心堵塞解堵实验结果

同时，高速气液两相流体伴随扰动、冲刷，油管/筛管得以清洗；溶解沉积在油管/筛管有机质颗粒，解除油管/筛管堵塞；改善沥青质沉积造成的地层堵塞情况。

1.2　增效作用

在生产稠油油田冷采井井口及井筒耐温有限，在此条件下，通过热-气协同作用下，降低地层原油黏度，提高流动性进一步，起到降黏、解堵作用。由实验结果可知，饱和 CO_2+N_2 后原油黏度降低 20%~65%；与 50℃ 脱气油相比，80℃ 条件下热（80℃）+气（溶解）协同作用可使原油黏度降低约 90%（图 3）。

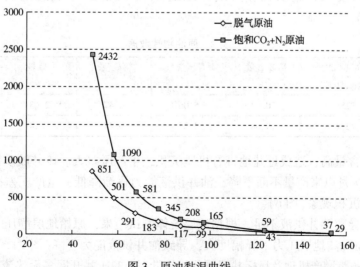

图 3　原油黏温曲线

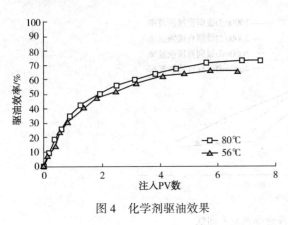

图 4 化学剂驱油效果

驱替模拟实验结果表明，在热+化学+气协同作用下，80℃较56℃（油藏温度）驱油效率高8%；在多元热流体注入0.3PV，化学剂注入占比1.5%时，驱替效果较好，驱油效率可达72.2%；吞吐模拟实验结果表明，在热+化学+气协同作用下，在解除近井地带堵塞、气体疏通渗流通道、降黏、增能保压等综合作用下，可进一步提高开采效果，累增油量可提高80%以上（图4）。

1.3 增能作用

通过室内PVT实验，测定了原油溶解N_2和CO_2后体积系数。使稠油黏度降低的同时，可使稠油体积膨胀，密度减小、体积系数增大，使油藏压力增大。由实验结果可知，在51℃条件下N_2和CO_2溶解使稠油的体积系数增大0.9%，在80℃条件下体积系数增加1.7%（表1）。

表1 PVT实验结果

温度/℃	模拟油（50℃脱气油黏度1344mPa·s）					
	气/油体积比	饱和压力/MPa	黏度/mPa·s	降黏率	密度/(g/cm³)	体积系数
51	0	8.2	388.5	—	0.908	1.1013
	1.9	9.93	350.2	0.099	0.889	1.1249
80	0	8.2	189.9	0	0.901	1.1099
	2	10.05	166.4	0.122	0.886	1.1287

利用油藏数值模拟方法，预测了注入多元热流体水当量900t、注入温度80℃、焖井1d条件下气体波及半径及近井地带地层压力分布，由结果可以看出，注入气体提高了近井地带地层能量，保持地层压力，有助于提高开采效果（图5）。

2 适用性分析

以渤海A油田A33H井为例，开展老井多元热流体解堵增产技术适用性分析，该井低产原因分析如下。

（1）地层原油黏度大，流动性差。该井地面原油50℃条件下的地面原油黏度1824.00~2480.00mPa·s（表2）。

表2 原油物性数据

原油密度/(g/cm³)（地面20℃）	原油黏度/mPa·s（地面50℃）	胶质含量/%	沥青质含量/%	含硫量/%	含蜡量/%	初馏点/%	凝固点/%
0.969	1258	20.02	5.06	0.47	2.63	237	−3
0.969	1272	19.68	4.23	0.44	2.24	224	−3

（2）胶质沥青质含量高，造成近井地带有机质沉积，生产压差大。该井胶质沥青质含量19.74%~22.66%，从2011年7月以来产量不断下降，油井供液能力逐渐降低，生产压差高达6.2MPa，有机质在井筒及近井地带有沉积现象（图6）。

（3）地层压力，导致油井供液不足。根据地层流体测试结果，原始地层静压12.31MPa。最新的静压测试静压降至8.0MPa。地层压力下降幅度大，导致油井供液能力下降（图7）。

根据多元热流体解堵增产机理及目标井问题分析，针对A33H井开展多元热流体解堵增产方案设计，摸索在生产稠油油田（150~350mPa·s）多元热流体解堵增产效果，为后续类似油井增产提供借鉴（表3）。

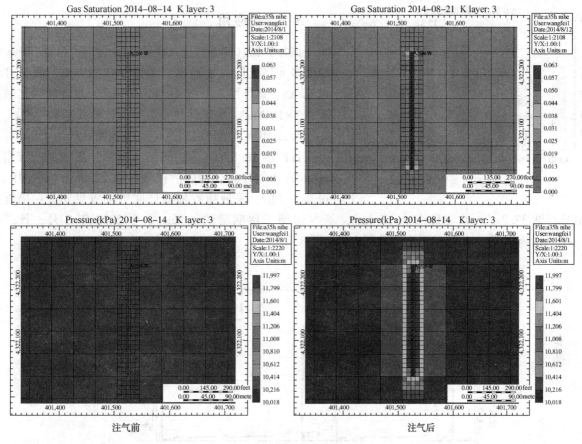

图5 气体增能作业模拟

表3 多元热流体解堵增产设计参数

参数/井号	A33H	参数/井号	A33H
注入水量/t	3000	油溶性降黏剂/t	10
井底注入温度/℃	150	防膨剂/t	7.6
井口注入温度/℃	190	缓蚀剂/t	2.75
焖井时间/d	3		

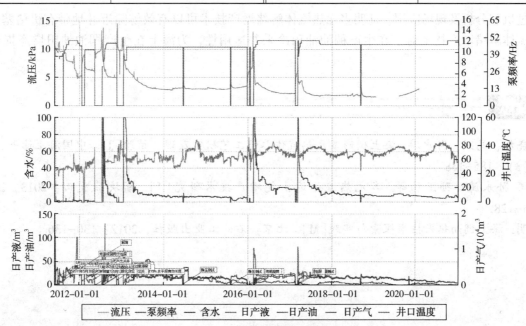

图6 历史生产动态数据

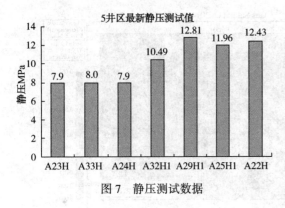

图7 静压测试数据

3 现场应用

该井于2021年8月进入现场实施，实际注入速度8t/h，地面多元热流体发生器出口温度190~193℃，累计注水量3000t，累计注入氮气41.4×10⁴Nm³，累计注入二氧化碳7.3×10⁴Nm³，实际注热参数与设计参数基本一致。

2021年9月1日启泵生产，措施前日产油4.5m³，措施后日产油18.6m³，为措施前4.1倍；措施前产液指数2.4m³/(d·MPa)，措施后产液指数12.0m³/(d·MPa)，提高5.0倍，采液指数提高证明解堵效果明显；措施后峰值日产油37.2m³、平均日产油17.1m³，基本达到了预期增油效果。截至2022年8月，日产油11.4m³，措施后累增油3868m³，有效期305d(图8)。

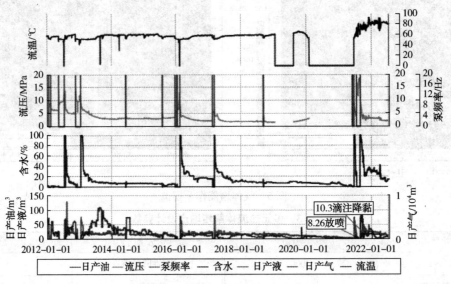

图8 措施后生产动态曲线

4 结论及建议

通过机理分析及现场应用，证明多元热流体解堵增产技术可以有效解除近井地带有机堵塞，表明多元热流体解堵增产技术对于在生产稠油油田冷采井适用性，为海上在生产稠油油田增产提供技术借鉴。

参考文献

[1] 唐晓旭，马跃，孙永涛. 海上稠油多元热流体吞吐工艺研究及现场试验[J]. 中国海上油气，2011，23(3)：185-188.

[2] 林涛 孙永涛，孙玉豹等. 多元热流体返出气增产技术研究[J]. 断块油气田，2013，20(1)：126-128.

[3] 陈明. 海上稠油热采技术探索与实践[M]. 北京：石油工业出版社，2012：130-136.

海上油田过热蒸汽驱技术探索与实践

王少华[1]　苏　毅[2]　孙玉豹[1]　宋宏志[1]　张卫行[1]　顾启林[1]　毛　琦[1]　蔡　俊[1]

【1. 中海油田服务股份有限公司油田生产事业部；
2. 中海石油(中国)有限公司天津分公司】

摘　要：为探索海上非常规稠油多轮次热采吞吐后有效接替开发方式，选择渤海 NB 油田 6 井组开展水平井过热蒸汽驱先导试验，然而海上油田水平井蒸汽驱尚属首次，面临井筒安全控制要求高、汽窜防治难度大、设备吊装摆放困难等问题。针对以上问题，开展了水平井蒸汽驱关键工艺研究，包括水平井蒸汽驱注热安全控制工艺、高温堵调工艺等，并试制了一套适用于海上的小型化/分段卧式过热蒸汽锅炉及配套深度水处理设备。水平井蒸汽驱先导试验项目于 2020 年 6 月进入现场实施阶段，项目运行以来，过热锅炉及配套水处理设备运行平稳，水平井蒸汽驱井口、井下管柱工具性能稳定，现场通过注入泡沫段塞实现了液流调控和化学堵调增效的目的。截至 2022 年 10 月底，6 井组日增油 135m³，累产油 19.3×10⁴m³，累增油 5.2×10⁴m³，取得了良好的增油效果，为海上稠油热采高效开发积累了经验。

关键词：水平井蒸汽驱；大井距水平井；井筒安全；过热蒸汽锅炉

2008 年 9 月以来，多元热流体吞吐技术在渤海 NB 油田累计应用 27 井次，部分油井完成了 3 轮次吞吐，随着吞吐轮次增加，地层压力及含油饱和度不断降低，吞吐效果逐年变差。以渤海 NB 油田 6 井组为例，截至 2019 年底，采出程度达到 22.5%，地层压力降至 5MPa，井组间已形成一定程度的热连通，井组具备转驱条件[1-3]。

蒸汽驱是吞吐后进一步提高采收率的主要方式，在国内外稠油油田应用广泛且技术成熟，国内外陆地油田已成功开展了直井蒸汽驱试验，并进行工业化矿场应用[4-7]。渤海 NB 油田属中深层稠油油藏、水平井开发，井网不规则、井距大，水平井蒸汽驱国内外成功案例少，同时在海上油田开展尚属首次，面临以下挑战：①水平井蒸汽驱井口装置、井筒完整性要求高，井口及井筒长期安全有效难度大；②水平井蒸汽驱注采井均为水平井，且井网不完善、不规则，高孔高渗，井间汽窜识别及防治难度大；③渤海 NB 油田平台吊装能力仅为 10t，新建蒸汽锅炉吊装就位难度大，分段安装就位属于国内外首次。针对先导试验项目面临的以上难题，开展了水平井蒸汽驱关键工艺研究，包括水平井蒸汽驱注热安全控制工艺、高温堵调工艺等，同时由于该油田油藏埋藏深、井距大，为保障注热效果，试制了一套适用于海上的小型化/分段卧式过热蒸汽锅炉设备，从而提高井底蒸汽干度、保障蒸汽驱效果，为海上稠油热采高效开发积累了经验。

基金项目：中海石油(中国)有限公司科技攻关项目(渤海典型稠油油藏热采提高采收率及关键工艺技术研究，项目编号：YXKY-2021-TJ-01)；天津市科技领军企业认定及重大项目(海上中深层特稠油热采关键技术研究及应用，项目编号：20YDLZCG00190)。

作者简介：王少华，男，高级工程师，长期从事海上油田稠油开采技术及配套化学品研究。E-mail：wangshh16@cosl.com.cn

1 水平井蒸汽驱关键工艺研究

1.1 水平井蒸汽驱注热安全控制工艺

由于地面长期注入过热蒸汽，温度高(330~350℃)、作业周期长，井口及井筒长期注热安全性面临巨大挑战。针对以上问题，研发了适用于水平井蒸汽驱热采井口及井下安全控制工艺，包括水平井蒸汽驱井口装置、注热管柱、高温井下安全阀、环空安全封隔器等控制工具的研制及优化改进，可满足海上350℃、21MPa条件下的安全控制及长效密封要求。

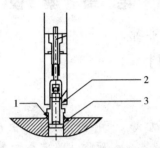

图1 井口装置双级穿越密封结构
1—焊接方式；2—1NPT密封螺纹；
3—1NPT密封螺纹

1.1.1 井口装置设计

(1) 结构设计及特点：水平井蒸汽驱井口装置应满足长期、高温、高压注汽要求，同时兼顾井筒测试、井筒安全控制等工艺需求，为此，研发了多级穿越密封结构，确保穿越的长期可靠；上法兰与主阀之间采用分体式结构，更有利于更换采油树主阀及以上部件。室内实验表明，井口装置耐温370℃，耐压21MPa(图1)。

1.1.2 注热管柱和配套井下安全控制工具

海上热采水平井蒸汽驱井具有温度压力高、工况变化复杂、工作时间长的特点，为了更好地保证海上热采井的作业安全，设计了适用于海上水平井蒸汽驱井下管柱和配套井下安全控制工具。

1. 管柱结构设计

为实现海上水平井蒸汽驱长效安全控制、保障井筒隔热、温压监测等，井下管柱结构设计组成包括高温井下安全阀、高温环空安全封隔器、隔热型补偿器、热敏封隔器和均衡配注阀等部件和工具，如图2所示。实际工作过程中，高温井下安全阀和高温环空封隔器能够在应急状况下封隔油管和油套环空的流体上返保护地面设备和人员安全；高温环空封隔器和热敏封隔器均布置有环空注氮通道，可以实现环空注氮，降低热损失，提高水平井蒸汽驱效果保障井筒完整性；通过高温光纤对井筒温度进行监测，为工艺措施的开展和评估提供指导；在水平段布置有均衡配注阀，保障水平段的均匀注入，提高水平井水平井蒸汽驱动用效果。

2. 配套井下关键安全控制工具

海上热采管柱长效注热的关键在于安全控制，室内基于水平井蒸汽驱工艺要求，研发了高温环空安全封隔器和高温井下安全阀。

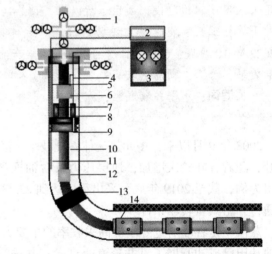

图2 海上水平井蒸汽驱管柱示意图
1—热采采油树；2—地面解调仪；3—地面控制柜；
4—液控管线；5—封隔器坐封管线；6—高温井下安全阀；
7—备用井下安全阀；8—高温排气阀；9—高温环空封隔器；
10—隔热油管；11—测温光纤；12—隔热型补偿器；
13—带单流阀热敏封隔器；14—注热阀

1) 高温环空安全封隔器

(1) 结构设计：热采环空安全封隔器采用全金属密封，主要由伸缩补偿机构、主体、坐封机构、密封机构、锚定机构和解封机构组成，如图3所示。伸缩补偿机构与锚定解封机构联动实现自补偿功能，主体上布置有坐封、光纤穿越、注热流道和环空通道等5个通道，密封机构采用耐高温胶筒，配合全金属内密封实现高低温可靠密封；锚定机构采用双向卡瓦，能够双向承压保持封隔器稳定。

(2) 工艺原理：封隔器入井后，通过液控管线打压坐封，活塞推动卡瓦和高温胶筒依次实现坐卡和坐封；注热过程中，环空通道通过热采排气阀开启，环空注氮提高管柱隔热效果，中心隔热管滑动下行实现自补偿；应急状态下，热采排气阀关闭后，环空通道关闭，封隔器上下压差的作用力通过高温胶筒、中心管传递给双向卡瓦，保持环空密封可靠性。

（3）技术特点：拥有多个环空通道，可以配合实现环空隔热、温压监测、液控管线坐封等工艺功能；通过中心隔热管配合环空注氮工艺有效提高了工具和管柱的隔热性能；高温环空封隔器具有自补偿功能，减少工具数量降低成本，室内试验表明，高温环空安全封隔器耐温 350℃，耐压 21MPa，满足水平井蒸汽驱工艺要求。

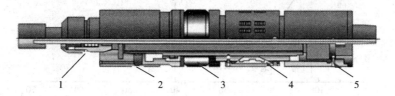

图 3　高温环空安全封隔器结构
1—自补偿机构；2—坐封机构；3—密封机构；4—锚定机构；5—解封机构

2）高温井下安全阀

（1）结构设计：高温井下安全阀采用全金属密封，主要由液控接头、柱塞、中心管、回弹体和阀板等组件组成（图 4）。

（2）工艺原理：地面加压，高压液体经控制管线进入柱塞腔，推动柱塞下行，压缩回弹体，并顶开阀板，实现打开；保持地面控制压力，即保持开启状态；泄掉地面控制压力，阀板在回弹体作用下复位，实现关闭。

（3）技术特点：高温井下安全阀采用全金属密封设计，密封可靠性增强；改进压力平衡设计，采用自动泄压及自动补偿装置；弹簧和阀板等关键零部件采用高强度合金，开启、关闭灵活可靠。从而使高温井下安全阀在常温至 370℃ 情况下具有良好密封性能，耐压可达 35MPa。

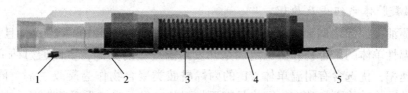

图 4　高温井下安全阀结构
1—液控接头；2—柱塞；3—中心管；4—回弹体；5—阀板

1.2　水平井蒸汽驱高温堵调工艺

渤海 NB 油田水平井蒸汽驱注采井均为水平井，油藏高孔高渗，且井网不完善、不规则，井间汽窜防治难度大，针对以上问题，开展了水平井蒸汽驱高温堵调工艺研究。水平井蒸汽驱堵调要求热采堵剂强度高，用量大，同时需根据蒸汽驱地层不同温度带[如图 5 所示，油藏可划分为四个温度带：超高温温度带（≥250℃），高温温度带（130～250℃），中温温度带（90～130℃），低温温度带（≤90℃）]，合理选择不同强度、不同类型的堵剂，单一堵剂无法有效发挥作用[10,11]，为此，结合蒸汽驱温度带分布，根据逐级堵调策略，采取远调近堵方式，形成了"高温泡沫-高温凝胶-高温封口体系"的逐级梯度堵调体系，油藏远井主要以泡沫调剖为主，油藏深部温度低，采用中低温的凝胶体系堵调，近井地带温度高，注入封口用耐高温高强度封堵体系堵塞近井高渗条带。

根据水平井蒸汽驱逐级梯度堵调要求，室内研发了高温强化泡沫体系、高温凝胶体系和高温封口体系。

1.2.1　高温强化泡沫体系组成及原理

水平井蒸汽驱用泡沫剂需满足耐温耐盐等苛刻要求，常规阴离子或非离子型泡沫剂无法满足[12]，为此室内优选了醇醚磺酸盐类阴非离子表面活性剂作为泡沫剂主剂，同时加入除氧剂，增强药剂的耐温性能，加入纳米颗粒类稳定剂，提高泡沫强度。室内通过浓度优化，形成了高温强化泡沫体系（醇醚磺酸盐类表面活性剂 1.5%+除氧剂 0.1%+纳米型稳定剂 0.1%），体系性能如表 1 所示。

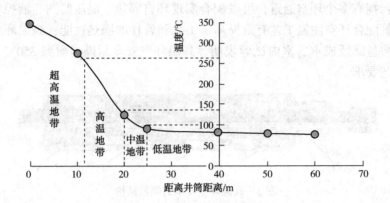

图 5　水平井蒸汽驱温度场分布

表 1　逐级梯度堵调体系性能指标

技术指标	高温封口体系	高温凝胶体系	高温强化泡沫体系
耐温	200~300℃	100~200℃	300~350℃
成胶强度	刚性凝胶(I级)	不流动凝胶(F-H级)	半衰期:500s
封堵率	≥95%	≥92%	阻力因子:60~80
有效期	≥6月	≥6月	—
注入方式	前置注入	前置注入	伴注

1.2.2　高温凝胶体系组成及原理

水平井蒸汽驱油藏深部堵调要求堵剂用量大，成本低，耐温好(100~200℃)且具有长期稳定性，优选含有优异耐温性单体的聚合物和热稳定剂是开发耐温凝胶的关键，室内通过研究不同耐温单体聚合物的高温分解速率，优选含有耐温单体 VP 的丙烯酰胺类聚合物作为凝胶主剂，同时加入纳米型稳定剂，使得凝胶的网格结构更加致密，网格骨架更加粗壮，进一步增强凝胶强度。室内通过浓度优化，形成了高温凝胶体系(VP 聚合物主剂 0.8%+酚醛类交联剂 2%+纳米型稳定剂 0.3%)，体系性能如表 1 所示。

1.2.3　高温封口体系组成及原理

水平井蒸汽驱近井地带温度高，为实现近井高渗层封堵，要求体系不仅耐温高(不小于 350℃)，且具有良好的封堵强度，无机体系耐温好，固化强度高，但是固化快，风险性较大，为此采用刚性有机高分子制备高温封口剂体系[13]。室内通过评价栲胶、碱木素和腐殖酸钠等不同类型有机高分子，优选了耐温高、强度大的杨梅栲胶作为体系主剂，同时通过加入酚醛树脂作为交联剂，添加纳米型稳定剂提高成胶强度，强化冻胶对游离水的结合能力。最终通过浓度优化，形成了高温封口体系(栲胶主剂 4%+水溶性酚醛树脂交联剂 2%+纳米型稳定剂 1%)，体系性能如表 1 所示。

基于以上水平井蒸汽驱堵调工艺，结合水平井蒸汽驱不同开发阶段(启动阶段、热流体控制阶段和蒸汽突破阶段)的矛盾，可有区别地进行调堵体系选择和堵调方案设计。

1.3　小型化/分段过热蒸汽锅炉及配套水处理设备试制

常规卧式蒸汽锅炉及配套水处理设备占地面积大、重量大，无法实现在海上平台吊装摆放，为此，开展了卧式过热蒸汽锅炉及配套水处理设备小型化研究。

1.3.1　小型化/分段过热蒸汽锅炉试制

为降低设备占地面积、便于吊装、摆放，首次针对卧式过热蒸汽锅炉进行分段设计、建造、安装：过热蒸汽锅炉本体采用成熟卧式炉膛、直流强制循环方式，由辐射段、过热段、对流段等组成，整体呈 L 型；对流段及过热段采用分体多段叠加，对流段定位组件在各对流段装配定位后组对焊接；辐射段炉管创新性使用螺旋布置结构、减少焊点，现场采用分段组对安装；设计、建造、安装满足相关国标、行标及海上固定平台安全规则等要求。相比传统蒸汽锅炉，该套锅炉节省占地面积15%～25%。过热蒸汽锅炉辐射段结构及现场摆放如图6、图7所示。

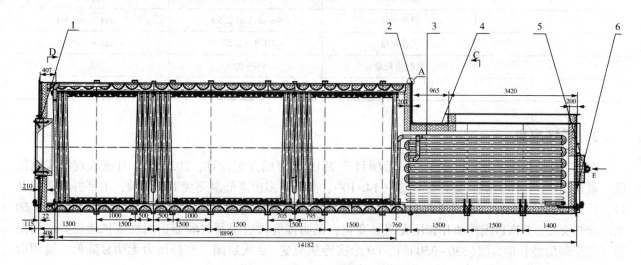

图6　过热蒸汽锅炉辐射段结构图

1—看火门机构；2—筒体；3—辐射管束；4—封堵板；5—密封装置；6—前端盖

图7　过热蒸汽锅炉现场摆放图

1—柱塞泵撬；2—辐射段；3—过热段；4—对流段

1.3.2　小型化水处理设备试制

针对海上油田特点，水处理系统首次采用EDI连续电除盐+膜除氧方式，电去离子法采用模块化设计、可连续产水，较常规离子交换占地更小；同时，膜除氧设备尺寸4m×2.7m×2.5m，占地面积较常规热力除氧器降低72%。水处理后指标满足GB/T 12145《火力发电机组及蒸汽动力设备水汽质量》要求，见表2、表3。

表2　除硬除盐方法对比

序号	项目	电去离子法	离子交换
1	工作连续性	可连续产水	需停机再生
2	设备占地	模块化设计，1.1m×1.65m×4m	占地面积相对较大
3	废液排放	无污水排放	有再生酸碱废水排放
4	初次投资成本	投资较大	投资较少
5	运行成本	包括电耗、水耗等，电耗略高于离子交换，但产水率高、无再生用水，综合成本低	电耗略低于EDI，但再生需要消耗水、化学药剂等，综合成本高

表 3 除氧方法对比

序 号	项 目	热力除氧	膜法脱氧
1	设备形式	塔式	撬装式
2	设备占地	4m×2.7m×2.5m	7.1m×5.5m×8m
3	工作温度	104℃±1.5℃	常温(5~40℃)
4	蒸汽消耗量	5%~10%	无
5	真空度	0.1MPa	0.04~0.09MPa

2 现场应用

渤海 NB 油田水平井蒸汽驱先导试验项目于 2019 年完成方案设计，2020 年 6 月进入现场实施阶段。截至 2022 年 10 月底，累计注入蒸汽 $14×10^4$ t，经历了多次高低温交变工况考验，水平井蒸汽驱井口、井下工具性能良好，未出现刺漏情况，其中高温环空安全封隔器历经长期高温（330~350℃）、60余次冷热交变、3 次启闭，油井套压无明显变化，说明排气阀启闭及封隔器密封性能依然良好；高温井下安全阀历经长期高温（330~350℃）、60 余次冷热交变、2 次启闭，液控压力无明显降低，说明启闭及安全阀阀板密封性能良好。

现场开展了 6 个段塞高温泡沫调剖措施，累计注入泡沫剂 300 余吨，抑制了受效井优势通道，调节了蒸汽驱流场。高温泡沫堵调后，含水下降约 4%~9%，井组日增油 20~30m³/d，累计增油达5000m³。如图 8 所示，B23M 方向为优势通道，通过段塞泡沫堵调，液流转向至 B33H1 和 B29H3 方向，说明泡沫堵调实现了液流调控的目的。

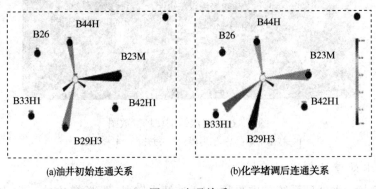

(a)油井初始连通关系　　　　(b)化学堵调后连通关系

图 8 连通关系

截至 2022 年 10 月底，6 井组蒸汽驱井组日增油 135m³，累产油 19.3×10⁴m³、累增油 5.2×10⁴m³，取得了良好的增油效果。

3 结论

（1）针对渤海 NB 油田水平井蒸汽驱先导试验项目面临的难题，形成了水平井蒸汽驱长效注热井口及井下管柱安全控制工艺、水平井蒸汽驱高温泡沫堵调工艺等，并成功应用于海上水平井蒸汽驱现场试验。

（2）通过采取小型化分体多段叠加、辐射段采用分段组对安装、炉管创新使用螺旋布置蛇形结构等方式，试制了一套小型化直接过热式蒸汽锅炉，并成功在海上平台安装与使用；海上首次采用 EDI连续电除盐+膜除氧方式实现水质深度处理，满足海上过热蒸汽驱水质标准。

（3）通过开展渤海 NB 油田水平井蒸汽驱先导试验，探索了大井距水平井蒸汽驱增产机理，初步验证海上水平井大井距蒸汽驱是一种有效的吞吐接替技术，为后续渤海油田蒸汽驱扩大应用奠定了基础。

参考文献

[1] 郭太现，苏彦春. 渤海油田稠油油藏开发现状和技术发展方向[J]. 中国海上油气，2013，25（04）：26-30.

[2] 徐文江，赵金洲. 陈掌星，等. 海上多元热流体热力开采技术研究与实践[J]. 石油科技论坛，2013，4：9-13.

[3] 唐晓旭，马跃，孙永涛. 海上稠油多元热流体吞吐工艺研究及现场试验[J]. 中国海上油气，2011，23（03）：185-188.

[4] 孙新革，马鸿，赵长虹，等. 风城超稠油蒸汽吞吐后期转蒸汽驱开发方式研究[J]. 新疆石油地质，2015，36（01）：61-64.

[5] 曹嫣镔，刘冬青，张仲平，等. 胜利油田超稠油蒸汽驱汽窜控制技术[J]. 新疆石油地质，2012，39（06）：739-743.

[6] 王胜，曲岩涛，韩春萍. 稠油油藏蒸汽吞吐后转蒸汽驱驱油效率影响因素[J]. 油气地质与采收率，2011，18（01）：48-50.

[7] 任芳祥，孙洪军，户昶昊. 辽河油田稠油开发技术与实践[J]. 特种油气藏，2012，19（02）：1-7.

[8] 宋志军，汪泓，张铭，等. 高温井下温压数据声传直读监测技术[J]. 特种油气藏，2020，27（04）：163-167.

[9] 韩晓冬，邹剑，唐晓旭，等. 海上热采井高效注汽及监测工艺研究与应用[J]. 特种油气藏，2020，27（02）：169-174.

[10] 赵修太，付敏杰，王增宝，等. 稠油热采调堵体系研究进展综述[J]. 特种油气藏，2013，20（04）：1-4.

[11] 吴春洲，王少华，孙玉豹，等. 海上稠油热采封窜体系室内研究[J]. 油田化学，2021，38（01）：68-74.

[12] 王云龙. 新型耐高温泡沫剂制备及其与稠油作用机制研究[D]. 大庆：东北石油大学，2016.

[13] 易雄健，郭继香，杨矞琦. 耐高温油田堵水剂的研究进展[J]. 应用化学，2020，49（04）：945-957.

海上底水稠油油藏水平井堵水与低温热化学吞吐复合增效应用研究

戎凯旋[1,2]　袁玉凤[1,2]　张　颖[1,2]　孟小芳[1,2]　王　飞[1,2]　钟洪娇[1,2]

【1. 中海油田服务股份有限公司油田生产事业部；
2. 海洋高效开发国家重点实验室试验与分析室】

摘　要：渤海 W 油田 P 井区为强底水稠油油藏，具有埋藏深、储层厚、地下原油黏度高、储层物性好等特点，投产初期采用冷采开发，出现含水快速上升，产能递减加快，开发效果很差。为了改善该油田的开发情况，结合水平井冷采井筒条件，提出了堵水体系、化学增效剂和低温热水的复合吞吐方法，为了研究该方法的可行性，利用三维物模装置开展了不同堵水体系及化学药剂复合吞吐的效果研究。三维物模实验表明，氮气泡沫+热水+降黏剂复合吞吐控水增油效果最好，提高采收率 23.52%，且先注堵水药剂再注热水+降黏剂的段塞组合顺序效果更好。结合室内实验和数值模拟研究，优选目标油田 P3H 井开展了氮气泡沫-低温热水-降黏剂复合吞吐先导试验。措施后油井含水从 91.8% 降低到 5.53%，高峰日产油量为措施前的 4~6 倍，有效期达到 150d，单次措施累增油达到 3768t，大大改善了油藏的开发效果。该项技术对海上类似稠油油田提高采收率具有很好的指导作用。

关键词：渤海油田；底水稠油油藏；控水；低温热水复合吞吐；数值模拟

渤海 W 油田 P 井区为典型的海上厚层底水普通稠油油藏，具有埋藏深、油层厚、孔渗物性好、原油黏度大的特点，油藏埋深达到 1800m，油层平均厚度为 36m，孔隙度为 30.3%，平均渗透率为 2403mD，地层原油黏度为 1850mPa·s。油藏投产初期采用天然能量开发，由于地层流体比之前认识变稠，油藏开发效果很差，井区采油速度 0.2%，采出程度仅 0.7%，目前该井区生产井平均日产油低于 10t，综合含水超过 90%，亟须开展增效技术研究来改善油田的开发效果。

目前陆地关于稠油油藏热采技术都比较成熟[1]，同时还发展出了热化学辅助蒸汽吞吐技术研究并进行了矿场推广[2]。针对目标井区原油黏度大、高含水、单井产能低的难题，结合海上冷采井的耐温能力，提出了堵水+低温热水+增效化学剂的复合吞吐方法[3][4]。

1　复合增效机理

热复合增效吞吐技术就是把堵水剂和化学增效剂与低温热水有机结合起来，充分发挥热和化学药剂的作用，达到封堵高渗窜流通道、改善稠油在地层中的流动性、扩大波及体积的目的[5][11]。其增效机理主要有以下三个方面：

（1）封堵高渗窜流通道[6][12]：堵水剂在封堵高渗层后，启动中低渗层，可以改善平面非均质情

作者简介：戎凯旋，现工作于中海油田服务股份有限公司油田生产研究院，中级油藏工程师，主要从事海上稠油热采开发。E-mail：rongkx@cosl.com.cn

况，提高波及效率。目前海上常用的堵水体系以凝胶和泡沫为主。

（2）改善稠油在地层中的流动性：降黏剂与稠油作用，形成水包油型乳状液，降低原油黏度，同时，降黏剂中的表面活性剂成分可降低油、水界面张力，改善岩石表面润湿性，提高洗油效率[7]。

（3）注热协同降黏：注入低温热水，能够与降黏剂协同对原油进行降黏，热水携带降黏剂能够进一步提高药剂作用范围，提高波及体积的同时，改善油流通道的渗流能力[8]。

2 堵水与低温热化学复合吞吐三维物模实验研究

2.1 实验准备

本次实验所用三维物理模型示意图如图 1 所示，根据海上油田生产井实际情况，沿水平井跟部到趾部方向进行模拟，实验中所用的注入水为现场取样。

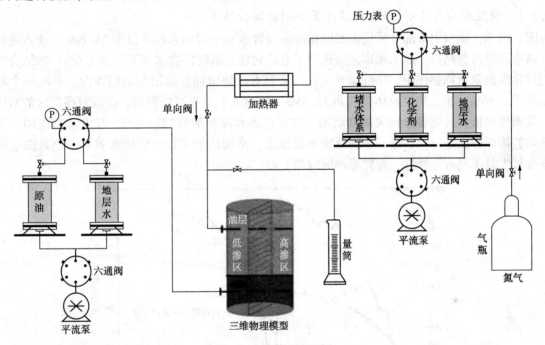

图 1　实验装置流程图

2.2 实验步骤

2.2.1 模型填砂

在三维物理模型中，根据水平井跟部到趾部方向，分别选用 20 目和 80 目的石英砂填制，根据油层中实际高低区域渗透率组合为 3000mD 和 500mD 的油层非均质情况。

2.2.2 饱和水、饱和油

首先连通装有地层水的中间容器，打开平流泵，流量设为 3mL/min。然后开启模型下部模拟底水的水平井，直到模型上部模拟采油的水平井持续稳定出水后，停泵，此时注入水的泵入量为模型的空隙体积。再连通装有地层原油的中间容器，开启模型下部模拟底水的水平井直至上部模拟采油井连续出油后关闭，此时原油的泵入量为模型的含油体积。

2.2.3 模拟冷采阶段

模型下部模拟底水的水平井，接入管线并注入地层水，开泵，流量设定为 4mL/min，打开模型上部水平井，每隔 5min 用量筒计量采出液情况，采出液的油水含量，并及时计算瞬时的含水率，待含水率稳定与 95% 时关闭井口，冷采阶段结束，停泵。

2.2.4 注堵剂及低温热水化学段塞

从模型上部模拟采油井注入堵剂，之后再注入热水和化学药剂段塞，之后进行焖井，然后打开模型上部模拟采油井，下部模拟底水的水平井和上部采油井的流量设定都为 4mL/min。

根据以上实验步骤，进行了以下三组复合增效体系实验：

（1）从模型上部模拟采油井注入 0.15PV 化学凝胶封堵体系，候凝 4~5h 至凝胶成胶，然后注入 0.15PV 浓度为 1% 的热水+降黏剂混合液。

（2）从模型上部模拟采油井注入 0.15PV 氮气泡沫封堵体系，然后注入 0.15PV 浓度为 1% 的热水+驱油剂混合液。

（3）从模型上部模拟采油井注入 0.15PV 氮气泡沫封堵体系，然后注入 0.15PV 浓度为 1% 的热水+降黏剂混合液。

三组实验，均在注入药剂之后焖井 3min，然后打开上部模拟采油井，直到油井含水率达到 98%，实验结束。

2.3 实验结果

2.3.1 凝胶封堵与热水+降黏剂吞吐复合增效实验结果

由图 2 可知，模型中采油井采用天然能量冷采到含水 98% 时的采收率仅为 23.79%。注入凝胶封堵体系对高渗层进行封堵后，底水水窜通道进行了有效封堵，瞬时的含水率下降到 5.6%，再结合热水和降黏剂对原油的双重降黏作用，降低流动压差，从而有效地增加低渗层的动用程度，吞吐一个轮次采收率提高了 7.86%，采收程度整体提高到 31.65%。根据实验结果可以得出，凝胶对高渗区的封堵效果较好，从而使得低渗区能够得到大幅度动用，加之热水和降黏剂的"热+化学"双重降黏作用，使得油井水平均整体驱替压差降低，进一步降低底水的锥进，从而达到了较好的降水效果，但是由于凝胶的封堵强度较大且不具有选择性，导致增油的效果一般。

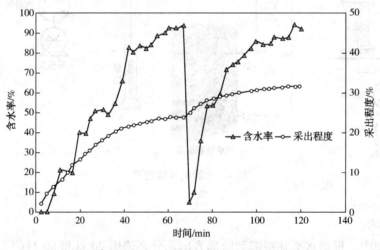

图 2 凝胶+热水+降黏剂三维实验吞吐生产曲线

2.3.2 氮气泡沫封堵与热水+驱油剂吞吐复合增效实验结果

由图 3 可知，模型中采油井采用天然能量冷采到含水 98% 时的采收率仅为 23.50%，注入氮气泡沫段塞对高渗区的水窜通道进行封堵，然后注入热水+驱油剂的段塞对油层进行降黏和驱油，吞吐一个轮次后阶段采出程度达到 38.37%，提高采收率 14.87%。相比凝胶体系，虽然氮气泡沫的封堵强度相对较弱，但是能够进行选择性的封堵，再封堵水窜通道的同时，并未对其他水平段产生较大影响，从而能够更大程度地提高整体动用程度，在驱油剂的协同作用下，能够在控水的同时起到更好的增油效果[9]。

2.3.3 氮气泡沫封堵与热水+降黏剂吞吐复合增效实验结果

由图 4 可知，模型中采油井采用天然能量冷采到含水 98% 时的采收率仅为 24.32%，注入氮气泡沫段塞对高渗区的水窜通道进行封堵，然后注入热水+降黏剂的段塞进行吞吐，由于降黏剂的降黏作用能够大幅度提高原油流度，降低驱替压差[10]，协同氮气泡沫能够提高氮气泡沫封堵的有效性，延长堵水时间，吞吐一个轮次后阶段采出程度达到 47.84%，提高采收率 23.52%。

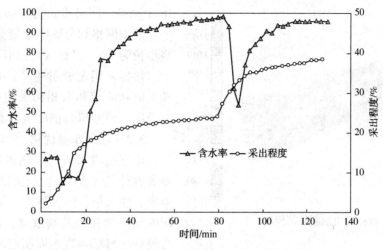

图3 氮气泡沫+热水+驱油剂三维实验吞吐生产曲线

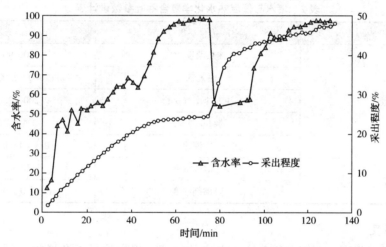

图4 氮气泡沫+热水+降黏剂三维实验吞吐生产曲线

2.4 实验结果对比分析

对比三种复合增效吞吐实验，结果对比情况见表1。

表1 不同复合增效吞吐方案指标

实验方案	冷采采收率/%	措施后采收率/%	提高采收率/%
凝胶+热水+驱油剂	23.79	31.65	7.86
氮气泡沫+热水+驱油剂	23.5	38.37	14.87
氮气泡沫+热水+降黏剂	24.32	47.84	23.52

由表1中实验数据可知，氮气泡沫+热水+降黏剂复合吞吐控水增油效果最好，提高采收率23.52%，氮气泡沫+热水+驱油剂效果次之，提高采收率14.87%，凝胶+热水+驱油剂效果最差，提高采收率仅为7.86%。三种方案中，氮气泡沫和降黏剂的协同效果最好，能够保证对高渗水窜通道进行一定强度封堵的同时，堵水的时间也相对较长，从而能够在堵水的同时进一步提高增油效果，进而提高采收率幅度较高。

3 增效方案数模研究

3.1 模型建立及历史拟合

采用CMG商业软件，在W油田实际油藏数值模拟模型基础上，截取低温热水化学吞吐先导试验区子模型，采用角点网格系统划分网格，平面上I方向划分92个网格，网格长度为40m，J方向划分

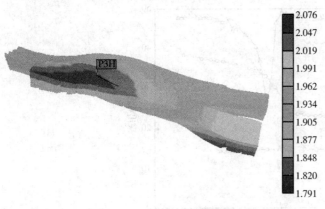

图 5　目标区块油藏数值模型

18个网格，网格步长为40m，平面网格数1656个。模型网格划分纵向上划分了43个网格，网格步长为2m，目标区块油藏数值模型如图5所示。模拟采用定液量生产，通过调节相渗曲线端点值和油相和水相相渗曲线来拟合含水和井底流压，模型拟合精度也基本达到了拟合要求。

3.2　注入参数优化

建立的堵水与低温热水化学复合吞吐基础参数设计见表2。优化的关键注入参数包括注入温度、注入量、注入速度、焖井时间、气液比、起泡剂浓度和降黏剂浓度，对参数优化取值进行设计，目标函数为周期增油量。

表 2　堵水与低温热水化学复合吞吐参数设计表

优化类别	优化参数	方案设计
注入参数	注热温度/℃	80、90、100、110
	注入量/t	2000、2500、3000、3500
	注入速度/(t/d)	200、250、300、350
	焖井时间/d	1、3、5、7
	气液比	0.1∶1、0.3∶1、0.5∶1
化学药剂	起泡剂浓度	0.5、0.8、1.0、1.2、1.5
	降黏剂浓度	0.5、0.8、1.0、1.5、2.0

3.2.1　注入温度

由数值模拟计算结果图6可知：随着注入温度的增高，累产油量逐渐增加。但由于目标区生产井为冷采井，经采油工艺分析目前井筒管柱耐温情况，在不动管柱前提下，井口最大允许注入温度为120℃。在保证井口不超过120℃，计算在井口注入速度300t/d、井口注入温度115℃的前提下，得到井底温度为93℃。因此，确定井底注入温度为90℃左右。

3.2.2　周期注入量

周期注入量是影响产油量最敏感的参数，研究表明，在同样的井底干度下，随着注热量增加，吞吐周期产油量初期增加，但随着注热量进一步增加，加热体积增加的速度减缓，产量增加的幅度减小。因此，周期注热量存在一个最佳值。数值模拟优化结果图7所示：随着注入量的增加，周期产油量逐渐增加，注入量超过3000t，增油幅度减小，建议周期注入水量2500~3000t。

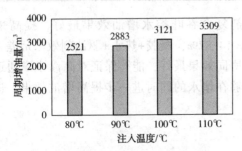

图 6　热水化学复合吞吐周期增油量
与注入温度关系图

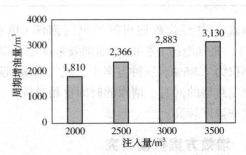

图 7　热水化学复合吞吐周期增油量
与注入量关系图

3.2.3 注入速度

如图8所示在同样的井底注入温度情况下，注入速度对产油效果的影响不显著，而提高注入速度可以缩短油井停产的时间，有利于提高增产效果；并且注入速度对井筒热损失的影响更大，这直接影响井底注入温度的高低。因此，注入速度不能太小。考虑现场注热设备及油藏实际吸液能力等因素，推荐注入速度300~350t/d。

3.2.4 焖井时间

对于热化学复合吞吐措施，合理的焖井时间可以最大限度地提高热利用率，并使氮气泡沫的堵水作用得到充分发挥，根据数值模拟优化结果图9所示，推荐焖井时间为1~3d。

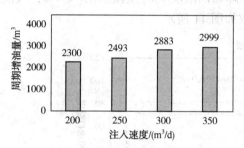

图8 热水化学复合吞吐周期增油量
与注入速度关系图

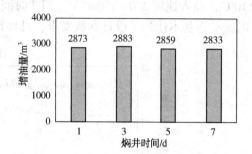

图9 热水化学复合吞吐周期增油量
与焖井时间关系图

3.2.5 气液比

注入氮气泡沫过程中，气体与液体的地下体积之比直接影响了泡沫体系的稳定性、持久性和封堵性等，气体含量较高可增加起泡剂与地层、气体之间的相互作用，利于泡沫的形成，同时也可以适当增大波及体积；但气液比过高时易形成气窜而不利于泡沫的形成，筛选出最佳气液比对现场技术实施具有重要意义。数值模拟优化结果图10所示：随着气液比越大，增油量越高，气液比0.3:1时泡沫性能较好，增产幅度大，建议气液比不低于0.3:1，即氮气注入量$15\times10^4Nm^3$左右。

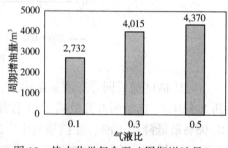

图10 热水化学复合吞吐周期增油量
与气液比关系图

3.2.6 化学药剂浓度

通过室内实验对起泡剂的浓度进行了优化筛选，实验结果如表3所示，随着起泡剂浓度增加，泡沫综合指数、阻力因子和残余阻力因子不断变大，浓度超过1%后，增加趋势变缓，优选起泡剂浓度1%。

表3 起泡剂浓度优化参数表

起泡剂浓度/%	起泡体积/mL	析液半衰期/min	泡沫综合指数	阻力因子	残余阻力因子
0.1	345	6.17	2129	45	3.5
0.5	435	7.25	3153	100	5.7
1	490	8	3920	166	13.9
1.5	510	8.5	4335	178	14.2
2	520	8.5	4420	205	15.3

通过溶解降黏实验对降黏剂的浓度进行了优化筛选，实验结果表明，随着浓度增加，降黏剂对原油的黏度改善作用显著，随着降黏剂占原油总质量的浓度百分比增加，黏度大幅度降低，在54℃下，加入1.0%的降黏剂后，原油的降黏率为89.6，当降黏剂浓度超过1.0%之后，降黏率增加幅度较小，优选降黏剂浓度为1%。

3.3 参数优化结果

根据数值模拟计算结果，同时考虑设备能力、油藏特征等实际情况，优化目标区块水平井堵水与低温热水化学复合吞吐注入参数为：井底注入温度90℃左右，周期注入水量2500～3000t，注入速度300～350t/d，焖井时间1～3d，气液比大于0.3，起泡剂浓度1%，降黏剂浓度1%。

4 矿场试验及效果分析

以渤海W油田P井区P3H为例进行了水平井堵水与低温热水化学吞吐先导试验。在室内实验和数模研究的基础上，P3H井低温热水化学吞吐负责增效方案注入参数设计为：周期注入水量3000t，注入温度110℃，注入速度300～350m³/d，焖井时间1～3d，降黏剂浓度1%，起泡剂浓度1%，气液比大于0.3。现场实施基本达到了设计参数要求，具体注入参数如图11所示。

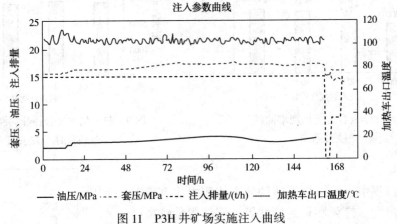

图11 P3H井矿场实施注入曲线

对比措施前后同等产液量条件下，井底流压和流温稍有上涨，生产压差由措施前的2.2MPa下降到1.5MPa。措施后开井放喷，4d后开始见油，高峰产油为96t/d，平均产能是措施前的4～6倍，含水由95%最低降至10%，在措施后生产的一个月内含水的都相对较低，一个月后含水还是出现上升，截至统计时累增油达到了3768t，比预期增油增加20%，有效期也达到了150d以上，在矿场取得了显著的降水增油效果，具体生产曲线和措施效果分析如图12所示。

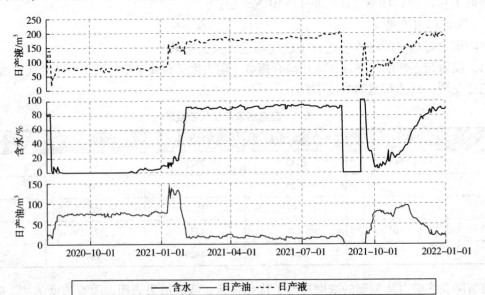

图12 P3H井堵水与低温热水化学吞吐措施效果图表

5　结论

（1）由于渤海 W 油田 P 井区为强底水稠油油藏，具有埋藏深、储层厚、地下原油黏度高、储层物性好等特点，导致投产初期采用冷采开发，出现含水快速上升，产能递减加快，开发效果很差，因此亟须开展堵水和热化学复合辅助吞吐研究，以改善深层厚层强底水普通稠油油藏的开发效果。

（2）开展了三维物模实验研究，对比三组复合增效体系实验结果表明，水平井堵水复合热化学吞吐方案提高采收率高低顺序为：氮气泡沫+热水+降黏剂（23.52%）>氮气泡沫+热水+驱油剂（14.87%）>凝胶+热水+驱油剂（7.86%），三种方案中，氮气泡沫和降黏剂的协同效果最好，能够保证对高渗水窜通道进行一定强度封堵的同时，堵水的时间也相对较长，从而能够在堵水的同时进一步提高增油效果，进而提高采收率幅度较高。

（3）针对目标区块开展了数值模拟研究，并对化学药剂进行了室内评价实验，对影响水平井堵水复合热化学吞吐的关键注入参数进行了优化，优化结果为：井底注入温度 90℃左右，周期注入水量 2500~3000t，注入速度 300~350t/d，焖井时间 1~3d，气液比大于 0.3，起泡剂浓度 1%，降黏剂浓度 1%。

（4）目标井区 P3H 进行了水平井堵水与低温热水化学吞吐先导试验之后，平均产能是措施前的 4~6 倍，含水由 95% 最低降至 10%，有效期也达到了 150d 以上，累增油达到了 3768t，在矿场取得了显著的降水增油效果，为深层底水普通稠油油藏改善开发效果提供了技术支撑，针对海上具有很好的借鉴意义。

参考文献

[1] 侯刚刚. 边底水油藏泡沫控水技术政策研究[D]. 北京：中国石油大学（北京），2017.

[2] 罗全民，王若浩，方舒，等. 春光油田超稠油热化学辅助吞吐技术应用研究[J]. 石油天然气学报，2014，36（07）：137-139+168+8.

[3] 李星，关群丽，费永涛等. 河南油田超稠油油藏热化学辅助蒸汽吞吐技术研究[J]. 油气藏评价与开发，2014，4（01）：46-49.

[4] 邹斌，韩鹏，刘冬青等. 热复合化学技术在孤南 4 低效区块的应用[J]. 大庆：化学工程与装备，2010（01）：59-61.

[5] 姜艳艳. 热水吞吐开采稠油数值模拟研究[D]. 大庆：东北石油大学，2013.

[6] 钟立国，王成，刘建斌，等. 中深层稠油油藏蒸汽-氮气复合吞吐技术[J]. 新疆石油地质，2019，40（02）：194-198.

[7] 曾维. 塔河 1、9 区水平井堵水与吞吐复合提高采收率实验研究[D]. 成都：西南石油大学，2019.

[8] 吕广忠，张建乔. 氮气泡沫热水驱提高稠油采收率技术研究[J]. 石油天然气学报（江汉石油学院学报），2005（S2）：125-126+9.

[9] 常振. 化学辅助蒸汽驱提高采收率机理研究[D]. 青岛：中国石油大学（华东），2013.

[10] 杨付林，邓建华，朱伟民. 热化学反应体系研究及其在油井增产上的应用[C]. 中国化学会成立 80 周年第十六届全国化学热力学和热分析学术会议论文集，2012：401.

[11] 刘慧卿，东晓虎. 稠油热复合开发提高采收率技术现状与趋势[J]. 石油科学通报，2022，7（02）：174-184.

[12] 韩红旭，郝爱刚，冀延民，等. 氮气泡沫堵调技术在热采水平井开发中的应用——以 LF 油田馆陶组为例[J]. 石油地质与工程，2017，31（05）：122-124.

注蒸汽后薄层稠油油藏微生物冷采减碳提效开发实践

郑爱萍[1]　冀楠[1]　杨琰[1]　李斌[1]　宋栋[1]　刘艳春[2]

【1. 中国石油新疆油田公司重油开发公司；2. 中国石油新疆油田公司新港公司】

摘　要： 薄层稠油油藏提高采收率一直是稠油开发领域的短板。油藏开发初期开发效果较好，由于油层厚度薄，中后期面临蒸汽热损失大、油层非均质性严重，注蒸汽效益低的开发矛盾。在"碳达峰碳中和"背景下，为了实现薄层稠油注蒸汽后减碳提效的开发目的，发挥薄层稠油油藏的潜力、提高采收率和开发效益，开展了薄层稠油注蒸汽后微生物冷采技术研究与实践。以克拉玛依油田克浅10油藏为例，该油藏油层平均厚度7m，经历了20余年的注蒸汽热采开发后，油汽比仅0.05。针对长期注蒸汽开发后油藏蒸汽波及不均、不同区域菌群灭活程度高、菌种结构复杂等难题，构建了注蒸汽后薄层稠油油藏微生物三元开采体系，建成了采出液循环驱替的低本本开采模式。在克浅10井区形成了10注30采的开发规模，基本运行费下降到577元/吨，微生物绿色冷采技术使注蒸汽后薄层稠油油藏成功转型，为同类油藏提高采收率提供借鉴。

关键词： 减碳提效；克浅10；注蒸汽后；薄层稠油油藏；微生物冷采；三元开采体系；采出液循环驱替；提高采收率

0　前言

1926年微生物采油技术被提出，早期发展缓慢，至20世纪八九十年代中国有极少数油田开始三次采油。近十几年来微生物采油技术进入快速发展时期[1]。国外现有技术所采用的采油微生物多为外源微生物群或是本源微生物群，亦有利用混合菌群的[2]。国内微生物从早期的外源微生物驱发展到目前3种工艺(外源微生物驱、内源微生物驱和微生物制剂驱)。目前中国微生物采油技术的发展在世界范围内处于领先地位。国内微生物驱油技术已在不同的油藏进行试验，在单井吞吐和微生物驱油现场试验中均见到增油或提高采收率的效果，但在工业应用过程中仍然存在不少问题，影响了该技术的大规模推广应用[1]。

国内薄层稠油油藏目前以水平井开发为主，直井开发也多以蒸汽吞吐和蒸汽驱为主，目前薄层稠油油藏面临注蒸汽开发后期，提高采收率的研究多以提高蒸汽干度、氮气/二氧化碳气体助排、降黏等辅助措施[3]。2018年在胜利油田开展过薄层普通稠油内外源微生物复合开采，以微生物激活剂和外源菌混合，设计注入井5口，受效油井9口，未见后续实施结果。本文主要针对注蒸汽开发后期薄层稠油油藏剩余储量的发挥，实现以减碳提效为目的的绿色开发。薄层稠油油藏注蒸汽存在菌种灭活程度高、菌群极端复杂的关键难题，结合室内研究和现场试验构建了基于蒸汽波及程度不同为基础的微生

作者简介：郑爱萍(1973—)，女，教授级高工，1996年毕业于大庆石油学院油藏工程专业，2004年获西南石油大学石油与天然气工程工程硕士学位，现从事油田地质开发、稠油热采等工作，曾获中国石油集团公司优秀科技工作者、优秀共产党员等荣誉。E-mail：zap_ zy@ petrochina. com. cn

物三元开采体系，形成了微生物循环利用、持续补能、驱替原油的提高采收率开发模式。

1 油藏概况

克浅 10 齐古组油藏构造上位于准噶尔盆地西北缘克—乌断裂带上盘，整体为北西向南东倾斜单斜构造，倾角 3°~10°，油层平均埋深 340m。油层主要集中在 $J_3q_3^2$ 层，有效厚度 4~10m，平均 7.4m，主要含油岩性为中细砂岩。油层平均孔隙度为 28.8%，渗透率 1.42mD，原始含油饱和度 66%，地面脱气油原油密度为 0.932g/cm³，20℃时地面脱气原油黏度范围为 2633~28937mPa·s，为浅、薄层普通–特稠油油藏。克浅 10 井区发现于 1984 年，1998 年规模开发，经过 24 年的注蒸汽高效开发，油藏含水高达 92%，油汽比大幅下降，蒸汽驱后期表现为注蒸汽开发效益变差，2016 年陆续关停，关停前平均采出程度 41.4%。

2 注蒸汽后期不同区域菌群结构特征分析

稠油油藏经过长期注蒸汽开发后，特别是薄层稠油油藏，因不同区域油藏地质条件及动态生产特征的差异，导致不同区域菌群分布差异、菌群结构复杂。因此，油藏菌群赋存的现状是首要解决的难题。克浅 10 油藏长期受蒸汽波及影响，采油功能菌的种类减少，丰度降低，降解功能较常规功能菌偏低，不同的蒸汽波及区域菌群结构差异较大。根据波及程度将克浅 10 井区齐古组油藏菌群分布特征分成三类，分类反映不同区域受注蒸汽影响的程度。蒸汽未波及区：部分区域地层温度一直保持在较低水平、接近原始地层温度；蒸汽弱波及区域：主体区域温度已下降至 40~50℃；蒸汽主要波及区：部分油环封闭的区域油藏温度仍维持 70℃以上水平，代表受蒸汽灭活影响较大的区域。受蒸汽灭活影响不同，油藏微生物菌群特征也不相同。

在蒸汽未波及区，目前的菌群特征可以代表原始油藏菌群特征，油井的主要生产特征为目前采出液温度与原始井温相同，且生产动态反映蒸汽驱开发期间受蒸汽影响较小，长期汽驱不受效或者汽驱波及程度较弱，代表储层受蒸汽影响较小。采油功能菌以变形菌门(*Proteobacteria*)为主，且具有很高的丰度，以假单胞菌(*pseudomonas*)为主，其次为乳杆菌(*Lactobacillus*)。

在蒸汽弱波及区，采出液温度与原始井温接近，油井长期维持中低温生产(50~70℃)。目前的菌群特征可以代表油藏蒸汽弱波及后的油藏菌群特征，动态反映蒸汽驱开发期间汽驱受效，原始地层环境中存在一定丰度的假单胞菌(*Pseudomonas*)，随着蒸汽波及程度提高，该菌丰度降低，甚至消失，采油功能菌以变形菌门(*Proteobacteria*)为主，且具有很高的丰度。

在蒸汽主要波及区、对菌群灭活程度高的区域，油井的主要生产特征表现为井口产液温度长期保持在 70℃以上，储层经过充分的蒸汽驱波及，菌群经过充分灭活并处于主冷凝水通道内，随关停时间延长，耐温菌沿冷凝水通道形成扩散，形成了以耐温菌为主要封堵的菌群特征。主要采油功能菌以耐温性好的乳杆菌(*Lactobacillus*)为主。

3 注蒸汽后微生物提高采收率机理再认识

稠油因组分结构及组分含量不同，其致黏机理有较大的差异。近年来研究显示，稠油杂多环的含量及结构对黏度贡献较大，而以能够破坏杂多环结构的脱硫、固氮、固碳微生物作为研究热点[9-11]，已取得了积极进展。通过筛选优势功能菌株对稠油胶质沥青质中的杂多环化合物结构的降解而降低了稠油黏度，代谢产物增加了稠油乳化分散能力已经成为实现稠油冷采的核心机理，在微扰动条件下，微生物对稠油的杂多环降解能力与代谢产物的乳化能力对稠油流动性的贡献远高于对黏度降低的贡献，流动性的大幅度改善是稠油微生物冷采见效的主要特征。

3.1 功能微生物对稠油流动性及黏度改善的作用

实验显示，20℃黏度为 53329mPa·s 的稠油通过石英砂管收集 10mL 所需要的时间为 19h，经过 5%功能微生物体系处理后黏度下降至 7789mPa·s，下降 85.4%。通过石英砂管收集 10mL 所需要的时间为 0.85h（51min），原油流动性得到大幅度改善（图 1）。微生物功能菌及代谢产物对原油流动性的改善能力优于对原油黏度的改善。

3.2 功能微生物体系对原油烃降解及乳化能力作用

选择杂多环组分含量更高的稠油进行烃降解实验，测试微生物降解杂多环化合物的作用。

（1）功能微生物体系对原油乳化性能评价：乳化性能按照微生物作用后样品颜色、乳化油珠粒径及降黏率三个指标进行综合评价，其中乳化油珠粒径为核心指标。三株不同功能微生物菌剂乳化性能优越，其中 6-2 菌株对油品分散效果最好，油珠分散粒径小，$5\mu m$ 以下粒径占比达 52%，$5\sim10\mu m$ 占比 36%，大于 $10\mu m$ 颗粒粒径只有 12%（图 2）。6-2 菌株的降黏率最高，为 53.95%，1-2 和 6-1 菌株原油降黏率分别为 46.76%、44.78%。

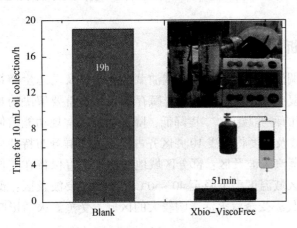

图 1　高黏原油渗流实验示意图

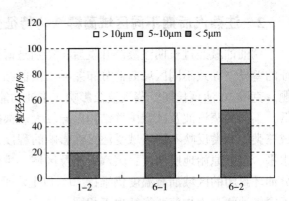

图 2　三株菌摇床培养 7d 后油品粒径分析结果

（2）功能微生物对原油烃降解能力评价：三株功能菌剂对样品 S 稠油烃降解能力不同，其中，6-2 菌株的降解率为 30.3%，6-1 为 20.1%，1-2 为 9.9%。不同功能菌株对样品 S 原油降解后的组分差异较大，显示功能微生物对杂多环降解方向不同，6-2 菌株降解胶质的能力更强，经过 6-2 菌株作用后，稠油样品中胶质沥青质总量由 41.22% 下降至 27.91，饱和烃、芳烃含量上升了 14.23%，大幅改善了油品的流动性能。大分子杂多环化合物经过降解后，原油中饱和烃含量上升，稠油平均分子量下降，饱和烃和芳香烃含量的增加，对稠油起到了"掺稀"降黏作用。

表 1　三株菌摇床培养 7d 后四组分对比表

样品	烷烃/%	芳烃/%	胶质/%	沥青/%	胶质+沥青/%
样品 S	37.32	20.45	34.37	6.85	41.22
1-2 作用	37.587	22.59	35.149	4.549	39.70
6-1 作用	42.827	20.237	30.622	6.23	36.85
6-2 作用	47.089	24.918	22.512	5.397	27.91

（3）功能微生物对稠油杂多环化合物的降解作用：稠油中含一个氮元素（N1 类），或者两个氧元素（O2 类）的杂多环化合物对原油黏度的贡献较大，稠油中胶质和沥青是含氮杂环的主要代表物，吲哚和咔唑系列也是稠油黏度增加的重要含氮元素的组分。含两个氧元素的杂环化合物通常是具有一定表面（乳化）活性的酯，有利于稠油黏度的降低。

图 3 统计了样品 S 井稠油经 6-2 菌株作用 7d 后杂多环化合物组分的变化，其中对稠油黏度贡献较大的含氮杂环结构的组分相对含量下降了 35%。对原油乳化降黏作用的含两个氧的杂环结构相对含量增加了 58%。6-2 菌株对稠油杂多环结构的降解，一方面降低了对稠油黏度上升影响较大的含氮多环化合物含量，降低了原油黏度。另一方面，通过拆散含氧多环化合物结构形成的代谢产物，增加了原油乳化降黏能力。微生物这种对杂多环化合物的综合作用是稠油能够实现微生物冷采的核心机理。

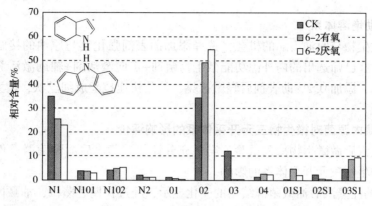

图3 样品S原油经6-2菌株降解7d后杂多环化合物含量变化

4 注蒸汽后薄层稠油油藏微生物三元开采体系构建

注蒸汽油藏蒸汽波及的差异性导致微生物菌藏存在差异，构建注蒸汽后稠油油藏微生物冷采三元开采体系，是确保注蒸汽后稠油油藏微生物冷采驱油成功的关键。三元开采体系即内外源功能微生物体系、活性激活保持体系和助表剂辅助增溶体系。三元开采体系有利于加强内外源微生物代谢物质交流及细胞间相互接触耦合，构建油藏内部稳定的采油功能微生物群落，达到改善驱油效率、提高采收率的效果。

4.1 内外源功能微生物体系

本次共选择了15株不同功能烃降解菌进行评价，其中10株为菌库中前期筛选的不同功能烃降解菌，2株为胶质沥青菌，3株为克浅10井区蒸汽未波及区、低产液温度油井所取混合油样中提取的烃降解菌株。在实验室按原油5%，菌株接种量5%(对数生长期)，37℃220r摇床培养一周。摇床培养后，根据原油乳化效果进行优选，以水相浑浊，原油分散成乳液状为筛选标准。根据乳化特征初步筛选了乳化效果最优的8株菌，来自克浅混合样的6-2菌株确定为内源优势功能菌，1-2胶质沥青菌确定为外源功能菌。

4.2 活性激活保持体系

活性激活保持体系包括主激活剂和辅助激活剂。活性激活保持体系的筛选是以确定的内外源功能微生物为核心，通过建立功能菌株的浓度、对原油的乳化效果、降解率和界面张力作为评价指标，优化了6-2菌株专属的主激活剂(表2)，室内实验结果显示，在不同激活营养剂条件下，激活剂A表现出对微生物菌剂生长最敏感，微生物菌浓和克浅10井区混合油降解率普遍升高，乳化效果明显提高且较为稳定，能够起到刺激菌种生长，缩短其适应周期，从而加速微生物菌剂对原油的利用，因此选择激活剂A为克浅10井区定向主激活营养剂。辅助激活剂优化，则是在以往实验的基础上，通过加入不同菌株+主激活剂+辅助激活剂的活性激活保持体系对原油降解后界面张力变化为判断依据，确定最优辅助激活剂(表3)。室内实验结果表明：2号辅助激活剂的乳化特征最好。

表2 不同激活剂体系下评价指标对比表

评价指标	原始培养基	A	B	C	D
乳化评级	1	2.50	2.00	0.00	2.50
OD600	0.906	2.59	2.06	1.06	2.63
降解率/%	8.7	19.05	14.55	16.50	9.60

表3 不同辅助激活剂作用后界面张力对比　　　　　　　　　　　　　　　　mN/m

油　样	1号	2号	3号	4号
克浅混合油	12.56	0.32	3.04	4.565

4.3 助表剂辅助增溶体系

为进一步提升微生物与原油接触的机会，选择添加助表剂强化其与原油的接触，通过乳化分散能力的评价进行优选。在已筛选出的内外源功能微生物菌剂+定向激活剂+辅助激活剂的基础上进行实验评价。实验结果显示，添加0.2%助表剂后轻微摇晃，油品快速拉丝成细丝状，增大了菌剂体系与稠油组分接触的接触面积。

4.4 注蒸汽油藏内源菌对微生物三元开采体系的影响评价

对薄层稠油注蒸汽后做微生物冷采试验，需要充分评估注蒸汽后油藏菌群条件以及长时间关停油藏菌群恢复特征对微生物三元开采体系的影响。

对克浅10开展的注蒸汽后油藏菌群结构的变化显示，经过长期注蒸汽，油藏内菌群高温灭活作用明显，经过长期关停油藏温度下降后，油藏耐温菌的丰度有所上升，为考察油藏温度下降后菌群对后续微生物驱三元共生体系的影响，现场采集了克浅10微生物试验区两口温度高于70℃的油井采出液进行三元共生体系评价，以评估蒸汽驱后油藏菌群结构对三元共生体系的影响程度及控制策略。

试验表明克浅采出液灭菌及不灭菌条件下加入6-2菌株及筛选的激活剂后摇床培养7d的菌浓、降解率、乳化评级及油水界面张力的变化。分析显示，注蒸汽后的油藏，本源菌丰度下降，杂菌减少，灭菌及不灭菌条件下，对6-2菌株的性能为正向影响，在激活剂激活条件下，本源菌对克浅原油有一定的降解及降低界面张力的效果。

5 矿场实例

克浅10井区微生物试验，将原来蒸汽驱反九点井网调整为反五点微生物冷采驱油井网。原蒸汽驱井组的角井调整为反五点井网的注入井。

利用井区中心处理站和储油罐，建成了地面循环注采系统，采油井采出液集中进入经过油水分离，采出液菌群检测，功能微生物和定向激活剂定期补充后进行回注，建成了闭环的低成本的微生物采出液循环注采开发模式。

选择与本源微生物同菌属的烃降解菌及定向激活剂，进行油藏微生物菌群培育，经过一段时间培育后，再实施微生物采出液循环注采。单井注入微生物菌剂波及范围15~20m，并设计焖井培育时间150d，依靠微生物在油藏环境中的繁殖及扩散，形成有利于稠油冷采的微生物环境。在采油井中注入定向激活剂及6-2菌株发酵液进行微生物焖井培育，以先期形成优势功能微生物菌藏。焖井4个月后开井生产，采出液分离后检测菌群变化，添加定向激活剂、激活助剂并适当补充发酵液进行回注，形成持续功能微生物菌藏培育。由于试验区地层亏空较大，初期微生物冷采驱油开发以补能为主、后期逐步提高采注比，采注比由0.9提高至1.2。

试验区于2020年7月投产，形成10注30采的试验规模，截至本文成稿时，累积产油5816t，平均单井日产油达到0.57t，基本运行费由注蒸汽的2057元/吨下降到577元/吨。

6 结论

(1) 注蒸汽后薄层稠油油藏利用微生物冷采驱油盘活是提高采收率、提高开发效益的有效途径，也是一种全新的稠油绿色环保、减碳提效、可持续的开发方式，具有重要的现实意义。

(2) 注蒸汽后稠油老区微生物提高采收率技术面临菌种灭活程度高、菌种结构复杂、功能菌培育困难、地层压力极低的问题，构建的稠油微生物三元开采体系和采出液回注+微生物采出液循环驱替的开采模式，解决了薄浅层稠油注蒸汽后进一步提高采收率的难题。

(3) 在克浅井区低效稠油停关区初步形成10注30采规模，增油量达6000t，基本运行费由注蒸汽由2057元/吨下降到577元/吨，开发效益大幅提升，为稠油提质增效提高采收率提供了借鉴。

参考文献

[1] 汪卫东. 微生物采油技术研究进展与发展趋势[J]. 油气地质与采收率, 2021, 28(2): 2-9.

[2] 黄世伟, 张廷山, 霍进, 等. 新疆油田稠油微生物开采矿场试验研究[J]. 天然气地球科学, 2005, 16(2): 777-780.

[3] 马爱青, 张紫军, 陈连喜, 等. 改善薄层稠油油藏开发效果研究[J]. 内蒙古石油化工, 2012, 9(1): 133-134.

[4] 黄世伟, 张廷山, 霍进, 等. 稠油微生物开采在新疆油田的现场应用[J]. 新疆地质, 2006, 24(1): 85-87.

[5] 夏文杰, 董丽华, 金天智, 等. 假单胞菌在 CO_2/N_2 条件下 N, S-杂环生物降解和生物表面活性剂生产及其在稠油采收中的应用. 化学工程杂志, 2021, (413).

[6] 王卫强, 崔静, 吴尚书, 等. 石油烃降解菌 Pseudomonas sp. 及其生物表面活性剂对原油处理效果分析. 石油学报(石油加工), 2020, 36(5): 1039-1045.

[7] 于洋, 刘琦, 彭勃, 等. 微生物降解稠油中沥青质的研究进展. 化工进展, 2021, 40(3): 1574-1585.

碳酰胺复合蒸汽驱技术在特稠油油藏"双高"开发阶段的研究与实践

郑爱萍[1]　宋栋[1]　黄后传[1]　古丽给娜尔[1]　刘艳春[2]　魏路航[1]　李斯琪[1]

【1. 中国石油新疆油田公司重油开发公司；2. 中国石油新疆油田公司新港公司】

摘　要：克拉玛依油田九₆区齐古组油藏是我国第一个转驱的特稠油油藏，经过30余年注蒸汽开发，油藏已进入高采出程度、高含水开发阶段，油层动用不均、汽窜频繁、注蒸汽效益差，亟需改善开发效果。通过密闭取心、动用状况综合分析，开展剩余油分布研究，建立了蒸汽驱继承性窜流通道识别方法，明确碳酰胺介质降黏和增能作用机理及适用条件，明确了复杂窜流通道条件下采用先"调堵"、再"降黏"后"增能"方式，能有效提高蒸汽波及范围和驱油效率，创新形成了"深部封堵+优化射孔+介质辅助"相结合的碳酰胺复合蒸汽驱开发技术，先导试验区产油水平由8t/d提升至33.0t/d，含水下降3.8%，蒸汽波及体积可提高到85%以上，有效改善了特稠油蒸汽驱"双高"阶段开发效果，阶段提高采收率4.6%，为进一步提高蒸汽驱油藏采收率、效益开发提供了技术支持。

关键词：特稠油；汽驱后期；窜流通道；深部封堵；碳酰胺；蒸汽波及

克拉玛依油田九₆区属于砂岩特稠油油藏，开发已逾30余年，蒸汽驱采出程度超过50%，含水上升至97%，油汽比低于0.10，面临原生、次生非均质叠加，井间及油层下部剩余油尚未得到充分动用，继续汽驱无效益的开发困境，亟须改善开发效果，进一步提高油藏采收率。针对注蒸汽开发后期开发矛盾，主要做法以注采调控为主，或在注蒸汽同时添加氮气、二氧化碳等复合气体补能，或利用发泡剂产生泡沫降低蒸汽流度，或采取封堵调剖的方式效改善蒸汽驱开发效果[1-6]但其有效期短，无法根本解决现场面临的问题，碳酰胺复合蒸汽驱开发技术集成"深部封堵+优化射孔+介质辅助"，先采取深部封堵技术，大规模封堵汽窜通道，再通过优化射孔强化纵向动用，最后利用碳酰胺介质降黏和增能作用来进一步提高蒸汽驱油藏蒸汽波及系数，该项技术为蒸汽驱后开发技术接替，储量效益开发奠定了基础。目前已开辟96144试验井区，先导试验区产油水平由8t/d提升至33.0t/d，含水下降3.8%，试验效果明显。

1　油藏地质概况

九₆区齐古组井区为受构造、岩性控制的浅层特稠油油藏，顶面构造形态为南东缓倾的单斜，油层纵向上主要分布在q_2^{2-1}和q_2^{2-2}砂层，q_2^{2-1}层油层厚度平均11.2m，q_2^{2-2}层油层厚度平均10.6m，层内隔夹层主要为物性夹层，油层系数平均0.81；平均渗透率为2015mD，孔隙度29.8%，含油饱和度

作者简介：郑爱萍（1973—），女，教授级高工，1996年毕业于大庆石油学院油藏工程专业，2004年获西南石油大学石油与天然气工程工程硕士学位，现从事油田地质开发、稠油热采等工作，曾获中国石油集团公司优秀科技工作者、优秀共产党员等荣誉。E-mail：zap_ zy@ petrochina. com. cn

68%，属于高孔、高渗储层；20℃下黏度平均 17302mPa·s，黏-温反应敏感。

油藏开发 30 余年，采出程度超过 50%，单井日产油下降至 0.2t/d，含水从初期的 85% 上升到 98%，油汽比跌至 0.05 以下。受纵向非均质性的影响，蒸汽超覆、高渗通道指进现象突出，未动用层位原油黏度与汽窜通道流体间流度比大，导致驱油效率降低，蒸汽有效波及体积减小，同时地层亏空严重，油藏供液能力下降，由原始油藏压力 1.8MPa 下降到目前 0.5MPa。

2 剩余油潜力再认识

2.1 蒸汽驱开发动态解剖

从全区生产井产液剖面测试资料统计来看(表1)，上部 q_2^{2-1} 层产液占比 78.7%，下部 q_2^{2-2} 层占比 21.3%，根据产液剖面统计结果对小层产油量进行批分，计算 q_2^{2-1} 层采出程度 68.7%，q_2^{2-2} 层采出程度 24.0%。

表 1 目标区小层剩余油参数统计表

层 位	有效厚度/m	储量/10⁴t	批分产油量/10⁴t	剩余储量/10⁴t	采出程度/%	剩余油饱和度/%
q_2^{2-1}	11.2	35.5	24.4	11.1	68.7	22.0
q_2^{2-2}	10.6	32.0	7.7	24.3	24.0	51.7

2.2 取心剩余油认识

2015—2016 年在九₆区共部署密闭取心井 6 口，岩心密闭取心井岩心分析饱和度表明，油层整体动用，但纵向动用不均衡，上部物性较好的 $J_3q_2^{2-1}$ 和 $J_3q_2^{2-2}$ 层动用程度高，物性差的 $J_3q_2^{2-3}$ 动用程度较低，但 $J_3q_2^{2-3}$ 层由于原始含油较低，大多为差油层和干层，剩余油饱和度低。对主力小层进一步细分单层，剩余油主要分布在 $J_3q_2^{2-1-2}$、$J_3q_2^{2-2-1}$ 和 $J_3q_2^{2-2-2}$ 层中，剩余油饱和度大于 0.45(表2)。

表 2 九₆区密闭取心井剩余含油饱和度

小 层	单 层	孔隙度/%	含油饱和度(校正)/%	含水饱和度(校正)/%
$J_3q_2^{2-1}$	$J_3q_2^{2-1-1}$	0.286	0.362	0.638
$J_3q_2^{2-1}$	$J_3q_2^{2-1-2}$	0.293	0.472	0.528
$J_3q_2^{2-2}$	$J_3q_2^{2-2-1}$	0.266	0.468	0.532
$J_3q_2^{2-2}$	$J_3q_2^{2-2-2}$	0.271	0.455	0.545
$J_3q_2^{2-3}$	$J_3q_2^{2-3-1}$	0.207	0.321	0.679

2.3 水淹测井解释分析

在油藏开发中后期，长时间蒸汽注入带来了地层水矿化度、地层温度不确定性等问题，饱和度求取难度比较大。为解决这一问题，对 Archie 公式进行变形，基于地层电阻率、孔隙度、自然电位相对值及与吸汽层段顶的距离四个变量，建立多元线性回归饱和度模型，利用自然电位相对值反映地层水矿化度的变化，与吸汽层段顶的距离也可以反映地层水矿化度变化及地层温度的变化，可以提高模型的计算精度。分层位含水饱和度计算公式如下：

q_2^{2-1} 层：

$$\lg(S_w) = 3.875 - 0.650\lg(D+50) - 0.487\lg(\Phi) - 0.355\lg(RT) - 0.208\lg(\Delta SP) \tag{1}$$

q_2^{2-2} 层：

$$\lg(S_w) = -3.19 + 1.296\lg(D+70) - 0.151\lg(POR) - 0.172\lg(RT) - 0.183\lg(\Delta SP) \tag{2}$$

式中 S_w——含水饱和度,%；

RT——地层电阻率，$\Omega \cdot m$；

Φ——孔隙度，%；

ΔSP——自然电位相对值，f；

D——与吸汽层段顶的距离，m。

利用新建立的孔隙度、饱和度解释图版，对取心井进行解释，解释结果与化验分析符合率93%，解释结果可靠。利用新建立的解释图版，对2016年完钻的9口更新井进行测井解释。新老井解释结果对比，两层孔隙度提高幅度分别为：6.6%、9.5%。更新井 q_2^{2-1} 层平均含油饱和度48.4%，q_2^{2-2} 层平均含油饱和度47.7%，较原始含油饱和度分别下降34.8%、30.8%。

2.4 平面剩余油分析

数模结果表明，经过多年蒸汽吞吐和蒸汽驱，目前汽驱区平均含油饱和度51%，井底附近25m油层(约占井控制面积的1/3)含油饱和度低于35%，其他区域(约占井控面积的2/3)的含油饱和度59%。目前，九$_6$区汽驱区油层平面水油流度比差异大(图1)，表现为三种不同驱替程度的区带：①蒸汽驱扫区：剩余油饱和度在22%以下，平均19%，占总油藏体积的10.3%；②热水驱扫区：剩余油饱和度在25%~50%，平均44%，占总油藏体积的41.9%；③注入流体基本未驱扫区：剩余油饱和度在50%以上，平均64.0%，占总油藏体积的47.8%。

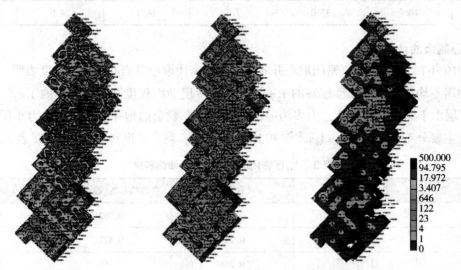

500.000
94.795
17.972
3.407
646
122
23
4
1
0

图1 九$_6$区汽驱区油层平面水油流度比

综合分析蒸汽驱井组采出程度、剩余储量、温度场、流度比等资料，通过密闭取心、岩心水洗状况分析、过套管电阻率和全谱剩余油测井等技术联合、综合分析 q_2^{2-1} 层、q_2^{2-2} 两层蒸汽驱技术极限采出程度分别为：72.3%、70.4%，剩余技术极限可采储量分别为：6.49×10^{4}t、8.00×10^{4}t。

3 通道对蒸汽驱开发的影响

长期注蒸汽开发对高含水油藏造成的影响，除了含水饱和度增加，还有一个重要的影响就是形成了水窜通道。可能造成水窜的通道主要有两类：高渗通道和继承性窜流通道。其中，高渗通道是储层先天非均质性造成的流动优势条带，这类通道在油藏中普遍存在；继承性窜流通道是经过长期冲刷的高渗条带或曾压裂区域，其水流优势明显，封堵难度大。

3.1 高流度通道对蒸汽驱开发影响

九$_6$区属于典型的辫状河流沉积的疏松砂岩油藏，多期河道叠加导致储层平面和纵向非均质性都比较严重。

3.1.1 物模研究

通过物模试验研究不同阶段所观测到的温度场(图2)。蒸汽驱初期——注入的蒸汽首先沿着高渗透带或窜流通道走，产液含水较高。蒸汽驱中期——随着蒸汽注入，油藏加热范围变大，蒸汽腔逐渐形成，蒸汽腔前缘前面形成溶剂带，纵向上蒸汽波及趋于均匀，此时，产液、含水率下降；随着蒸汽腔进一步扩大，开始出现超覆现象，但产液、含水率稳定。蒸汽驱后期——蒸汽波及范围达到模型的70%，蒸汽驱即将结束时产液、含水率开始上升（由于二维模型存在热损失，超覆的蒸汽冷凝成水，导致超覆变弱）。从物理模拟研究结果来看，高流度通道虽然会对汽驱初期有影响，但随着蒸汽腔的发育和形成，其影响逐渐减小。

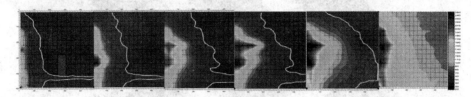

图 2　高渗通道蒸汽驱不同时间温度场分布（物理模拟）

3.1.2　数值模拟

在拟合后的汽驱先导试验区模型上，采用数模方法研究了蒸汽吞吐后存在的高流度通道对蒸汽驱开发效果的影响。图 3 是汽驱过程中注入井周围温度场变化情况，所显示的温度场扩展情况和物理模拟结果吻合，即蒸汽虽然会在汽驱早期首先进入高流度通道，但随着蒸汽腔的形成和发展，蒸汽沿高流度通道的指进被抑制，开发效果逐渐变好。从总体开发效果来看，在注采控制合适的条件下，存在高流度通道的油藏，仍能取得较好的汽驱开发效果。

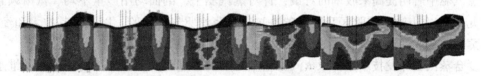

图 3　高渗通道蒸汽驱不同时间温度场分布（数值模拟）

3.2　继承性窜流通道的影响

继承性窜流通道的主要特点是水流优势明显，长期关停后一旦开井很快又会高含水，常规注采调整和近井封堵调剖无法解决，对后续注蒸汽开发可能造成影响的主要因素是继承性窜流通道，有效识别继承性窜流通道成为保证后续开发效果的关键。为此，采用了"多项开发指标及精细数值模拟结合"识别与预测注蒸汽开发油藏继承性窜流通道的方法：

（1）冲刷时间：标志着建立注采关系的累计时间，高渗条带附近的长时间注采联通易形成继承性窜流通道。

（2）累积注汽量：反映了蒸汽主要流向。

（3）注汽速度：冲刷强度过大尤其是开采初期强度过大将增大水力压裂风险。

（4）产水-产油量比值：反映了蒸汽利用率及平面蒸汽流向差异。

（5）综合含水：继承性窜流通道上的综合含水表现为暴性水淹的特点，其上升规律与其他井差异大。

（6）注采反应：注采反应迅速、强烈的井间存在继承性渗流通道的可能性较大。

（7）精细历史拟合的温度场：温度差异反映了蒸汽流向差异，长期温高区域存在继承性渗流通道的可能性较大。

上述指标大于平均值的叠加区域，易出现继承性窜流通道；由于窜关等措施的影响，分析继承性窜流通道应基于具体的时间阶段，存在时效性。

图 4 是九$_6$区齐古组汽驱区长期汽驱后主力层 J_3q^2 的继承性窜流通道和高黏油墙分布情况。可以看出，上部 J_3q^{2-2-1} 层已经形成大量继承性窜流通道，加之高黏油墙的影响，部分井间流度比已经大于 10000。

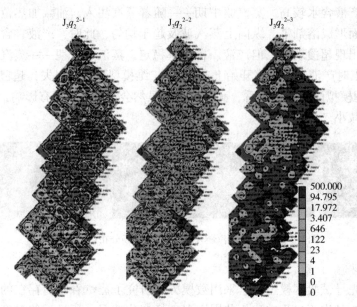

图 4　九 6 齐古组汽驱区主力油层非均质状况

4　碳酰胺复合蒸汽驱开发技术

为探索蒸汽驱中后期提高采收率的对策，针对蒸汽驱平、剖面动用严重不均、汽窜频繁的主要开发矛盾，在九6区齐古组油藏汽驱区开展了碳酰胺复合蒸汽驱先导试验，以验证其技术和经济可行性，为稠油油田蒸汽驱老区提供经济有效的接替技术。

碳酰胺复合蒸汽驱开发技术是在原蒸汽驱基础之上，通过固体颗粒深部封堵原生及继承性窜流通道，添加碳酰胺等，配合高温气体调剖剂，形成蒸汽、气体、调剖剂为注入介质封堵次级小孔道，提高波及程度，实现提高采收率的目的。

碳酰胺溶液在一定温度下水解生成非凝析气体 CO_2 和 NH_3，主要机理有以下几点：

（1）补充地层能量。CO_2 和 NH_3 进入地层后，一部分溶于原油，使原油体积膨胀，增加液体的内动能；另一部分充满地层孔隙，扩大蒸汽波及体积，有利于原油回采。

（2）提高驱油效率，降低残余油饱和度。NH_3 和原油可以就地生成表面活性剂，能够降低界面张力、黏度及原油流动的启动压力，使储层中的岩石由亲油变为亲水，提高洗油效果。

（3）降黏助排。CO_2 易溶于原油和水，溶于油可降低黏度，溶于水可改善相渗。这非常有利于原油克服毛细管阻力和摩擦力，从而大大提高原油的流动能力。

（4）调剖作用，改善蒸汽波及体积。CO_2 也可与 NH_3 和原油生成的表面活性剂反应形成具有一定强度的泡沫（阻力因子达到 10），降低蒸汽在高渗地层的窜流，起到了蒸汽转向、扩大蒸汽波及体积的作用。

（5）NH_4^+ 具有降低水敏的作用。NH_3 在高温下和水反应生成 OH^- 和 NH_4^+（$NH_3+H_2O\rightarrow OH^-+NH_4^+$），形成的 NH_4^+ 通过与膨胀黏土中的阳离子进行交换，具有稳定黏土、降低水敏的作用。

（6）对储层有一定的酸化解堵作用。CO_2 溶于水后呈酸性并与地层基质发生反应，溶蚀一部分杂质，尤其是在碳酸岩含量较高的地层中，反应生成溶于水的碳酸氢盐，可以提高油层的渗透率。

4.1　碳酰胺复合蒸汽驱试验设计

4.1.1　深部封堵优化

建立了汽窜通道与颗粒粒径匹配原则，形成了先大孔道后小孔道的逐级有序，级次封堵技术，有效扩大蒸汽波及体积。

选取无机凝胶类封堵体系，其不同中值粒径颗粒可针对性封堵对应大通道（表 3）

表3　无机凝胶体系

封堵体系	颗粒中值粒径/μm	对应封堵大通道平均直径/μm
粗分散无机凝胶	55	400~500
细分散无机凝胶	45	250~400
微粉无机凝胶	35	170~250
超细无机凝胶	20	100~170

通过数模确定注汽井封堵半径15m采油井封堵半径12m,并根据累产水量,确定高渗透层比例,计算封堵用量,累产水$(18\sim20)\times10^4m^3$,高渗透层比例$e=17\%$;累产水$(16\sim18)\times10^4m^3$;高渗透层比例$e=16\%$;累产水$(10\sim16)\times10^4m^3$,高渗透层比例$e=15\%$;累产水$(5\sim10)\times10^4m^3$;高渗透层比例$e=14\%$;累产水$<5\times10^4m^3$;高渗透层比例$e=13\%$;封堵油层厚度$H\geqslant10m$,动用厚度百分比$a=80\%$;封堵油层厚度$H<10m$,动用厚度百分比$a=100\%$;注汽井q_2^{2-1}段,高渗透比例18%;注汽井q_2^{2-2}段,高渗透比例15%。

因此,封堵剂用量:

$$Q=3.14\times r^2\times\Phi\times H\times e\times a \tag{3}$$

式中　Q——封堵剂体积,m^3;

$\quad\quad r$——封堵半径,m;

$\quad\quad\Phi$——孔隙度;

$\quad\quad H$——封堵厚度,m;

$\quad\quad e$——高渗透层比例,无因次;

$\quad\quad a$——动用厚度百分比,无因次。

4.1.2　射孔方式优化

选择性射孔可减少蒸汽沿优势通道窜流,对试验区注汽井、生产井原射孔井段封堵后,开展二次射孔完井。由于$J_3q_2^{2-1}$和$J_3q_2^{2-2}$小层之间没有稳定隔层,物性夹层局部发育,封挡作用有限,因此将$J_3q_2^{2-1}$和$J_3q_2^{2-2}$小层整体考虑,射开设计针对的是整个油层。注汽井射开油层下部的1/3,生产井射开油层下部1/2的开发效果较好(表4)。

4.1.3　碳酰胺复合驱注入参数优选

对比不同开发方式开发效果,碳酰胺复合蒸汽驱,即在生产井添加降黏剂以破坏蒸汽绕流产生的次生夹层,在注入井添加泡沫剂-尿素辅助注蒸汽,注采联动可有效提高采收率,进一步提高阶段油汽比,开发效果最好(表5)。

表4　注汽井射孔方式优化

井型	注汽井射孔方式	采出程度/%	油汽比/f	净产油/10^4t
注汽井	射开上部1/2	7.9	0.060	−2.32
	射开下部1/3	17.2	0.128	5.29
	射开下部1/2	15.8	0.115	4.14
	射开下部3/4	13.7	0.106	2.80
	全射开	10.5	0.089	0.96
采油井	射开上部1/2	12.1	0.093	2.67
	射开下部1/3	15.0	0.113	4.16
	射开下部1/2	17.2	0.128	5.29
	射开下部3/4	16.3	0.126	4.94
	全射开	15.5	0.117	4.36

表 5　碳酰胺复合蒸汽驱复合驱开发方式优化

开发方式	产油/ 10^4t	注汽/ 10^4t	尿素/ t	泡沫剂/ t	降黏剂/ t	采出程 度/%	油汽比/ f	净产油/ 10^4t
继续现蒸汽驱	无经济效益							
高干度蒸汽驱	9.91	123.3	0	0	0	11.8	0.080	1.10
碳酰胺复合蒸汽驱	10.46	114.2	3205	0	0	12.4	0.092	1.98
碳酰胺泡沫复合蒸汽驱	12.53	103.9	3205	801	0	14.9	0.121	4.18
碳酰胺复合蒸汽驱	14.45	112.9	3205	801	1145	17.2	0.128	5.29

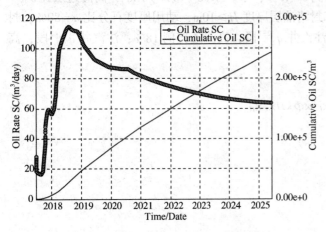

图 5　碳酰胺复合蒸汽驱试验产量预测

根据数模优化结果，碳酰胺复合蒸汽驱的先导试验区注汽井井底蒸汽干度下限为 45%，气液比为 1.5，采注比最优值为 1.12，最优注汽速度为 80t/d，尿素溶液浓度为 50%，泡沫剂浓度 5%。

利用三维全试验区模型预测了碳酰胺复合驱生产动态开发指标。以"大孔道深部封堵+纵向射孔优化+介质辅助"组合技术开展多相复合蒸汽驱试验，预计试验历时 5.2 年，累产油 $13.2×10^4$t，采出程度 15.7%（图 5）。

4.2　碳酰胺复合蒸汽驱适宜条件筛选

采用数值模拟方法进行的正交试验表明：油层有效厚度、含油饱和度、原油黏度、净总厚度比、渗透率级差对采收率影响显著，碳酰胺复合蒸汽驱不适合原油黏度高于 18000mPa·s、渗透率级差大于 21 的油藏（表 6）。

表 6　转碳酰胺复合蒸汽驱的适宜油藏条件

对比参数	指标	对比参数	指标
原油黏度/mPa·s	<18000	平均含油饱和度/%	>41
油层厚度/m	5~35	渗透率级差	<21
净总厚度比	>0.41	流动系数	<10000

4.3　先导试验区生产效果

九$_6$区是典型的特稠油油藏，根据筛选条件，在九$_6$区蒸汽驱中部开辟了 96144 先导试验区，历经多年蒸汽驱开发，受纵向非均质性的影响，蒸汽超覆、高渗通道指进现象突出，汽窜严重，蒸汽无效循环。选取中部 96144 井区开展碳酰胺复合蒸汽驱试验，2018 年 9 月开始运行，截至目前，累计产油 $3.7×10^4$t，产油水平由 8t/d 提升至 33.0t/d，含水下降 3.8%，阶段采收率提升 4.6%，成效明显（图 6）。

5　结论与认识

（1）通过密闭取心、岩心水洗状况分析、过套管电阻率和全谱剩余油测井等技术联合，实现水淹层定量解释、形成不同沉积韵律、隔夹层组合模式下剩余油定量分布表征，指导了蒸汽驱开发后期复合汽驱潜力层选取。

（2）明确了高渗通道和继承性窜流通道是造成水窜的主要原因。其中，高渗通道是储层先天非均质性造成的流动优势条带，这类通道在油藏中普遍存在；继承性窜流通道是经过长期冲刷的高渗条带或曾压裂区域，其水流优势明显，封堵难度大。

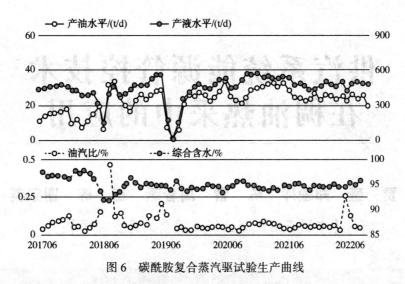

图 6 碳酰胺复合蒸汽驱试验生产曲线

（3）提出了"深部封堵+优化射孔+介质辅助"相结合的碳酰胺复合蒸汽驱开发技术，在原蒸汽驱基础之上，通过固体颗粒有序深部封堵原生及继承性窜流通道，注入碳酰胺及发泡剂等多种介质封堵次级小孔道，提高波及程度，可有效实现提高采收率的目的。

（4）碳酰胺复合蒸汽驱开发实现了稠油开发由"单介质"向"多种介质"，由"单井"向"多井"立体调控转型，并取得了现场试验成效，为进一步提高蒸汽驱油藏采收率、效益开发有重要的借鉴意义。

参考文献

[1] 王敬，刘慧卿，王增林，等. 稠油油藏热力泡沫复合驱数值模拟研究[J]. 特种油气藏，2011，18（05）：75-78+139.

[2] 蒙延冲，宋栋. 提高超稠油蒸汽驱效果的策略[J]. 化工管理，2019，（28）：75-76.

[3] 蒋立明，敬思伟，刘欢，等. 水平井多介质调剖技术及应用[J]. 化工管理，2021，（14）：84-85.

[4] 于会永，刘慧卿，张传新，等. 超稠油油藏注氮气辅助蒸汽吞吐数模研究[J]. 特种油气藏，2012，19(02)：76-78+139.

[5] 王杰，刘德华，王梓来，等. 超薄层稠油油藏吞吐后转蒸汽驱技术研究[J]. 能源与环保，2017，39(10)：69-74.

[6] 卢川，刘慧卿，卢克勤，等. 浅薄层稠油水平井混合气与助排剂辅助蒸汽吞吐研究[J]. 石油钻采工艺，2013，35(02)：106-109.

[7] 孙焕泉，王敬，刘慧卿，等. 高温蒸汽氮气泡沫复合驱实验研究[J]. 石油钻采工艺，2011，33（06）：83-87.

[8] 汪洋，李兆杰，熊伟，等. 浅层超稠油蒸汽驱数值模拟提高开发效果研究[J]. 新疆石油天然气，2015，11(03)：80-82+90+5-6.

[9] 东晓虎，刘慧卿，庞占喜，等. 不同含水期轻质油藏空气泡沫驱试验[J]. 中国石油大学学报（自然科学版），2013，37(04)：124-128.

[10] 黄伟强，王利华，陈忠强，等. 复合蒸汽吞吐提高稠油采收率试验[J]. 新疆石油地质，2010，31（01）：69-71.

[11] 吴正彬，刘慧卿，庞占喜，等. 稠油油藏气体-泡沫辅助注蒸汽实验与数值模拟[J]. 石油钻采工艺，2016，38(06)：852-858.

供汽系统能源管控技术
在稠油热采中的应用

贾 盛 郑爱萍 陈 雷 周春燕 王 栋 谢宗英

【中国石油新疆油田公司重油开发公司】

摘 要：稠油热采具有高耗能特性，随着油田注汽设备的运行，其单耗逐年升高、热效率下降，"能耗双控"与上产、增产矛盾日渐突出。为有效控减单位产量能耗，精细化管理高耗能设备，本文创新利用物联网、深度学习的信息化手段，搭建了国内首批稠油油田供汽能源管控系统。从供汽系统能耗监测、耗能主体业务建模、关键设备能效异常归因分析3个方面入手，实现了指标精细化管控，快速定位能效异常设备，线上专家诊断推送调控措施，形成了一套供汽系统能源管控技术。可以在满足注汽质量的同时，有效节能降碳，从而实现能源利用最优化，促进经济效益最大化。在克拉玛依油田六九区注汽锅炉实施覆盖46台，整体指标均有效提升，平均锅炉单耗下降2.6%，平均热效率提高至92.2%，增长0.46%，稠油单位产量单耗下降至768.3千克标煤/吨，降低0.4%，为稠油热采油田注汽系统能源管控提供了新的有效技术手段。

关键词：稠油热采；供汽系统；能源管控技术；节能降碳

新疆油田公司稠油热采开发中，需通过供汽系统向油层注入大量的高压湿饱和蒸汽或过热蒸汽。随着部分稠油老油田开发进入中后期，一方面采收率提升难度加大，需要注入更多质量更好的蒸汽；另一方面供汽设备运行多年，蒸汽单耗也在逐步升高。这就使得供汽系统的能源消耗量、单位产量能耗不断攀升。从财务成本来看，供汽系统水电气运行成本占稠油厂处水电气运行成本约70%，从能耗占比来看，供汽系统能耗占稠油生产能耗90%以上，其中仅天然气消耗占比一项就达85%左右，如图1所示。油气田企业从节约能源、强化有效用能入手，控减能耗总量，对现场生产节能增效、降碳减排具有重要现实意义。

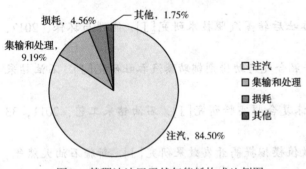

图1 某稠油油田天然气能耗构成比例图

损耗，4.56% 其他，1.75%
集输和处理，9.19%
注汽，84.50%

注汽
集输和处理
损耗
其他

在面临国家"能耗双控"政策出台，油田企业全力推动原油稳产增产的形势下，须实现能耗总量"硬下降"，对高耗能稠油油田节能降耗工作提出了巨大挑战。2022年，国家发展改革委等部门联合印发了《高耗能行业重点领域节能降碳改造升级实施指南（2022年版）》，明确要加强高能耗行业能源管控，推进工业企业能源管控中心建设。石油石化行业，尤其是稠油热采油田，迫切需要能源管控技术的实践应用来提高精细化管控能力，在满足注热需求的同时，有效节能降碳，加速智能油田、智慧油田转型，助力"双控"目标实现。

作者简介：贾盛，现就职于新疆油田公司重油开发公司，工程师。E-mail：jiashen@ petrochina.com.cn

能源管控技术是利用互联网技术，通过配备符合标准的仪表以及采用在线采集的方式达到准确计量，利用有线及无线相结合的传输方式有效地传输数据，再进行对标及系统建模，从而实现能源利用最优化，促进经济效益最大化的活动[1]。相较于传统节能管理模式以层层量化节能考核指标为抓手，从事后统计、分析和问题追踪的被动能源管理模式；能源管控以实际生产计划合理调度和生产过程用能把控做节能的文章，打破了单纯以节能量完成与否的"指标至上"节能管理模式。创新地利用物联网、大数据、深度学习等信息化手段，完成数据积累的同时，分析获得生产与用能效率之间潜移默化的内在关联逻辑，摸索出潜在规律和变化趋势[2]。在现场实践过程中，除了完成适用的、准确的业务建模，还需要克服现场设备启停、机械故障、保养维护等其他因素，以保证学习样本的可用性，实现能源管控技术的真正落地。

1 供汽系统能耗指标监测

供汽系统的主要能源消耗实物为天然气、电和水，主要能耗设备为油田注汽锅炉。按照 Q/SY 09004.3《能源管控 第 3 部分：油气田技术规范》标准要求，计量级能源计量器具配备应符合 GB/T 20901 和 Q/SY 1212 的相关规定。能源管控单元的主要能源实物消耗应分主要生产系统计量，重点耗能设备宜实现单独计量。注入站(注蒸汽)各生产工艺能耗应按能源实物类型分类单独计量。

油田注汽锅炉属于高温高压生产设备，为保证其运行安全，减少人工操作，其本体均自带一套自动化仪控系统。供汽能源管控系统建设时，仅增加部分参数，即可实现各节点能耗计量。通过利用已建仪控参数，结合能源管控注入系统绩效考核要求，形成一套完备的能源管控监控数据。同时为方便后续分析、模拟、优化等环节的系统开发，还需完善传输网络、监控组态及数据库存储。

完善监测参数后，系统能直观地展示各项供汽站整体能耗情况，指标及参数情况见表1。

表 1 供汽能源管控系统监测参数表

设备	动态参数		有无计量	是否远传	上传系统
	计算指标	计量参数			
锅炉	热效率	给水流量	有	是	SCADA 系统
		烟气含氧量	有	是	
		给水温度	有	是	
		排烟温度	有	是	
		给水压力	有	是	
		蒸汽湿度	有	是	
		蒸汽压力	有	是	
		蒸汽温度	有	是	
	锅炉单位蒸汽能耗	耗气量	有	是	
		耗电量	有	是	
		产汽量	有	是	
锅炉柱塞泵	机组效率	机组日用水量	有	是	A2 报表
		日耗电量	有	是	能源管控系统
		泵机组进口压力	有	是	SCADA 系统
		泵机组出口调节阀后压力	有	是	SCADA 系统
软化水处理泵	机组效率	机组日用水量	有	是	A2 报表
		日耗电量	有	是	能源管控系统
		泵机组进口压力	有	是	SCADA 系统
		泵机组出口调节阀后压力	有	是	SCADA 系统
鼓风机	机组效率	日耗电量	有	是	能源管控系统

软件架构与数据流见图2。

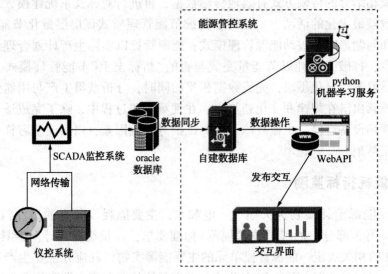

图2 供汽能源管控系统数据流

系统交互界面见图3。

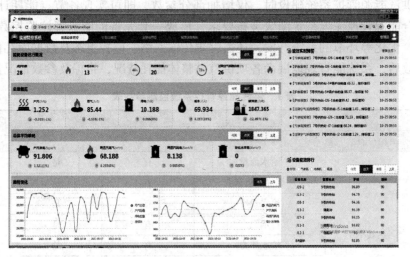

图3 供汽能源管控系统交互界面

2 通过业务建模提高供汽系统能效

现场生产经验和各类研究都表明，稠油热采中地下油层注入的蒸汽干度越高，开发效果越好。因此供汽能源管控系统解决的难题之一就是在保证蒸汽质量的情况下，消耗更少的天然气制造出更多的热焓，提高供汽系统能效。

2.1 注汽锅炉热效率业务建模

供汽系统中的关键能耗设备就是注汽锅炉。供汽能源管控系统通过正平衡和反平衡算法得出锅炉燃烧热效率，按照西北节能监测中心编制的《锅炉正平衡热效率计算软件》进行热效率计算，由于正平衡只能反映锅炉运行的实际能源利用情况，无法确切地找到锅炉热效率不达标的具体影响因素，因此系统主要使用反平衡算法作为主要绩效指标，正平衡算法作为参考指标。

正平衡算法实现过程：系统交互界面设置用户录入权限，将每季度或加密监测获得的天然气发热值录入系统，结合注汽锅炉运行时进口水温水压流量、蒸汽出口温度压力干度、助燃空气温度、烟气温度、烟气含氧等数据，计算得出锅炉热效率。

正平衡炉效计算公式如下：

$$\eta_{gl}=\frac{Q_1}{Q_r}\times100\%\tag{1}$$

输入热量 Q_r 为:

$$Q_r=Q_{dw}+Q_{rx}+Q_{wl}\tag{2}$$

式中　Q_{dw}——燃料低位发热量，kJ/kg;

Q_{rx}——燃料的物理显热，kJ/kg;

Q_{wl}——其他热源加热空气而带入锅炉系统内的热量，kJ/kg。

输出热量 Q_1 为:

$$Q_1=D_{gs}\times1000\times[h_{bh}-h_{gs}-\varphi_{sd}(h_{bh}-h_{bs})]\tag{3}$$

式中　D_{gs}——给水流量，m^3/h;

h_{bh}——饱和蒸汽焓值;

Q_{wl}——给水焓值;

φ_{sd}——蒸汽湿度，%;

h_{bs}——饱和水焓值。

正平衡炉效计算表见表2。

表2　炉效计算表(正平衡)

所需点位	获取方式	计算公式
给水流量/(m³/h)	系统对接	热效率=(出口蒸汽热焓－进口给水热焓)/燃料低热值(安装有冷凝装置锅炉以高热值计算) 系统后台预留燃料热值配置功能，在每季度对燃料成分检测后进行热值数值(低热值、高热值)更新
给水温度/℃	系统对接	
给水压力/MPa	系统对接	
蒸汽湿度/%	系统对接	
蒸汽压力/MPa	系统对接	
炉效指标/%	系统配置	针对各台锅炉型号、老旧程度、烟气余热装置定制化配置

反平衡算法实现过程：通过对各种能量损失的值进行测算，计算出对应当量下，能量在锅炉中的消耗情况，从而得出锅炉的反平衡效率。

反平衡炉效计算公式如下:

$$\eta_{反}=100\%-q_2-q_3-q_4-q_5\tag{4}$$

其中:

(1) 过剩空气系数:

$$\alpha_{py}=\frac{20.9\%}{20.9\%-\varphi_{O_2}}\tag{5}$$

(2) 排烟热损失:

$$q_2=\frac{(3.5\times\alpha_{py}+0.5)\times(t_{py}-t_{lk})}{100\times\left(1-\dfrac{q_4}{100}\right)}\tag{6}$$

(3) 散热热损失:

$$q_5=\frac{1.3}{\eta_{fhl}}\tag{7}$$

各个参数的获得方式见表3。

表3　式中参数及获得方式

公式项	参数	单位	获得方式
φ_{O_2}	烟气含氧量	%	测量
t_{py}	排烟温度	℃	测量
t_{lk}	环境温度	℃	测量
q_4	固体未完全燃烧损失	%	计算
η_{fhl}	锅炉负荷率	%	计算

2.2　注汽锅炉工况优化

以往注汽锅炉的管理模式主要目标为保证注汽干度，因此各供汽站、采油作业区、技术监督站分别配备干度监测人员，并依托蒸汽干度在线监测系统，实时监测，矫正误差，使得蒸汽质量基本维持在指标水平。与此同时，由于锅炉热效率监测频率低，为提高蒸汽干度，保证注汽量，当热效率较低时只能提高天然气量，浪费了部分热源，主要表现现象为排烟温度升高。

而由于现场工人配备烟气含氧分析仪成本高，攀爬锅炉房顶的安全风险也较高，一般各供汽联合站会安排专岗，每月或发现烟温过高时监测烟气含氧并调整风门开度。整个调整流程周期长，覆盖面小，使得部分锅炉工况无法得到及时优化，运行热效率较低。

通过使用供汽能源管控系统，在监测每台锅炉热效率的同时，也记录了当前实时数据，包括风门开度、燃气流量、水量等。即系统可以利用机器学习方法，采集锅炉不同运行工况样本，再根据当前锅炉运行工况，结合以往运行参数，推荐当前最佳运行指标，方便运行岗对比调整锅炉工况，达到提升锅炉热效率的目的。

同时系统还设置了注汽锅炉绩效预警，根据不同锅炉类型，设置不同的炉效、气单耗、过剩空气系数预警指标，及时推送至预警界面，并展示燃气流量、风门开度等建议调整参数，辅助优化锅炉工况。

最终系统根据每日锅炉运行情况，生成供汽能源管控系统绩效考核日报，发布界面见图4，为各站锅炉运行状况评价和优化策略提供数据支撑。

图4　供汽能源管控绩效考核日报

2.3　注汽锅炉调度优选

系统除了显示每台锅炉的运行建议，以提升锅炉运行热效率外，还从整个联合站和各供热站层面提供了调度优选功能，发布界面见图5。从宏观层面提高工况好、热效率高的锅炉点炉率，少点或不点工况差、热效率低的锅炉，从而提升全站的锅炉平均运行热效率，达到整体调度优选，节能降本增效的目的。

图 5 供汽能源管控计划调度

3 建立异常能效指标的归因分析模型

注汽锅炉在运行过程中，由于天然气组分变化、辐射段短时间过热、来水漏硬等各类原因，会出现锅炉翅片管积灰、炉管结垢等异常工况。系统通过积灰结垢分析模型，可以通过数据统计分析出工况异常的锅炉，进行积灰结垢严重程度排行，用于清灰除垢措施优先性的选择参考，使清灰除垢工作更有效。从以下两个方面实现具体功能：

3.1 积灰影响分析

目前公司使用的注汽锅炉，对流段采用翅片管作为传热元件，虽然使用燃气作为燃料后积灰很少，但是由于翅片间距小致使该处积灰较为容易；该处积灰严重时，会导致对流段换热效率降低，排烟温度升高。按照现场管理规定烟温应低于 200℃，在烟温持续居高则会考虑清灰立项，使用高压水枪冲洗。

系统可采用排烟温度与对流段热交换效果(对流段前后温度差值)双项指标综合判断积灰影响程度，根据内部模型算法实现积灰状态的分析，根据分析出的数据自动作出数据排行及限制值报警，对清灰的必要性提供数据支撑。

3.2 结垢严重程度分析

系统内基于以往现场人工经验，建立分析模型，根据相关工艺过程的压力、温度变化，作出对比分析，分析出锅炉状态异常、可能结垢，时时展示出相关数据，并做排行，达到限制值时，会发出报警提示。

一般结垢最严重的地方在辐射段盘管内，现场当前在最容易结垢的地方装有管壁温度监测(管壁温度超过蒸汽温度 20℃ 以上，该监测位置附件结垢较为严重)，系统提供站内所有锅炉最近一段时间(时间跨度可支持用户定义，默认为一天)火量、炉效、辐射段热效率、整体压降、对流段压降、辐射段压降、排烟温度均值，根据结垢分析模型进行排行(锅炉之间横向对标)，并支持单台锅炉时间轴的纵向对比，这样用户通过充分的数据对比参考，分析出站内结垢最严重的几个锅炉数据，以合理采取酸洗等措施，排除异常指标，提高锅炉热效率。

系统建模过程框图见图 6，归因分析排名发布界面见图 7。

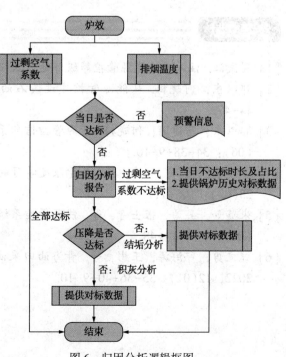

图 6 归因分析逻辑框图

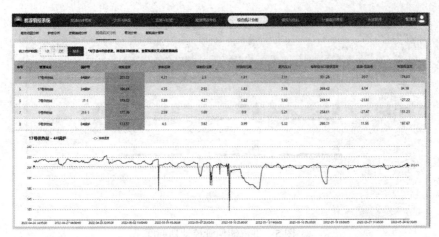

图 7　积灰及结垢工况排名发布界面

4　结语

通过能源管控技术在稠油热采供汽系统中的深度应用，实现了指标精细化管控，快速定位能效异常设备，线上专家诊断推送调控措施，形成了一套供汽系统能源管控技术，一方面可以实现保持锅炉的良好运行工况，锅炉异常工况预警，运行岗参数调节和处理提示，保持供汽系统整体调度最优；另一方面也在保证蒸汽质量的前提下，有效节能降碳，实现能耗精细化管理。

通过在克拉玛依油田六九区稠油区块试点应用，2021 年夏季对比 2020 年夏季燃气平均单耗由 69.7m³/t 下降为 67.87m³/t，下降 1.83m³/t，降低 2.6%；平均热效率提高至 92.2%，增长 0.46%；稠油单位产量单耗由 771.4 千克标煤/吨下降至 768.3 千克标煤/吨，降低 0.4%。按照平均注汽锅炉运行台数 20~25 台，产汽量 198.72×10⁴t 计算，可节约天然气 363.6×10⁴m³。按照天然气结算金额 0.73 元/立方米计算，可创造经济效益 265.5 万元。

随着物联网、大数据、人工智能分析等信息化技术手段不断发展，能源管理技术可结合企业实践，进一步提升稠油油田能源管控的质量和管理效率，为油田智能化节能降本增效提供强大助力。

参考文献

[1] 翟民江. 注入系统能源管控等级评估方法研究[J]. 石油石化节能，2019，9(09)：28-30+10.

[2] 郭以东，何晓梅. 从能源管控建设谈石油化工企业的节能管理[J]. 中国能源，2020，42(05)：44-47.

[3] 郭以东，马建国，何晓梅. 能源管控信息系统建设关注要素与评估[J]. 石油石化节能，2020，10(06)：34-38+9-10.

[4] 江兴家，杨阳，向涛，等. 基于深度学习的能源管控系统设计与应用[J]. 中国管理信息化，2022，25(03)：106-111.

[5] 朱英如，吴浩，张士奇，等. 能源管控系统在油气田企业中的应用[J]. 石油规划设计，2019，30(01)：8-9+14+48.

[6] 魏文勇，邱海涛，王彬，等. 青海油田采油五厂能源管控系统的研究与应用[J]. 石油石化节能，2022，12(01)：35-36+40+9-10.

九₈区浅层超稠油老区蒸汽吞吐后转驱泄开发提高采收率实践

刘　欢　郑爱萍　黄后传　蒙延冲　张　栋　杨登杰　鲁尚孝

【中国石油新疆油田分公司重油开发公司】

摘　要： 克拉玛依油田九₈区齐古组超稠油油藏埋藏浅、原油黏度高，蒸汽吞吐进入高轮次阶段后，油藏递减大、单井日产低，采出程度已经22.3%，效益稳产面临巨大挑战。本文通过超稠油转驱泄复合开发机理的再认识，确定了超稠油蒸汽吞吐后转驱泄复合开发方式的可行性，在油藏连续厚度10m以上的区域、按照直-平组合的方式实现了规模调整，并按照"有效连通、快速成腔、均衡扩腔"的技术思路，结合储层差异和蒸汽腔发育情况建立了井组分类标准，形成了分类调控方法，解决了超稠油老区吞吐后地层亏空大、压力低、汽腔发育不均衡等一系列问题，预热连通阶段油汽比达到了0.15，转驱泄后油藏单井产油由0.8t/d提升至10.5t/d，年采油速度由0.9%提升至2.4%，采收率将可提高至55%，实现了油藏多井低效向少井高效的转型，并为同类型吞吐后油藏转换方式提供了借鉴。

关键词： 克拉玛依；齐古组；浅层超稠油；蒸汽吞吐后；驱泄复合；提高采收率

　　超稠油注蒸汽提高采收率的成熟技术包括蒸汽吞吐、蒸汽驱、蒸汽辅助重力泄油等。辽河油田针对中深层、巨厚层（油层厚度50~110m）油藏蒸汽吞吐采收率低的问题，采用蒸汽辅助重力泄油（直井-水平井组合 VHSD）的接替开发方式实现了超稠油储量的有效动用，并大幅提高了油藏采收率，单井组产油水平在50~110t/d，油汽比保持在0.20以上，最终采收率将达到60.0%~65.0%[1]。风城油田采用双水井 SAGD 的方式实现了在原始油藏条件下浅层超稠油油藏的有效开发，并取得了较好的效果，自2017年 SAGD 年产油量达到100×10⁴t 以来持续保持稳产。而在注蒸汽吞吐后高采出程度的浅层超稠油老区，尚未有驱泄复合规模开发的先例。本文通过对九₈区超稠油油藏蒸汽吞吐后转驱复合开发方式的可行性分析和有针对性地分类调控，扭转了九₈区吞吐末期的严峻生产形势、实现了油藏的高效开发，为相关油藏的开发提供参考。

1　油藏基本情况

1.1　油藏地质特征

　　克拉玛依油田九₈区齐古组油藏中部埋深160m，50℃原油黏度4970mPa·s，为浅层超稠油油藏。构造上为一受逆断裂控制的西北向东南倾单斜，地层倾角约为3°~9°。齐古组为辫状河流相沉积，发育 $J_3q_2^{2-1}$+$J_3q_2^{2-2}$、$J_3q_2^{2-3}$、J_3q_23 3套油层，层间隔层发育稳定，其中 $J_3q_2^{2-1}$+$J_3q_2^{2-2}$ 油层分布范围广、厚度大且连续性好。

作者简介：刘欢（1993—），男，2017年毕业于中国石油大学（北京）地质工程专业，本科学位，现就职于新疆油田重油开发公司从事油气田开发工作，助理工程师。E-mail：1337363769@qq.com

1.2 开发简况

九$_8$区1986年投入吞吐开发试验，2005年以70m×100m直井网大规模扩边开发，截至2018年底，平均吞吐周期为13.6，采出程度达到了22.3%，含水90%以上，油藏步入"双高"开发阶段，单井产油仅0.8t/d，油汽比降至0.08。

1.3 吞吐末期特征

油藏高轮次吞吐后井间形成继承性汽窜通道，平均单井汽窜频次达17.8井次，末期地层压力降至0.6MPa，压力保持程度仅为38.0%，平均单井亏空达$1.5×10^4m^3$。次生非均质与地层亏空制约油藏的效益稳产。

1.4 油层动用及剩余油分布

油藏储集层为反韵律，受储层非均质性及蒸汽超覆影响，纵向上，油层以上部$J_3q_2^{2-1}$层动用为主，$J_3q_2^{2-1}$、$J_3q_2^{2-2}$层上部高渗段动用程度高、电阻率下降明显，剩余油主要富集在$J_3q_2^{2-1}$底部及$J_3q_2^{2-2}$层中下部；平面上，吞吐直井动用范围有限，井间是剩余油的主要富集区。其中$J_3q_2^{2-1}$层剩余含油饱和度53.7%、$J_3q_2^{2-1-1}$层剩余含油饱和度59.0%。

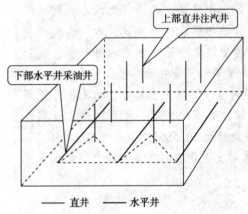

图1 驱泄复合开发机理模式图

2 驱泄复合开发模式

2.1 开发机理

在超稠油注蒸汽驱油过程中，存在蒸汽驱动力、重力、毛细管力这3种力[2-3]。驱动力控制着油和蒸汽的水平运动，而重力引起油的垂向运动。驱泄复合技术通过直井连续注入蒸汽形成蒸汽腔，被加热原油在重力和蒸汽驱动力作用下，流至油层下部的水平井中被采出[4]（图1）。

2.2 井网模式

平面上，水平井位于直井井间，直井与直井间距70m，直井与水平井间距35m；垂向上，水平井位于直井侧下方，直井射孔底界距水平段5m，水平段距油层底界2m，形成直井注汽、水平井生产的井网模式。

2.3 开发阶段划分

研究表明，根据蒸汽腔发育过程，可将驱泄复合技术开发划分为4个阶段，即注采热连通阶段、蒸汽腔上升阶段、蒸汽腔扩展阶段和蒸汽腔剥蚀阶段（图2）[5]。

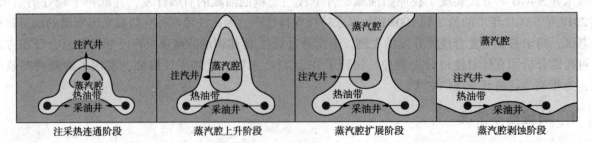

图2 驱泄复合技术开发蒸汽腔发育示意图[5]

2.4 筛选条件

对比了油价60美元/桶时，不同油层厚度下、吞吐后油藏不同接替开发方式的净增油量，结果表明：连续油层厚度<10m的油藏，适合直井汽驱；连续油层厚度介于10~20m之间的油藏，适合VHSD开发；连续油层厚度>20m的油藏，采取双水平井SAGD方式最优（图3）。

2.5 驱泄调整情况

为改善超稠油蒸汽吞吐后期开发效果及进一步提高采收率，2018年油藏中部$J_3q_2^{2-1}$+$J_3q_2^{2-2}$层油层厚度10m以上、余油饱和度45%以上的区域进行转驱泄开发调整,在原井网直井井间部署加密水平井29口,形成了29个VHSD井组开发规模。

驱泄复合试验区平均孔隙度为31.0%,平均渗透率为1409.0mD,平均原始含油饱和度为72.0%,剩余含油饱和度为55.4%,50℃原油黏度平均为7294mPa·s,垂向/平面渗透率为0.5,储层强非均质性。试验区VHSD井组水平井段长平均为283m,目标层位为$J_3q_2^{2-1}+J_3q_2^{2-2}$层,平面上直-直井距70m,直-平井距35m,垂向上水平段位于$J_3q_2^{2-2}$油层底部上方2~3m,直井射孔段与水平段无明显高差。

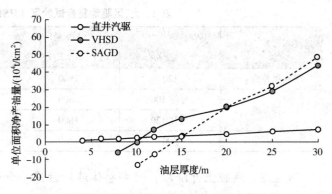

图3 不同油层厚度下不同开发方式下净产油量

3 分阶段开发政策与优化调控

3.1 井组分类

研究表明,影响驱泄开发效果的主要因素包括油层厚度、含油饱和度、隔夹层、操作压力和盖层损失等因素[6]。

本文主要结合油层厚度、剩余油饱和度以及隔夹层因素,将九₈区29个VHSD井组分为三类。一类井组18个位于试验区中部、油层厚度大、剩余油饱和度高;二类隔夹层发育井组处于东南边部,油层厚度、剩余油饱和度居中;三类强动用4个单层井组位于西部,油层薄、采出程度最高(表1)。

表1 九₈区驱泄复合试验区VHSD井组储层分类表

分类	组数/个	油层厚度/m	采出程度/%	剩余油饱和度/%	水平段上方5m内夹层占比/%
一类井组	18	20.6	19.8	58.0	3.2
二类井组	7	17.8	23.1	53.5	7.3
三类井组	4	12.6	35.2	47.0	1.2
合计/平均	29	17.0	22.3	55.4	3.9

3.2 不同阶段调控方法

九₈区驱泄复合试验区VHSD井组目前整体处于蒸汽腔扩展阶段、井组蒸汽腔已基本实现顶部连通、成片。针对试验区历经的三个开采阶段,主要采取以下做法:

3.2.1 注采热连通阶段:直平组合注汽,实现均衡热连通

考虑到九₈区驱泄复合试验区亏空大、汽窜严重、直井已动用区压力低的特点,采用直井-水平井组合注汽预热方式,一方面可快速补充地下能量,另一方面可减轻直井已动用低压区蒸汽牵引作用、降低汽窜风险,同时控关外围边井,形成区域能量封隔、减少蒸汽逸散,实现水平段集中加热和均衡预热。

并结合试验区井组分类,进一步优化注汽参数,确保预热期实现水平井精准预热、高效连通:一类井组油层厚度大,直井提速提压强化注汽,水平井中速注汽加热水平段,实现均衡提温提压;二类井组隔夹层发育,针对发育稳定隔夹层的直井下封隔器选注下部,隔夹层不发育直井笼统与水平井同注,集中加热下部油层;三类井组层薄、动用程度高,采取低速低量注汽、防窜保压,确保水平段建立有效热连通(表2)。

通过精准组合注汽预热,热连通期单井组产油8.1t/d、油汽比0.15,均超过方案设计值(产油4.1t/d,油汽比0.11),预热天数210天直-平井间即建立均衡热连通,热连通率达到70%以上。

表 2　九₈区驱泄复合试验区 VHSD 井组分类预热注汽参数表

分类	直井注汽速度/(t/d)	直井轮注汽量/t	水平井注汽速度/(t/d)	水平井轮注汽量/t	注汽压力/MPa
一类井组	120	1800	200	3000	
二类井组	分注100	1500	180	2700	<3.5MPa
	合注120	1800	180	2700	
三类井组	100	1200	180	2200	

3.2.2　汽腔上升阶段：直井整体连续注汽，加速蒸汽腔形成

组合注汽预热后平均单井组地下亏空仍有 $0.9×10^4 m^3$，地层压力恢复至 $0.8~1.0MPa$ 左右、仍未达到方案要求的 1.5MPa。因此转驱初期采取整体注汽方式、快速弥补亏空、提升地层压力，加速蒸汽腔上升形成(表 3)。

表 3　九₈区驱泄复合试验区 VHSD 井组整体注汽参数表

分项	直井注汽井数/口	直井注汽速度/(t/d)	直井注汽压力/MPa	水平井采液速度/(t/d)	采注比
参数	4	40~50	1.5~2.0	40~50	0.5

受储层差异影响，整体注汽后分类井组见效时间差异大，跟踪数模表明注汽 30 天汽腔可初步形成：一类井组汽腔形态剖面上多呈锥形，二类井组剖面上呈现锥形-双锥形特征，三类井组剖面上多呈弓形(表 4)。

表 4　九₈区驱泄复合试验区 VHSD 井组整体注汽效果

分类	整体注汽驱替见效时间	蒸汽波及特征图
一类井组	注汽 25 天温压提升	
二类井组	注汽 40 天液量上升	
三类井组	注汽 10 天温度上升	

3.2.3　汽腔扩展阶段：分类精准调控，促进汽腔均衡发育

针对储层差异导致的汽腔形态差异，采取分类治理策略，调整汽腔均衡。

一类井组汽腔剖面上呈"锥形"，但立体形态差异较大，多呈现"理想锥形""柱形""小锥形"等状态。基于注汽井单个汽腔的形态分类，制定汽腔有序调整方式，促使汽腔逐步向"理想锥形"发育。一是整体提汽增压，提升操作压力至 1.5MPa 左右，现场措施后监测井显示全井段温度升高，表明汽腔有所扩展(表 5)；二是单点吞吐引效，为汽腔发育腾挪空间。直井引效汽量 1800t，引效速度 120t/d，采注比 1.2 以上(表 6)，现场实施了 36 井次，实施后水平段监测温度明显升高。

表 5　九₈区驱泄复合试验区 VHSD 井组汽腔调控参数表

汽腔形态	初期		优化后	
	注汽压力/MPa	注汽速度/(t/d)	注汽压力/MPa	注汽速度/(t/d)
锥形	0.8~1.2	40~50	1.5~2.0	40~50
小锥形	1.0~1.5	30~40	1.8~2.0	50~60
柱形	1.0~1.5	30~40	1.5~1.8	40~50

表 6   九₈区驱泄复合试验区 VHSD 井组直井引效参数表

直井轮引效汽量/t	直井轮引效速度/(t/d)	直井轮采注比
1800	120	>1.2

"暂堵+水力扩容"储层改造技术是在 SAGD 应力扩容启动上发展形成的一项技术，是封堵调剖与水力微压裂扩容改造的有机结合技术，通过向水平井或直井注入高温堵剂暂堵高渗窜流通道，调整蒸汽波及方向，而后通过实施水力扩容改造低渗透储层，达到改善储层物性、提高水平段均衡动用程度的目的。

二类井组隔夹层发育处汽腔呈双锥形，通过实施"微压裂"扩容储层改造措施，加快隔夹层处汽腔发育、改变流场、重建泄油通道。现场措施 4 井组次，典型井组措施后水平段前端隔夹层发育段温度升高 20℃、动用程度提高 18%、井组产液能力提升 1 倍。

三类单层、动用程度高井组，汽腔形成后即沿顶部发育、多呈弓形，通过实施交替注汽并控减注汽压力、速度，实现了水平井的稳定生产。同时实施"暂堵为主"的储层改造措施、暂堵高渗通道，提高对下部蒸汽弱波及区油层有效动用。现场措施 3 井组次，措施井组水平段温度下降 10℃、单井组产油水平上升 5.1t/d、含水下降了 10%。

3.2.4   以采液能力为核心，稳定提液量扩汽腔

针对一类、二类汽腔体积大、连通程度好泄油能力强的井组，以采液能力为核心，稳定提液扩腔，调控注采平衡[4]。现场对 16 个井组开展逐级提冲次、更换大排量举升泵提液，措施井组采注比由 0.5 提升至 0.8，采注比趋于合理，同时受液流牵引作用、水平段动用程度提高 8%(图 4)。

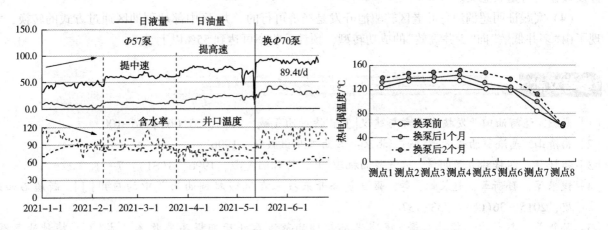

图 4   典型提液、换泵井组 HWT98024 生产曲线及热电偶温度剖面

3.2.5   以隔热保压为目标，开展氮气辅助提效

针对老区汽腔发育到顶部、整体连通成片快并与盖层接触后热损失大的特点，利用氮气导热系数低、注入蒸汽腔后易富集在油层顶部的特点，现场优选 4 井组开展氮气辅助提效试验。现场直井注氮速度 600~800Nm³/h，直井累积注氮 11.2×10⁴Nm³。注氮后，措施井组生产保持平稳、含水下降、油汽比提高，水平段温度保持稳定(图 5)，表明氮气初步起到了降低热损、保持油层压力的一定作用。

3.3   驱泄复合开发成效

方式转换后，九₈区驱泄复合区产油水平由 100t/d 提升至 300t/d，单井产油由 0.8t/d 提升至 11.0t/d，阶段油汽比由 0.08 提升至 0.11，完全操作成本由 50 美元/桶下降至 42 美元/桶。对比继续吞吐开发，九₈区中部超稠油区转 VHSD 开发目前已效益增产油量 24.5×10⁴t，预计最终采收率将达到 55%，较蒸汽吞吐可提高 25% 以上。

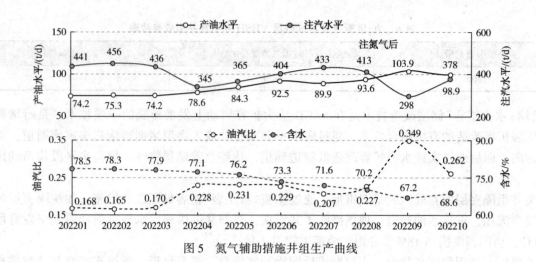

图5 氮气辅助措施井组生产曲线

4 结论及认识

（1）组合注汽预热、整体注汽提压可有效解决超稠油吞吐后转驱泄复合开发面临的亏空大、压力低、汽窜严重等制约问题。

（2）"暂堵+水力扩容"储层改造措施对于改善隔夹层井组、薄层强动用井组汽腔发育形态、改变储层流场、提高开发效果具有一定作用。

（3）老区驱泄井组蒸汽腔汽腔到顶、横向扩展连通快，适时开展氮气辅助保压隔热对于提升驱泄开发效益具有重大意义。

（4）实践证明超稠油吞吐老区转驱泄开发是经济可行的。九8区中部超稠油区通过方式的转换，实现了由"多井低效"向"少井高效"的成功转型，预计采收率可达到55%以上。

参考文献

[1] 武毅. 辽河油田开发技术思考与建议[J]. 特种油气藏，2018，25(06)：96-100.

[2] 岳清山. 蒸汽驱油藏管理[M]. 北京：石油工业出版社，1996.

[3] 魏桂萍，胡桂林，闫明章. 蒸汽驱油机理[J]. 特种油气藏，1996，3(S1)：7-11.

[4] 钱根葆，孙新革，赵长虹，等. 驱泄复合开采技术在风城超稠油油藏中的应用[J]. 新疆石油地质，2015，36(06)：733-737.

[5] 孙新革，赵长虹，熊伟，等. 风城浅层超稠油蒸汽吞吐后期提高采收率技术[J]. 特种油气藏，2018，25(03)：72-76+81.

[6] 孙新革，丁超，杨果，等. 陆相浅层超稠油SAGD提质增效技术体系研究[C]//. 2018油气田勘探与开发国际会议(IFEDC 2018)论文集. 2018：2488-2496.

塔河油田超稠油耐温耐盐乳化降黏剂的研制

刘 磊[1,2] 丁保东[1,2] 胡顺武[1,2] 曹 畅[1,2] 范伟东[1,2] 孙 桓[1,2]

【1. 中国石油化工股份有限公司西北油田分公司；

2. 中国石油化工集团公司碳酸盐岩缝洞型油藏提高采收率重点实验室】

摘 要：塔河油田超稠油黏度极大，井筒举升过程中随着温度降低，稠油黏度变大，井筒举升困难，为此探索了稠油乳化降黏技术。适合塔河稠油的乳化剂需要具有优异的耐温耐盐能力，本文重点对含不同氧乙烯链节的羧甲基聚氧乙烯烷基醇醚表面活性剂进行了评价。研究结果表明，在盐含量达 $22 \times 10^4 mg/L$ 的模拟盐水中，氧乙烯链节较长的羧甲基聚氧乙烯烷基酚醚表面活性剂 OPC-20，对塔河十区四种稠油具有较好的乳化效果。但实验发现，模拟盐水配制的 OPC-20 水溶液在 90℃长时间加热会发生分层现象，此后乳化效果会大幅度下降。该分层是由于 OPC-20 在盐水中溶解性下降所致。将 OPC-20 和油酸酰胺基丙基二甲基羟丙基磺基甜菜碱 YHSB 以 4 : 6 复配，可以明显改善 OPC-20 在高温盐水中的溶解性，复合体系对塔河稠油同样具有较好的乳化性能。

关键词：超稠油；耐温耐盐；乳化；降黏剂

1 背景

我国稠油储量超 $35.5 \times 10^8 t$，其中新疆地域广阔，稠油储量超 $20 \times 10^8 t$。中国石油、中国石化、中国海油都将稠油开采作为了重要的战略发展方向，中石化稠油储量 $26.9 \times 10^8 t$，其中西北塔河稠油储量 $9.2 \times 10^8 t$，占中国石化稠油储量34%，年稠油产量 $300 \times 10^4 t$ 以上，是西北油田乃至中国石化上产稳产的重要阵地。

按国际稠油分类开采推荐做法，超稠油应采用热采方式，但塔河超稠油埋藏超深，热采等物理开采方式热损失极大，先导试验成功率低，无法规模应用。目前塔河油田超稠油仅能依靠自产稀油掺稀，维持超稠油生产，开采难度大。

塔河油田属稠油油藏，油藏埋深6000m。在井筒举升过程中随着温度降低，稠油黏度变大，井筒举升困难，该问题在冬季尤为明显。前期一直使用掺稀降黏，但稀油资源不断减少，需要开发替代掺稀降黏的降黏技术。通过在水中加入表面活性剂使稠油和水形成水包油乳状液可降低稠油的黏度，此法称为乳化降黏[1-3]。乳化降黏的关键是高效乳化剂[4]。由于塔河十区地层水矿化度高达 $22 \times 10^4 mg/L$、钙镁离子含量 $2 \times 10^4 mg/L$，另外降黏剂在井筒掺入点的流体温度达到90℃（地层温度

基金项目：中石化科研项目"塔河深层高含沥青稠油降黏减阻提效技术"（编号：P22361）。

作者简介：刘磊(1984—)，2011年毕业于西安石油大学机械电子工程专业，硕士，副研究员，技术总监，现从事超稠油开采等科研生产及管理工作。E-mail：liulei001. xbsj@ sinopec.com

130℃)，因此适合塔河十区稠油的乳化剂需要具有优异的耐温耐盐能力。调研发现，含有氧乙烯链节的阴离子表面活性剂具有较好的耐盐能力和稠油乳化能力[5-7]，如羧甲基聚氧乙烯烷基醇(或酚)醚、聚氧乙烯烷基醇(或酚)醚硫酸酯盐、聚氧乙烯烷基醇(或酚)醚羟丙基磺酸盐等可以在高矿化度的盐水中用作稠油的乳化剂[8-11]。鉴于聚氧乙烯烷基醇(或酚)醚羟丙基磺酸盐工业化生产技术不成熟(现有方法产率低)、聚氧乙烯烷基醇(或酚)醚硫酸酯盐在高温水中因发生降解而被破坏等因素，本文考察了用羧甲基聚氧乙烯烷基酚醚作为塔河油田10区的稠油降黏剂。该类表面活性剂的亲水亲油平衡受氧乙烯链节数影响较大，因此重点对含不同氧乙烯链节的羧甲基聚氧乙烯烷基酚醚表面活性剂进行了评价。

2 实验

2.1 实验材料

实验使用的羧甲基聚氧乙烯壬基酚醚-6(OPC-6)、羧甲基聚氧乙烯壬基酚醚-12(OPC-12)、羧甲基聚氧乙烯壬基酚醚-20(OPC-20)分别在实验室里由聚氧乙烯壬基酚醚-6(OP-6)、聚氧乙烯壬基酚醚-12(OP-12)、聚氧乙烯壬基酚醚-20(OP-20)和氯乙酸钠反应制备而得[12]。实验用OP-6、OP-12、OP-20购自邢台鑫蓝星科技，十二烷基二甲基羟磺基甜菜碱(DSB)、十八烷基二甲基羟磺基甜菜碱(YSB)购自上海诺颂实业有限公司，十二酰基丙基二甲基羟磺基甜菜碱(LHSB)、油酸酰胺基丙基二甲基羟磺基甜菜碱(YHSB)购自临沂绿森化工。实验中评价的表面活性剂分子式如下：

OPC-6

OPC-12

OPC-20

LHSB

YHSB

YSB

DSB

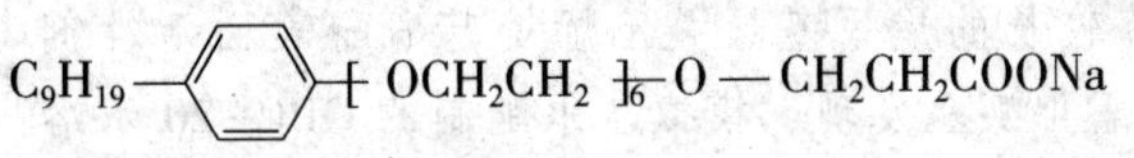

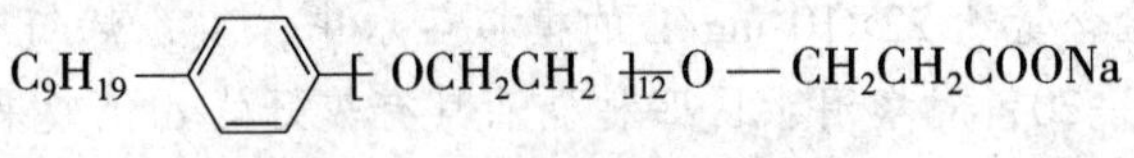

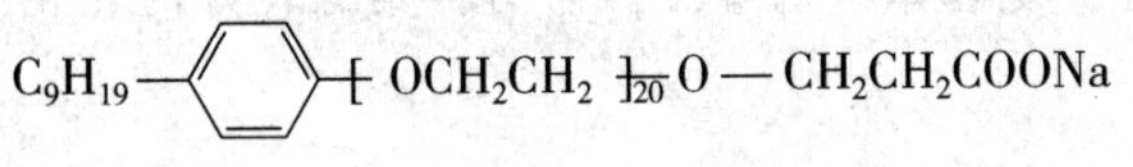

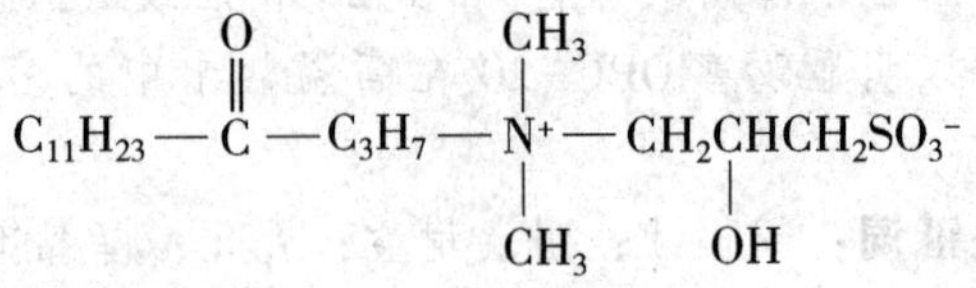

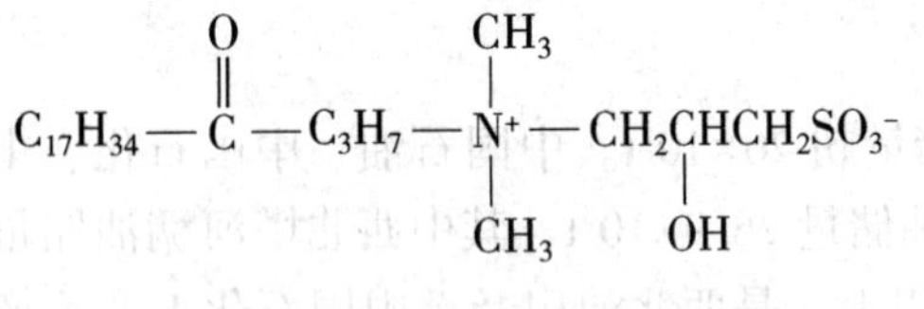

实验用油取自塔河十区THK7、THK61、THK41、THK46，90℃黏度分别为1000mPa·s、1200mPa·s、1500mPa·s、2200mPa·s。实验所用水样为模拟地层水，按表1配制。

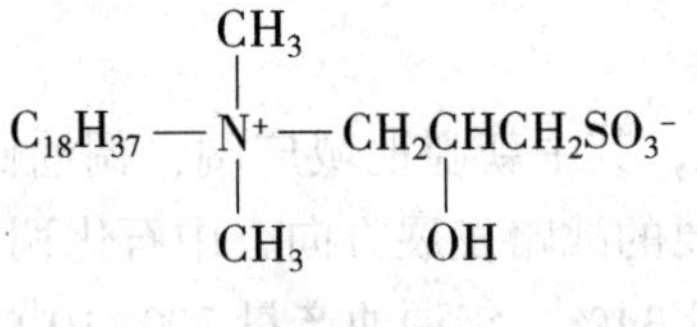

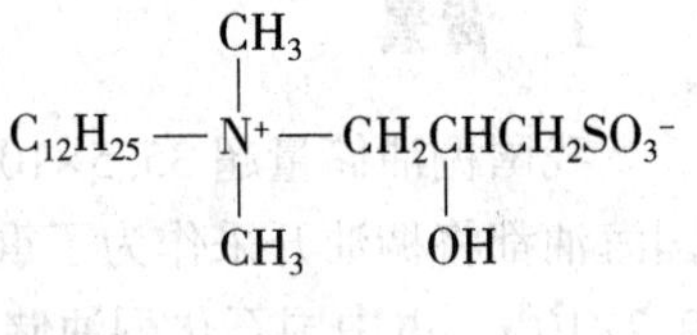

表1 塔河油田地层水组成

离子名称	Ca^{2+}	$K^{+}+Na^{+}$	Mg^{2+}	Cl^{-}	SO_4^{2-}	HCO_3^{-}
ρ(离子)/(mg/L)	1159839	69831.7	1224.5	131489.2	264.3	145.3

2.2 实验方法

2.2.1 表面活性剂乳化性能评价

按照降黏剂和原油在井筒中混合部位估算，井筒中混合点流体温度约为90℃，因此稠油乳化实验均在90℃进行。评价方法如下：按油水质量比6∶4将稠油和表面活性剂溶液放入烧杯中混合，在90℃水浴恒温20min后用玻璃棒搅拌混合溶液，观察稠油的乳化分散效果。

乳化降黏的关键是形成水包油乳状液。一旦稠油和表面活性剂水溶液能形成水包油乳状液，体系的黏度就会大幅度降低。为了快速有效筛选稠油降黏剂，本文将乳状液的形成分为4个等级，分别用"−""+""++"等符号表示，见表2和图1。

表2 乳化评价标准

实验现象	乳化效果级别	实验现象	乳化效果级别
表示原油在表面活性剂溶液中不分散	−	表示原油在表面活性剂溶液中以大油珠状分散	++
表示原油在表面活性剂溶液中以大块状分散	+	表示原油与表面活性剂溶液形成乳状液	+++

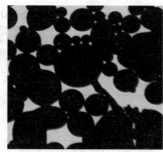

稠油以大块分散在水中　　稠油以大油珠分散在水中　　稠油以小油滴分散在水中

图1 稠油在表面活性剂水溶液中分散状态

对于形成的水包油乳状液，可用 Brookfield DVⅡ+Pro 型旋转黏度计在 6rev/min 条件下测定黏度，计算降黏率。

2.2.2　OPC-20 和 OP-20 液相色谱测定

测定仪器为日本岛津 RID-10A 高效液相色谱仪，测定条件为：以甲醇和水的混合溶液（体积比为9∶1）作流动相，流速为 1mL/min，设定柱温为 40℃。检测系统采用紫外检测器，检测波长为 254nm。

2.2.3　油水界面张力测定

在 90℃用 Texa-500A 测定 0.5%OPC-20 和 0.5%复合体系与 THK7 稠油界面张力。课题组在 Texa-500A 界面张力仪上安装了视频采集与处理系统，实现了视频的自动采集和界面张力的计算，采样速度最快达 40 点/分钟。测定温度由循环水浴进行控制。

3　结果与讨论

3.1　酚醚羧酸盐乳化降黏性能评价

表面活性剂降黏的关键是能否在搅动时将稠油乳化成水包油乳状液。一旦形成水包油乳状液，流体的黏度就会大大降低。表面活性剂的乳化能力，主要取决于表面活性剂的亲水亲油平衡和表面活性剂的用量。测定了不同质量分数的 OPC-6、OPC-12、OPC-20 对塔河十区稠油乳化的情况，结果见表3～表5。

表3　OPC-6 对四种十区稠油的乳化情况

$w(OPC-6)/\%$	OPC-6 对稠油的乳化分散情况			
	THK7	THK61	THK41	THK46
0.2	−	−	−	−
0.3	−	+	+	+
0.4	−	+	++	++
0.5	+	+	++	++

续表

$w(\text{OPC-6})/\%$	OPC-6 对稠油的乳化分散情况			
	THK7	THK61	THK41	THK46
0.6	+	++	++	++
0.7	++	++	+++	+++
0.8	++	++	+++	+++
0.9	++	+++	+++	+++
1.0	+++	+++	+++	+++

表 4　OPC-12 对四种十区稠油的乳化情况

$w(\text{OPC-12})/\%$	OPC-12 对稠油的乳化分散情况			
	THK7	THK61	THK41	THK46
0.2	-	-	+	+
0.3	+	+	++	++
0.4	+	+	++	++
0.5	++	+	++	++
0.6	++	+	+++	+++
0.7	++	++	+++	+++
0.8	++	++	+++	+++
0.9	+++	+++	+++	+++
1.0	+++	+++	+++	+++

表 5　OPC-20 对四种十区稠油的乳化情况

$w(\text{OPC-20})/\%$	OPC-20 对稠油的乳化分散情况			
	THK7	THK61	THK41	THK46
0.2	+	+	++	+++
0.3	++	++	+++	+++
0.4	+++	+++	+++	+++
0.5	+++	+++	+++	+++
0.6	+++	+++	+++	+++
0.7	+++	+++	+++	+++
0.8	+++	+++	+++	+++
0.9	+++	+++	+++	+++
1.0	+++	+++	+++	+++

表 6　OPC-20 乳化四种稠油最低质量分数

序号	稠油来源	$w(\text{OPC-6})/\%$	$w(\text{OPC-12})/\%$	$w(\text{OPC-20})/\%$
1	THK7	1.0	0.9	0.4
2	THK61	0.9	0.9	0.4
3	THK41	0.7	0.6	0.3
4	THK46	0.7	0.6	0.3

从表3~表5的实验结果可以看出，对取自THK7、THK61、THK41、THK46的4种稠油来说，均以分子中含有氧乙烯链节最多的OPC-20乳化效果最好。该表面活性剂可以在较低的质量分数下将稠油乳化，见表6。

OPC-20在表6所示质量分数下，对四种稠油的降黏率均大于95%，形成的乳状液90℃自然沉降脱水率大于90%，基本满足使用要求，如表7所示。

表7 OPC-20对不同稠油的降黏情况

序号	稠油来源	降黏率/%	90℃自然沉降脱水率/%
1	THK7	95	93
2	THK61	98	95
3	THK41	96	93
4	THK46	97	90

3.2 复合表面活性剂乳化降黏性能研究

实验过程中发现，OPC-20在90℃塔河模拟盐水中加热10h后，乳化性能大幅下降，对THK7、THK61、THK41、THK46的4种稠油乳化性能只能达到"+"级。为考察其中原因，对以模拟盐水配制的质量分数为0.25%、0.50%、0.75%、1.0%的四种OPC-20水溶液进行了热处理，见图2。

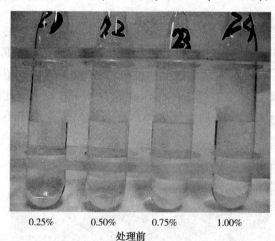
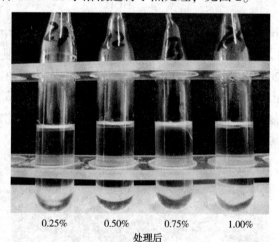

0.25%　0.50%　0.75%　1.00%　　　0.25%　0.50%　0.75%　1.00%
处理前　　　　　　　　　　处理后

图2 不同质量分数OPC-20溶液热处理前和热处理后状态变化

可以看出，OPC-20溶液热处理后出现分层，该现象可能是导致OPC-20水溶液长时间热处理后乳化效果明显变差的原因。

由OPC-20分子结构可知，其分子中无酯键类易被温度破坏的基团。室温下将分层析出的上层溶液搅动，发现析出的物质可重新溶解在水中。为弄清热处理后析出物质的原因，将这些物质溶解在水中后进行了液相色谱分析，并与未热处理的OPC-20以及合成OPC-20的原料OP-20进行了对比，结果见图3。

可以看出，OP-20在6.4min出现吸收峰，没有热处理的OPC-20则在3.0min和6.4min出现两个吸收峰。由于液相色谱使用C18硅胶柱，极性越强的物质出峰越早，因此可以判断未热处理的OPC-20在6.4min

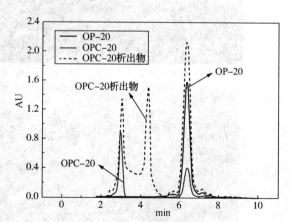

图3 OPC-20模拟盐水中热处理前后的液相色谱分析

出现的峰应是合成过程中未转化的原料。少量的OP-20可以和OPC-20形成混合胶束，因此在盐水中具有较好的溶解性。热处理后的 OPC-20 除在 6.4min、3.0min 出现吸收峰外，在 4.385min 还出现吸收峰，该吸收峰可能是 OPC-20 与钙镁离子形成的螯合物，该螯合物极性比 OPC-20 钠盐低，因此出峰位置滞后于 OPC-20 的钠盐。综合上述信息判断，OPC-20 在塔河模拟盐水中热处理后并未发生分子结构破坏(表8)。

表 8　不同盐含量塔河模拟盐水中 OPC-20 浊点

水溶液配制	塔河模拟盐水稀释 4 倍	塔河模拟盐水稀释 2 倍	塔河模拟盐水
浊点/℃	大于 130*	125	88

注：*塔河油田地层温度 130℃，当体系浊点大于 130℃ 时不再进行测试。

对于含有氧乙烯链节的阴离子表面活性剂来说，因为亲水基由氧乙烯链节和阴离子基团，因此亲水能力远高于类似分子结构的非离子表面活性剂。但在高温高盐水中，由于氧乙烯链节和水分子的形成的氢键被破坏，此时氧乙烯链节具有疏水作用，导致表面活性剂亲水能力大幅度降低，最终从盐水中析出[13,14]：

$$\text{HOH} \cdots \text{O} \cdots [\text{O}]_{20}\text{COONa} \xrightarrow{\text{加热}} [\text{O}]_{20}\text{COONa}$$

相比于单纯的非离子表面活性剂，由于其分子中阴离子基团的存在，因此在水中析出速度较慢。因此可以理解 OPC-20 在 90℃ 短时间加热时有较好的乳化性能，但长时间加热后乳化性能明显下降的原因。

2007 年，徐军等发现天然羧酸盐为主体的驱油体系中加入两性表面活性剂 DSB 后，能抵抗超高浓度 Ca^{2+} 和 Mg^{2+}[15]。受此启发，为改善 OPC-20 在高温盐水中溶解性，将 DSB 和 OPC-20 以不同比例进行了复配。实验结果表明，当复配体系中 DSB 的比例大于 60% 后，复合体系在高温模拟盐水中不再出现分层现象，如图 4 所示。

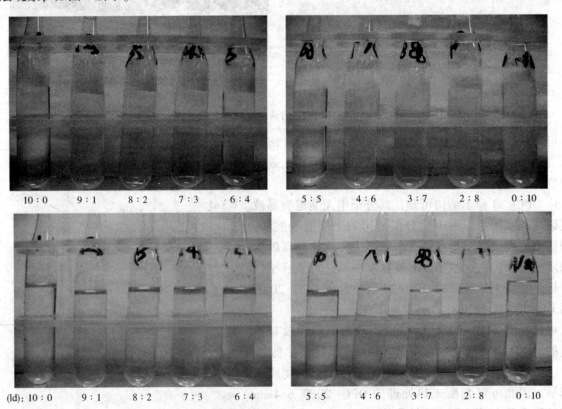

图 4　OPC-20 和 DSB 不同比例复配 90℃ 热处理 24h 前后相态变化

　　另外，本文也尝试了与 DSB 分子结构类似的 YSB、LHSB 和 YHSB，发现这类两性表面活性剂都可以提升 OPC-20 耐温耐盐性，但鉴于 YSB 克拉夫点高、在 80℃ 以下温度不好溶解，后期不再用该表面活性剂作为复配组分。

　　进一步考察了 OPC-20 与 DSB、LHSB 和 YHSB 按照 4∶6 复配形成的体系对四种稠油的降黏效果，结果见表 9～表 11。将这些结果与表 6 和表 7 对照可以看出，OPC-20 与 DSB 或 LHSB 复配后，乳化性能略弱于单纯的 OPC-20，但与长碳链的 YHSB 复配好，乳化性能明显提高。由于 OPC-20 与 YHSB 复配后乳化稠油形成的乳状液液滴较小，乳状液脱水变慢，这对产出液在管道中的输送是有利的。

表 9　OPC-20 与 DSB 4∶6 复配对稠油的乳化效果

序号	稠油来源	w(活性剂)*/%	降黏率/%	1h 脱水率/%	2h 脱水率/%
1	THK7	0.6	90	98	99
2	THK61	0.5	93	96	96
3	THK41	0.5	89	95	97
4	THK46	0.4	85	97	98

注：* 指能乳化稠油的最低质量分数，下同。

表 10　OPC-20 与 LHSB 4∶6 复配对稠油的乳化效果

序号	稠油来源	w(活性剂)*/%	降黏率/%	1h 脱水率/%	2h 脱水率/%
1	THK7	0.6	91	99	99
2	THK61	0.6	94	93	95
3	THK41	0.5	92	98	98
4	THK46	0.3	83	98	98

表 11　OPC-20 与 YHSB 4∶6 复配对稠油的乳化效果

序号	稠油来源	w(活性剂)*/%	降黏率/%	1h 脱水率/%	2h 脱水率/%
1	THK7	0.4	98	80	93
2	THK61	0.4	98	75	90
3	THK41	0.3	97	65	85
4	THK46	0.2	97	67	85

　　测定上述体系与 THK7 稠油界面张力发现，OPC-20 和 YHSB 以 4∶6 的比例构成复合体系油水界面张力比单纯 OPC-20(没有发生相分立前测定界面张力)低，见图 5，这可能是导致表面活性剂复配后乳化性能变好的根本原因。

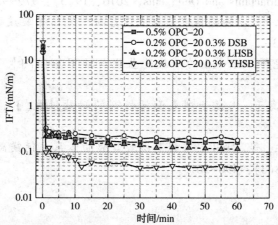

图 5　0.5%OPC-20 和 0.5% 复合体系在 90℃ 与 THK7 稠油界面张力

4 结论

（1）在盐含量达 $22×10^4$ mg/L 的模拟盐水，氧乙烯链节较长的羧甲基聚氧乙烯烷基酚醚表面活性剂 OPC-20 对塔河四种稠油具有较好的乳化效果。

（2）模拟盐水配制的 OPC-20 水溶液在 90℃长时间加热会发生分层现象，此后乳化效果会大幅度下降。该分层是由于 OPC-20 在盐水中溶解性下降所致。

（3）将 OPC-20 和磺基甜菜碱表面活性剂以 4:6 复配可以明显改善 OPC-20 在高温盐水中的溶解性。复合体系对稠油具有较好的乳化性能。

参考文献

[1] 裴海华，张贵才，葛际江，等. 化学驱提高普通稠油采收率的研究进展[J]. 油田化学，2010，27（03）：350-356.

[2] 丁保东，张贵才，葛际江，等. 普通稠油化学驱的研究进展[J]. 西安石油大学学报（自然科学版），2011，26（03）：52-58.

[3] 仉莉，吴芳，张弛，等. 驱油用表面活性剂的发展及界面张力研究[J]. 西安石油大学学报（自然科学版），2010，25（06）：59-65.

[4] 郭娜，李亮，张潇，等. 高分子乳化降黏剂的制备与性能评价[J]. 应用化工，2019，48（10）：2308-2311.

[5] 杨秀全，李佩秀，韩建英，等. 醇醚羧酸盐物化性能的研究[J]. 表面活性剂工业，2000（03）：19-22.

[6] 杨秀全，徐长卿，黄海. 一类新型多功能性表面活性剂——烷基醚羧酸及其盐[J]. 日用化学工业，1998（01）：28-35.

[7] 黄辉. 烷基醇醚羧酸盐性能研究[J]. 精细石油化工进展，2003（05）：19-23.

[8] 葛际江，李德胜，张贵才. 新型耐温稠油降黏剂的制备与评价[J]. 西南石油大学学报，2007，29（5）：112-115，206.

[9] 葛际江，张贵才，李德胜. OPS 和 OPC 系列稠油乳化降黏剂的研制[J]. 油田化学，2007，24（1）：30-33+74.

[10] 李明忠，赵国景，张乔良，等. 耐盐稠油降黏剂的研制[J]. 精细化工，2004，21（5）：380-382，391.

[11] LeiBao，Hanwei Wang，Yongbin Wu，et al. Synthesis of a Series of Anionic Surfactants Derived from NP and their Properties as Emulsifiers for Reducing Viscosity of Highly Viscous Oil via Formation of O/W Emulsions. Journal of Surfactants and Detergents，2016，19（5）：979-987.

[12] 李宜坤，赵福麟，王业飞. 以丙酮作溶剂合成烷基酚聚氧乙烯醚羧酸盐[J]. 石油学报（石油加工），2003，19（2）：33-3.

[13] 赵福麟，主铁军，黄晓萍. OP-10 的磷酸酯盐化与羧甲基化[J]. 华东石油学院学报，1985，（1）：60-76.

[14] 王业飞，赵福麟. 非离子-阴离子型表面活性剂的耐盐性能[J]. 油田化学，1999，16（4）：336-340.

[15] 徐军，孙文起，李干佐，等. DSB 显著提高羧酸盐驱油体系抗钙镁离子能力的研究[J]. 高等学校化学学报，2007，28（3）：496-501.

石英砂负载型催化剂原位催化超稠油水热裂解实验研究

唐晓东　王舰苇　邓桂重　李晶晶　马新军

【西南石油大学化学化工学院】

摘　要：使用压裂用石英砂支撑剂作载体，采用浸渍-煅烧法制备过渡金属催化剂 Ni-Mo/SiO$_2$，对超稠油进行原位水热裂解催化改质降黏研究。对制备催化剂进行扫描电镜分析发现，过渡金属活性组分在载体表面分布均匀。实验结果表明，在油：水：催化剂（质量比）= 1：1：0.1、240℃和24h反应条件下，改质稠油黏度从145Pa·s降低至27.27Pa·s，降黏率达到81.19%，稠油中16.21wt%的重质组分（胶质和沥青质）转化为轻质组分；催化剂经过10次催化超稠油水热裂解循环，改质稠油降黏率仍能达到47.86%。制备的催化剂具有高活性以及可循环使用性能，具有很大的技术经济优势。最后对该催化剂在直井和水平井中实施进行了探讨。

关键词：稠油；催化剂；水热裂解；原位改质；降黏

稠油是一种储量丰富的非常规石油资源，其储量占到了全球原油储量的70%[1]。创新和发展稠油开采技术，对满足人类对石油的需求具有重要的意义。稠油热采常用的方法包括蒸汽吞吐、蒸汽驱[4,5]和蒸汽辅助重力泄油（SAGD）[6,7]，通过加热降低稠油的黏度，改善稠油的流动性。然而，稠油加热降黏是一个可逆过程，随着稠油温度下降，稠油黏度恢复，使其难以开采和集输。

催化剂高温催化稠油中的大分子裂解成小分子，是不可逆降低稠油黏度的一种可行方法。笔者探索了 Fe、Cu 和 Ni 等催化剂在350℃下催化稠油改质降黏[8-11]，改质稠油的黏度（流动性能）得到有效改善。但是，该方法存在反应过程温度高、稠油易结焦等问题，稠油催化水热裂解技术则可较好地解决这些问题。水热裂解是指稠油与水在催化剂存在下发生的稠油缓和加氢裂解反应[12,13]，该反应可在较低温度条件下进行。水作为一种供氢剂，可以为稠油裂解反应提供 H 源，在反应过程中抑制稠油结焦，对稠油进行改质，提高其流动性。水热裂解技术具有既能降低稠油黏度，又能提高稠油质量等优点。本文选取 20~40 目的石英砂支撑剂作为载体，通过浸渍-煅烧法制备了可循环使用的负载型过渡金属基催化剂 Ni-Mo/SiO$_2$，采用高压反应釜和物模装置，研究该催化剂催化超稠油原位水热裂解降黏和循环使用等性能，取得了较好的效果。

1　实验

1.1　材料和原油

硝酸镍、钼酸铵、甲苯、正庚烷和无水乙醇等试剂，均为分析纯，成都科龙化工试剂厂生产；石

基金项目：国家自然科学基金联合基金项目（U22B20145）、四川省自然科学基金项目（22NSFSC3385）和西南石油大学研究生科研创新基金项目（2021CXZD18）。

作者简介：唐晓东，男，1963年11月生，教授，博士生导师，长期从事稠油注气提高采收率与改质降黏等领域的基础理论及应用研究，中国石油学会会员，"油气藏地质及开发工程"国家重点实验室研究员。E-mail：txd3079@163.com

英砂支撑剂(20~40目)，市售；氮气，纯度为99%，成都市新炬化工有限公司；去离子水，实验室自制。超稠油来自辽河油田，基本物性参数如表1所示。

表1 超稠油基本物性参数

黏度/ (50℃，mPa·s)	密度/ (20℃，g/cm³)	API°	含水率/ %	饱和分/ wt%	芳香分/ wt%	胶质/ wt%	沥青质/ wt%
145000	0.995	10.2	<0.50	29.97	27.02	30.26	12.75

SK-G06123K型气氛管式电炉：天津中环电炉股份有限公司；SNB-2E型数字黏度计：上海天美天平仪器有限公司；ZCF-0.3L型高压反应釜：威海市正威机械设备有限公司；稠油热采多功能物模试验装置：西南石油大学研制。

1.2 催化剂的制备

本文采用浸渍-煅烧法制备催化剂。称取一定质量硝酸镍和钼酸铵加入500mL烧杯中，用100mL去离子水溶解；加入石英砂支撑剂室温浸渍24h，滤掉剩余溶液；将固体颗粒于80℃烘箱中干燥24h，在气氛管式电炉中于500℃煅烧2h，即得到目标产物，命名为$Ni-Mo/SiO_2$。

1.3 超稠油的催化水热裂解实验

将100g超稠油、100g去离子水和10g催化剂加入高压反应釜中，通氮气吹扫10min，升高温度至100℃开启搅拌，继续升高温度至预设温度反应一定时间。待反应结束后，将油水混合液体转移到200mL玻璃烧杯中，在80℃烘箱中静置12h使油水分离，分离后的油转移到100mL高颈玻璃烧杯中。

1.4 稠油分析方法

1.4.1 黏度测量

油样的黏度通过数字式黏度计(NDJ-8SB)测量[14,15]。降黏率($\Delta\eta$)根据方程式(1)进行计算。

$$\Delta\eta = \frac{\eta_0 - \eta_i}{\eta_0} \times 100\% \tag{1}$$

式中　η_0——稠油改质前的黏度，Pa·s；

　　　η_i——稠油改质后的黏度，Pa·s。

1.4.2 稠油四组分测定(SARA)

依据标准NB/SH/T 0509—2010，对稠油四组分(饱和分、芳香分、胶质、沥青质)进行分离。SARA族组成含量(ω_i)根据方程式(2)计算。

$$\omega_i = \frac{m_i}{m_{Sat.} + m_{Aro.} + m_{Res.} + m_{Asp.}} \times 100\% \tag{2}$$

式中　$m_{Sat.}$、$m_{Aro.}$、$m_{Res.}$、$m_{Asp.}$——饱和分、芳香分、胶质和沥青质的质量，g。

2 结果与讨论

2.1 催化剂表征分析

使用ZEISS EVO MA15型扫描电子显微镜观察催化剂表观形貌，使用EDS对截面元素进行定性和定量分析，结果如图1和表2所示。

从图1可知，过渡金属元素Ni和Mo均匀分散在催化剂表面；从表2中可知，催化剂表面上Ni的负载量为9.95wt%，Mo的负载量为51.55wt%。载体与金属或金属氧化物之间的协同作用，对催化反应具有很重要的意义[16,17]。煅烧过程实现载体表面上催化活性组分的解聚-自分配，避免了活性组分的团聚和分布不均匀。

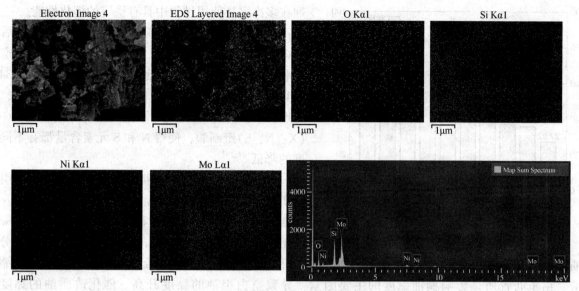

图1　催化剂面扫 EDS 谱图

表2　催化剂表面元素含量

元素	质量百分比/wt%	原子百分比/%
O	21.14	49.94
Si	17.36	23.36
Ni	9.95	6.40
Mo	51.55	20.30
合计	100.00	100.00

2.2　改质反应条件对超稠油降黏的影响

使用高压反应釜对超稠油改质反应温度和时间进行评选。如图2(a)所示,降黏率随着反应温度的升高而增大。在240℃时降黏率达到81.19%,当温度升高至280℃时降黏率为85.21%,在240~280℃温度范围内降黏趋于缓和。反应时间对降黏的影响如图2(b)所示,在24h之前降黏率随着时间的增加而增大,当反应时间达到24h时降黏率已基本达到最大值,继续延长反应时间对降黏的影响不大。

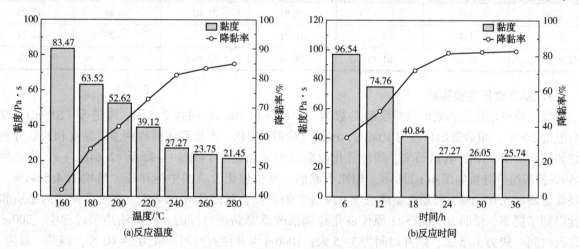

图2　反应条件对超稠油降黏的影响

为了研究催化剂的循环使用性能,对同一批次 Ni-Mo/SiO$_2$ 连续进行10次催化超稠油水热裂解反应,测定反应后稠油的黏度,如图3所示。制备的催化剂在前5次循环内能够达到70%以上的降黏效率,在第6~8次循环内降黏率高于60%,在第10次循环时降黏率仍达到47.86%。实验证明,该催化

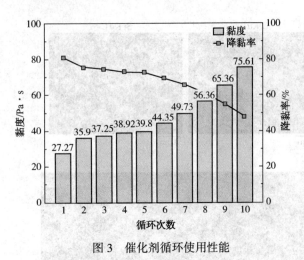

图 3 催化剂循环使用性能

剂在多次循环使用过程中具有稳定的催化性能。

使用 Vario EL Cube 型元素分析仪对改质前后稠油中元素含量进行了分析，如表3所示。原油、空白组和催化改质油的氢碳比（N_H/N_C）分别为 1.4347、1.4448 和 1.5018，其中催化改质油的氢碳比最大，这是因为 Ni-Mo/SiO$_2$ 促进了不饱和键的加氢反应，C-X（X：N，S）键断裂，使得 N 和 S 元素含量都有不同程度的降低[18,19]。

原油、空白组、以及催化改质油的黏度和四组分分析如表4所示。空白组油的黏度增大至 154Pa·s，在四组分分析中，饱和分和沥青质分别从 29.97wt% 和 12.75wt% 增加到 31.71wt% 和 13.77wt%；芳香分和胶质分别从 27.02wt% 和 30.26wt% 减少到 26.32wt% 和 28.20wt%，说明在反应中同时存在裂解和缩合反应。由于沥青质是影响稠油黏度的主要因素，导致空白组油的黏度升高。催化改质油的黏度从 145Pa·s 下降到 27.27Pa·s，在四组分分析中，与原油相比，催化改质油中胶质和沥青质的含量都有明显减少，分别从 30.26wt% 和 12.75wt% 减少到 26.10wt% 和 4.73wt%；饱和分和芳香分分别从 29.97wt% 和 27.02wt% 增加至 35.48wt% 和 33.68wt%，这表明在催化剂的作用下缩合反应受到抑制、裂解反应受到促进。

表 3 稠油元素分析

油样	元素含量/wt%				N_H/N_C
	C	H	S	N	
原油（145Pa·s）	86.33	10.32	0.47	0.83	1.4347
空白组（154Pa·s）	85.92	10.35	0.46	0.82	1.4448
催化改质油（27.27Pa·s）	84.57	10.58	0.41	0.78	1.5018

表 4 稠油黏度和 SARA 分析

油样	50℃黏度/Pa·s	降黏率/%	饱和分/wt%	芳香分/wt%	胶质/wt%	沥青质/wt%
原油	145	—	29.97	27.02	30.26	12.75
空白组	154	-6.21	31.71	26.32	28.20	13.77
催化改质油	27.27	81.19	35.48	33.68	26.10	4.73

2.3 原位改质物模实验

超稠油原位催化水热裂解物模实验参数为：填砂管长 50cm、内径 2.5cm、渗透率 1200mD，改质反应温度 240℃，填砂管出口压力 10MPa，改质反应时间 24h。改质反应前后稠油的黏度和四组分组成比较如图4所示。由图4(a)可知，原位催化改质后稠油黏度由 145Pa·s 降至 42.64Pa·s，降黏率为 70.59%；四组分分析如图4(b)所示，相比于原油，原位催化改质油中饱和烃含量增加 4.55wt%，芳香烃含量增加 5.07wt%，胶质含量降低 3.01wt%，沥青质含量降低 6.61wt%。改质后稠油的品质和流动性得到了提高，说明 Ni-Mo/SiO$_2$ 原位催化超稠油改质降黏是可行的。在稠油热采过程中，500m 深井注汽时间一般为 3~5 天，焖井时间为 3~5 天；1000m 深井注汽时间一般为 7~10 天，焖井一般为 5~7 天，在这个时间内，催化剂可有效催化稠油水热裂解，降低稠油黏度，改善其流动性。

2.4 Ni-Mo/SiO$_2$ 在直井和水平井中的应用

将油层中裂缝、水平井中水平段的油管和环空装填催化剂，作为稠油原位催化水热裂解改质降黏反应器，如图5所示。稠油用直井生产时，压裂液携带催化剂对油层进行压裂施工，注入油层裂缝中

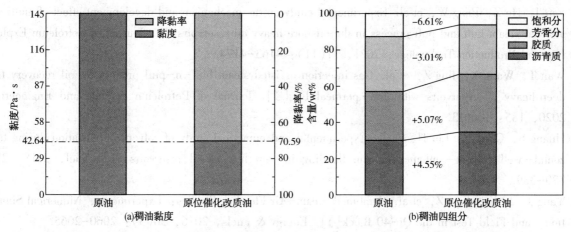

图 4 稠油原位改质物模实验

的催化剂在支撑裂缝同时，即可在蒸汽加热条件下催化稠油原位水热裂解改质降黏反应，改质降黏稠油经过蒸汽吞吐/驱采出。稠油用水平井生产时，压裂液携带催化剂，装填到水平井中水平段的油管和环空或压裂进入油层裂缝，即可在蒸汽加热条件下催化稠油原位水热裂解改质降黏反应。

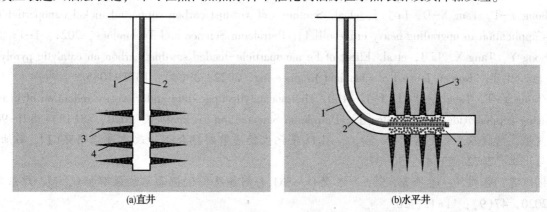

图 5 Ni-Mo/SiO₂ 在直井和水平井中应用示意图

1—套管；2—油管；3—裂缝；4—催化剂

3 结论

（1）超稠油催化水热裂解降黏实验结果表明，在 160~240℃ 温度范围内，稠油降黏效果随温度变化显著；反应时间达到 24h 时，反应基本完成，在 240℃、24h 的降黏率为 81.19%。

（2）制备的石英砂支撑剂型催化剂具有稳定的催化性能，前 5 次循环内降黏率达到 70% 以上，在第 6~8 次循环内降黏率高于 60%，在第 10 次循环时降黏率仍达到 47.86%。

（3）原位改质物模实验表明，制备的催化剂对超稠油改质降黏具有明显的催化作用，改质后稠油黏度为 42.64Pa·s；四组分分析表明，沥青质减少 6.61wt%、胶质减少 3.01wt%、芳香分增加 5.07wt%、饱和分增加 4.55wt%。

（4）采用压裂液携带催化剂压裂进入油层裂缝，或装填到水平井中水平段的油管和环空中，即可在蒸汽加热条件下催化稠油原位水热裂解改质降黏反应。

参考文献

[1] Liu Z, Wang H, Blackbourn G, et al. Heavy Oils and Oil Sands: Global Distribution and Resource Assessment[J]. Acta Geologica Sinica-English Edition, 2019, 93(1): 199-212.

［2］ Fan J, He Z, Pang W, et al. Experimental study on the mechanism and development effect of multi-gas assisted steam huff and puff process in the offshore heavy oil reservoirs［J］. Journal of Petroleum Exploration and Production Technology, 2021, 11(11): 4163-4174.

［3］ Wan T, Wang X, Jing Z, et al. Gas injection assisted steam huff-n-puff process for oil recovery from deep heavy oil reservoirs with low-permeability［J］. Journal of Petroleum Science and Engineering, 2020, 185: 106613.

［4］ Huang S, Chen X, Liu H, et al. Experimental and numerical study of solvent optimization during horizontal-well solvent-enhanced steam flooding in thin heavy-oil reservoirs［J］. Fuel, 2018, 228: 379-389.

［5］ Yang J, Li X, Chen Z, et al. Combined Steam-Air Flooding Studies: Experiments, Numerical Simulation, and Field Test in the Qi-40 Block［J］. Energy & Fuels, 2016, 30(3): 2060-2065.

［6］ Kumar A, Hassanzadeh H. Impact of shale barriers on performance of SAGD and ES-SAGD — A review ［J］. Fuel, 2021, 289: 119850.

［7］ Irani M, Sabet N, Bashtani F. Horizontal producers deliverability in SAGD and solvent aided-SAGD processes: Pure and partial solvent injection［J］. Fuel, 2021, 294: 120363.

［8］ Zhong Y-T, Tang X-D, Li J-J, et al. Synthesis of sawdust carbon supported nickel nanoparticles and its application in upgrading heavy crude oil［J］. Petroleum Science and Technology, 2021: 1-17.

［9］ Zhong Y, Tang X, Li J, et al. Effect of Fe nanoparticle-loaded sawdust carbon on catalytic pyrolysis of heavy oil［J］. Korean Journal of Chemical Engineering, 2022, 39(4): 1078-1085.

［10］ Zhong Y-T, Tang X-D, Li J-J, et al. Thermocatalytic upgrading and viscosity reduction of heavy oil using copper oxide nanoparticles［J］. Petroleum Science and Technology, 2020, 38(18): 891-903.

［11］ 何斌, 唐晓东, 秦光富, 等. Fe_2O_3/Al_2O_3催化生物质裂解耦合稠油改质过程研究［J］. 石油炼制与化工, 2022, 53(4): 30-37.

［12］ 张银海, 张凯洋, 蔡拴普, 等. 介孔 ZrO_2-SiO_2的制备及催化稠油水热裂解性能［J］. 广东化工, 2020, 47(9): 11-12, 20.

［13］ 赵小盈, 陈玉坤, 臧芸蕾, 等. 稠油原位水热裂解降黏的研究进展［J］. 化工技术与开发, 2021, 50(6): 30-35.

［14］ Lin D, Feng X, Wu Y, et al. Insights into the synergy between recyclable magnetic Fe_3O_4 and zeolite for catalytic aquathermolysis of heavy crude oil［J］. Applied Surface Science, 2018, 456: 140-146.

［15］ Hou J, Li C, Gao H, et al. Recyclable oleic acid modified magnetic $NiFe_2O_4$ nanoparticles for catalytic aquathermolysis of Liaohe heavy oil［J］. Fuel, 2017, 200: 193-198.

［16］ Behravesh E, Kumar N, Balme Q, et al. Synthesis and characterization of Au nano particles supported catalysts for partial oxidation of ethanol: Influence of solution pH, Au nanoparticle size, support structure and acidity［J］. Journal of Catalysis, 2017, 353: 223-238.

［17］ Yang F, Tang J, Shao B, et al. Ni-bearing nanoporous alumina loaded ultralow-concentrated Pd as robust dual catalyst toward hydrogenation and oxidation reactions［J］. Nano-Structures & Nano-Objects, 2019, 18: 100287.

［18］ Shokrlu Y H, Babadagli T. Viscosity reduction of heavy oil/bitumen using micro-and nano-metal particles during aqueous and non-aqueous thermal applications［J］. Journal of Petroleum Science and Engineering, 2014, 119: 210-220.

［19］ Al-Muntaser A A, Varfolomeev M A, Suwaid M A, et al. Hydrogen donating capacity of water in catalytic and non-catalytic aquathermolysis of extra-heavy oil: Deuterium tracing study［J］. Fuel, 2021, 283: 118957.

浅层 SAGD 大曲率有杆泵举升优化研究

周晓义　朱　峰　秦文冲　王美成　刘凤江　黄　勇

【中国石油新疆油田分公司】

摘　要： 风城油田 SAGD 油藏埋深 200~400m，普遍采用 8m 冲程有杆泵举升工艺，随着生产规模的扩大，年检泵数量呈逐年递增趋势，杆柱腐蚀偏磨占比达 80% 以上，影响 SAGD 经济有效开发。为缓解杆柱腐蚀偏磨问题，延长检维修周期，根据单井实钻轨迹、生产工况，明确浅层超稠油水平井杆柱偏磨及腐蚀的主要影响因素，基于实钻轨迹和微元法受力分析，形成特色杆柱优化设计配置方法，优选防腐蚀高强度光杆、研制串接泵举升设备，形成一套适合风城浅层超稠油有杆泵高效举升技术系列，现场应用后生产平稳，检泵周期延长 100 天以上，取得了良好的应用效果。

关键词： 超稠油；SAGD；有杆泵；举升优化

1　立项背景

风城油田稠油地质储量 $3.72×10^8t$，原油黏度大于 $2×10^4mPa·s$，储量占比 58%，常规开发方式无法经济有效动用，根据油藏分类评价原则，适合 SAGD 开发的储量占比 67%，预计采收率可达 50%~70%。截至目前，风城 SAGD 水平井累计转机抽生产 188 对，年产油量达 $100×10^4t$ 以上，占风城油田总产量近 50%，有杆泵举升过程中主要存在问题及对策如下：

1.1　有杆泵举升存在问题

（1）举升杆柱加重杆段偏磨严重，平均检泵周期短。风城 SAGD 普遍采用 8m 冲程大排量抽油泵，举升杆柱由 $Φ25mm$ 防脱抽油杆和 $Φ48mm$ 防脱加重杆组成，斜井段每根杆柱接箍增加 1 个扶正器。2012—2020 年，SAGD 共检泵作业 232 井次，其中 136 井次的井下杆柱偏磨严重，平均检泵周期 436 天，偏磨主要位于加重杆段，表现为加重杆接箍及扶正器磨损严重。

（2）举升杆柱采用笼统设计，与现场匹配度低。风城 SAGD 各开发区油藏埋深不同，井下杆柱组合主要参考前期吞吐开发区设计经验，同区块使用笼统化配置，未结合油藏埋深、单井轨迹和生产现状进行"一井一策"个性化设计。

（3）风城 SAGD 井光杆腐蚀、缩径严重，影响生产时率。风城 SAGD 杆柱腐蚀主要发生在光杆下部，位于井口盘根盒以上 0.2~1m，导致盘根更换周期缩短（13.6 天/次），光杆维护频繁（0.9 次/年）。自 2012 年以来，光杆腐蚀、缩径井占比 81%，年产量损失超过 $3.6×10^4t$。

1.2　主要技术对策

通过分析风城 SAGD 油藏物性、生产情况等因素，明确 SAGD 水平井井下杆柱生产过程中的主要矛盾；研究风城 SAGD 杆柱偏磨原因和对策，以井筒杆柱受力分析为基础，综合考虑井眼轨迹及实际生产情况，建立风城 SAGD 杆柱力学模型，设计风城 SAGD 杆柱优化软件，为现场实际杆柱下入提供

作者简介：周晓义（1985—），男，工程师，2010 年毕业于长江大学石油工程专业，现从事油气田开发工作。
E-mail：fczhxy@petrochina.com

指导意见；研究风城 SAGD 光杆腐蚀因素，优选最适当的加工工艺，为现场光杆选型提供指导意见。

2 杆柱偏磨影响因素分析

2.1 井眼轨迹

SAGD 水平井油藏埋深介于 200~500m，实际钻井过程中轨迹不易控制，部分井第一增斜段井眼曲率超过设计值，加重杆难以适应轨迹的频繁变向，致使杆柱偏磨，部分井扶正器磨碎掉入泵筒导致泵卡（图1）。

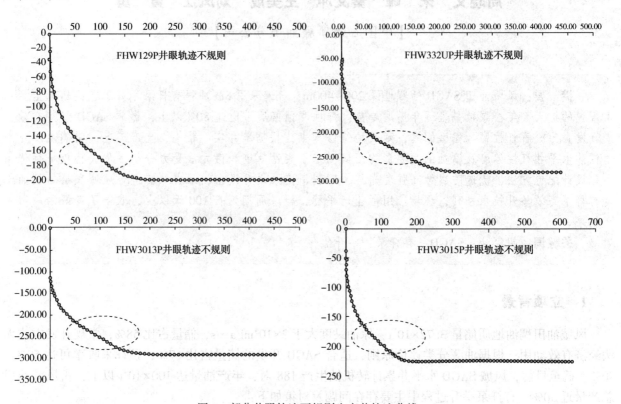

图 1　部分井眼轨迹不规则生产井轨迹曲线

2.2 加重杆长度

由于 SAGD 井轨迹频繁变向，大曲率井段（大于 12°/30m）位于泵上 45~75m（泵位于井斜角 60°处稳斜段），原举升设计中加重杆长度为 48~72m，部分位于大曲率井段，从而导致杆管偏磨速率加剧（图2）。

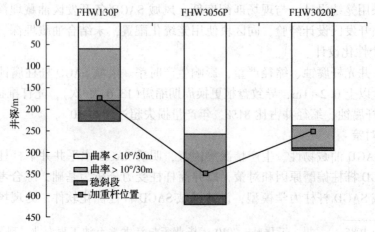

图 2　典型井加重杆下入位置

2.3 加重杆尺寸

杆柱截面的抗弯和抗扭强度与相应的截面系数成正比，杆柱的抗弯强度随尺寸增大而增大，$\Phi48mm$ 加重杆挠度小，抗弯强度大、受力不均，在油管内形成点接触，增大摩擦力。

3 受力分析与模型建立

3.1 杆柱力学分析

抽油杆受力（轴向）主要由静载荷、摩擦载荷、动载荷组成，且呈现非对称周期变化；考虑SAGD井眼轨迹影响，杆柱受力采用"直井段+斜井段"计算（图3）。

抽油杆所受载荷		经验计算公式	
		上行程	下行程
静载荷	抽油杆柱载荷	$W_r = f\rho gL = q_r gL$	$W_r' = f_r(\rho_s - \rho_1)gL$
	作用在柱塞上的液柱载荷	$W_r = (f_p - f_r)L\rho g$	—
	井口回压载荷	$P_{hu} = p_h(f_p - f_r)$	$P_{hd} = p_h f_r$
摩擦载荷	杆柱与油管的摩擦	$f_{rt} = \mu F_N$	
	柱塞与杆柱的摩擦	—	$F_1 = 0.922\dfrac{D}{\delta} - 173.7$
	液柱与杆柱的摩擦	—	$F_d = 2\pi\mu L\dfrac{m^2-1}{(m^2+1)\ln m-(m^2-1)}v_{au}$
	液柱与油管的摩擦	$F_d = \dfrac{F_{rl}}{1.3}$	—
	液体通过游动阀的摩擦	—	$F_s = 9\times 10^3 kn_a(A-f_o)\dfrac{v}{d_o}\left[\dfrac{AS\omega}{f_o}\right]^{0.12}$
动载荷	惯性载荷(抽油杆)	$I_{ra} = W_r\dfrac{sn^2}{1790}\left(1+\dfrac{r}{l}\right)$	$I_{rd} = -W_r\dfrac{sn^2}{1790}\left(1-\dfrac{r}{l}\right)$
	惯性载荷(液柱)	$I_{hu} = -W_1\dfrac{sn^2}{1790}\left(1+\dfrac{r}{l}\right)s$	
	游动阀打开对油杆上顶载荷	—	$F_3 = LA_d\rho_1 g$

图3 抽油杆受力分析及相关计算公式及抽油杆受力分析

3.2 杆柱力学模型

采用微元法对斜井段杆柱受力分析，将抽油杆柱划分为若干微元段，通过力学模型计算各个微元段受力，结合经验公式建立全井段抽油杆力学分布模型。中和点以下杆柱受到拉伸与压缩的交替载荷，杆柱失稳发生弯曲磨损和疲劳损坏，因此在保证杆柱应力<80%的前提下，降低中和点位置有利于延长杆柱寿命。研究加重杆长度对中和点位置的影响，中和点深度随加重杆长度的增加而下移，加重杆增加到一定程度后，中和点不再下移，因此在一定范围内增加加重杆长度不仅不会缩小杆柱失稳程度，还增加了加重杆弯曲偏磨风险。不同工况下（黏度、冲次）实测载荷与软件计算载荷基本一致，对比载荷值可以看出，黏度和冲次对悬点载荷影响较小。不同回压（0.1~1.2MPa）和泵径下，实测载荷与软件计算载荷基本一致，表明软件计算结果可靠（图4、图5）。

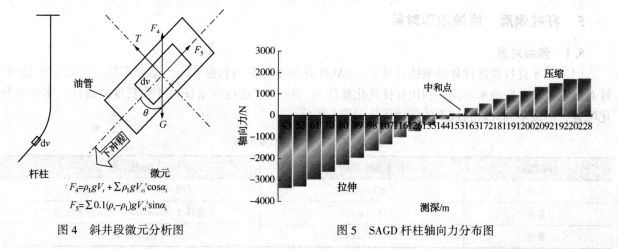

$$F_4 = \rho_1 gV_r + \sum\rho_1 gV_n'\cos\alpha_i$$
$$F_5 = \sum 0.1(\rho_r - \rho_1)gV_n'\sin\alpha_i$$

图4 斜井段微元分析图　　　　图5 SAGD杆柱轴向力分布图

以 FHW335P 为例，造斜点井深 200m，设计泵挂 361m，泵上 28~55m 井眼曲率>12°/30m，软件设计 Φ48mm 加重杆 30m，无法避开大曲率井段，因此选择下入挠度更大的 Φ38mm 加重杆 48m，中和点位于第 3 根加重杆上(图6)。

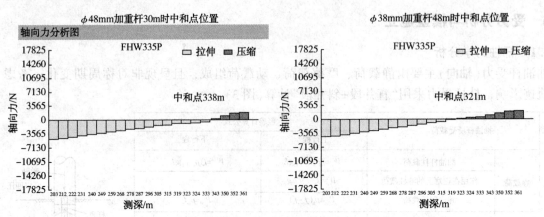

图6　典型井组的杆柱优化对比图

4　光杆腐蚀原因分析

4.1　工况环境

SAGD 平均单井产液 60t/d，含水 40%~85%，井口温度 150~200℃；油：原油酸值较高(0.5~1.7mg/KOH)，总硫含量 0.5% 左右，携砂量<1%；水：产出水属于碳酸氢钠型，其中 Cl^- 含量 955.8mg/L，硫酸根 57.6mg/L；气：伴生气中 CO_2 含量高达 50.7%，硫化氢 9656mg/Nm³，氧气 1.42%。

4.2　腐蚀机理探索

采用宏观及 SEM 对腐蚀表面形貌观察可知，光杆腐蚀以电化学腐蚀为主，表现为较为均匀的点蚀；分析光杆腐蚀前后化学元素变化可知，腐蚀产物主要为含 Fe 化合物，并含有 Mo、Mn，说明原喷焊层已失效，腐蚀扩展至 35CrMo 基体表面。

通过调研杆柱常见的腐蚀机理及产生必要条件，结合 SAGD 光杆工况环境及腐蚀产物组分，推断 SAGD 光杆腐蚀机理主要为 CO_2、H_2S、O_2、Cl^- 腐蚀。

4.3　光杆性能评价

研究工况对光杆的力学性能的影响可知，200℃ 条件下，光杆的力学性能略有下降，但伸长率为 16.2%，伸长量增大，光杆缩径影响更加突出。对比同区块不同工况下光杆使用寿命可知，高温下光杆的腐蚀加剧从而缩短使用寿命，在 150℃ 下光杆最长使用时间达 453 天，在 200℃ 下光杆平均使用寿命 255 天。

5　杆柱偏磨、腐蚀治理对策

5.1　偏磨对策

(1) 基于杆柱软件优化结果统计显示，SAGD 井加重杆平均长度 42m，结合不同尺寸加重杆挠度，针对加重杆段井眼曲率不同，利用杆柱优化软件"一井一策"进行加重杆尺寸和长度的设计，实现差异化配置，形成不同井眼轨迹下的杆柱优化对策(表1)。

表1　不同井眼轨迹优化对策

井眼类别	设计加重杆段井眼曲率	优化对策
Ⅰ类	≤12°/30m	采用48mm加重杆，优化数量
Ⅱ类	12°~14°/30m	选择 Φ38mm 加重杆下入位置上移
Ⅲ类	>14°/30m	应用串接泵

（2）针对井眼曲率大油井，在杆柱优化基础上下入专用串接泵，利用其下入位置不受井眼轨迹限制的结构特点降低偏磨风险，延长检泵周期(图7)。

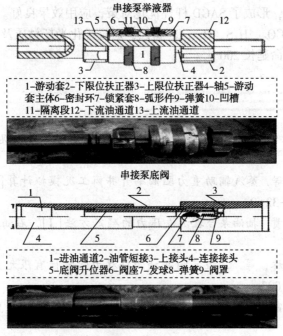

图 7　串接泵举升关键技术工艺

5.2　腐蚀对策

结合光杆腐蚀原因和加工工艺，选择抗拉强度更高的 42CrMo 作为光杆基体材料，确立了"三次冷拔减径+改性加工+镀层工艺优选"加工工艺，镀铬层厚度 0.08～0.1mm，提高了光杆硬度、光洁度、耐腐蚀性能(表2)。

表 2　光杆工艺优化对比

工艺参数	优化前	优化后	技术优势
光杆材质	35CrMo	42CrMo	抗拉强度更高(+95MPa)
加工工艺	单次减径+抛光机打磨	三次冷拔减径+改性加工	暴露缺陷提高致密度、提高了杆体表面硬度(+12HB)、光洁度、耐腐蚀度
镀层工艺	喷焊、渗层 0.05mm	电镀 0.08～0.1mm	镀层加厚在 0.08～0.15mm 合理范围之内，富 Cr 的钝化膜提高抗腐蚀强度

6　应用及效果分析

（1）杆柱偏磨治理成效显著。截至目前，累计开展 SAGD 杆柱优化 89 井次，平均检泵周期延长 100 天以上，优化后加重杆数量由 12 根减少至 7 根以内，加重杆下入数量整体降低 41.7%。累计应用 SAGD 专用串接泵 18 井次，平均检泵周期延长 500 天以上，由于串接泵下入位置不受轨迹限制，泵挂加深后增加了沉没度，检泵前供液不足的生产情况得到改善。

（2）光杆腐蚀得到有效治理。光杆更换频繁区块应用新型电镀光杆 100 余井次，至今未发生腐蚀、缩径等异常现象，单井最长使用时间超过 450 天并继续使用，治理后单井盘根更换周期延长有 10.5 天至 45 天，有效提高了油井生产时率，降低了运行维护成本。

7　结论

（1）井眼轨迹、加重杆尺寸、下入位置是导致 SAGD 杆柱偏磨的主要因素，而工况环境是导致光杆腐蚀的主要原因。

（2）基于实际钻井轨迹，建立 SAGD 举升杆柱力学模型，利用微元分析法对斜井段杆柱受力进行分析，消除井眼轨迹频繁变向的影响；基于理论模型和经验公式，研发了风城 SAGD 举升杆柱优化设计软件，经过近年现场应用，形成了 SAGD 杆柱优化对策，应用效果良好。

（3）SAGD 光杆腐蚀为 CO_2、H_2S、O_2、Cl^- 腐蚀，通过优化光杆材质及加工工艺，可有效提高光杆的耐腐蚀性能，光杆使用寿命延长 200 天。

参考文献

[1] 石在虹，杨乃群，刘德铸，等. 蒸汽辅助重力驱生产井井筒举升工况分析[J]. 石油学报，1999 (06)：82-86+109.

[2] 吴宁，石在虹，张琪，等. 蒸汽辅助重力驱油举升井筒工况模拟计算[J]. 石油大学学报(自然科学版)，2000(02)：30-32+9.

[3] 陈德春，薛建泉，廖建贵. 抽油泵合理沉没压力的确定方法[J]. 石油钻采工艺，2003(05)：75-78+97.

[4] 王文昌，狄勤丰，姚建林，等. 三维定向井抽油杆柱力学特性有限元分析新方法[J]. 石油学报，2010，31(06)：1018-1023.

[5] 于会永，张传新，李桂霞，等. 稠油定向井加重杆及扶正器优化设计[J]. 科学技术与工程，2011，11(30)：7354-7358.

风城油田超稠油采出油泥资源化利用技术研究

董振杰 袁 栋 张鑫华 刘 鹏 莫张裔 赵 婷

【中国石油新疆油田分公司】

摘 要： 风城油田由于稠油油藏的非均质性及蒸汽超覆的特性，随轮次升高，井间汽窜严重，油井纵向上剖面动用不均，油井生产效果逐年变差，严重制约常规稠油整体开发水平。且集输系统和水处理中含油污泥产出量增大，稠油含油污泥处理困难、成本高。针对该问题，在超稠油含油污泥组分分析的基础上，深入封堵机理研究，以含油污泥为主要原料研制含油污泥调剖系列堵剂，配套设计段塞组合、施工工艺、地面流程及专用设备，用于稠油热采井的调剖封窜。实际应用表明，该技术可有效动用中低渗透层、缓解汽窜，在改善开发效果的同时实现含油污泥的绿色资源化利用，节约含油污泥处理成本，缓解作业区采出砂带来的环保压力。

关键词： 超稠油；采出砂；污泥；调剖；环保

1 技术背景

风城超稠油油藏为埋深浅、物性好、非均值性强的砂岩、砂砾岩油藏。随着吞吐轮次的升高，蒸汽沿高渗层发生汽窜，热能不能充分利用，降低了油井生产效果。重 32 井区汽窜干扰占总井数 85.0%；重 18 井区汽窜干扰占总井数 81.0%。如何有效封堵地层汽窜通道是提高蒸汽利用率和油田开发效果的关键。直井受笼统注汽、储层纵向渗透性差异大、射孔跨度大等因素影响，剖面纵向动用程度差异大，随生产时间延长，差异加剧。从吸汽、产液测试资料分析结果看，在吞吐开发初期纵向各油层均能得到动用，随着吞吐轮次升高，受储层物性差异及蒸汽超覆影响，中后期纵向上动用程度差异变大，油层上、中部动用程度高于下部，剩余油主要分布于油层下部。因此，亟须提高下部油层动用，改善油井开发效果。

风城油田采出砂每年产生量约为 15×10^4 t，采出砂待处理量高。目前作业区产生的采出砂主要依靠环保公司处理，使用的暂存池持续高液位运行，寻找新的采出砂处理方式是解决作业区实际问题的重要途径。

2 采出砂调剖技术研究

通过实验研究，形成了新型 KWF 复合堵剂，其主要由油田采出砂、固化剂、分散剂、促凝剂和水组成。该油田采出砂复合堵剂具有密度低、初始黏度低、固化时间可调、抗压强度大于 13MPa、耐温大于 300℃的特点，可满足风城超稠油油藏调剖需求。其注入地层后与地层岩石胶结，封堵强度大、封堵率高，且固化时间可调，不损害中低渗透层。

作者简介：董振杰（1992—），男，本科，三级工程师，油气田开发，中国石油新疆油田公司风城油田作业区。E-mail：d1457891078@163.com

2.1 油藏配伍性

风城超稠油油田采出砂是一种组成复杂、化学性质较为稳定的棕黑色黏稠状固体废弃物，主要由乳化油、水、固体悬浮物等混合组成。通过分析化验得知风城油田超稠油采出砂存储池中油田采出砂含水率介于 $60\% \sim 70\%$，含油介于 $10\% \sim 15\%$，含泥量介于 $15\% \sim 30\%$，固相粒径在 $100\mu m$ 以下的占 80% 以上，平均粒径 $48\mu m$，主要介于 $10 \sim 50\mu m$（表1）。

表1　风城油田稠油油田采出砂粒径统计表

油田采出砂样品	取样点	不同粒径含泥量分布/%					
		<5μm	5~10μm	10~50μm	50~100μm	100~300μm	>300μm
1	特二联采出砂存储池	3.78	6.45	48.90	22.89	16.26	1.72
2	特二联离心机	2.77	3.45	47.80	27.23	17.13	1.62
3	特一联采出砂存储池	3.69	6.88	49.90	20.81	15.96	2.76

而风城超稠油油藏储层的平均粒间孔径为 $200\mu m$（表2），远大于油田采出砂颗粒的粒径，因此油田采出砂调剖对储层的影响较小。

表2　风城油田超稠油油藏参数统计表

区块	层位	油藏埋深/m	有效厚度/m	孔隙度/%	含油饱和度/%	渗透率/mD	原始地层压力/MPa	孔径/μm
重32井区	J3q22-1+J3q22-2	190	22.3	31	71.4	3650	1.89	42~389
	J3q22-3	215	10.4	30	69.5	3173	2.13	
	J3q3	235	7.6	29	68	1786	2.32	
重18井区	J3q	358	12.2	29.9	63	1001	3.85	
	J1b	429	14.3	27.0	67.3	527	4.45	

2.2 胶结凝固时间

通过调节促凝剂的浓度可调整堵剂的初凝和终凝时间（表3）。

表3　油田采出砂调剖剂胶结凝固实验数据统计表

油田采出砂/%	固化剂/%	分散剂/%	配置水/%	促凝剂/%	初凝时间/h	终凝时间/h
40	15	3	40	2	6	15
40	15	3	40.4	1.6	13	25
40	15	3	40.8	1.2	20	46
40	15	3	41	1	26	62
40	15	3	41.2	0.8	39	81
40	15	3	41.4	0.6	60	124
40	15	3	41.6	0.4	115	200

随着温度升高凝固时间变短，胶结凝固时间可控制在 $15 \sim 300h$（图1），以确保调剖剂注入目标位置后开始凝固，保证现场施工成功率。

2.3 抗压耐温性

选取高性能无机堵剂，根据固化剂浓度不同配制样品，悬浮剂、促凝剂等药剂按相同比例添加，模拟风城油田开发压力、温度条件后实验证明，主段塞的 KWF 油田采出砂复合堵剂中固化剂浓度为 4% 时，耐压可以达到 $13MPa$，固化剂浓度为 5% 时，耐压强度超过 $14MPa$，满足施工要求（表4）。

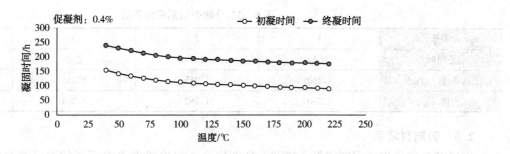

图1 不同温度调剖剂凝固时间对比图

表4 油田采出砂调剖剂胶结凝固实验数据统计表

进口压力/ MPa	固化剂浓度 2%		固化剂浓度 3%		固化剂浓度 4%		固化剂浓度 5%	
	出口流量/ （mL/min）	出口压力/ MPa	出口流量/ （mL/min）	出口压力/ MPa	出口流量/ （mL/min）	出口压力/ MPa	出口流量/ （mL/min）	出口压力/ MPa
2.0	0	0	0	0	0	0	0	0
3.0	0	0	0	0	0	0	0	0
4.0	0	0	0	0	0	0	0	0
5.0	0	0	0	0	0	0	0	0
6.0	0	0	0	0	0	0	0	0
7.0	0	0	0	0	0	0	0	0
8.0	0	0	0	0	0	0	0	0
9.0	1.1	8.9	0	0	0	0	0	0
10.0	5.6	9.8	0	0	0	0	0	0
11.0			2.1	10.8	0	0	0	0
12.0			5.4	11.9	0	0	0	0
13.0					0	0	0	0
14.0					4.8	13.9	0	0

通过温度实验证明，在小于380℃的温度下，封堵率大于87%，满足封堵调剖地质需求（表5）。

表5 不同温度下封堵效率实验结果对比表

序号	温度/℃	注入量/PV	封堵前渗透率/mD	封堵后渗透率/mD	封堵率/%
1	200	0.25	1230	140	88.6
2	240	0.25	1250	125	90.0
3	300	0.25	1210	146	87.9
4	340	0.25	1320	128	90.3
5	380	0.25	1245	134	89.2

2.4 分散剂悬浮性

颗粒调剖剂须具备良好的悬浮性能，避免在输送至目的层过程中出现沉降，影响后续注入。将样品按不同掺水比例稀释后，配比不同分散剂浓度、含泥量的堵剂进行5组对照实验，得出含油污泥分散悬浮状态结果（表6），确定3%浓度分散剂可以满足施工要求。沉降静置4h，上下部密度差仅为0.017g/m³，悬砂性能良好。

表6　3%分散剂堵剂沉降实验

序号	1	2	3	4
静止时间/h	0.5	1.0	2.0	3.0
上部密度/(g/m³)	1.260	1.255	1.253	1.251
下部密度/(g/m³)	1.260	1.262	1.264	1.268

2.5　调剖封堵率

用风城油田采出砂配制成复合堵剂，分别注入3组渗透率级差不同的双管并联装置，测试各组封堵前后的封堵率。实验结果表明，地层渗透率级差越大，高渗透层封堵率越高，证明该封堵体系封堵效果好且具有选择性封堵的特点(表7)。

表7　不同渗透率极差封堵效果统计表

序号	注入量/PV	渗透率级差	封堵前渗透率/mD	封堵后渗透率/mD	封堵率/%
1	0.3	4.4	654	92	85.9
			149	128	14.1
2	0.3	6.1	1642	137	91.6
			269	247	8.1
3	0.3	8.3	2843	265	92.8
			342	327	4.5

2.6　调剖封堵率

用风城油田采出砂配制成复合堵剂，分别注入3组渗透率级差不同的双管并联装置，测试各组封堵前后的封堵率。实验结果表明，地层渗透率级差越大，高渗透层封堵率越高，证明该封堵体系封堵效果好且具有选择性封堵的特点。

2.6.1　重32井区注入段塞设计

分为前置段塞和封堵段塞注入。前置段塞：在汽窜严重区域，选用有机冻胶进行前置处理，驱替隔离地层水，形成预暂堵，为后续封堵段塞有效形成、凝固，构建封堵屏障。封堵段塞：正常上升爬坡压力井次，以单段塞设计注入；窜扰严重，爬坡压力上升幅度低的，以多轮次段塞设计注入(表8)。

表8　重32井区采出砂调剖措施井注入参数设计表

序号	调剖段塞	调剖体系	井别	浓度	调剖半径/m
1	前置段塞	交联聚合物或有机冻胶	注汽井	0.8%	1.0
			采油井	0.6%	0.8
2	封堵段塞	新型KWF复合堵剂	注汽井	40%标准砂 4%高性能固化剂 0.6%分散剂 0.2%促凝剂	20
			采油井	40%标准砂 4%高性能固化剂 0.6%分散剂 0.2%促凝剂	20
3	后置段塞	封口堵剂	注汽井	11%高性能固化剂	4
			采油井	11%高性能固化剂	
	顶替段塞	脱油热污水	注汽井	—	4
			采油井		

2.6.2 重18井区注入段塞设计

针对重18井区储层渗透率低、渗透率级差大、射孔井段跨度大等特征，对调剖段塞做如下调整：前置段塞采用胶结强度更高的树脂冻胶，在封堵段塞中间加入一段冻胶体系，封口后加入一段冻胶顶替段塞(表9)。

表9　重18井区采出砂调剖措施井注入参数设计表

序号	调剖段塞	调剖体系	浓度	调剖半径/m	作用
1	前置段塞	有机冻胶	0.3%树脂冻胶	1.0	在地层深部形成预堵段塞，同时进入中低渗透层对其进行暂堵
2	封堵段塞一	新型KWF复合堵剂	40%标准砂、4%高性能固化剂0.6%分散剂、0.2%促凝剂	10	深入地层封堵油层深部高渗层汽窜通道
3	封堵段塞二	有机冻胶	0.3%树脂冻胶	1	将污泥段塞推至地层深部，同时与前置段塞形成前后密封的效果
4	封堵段塞三	新型KWF复合堵剂	40%标准砂、4%高性能固化剂0.6%分散剂、0.2%促凝剂	10	封堵油层近井地带高渗层汽窜通道
6	后置段塞	封口堵剂	11%高性能固化剂	4	封堵残留较高渗透层或裂缝通道，对近井地带进行封堵
6	顶替段塞一	封口堵剂	0.3%树脂冻胶	1	防止后续的清水顶替段塞对无机封口段塞冲刷稀释，防止无机堵剂凝固前返吐
7	顶替段塞二	脱油热污水	—	4	将井筒内的调剖堵剂过顶入地层

3 关键工艺优化

3.1 区域调剖、吸水测试

提出区域整体调堵理念，将邻近措施井、汽窜干扰及疑似汽窜干扰井纳入施工范围，采用对注方式，由边井向中央层层推进，施工前吸水测试，避免施工过程中地层返砂。实现地层返砂率为"0"的目标。

3.2 悬浮泵船取砂工艺

2019年取油泥方式为挖掘机取泥，该工艺取砂量小、且油泥之间混合不均匀、效率低，远远满足不了现场砂量注入要求，2020年将悬浮船、抽泥泵、搅拌轮等设备组合成悬浮泵船，解决了取砂困难问题，取砂量可实现400~700m³/d，提高45.5%；2021年持续推广应用。

4 结论

2019—2021年，风城油田作业区累计实施150余井次，累计注入污油泥15.3×10⁴t，每吨油泥处理费用节约380元，同时增油1.4×10⁴t，实施井注汽压力平均提高0.4MPa。通过对比分析措施前后邻井汽窜干扰情况，窜扰干扰次数由46次降低至2次，有效封窜率95.6%。

结合风城油田作业区油藏实际特点，通过含油污泥组分及特性分析证明含油污泥具有颗粒调剖的可行性，其封堵机理是吸附、滞留为主的堵塞作用。该技术适用于超稠油油藏油井含油污泥调剖。该技术具有良好的封窜、增油效果，施工简单、成本低，可推广至稀油等开发领域。该技术的成功应用，在改善稠油油藏热采开发效果的同时，实现了采出砂的绿色、低成本、资源化利用。

参考文献

[1] 周强，陈琴. 油田含油污泥调剖技术的研究与应用[J]. 当代化工研究，2018(01).

[2] 倪明镜，刘晓军. 含油污泥深度调剖技术在河南油田的应用[J]. 油气田地面工程，2003(11).

[3] 芦英俊，欧阳峰，王营营. 油田含油污泥调剖体系封堵能力研究[J]. 工业水处理，2018(11).

[4] 杨豪，刘磊. 含油污泥处理技术研究现状[J]. 石油化工应用，2017(11).

[5] 黄国营. 含油污泥调剖技术研究及评价[J]. 中国石油和化工标准与质量，2019(08).

[6] 李贵生. 含油污泥调驱技术在港西油田的应用[J]. 石油石化节能，2018(02).

[7] 段远望，李瑾，王海龙，等. 含油污泥处理技术概论[J]. 云南化工，2018(09).

[8] 薛广海，李强，刘庆，等. 当前国内外含油污泥处理标准及石油烃检测方法的深度剖析和对比[J]. 石油化工应用，2019(01).

[9] 毕炎超. 含油污泥处理技术应用研究现状[J]. 中国石油和化工标准与质量，2019(09).

[10] 任硕仪，管硕，史军，等. 国内外含油污泥处理现状与建议[J]. 油气田环境保护，2019(04).

低渗稠油油藏 CO_2 -降黏剂复合吞吐开采实验研究

朱 迪[1,2] 李兆敏[1,2] 李宾飞[1,2] 雷雯硕[1,2] 郑 磊[1,2]

【1. 中国石油大学(华东)非常规油气开发教育部重点实验室；
2. 中国石油大学(华东)石油工程学院】

摘 要：低渗透稠油油藏具有物性差、埋深较深以及原油流动能力弱的特点，普遍采取压裂后投产。目前对于裂缝存在时 CO_2 吞吐以及复合吞吐开发效果研究较少。本文优选了适用于本区块稠油的油溶性降黏剂以及使用浓度，实验研究了裂缝有无条件下 CO_2 吞吐以及与降黏剂复合吞吐开采效果和提高采收率机理。实验结果表明：适合本区块稠油的降黏剂为 KR-4，使用浓度为 6%。岩心中裂缝的存在可以显著增加 CO_2 吞吐放喷初期的采油速度以及第一、第二周期的采出程度；降黏剂的加入可以提高 CO_2 吞吐第三周期的采出程度，延长吞吐开采时间。裂缝存在条件下，降黏剂的波及范围增加， CO_2 -降黏剂复合吞吐采收率最高为 36.543%。本研究可为低渗稠油油藏压裂后 CO_2 与降黏剂复合吞吐开采方式提供参考。

关键词： CO_2 吞吐；油溶性降黏剂；裂缝；低渗稠油油藏

　　低渗稠油油藏兼具低渗油藏和稠油油藏的特性，储层的非均质性严重，岩性多数是灰岩和碳酸盐岩，原油的黏度一般为中黏度，并且油藏埋深一般超过 1600m，储层平均渗透率低于 300mD，常规开采方式较为困难。低渗透超稠油油藏具有埋深深、地层压力高、渗透率低、原油流动性差的特点，开发难度大，单井产能低[1,2]。目前低渗透稠油油藏的有效开发主要受两个因素的制约：一是深油藏埋深造成的高储层压力和普通热采效果较差；二是油藏渗透率低、原油黏度高导致的储层原油流动困难[3-6]。

　　近年来，出于环境保护的目的，CO_2 的工业分离和利用技术越来越成熟。同时，CO_2 的利用在实验室和油田环境中也得到了广泛的研究。CO_2 吞吐是稠油油藏的一种有效增产技术。在 CO_2 注入后焖井的过程中，溶解在原油中的 CO_2 可以提取轻烃组分，降低原油黏度，还可使储层稠油明显膨胀，降低剩余油饱和度，从而提高采收率[7-9]。

　　Haskin 等[10]对 Texas 油田的 28 口井中不同黏度原油开展了 CO_2 吞吐室内实验以及矿场实验研究，认为原油膨胀和溶解降黏是提高稠油采收率的重要机理。Mohammed-Singh 等[11]总结了适合 CO_2 吞吐技术的选井标准，提出提高采收率的效果主要集中在 CO_2 吞吐前 3 个周期。武玺[12]等针对大港稠油油藏水驱开发中后期含水率上升导致的开采效果差的问题，开展 CO_2 吞吐矿场实验，平均单井增油 3.4 倍，含水率下降 52.2%。许国晨等[13]在兴北油田埭一段稠油油藏 CO_2 吞吐现场试验中先注入降黏剂后

基金项目：国家自然基金联合基金项目"难采稠油多元热复合高效开发机理与关键技术基础研究"（U20B6003）。

作者简介：朱迪(1996—)，男，山东聊城人，中国石油大学(华东)博士在读，主要从事低渗稠油油藏 CO_2 -降黏剂复合吞吐提高采收率方面的研究。E-mail：645213255@qq.com

注入 CO_2 进行焖井, 发现 CO_2 吞吐的有效期以及换油率得到提高, 同时降低了 CO_2 注入过程中沥青质沉淀对油层的伤害。CO_2 与降黏剂在原油降黏以及在地层中扩大原油黏度降低范围方面的协同作用也逐渐引起国内外学者关注[14-18], 通过实验研究发现 CO_2 与降黏剂复合吞吐在补充地层压力和提高稠油流动性方面有较好的效果。

低渗稠油油藏受埋深、渗透率等因素影响, 普遍采取压裂后投产[19-23]。目前文献中的研究主要集中在 CO_2 与降黏剂复合吞吐的协同作用上, 对于裂缝存在条件下的复合吞吐效果与机理研究较少。本研究首先通过室内实验, 对五种油溶性降黏剂进行降黏率评价以及浓度优化; 后续通过岩心吞吐实验, 分析低渗稠油油藏裂缝存在条件下 CO_2 与降黏剂复合吞吐开采效果与提高采收率机理。本研究可为低渗稠油油藏压裂后 CO_2 与降黏剂复合吞吐开采方式提供数据参考与理论支持。

1 实验

1.1 实验材料

实验原油为新疆某区块稠油, 该油样在地层温度 70℃ 下密度为 $0.8549\mathrm{g/cm^{-3}}$, 黏度为 $344.67\mathrm{mPa \cdot s}$, 实验用油的黏温曲线(剪切速率为 $170\mathrm{s^{-1}}$)见图1。其四组分构成见表1。

表1 原油四组分占比

组分	饱和烃	芳香烃	胶质	沥青质
质量分数/%	50.86	31.78	16.53	0.83

实验用水为去离子水, 由 UPT 净水仪(Ulupure 有限公司, 四川)制备; 实验所用降黏剂为油溶性降黏剂 KR-1、KR-2、KR-3、KR-4、ASD-Y, KR 系列降黏剂由山东科瑞油田服务集团提供(山东, 中国), ASD 系列降黏剂由山东奥士德石油技术有限公司提供(山东, 中国); 实验用二氧化碳气体(纯度≥99.8%)由青岛恒源气体有限公司提供。

CO_2-降黏剂复合吞吐实验所用岩心购自河北邦达公司(河北, 中国), 为天然圆柱形岩心, 渗透率小于 50mD, 岩心具体物性参数见表2, 裂缝岩心如图2所示。

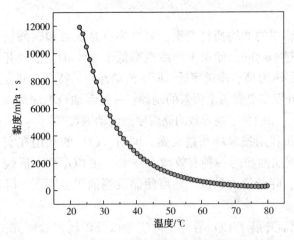

图1 实验所用稠油黏温曲线

图2 实验所用裂缝岩心图

表2 吞吐实验岩心物性参数表

岩心编号	直径/cm	长度/cm	孔隙度/%	渗透率/mD	吞吐实验
1	2.480	9.020	14.25	25.00	无裂缝岩心 CO_2 吞吐
2	2.490	8.960	13.85	25.00	裂缝岩心 CO_2 吞吐
3	2.440	8.982	13.96	25.00	无裂缝岩心 CO_2+降黏剂复合吞吐
4	2.460	8.978	14.06	25.00	裂缝岩心 CO_2+降黏剂复合吞吐

1.2 实验仪器

原油在不同温度下的黏度以及不同降黏剂在地层温度下的降黏率由 MCR-302 安东帕流变仪（Anton Paar 公司，奥地利）测试，实验最大扭矩为 200N·m，测试温度范围为 -20~300℃，测试最高压力 15MPa。降黏剂优选实验所用的 IT-07A3 磁力搅拌器由上海一恒公司（上海，中国）提供，搅拌转速范围为 200~2000r/min。

吞吐实验所用岩心夹持器由江苏海安科研仪器有限公司（江苏，中国）生产，压力范围 0~40MPa，温度范围 0~200℃。CO_2-降黏剂复合吞吐实验装置流程图如图 3 所示。

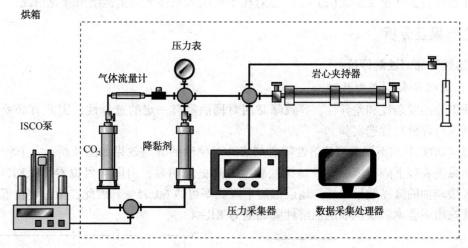

图 3　CO_2-降黏剂复合吞吐实验流程图

其中气体的流量由气体流量器（型号为 D07-11，中国 Sevenstar 公司生产，在标准条件下流量范围达到了 0~500mL/min，流量精度 ±1%）来控制。100DX 型 ISCO 双柱塞泵，由美国 Teledyne 公司生产，泵最大工作压力为 206.85MPa，工作流量范围为 0.0001~50mL/min。压力传感器由江苏海安科研仪器有限公司（江苏，中国）生产，压力测试范围为 0~40MPa。

1.3 实验步骤

1.3.1 油溶性降黏剂性能评价实验

（1）将稠油置于地层温度（70℃）下恒温水浴中 1h，搅拌去除其中气泡，使用安东帕流变仪测试其黏度 μ_0；使用盐溶液（3wt%NaCl+0.3wt%CaCl$_2$）将五种不同油溶性降黏剂样品（可分散在水中）配成质量分数为 5% 的溶液备用；将配制好的溶液倒入稠油中使用搅拌器搅拌均匀后测试其黏度值 μ_1。按照公式（1）计算降黏剂的降黏率：

$$\eta = \frac{\mu_0 - \mu_1}{\mu_0} \times 100\%$$ （1）

（2）对比五种不同类型油溶性降黏剂在地层温度下的降黏率，优选出降黏效果较好的降黏剂进行浓度优选实验。

（3）取步骤（2）中优选出的适合本区块稠油的油溶性降黏剂进行浓度优选实验，计算不同浓度下的降黏率。

（4）通过上述步骤优选出适合本区块稠油的降黏剂以及浓度进行后续吞吐实验。

1.3.2 一维物理模型驱油实验

（1）将天然岩心置于 105℃ 烘箱中烘干 24h，测试其干重。

（2）将烘干的岩心置于中间容器内抽真空 24h，之后在地层温度 70℃ 条件下饱和稠油，设置压力为 20MPa，恒压饱和时间为 3 天。

（3）将饱和稠油后的岩心放入岩心夹持器中，连接实验管路，调节实验温度至 70℃。以 0.01mL/min 的流速注入稠油，待压力稳定后记录压差，用达西公式计算测油渗透率。

（4）压力稳定后取出岩心，测试饱和油之后的湿重，计算岩心孔隙度。

（5）根据图3所示安装实验流程。按照表2的实验方案进行吞吐实验，实验过程恒压14MPa注入实验气体3h（复合吞吐实验中首先注入0.1PV油溶性降黏剂），同时调整岩心围压高于岩心压力5MPa。注入结束后焖井12h。

（6）焖井结束后打开注入端阀门，利用阀门控制相同的放喷速度，记录不同时刻原油采出数据以及压力数据，计算原油累计采收率。

（7）当前周期吞吐结束后，重复吞吐步骤，直至三个吞吐周期完成。

（8）改变实验方案并重复步骤（1）～（7），对比不同注入条件下的实验结果变化情况。

2 实验结果及分析

2.1 油溶性降黏剂性能评价

2.1.1 油溶性降黏剂类型优选

由于稠油组分的复杂性和差异性，导致降黏剂对稠油具有一定的选择性，因此有必要对特定油藏适用的降黏剂进行评价与优选实验。

在地层温度70℃下，不同类型油溶性降黏剂溶液对稠油的降黏效果如图4所示。五种油溶性降黏剂加入后稠油黏度大幅下降，随温度升高稠油黏度下降更加明显，由图4可以看出，KR-4油溶性降黏剂对于本区块稠油的降黏效果最好，地层温度下降黏率可达60.75%。因此，通过评价五种油溶性降黏剂的性能优选出适合本区块稠油的油溶性降黏剂为KR-4。

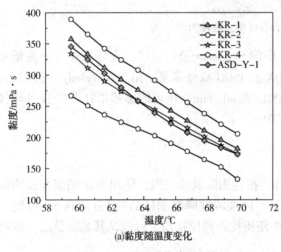

(a)黏度随温度变化

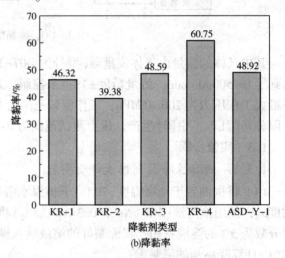

(b)降黏率

图4 五种油溶性降黏剂加入后稠油黏度随温度变化与五种油溶性降黏剂降黏率

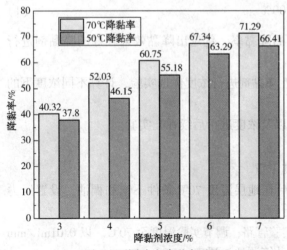

图5 不同浓度降黏率对比

2.1.2 油溶性降黏剂浓度优选

根据上述测试结果，对降黏效果最好的KR-4进行浓度优化，分别测试3%、4%、5%、6%、7%浓度时的降黏率。从测得黏温曲线取得70℃/50℃的黏度，计算降黏率，由计算结果如可以看出，油溶性降黏剂的降黏效果随着浓度的上升显著提高，但是当浓度由5%上升至6%时，降黏率增加了6.59%，而浓度由6%上升至7%时，降黏率仅仅增加了3.95%，增加的幅度降低明显，综合经济成本考虑，优选出KR-4油溶性降黏剂浓度为6%进行后续吞吐实验（图5）。

2.2 CO₂-降黏剂复合吞吐实验

按照表2设计实验方案进行吞吐实验，图6反映了有无裂缝条件下低渗岩心纯 CO_2 吞吐的采收率及采油速度。由图可知，CO_2 吞吐采油速度随放喷时间先增加后降低，但是在有裂缝的岩心中，采油速度在初期增加速度快于无裂缝岩心，在放喷 10min 后达到峰值 0.14mL/min，而在开采的中后期阶段，有裂缝岩心 CO_2 吞吐仍然可以以较低的采油速度多维持 5min 开采时间，主要原因是在放喷的初期，CO_2 首先将裂缝中的原油携带出地层，此时采油速度达到峰值，裂缝中的稠油开采结束后采油速度逐渐下降。在放喷的中后期阶段，进入岩心基质中的 CO_2 由于裂缝中的压力降低将原油携带出岩心基质，后通过裂缝被采出，此时采油速度与无裂缝岩心中后期的采油速度相当。图 7 为有无裂缝条件下低渗岩心纯 CO_2 吞吐周期采出程度与周期数的关系，由图 7 可知，在相同渗透率条件下，裂缝对于 CO_2 吞吐的有效周期数采收率提高有较大影响，岩心中裂缝的存在可以显著增加 CO_2 吞吐第一、第二周期的采出程度，分别提升了 4.601%、2.271%，但是裂缝对第三周期的吞吐开采效果几乎没有影响，仅仅提高了 0.815%。

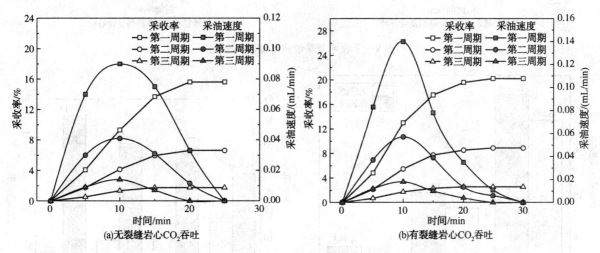

图 6 采收率及采油速度随时间变化

为探究降黏剂的加入对 CO_2 吞吐效果的影响，使用 2.1 节优选出的油溶性降黏剂 KR-4 进行有无裂缝条件下 CO_2-降黏剂复合吞吐实验，降黏剂注入量为 0.1PV，采收率及采油速度随时间变化曲线如图 8 所示。由图 8 可知，降黏剂的加入均提高了有无裂缝存在条件下的 CO_2 吞吐采收率，降黏剂进入岩心孔隙中与原油混合，极大地降低了稠油的黏度，提高了稠油的流动能力，因此采收率得到提高。与纯 CO_2 吞吐实验相同，裂缝存在条件下的 CO_2-降黏剂复合吞吐采油速度在开采前期迅速增加达到峰值为 0.15mL/min，在吞吐的后期，降黏剂的加入可以进一步延长吞吐开采时间，在放喷 30min 时仍有原油采出。图 9 为 CO_2-降黏剂复合吞吐周期采出程度与周期数关系图，

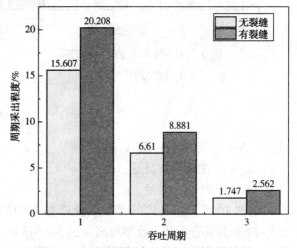

图 7 CO_2 吞吐周期采出程度与周期数关系

如图可知，降黏剂的加入提高了吞吐第三周期的采出程度，尤其是当裂缝存在的条件下，吞吐第三周期采收率对比无裂缝时复合吞吐提高了 1.252%，对比无裂缝时纯 CO_2 吞吐提高了 2.446%，增产效果显著，原因是裂缝的存在可以增加降黏剂的波及范围，先注入的降黏剂可以在后续 CO_2 压力作用下沿着裂缝波及岩心末端，进入岩心末端的基质中，降低了基质中的原油黏度，焖井结束后又在 CO_2 压力作用下被采出。

图 10 反映了四种不同实验条件下岩心吞吐总采收率与气体消耗率值，其中气体消耗率计算方式如公式(2)所示[24]：

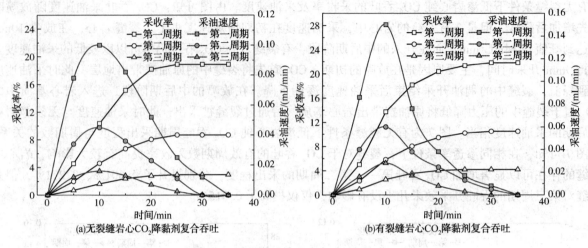

(a)无裂缝岩心CO$_2$降黏剂复合吞吐　　　(b)有裂缝岩心CO$_2$降黏剂复合吞吐

图8　采收率及采油速度随时间变化

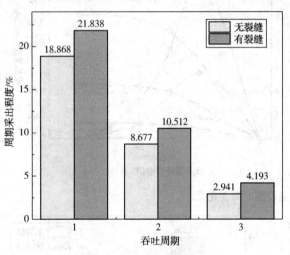

图9　CO$_2$-降黏剂复合吞吐周期
采出程度与周期数关系

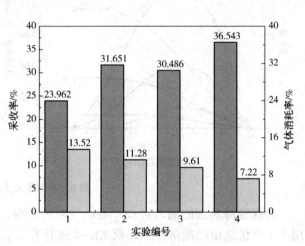

图10　不同实验条件下岩心吞吐总
采收率与气体消耗率

$$N = \frac{m_g}{m_o} \tag{2}$$

式中　N——气体消耗率，g/g；

　　　m_g——注入气体质量，g；

　　　m_o——产出油质量，g。

由图10可知，裂缝的存在以及降黏剂的加入均可提高 CO$_2$ 吞吐的采收率，其中，裂缝存在时 CO$_2$-降黏剂复合吞吐采收率最高可达 36.543%。对比实验 2 和实验 3 可以看出，在本实验条件(降黏剂注入量为 0.1PV)下，裂缝的存在对提高采收率的贡献略大于降黏剂的加入，原因是裂缝可以扩大 CO$_2$ 和降黏剂的波及范围、提高稠油的流动能力，采出岩心末端基质中的稠油。对比四组实验的气体消耗率可知，少量降黏剂的加入就可以大幅减小 CO$_2$ 气体的注入量，提高 CO$_2$ 吞吐的采收率，实验结果可为低渗稠油油藏压裂后 CO$_2$ 与降黏剂复合吞吐开采方式提供数据参考与理论支持。

3　结论

(1) 通过地层温度下五种油溶性降黏剂的降黏率测试优选出适合本区块稠油的降黏剂类型为 KR-4，优选的 KR-4 使用浓度为 6%。

(2) 岩心中裂缝的存在可以显著增加 CO$_2$ 吞吐放喷初期的采油速度以及第一、第二周期的采出程度，总采收率增加7.689%。降黏剂的加入均提高了有无裂缝存在条件下的 CO_2 吞吐采收率，进一步延长吞吐开采时间，同时裂缝的存在扩大了降黏剂的波及范围。

（3）裂缝存在条件下的 CO_2-降黏剂复合吞吐采收率最高为36.543%，在本实验条件（降黏剂注入量为0.1PV）下，裂缝的存在对提高采收率的贡献略大于降黏剂的加入。

参考文献

[1] Luz Nino, Fernando Bonilla, Layonel Gil, et al. "Successful strategy for waterflooding project implementation in an extra heavy oil field," in Proceedings of SPE Latin American and Caribbean Petroleum Engineering Conference, Virtual, 2020.

[2] Wan Tao, Wang Xiaojun, Jing Ziyan, et al. Gas injection assisted steam huff-n-puff process for oil recovery from deep heavy oil reservoirs with low-permeability[J]. Journal of Petroleum Science and Engineering, 2020, 185.

[3] Cao Xiaopeng, Liu Zupeng, Yang Yong, et al. Study on Viscosity Reducer Flooding Technology for Deep Low Permeability Extra Heavy Oil Reservoirs[J]. Geofluids, 2021.

[4] Yang Zhaopeng, Li Xingmin, Chen Heping, et al. "Development optimization for improving oil recovery of cold production in a foamy extra-heavy oil reservoir," in Proceedings of SPE Oil and Gas India Conference and Exhibition, Mumbai, India, 2019.

[5] 李伟忠. 金家油田低渗敏感稠油油藏适度出砂室内评价[J]. 断块油气田, 2019, 26(6): 810-815.

[6] 宋传真, 林长志, 王元庆, 等. 低渗稠油油藏蒸汽-CO_2-化学剂复合吞吐研究[J]. 成都理工大学学报(自然科学版), 2016, 43(3): 336-343.

[7] Czarnota Robert, Knapik Ewa, Wojnarowski Pawel, et al. Carbon dioxide separation technologies[J]. Archives of Mining Sciences, 2019, 64(3): 487-498.

[8] Li Songyan, Wang Qun, Li Zhaomin et al. Stability and flow properties of oil-based foam generated by CO_2[J]. SPE Journal, 2020, 25(1): 416-431.

[9] Czarnota Robert, Janiga Damian, Stopa Jerzy, et al. Acoustic investigation of CO_2 mass transfer into oil phase for vapor extraction process under reservoir conditions[J]. International Journal of Heat and Mass Transfer, 2018, 127: 430-437.

[10] HASKIN H K, ALSTON R B. An evaluation of CO_2 huff-n-puff tests in Texas[J]. Journal of Petroleum Technology, 1989, 41(2): 177-184.

[11] MOHAMMED-SINGH L, SINGHAL A, SIM S. Screening criteria for carbon dioxide huff-n-puff operations[J]. Journal of Petroleum Technology, 2007, 59(1): 55-59.

[12] 武玺, 张祝新, 章晓庆, 等. 大港油田开发中后期稠油油藏 CO_2 吞吐参数优化及实践[J]. 油气藏评价与开发, 2020, 10(3): 80-85.

[13] 许国晨, 王锐, 卓龙成, 等. 底水稠油油藏水平井二氧化碳吞吐研究[J]. 特种油气藏, 2017, 24(3): 155-159.

[14] 郭文轩, 赵仁保, 陈昌剑. CO_2 对春17井区稠油的溶解降黏特性及吞吐效果[J]. 西安石油大学学报(自然科学版), 2021, 36(1): 66-72.

[15] 张娟, 周立发, 张晓辉, 等. 浅薄层稠油油藏水平井 CO_2 吞吐效果[J]. 新疆石油地质, 2018, 39(4): 485-491.

[16] 陶磊, 王勇, 李兆敏, 等. CO_2/降黏剂改进超稠油物性研究[J]. 陕西科技大学学报(自然科学版), 2008, 26(6): 25-29.

[17] 陈德春, 周淑娟, 孟红霞, 等. 陈家庄油田陈373块蒸汽吞吐后转 CO_2-化学剂复合吞吐研究[J].

油气地质与采收率, 2014, 21(6): 76-78.

[18] Li Songyan, Lu Chen, Wu Mingxuan, et al. New insight into CO_2 huff-n-puff process for extraheavy oil recovery via viscosity reducer agents: An experimental study [J]. Journal of CO_2 Utilization, 2020, 42.

[19] Dehghanpour H, Zubair H. A, Chhabra A, et al. Liquid intake of organic shales [J]. Energy & Fuels, 2012, 26(9): 5750-5758.

[20] Dai Caili, Wang Xinke, Li Yuyang, et al. Spontaneous imbibition investigation of self-dispersing silica nanofluids for enhanced oil recovery in low-permeability cores [J]. Energy & Fuels, 2017, 31(3): 2663-2668.

[21] Liu Dengke, Ren Dazhong, Du Kun, et al. Impacts of mineral composition and pore structure on spontaneous imbibition in tight sandstone [J]. Journal of Petroleum Science and Engineering, 2022, 201.

[22] Wang Chen, Gao Hui, Gao Yuan, et al. Influence of pressure on spontaneous imbibition in tight sandstone reservoirs [J]. Energy & Fuels, 2020, 34(8): 9275-9282.

[23] Zhang Linyang, Wu Keliu, Chen Zhangxin, et al. The increased viscosity effect for fracturing fluid imbibition in shale [J]. Chemical Engineering Science, 2021, 232.

[24] Li Songyan, Sun Lu, Wang Lei, et al. Hybrid CO_2-N_2 huff-n-puff strategy in unlocking tight oil reservoirs [J]. Fuel, 2022, 309.

烟道气泡沫辅助蒸汽驱增产机理研究

李博良[1]　李宾飞[1]　曹秋颖[2]　吴光焕[2]　王　凯[3]　邓宏伟[2]

【1. 中国石油大学(华东)石油工程学院；2. 中国石化胜利油田分公司勘探开发研究院；3. 江苏省沿海输气管道有限公司】

摘　要： 烟道气泡沫辅助蒸汽驱是烟道气辅助蒸汽驱的改进技术，既能有效控制蒸汽窜流，提高驱油效果，又可实现烟道气资源化利用。本文利用优选出的耐温烟道气泡沫，通过一维填砂管实验和二维可视化实验，研究了烟道气泡沫辅助蒸汽驱的渗流传热和蒸汽腔扩展规律，明确了烟道气泡沫的注入时机，结合流体分布规律分析了驱油机理。结果表明：泡沫的伴注时机尽量选择含油饱和度不高的中后期；烟道气泡沫能够有效抑制蒸汽与烟道气的窜流，提高波及区域的洗油效率，辅助蒸汽驱的采出程度相比纯蒸汽驱、烟道气辅助蒸汽驱分别提高了 17.7% 和 8%；在蒸汽驱后期转泡沫辅助蒸汽驱对蒸汽超覆一定的抑制作用，促进蒸汽腔向中下部发育，但效果不如中期转泡沫辅助蒸汽驱。研究结果为蒸汽驱中后期采收率的提高提供了理论基础。

关键词： 稠油；烟道气；泡沫；驱油机理；提高采收率

世界范围内，稠油资源丰富且分布广泛，约占石油总量的 70%[1]，在未来的油气开发中，稠油的开采将占据主导地位[2,3]。目前，热采是稠油开发的主要方式，但是开采后期汽窜严重，影响正常生产。

烟道气作为注汽锅炉废气，兼具 N_2、CO_2 的增产特性，在蒸汽驱过程中能够抑制蒸汽冷凝，减少蒸汽热损失，促进蒸汽深部传热[4,5]，在减少蒸汽注入量的同时有助于维持压力稳定，增大产油速度[6]。这虽然能一定程度上改善驱油效果，但是驱替过程中的汽窜问题不能得到有效解决。泡沫流体在地层中表观黏度较高，能够有效抑制气体窜流和封堵高渗通道，调整吸汽剖面，扩大波及范围[7,8]。邓宏伟[9]通过室内实验证实耐高温泡沫能够降低蒸汽流速，抑制窜流。庞占喜[10]等通过三维物理模拟发现蒸汽驱转氮气泡沫复合驱能够提高采收率。

烟道气泡沫辅助蒸汽驱油技术是烟道气辅助蒸汽驱油的改进技术，融合了蒸汽加热、泡沫调剖、乳化降黏等多重作用。由于组分较多，目前相关研究大多是烟道气或泡沫体系辅助蒸汽驱油增产机理的单独研究，其协同作用机理缺乏深入和全面的认识。因此本文利用优选出的泡沫体系，通过一维填砂管实验和二维可视化实验，对烟道气泡沫辅助蒸汽驱的渗流传热规律，蒸汽腔扩展特征以及流体运移分布规律进行了研究，揭示了烟道气辅助泡沫的驱油机理。为油田开展 CCUS 和高效开发稠油提供了思路和理论基础。

1　实验

1.1　实验材料

实验用油由胜利油田现场脱气原油与煤油复配而成，黏温曲线如图 1 所示。50℃时原油黏度为

基金项目：国家自然基金联合基金项目"难采稠油多元热复合高效开发机理与关键技术基础研究"(U20B6003)。

作者简介：李博良(1997—)，男，河南洛阳，2020 年获中国石油大学(华东)学士学位，现为中国石油大学(华东)在读博士，主要研究方向为稠油高效开发。E-mail：2177762874@qq.com

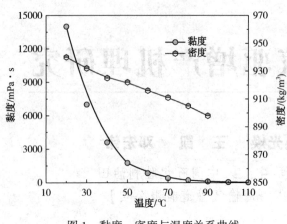

图 1 黏度、密度与温度关系曲线

1760mPa·s，原油密度为 922.0kg/m³；实验用水为蒸馏水，利用蒸馏法制得；实验用烟道气由 80% 的 N_2 和 20% 的 CO_2 复配而成，其中 N_2、CO_2 的纯度为 99.9%；实验中制备耐高温泡沫所用的起泡剂为 ZK-25100（青田中科植物科技有限公司），溶液浓度采用 0.8wt%。

1.2 实验设备

实验设备主要包括：一维填砂管模型、二维可视化模型、蒸汽发生器、ISCO 柱塞泵、气体质量流量计、回压阀、泡沫发生器、中间容器等。其中，一维填砂管的长度为 60cm，由 80 目的石英砂填制而成，渗透率为 3200~3500mD，在距离入口 5cm、30cm 和 55cm 处布置有温度探针；二维可视模型尺寸为 50cm×40cm×1cm，由 40~60 目的石英砂填制而成，渗透率为 5800~6000mD，模型背面均匀分布 60 个测温点。实验装置示意图如图 2 所示。

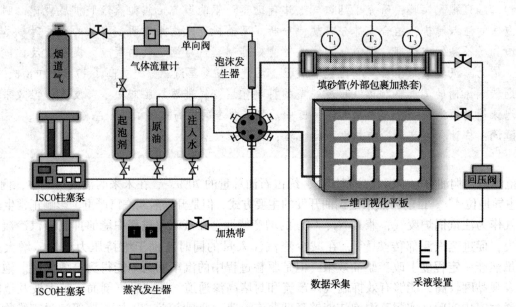

图 2 驱替实验装置示意图

1.3 实验步骤

1.3.1 泡沫封堵能力评价

① 制作填砂管模型。② 检查装置气密性。③ 饱和水。以 1mL/min 的流速注入蒸馏水，并测量渗透率。④ 模型初始化。回压设定为 3MPa。⑤ 测定水驱压差。⑥ 注入泡沫，控制注入流速为 3mL/min。⑦ 记录模型两端压差。当压差稳定后停止实验，并根据公式(1)计算泡沫阻力因子。

$$RF = \frac{\Delta p_f}{\Delta p_w} \tag{1}$$

式中 RF——阻力因子，无量纲；

  Δp_f——泡沫流体注入达到稳定时填砂管两端压差，MPa；

  Δp_w——水驱压差，MPa。

1.3.2 一维填砂管实验

①~③同 1.3.1。④饱和油。原油饱和速度为 0.5mL/min。⑤模型初始化。设定实验温度为 30℃，

回压为 3MPa，蒸汽温度为 300℃。⑥注入纯蒸汽或蒸汽+烟道气/烟道气泡沫(3 组)。蒸汽的注入速度为 5mL/min，烟道气和烟道气泡沫(气液比=2∶1)的注入速度均为 3mL/min。⑦记录各测温点温度变化及产液特征。当产出液中含水率超过 98%且填砂管上温度达到稳定后，停止实验。

1.3.3　二维可视化实验

① 井位布置。②检查装置气密性。③填砂。将混合好的油砂、水砂按油水层厚度比填制，如图 3 所示。④模型初始化。设定实验温度为 30℃，蒸汽温度为 300℃。⑤注入纯蒸汽/蒸汽+烟道气泡沫(2 组)。蒸汽的注入速度为 10mL/min，烟道气泡沫(气液比=2∶1)的注入速度为 5mL/min。⑥记录实验过程。记录温度场变化特征、流体分布规律。

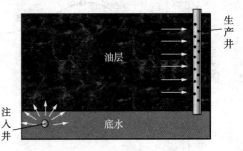

图 3　井位及油、水层布置示意图

2　实验结果与分析

2.1　泡沫封堵能力评价

实际油藏中，泡沫的渗流环境是多孔介质，单纯的起泡性能评价并不能真实反映油藏条件下泡沫的起泡和封堵能力。因此通过一维泡沫驱替实验对该烟道气泡沫体系的封堵性能进行评价。

2.1.1　气液比的影响

气液比是泡沫生成的重要参数。设定 5 种气液比：1∶2、1∶1、2∶1、3∶1 和 4∶1，通过测定泡沫阻力因子的大小来反映泡沫的封堵能力。

图 4 对比了不同气液比泡沫的阻力因子。从图中可以看出，在泡沫在多孔介质中的流动稳定时，气液比 1∶2、1∶1、2∶1、3∶1 和 4∶1 的阻力因子分别为 65.5、80.5、92.5、82.3 和 80.8。当气液比小于 2∶1 时，随着气液比的增加，阻力因子增大；气液比大于 2∶1 时，随着气液比的增加，阻力因子逐渐下降。分析认为：当气液比较低时，在驱替过程中虽然能够形成泡沫，但是泡沫数量较少，孤立程度较高，表观黏度低，封堵能力有限；当气液比较高时，气相的窜流会导致泡沫的封堵能力下降。故泡沫的气液比为 2∶1 时阻力因子最大，即封堵能力最佳。

2.1.2　含油饱和度的影响

蒸汽驱过程中，残余油饱和度随着驱替的进行而改变。通过对比含油饱和度对泡沫渗流特征，分析含油饱和度的变化对泡沫封堵性能的影响，明确泡沫注入时机。

图 5 为阻力因子随含油饱和度的变化曲线，阻力因子随含油饱和度的升高呈现逐渐下降的趋势。当含油饱和度在 0~15%区间内，阻力因子较大且下降幅度较小，此时泡沫具有较好的封堵性能；当含油饱和度在 10%~35%区间内，阻力因子急剧下降，泡沫的稳定性和封堵性能力变差。当含油饱和度在 35%以上时，阻力因子基本维持在 20 左右，下降的幅度较小。因此，选择在蒸汽驱中后期转泡沫辅助蒸汽驱较为合适，这时由于高渗层含油饱和度低，原油对泡沫稳定性影响小，能够形成稳定的泡沫条带，有效封堵高渗层，提高波及系数和采出程度。

2.2　一维填砂管实验

通过一维填砂管实验，对烟道气泡沫辅助蒸汽的渗流传热规律、驱油效率进行了探究。

2.2.1　渗流传热规律

图 6 为沿程温度随热流体注入量的变化，驱替开始时烟道气/烟道气泡沫伴随蒸汽注入。从稳定稳定时间上来看：烟道气泡沫辅助蒸汽驱>蒸汽驱>烟道气辅助蒸汽驱。蒸汽驱温度点 3 在注入 3PV 蒸汽时达到 100℃，烟道气辅助蒸汽驱温度点 3 在注入 1PV 蒸汽时达到 100℃，相比蒸汽驱和烟道气辅助蒸汽驱，烟道气泡沫辅助蒸汽驱温度稳定时间更长，接近驱替结束；稳定时，烟道气辅助蒸汽驱测温点 3 的温度最高为 101℃，蒸汽驱次之为 95℃，烟道气泡沫辅助蒸汽驱最差为 60℃。

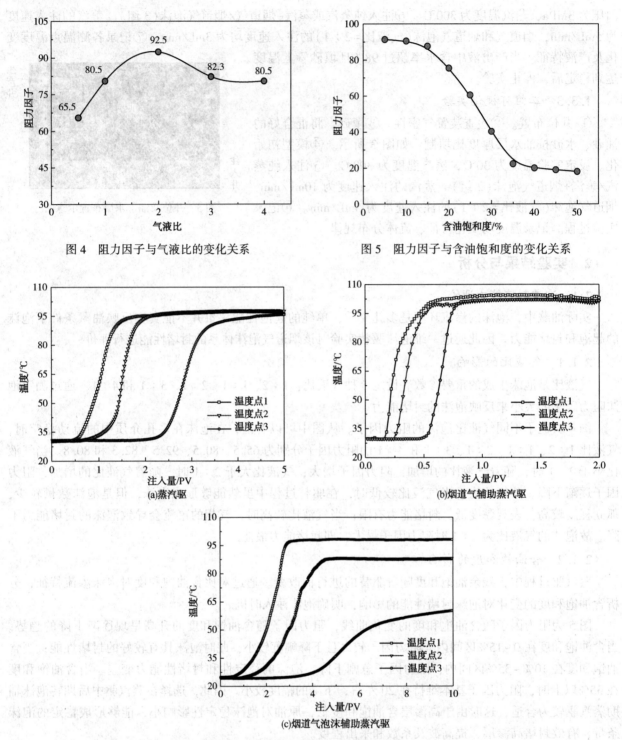

图 4　阻力因子与气液比的变化关系　　　　　图 5　阻力因子与含油饱和度的变化关系

(a)蒸汽驱

(b)烟道气辅助蒸汽驱

(c)烟道气泡沫辅助蒸汽驱

图 6　沿程温度随注入量的变化关系

　　结合图 7 中三种驱替方式的沿程温度分布,对比效果明显。烟道气辅助蒸汽驱的热波及范围最大,而烟道气泡沫辅助蒸汽驱的热波及范围最小。这充分说明烟道气能够促进蒸汽的渗流传热,而泡沫的加入对深部渗流传热有一定的负面影响,但是这也恰恰说明了泡沫在封堵岩石孔隙,降低气体流度方面效果显著。

2.2.2　采出程度

　　开展了蒸汽驱、蒸汽驱转烟道气辅助蒸汽驱和蒸汽驱转烟道气泡沫辅助蒸汽驱 3 组对比实验,烟道气与烟道气泡沫在蒸汽驱后期开始伴注。图 8 为采出程度对比情况。在加入烟道气和烟道气泡沫辅助蒸汽后，采出程度均有所提升，但是烟道气泡沫的提升幅度更大。蒸汽驱采出程度为 63% 左右，转烟道气辅助蒸汽驱采收率为 73.2%，提高了 10.8%；转烟道气泡沫辅助蒸汽驱采收率为 81.2%，相比蒸汽驱和烟道气辅助蒸汽驱分别提高了 17.7% 和 8%。转为烟道气辅助蒸汽驱后 1.5PV 采收率基本稳定，而转为烟道气泡沫辅助蒸汽驱后产油期增长，在 2.2PV 时基本稳定。说明泡沫可以延长烟道气辅助蒸汽驱的生产周期。

驱替结束后，收集油砂，通过测定岩心不同位置处油砂中的含油率来分析不同驱替方式的驱油效率。三种驱替方式结束后岩心中含油率对比情况如图 9 所

图 7　三种驱替方式下沿程温度分布

示。从图中可以看出，在气体辅助蒸汽驱和泡沫辅助蒸汽驱条件下，岩心前端油砂中的含油饱和度都有不同程度的降低，且泡沫辅助蒸汽驱下降低的幅度较大。这是由于烟道气中包含 N_2 和 CO_2，两种非凝析气的溶解降黏、抽提轻质组分等作用[12]，提升了填砂管入口处的洗油效率，同时泡沫的存在降低了气体的流度，增加了气体、起泡剂与原油的接触效率和反应时间，使洗油效率进一步提高；对比岩心后端，气体辅助蒸汽驱和泡沫辅助蒸汽驱条件下含油率也均有所降低，但是由于泡沫辅助蒸汽驱抑制了蒸汽的深部传热，导致含油率降幅小于烟道气辅助蒸汽驱。

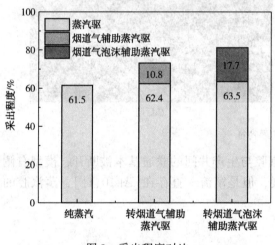

图 8　采出程度对比

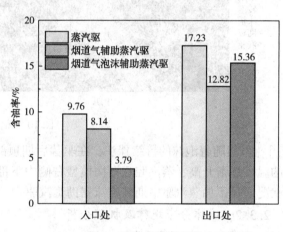

图 9　油砂含油率对比

2.3　二维可视化实验

二维可视化实验中，对比了蒸汽驱与蒸汽驱中、后期转烟道气泡沫辅助蒸汽驱蒸汽腔扩展和流体分布规律。

2.3.1　蒸汽腔扩展规律

图 10 展示了 3 组实验蒸汽腔扩展特征。观察蒸汽驱过程，在前中期蒸汽首先沿流动阻力较小的水层运移，并逐渐上浮，模型中下部的蒸汽腔发育程度较高[图 10(a)]；随着驱替的进行，蒸汽驱后期蒸汽上浮程度加剧，形成汽顶，沿模型顶部超生产井纵向运移，超覆现象明显，顶部蒸汽腔已发育至生产井，覆顶厚度接近模型的 1/3[图 10(b)]。

蒸汽驱中期时转为泡沫辅助蒸汽驱，由于泡沫在水层中相对较为稳定，流动阻力较大，蒸汽腔横向扩展减缓，纵向扩展加快。随着泡沫和蒸汽的持续注入，蒸汽腔较为均匀的向右推进[图 10(c)]；持续泡沫伴注蒸汽驱至后期，蒸汽腔顶部还未扩展到产出井[图 10(d)]，与单纯注蒸汽相比，超覆现象得到明显抑制，汽气窜程度大幅度降低，温度场发育相对均衡。在后期转为泡沫辅助蒸汽驱时，由于蒸汽的超覆和窜流的程度较高，加入泡沫后，可以明显地观察到蒸汽的窜流程度逐渐减弱[图 10

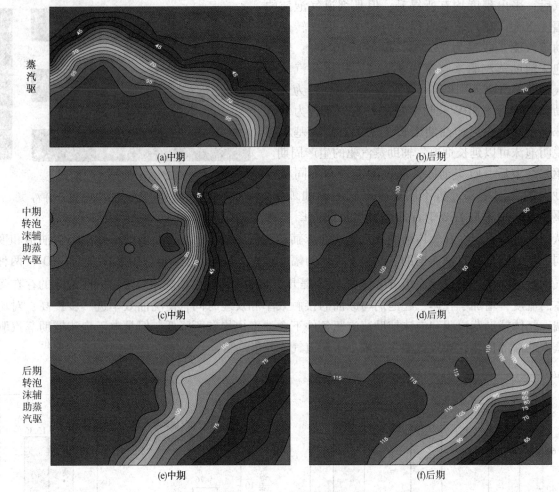

图 10　蒸汽腔扩展特征

（e）]；虽然随着泡沫的持续伴注，在驱替后期顶部蒸汽腔与生产井间的联通基本被断开，模型右侧中部的温度逐渐升高，蒸汽腔逐渐向模型右侧中下部扩展，但是窜流一直存在[图 10（f）]，蒸汽腔的发育状况明显不如蒸汽驱中期转泡沫辅助蒸汽驱。

2.3.2　流体分布规律及机理分析

1. 残余油饱和度场对比

蒸汽驱和蒸汽驱中、后期转烟道气泡沫辅助蒸汽驱开采结束后，分别对 3 种驱替方式下模型的油砂进行取样，对比油砂中的残余油饱和度，结果如图 11 所示。

从图 11（a）中可以看出，在蒸汽驱结束后，在模型靠近注入井端、模型上部等高温蒸汽波及区域，大部分原油被采出，残余油饱和度较低，在 20% 左右；由于蒸汽超覆严重，顶部发生汽窜，靠近生产井的 B、C、D 区域，热作用较弱，残余油饱和度较高。

蒸汽驱中期转泡沫辅助蒸汽驱，由于泡沫在发生汽窜之前注入，热流体相对均匀地向右推进，有效动用 B、C 区域残余油。此外，A、D 区域的残余油饱和度也有一定程度降低。在蒸汽驱后期转泡沫辅助蒸汽驱，由于前期注蒸汽阶段蒸汽超覆和窜流已经形成，泡沫主要以减轻蒸汽超覆和窜流为主，蒸汽腔向下扩展程度有限，仅 B 区域残余油被动用，A、C 和 D 区域含油饱和度有所降低。其中蒸汽波及区域的含油饱和度降低是由于烟道气泡沫有效封堵高渗通道的同时增加了气体的流度，气体与原油接触效率和反应时间得到了改善和提升，从而加强了蒸汽热波及范围内的驱油效率。

2. 机理分析

基于上述实验结果与分析，对烟道气泡沫辅助蒸汽驱的增产机理有了新的认识：①提高热波及区域的洗油效率。烟道气泡沫能够增加气体的流度，提升气体与原油的接触与反应时间，同时，泡沫中

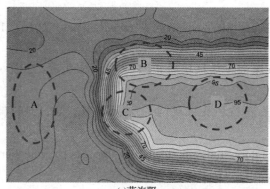
(a)蒸汽驱

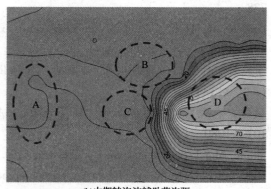
(b)中期转泡沫辅助蒸汽驱

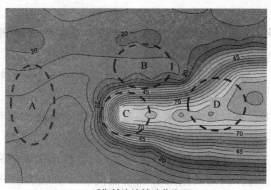
(c)后期转泡沫辅助蒸汽驱

图 11　残余油饱和度场对比

的表面活性剂能够乳化原油，增强原油流动性。②调整吸汽剖面，促进蒸汽腔的均匀扩展。③有效抑制蒸汽超覆与窜流，提升汽热利用率。烟道气泡沫有"堵大不堵小"的特点，驱替时会封堵的高渗通道，抑制蒸汽窜流，扩大蒸汽的热波及面积。④泡沫的注入阶段尽量选择蒸汽驱的中后期。由于蒸汽驱早期含油饱和度较高，泡沫的稳定性差，难以发挥作用。

3　结论

（1）优选出烟道气泡沫（ZK-25100）封堵能力最佳的气液比为 2 : 1；蒸汽驱时，泡沫的伴注时机尽量选择含油饱和度不高的中后期。

（2）烟道气能够促进蒸汽的渗流传热，而泡沫的加入使出口位置温度降低了 35℃，说明泡沫在封堵岩石孔隙，降低烟道气的流度方面作用显著，能够有效抑制蒸汽窜流。

（3）相比蒸汽驱、烟道气辅助蒸汽驱，烟道气泡沫辅助蒸汽驱有着更高的驱油效率。采出程度分别提高了 17.7% 和 8%。

（4）烟道气泡沫能够有效抑制蒸汽超覆与窜流，促进蒸汽腔均匀扩展。中期转泡沫辅助蒸汽驱，泡沫对蒸汽在水层的推进和油层顶部的超覆起到了明显的抑制作用，温度场推进更加均衡；而后期转泡沫辅助蒸汽驱，蒸汽的窜流和超覆受到一定程度抑制，但蒸汽的窜流和超覆作用一直存在，其对提高采收率的作用相对较小。

参考文献

[1] 于连东. 世界稠油资源的分布及其开采技术的现状与展望[J]. 特种油气藏，2001，8（2）：98-103.

[2] 张兆祥，刘慧卿，杨阳，等. 稠油油藏蒸汽驱评价新方法[J]. 石油学报，2014，35（4）：733-

738.

[3] Guo K, Li H, Yu Z. In-situ heavy and extra-heavy oil recovery: A review. Fuel, 2016, 185: 886-902.

[4] 李兆敏, 徐亚杰, 鹿腾, 等. 非凝析气体强化蒸汽深部换热机理研究[J]. 特种油气藏, 2020, 27 (4): 113-117.

[5] 鹿腾, 班晓春, 李兆敏, 等. 烟道气辅助 SAGD 蒸汽腔扩展机理[J]. 石油学报, 2021, 42(8): 1072-1080.

[6] Monte-Mor L S, Laboissiere P, Trevisan O V. Laboratory study on steam and flue gas co-injection for heavy oil recovery[C]//SPE heavy oil conference-Canada. OnePetro, 2013.

[7] 刘强, 马自俊, 李世超, 等. 稠油蒸汽驱深部调堵技术研究[J]. 油田化学, 2014, 31(1): 61-64.

[8] 章杨, 张亮, 陈百炼, 等. 高温高压 CO_2 泡沫性能评价及实验方法研究[J]. 高校化学工程学报, 2014, 28(3): 535-541.

[9] 邓宏伟. 新型调驱一体化高温烟道气驱用泡沫剂室内评价[J]. 特种油气藏, 2021, 28(6): 105-112.

[10] 庞占喜, 刘慧卿, 盖平原, 等. 热力泡沫复合驱物理模拟和精细数字化模拟[J]. 石油勘探与开发, 2012, 39(6): 744-749.

[11] 张更, 陈雨飞, 郑浩, 等. 泡沫驱油机理研究综述[J]. 当代化工研究, 2017, 22(11): 6-7.

[12] 王俊衡, 王健, 周志伟, 等. 稠油油藏 CO_2 辅助蒸汽驱油机理实验研究[J]. 油气藏评价与开发, 2021, 11(6): 852-857+863.

稠油油藏聚合物强化泡沫体系的构筑及其驱油特征研究

顾子涵[1,2] 李宾飞[1,2] 张 超[1,2] 徐正晓[1,2] 李兆敏[1,2] 杜利平[1,2]

【1. 中国石油大学(华东)非常规油气开发教育部重点实验室；
2. 中国石油大学(华东)石油工程学院】

摘 要： 为增强泡沫稠油油藏开发能力，本研究采用复配部分水解聚丙烯酰胺与十二烷基硫酸钠以制备泡沫的思路。首先通过实验，对泡沫的半衰期、气泡尺寸以及黏弹模量等参数进行了测评，后续进行一维物理模型驱油实验，记录了各组泡沫的稠油开发数据，并提取各组驱油实验的产出液，进行了体系特征分析。结果显示，0.5~1wt%聚合物可使泡沫气泡尺寸缩小23.6%~34.3%，黏度增幅超过10倍，半衰期延长2.1~8.8倍，黏弹模量增幅26.62~49.30倍，体系稳定性显著加强。同时，聚合物泡沫具有更好的稠油开发效果，1wt%聚合物可使泡沫驱生产压差提升26.21%，原油采收率增幅14.56%，且聚合物泡沫可与稠油混合形成泡沫油，具有明显的乳状液特征，储层流体黏度有效降低，流度比得到大幅改善。

关键词： 泡沫；表面活性剂；聚合物；稠油油藏

当前，稠油在剩余石油资源的占比超过70%，常规开发手段不适用于稠油油藏开发，而泡沫驱可基于多种机理有效动用稠油[1-5]，然而，储层高温等因素，对于泡沫的稳定以及流动具有阻碍作用[6-9]，为增强泡沫稳定性，聚合物复配表面活性剂形成泡沫的方法被提出[10-13]。在起泡剂内混入聚合物可以产生高强度泡沫，且聚合物抑制了稠油对泡沫流变学角度的负面影响，提高了泡沫对碳氢化合物劣化作用的抵抗力[14,15]。Ahmed[16]等在CO_2泡沫驱油实验中总结出聚合物的泡沫驱采收率提升机理，Yu[17]等总结出聚合物从流变学角度对于泡沫结构具有稳定作用，Alvarez[18]等发现混有聚合物的泡沫界面张力显著降低，稳定性优良，Wan[19]等验证了在泡沫中加入聚合物可以使泡沫具有厚而多层的液膜，结构致密均匀，而李丙成[20]等则证实了两亲性聚合物具备增强泡沫稳定性，优化泡沫驱油效果的能力。研究人员通过实验验证了聚合物大分子的混入可导致泡沫结构强度提升，体系黏弹性、抗剪切性大幅度提升，使得泡沫在储层环境中更能稳定存在，高效波及[21,22]，且经聚合物强化过的泡沫具备致密复杂的网络结构，具有更优秀的稠油动用作用，驱替能量充足，可改善常规泡沫在复杂地层中的脆弱性表现，实现泡沫开发稠油效益的进一步优化[23-25]。

为探讨聚合物影响泡沫诸多特征的机理，并分析这些特征对于泡沫开发稠油油藏效果的影响，本研究使用十二烷基硫酸钠(以下简称SDS)作为起泡剂，并复配部分水解聚丙烯酰胺(以下简称HPAM)制备泡沫，通过室内实验，对泡沫黏度、半衰期、气泡尺寸以及扩张模量进行测量与评价，后续通过物理模型驱油实验，记录泡沫驱稠油开发参数，探讨聚合物对泡沫驱效果的影响规律；最后提取各组

作者简介：顾子涵(1996—)，男，江苏南通人，博士研究生，主要从事稠油油藏开发以及泡沫驱油技术提高采收率方面的研究。E-mail：17854217153@163.com

实验产出液，对其相态特征进行分析，所得结果可为稠油油藏聚合物泡沫驱技术研究提供数据参考与理论支持。

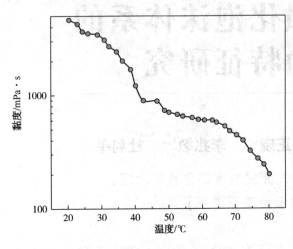

图1 实验所用稠油黏温曲线(对数坐标)

1 实验材料及实验步骤

1.1 实验药品

实验用水为去离子水，由UPT净水仪(Ulupure有限公司，四川)制备，以及自制$NaHCO_3$型地层水，矿化度1527~4672mg/L；起泡剂为阴离子型表面活性剂十二烷基硫酸钠(SDS，白色粉末状)，购自中国国药集团；添加剂为部分水解聚丙烯酰胺(HPAM)，购自中科环保科技有限公司(干粉型，平均分子量550万)；实验原油为中国某区块稠油，原油在50℃，1atm的条件下黏度为706mPa·s，密度为0.907g/cm^3，其黏温参数见图1，其组分构成见表1；气源为氮气，纯度>99.8%，购自河南星岛气体有限公司。

表1 原油组分占比

组 分	质量分数/%	组 分	质量分数/%
饱和烃	36.48	胶质	23.71
芳香烃	21.82	沥青质	3.63

1.2 实验仪器

实验所用仪器包括：GJ-3S型搅拌机，可通过Waring Blender搅拌法进行搅拌起泡操作，最高搅拌速率1500r/min，产于青岛海通达公司；TRACKER界面流变仪，仪器耐温200℃，耐压15MPa，用于进行体系黏弹模量测量，由法国Teclis界面技术公司生产。VHX-6000型超景深三维显微测量仪，可进行微观泡沫参数测量，由日本基恩士(中国分部)公司生产。Anton Paar MCR302型流变仪，由Anton Paar(上海)公司生产，用于进行泡沫黏温参数测量。100DX型ISCO柱塞泵，由美国Teledyne公司生产，该泵最大规定压力206.85MPa，规定流量范围10nL/min~40mL/min。高温高压泡沫测量仪，仪器耐温150℃，耐压10MPa，用于进行泡沫半衰期测量；钢制一维模型，长30cm，内径2.5cm，该部件耐温200℃，耐压25MPa，均由中国海安石油仪器有限公司生产。

1.3 实验步骤

预先设置表面活性剂浓度及聚合物浓度配制溶液，采用通过磁力搅拌机，进行边搅拌边均匀微量混入聚合物干粉的方式，搅拌速率550r/min，搅拌时间4h，直至将定量聚合物混入，其目的在于使聚合物溶解充分，避免局部聚集成块。

1.3.1 泡沫黏度测量

对起泡剂取样，每次100mL，使用搅拌机搅拌起泡，搅拌速率1000r/min，搅拌时间5min。后续将成型泡沫置于流变仪测量模块中，设置温度范围20~80℃，剪切速率120s^{-1}进行黏度测量。

1.3.2 泡沫半衰期测量

如图2所示，先设置温度，再往仪器内腔注入指定压力的氮气，后续注入100mL起泡剂，此时内腔压力发生变化，需通过排气阀门释放多余气体，将压力调至规定值，最后依靠仪器搅拌装置进行搅拌起泡操作10min，搅拌速率500r/min，然后记录仪器内泡沫析出液相达到50mL时的时间，该时间即为指定温压条件下泡沫的析液半衰期。

1.3.3 泡沫尺寸测量

每次使用带刻度滴管取样起泡剂2mL，使用搅拌机配制定量泡沫，将泡沫制成玻片标本，置于三维景深系统上观测，设置放大倍数 150~400 倍，实验环境为常温常压（1atm，20℃）。

1.3.4 体系黏弹模量测量

采用悬滴振荡法，设置振荡频率 0.1Hz，进行体系黏弹模量测算，实验时预先向仪器内腔注入指定压力的氮气，后续创造预定温度，再次调节内腔压力到规定值，并于内腔中制造一定体积的起泡剂悬滴，即可正式进行实验。

1.3.5 一维物理模型驱油实验

首先以 120 目石英砂充填岩心管，按图 3 组建实验流程，后续以 0.5mL/min 的注入速率对模型进行地层水饱和，水相饱和过程中，通过物料平衡法测算模型孔隙度并测定渗透率，各组模型参数见表 2，后续以 0.5mL/min 的注入速率对模型进行原油饱和，直至模型出口端完全出油，即完成饱和流程；后续将模型放置于 80℃ 油藏模拟系统预热 4h，预热结束后，先以 0.5mL/min 的注入速率进行水驱，注入流体为去离子水，注入量 2PV；后续以氮气 1mL/min，起泡剂 0.5mL/min 的注入制度进行泡沫驱，注入量为 8PV，该过程中起泡剂与氮气同时注入，通过泡沫发生器生成泡沫（说明：PV 为模型孔隙体积）；最后再以 0.5mL/min 的注入速率进行水驱，注入量 2~3PV，直至实验结束。

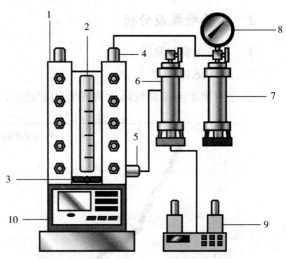

图 2　高温高压泡沫测量仪结构示意图

1—高温高压内腔；2—带有刻度的观察口；3—搅拌装置；
4—氮气注入口；5—起泡剂注入口；
6—装有起泡剂的中间容器；7—装有氮气的中间容器；
8—压力表；9—柱塞泵；10—温压控制箱

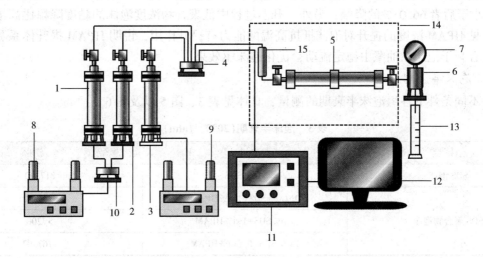

图 3　驱替实验流程图

1—装有纯水的中间容器；2—装有表面活性剂的中间容器；3—装有氮气的中间容器；4—六通（1）；
5—一维模型；6—回压阀；7—压力表；8—柱塞泵（1）；9—柱塞泵（2）；10—六通（2）；
11—温压数据采集系统；12—计算机；13—量筒；14—油藏模拟系统环境；15—泡沫发生器

表 2　油藏模型参数

起泡剂组分	渗透率/10⁻³D	孔隙度/小数	初始原油饱和度/小数
1wt%SDS	1147.83	0.224	0.82
0.2wt%SDS+1wt%HPAM	1139.98	0.205	0.83
1wt%SDS+1wt%HPAM	1186.26	0.252	0.83
1wt%SDS+0.5wt%HPAM	1196.40	0.187	0.85

2 实验结果及分析

2.1 泡沫参数测量

2.1.1 泡沫黏度

首先测量了泡沫黏度随温度提升的变化情况，具体见图4。

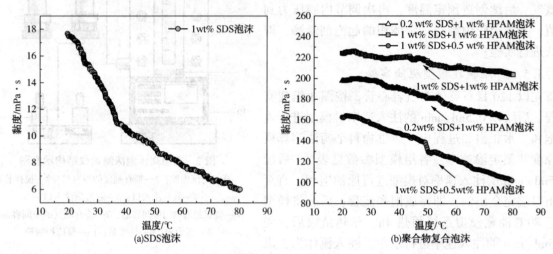

(a)SDS泡沫　　　　　　　　(b)聚合物复合泡沫

图4　常压下各类泡沫黏度变化

由图可知，聚合物泡沫黏度比纯SDS泡沫更高。1wt%HPAM使泡沫黏度提升12.72倍，且随着温度升高，聚合物泡沫黏度下降幅度比SDS泡沫更小，环境温度由20℃升至80℃时，前者黏度降幅仅有7.54%，远小于后者66.03%的降幅；另外，升温过程中低聚合物浓度泡沫的黏度降幅比高浓度聚合物泡沫大，可见HPAM浓度的提升对泡沫抵抗高温的能力有提升作用，说明HPAM提升体系黏度以及高温抗性，这有利于泡沫在油藏中稳定流动，优化泡沫驱效果。

2.1.2 泡沫半衰期

进行了不同条件下各组泡沫半衰期的测量，具体见表3、图5以及图6。

表3　泡沫半衰期(20℃、1atm)

泡沫类型	起泡剂组分	半衰期/s
SDS 泡沫	1wt%SDS	817.90
SDS 聚合物泡沫	0.2wt%SDS+1wt%HPAM	4264.31
	1wt%SDS+1wt%HPAM	>7200
	1wt%SDS+0.5wt%HPAM	1767.83

如表所示，1wt%SDS泡沫半衰期在标况下为817.90s，而0.5wt%HPAM使其半衰期增幅2.16倍，HPAM浓度增至1wt%时，半衰期增幅8.80倍，体系稳定性加强。可见，聚合物限制了泡沫排液渠道，减小了排液速率，延长了体系半衰期，该效应有助于泡沫在储层中的稳定流动，促进泡沫驱油效益。

后续进行高温高压条件下的泡沫半衰期测量。图5显示60℃条件下，泡沫半衰期随环境压力升高均有所上升，但聚合物泡沫半衰期整体远大于纯SDS泡沫，且升压过程中增幅更大，随着压力提升，纯SDS泡沫半衰期仅增幅5.32%，而聚合物泡沫半衰期增幅14.02%~36.84%，可见聚合物有助于泡沫在高压下的稳定性维持。图6显示6MPa条件下，泡沫半衰期随温度升高而降低，但升温中，聚合物泡沫半衰期下降幅度明显低于纯SDS泡沫，0.5wt%HPAM使泡沫半衰期降幅由84.23%缩小至35.01%；HPAM浓度升至1wt%，泡沫半衰期降幅减至25.93%，可见HPAM泡沫稳定性优良，在高温高压条件下稳定性提升，有助于地层中泡沫驱高效进行。

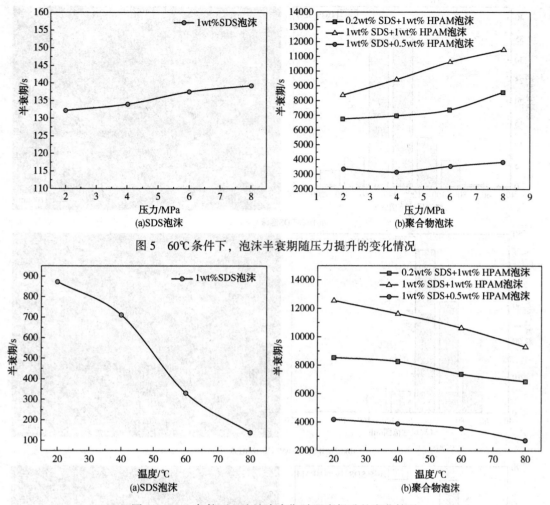

图5　60℃条件下，泡沫半衰期随压力提升的变化情况

图6　6MPa条件下，泡沫半衰期随温度提升的变化情况

2.1.3　泡沫尺寸

观察泡沫的微观表象，统计泡沫内气泡尺寸分布情况，具体如图7及表4所示。

表4　泡沫参数(20℃、1atm)

泡沫类型	起泡剂组分	气泡尺寸范围/μm	气泡平均尺寸/μm
SDS 泡沫	1wt%SDS	70.14~163.36	146.63
SDS 聚合物泡沫	0.2wt%SDS+1wt%HPAM	86.31~167.83	108.83
	1wt%SDS+1wt%HPAM	74.50~177.12	96.26
	1wt%SDS+0.5wt%HPAM	89.71~182.00	112.07

结果显示，HPAM泡沫结构致密，气泡分布密集，整体尺寸也更小，带来更小的界面能与更稳定的界面结构。0.5wt%HPAM使SDS泡沫平均尺寸缩小23.56%，1wt%HPAM使泡沫尺寸缩小34.34%。聚合物使泡沫内大部分气泡尺寸趋于减小，且尺寸分布更集中，其中大尺寸泡沫减少较为明显；另外，聚合物泡沫不会出现纯SDS泡沫频繁发生小气泡具并成大气泡的现象，大气泡结构脆弱，析液速率快，不利于体系稳定。聚合物泡沫具备较高厚度与多层的骨架，呈现复杂网状结构，导致体系析液速率减小，结构强度及稳定性提升，有助于优化泡沫驱效果。

2.1.4　体系黏弹模量

采用悬滴法进行起泡剂黏弹模量测量，振荡频率恒定为0.1Hz，压力恒定为6MPa，温度范围20~80℃，具体见图8。

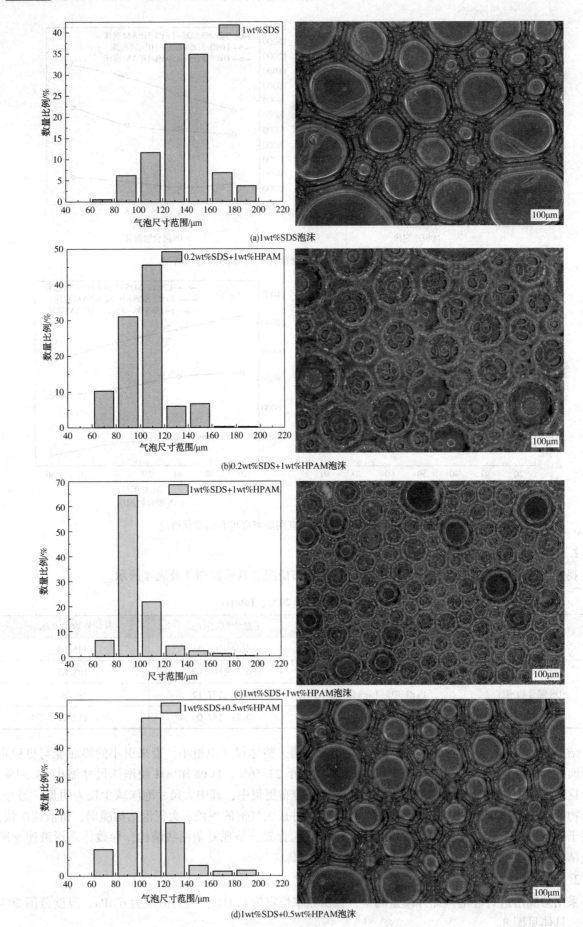

(a)1wt%SDS泡沫

(b)0.2wt%SDS+1wt%HPAM泡沫

(c)1wt%SDS+1wt%HPAM泡沫

(d)1wt%SDS+0.5wt%HPAM泡沫

图7 泡沫的微观结构及气泡尺寸分布(20℃、1atm)

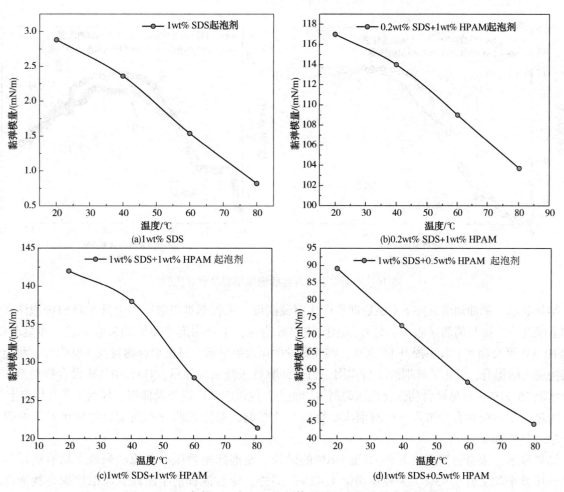

图8　6MPa条件下，各组起泡剂体系随温度提升的变化情况

起泡剂黏弹模量可以反映泡沫黏弹性优劣及结构强度大小，0.5wt%HPAM 使体系黏弹模量平均增加 26.62 倍，HPAM 浓度增至 1wt%，黏弹模量增加 49.30 倍；同时，在 20~80℃的升温过程中，聚合物起泡剂黏弹模量降幅明显小于 SDS 起泡剂，可见聚合物增强泡沫黏弹性对高温的抵抗力，高黏弹模量使泡沫表面在受储层孔隙扰动时产生更大界面张力梯度变化，体系修复能力更强，保证泡沫驱有效性。

2.2　一维物理模型驱油实验

2.2.1　聚合物复合泡沫驱开发效果

本组实验选用组分不同的泡沫进行驱替实验，具体结果见图9及图10。

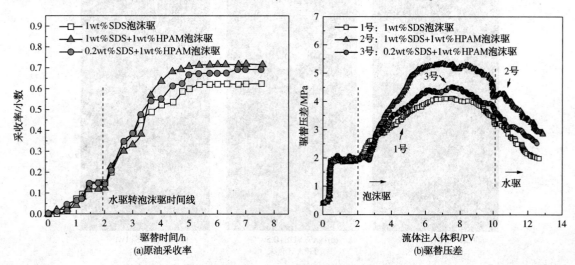

图9　不同组分泡沫的驱替参数对比图

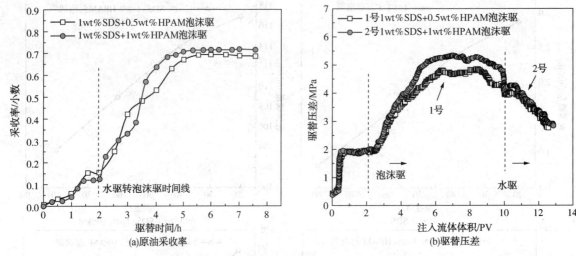

图 10　不同聚合物浓度的泡沫驱替参数对比图

结果显示，稠油油藏条件下水驱后期易产生窜流问题，采收率难以进一步上升，而 SDS 泡沫在前者基础上能进一步提升稠油采收率。另外，相比纯 SDS 泡沫，聚合物泡沫驱原油采收率进一步显著提升。1wt%HPAM 聚合物使采收率提升 14.56%，稠油开发优化效果显著，可见聚合物对泡沫黏弹性、稳定性以及结构强度的提升，强化了其稠油驱替作用。另外，驱替压差曲线显示，1wt%HPAM 聚合物使泡沫驱替压差增幅 26.21%，可见聚合物强化泡沫调剖封堵能力，促进泡沫广泛波及储层，导致了驱替压差上升。

为进一步讨论聚合物浓度变化对泡沫驱替效果的影响，对比了两种不同聚合物浓度泡沫的驱油实验结果，具体如下：

结果显示，聚合物浓度由 0.5wt% 至 1wt% 的提升，使泡沫驱替压差及原油采收率均有所增加，其中驱替压差平均上升 8.93%，采收率增幅 4.42%。另外，驱替流程前半阶段，高浓度聚合物泡沫的驱替压差增幅速率更快，可见聚合物浓度增加优化驱替能量，这促进了泡沫驱流程，整体效益更好。然而，在驱替流程 3~3.5h 时间内，高浓度聚合物泡沫驱的原油采收率略低于低浓度聚合物泡沫，说明高浓度聚合物黏着与封堵能力更强，部分含油孔隙产生暂时性堵塞，但在足够的外部动力供给下，堵塞被后续驱替液冲破，最终仍能产生更高的原油采收率。

2.2.2　产出液特征

对驱油实验产出液进行了体系特征分析。具体见图 11。

(a)0.2wt% SDS+1wt%　　　(b)1wt% SDS+0.5wt%　　　(c)1wt% SDS+1wt%
　　HPAM泡沫　　　　　　　　HPAM泡沫　　　　　　　　HPAM泡沫

图 11　聚合物泡沫驱替实验产出的泡沫油体系

观察上述产出液，可以发现聚合物泡沫与稠油混合形成泡沫油，具备油水乳状液的特性。该情况下，聚结的稠油流体因乳化作用被分割为微小的油块或油丝，黏度下降，驱替流度比得到改善，为稠油开发效益的提升提供了条件。

3 结论

（1）聚合物使泡沫液膜厚而多层，气泡尺寸小，分布密集；体系黏度增加，析液半衰期延长，黏弹性优化显著。另外，聚合物增强了泡沫的高温抵抗力，为泡沫驱油效益的提升创造了条件。

（2）聚合物使泡沫驱驱替压差以及原油采收率提升显著，1wt%聚合物使生产压差提升26.21%，原油采收率增幅14.56%，驱替能量及开发效益得到显著优化，说明聚合物通过提升泡沫强度。

（3）聚合物泡沫驱时，泡沫与稠油混合形成泡沫油，该条件下稠油黏度下降，具有油水乳状液的相态特征，驱替流度比改善，最终的稠油开发效果进一步提升。

参考文献

［1］XU Zhengxiao, LI Zhaomin, JING Aiwen, et al. Synthesis of Magnetic Graphene Oxide(MGO) and auxiliary microwaves to enhance oil recovery[J]. Energy & Fuels, 2019, 33(10): 9585-9595.

［2］XU Zhengxiao, LI Songyan, LI Binfei, et al. A review of development methods and EOR technologiesfor carbonate reservoirs[J]. Petroleum Science, 2020, 17(4): 990-1013.

［3］LI Songyan, QIAO Chenyu, LI Zhaomin, et al. The effect of permeability on supercritical CO_2 diffusion coefficient and determination of diffusive tortuosity of porous media under reservoir conditions[J]. Journal of CO_2 Utilization, 2018, 9(7): 1-14.

［4］XU Zhengxiao, LI Binfei, ZHAO Haiyang, et al. Investigation of the effect of nanoparticle-stabilized foam on EOR: Nitrogen foam and methane foam[J]. ACS Omega, 2020, 5(30): 19092-19103.

［5］LI Songyan, WANG Qun, ZHANG Kaiqiang, et al. Monitoring of CO_2 and CO_2 oil-based foam flooding processes in fractured low-permeability cores using nuclear magnetic resonance(NMR)[J]. Fuel, 2019, 263: 116648.

［6］TAHERI-SHAKIB JABER, ZOJAJI IMAN, SAADATI NASTARAN, et al. Investigating molecular interaction between wax and asphaltene: Accounting for wax appearance temperature and crystallization[J]. Journal of Petroleum Science and Engineering, 2020, 191: 107278.

［7］ISLAM MD RASHEDUL, HAO Yifan, CHEN Chau-Chyun. Aggregation thermodynamics of asphaltenes: Prediction of asphaltene precipitation in petroleum fluids with NRTL-SAC-ScienceDirect[J]. Fluid Phase Equilibria, 2020, 520: 112655.

［8］吴军. 新疆浅层超稠油Ⅰ类、Ⅱ类油藏递减规律研究[D]. 北京：中国石油大学(北京)，2019.

［9］JING Fan-long, ZHAO Miao, PARK MIRA, et al. Recent Trends of Foaming in Polymer Processing: A Review[J]. Polymers, 2019, 11(6): 953.

［10］BUREIKO ANDERI, TRYBALA ANNA, KOVALCHUK NINA, et al. Current applications of foams formed from mixed surfactant-polymer solutions[J]. Adv Colloid Interface, 2015, 222: 670-677.

［11］XU H, PU C. Experimental Study on Polymer-enhanced Nitrogen Foam Flooding[J]. Petroleum Science and Technology, 2014, 32(6): 696-702.

［12］江建林，岳湘安，高震. 聚合物在泡沫复合调驱中的作用[J]. 石油钻采工艺，2011，033(001)：61-64.

［13］ZHU Di, LI Binfei, LI Haifeng, et al. Effects of low-salinity water on the interface characteristics and imbibition process[J]. Journal of Petroleum Science and Engineering, 2022, 208: 109564.

[14] LI Songyan, HAN Rui, WANG Peng, et al. Experimental investigation of innovative superheated vapor extraction technique in heavy oil reservoirs: a two-dimensional visual analysis[J]. Energy, 2022, 238: 121882.

[15] LI Songyan, HU Zhiheng, LU Chen, et al. Microscopic visualization of greenhouse-gases induced foamy emulsions in recovering unconventional petroleum fluids with viscosity additives[J]. Chemical Engineering Journal, 2021, 411: 128411.

[16] AHMED SHEHZAD, ELRAIES KHALED ABDALLA, TAN ISA M, et al. Experimental investigation of associative polymer performance for CO_2 foam enhanced oil recovery[J]. Journal of Petroleum Science & Engineering, 2017, 157: 971-979.

[17] YU Ying, SOUKUP ZACHARY A, SARAJI SOHEIL. An experimental study of in-situ foam rheology: Effect of stabilizing and destabilizing agents[J]. Colloids and Surfaces A: Physicochemical and Engineering Aspects, 2019, 578: 123548.

[18] ALVAREZ NICOLAS J, ANNA SHELLEY L, SAIGAL TRISHNA, et al. Interfacial dynamics and rheology of polymer-grafted nanoparticles at air-water and xylene-water interfaces[J]. Langmuir, 2012, 28(21): 8052-8063.

[19] PU Wan fen, WEI Peng, SUN Lin, et al. Experimental investigation of viscoelastic polymers for stabilizing foam[J]. Journal of Industrial & Engineering Chemistry, 2017, 47: 360-367.

[20] 李丙成. 表面活性剂和聚合物混合体系的流变性质和起泡性能研究[D]. 青岛: 中国石油大学(华东), 2016.

[21] 何冬月. 高浓度聚合物微观驱油特征及流变性研究[D]. 济南: 山东大学, 2009.

[22] LEE STEPHANIE K, WANG Mei, LEE Jinhyun, et al. Development of reversibly compressible feather-like lightweight Chitosan/GO composite foams and their mechanical and viscoelastic properties[J]. Carbon, 2020, 157: 191-200.

[23] SUETHAO SUPITTA, SHAH DARSHIL U, SMITTHIPONG WIRASAK. Recent Progress in Processing Functionally Graded Polymer Foams[J]. Materials, 2020, 13(18): 1700195.

[24] YANG Kang, LI Songyan, ZHANG Kaiqiang, et al. Synergy of hydrophilic nanoparticle and nonionic surfactant on stabilization of carbon dioxide-in-brine foams at elevated temperatures and extreme salinities[J]. Fuel, 2021, 288: 119624.

[25] LI Songyan, WU Peng, ZHANG Kaiqiang. Complex foam flow in series and parallel through multiscale porous media: Physical model interpretation[J]. International Journal of Heat and Mass Transfer, 2021, 164: 120628.

乳化剂对稠油活性组分界面流变性质的影响

孙成迪[1]　张庆轩[1]　李　瑶[1]　张锁兵[2]　伦增珉[2]　刘金河[1]

【1. 中国石油大学(华东)化学化工学院；2. 中国石化石油勘探开发研究院】

摘　要：油水界面膜是研究稠油乳状液稳定性的基础，不同乳化剂与稠油活性组分的相互作用可以影响界面膜的性质，进而影响稠油的采收率。利用界面扩张流变技术，研究了稠油官能团组分在油水界面上吸附膜的稳定性，探讨了三种不同类型的乳化剂对稠油组分界面吸附行为的影响。研究结果表明：酸性分和两性分在油水界面形成的吸附膜最稳定，扩张模量最大。随着乳化剂的加入，扩张模量均先增加后减小，而相角持续递增。在各乳化剂扩张模量极值点处，阴离子型乳化剂 SDS 与稠油活性组分存在静电相互作用使扩张模量极值最大，形成的吸附膜稳定性最好。非离子型乳化剂 AC-1205 由于形成微小网状结构能增溶更多稠油活性组分使扩张模量极值次之，两性乳化剂 BS-12 扩张模量极值最小，形成的界面膜最不稳定。

关键词：乳化剂；稠油组分；界面膜；界面吸附；扩张模量

组成稠油的各类化合物的官能团有明显的差异，不同官能团会影响稠油缔合程度及稠油乳状液的稳定性，研究稠油官能团组分的物理化学性质对稠油开采与利用具有理论指导意义。稠油乳化降黏是一个复杂的过程，通常需要外加乳化剂才能够进行，乳化剂与稠油组分在油水界面上所形成的吸附膜是决定乳状液稳定与破坏的主要因素。吸附膜由于具有一定的机械强度，当有外界扰动时会发生微观弛豫过程[1-3]。通过测量油水界面膜的扩张流变性就可以衡量界面膜抵抗外界干扰的能力，进而可以研究乳化剂分子与稠油组分吸附在油水界面上的形态分布和相互作用等微观特性。

油水界面的流变特性是提高稠油采收率的一个核心问题[4]。李明等[5]研究了 Tween X 疏水基团链长对界面扩张流变性质的影响，郭兰磊等[6]研究了疏水基支链化对甜菜碱表面扩张流变性质的影响。乳化剂的结构影响着它的性质，使得乳化剂的界面吸附能力有很大不同[7-11]。张征等[12]研究了从超稠油中分离出的沥青质、胶质和抽余油对油水界面张力及界面扩张性质的影响。稠油中的沥青质和胶质由于具有很强的界面活性，能够在界面上形成具有黏弹性的吸附膜，有利于稠油乳状液的形成及稳定[13]。已有的相关研究中，大多数都集中在具有不同疏水基团的乳化剂或者稠油极性组分(沥青质和胶质)对油水界面黏弹性的影响，但把稠油分成官能团组分，研究官能团组分的界面活性及其与乳化剂在界面上的作用机理，该方面研究还未见报道。

笔者将孤岛稠油分离成官能团四组分，利用界面扩张流变技术研究了官能团组分在油水界面的吸附行为，考察具有不同亲水基团的乳化剂对稠油组分界面吸附行为的影响。

基金资助：国家重点研发计划项目"稠油化学复合冷采基础研究与工业示范"(2018YFA0702400)；中石化项目"稠油化学复合冷采驱油体系构建与协同作用机理"(P20073-2)。

作者简介：孙成迪(1996—)，男，硕士研究生，研究方向为胶体与界面化学。E-mail：cdsun1996@163.com

1 实验

1.1 试剂与仪器

十二烷基磺酸钠(SDS),十二烷基二甲基甜菜碱(BS-12),十二胺聚氧乙烯醚(AC-1205),分析纯,上海麦克林生化科技有限公司产品。甲苯,分析纯,国药集团化学试剂有限公司产品。原油为孤岛稠油,密度 0.9282g/mL,黏度(50℃)965mPa·s。实验用水为二次蒸馏水。

上海中晨技术设备有限公司 JMP2000A 界面膨胀流变仪和 JK-99C 表界面张力仪;德国 Elementar 公司 Vario Elclll 型元素分析仪;美国尼高力公司 Spectrum One 红外光谱仪。

1.2 实验方法

1.2.1 官能团组分的分离及性质分析

利用离子交换色谱法将孤岛稠油按官能团的不同分成酸性分、碱性分、两性分和中性分[14,15],然后测定它们元素含量、酸值、分子量以及红外光谱图。

1.2.2 乳化剂表面张力的测定

将三种乳化剂配制成一系列不同质量分数的水溶液,使用表面张力仪测定乳化剂水溶液的表面张力-含量曲线,实验温度为 30℃。

1.2.3 稠油及其官能团组分界面黏弹性的测定

将稠油及其官能团组分配制成质量分数为 0.05% 的甲苯溶液,向 Langmuir 槽注入 90mL 乳化剂水溶液作为水相、50mL 稠油组分的甲苯溶液作为油相[16,17]。设置正弦运动模式,在 30℃下恒温 2h。关于测量界面扩张黏弹性的理论基础[18]。

2 结果与讨论

2.1 稠油官能团组分的性质分析

稠油及其官能团组分的组成及性质如表 1 所示,从中可得:酸性分中的 O、S 含量较高且酸值最高。碱性分中的 N 含量高,酸值最低。两性分中的 N、O、S 杂原子含量均较高,酸值仅低于酸性分。中性分以 C、H 为主,杂原子含量较少。从图 1 稠油及其官能团组分的红外光谱图中可以看出,酸性分中有明显的羟基(3169cm^{-1})和羧基(1710cm^{-1})的特征吸收峰,碱性分中出现含氮碱性官能团(1610cm^{-1}、1356cm^{-1})的吸收峰,两性分结构复杂,既含有酸性官能团也含有碱性官能团,而中性分主要以烃类(2925cm^{-1}、2868cm^{-1}、1458cm^{-1})吸收峰为主。

表 1 稠油及其官能团组分的组成及性质

组 分	元素含量/%					酸值/(mg/g)	相对分子质量
	C	H	S	N	O		
稠油	82.69	11.60	1.19	0.47	4.05	6.96	524
酸性分	82.95	9.36	1.21	0.36	6.12	32.51	749
碱性分	84.10	11.62	0.49	2.61	1.18	1.28	1012
两性分	79.66	9.14	2.31	1.96	6.93	26.13	1498
中性分	85.67	13.23	0.21	0.11	0.78	3.21	403

注:O 元素含量通过差减法得到。

2.2 乳化剂水溶液的表面张力-含量曲线

图 2 为三种乳化剂表面张力随质量分数的变化曲线。从中我们可以看出,三种乳化剂形成胶束时的含量均在 0.01%~0.02% 之间,临界胶束含量的大小顺序为:SDS(0.020%)>AC-1205(0.015%)>BS-12(0.014%)。相同质量分数下,BS-12 降低表面张力的能力最强,AC-1205 次之,SDS 降低表面张力的能力最弱。

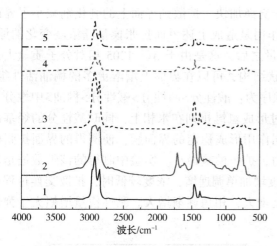

图1　稠油及其官能团组分的红外光谱图

1—稠油；2—酸性分；3—碱性分；4—两性分；5—中性分

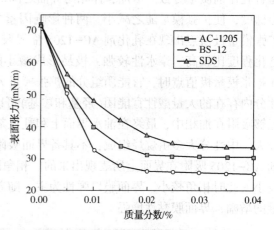

图2　乳化剂水溶液的表面张力-含量曲线

2.3　扩张频率对稠油官能团组分界面黏弹性的影响

稠油官能团组分的界面扩张模量和相角随扩张频率的变化曲线如图3所示，官能团组分的界面扩张模量随着频率的加快而略有增大。这是因为随着频率加快，界面膜的形变速度加快，被扰动的界面膜通过交换扩散重新恢复平衡的时间就变短，界面张力梯度变大，扩张模量随之变大。可以用斜率来定量表征频率对稠油组分界面吸附作用的影响，曲线斜率越高，改变相同频率导致的扩张模量增幅越大，稠油组分在界面上形成的吸附膜越稳定，抵抗外界扰动的能力越强。图中各曲线斜率的大小顺序为：两性分>酸性分>稠油>碱性分和中性分。这说明随着扩张频率的增大，两性分和酸性分在油水界面形成的吸附膜更紧密、最稳定，中性分形成的吸附膜最不稳定。相角反映了界面黏性部分与弹性部分贡献的比值，由于频率加快使弛豫时间变短，体相与界面之间稠油组分分子交换扩散的贡献变小，导致扩张黏性所占比例减小，相角随之减小，此时界面膜以弹性为主。

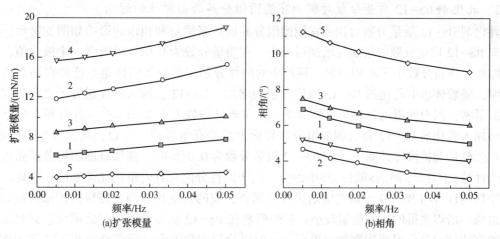

图3　不同扩张频率对稠油官能团组分界面扩张模量和相角的影响

1—稠油；2—酸性分；3—碱性分；4—两性分；5—中性分

2.4　乳化剂对稠油官能团组分界面黏弹性的影响

2.4.1　乳化剂AC-1205质量分数对稠油官能团组分界面黏弹性的影响

图4为非离子型乳化剂AC-1205质量分数对稠油官能团组分界面扩张模量和相角的影响。由图4可以看出，扩张模量随着AC-1205质量分数的增加出现一个极大值。一般而言，乳化剂和稠油活性组分可以共同吸附在界面上形成混合吸附膜，随着乳化剂质量分数的增大，在界面上吸附的分子数量增加，界面分子之间的相互作用增强，界面扩张模量增大。扩张模量越大，界面膜的稳定性越好。此后，

随着乳化剂质量分数的增加，体相与界面之间的分子交换加快，扩散到界面上的乳化剂减小了界面张力梯度，使扩张模量随之减小。两种影响因素共同作用是造成上述界面扩张模量随浓度变化的原因。扩张模量极值点出现在乳化剂 AC-1205 临界胶束含量之后，这是由于 AC-1205 相对分子质量大，支链化程度比较高，亲水性较强，极易形成微小的网状结构，可以在界面上增溶更多的稠油活性组分。在扩张模量极值点时，官能团组分的扩张模量大小顺序为：酸性分>两性分>碱性分>稠油>中性分。酸性分内存在的大量酸性官能团(羟基和羧基)可以通过形成氢键排列在水相上，同时酸性分的烃基部分能够吸附在油相中，最终在油水界面上和乳化剂协同作用形成稳定的界面膜，使测得的界面扩张模量最大。中性分大多由烷烃组成，不具备界面吸附能力，扩张模量最小。实验中测得的该组数据是乳化剂 AC-1205 吸附在界面上所表现出来的。相角随浓度增加单调递增，浓度较低时，扩散交换过程贡献较小，此时相角较小，界面膜以弹性为主。随着浓度增大，相角逐渐增大。黏性模量增幅大于弹性模量的增幅，界面膜黏性增强。

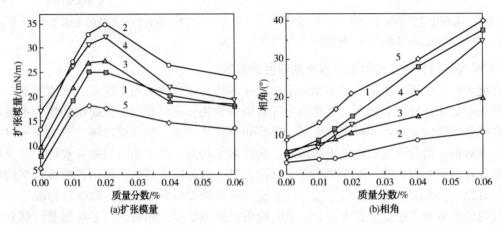

图 4　乳化剂 AC-1205 质量分数对稠油官能团组分界面扩张模量和相角的影响
1—稠油；2—酸性分；3—碱性分；4—两性分；5—中性分

2.4.2　乳化剂 BS-12 质量分数对稠油官能团组分界面黏弹性的影响

两性乳化剂 BS-12 质量分数对稠油官能团组分界面扩张模量和相角的影响如图 5 所示。扩张模量随着乳化剂 BS-12 质量分数的增加先增加后减小，在质量分数为 0.01% 时出现一个极大值，相角随着浓度持续增加。质量分数小于 0.01% 时，稠油中的两性分和酸性分等活性组分已经在油水界面上形成一层吸附膜，随着体相中乳化剂 BS-12 质量分数的增加，BS-12 会插入界面层分子之间的间隙中，使界面层更加紧密，因而测得的界面扩张模量变大。在质量分数大于 0.01% 时，此时界面层已经达到吸附饱和，再加入乳化剂 BS-12 会与稠油组分在界面上发生竞争吸附、缔合，从而改变界面膜的性质，使测得的扩张模量和扩张弹性减小。在 BS-12 质量分数为 0.01% 时，稠油官能团组分扩张模量的大小顺序为：两性分>酸性分>稠油>碱性分>中性分，由于两性分内含有大量功能性基团，表现出很好的界面活性，使得两性分与 BS-12 形成的吸附膜排列紧密，膜的强度比较高，测得的扩张模量较大。中性分由烷烃组成，所以测得的扩张模量较小。扩张模量在 BS-12 临界胶束含量之前便达到峰值，可能是由于稠油的官能团组分已经吸附在油水界面上，所以达到饱和吸附时所需要的 BS-12 的浓度减小。随着 BS-12 质量分数的增加，相角持续增大且均小于 50°，表明界面膜的黏性越来越强。

2.4.3　乳化剂 SDS 质量分数对稠油官能团组分界面黏弹性的影响

阴离子型乳化剂 SDS 对稠油官能团组分界面扩张模量和相角的影响如图 6 所示。由图 6 可得，SDS 质量分数对界面黏弹性的影响规律与前两种乳化剂大致相同，只是在极值点时扩张模量的大小顺序变为：两性分>碱性分>酸性分>稠油>中性分。两性分和碱性分由于电离带有部分正电荷，与 SDS 存在强烈静电相互作用，二者共同吸附在界面上形成缔合的界面复合物，复合物的形成使界面扩张模量增加，界面稳定性增强。而两性分由于较大的分子量、稠合的芳香环结构，在油水界面上成膜有更长的特征弛豫时间，所以测得的扩张模量最高。酸性分部分电离带有负电荷，与 SDS 由于静电斥力的作用竞争吸附在界面上，使界面吸附的分子数减少，抵抗外界扰动的能力变弱，扩张模量变小。中性分不带电荷也没有界面活性，所以扩张模量最小。

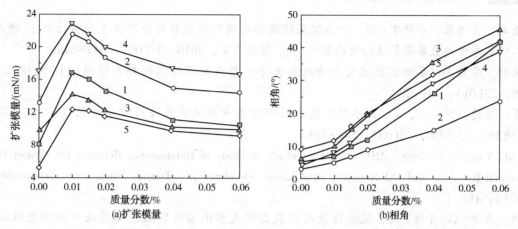

图5 乳化剂 BS-12 质量分数对稠油官能团组分界面扩张模量和相角的影响
1—稠油；2—酸性分；3—碱性分；4—两性分；5—中性分

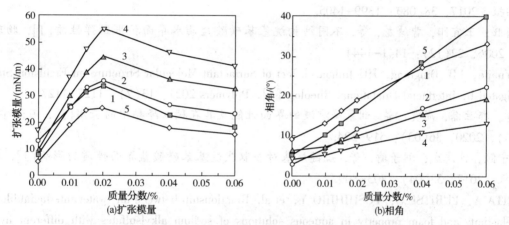

图6 乳化剂 SDS 质量分数对稠油官能团组分界面扩张模量和相角的影响
1—稠油；2—酸性分；3—碱性分；4—两性分；5—中性分

比较图4(a)、图5(a)、图6(a)可得，稠油活性组分与不同类型乳化剂形成吸附膜最稳定时扩张模量的极值大小顺序为：SDS>AC-1205>BS-12，结合前面测得的表面张力数据，乳化剂降低表面张力的能力与形成界面膜的稳定性并不直接相关。阴离子乳化剂 SDS 与部分稠油活性组分由于存在静电相互作用，所以测得的扩张模量极值最大，虽然降低表面张力的能力最弱，但形成的吸附膜最稳定。非离子乳化剂 AC-1205 由于较大的分子量、较高的支链化程度，能够形成网状结构存在混合吸附膜使扩张模量极值次之。两性乳化剂 BS-12 降低表面张力的能力最强，但其与稠油组分协同吸附能力较弱，使扩张模量极值最小，形成的界面膜稳定性最差。

3 结论

研究了稠油官能团组分与三种乳化剂在界面上的扩张流变性质。结果表明，稠油中的活性组分主要存在于酸性分和两性分，二者测得的扩张模量较大。不同类型乳化剂在油水界面上与稠油组分发生不同的界面相互作用，强烈影响着体系界面扩张模量和界面吸附膜的稳定性。SDS 虽然降低表面张力的能力较差，但与稠油活性组分因静电作用形成的吸附膜最稳定，BS-12 形成的吸附膜稳定性最差，AC-1205 支链化程度较高使其与活性组分形成的界面膜稳定性处于二者之间。

参考文献

[1] 尚亚卓, 王雨琴, 董修言, 等. 十二烷基硫酸钠对两性咪唑类离子液体表面活性剂 1-磺丙基-3-十二烷基咪唑内盐界面聚集行为的影响[J]. 应用化学, 2016, 33(06): 641-648.

[2] 朱艳艳, 徐桂英. 界面扩张流变方法研究大分子与表面活性剂的相互作用[J]. 物理化学学报, 2009, 25(01): 191-200.

[3] 严峰, 张建, 付天宇, 等. 疏水缔合聚合物驱体系中原油乳状液性质及破乳规律[J]. 石油学报 (石油加工), 2016, 32(03): 546-555.

[4] WANG Yang, GEJijiang, ZHENG Yufei, et al. A Study of Relationship Between Oil-Water Interfacial Dilational Rheology and Oil Recovery of Alkaline Flooding[J]. Tenside Surfactants Detergents, 2015, 270(1): 163-170.

[5] 李明, 曹冲, 熊可洁, 等. 疏水链长对聚氧乙烯失水山梨醇脂肪酸酯界面扩张流变性质的影响[J]. 物理化学学报, 2015, 31(02): 322-328.

[6] 郭兰磊, 祝仰文, 徐志成, 等. 疏水基支链化对甜菜碱表面扩张流变性质的影响[J]. 高等学校化学学报, 2017, 38(08): 1399-1405.

[7] 宋新旺, 王宜阳, 曹绪龙, 等. 不同结构烷基苯磺酸盐油水界面扩张黏弹性质[J]. 物理化学学报, 2006, 22(12): 1441-1444.

[8] JINYuejie, LIU Dingrong, HU Jinhua. Effect of Surfactant Molecular Structure on Emulsion Stability Investigated by Interfacial Dilational Rheology[J]. Polymers 2021, 13(7): 1127-1127.

[9] 于群, 郭兰磊, 周贺, 等. 甜菜碱溶液的界面性能及其在稠油降黏中的应用[J]. 石油学报(石油加工), 2020, 36(03): 519-524.

[10] 束宁凯, 徐志成, 刘子瑜, 等. 短链烷基对多取代烷基苯磺酸盐界面性质的影响[J]. 物理化学学报, 2017, 33(04): 803-809.

[11] KEITA A, FURITSU S, YOSHIHIRO Y, et al. Relationship between air-water interfacialdilational viscoelasticity and foam property in aqueous solutions of sodium alkylsulfates with different hydrocarbon chains[J]. Journal of Dispersion Science and Technology, 2020, 42(8): 1218-1224.

[12] 张征, 马自俊, 杨晓鹏, 等. 一种超稠油模拟油的油水界面扩张黏弹性研究[J]. 油田化学, 2010, 27(02): 145-148.

[13] ZHOU He, CAOXulong, GUO Lanlei, et al. Studies on the interfacial dilational rheology of films containing heavy oil fractions as related to emulsifying properties[J]. Colloids and Surfaces A: Physicochemical and Engineering Aspects, 2018, 541: 117-127.

[14] 范维玉, 宋远明, 南国枝, 等. 水包稠油乳状液稳定性研究 I. 稠油官能团组分分离及其油水界面黏度考察[J]. 石油学报(石油加工), 2001, 17(S1): 1-8.

[15] 范维玉, 宋远明, 南国枝, 等. 稠油组分在水包油乳状液中作用机理的研究 I. 稠油组分分离及基本性质研究(英文)[J]. Petroleum Science, 2004, 1(03): 66-71.

[16] 李亮, 王彦玲, 张建军, 等. 羟基磺基甜菜碱氟碳表面活性剂在油水界面的扩张黏弹性[J]. 应用化学, 2015, 32(10): 1190-1195.

[17] 李美蓉, 丁俐, 刘娜, 等. 稠油降黏剂与树形大分子破乳剂的界面相互作用[J]. 石油学报(石油加工), 2015, 31(06): 1325-1331.

[18] 李燕, 柴金岭. 咪唑基表面活性离子液体在气/液界面的扩张黏弹性(英文)[J]. 物理化学学报, 2016, 32(05): 1227-1235.

降黏剂辅助氮气吞吐
开采超稠油可行性研究

吴明轩[1] **李兆敏**[1] **李松岩**[1] **李宾飞**[1] **张 超**[1] **卢 辰**[2]

【1. 中国石油大学(华东);2. 中国海油湛江分公司】

摘 要: 在深层稠油油藏及强水敏稠油储层等特殊油藏中,传统注蒸汽热采技术的应用面临诸多限制。对于这些类型的稠油油藏,考虑采用降黏剂辅助氮气吞吐冷采方法,降黏剂降低原油黏度,氮气增能吞吐提高稠油流动性。在本文中,通过室内实验研究了在高压油藏条件下使用油溶性降黏剂辅助氮气吞吐开采超稠油的方法。通过降黏实验研究了油溶性降黏剂对稠油的降黏规律。使用岩心氮气吞吐实验研究超稠油的采收率并分析测试了采出油的性质。在可视化的模拟多孔介质中观察减压过程中降黏剂对溶解氮气–原油的流动状态影响。实验结果表明,该油溶性降黏剂有效降低了原油的黏度。油溶性降黏剂的辅助作用可显著提高氮气吞吐超稠油的采收率。当油溶性降黏剂的浓度从0%增加到10%(质量分数)时,五个吞吐周期后的原油采收率从5.84%增加到12.9%。降黏剂的加入会降低原油黏度以及原油–氮气的界面张力,并且可视化多孔介质中的氮气气泡体积更小也更致密,更有利于推动原油流动。出口处的原油流出时间更稳定和持久。一系列实验结果表明,该油溶性降黏剂可通过降低原油的黏度和降低氮气/原油的界面张力来有效地提高氮气吞吐采收率。

关键词: 稠油;冷采;氮气吞吐;降黏剂

在可预计的未来,石油和天然气资源在能源消费结构中有不可替代的主导地位[1,2]。常规油气资源由于开采技术简单、成本低廉而被快速开采。全球油气资源中常规油气资源仅占约1/3,其余2/3为稠油、致密油等非常规油气资源[3]。随着经济的发展,能源消耗量逐渐增加,稠油油藏及致密油油藏等非常规油藏开采占比逐年增加[4,5]。研究不同类型稠油油藏的开采技术及机理对进一步提高缓解能源紧缺有重要意义。

与常规原油的开采相比,稠油因其组分中胶体和沥青质含量高,导致黏度大流动性较差,稠油的开采难度和生产成本高于普通原油。如何降低稠油的黏度以改善其流动性,是实现稠油高效开采的研究重点[6]。稠油黏度随温度升高而迅速降低。因此,稠油油藏注热开采是生产稠油的有效技术手段,包括蒸汽驱、蒸汽辅助重力泄油、火烧油层等技术手段[7]。

但是,在一些埋藏深度较大的稠油油藏中,井筒中蒸汽的热损失非常大,并且由于高地层压力,油藏中的蒸汽的相态迅速变为热水[8],在这些油藏中继续使用热采技术将导致成本增加,但是很难改善稠油采收率。也存在一些油藏,储层有一定水敏性,注入蒸汽会对储层造成不可逆伤害。在这些情况下,冷采技

基金项目:国家自然基金联合基金项目"难采稠油多元热复合高效开发机理与关键技术基础研究"(U20B6003)。

作者简介:吴明轩(1994—),男,中国石油大学(华东)油气田开发工程专业博士研究生。E-mail: mingxuanwu@126.com

术更为适用[9]。典型的冷采技术包括泡沫驱、聚合物驱、碱性表面活性剂聚合物驱、气吞吐法等[10,11]。

气体吞吐的生产方法适用于多种类型的油藏，并且可以有效地提高石油采收率。通常注入储层的气体有天然气、CO_2、N_2和烟道气。CO_2吞吐法是提高稠油油藏产量的有效技术。CO_2可以提取轻质组分并降低原油的黏度。它还可以显著地扩大油藏中的稠油，增加地层能量，提高采油效率[12-14,19]。但是，在某些地区大规模使用CO_2改善石油采收率受到气源的限制而且CO_2可压缩性较强，针对埋深大的油藏，CO_2增能效果有限。天然气等烷烃对稠油的溶解降黏能力较强，但是天然气等烷烃属于易燃易爆气体，使用安全风险较高，且来源受产地限制较大，应用场景有限[15-19]。N_2通过膜分离技术去除空气中的氧气即可大规模制得，化学性质稳定使用安全性较高[20,21]。N_2与原油的混溶压力高，可以有效补充地层能量[22-24]。氮气结合油溶性降黏剂注入地层中既可以有效降低深层超稠油黏度[25]，又能增加地层能量，提高注气吞吐的回采效果，避免了沥青质析出和对地面地下设备的腐蚀，对水敏储层的伤害等影响[26,27]。

本文采用室内模拟实验技术研究了在深层超稠油的储层条件下油溶性降黏剂辅助氮气吞吐的采收效果。测试了降黏剂对超稠油的降黏效果，并研究了降黏剂辅助氮气吞吐的开采特征。同时，通过二维可视化实验研究了吞吐过程中流体的分布特征和流动性差异。

1 实验

1.1 实验药品和装置

实验中使用的稠油50℃下地面脱气原油黏度为5.11×10^4mPa·s。25℃下脱水稠油密度为0.981g/cm³。通过使用流变仪(AntonPar，MCR302，奥地利)测量脱气和脱水后原油的黏度如图1所示，使用SARA标准测的原油四组分分布如图2所示，胶质沥青质含量较高。实验用水为模拟地层水矿化度为120000mg/L，主要矿物质为氯化钙和氯化钠。降黏剂为山东恒业集团的油溶性降黏剂YRJ-3，主要药剂成分为生物柴油、芳烃和丙烯酸十八酯。岩心为压制成品岩心，具体参数如表1所示，实验流程如图3所示。微观渗流刻蚀模型的孔道直径为30~70μm，实验流程如图4所示。

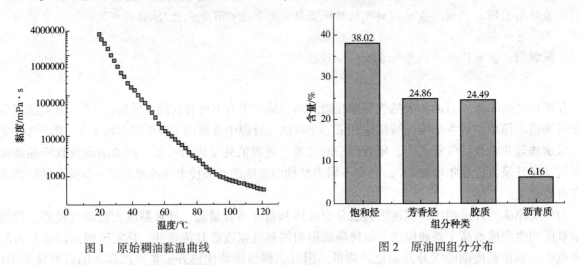

图1 原始稠油黏温曲线　　　　　　　图2 原油四组分分布

表1 岩心实验参数

岩心编号	长度/cm	直径/cm	孔隙度/%	渗透率/10⁻³μm²	含油饱和度/%	降黏剂含量(质量分数)/%
1	15	2.51	22.5	324	83.4	0
2	15	2.51	22.9	331	82.3	3
3	15	2.51	23.4	337	81.5	5
4	15	2.51	22.3	320	84.0	10

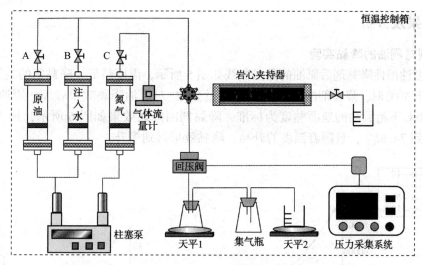

图 3   氮气吞吐实验流程图

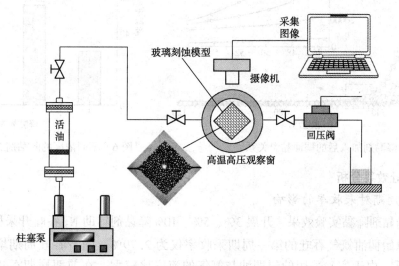

图 4   微观刻蚀模型渗流实验流程图

1.2   气体吞吐实验方法

（1）在 60℃烘箱中，将人造岩心放入岩心夹持器，抽真空并饱和地层水。将一定浓度的降黏剂与稠油在水浴中混合均匀，使用恒流泵采用 0.1mL/min 的速度饱和原油，直至不再产出地层水。

（2）关闭岩心两端阀门稳定 12h，在 18MPa 的恒定压力下注入 N_2 保持 0.5h，关闭阀门焖井 6h，然后开始生产。

（3）通过控制回压阀压降速度来控制调节生产速度为 40kp/min，终止压力为 6MPa。测量并记录生产周期吞吐过程中岩心两端压力、产油量、产气量随时间变化的相关参数，直到不再产油为止。

（4）重新注气焖井，控制放喷共进行 5 轮次的吞吐实验。

1.3   油气渗流微观可视化实验方法

（1）将微观刻蚀玻璃模型放在高温高压夹持器中，使用 ISCO 泵和手摇泵同时将玻璃模型和夹持器环空中注入超纯水并加压到 8.5MPa，并将整体温度加温到 60℃，维持温度和压力稳定。

（2）设置出口处的回压为 8.5MPa，打开微观刻蚀玻璃模型的进出口，将配制好的溶解 N_2 的高温高压活油注入微观刻蚀模型中，直至出口端不再产水，关闭主入口与产出口，模拟注入氮气与降黏剂焖井结束后的地层原油状态。

（3）打开模型出口，缓慢降低出口端回压阀压力，用高速摄像机记录溶解氮气推动含有降黏剂原油或原始稠油流出过程。

2 实验结果及分析

2.1 降黏剂对稠油的降黏实验

加入不同浓度油溶性降黏剂后原油的黏温曲线如图 5 所示，温度越低，降黏剂的效果随浓度增加越明显。在温度低于40℃时，降黏剂浓度低于3%（质量分数）对原油降黏效果较差，原油黏度高于 8.6×10^4 mPa·s。以50℃下超稠油的地面黏度为标准，降黏剂的降黏效果如图 6 所示，加入浓度为 5% 时，降黏效果即可达到 74.63%，且随着温度的升高，降黏效果得到提升。

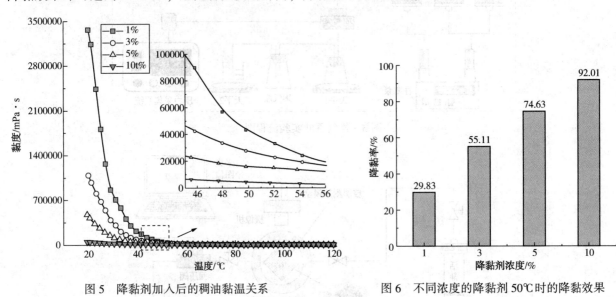

图 5　降黏剂加入后的稠油黏温关系　　　　　图 6　不同浓度的降黏剂 50℃时的降黏效果

2.2 氮气吞吐效果分析

2.2.1 吞吐周期对采收率的影响

依据油溶性降黏剂降黏实验效果，开展 3%、5%、10% 降黏剂辅助 N_2 吞吐开采稠油岩心实验。结果如图 7 所示，原始稠油氮气吞吐的第一周期采收率仅为 2.79%，随着吞吐周期增加，单周期原油采出程度逐渐降低。由于实验采用的超稠油与氮气的流度比较大，在前两周期吞吐放喷过程中岩心出口端已形成优势气窜通道，导致后三周期在岩心中剩余油饱和度较高的情况下，单周期采出程度迅速降低。随着原油采出量增加，气体占据的孔隙体积增加，注气过程中恢复地层能量需要的单周期注气量上升，进一步加剧放喷时的气窜现象，这也是造成后续单周期采收率迅速降低的原因之一。

2.2.2 降黏剂浓度对采收率的影响

图 7 中 (a) 与 (c) 对比可知，稠油中加入 5% 降黏剂五个周期的采收率分别增加 2.61%、1.24%、0.34%、0.27%、0.03%。单周期采收率越高增产效果越明显，且增产效果主要存在于前两个周期。(a) 与 (b)(c)(d) 对比，随着油溶性降黏剂浓度增加，氮气吞吐单周期采收率均有所上升，第一周期采收率分别增加 1.81%、2.61%、3.61%，在降黏剂加入 3% 时，第一周期增油量与降黏剂的比值最高，降黏剂换油效果最佳。

图 8 为不同浓度降黏剂辅助氮气吞吐超稠油的累计采收率与吞吐周期数的关系，图 9 为降黏剂浓度对氮气吞吐总采收率的影响。结合图 8 与图 9 可知，累计采收率随吞吐周期增多增加幅度均明显放缓。3%、5%、10% 浓度的降黏剂分别提高总采收率为 2.76%、4.49%、7.09%，降黏剂浓度的增加对稠油增产效果也存在递减的趋势。不同浓度的降黏剂与超稠油混合均匀后注入对应的人造岩心中，考虑到注入的氮气在注入岩心吞吐过程中波及系数有限，因此实验过程中的降黏剂利用效率较低，实际降黏剂的有效换油率高于室内实验结果。

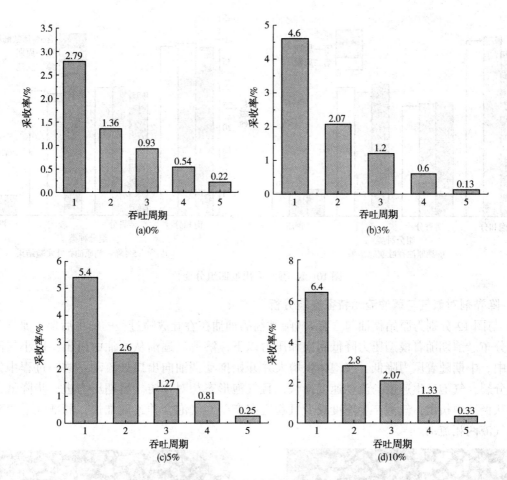

图 7 0%、3%、5%和 10%降黏剂浓度对 N_2 吞吐采收率效果影响

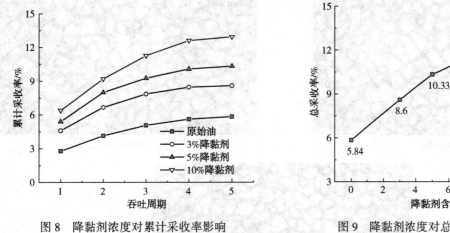

图 8 降黏剂浓度对累计采收率影响   图 9 降黏剂浓度对总采收率的影响

2.2.3 降黏剂对沥青质的影响

图 10 为 N_2 吞吐实验中四组分含量变化情况，可以看出 N_2 吞吐产出油中的沥青质随吞吐周期的增加含量变化较小，N_2 对原油轻质组分的萃取效果不明显，在吞吐过程中不易造成沥青质沉积伤害储层。加入 5%油溶性降黏剂后，沥青质和胶质含量有不同程度的下降，其下降比例大于降黏剂加入引起的稀释作用，这一现象说明降黏剂对超稠油中的沥青质等重组分有一定的分解效果，从而有效降低超稠油的黏度。

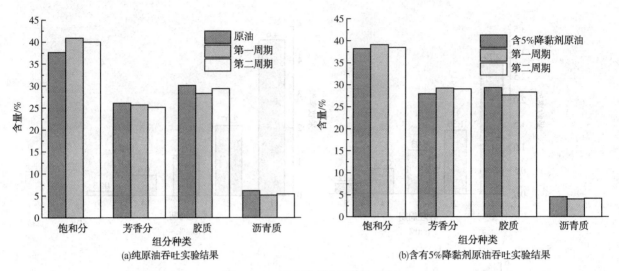

(a)纯原油吞吐实验结果 　　(b)含有5%降黏剂原油吞吐实验结果

图 10 　N₂ 吞吐采出油四组分变化

2.3 　降黏剂对氮气与稠油流动特征影响分析

图 11 与图 12 分别为原始稠油与含有 5%降黏剂的稠油在吞吐放喷过程的前中后期，氮气与稠油的流动状态分布。前期随着模型压力降低到饱和压力以下，溶解气逐渐从原油中析出，以小气泡形态分散在稠油中。中期随着压力降低，气泡体积增大并开始推动稠油向出口处流动，这一过程中伴随气泡的合并与分裂，气泡产生速度与流动速度最快，且气泡形态相对稳定。后期压力进一步降低，大部分气体已经从稠油中析出，气泡产生速度减少且稳定向变差，气泡合并速度加快，局部气泡由分散相形成连续的气液两相流动。

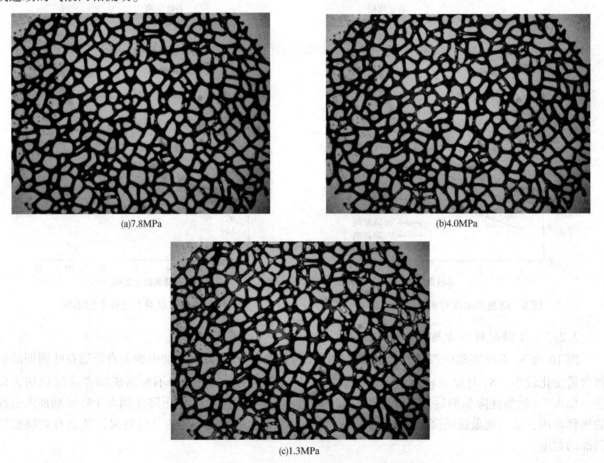

(a)7.8MPa 　　(b)4.0MPa

(c)1.3MPa

图 11 　纯原油氮气吞吐微观渗流状态

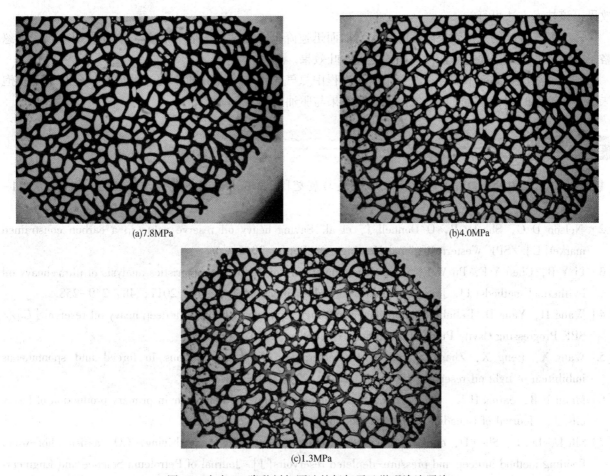

(a)7.8MPa   (b)4.0MPa

(c)1.3MPa

图12　含有5%降黏剂与原油的氮气吞吐微观渗流照片

由图11(a)与图12(a)可知，多孔介质中的压力由初始的8MPa下降到7.8MPa时，溶解气开始析出，以小气泡的形态分散存在于超稠油的连续相中。此时，降黏剂对气泡形态影响不易察觉。

由图11(b)与图12(b)可知，在中期阶段降黏剂的存在使氮气气泡的直径变小，数量变多，且形状更加规则。这主要是由于两方面的原因，降黏剂的存在使稠油黏度降低，气泡在流动过程中受到的阻力减小，形变更小从而形状更加规则。此外，由于油溶性降黏剂中含有一定量的表面活性物质，且对稠油中的沥青质等重组分有一定的解构作用，可能产生更多的表面活性物质，因此使得气泡更稳定，在流动过程中不易发生聚并。由于流动中的剪切与截断效应，表面活性物质的增加，提高了大气泡的分裂概率，因此在图12(b)中的气泡更致密，对稠油的推动效果更好。

由图11(c)与图12(c)对比可知在吞吐后期，图11(c)的多孔介质中存在较多的段塞式稠油，这是由于在降压开采过程中原油与氮气的流度比较大，氮气气泡在优势通道中流动更快，且气泡稳定向较差，聚并速度明显高于图12(c)，氮气较早的形成连续相流动，降低了气体的波及面积，且对稠油的有效推动效果也较差，因此多孔介质中的剩余油较多。图12(c)中剩余油的面积明显低于图11(c)，且存在较多的小气泡，进一步说明降黏剂的存在提高了氮气气泡的稳定性。

3　结论

通过降黏剂辅助氮气吞吐超稠油岩心模拟实验及微观刻蚀模型渗流实验，研究了油溶性降黏剂辅助氮气在深层超稠油开采过程中的可行性，得出了以下结论：

(1)降黏剂添加量为3%时，可降低稠油黏度55.11%，原油采收率从5.84%提高到8.6%，降黏剂添加量为5%时可降低超稠油黏度74.63%，采收率提高到10.33%。降黏剂浓度超过3%后随着浓度的增加，降黏效果与增产效果增速减慢。油溶性降黏剂可以有效降低超稠油黏度，提高氮气吞吐的采收效果，该技术方法可行。

（2）氮气吞吐的采油效果随吞吐轮次增加而迅速降低，前两周采收率较多，第五周期采收率可忽略。降黏剂的加入主要提高前两周期的氮气吞吐效果。

（3）油溶性降黏剂中的存在改善了放喷过程中氮气气泡在多孔介质中的流动形态，延长了有效泡沫油分散流动时间，提高了氮气气泡的波及效果与驱油效率。

参考文献

[1] 计秉玉. 国内外油田提高采收率技术进展与展望[J]. 石油与天然气地质, 2012, 33(1): 111-117.

[2] Nelson D G, Sheehy P, O'Donnell J, et al. Saving heavy oil reserve value in a carbon constrained market[C]//SPE Western Regional Meeting. OnePetro, 2016.

[3] Li Y B, Chen Y F, Pu W F, et al. Low temperature oxidation characteristics analysis of ultra-heavy oil by thermal methods[J]. Journal of industrial and engineering chemistry, 2017, 48: 249-258.

[4] Wang H, Yang D. Reliability improvement of progressive cavity pump in a deep heavy oil reservoir[C]//SPE Progressing Cavity Pumps Conference. OnePetro, 2010.

[5] Wang X, Peng X, Zhang S, et al. Characteristics of oil distributions in forced and spontaneous imbibition of tight oil reservoir[J]. Fuel, 2018, 224: 280-288.

[6] Maini B B, Sarma H K, George A E. Significance of foamy-oil behaviour in primary production of heavy oils[J]. Journal of Canadian petroleum technology, 1993, 32(09).

[7] Shi L, Liu P, Shen D, et al. Improving heavy oil recovery using a top-driving, CO_2-assisted hot-water flooding method in deep and pressure-depleted reservoirs[J]. Journal of Petroleum Science and Engineering, 2019, 173: 922-931.

[8] 彭世强, 郑伟. 海上稠油多元热流体吞吐产能影响因素研究[J]. 石油地质与工程, 2020, 34(3): 67-70.

[9] 于会永, 刘慧卿, 张传新, 等. 超稠油油藏注氮气辅助蒸汽吞吐数模研究[J]. 特种油气藏, 2012, 19(2): 76-78, 139.

[10] 蒋平. 稠油油藏表面活性剂驱油机理研究[D]. 东营: 中国石油大学(华东), 2009.

[11] 王杰祥, 王腾飞, 任文龙, 等. 常规稠油边水油藏氮气泡沫抑制水侵实验[J]. 中国石油大学学报(自然科学版), 2013, 37(2): 75-80.

[12] Alshmakhy A, Maini B. A follow-up recovery method after cold heavy oil production cyclic CO_2 injection[C]//SPE Heavy Oil Conference Canada. OnePetro, 2012. (2), 893-911.

[13] 孙焕泉. 薄储层超稠油热化学复合采油方法与技术[J]. 石油与天然气地质, 2020, 41(5): 1100-1106.

[14] Jia X, Zeng F, Gu Y. Dynamic solvent process(DSP) for enhancing heavy oil recovery[J]. The Canadian Journal of Chemical Engineering, 2015, 93(5): 832-841.

[15] Yang C, Gu Y. Diffusion coefficients and oil swelling factors of carbon dioxide, methane, ethane, propane, and their mixtures in heavy oil[J]. Fluid Phase Equilibria, 2006, 243(1-2): 64-73.

[16] Du Z, Zeng F, Chan C. An experimental study of the post-CHOPS cyclic solvent injection process[J]. Journal of Energy Resources Technology, 2015, 137(4), 042901.

[17] Knorr K D, Imran M. Solvent-chamber development in 3D-physical-model experiments of solvent-vapour extraction(SVX) processes with various permeabilities and solvent-vapour qualities[J]. Journal of Canadian Petroleum Technology, 2012, 51(06): 425-436.

［18］Wang H，Zeng F，Zhou X. Study of the non-equilibrium PVT properties of methane-and propane-heavy oil systems［C］//SPE Canada Heavy Oil Technical Conference. OnePetro，2015，1-23.

［19］Yang C，Gu Y. Diffusion coefficients and oil swelling factors of carbon dioxide，methane，ethane，propane，and their mixtures in heavy oil［J］. Fluid Phase Equilibria，2006，243(1-2)：64-73.

［20］Mansourizadeh A，Ismail A F. Hollow fiber gas-liquid membrane contactors for acid gas capture：a review［J］. Journal of hazardous materials，2009，171(1-3)：38-53.

［21］Wang R，Liu S L，Lin T T，et al. Characterization of hollow fiber membranes in a permeator using binary gas mixtures［J］. Chemical Engineering Science，2002，57(6)：967-976.

［22］Tao L，Li Z，Bi Y，et al. Multi-combination exploiting technique of ultra-heavy oil reservoirs with deep and thin layers in Shengli Oilfield［J］. Petroleum Exploration and Development，2010，37(6)：732-736.

［23］Lu T，Li Z，Li J，et al. Flow behavior of N_2 huff and puff process for enhanced oil recovery in tight oil reservoirs［J］. Scientific reports，2017，7(1)：1-14.

［24］B. Zou，W. Pu，X. Zhou，et al. Experimental study on the feasibility of nitrogen huff-n-puff in a heavy oil reservoir，Chemical Engineering Research & Design 184(2022)513-523.

［25］李宾飞，臧雨浓，刘小波，等. 普通稠油降黏剂辅助氮气吞吐开采机理［J］. 特种油气藏，2021，28(04)：88-95.

［26］李兆敏，张习斌，李松岩，等. 氮气泡沫驱气体窜流特征实验研究［J］. 中国石油大学学报(自然科学版)，2016，40(05)：96-103.

［27］Sinanan B，Budri M. Nitrogen injection application for oil recovery in Trinidad［C］//SPETT 2012 energy conference and exhibition. OnePetro，2012，42-52.

超稠油微纳米乳液降黏技术研究进展

陈 阳[1,2] 罗 进[1,2]

【1. 西南石油大学油气藏地质及开发工程国家重点实验室；
2. 西南石油大学石油与天然气工程学院】

摘 要： 缝洞型碳酸盐岩超深超稠油油藏由于其油藏埋藏深、地层温度高、水矿化度高，原油密度高、黏度高、凝点高、盐度高等特点，超稠油油藏开采面临采油工艺难度大、能源消耗高、产量损失大、经济效益低等系列问题。稠油乳化降黏能有效降低油田开采中的稠油黏度、提高油田采收率、优化稠油开采工艺、增加产量稳定性、简化后期稠油处理流程，其中改进乳液粒径后的微纳米乳液降黏技术能突破传统乳化降黏的技术瓶颈，提高稠油降黏率，降低开采工艺难度。本文针对微纳米乳液降黏技术，归纳评述了超稠油微纳米乳液降黏技术的研究现状，从微纳米乳液降黏机理、微纳米乳液配制与开发、微纳米乳液降黏效果评价三个方面综述了超稠油微纳米乳液降黏特性与降黏效果，对乳化降黏剂类型和配比、微纳米乳液降黏效果的影响因素进行了总结，为超稠油的高效、经济、节能、绿色的优化开发提供技术指导。

关键词： 超稠油；乳化降黏；微纳米乳液；油田开采

0 引言

稠油油藏的开采方式多样，各有优劣。针对缝洞型碳酸盐岩超深超稠油油藏，由于其油藏埋深大、非均质性严重，原油密度高、黏度高、凝点高、含盐高[1]，导致此类超稠油油藏开发难度极大，在国内外现有油藏开采史中尚无经验。①热力开采由于稠油埋藏深，热量损失大，且加热升温有限，多数井基本不能维持正常生产，因此针对超深超稠油油藏热力采油工艺达不到高效开发油田的效果；②化学采油存在乳化效果差，产量损失高，耐盐度低，适用范围窄，后期原油破乳脱水工艺复杂等问题，面临技术瓶颈，亟须突破；③掺稀采油是目前稠油油藏广泛采用的采油工艺[9]，但随着稠油产量逐年上升，掺稀油用量急剧增加，同时面临油价低迷、稀油来源缺口大、稀稠油差价大的严峻形势，严重限制稠油产能的提升和油田的经济效益；④微生物采油由于受油藏温度、盐度、重金属离子含量等条件制约，对于稠油油藏的开发也不适用；⑤其他改进开采工艺的方式采油，由于其工艺改进投入成本高，流程复杂，对于油田高产量的稠油开采不具备经济性。

近年来，化学乳化降黏技术得到了进一步的发展，科学家们研究通过减小油水乳状液的颗粒粒径，从而提高乳化降黏的效果。本文针对微纳米乳液降黏技术，归纳评述了超稠油微纳米乳液降黏技术的研究现状，从微纳米乳液降黏机理、微纳米乳液配制与开发、微纳米乳液降黏效果评价三个方面综述了超稠油微纳米乳液降黏特性与降黏效果，对乳化降黏剂类型和配比、微纳米乳液降黏效果的影响因素进行了总结，为超稠油的高效、经济、节能、绿色的优化开发提供指导。

作者简介：陈阳，副研究员，西南石油大学，四川省成都市新都区新都大道 8 号国家重点实验室 B504。E-mail: doctorchenyang@qq.com

1 微纳米乳液降黏机理

稠油乳化降黏机理可从两方面来解释：一是表面活性剂溶液与稠油接触能使油水界面张力下降，所以在一定温度下经过搅拌，稠油便呈颗粒状分散在表面活性剂水溶液中，形成 O/W 型乳状液。表面活性剂分子吸附在油珠周围，形成定向单分子保护膜，防止油珠重新聚合，在乳状液流动过程中能使液流对管壁的摩擦力和分子内摩擦力减弱。二是由于表面活性剂水溶液的润湿作用，使流动阻力显著减少，即在管壁上吸附了一层表面活性剂水溶液水膜，使原油和管壁之间的摩擦变成表面活性剂水溶液与管壁的摩擦，达到显著降低流动阻力的目的。

1.1 原油乳状液理论

由于原油中含有天然乳化剂(胶质、沥青质等)，当原油含水后，易形成 W/O 型乳状液，使原油黏度急剧增加[2]。原油乳状液的黏度可用 Richarson 公式表示：

$$\mu = \mu_0^{\kappa\psi} \tag{1}$$

式中 μ——乳状液的黏度，mPa·s；

μ_0——外相黏度，mPa·s；

ψ——内相所占体积分数，%；

κ——常数，取决于 ψ，当 $\psi \leqslant 0.74$ 时 κ 为 7，当 $\psi \geqslant 0.74$ 时 κ 为 8。

从式(1)中可看出：

(1) 水包油乳状液的黏度只与水的黏度有关，这是由于水处于连续状态，而油处于分散状态。其中，水包油乳状液的黏度随油在乳状液中所占的体积分数增加而指数增加。

(2) 对于油包水型乳状液，其黏度与油的黏度成正比，与水在乳状液中的体积百分数成指数关系，含水越高黏度越大。

根据上述分析，水包油型乳状液的黏度比油包水型乳状液的黏度小得多，而与原油本身的黏度无关。对于已经形成的油包水型乳状液，要设法使其破乳转相，对于不含水的稠油，要掺活性水使其形成水包油型乳状液。

1.2 最佳密度堆积理论

根据立体几何的最佳密度堆积原理[2]，对于原油来说，含水小于 25.98% 时应形成稳定的 W/O 型乳状液，含水大于 74.02% 时应形成稳定的 O/W 型乳状液，在 25.98%~74.02% 范围内，属于不稳定区域，可形成 W/O 型，也可形成 O/W 型。但由于原油中存在天然的 W/O 型乳化剂，所以一般形成 W/O 型乳状液，使原油黏度大幅度增加。乳化降黏就是增加一种表面活性剂或利用稠油中所含有的有机酸与碱反应，生成表面活性剂，其活性大于原油中天然乳化剂的活性，使 W/O 型转变成 O/W 型乳状液，从而达到降黏的目的。

2 微纳米乳液的配制与开发进展

2.1 微纳米乳液的配制

一般来说，微纳米乳液配制方法主要有相转变组分法(PIC)、相转变温度法(PIT)和微乳液稀释法三种。在制备微纳米乳液时，纯的离子型表面活性剂无法单独稳定微纳米乳液，需要与其他表面活性剂或助表面活性剂进行复配。

2.1.1 相转变组分法

相转变组分法[3]是通过逐渐增加体系分散相的含量，诱导体系发生相转变形成微纳米乳液的方法。相转变组分法的乳化过程如图 1 所示，其结果表明逐步将水滴加到油与表面活性剂的过程中，随着水相的滴加，首先形成 W/O 微乳液，之后逐渐形成双连续结构(双连续微乳液或层状液晶相)，继续滴加水相，体系会发生突发性的相转变，变为 O/W 微纳米乳液。若向水与表面活性剂的混合物中滴加油相，在滴加过程中无法形成双连续结构，最终形成的只是粒径很大的 O/W 乳液。因此，在搅拌乳化过程中能否形成双连续结构是相转变组分法制备纳米乳液的关键。

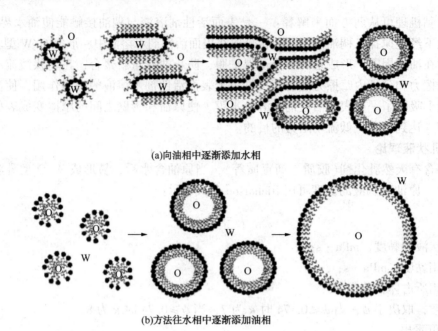

(a)向油相中逐渐添加水相

(b)方法往水相中逐渐添加油相

图 1　乳化过程示意图

2.1.2　相转变温度法

与相转变组分法不同，相转变温度法[4]是利用温度诱导体系发生相转变，最终形成微纳米乳液的方法。一般情况下，相转变温度法是适用于非离子表面活性剂体系的低能乳化法，对于含有大量离子型表面活性剂的体系，是无法利用相转变温度法制备纳米乳液的。这是由于非离子表面活性剂的自发曲率与温度相关；温度升高，自发曲率降低；温度降低，自发曲率升高。这就使得非离子表面活性剂在低温下容易形成 O/W 型乳状液，升高温度体系转变为 W/O 型乳状液，发生相转变的温度即为体系的相转变温度(PIT)。对于一定的油、水、表面活性剂体系，都存在 PIT 温度，在此温度下表面活性剂的亲水亲油性质刚好平衡。

2.1.3　微纳米乳液稀释法

乳液稀释法[4]分为乳化剂在水中法和乳化剂在油中法。第一种方法首先在水中把乳化剂进行溶解，并同时对其进行强烈的搅拌，再将油相加入乳化剂和水的混合物中，最终形成 O/W 型乳液。如果继续加入油相，到达一定程度后，便会出现相反转现象生成 W/O 型乳液。但此方法制备乳液的液滴粒径通常较大、分布也很不均匀，同时稳定性也差。所以，一般情况下会用胶体磨或均质机进行后处理。第二种方法也是低能乳化法中的一种，其主要是先将乳化剂先和油相进行混合，再将水倒入油剂混合物中来制备 W/O 型乳液。通常乳化剂在油中法所制备的乳液液滴分布均匀，稳定性也良好。

2.2　乳化降黏剂的开发研究

2.2.1　乳化降黏剂的选择

稠油降黏用的乳化剂不同于其他类型的乳化剂，选择适合降黏的乳化剂应满足以下几点要求[2]：

（1）乳化能力强，可二次乳化。可将原油乳化成 O/W 型乳液，也可将原油中的乳状液由 W/O 型反相为 O/W 型。

（2）乳化剂的亲油基最好与稠油组分的结构有一定的相似性，这样更易使原油乳化。

（3）用量少，成本低。要求用量很少的情况下，有较好的降黏效果。

（4）可与地层水配伍。要求乳化剂与地层水配伍性很好，这样加入地层时不会产生沉淀，保持原有的有效浓度。

（5）易破乳脱水。在原油流动时能保持乳液状态，当静置时可容易破乳脱水。这样可减少破乳剂的用量，减少污染降低成本。

（6）良好的耐温抗盐性。随着开采的不断深入，地层条件越来越差，地层水的矿化度高，温度高，因此选用的乳化剂要有好的耐温、抗矿盐能力。

2.2.2　新型乳化降黏剂的开发

谭非[5]等通过将不同类型的表面活性剂进行复配，得到了易乳化、易脱水的新型降黏剂；秦冰[6]等则研制出一种三元聚合物型降黏剂；而黄丽仙[7]等则通过将 ABS、NP-10 以及两种表面活性剂进行复配得到了新型降黏剂。这三种新型的降黏剂不仅耐高温抗盐能力强，而且乳化降黏效果优异。

葛际江[8]等合成了壬基酚聚氧乙烯醚乙酸盐作为乳化降黏剂，并评价了该乳化剂的降黏效果。研究发现，当氧乙烯链的节数为 8 时降黏效果最好，且对取自辽河、胜利油田的 7 种原油测试的降黏率都超过 90%；唐清[9]研究出了 ZDT 型乳化降黏剂。实验发现，ZDT 型乳化剂对塔河稠油的应用性较强，降黏率高，且在加量为 0.4% 时的降黏率高达 96%；胡敏[10]则研究出了一种高分子乳化降黏剂（APVR）。实验结果表明这三种降黏剂对超稠油的降黏效果非常明显。

3　微纳米乳液的降黏效果评价研究进展

3.1　超稠油微纳米乳液降黏效果影响因素

影响超稠油微纳米乳液降黏的因素，根据其作用机理可以分为化学因素和物理因素。其中化学因素主要指表面活性剂的化学组成和微纳米乳液的浓度，物理因素主要指外界因素，包括油水体积比、矿化度、pH 值、温度等。微纳米乳液降黏效果影响因素的分析对于进一步研究提高超稠油微纳米乳液降黏效果的方法具有重要意义。

3.1.1　表面活性剂

配制微纳米乳液的表面活性剂有非离子型、阴离子型、两性型以及复配型表面活性剂，不同表面活性剂对微乳液形成的快慢、微乳液形成的稳定性，耐温、耐盐性能均有差异。

由于微纳米乳液相较于一般油水乳状液要求油水更易乳化，乳化液滴粒径更小，乳状液稳定性更高，因此对于微纳米乳液的配制通常通过复配表面活性剂来提高微乳液的乳化能力，现有的离子型和非离子型复配的表面活性剂能显著提高油水乳状液的乳化能力。离子型与非离子型表面活性剂混合后产生有利于表面吸附及胶团形成的分子间相互作用的效果[11]。在混合胶团中，非离子型表面活性剂分子减弱带同样电荷的离子型表面活性剂极性基团的排斥作用，而且非离子型表面活性剂的极性基在邻近的表面活性剂离子的电场作用下可能发生极化而产生进一步的相互作用。这使得混合胶团更容易形成，表现为临界胶团浓度降低[12]。

3.1.2　微纳米乳液浓度

由油、水、表面活性剂和助表面活性剂搅拌配制形成的微纳米乳液的浓度也显著影响稠油黏度的降低比例。当微纳米乳液浓度大于 10000mg/L 时，稠油黏度可降低至 90% 以上，如图 2 所示。加入微乳液后，稠油中沥青质的结构会发生改变，这极大地影响了稠油的黏度。在稠油中沥青质的缔合体松散，吸附面积大，而粒径小、渗透性强的微纳米乳液可以进入沥青质表面，此时，在微纳米乳液的帮助下，沥青质便分裂成大量的小缔合体，从而降低稠油黏度[13]。

3.1.3　油水体积比

油水比会影响乳状液的黏度、乳状液的稳定性以及形成的微乳液的粒径，如图 3[13] 所示。图中制备所形成的微纳米乳液粒径小于 100nm，由此可见，在乳液粒径小于 100nm 时，形成的微乳液是稳定的。随着水含量的增加，微乳液的粒径逐渐减小，稳定性逐渐提高。

3.1.4　矿化度

由于地层水中含有大量的无机盐，这些无机盐的浓度和类型会影响稠油的降黏率。实验表明[11]：

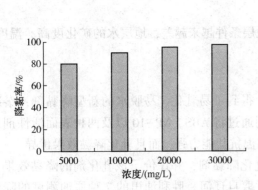

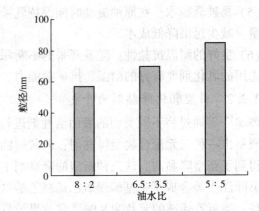

图2　微纳米乳液的浓度对稠油降黏率的影响　　　　图3　油水比对微纳米粒径的影响

（1）当地层水矿化度低于12000mg/L，Ca^{2+}、Mg^{2+}含量低于1500mg/L时，微乳液具有较好的乳化效果。

（2）矿化度越大，降黏剂对稠油的降黏效果越差。当矿化度>15000mg/L时，乳状液中存在油块。当矿化度>20000mg/L时，油水互不相溶，无法形成乳状液，黏度值也无法测定。

（3）矿化度越高，乳化分散体系的脱水率越大，体系越不稳定，越有利于脱水。

（4）Ca^{2+}、Mg^{2+}含量越高，越不利于稠油的降黏效果。

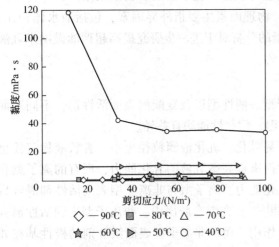

图4　添加10%降黏剂的沥青质
在不同温度下的黏剪曲线

3.1.5　pH值

pH值对微乳液体系的影响主要取决于表面活性剂的类型。一般来说，pH值对羧酸表面活性剂微乳液体系的影响较大，而对非离子表面活性剂微乳液的影响较弱，保持适当的pH值，利用适当的离子强度和适当的搅拌速率，在共沉淀合成表面活性剂微乳液的过程中起着关键作用。

3.1.6　温度

温度对微纳米乳液的降黏效果主要体现在温度本身会改变稠油、微乳液的黏度，其次温度会影响微纳米乳液体系的稳定性。

对于超稠油来说，温度会极大程度地降低稠油中沥青质的黏度。表1和图4分别展示了添加10%浓度的两种降黏剂（2#为分散剂和轻质油，5#为分散剂和$C_2 \sim C_8$烷基苯）在不同温度条件下对稠油的降黏效果[14]。

表1　温度对降黏效果的影响

温度/℃	降黏率/%	
	2#	5#
30	92.4	95.0
50	85.4	89.3
70	78.5	82.9
80	74.7	79.3

注：表1中乳化降黏剂含量为10%。

温度影响微乳液的稳定性原因在于，随着温度的逐渐升高，微乳液在长时间的加热过程中可能会产生分层，从而降低乳化效果。实验表明，使用模拟盐水制备的表面活性剂OPC-20水溶液在90℃下长时间加热时会分层，此后乳化效果将大大降低，乳状液的分层是由于表面活性剂在盐水中的溶解度降低造成的[15]。

3.2　超稠油微纳米乳液的降黏效果评价

近40年来，对微乳液展开了大量的现场实验分析研究微乳液对稠油的降黏机理和降黏效果，实验条件、微乳液类型、降黏效果见表2。由表2可得，目前微乳液现场降黏成功率很高，微乳液开采超稠油油藏可提高稠油油田开采效率12%～33%。早期，微纳米乳液的降黏主要应用于常规油藏，而随着非常规油藏的开发，在低渗透或超低渗透油藏中的应用将会逐渐增多。

表 2　微纳米乳液在 IOR 中的研究

Country	Oil field	Time	Reservoir condition	Injection process	Remark and Ref.
France	Chateaurenard Oilfield	1981	Conventional sandstone	Microemulsion+polymer flooding	The oil production rate increased from 3.2 m³/d to 12 m³/d. In-place oil was totally displaced[196]
America	Loudon Oilfield	1981	High salinity	Microemulsion flooding	recovering 60% of the oil remaining after water flooding[197]
America	Robinson Oilfield	1980s	Conventional sandstone	Microemulsion+polymer flooding	20% increase in oil recovery[198]
America	Bradford Oilfield	1980s	High salinity sandstone	Microemulsion+polymer flooding	12% increase in oil recovery[198]
America	Robinson Oilfield	1990s	Conventional sandstone	Microemulsion+polymer flooding	27%～33% increase in oil recovery[198]
China	Laojunmiao Oilfield	1990	Conventional sandstone	Microemulsion stimulation	Decrease of Injection pressure from 8.35MPa to 6.9MPa; 13% increase in oil recovery[199]
China	Liaohe Oilfield	2003	Heavy oil	Microemulsion flooding	Oil production of five wells all increased [200]
China	Jiangsu Oilfield	2012	High temperature and low permeability	In-situ microemulsion formation	Water cut decreased by 20.1%, 8% increase in oil recovery[201]
China	Zhuangxi Oilfield	2015	Ultra-low permeability	In-situ microemulsion formation	Injection pressure decreased by 7.2MPa, 8 oil wells accumulated oil increase by 3152t [202]
America	Taylorton Bakken	2016	Low permeability	Microemulsion flooding	14% increase in oil recovery[203]
China	Jidong Oilfield	2016	High temperature and low permeability	In-situ microemulsion formation	Injection pressure decreased by 16MPa [204]
Canada	Shaunavon	2017	Ultra-low permeability	Microemulsion flooding	15% increase in oil recovery[203]
America	East Texas	2017	—	Microemulsion flooding redimation	Double initial productivity index after microemulsion treatment[205]
Nigerian	Rona Oilfield	2019	Conventional sandstone	Microemulsion flooding redimation	Effective treatment of blockage near wellbore and 411% oil rate increase[206]

续表

Country	Oil field	Time	Reservoir condition	Injection process	Remark and Ref.
China	Jidong Oilfield	2020	Ultra-low permeability	In-situ microemulsion formation	Well pressure decreased by 8MPa, 4 oil wells accumulated oil increase by 3000t [207]
China	Shengli Niuzhuang Oilfield	2020	Low permeability	Acidification+microemulsion flooding	The average daily oil injection increase is $15-20$ m³, the cumulative oil increase is 3450t[207]
China	Shengli BinB Oilfield	2020	Low permeability	Microemulsion flooding	The pressure of the injection well is reduced by 5MPa, and the cumulative oil increase is 2500t[207]

4　目前存在的问题

目前，稠油乳化降黏技术在国内外的研究和应用都已经比较成熟，但对于粒径尺寸更小的微纳米乳液降黏技术还未有工业化应用，有待进一步的开发研究。对于超稠油油藏的微乳液降黏技术，目前存在的瓶颈问题主要有以下几点：

（1）形成的乳液状态不够稳定，易反相或破乳。

（2）制备形成的微纳米乳液粒径达不到 10^{-9} nm 量级。

（3）目前研究合成的一些乳化剂对稠油的选择性强，难以开发研制出对所有稠油都有效的乳化剂。

（4）浪费水资源。乳化降黏一般需要加入大量的水，且破乳后的污水不易处理。

（5）抗盐耐温能力差。随着地层条件的苛刻化，要求乳化剂要有好的耐温能力和较强的抗矿盐能力。

（6）对管道腐蚀性严重，污水排量大、后处理花费大。破乳后的污水含大量化学药剂和浮油，需要污水进行杀菌、阻垢、过滤以及缓蚀等一系列处理，增加采油成本。

鉴于超稠油微纳米乳液降黏技术具有很大的社会和经济价值，亟须在已取得相关认识和成果的基础上继续对稠油微纳米乳液降黏技术进行更深入的基础理论和工业应用研究。

参考文献

[1] 睢芬. 塔河油田缝洞型超深超稠油藏效益开采技术研究[J]. 油气藏评价与开发，2020，10（2）：7.

[2] 赵士元. 稠油油藏乳化降黏剂的合成及其性能研究[D]. 大庆：东北石油大学，2021.

[3] 童坤，李超，于丽杰，等. 纳米乳液的制备及其在钻完井液中的应用[C]. 中国化学会第十四届胶体与界面化学会议论文摘要集-第4分会：胶体分散与多组分体系. 2013：30-31.

[4] 秦义. 石蜡微纳米乳液的研制[D]. 大庆：东北石油大学，2014.

[5] 谭非，尉小明，李文静，等. 超稠原油热敏性降黏剂的研制[J]. 浙江大学学报（理学版），2003，，（04）：426-429+433.

[6] 秦冰，彭朴，景振华. 羧酸/磺酸/聚醚三元共缩聚型乳化降黏剂的组成与性能[J]. 石油炼制与化工，2002，，（07）：32-35.

[7] 黄丽仙，刘小平，孟莲香，等. 稠油乳化降黏剂的研究及应用[J]. 石油化工应用，2013，32（05）：109-111.

[8] 葛际江，李德胜，张贵才. 新型耐温稠油降黏剂的制备与评价[J]. 西南石油大学学报，2007，

（05）：112-115+206.

[9] 唐清. ZDT乳化降黏剂在超深井稠油开发中的应用[J]. 石油钻探技术，2008，（02）：74-76.

[10] 胡敏，董国君，史学峰，等. 两亲高分子的乳化与降黏性质研究[J]. 应用化工，2010，39（09）：1289-1292.

[11] 崔桂胜. 稠油乳化降黏方法与机理研究[D]. 北京：中国石油大学（北京），2009.

[12] James Michael Jordan, Thomas James Denton. Method of removing dispersed oil from an oil in water emulsion employing aerated solutions within a coalescing media[P]. US：5656173，1997.

[13] Changhua Yang（2019）：Experimental study on the viscosity reduction of heavy oil by using of a new type of micro-emulsion，Petroleum Science and Technology，DOI：10. 1080/10916466. 2019. 1587459.

[14] B Qin, F Qiao, C Li. Preparation and Field Application of a Novel Micro-emulsion as Heavy Oil Displacement Agent. Xiangyu Sun et al 2020 IOP Conf. Ser.：Earth Environ. Sci. 585012009.

[15] xiaoyu Chen, Xin tong Xie, Yuan Li & Sijia Chen（2018）：Investigation of the synergistic effect of alumina nanofluids and surfactant on oil recovery-Interfacial tension, emulsion stability and viscosity reduction of heavy oil, Petroleum Science and Technology, DOI：10. 1080/10916466. 2018. 1465957.

[16] Tongyu Zhu, Wanli Kang, Hongbin Yang, et al. Advances of microemulsion and its applications for improved oil recovery[J]. Advances in Colloid and Interface Science，2022（102527）：1-18.

基于 NiO-Fe$_2$O$_3$/RHC 纳米催化剂的稠油降黏研究

刘瑞琦　林日亿　张立强　王奕雅　王　琦　李金钰

【中国石油大学(华东)新能源学院】

摘　要：稠油高黏度的特性给稠油的开采和集输带来了挑战。本文制备了多种纳米催化剂以促进稠油降黏。通过 XPS、XRD、TEM、NH$_3$-TPD 等方法对催化剂的物理化学性质进行表征分析。基于 10wt%NiO-Fe$_2$O$_3$/RHC(RHC 为稻壳炭载体)催化剂，评估不同温度下纯水热裂解、供氢水热裂解、催化水热裂解对稠油降黏效果的影响。结果表明，水热裂解过程可以通过减少油样中的重质组分含量以降低油样黏度。在反应温度为 230℃、催化剂添加量为 1wt%时，反应后油样降黏率达到 82.72%，油样中胶质和沥青质含量比原油样中的含量降低 4.14%。与原油样相比，催化反应后油样中 H/C 的值从 0.1358 升高至 0.1380，硫含量由 2.95%下降至 2.67%。同时，在催化裂解反应后饱和度较高的甲基和亚甲基的含量明显升高。这为进一步研究稠油降黏机制提供了一定的基础。

关键词：稠油；水热裂解；降黏；纳米催化剂

未来 20 年，石油仍将是主要能源来源。随着能源需求的增加和常规油气资源的短缺，稠油作为一种极具潜力的非常规油气在世界范围内受到广泛关注。在世界剩余油储量中稠油占比高达 70%。然而，稠油高黏度的特性给稠油的开采和集输带来巨大挑战[1]。

稠油中胶质和沥青质含量高，胶质和沥青质分子之间存在很强的相互作用，它们结合并聚集成大分子聚集体，从而增加了稠油黏度。热采、化学采和微生物采是常用的稠油开采方法。其中，催化水热裂解热采被认为最简单、最有效的方法[2]。它通过 C—S 键的断裂等将稠油中的重质组分转化为轻质组分，从而降低了稠油黏度[3-4]。

高效催化剂可以促进稠油中化学键的断裂，从而显著提高稠油降黏率。常见的催化剂有水溶性催化剂、油溶性催化剂和纳米催化剂。纳米催化剂由于其高比表面积、强表面吸附性和双亲性而备受关注[5]。同时，纳米颗粒更易进入胶质、沥青质等流体中的大分子，并与内部化学键发生反应，从而降低流体的黏度。催化剂载体通常能促进活性金属的分散，并最大限度地减少焦炭引起的失活。目前，生物质在油废水处理等多相催化领域具有广泛的应用。稻壳炭作为生物质之一，其具有高比表面积、稳定的芳香结构、丰富的含氧官能团，是一种良好的催化剂载体。

因此，本研究以稻壳炭为催化剂载体，制备多种纳米催化剂，并通过 XRD、TEM、NH$_3$-TPD、XPS 等表征方法进行分析。本文研究了不同温度下纯水热裂解、供氢水热裂解、催化水热裂解对稠油降黏效果的影响。

作者简介：刘瑞琦(1997—)，中国石油大学(华东)能源动力硕士研究生，主要从事稠油降黏方面研究。E-mail：liurq1027@ 163. com

1 实验

1.1 材料与实验仪器

稻壳炭来自江苏镇江，原油为胜利稠油。稻壳炭的元素组成和稠油原油的基本性质如表1、表2所示。催化剂制备和表征、稠油水热裂解实验主要实验仪器如表3所示。

表1 稻壳炭元素组成

元素	C	H	N	S
含量/%	65.56	1.60	1.84	0.37

表2 稠油原油基本性质

项目		结果
黏度(50℃)/mPa·s		136900
元素组成(w)/%	C	82.32
	H	11.18
	N	0.79
	S	2.89
族组分(w)/%	饱和分	21.21
	芳香分	30.30
	胶质	38.41
	沥青质	10.08

表3 主要实验仪器

仪器名称	型号	生产厂家
电子天平	—	日本岛津公司
马弗炉	—	上海微行机械设备有限公司
X射线光电子能谱	Escalab 250Xi	Thermo Fisher Scientific
XRD检测仪	Bruker D8 ADVANCE	德国布鲁克 AXS 公司
比表面积与孔隙度分析仪	ASAP2460	美国麦克默瑞提克公司
化学吸附仪	AutoChem II 2920	美国麦克仪器公司
透射电子显微镜	JEM-2100UHR	日本电子株式会社
转子黏度计	DV-II+	美国 Brookfield 公司
全自动脱水仪	DWY-6	泰州姜堰分析仪器厂
微机差热天平	HCT-1	北京恒久实验设备有限公司
高温高压搅拌式反应釜	Autochem	北京世纪森朗公司
H₂S浓度检测仪	AKRT	美国阿库特/AKOOTE公司
气相色谱仪	FID/TCD	上海天美公司
CHNS/O元素分析仪	EL III	德国元素公司
傅里叶变换红外光谱仪	NEXUS	美国热电尼高力公司

1.2 催化剂的制备

采用 KOH 溶液对稻壳炭载体进行改性。将改性后的稻壳炭作为催化剂载体，采用过量浸渍法制备负载型纳米催化剂。催化剂的制备过程如图1所示。其中溶液1和溶液2分别为氯化镍溶液和硝酸铁溶液。

图 1 催化剂制备过程

1.3 稠油水热裂解实验

实验装置如图 2 所示。实验步骤如下：①将样品分别按照设定的比例称取，将配比完成的样品放入高温高压全自动搅拌反应釜中。②向反应釜内反复充入 1.2MPa 的高纯度 N_2，目的是排除反应釜内空气和维持反应所需的高压条件。检查反应釜气密性。③设置反应温度、反应时间、搅拌器转速，并打开冷却水。④待反应结束，反应釜冷却至室温后通过 H_2S 检测仪检测 H_2S 浓度。⑤待釜内压力降为环境压力，将固体产物收集，进行黏度测试、四组分分析、元素分析、FT-IR 分析。

按照 NB/SH/T 0509—2010 沥青四组分分离实验方法，对稠油原油样进行四组分分析。通过 DV-II+转子黏度计测试稠油黏度。采用如下方法计算稠油的降黏率：

$$VRR = \frac{\eta_0 - \eta}{\eta_0} \tag{1}$$

式中　VRR——稠油降黏率,%；

　　　η_0——稠油原油黏度,mPa·s；

　　　η——反应后油样黏度,mPa·s。

2 结果与讨论

2.1 催化剂表征

2.1.1 XRD 表征

图 3 为催化剂的 XRD 谱图。通过对比稻壳炭和负载后催化剂的 XRD 谱图可以看到负载型催化剂明显的吸收峰。通过 $NiO-Fe_2O_3/RHC$ 催化剂可以看出，随着活性金属浸渍量的增加，催化剂的峰强度明显提高。活性组分的衍射峰较窄说明负载后的结晶度较高。

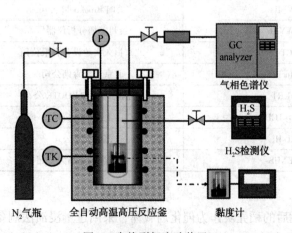

图 2 水热裂解实验装置

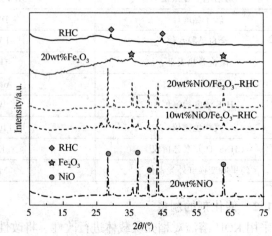

图 3 催化剂 XRD 谱图

2.1.2 TEM 表征

为了进一步观察氧化铁和氧化镍的负载情况，采用 TEM 观察稻壳炭载体和 10wt%NiO-Fe₂O₃/RHC 催化剂的微观形貌，如图 4 所示。由图 4(a)可知，稻壳炭表面较为光滑，没有明显的粒状物。负载金属氧化物后，稻壳炭载体表面出现大量氧化镍和氧化铁颗粒。由图 4(b)可知，氧化镍和氧化铁在稻壳炭载体表面分布较为均匀。

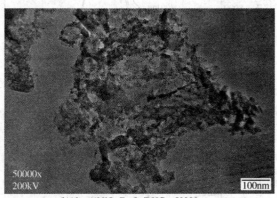

(a)稻壳炭，100000x (b)10wt%NiO-Fe₂O₃/RHC，50000x

图 4　催化剂微观形貌

2.1.3 NH₃-TPD 表征

NH₃ 程序升温脱附曲线如 5 所示。由图 5 可以看出，所有催化剂均具有低温峰，低温峰是由于弱酸位上 NH₃ 的脱附，而非弱吸附的 NH₃ 在脱附过程中产生。而高温峰则是由于强酸位上的 NH₃ 脱附产生。脱附曲线中一般在低温区的峰面积代表弱酸位点的数量，高温区的峰面积代表强酸位点的数量。与稻壳炭载体相比，两种 NiO-Fe₂O₃/RHC 催化剂弱酸位点都有不同程度的减少，中强酸和强酸位点都有不同程度的增加。另外，10wt%NiO-Fe₂O₃/RHC 在 745℃酸面积增加较为明显。同时，20 wt%Fe₂O₃/RHC 催化剂在 386℃的酸面积明显增加。两种活性金属氧化物的负载均增加了催化剂的中强酸和强酸位点[6]。

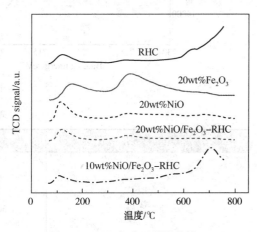

图 5　NH₃ 程序升温脱附曲线

2.1.4 XPS 表征

10wt%NiO-Fe₂O₃/RHC 催化剂的 XPS 表征如图 6 所示。根据 C1s 数据对其他元素进行峰位校正。铁元素峰的结合能分别为 711.18eV、724.49eV，其分别属于 Fe 2p1/2 和 Fe 2p3/2，可知金属氧化物为 Fe₂O₃。镍元素峰的结合能为 855.07eV、872.44eV，这表明镍元素以+2 价态存在[7]。这表明两种活性金属以 Fe₂O₃ 和 NiO 形态存在。由 O1s 图可知，催化剂中的氧元素主要以晶格氧的形式存在，这有助于 TM 元素的再氧化和活性组分催化作用的发挥。通过分析计算得到 10wt%NiO-Fe₂O₃/RHC 催化剂活性组分的负载量，其中 Fe₂O₃ 的负载量为 8.80%，NiO 的负载量为 3.00%。金属氧化物成功负载在稻壳炭上，且两种金属总的负载量与期望值接近。

2.2　稠油水热裂解实验结果

实验反应温度分别选取 185℃、200℃、215℃、230℃、245℃，依次进行稠油纯水热裂解实验、供氢水热裂解实验、催化水热裂解实验(表 4)。

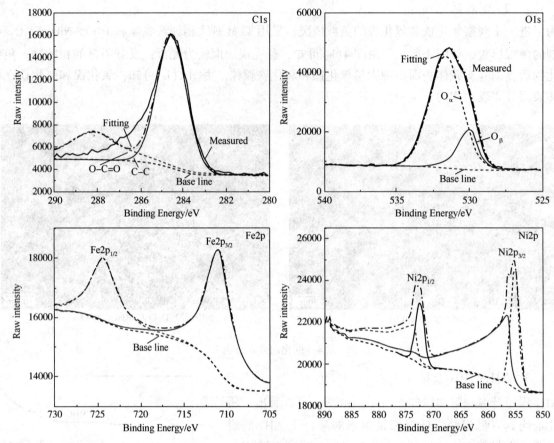

图6　催化剂 XPS 谱图

表4　水热裂解实验工况

实验类别	反应物	反应温度/℃
空白实验	30g 稠油原油+10g 去离子水	185
		200
		215
		230
		245
供氢剂实验	30g 稠油原油+10g 去离子水+1g 四氢化萘	185
		200
		215
		230
		245
催化剂实验	30g 稠油原油+10g 去离子水+1g 四氢化萘+1wt%的 10wt%NiO-Fe$_2$O$_3$/RHC 催化剂	185
		200
		215
		230
		245

在不同反应物和反应温度下，稠油的降黏率变化如图7所示。由图7可知，水热裂解反应后油样黏度均会降低，降黏率都随着温度的升高而提高。当反应温度从185℃升高至245℃，纯水热裂解反应

后的稠油降黏率由 3.82% 提高至 9.67%。稠油降黏率在
185℃时较低，这是因为在此温度下发生的主要是缓慢的
热成熟反应，水热裂解反应速率较低。此时稠油黏度主
要是因为碳链的展开使分子间运动阻力减小。随着温度
的升高，水热裂解反应逐渐占据主要地位，水热裂解反
应速率加快，因此随着温度的升高稠油降黏率逐渐增加。

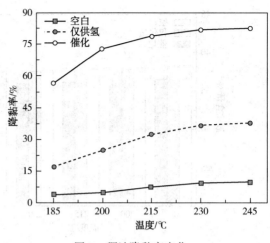

图 7　稠油降黏率变化

在其他实验条件相同的条件下，添加供氢剂后的稠
油降黏率明显提高。当温度由 185℃升高至 245℃时，稠
油降黏率由 17.18% 提高至 37.82%。与同温度下纯水热
裂解实验相比，添加供氢剂后稠油降黏效果明显提高。
这是由于供氢剂为水热裂解中的加氢脱硫反应提供了足
够的氢原子，促进了水热裂解反应的进行。同时，供氢
剂的添加也抑制了聚合、缩合反应的发生。但是供氢剂
的添加并未改变稠油水热裂解反应的活化能。

实验发现，10wt% NiO-Fe₂O₃/RHC 催化剂具有较好的降黏效果。因此，本文选取 10wt% NiO-
Fe₂O₃/RHC 催化剂进行不同温度下的催化降黏实验，以进一步探究催化剂对稠油水热裂解降黏的影
响。在添加 1wt% 的催化剂后，随着温度从 185℃升高至 245℃，稠油降黏率由 56.64% 升高至 82.72%。
但是，当温度高于 230℃后，随着温度的继续升高，稠油降黏率提高速率明显减小。这是因为催化剂
的添加降低了稠油水热裂解反应的活化能，使得反应在较低温度下也能够达到较强烈的反应程度。

将反应后的油样进行四组分分离，分别将稠油油样的饱和分、芳香分、胶质和沥青质分离，反应
后各油样的四组分含量如图 8 所示。其中，饱和分和芳香分中的碳原子饱和度高，这两种组分的含量
越高稠油黏度越低。胶质和沥青质中碳不饱和度较高，缩合程度较严重，是稠油高黏度的主要原因。
由图 8 可知，随着温度的升高，三种不同反应物反应后的油样饱和分和芳香分含量均增加，胶质和沥
青质含量均减少。在添加催化剂反应后油样的四组分含量随反应温度变化较为明显。当温度由 185℃
升高至 245℃时，油样饱和分含量从 22.03% 升高至 22.91%，芳香分含量由 31.82% 升高至 33.55%，
胶质含量由 36.57% 减少至 35.29%，沥青质含量由 9.58% 减少至 8.25%。反应后油样的四组分变化也
说明了供氢剂和催化剂的加入促进了稠油黏度的降低。在添加催化剂后，反应后油样的轻质组分含量
进一步提高，重质组分含量进一步下降。这说明催化剂作用的主要部位是重质组分中的 C—S 键。活性
组分金属氧化物中的过渡金属元素与重质组分中的含硫分子形成配位化合物，降低了 C—S 键的键能，
从而使其更容易发生断裂。C—S 键在水的作用下发生加氢反应，化学键断裂并形成一系列小分子结
构。稠油中不饱和度较高的重质组分在催化剂的作用下更容易加氢形成轻质组分，从而使得反应后油
样的重质组分含量明显减少。

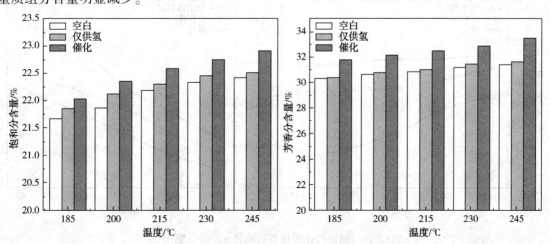

图 8　反应后油样四组分含量

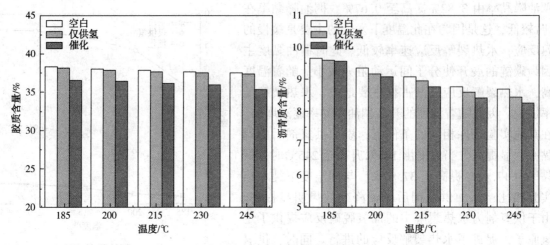

图 8 反应后油样四组分含量(续)

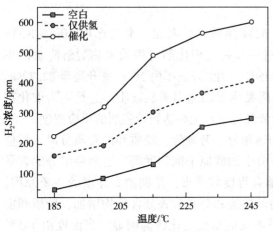

图 9 反应生成 H_2S 浓度变化

反应生成的 H_2S 浓度变化如图 9 所示。随着温度的升高，水热裂解程度不断加深，H_2S 产量不断增加，脱硫效果增强。当温度由 185℃ 升高至 245℃ 时，纯水热裂解反应的 H_2S 生成浓度由 51ppm 升高至 283ppm。在同样的实验温度区间下，添加供氢剂后反应生成 H_2S 浓度由 164ppm 升高至 407ppm。进一步添加催化剂后，反应生成的 H_2S 浓度由 225ppm 升高至 601ppm。这说明供氢剂的添加促进了水热裂解反应程度的加深。催化剂的添加进一步增加了反应的 H_2S 生成量。这说明催化剂的添加促进了油样中 C—S 键的断裂，有利于油样含硫量的降低和油品的提高。

将催化反应后的油样进行元素分析，其 S 元素含量和 H/C 值变化如图 10 所示。随着温度的升高，稠油水热裂解反应速率升高，反应后油样硫含量降低。同时，随着供氢剂和催化剂的添加，硫元素下降程度明显提高。其中，在催化水热裂解反应中，随着温度由 185℃ 升高至 245℃，硫元素含量由 2.82% 下降至 2.67%。从图中 H/C 值的变化规律来看，无论是否添加供氢剂、催化剂，反应后油样的 H/C 值均随着反应温度的升高而升高。与稠油原油样相比，油样中 H/C 的值从 0.1358 升高至 0.1380。添加催化剂后 H/C 值的提高更加显著，这说明水热裂解反应的加氢作用更加明显。

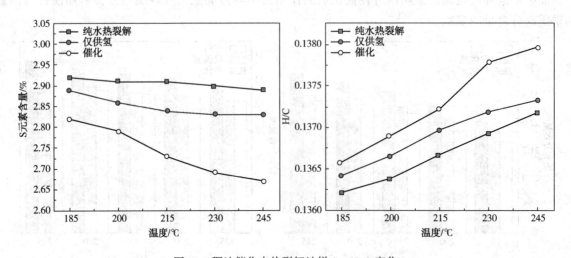

图 10 稠油催化水热裂解油样 S、H/C 变化

油样的 FT-IR 检测结果如图 11 所示。对稠油原油、185℃、215℃ 和 245℃ 催化反应后的油样进行 FT-IR 表征。从图中可以看出，油样的红外图谱的主要吸收峰在 1376cm⁻¹、1459cm⁻¹、2854cm⁻¹、2924cm⁻¹ 处。其中，1376cm⁻¹、1459cm⁻¹ 处为甲基、亚甲基吸收振动峰，2854cm⁻¹、2924cm⁻¹ 处为甲基、亚甲基的伸缩振动峰。可以看出，随着催化水热裂解反应温度的升高，油样中的甲基和亚甲基含量明显增加。当温度由 185℃ 增加至 245℃ 时，在 1376cm⁻¹ 处的甲基吸收振动峰强度由 76.016% 升高至 79.670%。在 1459cm⁻¹ 处亚甲基吸收振动峰强度由 61.942% 升高至 67.265%。在 2854cm⁻¹ 处的甲基伸缩振动峰强度由 34.400% 升高至 42.824%。在 2924cm⁻¹ 处的亚甲基伸缩振动峰强度由

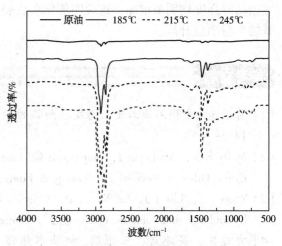

图 11 稠油催化水热裂解油样 FT-IR 分析

17.217% 升高至 23.473%。这是由于随着温度的升高，稠油水热裂解反应速率提高，同时催化剂的活性也在增加，产生的自由基增多。开环加氢反应更加剧烈，从而饱和度较高的甲基和亚甲基的含量升高。

图 12(a) 为砜硫水热裂解的反应路径。首先，解离和吸附的 H₂ 与催化剂活性中心形成 B 酸位点。砜硫中的两个氧原子吸附在 L 酸位点上得到活化。B-酸位点贡献质子，提供 H⁺ 以水的形式脱除氧原子，同时 C—S 键断裂，生成小分子含硫化合物，进一步加氢以 H₂S 的形式脱除硫原子，另一部分大分子中发生开环等一系列反应。图 12(b) 为亚砜硫的水热裂解过程。亚砜中硫原子仅与一个氧原子相连，因此，它具有很强的 C—S 键能量和良好的稳定性。随着温度的升高，亚砜硫开始水解并释放出 H₂S 气体，从而稠油黏度降低。

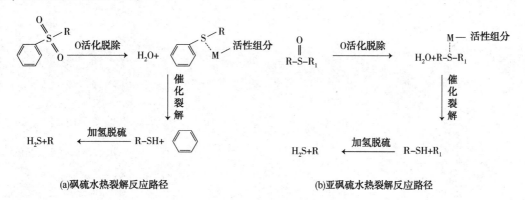

(a)砜硫水热裂解反应路径　　　　　　　　　(b)亚砜硫水热裂解反应路径

图 12 水热裂解反应路径

3 结论

本文制备了本文制备了 NiO/RHC、Fe₂O₃/RHC 和 NiO-Fe₂O₃/RHC 纳米催化剂以促进稠油降黏。评估了不同温度下纯水热裂解、供氢水热裂解、催化水热裂解对稠油降黏效果的影响。主要结论如下：

（1）所制备的催化剂均匀地负载了活性组分，具有良好的空间结构和催化活性。

（2）结果表明，NiO-Fe₂O₃/RHC 催化剂具有较好的降黏效果，在反应温度为 230℃，催化剂添加量为 1wt% 时，稠油降黏率达到 82.72%。

（3）SARA 结果表明，催化反应后的油样的胶质和沥青质的含量比原油样中含量降低 4.14%，H/C 的值从 0.1358 升高至 0.1380，硫含量由 2.95% 下降至 2.67%。硫元素含量降低是因为反应后部分硫以 H₂S 气体的形式存在。

（4）FT-IR 结果表明，催化反应中，随着温度的升高，油样中的甲基和亚甲基的吸收振动峰和伸

缩振动峰强度均明显增加，这说明催化水热裂解中开环加氢反应更加剧烈，饱和度较高的甲基和亚甲基的含量明显升高。

参考文献

[1] 贾承造. 中国石油工业上游发展面临的挑战与未来科技攻关方向[J]. 石油学报，2020，41(12)：1445-1464.

[2] Maity S K, Ancheyta J, Marroquín G. Catalytic Aquathermolysis Used for Viscosity Reduction of Heavy Crude Oils：A Review[J]. Energy & Fuels, 2010, 24(5)：2809-2816.

[3] Zhao F J, Liu Y J, Lu N, et al. A review on upgrading and viscosity reduction of heavy oil and bitumen by underground catalytic cracking[J]. Energy Reports, 2021, 7：4249-4272.

[4] 史建民，吴志连，王耀国. 稠油水热催化裂解降黏研究进展[J]. 广州化工，2021，49(06)：11-13.

[5] 毛金成，王海彬，李勇明，等. 稠油开发水热裂解催化剂研究进展[J]. 特种油气藏，2016，23(03)：1-6.

[6] Quoc K T, Han S J, Kim SS, et al. Hydrodeoxygenation of a bio-oil model compound derived from woody biomass using spray-pyrolysis-derived spherical γ-Al_2O_3-SiO_2 catalysts[J]. Journal of Industrial and Engineering Chemistry, 2020, 92：243-251.

[7] 熊伟，周敏，李昊，等. 介孔氧化镍纳米片负载 Pt 纳米粒子电催化合成氨(英文)[J]. Chinese Journal of Catalysis, 2022, 43(05)：1371-1378.

稠油低温热水驱硫酸盐化学还原反应 H₂S 生成机制研究

林日亿[1] **王奕雅**[1] **张立强**[1] **朱传涛**[2] **刘瑞琦**[1] **王 琦**[1]

【1. 中国石油大学(华东)新能源学院；2. 山东省天然气管道有限责任公司】

摘 要：稠油开采过程中产生的 H_2S 不仅危害人类健康，而且腐蚀相关设备。因此，H_2S 的生成与防治成为研究学者关注的热点话题。本文针对低温热水驱开采生成 H_2S 开展实验研究，探究反应物和反应条件对 H_2S 生成的影响机制。结果表明，低温热水驱开采过程中生成 H_2S 的主要反应类型为硫酸盐化学还原反应(TSR)，其次为水热裂解反应和黄铁矿氧化反应，而且油藏中的金属离子和氧化剂($[MgSO_4]CIP$ 和 HSO_4^-)加速 TSR 反应。低温下 TSR 反应程度与反应温度和反应时间成正比，与溶液 pH 值成反比。

关键词：稠油；低温；硫酸盐化学还原反应；硫化氢

稠油是有机质热演化成烃后经生物降解和氧化的产物，属于由高分子烃和杂原子成分组成的环烷基原油[1]。稠油组分中胶质、沥青质及 N、S、O 等杂原子含量多，具有密度高、黏度大、流动性差等特点。目前，热采是稠油开采最常用的方法，通过向稠油油藏内注入热水或高温高压蒸汽，提高原油温度，降低黏度，进而提升采收率[2]。然而，当油藏温度提升，原油、水及岩石之间会进行复杂的化学反应，生成二氧化碳(CO_2)、硫化氢(H_2S)等酸性气体[3]。其中，H_2S 是一种剧毒气体，不仅对环境和人类带来危害，而且会腐蚀稠油开采过程中的用具、集输管线和相关设备，导致地面设备"结晶"，形成"氢脆"，引发安全事故。因此，H_2S 的生成与防治成为研究学者关注的热点话题。

在稠油高温注蒸汽开采过程中，硫酸盐热化学还原反应(TSR)是 H_2S 生成的主要原因之一。国内外学者针对 TSR 反应展开大量研究，例如，Xiao 等[4]在 360℃使用蒙脱石、伊利石、石英(硅酸盐)、方解石和白云石(碳酸盐)进行了实验，结果表明，蒙脱石加速了 TSR 反应，而碳酸盐溶解降低了 TSR 速率；Yue 等[5]在 350~450℃高温下对有无硫酸镁的原油反应体系进行了探究，结果表明，随着温度的升高，$MgSO_4$ 中的无机硫随 TSR 反应向有机硫转化；Zhao 等[6]发现甲烷在 450℃的 TSR 实验中为主要反应物。以上 TSR 反应实验在高温下进行，但是低温热采过程中仍存在 H_2S 浓度超标问题。因此，明确低温热水驱稠油开采过程中 H_2S 生成机理，对 H_2S 的预防、治理以及原油安全生产有重要意义。本文针对低温热水驱 TSR 反应开展实验，探究不同反应物和反应条件对 H_2S 生成的影响，揭示低温热水驱开采过程中 TSR 反应 H_2S 生成机制，为油田稠油低温热采提供理论基础。

1 实验材料及装置

1.1 实验与表征装置

本文基于硫化氢生成实验装置开展实验，实验系统及装置如图 1 所示。首先，通过精密天平称取

作者简介：林日亿，教授，就职于中国石油大学(华东)新能源学院。E-mail：linry@upc.edu.cn

一定量反应物放入石英管,将石英管放入反应釜内衬,密封好后向反应釜内通放氮气,驱除反应釜内空气,测试反应釜的密封性;进而设置反应所需要的时间、温度和转速,并打开搅拌器冷却水;随后根据实验所需压力向反应釜内通入氮气,以维持反应过程中的压力;实验结束后,待反应釜冷却,将釜内气体收集至气袋中,使用 H_2S 检测仪检测浓度,使用气相色谱仪(GC-MS)检测其余气体的成分和产率;最后,将反应后的原油干燥,进行四组分分析(SARA)、元素分析及光电能谱分析(XPS)检测。

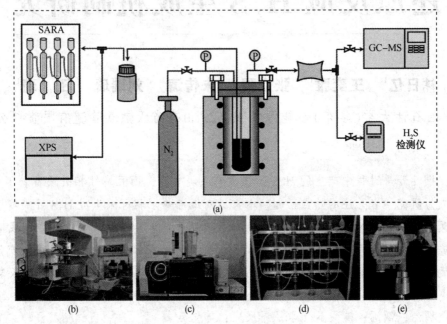

图1 实验系统及装置图

1.2 反应物物性分析

本文采用南堡油田 35-26 油井的岩心、地层水、原油,并对反应物物性进行表征。

1.2.1 原油分析

1. 黏度分析

本文采用转子黏度计,对 20~80℃环境下实验所用原油的黏度进行了测试,测试结果见图2(a)。根据分类标准和测试结果,本文所用油样为普通稠油(黏度为 50~10000mPa·s)。如图2(a)所示,原油黏度的下降趋势随温度升高变缓,表明本文所用原油为非牛顿流体。

2. 元素分析

本文采用元素分析仪表征分析原油中 C、H、S、N 元素的含量,分析结果如图2(b)所示。结果表明,原油中 C 元素含量最多,H 元素含量较少,且不饱和度较大,S 元素仅有 0.24%,因此本文所用原油为低硫原油。

3. 四组分测定

本文采用四组分实验装置,对原油中饱和分、芳香分、胶质和沥青质的占比进行了测定,分离结果见图2(c)。原油中轻质组分含量较多,N、S 等杂原子含量较少,是导致其黏度较低的主要原因。在较高温度下,饱和分中链烃的分子结构不稳定,易参与 TSR 反应。胶质和沥青质的含量达到30%,而原油中硫化物主要存在于芳香分、胶质和沥青质中,不稳定硫化物的含量是影响 TSR 反应速率的重要物质之一,其含量越高,TSR 反应程度越深。因此原油中的链烃及不稳定硫化物可能会影响 TSR 反应速率。

4. 傅里叶红外分析

本文采用傅里叶变换红外光谱仪对实验油样进行检测,以确定参与 TSR 反应的官能团。傅里叶红外分析结果如图2(d)所示,原油中主要的官能团为甲基和亚甲基,其他官能团的含量相对较少。

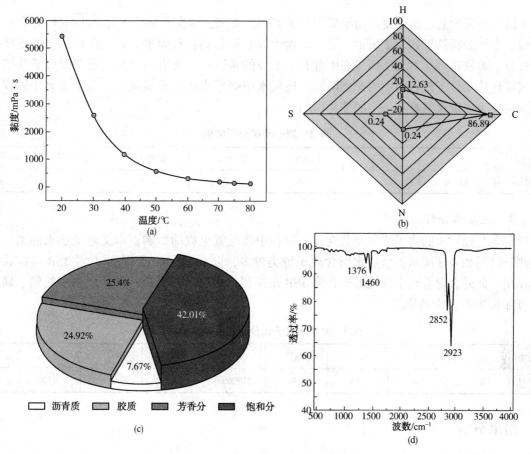

图 2　原油物性分析

1.2.2　岩性分析

根据石油行业标准 SY/T 5336—1996《岩心常规分析方法》，对实验岩心洗油、研磨进行 X 射线荧光光谱分析，检测结果表 1。岩心的元素组成以 O 和 Si 元素为主，含有较多的金属元素，并含有一定量的 S 元素。岩心中的金属元素以氧化物的形式存在，在水中溶解电离出金属离子（如 Fe^{2+}、Al^{3+} 和 Mg^{2+}），而这些金属离子可以催化 TSR 反应的进行。本文所用岩心的铁元素含量较高，锌元素含量极少，未检测到现铜元素，表明硫化物主要为黄铁矿。钠、钙、钡和锶元素的含量分别是 2.582%、1.320%、1.119% 和 0.052%，因此实验岩心中的硫酸盐矿物可能是芒硝、石膏、重晶石和天青石。

表 1　岩心 XRF 检测结果

元素	质量含量/wt%	元素	质量含量/wt%
O	47.471	S	0.290
Si	31.141	P	0.088
Al	7.785	Sr	0.052
Fe	3.379	Mn	0.045
Na	2.582	Zr	0.045
K	2.496	Zn	0.017
Ba	1.320	Cr	0.013
Ca	1.119	Co	0.010
Mg	0.997	Rb	0.009
Ce	0.412	Pb	0.008
Ti	0.379	Y	0.004
Cl	0.339	Ce	0.004

为了进一步确定岩心的主要矿物组成和含硫矿物的类型，本文开展了 X 射线衍射岩心全矿物分析测试实验，全矿分析结果如表 2 所示。岩心矿物中以石英和斜长石为主，其余的矿物组成主要有钾长石、斜长石、黄铁矿等。本文所用岩心中含有 1.12% 的黄铁矿，故岩心中 S 元素主要以黄铁矿的形式存在。实际地质条件下，岩心中的矿物溶解在地层水中会形成较多金属离子，而金属离子的存在对原油热化学反应生成硫化氢具有一定的催化作用。

表 2　岩心全矿分析结果

种类	石英	钾长石	斜长石	铁白云石	黄铁矿	钠闪石	黏土矿物
含量/%	41.79	18.41	31.63	2.23	1.12	1.72	3.1

1.2.3　地层水分析

为确定参与地层水的离子成分及其对开采过程中硫化氢生成的影响，本文对地层水的离子成分进行了检测，结果如表 3 所示。地层水所含离子种类较多，以 Cl^- 和 Na^+ 为主，Cl^- 对 TSR 反应具有一定的催化作用。此外，含有较多的硫酸根，为 TSR 反应提供了充足的反应物。地层水中的钙、镁等金属离子也可加快 TSR 反应速率。

表 3　地层水离子成分及含量测试结果

离子成分	Na^+	K^+	Ca^{2+}	Mg^{2+}	Cl^-	SO_4^{2-}	CO_3^{2-}	HCO_3^-	总矿化度
含量/(mg/L)	12437	200	514	236	19069	287	0	430	33173

2　结果分析

2.1　不同反应物对 H_2S 生成的影响

热水驱过程中生成硫化氢的反应体系复杂，多种反应物组成的体系均有生成 H_2S 的可能，如热裂解反应、TSR 反应、水热裂解反应和黄铁矿氧化反应等。因此本文采用原油、去离子水、地层水、黄铁矿和岩心为反应物，探究不同反应物对 H_2S 生成的影响，反应条件见表 4。

表 4　不同反应物对 H_2S 生成影响对照组实验反应条件表

序号	反应物	反应类型	反应温度	反应压力	反应时间
1	30g 原油	热裂解	150℃	1.5MPa	48h
2	30g 原油+20g 去离子水	水热裂解			
3	30g 原油+20g 地层水	TSR 反应			
4	30g 原油+20g 地层水+0.1g 黄铁矿	黄铁矿氧化反应			
5	30g 原油+20g 地层水+10g 岩心	TSR 反应			

反应物对照组实验结果见图 3 和表 5。当反应物为原油时，由于原油中不含有溶解的 H_2S，而且未达到原油热裂解发生温度（300℃以上），因此无 H_2S 生成。增加去离子水后，检测到少量 H_2S 和有机气体，不仅发生了水热裂解反应，而且原油中的烃类与地层水中的硫酸盐发生了 TSR 反应，但是 TSR 反应速率大于水热裂解。增加黄铁矿后，Fe^{2+} 的增加促进 TSR 反应的进行，H_2S 生成量增加。当存在岩心时，岩心中的矿物不断溶于地层水形成金属离子，正向促进 TSR 反应的进行，H_2S 产量较高。如图 3（c）所示，"原油+去离子水"反应过程中饱和分和芳香分的含量增加，但是其余反应体系的 TSR 反应过程消耗饱和分中的烃类，在生成 H_2S 的同时产生胶质、沥青质等有机物，其他组分含量增加。由此可见，原油热水驱开采过程中 H_2S 的生成是由水热裂解、TSR 反应和黄铁矿氧化反应等多个反应协同生成，其中 TSR 反应是热水驱开采过程中硫化氢生成的主要原因。

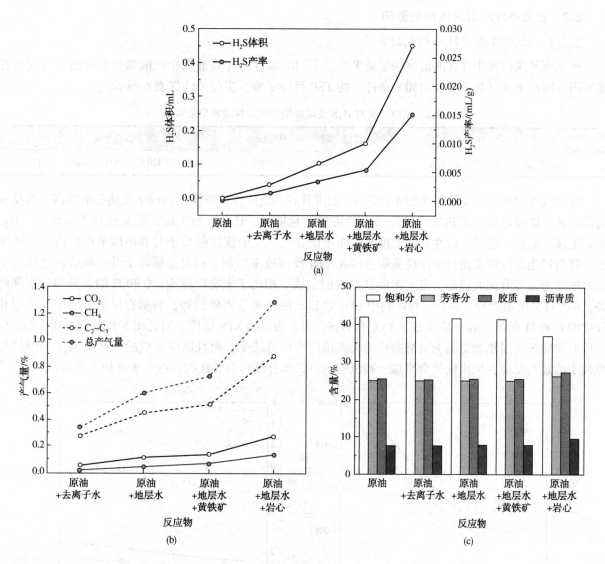

图 3 反应物对照组实验结果图

表 5 不同反应物对 H₂S 生成影响对照组实验产气率

反应物组成 / 气体	原油+去离子水	原油+地层水	原油+地层水+黄铁矿	原油+地层水+岩心
CO_2	0.052	0.109	0.143	0.277
CH_4	0.015	0.042	0.068	0.130
C_2H_4	0.002	0.053	0.062	0.042
C_2H_6	0.073	0.090	0.120	0.286
C_3H_8	0.065	0.196	0.201	0.364
C_4H_8	0.006	0.033	0.037	0.150
$n-C_4H_{10}$	0.083	0.023	0.030	0.000
$i-C_4H_{10}$	0.005	0.000	0.021	0.000
$n-C_5H_{12}$	0.040	0.052	0.040	0.040
$i-C_5H_{12}$	0.000	0.000	0.000	0.000
总产气率	0.341	0.599	0.721	1.289

2.2 反应条件对 H₂S 生成的影响

2.2.1 反应温度对 H₂S 生成的影响

热水驱开采过程中井底的温度场复杂多变，不同的温度将导致油藏中硫酸盐热化学还原反应的程度不同。因此本文开展了 110~150℃ 条件下的 TSR 反应实验，实验条件如表 6 所示。

表 6   反应温度对 H₂S 生成影响对照组实验反应条件表

反应物	反应时间	反应压力	反应温度
30g 原油+20g 地层水+10g 岩心	48h	1.5MPa	110℃、120℃、130℃、140℃、150℃

反应温度对照组实验结果见图 4 和图 6。温度升高，反应体系所能提供的活化能逐渐增高，当反应提供的活化能超过硫酸盐热化学还原反应所需的活化能时，H₂S 开始生成，随着能量不断增加，H₂S 大量生成。而且，地层水的性质随温度升高而不断变化，硫酸镁接触离子对和硫酸氢根的占比不断增加，其与烃类反应所需能量小于硫酸根，因此 TSR 反应速率增加。同时金属离子及硫酸盐在地层水中的溶解度随温度升高而增加，进一步促进 H₂S 的生成。相比于未反应原油，C 和 H 的含量均呈下降趋势，S 含量呈增加趋势，而且气相产物中 CO₂ 和 H₂S 的产率呈同样趋势，表明在反应过程中原油饱和分中的 C 和 H 参与 TSR 反应生成了 CO₂ 和 H₂S。图 5 为原油 XPS 谱图，对比图 5 和图 6 可知，TSR 反应后原油中 S 含量增加是因为硫酸盐中的无机硫向有机硫转变，而且反应生成的一部分 H₂S 会继续与原油中的烃类反应，生成硫代金刚烷、四氢噻吩、二苯并噻吩等硫化物，进一步增加了 S 含量。

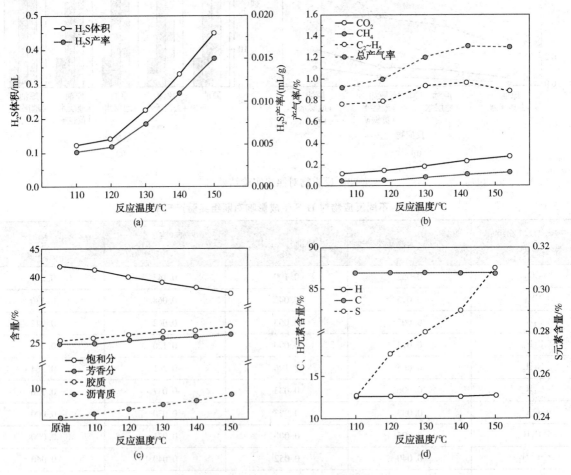

图 4   反应温度对照组实验结果图

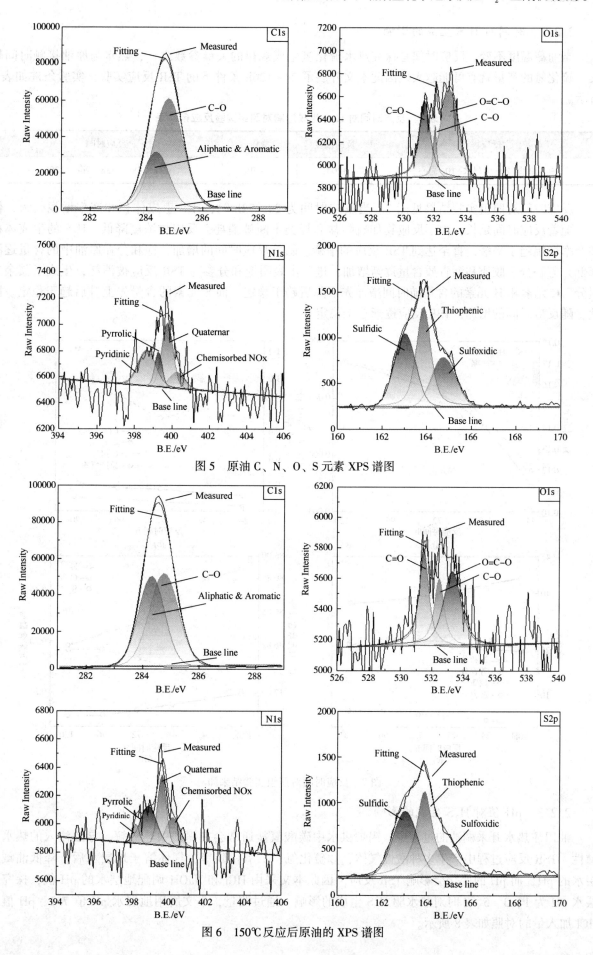

图 5　原油 C、N、O、S 元素 XPS 谱图

图 6　150℃反应后原油的 XPS 谱图

2.2.2 时间对 H_2S 生成的影响

当油藏温度不变，反应时间是探究热水硫化氢生成规律的关键参数之一，热水与原油接触时间越长，硫化氢的产量就有可能越大。因此本文开展了 24~120h 条件下的 TSR 反应实验，实验条件如表 7 所示。

表 7 反应时间对 H_2S 生成影响对照组实验反应条件表

反应物	反应温度	反应压力	反应时间
30g 原油+20g 地层水+10g 岩心	120℃	1.5MPa	24h、48h、72h、96h、120h

反应时间对照组实验结果见图 7。当反应时间为 24~72h 时，H_2S 生成体积和产率增幅较大，但是，随着反应时间延长，由于反应物如硫酸盐和烃类不断被消耗，反应物浓度降低，H_2S 的生成体积和产率增幅趋于平缓，直至达到 TSR 反应的平衡。随着反应时间的增加，饱和分在原油中的含量逐渐降低，芳香分、胶质和沥青质含量逐渐增加，进一步表明饱和分参与 TSR 反应被消耗，生成了其余三组分。C 元素和 H 元素的含量随时间增加先下降后趋于稳定，而 S 元素的含量先上升后趋于稳定。因此，随反应时间的增加，TSR 反应逐渐趋于稳定。

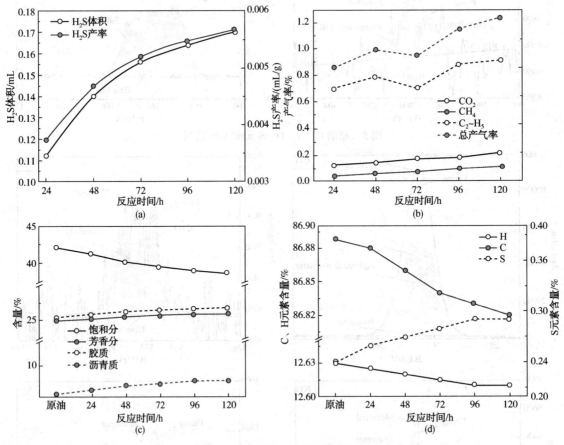

图 7 反应时间对照组实验结果图

2.2.3 pH 值对 H_2S 生成的影响

油田注热水开采稠油的过程中，锅炉供水中碳酸氢盐通常会在锅炉中热分解，导致注入的热水呈碱性。TSR 反应过程中产生多种酸性气体，如硫化氢、二氧化碳等，气体溶于地层水后，降低油藏地层水的 pH，而 pH 的变化会影响 TSR 反应。因此本文采用 HCl 和 NaOH 调配地层水的 pH 值，探究地层水 pH 为 1、3、5、9 时对热水驱 H_2S 生成的影响。通过测量，本文所用地层水 pH 值 7.1，pH 值与 HCl 加入量的对照如表 8 所示。

表 8 添加 HCl 的质量与 pH 值对应关系

pH 值	1	2	3	4	5
氢离子浓度/（mol/L）	0.1	0.01	0.001	0.0001	0.00001
盐酸体积浓度/（mL/L）	2.7174	0.2717	0.0272	0.0027	0.0003
98%浓盐酸质量浓度/（g/L）	5.0000	0.5000	0.0500	0.0050	0.0005

pH 值对照组实验结果见图 8。酸性条件下，地层水中 H^+ 浓度远大于 OH^-，热水驱开采过程中 H_2S 中的 H 元素主要来自原油中的烃类或地层水。因此，当地层水中 H^+ 浓度较高时，不仅为 H_2S 的生成提供充足的 H 元素，而且 H^+ 与 SO_4^{2-} 发生质子化作用形成 HSO_3^-，HSO_3^- 进行 TSR 反应所需的活化能远小于 SO_4^{2-}，因此低 pH 值促进 TSR 反应，加快反应速率，增加 H_2S 产率。在碱性条件下，溶液中不含有游离的 H^+，抑制 SO_4^{2-} 的质子化作用，HSO_3^- 在溶液中含量降低，即使地层水中含有少量 HSO_3^-，也会抑制 TSR 反应的进行。而且，当地层水 pH = 9 时，TSR 反应过程中生成的 H_2S 溶于地层水后，会与溶液中 OH^- 发生中和反应，进一步降低硫化氢产率。此外，随着 pH 降低，地层水中的硫酸盐与原油饱和分中的烃类反应加快，饱和分的占比逐渐降低。

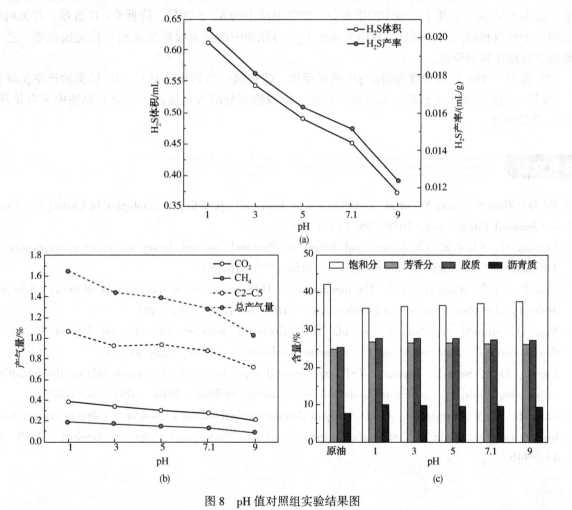

图 8 pH 值对照组实验结果图

2.2.4 TSR 反应机理

TSR 反应发生的温度一般在 80℃以上，远低于水热裂解反应进行的温度。油藏中地层水含有的 Ca^{2+}、Mg^{2+} 可以催化 TSR 反应，或与硫酸根结合形成接触离子对，降低 TSR 反应的活化能，加快 TSR 反应的反应速率。岩心可以有效补充硫酸根离子，而且岩心中的矿物不断溶于地层水形成金属离子，促进 TSR 反应的进行。当油藏中含有黄铁矿时，黄铁矿与溶解在地层水中的少量氧气发生反应，被氧化生成 Fe_2O_3 和 SO_2，SO_2 溶于水电离产生 H^+ 和 HSO_3^-，同时 HSO_3^- 也会解离生成 H^+，电离出的 H^+ 继续与岩心中的黄铁矿发生反应产生 H_2S、单质 S 和 Fe^{2+}。单质 S 也会继续被氧化成 SO_2，Fe^{2+} 则会促进 TSR 反应的进行。此外，一部分硫酸盐[例如硫酸根（SO_4^{2-}）、硫酸氢根（HSO_4^-）和硫酸镁接触离子对（[$MgSO_4$]CIP）]也参与 TSR 反应，但是硫酸盐种类随温度升高而变化。随着温度的增加，游离的 SO_4^{2-} 逐渐向 [$MgSO_4$]CIP 和 HSO_4^- 转变，而 [$MgSO_4$]CIP 和 HSO_4^- 参与 TSR 反应的速率更快，因此热水驱开采过程中 TSR 反应的氧化剂是 [$MgSO_4$]CIP 和 HSO_4^-，而非 SO_4^{2-}。

3 结论

本文探究了不同反应物组成、温度、时间及 pH 值等对低温热水驱原油 TSR 反应生成 H_2S 的影响，得出如下结论：

（1）低温热水驱开采过程中生成 H_2S 的主要反应类型为 TSR 反应，其次为水热裂解和黄铁矿氧化，而且，TSR 反应的氧化剂是 [$MgSO_4$]CIP 和 HSO_4^-。

（2）低温下 TSR 反应程度与反应温度和反应时间成正比，硫化氢、二氧化碳及烃类的产率呈增加趋势。低温 TSR 反应消耗了原油中的饱和分，增加原油中的 N、S 含量，降低 C、H 含量，将无机硫转化为原油中的有机硫化物。而且，反应生成的 H_2S 与原油中的烃类反应生成的不稳定硫化物，进一步与硫酸盐反应生成噻吩硫。

（3）低温下 TSR 反应程度与溶液 pH 值成反比，硫化氢、二氧化碳及 $C_1 \sim C_5$ 烃类的产率呈降低趋势。pH 值的增加抑制了无机硫向有机硫的转化，使得饱和分的占比提高，反应后原油中 S 含量降低，C 和 H 含量增加。

参考文献

[1] Shi Q, Zhao S, Zhou Y, et al. Development of heavy oil upgrading technologies in China[J]. Reviews in Chemical Engineering, 2019, 36(1): 1-19.

[2] Ahmadi M, Chen Z. Challenges and future of chemical assisted heavy oil recovery processes[J]. Advances in Colloid and Interface Science, 2020, 275: 102081.

[3] Zhao P, Li C, Wang C, et al. The mechanism of H2S generation in the recovery of heavy oil by steam drive[J]. Petroleum Science and Technology, 2016, 34(16): 1452-1461.

[4] Xiao Q, Amrani A, Sun Y, et al. The effects of selected minerals on laboratory simulated thermochemical sulfate reduction[J]. Organic Geochemistry, 2018, 122: 41-51.

[5] Yue C, Li S, Song H. Impact of TSR experimental simulation using two crude oils on the formation of sulfur compounds[J]. Journal of Analytical and Applied Pyrolysis, 2014, 109: 304-310.

[6] Zhao H, Liu W, Borjigin T, et al. Study of thermochemical sulfate reduction of different organic matter: Insight from systematic TSR simulation experiments[J]. Marine and Petroleum Geology, 2018, 100: 434-446.

水平井配汽结构对蒸汽腔
非稳态扩展规律的影响

王　琦[1]　王新伟[1]　朱传涛[2]　王奕雅[1]　刘瑞琦[1]　林日亿[1]

【1. 中国石油大学(华东)新能源学院；2. 山东省天然气管道有限责任公司】

摘　要：水平井注蒸汽热力采油是目前重要的稠油开采技术，而注汽过程中蒸汽腔的发育情况对开采效果具有重要影响。本文搭建了热采水平井配汽模拟三维实验平台，探究了割缝管、均匀射孔管柱、趾端射孔管柱、趾端射孔加密管柱四种注汽井结构的注汽效果，得到了不同结构注汽井形成的蒸汽腔随时间的非稳态扩展规律。实验结果表明，在蒸汽扩散阶段，注汽井上方蒸汽腔的温度都发生了先升高再降低，随后继续升高的趋势，其原因为蒸汽扩展到油藏后遇冷凝结，待储层整体温度提升，蒸汽不再凝结，温度发生了回升；在蒸汽上升阶段，会发生汽窜现象，注汽井上方油藏持续降温，其中割缝管发生汽窜的时间最早，趾端加密射孔管柱最晚。在配汽效果方面，割缝管和均匀射孔管柱配汽效果不均匀，仅在趾端射孔可优先开采趾端油藏，在均匀射孔的基础上对趾端射孔加密后得到的加热效果最好，蒸汽腔前缘平行于注汽井均衡向前扩展，实现了均匀配汽。

关键词：热采；水平井；注蒸汽；三维物模；蒸汽腔

　　石油是全球重要的一次能源，人类社会的生存和发展与石油工业息息相关。近二十年间，我国石油消费量持续飙升，国内原油产量占总供应量的比例却持续下降，造成国内原油的进口量逐年增大，对外依存度逐年增高[1]。在我国陆上石油探明资源量中，稠油占到了20%以上，而根据石油开采统计数据，每年开采的石油总量中，稠油仅占到10%的开采量。近几年来随着国际能源形势的紧张，石油价格飙升，稠油成为缓解能源枯竭问题的重要化石能源，因此对稠油等非常规油气的开采意义重大[2-3]。目前，稠油有效开采的方式之一是水平井注蒸汽热力采油[4-7]，通过注入干度较高的蒸汽，可以显著的降低原油黏度，改善原油流动性[8-10]。而由于油藏储层存在着非均质性和水平井沿程压降造成的压力分布不均衡，传统的全井笼统注汽方式易造成油井不同井段的吸汽、吸热不均，导致蒸汽腔发育不均且原油采收率不高等现象[11-12]。为了实现水平井均匀注汽，众多学者进行了大量研究。刘廷峰等[13]利用三维比例模型开展了水平井注汽实验，表明非均匀注汽时注汽井趾端蒸汽腔较跟端发育较差，易发生汽窜。宋志学等[14]使用三维物理模拟装置进行蒸汽驱实验，研究发现，注入压力对驱油效果影响较大。马奎前等[15]对海上稠油油田开展了水平井注蒸汽驱油物理模拟实验，发现蒸汽在注采井之间的空腔内扩展不均衡，底部扩展速度要快于顶部。

　　综上所述，诸多学者使用物理模拟方法[16-19]，探究了水平井均匀注汽技术及其影响因素，而对不同注汽方式下，蒸汽腔随时间的非稳态扩展规律，却鲜有研究。因此本文研究不同水平井配汽结构下蒸汽腔的非稳态扩展规律，为水平井均匀注汽的现场实施进一步提供理论基础。

　　作者简介：王琦(1999—)，中国石油大学(华东)能源动力硕士在读，从事稠油热采方面研究。E-mail：z21150040@s.upc.edu.cn

1 物理模拟实验

1.1 实验装置

根据相似准则的基本原理，设计搭建了如图 1 所示的水平井配汽三维物模实验平台[20]，设计过程中参考的油藏原型参数和模型设计参数如表 1 所示。该实验平台由注入系统、油藏模拟系统、背压系统和数据采集系统四部分组成，可以实现对注汽井结构、油藏物性参数等因素对水平井配汽效果的模拟研究。

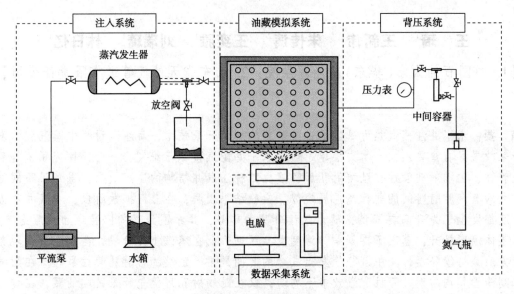

图 1　实验系统图

表 1　模型参数设计

参数名称	油藏		模型	
	单位	数值	单位	数值
油层厚度	m	30	cm	40
生产井距	m	5	cm	6.7
孔隙度	%	25.1	%	38.0
初始含油饱和度	%	64.2	%	65.8
汽腔操作压力	MPa	5	MPa	5
蒸汽温度	℃	270	℃	270
注汽速率	m³/d	350	mL/min	60~80
原始地层温度	℃	37	℃	37

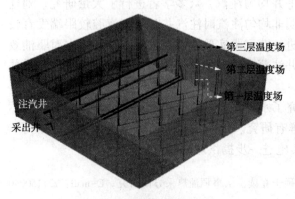

图 2　模型内部结构图

在水平井注蒸汽模拟实验中，注蒸汽过程通过注入系统实现，该注入系统由蒸汽发生器、平流泵等组成。蒸汽注入后在油藏内的扩展过程通过油藏模拟系统实现，油藏模拟系统由三维立体模型组成，内尺寸 40cm×40cm×15cm，共安装有 147 个热电偶。模型内注汽井和热电偶分布如图 2 所示，热电偶分为三层，每层 49(7×7) 个，第一层热电偶在注汽井下方，第二/三层热电偶在注汽井上方。蒸汽扩散过程中的温度数据读取通过数据采集系统实现，该数据采集系统由温度采集装置和计算机组成，温度采集装置将热电偶信号转化电信号，实时监测油藏模拟系统内的温度变化情况。实验过程中需通过背压系统维持实验系统的恒定压力，该背压系统由高压氮气瓶和调节阀组成，需在实验前去除三维模型内的空气。

1.2 实验步骤及方案

1.2.1 水平井注蒸汽模拟实验步骤

（1）填砂：准备不同粒径石英砂，按照一定的比例混合油砂，混合均匀后填入油藏模拟系统中的三维模型，模拟储层的油砂结构。

（2）装置封装：填砂后，进行孔隙度测定，随后注入蒸馏水，建立油藏初始含油饱和度和束缚水饱和度。注水结束后，上部覆盖云母板，模拟原始油藏的顶部盖层，之后盖上模型盖密封。

（3）密封性检测及恒温箱设置：向模型内部注入高压氮气，检查模型密封性。检查密封良好后，将三维模型置于恒温箱内，设定温度老化24h，待温度稳定后进行水平井配汽模拟实验。

（4）蒸汽发生器开启：实验开始前，先进行蒸汽放空，排出注汽管线内空气，预热蒸汽管线及连接件。然后，按设计的注入速率、蒸汽温度、压力通过模拟注汽井进入模型内部，开始实验。

（5）温度监测：实验过程中由计算机实时监控显示油藏温度、压力变化，直至实验完成，实验开始前需通过计算机设置好记录实验数据的频率。

1.2.2 实验方案

实验中使用的注汽井结构为割缝管、均匀射孔管柱、趾端射孔管柱三种结构，其中趾端射孔管柱又分为两种，一种是仅在趾端开孔，且开孔密度较小的趾端射孔管柱一；另一种是在均匀射孔的基础上进行趾端射孔加密的趾端射孔管柱二，如图3所示。实验过程中其他参数保持不变，注汽速率60mL/min，蒸汽温度270℃，压力5MPa。

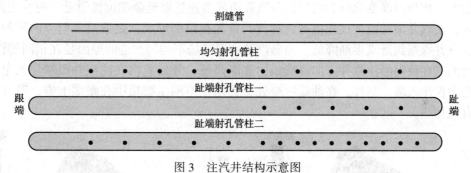

图3 注汽井结构示意图

2 实验结果与分析

2.1 割缝管

割缝管注蒸汽后不同时间的温度分布情况如图4所示，整个注汽过程可以分为三个时期：注汽初期、蒸汽扩散阶段和蒸汽上升阶段。在注汽初期，由于管柱的割缝结构，射孔孔隙较大，水蒸气优先从注汽井跟端出汽，注汽管上方靠近注汽井跟端的位置温度即刻上升至120℃左右。而由于蒸汽在跟端流出量较多，导致注汽井趾端温度上升幅度较小，相同时间下温度仅升至40℃左右。随着注汽时间增长，在图4(a)中所示的水平井深度5~15cm处，即注汽井跟端割缝位置处，注汽10min后该位置范围内的温度达到了第一个最高点，均达到了120℃左右。由图可以看出，10min为第一个温度变化转折节点，在随后的10~70min时间间隙内，温度开始持续下降，在水平井5cm处温度降至了90.2℃，15m处更是降到了59.5℃。70min为第二个温度变化节点，跟端射孔位置的温度又开始回升。发生该现象的原因为随着蒸汽时间增长，蒸汽经注汽井跟端射孔流向油藏上方，而油藏初始温度较低，瞬间上去的高温蒸汽被逐渐凝结为水，造成注汽井跟端温度开始下降。当油藏温度提升后，蒸汽不再凝结，注汽井上方油藏温度再次上升。同时，注汽井趾端温度随时间逐渐提高，但温升幅度较小，在30cm处最大温升为30℃左右，35cm处最大温升仅为10℃左右，与跟端温度相差较大，配汽效果不均匀。在蒸汽上升阶段，水平井上方油藏的温度持续下降，蒸汽腔边界也逐渐缩小，考虑原因为蒸汽突破原始储层形成优势通道，发生汽窜，进入储层顶部，而跟端只停留饱和水难以维持高温，发生了持续降温。

对于注汽后的油藏边缘处温度，跟端温度逐渐提高至70℃左右，趾端温度在注汽后期提升10℃左右，整体变化幅度较小，与注汽井上方温度相差较大，因此油藏边缘处未得到有效加热。

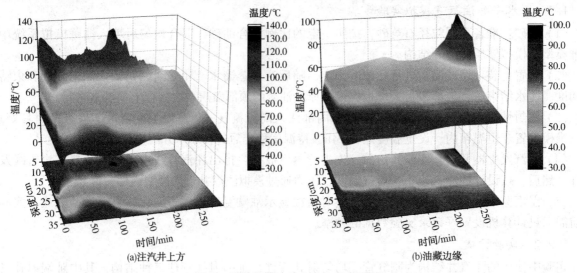

(a)注汽井上方　　　　　　　　　　(b)油藏边缘

图4　割缝管注汽井上方和油藏边缘

2.2 均匀射孔管柱

均匀射孔管柱注蒸汽后油藏温度随时间的扩展规律如图5所示，可以观察到，在注汽初期，由于趾端配汽量增大，模型温度变化较为均匀，蒸汽腔边界迅速扩展至趾端位置附近。随着注汽时间增长，蒸汽不断注入，注汽井跟端温度优先提高，蒸汽腔首先在跟端形成，之后沿井筒方向延伸，同一时间油藏温度从注汽井跟端到趾端逐渐降低。而蒸汽腔和温度场不均匀推进的原因是在相同的注汽面积下，井筒摩擦阻力的存在使得沿注汽井方向蒸汽压力逐渐降低，导致蒸汽在注汽井跟端注入量较大，温度场发育主要集中在注入端。另外，在油藏边缘处，其动用范围主要集中在跟端上方，温度场分布不均匀，未得到有效加热。

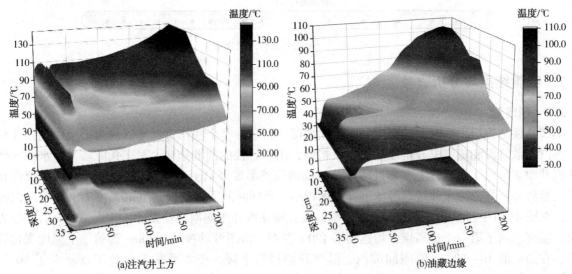

(a)注汽井上方　　　　　　　　　　(b)油藏边缘

图5　均匀射孔注汽井上方和油藏边缘

均匀注汽与常规笼统割缝管注汽相比，均匀射孔管柱优先加热整个水平井附近的油藏，注汽前期几乎达到了均匀配汽的效果，而笼统注汽优先从注汽井前端配汽，加热油藏跟端区域。相同注汽时间下，均匀开孔管柱对于储层后段的加热效果更好，蒸汽腔和温度场更均匀，但两种注汽方式均形成由跟端到趾端逐渐扩展的蒸汽腔，未有效加热趾端油藏，不利于开采的进行，且当跟端油藏优先开采之后，易形成汽窜。

2.3 趾端射孔管柱一

趾端射孔管柱根据开孔密度的不同分为两种，其中趾端射孔管柱一仅在管柱的趾端位置开孔，温度场扩展规律如图6所示。可以观察到，注汽前期的温升速度较慢，注汽6min后，蒸汽腔边界才开始在趾端产生并扩散，产生这种现象的原因是蒸汽在注汽井跟端流向趾端需要一定时间，并且在流动过程中有换热，蒸汽品质下降，造成前期储层温升不明显。注汽前20min，可以明显看出注汽井上方和油藏边缘处趾端温度上升至120℃和80℃左右，射孔位置决定了蒸汽加热区域主要为注汽井趾端附近区域，而跟端区域温升较小。随着蒸汽不断注入，注汽井趾端温度保持均匀，跟端温度逐渐得到提升，蒸汽腔和温度场由趾端向跟端逐渐扩展，产生蒸汽的优势通道，逐渐动用整个储层。注汽后期，水平井上方油藏的蒸汽腔边缘逐渐缩小，而油藏顶部边界逐渐扩大，温度急剧上升，说明发生了汽窜现象，但其汽窜现象晚于割缝管柱。

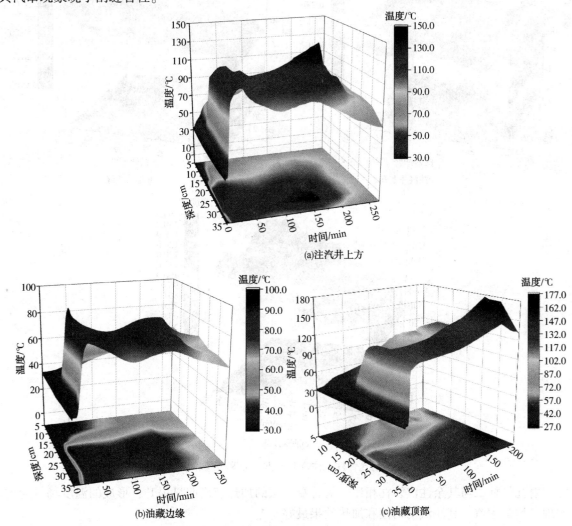

(a)注汽井上方

(b)油藏边缘

(c)油藏顶部

图6 趾端射孔管柱一注汽井上方、油藏边缘和油藏顶部

另外，在油藏边缘处，其动用范围在水平井段20~35cm处的油藏，加热后期温度与注汽井上方油藏趋于一致，其加热范围和温升幅度要好于前两种管柱。

趾端射孔管柱的配汽效果与均匀射孔和割缝管配汽效果存在明显的差异，与传统观点一致，趾端配汽能够优先动用趾端附近储层，并逐渐向跟端蔓延，对于开采趾端附近含油饱和度较高的储层具有指导意义。

2.4 趾端射孔管柱二

趾端射孔管柱二的前半段开孔密度与均匀射孔相同，后半段增加开孔密度，温度场变化规律如图7

所示。可以看出，在实验进行的275min内，从水平井跟段到趾端部位的温度场一直处于均匀分布的状态，注蒸汽前100min，注汽井上方和油藏边缘温度场均匀提升至100℃和50℃以上。同样，该注汽井对油藏注汽过程中也发生了如前所述的温度先升高，后降低，随后继续回升的现象。虽然对趾端射孔进行了加密，但蒸汽优先在注汽井跟端流出，随着蒸汽注入，跟端温度提升速率高于趾端。但注汽后期，注汽井跟端和趾端温度趋于一致，温度梯度在20℃以内，形成较为均匀的蒸汽腔。在注汽后期，同样发生了汽窜现象，但汽窜时间较晚。并且在油藏边缘和顶部，其蒸汽腔和温度场均匀推进，温升幅度较大。

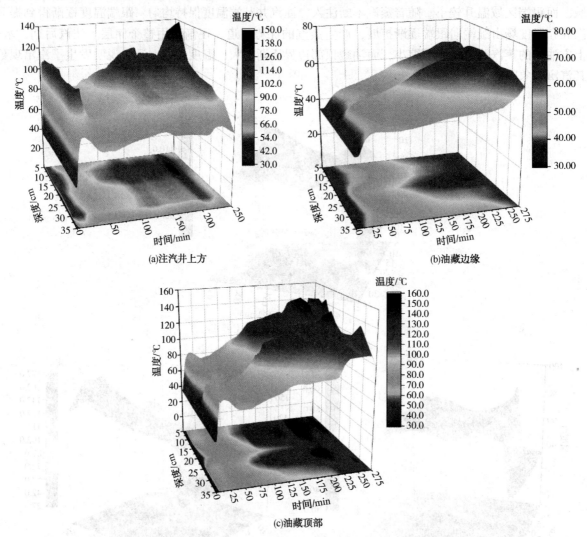

图7　趾端射孔管柱二注汽井上方、油藏边缘和油藏顶部

趾端射孔管柱二与其余注汽管柱相比，对趾端油藏的加热速度明显提升，形成的温度场较为均匀，基本实现了均匀配汽，其注汽均匀性和加热效果最好。

3　结论

（1）总结四种配汽管柱的非稳态扩展规律可知，注汽初期，不同注汽管柱的升温速度和蒸汽腔边界扩展距离存在差异。蒸汽扩散阶段，注汽井上方蒸汽腔的温度都发生了先升高再降低，随后继续升高的趋势，其原因为蒸汽扩展到油藏后遇冷凝结，随注汽时间增加，储层整体温度提升，蒸汽不再凝结，注汽井上方油藏温度再次上升。蒸汽上升阶段，发生汽窜现象，注汽井上方油藏持续降温，其中割缝管发生汽窜的时间最早，趾端加密射孔管柱最晚。

（2）对比四种注汽管柱的配汽效果可知，割缝管和均匀射孔管柱形成的蒸汽腔主要在注汽井跟端发育，边界呈现斜三角形，配汽不均匀；仅对管柱趾端进行射孔，形成了由注汽井趾端到跟端逐渐扩散的蒸汽腔，可优先加热趾端附近，利于开采趾端油藏；趾端加密射孔管柱所得蒸汽腔沿整个水平井段均匀发育，蒸汽腔前缘平行于注汽井均衡向前推进，基本实现了均匀配汽，配汽效果最好。

参考文献

[1] 韩大匡. 关于高含水油田二次开发理念、对策和技术路线的探讨[J]. 石油勘探与开发, 2010, 37 (05): 583-91.

[2] 郑修思. 我国石油供应安全评价系统研究[D]. 北京：中国地质大学(北京), 2017.

[3] Mokheimer E M A, Hamdy M, Abubakar Z, et al.,. A Comprehensive Review of Thermal Enhanced Oil Recovery: Techniques Evaluation. [J]Journal of Energy Resources Technology. 2018, 141(3).

[4] 顾浩, 孙建芳, 秦学杰, 等. 稠油热采不同开发技术潜力评价[J]. 油气地质与采率, 2018, 25 (03): 112-116.

[5] 成庆林, 刘扬, 王志国, 等. 稠油热驱过程多场耦合的描述与分析[J]. 工程热物理学报, 2010, 31(05): 737-741.

[6] 侯健, 高达, 孙建芳, 等. 稠油油藏不同热采开发方式经济技术界限[J]. 中国石油大学学报(自然科学版), 2009, 33(6): 66-70.

[7] 郑洋, 杜殿发, 赵艳武, 等. 超稠油水平井分段蒸汽驱蒸汽突进规律[J]. 特种油气藏, 2017, 24 (03): 81-85.

[8] 王友启, 周梅, 聂俊. 提高采收率技术的应用状况及发展趋势[J]. 断块油气田, 2010, 17(05): 628-631.

[9] 李卉, 李春兰, 赵启双, 等. 影响水平井蒸汽驱效果地质因素分析[J]. 特种油气藏, 2010, 17 (01): 75-77+84+124.

[10] 许建红, 钱俪丹, 库尔班. 储层非均质对油田开发效果的影响[J]. 断块油气田, 2007, 14(5): 29-31.

[11] 张丁涌. 稠油热采水平井温度测试及注汽剖面分析[J]. 中国石油大学学报(自然科版), 2017, 41(02): 124-131.

[12] 杨德伟, 王新伟, 肖淑明, 等. 稠油水平井注汽剖面分析[J]. 中国石油大学学报(自然科学版), 2014, 38(05): 155-159.

[13] 刘廷峰, 白艳丽, 王善堂, 等. 稠油油藏水平井不同注汽方式物模实验研究[J]. 石油地质与工程, 2014, 28(3): 124-129.

[14] 宋志学, 郑继龙, 陈平, 等. 稠油蒸汽驱三维物模实验影响因素分析[J]. 应用科技, 2014, (3): 73-76.

[15] 马奎前, 刘东, 黄琴. 渤海旅大油田新近系稠油油藏水平井蒸汽驱油物理模拟实验[J]. 岩性油气藏, 2022, 34(05): 152-161.

[16] 张莉, 岳湘安, 王友启. 特高含水后期提高采收率物理模拟实验[J]. 石油钻采工艺, 2020, 42 (03): 363-368.

[17] 林日亿, 李端, 王新伟, 等. 水平井配汽三维物理模拟实验[J]. 石油学报, 2020, 41(12): 1649-1656.

[18] 吴正彬, 刘慧卿, 庞占喜, 等. 稠油油藏气体-泡沫辅助注蒸汽实验与数值模拟[J]. 石油钻采工艺, 2016, 38(06): 852-858.

[19] 王新伟, 林日亿, 杨德伟, 等. 热采水平井配汽模拟实验平台建设与应用[J]. 实验技术与管理, 2020, 37(10): 185-189.

[20] 靳彦欣, 张立红, 赵丽. 相似理论在微观物理模拟实验中的应用可行性分析[J]. 石油实验地质, 2003, (04): 410-412.

浅层超重油油藏
注多元热流体吞吐优化研究

陈长春　刘章聪　李星民　史晓星

【中国石油勘探开发研究院】

摘　要：浅层超重油油藏水平井冷采采收率低。多元热流体吞吐具备高能效、低排放，以及复合降黏并增能特点，可作为低碳背景下的候选热采技术。为评价多元热流体吞吐技术在浅层超重油油藏适用性及潜力，室内实验和数模研究表明，多元热流体不同组分对超重油的 EOR 机理和作用范围不同。充分利用这一特点开展水平井注多元热流体吞吐开发优化研究，采收率可提高10% 以上，将多元热流体和饱和蒸汽结合吞吐可以进一步改善热采效果。本项研究和认识为浅层超重油油藏热采开发技术潜力评价和技术政策优化提供了依据。

关键词：超重油油藏；多元热流体吞吐；复合降黏；水平井

位于委内瑞拉奥里诺科重油带的区块 J 具重油带典型的浅层超重油油藏的油藏地质特征。储层为河流相，埋深不到500m，厚度变化大，弱~未胶结，高孔、高渗，原油重度不到 8°API，50℃ 下脱气原油黏度达到18000mPa·s，属于特稠油，但原始溶解气油比 8.9m³/m³，油藏条件下具有一定的泡沫油冷采潜力[1,2]。受当地环保法规限制，设计采用泄油长度在 1100m 的丛式长水平井网整体开发，但水平井冷采试采平均初产低于 50t/d，冷采采收率不到6%。

为在减排背景下实现高效开发，具有低碳环保特点的注多元热流体吞吐技术成为可选项。文献[3,4,5]表明，多元热流体吞吐技术具有两项优势：一是发生器无废气排放，设备热效率可达到97%~99%，高于常规蒸汽锅炉；二是在常规蒸汽吞吐提高采收率机理外，由于注入流体中含有 CO_2 和 N_2，还具有气体溶解降黏、扩大波及体积、增能保压等作用。

基于实验研究烟道气对超重油性质影响，完善了含气超重油注多元热流体 EOR 机理表征方法，优化主要开发设计参数，为在该区块的技术应用潜力评价提供了依据。

1　含气超重油注多元热流体 EOR 机理研究及表征

1.1　多元热流体设备及流体特点

多元热流体是一种高温、高压混合流体，主要成分为蒸气、氮气和二氧化碳，由多元热流体发生器产生。该发生器利用高压燃烧机理，将注入发生器的燃料(柴油或天然气)和氧化剂(空气)在燃烧室中燃烧，依靠产生的高温高压烟道气将混合掺入的水汽化，从出口排出高温高压的烟道气及水蒸气。

作者简介：陈长春，女，1971 年 3 月生，油气田开发工程专业博士，高级工程师，工作单位中国石油勘探开发研究院美洲研究所，从事重油开发优化与提高采收率等研究，担任"十三五"国家油气科技重大专项课题《超重油油藏冷采稳产与改善开发效果技术》(2016ZX05031-001)、中国石油天然气股份有限公司"十四五"前瞻性基础性重大科技课题《中亚及美洲稠油油藏多元热流体吞吐开发技术应用研究》(2021DJ3207)副课题长。E-mail：chenchangchun@petrochi-na.com.cn

目前设备可通过调节配给水温度和给水量，并在一定范围内调整出口流体比例。与烟道气辅助注蒸汽热采相比，多元热流体设备地面装置更紧凑、热损失小，但注入流体构成自由度相对较小，如6.5MPa和281℃时，混合流体中水蒸气、N_2和CO_2的摩尔分数分别为62.8%、31.2%和5.8%，混合体系热量为CO_2和N_2热焓+水显热+水汽化潜热+水过热热焓。相同注入压力和温度下，相同质量的多元热流体携带总热焓大约为饱和蒸汽热焓的40%~70%。

1.2 多元热流体对超重油性质的影响

多元热流体对不同重油影响程度不同[6]，通过以下两组实验研究了多元热流体对研究区超重油性质的影响，为进一步数模研究提供依据：

1.2.1 脱气超重油分别对CH_4、CO_2和N_2单组分气体溶解测试

非凝析气溶解测试结果（图1）表明，CH_4和CO_2的溶解度均随温度上升而降低，随压力增加而增大。压力越高，两者溶解度差别越明显；温度越高，差别越小。相同的温度和压力下，CO_2比CH_4更易溶于超重油。在测试压力范围内，N_2在超重油中的溶解能力微弱。

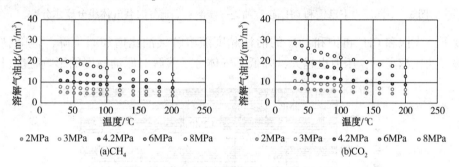

图1 胡宁4油田脱气原油对CH_4和CO_2溶解气油比

饱和CO_2和CH_4的原油黏度测试结果（图2）表明2种气体溶解后均有降黏效果。相同温度下，压力越高，溶解气量越多，降黏幅度越大；但随着温度升高，相同压力下溶解度下降，溶解气量差别变小，降黏幅度越小。相同压力下，尽管CH_4溶解度较CO_2小，但CH_4的降黏幅度大于CO_2。4.2MPa、50℃，CH_4溶解气油比为10m^3/m^3，降黏率为86%，CO_2溶解气油比为14m^3/m^3，降黏率为66%。

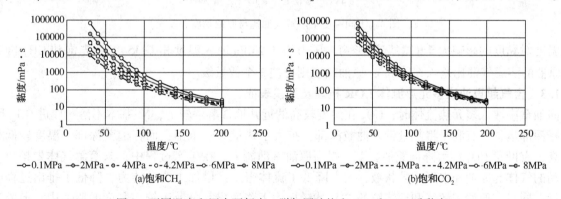

图2 不同温度和压力下胡宁4脱气原油饱和CH_4和CO_2后黏度

50℃以下低温区间，N_2有微量溶解在原油中，因此N_2具有一定的降黏效果，在8MPa和30℃条件下，降黏率4.2%；但温度高于50℃以后，原油束缚N_2能力下降，几乎不溶，无降黏效果。

从气体溶解性特点和降黏作用分析，溶解降黏和形成泡沫油、增加弹性能等机理均发生在较低温度和较高压力区域，即在蒸汽影响外围起作用，提高了采收率。

1.2.2 复配超重油对烟道气溶解测试

油藏条件下研究区原油溶解气主要成分为CH_4。复配原油至原始溶解气油比，然后继续溶解与多元热流体发生器出口端CO_2和N_2比例一致的混合气体，测试在已存在原始溶解气的情况下，原油对

CO_2 溶解能力的变化趋势。

实验表明(图3),在原油已饱和 CH_4 的情况下,可以进一步溶解 CO_2。并且原油中 CO_2 组分随压力上升而增加,随温度上升而减小。而 N_2 基本不溶解。

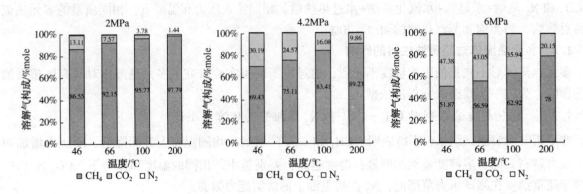

图3 不同压力下已饱和 CH_4 超重油进一步溶解烟道气时各气体组分摩尔分数

相同温度下,先饱和 CH_4 再饱和 CO_2 的活油黏度随溶解气油比增加而下降,但降黏幅度略下降,这是因为溶解气油比越高时,压力也越大,降低了气体分子溶解对原油黏度的影响程度(图4)。

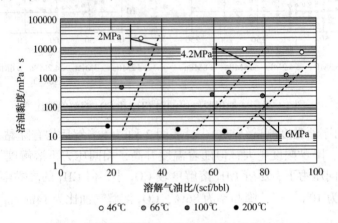

图4 不同温度下溶解气油比与原油黏度关系

温度对黏度的影响大于对溶解气影响。压力为4.2MPa时,温度相差154℃,先饱和 CH_4 再饱和 CO_2 原油的溶解气油比差 $4.6m^3/m^3$,原油黏度则相差3个数量级。

1.3 含气超重油注多元热流体 EOR 机理及数模表征

向油藏中注入多元热流体时,CO_2 在温度较高的近井地带溶解较少,N_2 基本不溶,促进 CO_2 和 N_2 向油藏深部运移,有利于将热量带入油藏深部,扩大了热量影响范围;而在油藏深部,温度较低且压力较高,有助于 CO_2 溶解降低原油黏度,提高原油流动能力。在生产过程中,未溶解气体先排出,高速流动的气体与原油和水形成乳状液,大大降低了流体密度,增加了流动能力,降低了排出过程的能量消耗;同时,原始溶解气和后溶解的 CO_2 均随压力下降逸出,分散于较高黏度的原油中,形成泡沫油,提高了体系弹性能。因此,在常规蒸汽吞吐提高采收率机理外,数值模型应该表达出多元热流体吞吐还具有的气体溶解降黏、扩大波及体积、增能保压等机理,其中数值表征的重点是 CO_2 气体溶解特征及 CH_4 对 CO_2 溶解性的影响。注多元热流体时,原始溶解气主要成分 CH_4 和注入的 CO_2、N_2 对油藏的影响不同,且三种气体均不可忽略,因此三种气体组分需要单独考虑。

采用 CMG 三维三相多组分 STARS 热采数值模拟软件,将有一定溶解能力的 CH_4 和 CO_2 组分设置为油相组分,基本无溶解能力的 N_2 设置为气相组分。根据单组分溶解实验数据计算不同温度压力下的 CH_4 和 CO_2 溶解气液平衡 K 值表;设置 CO_2 溶解相关性参数,根据复配原油实验修正在先饱和 CH_4 情况下的 CO_2 溶解 K 值表,消除近井地带 CH_4 组分摩尔浓度和原油黏度异常问题[7](图5)。

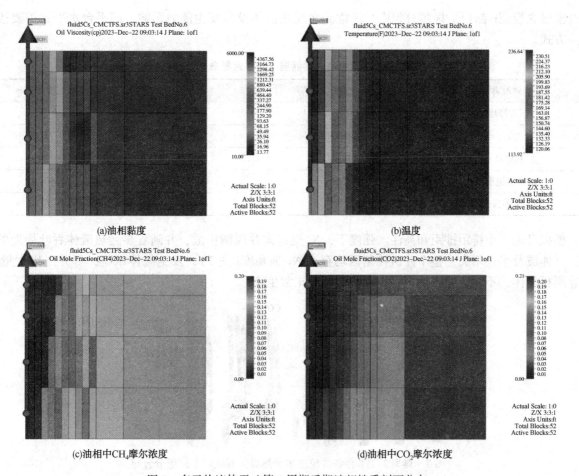

图5 多元热流体吞吐第3周期后期油相性质剖面分布

水平井数模模型显示,注入的多元热流体中的不同组分在地层中的作用以及分布范围存在明显差异(图6)。水蒸气影响范围有限,初期主要作用于近井地带。多元热流体中的 N_2 含量高,在注入地层后 N_2 波及速度最快,波及范围最广,并因重力分异作用趋于分布在油层上部,由于 N_2 导热系数低,可形成隔热层,降低了注入流体向盖层的传热速度,减少热损失。尽管多元热流体中的 CO_2 含量最小,但由于在井筒周围受热区 CO_2 溶解性低, CO_2 波及范围大于蒸汽影响范围,主要存在加热区外围因油藏压力高、温度低,更易溶于超重油,在泄压过程形成泡沫油,提高驱油效率。

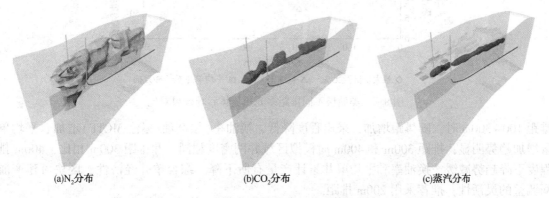

(a) N_2 分布　　　　　　　　(b) CO_2 分布　　　　　　　　(c) 蒸汽分布

图6 单井吞吐第一周期焖井阶段多元热流体组分在油藏中分布

2 浅层超重油油藏注多元热流体主要开发设计参数优化

2.1 水平井网排距优化

为提高模拟研究适用性,将研究区目的层分为3类典型储层,分别建立不同排距的丛式水平井平台规模概念模型(表1)。模拟过程中,考虑到多元热流体设备发生能力影响,同平台水平井需要按照轮注方式。

表1 浅层超重油3类储层1/4平台概念模型参数

储层类别	一类	二类	三类
有效厚度/m	27	18	9
净总比	0.85	0.8	0.75
孔隙度/%	0.33	0.3	0.27
水平渗透率/mD	7500	6500	5500
垂直与水平渗透率比值	0.72	0.71	0.7

模拟发现在小排距排距和高注入强度下,N_2 迅速向井周围扩散,并随着多元热流体吞吐周期的增加,气体波及半径增大,整个井组控制区均存在 N_2 饱和度(图7),发生气体窜流,邻井产出大量 N_2 等非凝析气体,不仅影响产油量,也影响油井的正常生产。

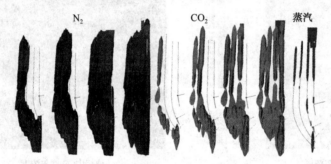

图7 典型1/4平台各井轮注多元热流体吞吐时不同组分分布

模拟二类储层中水平井排距 $100\sim400$m 时,不同注入强度和注入速度的多元热流体吞吐效果,采出程度最高算例下的效果如图8所示。

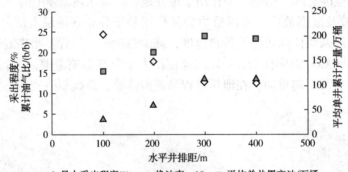

图8 二类储层不同排距多元热流体吞吐效果对比

排距 $100\sim300$m 时,随排距增加,采出程度降低、换油率(累产油/累注 MCTF)增加、平均单井累计产量增加趋势明显;排距 300m 和 400m 时模拟区域井网密度相同,和排距 300m 相比,400m 排距下采出程度下降趋势减缓,换油率和平均单井累计产量有所下降。综合单井经济性、区块可建产能和未来井网调整的灵活性,推荐采用 200m 排距。

2.2 注入强度优化

根据现场经验和调研分析,注入强度对多元热流体吞吐的开发效果影响较大。在满足采油工程设计并考虑地层破裂压力的基础上,模拟在相同注入速度、注入压力等操作参数、水平井排距为 200m 条件下,不同注入强度($3\sim12$t/m)对3类储层多元热流体开发效果的影响。

随注入强度增加,以累计增油幅度(某一注入强度下的累计产量-上一注入强度下的累计产量)以及换油率(累计油-MCTF 比)为目标函数，模拟结果如图 9 所示，优化不同类型储层 200m 排距下的多元热流体注入强度分别为 10t/m、7t/m、6t/m。

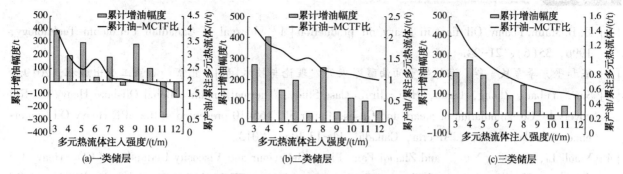

图 9 3 类储层不同多元热流体注入强度下累计增油幅度和累计油-MCTF 比

2.3 蒸汽和多元热流体结合吞吐改善热采效果

实验表明，多元热流体中蒸汽降黏效果远高于 CO_2 溶解降黏效果。从油田现场经验和研究发现，多元热流体吞吐和常规蒸汽吞吐在作用范围上各有优缺点，多元热流体吞吐加热范围大但温度低。蒸汽吞吐加热范围小但温度高，可以将两种技术结合起来，增加注入热量、增大加热范围，改善热采效果。

设计两种结合方式：一是饱和蒸汽后续多元热流体吞吐，即在一轮吞吐过程中首先注入饱和蒸汽，焖 5 天后再注入多元热流体，完成注入后焖井 2 天，再开井生产；二是饱和蒸汽-多元热流体交替吞吐，即在一轮蒸汽吞吐后进行一轮多元热流体吞吐。

采用二类储层 1/4 平台概念模型对比等质量注入介质前提下热采效果，方案和注入设计及模拟结果见表 2，各方案均模拟 20 个周期。从模拟结果看，饱和蒸汽后续多元热流体吞吐可以有效扩大蒸汽腔体积，与饱和蒸汽吞吐相比，相同注入热量下采出程度提高 2%，相同采出程度下汽油比下降 0.4，地层平均压力有一定程度保持，生产周期更长。而多元热流体吞吐和饱和蒸汽-多元热流体交替吞吐在开发初期效果较好，中后期因发生邻井气窜效果变差。

表 2 蒸汽与多元热流体结合改善热采效果

方案	吞吐方式	周期注入流体及注入量	采出程度/%	换油率(累产油/累注入)/(t/t)
1	饱和蒸汽吞吐	3%PV(孔隙体积)水当量	20.80	2.61
2	多元热流体吞吐	3%PV 水当量等质量多元热流体	14.46	1.86
3	同周期内饱和蒸汽段塞后续多元热流体段塞吞吐	3%PV 水当量+0.3%PV 水当量等质量多元热流体	22.92	2.53
4	周期间饱和蒸汽和多元热流体交替吞吐	3%PV 水当量+3%PV 水当量等质量多元热流体	17.28	2.19

从模拟结果可见，同周期蒸汽后续多元热流体段塞注入，在保证充足热量的同时扩大热受效范围、提高压力、增加能量，在较低的井网密度下可实现较高的采出程度，提高热采效果。

3 结论和认识

(1) 注多元热流体吞吐开发过程中，不同组分对浅层超重油油藏 EOR 机理和作用范围不同，蒸汽主要为近井带加热降黏；CO_2 在蒸汽作用区外围可增压溶解降黏、并在泄压过程中可增强泡沫油作用；多元热流体中 N_2 含量高、影响范围大，在多井轮注吞吐过程中增加了邻井生产时气窜风险。

(2) 浅层超重油油藏注多元热流体开发，水平井排距应大于蒸汽吞吐，优化推荐 200m；按储层特征分别控制多元热流体注入强度，且应根据储层条件变好而适当增大，优化推荐在 6~10t/m。

(3) 浅层超重油油藏为特稠油，降黏仍是最主要 EOR 机理，同周期蒸汽后续多元热流体段塞注入，在较低的井网密度下可实现较高的采出程度，改善热采开发效果。

参考文献

[1] B. B. Maini. Foamy Oil flow in heavy oil production[J]. Journal of Canadian Petroleum Technology, 1996, 35(6): 21-24.

[2] 陈和平, 李星民, 等. 海外超重油油藏冷采开发理论与技术[M]. 北京: 石油工业出版社, 2019.

[3] Sun, Yubao, Zhong, Liguo, Hou, Jirui. Case Study: Thermal Enhance Bohai Offshore Heavy Oil Recovery by Co-stimulation of Steam and Gases. Paper SPE165410 presented at the SPE Heavy Oil Conference-Canada, Calgary, Alberta, Canada, 11-13 June, 2013.

[4] Xiaoli Li, Daoyong Yang, and Zhaoqi Fan. Phase Behaviour and Viscosity Reduction of CO_2-Heavy Oil Systems at High Pressures and Elevated Temperatures. Paper SPE 170057 presented at the SPE Heavy Oil Conference-Canada, Alberta, Canada, 10-12 June 2014.

[5] Huazhou Li, Sixu Zheng, and Daoyong Yang. Enhanced Swelling Effect and Viscosity Reduction of Solvent(s)/CO_2/Heavy-Oil Systems. Paper SPE 150168 presented at SPE Heavy Oil Conference and Exhibition, Kuwait City, Kuwait, 12-14 December 2011.

[6] Osvair Vidal Trevisan, Philipe Laboissiere. Laboratory Study on Steam and Flue Gas Coinjection for Heavy Oil Recovery. Paper SPE165523 presented at the SPE Heavy Oil Conference-Canada, Calgary, Alberta, Canada, 11-13 June, 2013.

[7] Liu Zhang-cong and Chen Chang-chun. EOR Mechanism of Multi-Component Thermal Fluid Stimulation in Shallow Extra Heavy Oil Reservoir. Paper presented at the 2019 International Field Exploration and Development Conference(IFEDC 2019)in Xi'an, China, 16-18 October, 2019.

"双碳"背景下生物藻水热液化耦合稠油改质降黏技术探索研究

邓桂重　李晶晶　唐晓东　王舰苇　马新军

【西南石油大学化学化工学院】

摘　要： 原位改质降黏技术可提升稠油开发规模，对保障我国能源安全具有重要意义。但水热原位供氢效率受限，本论文提出将藻类水热液化与稠油改质降黏过程耦合，利用水热液化产液化产物对稠油改质降黏过程供氢，丰富活泼氢的供给路径。论文考察了小球藻水热液化温度与 Fe/HZSM-5 催化剂添加对藻液化率及产物分布的影响，并讨论了水热液化产物参与下的稠油改质降黏过程。结果表明此技术可使稠油降黏率达到 84.32%，且稠油中的胶质重组分有 31.2% 被转化为芳香烃轻组分。改质后稠油的 H/C 比升高，通过催化剂可调整藻类水热液化产物分布，证实了液化产物中的芳香烃、脂肪烃类产物对稠油的改质降黏效果明显。同时藻类的高效固碳特性可与油田二氧化碳减排需求紧密结合，实现碳资源循环利用。

关键词： 稠油；生物藻；水热液化；改质降黏；供氢作用

我国原油的对外依存度已超过 70%[1,2]。在地缘政治博弈加剧的情势下，保障原油供给安全事关国家发展大局，具有战略意义。稠油是我国重要的非常规石油资源，已探明的稠油储量超过 40 亿 t，主要分布在主要分布在辽河油田、新疆油田、胜利油田、河南油田等[3,4]。但由于其高黏、低 H/C 比特性，稠油开采成本高，且留下不少低渗和难动用区块[4,5]。以中国海洋油气为例，尚有 5.9 亿 t 的非常规稠油（地下稠油黏度大于 350mPa·s）等待开发[6-8]。特别是在"双碳"政策背景下，降本增效地开发稠油，减少过程碳排放是各生产单位的关注焦点。

稠油原位改质技术是极具发展前景的技术之一[9-11]。应用"地下炼厂"理念的稠油原位改质技术是利用蒸汽在储层建立起的高温地带，在水和催化剂的参与下，部分断开稠油大分子中的化学键，以加氢或脱碳的方式增加稠油的 H/C 比，完成不可逆的油品升级[12-14]。由于省去了地面设备投资，也减轻了炼厂后续加工负担，原位改质技术更符合我国的碳减排和能源高效利用的国家战略。

已有的研究成果表明，水在地层条件下会通过水煤气转化，产生氢气，参与稠油改质过程，提高改质油的 H/C 比[15]。但水热裂解也不能完全避免稠油脱碳，油水相间传质使得供氢效率受限[16,17]。为了提高改质稠油 H/C 比，丰富活泼氢的供给路线，研究学者们相继报道了氢化芳烃类、多元醇类、部分脂肪烃类做有机供氢剂[18]。由于生物质液化产物中富含上述物质，本课题组前期探索了无水条件下木质纤维素液化产物做稠油催化裂解用供氢剂的可行性。结果发现，向稠油的催化裂解体系添加 3wt% 木质纤维素，产品油降黏率达 80% 以上[19]。

基金项目：国家自然科学基金联合基金项目（U22B20145）、四川省自然科学基金项目（22NSFSC3385）和西南石油大学研究生科研创新基金项目（2021CXZD18）资助。

作者简介：邓桂重（1996—），西南石油大学化工学院，硕士在读。E-mail：1749151697@qq.com

与木质纤维素不同，藻类生物质高含水、繁殖快，能够吸收烟道气中的低浓度 CO_2、NO_x 作养分。据报道每 1 万 t 螺旋藻，能够吸收约 2 万 t CO_2，约 2000t NO_x[20]。通过水热液化技术，藻类可在较低的反应温度(250~380℃)和较高压力下(5~30MPa)，反应生成低氧含量的生物油[21]。因此本论文提出将生物藻水热液化过程与稠油改质降黏过程耦合，探讨用生物藻水热液化产物(含水油多相)作多元供氢剂，直接参与到稠油的改质降黏过程，有望成为一个稠油改质降黏新技术。

1 实验

1.1 原料与试剂

重质原油来自渤海油田，小球藻来自奕鸣生物科技，HZSM-5 沸石(SiO_2/Al_2O_3=36)购自南开大学催化剂厂，其他试剂均来自成都科隆化学试剂工业。其制备由实验室自行制备，使用负载量为 5% 的 Fe/HZSM-5 作为本实验探究的催化剂[22]。藻类组成相关性质见表 1，稠油性质见表 2。

表 1 藻类组成(g/g 藻类)

组成	水分	蛋白质	脂肪	碳水化合物	纤维素	矿物质
含量/(g/g 藻类)	0.06~0.07	0.5~0.65	0.05~0.1	0.1~0.2	0.02~0.05	0.05~0.07

表 2 稠油的物化性质

黏度/(50℃, mPa·s)	密度/(20℃, g/cm³)	水含量/(wt%)	元素含量/wt%				族组成/%			
			C	H	N	S	沥青质	饱和分	芳香分	胶质
12500	0.973	0.08	86.23	11.31	0.07	0.46	5.48	36.46	25.67	32.39

1.2 小球藻水热液化对比实验

小球藻水热液化实验：反应在高温高压反应釜中进行的。5g 小球藻和 100g 水共同加入釜内，吹扫氮气 5min，闭釜并升温至 300℃ 或其他指定温度，反应 30min 或其他指定时间。反应结束降温后沉降分离掉残余固相。收集液相产物用于 GC-MS 组成分析以及后续的稠油改质降黏实验(图 1)。

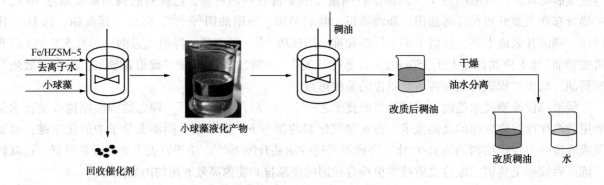

图 1 小球藻液化与稠油改质降黏实验流程

小球藻水热催化液化：向反应釜内加入 5g 小球藻、100g 水和 0.5g 负载型 Fe/HZSM-5 催化剂，后续实验步骤相同。反应结束降温后沉降分离掉固相催化剂与残渣，收集液相产物用于组分分析以及后续的稠油改质降黏实验。固体催化剂洗涤、干燥、煅烧除碳后，可循环利用。

1.3 稠油改质降黏系列实验

1#实验：向高温高压釜内加入 80g 稠油，100g 水，升温至 280℃(或其他指定温度)反应 24h(或其他指定时间)。反应结束后，先油水分离，再对 1#改质稠油进行黏度、族组分、特征官能团和元素组成等分析表征。

2#实验：向高温高压釜内加入 80g 稠油，100g 小球藻水热液化实验的液相产物，后续实验步骤相同。反应结束后，先油水分离，再对 2# 改质稠油进行黏度、族组分、元素组成和特征官能团等分析表征。

3# 实验：向高温高压釜内加入 80g 稠油，加入 100g 小球藻水热催化液化实验的液相产物，后续实验步骤相同。反应结束后，先油水分离，再对 3# 改质稠油进行黏度、族组分、元素组成和特征官能团等分析表征。

1.4 原料及产物分析

改质前后的稠油族组分分离参照行业标准 NB/SH/T 0509—2010，通过溶剂沉淀及色谱柱法将稠油分成饱和分、芳香分、胶质和沥青质四组分（SARA）；稠油的 CHONS 元素变化使用德国 Elementar Vario EL cube（EA）进行分析；反应前后沥青质的特征官能团变化以及 π—π 作用力使用 WQF-520 FTIR 红外光谱仪、X Pert PRO MPD，Panaco Netherlands 的 X 射线衍射仪进行分析。

小球藻水热液化产物使用安捷伦公司的 Agilest7890A 5975C 气质联用分析仪进行组成分析。分析前先使用二氯甲烷将反应后的水相以及固相上黏附的液化产物萃取收集起来。使用 NDJ-8SN 数显黏度计测定所有样品的黏度：

$$\Delta\eta = \frac{\eta_0 - \eta}{\eta_0} \times 100\%$$

式中　η_0——原油初始黏度；

　　　η——原油改质之后黏度。

液化产物的液化率计算公式如下：

$$\text{Bio-oil liquefaction rate}(\%) = \frac{\omega_{\text{bio oil}}}{\omega_{\text{chlorella}}} \times 100\%$$

2 结果与讨论

2.1 小球藻水热液化过程及产物分析

图 2、图 3 给出了水热液化反应温度、时间对小球藻水热液化产率的影响关系。结果表明小球藻的水热液化过程在 300~320℃ 左右达到峰值，液化率 60.34%。但温度再升高时有明显的固体残碳生成，液化率下降，催化剂也被积碳包裹不易再生。在 300℃ 下反应时间最优值为 30min，继续增加反应时间，固体残碳量也会增加。

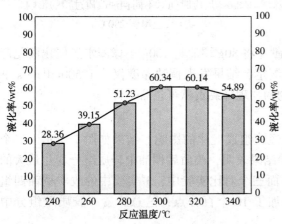

图 2　反应温度对液化率的影响
（反应时间 30min）

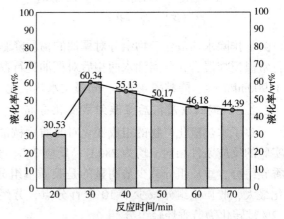

图 3　反应时间对液化率的影响
（反应温度 300℃）

图 4 对比了在 300℃、30min 的最优反应条件下，小球藻直接水热液化以及 0.5gFe/HZSM-5 催化剂参与下的水热催化液化产物组成。结果表明催化剂不仅提高了液化产率，还使产物中酮类组分的含

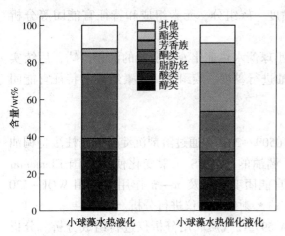

图4 小球藻水热液化产物的 GC/MS 分析

量大幅下降，脂肪烃类、酯类以及芳香类组分含量上升。其中酯类和脂肪族组分含量共增加了 17 个百分点，芳烃类组分增加了 13 个百分点，酸类组分降低了 7 个百分点，酮类组分降低了 11 个百分点。表明 Fe/HZSM-5 催化剂能够有效催化酮酸类物质转化，降低产物含氧量。

2.2 水热液化产物对稠油改质降黏过程的影响

通过开展 1#、2#、3# 系列稠油改质对比试验，考察小球藻水热液化产物对稠油改质降黏过程的贡献。

2.2.1 水热液化产物对稠油改质降黏率的影响

图5、图6 对比了系列反应温度、时间下的三个稠油改质过程降黏率变化规律。结果表明，没有液化产物参与的 1# 稠油水热裂解过程，降黏率最高仅为 23.20%；而小球藻水热催化液化产物参与下的 3# 实验，稠油改质降黏率在 300℃ 下可达到 84.32%。因为小球藻的水热催化液化产物中有更多的脂肪烃、芳香烃和醇类，相较于 2# 实验使用单纯的小球藻水热液化产物，在 280℃ 以上的反应温度和 24h 以上的反应时间下，稠油的改质降黏程度有台阶式的提升，降黏率最高提升了 18 个百分点。

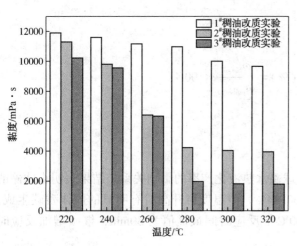

图5 反应温度对不同稠油改质过程的影响
（反应时间 24h）

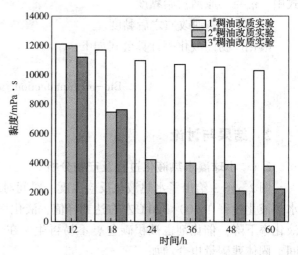

图6 反应时间对不同稠油改质过程的影响
（反应温度 280℃）

为了排除水热液化产物组分对稠油的稀释降黏贡献，将 80g 稠油与 100g 小球藻水热催化液化产物进行常温搅拌混合，分离油水两相后对稠油进行黏度测定，结果发现稠油黏度仅从 12500mPa·s 下降至 11900mPa·s，降黏率 4.8%，固藻类水热液化产物的物理降黏贡献可忽略不计。

2.2.2 稠油改质前后烃族组成变化分析

考察了水热液化产物的组成变化对改质后稠油的烃族组成变化的影响，结果如图7 所示。三个对比实验的反应条件相同，均为 280℃，反应 24h。实验结果表明，改质后稠油中轻质组分变化最大的是芳香族组分，重质组分减少最明显的是胶质重组分。而三个对比实验中，3# 实验中的改质稠油四组分变化最大，胶质重组分减少了 10 个百分点，芳烃增加了 10 个百分点，这意味着原胶质重组分中有 31.2% 被转化为芳香烃轻组分。

2.2.3 改质前后稠油组分的官能团变化分析

将三个对比实验中的改质沥青质分离提取后，进行红外光谱分析，结果如图8 所示。其中在 3700~3600cm⁻¹ 处出现的羟基峰与小球藻液化产物中检测出的醇类产物相对应。在 2960~2850cm⁻¹ 处的峰是烷烃的甲基以及亚甲基的吸收峰，发现 2#、3# 改质稠油沥青质的吸收峰增强，其可能的原因是通过 C—S 键断裂加氢或烷基化反应产生了较多的甲基以及亚甲基;而在 750cm⁻¹ 处的峰表明存在 C—S 键,2#、3#改质沥青质吸收峰减弱,则表明存在 C—S 键的断裂。

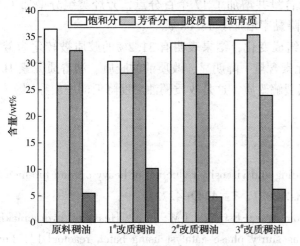

图 7 不同改质过程对稠油四组分变化的影响

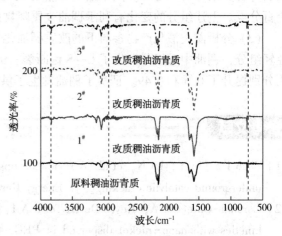

图 8 改质稠油沥青质分析红外分析

2.2.4 改质前后稠油的元素组成分析

表 3 分析了三个稠油改质对比实验前后,胶质、沥青质重组分的 CHNS 元素含量变化。其中藻类水热液化产物参与下的稠油改质降黏过程(2#、3#改质实验组分),H、N 元素含量均上升较明显,S 含量下降明显,2#、3#改质组分的 H/C 比均较原料组分有较大的提升。与图 8 中的红外光谱分析结果一致,由于 2#、3#改质实验中的 C—S 键的断裂程度更大,表 3 中的 2#、3#改质组分中 S 含量降低较多。2#、3#改质组分的 N 含量增多是因为小球藻本身氮含量较高,所以液化产物的含氮量也高,进而影响了稠油改质产物中的氮含量。综合来看,藻类水热液化产物参与下的稠油改质降黏过程,除了减少胶质沥青质重组分含量外,还增加了改质后上述组分的 H/C 比,对改质稠油的品质提升很有帮助。

表 3 胶质与沥青质的元素分析

组成	元素含量/%				H/C 比
	C	N	H	S	
原料稠油胶质	86.03	1.15	10.04	0.42	1.40
1#改质稠油胶质	86.73	1.28	8.64	0.42	1.20
2#改质稠油胶质	81.65	3.68	11.97	0.38	1.76
3#改质稠油胶质	83.93	2.43	11.86	0.35	1.70
原料稠油沥青质	87.14	1.16	8.65	0.46	1.19
1#改质稠油沥青质	87.76	1.17	7.87	0.43	1.08
2#改质稠油沥青质	82.31	3.26	11.82	0.38	1.72
3#改质稠油沥青质	84.46	2.11	11.83	0.36	1.68

3 结论

本文探索了利用藻类水热液化产物参与稠油原位改质降黏的技术可行性,综合实验研究成果,获得以下认识:

(1) 渤海稠油单独水热裂解改质降黏率仅为 23.20%,藻类水热液化产物参与后,改质油黏度最高从 12500mPa·s 下降到 1960mPa·s,降黏率达到 84.23%,表明了藻类水热液化耦合稠油改质降黏是可行的。

（2）藻类水热液化过程中加入 Fe/HZSM-5 催化剂，可提高液化产率和改善产物分布。在 0.5% 催化剂的参与下，产物中酮类组分降低了 11 个百分点，酸类组分降低了 7 个百分点，而脂肪烃类、酯类以及芳香类组分含量上升。其中酯类和脂肪族组分含量共增加了 17 个百分点，芳烃类组分增加了 13 个百分点。上述组分的变化有利于稠油改质降黏，降黏率增加了 18.08%。

（3）分析藻类液化产物参与下的改质稠油化学组成变化，结果表明有 31.2% 的胶质被转化为芳香烃轻组分，稠油中重组分发生了 C—S 键断裂，S 元素含量下降明显，改质油的胶质、沥青质元素 H/C 比分别提升了 0.3 和 0.49。证实了稠油发生了供氢裂解改质，这是改质稠油黏度降低的主要原因。

参考文献

[1] Zhao F, Liu Y, Lu N, et al. A review on upgrading and viscosity reduction of heavy oil and bitumen by underground catalytic cracking[J]. Energy Reports. 2021, 7: 4249-4272.

[2] Coronel-García M A, Reyes De La Torre A I, Domínguez-Esquivel J M, et al. Heavy oil hydrocracking kinetics with nano-nickel dispersed in PEG300 as slurry phase catalyst using batch reactor[J]. Fuel. 2021, 283: 118930.

[3] Shude W S W. Review on the trend for development of world's petroleum refinings industry[J]. CHINA PETROLEUM PROCESSING & PETROCHEMICAL TECHNOLOGY. 2007(No. 2): 11-15.

[4] Xingguo L. Synthesis and Performance Evaluation of Temperature-Resistant and Salt-Resistant Viscosity Reducer DT-1 for Heavy Oil[J]. Chemistry & Bioengineering. 2020: P55-P58.

[5] Wei Z, Yi-Ming W, Wei-Ping C, et al. Correction for the Nuclear Magnetic Resonance Porosity in Heavy Oil-bearing Reservoirs[J]. Chinese Journal of Magnetic Resonance. 2021: 1000-4556.

[6] 康玉柱, 周磊. 中国非常规油气的战略思考[J]. 地学前缘. 2016(第 2 期): 1-7.

[7] 李中, 谢仁军, 吴怡, 等. 中国海洋油气钻完井技术的进展与展望[J]. 天然气工业, 2021, 41(8): 178-185.

[8] 谢玉洪. 中国海洋石油总公司油气勘探新进展及展望[J]. 中国石油勘探, 2018, 23(1): 26-35.

[9] 柳波, 刘阳, 刘岩, 等. 低熟页岩电加热原位改质油气资源潜力数值模拟——以松辽盆地南部中央坳陷区嫩江组一、二段为例[J]. 石油实验地质, 2020, 42(04): 533-544.

[10] 崔景伟, 朱如凯, 侯连华, 等. 页岩原位改质技术现状、挑战和机遇[J]. 非常规油气, 2018, 5(06): 103-114.

[11] 邹才能, 杨智, 朱如凯, 等. 中国非常规油气勘探开发与理论技术进展[J]. 地质学报, 2015(6): 979-1007.

[12] 唐晓东, 陈廷兵, 郭二鹏, 等. 超稠油原位催化改质提高采收率实验[J]. 特种油气藏, 2022, 29(1): 114-120.

[13] 孙宁武, 马成明, 李佳华, 等. 提高稠油开发效果的原位常温断链改质技术[J]. 大庆石油地质与开发, 2021, 40(1): 90-95.

[14] 王唯. 稠油原位催化改质催化剂研究进展[J]. 当代石油石化, 2022, 30(6): 25-30.

[15] 陆强, 郭浩强, 叶小宁, 等. 供氢剂作用下生物质快速热解的研究进展[J]. 林产化学与工业, 2017, 37(6): 1-9.

[16] 蔡佳鑫, 林日亿, 马强, 等. 噻吩水热裂解反应机理研究[J]. 石油与天然气化工, 2019, 48(1): 80-85.

[17] 陈威, 许军, 许金山, 等. 环烷酸锰催化水热裂解脱除渣油中的噻吩硫[J]. 石油化工, 2020, 49(8): 729-734.

[18] Alemán-Vázquez L O, J. L C, García-Gutiérrez J L. Effect of Tetralin, Decalin and Naphthalene as

Hydrogen Donors in the Upgrading of Heavy Oils[J]. Procedia engineering, 2012, 42: 532-539.

[19] Li J, Zhang Z, Qin G, et al. Fe/HZSM-5 catalytic pyrolysis cellulose as hydrogen donor for the upgrading of heavy crude oil by one-pot process[J]. Fuel, 2021, 298: 120880.

[20] 贾柏樱, 马华. 生物操纵技术控制原水藻类的应用研究[J]. 中国给水排水, 2017, 33(9): 11-15.

[21] Leng L, Li J, Yuan X, et al. Beneficial synergistic effect on bio-oil production from co-liquefaction of sewage sludge and lignocellulosic biomass[J]. Bioresour Technol, 2018, 251: 49-56.

[22] Li J, Qin G, Tang X, et al. Fe/HZSM-5 catalyzed liquefaction of cellulose assisted by glycerol[J]. Catalysis Communications. 2021, 151: 106268.

浅层超稠油油藏 SAGD 开发
全过程热能利用效率分析及提升对策

何万军　孙新革　罗池辉　高　雨
【中国石油新疆油田分公司】

摘　要：针对新疆风城油田浅层超稠油油田双水平井 SAGD（蒸汽辅助重力泄油）开发全过程中热能消耗大、热效率低的问题，根据风城油田 A 区块齐古组油藏双水平井 SAGD 实际生产数据，对 SAGD 开发关键节点热损失原因和影响因素进行了分析，利用 TWBS 等软件定量计算了 SAGD 开发全过程的热损失，并提出了热效率改善对策。结果表明：SAGD 开发全过程的热损失包含注汽锅炉系统热损失、注汽管线热损失、注汽井筒热损失、地层热损失、生产井井筒热损失、集输管线热损失和换热系统热损失 7 个部分，地层吸收热量仅占总热量的 50.32%。针对注汽锅炉系统、生产管网、管柱结构、注汽方式和操作压力等关键节点提出了提升热效率的相应对策，现场实施后综合热效率提高了 16.32 个百分点。本研究成果可为改善浅层超稠油油藏 SAGD 开发效果及经济性提供技术参考。

关键词：SAGD；浅层超稠油；热效率；热损失；风城油田

随着常规石油资源开始枯竭，稠油资源成为 21 世纪最具前景的接替资源。超稠油原油黏度高、密度大，地层温度条件下流动难，导致其开采成本高，单位能耗高，销售价格低，始终处于产业链的最低端，常规蒸汽吞吐和蒸汽驱等热采技术难以经济有效动用超稠油资源。蒸汽辅助重力泄油技术简称 SAGD，是目前在技术和经济上比较成功的超稠油油藏开发技术之一，已在加拿大及中国的辽河油田和新疆油田大规模应用。目前，新疆油田 SAGD 年产油量达到 130.0×10⁴t 以上，由于地面工艺和生产管柱结构等条件不完善及油藏内部因素的影响，SAGD 开发过程中大部分热量未有效利用。在国家"碳达峰"和"碳中和"目标战略背景下，SAGD 全流程热效率量化分析和如何提高热能利用，成为 SAGD 开发降耗减碳的研究重点。为此，根据新疆油田浅层超稠油油藏地质特点，针对 SAGD 开发全过程的热能损失和影响因素进行了详细研究，依据新疆风城油田 SAGD 生产实际数据，对关键节点热损失进行了定量计算。在此基础上提出了提升热效率对策，改善 SAGD 开发效果。

1　SAGD 开发过程热损失分析

新疆油田采用双水平井 SAGD 开发方式，其原理是在靠近油藏底部布置 2 口上下平行的水平井，2 口水平井均为长管、短管组合的双管结构，经过 150~250d 的循环预热，注汽水平井和生产水平井井间油层形成热连通后，上部水平井注汽，注入的蒸汽向上超覆，在油层中形成蒸汽腔，蒸汽腔不断向上和侧面扩展，蒸汽与原油发生热交换，加热的原油和蒸汽冷凝水在重力作用下，泄流到下部的生产水平井中，并产出[1-2]。双水平井 SAGD 开发过程中需向油层中注入大量高干度蒸汽，整个生产过程中

作者简介：何万军（1978—），男，高级工程师，2007 年毕业于中国石油大学（北京）矿产普查与勘探专业，获硕士学位，现从事油气田开发工作。

均处于高温和高压状态，全过程热损失主要包括：注汽锅炉系统热损失（ΔQ_1）、注汽管线热损失（ΔQ_2）、注汽井筒热损失（ΔQ_3）、地层热损失（ΔQ_4）、生产井井筒热损失（ΔQ_5）和集输管线热损失（ΔQ_6），换热系统热损失（ΔQ_7）和余热利用热能回收（ΔQ_8），详见图 1。

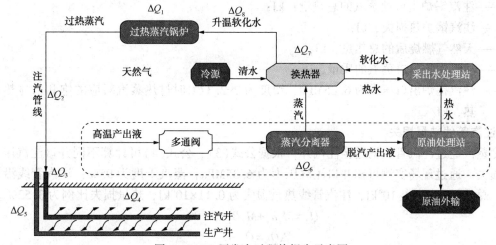

图 1　SAGD 开发全过程热损失示意图

2　热损失计算

以新疆风城油田 A 井区侏罗系齐古组油藏 SAGD 开发为例进行分析。A 井区侏罗系齐古组油藏整体为断裂切割的向南倾的单斜，地层倾角 5°~8°，为陆相辫状河沉积，以河道和心滩微相为主，储层岩性以细砂岩、中细砂岩为主，油藏中部埋深为 470.0m，油层温度为 20.0℃，连续油层厚度 15.0~24.0m，平均 21.0m，油层孔隙度为 23.3%~35.1%，平均 28.9%，渗透率 36.0~4930mD，平均 1056.7mD，油层含油饱和度 44.8%~84.2%，平均 65.5%，为典型的"高孔、高渗、高含油饱和度"油藏。该油藏 50℃地面脱气原油黏度在 9.0×10^4 ~ 44.8×10^4 mPa·s 之间，平均为 18.8×10^4 mPa·s，平均地面原油密度为 0.976g/cm³。

以 SAGD 开发现场 FHW01 井组测试数据为基础（表 1），以加热质量为 1000kg，温度为 17℃的清水为例，需要燃烧天然气的量为 76.0m³，按照天然气的燃烧值 4.02×10^4 kJ/m³ 计算，产生的总热量 Q 为 3.12×10^6 kJ。根据表 1 中的不同生产节点饱和水和蒸汽的热焓值，计算各阶段的热损失。

表 1　FHW01 井组 SAGD 开发全过程关键节点监测数据及热焓值

生产节点	压力/MPa	温度/℃	干度/%	饱和水显热/kJ·kg⁻¹	蒸汽潜热/kJ·kg⁻¹	总热焓/kJ·kg⁻¹
锅炉出口	6.85	292.4	100.0	1259.67	1554.06	2813.73
注汽井井口	6.35	279.3	95.0	1233.07	1547.54	2780.61
注汽井井底	5.30	267.6	87.5	1172.97	1618.64	2791.61
生产井井底	4.60	238.0	0	1028.12	—	1028.12
生产井井口	2.65	184.0	0	781.64	—	781.64
换热系统	0.24	125.0	0	525.14	—	525.14
原油处理站	0.20	95.0	0	398.10	—	398.10
冷源	0.10	17.0	0	71.36	—	71.36

2.1　注汽锅炉系统热量损失

注汽锅炉系统的热效率受注汽锅炉出口压力及蒸汽干度影响较小，主要与锅炉本身的材质，燃烧方式、负荷率和燃料类型有关[3-4]，注汽锅炉热损失主要包括排烟热损失和注汽锅炉炉体散热损失。

A 井区现场采用过热蒸汽锅炉系统，注汽锅炉的出口压力为 6.85MPa，干度为 100% 的过热蒸汽，过热度为 7.0~11.0℃，平均 8.0℃，由公式（1）得到 1000kg 过热蒸汽所携带的热量为 2.81×10^6 kJ。由式（2）得到锅炉热损失为 $0.31×10^6$kJ，注汽锅炉系统总热损失比例为 9.93%。

$$Q_1 = M_1 h_1 + M_1 h_2 \tag{1}$$

$$\Delta Q_1 = Q - Q_1 \tag{2}$$

式中　Q_1——注汽锅炉出口处蒸汽的总热量，kJ；

$\quad \Delta Q_1$——注汽锅炉热损失，kJ；

$\quad Q$——天然气燃烧后的总热量，kJ；

$\quad M_1$——注汽锅炉出口蒸汽的质量，kg；

$\quad h_1$、h_2——注汽锅炉出口压力为 6.85MPa、温度为 292.37℃时过热蒸汽对应的饱和水显热和蒸汽潜热，kJ/kg。

2.2　注汽管线热量损失

高干度蒸汽通过注汽管线输送至注汽井，根据公式（3）、公式（4）可计算不同井口注汽压力下的注汽管线热损失。通过现场实测可知井口注汽压力为 6.35MPa，蒸汽干度为 95%，注汽管线沿途无蒸汽质量损失，总热量为 $2.70×10^6$kJ，注汽管线热量损失为 $0.11×10^6$kJ，热量损失比例为 3.52%。

$$Q_2 = M_1 h_1 + M_1 B_1 h_2 / 100 \tag{3}$$

$$\Delta Q_2 = Q_1 - Q_2 \tag{4}$$

式中　Q_2——注汽井口蒸汽的热量，kJ；

$\quad h_1$、h_2——不同井口注汽压力下饱和水显热和蒸汽潜热，kJ/kg；

$\quad B_1$——注汽井口处的蒸汽干度，%。

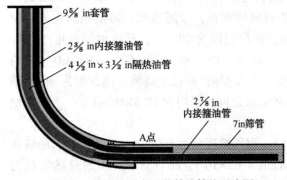

图 2　SAGD 注汽水平井管柱结构示意图

2.3　注汽井筒热损失

通过注汽井将高干度蒸汽注入至油层，A 井区 SAGD 注汽水平井采用双管结构完井（图 2），其中长管采用 $4\frac{1}{2}$in 隔热油管接 $2\frac{7}{8}$in 内接箍普通油管，短管采用 $2\frac{3}{8}$in 普通油管。转 SAGD 生产后长管关闭，采用短管注汽。

在目前注汽井筒工艺条件下，不同油藏深度和地层压力条件下，利用 TWBS 软件的井筒热损失模型计算出井底的蒸汽干度，利用公式（5）和公式（6）计算热损失情况（表 2），油藏埋深越大，压力越高，井筒热损失比例越大。FHW01 井组水平段埋深为 530m，注汽井井口蒸汽干度为 95%，井底注汽压力为 5.3MPa，井底蒸汽干度为 87.5%，则进入地层中的热量为 $2.59×10^6$kJ，注汽井筒热损失为 $0.111×10^6$kJ，热损失比例为 3.56%。

表 2　不同深度和压力条件下注汽井筒热损失

深度/m	井底压力/MPa	饱和水显热/kJ·kg⁻¹	蒸汽潜热/kJ·kg⁻¹	总热焓/kJ·kg⁻¹	热损失/10^6kJ	热损失比例/%
350	3.5	1049.78	1752.97	2802.75	0.037	1.20
400	4.0	1087.43	1713.47	2800.90	0.053	1.71
450	4.5	1122.14	1675.85	2797.99	0.073	2.34
500	5.0	1154.50	1639.73	2794.23	0.103	3.29
530	5.3	1172.97	1618.64	2791.61	0.111	3.55
550	5.5	1184.92	1604.79	2789.71	0.119	3.81
600	6.0	1213.73	1570.83	2784.56	0.135	4.34

$$Q_3 = M_2 h_1 + M_2 B_2 h_2 / 100 \tag{5}$$

$$\Delta Q_3 = Q_2 - Q_3 \tag{6}$$

式中　Q_3——进入地层蒸汽的总热量，kJ；

　ΔQ_3——注汽井筒热损失，kJ；

　B_2——井底的蒸汽干度；

　h_1、h_2——不同深度与井底压力条件下饱和水显热和蒸汽潜热，kJ/kg。

2.4　地层吸热

SAGD 开发阶段地层吸收的热量主要受岩石类型、矿物成分、储层孔隙结构、储层物性、含油性以及流体组分及性质等条件决定[3-4]。同一个油藏，各个 SAGD 井组地质条件差异较小，地层吸热效率基本相同。按照 A 井区 SAGD 生产阶段实际监测数据统计，生产井井底流体温度为 238℃，Sub-cool 为 5~30℃（井底压力对应的水饱和温度与井底流体温度的差值），处于不饱和状态，平均采注比为 1.1，产出液平均含水饱和度为 83.0%，产出液中产水量为 913.0kg，产油量为 187.0kg。原油比热容测定为 1.8~2.1kJ/(kg·℃)，平均值为 2.0kJ/(kg·℃)。计算出井底产出液热量为 1.02×10^6kJ，地层吸热量为 1.57×10^6kJ，占总热量的 50.32%。

$$Q_4=M_3h_2+M_o\gamma_o(T_o-20) \tag{7}$$
$$\Delta Q_4=Q_3-Q_4 \tag{8}$$

式中　Q_4——生产井底产出液热量，kJ；

　ΔQ_4——地层吸热，kJ；

　Q_3——进入地层蒸汽的总热量，kJ；

　M_3、M_o——产水量和产油量，kg；

　h_2——井底压力条件下对应井底温度水的显热，kJ/kg；

　γ_o——原油比热容，kJ/(kg·℃)；

　T_o——生产井底产出液温度，℃。

2.5　生产井筒热损失

在生产井口产出液量、含水饱和度相同情况下，不同油藏埋深条件下，生产井口产出液的温度不同，剩余热量由井底产出液携带至地面[5-6]，可根据公式(9)和公式(10)计算生产井井筒热损失。

$$Q_5=M_3h_3+M_o\gamma_o(T_1-20) \tag{9}$$
$$\Delta Q_5=Q_4-Q_5 \tag{10}$$

式中　Q_5——井口产出液热量，kJ；

　ΔQ_5——生产井井筒热损失，kJ；

　Q_4——生产井底产出液的热量，kJ；

　M_3、M_o——产水量和产油量，kg；

　h_3——生产井出口压力条件下对应井口温度不饱和水显热，kJ/kg；

　γ_o——原油比热容，kJ/(kg·℃)；

　T_1——生产井口产出液温度，℃。

由表3可知，油藏埋深越大，井筒热损失量越大；FHW01 井组生产井口产出热量为 0.774×10^6kJ，生产井井筒热损失为 0.246×10^6kJ，损失比例为 7.88%。

表3　不同深度和压力条件下注汽井筒热损失

深度/m	井口温度/℃	不饱和水热焓/kJ·kg⁻¹	产水量/kg	产油量/kg	产出液热量/10^6kJ	热损失/10^6kJ	热损失比例/%
350	192	817.09	913	187	0.810	0.210	
400	190	808.20	913	187	0.801	0.219	7.00
450	188	799.33	913	187	0.793	0.227	7.29
500	185	786.06	913	187	0.779	0.241	7.71
530	184	781.64	913	187	0.774	0.246	7.87
550	182	772.82	913	187	0.766	0.254	8.14
600	179	759.62	913	187	0.753	0.267	8.56

2.6 集输管线热损失

高温产出液经过集输管线输送到换热站和处理站，该过程热损失分为两部分，其中经过换热后产出液一部分含水率为 30% 的粗脱水原油，温度为 95℃，输送至处理站，其中原油 187.0kg，热水 80.14kg，按照公式（11）计算热量为 $0.054×10^6$kJ。一部分产出液通过降压闪蒸成湿蒸汽进入换热器中，经过测算，832.86kg 温度为 125℃，蒸汽干度为 9.8% 的蒸汽输送至换热器中，按照公式（12）计算，热量 $0.616×10^6$kJ。根据公式（13）计算得到集输管线热损失为 $0.104×10^6$kJ，损失比例为 3.33%。Q_{6a} 随着粗脱水原油进入原油处理站，为保持超稠油原油流动性，外运集输保温，热量损失殆尽，损失比例为 1.73%。

$$Q_{6a} = M_4(h_4 - h_5) + M_o\gamma_o(T_2 - 20) \tag{11}$$

$$Q_{6b} = M_5 h_6 + M_5 B_3 h_7 / 100 \tag{12}$$

$$\Delta Q_6 = Q_5 - Q_{6a} - Q_{6b} \tag{13}$$

式中　ΔQ_6——集输管线热损失，kJ；

M_4、M_o——粗脱水原油中水量和原油量，kg；

h_4——95℃和17℃不饱和水显热，kJ/kg；

h_6——125℃不饱和水显热，kJ/kg；

h_7——125℃饱和蒸汽总热焓，kJ/kg；

γ_o——原油比热容，kJ/(kg·℃)；

T_2——输出液温度，℃；

B_3——蒸汽干度。

2.7 换热系统热损失

为使高温产出液满足原油和产出水处理站设备要，A 井区采用集中换热模式，现场安装多相汽水换热器 1 台，换热管采用来复管，换热面积达到 160m^2，换热效率为 85%，换热系统热损失（ΔQ_7）为 $0.092×10^6$kJ，热损失比例为 2.94%。经过换热系统回收热能（ΔQ_8）$0.524×10^6$kJ，为总热量比例 16.79%。

通过上述分析可知：过热蒸汽进入油藏之前，热量损失主要集中在注汽锅炉系统、注汽管线和注汽井筒热损失，热损失比例达为 17.1%；生产井井筒热损失与高温产出液携带热量占 32.67%，地层吸热比例仅为 50.32%。因此，为提高 SAGD 的开发效果，需采取措施减少各阶段蒸汽热量的损失，提高地层吸热比例，将热量留在油藏内部，更有效加热油藏，有效提高热效率。

3 提高热效率措施

3.1 提高锅炉系统热效率

注汽锅炉热损失的主要因素为注汽锅炉炉体散热和排烟热损失。针对这一影响因素，优选炉体保温材料和铺设方式，减少注汽锅炉炉体散热。通过加装烟气余热回收装置，根据蒸汽需求量，合理调节风门，使送风量和燃料量相匹配，提高燃烧效果，实施后注汽锅炉的热效率由 90.0% 提高至 95% 以上。

3.2 降低注汽管网热损失

影响注汽管网热效率的主要因素为管线的保温质量以及地面管网支撑架热损失。为提高注汽管网热效率，研发了新型气凝胶绝热毡、硅酸铝箔、高温型铝箔玻纤复合保温方案，采用新型隔热地面管网支撑架，部分管线通过埋地，减少热损失，使用后管网单位长度热损失由改造前的 180W/m 降至 90W/m，管线的热损失比例由 3.53% 降至 1.9%，降低了 1.63 个百分点。

3.3 降低井筒热损失

如图 3 所示，A 井区 SAGD 注汽水平井短管为普通油管，将其更换成隔热油管后[7]，短管出蒸汽干度由 87.5% 提升至 90.4%，热损失比例由 3.55% 下降至 2.04%。如图 3 所示，常规 SAGD 采用短管单点注汽容易造成水平段尾端蒸汽干度较低，当注汽速度较低时，水平段尾端蒸汽干度甚至下降至 0。研究分析认为依托目前现有管柱结构，短管不更换隔热油管，采用长短管同时注汽，配汽比例为 3 : 7。模拟结果如图 3 所示，短管出口处蒸汽干度略有下降，由于长管采用隔热油管与普通油管组合，出口处的蒸汽干度达到 90.7%，热损失为 3.23%，但 SAGD 水平段蒸汽干度分布更加均匀，有利于水平段均衡动用。

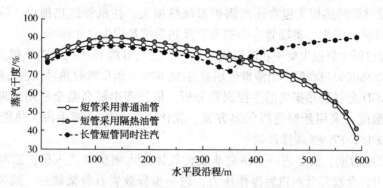

图 3　不同注汽方式蒸汽干度在水平段沿程分布图

3.4　提高油层中蒸汽热效率

SAGD 开发过程中主要依靠蒸汽释放潜热加热油层，随着操作压力降低，相同质量的蒸汽所携带的汽化潜热越多[8-10]。以 FHW01 井组为例，将均匀注汽改为脉冲式注汽，早期注汽速度较快，注汽速度 150~180t/d，随着油层压力提高，逐渐减少注汽速度，同时控制并维持较低的产液速度，产液速度维持在 50~60t/或者生产井关井 10~15d，当注汽压力达到 8MPa 时，停止注汽，关闭注汽井和生产井并焖井 24~48h。当监测到生产水平井井底温度小于 200℃ 时，开井生产 50~60d，当日产油量与脉冲式注汽前的生产水平时，恢复注汽，注汽速度逐渐提升，产液速度逐渐降低，进入下一轮脉冲式注汽。蒸汽腔操作压力由 5.3MPa，下降至 3.9MPa，产出液含水率平均下降 7 个百分点，单井组日产油量提高 3.8t，热效率可提高 8.6%。

当 SAGD 蒸汽腔到达油层顶部时，蒸汽向盖层持续散热，热效率明显下降，可适当注入 N_2、CO_2 等非凝析气体，在蒸汽腔顶部形成一个气体隔热层，减少蒸汽向盖层的传热速度，同时保持蒸汽腔压力，代替部分蒸汽，从而提高油汽比[11-12]。数值模拟研究结果显示，氮气隔热层可以降低 40% 的盖层热损失，风城油田累积实施氮气辅助 SAGD 生产 112 井次，油汽比提高 0.04。

3.5　产出液高温全密闭处理

SAGD 开发循环预热阶段早期，受 SAGD 水平井钻井泥浆残留物影响，产出液中存在大量絮状悬浮物，常规处理站无法处理，该阶段产出液全部外排至污油池。后期经过增加 2 座加药撬，进行预处理，增加 1 套 SAGD 产出液高温密闭脱水站，将输送至原油处理站的粗脱水原油含水率由 30% 降低至 5% 以下，同步多回收热能 0.79%。另外将回收处理过的锅炉用软化水温度由 17℃ 提升至 95℃ 后，通过二次换热方式，提升至 120℃，产生 1000kg 的过热度为 8℃ 的过热蒸汽，一次换热后消耗的天然气由最初的 76Nm³ 降低至 65.1Nm³，二次换热后降低至 62.4Nm³，合计减少了 17.9% 的碳排放。

4　实施效果

采取综合措施降低蒸汽锅炉排烟热损失和注汽锅炉炉体散热损失，注汽锅炉系统热效率由 90% 提高至 95%；注汽管线应用新型复合保温方案，热损失比例降低了 1.63 个百分点，在不调整目前注采管柱条件下（不增加任何成本），采用水平段首尾两点注汽方法井筒热损失比例虽然只下降 0.3 个百分点，但整个水平段蒸汽干度分布更加均衡，水平段动用程度增加 10% 以上；在油藏调控方面，通过采用脉冲式注汽方式，合理地降低操作压力，同时降低产出液温度，将更多的热量保留在油层内部，蒸汽的热效率提高 8.6 个百分点，地层总吸热比例上升至 58.92%；通过采用产出液全密闭处理对高温分离水及产出液的热量进行合理利用，仅有含水率为5%以下的95℃原油外输的，减少了0.79%的热损失，另外通过二次换热，消耗的天然气从76Nm³下降到62.4Nm³，降低了碳排放量和生产成本。非凝析气体辅助SAGD目前属于现场试验阶段，对目前新疆SAGD开发能耗影响较小。采用措施后SAGD开发中的综合热利用率已由原来的67.12%提高至83.44%，提升效果显著。

5　结论

（1）SAGD开发过程的热损失包含注汽锅炉系统热损失、注汽管线热损失、注汽井筒热损失、地层热损失、生产井井筒热损失、集输管线热损失和换热系统热损失7个部分。

（2）SAGD开发过程中热损失集中在注汽锅炉系统、注汽管线和注汽井筒热损失，热损失比例达为17.01%；生产井井筒热损失与高温产出液携带热量占32.67%，地层吸收热量仅占总热量的50.32%。

（3）通过对SAGD全过程热损失的主控因素分析，依托产出液高温全密闭处理技术、降低蒸汽腔操作压力和产出液温度，采用新型管线保温方案，软化水二次换热等手段，热能综合利用率提升了16.32个百分点，减少了17.9%碳排放量。

（4）SAGD生产中后期，需要进一步研究非凝析气体注入频次和注入量，监测非凝析气体逸散速度，减少盖层热损失，合理降低蒸汽腔操作压力，进一步释放岩石骨架储热，减少蒸汽用量，提高油汽比。

参考文献

[1] 钱根宝，马德胜，任香，等.双水平井蒸汽辅助重力泄油生产井控制机理与应用[J].新疆石油地质，2011，32（2）：147-149.

[2] 席长丰，马德胜，李秀峦，等.双水平井超稠油SAGD循环预热启动优化研究[J].西南石油大学学报（自然科学版），2010，32（4）：103-108.

[3] 陈继明，马硕，李子豪，等.影响燃气锅炉热效率的主要因素分析[J].节能，2020，39（10）：50-53.

[4] 吴佳蕾，王随林，石书强，等.大型燃气锅炉烟气冷凝余热深度回收技术方案与节能潜力分析[J].暖通空调，2016，46（3）：66-69.

[5] 张永贵，李子丰，赵金海，等.热采井注汽过程井筒沿程蒸汽参数变化规律研究[J].钻采工艺，2007（3）：57-59.

[6] 曾玉强，李晓平，陈礼，等.注蒸汽开发稠油油藏中的井筒热损失分析[J].钻采工艺，2006，29（4）：44-46.

[7] 李景玲，王丽荣，石善志，等.超稠油油藏直井采用隔热油管注采经济性分析——以风城油田为例[J].石油地质与工程，2014，28（05）：137-140.

[8] 孙新革，何万军，胡筱波，等.超稠油双水平井蒸汽辅助重力泄油不同开采阶段参数优化[J].新疆石油地质，2012，33（6）：697-699.

[9] 何万军，木合塔尔，董宏，等.风城油田重37井区SAGD开发提高采收率技术[J].新疆石油地质，2015，36（4）：483-486.

[10] 舒展，裴海华，张贵才，等.改善蒸汽辅助重力泄油技术研究进展[J].油田化学，2020，37（1）：185-190.

[11] 高永荣，郭二鹏，沈德煌，等.超稠油油藏蒸汽辅助重力泄油后期注空气开采技术[J].石油勘探与开发，2019，46（1）：109-115.

[12] 高永荣，刘尚奇，沈德煌，等.氮气辅助SAGD开采技术优化研究[J].石油学报，2009，30（5）：717-721.

储层非均质性对火烧油层
驱替特征的影响与控制

李永会　库尔班江·艾肯江　李海波　吕世瑶　王若凡

【中国石油新疆油田分公司勘探开发研究院】

摘　要： 为明确储层非均质性对火烧驱替特征的影响与控制，本研究以 H 井区注蒸汽废弃油藏为例，针对储层沉积相、原油黏度、饱和度以及注气速度等影响因素开展了研究，结果表明：河口坝砂体非均质性强，易造成气腔过早突破，缩短采油周期，水下分流河道砂体物性好且层内非均质较弱，是较有利的火驱储层条件；火线推进受注蒸汽后存水影响，会导致见效时间延缓；黏度增加会使流动性变差，热传递受限，火线推进速度趋缓；注气速度下降会导致燃烧温度和火线速度下降，降低火驱整体热效作用；进一步分析各影响因素对火驱推进影响程度研究，表明沉积相带、渗透率级差和注气速度影响最为显著。研究对火线推进方向、速度的预测以及现场生产调控都有重大指导意义。

关键词： 火烧油层；影响因素；非均质性；地质工程一体化

火驱正在成为开发注蒸汽后稠油油藏的主要挖潜方式[1-2]，以往的研究主要集中在室内实验[3]、氧化反应动力学[4]、数值模拟[5]、工程技术等方面[6-7]，缺乏从理论结合实践的角度针对某一火驱油藏的火线运移规律及其影响因素进行分析[8]。

H 井区的火驱试验区是较为成功的现场试验[9]，能为后续火驱工业化提供诸多经验。实践中发现，沉积相带、工程操作等都对火驱推进产生一系列的影响，为了研究注蒸汽后稠油油藏火驱的影响因素，本文在对 H 井区的储层精细刻画的基础上，对储层沉积相、原油黏度、饱和度以及注气速度等影响因素进行研究，建立了地质工程一体化分析流程。

1　H 井区的火驱试验区地质特征

H 井区，区内无断裂发育，其构造形态为南东缓倾的单斜，地层倾角 4°，含油面积 1.24km²，地质储量 144.3×10⁴t。该研究区经历了早期井组采、蒸汽吞吐规模开发、蒸汽驱开发等阶段，采出程度 28.9%。在开展火驱试验前该油藏处于濒临废弃状态。

该井区于 2009 年开始火驱开发，采用线性火驱开发井网，部署一排注气井，储层上倾和下倾方向部署生产井 3 排，截至 2017 年 5 月，试验区火驱阶段采出程度 26.56%。

火驱试验区为扇三角洲前缘沉积相，储层纵向上细分为远砂坝、碎屑流、水下分流河道以及河口坝四类单砂体。西南部 hH008 井组为水下分流河道砂体(图 1)，整体物性较好，孔隙度平均 23.1%，渗透率平均 650mD，渗透率级差平均 10(图 2)，非均质性中等；中部 hH010 井组为河口坝砂体，h2071、h2072 井物性最好，渗透率在 1500mD 以上，非均质最强，渗透率级差达到 420；东北部 hH012 井组物性相对较差，渗透率平均 350mD，非均质性弱。

作者简介：李永会(1989—)，女，工程师，硕士研究生，现从事稠油开发工作。E-mail：yc_ lyhui@petrochina.com.cn

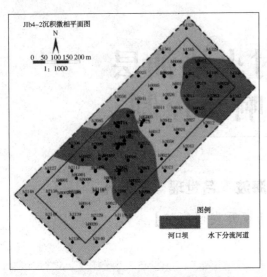

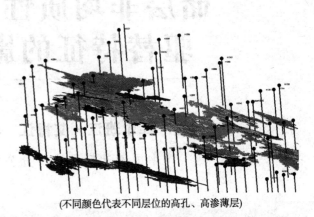

(不同颜色代表不同层位的高孔、高渗薄层)

图1　试验区储层沉积微相图　　　　图2　高孔、高渗薄层(孔隙度>30%)三维空间分布图

试验区内孔隙度>20%的油层分布与油层总的分布特征相一致,而孔隙度>30%的油层呈现出窄条带状分布的特征,说明试验区内油层物性总体较好,高孔、高渗层受到主河道的控制,并反映了沉积时期主河道的位置。这些高孔高渗条带有可能成为火驱时燃烧带快速推进区。

以孔隙度>30%为门限分析表明,高孔、高渗油层主要分布于区块的中部,呈近 NW—SE 向分布。在纵向上,高孔、高渗层主要为薄层状,厚度在 0.3~2m 之间,高孔、高渗薄层纵向不均匀分布(图2)。从高孔、高渗薄层条带平面叠合分布来看,单个薄层分布面积最大的为 0.1km²,主要发育在试验区的中部,总体呈东西向延伸,反映了主河道发育部位。

2　燃烧前缘均匀推进影响因素的关联分析

受砂体物性和非均质性的影响,中部 hH010 井组发育河口坝砂体,h2071、h2072 井在点火注气 3~9 个月发生了气体突进、高温气窜,甚至发生氧气在井筒内自燃,温度高达 700℃,火线推进速度在 19cm/d 以上,被迫关井,生产寿命短(图3)。而西南部 hH008 井组发育水下分流河道砂体,火线推进速度在 5~7cm/d,井底观察温度正常,峰值为 220℃,产油曲线表现出稳定增油的特征,生产周期 36 个月以上(图4)。

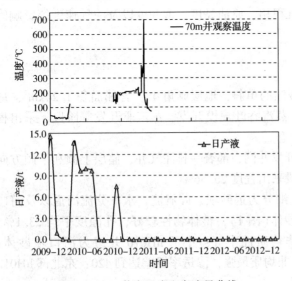

图3　h2071 井底温度和产液量曲线

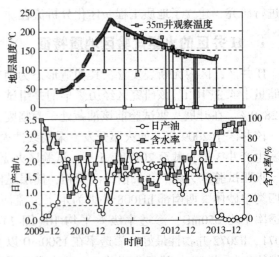

图4　h2117 井底温度和产液量曲线

2.1 相带及岩性的影响

研究区目的层属于辫状河流相沉积，以河道和心滩微相为主。hH008 井组位于心滩微相内，非均质性不强。通过对比温度剖面变化，可以发现火线在 hH008 井组推进均匀，速度适中，超覆不严重；而 hH010 井组位于辫状河道微相内，非均质性强，渗透率级差大于20。火线推进差异大，气窜严重。

通过全区连井剖面的单砂体对比，主要呈现两种连通模式：坝-坝高渗连通模式、河道-河道中渗均质连通模式。以此为基础研究其对火驱生产的影响。

2.1.1 河口坝与河口坝连通模式

河口坝与河口坝的连通模式，由于河口坝物性较好且层内非均质性强，高渗透条带发育，注采井之间易于形成高渗通道(图5)。hH010 井组在转火驱注气后，通过数值模拟可以很明显地看到，燃烧前缘沿上部河口坝连通砂体快速突进，造成气腔过早突破生产井，采油寿命短，河口坝砂底部剩余油难以有效动用(图6)。

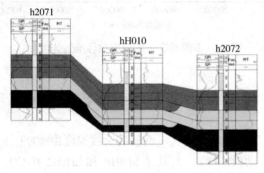
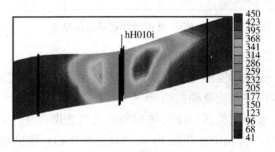

图5 h2071—h2072岩性连井剖面　　　　图6 h2071气窜温度剖面(2010-3)

2.1.2 河道与河道连通模式

河道与河道的连通模式，由于河道砂体物性较好且层内非均质较弱，注采井间未发育高渗通道(图7)。hH008 井组其转火驱注气后，燃烧前缘纵向上均匀推进，未出现气体顶部超覆(图8)，而且生产井产油期长，产量高。

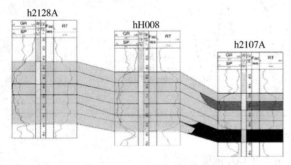
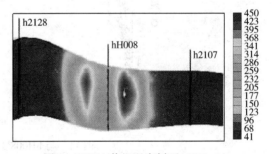

图7 h2128A—h2107A岩性连井剖面　　　　图8 hH008井组温度剖面(2010-8)

2.2 剩余油饱和度的影响

随剩余油饱和度的降低，油层中的燃料含量也随之减小，而饱和度过高和黏度过大的因素会导致局部高温，原油消耗量过大的问题出现。高的含油饱和度会造成油藏系统热传递效果变差，局部高温和热传递受限是原油多余消耗的直接原因。

火驱试验区是蒸汽吞吐后油藏，火驱开发必然受到开发历史的影响。在试验区内相对均值的 hH008 井组内进行数值模拟，研究火驱开发时含水饱和度对生产的影响。

火线推进受吞吐后存水影响，延缓见效时间，当油墙回填"水泡"至油饱和度0.32左右，生产井开始见效。油墙再饱和水区是油墙向前推进的结果(图9)，也有水区中存水受气体带动进入生产井原因。

2.3 原油黏度的影响

随着原油黏度的增加，火驱前缘推进速度也趋缓。50℃黏度在 300~600mPa·s 的 hH008 井组以 Ⅰ
类高产井为主，50℃黏度在 900~1200mPa·s 的 hH012 井组以 Ⅲ 类低产井为主，开发效果较差。主要
原因是由于黏度增加会导致流动性变差，热传递也受到限制，所以火线推进速度会趋缓(图 10)。

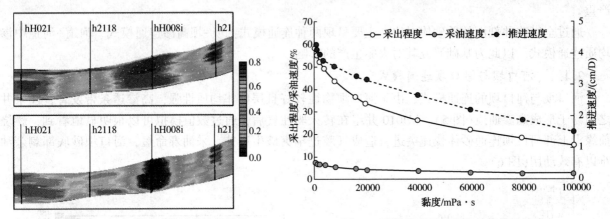

图 9 试验区 hH008 井组油墙运移模拟结果   图 10 不同黏度下的火驱前缘推进速度

2.4 注气速度的影响

火线的发展受燃烧腔内气体推动，注气速度适度增大后会在一定程度上带来燃烧温度峰值升高、
前缘推进速度变快的结果[4]。

火驱试验区中注气井 hH008 注气速度在注气后 25 个月调减，注气量调整后火线温度由 409℃下降至
330℃；与 hH008 相距 100m 四口生产井 CO_2 浓度出现波动(图 11)，尤其是 hH014 和 hH002 井 CO_2 浓度
下降明显，说明这两口井方向上的燃烧温度有所降低，注入气体已经不能维持高温燃烧。

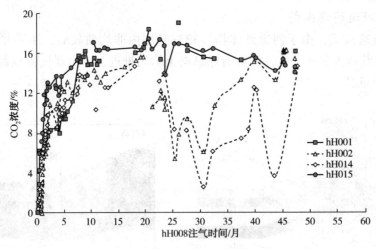

图 11 与 hH008 井组内生产井 CO_2 浓度变化

所以，无论在实验室内还是在火驱现场，注气速度对火线推进速度的快慢、燃烧温度的高低的影响
是至关重要的(图 12)。如果想保证试验区火驱的燃烧和驱油状态，注够气保证燃烧持续[800~1000m³/
(m·d)]、注好气保证火线推进稳定是必由之路。

为了研究燃烧和驱油之间的关系，利用数值模拟方法研究在相同生产动态条件下三种情况的结果
进行对比：

(1) 纯烟道气驱动，无燃烧反应，该过程直接体现出气体驱动对生产的作用。

(2) 注空气火烧油层，该过程体现出气体驱动和火驱热力综合作用。

(3) 注减氧空气，该过程体现出气体驱动和火驱弱热力综合作用。

从累产角度分析，注空气累积产油 78563t，气体携带(气驱)作用在整个火驱过程中产油 20084t，

占比约为 25.5%(图 13),减氧空气累产占比约为 48.22%,这个作用会随着原油黏度的下降而上升,但是原油黏度的下降需要依靠火驱热力作用。火驱形成油墙后能够稳步向前推进并且气体的换油率较较纯气体(无热力作用)驱动高,约是 3 倍。

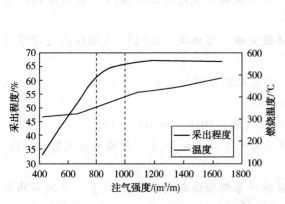

图 12　不同注气强度下的燃烧温度和驱油效果

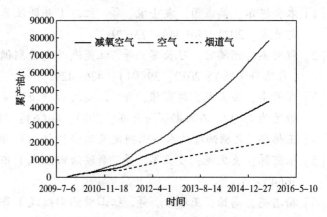

图 13　不同驱替方式下累产对比

此外,注气速度既影响燃烧效果也影响驱油效果。"注够气"是火驱持续燃烧的保证,"注好气"是火线稳定推进的保证。

油层厚度变化较小,油层倾角只有 5°左右,不是试验区火驱效果的主控因素,西南区 hH008 井组的累产量最高,相比于中部区 hH010 井组的主要优势在于其渗透率级差较小,油层相对均质,黏度略低,原油可流动性稍好。除去研究区中较固定的因素(厚度和倾角),对其余地质因素进行综合比较(表 1)。

表 1　试验区区域影响因素差异

影响因素	西南区	中部区	东北区	重要程度
相带	心滩	河道	心滩	A
渗透率级差	<20	>20	<20	A
厚度/m	8~10	8~10	6~8	C
饱和度/%	40~50	40~50	30~40	B
倾角/(°)	5~8	5	5	C
黏度/mPa·s	900	1200	1500	B
注气速度	满足	漏气,不满足	满足	A

试验区火线推进影响因素顺序:沉积相带、渗透率级差和注气速度影响最强;饱和度、黏度影响较强;倾角和厚度影响最弱。

3　结论

(1)河口坝砂体非均质性强,容易造成气腔过早突破生产井,采油寿命短。水下分流河道砂体物性较好且层内非均质较弱,是较为有利的火驱储层条件。储层非均质性控制了火驱的基本环境,在布井、开发政策上需要有针对性地避免或者设置预案。

(2)可以利用现有技术充足的氧气供应是良好火驱效果的保障,热力作用产量约占总产量的 60%以上。注气速度下降会带来肯定燃烧温度和火线速度的下降。

(3)火驱效果受到储层、流体物性以及工程操作的影响,分析火驱效果时建议从储层物性角度出发分析火驱的控制因素,进而分析流体制约和工程操作的规范性,形成地质工程一体化的分析思路。

参考文献

[1] 木合塔尔，高成国，袁士宝，等. 红浅1井区注蒸汽后火烧油层生产特征分析[J]. 大庆石油地质与开发，2021，40(04)：73-79.

[2] 程宏杰，顾鸿君，刁长军，等. 注蒸汽开发后期稠油藏火驱高温燃烧特征[J]. 成都理工大学学报（自然科学版），2012，39(04)：426-429.

[3] 席长丰，关文龙，蒋有伟，等. 注蒸汽后稠油油藏火驱跟踪数值模拟技术——以新疆H1块火驱试验区为例[J]. 石油勘探与开发，2013，40(6)：715-721.

[4] 王伟伟. 火驱油墙技术界限判定及运移特征[J]. 特种油气藏，2019，26(04)：131-135.

[5] 张霞林，关文龙，刁长军，等. 新疆油田红浅1井区火驱开采效果评价[J]. 新疆石油地质，2015，36(4)：5.

[6] 杨志亮，高怡，王珍珍，等. 红山嘴油田红浅1井区侏罗系稠油油藏剩余油研究[J]. 中国石油和化工标准与质量，2014，034(008)：170-171.

[7] 王如燕，潘竟军，陈龙，等. 汽窜通道对注蒸汽开采后期转火驱生产的影响[J]. 长江大学学报（自科版），2017，14(03)：48-53+93-94.

[8] 杨智，廖静，高成国，等. 红浅1井区直井火驱燃烧区带特征[J]. 大庆石油地质与开发，2019，038(001)：89-93.

[9] 王正茂，廖广志，蒲万芬，等. 注空气开发中地层原油氧化反应特征[J]. 石油学报，2018，39(03)：314-319.

"双碳"背景下超稠油高效低碳开发技术探索

孙新革　罗池辉　何万军

【新疆油田公司勘探开发研究院】

摘　要: 我国新疆准噶尔盆地西北缘蕴藏着 $6×10^8t$ 浅层超稠油资源,原油黏度高、储层非均质性强、开采门槛高。经过近 40 年的开发实践,新疆油田攻关形成了以过热蒸汽吞吐、蒸汽辅助重力泄油(SAGD)、直-平组合驱泄复合(VHSD)技术为主体的浅层超稠油油藏有效开发技术,产量连续 9 年达 $150×10^4t$ 以上。在"双碳"目标的时代大背景下,针对超稠油开发面临高能耗与油田高质量发展矛盾加剧的巨大挑战,新疆油田从机理研究、先导性试验着手,在维持蒸汽腔高效扩展、突破储层渗流屏障遮挡、提高驱泄复合效率等方面持续攻关,效果显著。气体辅助实现隔热保压增能,油汽比提高 20%;立体井网改善油藏渗流特征,泄油速度增大 20%~40%;全流程密闭 VHSD 提高汽腔操作压力,采油速度提高 50%。上述技术的应用,使重力泄油开发方式完全成本控制在 35 美元/桶以下,为同类超稠油油藏的开发提供技术借鉴。"十四五"期间,创新提出了新疆稠油高效、低碳开发攻关思路:立足"少用蒸汽、不用蒸汽、余热利用",拟形成溶剂辅助"低碳"开发、电加热辅助"零碳"开发、控温水热裂解"负碳"开发技术。同时,加强与新能源协同,攻关"风光发电-电解制氢-加氢改质-轻烃辅助"的低碳循环开发方式,推动超稠油开发全产业链技术集成,实现高效低碳开发。

关键词: 浅层超稠油;重力泄油;溶剂辅助;电加热辅助;低碳开发

新疆浅层稠油地质储量丰富,其中超稠油资源占一半以上,主要分布在风城油田,具有埋藏浅、油层厚度薄、储层非均质性强、原油黏度大等特点[1]。20 世纪 80 年代,新疆油田启动浅层超稠油有效开发技术攻关,陆续开展了直井/斜直水平井注蒸汽、蒸汽辅助重力泄油(SAGD)、驱泄复合(VHSD)等开发试验。随着开发理论认识和配套工艺的不断进步,2014 年风城超稠油产量达到 $200×10^4t$。但效益开发仍面临诸多困难:①SAGD 开发中后期热效率显著降低;②Ⅲ类超稠油 SAGD 夹层发育,蒸汽腔扩展慢;③薄层超稠油蒸汽吞吐转驱泄复合后,泄油能力弱。为此,新疆油田公司结合自身油藏地质特点,着眼效益、低碳开发,在理论认识及核心技术不断创新,形成了气体辅助 SAGD、立体井网结合储层升级扩容、高温 VHSD 等一套适合浅层超稠油油藏的高效开发技术系列,为新疆稠油的长期效益稳产提供了保障。

在国家"双碳"目标下,超稠油开发面临的油田老龄化、资源劣质化、热采高能耗的问题逐渐凸显,对高效、低碳开发提出新的挑战。新疆油田将从"少用蒸汽、不用蒸汽、利用余热"三个方面持续攻关,一是明确溶剂辅助 SAGD 开发方式的溶剂组分、溶剂超临界特性及扩散机制,降低蒸汽量,实

作者简介:孙新革(1968—),男,博士,教授级高工,主要从事油田开发研究及管理工作。E-mail: Sxinge@ petrochina.com.cn

现"低碳"开发超稠油；二是明确无水 SAGD 开发方式的轻烃组分、萃取特性、电加热配套工艺及地面循环利用工艺，开采全过程不使用蒸汽，实现"零碳"开发超稠油；三是明确控温水热裂解开发方式的蒸汽腔余热分布特征、催化剂优选、控温改质机理、微压差重力泄油规律，利用蒸汽腔余热（约 10×10^4 t 260℃蒸汽热量），实现"负碳"开发超稠油。

另外，拟将电加热辅助溶剂萃取 SAGD 等关键技术和新能源协同融合，综合多学科研究成果，构建超稠油低碳绿色开发技术集群，创建超稠油"风光发电-电解制氢-加氢改质-轻烃辅助"的低碳循环开发方式。新疆地区太阳能、风能资源丰富，有充足的绿电用于超稠油低碳绿色开发技术集群，可实现本地 200×10^4 t/a 超稠油和中亚、俄罗斯 2000×10^4 t/a 进口原油的改质提效，支撑丝绸之路核心区建设，同时，为中石油海外 125×10^8 t 稠油储量效益开发提供支持。

1　油藏特征

风城浅层超稠油油藏区域构造位于准噶尔盆地西北缘中生界超覆尖灭带上，主力开发层系为侏罗系下统八道湾组和上统齐古组，属陆相近源辫状河沉积，构造为被断裂切割的南倾单斜，地层倾角 5°~10°。储层岩性为中细砂岩和含砾砂岩，油层厚度 0.5~32m，平面上油层分布广，纵向连续性差，油层孔隙度 25%~33%，渗透率 0.7~2.7D，含油饱和度 50%~75%；油藏埋深 170~700m，地层温度 15~25℃，50℃原油黏度 $(0.2~115) \times 10^4$ cP；储层非均质性强，渗透率变异系数 0.7~0.9，油层发育不连续岩性及物性夹层，夹层厚度介于 0.6~2.6m，平均厚度 1.3m，夹层的延伸范围在 47~200m 之间，平均宽度 100.8m[2]。

由于原油黏度跨度大，为客观评价其油藏开发特点，笔者将开发方式进行了修正，使其更具科学性（表1）。其中超稠油 I 类、II 类油藏实现了工业化开发，并取得较好经济效益；超稠油 III 类油藏先导性开发试验的取得成功，效益开发的配套技术基本形成；超稠油 IV 类油藏正在开展提效机理研究。

表1　浅层稠油油藏新分类规范

稠油分类		50℃原油黏度/mPa·s	开采方式
普通稠油		≤700	吞吐、蒸汽驱、直井火驱
特稠油		700~2000	吞吐、蒸汽驱、直井火驱先导试验
超稠油	I	2000~20000	吞吐、驱泄复合、SAGD
	II	20000~50000	（立体井网）SAGD
	III	50000~200000	（立体井网+多分支井型）SAGD
	IV	>200000	（立体井网+多分支井型+溶剂）SAGD

注：孙新革、罗池辉、孟祥兵等修改，2021 年。

2　开发历程

20 世纪 50 年代发现风城浅层超稠油油藏，受开发理论认识和工艺技术的限制，长期未能动用。随着超稠油开发理论和配套工艺不断进步，新疆油田尝试着突破思想和技术桎梏，开展了迄今为止都可称之为壮举的两项攻关试验。

一是油砂露头地表开采试验。1990 年在风城油砂山启动油砂开采研究，搞清了油砂分布范围，建立了油砂重量含油率和体积含油率技术方法，确定了提高采收率的碱水搅拌方法[3]。后续选取 I 号探坑油砂进行现场分离处理和水洗工艺小试试验。结果表明，风城油砂水洗技术工艺是可行的，沥青油洗脱率可达 90% 以上，但因原油黏度高、工艺技术不成熟、经济效益差等原因开采难度大[4]。这是国内首次油砂露头地表开采现场试验。

二是斜直水平井开发试验。1994 年，依据国家重大科技专项，笔者在风城重 1 井区设计了 FHW001 水平井，垂深 220m，水平段 260m，井口与地面夹角 40℃。这是国际上首次开展超浅层超稠油斜直水平井开发试验，解决了超浅层超稠油钻采难题，试验阶段油汽比 0.2[5]，后期因修井成本高放弃次技术。但斜直水平井技术在国外 SAGD 开发中得到广泛应用，埋深小于 250m 的超稠油油藏，采用此技术水平段长度可达 1200m，同时通过管柱结构深度优化，极大地释放了 SAGD 产能，可谓墙内开花墙外香，值得吾辈学习。

风城浅层超稠油系统性探索到工业化大致经历 5 个阶段(图 1)，产量实现了三次飞跃，2012 年产量超 100×10⁴t、2014 年产量超 200×10⁴t、2017 年 SAGD 产量超 100×10⁴t。目前年产油稳定在 170×10⁴t，占新疆油田稠油产量的 40%。

(1) 有效开发探索阶段(1983—2005 年)：开展注蒸汽吞吐试验，积累了经验。

(2) 蒸汽吞吐开发阶段(2006—2012 年)：采用多层系水平井、直井的组合方式规模开发，明确了超稠油蒸汽吞吐抛物线型生产特征[6]和关键设计参数。

(3) 超稠油Ⅰ类、Ⅱ类油藏 SAGD 开发阶段(2012—2015 年)：建立双水平井 SAGD 油藏筛选标准[7]；科学划分了 SAGD 均匀等压循环、均衡增压循环、转 SAGD 初期、高压生产、稳定生产、衰竭生产等 6 个开发阶段[7-8]；确定 SAGD 合理注采垂向距离 5m，注汽最大水平段 564m[9]；多方法搞清了蒸汽腔串珠状分布特征和现工艺条件下段通及点窜风险[10]，SAGD 开发技术政策逐步形成。

(4) 超稠油Ⅲ类油藏 SAGD 开发阶段(2016—2021 年)：针对非均质性强、夹层发育的超稠油油藏，开展直井辅助、多介质辅助、氮气辅助、储层改造、鱼骨井 SAGD 技术、二次扩容等提质增效技术，效果显著[11]，逐步优化形成了立体井网井型与储层扩容组合技术。

(5) 驱泄复合(2017—2021 年)。密闭取心资料显示，超稠油蒸汽吞吐末期剩余油饱和度为 62.5%，提高采收率具有较好的物质基础[12]；选择蒸汽吞吐特征参数的拐点转换开发方式，此时地层存水量最小，利于汽腔的发育[13]，由此衍生了以重力辅助蒸汽驱油为核心的老区接替开发技术(VHSD、HHSD)，预测采收率可达 50%[14-15]。超稠油油藏蒸汽吞吐后期驱泄复合相关理论认识逐渐完善。

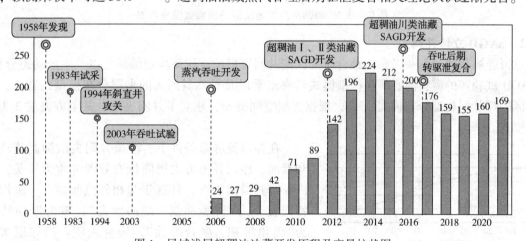

图 1 风城浅层超稠油油藏开发历程及产量柱状图

3 提效技术

3.1 气体辅助技术

在 SAGD/VHSD 过程中，加入非凝结气体(如 N₂、CO₂、CH₄、烟道气)是普遍采用的方法，能提高蒸汽利用率和系统的经济效益[16]。

3.1.1 氮气辅助 SAGD 技术

氮气注入后主要分布于 SAGD 蒸汽腔前缘，在蒸汽腔前缘形成隔热层，控制蒸汽纵向传热，降低了盖层热损失，提高热效率。同时，分布在蒸汽腔上部的氮气能够起到维持系统压力、向下驱替原油的作用，从而提高油藏的泄油能力(图 2)。

合理操作参数为：蒸汽腔发育至顶部时开始注入，段塞式注氮方式，补氮周期 4 个月；注入氮气摩尔浓度2%，单井注氮气量控制在2.5×10⁴Nm³以内；注氮气速度控制在600Nm³/h；焖井时间1~3d；注氮气后，注蒸汽速度减少10%~20%。累计实施氮气辅助100余井次，单井组日注汽平均降低15t，油汽比平均提高0.04。

3.1.2 二氧化碳辅助 VHSD 技术

基于二氧化碳易溶于油、局部溶于水的特性，二氧化碳辅助 VHSD 可以有效补充地层能量，增大蒸汽腔的波及体积、降低原油黏度、改善油水流度比、提高热效率。随着 VHSD 汽腔压力下降，二氧化碳从原油中脱出，占据孔隙空间，支撑了汽腔体积，促使蒸汽腔开始向未动用原油扩展，从而改善开发效果。

合理操作参数为：多点协同注气+CO_2 前置段塞+蒸汽后续段塞的注入方式，轮换周期一般为1个月，气汽比为1:20。开展二氧化碳辅助 VHSD 试验5井组，平均增油47%，油汽比提高0.12。

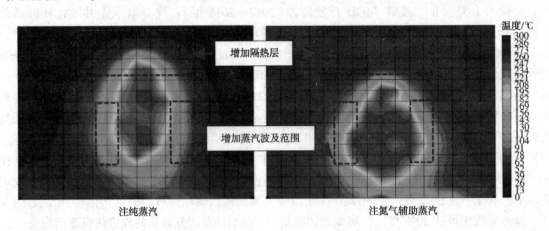

图 2   注 N_2 辅助蒸汽后地层温场剖面数模分布图

3.2   SAGD 立体井网

通过野外辫状河的露头考察，结合研究区密井网资料的沉积微相精细研究以及生产动态分析资料，得出 SAGD 试验区的辫状河心滩坝构型模式具有水平以及对称斜列式的夹层分布模型的特征，据此建立研究区的辫状河构型分布模式[17-18]。根据夹层空间分布，建立了井间夹层、井上方夹层2类6种典型分布模式。

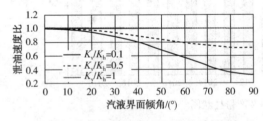

图 3   泄油速度差异对比（非均质/均质）

在多渗流屏障条件下，注采井间夹层抑制蒸汽腔发育和泄油，注汽井上方夹层降低有效泄油重力压头，迫使蒸汽腔绕其横向扩展，并逐步与相邻汽腔融合。蒸汽腔扩展特征表现为"屏障抑制、绕向发育"；重力泄油特征表现为"夹角堆积、融合泄油"。研究表明：当储层 K_v/K_h 为0.1、汽液界面倾角为60°时，重力泄油速度不到均匀储层的58%（图3）。因此，实现快速泄油的关键是"突破屏障、改善渗流"，即由分散的小汽腔扩展为联通的大汽腔。

3.2.1   直井辅助 SAGD 技术

针对受局部夹层(夹层长度小于1/4水平段长度)影响，导致水平段动用差，蒸汽腔发育缓慢的井组，利用动用差水平段附近的直井，通过吞吐方式与 SAGD 蒸汽腔建立热连通，以驱泄复合方式加速 SAGD 蒸汽腔扩展，有效波及受夹层影响的剩余油区[18]。研究表明直井辅助 SAGD 技术可提高水平段动用程度30%~50%，采收率提高5~10个百分点。

3.2.2   水平井辅助 SAGD 技术

针对受不连续夹层(夹层长度在1/4~1/2水平段长度)影响，导致 SAGD 采油速度慢，井间三角冷油区无法有效动用的问题，通过在原有的相邻的 SAGD 井组之间加钻一口水平井，形成水平井辅助

SAGD 井网，动用井组间剩余油。当 SAGD 井组蒸汽腔发育至油层顶部时，加密水平井开始吞吐启动，与 SAGD 蒸汽腔连通后转为生产井，横向拉动蒸汽腔，采油速度可提高 20%~40%，采收率可提高 8~15 个百分点[19]。开展两井组水平井辅助 SAGD 试验，同比常规 SAGD 井组，日产液量上升 58t，日产油量上升 21t，油汽比提高 0.062。

3.2.3 双层立体井网 SAGD 开发技术

针对连续夹层(夹层长度大于 1/2 水平段长度)影响，采用上下两层平面等距交错部署 SAGD 井网方式，可有效提高采油速度及储量动用程度。上层井网与下层井网平行交错部署，与下层井网构成立体井网(图 4)。实施 22 组，与单层常规 SAGD 相比，采油速度提高 50%，储量损失减小 30%，预计最终采收率可由 55.0% 提高到 68.4%。

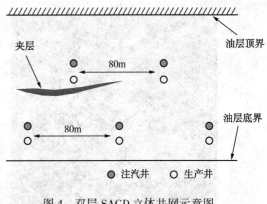

图 4　双层 SAGD 立体井网示意图

3.3 SAGD 升级扩容技术

基于储层岩石力学特性和扩容的机理，发明了 SAGD 储层升级扩容技术，即向 SAGD 水平段挤注溶液，通过改变储层岩石的孔隙压力，使储层岩石发生剪切扩容及张性扩容，增大岩石孔隙体积，进而在井间及注汽井上方形成一个高渗透率和高孔隙度的扩容带。该技术可提高井间及注汽井上方储层物性参数，击破井周围不均匀泥岩夹层，增加蒸汽扩展和重力泄油能力，提高单井产量及产油速度[20-24]。

通过岩心三轴实验测试，明确了储层升级扩容技术不同阶段扩容规律(图 5)。基于储层岩石物理力学参数和油砂储层水力扩容参数，利用地质力学有限元扩容模型(ABAQUS)和热采软件(CMG-STARS)开展升级扩容数值模拟研究，研究表明：杨氏模量越大，扩容效果越差；储层渗透率极差越大，扩容后非均质性越强；当极差大于 4 时，必须采用分段扩容的方式，改善储层非均质性；扩容后预热时间从 290d 下降到了 130d，同期井组的产量提高 30% 以上。

3.4 高温 VHSD 技术

油藏工程研究结果表明，VHSD 操作压力过低时，汽腔不发育，井间剩余油难以动用；操作压力过高时，容易汽窜。将地面系统由开口方式转换为全密闭方式，配套了井口耐高温设备，制定了单井组计量及喷抽转换制度，产液温度由 100℃ 上升至 150℃，原油黏度由 400mPa·s 降低到 60mPa·s。实施后，8 井组高温 VHSD 产量有原来的 55t/d，提高到 115t/d，油汽比有 0.121 提高到 0.207。

3.5 流量控制器(FCD)技术

受储层非均质性、完井方式、井眼轨迹、生产制度等因素影响，SAGD 长水平井的潜力难以充分发挥，产油速度、油汽比等关键指标偏低。而通过部署流量控制器实施水平井分段管理，可抑制局部汽窜、降低整体 Subcool 值并改善沿水平井的流入/流出剖面，从而提高 SAGD 水平井段的生产效率，具有成本低、启动效果好、见效快的优势，已成为低油价背景下降本增效的利器。

SAGD 依靠井间汽液界面实现稳定泄油，当部分水平段采液强度持续高于供液能力时，汽液界面不断降低，最终蒸汽窜入生产井中，流量控制器可在蒸汽窜进部位利用蒸汽与液体的密度、流速差形成高附加压力损失，延迟或抑制蒸汽产出，提供额外阻汽效应，同时通过压力损失 FCD 可对沿水平井的流量剖面进行调节，提高水平段动用程度(图 6)。综合考虑经济原因，渗透率变异系数较小时(<0.3)，注汽井安装 FCD 要好于采油井安装，变异系数较大时(>0.3)，采油井安装 FCD 要好于注汽井安装效果，同时优化结果显示 FCD 安装时机越早开发效果越好[25]。

4　技术展望

在我国提出"双碳"目标的时代大背景下，"十四五"期间，新疆油田确立了"少用蒸汽、不用蒸汽、利用余热"的技术攻关方向和路径，将深化溶剂辅助 SAGD、无水 SAGD 和控温水热裂解机理认识和技术实践，深入推动低碳、零碳、负碳开发，逐步完善浅层超稠油低碳高效技术系列。

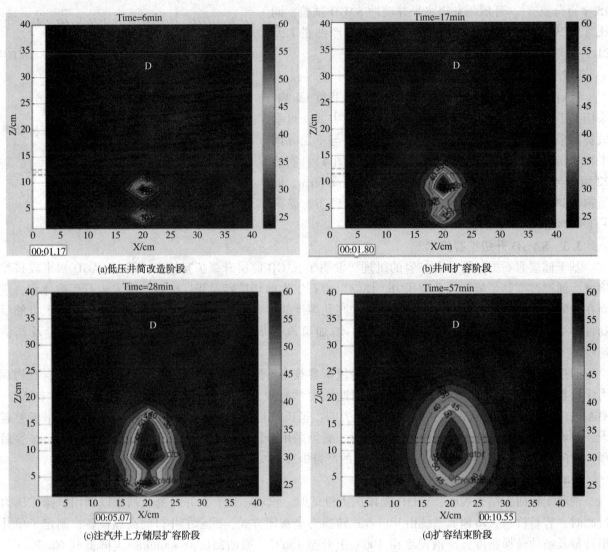

(a)低压井筒改造阶段　　　　　(b)井间扩容阶段

(c)注汽井上方储层扩容阶段　　　　　(d)扩容结束阶段

图5　物理模拟不同阶段扩容区的扩展范围

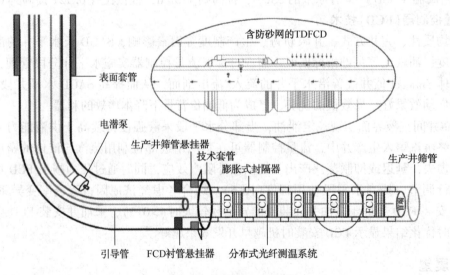

图6　FCD 结构示意图

4.1 溶剂辅助 SAGD 技术

将溶剂以超临界态下注入油藏，随着泄油过程发生，溶剂聚集形成连续、多相态分布溶剂腔，在靠近注汽井内核区为超临界态，外围靠近泄油前缘为欠饱和态区。溶剂在泄油前缘进行传热传质，随着泄油前缘温度下降，溶剂从超临界态向欠饱和态变化，原油依靠高温溶剂传热传质，实现改质降黏效果。此过程中，原油与凝结溶剂的混合物为液态，对注入流体有液阻气作用。保持溶剂注入、产出平衡，通过回采溶剂进行重复利用，实现连续注采[26-27]（图7）。

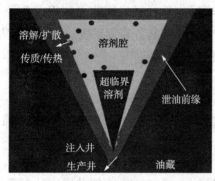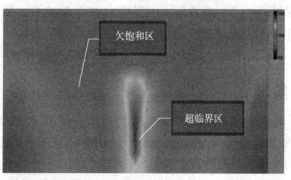

图7 超临界溶剂辅助 SAGD 技术机理及数值模拟图

室内实验表明，超临界溶剂辅助 SAGD 可以获得与 SAGD 相近的采油速度，同时，溶剂易于回收分离并循环使用，可大幅降低能耗和碳排放，提高经济效率；此外，溶剂可降低残余油饱和度 5 个百分点以上。下一步将持续攻关，明确溶剂辅助 SAGD 开发方式的溶剂组分、溶剂超临界特性及扩散机制，最大限度降低蒸汽量，实现"低碳"开发超稠油。

4.2 电加热辅助热溶剂萃取技术

通过向油藏中注入轻烃溶剂，井筒沿程利用电加热轻烃溶剂，热溶剂通过破坏胶质、沥青质分子的平面堆砌，使结构变得松散，降低稠油的黏度，达到萃取原油的目的。热溶剂通过循环的方式逐步扩展腔体，达到多方式组合降黏、重力泄油驱动的一体化低温低压物理改质开采，实现 SAGD 的无水开发。

室内实验及国外现场实践表明，电加热辅助热溶剂萃取技术可将稠油开采温度从 200℃ 以上下降到 80~100℃，实验过程中热溶剂超覆作用明显，溶油速度快，气液界面控制难度小，溶剂/油比（SOR）1.06~1.13，溶剂回采率 92%，采收率 73%，碳排放降低 60% 以上。下一步将开展溶剂轻烃组分、萃取特性、电加热配套工艺及地面循环利用工艺等技术攻关，实现"零碳"开发超稠油。

4.3 超稠油中温改质技术

SAGD/VHSD 开发中后期热效率低及蒸汽用量大，现有原油改质温度通常大于 300℃，如何利用 SAGD/VHSD 生产中后期蒸汽腔余热（100~250℃）对原油进行改质，提高超稠油开发效益，是 SAGD/VHSD 生产中后期节省蒸汽用量的关键。超稠油控温改质技术是根据蒸汽腔温度，选择适合的催化剂体系，充分利用蒸汽腔内部余热，降低原油黏度，实现进一步提高 SAGD/VHSD 开发中后期采收率的一种技术。

下一步将开展控温水热裂解开发方式的蒸汽腔余热分布特征、催化剂优选、控温改质机理、微压差重力泄油规律、水平段均衡动用及合理举升配套等技术研究，最大程度利用蒸汽腔余热（单井组约 $10×10^4$ t 260℃ 蒸汽热量），实现"负碳"开发超稠油。

4.4 超稠油高效低碳开发技术集成

新疆地区具有丰富的可利用的太阳能和风能，其中新疆油田所属采矿权区域内太阳能年发电能力 $578.2×10^8$ kW·h，周边可利用的风能约 $240×10^8$ kW·h。超稠油开发与新能源结合符合中国石油集团"清洁替代、战略接替、绿色转型"三步走的总体部署。新疆作为丝绸之路经济带的核心区，超稠油低碳绿色开发及提质增效技术集群在优化能源结构，保障国家能源安全方面作用巨大。

攻关研究的主要工作思路：利用风能和光伏发电，产生的绿电，进行电解水制造绿氢和绿氧。绿氢用于超稠油加氢改质，获得轻烃和品质较高的中质油，一部分轻烃用于掺稀超稠油提升原油品质，另外一部分轻烃按照现场应用要求切割成组分 C_3—C_5，C_6—C_{10} 用于溶剂辅助 SAGD 和溶剂辅助水平井吞吐生产，形成超稠油"风光发电-电解制氢-加氢改质-轻烃辅助"的低碳开发与新能源协同发展方式。绿氧用于油田注汽锅炉 CO_2 富集燃烧，实现低浓度 CO_2 低价格捕集，捕集的 CO_2 用于 CCUS 或中深层稠油油藏蓄能压裂，达到 CO_2 减排目的。

通过此项技术，预期形成超稠油浆态床加氢解构、注汽锅炉 CO_2 富集燃烧及捕集、电加热溶剂萃取、中深层稠油 CO_2 前置蓄能压裂等 11 项关键技术，浆态床反应器、轻烃回收再利用设备等 10 项装备及工具。建成 50×10^4 t/a 超稠油浆态床加氢改质装置、万吨级绿氢制备装置系统、CO_2 年捕集能力 $\geq 10 \times 10^4$ t、SAGD 开发采收率提高 6~8 个百分点，阶段油气比提高 20%。

5　结论

（1）新疆油田浅层超稠油开发经历了有效探索、蒸汽吞吐、Ⅰ类、Ⅱ类油藏 SAGD、Ⅲ类油藏 SAGD、驱泄复合等五个阶段；形成了以蒸汽辅助重力泄油（SAGD）、直-平组合驱泄复合（VHSD）技术为主体的浅层超稠油油藏有效开发技术。

（2）结合自身油藏地质特点，新疆油田形成了气体辅助 SAGD、SAGD 立体井网、储层升级扩容、高温 VHSD 等一套适合浅层超稠油油藏的高效开发技术系列，为新疆稠油的长期效益稳产提供了保障。

（3）在国家"双碳"目标下，新疆油田将从"少用蒸汽、不用蒸汽、利用余热"三个方面持续攻关，开展溶剂辅助 SAGD 开发技术、无水 SAGD 开发技术及控温水热裂解开发技术攻关及储备，加强与新能源协同，逐步完善浅层超稠油提效与低碳技术系列。

参考文献

[1] 孙新革，张烈辉，钱根宝，等. 准噶尔盆地西北缘稠油开采现状及技术对策[J]. 石油天然气学报，2008，30(05).

[2] 孙新革，张烈辉，钱根宝，等. 密闭取心技术在浅层稠油开发中后期的应用[J]. 石油天然气学报，2008，30(6).

[3] SUNXinge，YANG Ruiqi，CHANG Shuwen. Resources Evaluation and Development Prospect of Heavy Oil and Tar Sands in Northwestern Margin of Junggar Basin[J]. Petroleum Science. 1999.

[4] Wenhua Huang，Xiaojun Wang. Exploration and production practice of oil sands ores in Fengcheng Oilfield of Junggar Basin[J]. Journal of Petroleum Exploration and Production Technology. 2020(04).

[5] 石国新，陈振琦，马鸿. 风城浅层超稠油油藏水平井注蒸汽开发试验效果分析[J]. 石油勘探与开发，1997(05)：89-91+124.

[6] 孙新革，喻克全，钱根宝，等. Heavy Oil Development Status and Technology Strategies of Northwest Edge, Zhunger Basin[C]. 首届国际重油大会论文集，2006.

[7] 孙新革. 浅层超稠油双水平井 SAGD 技术油藏工程优化研究与应用（以风城油田为研究背景）[D]. 成都：西南石油大学，2012.

[8] 孙新革，何万军，胡筱波，等. 超稠油双水平井蒸汽辅助重力泄油不同开采阶段参数优化[J]. 新疆石油地质，2012(06).

[9] 吴永斌，李秀峦，孙新革，等. 双水平井蒸汽辅助重力泄油注汽井筒关键参数预测模型[J]. 石油勘探与开发，2012(08).

[10] 孙新革，何万军. 四维微地震监测技术在 SAGD 开发中的应用[C]. 2016 国际勘探开发技术会议论文集，2016.

[11] 孙新革，丁超，杨果，等. 陆相超稠油 SAGD 提质增效技术体系研究[C]. 2018 年国际勘探开发

技术会议论文集，2018.

[12] 孙新革，杨智，戴翔，等. Application of Sealing Core Drilling in Heavy Oil Development in Northwest Edge，Zhunger Basin[C]. 首届国际重油大会论文集，2006.

[13] 孙新革，赵长虹，熊伟，等. 风城浅层超稠油蒸汽吞吐后期提高采收率技术[J]. 特种油气藏，2018(03).

[14] 钱根葆，孙新革，赵长虹，等. 驱泄复合开采技术在风城超稠油油藏中的应用[J]. 新疆石油地质，2015(06).

[15] 孙新革，马鸿，赵长虹，等. 风城超稠油注蒸汽吞吐后期转换开发方式研究[J]. 新疆石油地质，2014.

[16] 杨立强编著. 辽河油田超稠油蒸汽辅助重力泄油先导试验开发实践[P]. 159-199.

[17] 李海燕，高阳，王延杰，等. 辫状河储集层夹层发育模式及其对开发的影响——以准噶尔盆地风城油田为例[J]. 石油勘探与开发，2015，42(3)：364-373.

[18] 孙新革，程中疆，李海燕，等. 风城油田重32井区SAGD试验区储层构型研究[J]. 石油天然气学报，2014(03).

[19] 罗池辉. 浅层超稠油油藏FAST-SAGD提高采收率技术研究[J]. 特种油汽藏，2017，24(03)：119-122.

[20] Zhi Yang，Xinge Sun，Chihui Luo，et al. Vertical-well-assisted SAGD dilation process in heterogeneous super-heavy oil reservoirs：Numerical simulations[J]. ScienceDirect，6(2021)603-618.

[21] 孙新革，罗池辉，徐斌，等. 强非均质超稠油油藏SAGD储层升级扩容研究[J]. 油气地质与采收率，2021(06).

[22] Xinge Sun，Bin Xu，Genbao Qian，et al. The application of geomechanical SAGD dilation startup in a Xinjiang oil field heavy-oil reservoir[J]. Journal of Petroleum Science and Engineering196(2021).

[23] Yuxing Fan，Xinge Sun，Xing Mai，et al. In-Situ Catalytic Aquathermolysis Combined with Geomechanical Dilation to Enhance Thermal Heavy Oil Production[J]. SPE，2017.

[24] Shengfei Zhang，Xiuluan Li，Hongzhuang Wang，Experimental study on the geomechanical properties and failure behaviour of interbedded shale during SAGD operation[J]. Petroleum Research，5(2020).

[25] 张胜飞，孙新革，苟燕，等. 流量控制器在SAGD技术中的应用现状及思考[J]. 石油学报，2021(10).

[26] 张胜飞，金瑞凤，周晓义，等. 溶剂加速SAGD启动技术机理研究[P]. 2018.

[27] Shengfei Zhang，Xinge Sun，Fengxiang Yang. Experimental study on the geomechanical properties and failure behaviour of interbedded shale during SAGD operation[J]. Petroleum Research，5(2020).

氮气辅助双水平井 SAGD 机理研究及关键参数优化

罗池辉[1] **何万军**[1] **马小梅**[2] **高 雨**[1]

【1. 新疆油田公司勘探开发研究院；2. 新疆油田公司风城油田作业区】

摘 要：针对双水平井 SAGD 开发中后期蒸汽热损失大、热效率低的问题，开展氮气辅助 SAGD 物理模拟实验，明确了氮气隔热、保压作用机理；利用数值模拟技术及已实施效果分析，优化了氮气注入方式、注入时机、注入压力及注入量等关键操作参数，结果表明：氮气辅助 SAGD 可以降低盖层热损失，在 SAGD 采出程度在 15%~20% 时，通过段塞方式，以 2% 摩尔浓度注入 $(2.0~3.0) \times 10^4 Nm^3$ 氮气时效果最佳，可以提高蒸汽热能利用率，提高油汽比 20% 以上。

关键词：氮气辅助；双水平井 SAGD；实施效果；参数优化；提高油汽比

  SAGD 技术是开采超稠油经济有效手段之一[1-5]。基于双水平 SAGD 开采原理，当汽腔发育到油层顶部后，SAGD 开发普遍存在热损失大，蒸汽利用率低等问题。新疆浅层超稠油油藏油层厚度薄（10~32m），储层物性差（0.7~2.5D），原油黏度高[50℃时(0.2~2)×10⁶mPa·s]，自 2008 年 SAGD 先导试验以来，部分井组进入开发中后期，蒸汽腔与盖层接触范围逐年增大，SAGD 开发面临着油汽比低，经济性差的挑战。基于对国内外同类油藏调研及认识[6-9]，2014 年开始开展氮气辅助 SAGD 工作，实施 100 余井次中部分井组效果未达预期，存在氮气辅助 SAGD 机理不明，关键操作参数不定型等问题。为进一步改善氮气辅助 SAGD 开发效果，基于已实施井组效果分析，借助室内物理模拟及数值模拟手段，深化了氮气辅助 SAGD 作用机理认识，优化了关键操作参数，制定了一套适合新疆浅层超稠油的氮气辅助 SAGD 操作策略。

1 氮气辅助 SAGD 机理研究

1.1 氮气对稠油高压物性影响

  通过展开不同温度条件下的 PVT 实验。系统研究了氮气对稠油黏度、体积系数、密度等高压物性的影响，并分析总结氮气作用机理。实验所用原油为新疆 Z32 井区超稠油，地面原油密度为 910.1kg/m³，黏度为 23300mPa·s(50℃)。

1.1.1 氮气在稠油中溶解度

  实验压力 3MPa(蒸汽腔压力)，测试不同温度下氮气在稠油中的溶解度，实验结果显示，氮气在原油中的溶解度较低，200℃条件下，氮气在原油中的溶解度仅为 0.0483，260℃条件下，氮气在原油中的溶解度为 0.0129。因为氮气分子在高温条件下运动加剧，在原油中溶解能力减弱，为此氮气溶解度随着温度的升高而降低。

作者简介：罗池辉(1987—)，男，高级工程师，硕士研究生，现从事稠油开发工作。E-mail：luoch_ll@ petrochina. com. cn

1.1.2 氮气对原油体积系数影响

分析不同温度条件下稠油注入氮气后体积系数变化。结果显示：200℃时原油溶解氮气后体积系数为 1.0013，260℃时为 1.00162。随着温度升高，原油溶解氮气后体积系数增大。氮气溶入稠油后使其体积膨胀有两部分作用，一部分来自 N_2 溶解进入稠油后而使得稠油的体积增加，而另一部分则是因为 N_2 导热系数小，属于隔热材料的范畴，随着温度升高，氮气溶解度降低，而稠油吸收氮气所携带的热量后体积增大。所以在 SAGD 中后期利用汽腔余热，N_2 能够起到维持系统压力，强化重力泄油，提高热效率的作用。

1.1.3 黏度和密度影响研究

当溶解一定氮气时，稠油的黏度及密度会随之降低，且随着温度升高，稠油黏度及密度会持续降低；测试温度由 200℃ 上升到 260℃ 时，原油的降黏由 13.53mPa·s 降低到 3.26mPa·s，密度由 0.863g/cm³ 降低到 0.855g/cm³。氮气辅助对原油降黏有一定的作用

1.2 氮气辅助 SAGD 二维物理模拟实验

1.2.1 实验设置

分别开展纯注蒸汽 SAGD 和氮气辅助 SAGD 物理模拟实验，实验所用模型内腔尺寸为 500mm×50mm×300mm。根据 SAGD 相似准则，在模型中下部设置 1 口水平注汽井，1 口水平生产井。模型内纵向上设计 7 层热电偶测温点，共 66 个测温点。模拟油藏初始温度 36℃。实验前将混合好的油砂填充至模型中，并在模型四周、顶部和底部铺垫陶泥，利用陶泥层将油砂层与模型隔绝，降低 SAGD 实验过程的热损失，提高模型保温性，如图 1 所示。

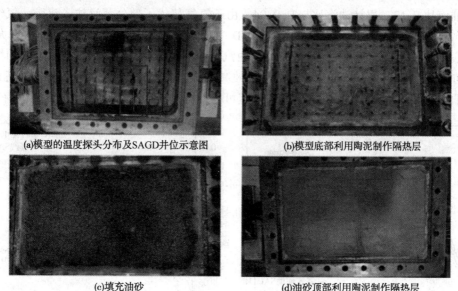

(a)模型的温度探头分布及SAGD井位示意图　　(b)模型底部利用陶泥制作隔热层

(c)填充油砂　　(d)油砂顶部利用陶泥制作隔热层

图 1　二维 SAGD 物理模型填充示意图

1.2.2 实验结果与分析

纯蒸汽 SAGD 二维实验显示：随着注汽量增加，蒸汽腔逐渐扩展，12min 时蒸汽腔接触模型顶部，82min 时，蒸汽腔开始沿顶部横向扩展，模型顶部温度达到 249℃；汽腔边缘温度 200℃ 左右，220min 时，进入 SAGD 开发末期。蒸汽腔开始下降。氮气辅助实验中 SAGD 蒸汽腔整体温度明显下降，随着时间延长，注入氮气量增加，蒸汽腔垂向扩展速度变缓，汽腔侧向扩展速度增加，同时 N_2 在重力分异作用下，率先到达模型顶部，对比两组实验，相同时间内，氮气辅助模型顶部温度较纯蒸汽模型顶部温度小 60~80℃，由于氮气导热系数较低，可在盖层下形成隔热薄层，降低蒸汽向盖层的热损失，从而提蒸汽热利用率，如图 2、图 3 所示。

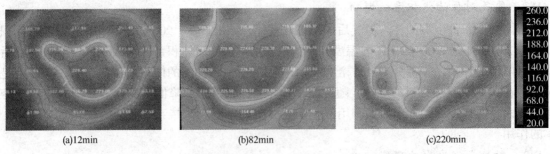

(a)12min (b)82min (c)220min

图 2 不同时间下纯蒸汽 SAGD 汽腔发育示意图

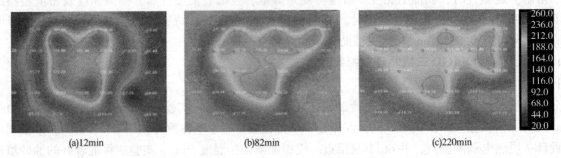

(a)12min (b)82min (c)220min

图 3 不同时间下氮气辅助 SAGD 汽腔发育示意图

从生产效果来看，注蒸汽 SAGD 采收率 48.26%，累计油汽比为 0.08，氮气辅助 SAGD 采收率 50.85，累计油汽比 0.12，累计油汽比提高 0.04，由于氮气替代了部分蒸汽注入汽腔，氮气辅助 SAGD 前期效果差于常规注蒸汽 SAGD，注常规蒸汽 SAGD 中后期随着蒸汽腔与盖层接触面积增大，热损失逐渐增加，而注氮气阻碍了盖层热损失，产油量及油汽比有所提高。整体来看，非凝析气体的存在会在一定阶段会影响采油速度，但非凝析气体可以有效减少注蒸汽量，提高生产速率，提高累计油汽比，延长开发时间，使得整体开采效果更佳，具有一定可行性(图4)。

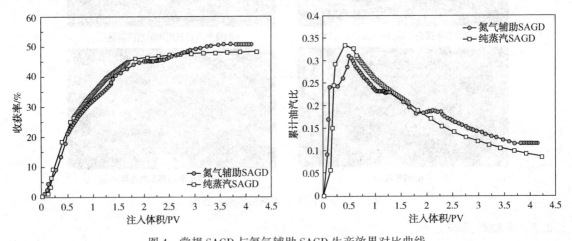

图 4 常规 SAGD 与氮气辅助 SAGD 生产效果对比曲线

2 氮气辅助 SAGD 关键参数优化

基于 Z32 井区实际油藏情况建立数值模型，结合已实施井组效果分析，给出最优化氮气辅助 SAGD 关键操作参数[10~14]。

2.1 注氮气时机

数模结果显示，注入的氮气聚集在蒸汽腔顶部，在整个蒸汽腔向上运动的过程中，氮气始终在上部占有优势(图5)。蒸汽腔上升阶段注入氮气，蒸汽腔纵向发育会受到明显的抑制，因此蒸汽腔到顶，并开始横向扩展一段时间时再注氮气效果更好。

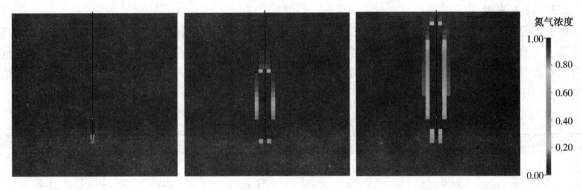

图 5 随蒸汽腔上升氮气分布图

风城油田已实施氮气辅助 SAGD 近百井组，首轮注氮气时井组采出程度 3.37%~45.59% 不等，平均采出程度 18.28%。总体上首轮注氮气时采出程度越高，生产效果越好。风城油田 SAGD 井组油层厚度相对较薄，渗透率相对较低。根据数模预测及生产动态反映，井组蒸汽腔到顶并开始横向扩展一年左右时，对应的采出程度约为 15%~20%。

2.2 注入方式及补氮周期

模拟连续注入及段塞注入方式，相同注气条件下，连续注入方式累计产油量略高于段塞注入，两者的油汽比相同，但是连续注入的氮气回采率高于段塞注气体的回采率，综合考虑现场操作风险及投入产出比，建议采用段塞注入氮气方式（表1）。

表 1 不同氮气注入方式下生产效果对比

注入方式	累注汽/10^4t	产油量/10^4t	油汽比	气体回采率/%	投入产出比
段塞注	90	15.26	0.208	62.7	1：2.7
连续注	90	15.44	0.208	77.7	1：1.8

对补氮周期 2 个月、4 个月、6 个月、8 个月进行了模拟对比，从数值模拟结果看，补氮周期越长，累产油越低，累积油汽比先升后降，在 4 个月时累积油汽比达到最高（图6）。

从氮气在蒸汽腔中的分布看，当补氮周期为 2 个月时，氮气在地下存量较大，对蒸汽腔发育形成一定影响，降低了效率；当补氮周期为 6 个月时，由于生产过程中氮气的采出，氮气已不足以覆盖蒸汽腔顶部，造成向上覆盖层热损失增加（图7）。因此，段塞式注氮气生产效果最佳周期为 4 个月，氮气可均匀分布于汽腔顶部，充分发挥段塞作用，有助于蒸汽腔维持，维持产量和油汽比。

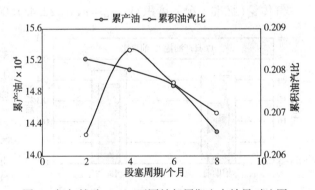

图 6 氮气辅助 SAGD 不同补氮周期生产效果对比图

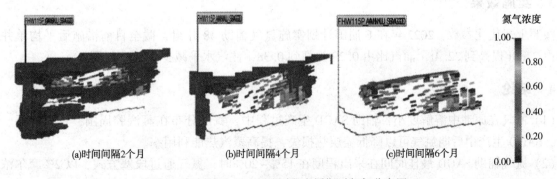

(a)时间间隔2个月   (b)时间间隔4个月   (c)时间间隔6个月

图 7 氮气辅助 SAGD 不同段塞周期时氮气分布图

2.3 注入浓度

Z32 井区操作压力为 2.5~3.0MPa，当氮气浓度小于8%时，氮气提供的分压在 0~200kPa，蒸汽腔内的温度下降小于5℃。注入的氮气能维持蒸汽腔合理的泄油压力，蒸汽腔温度下降控制在合理范围之内，对产量影响较小（表2）。为避免一次段塞注入氮气过多造成水平井气窜，推荐注氮气摩尔浓度控制在 2%以内。

表 2 氮气不同浓度与氮气分压对应关系表

氮气摩尔浓度/%	蒸汽分压/kPa	氮气分压/kPa	蒸汽密度/(kg/m³)	温度/℃	温度下降幅度/℃
0	2500	0	12.51	224.3	
2	2450	50	12.27	223.3	1.0
4	2400	100	12.02	222.2	2.1
8	2300	200	11.53	220.0	4.3
12	2200	300	11.04	217.7	6.6
16	2100	400	10.54	215.3	9.0
20	2000	500	10.05	212.9	11.4
24	1900	600	9.56	210.3	14.0
28	1800	700	9.07	207.7	16.6
32	1700	800	8.58	204.9	19.4

2.4 注入量

氮气注入量具体计算公式及说明如下：

总汽腔体积：$V_{汽腔} = [M_{累产油量}/(S_{oi} - S_{or})] \times S_g$，m³；

水蒸气摩尔量：$n_{汽腔} = \rho_{汽腔} V_{汽腔}/M_水$，mol；

注入氮气摩尔量：$n_{氮气} = P_{氮气分压}/P_{汽腔} \times n_{汽腔}$，mol；

注入氮气摩尔浓度：$W_{氮气} = P_{氮气分压}/P_{汽腔}$，%；

气体量（标准工况下体积）$V_{氮气SC} = n_{氮气} \times 22.4/1000$，Nm³。

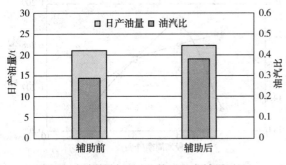

图 8 氮气辅助 SAGD 前后生产效果对比

其中，$M_{累产油量}$ 为核实累产油；t；S_{oi} 为初始油藏饱和度，取 0.687；S_{or} 为残余油饱和度，取 0.100；S_g 为蒸汽饱和度，取 0.660；$\rho_{汽腔}$ 为水蒸气密度，kg/m³。

按照氮气摩尔浓度 2% 计算，Z32 氮气辅助 SAGD 措施设计单井组平均注氮气量 2.5×10^4 Nm³，通过数值模拟优化注氮气速度控制在 600Nm³/h，注入压力小于破裂压力，焖井时间 1~3d，注氮气后，注蒸汽速度减少 10%~20%效果最佳。

3 实施效果

按照上述优化参数，2022 年在 F 油田计划实施氮气辅助 48 井组，截至目前措施后平均单井日产油量由 21.0t 提高到 22.4t，油汽比由 0.29 提高到 0.38，注汽水平减少 21.9t/d（图8）。

4 结论

（1）氮气在原油中溶解度小，辅助 SAGD 生产过程中，氮气分布在蒸汽腔周围，具有保压、隔热作用，SAGD 生产中后期氮气可以降低盖层热损失，提高蒸汽热能利用率。

（2）氮气辅助 SAGD 最佳时间在采出程度在15%~20%时，氮气通过段塞方式，以2%摩尔浓度注入$(2.0~3.0) \times 10^4$Nm³时效果最佳，节省蒸汽用量15%，油汽比可提高提高20%以上。

参考文献

[1] 李苒，陈掌星，吴克柳，等．特超稠油 SAGD 高效开发技术研究综述[J]．中国科学：技术科学，2020，50(06)：729-741．

[2] 孙新革．浅层超稠油双水平井 SAGD 技术油藏工程优化研究与应用[D]．成都：西南石油大学，2012．

[3] 任芳祥，孙洪军，户昶昊．辽河油田稠油开发技术与实践[J]．特种油气藏，2012，19(01)：1-8．

[4] 杨智，孟祥兵，吴永彬，等．风城浅层超稠油油藏双水平井 SAGD 关键技术及发展方向[J]．特种油气藏，2021，28(01)：92-97．

[5] 席长丰，马德胜，李秀峦．双水平井超稠油 SAGD 循环预热启动优化研究[J]．西南石油大学学报（自然科学版），2010，32(04)：103-108．

[6] 武毅，张丽萍，李晓漫，等．超稠油 SAGD 开发蒸汽腔形成及扩展规律研究[J]．特种油气藏，2007(06)：40-43．

[7] 刘仁静，刘慧卿，李秀生．胜利油田稠油油藏氮气泡沫驱适应性研究[J]．应用基础与工程科学学报，2009，17(01)：105-111．

[8] 施尚明，房晓萌，关帅，等．稠油油田开发中后期储层非均质性评价与应用[J]．断块油气田，2013，20(05)：627-630．

[9] 未志杰，康晓东，何春百，等．非均质稠油油藏聚合物驱吸液剖面变化规律[J]．科学技术与工程，2018，18(08)：61-66．

[10] 舒展，裴海华，张贵才，等．改善蒸汽辅助重力泄油技术研究进展[J]．油田化学，2020，37(01)：185-190．

[11] 王传飞，吴光焕，韦涛，等．薄层特超稠油油藏氮气与降黏剂联合蒸汽辅助重力泄油物理模拟实验[J]．油气地质与采收率，2017，24(01)：80-85．

[12] 栾健．超稠油砂岩油藏 SAGD 参数优选及 SAGP 方案设计[D]．成都：西南石油大学，2016．

[13] 何万军，木合塔尔，董宏，等．风城油田重 37 井区 SAGD 开发提高采收率技术[J]．新疆石油地质，2015，36(04)：483-486．

[14] 高永荣，刘尚奇，沈德煌，等．氮气辅助 SAGD 开采技术优化研究[J]．石油学报，2009，30(05)：717-721．

多分支井 SAGD 储层
升级扩容数值模拟研究

孙新革　马　鸿　罗池辉　王若凡　王　青　孟祥兵
【中国石油新疆油田分公司勘探开发研究院】

摘　要：新疆风城油田超稠油油藏属近源辫状河流相沉积，储层非均质性强、夹层发育。双水平井 SAGD 开发面临预热启动时间长(9个月)、蒸汽腔扩展速度慢且发育不均匀等突出问题。前期储层扩容试验能够显著提高蒸汽注入能力，缩短预热时间，但缺乏储层扩容的全流程的岩石力学耦合分析，不利于 SAGD 储层升级扩容施工参数优化设计。为此，基于岩石三轴压缩等室内实验，准确获取强非均质储层岩石力学参数，建立耦合岩石力学的多分支井 SAGD 扩容热采数值模型，开展储层升级扩容影响因素分析研究，明确了储层升级扩容井筒孔压预处理、注汽井应力预处理扩容、注汽井大体积扩容、生产井扩容及注汽井、生产井井间连通、注汽井上方大体积扩容等五个阶段的操作参数，形成了多分支井储层升级扩容策略。现场应用实践表明，储层升级扩容技术对于强非均质储层适应力好，启动时间缩短 50%，采油速度提高 20%。研究成果可为强非均质储层 SAGD 升级扩容施工参数优化设计提供理论指导。

关键词：浅层超稠油油藏；SAGD；耦合岩石力学；储层升级扩容

1　引言

双水平井 SAGD 作为一种超稠油高效开发方式，在加拿大油砂矿、中国风城油田等稠油油藏得到了成功应用[1-3]。与海相均质的 SAGD 项目不同，新疆风城油田超稠油油藏属近源辫状河流相沉积，具有埋藏浅、原油黏度高、储层非均质性强、夹层发育等特点，储层中存在多期较薄的泥质纹层和泥岩互层，SAGD 在开发过程中存在启动周期长、蒸汽腔扩展慢且发育不均等问题[4-6]。

储层升级扩容是利用弱固结油砂储层岩石力学特性，通过向注汽井及生产井注入扩容液的方式，改善注采井间及注汽井上方储层渗流能力的一项技术[7-11]。前人研究表明，通过储层扩容能够显著改善 SAGD 注采井间储层物性，提高蒸汽注入能力，建立水平井水力连通通道，从而缩短预热时间[12-16]。针对 SAGD 储层升级扩容数值模拟，国内外学者已开展较多研究，Yuan 等[17]针对新疆风城油田 SAGD 挤液扩容快速启动试验区块进行数值模拟分析，将地质力学模型与油藏模型联系起来，建立了井间连通判断依据；王琪琪等[18]利用有限元计算了扩容引起的储层变形，然后采用 CMG 分析扩容后的储层模型 SAGD 预热及生产情况；孙新革等[19]利用真三轴地应力条件下的大型物理模拟和耦合岩石力学数值模拟，开展了可控升级扩容技术的研究；孙君等[20]利用 ABAQUS 有限元分析扩容启动过程中的流固耦合过程，并将模拟结果耦合到 CMG 热采数值模型中，对扩容过程演化研究和施工参数进行了优化分析。

基金项目：中石油重大科技专项"新疆重 32/重 37 稠油 SAGD 中后期提高采收率试验"(2022ZS1101)。

作者简介：孙新革，男，1968 年 8 月出生，1990 年毕业于石油大学(华东)，博士，教授级高级工程师，新疆油田公司首席专家，从事稠油开发 32 年。E-mail：sxinge@petrochina.com.cn

以上储层扩容数值模拟研究主要利用有限元模型进行流固耦合，流程较为复杂，不利于强非均质性 SAGD 储层升级扩容参数优化设计。为此，以风城油田 A 井区超稠油油砂储层为例，引入 CMG-STARS 的地质力学选项，建立耦合岩石力学的双水平井 SAGD 扩容热采数值模型，开展储层升级扩容影响因素分析研究，对储层升级扩容全过程进行优化分析。

2 耦合岩石力学的储层升级扩容模型

2.1 岩石力学参数

岩石力学参数是储层升级扩容设计的关键参数。为充分了解油砂储层、泥岩盖层在特定的环境压力条件下的变形和强度情况，揭示并定量化岩样在不同工况条件下的变形破裂机理。通过室内真三轴压缩实验测得泥岩盖层、油砂储层、泥质夹层的应力-应变曲线，并计算得到风城油田 A 井区岩石力学参数(表 1)。建立适合风城油田 A 井区储层的岩石力学本构关系和数值模型，为储层升级扩容设计提供理论依据。

表 1 风城油田 A 井区不同岩性岩石力学参数统计表

分类	抗压强度/MPa	残余强度/MPa	内摩擦角/(°)	内聚力/MPa	残余内摩擦角/(°)	残余内聚力/MPa	剪涨斜率	弹性模量/MPa	泊松比
泥岩盖层	20.85	7.37	24.51	4.60	22.92	0.37	−0.81	1819.87	0.26
油砂储层	25.42	7.42	35.39	0.94	35.39	0.94	−0.21	452.15	0.03

从风城油田 A 井区在原位地应力条件下(A 井区储层有效围压为 4~6MPa)，油砂储层的抗剪强度和泥岩盖层的抗剪强度差别不大(图 1)，不利于盖层稳定性。在油砂储层中如果形成破坏区(剪切裂缝或者张性裂缝)并向上扩展，盖层将不能形成明显的强度遮挡效应，储层中的扩容区将一直向上扩展。因此，在储层升级扩容过程中需要将扩容压力严格控制在盖层破裂压力以下。

从油砂储层的剪胀性状来看，在低有效围压下，随着轴向应变的增加，体积扩容量增加。同时，随着有效围压的增加，油砂体

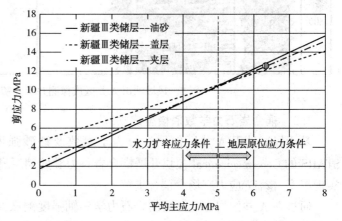

图 1 油砂储层、盖层和泥岩夹层抗剪强度比较

积扩容速度变慢，扩容量减小。当有效围压为 0MPa、2MPa、3MPa、4MPa 和 6MPa 时，剪胀角分别为：46°、23°、20°、12°和 9°。在岩石力学中，孔隙介质岩体的扩容能力随着有效围压的增加而降低。因此，在储层升级扩容过程中需要以低于地层破裂压力的压力连续注水，提高井周地层的孔隙压力，降低井周有效围压，以保证达到良好的扩容效果。

2.2 地应力大小及方向

现场小型压裂地应力测试是一种能够可靠而有效的测量地壳深部应力的方法。通过小体积、高压的流体注入，小型压裂测试在测试层位产生一条张性裂缝并将破裂扩展到远离井筒影响范围的原始地层中，然后停止流体注入，裂缝将随着压力下降而闭合。通过地质力学与渗流的理论方法分析压降曲线，取得破裂闭合压力，该压力等效于地层的最小主应力。根据测试结果，风城油田 A 井区油砂储层的垂向应力梯度、最大和最小水平主应力梯度分别为 22kPa/m、18kPa/m、21kPa/m；盖层的垂向应力梯度、最大和最小水平主应力梯度分别为 21.2kPa/m、28kPa/m、21kPa/m，盖层破裂压力约 10.0MPa。

钻井过程中由于各向异性地应力场所引起的井壁坍塌，或者诱导张裂缝可以用来估计地应力的方向。通常来说，井壁坍塌的方位对应着最小水平主应力的方位，诱导张裂缝的方位对应着最大水平主应力的方位。根据风城油田 A 井区的成像测井数据(图 2)，储层中水平最大主应力的方向为北偏东 60°。

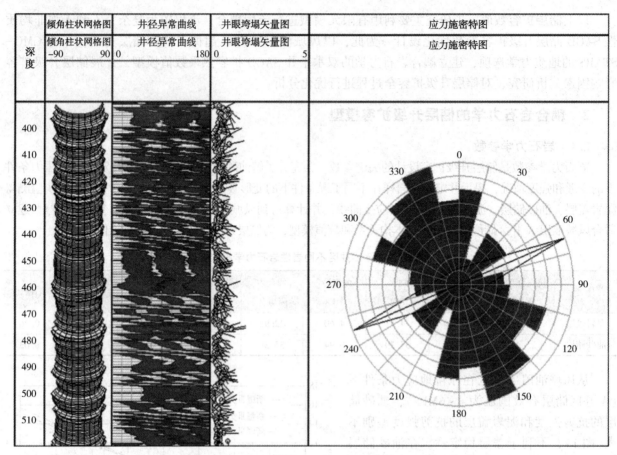

图2　风城油田A井区成像测井上井壁坍塌和诱导张裂缝的方位

2.3　耦合岩石力学数值模型建立

基于风城油田 A 井区储层岩石力学参数及油砂强度本构关系模型,利用热采数模软件 CMG-STARS 的 Geo-mechanical 模块开展耦合岩石力学的储层升级扩容技术的数值模拟研究,选择双向耦合,实现温度-渗流-应力三场全耦合求解。

通过在 A 井区岩心上开展的岩石力学三轴强度测试曲线来标定油砂的强度模型,结果表明,数值模型和实验室数据有较高的拟合度(图3)。通过岩石力学标定和强度曲线历史拟合,得到油砂强度本构关系模型。在岩石力学强度模型的基础上,对 A 井区开展的小型压裂地应力测试进行了数模历史拟合,进一步标定了扩容模型的非线性渗透率参数和流-固耦合参数。

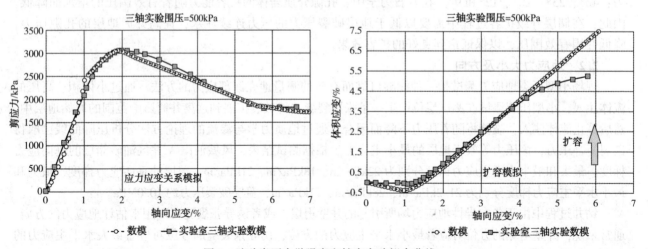

图3　油砂岩石力学强度和扩容实验拟合曲线

图 4 为建立的双水平井 SAGD 耦合岩石力学储层升级扩容基础数值模型。模型中注汽井和生产井的水平井段长度均为 400m，注采井的垂向间距为 5m。红色边框为岩石地质力学模型，模型中的岩石力学和地应力参数采用前述油砂储层岩石力学测试和地应力测试拟合标定数据(表 2)。利用耦合地质力学和热采的数值模型，可以对 SAGD 储层升级扩容各阶段关键参数进行优化分析。

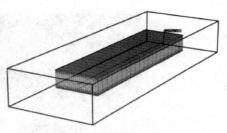

图 4 耦合岩石力学的数值模拟模型
(红框为地质力学模型边界)

表 2 SAGD 双水平井耦合岩石力学储层升级扩容基础数值模型参数取值

参数	数值	参数	数值
热采模型网格数	41×101×21=86961	50℃原油黏度/mPa·s	12×10⁴
热采模型网格步长	3m×5m×1m	最小水平主应力/kPa	7650
地质力学模型网格数	41×30×40=49200	垂向地应力梯度/kPa/m	22
地质力学模型网格步长	5m×20m×1m	杨氏模量/kPa	310×10³
埋深/m	450	泊松比	0.09
孔隙度/%	30.5	内摩擦角/(°)	30
渗透率/mD	1100	内聚力/kPa	260
含油饱和度/%	65.0	剪胀角/(°)	20
地层温度/℃	22.0		

3 储层升级扩容影响因素分析

3.1 岩石力学参数

利用 CMG 软件 CMOST AI 模块，对杨氏模量、泊松比等岩石力学参数开展敏感性分析。以 SAGD 扩容总注入量作为目标函数，结果表明，对扩容总注入量影响最大的参数为杨氏模量，占 93%。随着杨氏模量的增大，扩容总注入量逐渐变小，导致扩容效果逐渐降低，其余岩石力学参数与扩容注入量之间为离散关系，对扩容效果影响相对较小。

3.2 储层非均质性

对基础数值模型(均质油藏)改变沿水平段的渗透率极差，进行储层扩容效果模拟对比，结果显示：随着储层渗透率极差的增大，储层扩容效果的差异性逐渐增强。当储层渗透率极差为 2 时，扩容结束后，储层渗透率极差放大至 4.56，油藏非均质性进一步增强(图 5)。风城油田 A 井区储层具有较强非均质性，水平段渗透率极差平均 3~5，储层内分布较多抗剪强度较高的泥岩夹层。因此在扩容过程中需要考虑采用分段扩容的方式，改善储层非均质性。

3.3 扩容介质及黏度

上节利用非均质模型(渗透率极差 2)，对不同扩容介质：水(温度 80°，黏度 1mPa·s)、聚合物 (黏度 200mPa·s)的储层扩容效果进行模拟对比。结果显示：采用聚合物扩容，可以较大程度改善非均质性。

进一步对不同渗透率的储层适宜注入的聚合物黏度进行了对比分析。结果显示：渗透率为 1000mD 的储层使用黏度大于 200mPa·s 的聚合物，在扩容过程中储层容易形成张裂缝；渗透率为 2000mD 的储层使用黏度大于 400mPa·s 的聚合物，由于水平井的流动阻力，在扩容过程中容易导致储层非均质性扩容(图 6)。风城油田 A 井区储层渗透率平均为 900mD。在储层扩容过程中，使用聚合物的黏度应小于 200mPa·s。

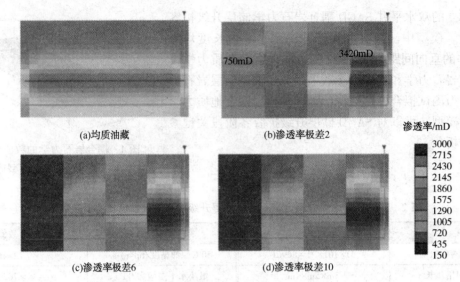

图5 不同渗透率极差下储层扩容后渗透率分布

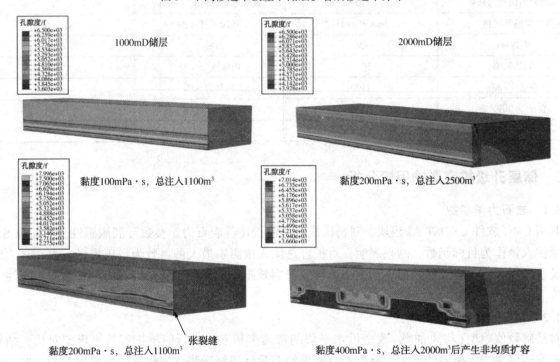

图6 不同渗透率储层不同黏度扩容介质下扩容效果对比分析

3.4 孔压预处理

孔压预处理的作用是通过较长时间的高压流体注入，调节井周的物性非均质性和井周的含水饱和度，使之后的大排量流体扩容容易形成剪切扩容区，同时扩容区沿水平井能够均匀分布。对比无预处理阶段的扩容过程，相同扩容参数下，孔压预处理后井间平均孔隙度增加0.2%，井上方的扩容范围提高1~2m。针对渗透率极差为2的非均质油藏，预处理后开始分级分段扩容渗透率极差降为1.3，未预处理的油藏扩容后渗透率极差保持在2左右(图7)，所以预处理是储层升级扩容的前提及保证。

3.5 扩容压力

模拟了不同扩容压力下储层物性变化情况，扩容初期储层主要以弹性形变为主，储层物性增加幅度较小，当扩容压力增加到最小主应力时，储层开始塑性变形，井组周围储层孔隙度及渗透率增加幅度变大，为此扩容压力应大于储层最小主应力。同时，模拟了不同扩容压力下盖层的稳定性，当扩容压力增加到9.5MPa(接近破裂压力)时，盖层开始突破，为此建议最大扩容压力比储层破裂压力小0.5MPa(图8、图9)。

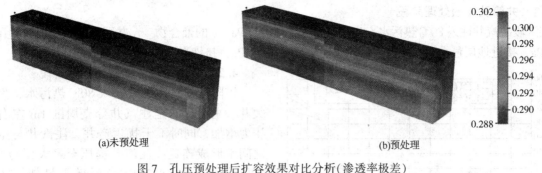

(a)未预处理　　　　　　　　　　　　(b)预处理

图 7　孔压预处理后扩容效果对比分析（渗透率极差）

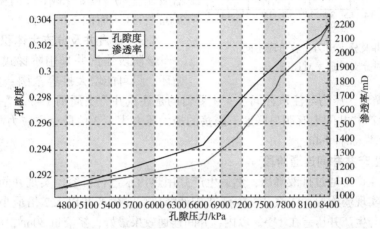

图 8　不同扩容压力下储层物性变化曲线

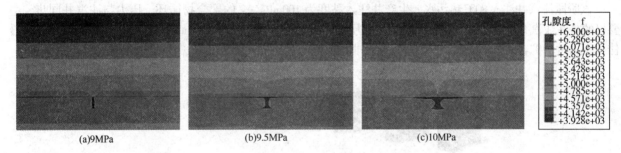

(a)9MPa　　　　　　　　(b)9.5MPa　　　　　　　(c)10MPa

图 9　不同扩容压力下盖层稳定性情况

3.6　扩容挤注量

模拟了多分支 SAGD 不同挤注量下的扩容效果，当扩容挤注量过小（小于 2000m³），扩容波及范围较小，达不到扩容效果，当挤注量过大（超过 4000m³）时，会造成部分储层破裂。导致扩容失败，本模型优化结果显示，扩容挤注量达到 3000m³ 左右时扩容效果最佳（图 10）。

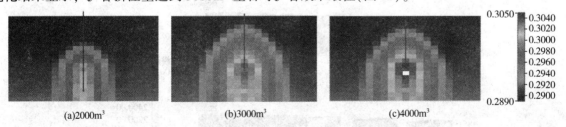

(a)2000m³　　　　　　　　(b)3000m³　　　　　　　(c)4000m³

图 10　不同挤注量下扩容效果对比

4　多分支井储层升级扩容策略

利用基础模型，对储层升级扩容井筒孔压预处理、I 井应力扩容、I 井大体积扩容、I、P 井间联通、I 井上方大体积扩容等五个主要阶段的扩容压力和扩容时间进行了模拟优化。

4.1 井筒孔压预处理阶段

该阶段注汽井注入80℃热污水，生产井注入黏度50mPa·s的聚合物。A井区孔压预处理启动压力为6.65MPa，接近地层最小水平主应力，最大应控制在7.5MPa，挤液量350m³，注入时间3d。

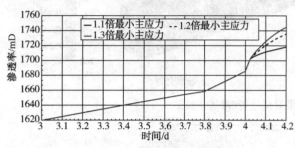

图11 注汽井及分支应力扩容阶段不同
压力时分支渗透率对比图

4.2 注汽井及分支应力扩容阶段

该阶段注汽井继续注入80℃热污水，生产井关井。主要目的是注汽井分支周围1m左右孔隙压力增加，同时不干扰生产井，注汽井与生产井之间不形成连通。注汽井提压至最大压力为1.2倍最小主应力（8.25MPa）时效果最佳，挤液量200m³，注入时间2d（图11）。

4.3 注汽井及分支大体积扩容阶段

该阶段注汽井采用阶梯式升压、降压，震荡循环，尽可能增大扩容范围。生产井注入黏度为50mPa·s的聚合物循环，压力与注汽井同步。主要目的是注汽井分支周围1~2m左右扩容，未产生塑性变形，注汽井、生产井井间未有明显联通。震荡的最大压力为1.3倍最小主应力（8.9MPa）时效果最佳，挤液量650m³，注入时间4d。

4.4 注汽井与生产井井间连通阶段

该阶段注汽井、生产井通过排液降压，然后生产井用热污水进行扩容，实现井间连通。主要目的是注汽井、生产井井间实现弱连通。注汽井、生产井排液降压后，生产井以1.2倍最小主应力注热污水循环，同时控制注汽井与生产井压差在1MPa以内，井间连通效果最好，挤液量30m³，注入时间1d。

4.5 注汽井上方大体积扩容阶段

该阶段注汽井注入80℃热污水，生产井注入黏度为100mPa·s的聚合物循环，压力与注汽井同步。主要目的是在注汽井上方扩容5~8m，同时对盖层无影响。注入压力为1.4倍最小主应力（9.2MPa）时效果最佳，压力过低扩容效果不明显，压力过高导致非均质性严重，挤液量2000m³，注入时间10d。

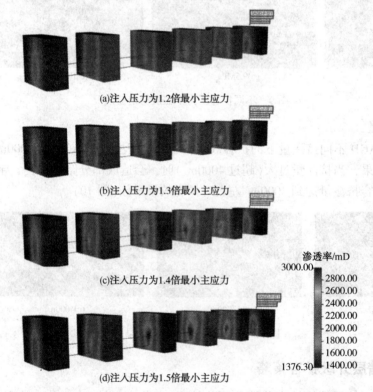

(a)注入压力为1.2倍最小主应力

(b)注入压力为1.3倍最小主应力

(c)注入压力为1.4倍最小主应力

(d)注入压力为1.5倍最小主应力

图12 注汽井上方大体积扩容后不同压力下渗透率对比图

通过风城油田 A 井区典型井组非均质模型，结合经济效益，对储层升级扩容流程进一步优化。该井组水平段井间分布较多夹层，储层非均质性较强，不进行分段扩容的情况下，井间非均质性未得到明显改善，转循环预热阶段，水平段尾端动用较差。因此，针对该井组在井间连通阶段应采用分段扩容方式，先用高黏聚合物封堵物性好的井段，然后用低黏聚合物对物性差的井段扩容。从模拟结果看(图 13)，采用分段扩容方式，井间渗透率非均质性得到明显改善，渗透率极差由扩容前的 5 降至 2 左右。

从现场实施效果看，风城油田 A 井区 SAGD 井组采用储层升级扩容后，循环预热时间较区块物性相近的井组平均循环预热时间缩短 50%，注汽量减少 30%。转 SAGD 生产后，与邻井对比，扩容井组的采油速度提高 20%，油汽比提高 0.01。

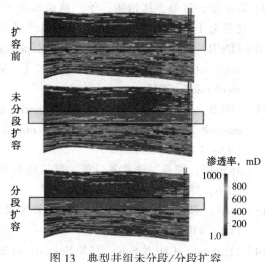

图 13　典型井组未分段/分段扩容
前后渗透率分布对比图

5　结论

(1) 风城油田 A 井区油砂储层的抗剪强度和泥岩盖层的抗剪强度差别不大，在储层升级扩容过程中需要将扩容压力严格控制在盖层破裂压力以下，保护盖层。

(2) 利用热采数模软件 CMG-STARS 的 Geo-mechanical 模块开展耦合岩石力学的储层升级扩容技术的数值模拟研究。能够实现温度-渗流-应力三场全耦合求解。

(3) 风城油田 A 井区储层具有较强非均质性，在扩容过程中需要考虑采用分段扩容的方式，利用高黏聚合物对高渗透段进行封堵，对低渗透段进一步扩容，改善储层非均质性。

(4) 现场应用实践表明，储层升级扩容技术对于强非均质储层适应力好，启动时间缩短 50%，采油速度提高 20%。研究成果可为强非均质储层 SAGD 升级扩容施工参数优化设计提供理论指导。

参考文献

[1] 孙桂华，邱燕，彭学超，等 . 加拿大油砂资源油气地质特征及投资前景分析[J]. 国外油田工程，2009，25(3)：1-2.

[2] 武静，胡光义 . 基于蒸汽辅助重力泄油技术的油砂开发动用储量评估——以加拿大 A 油砂矿为例[J]. 海洋地质前沿，2019，35(10)：63-68.

[3] 贾承造，刘希俭，雷群 . 油砂资源评价与储量评估方法[M]. 北京：石油工业出版社，2007：1-38.

[4] 桑林翔，杨万立，杨浩哲，等 . 重 18 井区 J_3q_3 层夹层分布对 SAGD 开发效果的影响[J]. 特种油气藏，2015，22(3)：81-84.

[5] 石兰香，李秀峦，刘荣军，等 . 夹层对 SAGD 开发效果影响研究[J]. 特种油气藏，2015，22(5)：133-136.

[6] 何万军，王延杰，王涛，等 . 储集层非均质性对蒸汽辅助重力泄油开发效果的影响[J]. 新疆石油地质，2014，35(5)：574-577.

[7] XU B，WONG R C K. Coupled finite-element simulation of injection well testing in unconsolidated oil sands reservoir[J]. International Journal for Numerical and Analytical Methods in Geomechanics，2013，37(18)：3 131-3 149.

[8] 林伯韬，金衍 . 新疆风城油田 SAGD 井挤液扩容效果影响因素评价[J]. 石油钻探技术，2018，46(6)：71-76.

[9] 高彦芳，陈勉，林伯韬，等．稠油油藏 SAGD 微压裂阶段储层压缩系数研究——以新疆风城陆相储层重 1 区齐古组为例[J]．石油科学通报，2017，2(2)：240-250．

[10] LIN B, CHEN S, YOU H, et al. Experimental investigation on dilation mechanism of ultra-heavy oil sands from Xinjiang oilfield [C]. Montreal：13th ISRM International Congress of Rock Mechanics, 2015.

[11] LIN B, JIN Y, PANG H, et al. Experimental investigation on dilation mechanisms of land-facies Karamay oil sand reservoirs under water injection[J]. Rock Mechanics and Rock Engineering, 2016, 49 (4): 1 425-1 439.

[12] 林伯韬，陈森，潘竟军，等．风城陆相超稠油油砂微压裂扩容机理实验研究[J]．石油钻采工艺，2016，38(3)：359-364，408．

[13] 赵睿，孙新革，徐斌，等．SAGD 快速启动技术现状及前景展望[J]．石油钻采工艺，2020，42 (4)：417-424．

[14] LINBotao, CHEN Sen, PAN Jingjun, et al. Experimental study on dilation mechanism of micro-fracturing in continental ultraheavy oil sand reservoir, Fengcheng Oilfield[J]. Oil Drilling &Production Technology, 2016, 38(3): 359-364, 408.

[15] 林伯韬，金衍，陈森，潘竟军．SAGD 井挤液预处理储层扩容效果预测[J]．石油钻采工艺，2018，40(3)：341-347．

[16] 林伯韬，金衍．新疆风城油田 SAGD 井挤液扩容效果影响因素评价[J]．石油钻探技术，2018，46 (6)：72-76．

[17] YUAN Y, XU B, PALMGREN C. Design of caprock integrity in thermal stimulation of shallow oil-sands reservoirs[J]. Journal of Canadian Petroleum Technology, 2013, 52(4): 266-278.

[18] 王琪琪，林伯韬，金衍，等．SAGD 井挤液扩容对循环预热及生产的影响[J]．石油钻采工艺，2019，41(3)：387-392．

[19] 孙新革，罗池辉，徐斌，等．强非均质超稠油油藏 SAGD 储层升级扩容研究[J]．油气地质与采收率，2021，28(6)：38-45．

[20] 孙君，王小华，徐斌，等．强非均质超稠油砂储层双水平井扩容启动数值模拟研究[J]．科学技术与工程，2021，21(15)：6262-6271．

CO₂前置蓄能压裂在中深层低渗稠油中的研究与应用

王 倩 董 宏 刘传义 张新奇 许海鹏 夏近杰

【中国石油新疆油田分公司勘探开发研究院】

摘 要：准噶尔盆地中深层稠油资源丰富，但由于储层物性差、原油黏度大，自然产能低，储量难以有效动用。针对中深层低渗稠油的开发难点，将体积压裂与 CO_2 驱油技术有机结合，开展 CO_2 前置蓄能压裂提产机理研究及开发关键参数优化。实验表明，CO_2 前置蓄能压裂有效增加了可流动原油体积，主要的驱油机理为"CO_2 基质抽提、原油溶胀降黏、裂缝导流"。实验采收率达到 24.8%，相较于衰竭开采提高了 17.5%、比常规压裂提高了 6.0%；以准噶尔盆地 J 井区为例，开展数值模拟研究，优化 CO_2 注入量、裂缝长度、缝网导流能力、焖井时间等关键参数。2018 年在 J 井区开展 CO_2 前置蓄能压裂提产试验，与常规压裂相比，投产初期单井日产油量相当，但试验井压力保持程度更高，稳产能力更好，目前累计产油是常规压裂井的 1.14 倍，预计采收率可以提高 3%，为新疆油田数亿吨难动用储量有效开发提供技术支持。

关键词：中深层稠油；体积压裂；CO_2 蓄能；缝网优化

我国是世界上稠油资源最丰富的国家之一，其中准噶尔盆地稠油探明地质储量近 7×10^8 t。目前蒸汽吞吐和蒸汽驱是稠油热采的成熟技术，是国内外稠油开采的主要方式，但由于受热损失的限制，主要应用于埋深较浅的油藏，国外注蒸汽开发的稠油油藏深度一般不超过 700m，国内辽河油田、胜利油田蒸汽吞吐的油藏深度一般小于 1200m[1]，因此对于中深层稠油油藏来说，热采技术有其局限性。

国外目前中深层稠油主要以注水及冷采为主，准噶尔盆地稠油油藏具有储层渗透性差、油层非均质性严重、地质构造断层多、油水系统复杂、原油胶质含量高、含硫量较低的特点，且稠油油藏类型众多、埋藏相对较深，具有地层条件下黏度高、相对密度大、流动性能差的特点，甚至在油层条件无法流动。因此，稠油降黏是中深层稠油油藏开发过程中需要解决的关键问题[2]。

除对原油进行加热降黏外，掺稀降黏技术也是物理降黏技术的一种，但是这种方法主要应用于井筒降黏，而且稀油的价格比较贵。化学降黏操作简单、节能降耗，但后期污水处理难度大，且稠油对降黏剂选择性很强。微生物降黏有施工方便、无二次污染、成本低等优点，有很好的应用前景，但是深层稠油油藏的地层环境会限制微生物的生存。超临界 CO_2 技术是向地层中注入处于临界状态的 CO_2 流体，可以减小分子间的作用力，稠油中的胶质沥青质大分子结构在溶解 CO_2 后也会遭到破坏，体积膨胀、密度减小，使得黏度降低。该工艺具有不伤害储层、节能环保、经济性好等优点，具有良好的发展前景。

作者简介：王倩（1987—），女，工程师，现从事地质油藏工作。E-mail：wangqian66@ petrochina.com.cn

除了对原油进行降黏外，改善储层渗透能力，增加 CO_2 与原油的接触面积也是提高中深层稠油开发的重要方面。体积压裂技术在致密油、页岩油的开发中发挥了重要作用，如新疆油田玛湖凹陷砾岩储集层[3]、吉木萨尔凹陷二叠系芦草沟组页岩[4]，吉林油田的伊通、英台凝析气藏、王府德惠低压气藏，冀东油田柳赞区块等均取得了较好的开发效果，对中深层稠油油藏改善储层物性，提高降黏效率具有借鉴意义。

因此，针对中深层稠油开发难点，将体积压裂与 CO_2 驱油技术有机结合，以新疆油田 J 井区梧桐沟组油藏为样品，开展 CO_2 前置蓄能压裂提产机理研究及开发关键参数优化。

1 蓄能压裂中 CO_2 作用机理研究

利用对称悬滴形状分析技术（ADSA）开展 CO_2-稠油体系动态及平衡界面张力的测量。使稠油在充满 CO_2 的环境中形成下悬滴，根据悬滴形状、体积和流体密度差即可获得 CO_2-原油体系的表面张力、相变特征。

如图 1 所示，CO_2-原油体系的相互作用与压力密切相关。低压下油滴呈较为圆滑的纺锤状；随着压力升高，油滴变小，油滴形状开始变得不规则；当压力达到 14.8MPa 时，油滴与 CO_2 之间的界面开始变模糊，这是由于轻质组分被高压 CO_2 强烈抽提引起的。

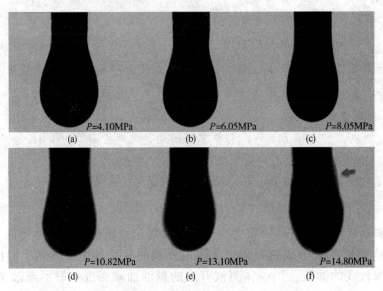

图 1 CO_2 环境下不同压力稠油悬滴形态

随着压力的进一步升高，油滴的形态发生更加明显的变化，如图 2 所示，当压力达到 18MPa 时，油滴存在明显的"爬杆"现象，油滴沿针头外壁向上聚集。压力继续升高，油气界面层上 CO_2 与原油相互溶解作用明显，稠油被 CO_2 强烈抽提[5]，造成油滴表面凹凸不平；压力增大至 19.8MPa 后，CO_2 抽提作用愈加剧烈，油滴呈条带状逐渐溶解气化，残余油滴富集重质组分。

上述悬滴实验表明在 CO_2 环境中油滴体积变化如图 3 所示，可以分为两个阶段：低压下为溶胀阶段，CO_2 向稠油溶解造成原油膨胀、降黏；高压为抽提轻质组分阶段，稠油轻组分被 CO_2 大量抽提至气相，使体积迅速减小。

另一方面，基于实际岩心样品，进行降压开采、压裂开采、CO_2 蓄能降压开采、CO_2 蓄能压裂开采 4 种方式物理模拟实验，通过实验前后核磁共振扫描，如图 4 所示可以看出：

（1）降压开采方式主要由大孔隙原油被采出，小孔隙内动用程度差，最终采收率为 7.32%，其中大孔隙采收率 5.39%，小孔隙 1.93%。

（2）压裂开采后裂缝信号量波峰消失，大孔隙信号量下降明显，小孔隙信号量略有下降，最终采收率为 18.81%，相对降压开采，采收率提高了 11.49%；大孔隙采收率提高了 5.42%，小孔隙提高了

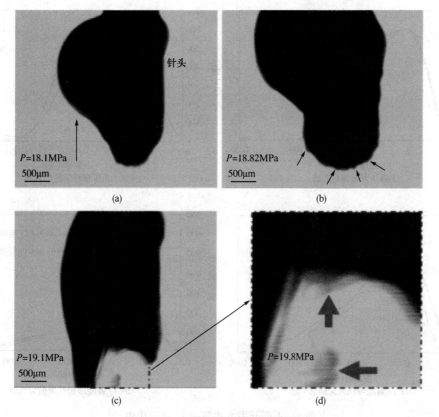

图2　CO$_2$环境下高压稠油悬滴形态

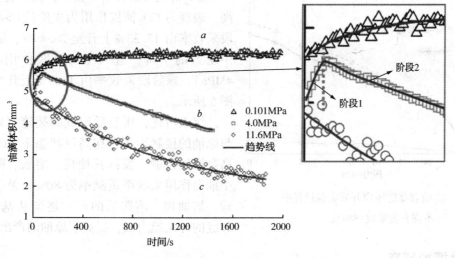

图3　不同压力下油滴体积随时间变化情况图

4.57%，大孔隙内的采收率高于小孔隙。

（3）CO$_2$蓄能降压开采前后弛豫时间对比表明注入CO$_2$后大孔信号量显著下降，小孔隙信号量明显增大，说明CO$_2$注入过程中将大孔中的油挤到小孔中。实验最终采收率为17.22%，小孔隙采收率明显提高，达到了12.21%；大孔隙采收率变化不大，为5.01%。

（4）CO$_2$蓄能压裂开采后，大孔隙内稠油被明显动用，显著动用了小孔隙内稠油，基质与裂缝内的剩余油都被明显动用。最终采收率达到24.79%，相对于衰竭开采提高了17.47%；比单一压裂提高了5.98%；比CO$_2$蓄能提高了7.57%。

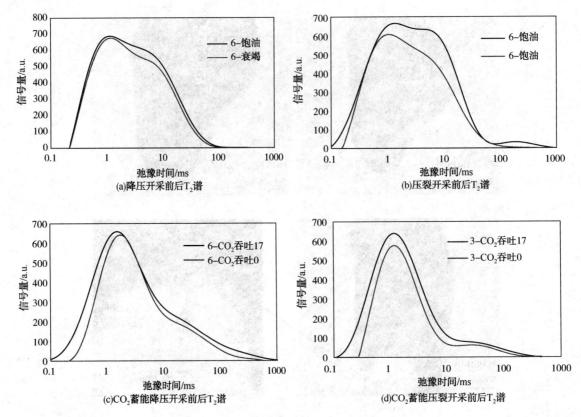

图 4　不同开采方式前后 T_2 谱对比图

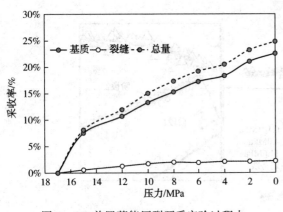

图 5　CO_2 前置蓄能压裂开采实验过程中
不同介质采收率曲线

CO_2 蓄能压裂开采实验中，在压裂后早期压力较高，表现为 CO_2 抽提作用为主阶段（>4MPa），该阶段采收率由 15.33% 上升至 20.49%，随着开采过程中压力的下降，进入 CO_2 溶胀作用为主阶段（<4MPa），该阶段采收率由 1.89% 上升至 4.30%，如图 5 所示。

综上所述，压裂后形成的裂缝有效增加了 CO_2 与原油的接触面积，在高压状态下 CO_2 与基质内的高黏原油接触，发挥其抽提、溶胀、降黏作用，其中抽提作用采收率贡献率为 80%，是最显著作用机理，被抽提、溶胀后的原油逐渐从基质流向裂缝，裂缝的导流能力强，提高了原油的产出能力。

2　数值模拟研究

2.1　模型构建

以新疆油田 J 井区梧桐沟组油藏为例，开展 CO_2 前置蓄能压裂数值模拟。该油藏地层压力 14MPa，地层温度 50℃，储层孔隙度 19.7%，渗透率 25mD，油层厚度 25m，含油饱和度 60%。

地层原始流体单次脱气气油比范围 29~37m³/t，溶解气量较小，属较低气油比原油；泡点压力 5.1~6.8MPa，泡点压力较低；原始地层原油体积系数为 1.0435~1.0575，体积系数较小。原油收缩率 4.17%~5.44%，其收缩性较弱；气体平均溶解系数 4.19~4.56m³/（m³·MPa），气体平均溶解系数较小。细管驱替实验中随注入压力的提高，地层原油采收率不断增加，气体突破较晚，在 45MPa 的注入压力下，地层原油采收率为 46.68%，为非混相驱特征。

相态拟合包括重质组分劈分、拟组分划分、地层流体 PVT 实验数据拟合、注 CO_2 膨胀实验拟合、地层流体拟组分临界特征参数拟合及细管实验拟合[6]。拟合过程中特征参数调试合理，拟合精度基本达到注气过程数值模拟的精度要求。得到能够反映实际地层流体相态特征及注气数值模拟需要的流体临界参数。

在此基础上，以 J 井区三维地质模型为依据，建立了水平井 18 段分级压裂模型，裂缝采用局部网格对数加密方法模拟。

2.2 主要参数敏感性分析及优选

2.2.1 主要参数敏感性分析

1. CO_2 注入量

随着 CO_2 注入量增大，累产油量呈线性上升，在 5000m³ 时的增油量最大；当注入的 CO_2 越多，使得在 CO_2 压裂阶段结束后近井地带地层压力越高，同时注入 CO_2 越多，CO_2 波及的区域越大，越有利于提高储层原油开采程度。

2. 裂缝长度

随着裂缝半长越长，水平井的累产油量越大，当裂缝半长达到 80m 时，累产油量增长幅度减小；裂缝长度的增加，流体在压裂裂缝中更加容易流动，与原油接触的 CO_2 量越多，有利于 CO_2 与原油之间的相互作用，使更多的油气资源能够被采出。

3. 裂缝导流能力

随着裂缝的导流能力增大，累产油量不断增大。由于导流能力增加，流体在裂缝中更容易流动，有利于原油开采；当导流能力超过 $40\mu m^2 \cdot cm$ 时，导流能力对累产量的影响较小。

4. 焖井时间

随着焖井时间增大，累产油量先增加后减小，在焖井时间为 9d 时累产油量最高，焖井时间从 9d 延长到 11d，累产油量逐渐下降；焖井越久，溶于原油的 CO_2 容易发生分离，不利于原油的膨胀降黏。

2.2.2 主要参数优选

通过正交计算，计算结果见表 1，J 井区梧桐沟组水平井 CO_2 前置蓄能压裂的最优方案为液态：CO_2 注入量 4000m³，裂缝长度 100m，导流能力 $30\mu m^2 \cdot cm$，焖井时间 5d。

表 1　J 井区梧桐沟组油藏 CO_2 前置蓄能压裂主要参数优化结果

因素		CO_2 注入量/m³	裂缝长度/m	导流能力/$\mu m^2 \cdot cm$	焖井时间/d
K_i	K_1	49534.1	41439.7	42901.3	46540.1
	K_2	44820.6	41624.8	53060.6	50565.7
	K_3	49316.2	60606.4	47709.0	46565.1
k_i	k_1	16511.4	13813.2	14300.4	15513.4
	k_2	14940.2	13874.9	17686.9	16855.2
	k_3	16438.7	20202.1	15903.0	15521.7
极差 R		4713.5	19166.7	10159.3	4025.6
因素主次		裂缝长度>导流能力>CO_2 注入量>焖井时间			
最优方案		液态 CO_2 注入量 4000m³，裂缝长度 100m，导流能力 $30\mu m^2 \cdot cm$，焖井时间 5d			

3　CO_2 前置蓄能压裂在 J 井区的应用

J 井区自 2018 年开始，陆续在梧桐沟组油藏及八道湾族油藏均开展了水平井 CO_2 前置蓄能体积压裂提产试验，图 6 为试验井与同油藏常规压裂井时间拉平后生产效果对比图，从图中可以看出投产初期单井产量相当，试验井油压却远高于常规压裂水平井。从长期生产情况来看，试验井表现出了良好的稳产能力，井口油压保持程度也显著优于常规压裂井，常规压裂井在生产 200d 后，产量明显递减，而试验井生产至今单井日产量始终较为稳定。

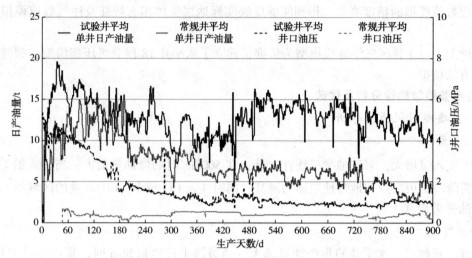

图 6　J 井区 CO2 前置蓄能压裂与常规压裂生产效果对比图

通过对其中一口试验井进行压裂微地震监测结果显示，裂缝方向基本垂直于井轨迹方向，平均裂缝平均半缝长 90.15m，平均缝高 27.4m，与数模预测值相近，验证了数值模拟结果的可靠性。同时，微地震监测资料还显示与 CO_2 在造缝过程中也起到积极的作用，从图 7 中可以看出，加入 CO_2 与未加入 CO_2 井段微地震事件对比，加入 CO_2 能产生更多的微裂缝，进一步增加了 CO_2 与基质原油的接触面积，增加可动原油体积。

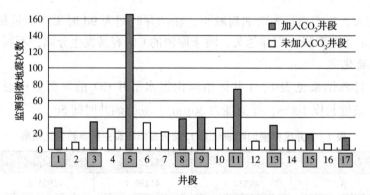

图 7　加入与未加入 CO_2 井段微地震事件对比

据统计，截至目前，试验井累计产油量 8.99×10⁴t，平均单井日产油量 11.8t；常规压裂井同期累计产油量 2.95×10⁴t，平均单井日产油量 6.9t。CO_2 前置蓄能压裂试验在 J 井区取得了较好的生产效果，为 J 井区的整体动用及中深层稠油的高效开发提供技术支持。

4　结论

（1）室内试验表明 CO_2 前置蓄能压裂后，CO_2 的作用表现为两个阶段，初期高压阶段 CO_2 以抽提作用为主，后期低压阶段 CO_2 以溶胀作用为主。

（2）与其他生产方式相比，CO_2 前置蓄能压裂后储层可流动流体体积明显增加，基质与裂缝中的原油得到了更充分的动用，因此采收率也更高。

（3）数值模拟优化 J 井区中深层稠油油藏 CO_2 前置蓄能压裂关键参数最优方案为液态 CO_2 注入量 4000m³，裂缝长度 100m，导流能力 30μm²·cm，焖井时间 5d。

（4）微地震监测资料表明 CO_2 前置为压裂造缝起到的积极作用，增加微裂缝数量，提高基质中可动原油体积，进而达到提高采收率的目的。

（5）通过 J 井区 CO$_2$ 前置蓄能压裂试验井与常规压裂井生产效果对比分析，试验井日产油量高，稳产能力强，油压保持好，单井日产油量是常规压裂井的 1.7 倍，提产效果显著。

参考文献

[1] 方吉超，李晓琦，计秉玉，等. 中国稠油蒸汽吞吐后提高采收率接替技术前景[J]. 断块油气田，2022，29（3）：378-389.

[2] 杨勇. 胜利油田稠油开发技术新进展及发展方向[J]. 油气地质与提高采收率，2021，28（6）：1-11.

[3] 易勇刚，黄科翔，李杰，等. 前置蓄能压裂中的 CO$_2$ 在玛湖凹陷砾岩油藏中的作用[J]. 新疆石油地质，2022，43（01）：42-47.

[4] 贾海正，李柏杨，吕照，等. CO$_2$ 与吉木萨尔储层岩石相互作用实验研究[J]. 石油与天然气化工，2021，50（06）：76-80.

[5] 蒲万芬，汪洋松，李龙威，等. 致密砾岩油藏超临界 CO$_2$ 吞吐开发可行性[J]. 新疆石油地质，2021，42（04）：456-461.

[6] 邓旭，杨雯欣，付美龙. "双碳"背景下 CO2 驱油数学模型研究现状与进展[J]. 化工管理，2022，（25）：113-117.

双水平井 SAGD 开采新工艺
应用实例及发展方向

游红娟[1]　陈　森[1]　蒲丽萍[1]　蒋　旭[2]　苏日古[1]　孙江河[1]

【1. 中国石油新疆油田分公司工程技术研究院；2. 中油(新疆)石油工程有限公司】

摘　要：世界范围内超稠油油藏储量丰富，自 20 世纪 70 年代开展蒸汽辅助重力泄油(SAGD)开发方式，超稠油油藏开采规模持续扩大，目前 SAGD 已形成年产 6800×10⁴t 规模。随着开发油藏类型的增多及变化，双水平井 SAGD 开发面临长水平段难以均衡动用、井油剩余油丰富难采出、隔夹层发育影响蒸汽腔发育、耗水量高、降低成本以满足低油价等问题，开展了多项新工艺试验。根据开发实践，综合论述了国内外超稠油油藏 SAGD 开采新工艺技术现状及矿场应用实例，对启动方式、气体辅助、电加热辅助、溶剂辅助、无水 SAGD 等新工艺及应用状况进行了探讨。

关键词：SAGD；开采新工艺；非凝结气体；电加热；溶剂萃取；电磁加热

　　蒸汽辅助重力泄油是由 Butler 博士在 20 世纪 70 年代末提出的，即 Steam Assisted Gravity Drainage，是唯一商业化开发超稠油的技术，在加拿大、中国新疆风城油田、辽河油田等得到了广泛应用。该技术通常采用一对平行水平井，水平段平行且垂距约 5m，通过上部水平井连续注入蒸汽，蒸汽进入油层加热原油，黏度降低后的原油与冷凝水在重力作用下流入下部生产水平井采出，开采过程中，蒸汽占据产出原油的体积形成蒸汽腔，随着开发周期的延长，蒸汽腔纵向上升、横向扩展，体积不断增大。该技术在 20 个世纪 90 年代实现了商业化应用，成为加拿大稠油油藏开发的主体工艺，近年来随着油藏条件的变化、开发形势的变化，不断在开展新工艺技术的尝试及评价。国内双水平井 SAGD 技术分别在辽河及新疆油田开展应用，其中新疆风城油田是一个整装超稠油油藏，因黏度高，一直未能动用。2008 年开展双水平井 SAGD 开发试验，2012 年进行工业化，年产量突破 100×10⁴t[1]，但部分区块物性差、隔夹层发育、非均质性强，开发上仍存在多重挑战，亟须新技术试验提升开发效果。

1　双水平井 SAGD 开发现状

1.1　加拿大 SAGD

1.1.1　开发现状

　　加拿大原油储量中 97% 属于稠油油砂资源，剩余探明可采储量 262.8×10⁸t，2020 年 SAGD 开发年产量 6590×10⁴t，占钻井开采年产量的 76%，规模世界第一。加拿大超稠油油藏主要分布在阿萨巴斯卡、和平河和冷湖等地区，为滨海沉积环境，海湾和河道沉积，阿萨巴斯卡地区的中 McMurry 组为主要储层，含油饱和度高；冷湖油田主要储层为 Clearwater 组，原油饱和度较低，这两个主要开发层的油藏物性参数见表 1。

　　作者简介：游红娟(1974—)，女，教授级高级工程师，就职于中国石油新疆油田分公司工程技术研究院，E-mail：youhongjuan@ petrochina. com. cn

表1 加拿大油藏物性参数表

油藏参数	McMurray	Clearwater
孔隙度/%	33~35	32~33
含油饱和度/%	75~80	50~70
水平渗透率/mD	5000~10000	2000~4000
垂向/水平渗透率比值	0.5~1	0.15~0.5
油层纯厚度/m	15~70	10~40
埋藏深度/m	90~550	450~550
油层温度下黏度/mPa·s	>1000000	70000~200000

1.1.2 面临主要问题

由于加拿大超稠油油藏面积巨大，沉积环境差异大，包括河道、河口道、潮坪、临滨沉积等，导致地质参数差异显著，目前存在顶水、底水、气顶、低品位层、隔夹层等限制产量的因素，部分 SAGD 项目低产低效。

以 Tucker Lake SAGD 项目为例，其油藏位于冷湖区域，地质条件复杂，具有底水及油水过渡带，由于前期 32 对 SAGD 井组布井位置设计在了油水过渡带中，效果极差，油汽比仅 0.07，后采取了新钻加密井、提高双水平井 SAGD 井组位置等技术，但预测最终采收率不到 50%。此外，还有部分井组水平段汽腔发育不均、发育速度慢，如图1所示，观察井温度上升慢，一年时间温度仅升高 7.6℃，也导致产量远低于预期。

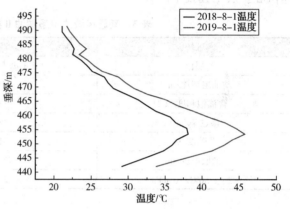

图1 加拿大 SAGD 观察井温度动态变化图

1.2 新疆风城油田 SAGD

1.2.1 开发现状

新疆风城油田超稠油资源丰富，但黏度高，采用常规注蒸汽开发方式难以有效动用。其油藏物性见表2。2008年起开辟了2个双水平井 SAGD 先导试验区，2012年开始工业化应用，SAGD 主体工艺已基本配套，并规模化应用，其年产量如图2所示。

表2 新疆风城油田油藏物性参数表

油藏参数	SAGD	风城油田
油层温度下脱气油黏度/mPa·s	$(1\sim200)\times10^4$	$>100\times10^4$
油层深度/m	150~1000	190~470
油层厚度/m	>20	10~35
孔隙度/%	>20	28~35
渗透率/D	>0.5	0.8~2.6
含油饱和度/%	>50	59~76
$\phi \cdot S_o/f$	>0.10	0.14~0.26

1.2.2 面临主要问题

风城油田超稠油油藏储层为陆相沉积，存在油层薄、渗透率低、非均质性强、隔夹层发育等突出问题，开发油汽比、采收率等显著低于加拿大 SAGD 项目，亟须新工艺新技术提产提效。

1. 超稠油Ⅲ类油藏汽腔发育速度慢

与风城油田超稠油Ⅱ类油藏 SAGD 开发区相比，超稠油超稠油Ⅲ类油藏 SAGD 开发区储层渗透率低、含油饱和度低、非均质性更强，见表3。因此从观察井测温数据观察，如图3、图4所示，2012年投产的超稠油Ⅲ类油藏 SAGD 开发区其观察井温度普遍偏低，至2021年平均温度仅32℃，低于同期投

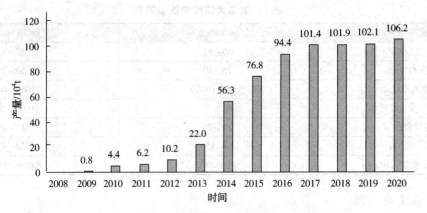

图2 新疆风城油田双水平井 SAGD 年产量图

产的超稠油 Ⅱ 类油藏 SAGD 开发区观察井温度 92℃，表明汽腔扩展速度慢，严重影响产量，需攻关加速汽腔扩展工程技术。

表3 新疆风城油田超稠油 Ⅱ 类油藏与超稠油 Ⅲ 油藏物性参数表

区块	超稠油 Ⅱ 类	超稠油 Ⅲ 类
层位	$J_3q_2^{2-1}+J_3q_2^{2-2}$	J_3q_3
油层埋深/m	190	449
含油饱和度/%	73.5	59.2
渗透率/mD	2552	793
孔隙度/%	31.7	27.8
油层厚度/m	25~41	15.2~23.5
原油黏度 50℃/10⁴mPa·s	2.94	2.57

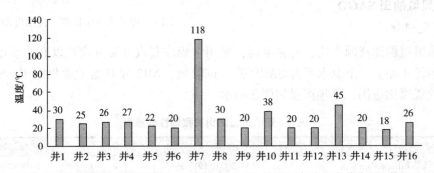

图3 新疆风城油田超稠油 Ⅲ 类油藏 2012 年投产 SAGD 井组观察井温度分布图（截至2021年）

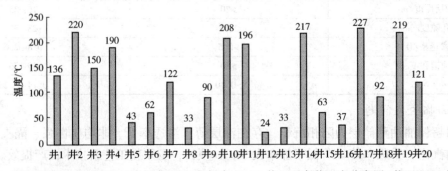

图4 新疆风城油田超稠油 Ⅱ 类油藏 2012 年投产 SAGD 井组观察井温度分布图（截至2021年）

2. 长水平段动用不均

SAGD 水平井水平段一般长 500m，由于储层强非均质性，导致水平段动用不均，如图5所示，部分水平井存在近 50%水平段未动用，如图 6 所示，该类井组生产未表现出典型的 SAGD 快速上产、长期稳产的特征，长期维持低产运行。

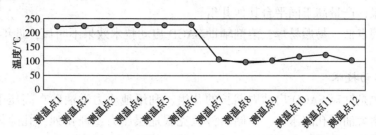

图 6 新疆风城油田超稠油Ⅲ类油藏 SAGD 生产水平井生产动态图

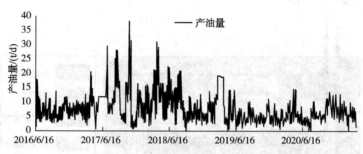

图 5 新疆风城油田超稠油Ⅲ类油藏 SAGD 生产水平井温度分布图

3. 进入 SAGD 开发中后期老井需进一步提高采收率

新疆风城油田双水平井 SAGD 井组投产多年后，SAGD 蒸汽腔纵向发育到油层顶部，沿盖层横向扩展及下降，盖层热损失加大，单井组产量逐渐下降，为稳定产量、降低成本、提高采收率，亟须采取改进技术措施。

2 SAGD 开采新技术

2.1 SAGD 鱼骨井技术

为扩大 SAGD 井的注汽及泄油面积，提高单井产量及采收率，在国内外均试验了 SAGD 鱼骨井，又称为 SAGD 分支井，是指在水平井的水平段上再钻进两个或两个以上的分支井眼，分支数量可为 2 至数十个，并可分为多级分支，有效增加井筒与油层的接触面积，并可通过向水平井上端的隔夹层设计分支突破隔夹层影响，提高油藏采收率。

但目前鱼骨水平井主井眼均采用筛管完井，分支井眼裸眼完井，在疏松砂岩油藏中，裸眼分支井眼易出砂并极可能出现井眼垮塌，从而降低分支作用。加拿大 Surmont SAGD 项目在加密井中采用了鱼骨井技术，水平段钻了 14 个分支，但未获得明显的产量上升。

2.2 SAGD 快速启动技术

SAGD 开发分为 SAGD 启动阶段及 SAGD 生产阶段。由于超稠油油藏在原始地层温度下不具有流动性，必须进行井间预热达到双水平井 SAGD 上、下井间热力及水力连通后，才能转入上部水平井连续注汽、下部水平井连续采液的生产阶段。加拿大 SAGD 井组启动技术通常采用注采水平井同时注蒸汽循环加热井间油藏，井组日注汽量 200m³，对于均质油藏，预热周期通常 60~90d，但对于油藏发育泥岩层、隔夹层的油藏，预热周期常超出预期，可长达 1 年，耗费大量蒸汽。

2.2.1 溶剂辅助 SAGD 启动技术

针对以上问题，加拿大试验了溶剂辅助 SAGD 启动技术，通过在循环预热前，向油层中注入溶剂，增加井间的可流动性，加速井间连通，缩短循环预热时间。

Cenovus Christina Lake SAGD 项目采用二甲苯进行溶剂浸泡启动，单井组注入溶剂 25~50m³，浸泡时间 155~353d，实施 11 对井，部分井有效。

Long Lake SAGD 项目开展 2 个平台共 15 井组试验,其中 14 对井采用环境温度下浸泡 30.1 ~ 62.9m³,未见效;1 对井在上、下水平井建立连通后注入二甲苯 70m³,井筒温度 120℃,关井 1 个月,转生产后有明显效果,产量高于同平台其他井组。

二甲苯毒性,闪点低,易燃易爆,溶剂辅助 SAGD 启动技术效果不明显,近年来未见加拿大 SAGD 项目应用。

2.2.2 扩容启动技术

扩容启动技术也是针对 SAGD 启动周期长的井组,利用地质力学油砂在高压下扩容原理,使用高压蒸汽、水或溶剂增大油层孔隙压力,使储层沙粒克服地层压力重新排列,孔隙体积增大,有效提高油层渗透率,提高液体、热量在井筒周围油藏的渗透、传导,降低预热时间。该方式对于低渗油藏有明显作用[2][3]。其原理如图 7 所示。

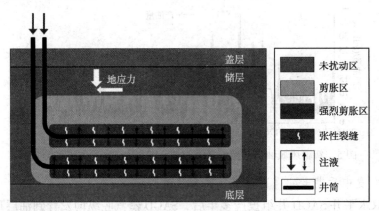

图 7 SAGD 扩容启动原理图

加拿大 SAGD 项目开展了注蒸汽、注水扩容启动技术试验,实验井组初期产量高于其他井组,取得较好效果,但由于加拿大油砂均质,启动时间短,其经济性不明显,应用规模小。新疆油田精细研究风城储层地质力学参数,优化设计扩容启动工艺参数,形成适合风城超稠油油藏条件的快速启动配套技术,提高风城 SAGD 启动效率,启动时间缩短 45% 以上。

2.3 均衡注采技术

为促进蒸汽腔发育、长水平段均衡动用,可采用均衡注采技术,该技术采用水平段下入注汽及产液控制阀,使注汽点及进液点在水平段多点分布,水平段压力均衡,高效动用。

国外 SAGD 项目近年来开展了多种注采控制装置如 FCD、ICD、AICD、OCD 等试验,取得较好效果[4][5]。其可与油管组合下入水平段井筒,也可在完井时与筛管、封隔器组合下入水平段。

加拿大 MEG Christina Lake SAGD 项目开展 38 井次试验,全部为生产井水平段下入衬管安装,大部分井获得更高产量、水平段产出更均匀;加拿大麦凯河区块 17 口井实施,平均单井组增油 19t/d;其中 AC04 井 2019 年安装后,采取 0℃ Subcool 操作,产液由 229t/d 增至 470t/d,产油由 56t/d 最高增至 115t/d。该工艺对 SAGD 井组长水平段均衡动用、降低 Subcool、快速提高产量有积极作用。

2.4 辅助 SAGD 技术

2.4.1 溶剂辅助 SAGD 技术

该技术将溶剂与蒸汽一起注入油层,溶剂气化后进入蒸汽腔,对汽腔边缘原油降黏,提高泄油效率,同时可减少蒸汽用量,降低成本。其关键在于注入溶剂的优选、注入时机、注入浓度及回收分离再利用技术。加拿大及国内辽河油田、风城油田均在开展相关试验与研究工作。

加拿大多个项目如 Cenovus Christina Lake、Connacher Great Divide、Devon Jackfish、Imperial Oil Cold Lake、Suncor Firebag、Nexen Long lake、Foster Creek 等开展试验,采用的溶剂主要为丙烷和丁烷,以及以稀释剂为基础的溶剂,部分项目见到较好效果,部分项目没有明显改善,部分项目正观察效果。由于溶剂成本高,而且回采率不理想,目前仍需解决经济可行性问题。

2.4.2 气体辅助 SAGD 技术

该技术通过将非凝析气体注入蒸汽腔，气体运移到蒸汽腔的顶部，能够减少蒸汽腔热量向上部盖层的传递，降低热量损失[6][7][8][9]；同时有助于维持蒸汽腔压力，减少蒸汽用量；能降低蒸汽向气顶和顶水层的泄漏。

加拿大多个 SAGD 项目推广应用，使用最多的是天然气，减少 10%~25% 蒸汽用量，提高开发中后期油汽比 10%~50%，同时提高采收率和采油速度，是一项已被证明非常有效的技术。

2.4.3 电加热辅助 SAGD 技术

电加热作为一项较为成熟的工艺，已广泛用于稠油热采领域，近年来，随着绿色低碳的理念推进及各种形式"绿电"的发展，电加热辅助 SAGD 研究项目及试验也逐渐增多。电加热的优点是技术成熟度高，加热均匀，温度及功率可控，但也存在耗能高、热传导范围有限、电缆功率低及寿命短等问题需要解决。

新疆风城油田 2018 年开展了 1 井次电加热辅助 SAGD 试验，在水平段动用差的 200m 水平段下入电缆加热，累计运行超过 1 年，提出的加热器表面未见结焦、结垢现象，电加热器最高功率 200kW。

2.5 无水 SAGD 开发技术

2.5.1 原位改质技术

该技术是在电加热辅助 SAGD 的基础上，单纯采用电加热开采超稠油油藏，又称为稠油原位改质采油工艺 ICU（Insitu Upgrading Process），其通过电加热将原油加热到 300℃ 发生裂解，以气态轻烃产出。

壳牌石油公司在加拿大超稠油油藏的维京（Viking）项目开展了试验。2004—2009 年试验项目部署水平加热井 18 口，水平生产井 3 口，直井观察井 6 口，水平观察井 2 口，水平生产井分布在油层中上部，水平加热井分布在油层上部及中下部。该项目投入生产 3 年，峰值产油量达 110t/d，累积采油 27000t，采出程度达 55%，取得了成功。

2.5.2 溶剂 SAGD 技术

该技术采用热溶剂替代蒸汽，从上部水平井中注入油层，改质原油及冷凝后的溶剂在重力作用下流入下部生产水平井采出，溶剂在地面与原油分离后提纯再次回注。该技术简化地面工艺，避免了大量水源消耗，降低了能量消耗，节约开发成本；能够大幅降低原油黏度：50℃ 时原油黏度降至 0.1mPa·s，而 SAGD 开采时 220℃ 时原油黏度降至 10mPa·s。

2014 年在加拿大 Suncor Dover 项目开展先导试验，油藏埋深 140m，油层厚度 13m，双水平井井组水平段 300m，溶剂为丁烷，注入温度 60℃，累积循环利用率 93%；蒸汽腔操作压力稳定在 0.6MPa，产液 80m³/d，累产油超过 2×10⁴t，高于该区域常规 SAGD 井组，油溶剂比 0.17，取得初步成功。

2.5.3 射频电磁波辅助溶剂萃取技术

该技术即 Effective Solvent Extraction Incorporating Electromagnetic Heating（ESEIEH），其采用电磁加热超稠油油藏，加热效率高，将油藏加热，加热后的溶剂及稠油溶解降黏采出，可作为 SAGD 技术的一项替代开采技术，与 SAGD 相比降低碳排放 50% 以上，并且不消耗水，综合成本低，而且适用油藏范围更广，如薄层、低压油藏、盖层不完整的油藏等。

2011 年起在加拿大开展试验，第一阶段成功验证了射频电磁波加热的可行性，第二阶段在 SUNCOR DOVER 开展了小型矿场试验，钻了一对水平段 100m 的双水平井井组，3 口观察井，4d 加热井周温度升到 180℃，目前已进入第三阶段，继续在 SUNCOR DOVER 改进技术。

3 结论

（1）国内外 SAGD 开发仍面临多种问题需要进一步完善，如长水平段均衡动用、进一步提高物性差井组产量、进一步提高采收率、降低成本、减少大量水的消耗及碳排放等。

（2）SAGD 鱼骨井技术分支未能明显提高单井产量，分支裸眼完井影响其优势。

（3）SAGD 启动技术发展出了多种类型，需根据油藏条件优选并评价适应性。

（4）FCD/ICD 技术能够显著提高长水平段注采均衡性，具有大规模推广应用价值。

（5）气体辅助 SAGD 技术现场试验效果显著，但需优化注入介质、注入时机等；溶剂辅助 SAGD 技术现场试验效果仍有待评价，溶剂的高效回收利用及安全性注采等仍是需要解决的问题；电加热辅助 SAGD 技术从原理上可行，其实施效果还有待进一步评价，需解决大功率、长寿命的问题。

（6）无水 SAGD 技术开展了现场小型试验，取得了一定的效果，需扩大规模试验，评价其采收率、经济性、安全性等指标，若取得成功，将是革命性的新一代开采技术。

参考文献

［1］杨智，孟祥兵，吴永彬，等. 风城浅层超稠油油藏双水平井 SAGD 关键技术及发展方向［J］. 特种油气藏，2021，28（01）：92-97.

［2］林伯韬，金衍，陈森，等. SAGD 井挤液预处理储层扩容效果预测［J］. 石油钻采工艺，2018，40（03）：341-347.

［3］孙新革，罗池辉，徐斌，等. 强非均质超稠油油藏 SAGD 储层升级扩容研究［J］. 油气地质与采收率，2021，28（06）：38-45.

［4］张胜飞，孙新革，苟燕，等. 流量控制器在 SAGD 技术中的应用现状及思考［J］. 石油学报，2021，42（10）：1395-1404.

［5］Anas Sidahmed, Siavash Nejadi, Alireza Nouri. A Workflow for Optimization of Flow Control Devices in SAGD［J］. Energies，2019，12（17）.

［6］Irani Mazda, Sabet Nasser, Bashtani Farzad. Horizontal producers deliverability in SAGD and solvent aided-SAGD processes：Pure and partial solvent injection［J］. Fuel，2021，294.

［7］Tamer Moussa. Performance and Economic Analysis of SAGD and VAPEX Recovery Processes［J］. Arabian Journal for Science and Engineering，2019，44（6）.

［8］Pat Roche, Deborah Jaremko. Non-condensable gas co-injection：SAGD's insulating blanket could move the needle on economics［J］. Oilweek，2017，68（6）.

［9］Alireza Zare, Aly A. Hamouda. Coinjection of C6, C7, and CO_2 with steam to improve low-pressure SAGD process［J］. Fuel，2019，238.

新能源在稠油热采工艺的应用前景分析

段胜男　王志强　陈香玉　周　凯　马明伟　马能亮

【中国石油新疆油田分公司工程技术研究院】

摘　要： 新疆油田稠油资源丰富，注蒸汽热采技术是开采稠油最有效的手段，但主要消耗化石能源，碳排放高。在"双碳"目标形势下，新能源替代势在必行，目前国内尚没有新能源供能开采稠油的案例。本文通过分析新疆油田稠油开采用能现状，回顾光热和风光发电在油气开采领域应用现状，重点分析两项技术在稠油热采方面的研究难点与应用前景，为开展新能源在稠油热采工艺的研究与应用奠定基础，并提供了技术路线。

关键词： 稠油；新能源；光热；风电；光伏

世界石油资源中，稠油储量占比大于60%，热采产量超过60%，主要来自蒸汽吞吐、蒸汽驱和蒸汽辅助重力泄油（SAGD）生产方式。新疆油区有丰富的浅层稠油资源，目前主要采用热力开采方式，按照生产规模，开采技术依次为蒸汽吞吐、SAGD、蒸汽驱和火烧油层。其中，蒸汽吞吐方式产量占热采总产油量的60%以上；SAGD起步较晚，但应用规模上升速度较快，目前占热采总产量的25%；蒸汽驱主要作为蒸汽吞吐后的接替措施，占比12%；火烧油层技术作为蒸汽吞吐的接替措施，应用规模将随着技术的进一步成熟而不断扩大。目前，注蒸汽热力开采仍然是稠油开采的主要方式[1]。

新疆油田自2002年原油年产突破1000×10^4t，已连续20年稳产超千万吨。2021年生产油气当量超1600×10^4t，其中稠油占比约30%。新疆油田2021年能源消耗总量占生产油气当量的20%，其中稠油生产用能占总能耗约80%，主要以高温热蒸汽能耗为主。目前稠油生产均采用燃气锅炉或流化床燃煤锅炉对水加热，得到所需的蒸汽。由于稠油热采所需蒸汽量大、温度压力高，导致注汽锅炉能耗居高不下，且随着生产过程节能降碳要求的不断提高，寻求新型清洁热源已成为优化稠油热采工艺、降低开发成本的关键。

1　太阳能光热辅助稠油热采关键技术

1.1　应用现状

太阳能光热技术是指将太阳光的辐射热能用于生活用热、工业用热以及太阳能热发电。根据利用温度的不同分为低温（40~80℃），中温（80~300℃）和高温（300~800℃）。稠油热采所需蒸汽一般在350℃左右[2]，需采用太阳能高温光热技术。将高温光热技术直接用于稠油热采，省去了太阳能热发电系统中热电转换环节，直接将生产的高温蒸汽注入稠油井下，可大幅度提高太阳能的利用率，同时减少传统加热化石能源的消耗。

1983年，ARCO Solar公司在美国加州Taft搭建了第一个用于稠油开采的太阳能蒸汽发生试点工程，装机功率为1MW，但经济效益不佳，效果并不理想。2011年2月，GlassPoint公司在美国加州

作者简介：段胜男，就职于新疆油田公司工程技术研究院，高级工程师。E-mail：duanshengnan @ petrochina.com.cn

McKittrick 建起的第一个商业化太阳能辅助热采工程，装机功率 0.3MW，预热给水 88℃。同年 10 月，BrightSource 公司在美国加州 Coalinga field 建立的塔式太阳能热采工程，装机 29MW。2012 年 1 月，GlassPoint 在美国阿曼南部 Amal West 油田区块建立封闭槽式太阳能光热制蒸汽开采稠油的示范项目，装机功率 7MW，日注蒸汽 50t，减少天然气使用量 80%[3]。国内高温太阳能稠油热采项目尚未实际应用，目前还在可行性研究阶段。首航节能光热技术公司[4]、中国石油大学（北京）[5]、西南石油大学[2] 均提出光热在稠油热采方面系统方案，并进行可行性分析和经济性分析。

1.2 应用资源条件

太阳法向直射辐射（DNI）值是应用光热技术方案经济性评价的重要指标。新疆油田地处准噶尔盆地，光照资源丰富，油田所在区域年法向直接辐照量（DNI）1100~1400kWh/m²，根据《太阳能资源等级-直接辐射》（GB/T 33677—2017）标准，属"三类资源区"等级，为 C 类，具备利用太阳能开展稠油热采的基本条件。

已建光热辅助稠油开采工程的阿曼和加州，年均有效日照天数大于 300d，DNI 值约 2010kW·h/(m²·a)，太阳能辅助稠油热采装置经济运行的国际最低标准[1700kW·h/(m²·a)]，新疆油田区域太阳能资源未达到经济有效水平[5]。因此，光热集热方式选择非常重要，能有效减少热量损失，提高光热利用项目的经济性。

1.3 应用可行性分析

目前常见的光热集热方式包括槽式、线性菲涅尔式、塔式和碟式。其中槽式光热技术和线性菲涅尔光热技术的太阳光聚焦方式为线聚焦，是将太阳光聚焦到定日镜的焦线上，聚光比在 80~150 之间，传热介质可以达到 300~450℃；碟式光热技术和塔式光热技术的聚焦方式为点聚焦，将太阳光聚焦到一点上，能达到 300~3000 的聚光比，传热介质可以被加热到 600~1000℃的高温，集热效率更高。塔式系统规模大、热损失小、温度高，主要用于大规模发电系统，适用于高温应用场景。碟式系统光热转换效率高，但单机规模受到限制，适合建立分布式能源系统。同时，稠油开采所需蒸汽品质和蒸汽量需求大，高温高压蒸汽可达 10~13MPa，310~331℃，注蒸汽热力采油井网中吞吐井蒸汽流量可达 6~10t/h。因此，针对稠油热采工艺制蒸汽应用场景需求，本文重点讨论塔式集热系统。

1.3.1 带有蓄热装置的光热集热后换热制蒸汽塔式系统

采用塔式集热方式，配置冷热双罐熔盐储热系统，保障 24 小时光热供汽连续稳定，如图 1 所示。该系统主要包括镜场和塔顶吸热器组成的聚光集热系统、冷热双罐熔盐储罐和蒸汽发生器组成的供汽系统。镜场反射太阳光至塔顶吸热器，冷罐中低温熔盐通过循环泵进入塔顶吸热器吸收热能，温度升高后高温熔盐进入热罐，其中一部分热能随高温熔盐进入蒸汽发生器即时提供给用户，另一部分热能储存在热盐罐中待光照不足时补充。

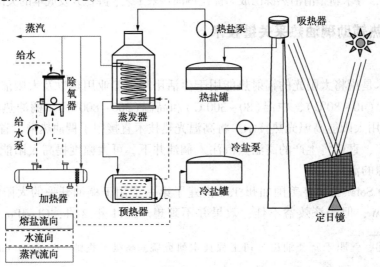

图 1　带有蓄热装置的光热集热后换热制蒸汽塔式系统流程示意图

系统充放热过程温度稳定，控制简单，可替代稠油开采制蒸汽燃气锅炉，独立系统稳定供汽，但投资成本高。

1.3.2 不带蓄热装置的光热直接制蒸汽塔式系统

采用塔式集热方式，直接以水工质作为吸热介质，供汽不连续。镜场反射太阳光至塔顶吸热器，冷水直接通过水泵入塔顶吸热器吸收热能被加热成蒸汽，通过新建蒸汽管道接入现有注汽母管，与现有注汽锅炉耦合运行为稠油热采井提供稳定汽源。

系统简单，单个循环一次换热，转换效率高，建设运行成本较低，但需要与注汽锅炉耦合运行，控制复杂，如图2所示。

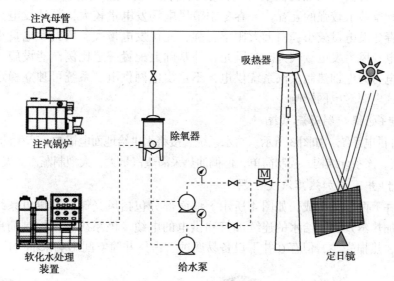

图2　不带蓄热装置的光热直接制蒸汽塔式系统流程示意图

2　风光发电辅助稠油热采关键技术

2.1　应用现状

我国风光发电技术较为成熟，截至2020年底，全国风、光装机容量分别为 $2.82 \times 10^8 kW$ 和 $2.54 \times 10^8 kW$，均为世界第一，新疆风、光发电发展速度较快，装机规模分别排全国第二名、第十名。但由于风电和光电容易受气象因素影响，电网消纳不足，存在严重的"弃风、弃光"问题。2020年弃风率、弃光率分别为 10.7%、4.8%，分别高于全国 3%、2% 的平均水平[6]。因此需匹配调峰电源或储能电站，同时加强电网对外供给能力和本地电力消纳水平。

稠油热采目前主要依靠注汽锅炉燃烧天然气或煤制蒸汽，使用电能辅助加热降黏方面、井下电加热器也已经有较多的研究和应用[7-13]。将注汽锅炉改造为电锅炉或配置井下电热蒸汽发生器，可用电替代化石能源实现稠油热采制蒸汽，同时可作为新增负荷提高风光等绿电的消纳。大功率电锅炉目前在电力系统研究应用较多，主要用于在热电联供系统中将电能转换为热能加热热网循环水或储热，降低电厂上网电量，间接提高机组调峰能力，为风电消纳提供更多的上网空间。井下电热蒸汽发生器可减少地面和井筒内的热损失，适用于较深稠油油藏开发，加热方式包括电阻式、电磁式和电极式。1978年美国 Sandia 国家实验室研制出第一台井下蒸汽发生器，1981年 Kem River 油田现场实验，取得成功，但由于20世纪80年代稠油价格大跌，项目终止。目前稠油热采井下电热蒸汽发生器技术在世界范围内仍然处于发展阶段。Precision Combustion 公司的 EDSG(电热井下蒸汽发生器)系统使用碳电极产生等离子控制电弧技术，电弧加热水并快速汽化，生成高温蒸汽。国内井下电热蒸汽发生器处于技术论证和实验阶段。中国石油 2014 年专利公开了一种井下电加热蒸汽发生器，使用缠绕电热丝的加热管作为加热元件。西南石油大学、大连理工大学等均提出过井下蒸汽发生器研究[14-16]。

2.2　应用资源条件

新疆油田所在区域存在大面积的荒漠、戈壁，可为风力、光伏电站建设提供充足场地。区域内太阳能资源年总辐照量 1500~1750kW·h/m², 年有效利用时数 1500~1650h, 根据《太阳能资源评估方法》(GB/T 37526—2019) 标准, 属于"很丰富"等级, 为 B 类。

新疆的风能资源主要集中于九大风区, 风能资源储量高达 4.30×10⁸kW, 估算可装机容量达 3.37×10⁸kW, 可利用小时数在 4000~6000h 之间。油区所在区域不在风区内, 风能资源 1~2 级, 风功率密度小于 150W/m², 年可利用小时数 1800~2400h, 根据《风电场风能资源评估方法》(GB/T 18710—2002) 标准, 属于一般地区。部分区域风速大于风力发电经济风速下限 5m/s, 具备开发潜力。

2.3 应用可行性分析

风电、光伏发电系统具有天然的波动性与随机性特点, 为用能设备稳定运行带来风险。但风能、太阳能具备时序上和季节上较强的互补性, 春冬季节风电场发电量较大, 夏秋发电量较小, 光伏电站夏秋发电量较大, 春冬发电量较小; 白天太阳辐射强, 光伏发电量大, 风力发电量小, 晚上没有太阳辐射, 光伏不能发电, 风力发电量较大。在风光互补基础上配置一定比例储能设施, 与电网并网不上网, 优先使用风光电力为电加热制蒸汽系统供电, 不足由电网供电。系统可独立稳定供汽, 同时减少风光等不稳定分布式电源对电网影响。

2.3.1 风光储+电锅炉制蒸汽系统

采用风光储互补供电系统, 如图 3 所示。给水系统直接将水供给地面电锅炉, 产生的高温蒸汽进入蒸汽管网为稠油热采供汽。该系统结构、控制简单, 但稠油热采需蒸汽量大, 大型制蒸汽高温电锅炉成本高。

2.3.2 风光储+井下电加热蒸汽发生器

系统由地面、井下两部分组成, 如图 4 所示。地面部分包括风光储互补供电系统和给水系统, 地下部分包括井下电加热蒸发器、给水的连续油管和供电的电缆。该系统结构控制简单, 产生的水蒸气直接作用到地层中, 热损失少, 但存在井下设备易腐蚀、占用井筒空间影响采油等问题。

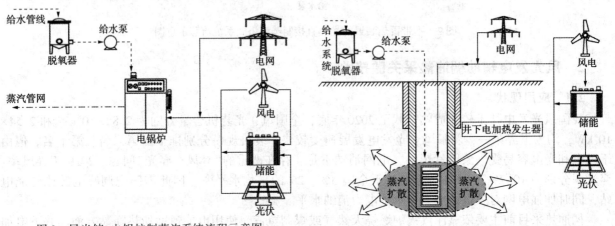

图 3　风光储+电锅炉制蒸汽系统流程示意图　　　图 4　风光储+井下电加热蒸汽发生器系统流程图

3 应用前景分析

目前我国稠油热采的油气比在 1∶2.5 左右, 即生产 1t 稠油, 需要 2.5t 蒸汽[2]。热采总产油量 6×10⁶t/a 以上[1], 以替代天然气为参考(取吨蒸汽耗天然气 70m³ 为例), 可节约天然气约 105×10⁸m³, 应用前景广阔。但目前改变能源结构, 采用新能源为稠油热采制蒸汽前期建设投资成本高, 限制了项目实施。随着技术不断进步, 一方面新能源设备设施建设投资会不断降低, 另一方面采用不同能源的互补发电系统, 不仅可以提高系统发电量和可靠性, 同时降低发电成本。

目前太阳能光热技术已较为成熟, 由于光热镜场面积较大, 可在稠油热采井附近可利用空地较大区域建立, 将产生蒸汽接入注汽官网, 分配给各个热采井。但新疆油田光资源直接辐射强度较低, 考虑供热沿程损失, 经济供热半径内井场周边面积有限; 油田自用天然气价格较低, 高温光热替代燃气锅炉制蒸汽项目建设投资高、运行收益低, 经济性较差; 受光资源不稳定性影响, 光热制蒸汽系统存在季节和昼夜明显差异，汽源不稳定，配置蓄热装置，建设投资高，与注汽锅炉耦合运行，不能完全替代化石燃料且控制系统复杂。因此需进一步优化简化光热系统，配置最优蓄热系统，提高经济性。

目前风光发电技术比较成熟，但油田稠油热采电加热设备尚未应用，大功率电锅炉和井下电加热蒸汽发生器制蒸汽系统不完善，风光互补发电依然存在供电不稳定性，将大功率稠油热采电加热设备与风光等新能源电力结合存在一定难点。需加强安全稳定运行研究和现场应用，提高终端用能电气化率同时解决风光发电的消纳负荷问题；根据加热井组的负荷要求和资源条件合理配置风光规模和储能规模，提高供电可靠性和供汽系统的性价比。

4　结论

在"双碳"目标的影响下，实现低碳能源转型和现代能源体系重构是油气企业的必然选择。新疆油田稠油资源丰富，热采仍然是主要的开发方式，规模化推广应用蒸汽吞吐、蒸汽驱、SAGD，需要注蒸汽开采。新疆风光资源丰富，把新能源作为油田开采的辅助能源，将太阳能光热和风光发电技术用于稠油热采制蒸汽，一方面能降低油田稠油热采常规天然气和电力的消耗，实现绿色低碳转型；另一方面能提高新能源消纳比例，拓展风能、太阳能在工业上的应用，应用前景广阔。

参考文献

[1] 蒋琪，游红娟，潘竟军，等，稠油开采技术现状与发展方向初步探讨[J]．特种油气藏，2020，27（06）：30-39．

[2] 杜明俊，敬加强，张志贵，等．太阳能光热转换稠油热采关键技术[J]．储能科学与技术，2020，12（9）：62-69．

[3] 高诚．洁净能源在石油上游工业的应用前景分析[J]．科技和产业，2021，21（2）：274-277．

[4] 姚志豪．利用聚光太阳能产生蒸汽注入采油的技术研究[J]．石油石化节能与减排，2013，3（2）：1-6．

[5] 罗玮玮，赵仁保，夏晓婷，等，太阳能封闭槽稠油热采技术在新疆油田应用的可行性分[J]．西安石油大学学报（自然科学版），2015，30（5）：64-68．

[6] 邓铭江，明波，李研，等．"双碳"目标下新疆能源系统绿色转型路径[J]．自然资源学报，2022，37（05）：1107-1122．

[7] 廖广志，李秀峦，王正茂，等．超稠油SAGD/VHSD高效开发创新技术与发展趋势[J]．石油科技论坛，2022，41（3）：27-34．

[8] 甘益明，王昱乾，黄畅，等．"双碳"目标下供热机组深度调峰与深度节能技术发展路径[J]．热力发电，2022，51（8）：1-10．

[9] 易大双．电锅炉高温蓄热体蓄放热特性数值模拟研究[D]．辽宁：辽宁工程技术大学，2021．

[10] 桑林翔，王立龙，吴永彬，等．SAGD电加热启动技术油藏适应性研究[J]．特种油气藏，2020，27（3）：109-114．

[11] 任维娜，邹信波，杨光，等．稠油水平井油层段电加热工艺技术研究[J]．石油矿场机械，2021，50（5）：79-84．

[12] 吕柏林，吴永彬，佟娟，等．电加热辅助水平井吞吐可行性与油井工艺设计[J]．西安石油大学学报（自然科学版），2021，39（6）：69-74．

[13] 朱骏，蒋林，崔胜利，等．井下高频感应电加热蒸汽发生器的研制[J]．石油机械，2016，44（02）．

[14] 陈宝．井下电热蒸汽发生器技术研究[D]．成都：西南石油大学，2016．

[15] 谢小辉．井下电磁感应加热器理论分析及实验研究[D]．成都：西南石油大学，2017．

[16] 王立影．稠油的电加热开采理论及方法研究[D]．大连：大连理工大学，2005．

特稠油线性火驱前缘油墙
形成和移动规律实验研究

张继周　张建华　彭小强　武俊学　左　鹏

【中国石油新疆油田分公司实验检测研究院】

摘　要： 国内外火驱研究对象主要针对原油黏度 10000mPa·s 以下的普通稠油，对于该黏度之上的特稠油研究较少。本文以新疆油田西北缘浅层特稠油为研究对象，开展火烧油层物理模拟实验，建立方法分区段测定火线前缘油墙在形成和移动过程中压差变化，通过三维实验得到结焦带的形态特征，在前人火驱储层区带特征研究的基础上形成新的"移动沙丘"实验认识，剖析了特稠油火驱原油运移机制，为此类油藏的高效开发探索新的思路提供理论支持。

关键词： 浅层特稠油；火驱模拟实验；油墙；压差；结焦带

火烧油层是一种高效的地下自生热稠油开发技术，国内外已经有很多的矿场试验和应用。由于这种技术存在复杂的物理化学反应和传质传热过程，对于火驱驱油机理的研究一直没有中断[1-2]。近年来，国内外学者研究认为线性火驱燃烧过程中的压差主要集中在火驱前缘的"油墙"前后[3]。火驱前缘压差是火驱驱油的主要动力，黏度越高的原油火线前缘油墙移动所需压差越大。目前国内外火烧油层筛选标准认定油藏原油黏度上限均小于 10000mPa·s[4]，在新疆油田火驱工业化试验区内，部分区块稠油黏度已经远超该上限，出现了驱替压力大、见效慢等一系列问题。作者采用新疆油田西北缘浅层特稠油开展物理模拟实验，测定驱替压力、分段压差、产液规律等特征数据，拆解绘制结焦形态，拟合温度场，深入研究油墙的形成和移动规律，形成新的理论认识，对特稠油火驱现场调控有重要的指导意义。

1　火驱实验装置和实验方法

1.1　火驱物理模拟实验系统

火驱物理模拟实验系统主要由气液注入系统、模型系统、产出物分离系统、测控系统四部分组成，如图 1 所示。模型系统由于本体的不同分为一维燃烧管和三维燃烧舱。

模型本体（燃烧管或燃烧舱）是火驱模拟实验装置的主体部分，最高工作温度均为 900℃。一维燃烧管尺寸为 Φ8cm×120cm，布 19 组热电偶，最高承压 10MPa。三维燃烧舱尺寸是 Φ36cm×90cm，布 22 组热电偶，最高承压 3.5MPa。产出物经气液分离器后，进在线气体组分分析仪（Servomex）测量 $CO_2/O_2/CO/CH_4$ 四种组分含量。

对于一维燃烧管，为了更好了解火驱过程中前缘压力和压差的变化，监测燃烧过程中油墙形成和移动规律，在燃烧管下部设置了不同间距的压差测段，如图 2 所示。

1.2　火驱实验过程和方法

火驱物理模拟实验根据新疆油田火驱工业化现场高黏区油藏特征，采用粒度相似的石英砂和真实

作者简介：张继周（1976—），男，高级工程师，从事稠油热采和火驱物模实验技术方面的工作。E-mail: zhangjizhou@petrochina.com.cn

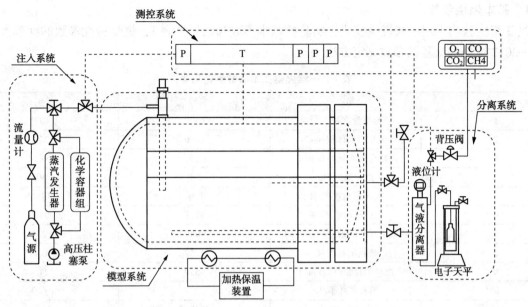

图 1　火驱物理模拟实验系统流程

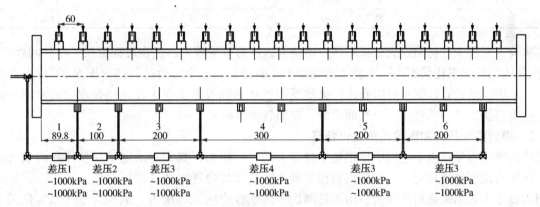

图 2　一维管下部 6 段压差测点布置

原油按比例均匀搅拌后填装模型，实验采用的原油黏度 12500mPa·s，石英砂粒径 60~100 目。模型填装完成后进行流程压力密封测试，点火器、传感器、流量计等系统测试，正常后开展实验。

首先测定模型孔隙度、渗透率，再造束缚水。如果模拟高饱和度油，还需要采用自带加热的中间容器向模型内注油饱和。点火前先按油藏实际设定好模型倾角，设置电点火器预热温度，同时低流量注入氮气制造烟气通道，当模型出口不再有液体且气体流量与入口流量基本一致时完成通道建立。

点火器设定到点火温度，保持低流量氮气注入，防止通道堵塞，一般 3~4h，当点火器周围温度达到预设值时提高注气流量，待压力稳定后切换空气点火。燃烧过程可以采用流量计控制的恒流模式，也可采用压力调节阀控制的恒压注气模式。回压是通过出口气液分离器后回压阀控制。正常火驱实验全过程包括点火、稳定燃烧、出液、出高温气液、停气结束阶段。在实验过程中，计算机实时采集模型各测点的温度、压力、压差、流量信号和天平质量、气体组分含量变化等信息。根据产出气中氧气等组分含量变化，判断燃烧状态，及时调节出入口流量、压力，保持高温火驱过程。

2　火驱过程压力控制和火线前缘移动特征

物理模拟实验开展了一维燃烧管实验 2 组，三维燃烧 3 组。一维火驱 2 组实验分别是动态压力控制和恒压燃烧控制，获得基本燃烧参数，并测得了 5 段压差变化曲线，展示了火线前缘油墙形成和移动的过程。三维燃烧实验获得了动态温度场的变化特征，结合结焦取样，得到结焦对应的温度区间和温度扩展梯度。

2.1 基本燃烧参数

一维 2 组实验均采用干式燃烧模式，实验的基本参数和结果见表 1，燃烧特性参数的计算参照 SY/T 6898—2012 火烧油层基础参数测定方法。

表 1　一维火驱基本参数测定结果

序号	参数	实验 1	实验 2
1	燃烧管容积/cm³	6370	6370
2	饱和原油体积/cm³	2600	2443
3	初始空气流量/(L/min)	10	6.5
4	点火温度/℃	298	306
5	氮气驱油效率/%	7.66	48.15
6	火驱驱油效率/%	87.9	94.6
7	燃烧前缘平均速度/(mm/h)	128	234
8	燃料的视 H/C	1.32	1.79
9	燃料消耗量/(kg/m³)	45.0	24.4
10	燃料消耗率/%	13.2	6.9
11	空气消耗量/(m³/m³)	1039.2	396.9
12	阶段空气油比	3577.7	1213.7
13	氧气利用率/%	41.4	65.7

在实验 1 过程中，初始点火效果不佳，燃烧前缘压力波动较大，燃烧过程很长一段时间处于 150~350℃ 范围内的低温氧化状态[5]。实验 2 注气压力控制稳定，整个实验过程都处于 500℃ 以上的高温燃烧状态。从表 1 的计算数据中可以看出，火驱低温氧化和高温燃烧在主要燃烧数据上的差别，高温火驱推进速度更快，燃料消耗少，空气油比低，驱油效率更高。

2.2 燃烧前缘压力和区段压差变化特征

燃烧前缘压力是指火驱过程中作用现燃烧带上的空气压力，其大小决定了单位体积内氧气的含量多少，高压有助于燃烧反应[6]。在室内物模实验中，模型燃烧过后的区域压差损失很小[4]，可以用燃烧模型入口压力表示燃烧前缘压力。图 3 是两次一维实验中的入口压力、氧气含量和二氧化碳含量随时间的变化曲线。

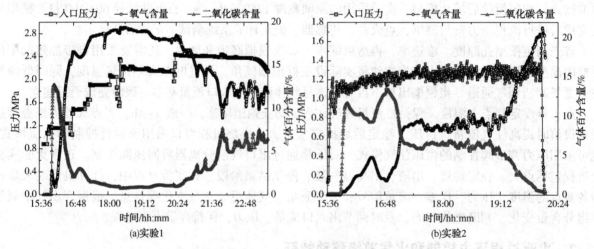

图 3　一维实验注气压力、二氧化碳、氧气含量曲线图

实验 1 点火后很快进入 350℃ 以下低温燃烧状态，二氧化碳含量最低降到 0.2%。通过几次增压调节后(压力从 1.0MPa 逐步调节到 2.5MPa)，燃烧状态逐渐变好，最后进入 500℃ 以上的正常高温燃烧状态。实验 2 的整个燃烧过程均处于 500℃ 以上的高温燃烧状态，压力稳定在 1.2MPa 左右，后期因为降低空气流量从 8L/min 到 4L/min，燃烧效果变差直到燃烧终止。

线性火驱实验点火之前需要建立起一定的前缘注气压力，在保持压力稳定的基础上切换空气点火有助于燃烧过程的稳定性。实验1，点火后燃烧效果变差，通过不断地提升注气压力，中后期达到了高温燃烧状态，说明改变前缘压力是一种有效的燃烧状态调节手段。压力调节有助于空气流场的改变，破坏燃烧腔内已形成的空气窜流通道，同时较高的氧气分压有利于提升反应速度[6]。实验2，控制压力在1.2MPa左右，燃烧稳定推进，有效测得了火线前缘油墙形成和运移过程压差变化曲线，如图4所示。

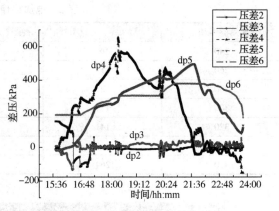

图4　压差变化曲线

实验过程中压差测定是依靠燃烧管下方布置的6组差压传感器。差压传感器1、2、3位于燃烧管前端，基本没测到压差变化，表明燃烧初期油墙没有完全成形。差压传感器4测量在燃烧管40~70cm区间，差压传感器5测量在燃烧管70~90cm区间，差压6传感器测量在燃烧管90~110cm区间，如图2所示。

图4中，山峰状4/5/6压差曲线表明，点火后，燃烧管前段燃烧驱动的改质低黏原油在中后段由大到小减量堆积，原油饱和度增大，形成堆积油墙。压差升起的时间对应油墙开始堆积变厚的时间，4段5段基本同时开始堆积，6段稍后，堆积的长度达到模型总长的2/3，这种认识可以解释出液时间在燃烧1/3段后的现象。压差6的测量值较大是下测点接近出口的原因。当压差出现峰值时，表明火烧前缘达到相应压差测段上游，当压差再度回零时，表示燃烧前缘经过相应压差测段下游。综合压力、压差、产液等特征变化曲线以及模型拆解观察结果，绘制线性火驱区带分布和油墙堆积运移示意图，如图5所示。

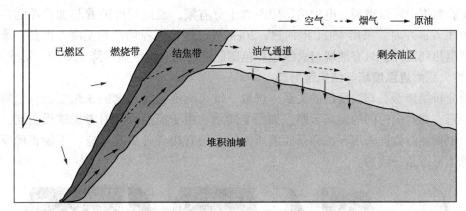

图5　特稠油线性火驱区带分布和油墙堆积运移示意图

图5展示了油墙堆积成形，剥离运移的特征，如同沙丘移动，迎风面陡峭，背风面平缓。这种运移机制可以称作"移动沙丘"，所需要的驱动力远远小于油墙整体推动所需要的力量，说明特稠油的火驱开发是可行的。但这种层层剥离的过程也预示着特稠油火驱会有火线移动慢，见效时间晚的特征，可以配合注蒸汽、溶剂等提升开发效果。

3　燃烧前缘温度场和结焦特征

三维火驱模拟实验可以观察火驱过程中火腔的演变特征，确定温度扩展半径，可动油范围，结合取焦分析进一步明确温度场与结焦带关系，有助于深入了解火线前缘运移规律。

3.1　三维火驱预热温度场形态

火驱实验采用电加热方式进行预热，热量从电热棒向周围扩散，加热范围大小的主要决定因素是电加热功率、油砂热传导系数、注气速度等参数。根据火驱实验预热过程的测温数据分析，见表2，得到一定功率下的电加热器的不同设定温度下的稳定温度场形态，如图6所示。

表2 电加热稳定温场测温数据(350W)

预热温度/℃	T_1最高温度/℃	注气流量/(L/min)	T_1距离/cm	温度梯度/(℃/cm)
240	98	1	5	28.4
260	112	1	5	29.6
280	123	1	5	31.4
300	131	1	5	33.8
320	141	1	5	35.8
340	156	1	5	36.8
450	264	1	5	37.2

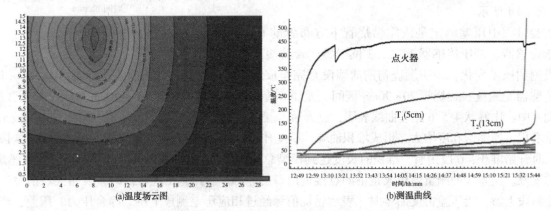

(a)温度场云图　　　　　　(b)测温曲线

图6 三维模型预热稳定温度场和测温曲线

从预热实验数据中可以得到，电加热作用距离十分有限，温度梯度随着与加热源的距离增大而减小，平均在30℃/cm左右，采用450℃电加热，20cm外已经接近原始油藏温度。由此，堆积形成的油墙大部位于高温热场之外，只有油墙与火线边界范围能够受到高温改质和降黏效应，形成可动油。

3.2 三维火驱燃烧温度场与结焦带形态

为更好地分析结焦形态与温度场的关系，选取三维火驱不同饱和度的3组实验，绘制熄火后的已燃区、结焦带形态和对应时间的温场云图，如图7所示。由于模型设计时考虑铺设盖层，没有在上部布置测温点，根据测温数据采用三次样条插值所绘的云图有边界外失真效应，不能正确反映测温点上部温场，但总体形态是一致的。

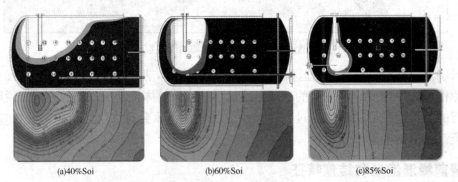

(a)40%Soi　　　　　　(b)60%Soi　　　　　　(c)85%Soi

图7 不同饱和度下三维火驱结焦带与最终温度场形态

通过特稠油不同饱和度下三维火驱实验可以看出，饱和度过高不利于火腔扩展，结焦带是封闭完整的，厚度范围2~15cm，燃烧前缘225~300℃温度区间生成结焦带。

3.3 结焦带特征

原油热解残余焦碳与石英砂、黏土矿物结合生成结焦带，内面接触高温燃烧带，外面是未燃区，高温烟气可以透过。结焦带取样和物性特征如图8所示。

图8中扫描电镜图像显示结焦带呈"蜂窝"状微观结构，渗透率测试结果表明具有较高渗透性，不

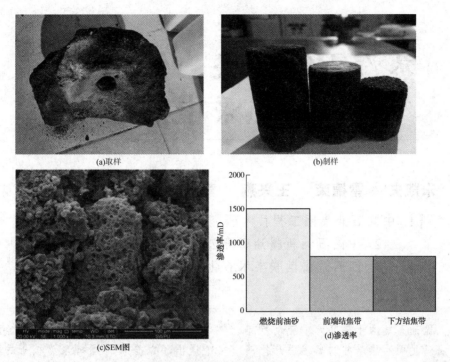

(a)取样

(b)制样

(c)SEM图

(d)渗透率

图8 结焦带物性特征

同位置有所差别但都大于 500mD，相对经过燃烧前缘热气流吹扫过的低饱度区域渗透率要小，但比高饱和度油墙区域渗透率要大得多。总体上特稠火驱火线前缘形成的高饱和油墙内部透气性差，但火线油墙边界和油墙上部低饱和区域处有较好物性，可以形成油气通道。

4 认识

（1）火驱点火燃烧过程中保持注气压力稳定有利于燃烧状态稳定，扰动压力能够影响燃烧区气液流场，从而改变燃烧状态，是一种有效的火驱调节手段。

（2）通过特稠油火驱一维实验分段压差测定监测到油墙的堆积形成过程，堆积的长度达到模型总长的 2/3，形态呈前陡后缓的沙丘状。

（3）针对特稠油火驱油墙的移动过程，提出层层剥离运移的"移动沙丘"新认识，其驱动力远小于油墙整体推动所需要的力量，验证了特稠油的火驱开发是可行的，但火线移动慢，见效时间晚。

（4）火驱实验预热过程高温稳定热场半径小于 20cm，燃烧过程结焦带呈完整封闭形态，成形在燃烧前缘 225~300℃温度区间，厚度范围 2~15cm，具备较好的渗透性。

参考文献

［1］张敬华，王双虎，王庆林．火烧油层采油［M］．北京：石油工业出版社，2000．

［2］赵东伟，蒋海岩，张琪．火烧油层干式燃烧物理模拟研究［J］．石油钻采工艺，2005，27（1）：36-39．

［3］关文龙，马德胜，梁金，等．火驱储层区带特征实验研究［J］．石油学报，2010，31（1）：100-104．

［4］王弥康，张毅．火烧油层热采的筛选标准和经济指标［J］．油气采收率技术，1999，6（1）：6-11．

［5］柴利文，金兆勋．中深厚层稠油油藏火烧油层试验研究［J］．特种油气藏，2010，17（3）：67-69．

［6］Shuai Zhao, Wanfen Pu, Chengdong Yuan, et al. Thermal Behavior and Kinetic Triplets of Heavy Crude Oil and Its SARA Fractions during Combustion by High-Pressure Differential Scanning Calorimetry [J]. Energy fuels, 2019, 3.

蒸汽吞吐注采一体化装置
在稠油热采中的应用

闫国兴[1] **米凯夫**[1] **雷德荣**[2] **王兴燕**[1] **黄彦蔚**[3] **赵 博**[1] **范楷模**[1] **陈晓军**[1]

【1. 中国石油集团工程技术研究院北京石油机械有限公司；
2. 中国石油新疆油田分公司工程技术研究院；
3. 江苏无锡世联丰禾石化装备科技有限公司】

摘 要： 稠油开发由于黏度大、流动性差，常规机抽稠油进泵困难、泵效低，橡胶定子螺杆泵耐温低无法满足稠油热采井的高温举升排液。文中提出了以全金属螺杆泵为核心的稠油蒸汽吞吐注采一体化工艺，设计了一体化管柱和工艺流程，实现了注汽、转抽一体化生产，满足了稠油热采井注蒸汽热采举升、排液试油需求。通过在西部某油田多口井的现场应用表明，全金属螺杆泵复产、增产效果好；可满足300℃以上稠油热采井高温举升排液需求，提高了油井低温期的持续生产能力(运行温度区间可达40~100℃之间)；泵效较常规机抽提高105%，能耗降低34.2%；提出了现场应用过程中预防泵卡和提高螺杆泵整体使用效果的运行工艺原则，为稠油热采井提供了新的解决方案。

关键词： 全金属螺杆泵；稠油；蒸汽吞吐；注采一体化

据研究数据统计，全球范围内稠油储量非常丰富，在世界剩余石油资源中，约有70%都是稠油，占总石油可开采储量的50%以上[1-2]。稠油油藏开发，目前仍以游梁式抽油机+柱塞式抽油泵的传统机采方式为主，受原油黏度高、流动性差等诸多因素影响，开采过程中存在诸如井下泵进液困难、泵效低以及抽油杆柱自重不足造成抽油杆柱下行困难导致不能正常生产等问题[3]；常规螺杆泵定子橡胶内衬耐温低，无法满足300℃以上稠油热采井高温举升排液需求[4]。

全金属螺杆泵以其耐高温，对稠油适应性好的优势，尤其是在稠油井注采一体化和SAGD开采工艺中的广阔应用前景成为石油行业关注的热点[5]。近年来，国内外已经针对全金属螺杆泵的结构原理、设计加工、室内试验及注采一体化施工工艺等展开了研究，但是由于工艺实施风险大，井口配套的特殊要求，相关应用性研究较少，还处于先导试验阶段[6-10]。

北京石油机械有限公司研发的全金属螺杆泵注采一体化系统，金属定子采用国内外首创的整体一次铣削加工内螺旋成型工艺，充分保证了内螺旋型线的一致性和连续性。结合油田现场，采用不动管柱采、注一体，三级密封防喷井口设计，可满足稠油开采中蒸汽吞吐等多种工况要求，已在国内多个油田开展大规模应用，取得了很好的使用效果。

1 稠油蒸汽吞吐注采一体化工艺

为满足稠油热采井注蒸汽热采举升、排液试油需求，设计了全金属螺杆泵注采一体化工艺及管柱

作者简介：闫国兴，高级工程师，2006年毕业于西南石油大学机械电子工程专业，获硕士学位，现从事钻井机械设计相关工作。E-mail：ygx7g2008@163.com

结构，在稠油热采井，采用全金属螺杆泵实现了一趟管柱注汽—返排—复抽生产高效举升、排液试油。

1.1 注采一体化管柱结构设计

稠油蒸汽吞吐注采一体化装置由地面驱动和井下管杆柱两部分组成。地面驱动部分包括地面驱动装置、防喷井口、智能化远程控制系统等；井下管杆柱部分包括油管热采补偿器、螺杆泵专用油管锚、油管扶正器、抽油杆专用扶正器、全金属螺杆泵、防砂筛管等(图1)。

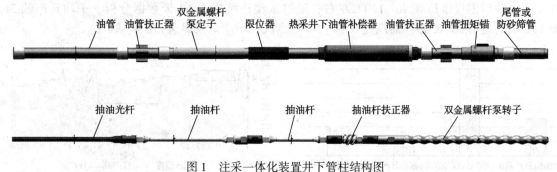

图1 注采一体化装置井下管柱结构图

（1）防喷井口。采用三级密封结构，两级非金属材料软密封加一级金属硬密封。在旋转抽汲时，两级非金属材料软密封工作；在注汽伴热时，由于温度和压力都最大化，两级非金属材料软密封加一级金属硬密封三级密封同时工作，可以有效地解决井口密封问题。

（2）全金属螺杆泵。螺杆泵定、转子均为全金属材料制造，金属定子的内螺旋成型采用整体一次铣屑加工工艺方法，充分保证了内螺旋型线的一致性和连续性，表面低温氮化处理，表面硬度高(定子表面硬度950~1100HV，转子表面硬度650~750HV)，耐高温、耐磨损能力强。

（3）热采油管补偿器。对注采工艺中管柱的伸缩提供补偿，补偿距离0.8m。

（4）凸轮式扭矩锚。采用了一个芯轴和两个卡瓦(一个静止，一个运动)的凸轮系统反方向锚定油管柱，用于抵抗螺杆泵转动对定子的摩擦扭矩，以免造成油管脱扣。右旋锚定，左旋解封。

（5）抽油杆螺旋扶正器。金属结构，可随流体旋转，减轻对油管的摩擦。

1.2 注采一体化工艺设计

注汽，调整地面井口管线流程，上提转子，下端离开定子上端入口，让开注汽通道，蒸汽通过定子注入油层。

返排，只需调整地面井口管线流程，直接通过定子内腔进行返排。

复抽，直接下入转子至定子原先位置，调整地面井口管线流程，启动地面驱动装置实现抽汲举升(图2)。

1.3 工艺特点

稠油蒸汽吞吐注采一体化装置具有注汽和采油液流通道，满足注汽、采油不动管柱一体化要求，适应稠油蒸汽吞吐举升采收工艺油井；定子、转子均采用合金结构钢材料，可在350℃高温环境下长期连续工作，使用寿命检泵周期长；没有常规螺杆泵定子橡胶内衬溶胀损坏、脱胶、高扬程下变形失效，以及其他机采方式存在的气锁等问题，举升高度可达2000m。

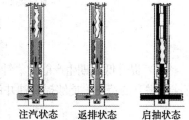

图2 蒸汽吞吐注采一体化工艺流程图

2 应用实例

该注采一体化技术已在西部某油田重油公司稠油热采井开展大规模推广应用，在稠油井复产、增产，节约蒸汽投入，提高泵效，节能等方面取得了很好的使用效果。

2.1 抽油机转全金属螺杆泵油井

某油田重油公司105井，原采油开发方式采用的是蒸汽吞吐加抽油机机械举升采油方式。原油20℃时黏度402000mPa·s，50℃时黏度10650mPa·s，含水76%，井深365mm，泵挂深度305m，采用全金属螺杆泵后，注汽温度260℃，井下温度220℃，启抽地面井口温度80~120℃，依据连续生产200d采集的数据对比，措施后平均日产油由原来的 1.16t 提高至 2.81t，实际增加产油 330t，整体效果明显(图3)。

2.2 超稠油复产油井

某油田重油公司 388 井，原油 20℃时黏度 597261.9mPa·s，50℃时黏度 50000mPa·s，黏温拐点 70~110℃，井深 465.88mm，油层 356~381.2m，泵挂深度 395m，流体温度 35℃，含水 67%，原油黏度 61mPa·s。原油在地下基本没有流动能力，常规采用举升方式开采困难，生产没有产量。采用全金属螺杆泵后，井口温度维持在 90~120℃左右，通过采集连续生产 64 天数据分析，平均日产油 3t，实际产油 191.76t，注采比 0.49，油汽比 0.30。节约蒸汽、增产效果显著(图4、表1)。

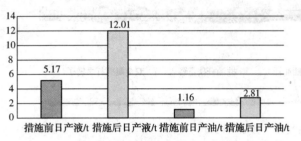

图3 抽油机转全金属螺杆泵油井前后效果对比

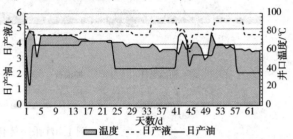

图4 超稠油复产油井生产数据

表1 复产前后数据对比

安装日期	泵型	轮次	累积注汽/t	实际注汽/t	累积产液/t	实际产液/t	累积油量/t	实际产油/t	生产天数/d	注采比	油汽比
2015	杆式柱塞泵	19	5982	5982	349	349	17	17	41.8	0.06	0.00
2017	全金属螺杆泵	1	6621	639	660.3	311.3	208.76	191.76	64	0.49	0.30

2.3 应用效果分析

(1) 增产效果显著。以 2018—2019 年在某油田使用的 16 口井为例，相较于常规抽稠泵生产方式，使用全金属螺杆泵后 4 口长关井恢复生产，整体平均日产液量由 9t 增至 9.52t，平均日产油量由 0.84t 增至 2.13t。采注油汽比由 0.076 增至 0.158，大幅节约了注入蒸汽投入。

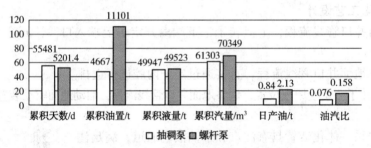

图5 某油田 2018—2019 年 16 口井生产数据

(2) 提升低温期生产能力。针对特、超稠油井，正常生产运行温度在 80~100℃之间，全金属螺杆泵具有连续举升的特点，能够提高油井低温期的持续生产能力，运行温度区间可以到达 40~100℃之间(图6)。

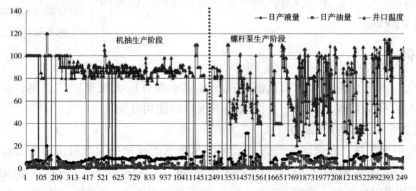

图6 运行温度区间对比图

（3）泵效高、节能效果明显。通过对比分析，螺杆泵油井的泵效较常规机抽有较大提高，由平均20%提高到41%，提高了105%。根据资料统计，重油公司稠油百米吨液单耗2.72kW·h，全金属螺杆泵百米吨液单耗1.79kW·h，较抽油机采油节电34.2%（图7）。

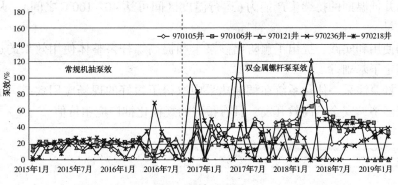

图7 泵效对比图

3 全金属螺杆泵运行工艺原则

全金属螺杆泵在先导试验阶段，由于选井及生产管理不完善，造成出砂泵卡。泵卡的原因主要包括：汽窜激动出砂和注汽焖开自喷汽大出砂、修井后转抽不及时、非正常原因停电无法将转子提出。

针对此种情况，结合现场实际，制定了预防泵卡工艺原则：①"停则提，动则快"。若关井时间≥4h，须将螺杆泵转子完全提出泵筒；启抽时，迅速将转速提高至150~180r/min；修井后应及时转抽。②"宁动勿停，宁快勿慢"。尽量保持螺杆泵连续生产运行；开机初期转速要高（150r/min），特别是针对高含水井。③"汽大则提"。以井筒温度100℃为工作节点：当井筒温度≥100℃，井口以出汽为主时，提光杆至金属硬密封位置，继续焖井，防止砂卡的同时，提高蒸汽的利用率；当井筒温度<100℃时，下放光杆启抽螺杆泵，转速迅速提高至150~180r/min。

通过现场实践，采取上述措施后砂卡井占比由最高88.89%降至0（图8）。

图8 2016—2022年出砂泵卡井数统计

针对全金属螺杆泵现场应用情况，摸索提出了一套合理的阶段运行制度，提高了螺杆泵的整体应用效果：

（1）无汽窜风险、高含水阶段：调整全金属螺杆泵高转速运行（200r/min以上）。一是提升排液量，减少高含水期生产周期；二是通过快排，降低地层存水，提高下轮注汽效果；三是减少泵间隙漏失，提高泵效。

（2）供液能力好、低含水阶段：调整全金属螺杆泵中转速运行（150~200r/min）。需要通过动液面测试，调整合理的运行转速，保持稳定的供排关系；同时降低汽窜干扰的风险，实现持续生产的能力。

（3）供液能力差、间歇出液阶段：调整全金属螺杆泵低转速运行（150r/min以下）。需要通过动液面测试，调整合理的运行转速，实现持续生产的能力，降低螺杆泵空抽干磨的风险，同时降低运行电耗。

4 结论

（1）全金属螺杆泵复产、增产效果好，泵效高，节能显著可满足300℃以上稠油热采井高温举升排液需求；提高了油井低温期的持续生产能力（运行温度区间可达40~100℃之间），从而提高采注油汽比，减少蒸汽注入量。

（2）通过现场使用和实践，提出了预防出砂泵卡和提高螺杆泵整体使用效果的运行工艺原则，为大规模推广应用奠定了基础。

（3）全金属螺杆泵注采一体化系统在稠油热采中取得了很好的现场应用效果，能有效改善稠油油藏生产，提升油田经济、安全、高效开发，具有很好的规模化推广应用价值。

参考文献

[1] 孙为民. 稠油管输技术综述[J]. 油气田地面工程，2003，22（5）：23-24.

[2] 于连东. 世界稠油资源的分布及其开采技术的现状与展望[J]. 特种油气藏，2001，8（2）：98 -103.

[3] 周颖来，王锦华. 用于重油和热采井中的金属螺杆泵之技术发展现状[J]. 国外油田工程，2007 （04）：22-24.

[4] 姜东. 全金属螺杆泵蒸汽吞吐注采一体化试油技术[J]. 钻采工艺，2019，42（1）：35-38.

[5] 粟继美，吴运刚，毕友军. 车排子探区全金属螺杆泵低转速排液在浅层稠油试油中的适用性研究与应用[C]//.2019油气田勘探与开发国际会议论文集，2019：883-888.

[6] 陈华兴，刘义刚，白健华，等. 海上油田稠油热采井注采一体化工艺技术研究[J]. 石油机械，2020，48（04）：43-49.

[7] 吴建华. 一体化全金属螺杆泵技术与室内试验研究[J]. 中国石油和化工标准与质量，2020，40 （20）：66-68.

[8] 张恒，吴晓东，李映艳，等. 全金属螺杆泵漏失机理[J]. 科学技术与工程，2020，20（13）：5101-5105.

[9] 郑磊，吴晓东，徐军，等. 热采高温井全金属螺杆泵举升技术及其适应性[J]. 科学技术与工程，2018，18（21）：206-211.

[10] 张霞，任志臣，陈洪维，等. 螺杆泵采油工艺技术现状[J]. 油气田地面工程，2007（09）：18-21.

二氧化碳与表面活性剂辅助稠油热采技术

刘雅莉[1,2] **李兆敏**[1,2] **张 超**[1,2]

【1. 中国石油大学(华东)石油工程学院；
2. 中国石油大学(华东)非常规油气开发重点实验室】

摘 要：CO_2和表面活性剂协同辅助蒸汽驱是提高稠油采收率的有效方法。但由于目前缺乏CO_2与表面活性剂协同作用下强化蒸汽驱换热的研究，限制了CO_2与表面活性剂辅助蒸汽驱技术的推广应用。通过加入CO_2和蒸汽驱用洗油剂，设计了蒸汽驱一维渗流实验。实验结果表明，较高的蒸汽注入速度及较低的蒸汽注入压力有利于蒸汽渗流至模型中后端。加入CO_2和蒸汽驱用洗油剂后，填砂管模型后端温度显著提高了$3.5 \sim 12.8℃$，达到了向远端稠油输送蒸汽热量的目的。稠油采收率提高10.6%。为进一步改进CO_2与表面活性剂辅助蒸汽驱技术提供了理论建议。

关键词：蒸汽驱；稠油；二氧化碳；表面活性剂

稠油(包含普通稠油、特稠油)在油藏中黏度范围为$50 \sim 50000 mPa \cdot s$，而超稠油(沥青砂)的黏度更是达到$50000 mPa \cdot s$以上[1]。过大的黏度导致稠油流动阻力过大，甚至不流动。由于稠油黏度受温度影响较大，因此热力采油技术成为了解决高黏度稠油在储层中流动的主要方法。而蒸汽驱技术更是由于其成本较低，技术操作简单，风险小，成为最广泛、最有效的热力采油开发手段。

随着注蒸汽开发近30多年的应用，许多问题也逐渐暴露出来[2]，具体包括对应用地层要求较高；步入蒸汽驱开发后期阶段时，加热半径减小；蒸汽生产过程中造成大量烟道气的排放。为此，逐渐开始探索CO_2、表面活性剂辅助蒸汽驱的协同开发新技术。

目前国内外对于蒸汽-CO_2-表面活性剂复合驱油技术展开了较为详细的研究，Puesley等设计了一维储层模型，Redford等设计了三维储层模型，二者都通过实验研究了CO_2及表面活性剂对蒸汽驱驱动机制的影响。随后Canbola等[3]认识到非凝析气的加入可以有效减缓蒸汽腔在降温阶段的衰竭速度。

我国学者设计开展了多种辅助蒸汽增产措施，李兆敏等[4]采用CO_2与降黏剂配合注蒸汽在水平井中开发(HDCS)，在胜利油田的深部薄层、深部厚层及浅部薄层稠油油藏开展了现场试验，驱油效率高达80.8%。孙焕泉等[5]面向厚度小于6m的薄储层稠油区块试验了复合采油方法，阐明了"汽剂耦合降黏、气体保温增能、热剂接替助驱"的采油机理。

综上，通过加入CO_2及表面活性剂形成多元复合强化注蒸汽高效开发稠油技术已在国内外具有了丰富的研究基础。然而对于CO_2及表面活性剂是如何在多孔介质层面联合强化蒸汽传热，促进稠油流动等机理方面的研究较少。因此本文分别设计了蒸汽一维渗流实验，对比分析CO_2及表面活性剂在多孔介质内对稠油热采的保温增产作用。

基金项目：国家自然基金联合基金项目"难采稠油多元热复合高效开发机理与关键技术基础研究"(U20B6003)。

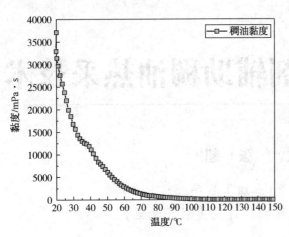

图 1   稠油黏温曲线

1   实验设备及材料

1.1   实验材料

实验用油为脱气原油,原油黏温曲线如图 1 所示(50℃下,稠油的黏度为 6100mPa·s)。实验所用表面活性剂为蒸汽驱用洗油剂(淡黄色透明液体,纯度>98%,山东新三菱化工有限公司),实验中所用的化学剂浓度为 0.5 wt%,实验所用二氧化碳(CO_2)由青岛天源公司生产。实验中蒸汽由蒸汽发生器产生,实验用水均为自制去离子水。制备填砂管所用石英砂为 70 目与 120 目。

1.2   实验设备

1.2.1   蒸汽驱用洗油剂乳化效果测定

VHX 6000 超景深三维显微系统(基恩士有限公司),纳米粒度分析仪(英国 Malvcerv 公司),HJ-6 B 数显恒温磁力搅拌器(金坛区新瑞仪器厂),分析天平(精度 0.01g),恒温水浴锅(可控制在 50℃±1℃)。

1.2.2   蒸汽渗流实验

实验装置如图 2 所示,包含蒸汽发生器、高精度柱塞泵、中间容器、气体流量计、加热带、止回阀、四通阀、回压阀、烧杯等。其中,GL-1 型蒸汽发生器,由海安石油科研仪器公司生产,最大压力 25MPa,蒸汽最高输出温度为 350℃。泵入系统所用高精度柱塞泵为美国 Teledyne ISCO 公司的 100DX 型,最大输出压力 66MPa,最大输出流量 60mL/min,精度 0.001mL/min。气体流量计为 Brooks 公司的 SLA5850S 型,流量范围 0~50mL/min,精度 0.1mL/min。回压阀为海安石油科研仪器公司生产,精度 0.1MPa。

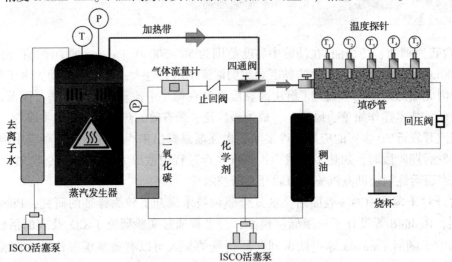

图 2   一维填砂管驱油试验装置图

填砂管由海安石油科研仪器公司生产,规格为 Φ1.5cm×60cm;填砂管上均匀分布 5 个测温点,5 个测温点分别位于距离入口 5cm、17.5cm、30cm、42.5cm 和 55cm 的位置处。为减小填砂管散热,填砂管内壁装有树脂隔热层。

1.3   实验步骤

1.3.1   蒸汽驱用洗油剂乳化原油效果

根据企业标准 Q/SH 1020 1519—2016 进行稠油降黏技术测试[6],分别从降黏率和乳状液性质两个方面测定。

1. 降黏率的测定

配制含 3%氯化钠和 0.3%氯化钙的盐溶液,用盐溶液将蒸汽驱用洗油剂配制成质量分数为 1%的溶液备用。

称取280g稠油油样于烧杯中，加入120g配制的样品溶液，放入50℃恒温水浴中，恒温1h。调节转速为250r/min，在恒温的条件下搅拌2min。在20s内迅速用旋转黏度计测定制备的稠油乳液，测得50℃时的黏度。

2. 稠油乳状液性质测定

称取蒸汽驱用洗油剂与蒸馏水用磁力搅拌的方法充分混合，配制成质量分数为0.1wt%、0.3wt%、0.5wt%的溶液。

将配制好的溶液与实验用油样按油水比1∶1的比例混合，得到乳状液体系。

将配制好的乳状液静置，待温度降低至室温后(25℃)，使用VHX 6000超景深三维显微系统观察乳状液的微观特征，设定显微镜放大倍数范围为50~500倍。并使用纳米粒度分析仪对乳状液的粒径频率分布进行研究。

1.3.2 蒸汽渗流实验

(1)制备好所需填砂模型，根据实验要求，设定回压0.1MPa，加热套设定65℃，使模型温度、压力达到恒定。

(2)设定蒸汽发生器温度为250℃，当填砂管和蒸汽发生器的温度达到稳定后，开始实验。按照实验设计参数注入蒸汽和非凝析气体，蒸汽注入速率以当量水计。

(3)为研究非凝析CO_2与蒸汽驱用洗油剂协同影响蒸汽驱替过程中的温度场变化，分别改变了蒸汽注入速度为0.5mL/min、1mL/min、1.5mL/min、3mL/min；改变蒸汽注入压力为0.5MPa、1MPa、2MPa、3MPa；改变CO_2注入速度为3mL/min、5mL/min、10mL/min；改变化学剂用量为0.1PV、0.2PV、0.3PV；进行蒸汽驱实验，驱替过程中，监测填砂管上温度变化，及产液情况。当填砂管上五个测温点的温度达到稳定后或产出液中含水率超过98%时，停止实验。

2 实验结果分析

2.1 蒸汽驱用洗油剂性能测定

2.1.1 降黏率测定结果

降黏前，稠油在50℃下的黏度为1213.7mPa·s；降黏后，稠油在50℃下的黏度为23.7mPa·s。按公式(1)计算降黏率[7]：

$$f=\frac{\mu_0-\mu}{\mu_0}\times100\% \tag{1}$$

式中　f——降黏率；

μ_0——50℃时稠油油样的黏度，mPa·s；

μ——加入降黏剂样品溶液后稠油乳液的黏度，mPa·s。

根据公式计算，蒸汽驱用洗油剂的降黏率为98.04%。

2.1.2 乳状液体系微观特征

由于加入蒸汽驱用洗油剂搅拌后的乳状液以油膜的形式覆盖于蒸馏水表面，因此判定乳状液类型为W/O型乳状液[8]。W/O型乳状液的连续相为稠油，在显微镜下观测到的油包水型乳状液如图3所示。分别观测质量分数为0.1wt%、0.3wt%、0.5wt%的蒸汽驱用洗油剂乳状液溶液，其乳状液微观分散特征如图3所示。

结果表明，随着表面活性剂浓度的增加，W/O乳状液粒径分布的峰值向左偏移，分散相油滴的粒径逐渐减小，粒度分布的标准差也逐渐减小。具体表现为当驱油剂浓度从0.1 wt%增加到0.5 wt%时，粒径分布的峰值由12.5 μm降低到7.5 μm。平均粒径由14.9 μm减小到7.8 μm。这是由于随着表面活性剂浓度的增加，表面活性剂对稠油的乳化效果变强，分散相小油滴的体积也越小。根据乳状液界面膜理论，乳状液体系粒径越小，乳状液越稳定[9]。

2.2 蒸汽渗流实验结果分析

2.2.1 蒸汽注入速度对蒸汽渗流的影响

分别改变蒸汽注入速度为0.5mL/min、1mL/min、1.5mL/min、3mL/min，统计不同注入速度下的填砂管温度分布，如图4所示。

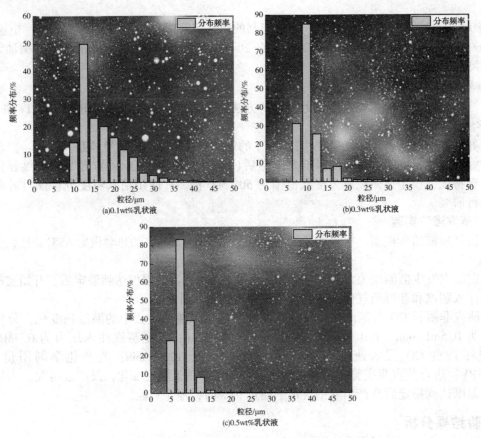

图3 不同表面活性剂浓度下 W/O 型乳状液粒径分布

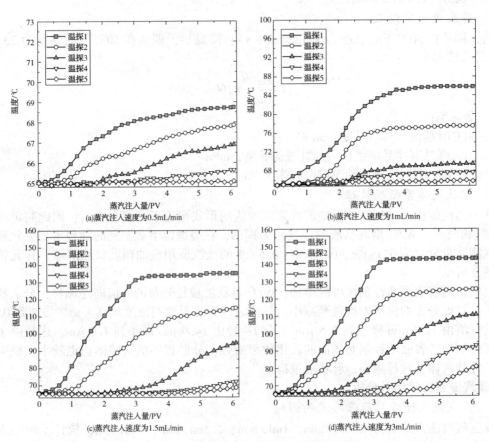

图4 填砂管温度分布随蒸汽注入速度的变化

从图4可以看到，蒸汽注入速度为0.5mL/min和1.0mL/min时，只有填砂模型入口处温度有明显的升高，蒸汽的热波及范围很小，即蒸汽携带的热量难以传递到模型深部，蒸汽热波及范围小。随着蒸汽注入速度增大至1.5mL/min，填砂管模型中后端逐渐开始被热动用。当蒸汽注入速度为3mL/min时，其热波及范围扩展到整个填砂模型，模型沿程温差较小，此时蒸汽注热强度增加且渗流速度增大，表明更多的热量被携带至模型深部，使得模型深部温度明显升高。

2.2.2 蒸汽注入压力对蒸汽渗流的影响

改变蒸汽注入压力为0.5MPa、1MPa、2MPa、3MPa，填砂管温度随蒸汽注入压力的变化如图5所示。

当蒸汽注入压力为0.5MPa时，温度沿程变化较小，整体填砂管蒸汽以汽态分布。当压力增加至1MPa时，温度沿程变化较大。压力继续增加，模型整体稳定温度低于蒸汽饱和温度，蒸汽转化为热水状态渗流，热焓大幅度减小，使得温度沿程温差加大。可以看出，随着蒸汽注入压力的升高，将蒸汽保持在汽态所需的饱和温度就会增加，使得蒸汽更易冷凝成水，使得热量无法传递至模型深部[10]。因此，为了使更多的热量被蒸汽以汽态携带至模型深部，需采用低压注入方式。

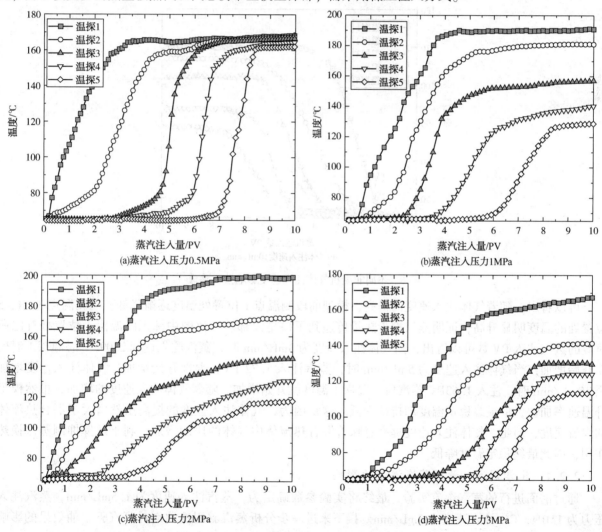

图5 填砂管温度分布随蒸汽注入压力的变化

2.2.3 非凝析气体注入速度对蒸汽渗流的影响

改变CO_2注入速度为3mL/min、5mL/min、10mL/min，填砂管温度随CO_2注入速度的变化如图6所示。

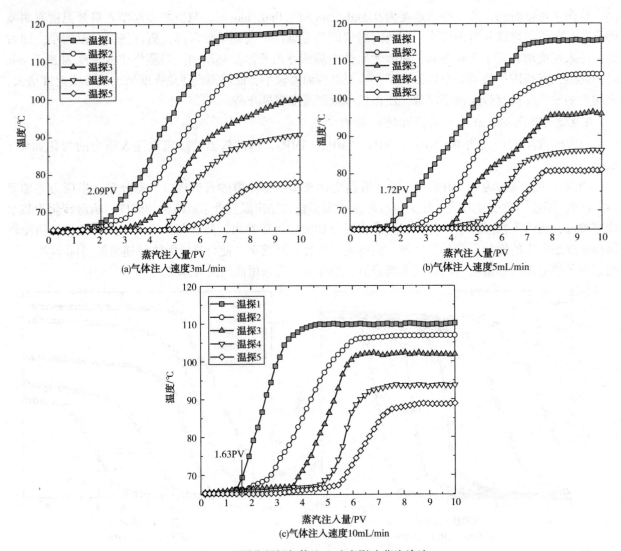

图6　不同非凝析气体注入速度影响蒸汽渗流

可以看出，随着气体注入速度的提高，模型前段测温点1位置处温度逐渐降低，但测温点3、4、5位置处的温度明显升高，证明蒸汽携带热量传递到了模型深部。对比图中标识的温探1位置处升温所对应的蒸汽注入PV数可以看出，当气体注入速度为3mL/min时，蒸汽注入达到2.09PV时温探1温度才开始增加；当气体注入速度为5mL/min时，蒸汽注入1.72 PV，温度开始增加；气体注入速度增加至10mL/min时，注入1.63PV蒸汽后，温探1温度就开始增加。随着气体注入速度的增加，虽然模型升温速率加快，但最终稳定温度却持续降低。这是因为，气体注入速度的提高虽然增大了混合热流体的渗流速度，但是，气体注入速度提高意味着混合热流体中气体的比例增加，利于发挥抑制蒸汽换热作用，因此最终稳定温度降低。

2.2.4　化学剂注入量对蒸汽渗流的影响

通过前面进行的蒸汽渗流实验，最终将实验参数确定为，蒸汽注入速度为1.5mL/min，蒸汽注入压力为1MPa，CO_2注入速度为5mL/min。接下来进一步分析蒸汽驱用洗油剂对蒸汽驱驱油效果的影响规律，分别改变化学剂注入量为0.1PV、0.2PV、0.3PV，实验参数如图7所示。

与纯蒸汽注入时相比，当注入蒸汽驱用洗油剂时，模型整体温度降幅较小，模型中后端分别升温3.8%、43.9%、57.5%、55.9%。可以看出，在测温点3、4、5位置处，蒸汽驱用洗油剂注入下的稳定温度较高。这是因为，注入的非凝析气体渗流能力较强，易为蒸汽开辟高渗通道，减小蒸汽渗流阻力。同时，蒸汽驱用洗油剂降低了稠油黏度，增强稠油流动性，使得蒸汽更多的渗流到模型深部。

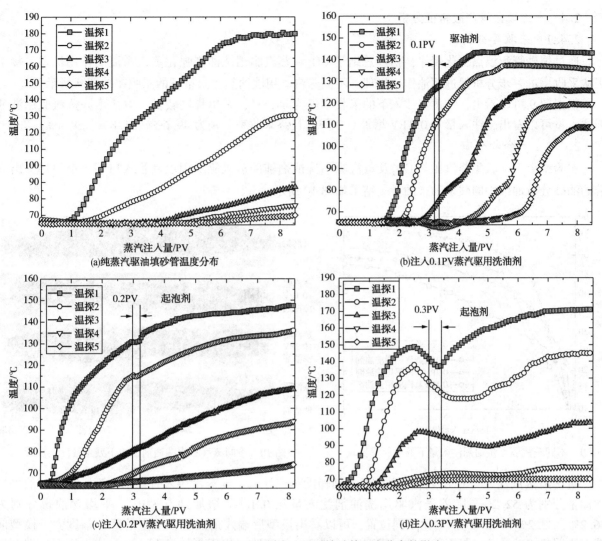

图 7　蒸汽驱用洗油剂注入量对填砂管温度分布的影响

　　根据图 7 可知，化学剂注入量对模型温度变化影响较大。由于化学剂为常温下注入，注入量越大，导致的降温过程就越长，影响后续温度攀升越严重。虽然随着化学剂注入量的增加，化学剂注入量为 0.1~0.2PV 时，对蒸汽温度传递的影响不大，当注入量增加至 0.3PV 时，温探 1 位置处温度有较大提升，但是其他温探点位置处的温度变化不太明显，且化学剂的用量选择还应结合后续采收率的提高程度综合选择。

2.3　蒸汽渗流沿程压力变化

　　根据乳化原油测试结果得到，蒸汽驱用洗油剂为 W/O 型乳状液。当蒸汽注入量达到 3 PV 时，转注蒸汽驱用洗油剂段塞。改变不同蒸汽驱用洗油剂注入量，研究驱替压差变化如图 8 所示。

　　实验结果表明，加入的蒸汽驱用洗油剂形成的 W/O 型乳状液使得驱替压差增高，且随着驱油剂段塞的增加，最大驱替压差增加，当驱油剂段塞从 0.1PV 增加至 0.3PV，最大驱替压差分别为 3.0MPa、3.3MPa、3.5MPa。W/O 乳状液中的表面活性剂可以降低与水相间的界面张力，提高水相在岩心中的渗流能力，提高驱油效率。

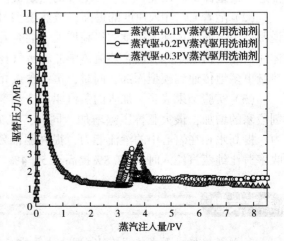

图 8　不同化学剂注入量下的驱替沿程压力变化

2.4 一维填砂管产液特征分析

2.4.1 采收率分析

通过填砂管测温点变化规律，初步总结了 CO_2 和蒸汽驱用洗油剂强化蒸汽渗流的作用机理。接下来从采收率进一步分析促进驱油作用机理。不同蒸汽驱用洗油剂注入量下的采收率如图9所示。

根据图9可以看出，纯蒸汽注入下的采收率仅为47.8%，采出程度较低。对比不同蒸汽驱用洗油剂注入量可以看出，注入量从0.1PV增加0.3PV，最终采收率分别为49.6%、51.8%、58.4%。

2.4.2 剩余油分布

实验结束后，收集蒸汽驱与 CO_2 及蒸汽驱用洗油剂辅助蒸汽驱所用填砂管入口端、中间端、出口端的油砂分析油砂中的残余油含油量。结果如图10所示。

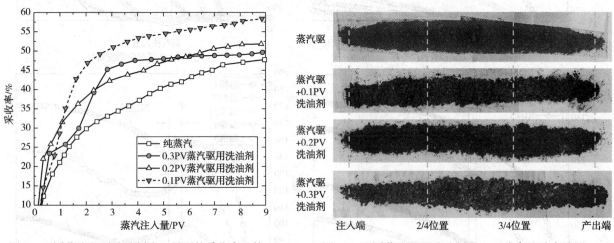

图9 不同蒸汽驱用洗油剂注入量下的采收率比较　　　图10 不同蒸汽驱用洗油剂注入下残余油砂实验图

对比纯蒸汽注入与 CO_2 及蒸汽驱用洗油剂辅助蒸汽注入，纯蒸汽注入时在四个不同位置处的平均含油量分别为52.2%。随着蒸汽驱用洗油剂注入量从0.1 PV增加到0.3 PV，平均含油量分别为36.2%、33.2%和32.4%。对比不同位置，可以看出模型后端残余油砂含油量的降低幅度大于模型前端，说明气 CO_2 及蒸汽驱用洗油剂对模型中后端驱油效率改善作用更加显著，这与增强模型后端升温效果相一致。

3 结论

（1）蒸汽热波及范围随蒸汽注入速度的增大而增大，随蒸汽注入压力的增大而减小。随着蒸汽注入压力的升高，将蒸汽保持在汽态所需的饱和温度就会增加，使得蒸汽更易冷凝成水，使得热量无法传递至模型深部。因此，为了使更多的热量被蒸汽以汽态携带至模型深部，需采用低压注入方式。

（2）随着 CO_2 注入速度的提高，虽然模型升温速率加快，但最终稳定温度却持续降低。以上现象说明，一方面气体注入速度的提高增大了混合热流体的渗流速度，使得模型升温增快；另一方面，气体注入速度提高意味着混合热流体中非凝析气体的含量增加，利于发挥抑制蒸汽换热作用，使得蒸汽热量更多地传递到模型深部，同时，蒸汽含量相对降低，因此最终稳定温度降低。

（3）实验结果表明，加入的蒸汽驱用洗油剂形成的 W/O 型乳状液使得驱替压差增高，且随着驱油剂段塞的增加，最大驱替压差增加。同时，W/O 乳状液中的表面活性剂可以降低与水相间的界面张力，提高水相在岩心中的渗流能力，提高驱油效率。使得 CO_2 及蒸汽驱用洗油剂辅助蒸汽驱的最终采收率对比纯蒸汽注入时从47.8%提高至58.4%。

参考文献

[1] 吕兴军. 热采开发技术在 JQ 稠油油藏的应用研究[D]. 大庆：东北石油大学，2017.

[2] Mohammadali A, Zhangxin C. Challenges and future of chemical assisted heavy oil recovery processes [J]. Advances in Colloid and Interface Science, 2020(275): 1-27.

[3] 陈民锋, 孙璐, 余振亭, 等. 稠油热力-表面活性剂复合驱对提高采收率的作用[J]. 断块油气田, 2012, 19(0z1): 57-60, 67.

[4] 李兆敏, 鹿腾, 陶磊, 等. 超稠油水平井 CO_2 与降黏剂辅助蒸汽吞吐技术[J]. 石油勘探与开发, 2011, 38(5): 600-605.

[5] 孙焕泉. 薄储层超稠油热化学复合采油方法与技术[J]. 石油与天然气地质, 2020, 41(5): 1100-1106.

[6] 陈涛平, 赵斌, 贺如. 二氧化碳-表活剂-蒸汽复合驱驱替方式优化[J]. 科学技术与工程, 2018, 18(26): 96-102.

[7] 吴海俊, 付美龙, 孙晶, 等. 稠油油藏三元复合驱参数优化实验研究[J]. 特种油气藏, 2018(4): 138-142.

[8] 蒋琪, 游红娟, 潘竟军, 等. 稠油开采技术现状与发展方向初步探讨[J]. 特种油气藏, 2020, 27(6): 30-39.

[9] 裴海华, 张贵才, 葛际江, 等. 塔河油田超稠油乳化降黏剂的研制[J]. 油田化学, 2010, 27(2): 137-140.

[10] 巢忠堂, 陈其荣, 刘爱武, 等. 注 CO_2 提高采收率机理室内研究[J]. 石油天然气学报, 2003, 25(s2): 66-67.

Quantitative Analysis on Resistant forces at Oil-Surfactant-Rock Interfaces through Dynamic Wettability Characterization

Qiaoyu Ge[*]   Tao Ma   Guanli Xu   Zengmin Lun

【Science and Technology Experimental Research Center,
Petroleum Exploration & Production Research Institute, SINOPEC】

Abstract: Adhesion of oil at rock surface plays an important role in the liberation of residual oil in micro-/nano-pores, especially for heavy oil that has extremely high viscosity. Although molecular dynamics simulation is widely used to study the interfacial interaction for some specific oil-water-rock systems, experimental measurements provide more realistic and reliable evidence. In this work, we propose a dynamic wettability characterization method to indirectly measure different resistant forces at oil-surfactant-rock interfaces, including frictional force, wettability hysteresis force, and viscous force, which are parallel to the oil-solid interface. The adhesive force, which is perpendicular to the oil-solid interface, is calculated through measurement of work-of-adhesion. Both static and dynamic wettability characterization experiments are conducted for oil-solid systems in different surfactant solutions to determine and evaluate these forces. The results show that work-of-adhesion can better describe the adhesion of oil at solid surface, rather than contact angle. And, the effect of surfactant concentration on work-of-adhesion is different for water-wet and oil-wet surfaces. Moreover, average viscous forces are calculated through force analysis on oil drops moving along solid surface in different surfactant environment. It is found that, viscous force has a magnitude comparable to the frictional force during the movement, while the wettability hysteresis force is negligible. On the other hand, the adhesive force calculated from work-of-adhesion is also comparable to the viscous force. Therefore, both the resistant forces parallel and perpendicular to the oil-solid interface should be minimized for the liberation of oil from rock surface. This work proposes a simple method to evaluate the wetting capability of different surfactant and measure the adhesive force between heavy oil and rock surfaces indirectly, which provides insight into the adhesion of heavy oil at rock surface and would be valuable for development of surfactant-based oil recovery methods.

Keywords: work-of-adhesion, adhesive force, viscous force, surfactant

Introduction

With the continuousproduction and consumption of conventional oil resources, heavy oil is becoming one of

* Address correspondence to: geqy. syky@ sinopec. com

the main energy resources in the world. The global reserve of heavy oil, extra-heavy oil, and natural bitumen is around 1×10^{11}t with annual production of 1.27×10^8t. The recovery of heavy oil is challenging, not only because of its high viscosity, but also due to the strong adhesion at oil-rock interface, and the complex formation environment. Since natural production for heavy oil is in-efficient, various attempts have been performed to enhance the recovery factor. The conventional and primary method for heavy oil recovery is steam injection, which makes a great reduction of oil viscosity. However, this method is becoming less efficient and more costly, especially for residual oil in reservoirs deeper than 1000m and/or thinner than 10m[1]. Surfactant-based chemical flooding is one of the main techniques for enhanced oil recovery (EOR) of heavy oil that is trapped in rock pores after water flooding[2],[3]. The main role of surfactant is to reduce interfacial tension at water - oil interface, meanwhile make the wettability of rock surface more water-wet, so the adhesion energy at oil-rock interface can be minimized.

In fact, wettabilityof the rock surface is one of the determining factors for efficient oil recovery, as well as reservoir geology, especially for oil production after the primary recovery stage. It was reported that oil recovery by water flooding can be increased by 15% once shifting from oil-wet to water-wet reservoir[4]. By testing the effect of wettability on oil recovery rate, Jadhunandan et. al.[5] claimed that instead of strongly-wet, the neutral-wet state behaves best in oil recovery by water flooding. Another work shows that reservoirs having mixed wettability also exhibits better oil recovery than purely water-wet reservoir during water flooding[6]. Wettability alteration can be achieved by increasing surface roughness[7],[8], coating surface with low-surface-energy materials[9], or immersion in surfactants[10],[11]. For the application in oil recovery, the most commonly used method is use of surfactant, which has been extensively reviewed and investigated[12]-[15]. Although it is agreed that water-wet reservoir is preferred to have higher recovery rate, the best level of water-wetness to reach optimum oil recovery is still under discovery[16].

Wettability is basically a result of interfacial adhesion. Strong adhesion at water-solid interface makes the surface more water-wet. Similarly, the adsorption of organic compounds at oil-rock interface makes the rock oil-wet. Recently, lots of works have been done to investigate the adsorption and adhesion of polar oil components on rock surface. The most commonly used methods include molecular dynamics simulation[17]-[22], and atomic force microscope (AFM)[23]-[27]. Meghwal et al.[28] studied adhesion of common heavy oil components on different rock surfaces, including carbonate, sandstone and clay. By molecular dynamics simulation, it was found that the adhesion at oil-rock interface is the highest for carbonate. Compared to electrostatic interactions, dispersion interaction is dominant in both carbonate and sandstone systems. Atomic force microscopy is another common approach to studying the interaction at oil-rock interface. Dickinson et. al.[26] introduced a custom-made oil-coated probe for atomic force spectroscopy, which is used to directly measure interfacial interactions between oil and rock surface in different liquid environment.

Although molecular dynamics simulation is widely used to study the interfacial interaction for some specific oil-water-rock systems, experimental measurements provide more realistic and reliable evidence. However, direct measurement of adhesion energy or adhesive force is challenging in such a complex surfactant-oil-rock system. In addition, the resistant forces for oil movement on rock surface also include frictional force, wettability hysteresis force, and viscous force. Especially, the viscous force is related to oil viscosity and moving velocity. It is thus not a constant and hard to be measured directly. In this work, an indirect measurement method for the resistant forces is proposed. Three types of surfactants with different concentrations are used to change the wettability of glass and sandstone surfaces. Both static and dynamic contact angles for the different oil-surfactant- solid systems are measured. Based on the static wettability measurement, work - of - adhesion is calculated for all the three-phase systems and compared to provide recommendation for future surfactant flooding work. Force analysis for the oil drop during mobility in the dynamic contact angle characterization is made to calculate frictional force, wettability hysteresis force, and viscous force, which are parallel to the moving direction. At the perpendicular direction, the adhesive forces are calculated from work-of-adhesion and compared with the other resistant forces.

Materials

Oil

Thecrude oil used in this work is obtained from a heavy oil reservoir of Henan Oilfield in China. The viscosity of the crude oil is $700 \sim 1000 mPa \cdot s$ at $60\,^{\circ}C$. To model the heavy oil at room temperature, the crude oil is mixed with kerosene with a ratio of $9 : 1$, so a model oil with viscosity of 700 mPa $\cdot$ s and density of 0. 9 g/cm^3 is obtained and used for all the aging and contact angle measurement experiments.

Water

To mimic the reservoir environment as close as possible, a model formation water is prepared with composites listed in Table 1, which has the same salinity with the formation water for the target reservoir.

Table 1   Composition of ions in the model formation water (unit: mg/L)

Name	Na$^+$	Ca^{2+}	Mg^{2+}	Cl$^-$
Concentration	4898	96	47	5184

Surfactant

The mechanism ofsurfactant adhesion on solid surfaces varies with solid type, surfactant type and concentration[29]. As sandstone surface is negatively charged, when water-wet sandstone surface is treated with low-concentration cationic surfactant, the positively charged head of the surfactant is attached to the surface with hydrophobic tail pointing out of surface, making the surface presents hydrophobic. By increasing concentration of the surfactant, a double adsorption layer is formed due to hydrophobic effect, resulting in a hydrophilic surface. When treated with anionic surfactant, the negatively charged hydrophilic head points out of the surface and makes the surface hydrophilic. For oil-wet surface, which is obtained by aging the clean surface in model oil, ion pairs are formed by the cationic surfactant and the adsorbed polar molecules at the surface, which further leads to the liberation of polar molecules and thus wettability alteration of the surface. When treated with anionic surfactant, the surfactant is adsorbed to the surface as double adsorption layer because of hydrophobic effect. Non-ionic surfactant is adsorbed to the surfaces by intermolecular forces or hydrogen bonding. By increase of concentration, the surfactant molecules distribute perpendicular to the surface and form a double adsorption layer. For positively charged carbonate rock surface, the adsorption mechanism of surfactant is opposite to that on sandstone, which is not described here. More details can be found in[11],[30].

Here, amphoteric surfactant cocamidopropyl betaine (CAB-35) is used because it presents both cationic and anionic properties. In addition, CAB-35 has great resistance to high temperature, high salinity, and environment with different pH, which makes it a good candidate for future thermal-chemical flooding work. For comparison, another two types of surfactant are selected. As we use sandstone as the solid phase, anionic and non-ionic surfactants are preferred to minimize adsorption loss. The name and molecular formula of the selected surfactants are listed in Table 2.

Table 2 Surfactant employed in this work

Name	Molecular formula	Molecular weight	Type
CAB-35	$RCONH(CH_2)_3N^+$ $(CH_3)_2CH_2COO^-$	342. 52	Amphoteric
OP-10	$C_{32}H_{58}O_{10}$	308. 46	Non-ionic
SAES-70	$RO(CH_2CH_2O)_nSO^{3-}Na^+$	377~450	Anionic

Solid surfaces

As the target reservoir is sandstone, we use both glass and sandstonecore slides to study the wettability alteration mechanism and measure oil-solid interfacial forces. Due to asphaltene or other polar components adsorption on rock surface, the wettability of sandstone could turn from water-wet to oil-wet. Therefore, both water-wet and oil-wet surfaces are considered here. The water-wet glass samples are clear glass slides for lab use. The water-wet sandstone surfaces are cut from natural Leopard cores with gas permeability of ~300mD. To minimize the effect of friction, the surfaces are polished before contact angle measurement. The oil-wet surfaces are obtained by aging the water-wet surfaces in model oil at 60℃ for 14 days.

Methods

All the contact angle measurement experiments are conducted with the contact angle system (OCA, Dataphysics), which is illustrated in Figure 1(a). As oil is lighter than the surfactant solution, captive bubble mode is applied to measure contact angle of oil on solid surface in surfactant environment. Actually, measuring water drop contact angle on solid surface in oil environment is theoretically easier to operate as inverse dispensing can be avoided. However, it is technically not appliable because crude oil is completely black, which makes the water drop invisible under optical camera. Therefore, inverse sessile drop mode must be used for such a heavy oil system. As shown in Figure 1(a), the solid surface is suspended in the surfactant solution, and the oil drop is dispensed from downside with a curved needle. The inclination of solid surface can be adjusted as demanded. For the static contact angle measurement, the solid surface is placed horizontally. As shown in Figure 1(b), the contact angle θ is measured when the oil drop is dispensed on the solid surface. For each oil-surfactant-solid system, contact angles for three drops are measured to take an average.

To calculate thework-of-adhesion at oil-solid interface, the interfacial tension between oil and surfactant solution γ_{wo} is also measured. Measurement of interfacial tension is performed with spinning drop tensiometer (TX500C, Kino).

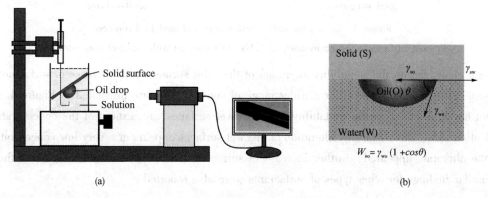

| (a) | (b) |

Figure 1 Schematics for (a) contact angle measurement system and (b) work-of-adhesion calculation

Considering the oil drop move on the solid surface by rolling instead of sliding, the resistant forces both parallel and perpendicular to the oil-solid interface arecalculated here. Dynamic contact angle measurements are

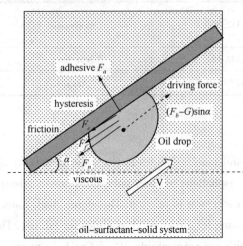

conducted to calculate resistant forces parallel to oil-solid interface through force analysis during the movement of the oil drop. Once dispensed, the oil drop moves upwards as the buoyancy force is greater than gravity. After getting in contact with the solid surface, the drop moves along the solid surface driven by buoyancy force as well. The resistant forces parallel to oil-solid interface include gravity, friction, wettability hysteresis force, and viscous force, while the main resistant force at perpendicular direction is adhesive force, as shown in Figure 2. The dispensing is controlled at a low rate to make the drop size as small as possible.

Figure 2　Schematic for force analysis for an oil drop in dynamic wettability characterization

Results and Discussion

Wettability alteration of different solid surfaces in CAB-35 surfactantwith different concentration is first studied. Figure 3 shows results of static contact angle measurements for different oil-solid interface in the environment of CAB-35 with different concentrations. When the measured oil contact angle θ (as shown in Figure 3a) is greater than 90°, the surface is water-wet, otherwise it is oil-wet. As shown in Figure 3a and b, both water-wet glass and core surfaces are maintained water-wet in the environment of CAB-35 surfactant. This means the adsorption of CAB-35 on the water-wet surfaces would not change the surface wettability dramatically. Oppositely, the oil-wet surfaces in Figure 3c and d are turned to water-wet in CAB-35 with concentration of 0.01 and 0.1wt%.

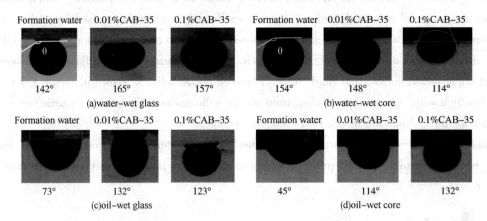

Figure 3　Images for static contact angles of model oil drop on different surfaces in the environment of CAB-35 surfactant with different concentrations

To have a clear idea on the wettability alteration of the solid surfaces with increase of surfactant concentration, the contact angle measurements for a wider range of concentration are presented in Figure 4. Apparently, the surfactant has little effect on the wettability of water-wet surfaces, regardless of the concentration (Figure 4a). On the other side, the wettability alteration of oil-wet surfaces appears at a very low concentration (Figure 4b). Once the alteration appeared, further increase of surfactant concentration would not affect the wettability any more. Similar findings for other types of surfactants were also reported.

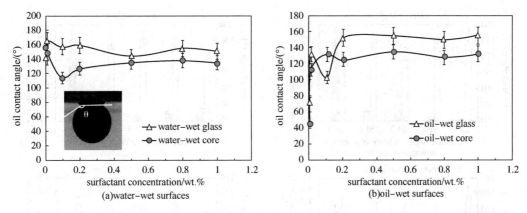

Figure 4　Wettability alteration of different solid surfaces with concentration of the surfactant

In addition to qualitatively show wettability alteration of the solid surfaces, the static contact angle measurement can also be used to calculate work-of-adhesion W_{os} at oil-solid interface in different surfactant environment. Work-of-adhesion is the work that must be done to separate two phases from each other. It is a function of interfacial tension and the contact angle and obtained by $W_{os} = \gamma_{ow}(1+\cos\theta)$. In fact, characterization of wettability should not be limited to the contact angle measurement. Work-of-adhesion is the parameter that can better describe the strength of adhesion between oil and solid surface. Generally, higher oil contact angle means more water-wet and thus lower adhesion strength. To better describe the wettability alteration of solid surfaces in different surfactant solution, work-of-adhesion at oil-solid interfaces for 5 different surfactants are calculated. The surfactant type and respective concentration are listed in Table 3. The interfacial tension between oil and surfactant solutions are measured and also included in Table 3, where the interfacial tensions are listed from lowest to highest intentionally for better comparison. Figure 5 shows the measured contact angles and calculated work-of-adhesion for water-wet/oil-wet glass and core surfaces immersed in different surfactant solutions. For all the four cases in Figure 5, the work-of-adhesion is highest at SF5 because of its high interfacial tension with the model oil. However, in some cases, the work-of-adhesion is lower regardless of the higher interfacial tension. For instance, in Figure 5c, compared to SF3, SF4 makes lower work-of-adhesion, although it has higher interfacial tension with oil. This is because work-of-adhesion is also affected by solid wettability. Similarly, for the same wettability (contact angle), work-of-adhesion can be different, referring to SF2 and SF5 in Figure 5d. Here, the key message is that work-of-adhesion combines the effects of interfacial tension and contact angle, making it a better evaluation criterion for wettability alteration and surfactant evaluation. In another word, the surfactant that can minimize work-of-adhesion, not interfacial tension or oleophilicity, is regarded as best candidate for wettability alteration and thus surfactant flooding. This also explains why the recovery rate of slightly water-wet surfactant is higher than that of strongly water-wet cases in some conditions[5],[31]. Based on this lowest-work-of-adhesion theory, the best candidate for surfactant flooding in water-wet core (Figure 5c) is SF1, while the one for oil-wet core (Figure 5d) is SF3.

Table 3　Surfactant type and concentration employed for calculation of work-of-adhesion
W_{os} and respective oil-surfactant interfacial tension.

#	Surfactant name	Concentration (wt. %)	Interfacial tension (mN/m)
SF1	CAB-35	0.01	0.6636
SF2	CAB-35	0.1	0.9031
SF3	CAB-35	0.5	1.021
SF4	OP-10	0.05	1.7534
SF5	SAES-70	0.05	2.488

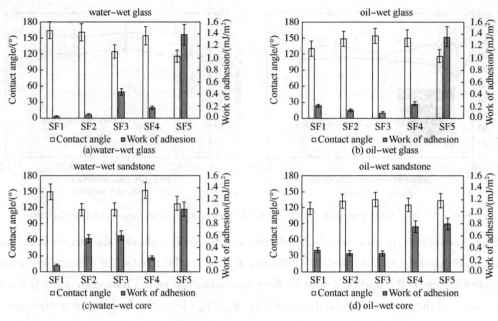

Figure 5　Wettability and work-of-adhesion for surfaces

To make further analysis on theforces applied on the oil drop during movement, experiments for dynamic wettability characterization are carried out. The solid surface is inclined and the mobility of drop on the surface is recorded for the case of CAB-35 at concentration of 0.01, 0.1, and 0.5wt.%, respectively. Figure 6 shows images of oil drops moving on glass surfaces immersed in CAB-35 surfactant and the displacement of the oil drops by time. The images are imported into ImageJ to measure the dimensions of the drops and displacement at specific time. The inclination of the sample surfaces is fixed at 18°, and view region and magnification of the camera are fixed as well for the ease of comparison. Once the oil drop gets in contact with the solid surface as shown in Figure 6(a) ~ (b), its position is recorded every 0.12s until it moves out of view. According to Figure 6c-d, the oil drops in surfactant solution at concentration of 0.01wt.% move the fastest for both the cases of water-wet and oil-wet surfaces. This is basically because the drop in these cases have a bigger size and thus larger initial velocity after dispensing. However, the parameter we care about is not the velocity, but the acceleration, which will be used to make force analysis. Based on the displacement recorded in Figure 6(c) ~ (d), the velocity and acceleration for each drop are calculated by taking the slopes.

As described in Figure2, the forces applied on the oil drop during movement on solid surface include buoyancy force, gravity, friction, hysteresis and viscous forces. The driving force of the movement is the difference between buoyancy force and gravity F_b-G, which can be calculated by $(\rho_w-\rho_o)g\,V_o$, where ρ_w and ρ_o are the density for surfactant solution and the oil drop respectively, V_o is the volume of the drop, which is calculated based on the size of the captured drops. The friction force F_f is calculated by multiplying the friction factor with the supporting force, which is the normal component of F_b-G. The roughness of the surface is ~0.12, which is measured by laser confocal scanning microscope (LSM800, Zeiss). The wettability hysteresis force is calculated by measuring the receding and advancing contact angles (θ_r, θ_a): $F_c=k\,\gamma_{ow}r_{tpc}(cos\,\theta_r-cos\,\theta_a)$, where k is a parameter that is close to 1, r_{tpc} is the radius of three phase contact line. According to force balance, the average viscous force is calculated by Eq. (1)

$$F_n=(F_b-G)sin\alpha-F_f-F_c+ma \tag{1}$$

where, α is the inclination, m is mass of oil drop, a is the acceleration. The calculated resistant forces are presented in Figure 7 for water-wet and oil-wet surfaces respectively.

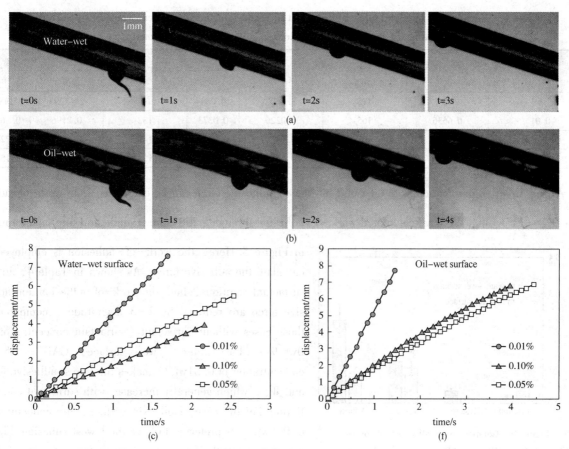

Figure 6　Time series of oil drop moving on (a) water-wet glass and (b) oil-wet glass surfaces in CAB-35 at
concentration of 0.5wt.%. Displacement of oil drop on (c) water-wet and
(d) oil-wet glass surfaces in CAB-35 with different concentrations

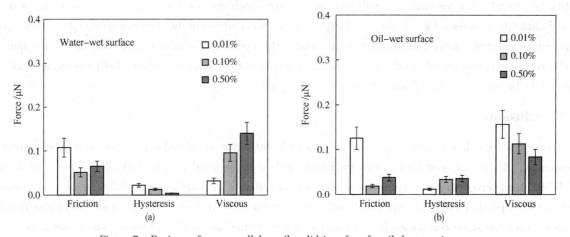

Figure 7　Resistant forces parallel to oil-solid interface for oil drop moving on
(a) water-wet and (b) oil-wet surfaces in CAB-35 solution at different concentrations

The comparison of the threeresistant forces in Figure 7 show that viscous force has a magnitude comparable to frictional force, while the wettability hysteresis force is the smallest for all oil-surfactant-solid systems. The frictional force is proportional to the difference between buoyancy and gravity, which are larger for bigger drops. Therefore, the magnitude of frictional force is related to the size of the drop. It is better to control oil drop size at a minimal in the experiments. The average viscous force shows different trends for water-wet and oil-wet surfaces. For water-wet surface, the viscous force is smallest at the surfactant concentration of 0.01wt.%, while it is smallest at concentration of 0.5wt.% for oil-wet surface.

Table 4 Work of adhesion and adhesive forces at oil-solid interface for water-wet/oil-wet surfaces immersed in surfactant solutions at different concentrations

Surfactant concentration (wt. %)	Interfacial tension (mN/m)	Water-wet surface			Oil-wet surface		
		Contact angle (°)	W_{os}(mJ/m²)	F_A(μN)	Contact angle (°)	W_{os}(mJ/m²)	F_A(μN)
0	15	115	8.6607	14.2844	65	21.3393	35.1956
0.01	0.6636	165	0.0226	0.0373	132	0.2196	0.3621
0.1	0.9031	161	0.0492	0.0812	149	0.1290	0.2264
0.5	1.021	125	0.4354	0.7181	155	0.0957	0.1578

At the direction perpendicular to oil-solid interface, adhesive force can be calculated from work-of-adhesion: $F_A = \frac{3}{2}\pi r_{tpc} W_{os}$. We have calculated work-of-adhesion through static contact angle and interfacial tension in Figure 5. Here, the work-of-adhesion is employed to calculate the adhesive forces. As shown in Table 4, in the surfactant solutions, both the work-of-adhesion and adhesive force are reduced by 2-3 magnitudes, compared to those cases without surfactant (surfactant concentration = 0wt.%). For water-wet surface, CAB-35 at concentration of 0.01wt.% makes the lowest adhesive force and W_{os}, which generally increases with surfactant concentration. For the case of oil-wet surface, the concentration of 0.5wt.% is preferred to have the lowest adhesion. Figure 8 compares all the four main resistant forces for an oil drop rolling on water-wet/oil-wet solid surfaces which are immersed in CAB-35 solution at concentration of

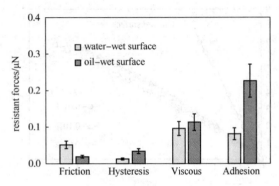

Figure 8 Comparison of all resistant forces for oil drop rolling on different surfaces immersed in CAB-35 solution at concentration of 0.1wt.%

0.01wt.%. Overall, the viscous and adhesive forces are dominant for both water-wet and oil-wet surfaces. Wettability hysteresis force is the smallest, which means that wettability has negligible effect on the parallel movement of such a heavy oil drop on rock surface. However, the relatively large adhesive force indicates wettability plays significant role in the perpendicular liberation of oil drop. Therefore, both viscous and adhesive force should be minimized for effective recovery of heavy oil.

Conclusions

Toquantitatively determine and evaluate various resistant forces at oil-solid interface in different surfactant environment, A dynamic wettability characterization method is proposed in this work. Both static and dynamic wettability characterization experiments are conducted for different oil-surfactant-solid systems to measure the resistant forces parallel and perpendicular to oil-solid interface. Work-of-adhesion at oil-solid interfaces are calculated from the static contact angle and interfacial tension measurement. The results show that work-of-adhesion can be relatively large for the cases where solid surface is strongly water-wet. This indicates work-of-adhesion can better describe the adhesion of oil at solid surface, rather than contact angle. It also explains the reported comments that recovery rate in slightly water-wet system can be higher than strongly water-wet system. Therefore, the surfactants that can minimize work-of-adhesion are recommended for surfactant flooding for water-wet and oil-wet cores respectively. Further, parallel resistant forces are calculated through force analysis on oil drops moving along solid surface in different surfactant environment. It is found that, viscous force has a magnitude comparable to the frictional force during the movement, while the wettability hysteresis force is negligible. At the perpendicular direction, adhesive force is calculated from work-of-adhesion, which shows similar magnitude as the viscous force. In sum, viscous force is the main resistant force for oil drop movement in the direction parallel to oil - solid interface, while adhesion plays dominant role in the perpendicular direction. This means, the surface wettability mainly affects oil liberation at the perpendicular direction. The findings and recommendations in this work will be applied in future surfactant flooding work for enhancing heavy oil recovery and reveal interconnection between wettability and residual oil liberation.

Acknowledgement

This work is financially funded by the National Key R&D Program Project of China (No. 2018YFA0702400).

References

[1] A. Shah, R. Fishwick, J. Wood, G. Leeke, S. Rigby, and M. Greaves, "A review of novel techniques for heavy oil and bitumen extraction and upgrading," *Energy Environ. Sci.*, vol. 3, no. 6, pp. 700 - 714, 2010.

[2] R. Nguele, K. Sasaki, Y. Sugai, H. Said Al-Salim, and R. Ueda, "Mobilization and displacement of heavy oil by cationic microemulsions in different sandstone formations," *J. Pet. Sci. Eng.*, vol. 157, pp. 1115-1129, 2017.

[3] M. S. Kamal, I. A. Hussein, and A. S. Sultan, "Review on Surfactant Flooding: Phase Behavior, Retention, IFT, and Field Applications," *Energy and Fuels*, vol. 31, no. 8, pp. 7701-7720, 2017.

[4] O. Wagner and R. Leach, "Improving oil displacement efficiency by wettability adjustment," Trans AIME, vol. 216, pp. 65-72, 1959.

[5] P. Jadhunandan and N. Morrow, "Effect of wettability on waterflood recovery for crude oil/brine/rock systems," in *Paper SPE 22597 prepared for presentation at the 66th Annual Technical Conference and Exhibition, Dallas, TX, 6-9 October*, 1991.

[6] R. Salathiel, "Oil recovery by surface film drainage in mixed-wettability rocks," *J Pet Technol*, vol. 25, pp. 1216-24, 1973.

[7] X. Chen, J. Wu, R. Ma, M. Hua, N. Koratkar, S. Yao, and Z. Wang, "Nanograssed micropyramidal architectures for continuous dropwise condensation," *Adv. Funct. Mater.*, vol. 21, no. 24, pp. 4617 - 4623, 2011.

[8] C. Zhu, G. Li, Y. Xing, and X. Gui, "Adhesion forces for water/oil droplet and bubble on coking coal surfaces with different roughness," *Int. J. Min. Sci. Technol.*, vol. 31, no. 4, pp. 681-687, 2021.

[9] Q. Ge, A. Raza, H. Li, S. Sett, N. Miljkovic, and T. Zhang, "Condensation of Satellite Droplets on Lubricant-Cloaked Droplets," *ACS Appl. Mater. Interfaces*, vol. 12, pp. 22246-22255, 2020.

[10] L. N. Nwidee, M. Lebedev, A. Barifcani, M. Sarmadivaleh, and S. Iglauer, "Wettability alteration of oil - wet limestone using surfactant - nanoparticle formulation," *J. Colloid Interface Sci.*, vol. 504, pp. 334-345, 2017.

[11] S. P. Mousavi, A. Hemmati - Sarapardeh, S. Norouzi - Apourvari, M. Jalalvand, M. Schaffie, and M. Ranjbar, "Toward mechanistic understanding of wettability alteration in calcite and dolomite rocks: The effects of resin, asphaltene, anionic surfactant, and hydrophilic nano particles," *J. Mol. Liq.*, vol. 321, p. 114672, 2021.

[12] O. Tavakkoli, H. Kamyab, M. Shariati, A. Mustafa Mohamed, and R. Junin, "Effect of nanoparticles on the performance of polymer/surfactant flooding for enhanced oil recovery: A review," *Fuel*, vol. 312, no. July 2021, p. 122867, 2022.

[13] O. Massarweh and A. S. Abushaikha, "The use of surfactants in enhanced oil recovery: A review of recent advances," *Energy Reports*, vol. 6, pp. 3150-3178, 2020.

[14] X. Han, M. Lu, Y. Fan, Y. Li, and K. Holmberg, "Recent Developments on Surfactants for Enhanced Oil Recovery," *Tenside Surfactants Deterg.*, vol. 58, no. 3, pp. 164-176, 2021.

[15] F. Ding and M. Gao, "Pore wettability for enhanced oil recovery, contaminant adsorption and oil/water separation: A review," *Adv. Colloid Interface Sci.*, vol. 289, p. 102377, 2021.

[16] M. Mohammed and T. Babadagli, "Wettability alteration: A comprehensive review of materials/methods and testing the selected ones on heavy-oil containing oil-wet systems," *Adv. Colloid Interface Sci.*, vol. 220, pp. 54-77, 2015.

[17] G. Wu, X. Zhu, H. Ji, and D. Chen, "Molecular modeling of interactions between heavy crude oil and the soil organic matter coated quartz surface," *Chemosphere*, vol. 119, pp. 242-249, 2015.

[18] N. Lu, X. Dong, Z. Chen, H. Liu, W. Zheng, and B. Zhang, "Effect of solvent on the adsorption behavior of asphaltene on silica surface: A molecular dynamic simulation study," *J. Pet. Sci. Eng.*, vol. 212, no. January, p. 110212, 2022.

[19] F. Liu, H. Yang, M. Yang, J. Wu, S. Yang, D. Yu, X. Wu, J. Wang, I. Gates, and J. Wang, "Effects of molecular polarity on the adsorption and desorption behavior of asphaltene model compounds on silica surfaces," *Fuel*, vol. 284, p. 118990, 2021.

[20] D. Ji, G. Liu, X. Zhang, C. Zhang, and S. Yuan, "Molecular Dynamics Study on the Adsorption of Heavy Oil Drops on a Silica Surface with Different Hydrophobicity," *Energy and Fuels*, vol. 34, no. 6, pp. 7019-7028, 2020.

[21] Y. Bai, H. Sui, X. Liu, L. He, X. Li, and E. Thormann, "Effects of the N, O, and S heteroatoms on the adsorption and desorption of asphaltenes on silica surface: A molecular dynamics simulation," *Fuel*, vol. 240, no. October 2018, pp. 252-261, 2019.

[22] M. Ahmadi, Q. Hou, Y. Wang, and Z. Chen, "Interfacial and molecular interactions between fractions of heavy oil and surfactants in porous media: Comprehensive review," *Adv. Colloid Interface Sci.*, vol. 283, p. 102242, 2020.

[23] K. Voïtchovsky, J. J. Kuna, S. A. Contera, E. Tosatti, and F. Stellacci, "Direct mapping of the solid-liquid adhesion energy with subnanometre resolution," *Nat. Nanotechnol.*, vol. 5, no. 6, pp. 401-405, Jun. 2010.

[24] I. C. Chen and M. Akbulut, "Nanoscale dynamics of heavy oil recovery using surfactant floods," *Energy and Fuels*, vol. 26, no. 12, pp. 7176-7182, 2012.

[25] S. Yesufu-Rufai, M. Rücker, S. Berg, S. F. Lowe, F. Marcelis, A. Georgiadis, and P. Luckham, "Assessing the wetting state of minerals in complex sandstone rock in-situ by Atomic Force Microscopy (AFM)," *Fuel*, vol. 273, p. 117807, 2020.

[26] L. R. Dickinson, B. M. J. M. Suijkerbuijk, S. Berg, F. H. M. Marcelis, and H. C. Schniepp, "Atomic Force Spectroscopy Using Colloidal Tips Functionalized with Dried Crude Oil: A Versatile Tool to Investigate Oil? Mineral Interactions," *Energy and Fuels*, vol. 30, no. 11, pp. 9193-9202, 2016.

[27] J. Fruzzetti, "The Effect of Hydrochloric Acid Strength on the Nanometer-Scale Dissolution Topography of Calcite Crystal Surfaces," vol. 9, pp. 32-36, 2013.

[28] B. Meghwal, N. Rampal, and A. Malani, "Investigation of adhesion between heavy oil/bitumen and reservoir rock: A molecular dynamics study," *Energy and Fuels*, vol. 34, no. 12, pp. 16023-16034, 2020.

[29] B. F. Hou, Y. F. Wang, and Y. Huang, "Mechanistic study of wettability alteration of oil-wet sandstone surface using different surfactants," *Appl. Surf. Sci.*, vol. 330, pp. 56-64, 2015.

[30] K. Jarrahian, O. Seiedi, M. Sheykhan, M. V. Sefti, and S. Ayatollahi, "Wettability alteration of carbonate rocks by surfactants: A mechanistic study," *Colloids Surfaces A Physicochem. Eng. Asp.*, vol. 410, pp. 1-10, 2012.

[31] P. P. Jadhunandan and N. R. Morrow, "Effect of wettability on waterflood recovery for crude-oil/brine/rock systems," *SPE Reserv. Eng.*, vol. 10, no. 01, pp. 40-46, 1995.

多元热复合驱改善稠油流动能力实验研究

唐永强　葛巧玉　张锁兵　伦增珉　周　霞　马　涛　齐义彬

【中国石油化工股份有限公司石油勘探开发研究院】

摘　要： 稠油通常具有原油黏度大，胶质沥青质含量高，水驱采收率低等特点。多元热复合驱能够充分利用热、化学剂和气体的协同作用，有效提高稠油流动能力、改善润湿性，从而提高稠油采收率。为了明确多元热复合驱降黏驱油机理，本文自主研发了一套可视化多元热复合驱实验系统，开展多元热复合驱实验并结合激光共聚焦显微镜对实验流体的乳化特征及岩心进行分析。发现蒸汽驱容易形成黏度更高的油包水型乳化液，而在化学体系作用下更容易形成低黏的水包油型乳化液，来提高原油的流动能力。CO_2驱可以形成泡沫油，后期采出液出现明显的组分分离现象，说明CO_2起到溶解降黏及抽提组分的作用。研究了降低残余油在岩石表面的粘附力的机理，直观观测了表活剂自发剥离残余油的过程，结果表明，表活剂能够降低界面张力促进纳米级前驱膜的形成，增加了前驱膜的厚度，降低前驱膜推进的阻力，加快剥离残余油。本研究进一步明确了多元热复合驱提高稠油采收率的机理，为多元热复合驱的应用和推广提供理论基础。

关键词： 多元热复合驱；稠油；乳化液；前驱膜

1　研究背景及意义

稠油是一种重要的石油资源，全球稠油地质储量约为 $8150 \times 10^8 t$。中国的稠油资源十分丰富，在 12 个盆地发现了 70 多个稠油油田，探明储量超过 $40 \times 10^8 t$，是世界第四大稠油生产国。随着常规原油储量的减少，稠油资源的开发变得越来越重要。

中国稠油主要以蒸汽吞吐为主要开发方式，但中国稠油沥青质含量较低，而胶质含量高，稠油黏度较高，流动困难，容易形成指进[1]，采收率普遍较低。目前，大部分老油田已经过高轮次蒸汽吞吐，进入高含水开发阶段，蒸汽吞吐加热半径无法扩大，部分区块产量已降至经济极限。蒸汽驱、热水驱、SAGD、火驱等技术也用于稠油开采，但通常受到黏度差异导致的指进、汽窜和蒸汽超覆现象的影响[2]。稠油多元热复合驱技术有望成为高效开发稠油的接替技术。

稠油多元热复合驱技术将耐高温的化学剂、气体等驱油体系随热流体一同注入地层，发挥热效应的同时削弱汽窜的影响，进一步提高稠油采收率[1]。有学者认为高温蒸汽和表面活性剂可以参数蒸汽泡沫来抑制汽窜，提高稠油采收率[3]。Pang 等[4]发现蒸汽泡沫驱可以抑制来自重力覆盖的蒸汽注入和油藏中的蒸汽窜流，是一种有效地提高采收率方法。研究发现高降黏剂浓度、高含水率和低盐度有利于形成稳定的水包油乳液，热复合有利于油的分散和进一步降低黏度[5]。有学者研究乳化作用在稠油油藏中的应用[6]，发现油包水乳状液的黏度随含水率从 20% 增加到 40%，并用于调剖来扩大波及体积

基金项目：国家自然基金联合基金项目"难采稠油多元热复合高效开发机理与关键技术基础研究"（U20B6003）。

作者简介：唐永强(1983—)，男，中国石油大学(北京)油气田开发工程专业博士研究生。E-mail：Tangyq. syky@ sinopec. com

和采收率。Dong 等[7]通过微观实验研究了碱驱提高稠油采收率的机理。注碱后形成油包水乳状液提高黏度堵塞高渗水道,改变孔壁润湿性,从而提高波及效率和驱油效率。继续注碱形成水包油型乳液,使稠油分散到水相中,被水携带流出。

目前,多元热复合驱技术已在国内多个稠油油田试验开发中获得成功[8],但对多元热复合体系提高稠油渗流能力机制的认识仍建立在对稠油热采、化学驱及气驱机理的基础上,对热、剂、气复合作用的机理研究较少,对热、剂、气复合体系协同作用提高流动能力尚不清楚。因此,本文紧扣多元热复合驱提高稠油流动能力机制的关键问题,开展多元热复合驱的驱油机理研究,稠油微观特征与宏观渗流机制相结合明确多元热复合驱提高稠油流动能力机理。

(a)可视化多元热复合驱实验系统

(b)莱卡激光共聚焦显微镜

(c)安东帕流变仪

图 1　多元热复合驱实验装置

2　实验装置及方法

2.1　实验装置

为了明确多元热复合体系提高流动能力机理,自主研发了一套可视化热复合驱实验系统,见图1(a)。该装置具有耐温 350℃、耐压 70MPa,能够实现了蒸汽驱、热化学驱、热+气驱、蒸汽+气驱、热剂气复合驱等多种注入方式,从而为深入研究多元热复合驱技术的降黏机理提供技术支持。通过与激光共聚焦显微镜相结合对流体进行分析,能够得到采出液的微观特征、荧光法分辨轻重组分及三维成像,见图1(b)。安东帕流变仪能够在 40MPa 和 200℃ 的条件下测定流体的流变性,见图 1(b)。

2.2　实验材料

本文优选滨南油田郑 364 区块为研究对象,开展多元热复合驱实验研究。实验所用原油为取自郑 364-XN363 井的脱气脱水稠油,原油的黏温曲线如图 2 所示。实验所用的化学驱油体系为胜利油田提供的高温化学驱油体系。实验所用气体为纯度 99.9% 的 CO_2。

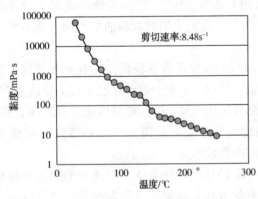

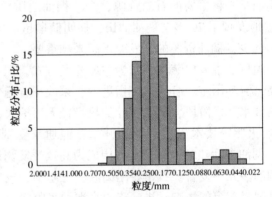

图 2　郑 364-XN363 井原油黏温曲线

实验所用的渗流模型为渗透率 $3\mu m^2$ 左右的填砂模型,激光粒度仪测定的粒度如图 2 所示。由于郑 364 区块储层为水敏疏松砂岩,填充物除了 95%wt 的石英砂(30~170 目,峰值 60 目)还包括 5%wt 的蒙脱石(200~400 目)。

2.3　实验方法及步骤

2.3.1　非稳态驱油实验

设计了非等温非稳态 250℃ 高温驱替实验,来研究各类热复合驱过程中稠油的宏观渗流特征和微观结构特征。具体步骤包括:

（1）根据实验要求制备好所需的填砂模型，抽真空、饱和水，结合体积法和称重法计算模型的孔隙度，水测渗透率。

（2）回压增至3MPa，设定模型及油容器的初始温度为50℃，保持初始温度恒温饱和油，并计算束缚水饱和度。

（3）根据实验要求制备好所需的化学驱油体系，设定蒸汽发生器温度250℃，利用冰水混合的方式保持采出端回压阀的温度为0℃，保持回压3MPa，将热驱油体系以0.5mL/min的速度注入实验模型，计量采出液及注采压差，并观测模型内的剩余油的状态。

（4）在模型的采样口利用玻璃片对实验流体进行采样，通过激光共聚焦显微镜对液样进行观测来分析流体的微观特征。

2.3.2 稳态驱油实验

为了进一步分析乳状液的流变特性，需人工配制乳液。传统的乳化性能评价实验是通过人工搅拌来模拟地层下的剪切乳化过程，但前期激光粒度仪测试发现搅拌获得的乳状液，离散相的粒径偏大。为了更好地模拟地层流体的微观特征，在温度250℃、不同油水(汽)比例下开展疏松砂岩模型的等温稳态驱替具体步骤如下：

（1）根据实验要求制备好所需的填砂模型，抽真空，饱和水，饱和油。

（2）设定回压为3MPa，设定蒸汽发生器和填砂模型温度为250℃，保持采出端回压阀的温度为0℃，按照所需的含水率比例，将热复合驱油体系和原油同时注入填砂模型，等模型两端压差稳定，取采出液样品。

（3）在温度50℃，剪切速率7.34s⁻¹条件下，利用安东帕流变仪测定流体的流变性，利用激光共聚焦显微镜观测采出液的微观特征进行观测。

3 实验结果与讨论

3.1 各热驱油体系驱替特征分析

为了研究热、剂、气协同作用提高稠油流动能力的机理，基于相同的粒度分布的填砂模型，在250℃和3MPa条件下分别开展了蒸汽驱、热化学驱、蒸汽驱后热化学驱、热+CO_2驱、蒸汽+CO_2驱及热剂气复合驱实验。实验结果如表1和图3所示。

表1　热驱油体系的驱替实验结果

驱替方式	束缚水饱和度/%	驱油效率/%	残余油饱和度/%
水驱(50℃)	15.523	21.363	66.430
蒸汽驱	15.440	44.866	46.621
热化学驱	15.803	90.118	8.320
蒸汽驱后热化学驱	15.349	83.726	13.776
热+CO_2驱	15.213	39.337	51.434
蒸汽+CO_2驱	15.259	49.303	42.961
热剂气复合驱	15.485	98.607	1.177

结果表明，50℃下原油黏度达1610.13mPa·s，稠油与岩心之间的黏滞力较强，水驱的驱油效率仅为21.36%。250℃蒸汽驱的驱油效率达44.86%。前期研究证明郑364原油的高黏度是由以胶质为主的极性分子在电场力作用力下缠结形成的复杂大分子团结构引起的。稠油的介电常数随温度升高而降低，证明了热作用能够降低电场力来改善稠油流动能力。因此，蒸汽驱能够通过携热来降低稠油黏度，250℃下稠油黏度降至155.35mPa·s，能够有效提高驱油效率。但见水后含水率显著增加，由于驱替前缘的黏度差距较大，油汽流度比较低，容易形成汽窜通道，如图4所示，驱替模型局部形成了窜流通道。形成汽窜会使油相的驱动力明显降低，是影响蒸汽驱稠油流动能力的主要机制。

热化学驱驱油效率远高于纯蒸汽驱，驱替20PV后的驱油效率可达到90.12%。热化学驱在驱替前

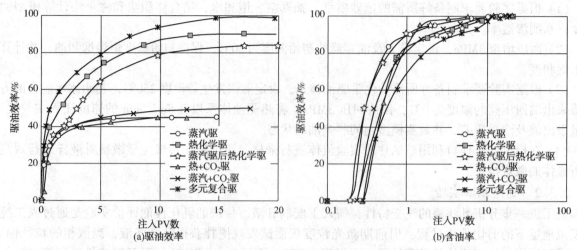

图3 不同热驱油体系驱替实验结果图

图4 不同热驱油体系驱替实验后模型对比(上部为出口)

期就对汽窜产生了一定抑制,见汽时间明显比蒸汽驱晚,热化学驱的驱油效率显著提高,模型的入口及中部的驱油效率较高,后期可以见到汽窜通道,并能观测到小油滴向出口运移和聚并成较大油滴后被水相携带采出的现象,如图4所示。蒸汽驱后热化学驱可将驱油效率从蒸汽驱见水时的29.6%提高至83.8%。由于蒸汽驱见水时,形成了气窜通道,对热化学驱仍然产生影响,不利于扩大微观驱油效率。

热+CO_2驱与蒸汽驱的驱油效率相似,仅为39.34%。主要原因是郑364区块的地层压力仅3MPa,未进行焖井的情况下削弱了CO_2的溶解降黏能力,以CO_2携热的媒介的携热效果相对较差。如图4所示,可以观测到气窜通道形成,气窜同样是影响热+CO_2驱稠油流动能力的主要机制。蒸汽+CO_2驱要好于蒸汽驱和热CO_2驱,驱油效率达49.30%,主要机理是气水两相渗流的情况下,能够抑制气窜的形成。热剂气复合驱的效果最好,甚至达到98.61%。多元热复合驱能够在一定程度上抑制窜流通道的形成,从而提高稠油的驱替能力,提高稠油的流动能力。因此,本文从热作用、乳化作用、CO_2作用及调剖作用等角度来讨论热复合驱提高稠油流动能力的基质。

3.2 乳化作用提高流体流动能力机理研究

通常认为乳化作用是化学方法提高流体流动能力的主要机理[1-4]。为了明确乳化作用提高流体流动能力机理,对采出流体进行取样并利用激光共聚焦显微镜对采出流体的乳化特征进行分析,见图5。

图5(a)为蒸汽驱的实验过程,蒸汽驱初期的采出液含水较少,油相未发生乳化;见水后油相存在乳化现象,以油包水型为主,相对于热水驱,蒸汽驱的离散水相的粒径更小且粒度分布范围较宽;随着含水率的提高,仍以油包水型为主,水相大液滴容易聚并,小液滴较稳定,90℃静置容易油水分离,水相破乳比油相明显;含水率超过98%后,油相以较大颗粒分布于水相中。图5(b)为热化学驱的实验过程,浓度0.5%的热化学驱油体系可使乳化液以水包油型为主,说明热化学驱的乳化液黏度更低,性

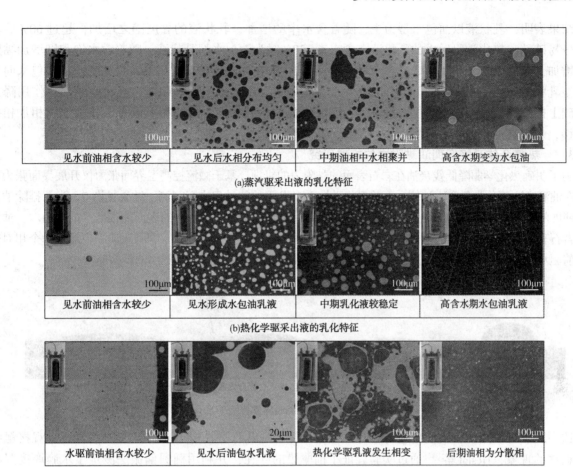

见水前油相含水较少　见水后水相分布均匀　中期油相中水相聚并　高含水期变为水包油

(a)蒸汽驱采出液的乳化特征

见水前油相含水较少　见水形成水包油乳液　中期乳化液较稳定　高含水期水包油乳液

(b)热化学驱采出液的乳化特征

水驱前油相含水较少　见水后油包水乳液　热化学驱乳液发生相变　后期油相为分散相

(c)蒸汽驱后热化学驱采出液的乳化特征

图 5　蒸汽驱及热化学驱乳化特征分析

质更稳定，90℃静置不易破乳，热复合驱采出液水相乳化现象更明显，破乳难度更大。蒸汽驱后热化学驱的实验过程见图 5(c)，蒸汽驱见水后以油包水型乳化为主，开展热化学驱后乳化液类型发生相变，从油相向水相转变，出现 W/O/W 型的乳化液，后期随着含水饱和度的增加，变为水包油型乳化液。化学降黏体系的 HLB 值通常较大，热化学驱倾向于形成水包油型乳化液，从而降低乳化液黏度，提高稠油流动能力。因此，在热与化学体系协同作用下形成水包油型乳化液是提高流体流动能力的重要机理。

　　由于非稳态驱替实验的流体样品为瞬时状态，采集的流体样本较少，难以定量研究乳化对黏度的影响。通过稳态驱来模拟地下乳状液的状态，并用安东帕流变仪测定采出液的黏度，结果见图 6(a)。

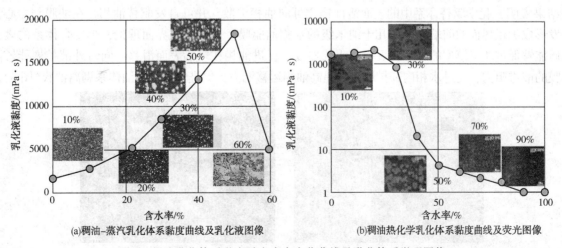

(a)稠油–蒸汽乳化体系黏度曲线及乳化液图像　　(b)稠油热化学乳化体系黏度曲线及荧光图像

图 6　稠油乳化体系黏度随含水率变化曲线及乳化体系微观图像

结果表明，乳状液以油包水型为主，随着含水率的增加，乳状液的黏度随之增加，超过60%后乳状液极易破乳。热化学驱形成的乳化液在含水率<20%时为油包水型乳状液，随着含水饱和度增加黏度逐渐增加，有助于扩大波及效率。含水率>30%后乳化液在高温降黏剂作用下发生相变，从油包水向水包油型乳状液转化，黏度显著下降，随着含水率增加，黏度逐渐下降。因此，热化学驱在热作用降黏的基础上提高稠油流动能力的主要机理为：形成水包油型乳状液，将油相形成分散相被连续相水相携带运移，来提高油相的驱油效率。

3.3 热复合体系降低稠油黏附力的机理研究

为了明确热化学驱降低残余油在岩石表面的黏附力的机理，基于微流控高温界面张力仪开展界面张力实验，在油滴旁边滴化学复合驱油体系，并对化学体系自发驱油的过程进行观测，结果见图7。为了排除油滴自行铺展的影响，需等待油滴在水湿的岩心表面平铺并达到稳定。用于油相的表面能很低、内聚力弱，油滴可在岩石表面铺展。在油滴的一侧滴一滴化学驱油体系，可以观测到水相从一侧剥离油滴，形成一个相对较厚的前驱水膜，研究发现提高温度和增加化学驱油体系浓度有助于提高水相剥离油膜的速度。

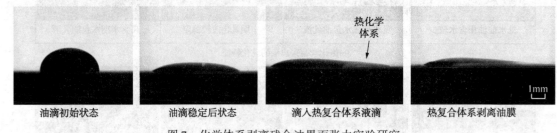

图 7　化学体系剥离残余油界面张力实验研究

这一现象可以用前驱膜模型进行解释。Hardy最早提出前驱膜构想来解释在油水岩石表观接触线前缘运移的现象，Heslot等[12]通过实验验证了前驱膜的存在，并利用椭圆偏振法测定了水膜厚度只有1μm。之后很多学者研究了水相自发剥离油相的力学机制[13]，测定了不同矿物表面的水膜厚度，并普遍认为界面张力越强越容易形成前驱膜。随着化学驱及热化学驱的应用，人们发现表面活性剂降低界面张力能够加速剥离油膜。因此提出了扩散界面理论和相场模型[14]，认为在表面活性物质可在接触线前缘局部富集并向接触线扩散形成尖锐界面，在电场作用下在岩石和油相之间形成缓冲层，来促进油相在岩石表面滑移。温度提高有提高表面活性及在油水界面的扩散速度，同时助于降低油相滑移的阻力来提高。有学者[15]认为岩石表面的粗糙程度是影响油膜黏附能力的主要因素，而热复合体系有助于在岩石表面形成缓冲膜来降低剥离油膜的阻力。

为了进一步验证接触线前缘剥离油膜的力学机制，开展基于激光共聚焦显微镜的微观自发驱油实验，对热复合体系剥离油膜的过程进行直观观测，并基于激光共聚焦显微镜三维重构测定水膜厚度。检测结果表明，化学驱替体系中的表面活性物质可向油相扩散，并可自发驱替油相，在油膜与岩心片之间自发形成尖锐界面的前端厚度达几十纳米级的水相前驱膜。基于扩散界面理论，热复合体系的表面活性物质能够促进相场模型的外部扩展提高水膜厚度，促进油相在岩心表面滑移。同时外部扩展能够降低前驱膜的前进阻力，促进水相内部扩展，来提高油相运移能力，促进热化学驱油体系剥离油膜(图8)。

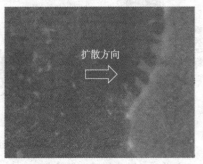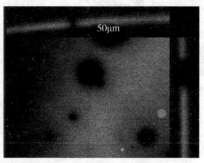

图 8　热复合体系形成尖端达十纳米级的前驱膜促进剥离岩石表面的油膜

因此，表活剂能够降低界面张力并促进前驱膜的形成，在热复合体系作用下增加了前驱膜的厚度，形成缓冲膜来减小岩石表面粗糙度引起的黏滞阻力，降低前驱膜推进的阻力，加快剥离残余油。

3.4 油溶性气体溶解、抽提作用对流体流动能力的影响机理研究

CO_2、CH_4、天然气等油溶性气体在稠油中溶解，能够稀释稠油中的极性分子，降低稠油内的电场力，从而降低油相黏度。可溶气体还具有抽提稠油饱和分、改变储层润湿性、改善储层渗透率、形成泡沫油等作用来影响稠油在地层中的流动能力。为了明确可溶性气体的微观作用机理，对热+CO_2驱及蒸汽+CO_2驱的采出流体进行取样并利用激光共聚焦显微镜对采出流体的乳化特征进行分析，结果如图9(a)所示。

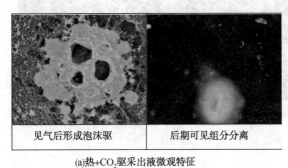

见气后形成泡沫驱	后期可见组分分离

(a)热+CO_2驱采出液微观特征

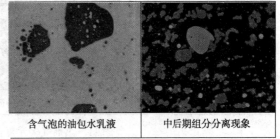

含气泡的油包水乳液	中后期组分分离现象

(b)蒸汽+CO_2驱采出液的乳化特征

图9 CO_2与稠油作用的微观特征分析

热+CO_2驱前期的采出液脱气后可以观测到产生泡沫。对油滴进行检测，可见内部仍存在大量气泡，并且局部可以观测到沥青质荧光颗粒，粒径在$10\sim50\mu m$，初步认为是在CO_2注入模型后，在稠油中溶解来改善稠油流动能力，采出后油相脱气CO_2将部分轻组分萃取到气相中，导致了沥青质沉积，并聚合形成的小颗粒。在气驱见气后，气油比迅速增加形成气窜。此时采出井收集到的液滴中重组分含量增加，液滴在玻璃片表面运动后，有沥青质荧光颗粒滞留在玻璃表面，粒度小于$10\mu m$。在取样玻璃片表面还可观测到较暗的轻组分小液滴，粒度小于$10\mu m$，应该是CO_2降压同时体积膨胀后降温，使溶解于CO_2的轻质组分在玻璃表面凝析，形成的小液滴。因此，CO_2能够在稠油中溶解，提高稠油流动能力。

由于郑364原油Ghloum胶体不稳定性指数为0.747，处于$0.7\sim0.9$之间，稠油胶体稳定性不确定[11]。利用正庚烷滴扩散法分析郑364-XN363原油稳定性，结果如图10所示，当溶剂达到油相体积的4倍时原油轻重组分开始分离，说明郑364-XN363原油胶体稳定性较差，在CO_2作用下容易发生组分分离。CO_2能抽提稠油中的轻质组分，有利于轻组分的运移，短期对提高稠油流动能力有利，但同时滞留的稠油重组分增加，降低了剩余油的流动能力，从长期会使流动能力下降。

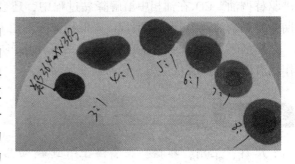

图10 滴扩散法测定郑364-XN363原油的稳定性

蒸汽+CO_2驱结果如图9(b)所示，前期采出液的连续相为油相，离散的水相液滴相对较大，气相以气泡的形式分布于油相和水相中，且气泡的尺寸明显比水相小。水相中可见离散油相却几乎没有气泡，可能的原因是降压后溶于水相的CO_2很容易与水相分离，因此观测不到水相中的气泡。CO_2降低了油水间的界面张力，使部分油相进入水相，水相中的气泡几乎都是油气混合状态，降压后CO_2从水相分离，将萃取的油相残留在水相中。说明蒸汽+CO_2驱过程中CO_2在稠油中的溶解度量更大，能够起到溶解降黏的作用，且可能存在泡沫油的作用，但泡沫油的作用有所削弱。蒸汽+CO_2驱的后期，水相变为连续相，离散油相分布于水相中。图9(b)可见驱替后期离散油相的荧光程度不同，说明CO_2导致了稠油组分分离。其中较暗的轻质原油数量增加，说明抽提作用提高了轻组分的流动能力，但也说明有

很多重组分在岩心中滞留。

热剂气复合驱结果如图 11 所示，初期就可以形成水包油型乳液来提高流动能力，且出现了组分分离现象，说明 CO_2 在油相中溶解降黏，并抽提稠油中的轻组分，中期水包油型乳状液，重组分含量高的液滴的粒径更大，轻组分含量高的油滴粒径更小，聚集后没有聚并成大油滴，因此形状不规则。后期随着含水率的增加，离散油相中重组分的比例明显增加。主要是因为重组分分子极性较强，有助于形成乳状液。总体来看，热剂气复合驱的机理包括溶解作用、乳化作用、抽提作用和一定调剖作用，且驱替后期 CO_2 抽提作用有助于提高乳化作用，提高稠油流动能力。

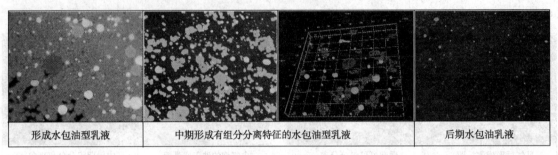

| 形成水包油型乳液 | 中期形成有组分分离特征的水包油型乳液 | 后期水包油乳液 |

图 11　热剂气多元复合驱采出液的乳化特征

4　结论

自主研发了一套可视化热化学驱实验系统，开展热化学驱实验并结合激光共聚焦显微镜对实验流体的乳化特征及岩心进行分析，取得如下认识：

蒸汽驱容易形成黏度更高的油包水型乳化液，而热化学驱更容易形成低黏的水包油型乳化液，来提高稠油的流动能力。

利用激光共聚焦显微镜研究降低残余油在岩石表面的黏附力的机理，直观观测了表活剂自发剥离残余油的过程，结果表明，表活剂能够降低界面张力促进前驱膜的形成，增加了前驱膜的厚度达纳米级，降低前驱膜推进的阻力，加快剥离残余油。

蒸汽驱和 CO_2 驱容易发生汽（气）窜，使油相的驱动力下降，蒸汽+CO_2 驱有助于抑制气窜，从而促进驱替稠油。CO_2 在油相中溶解降黏过程中，还会引起原油组分分离，短期有助于轻组分运移，但长期会使剩余油重组分含量增加，降低稠油流动能力。

热剂气复合驱的机理包括溶解作用、乳化作用、抽提作用和一定调剖作用，且驱替后期 CO_2 抽提作用有助于提高乳化作用，提高稠油流动能力。

参考文献

[1] 廖辉，王刚，邓猛，等 . 海上普通稠油热-化学驱研究探索[J]. 当代化工，2021，1（50）：200-203.

[2] Liao H., Wu T., Deng M., et al. Research Progress of Mechanism and Application of Thermochemical Flooding Technology for Improving Heavy Oil Recovery[J]. Contemporary Chemical Industry，2019(11)：2623-2625，2629.

[3] Zheng D, Yuan B, Moghanloo RG, et al. Analytical modeling dynamic drainage volume for transient flow towards multi-stage fractured wells in composite shale reservoirs[J]. Journal of Petroleum Science and Engineering，2016，149：756-64.

[4] Pang Z, Liu H, Zhu L. A laboratory study of enhancing heavy oil recovery with steam flooding by adding nitrogenfoams[J]. Journal of Petroleum Science and Engineering，2015，128：184-93.

[5] Lu C., Liu H., Zhao W., et al. Experimental investigation of in-situ emulsion formation to improve vis-

cous-oil recovery in steam-injection process assisted by viscosity reducer[J]. SPE Journal, 2017, 22 (01): 130-137.

[6] Sun Z., Pu W., Zhao R., et al. Study on the mechanism of W/O emulsion flooding to enhance oil recovery for heavy oilreservoir[J]. Journal of Petroleum Science and Engineering, 2022, 209: 109899.

[7] Dong M., Liu Q., Li A. Displacement mechanisms of enhanced heavy oil recovery by alkaline flooding in amicromodel[J]. Particuology, 2012, 10(3): 298-305.

[8] 李敬, 杨盛波, 张瑾. 超稠油热化学复合体系影响因素实验研究[J]. 科学技术与工程, 2014, 33 (14): 41-45.

[9] 王增林, 张民, 杨勇, 等. 稠油热化学驱过程中影响因素及其交互作用对采收率的影响[J]. 油气地质与采收率, 2017, 24(1): 5.

[10] Wang X., Wang X., Lei L., et al. Effect of in Situ Formed Emulsions on Enhanced Extra-Heavy Oil Recovery by Surfactant Flooding[J]. IOP Conference Series: Earth and Environmental Science, 2021, 702(1): 012046 (8pp).

[11] Guzmán R., Ancheyta J., Rodríguez S. Methods for determining asphaltene stability in crude oils [J]. Fuel, 2017, 188: 530-543.

[12] Heslot F., Cazabat A. M., Levinson P. Experiment on Wetting on the Scale of Nanometers: Influence of the Surface Energy[J]. Physical Review Letters, 1990, 65: 599-601.

[13] Yuan Q., Shen W., Zhao Y. Physical mechanics investigations of moving contactlines[J]. Advances in Mechanics, 2016, 46: 201608.

[14] Xu X., Di Y., Yu H. Sharp-interface limits of a phase-field model with a generalized Navier slip boundary condition for moving contact lines[J]. Journal of Fluid Mechanics, 2018, 849: 805-833.

[15] Wu P., Wang G., Pang S. A phase-field model for multilayeredheterostructure morphology[J]. Materials Science Forum, 2019, 944: 788-794.

低渗稠油油藏渗流特征
与提高采收率对策研究

邢丽洁　曹亚明　彭　通　郑家朋　刘丹江

【中国石油冀东油田分公司钻采工艺研究院】

摘　要：冀东油田柳1断块低渗稠油油藏常规水驱开发注入困难，地层亏空严重，产量递减快，水驱动用程度差。针对油藏开发存在问题，开展低渗油藏地下流体渗流特征室内实验分析，通过数模计算筛选合适的开发方式。通过二氧化碳驱、二氧化碳+降黏剂驱、氮气驱和压裂技术数模，筛选出降黏剂驱+油井化学吞吐最佳驱替方式。

关键词：流体物性分析；数值模拟；筛选优化

1　引言

柳赞油田柳1断块 Es_3^{2+3} Ⅲ油组稠油油藏具有储层纵向非均质性强、原油黏度高等特点，生产中表现为注入井注入压力高、油井含水上升快，急需开展综合治理研究。文章从室内实验和数值模拟两方面开展分析。该油组原油物性特殊：原油黏度高、凝固点高、生产中容易析蜡，通过开展地下流体高压物性分析、原油组分分析、原油析蜡热特性参数测定、长岩心普通稠油水驱物模等实验，研究地下流体性质。通过数值模拟，进行开发方式与井网适应性评价，对驱替介质进行了筛选与优化。

2　室内实验研究

2.1　地下流体物性分析

（1）地面脱气原油黏度测定

黏度是反映流体流动性能的重要参数之一，与温度存在规律性关系。认识稠油的黏温特性对热采油田的开发和数值模拟非常重要。通过 Brookfield LVDV-Ⅲ+流变仪测定从恒温箱内取出50℃的经脱水脱砂处理的地面原油经自然降温和升温过程脱气原油黏度变化，在不同温度下的脱气原油黏度如图1所示，对于高温下，脱气原油黏度数据单独处理，用于预测地层温度下脱气原油黏度（图2）。

由图1和图2可知，稠油黏度对温度有很强的敏感性，随着温度升高，稠油黏度显著降低。这是由于稠油这种多相混合物液体，大分子固体颗粒(如沥青质)的大小、分布情况、在液体中的浓度以及胶质含量、饱和烃成分等相互间的动量交换、缔结长大、排列方式对其黏度影响较大。

作者简介：邢丽洁(1982—)，2007年毕业于中国石油大学(北京)石油工程专业，目前在冀东油田钻采工艺研究采收率工程技术所从事提高采收率技术研究工作，高工。E-mail：jdzc_xinglj@petrochina.com.cn

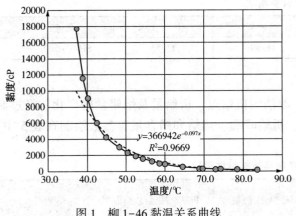

图1 柳1-46黏温关系曲线

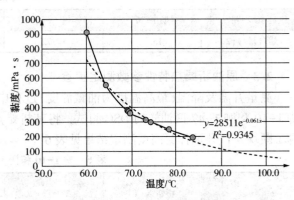

图2 柳1-46高温黏温关系曲线

2.1.2 地层原油PVT高压物性测定

脱气原油与油井伴生气，按照生产气油比，配制成含气地层原油，然后进行含气地层原油的高压物性参数PVT物性的测定。测试地层原油的泡点压力、压缩系数、热膨胀系数，溶解气油比、黏度、地层原油密度等参数，见表1。

表1 柳1-46地层流体物性分析汇总

溶解气油比 GOR	$29.95 \text{m}^3/\text{m}^3$
地层油体积系数 B_o（98.6℃，27.6MPa）	1.34
地层油密度 ρ_{of}（98.6℃，27.6MPa）	$0.7283\text{g}/\text{cm}^3$
单脱死油密度 ρ_o（20℃，0.1MPa）	$0.9452\text{g}/\text{cm}^3$
泡点压力 P_b	19.31MPa
泡点压力下原油压缩系数 C_o	$2.255\times10^{-3}\text{MPa}^{-1}$
热膨胀系数 α_o（27.6MPa 从75.0℃到97.8℃）	$0.7283\times10^{-3}\text{K}^{-1}$
地层油黏度（98.9℃，27.59MPa）	$51.24\text{mPa}\cdot\text{s}$

2.2 原油组分分析

2.2.1 原油平均相对分子质量测定

按标准SH/T 0619—1992采用冰点降低法测定原油的平均相对分子质量。柳1-26、柳1-46、柳1-47和柳1-10原油平均相对分子质量测定结果见表2。

表2 原油平均相对分子质量

油样	柳1-26	柳1-46	柳1-47	柳1-10
平均相对分子质量	442.2	457.8	433	522.3

2.2.2 原油中蜡、胶质和沥青质含量的测定

原油四组分和蜡含量测定结果，分别见表3和表4。

表3 原油四组分测定

测试项目	柳1-26	柳1-46	柳1-47	柳1-10	测试方法
沥青质/wt%	6.95	7.05	4.72	9.89	SH/T 0509—92
胶质/wt%	19.12	20.41	20.33	24.5	SH/T 0509—92
芳香分/wt%	19.66	20.38	19.85	21.13	SH/T 0509—92
饱和分/wt%	47.39	47.24	47.63	36.58	SH/T 0509—92
合计/%	93.12	95.08	92.53	92.1	—

表4 原油蜡含量测定

测试项目	柳 1-26	柳 1-46	柳 1-47	柳 1-10	测试方法
蜡含量/wt%	15.6	17.72	16.89	15.53	SH/T 0509—992

2.3 原油析蜡热特性参数测定实验

测量升温及降温（最高温度为油藏温度）过程中，原油的析蜡点、析蜡量及熔蜡量的变化；经过对柳 1-10 和柳 1-47 两油样的 DSC 测试，将其析蜡点、析蜡峰温、热焓和蜡含量等参数绘制在表 5 中。柳 1 断块 4 口井油样凝固点测定结果见表 6

表5 柳 1-10 和柳 1-47 油样析蜡特性参数

项目 油样	析蜡点/℃	析蜡峰温/℃	析蜡热焓/(J/g)	析蜡高峰温度区间/℃	熔蜡点/℃
柳 1-10	46.62	17.33	17.80	8~18	53.40
柳 1-47	53.56	22.30	22.37	3~31	62.08

表6 柳 1 断块 4 口井油样凝固点测定结果

测试项目	柳 1-26	柳 1-46	柳 1-47	柳 1-10
凝固点/℃	32.5	41.6	36.4	35.1

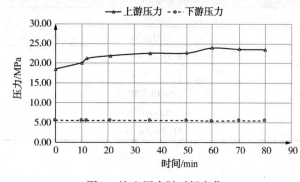

图3 注入压力随时间变化

2.4 长岩心普通稠油水驱物模实验

实验要求模拟地层温度和采出井的平均温度，测试水驱过程中，岩心的温度、压差、渗流能力的变化。

第一个实验，岩心渗透率 12.04mD，流度系数 0.283mD/(mPa·s)，注采压差高达 12.88MPa，压力梯度 20.31MPa/m（岩心长度 0.63m），流量只有 0.01mL/min，几乎不流动（图3）。

第二个实验，岩心渗透率 18.59mD，流度系数为 0.438mD/(mPa·s)，注水可以进行；水驱油效率近 70%，油相渗透率下降缓慢（图4）。

第三个实验，岩心渗透率 99.0mD，流度系数 1.98mD/(mPa·s)，注水可以进行。水驱油效率近 67%，油相渗透率下降缓慢，水相渗透率增幅较大。

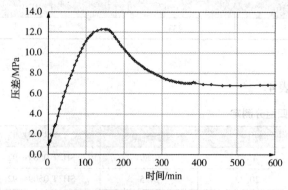

图4 岩心两端压差与时间变化关系曲线

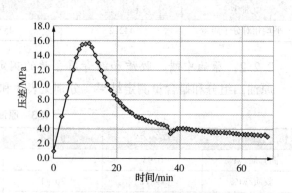

图5 岩心两端压差与时间变化关系曲线

可见实验 3 含水率缓慢上升，实验 2 含水率上升较快。渗透率低、流度低是造成注水困难的主要原因。

3 数值模拟研究

3.1 开发方式与井网适应性评价

分别评价现有井网下的注水开发和注气开发方式下的开发效果，在优化出的开发方式下继续优化调整井网组合。截取 L1-48 井组建立地质模型，三注一采井网，注采井距为 200m，角点网格系统，网格数 52×65×100=338000。在目前含油饱和度条件下进行注采参数优化。综合考虑经济和技术指标，气驱+降黏剂交替注入方案采油效果最好，见图 6~图 8 及表 7。

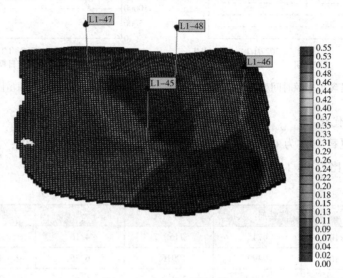

图 6 L1-48 典型井组模型

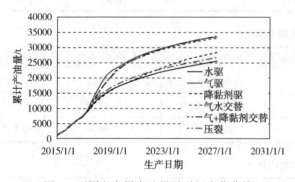

图 7 不同方案累产油量随时间变化曲线

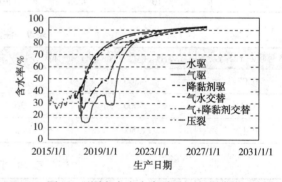

图 8 不同方案含水率随时间变化曲线

表 7 综合治理方式优选

序号	方案	注气量/m³	注降黏剂量/m³	增油量/10⁴t	提采/%	投入产出比
方案一	气驱	0.2	—	10512.4	6.11	1∶3.50
方案二	降黏剂驱	—	0.2	5299.2	3.08	1∶4.18
方案三	气水交替驱	0.2	—	10118.4	5.88	1∶3.55
方案四	气驱+降黏剂交替	0.1	0.1	10671.7	6.20	1∶4.08
方案五	压裂	—	—	1719.2	1.00	1∶1.74

3.2 驱替介质优选与优化

研究天然气/氮气/二氧化碳与原油的作用机理及优缺点，优选出合适的驱替介质，配套筛选出增效剂，优化注入方式、注入量、注入时机、生产制度等注采参数。

3.2.1 注入气体类型优选

综合考虑经济和技术指标，CO_2+降黏剂交替注入方案采油效果最好（图9、图10）。

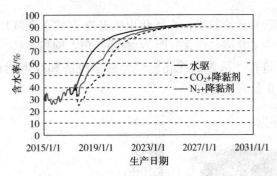

图9 不同方案含水率随时间变化曲线

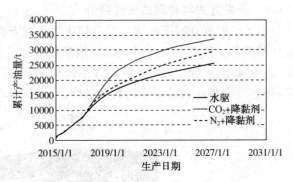

图10 不同方案累产油量随时间变化曲线

3.2.2 施工参数优化

参数优化结果，驱替方式为 CO_2+降黏剂交替注入；注入量为0.2HCPV；注入速度0.1HCPV/a；CO_2 段塞与降黏剂段塞比为1:1；交替周期1个月，见表8~表11。

表8 注入量优选

注入量/HCPV	气体注入量/Nm³	降黏剂注入量	增油/t	提高采收率/%	换油率	综合指数
0.1	$1.64×10^6$	4745	7150.7	4.16	1.03	4.29
0.2	$3.28×10^6$	9490	10916.6	6.35	0.69	4.38
0.25	$4.11×10^6$	11863	11303.5	6.57	0.57	3.76
0.3	$4.93×10^6$	14235	10571.3	6.15	0.45	2.74

表9 注入速度优化

注入速度/(HCPV/A)	气体注入速度/(Nm³/d)	降黏剂注入速度	增油/t	提高采收率/%	备注
0.05	4500	15	8659.6	5.03	
0.1	9000	30	10616.6	6.17	
0.15	13500	45	3363.9	1.96	气窜关井

表10 段塞比优选

CO_2:JNJ	气体注入量/Nm³	降黏剂注入量/m³	增油/t	提高采收率/%	投入产出比
1:2	$2.18×10^6$	14235	10062.3	5.85	1:4.05
1:1	$3.28×10^6$	9490	10616.6	6.17	1:4.08
2:1	$4.92×10^6$	6326	10687.3	6.21	1:3.89

表11 交替周期优选

交替周期/月	增油/t	提高采收率/%
1	10616.6	6.17
2	10490.9	6.10
3	10326.0	6.00
4	8970.8	5.22

3.2.3 吐工艺参数优化

按照同样的优化方法，对第2、第3、第4轮次工艺参数进行优化，参考增油量和换油率指标，无须吞吐第4轮(表12)。

表12 吞吐工艺参数优化结果

吞吐轮次	1	2	3	4
注入速度/(t/d)	100	100	100	100
注入天数/d	10	11	12	14
焖井时间/d	30	30	30	30
吐阶段采液速度/(m³/D)	20	20	20	30
吐阶段采液天数/d	150	150	150	100
累计产油/t	698	615.8	584.5	561.7
吐阶段平均日产油/(t/m³)	4.65	4.11	3.90	3.74
累计增油/t	275	192.8	161.5	138.7
换油率/(t/t)	0.275	0.193	0.162	0.139

3.2.4 效果及指标预测

产油 11.6×10^4 t，累计增油 5.58×10^4 t，提高采收率4.49%(图11~图13)。

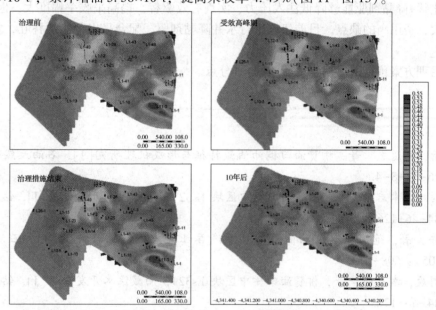

图11 柳1断块 Es_3^{2+3} Ⅲ油组稠油油藏剩余油饱和度分布图

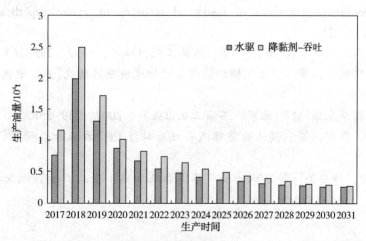

图12 年产油随时间变化

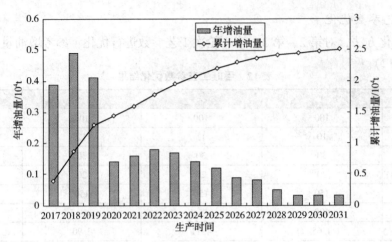

图 13　年增油量随生产时间变化

4　结论

（1）原油黏度大、储层物性差是造成油藏注水困难、水驱开发效果差的主要原因。

（2）二氧化碳+降黏剂驱能够降低注入压力、实现有效驱替，提高采收率幅度大，但存在二氧化碳腐蚀防治难度大、费用高的缺点。目前建议进行水井降黏剂驱，配合采出井化学吞吐，实现有效注水，提高采油速度。

（3）综合治理方案预计采收率提高 4.49 个百分点。

参考文献

[1] 方度，贾倩，刘道杰，等. 柳赞油田稠油油藏特征与形成机理研究[J]. 石油天然气学报，2014，36(06)：26-31+3-4.

[2] 冯梅芳，刘欢，幸启威，等. 柳赞油田柳中区块 Es32+3 油藏注水开发分析[J]. 钻采工艺，2009，32(03)：44-46+126.

[3] 吴向红，许安著，范海亮. 稠油油藏过热蒸汽吞吐开采效果综合评价[J]. 石油勘探与开发，2010，37(05)：608-613.

[4] 冯梅芳，刘欢，幸启威，等. 柳赞油田柳中区块 Es32+3 油藏注水开发分析[J]. 钻采工艺，2009，32(03)：44-46+126.

[5] Fengrui Sun, Chunlan Li, Linsong Cheng, Shijun Huang, Ming Zou, Qun Sun, Xiaojun Wu. Production performance analysis of heavy oil recovery by cyclic superheated steam stimulation [J]. Energy, 2017, 121.

[6] 刘文章. 稠油注蒸汽热采工程[M]. 北京：石油工业出版社，1997，235-265.

[7] 刘东，李云鹏，张风义，等. 烟道气辅助蒸汽吞吐油藏适应性研究[J]. 中国海上油气，2012，24(S1)：62-66.

[8] 叶仲斌. 提高采收率基础[M]. 北京：石油工业出版社，2007，239-258.

[9] 沈德煌，张义堂，张霞，等. 稠油油藏蒸汽吞吐后转注 CO_2 吞吐开采研究[J]. 石油学报，2005(01)：83-86.

[10] 何聪鸽，穆龙新，许安著，等. 稠油油藏蒸汽吞吐加热半径及产能预测新模型[J]. 石油学报，2015，36(12)：1564-1570.

普通稠油微界面驱油技术研究与应用

李晓佳　刘高华　张崇刚　赵　辉　鄢　雄

【辽河油田金海采油厂】

摘　要：针对普通稠油油藏弱凝胶调驱后期面临的注入压力高、液量下降幅度大、驱替效果变差等系列难题，应用微界面驱油技术改善水驱开发效果，通过室内实验评价驱油剂主要性能指标，优化设计注采参数，率先开展 4 个井组现场试验，高峰期日增油 17.6t，含水下降 6.0%，油井见效率 82%，井组自然递减率下降 19.1%，预计采收率提高 3.1 个百分点。微界面驱油技术的研究与应用为改善海外河油田调驱后期开发效果提供了可靠的技术支持，其成功做法对同类油藏优选调驱接替技术具有借鉴意义。

关键词：稠油；弱凝胶调驱；微界面驱油技术；采收率

海外河油田是以注水开发为主的普通稠油油藏，由于油水黏度比大、储层非均质性强，主力油层已形成水流优势通道，注入水低效或无效循环[1]。2010 年，在海外河油田主力区块海 1 块开展弱凝胶调驱，有效改善了水驱开发效果。2015 年步入调驱后期，注入井陆续完成主段塞注入，井组产量下滑，递减加大，亟须后续接替技术进一步提高采收率。通过室内实验筛选评价适合油藏特点的驱油体系，开展 4 个井组微界面驱油技术现场试验，取得较好的增油降含水效果，为海 1 块调驱井组下步调整方向提供有利依据。

1　油藏基本情况

海外河油田位于辽河断陷盆地中央凸起南部倾没带南端，其注水主力区块海 1 块为 2 条断层夹持的断鼻构造，构造简单、平缓，地层倾角为 3°～8°，油藏埋深为 1650～2100m，含油面积为 5.9km²，石油地质储量为 1227×10⁴t。2010 年实施整体调驱，目的层为东营组二段，平均油层有效厚度为 11.2m，油层分布较稳定，连通系数达到 87%。储层属于三角洲前缘沉积体系，平均有效孔隙度为 29.1%，平均空气渗透率为 633×10⁻³μm²。50℃地面脱气原油黏度为 496mPa·s，属于普通稠油。

海 1 块于 1989 年 7 月依靠天然能量，采用 300m 井距、三角形井网投入开发，1990 年 6 月进行边部温和注水开发，并通过部署加密调整井，砂层连通系数由 300m 井距的 55.8% 增至 220m 井距的 76.8%。1999 年开始细分层系全面注水开发，采用不规则面积注水，平均井距为 180m。油藏步入"双高"开发阶段，注水三大矛盾突出，水驱效果变差。2010 年实施整体调驱，累计实施 29 个井组，高峰期日产油量为 271t。截至 2015 年 6 月，调驱井陆续完成设计注入量，产量递减加大，对应 83 口油井，77 口正常生产，日产液量为 1387m³，日产油量为 171t，含水率为 87.6%，采油速度为 1.01%，采出程度为 42.5%，标定采收率为 47.5%。

2　微界面驱油技术研究

2.1　聚解剂微界面驱油技术原理

中高渗砂岩油藏在水驱开发接近末期时，可以通过化学驱进一步提高油藏采收率，改善油藏高含

作者简介：李晓佳（1980—），女，高级工程师，2003 年毕业于中国地质大学石油工程专业，现从事油藏开发管理工作。E-mail：lixiaojia-jmgs@petrochina.com.cn

水、低采油速度的开发现状[2-6]。微界面驱油技术属于化学驱技术范畴，其驱油体系由单一的高分子表活剂组成。一方面，该体系同时具有降黏剂和表活剂的功能，既可以降低原油黏度，又能实现剥离原油和洗油的功能。另一方面，该体系具有增稠的功能，可以增加水相的黏度。所以，微界面驱油技术是利用高分子驱油体系双向改善流度比的作用，达到提高采收率的目的。

2.2 室内实验及关键指标评价

作为一项提高采收率新技术，从2012年10月开始，对微界面驱油体系进行研究与评价。实验室主要针对海1块 d_2 段原油性质开展了降黏性、乳化性、界面性等大量实验，各项指标评价较好（表1）。

表1 驱油体系关键指标室内实验评价结果

主要性能	室内实验条件	评价结果
降黏性	①原油黏度530mPa·s ②油水比7:3~1:9 ③驱油剂浓度0.2%	降黏率70%~96.9%
乳化性	浓度0.02%~0.2%，放置3h	乳化系数0.59~0.91
分散性	地层温度下静置0.5h	自扩散（原油被分散为粒状小油滴）
界面性	驱油剂浓度大于0.05%	界面张力 10^{-1}~10^{-3}mN/m
驱油性	①驱油剂浓度0.1%~0.2% ②含水80%~98.3%	驱油效率增幅10.72%~20.56%

（1）降黏性。室内实验采用油样的黏度为530mPa·s，驱油体系浓度0.2%，将二者按不同比例混合进行降黏性研究。实验结果表明，该驱油体系具有较强的降低原油黏度能力，当油水比为7:3时，降黏率最好，可达到96.9%。

（2）乳化性。近年来，一些驱油效果较好的室内实验和矿场试验结果表明，在采出液中均有明显的乳化现象，且驱油效果和乳化程度存在较强的正相关关系，说明乳化作用是化学驱的重要机理之一[7]。实验结果表明，该驱油体系具有较强乳化能力，当浓度为0.2%时，放置3h，乳化系数可达到0.91。

（3）分散性。驱油体系与原油混合，利用自身的亲酯作用迅速由水相渗透、扩散到油相，在地层温度下静置0.5h，原油可分散成小油滴，放置时间增加扩散效果会更好。形成的分散降黏体系为热力学稳定体系，随着作用时间的延长，解聚分散降黏作用基本维持不变，为不可逆物态变化。

（4）界面性。该驱油体系具有一定的降低界面张力能力，浓度大于0.05%时界面张力在 10^{-3}~10^{-1}mN/m 数量级，当浓度达到0.2%时，可使油水界面张力达到超低，而且抗吸附能力强，在海1块岩心表面吸附性小，连续吸附4次后，降黏率仍能达到80%以上，界面张力达超低。

（5）驱油性。室内实验结果表明，含水率越低，驱油效率增幅越大，也就是注入时机越早越好。当体系浓度为0.1%时，驱油效率增幅为10.72%，当体系浓度为0.2%时，驱油效率增幅可达到20.56%，效果最好。

2.3 优选试验井组

针对微界面驱油技术体系的特点，明确试验区优选条件，即注采系统完善、油层分布稳定、连通系数大于70%、水驱控制程度80%以上，且以调驱到量为优先实施条件。根据以上原则，优选出海1块构造高部位、油层厚度大、连通好且具有一定产量规模的4个井组，对应一线采油井22口，其中7口油井多向受效。

试验区含油面积0.47km²，目的层地质储量128×10⁴t。注采井网相对完善，目前注采井数比1:5.5，目的层段水驱控制程度达89.1%。截至2010年6月，4个井组水驱阶段累产油46.5×10⁴t，累产水144.2×10⁴m³，含水88.8%，采出程度36.3%。2010年6月—2015年8月开展弱凝胶调驱，累注混合液37.99×10⁴m³，平均注入0.31倍孔隙体积，井组累产油7.68×10⁴t，累产水60.3×10⁴m³，含水

92.4%，采出程度 42.3%。

2.4 注入参数设计

（1）注入浓度的确定。室内实验结果表明，在聚解剂浓度达到 0.2% 时，油水界面张力达到超低，表现出良好的表活剂特性；浓度 0.1%~0.2% 时，驱油效率较高。

（2）注入速度与注入量的确定。合理的注入速度可以保证化学驱效果[8]，注入速度太快会导致压力上升太快，造成中低渗透层堵塞；注入速度太慢会导致压力上升速度缓慢，中低渗透层无法启动，难以动用。合理注入速度的求取可由物模、油藏工程、相近区块经验综合分析等获得[9]。参考锦 16 二元驱参数设计情况，设计注入速度 0.12~0.16PV/a，主段塞注入量为 0.5PV。

（3）试验井组设计结果。针对已开展弱凝胶调驱的井组，在优势通道被封堵的基础上，以保证驱油体系与原油充分反应为前提，设计注入时间为 3 年，分阶段调整注采强度，即初期多注少采、中期少注多采、后期强注强采，进一步提高驱油效率。

现场开展第一阶段试验，初期设计总注入量为 0.11PV，注入浓度 0.2%，注入时间为 8 个月，4 口注入井日配注量 450m³。

3 应用效果与评价

3.1 现场应用效果

2015 年 8 月在海 1 块开展了 4 个井组现场试验，实施后注入压力平均上升 0.7MPa，累计注入混合液 12.18×10⁴m³，平均注入 0.13 倍孔隙体积。

试验阶段通过开展注采综合调整，取得明显增油效果。对应一线采油井 22 口，其中 18 口油井见效，见效率为 82%，日产油量从试验前的 31.1t/d 增至峰值 48.7t/d（图 1），日增油量为 17.6t，综合含水率由 92.4% 降至 86.4%，下降 6.0 个百分点，阶段增油 8422t。

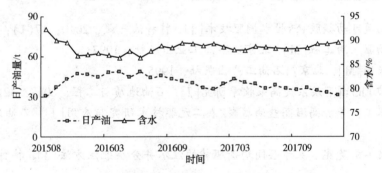

图 1 海 1 块试验井组日产油量与含水率变化曲线

3.2 综合评价

（1）注入状况评价。一方面，对比调驱后注水阶段，4 口注入井试验初期注入压力小幅上升，平均注入压力上升 0.7MPa，后期逐渐下降；另一方面，视吸水指数上升，与试验前对比，上升幅度 40%，有效缓解调驱后期注不进、液降问题。

（2）动用状况评价。调驱初期封堵高渗层、大孔道后低差层得到动用，后期仍动用不均。注入微界面驱油体系后强吸水层被抑制，部分不吸水层吸水，改善了纵向吸水状况，吸水厚度比例相对调驱后期从 69.6% 提高到 80.1%。

（3）驱油效果评价。按照具有连续性、同一性、可对比性的原则对注采井进行各项监测资料录取与分析，评价试验效果。例如海 12-22 井，共生产 5 个小层，由试验前后的产液剖面对比情况可知（表 2），试验前各小层含水率均高于 90%，注入洗油段塞过程中，各小层含水率逐步下降，产液量相对稳定，综合含水率由 94.9% 降至 83.9%，日增油量为 2.6t。同时，对比不同采油井试验前后原油分析情况，发现原油重质成分增加。以上结果表明该驱油体系具有洗油作用，有效提高驱油效率。

表 2　海 12-22 井产液剖面测试分层产液量与含水情况统计

层号	厚度/m	渗透率/$10^{-3}\mu m^2$	试验前产液量/m^3	试验前含水率/%	2015 年产液量/m^3	2015 年含水率/%	2016 年产液量/m^3	2016 年含水率/%
33	1.4	693	4.9	98	2.2	100	2.8	89.3
34	3.9	1979	6.2	96.8	3.3	93.9	4.7	87.2
36	3.5	1097	7.4	91.9	4.1	87.9	6.0	85.0
37	1.3	949	6.3	93.7	3.5	91.4	7.8	80.8
39	2	653	4.5	95.6	2.4	91.7	4.2	81.0

（4）递减率与采收率评价。对比调驱后转水驱开发阶段，试验井组递减大幅减缓，自然递减率从 24.6% 下降到 5.5%，下降了 19.1%，明显好于同期转水驱开发的井组。

根据 4 个井组试验阶段生产情况，利用水驱曲线预测采收率可提高 3.1%。

4　结论

（1）开展室内实验评价、驱油机理研究及注采参数优化设计是保证试验取得较好效果的必要条件。

（2）前期调驱封堵了水窜通道是取得较好效果的重要前提，在调驱增黏、封堵作用下，驱油体系通过绕流与低渗层、小孔道中的剩余油充分接触，进而达到分散、降黏效果。

（3）取全取准各项生产及监测资料，加强效果跟踪与分析，客观评价试验效果，为调驱后期调整方向与接替技术研究提供技术参考。

参考文献

[1] 韩树柏. 稠油油藏可动凝胶+活性水调驱技术[J]. 特种油气藏，2010，17(1)：90-93.

[2] 胡博仲. 聚合物驱采油工程[M]. 北京：石油工业出版社，1997.

[3] 张景存. 三次采油[M]. 北京：石油工业出版社，1995.

[4] 李红. 双河油田 Eh3Ⅶ下层系提高采收率研究[J]. 石油地质与工程，2018，32(5)：66-69.

[5] 王伟，张津，张杰，等. 高温高盐油藏聚/表二元驱技术研究与应用[J]. 石油地质与工程，2018，32(4)：75-78.

[6] 马奎前，陈存良，刘英宪. 基于层间均衡驱替的注水井分层配注方法[J]. 特种油气藏，2019，26(4)：109-112.

[7] 苑光宇. 化学驱乳化机理及乳化驱油新技术研究进展[J]. 日用化学工业，2019，49(1)：44-50.

[8] 杨二龙，宋考平. 大庆油田三类油层聚合物驱注入速度研究[J]. 石油钻采工艺，2006，28(3)：45-49.

[9] 张舒琴. 化学驱合理配产配注方法研究[J]. 石油地质与工程，2020，34(2)：119-122.

薄浅层超稠油高速高效绿色智能开发关键技术及规模化应用

【中石化新疆新春石油开发有限责任公司】

摘　要：针对薄浅层超稠油开发面临的储层描述难，产能突破难、有效开发难、高效管理难等技术难题，从油藏、井筒、地面三位一体叠合技术攻关，创立了薄浅层超稠油高速高效绿色智能开发技术体系：利用薄浅层识别+水平井井网优化+多元热复合技术，实现了 2~6m 储层的精细刻画；集成钻采联动一体化模式，利用浅层井工厂+剖面均匀动用技术+水平泵等技术联动，实现了薄浅层超稠油的规模建产；创建地面配套和智能化管理一体化模式，利用地面串接+一级半布站+功图量油+煤代油工程(燃煤注汽站集中建站)+采出水资源化回用+信息化智能管控，实现了薄浅层超稠油注采输全流程自动化与信息化的深度融化；浅钻取心观察和四维地震监测一体化技术模式，实时监控薄浅层储量油性、物性和剩余油平面分布现状，为超稠油高效开发可持续提供了动态储量阵地；在春风油田薄浅层超稠油规模化应用，建成年产百万吨超稠油生产基地，且高速高效稳产期已持续 8 年，为同类型油藏高速高效绿色智能开发提供了技术指导和管理借鉴。

关键词：超稠油；高速高效；绿色智能；规模化应用

0　引言

油气安全在国家能源安全中占重要地位。随着新发现石油资源劣质化，加大低品位储量有效动用是实现国内原油稳产上产的主要途径。我国已发现油层厚度小于 6m、原油黏度 $5 \times 10^4 mPa \cdot s$ 以上的薄储层超稠油低品位储量多达 $7 \times 10^8 t$，由于原油黏度高、薄储层散热快、热利用效率低，传统单一注蒸汽热采技术产量低，难以经济有效动用，亟待突破新型稠油热采配套技术，对提高资源利用率、保障国内原油稳产上产具有重要意义。

薄浅层超稠油开发面临四大技术难题：储层描述难，产能突破难、有效开发难、高效管理难，开展了油藏、井筒、地面三位一体叠合技术攻关，创立了薄浅层超稠油高速高效绿色智能开发技术体系，实现了薄浅层超稠油高速高效绿色智能开发技术及规模化应用，春风油田薄浅层超稠油百万吨规模持续 8 年高效稳产。

1　技术难点

春风油田薄浅层超稠油埋藏浅(160~680m)、储层薄(2~6m)、油层温度低(14~28℃)、油性稠

基金项目：中国石化科技攻关项目"春风油田采出水资源化再利用配套技术系统研究"（编号：321077）；中国石化科技攻关项目"春风薄层超稠油油藏大幅度提高采收率技术研究与应用"（编号：P22174)中国石化科技攻关项目"低温薄浅层稠油注蒸汽开发后化学驱技术研究"（编号：P16025)联合资助。

作者简介：杨元亮(1967—)，男，汉族，山西浑源人，1990 年毕业于石油大学(华东)石油地质专业，理学博士，正高级工程师，胜利油田稠油高级专家，研究方向为油气田开发专业。E-mail：yangyuanliang. slyt@ sinopec. com

（5~9mPa·s），开发伊始面临四大技术难题：

（1）缺少适应储层描述方法：春风油田岩性为砂砾岩、砂岩、灰岩三种类型，储层非均质性强。区域研究发现，春风油田物源供给丰富，为多物源、多沉积体系交汇区，既有近源的扇三角洲沉积，又有远物源的辫状河三角洲沉积和湖泊相的滩坝砂沉积，导致该区的砂体平面变化快，油水关系交错，沉积类型、沉积模式复杂。由于油藏埋藏浅，地震覆盖次数低，只有8次，资料信噪比较低。储层厚度薄，紧邻下部不整合面，地震资料主频50Hz，地震最低分辨率12.0m，对目的层2~6m的厚度难以预测。

（2）缺少适应产能突破技术：油藏埋藏浅，储层薄，常规试采无效益，采取注蒸汽热采，热损失大，开发效益差；油层地层能量低，地层压力为2.0~6.0MPa，天然能量不足，难以建立有效的生产压差，产量递减快，周期产油量低；油藏温度低，原油黏度大，注汽压力高，举升难度大。国内外还没有同类型油藏成功开发的先例，如何选择开发方式，实现开发上的突破和取得较好的经济效益，成为薄浅层超稠油储量能否得到有效动用的关键。

（3）缺少有效开发动用技术：春风油田储层胶结疏松、欠压实、井壁稳定性差等，钻井过程中易出现坍塌、井漏等事故。同时，由于油藏埋藏浅，直井段较短，水平井造斜率高、位垂比大等限制，导致疏松地层大尺寸井眼钻具造斜规律难以把握，井眼轨迹控制精度要求高，完井管柱下入困难，因此，如何既要保持钻井液具有良好的润滑防塌性能，又要确保施工时井眼圆滑、井径规则，确保完井管柱顺利下入成为一大难题。在完井过程中，油井较浅，井底温度压力低，前置液、水泥浆与井壁接触时间短，热采注汽井对第二界面固井质量要求高，对固井、完井提出了更高的要求。在采油工艺上，因井斜大、泵挂浅，生产过程难以建立有效生产压差，试采井油井平均生产周期短，转周频繁，效益差，如何建立有效的采油配套工艺提高油井生产时率成为一大开发难题。在地面建设上，因戈壁环境恶劣，施工周期短，投资高，难以满足春风油田高速高效开发的需求，需要开展针对性的技术攻关，创新廉价集成技术。

（4）缺少高效智能管理体系：油区位于戈壁滩，属于自然保护区，对环保要求高；设施空白，冬季漫长，施工有效期短，高速建设难度大；冬季极寒（零下40℃），夏季酷热（48℃），自然环境恶劣，地广人稀，高效管理困难。针对西部艰苦的自然条件及高速高效建产要求，如何对方案进行整体优化，加快油田建设速度来提高管理效率，提高建产速度与经济效益等问题带来的挑战。

2 高速高效绿色智能开发技术

根据春风油田特点，深化油藏、钻采、地面、经济多学科、多专业一体化攻关研究，凝成了薄浅层超稠油高速高效绿色智能开发技术模式，建成了百万吨原油生产基地。

2.1 勘探开发一体化模式

薄浅层储层识别技术：根据薄储层有效识别对储层反演高精度预测的要求，一是克服常规叠前反演近似式小角度和阻抗差小的两个假设缺陷，利用Zoeppritz方程精确解叠前宽角度反演方法，实现了宽入射角度、多储层参数、自适应约束的叠前高精度反演，参数精度提高10%；叠前反演目标函数中引入空变反演约束项，研制了叠前空变三参数反演方法，增强了反演横向识别能力，提高了薄储层反演横向识别精度；突破全波形反演海量数据计算效率低的主要瓶颈，研发了全波形反演主能量梯度算子构建方法，解决了全波形反演中梯度算子正传波场存储限制，计算效率提高3倍，实现了叠前全波形反演的高效率和保真性。同时在方法研究的基础上形成了叠前宽角度联合反演软件，实现了薄储层的有效识别，为薄储层地震准确预测和高效开发提供了技术支撑。针对薄储层地震资料信噪比低和分辨率不足，通过叠前偏移距互叠式分组处理提高信噪比、叠前两次反褶积提频、叠后分频及子波重构拓频、叠前叠后联合反演逐级提质提频，大幅度提高地震资料信噪比和分辨率，反演结果实现了薄储层的准确预测。地震资料信噪比提高1倍，主频从50Hz逐步提高到60Hz、70Hz、150Hz（反演相当频率），储层厚度分辨能力也相应实现了逐级提高，从12m到10m、从10m到6.5m，反演结果（在泥包

砂条件下达到 $\lambda/8$ 的分辨率)从 6.5m 到 2m，最终实现了 2m 以上薄储层的准确预测，薄储层预测准确率由传统方法无法识别提高到 95.2%(图1)。

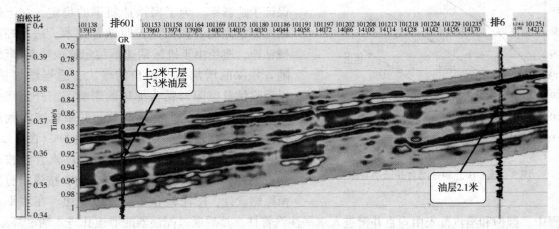

图 1　排 601—排 6 井叠前叠后联合反演剖面图

多元热复合技术：针对浅层砂岩储层疏松、易坍塌、取心难度大，发明了适合极疏松地层的专用取心工具，获取了完整的岩心。利用岩心，开展物理模拟和微观实验，研究了热/剂/气/岩的相互作用，揭示了超稠油致稠的微观机理，阐释了蒸汽的加热降黏、化学药剂的解聚降黏、气体的溶解降黏三种机理的协同作用，即多元热复合降黏，揭示了"增能助排、隔热保温、扩大波及、协同降黏"的机理。"增能助排"是指溶解在原油中的氮气改善原油中的渗流阻力，呈游离状态的氮气形成弹性驱，增加驱动能量；因氮气膨胀系数大，在回采降压阶段，起助排作用。"隔热保温"是注汽过程中超覆的混合气在油层顶部富集，形成了隔热带，降低了蒸汽热损失，同时氮气在油藏中可降低油藏岩石导热系数，降低上部盖层的热量损失。"扩大波及"是指氮气和油溶性降黏剂同蒸汽相结合确保温度场的均匀发育，扩大了泄油半径，增加了生产压差，大幅度提高回采时的驱替效率和波及效率。"协同降黏"是指降黏剂、氮气和蒸汽除了本身都具有很强的原油降黏能力，在三者以段塞形式注入地层的过程中，相互发挥协同降黏作用(图2)。

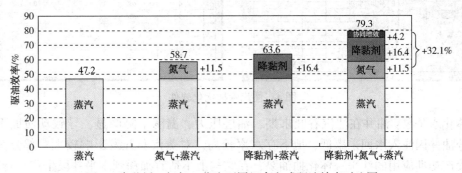

图 2　降黏剂、氮气、蒸汽不同组合方式驱油效率对比图

实现了不能动用的 2~4m 厚度储层有效动用，油汽比提高到 0.42，动用效益差的 4~6m 以上厚度储层高效开发，油汽比达到 0.46 以上，解决了 2~6m 储层的精细刻画和产能关。

2.2　集成钻采联动一体化模式

浅层井工厂技术：春风油田砂泥岩地层交错重叠，胶结性差，可钻性好，储层上下发育高矿化度水层，易污染钻井液，地层易掉块，缩径垮塌，及易形成厚泥饼，引起下钻阻卡等。高造斜率、高方位变化率导致携砂困难，直接影响完井作业。油藏埋藏浅，设计位垂比达 1.2 左右，扭方位 50°~60°。完井管柱下入难度要比常规井眼大得多。稠油水平井井浅、油层套管自重不足，有时难以使其下入预定深度，易发生卡套管和套管下入不到底的问题。春风油田产能建设中，为降低钻完井施工难度，优化了井眼轨迹，同台水平井多靶点三维定向绕障，同时，在井眼轨迹控制上，造斜段钻进时，选用

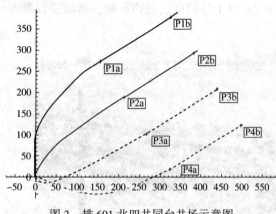

图3 排601北四井同台井场示意图

1.75°单弯螺杆作为造斜工具,钻进时采用滑动与旋转相结合的钻进方式,既保证井眼轨迹的平滑,又保证了造斜率。为了保持造斜率的稳定,在上部可钻性非常高的井段采用控时钻井技术,适当控制机械钻速,避免由于机械钻速不稳定造成造斜率波动。随着井深的增加和井斜角的增大,适当增加钻压,以消除钻具摩阻对钻头加压的影响。二开实现一趟钻一口井,钻井施工高速高效,井眼轨迹得到进一步优化,完井管柱一次下入成功率100%(图3)。

水平井均匀注汽工艺:水平井注汽管柱按配注器+油管组合方式构成,沿长度方向,按流量分配均衡原则设计,配注器孔密度分级变化。在水平井注汽过程中,湿饱和蒸汽首先由垂直井筒进入水平注汽管柱,然后通过配注器的泄流孔进入油套环空内,在环空压力驱动下进入储层。配注器的泄流孔属于薄壁节流孔,流体通过配注器流出时,由于泄流孔的节流作用,会产生一定的压降。根据液体流经小孔的流量压力特性,可得到配注器的泄流面积。为达到水平井射孔段蒸汽均匀注入,在定量分析注汽管柱内汽、液量相流压和干度变化规律的基础上,以注汽段流量均匀分布为目标函数,对注汽管柱设计参数(配注器数量、配注器泄流孔个数及布置形式等)进行了数值仿真,开发了水平井注汽参数优化设计软件。该软件适用于油田水平井热采工艺,只需输入相关的注汽参数(井口压力、流量)、管柱规格和储层物性参数,即可对注汽管柱内汽、液两相流进行热动力学分析,并对水平注汽管柱结构参数进行优化。注汽管柱优化软件如图4所示。

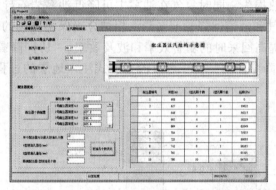

图4 注汽管柱优化软件

注采一体化水平泵:油井在注汽吞吐末期,油层压力、温度下降明显,导致动液面下降,油井供液不足;部分油井因注入水回采率低,地下存水率较高,对蒸汽驱开发影响较大。部分蒸汽驱油井有提液需要。投产初期应用的注采一体化抽油泵,在结构上不适宜加深到水平井段生产,针对上述原因,研制了新型一体化注采泵,解决抽油泵不能下深到水平段生产的问题。水平注采泵组成包括3个部分,由内而外分别为柱塞总成、泵筒总成和注汽外管总成,注汽时,将柱塞下放,柱塞4.6m,泵筒1.65m+4.6m,短泵筒上的3个出汽孔与出露,使出汽孔以上部分泵筒与泵筒、注汽外管环空形成注汽通路。抽汲时,由于泵处于水平位置,阀球无法靠重力作用归位,在上、下游动阀,固定阀阀体里都装有强力弹簧及复位轨道,阀球借助弹簧的作用归位实现密封。相比于初期一体化抽油泵,水平泵缩短了活塞的长度,减小了泵的弯曲度和活塞卡泵的概率,增加了凡尔弹簧的强度和复位轨道,使凡尔球能流利抵住球座,实现抽油泵在水平状态下的顺利密封(图5)。

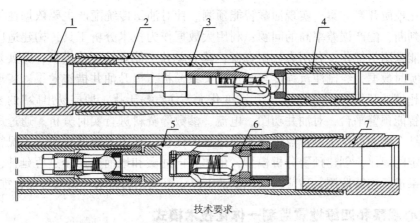

技术要求

图 5　水平泵结构示意图

1—注汽管上接头；2—注汽管；3—采筒总成；4—上游动阀总成；5—下游动阀总成；6—固定阀总成；7—注汽管下接头

2.3　地面配套和智能化管理一体化模式

稠油地面"短流程"工艺：创建了稠油井生产数据实时采集、功图量油技术，有效解决了稠油油藏准确计量的难题，为稠油油藏地面流程工艺优化提供了技术支持；配套开展了稠油井口工艺方法，串接集输工艺技术，由传统三级布站方式优化为一级半布站方式，实现了地面集输"短流程"，减少集输管线长度 15%，井口回压降低 0.3MPa，地面整体建设投资节约 17.6%。建成了中国石化薄储层超稠油第一个"四化"产能建设的示范区，建立了信息化高效运行新模式。地面建设采取"四化"模式，即"标准化设计、模块化建设、标准化采购、信息化提升"，实施标准化设计，设计符合率达 98% 以上；工厂化预制、插件化安装模块化建设，施工速度提升 20%，井场安装工作量减少 80%；建立产品的油田用户标准，优选主力供应商，实施标准化采购，实现采购产品质量最优、服务最好、性价比最高，春风二号联合站当年设计当年建成投运。搭建生产指挥中心，实施自动化调控管理，借助四化平台的数据采集、实时推送、大数据分析等功能，打破系统、数据、距离界限，实现人员、物资、信息的全面统筹、科学分析、高效调配，提高生产运行效率与精细化管理水平。

针对春风油田稠油注汽开发、原油中不含天然气、新疆地区煤源丰富的特点，采取煤代油制汽技术，大容量（制汽速度 130t/h）循环硫化床燃煤注汽锅炉集中规模建站，降低了蒸汽生产成本；采用循环硫化床锅炉烟气治理工艺，燃煤制汽达标超低排放，满足现行国家及地方排放标准和油田发展要求，实现与环境绿色和谐相伴。春风油田规模燃煤注汽站制汽成本较燃油下降 60%。

采出水资源化回用和余热利用技术：研发了具有自主知识产权的超稠油注蒸汽采出水 T-MVC 处理工艺。结合质量守恒方程、能量守恒方程、浓缩液能量方程、蒸发器内换热方程等，建立了 T-MVC 采出水处理的数学模型，编译制作了蒸发器传热过程的计算程序。根据蒸发器的数学模型确定管程内蒸汽的蒸发量；确定是否补充蒸汽，及补充蒸汽的流量；调整参数保证蒸发器冷凝水量和第二预热器蒸汽冷凝水量等于采出水产水量，形成了超稠油注蒸汽采出水 T-MVC 集成资源化配套技术，实现 MVC 油田水处理工艺国产化，同时充分利用注汽锅炉高温分离水高品位余热资源，将 TVC 与 MVC 工艺集成降低制水成本，使采出水"水量"与"热量"实现资源最大化。

智能化管理模式：在油井上配套数字化仪表和高清智能摄像机，实时监控各类参数，现场数据自动上传，实现了油井巡护电子化，巡检智能化，实现了压力、温度、抽油机载荷、位移、冲程、冲次、电压、电流、电量等数据的动态采集和上传；采用功图计量法，实现油井液量实时测试、连续计量和数据远传等功能。依托智能管控平台，实现生产监控、报警预警、生产动态、调度运行、生产管理、应急处置等功能。对井站、注汽站、联合站进行数据自动采集和处理、视频智能分析、设备远程操控、自动报警和预警、生产环节的全面掌控，建立了地面自动化和信息化智能管控一体化运行模式。

油藏开发智能管控：根据实时采集的数据，对油藏进行数值模拟、动态分析，精细油藏描述，强化动态监测，指导油藏高效开发，使油田开发更具科学性。利用智能管控平台，转变传统的密集打井为精准打井，优化地质开发方案，实现油藏智能预测。针对油田传统配产主要依据往年的产量和生产技术人员的经验判断，配产误差率高的问题；利用大数据作为技术分析工具，构建适应稠油油藏的开发模型，实现智能预测与优化；利用大数据资源，建立单井产能效益评价模板，开展效益配产，实现效益开发；利用实时数据，绘制注汽强度与油汽比关系模板，提升油井措施效果，实现油藏开发最优化。针对薄浅层超稠油开发"生产周期短、工况变化大、注汽易干扰、地层易出砂"的复杂地质开发特点，打造多参数智能预警平台，对油井功图、电流、参数等资料进行实时分析。通过远程冲次和冲程实时优化调整，结合稠油周期生产特点进行阈值设置的优化，利用大数据技术对工况特征进行精准识别，利用研究确定的规律，创建预警分析模型，由单井向油藏和地面生产全过程延伸，超前优化、超前处置，并对效果进行连续监测，适应浅层超稠油工况频繁变化的需求，高效智能化推进油田开发。

3　浅钻取心观察和四维地震监测一体化技术模式

实时了解薄浅层储量油性、物性和剩余油平面分布现状，为超稠油高效开发调整和动态管控提供了阶段储量阵地。

3.1　创新集成剩余油预测技术，为老区加密及措施制定奠定了基础

利用浅孔取心与测井相互耦合，与油藏开发初期对比，明晰了高轮次吞吐后储层中纵向上储量动用状况。在此基础上，利用动态分析与数值模拟相耦合，研究了高轮次吞吐后纵向及平面剩余分布规律，结果表明，纵向上受沉积规律和蒸汽超覆等因素，剩余油分布规律比较清晰，但平面上数模模拟加热半径30~40m，宏观上分析，认为剩余油富集，但受该区域主要是水平井，平面储层参数主要以均值模型为主，不能明确蒸汽腔平面展布特征。四维地震预测剩余油分布规律克服了储层非均质性的影响，利用浅孔测井对新地震数据体目的层精细标定，新地震数据体目的层因超稠油动用，流体替换，地震振幅与初始状态有较大变化，综合分析认为，绕井蓝色为蒸汽冷凝水，绕井黄色为蒸汽波及区，井间蓝色为未动冷油，井间红色为未动热油(图6~图9)。

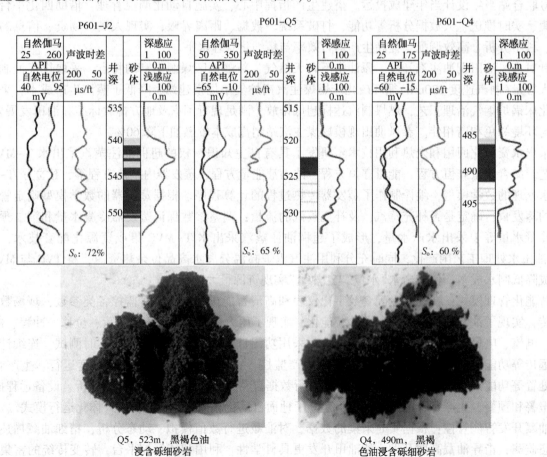

图6　浅孔取心与测井耦合示意图

图 7　动态分析饱和度变化图

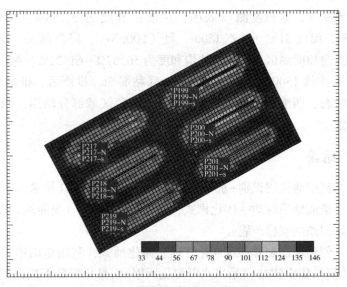

图 8　数值模拟剩余油分布图

3.2　利用四维地震监测和动态测试耦合，落实老区剩余分布

高轮次吞吐后，剩余油认识不清，利用四维地震监测技术，在排 601 南区开展剩余油分布研究和加密试验，在不同颜色区域部署 9 口新井验证监测结果，增加产能 $1.2 \times 10^4 t$，解释符合率 100%。同时针对平 608 井、平 609 井安排了饱和度测试和温度压力测试(图 10、图 11)。

图 9　四维地震监测平面动用图(红色箭头为汽窜方向)

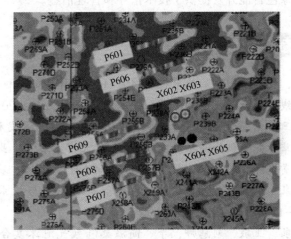

图 10　排 601 南四维地震监测图

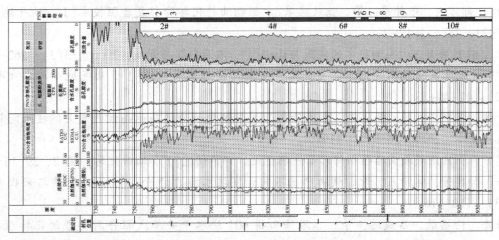

图 11　平 609 井 PNN 测试成果图

平 609 井，饱和度测试表明，含油饱和度为 57.94% ~ 64.85%，综合解释为油层，测试压力 2.24MPa，温度 31℃。注汽 1500t，氮气 5000Nm³，降黏剂 5t，投产后，排水期仅 3d，峰值日产油 23t。平 608 井饱和度测试表明，含油饱和度为 56.67% ~ 61.21%，综合解释为油层，测试压力 2.63MPa，温度 34℃。注汽 1500t，氮气 5000Nm³，降黏剂 5t，投产后，排水期 7d，峰值日油 9t。说明绿色区域保持原始状态，四维地震测试变化不明显，红色区域部分动用，剩余饱和度低，温度和压力高，与初期认识一致。

4　结论

（1）利用薄浅层识别+水平井井网优化+多元热复合技术，实现了 2~6m 储层的精细刻画。

（2）集成钻采联动一体化模式，利用浅层井工厂+剖面均匀动用技术+水平泵等技术联动，实现了薄浅层超稠油的规模产能。

（3）创建地面配套和智能化管理一体化模式，利用地面串接+一级半布站+功图量油+煤代油工程（燃煤注汽站集中建站）+采出水资源化回用+信息化智能管控，实现了薄浅层超稠油注采输全流程自动化与信息化的深度融合。

（4）浅钻取心观察和四维地震监测技术有机结合，实时掌握薄浅层储量油性、物性和剩余油平面分布现状，为超稠油高效开发可持续提供了动态储量阵地。

（5）创立了薄浅层超稠油高速高效绿色智能开发技术体系，在春风油田薄浅层超稠油规模化应用，建成年产百万吨超稠油生产基地，且高速高效稳产期已持续 8 年，采收率提高到 35%，为同类型油藏高速高效绿色智能开发提供了技术指导和管理借鉴。

参考文献

[1] 黄丽，等. 油田稠油热采技术综述[J]. 国外油田工程，1997，（1）：9-10.

[2] 曲玉线. 浅薄层稠油油藏开采技术[J]. 西北地质，2002，35(2)：69-74.

[3] 牛嘉玉，刘尚奇，门存贵，等. 稠油资源地质与开发利用[M]. 北京：科学出版社，2002.

[4] 刘文章. 热采稠油油藏开发模式[M]. 北京：石油工业出版社，1998.

[5] 张义堂，等. 热力采油提高采收率技术[M]. 北京：石油工业出版社，2005.

[6] 孙焕泉. 薄储层超稠油热化学复合采油方法与技术[J]. 石油与天然气地质，2020，41(5)：1100-1106.

[7] 孙焕泉，王敬，刘慧卿，等. 高温蒸汽氮气泡沫复合驱实验研究[J]. 石油钻采工艺，2011，33(6)：83-87.

[8] 束青林，郑万刚，张仲平，等. 低效热采/水驱稠油转化学降黏复合驱技术[J]. 油气地质与采收率，2021，28(6)：12-21.

[9] 孙焕泉. 胜利油田三次采油技术的实践与认识[J]. 石油勘探与开发，2006，33(3)：262-266.

[10] 孙建芳. 氮气及降黏剂辅助水平井热采开发浅薄层超稠油油藏[J]. 油气地质与采收率，2012，19(2)：47-49+53.

[11] 束青林，王顺华，杨元亮，等. 春风油田浅薄层超稠油油藏高速高效开发关键技术[J]. 油气地质与采收率，2019，26(3)：9-19.

[12] 孙建芳. 稠油油藏表面活性剂辅助蒸汽驱适应性评价研究[J]. 油田化学，2012，29(1)：60-64.

[13] 顾浩，孙建芳，秦学杰，等. 稠油热采不同开发技术潜力评价[J]. 油气地质与采收率，2018，25(3)：112-116.

[14] 王海涛，伦增珉，吕成远，等. 春风油田排 601 块水平井蒸汽驱井网类型优化物理模拟实验[J]. 石油钻采工艺，2017，39(2)：138-145.

［15］吴光焕，吴正彬，李伟忠，等．热化学剂性能评价及辅助水平井蒸汽驱可视化实验［J］．断块油气田，2016，23（5）：658-662.

［16］盖平原，赵延茹，沈静，等．胜利油田稠油热采工艺现状及发展方向［J］．石油地质与工程，2008，22（6）：49-51+10.

［17］王传飞，吴光焕，韦涛，等．薄层特超稠油油藏双水平井SAGD开发指标预测模型［J］．深圳大学学报：理工版，2015，32（5）：473-479.

［18］盖平原．胜利油田稠油黏度与其组分性质的关系研究［J］．油田化学，2011，28（1）：54-57+27.

［19］Butler R M. Steam-assisted gravity drainage：concept，development，performance and future［J］. Jounal of Canadian Petroleum Technology，1994，33（2）：44-50.

［20］Butler R M，Petela G. Theoretical estimation of break-through time and instantaneous shape of steam front during vertical steam flooding［J］. Aostra Jounal of Reserch，1989，5（4）：359-391.

［21］［法］J. 布尔热，P. 苏赫尤，M. 贡巴努尔．热力法提高石油采收率［M］．北京：石油工业出版社，1991.

［22］王弥康，张毅，曹钧合，等．火烧油层热力采油［M］．东营：石油大学出版社，1998.

［23］胡士清，白国斌，赵春梅．火烧油层技术在庙5块低渗透稠油油藏中的应用［J］．特种油气藏，1998，5（4）：33-37.

［24］张锐．稠油热采技术［M］．北京：石油工业出版社，1999.

［25］Stang H R，Soni Y. Saner ranch pilot test of fracture-assisted seamflood technology［J］. Journal Pet Tech，1987，39（6）：684-696.

［26］Britton M W，Martin W L，Leibrecht R J，et al. Street ranch pilot test：fracture-assisted steamflood technology［R］. SPE 10707，1983.

［27］凌建军，黄鹂．国外水平井稠油热采技术［J］．石油钻探技术，1996，24（4）：44-47.

［28］张怀文，王妮娣．水平井稠油采油技术综述［J］．新疆石油科技，2004，14（3）：23-26.

［29］廖广志．浅层稠油油藏热采合理井网密度及加密可行性研究［J］．石油勘探与开发，1995：57-60.

［30］戴树高，崔波，祁亚玲．高黏度稠油开采技术的国内外现状［J］．化工经济技术，2004，22（11）：21-25.

薄浅层超稠油效益开发方式优选和提高采收率技术方向

胡春余

【中石化新疆新春石油开发有限责任公司】

摘 要： 以春风油田薄浅层超稠油油藏排601东为研究对象，针对该类油藏高轮次吞吐后期，地层能量亏空严重，含水高，油汽比低，效益差等问题，开展蒸汽驱、热水驱、耦合式汽驱开发机理研究，利用物理模拟和数值模拟方法，优选和首次探索了耦合式汽驱开发方式及提高采收率技术，在排601东开展了现场先导试验，结果表明，耦合式汽驱是较好的接替开发方式，该研究对薄浅层超稠油开发后期提高采收率具有重要意义，同时也为同类油藏效益开发方式的优选提供了新的思路。

关键词： 薄浅层；接替开发方式；数值模拟；提高采收率

1 基本概况

春风油田排601东位于车排子凸起的东北部，区域构造上属于准噶尔盆地西部隆起的次一级构造单元[1]，为北西高、南东低的单斜构造，整体相对平缓，倾角为0°~3°。主力含油层系为沙湾组一段2砂层组，岩性主要是褐黑色富含油粉、细砂岩，灰色灰质细砂岩，埋深在-550~-360m，平均油层有效厚度为3.8m，平均孔隙度36.1%，平均渗透率为$1020 \times 10^{-3} \mu m^2$，属高孔、高渗储层。油藏温度25.8℃；原油黏度为24800~42000mPa·s，原始地层压力4.38MPa左右，属常温、常压系统。2013年以来一直采用蒸汽吞吐开发，目前油藏压力1.0MPa，平均单井生产17周期，日产油1.0t，综合含水93.1%，，采油速度0.61%，采出程度20.4%，属于处于低采油速度、高含水、高采出程度的开发阶段。

2 开发方式优选

2.1 高轮次吞吐后期剩余油分布

高轮次吞吐后期，井间剩余油分布复杂，数值模拟表明，动用半径30m左右。为了进一步研究，采用四维地震和钻井取心相结合，在四维地震监测不同颜色部位部署浅孔3口，Q1井距离油井20m，四维地震监测为蓝色，取芯岩心较松散，颜色发白，有明显蒸汽淘洗痕迹；Q2井距离油井50m，四维地震监为黄色，岩心含油性较高，部分岩心有轻度蒸汽淘洗痕迹；Q3井距离油井60m，四维地震监测为红色，岩心颜色黑，有黏性，染手，基本为未动用状态(图1)。

基金项目：国家重点研发项目"稠油化学复合冷采基础研究与工业示范"（编号：2018YFA0702400）、中国石化科技攻关项目"胜利2020年油气开采基础前瞻项目"（编号：P20058)联合资助。

作者简介：胡春余(1978—)，男，汉族，中国地质大学北京矿产普查与勘探专业，辽宁凌源人，硕士研究生，高级工程师，开发管理部副经理，研究方向为老油田开发。E-mail: huchunyu. slyt@ sinopec. com

四维地震监测技术

Q1井取心

Q2井取心

Q3井取心

图1　四维地震监测与浅孔取心图

综合分析认为，依据四维地震监测，蒸汽腔平面上动用不均。其中蓝色、浅蓝色区距井底40m左右，含油饱和度低，明显蒸汽淘洗；黄色，浅黄色区距井底40～60m，含油中等，轻微蒸汽淘洗；红色、浅红色区距井底60～80m，含油饱和度高，未动用。

2.2　开发方式优选

2.2.1　热水驱、蒸汽驱方式优选

数值模拟研究表明，蒸汽超覆作用使蒸汽[2-3]主要在油层上部运移，导致油层上部动用效果好，下部动用效果差。热水与原油密度差异小，热水驱[4-7]可以使纵向上原油下部动用好，提高底部原油热波及范围(图2、图3)。

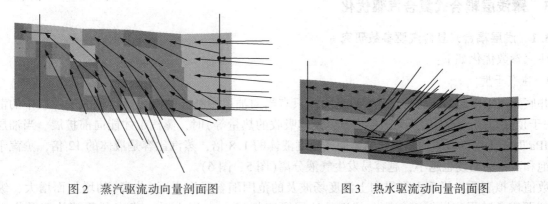

图2　蒸汽驱流动向量剖面图

图3　热水驱流动向量剖面图

在不考虑热干扰的情况下，对比不同开发方式的开发效果，转蒸汽驱(320℃)比热水驱(200℃)开发采收率提高了9.32%，蒸汽吞吐开发效果最差(表1)。

表 1 热水驱、蒸汽驱开发效果对比表

| 开发方式 | 吞吐阶段 | | | 热水驱(蒸汽驱)阶段 | | | 累产油 | 采收率 | 净增油量 |
	周期	累积产油/10^4t	累积注汽/10^4t	累积油汽比/(t/t)	累积产油/10^4t	累积注水(汽)/10^4t	累积油水(汽)比/(t/t)	10^4t	%	10^4t
蒸汽吞吐	15	2.59	7.42	0.35	—	—	—	2.59	24.82	—
热水驱	15	2.59	7.42	0.35	0.24	3.07	0.08	2.82	27.17	0.51
蒸汽驱	15	2.59	7.42	0.35	1.18	8.08	0.15	3.8	36.49	0.86

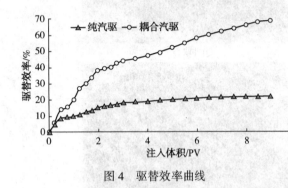

图 4 驱替效率曲线

2.2.2 蒸汽驱和耦合式汽驱方式优选

利用物理模模拟研究表明，在相同的蒸汽注入量条件下，耦合式复合蒸汽驱比单一蒸汽驱开发效果好，单一蒸汽驱[8]的最终驱替效率只有21.94%，蒸汽+氮气泡沫[9-11]+凝胶耦合汽驱，最终驱替效率可达到68.65%。单一纯蒸汽注入方式驱替效率低66%，主要原因是排601东储层疏松，高轮次吞吐后，热干扰频繁，转单一纯蒸汽注入方式后，蒸汽沿热干扰通道窜流，热利用率低，影响了驱替效率(表2、图4)。

表 2 物理模型参数

| | 注入方式 | |
	蒸汽	耦合式复合蒸汽驱
束缚水饱和度/%	24.92	23.39
含油饱和度/%	75.07	76.68
残余油饱和度/%	58.52	24.18
总注入倍数/PV	8.00	8.00
驱动速度/mL·min^{-1}	3.00	3.00
孔隙度/%	39.72	39.56
渗透率/μm^2	4.90	4.32

3 薄浅层耦合式复合汽驱优化

3.1 浅层耦合式复合汽驱参数研究

注汽参数优化如下：

1. 注汽干度

井底蒸汽干度越高，汽化潜热量就越大。只有当向油层中补充的汽化热熵量大于油层中的散热量(损失于顶底岩层、隔夹层及为油层岩石、流体吸收的热量等)时，蒸汽带才能向前扩展。当油层压力为3MPa时，干度为0.4的蒸汽热熵是同样温度液体的1.8倍，蒸汽比容是液体的12倍，蒸汽干度越高，饱和蒸汽的密度也越小，越容易发生气液分离(图5、图6)。

数值模拟表明：平面上和纵向上温度场波及的范围随着蒸汽干度(井底)的增加而增大，纵向上蒸汽超覆现象随干度增加而加剧，特别是油层厚度超过40m以上时，蒸汽向顶部的超覆作用增大(图7)。

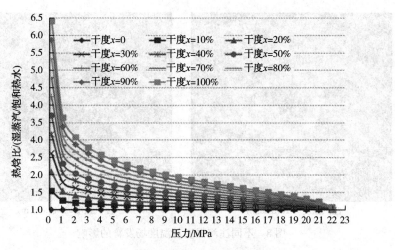

图 5 不同压力、干度下热焓比图

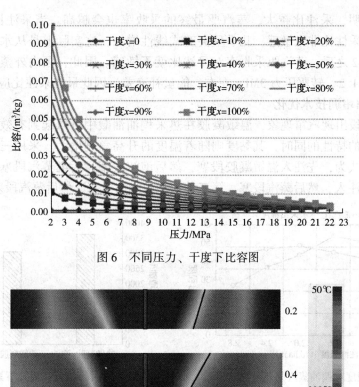

图 6 不同压力、干度下比容图

图 7 不同蒸汽干度的纵向剖面

国内外研究表明，一般的蒸汽驱井底注汽干度要满足大于 40% 能取得较好的效果。排 601 东耦合式蒸汽驱试验井组原油黏度大。因此，井底蒸汽干度最好保持在大于 0.5。

2. 注汽强度

最优的注汽强度，油层加热效率高，热损失小，蒸汽超覆或蒸汽窜进程度较轻，蒸汽带体积系数最大。因此，优选注汽强度不仅要考虑油层厚度、非均质性、原油黏度等，而且考虑井网井距大小。数值模拟表明汽驱采收率随着注汽强度的增加而增加，一般耦合式蒸汽驱的临界注汽强度为 1.6t/(d·ha·m)。注汽强度越大，沿程热损失就越小，温度场波及的范围也之增大；注汽强度越大，注汽井附近压力越高，越容易发生温度场的不均匀发育(图 8)。

根据预测，蒸汽驱注汽强度 1.2~2.0t/(d·ha·m) 的区间，蒸汽驱可以达到较高的采收率和油汽比，并且含水上升不会太快(图 9)。

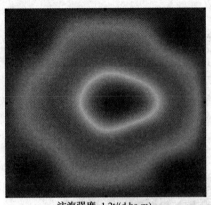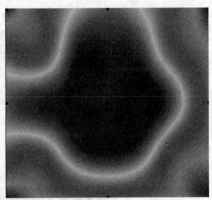

注汽强度=1.2t/(d.ha.m)   注汽强度=2.4t/(d.ha.m)

图 8   不同注汽强度对温度场发育的影响

3. 采注比

室内实验结果表明, 采注比越大, 蒸汽驱最终的采收率也会越高。当采注比介于 0.9~1.2 之间时, 蒸汽驱采收率对采注比非常敏感, 几乎呈突变式线性增加, 这实际上是从水驱向蒸汽驱的过渡阶段; 当采注比大于 1.2 之后, 蒸汽驱采收率对采注比就不敏感。因此, 国内外蒸汽驱现场最佳操作条件往往将采注比定为 1.2。转驱压力 3MPa 左右, 能量补充差, 因此最佳采注比应该控制在 1.0~1.2。

3.2 蒸汽驱汽窜堵调技术优化

排 601 东吞吐阶段出现汽窜现象, 温敏凝胶在热采稠油油藏中可以起到有效的调驱作用。温敏凝胶, 在具有一般凝胶的特性的同时, 其黏度则随着温度的升高急剧增大。采用三种注入方式进行优化对比, 第一种注入方式为, 先注入温敏凝胶段塞, 然后泡沫段塞, 后继蒸汽段塞。第二种注入方式为温敏凝胶和泡沫同时注入, 然后蒸汽段塞。第三种为注入泡沫段塞, 然后蒸汽段塞(图 10)。

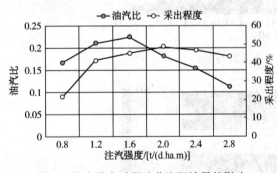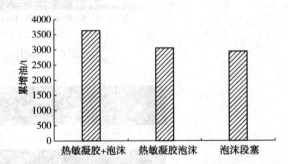

图 9   注汽强度对稠油蒸汽驱效果的影响   图 10   不同开采模式下累增油产量图

结果表明, 单纯通过泡沫调堵没有温敏凝胶和泡沫共同作用的效果好, 并且可以看出, 先注温敏凝胶再注泡沫然后蒸汽驱的开采效果最好。温敏凝胶遇到高温时黏度急剧上升, 失去流动性, 调堵效果降低, 因此选择先注入温敏凝胶段塞, 然后泡沫段塞进行热量缓冲, 最后注入蒸汽段塞, 从而使温敏凝胶更充分调驱, 提高开采效果。

1. 温敏凝胶浓度优化

在不同的凝胶浓度下, 凝胶泡沫调驱阶段的效果会有不同。分别设计浓度为 0、1wt%、2wt%、3wt%、4wt%、5wt%, 分别进行优化(图 11)。

结果表明, 采出程度和累增油随着温敏凝胶注入浓度的增大而增大, 但是其增长的速度却渐趋变缓。当温敏凝胶浓度小于 3wt% 时, 采出程度随温敏凝胶浓度增大速度较大, 但当浓度大于 3wt% 后, 温敏凝胶开采效果的增长幅度明显变小, 增长势头趋于平缓。温敏凝胶浓度从 3wt% 变化到 5wt% 所得到的累增油量的变化量并不大。综合考虑经济因素及整体开发效果, 温敏凝胶浓度为 3wt%, 考虑现场应用过程中温敏凝胶的效果损失, 其浓度可选择 3wt%~4wt%。

2. 温敏凝胶段塞大小优化

选择最优的凝胶浓度 4wt%，设计不同的段塞大小 0.167PV%、0.267PV%、0.333PV%、0.5PV% 和 0.6667PV%，分别进行优化(图 12)。

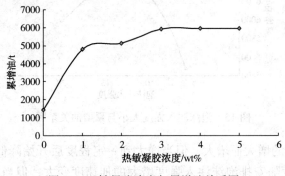

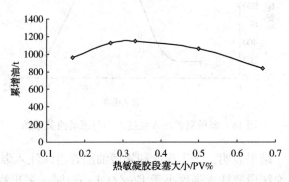

图 11 温敏凝胶浓度与累增油关系图 　　　　图 12 温敏凝胶段塞大小与累增油关系图

结果表明，随着温敏凝胶段塞增大，采出程度和累增油先增大后减小，当温敏凝胶段塞为油藏孔隙体积的 0.333% 时达到最大值。随着温敏凝胶段塞的增大，温敏凝胶调驱效果越来越明显，汽窜通道得到有效封堵，有效增大波及体积；同时也不同程度地在微观上改变流场方向，迫使后续的蒸汽驱转变流动方向，提高了波及效率；通过调和驱两方面的作用，使采出程度越来越高。综合考虑经济因素及整体开发效果，认为温敏凝胶段塞 0.333PV% 最优。

3. 调剖中泡沫段塞大小优化

选择最优的凝胶浓度 4wt% 和最优的凝胶段塞大小 0.333PV%，设计不同的泡沫段塞大小 0.333PV%、0.533PV%、0.667PV%、1PV%、1.333PV%，分别进行优化(图 13)。

结果表明，随着泡沫段塞增大，采出程度和累增油不断增大。当泡沫段塞为油藏孔隙体积的 1% 时达到最大值。随着泡沫段塞的增大，泡沫段塞的调驱效果越来越明显，泡沫有效降低了气相的渗透率，降低了流度比，改善了汽窜现象，有效增大波及体

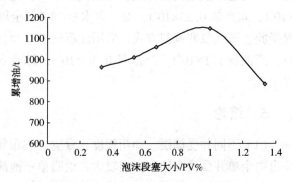

图 13 泡沫段塞大小与累增油关系图

积；同时，泡沫中发泡剂也是很强的表面活性剂，有效提高了洗油效率；通过调和驱两方面的作用，泡沫段塞使采出程度越来越高。综合考虑经济因素及整体开发效果，认为泡沫段塞 1PV% 为最优。

4. 调剖中温敏凝胶注入强度优化

选择最优的凝胶浓度 4wt%、最优的凝胶段塞大小 0.333PV% 和最优的泡沫段塞大小 1PV%，设计不同的温敏凝胶注入强度 $2m^3/(d \cdot m)$、$4m^3/(d \cdot m)$、$6m^3/(d \cdot m)$、$8m^3/(d \cdot m)$、$10m^3/(d \cdot m)$，分别进行优化(图 14)。

结果表明，采出程度和累增油随着温敏凝胶注入强度的增大而增大，但当增大到一定程度后开始降低。当温敏凝胶注入强度小于 $6m^3/(d \cdot m)$ 时，采出程度随温敏凝胶注入强度增大的加速度变大，但当注入强度大于 $6m^3/(d \cdot m)$ 后，温敏凝胶开采效果累增油程度明显变小。综合考虑认为以温敏凝胶注入强度 $6m^3/(d \cdot m)$ 最优。

5. 调剖中泡沫注入强度优化

选择最优的凝胶浓度 4wt%、最优的凝胶段塞大小 0.333PV%、最优的泡沫段塞大小 1PV% 和最优的温敏凝胶注入强度 $6m^3/(d \cdot m)$，设计不同的泡沫注入强度 $6m^3/(d \cdot m)$、$8m^3/(d \cdot m)$、$12m^3/(d \cdot m)$、$16m^3/(d \cdot m)$、$20m^3/(d \cdot m)$，分别进行优化(图 15)。

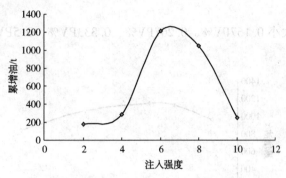
图14 温敏凝胶注入强度大小与累增油关系图

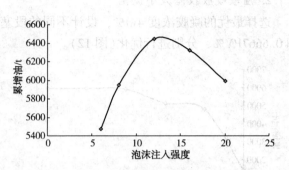
图15 泡沫注入强度大小与累增油关系图

结果表明，采出程度和累增油随着泡沫注入强度的增大而增大，但当增大到一定程度后开始降低。当泡沫段塞注入强度小于12m³/(d·m)时，采出程度随安排泡沫注入强度增大的加速度变大，但当注入强度大于12m³/(d·m)后，温敏凝胶泡沫调驱开采效果累增油程度明显变小。综合考虑经济因素及整体开发效果，以泡沫注入强度12m³/(d·m)为最优。

4 现场试验效果

考虑到成本，优选2个井组反九点井网开展先导试验。地质储量36×10³t，采出程度22.5%。采用前置氮气泡沫段塞调剖方式，注蒸汽10000t，氮气10×10⁴Nm³，调剖剂10t，受效井10口，累产液1.2×10⁴t，累产油0.23×10⁴t，综合含水80.8%，全周期日产油24t，油汽比0.23，采注比1.2。第二轮前置凝胶、氮气段塞调剖方式，采用注蒸汽10000t，氮气36×10⁴Nm³，泡沫剂10t，凝胶150t，受效井12口，产液量1.1×10⁴t，产油量0.36×10⁴t，综合含水67.3%，全周期日产油26t，油汽比0.36，采注比1.1。

5 结论

（1）不同井受储层、动用程度、亏空、汽窜频率等因素影响，受效差异较大，氮气泡沫段塞注入井组内个单井受汽窜频率影响较大，说明单一泡沫调剖暂堵吞吐阶段汽窜通道不理想。

（2）两轮汽驱效果对比，第二轮比第一轮次效果好，验证了前置凝胶堵剂比单纯用氮气泡沫堵调作用强。

（3）由于试验井组吞吐处于高含水阶段，耦合式汽驱效果后含水明显降低，取得初步效果，但目前井网采用反九点，一注多采，油井多单向驱替，受效方向少，驱替波及体积小。

参考文献

[1] 束青林，王顺华，杨元亮，等.春风油田浅薄层超稠油油藏高速高效开发关键技术[J].油气地质与采收率，2019.26(3)：9-19.

[2] 王素青，张海萍，关群丽，等.1-3m超薄层蒸汽吞吐开发优化技术[J].西部探矿工程，2008.7：65-66.

[3] 蔺玉秋，杨纯东，赵辉，等.普通稠油蒸汽吞吐转换开发方式优化研究[J].中外能源，2007.12：46-50.

[4] 石晓渠，李胜彪，郭晓芳，等.普通稠油吞吐开采后转热水驱技术研究[J].河南石油，2004.18（增刊）：44-47.

[5] 吕广忠，陆先亮.热水驱驱油机理研究[J].新疆石油学院学报，2004.16(4)：37-41.

[6] 李军营，康义逵，高孝田，等.河南泌125区热水驱技术可行性研究[J].西部探矿工程，2005.6：

73-74.

[7] 马新明，王丽荣. 不同注水方式对九₁区三井组蒸汽驱后热水驱效果的影响[J]. 新疆石油科技，1994.4(4)：50-55.

[8] 武俊学. 稠油油藏蒸汽驱末期注热水和间歇注汽的物理模拟研究[J]. 新疆石油科技，1997.3(7)：12-22.

[9] 陆先亮，陈辉，栾志安，等. 氮气泡沫热水驱油机理及实验研究[J]. 西安石油学院学报(自然科学版)，2003.18(3)：49-53.

[10] 吕广忠，张建乔. 氮气泡沫热水驱提高稠油采收率技术研究[J]. 石油天然气学报(江汉石油学报)，2005.27(2)：387-389.

[11] Forunier，K. P，A Numerical Method for Computing Recovery of Oil By Hot Water Injection in a Radial System，SPE 1069，1996，131.

浅薄储层超稠油蒸汽驱后驱泄复合驱试验

——以春风油田排 601 北区驱泄复合试验为例

胡春余

【中石化新疆新春石油开发有限责任公司】

摘 要： 春风油田排 601 北区新近系沙湾组超稠油油藏具有埋藏浅、油层薄、原始地层压力小、地下原油黏度高的特点。该区主要井型为水平井，开发初期主要技术为水平井-降黏剂-蒸汽-氮气复合开发模式。后由于多轮次吞吐地层压力下降，面临油井排水期长、周期累计产油量减少、有效生产时间变短等问题，为此先开展了蒸汽吞吐转驱试验，但由于受储层地质特点影响与水平井井型的限制，转驱后出现水平段驱替不均匀，阶段含水高，水平井汽窜封堵难度大、油汽比低等问题，导致开发效果变差。针对这些问题，此后在该区进行直井+水平井驱泄复合试验研究，利用该技术重力、驱动力两种作用来调控多点（直井）注汽参数，抑制汽窜，提高最终采收率。研究结果表明：直井+水平井驱泄复合技术可有效改善水平井段多点汽窜问题，提高井组蒸汽热利用率、蒸汽波及系数和驱油效率，转驱泄复合后预计累积产油量增加 2.02×10^4t，提高采出程度 20.84%，为该类油藏后续转驱泄复合开发提供了有力的技术支撑。

关键词： 浅薄层超稠油；蒸汽吞吐；蒸汽驱；驱泄复合；采收率

春风油田位于车排子凸起的东北部，储集层为新近系沙湾组，含油面积 42.3km²，动用储量 4790×10⁴t，主要开发技术是水平井-降黏剂-蒸汽-氮气复合开发模式，即 HDNS 吞吐技术。由于天然能量弱，地层压力低，多轮次吞吐后开发指标快速变差，影响吞吐效果；随着地层压力下降，边底水突破油水界面发生锥进，造成油井排水期长、末期见水早、周期累计产水量增加等问题，导致最终采收率较低，需要新的能量补充和提高采收率方法[1]。目前普遍的研究认为，蒸汽驱是蒸汽吞吐开发稠油油藏的有效接替方式，为此在排 601 北区展开了蒸汽驱试验。试验区共有蒸汽驱井 6 口，采油井 23 口井，观察井 3 口，类反九点法井网，井距、排距均为 100m。但在蒸汽驱过程中发现由于受储层地质特点影响与水平井井型的限制，转驱后水平井在开采薄浅层超稠油在增加泄油面积和导流能力同时，相比直井，水平井段长容易出现多个汽窜点，蒸汽前缘发育不均衡，开发效果和经济效益差，而且治理汽窜难度很大[2-3]。为此在总结蒸汽驱矿场实践认识的基础上，开展了直井+水平井驱泄复合试验研究，利用该技术重力、驱动力两种作用来调控多点（直井）注汽参数，抑制汽窜，提高最终采收率。

基金项目：国家重点研发项目"稠油化学复合冷采基础研究与工业示范"（编号：2018YFA0702400）、中国石化科技攻关项目"胜利 2020 年油气开采基础前瞻项目"（编号：P20058）联合资助。

作者简介：胡春余（1978—），男，汉族，中国地质大学北京矿产普查与勘探专业，辽宁凌源人，硕士研究生，高级工程师，开发管理部副经理，研究方向为老油田开发。E-mail：huchunyu. slyt@ sinopec. com

1 试验区油藏特征

春风油田 601 北区位于车排子凸起的东北部，储集层为新近系沙湾组，含油面积 3.32km²，动用储量 398×10⁴t，油藏具有"单、浅、薄、松、稠、低"的特点，具体表现在：油藏埋深 420~610m，砂体平均厚度 7.4m，油层厚度 3~6m，孔隙度 31%~35%，渗透率（2~5）×10³mD，地面原油密度为 0.9235g/cm³，油层温度 26℃，地层原油黏度为 50000~90000mPa·s，地层水为氯离子含量 1127~7349mg/L 的 NaHCO₃水型，矿化度为 3730mg/L。属于浅薄层超稠油高孔高渗砂岩油藏[4-5]。转驱前排 601 北试验区总井数 29 口，开井 18 口，吞吐累注汽 27.6×10⁴t，累产油 14.4×10⁴t，累产水 23.3×10⁴t，累计油汽比 0.52，平均单井日产油 7.8t，采出程度 14.12%。

2 水平井蒸汽驱效果分析

2.1 水平井转驱开发效果评价

该区域蒸汽驱于 2012 年 12 月底进入全面驱替阶段，总体表现出汽驱见效早，稳产期短。2013 年 3 月 18 日试验区日产油量达到峰值 169t，随后产油量逐渐下降，含水不断上升。2014 年底试验区采取注汽井提注措施，区块日产液量、含水率进一步升高，日产油量变化微小，提注效果一般，最终因油汽比较低停止汽驱（图 1）。从生产井动态情况来看，正对注汽井的油井在生产动态上表现为受效快，注蒸汽初期、井口温度上升快，波动较大，易发生汽窜。侧对注汽井的油井生产动态上表现为受效较慢，汽驱效果好，井口温度整体较为稳定，少量井发生汽窜。处于对角线上的油井生产动态上表现为受效慢，受效时间短，汽驱效果较差，井口温度普遍较低，大部分井蒸汽未波及。

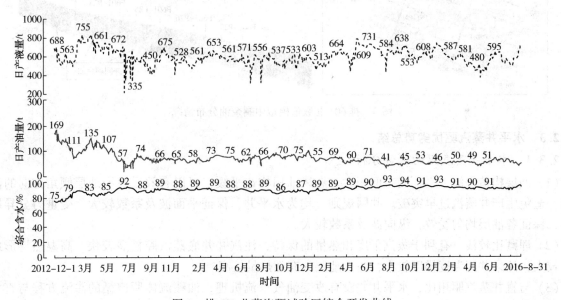

图 1　排 601 北蒸汽驱试验区综合开发曲线

2.2 水平井转驱后剩余油分布状况

根据 2021 年 5 月对排 601-观 2 井进行了测温测压（图 2），目前平均压力为 1.9MPa，平均温度为 23℃，与原始地层温度接近，而地层压力下降。表明试验区整体温度场未有效建立，除注汽井附件油层温度较高，井间温度普遍低于 50℃，这表明注采井间未得到有效加热。

通过蒸汽驱的数值模拟跟踪，经过 3 年多的蒸汽驱开发，试验区剩余油整体富集。水平段动用呈现差异性，剩余油分布与原始含油饱和度、油层渗透率、水平井 A、B 端点距离有关，水平井吞吐注汽存在端点效应，受此影响，水平井 A、B 端点动用程度较高。注采井间窜流通道、生产井附近动用程度较高，受注入蒸汽波及范围有限影响，在井间、井排间仍有大部分区域未得到有效动用，剩余油呈现整体富集态势（图 3）。

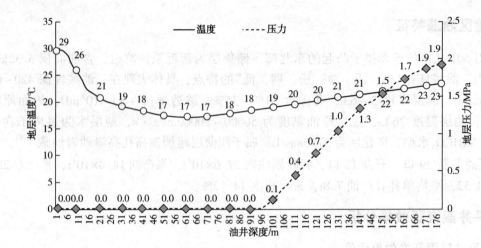

图 2　排 601-观 2 井温度压力测试曲线

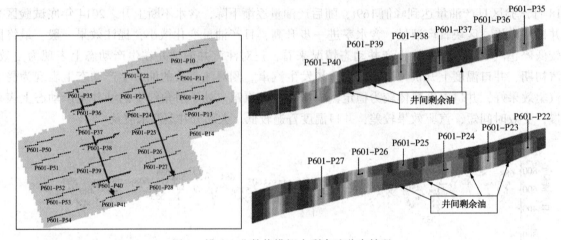

图 3　排 601 北数值模拟中剩余油分布情况

2.3　水平井蒸汽驱优劣势总结

2.3.1　水平井蒸汽驱的优势分析

（1）油层构造平缓，平面展布面积大。春风油田构造平缓，可以有效缓解沿地层倾角方向的油井汽窜，避免生产井蒸汽过早突破。井网规则，均为水平井，保证平面波及系数较大；受重力分异影响较小，保证各油层均匀受效，纵向波及系数较大。

（2）埋藏比较浅，有利于蒸汽干度和热量的保持，注汽井井底蒸汽腔扩展较快，高温热场形成的范围较大，注采井间温度梯度较小，注入地层的有效热量较高。

（3）与直井蒸汽驱相比，水平井并没有改变油气渗流机理，油藏流体所遵循的渗流方程与直井一样，只是流体流入条件发生了变化，由此改变了近井流场；水平井本身不能提供任何附加能量以助开采，由于流场的改变，可以提高能量的利用率。

2.3.2　水平井蒸汽驱的不利条件分析

试验井区油藏薄，有效厚度薄，热损失大。对于厚度 5.6m 的油层，汽驱一年热损失高达 60% 左右。单井控制储量低，仅为 4.0×10^4t 左右。经过约 6 个周期蒸汽吞吐，剩余油分布已经比较零散。且该区域非均质性较强，易汽窜。排 601 北区整体平面渗透率级差为 2.1，纵向渗透率级差为 2.36。受水平井井型与储层特点的影响经过多轮次蒸汽吞吐开发，加剧了储层非均质程度，更易沿高渗透条带发生汽窜。

3 驱泄复合试验

新疆油田对驱泄复合技术拓展和衍生，提出 VHSD 开发理念，成为吞吐后期有效接替技术（图4）。根据研究发现新疆风城九₈区 VHSD 试验区与春风油田排601北区油藏条件基本相似，该区块在应用 VHSD 技术以后，日产油由56t 提升至115t，井组日产油由5.3t 提升至14.5t，油汽比由0.15升至0.22，年产量 21.8×10⁴t，成功实现吞吐后期的有效接替[6-7]。与传统的蒸汽驱相比，直井-水平井 VHSD 技术采用立体井网结构有效缓解了传统蒸汽驱采注比低和蒸汽腔控制难题，且具有以下优点：①高干度蒸汽在油层顶部形成蒸汽腔对中下部稠油进行降黏后，原油黏度低，易于驱动；②水平井主要依靠重力泄油，原油流动阻力小，产能高；③水平井位于油层下部，而蒸汽腔位于油层上部，有利于抑制汽窜；④通过调控多点（直井）注汽参数，易于控制蒸汽腔的发育，控制汽窜[8-10]。为此在排601北区利用两口观察井直井前期与一口前期注汽水平井与一口正在生产水平井开展直井+水平井驱泄复合试验研究，考虑到所选两口观察井直井前期与一口前期注汽水平井前期均未进行蒸汽吞吐或吞吐轮次较少，因此计划试验分两步走，逐步推进，即前期通过直井+水平井整体组合蒸汽吞吐预热，建立热连通，后期直井-水平井驱泄复合组合开发，利用该技术重力、驱动力两种作用来调控多点（直井）注汽参数，抑制汽窜，驱动井间剩余油，提高最终采收率。

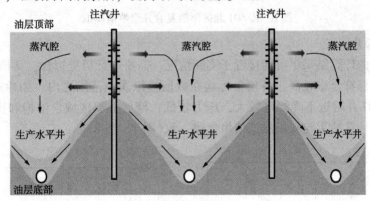

图4 直井-水平井驱泄复合 SAGD 模式图

3.1 驱泄复合井组概况

试验井组共4口井（2口直井+2口水平井），含油面积 0.007km²，地质储量 9.6×10⁴t，目前累计产油 2.63×10⁴t，采出程度 27.4%（图5）。其中，排601-P37 井投产以来共吞吐15个周期，为蒸汽驱对应井，累计产油 19236t，排601-P38 井吞吐6周期后，为蒸汽驱注汽井后停止生产，累计产油 8269t。排601-观1井、观2井为蒸汽驱期间完钻的观察井，未生产。

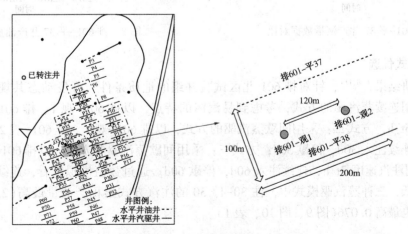

图5 排601北区驱泄复合井组构成图

3.2 井组模型建立

由于蒸汽驱开发效果的好坏依赖于操作参数的选取，为此根据排 601 区块储层物性，建立了直平组合的数值模拟模型，按照油井生产现状，调整了各井的含油饱和度和温度场，网格数 70×33×13 = 30030，X 方向网格步长约 5m，Y 方向步长约 1.2m。根据矿场情况，对注汽井和生产井的设置参数进行取值，开展驱泄复合开发效果预测，确定合理的开发技术对策，指导现场动态调控，确保开发试验效果(图 6)。

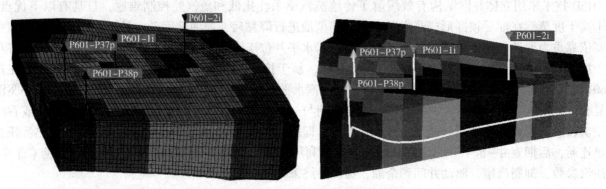

图 6　排 601 北区驱泄复合井组数值模拟

3.3 井组数据拟合

为了使建立模型的计算结果尽可能接近于实际情况，需要进行历史拟合，从拟合结果来看直井-水平井井组综合动态指标符合率较高，各项指标均在数值模拟误差范围之内。如通过排 601-平 37 井数据拟合可以看出，P37 井附近下降幅度较大，压力较低；储层上部区域含油饱和度较高，储层下部含油饱和度较低，数模计算结果与现场测试结果规律一致(图 7、图 8)。

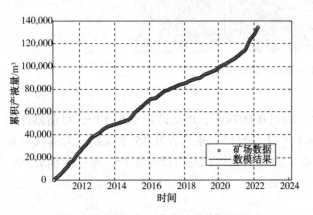

图 7　排 601-平 37 井产液量数据对比

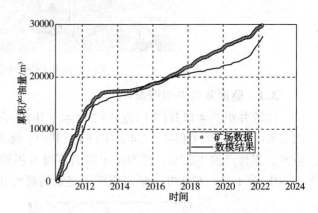

图 8　排 601-平 37 井产油量数据对比

3.4 注入方式优选

根据前期调研结果[6-8,11]，针对排 601 北区试验井组的地质条件与开发动态共规划了三种注入方式。方式一：采用连续蒸汽驱的方式，考虑到易汽窜的特点，以排 601-观 1、排 601-观 2 为注入井，计划注汽速度 1.5t/h；方式二：采用间歇蒸汽驱的方式，以排 601-观 1、排 601-观 2 为注入井，计划注汽速度 3t/h，连续注入 30d，停歇 30d；方式三：采用间歇蒸汽驱的方式，以排 601-观 1、排 601-观 2 为注入井，计划注汽速度 3t/h，连续注入 60d，停歇 60d。通过数值模拟来看，连续蒸汽驱的产油速度快，但油汽比低，三种蒸汽驱模式中，注 30-停 30 的注汽方式累积产油量最高($2.02×10^4$t)，十年后的累积油汽比也最高 0.076(图 9、图 10、表 1)。

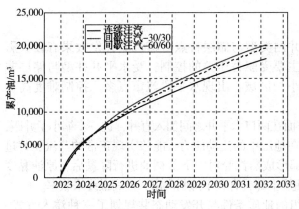

图 8　不同注入方式累积产油量曲线　　　　　　图 9　不同注入方式累积油汽比曲线

表 1　不同注入方式生产数据对比表

注汽方式	注汽名称	注汽速度/ (t/h)	注汽模式	累产液/ 10^4 t	累产油/ 10^4 t	累积油汽比	提高采出 程度/%
方式一	连续蒸汽驱	1.5	连续注入	2.50	1.81	0.069	18.84
方式二	间歇蒸汽驱	3.0	注 30d，停 30d	2.44	2.02	0.078	21.03
方式三	间歇蒸汽驱	3.0	注 60d，停 60d	2.42	1.97	0.075	20.54

4　矿场试验

　　排 601 北区直井-水平井驱泄复合井组于 2021 年 5 月开始进入整体组合蒸汽吞吐预热阶段，已实施三轮吞吐预热，累计注蒸汽量 16100t，累产油 4103.5t，油汽比 0.255（图 11）。同期对比来看，较单独吞吐时平均日产油增加 4.1t，综合含水下降 0.7%。从生产效果来看，第一轮吞吐日产油上升、峰值日产油 17.3t，含水下降，油汽比 0.14；在第二轮排 601-观 1、排 601-观 2 井注汽后，两口水平井的日产油从 8.2t 增加到 18.3t，含水从 85.7% 下降到 76.2%，油汽比 0.5；第三轮生产较平稳，受周围井注汽影响日产油出现波动，目前日产液 60.7t，日产油 10.4t，含水 82.87%，累产油 2166.3，油汽比 0.3。从生产动态来看，2021 年 9 月 1 日第二轮排 601-观 1、排 601-观 2 井注汽时，排 601-平 37 和排 601-平 38 井口温度、液量、日产油都有明显反映。2022 年 9 月 10 日-9 月 22 日排 601—平 37 注汽时，排 601-观 1 与排 601-观 2 井口温度、日产油都有反映。说明直井和水平井之间已经形成热连通，因此规划在 2022 年 12 月第三轮吞吐结束后，进行第二步驱泄复合开发，进一步驱动井间剩余油。

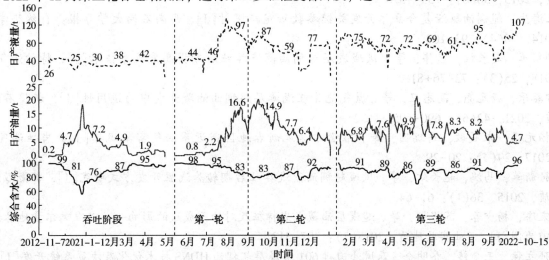

图 11　排 601 北驱泄复合井组生产曲线

5　结论

（1）通过排 601 北区前期蒸汽驱试验可以发现，井网类型与储层特点对蒸汽驱开发效果有较大影响。蒸汽驱过程中温度场、压力场与饱和度场的发育主要受驱替压差的控制，受水平井井型与储层非均质影响，该区域蒸汽驱注入蒸汽主要流向流动阻力小的区域，出现水平段汽窜点多、控制难度高等问题，造成蒸汽突破导致油汽比快速降低。

（2）采用直井+水平井井型开展驱泄复合试验，一方面在两口水平井之间加入直井，进一步缩小了井距，有利于蒸汽带的扩大，形成较好的热连通，提高了原油在地层中的流动能力，能够实现正常的蒸汽驱替过程。此外采用驱泄复合方式有利于高干度蒸汽在油层顶部形成蒸汽腔对中下部稠油进行降黏后，原油黏度低，易于驱动，且水平井位于油层下部，而蒸汽腔位于油层上部，有利于抑制汽窜，提高最终采收率。

（3）根据前期调研结果，针对排 601 北区试验井组的地质条件与开发动态共规划了三种注入方式，通过数值模拟计算三种蒸汽驱模式表明，采用间歇蒸汽驱的方式，以排 601-观 1、排 601-观 2 为注入井，计划注汽速度 3t/h，连续注入 30d，停歇 30d 注汽方式累积产油量最高，预计十年累产油可达到 $2.02×10^4$t，累积油汽比也最高 0.076，提高采出程度 20.84%。

（4）通过矿产试验，排 601 北区直井-水平井驱泄复合井组在整体组合蒸汽吞吐预热阶段，目前已实施三轮吞吐预热，累计注蒸汽量 16100t，累产油 4103.5t，平均日产油 8.1t，综合含水 88.5%，油汽比 0.255，同期对比来看，较单独吞吐时平均日产油增加 4.1t，综合含水下降 0.7%，取得了较好的效果，也为第二步驱泄复合开发奠定了基础。

参考文献

[1] 朱桂林，王学忠．准噶尔盆地春风油田薄浅层超稠油水平井蒸汽驱试验[J]．科技导报，2014，32（31）：55-60.

[2] 杨元亮．浅薄层超稠油水平井蒸汽驱汽窜控制因素研究[J]．特种油气藏，2016，23(6)：68-71+144.

[3] 王海涛，伦增珉，吕成远，等．春风油田排 601 块水平井蒸汽驱井网类型优化物理模拟实验[J]．石油钻采工艺，2017，39(2)：138-145.

[4] 王建勇，王学忠，杨勇，等．春风油田薄浅层超稠油水平井蒸汽驱研究[J]．特种油气藏，2014，21(1)：95-97+155.

[5] 张瑞香，杨少春，宋璠，等．春风油田沙湾组储层特征及储集性能分析[J]．科学技术与工程，2016，16(28)：49-55+62.

[6] 钱根葆，孙新革，赵长虹，等．驱泄复合开采技术在风城超稠油油藏中的应用[J]．新疆石油地质，2015，36(6)：733-737.

[7] 王海生．超稠油驱泄复合立体开发关键参数研究与探讨[J]．西南石油大学学报：自然科学版，2014，36(4)：93-100.

[8] 孙新革，赵长虹，熊伟，等．风城浅层超稠油蒸汽吞吐后期提高采收率技术[J]．特种油气藏，2018，25(3)：72-76+81.

[9] 常泰乐，杨元亮，高志卫，等．氮气泡沫在浅薄层超稠油油藏开发中的适用性[J]．新疆石油地质，2021，42(6)：690-695.

[10] 杨元亮，朱筱敏，马瑞国，等．准噶尔盆地新春地区新近系油气富集规律[J]．岩性油气藏，2017，29(4)：20-29.

[11] 孙新革，马鸿，赵长虹，等．风城超稠油蒸汽吞吐后期转蒸汽驱开发方式研究[J]．新疆石油地质，2015，36(1)：61-64.

[12] 宋璠，杨少春，苏妮娜，等．超浅层油藏成岩特征及对油气成藏的影响——以准噶尔盆地春风油田为例[J]．石油实验地质，2015(3)：307-313.

[13] 孙立柱，王金铸，乔明全．春风油田排 601 块浅层超稠油 HDNS 技术优化及决策系统开发[J]．特种油气藏，2012，19(6)：68-71+144.

注蒸汽超稠油高温高盐采出水资源化技术研究及应用

陶建强[1] 杨元亮[1] 肖小龙[2]

【1. 中石化新疆新春石油开发有限责任公司；2. 中石化石油工程设计有限公司】

摘 要： 近年来，我国在稠油采出水回用于热采锅炉和达标外排等方面做了大量的研究工作和现场应用，部分采出水处理装置已投入运行，但由于稠油采出水水质水量变化大、油水密度差小、乳化严重等难点，高温高盐超稠油采出水处理在工程回用方面还没有取得实质性的进展。本文利用 MVR 蒸发器全称机械式蒸汽压缩蒸发器，采用低温多效 S 竖管降膜蒸发。该技术利用涡轮发动机增压原理，将蒸发过程产生的蒸汽由压缩机压缩增压升温，形成过热蒸汽，再作为热源供污水蒸发使用。其主要工艺特点是利用机械压缩机将电能转化为热能，具有运行稳定、蒸发能耗低、运行成本低等特点。研究结果表明：研发的降膜蒸发 MVR 技术，产水规模 $\geq 5.0 t/h$，产水率 $\geq 90\%$，产水水质满足锅炉用水要求。因此，MVR 工艺中垂直蒸发器较水平蒸发器有更高的传热效率，更适合超稠油在采出水资源化中应用。

关键词： 超稠油；高温高盐采出水；资源化技术

0 引言

春风油田稠油区块采用蒸汽吞吐开发，一方面需要大量的合格水供给注汽锅炉，以产出注汽所需的蒸汽，另一方面需要对原油处理过程中脱出的采出水进行处理，达到回注标准。此前，春风油田受回注层位限制，地层接收水量有限，随着油田开发的深入，回注量大幅增加，注水压力逐渐升高，地面注水系统运行难度加大，如不采取措施，必将制约油田生产规模的进一步扩大。

为解决注蒸汽超稠油高温高盐采出水资源化利用问题，本文利用 MVR 技术具有开发高效率、低成本、短流程的特点，优化工艺流程，开发形成具有自主知识产权的 MVR 气田采出水低成本、短程资源化处理工艺及工艺包，对提高西部浅层稠油热采效益及开发管理水平具有重要指导意义。

1 实验装置及方案

1.1 实验装置

室内小试实验采用海水淡化研究所传热综合实验平台进行。平台包括水平管降膜蒸发器和垂直管降膜蒸发器两种类型的蒸发器。

基金项目：中国石化科技攻关项目"春风油田采出水资源化再利用配套技术系统研究"（编号：321077）资助。

作者简介：陶建强(1982—)，男，汉族，吉林大学资源勘查工程，黑龙江绥棱人，本科，高级工程师，开发管理部副经理，研究方向为油气田开发专业。E-mail：taojianqiang.slyt@sinopec.com

1.2 实验方案

1.2.1 水平管降膜蒸发性能测试实验

（1）改变进料量为0.5~1.5t/h，其他参数保持不变，记录原料水温度、流量，加热蒸汽温度、压力，二次蒸汽温度、压力，加热蒸汽冷凝液流量、温度，二次蒸汽冷凝液流量、温度。

（2）改变蒸发温度80~100℃，其他参数保持不变，记录原料水温度、流量，加热蒸汽温度、压力，二次蒸汽温度、压力，加热蒸汽冷凝液流量、温度，二次蒸汽冷凝液流量、温度。

（3）改变传热温差3~5℃，其他参数保持不变，记录原料水温度、流量，加热蒸汽温度、压力，二次蒸汽温度、压力，加热蒸汽冷凝液流量、温度，二次蒸汽冷凝液流量、温度。

1.2.2 垂直管降膜蒸发性能测试实验

（1）改变蒸发温度80~100℃，其他参数保持不变，记录原料水温度、流量，加热蒸汽温度、压力，二次蒸汽温度、压力，加热蒸汽冷凝液流量、温度，二次蒸汽冷凝液流量、温度。

（2）改变传热温差3~5℃，其他参数保持不变，记录原料水温度、流量，加热蒸汽温度、压力，二次蒸汽温度、压力，加热蒸汽冷凝液流量、温度，二次蒸汽冷凝液流量、温度。

2 结果与讨论

实验分三阶段进行，第一阶段采用稠油采出水进行水平管和垂直管降膜蒸发传热实验，第二阶段采用浓缩1倍的稠油采出水进行传热实验，第三阶段采用浓缩2倍的稠油采出水进行传热实验。

2.1 水平管降膜蒸发性能测试试验

2.1.1 进料量对传热系数的影响

保持蒸发温度为80℃，传热温差为3.5℃，考察进料量对传热系数的影响，从图1可以看出，随着进料量的增加，传热系数出现先升高后降低的趋势，在进料量2~2.5t/h之间出现最大值。主要是由于随着进料量的增加，一方面使管外液膜的平均厚度增加，不利于导热；另一方面使管外液体流动速度加快，管外液膜波动加剧，两方面的共同作用使总传热系数出现上述趋势。因此在实际工程设计中应选择适当的液体负荷，在保证传热系数的同时，尽量降低水泵功率消耗。

2.1.2 蒸发温度对传热系数的影响

保持进料量为2.0t/h，传热温差为3.5℃，考察蒸发温度对传热系数的影响，从图2可以看出，随着蒸发温度的提高，总传热系数逐步增大，但蒸发温度过高，对传热管腐蚀和结垢都会有很大程度的影响，并且系统内部件的寿命也会缩短。

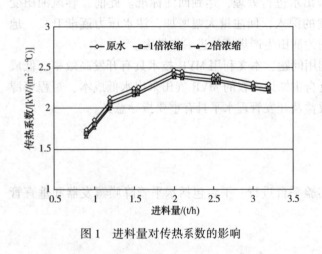

图1　进料量对传热系数的影响　　　　图2　蒸发温度对传热系数的影响

2.1.3 传热温差对传热系数的影响

保持进料量为2t/h，蒸发温度为80℃，考察传热温差对总传热系数的影响，从图3可以看出随着传热温差的增大，总传热系数逐渐减小。这是因为传热温差的增大提高了管外液体的过热度，降低了热效率，另外，温差的增大使管内蒸汽快速冷凝，增加了冷凝液体的流量，使冷凝液膜增厚；同时冷凝液体流量的增加使传热管内底部冷凝液所占传热面积与总传热面积的比例增大。最终使总传热系数随传热温差的增大而明显下降，而蒸发温度对下降幅度的影响很小。

2.2 垂直管降膜蒸发性能测试实验

保持进料量 2t/h，蒸发温度 80℃，考察传热温差对总传热系数的影响，从图 4 可以看出，随着传热温差的增大，总传热系数逐渐减小。随着浓度的增大，总传热系数出现减小的趋势，但是 1 倍浓缩和 2 倍浓缩之间的传热系数差距不大。

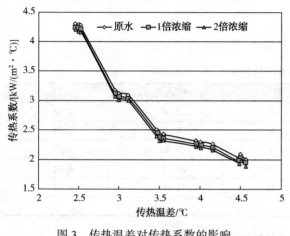

图 3　传热温差对传热系数的影响

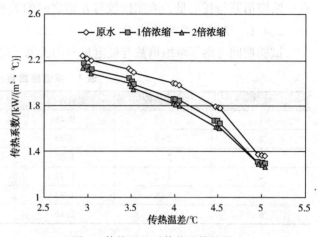

图 4　传热温差对传热系数的影响

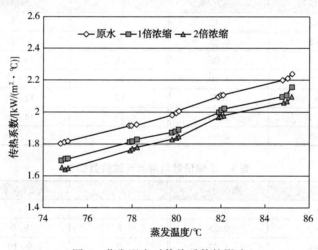

图 5　蒸发温度对传热系数的影响

保持进料量 2t/h，传热温差 4℃，考察蒸发温度对总传热系数的影响，从图 5 可以看出，随着蒸发温度的升高，总传热系数逐渐增大。

从图 4 和图 5 还可以看出，随着浓缩倍率的增大，总传热系数出现减小的趋势，主要是由于随着浓缩倍率的增大，一方面物料黏度增大降低了物料在传热管表面的湍动程度降低了传热系数，另一方面成垢离子浓度增大，增加了在传热管表面成垢的可能性，污垢的存在也会降低总传热系数。由于本实验周期较短，可以忽略污垢对总传热的影响，因此随着浓缩倍率的增加，传热系数变化较小。

2.3 室内实验测试结论

（1）水平管和垂直管蒸发器总传热系数随着蒸发温度的增大逐渐增大，随传热温差的增大逐渐减小；随着稠油采出水浓度的增大，总传热系数逐渐减小，但减小的幅度也逐渐减小。

（2）水平降膜蒸发器总传热系数最小在 1600W/(m²·℃) 左右，垂直管蒸发器总传热系数最小在 1300W/(m²·℃) 左右。由于实验周期较短，没有考虑到长期运行传热管表面结垢的情况，因此建议在工程设计中，水平管蒸发器的总传热系数取值在$1200W/(m^2 \cdot ℃)$左右，垂直管蒸发器的总传热系数取值在$1000W/(m^2 \cdot ℃)$左右。

2.4 现场试验

通过使用亚氧化钛陶瓷电极对春风油田深度水处理站进行现场处理实验，验证电化学工艺对油田采出水的COD的去除效果，从而为该深度水处理站采出污水缩短工艺流程、达标处理的工业化提供经验和数据支持。

MVR正常运行后，测试了浓缩倍数、沸点升、耗电量、K值等数据，分别考察了浓缩倍数与沸点升、浓缩倍数与耗电量、浓缩倍数与K值之间的关系。

2.4.1 浓缩倍数与沸点升

试验期间考察了浓缩倍数与耗电量间的关系，结果见表1~表5。

表1 浓缩倍数与沸点升试验数据1

序号	浓缩倍数	沸点升/℃	序号	浓缩倍数	沸点升
1	1~2	0.46	7	7~8	2.58
2	2~3	0.76	8	8~9	3.04
3	3~4	1.07	9	9~10	3.52
4	4~5	1.41	10	10~11	4.02
5	5~6	1.77	11	11~12	4.57
6	6~7	2.16			

表2 浓缩倍数与沸点升试验数据2

序号	浓缩倍数	沸点升/℃	序号	浓缩倍数	沸点升
1	1~2	0.47	8	8~9	2.84
2	2~3	0.75	9	9~10	3.43
3	3~4	1.06	10	10~11	3.51
4	4~5	1.40	11	11~12	4.29
5	6	1.77	12	12~14	5.64
6	6~7	2.16	13	14~16	6.75
7	7~8	2.26			

表3 浓缩倍数与沸点升试验数据3

序号	浓缩倍数	沸点升/℃	序号	浓缩倍数	沸点升
1	1~2	0.46	7	7~8	2.58
2	2~3	0.75	8	8~9	3.02
3	3~4	1.07	9	9~10	3.96
4	4~5	1.40	10	10~11	3.99
5	5~6	1.77	11	11~12	4.53
6	6~7	2.17			

表4 浓缩倍数与沸点升试验数据4

序号	浓缩倍数	沸点升℃	序号	浓缩倍数	沸点升
1	1~2	0.49	7	7~8	2.58
2	2~3	0.75	8	8~9	3.05
3	3~4	1.06	9	9~10	3.53
4	4~5	1.40	10	10~11	4.04
5	5~6	1.77	11	11~12	4.59
6	6~7	2.16			

表5　浓缩倍数与沸点升试验数据5

序号	浓缩倍数	沸点升/℃	序号	浓缩倍数	沸点升
1	1~2	0.48	6	6~7	2.16
2	2~3	0.76	7	7~8	2.56
3	3~4	1.07	8	8~9	2.99
4	4~5	1.40	9	9~10	3.47
5	5~6	1.77			

将以上数据绘制成曲线图，见图6。

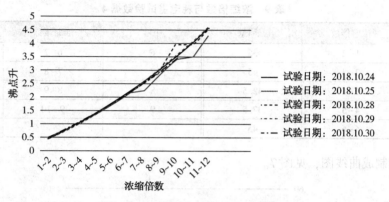

图6　浓缩倍数与沸点升关系曲线

由图6可见，随着浓缩倍数的增加，沸点升也随之增加。当MVR正常运行时，浓缩倍数为11~12倍，此时沸点升约为4.5℃。

2.4.2　浓缩倍数与耗电量的关系

试验期间考察了浓缩倍数与耗电量间的关系，结果见表6~表9。

表6　浓缩倍数与耗电量试验数据1

序号	浓缩倍数	耗电量/kW·h	序号	浓缩倍数	耗电量
1	1~2	37.5	10	10~11	42.5
2	2~3	37.5	11	11~12	45
3	3~4	37.5	12	12~14	47.5
4	4~5	40	13	14~16	46.25
5	5~6	40	14	16~18	45
6	6~7	40	15	18~20	50
7	7~8	40	16	20~22	50
8	8~9	40	17	22~24	51.25
9	9~10	42.5	18	24~26	50

表7　浓缩倍数与耗电量试验数据2

序号	浓缩倍数	耗电量/kW·h	序号	浓缩倍数	耗电量
1	1~2	39	7	7~8	42.5
2	2~3	46	8	8~9	45
3	3~4	40	9	9~10	40
4	4~5	40	10	10~11	40
5	5~6	40	11	11~12	52.5
6	6~7	42.5			

表8 浓缩倍数与耗电量试验数据3

序号	浓缩倍数	耗电量 kW·h	序号	浓缩倍数	耗电量
1	1~2	42.5	7	7~8	45
2	2~3	37.5	8	8~9	40
3	3~4	42.5	9	9~10	45
4	4~5	40	10	10~11	40
5	5~6	40	11	11~12	50
6	6~7	40			

表9 浓缩倍数与耗电量试验数据4

序号	浓缩倍数	耗电量 kW·h	序号	浓缩倍数	耗电量
1	1~2	35	6	6~7	40
2	2~3	45	7	7~8	45
3	3~4	42.5	8	8~9	45
4	4~5	37.5	9	9~10	45
5	5~6	45			

将以上数据绘制成曲线图，见图7。

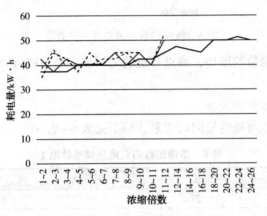

图7 浓缩倍数与耗电量关系曲线

由上图可见，随着浓缩倍数的增加，耗电量也缓慢增加。当浓缩倍数为24~26倍，此时耗电量由开始的37kW·h左右升至50kW·h左右。

2.4.3 浓缩倍数与 K 值的关系

试验期间考察了浓缩倍数与 K 值间的关系，结果见表10~表13。

表10 浓缩倍数与 K 值试验数据1

序号	浓缩倍数	K 值	序号	浓缩倍数	K 值
1	1~2	683	10	10~11	209
2	2~3	828	11	11~12	997
3	3~4	881	12	12~14	1122
4	4~5	840	13	14~16	1292
5	5~6	781	14	16~18	96
6	6~7	794	15	18~20	91
7	7~8	775	16	20~22	91
8	8~9	789	17	22~24	82
9	9~10	769	18	24~26	78

表 11 浓缩倍数与 K 值试验数据 2

序号	浓缩倍数	K 值	序号	浓缩倍数	K 值
1	1~2	590	7	7~8	948
2	2~3	763	8	8~9	952
3	3~4	956	9	9~10	1027
4	4~5	930	10	10~11	1036
5	5~6	905	11	11~12	979
6	6~7	1001			

表 12 浓缩倍数与 K 值试验数据 3

序号	浓缩倍数	K 值	序号	浓缩倍数	K 值
1	1~2	976	7	7~8	936
2	2~3	946	8	8~9	880
3	3~4	888	9	9~10	876
4	4~5	983	10	10~11	927
5	5~6	947	11	11~12	942
6	6~7	933			

表 13 浓缩倍数与 K 值试验数据 4

序号	浓缩倍数	K 值	序号	浓缩倍数	K 值
1	1~2	184	6	6~7	906
2	2~3	735	7	7~8	791
3	3~4	962	8	8~9	935
4	4~5	871	9	9~10	897
5	5~6	876			

将以上数据绘制成曲线图，见图 8。

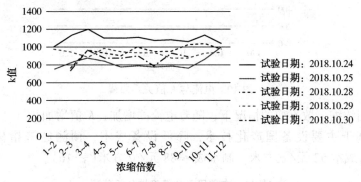

图 8 浓缩倍数与 K 值关系曲线

由上图可见，随着浓缩倍数的增加，K 值变化不大。

2.4.4 循环量与 K 值试验(表 14)

表 14 循环量和 K 值试验数据

序号	浓缩倍数	循环量（m³/h）	K 值
1	10	27	659
2	10	24	593
3	10	21	572

将以上数据绘制成曲线图,见图9。

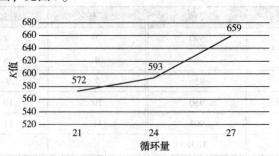

图9 循环量与K值关系曲线

由图9可见,当浓缩倍数不变的情况下,随着循环量的增加,K值增加。

2.4.5 电流与K值试验(表15)

表15 电流与K值试验数据

序号	浓缩倍数	电流	K值
1	10	220	1088
2	10	210	938
3	10	200	850
4	10	190	871
5	10	180	722
6	10	170	674

将以上数据绘制成曲线图,见图10。

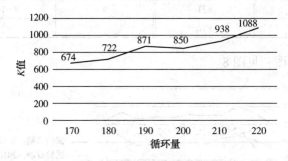

图10 电流与K值关系曲线

由图10可见,当浓缩倍数不变的情况下,随着电流的增加,K值增加。

项目研究成果基于主要设备国产化技术,降低设备成本,预测经济指标如下:以产水规模1000m³/d为总体运行成本52元/立方米;制水成本88元/立方米(表16)。

表16 本项目工艺经济性分析预测   元/立方米

建设投资	综合制水成本										88.13
	直接运行成本							维修费	折旧费	膜更换	其他管理	小计
总投资万元	电费	药剂费	燃料费	工人工资	污泥处置	浓水外输	小计	维修费	折旧费	膜更换	其他管理	小计
9800	22.83	4.07	3.46	6.24	6.25	9.52	52.37	7.70	21.63	4.42	2.01	35.76

注:1. 以1000m³/d产水规模工程计;

    2. 电价按0.70元/(kW·h)。

3 结论

（1）针对春风油田稠油采出水资源化技术室内实验，水平管和垂直管蒸发器总传热系数随着蒸发温度的增大逐渐增大，随传热温差的增大逐渐减小；随着稠油采出水浓度的增大，总传热系数逐渐减小，但减小的幅度也逐渐减小。

（2）MVR工艺中水平降膜蒸发器总传热系数最小在 1600W/（m²·℃）左右，垂直管蒸发器总传热系数最小在 1300W/（m²·℃）左右，垂直蒸发器较水平蒸发器有更高的传热效率，更适合在采出水资源化中应用。

（3）现场试验表明，自主开发的 MVR 技术具有开发高效率、低成本、短流程的特点，对提高西部浅层稠油热采效益及开发管理水平具有重要指导意义。

参考文献

[1] 杨晓伟，汪洋，刘秀生，等．含油污水处理技术研究进展[J]．能源化工，2016，37(4)：83-88.

[2] 雷岗星．含油废水处理技术的研究进展[J]．环境研究与监测，2017，30(4)：58-62.

[3] 黄斌，王捷，傅程，等．油田采出水处理技术研究新进展[J]．现代化工，2018，38(8)：52-57.

[4] 梁义杰，李秋华．溶气浮选技术在某油田污水处理中的应用研究[J]．广州化学，2011，36(4)：41-46.

[5] 徐佳霞．斜板溶气气浮技术在杏西油田含油污水处理中的应用[J]．石油石化节能，2012，06：44-46.

[6] 樊玉新，魏新春，胡新玉，等．风城油田超稠油污水旋流分离技术[J]．新疆石油地质，2014，06：713-717.

[7] 李贝贝，孙琪，高雯雯．混凝沉淀-微滤-纳滤组合工艺处理小吨位分散型气田废水[J]．科学技术与工程，2011，34：8645-8648，8657.

[8] 燕红，魏然，张国华，等．高效旋流气浮一体化污水处理技术[J]．油气田地面工程，2013，02：46-47.

[9] 李景芳．电化学预氧化技术在油田污水处理工程应用中的注意事项[J]．山东省农业管理干部学院学报，2011，01：158，168.

[10] 付广永．油田污水预氧化工艺配套阻垢技术研究[J]．长江大学学报（自然版），2018，15(3)：77-80.

[11] 谢伟．电化学预氧化技术在郝现联污水处理中的应用[J]．河南科技，2013，10：204，207.

[12] 刘咚，储昭奎，王洪福，等．含聚丙烯酰胺类油田污水的电化学氧化处理[J]．环境工程学报，2017，11(1)：291-296.

[13] 胡君城，刘聪．活性污泥法处理胜利油田稠油厂苯胺废水[J]．精细石油化工进展，2010，11(3)：52-55.

[14] 邓晨．BAF 技术在油田污水处理中的应用[J]．中国西部科技，2013，01：6-7，12.

[15] 刘振宁．对油田污水处理絮凝剂的探究及发展[J]．中国石油和化工标准与质量，2017，06：38-39.

[16] 赵德喜．高分子絮凝剂在油田生化污水处理中的应用研究[J]．工业水处理，2018，38(8)：88-90.

柳泉油田主力区块高凝原油开采工艺研究

韩 羽 周振永 杜 莎 谭金华 江淑丽 王 蕾

【中国石油华北油田公司第四采油厂】

摘 要：柳泉油田主力区块 Q42 断块为典型的高凝原油断块。在开发过程中，井下运用了电热空心抽油杆和双空心抽油杆循环加热两种采油工艺，地面集输运用了单管集油配套井口安装电加热装置、双管集油配套一体化装置、三管伴热集油三种集油工艺。通过对 Q42 断块高凝原油开采多种工艺进行对比和分析，建立具有生产现状适应性的工艺体系，为后续高凝原油的开采具有重要借鉴和指导意义。

关键词：高凝；双空心杆；双管集油

1 前言

柳泉油田主力区块 Q42 断块位于河北省固安县柳泉乡，从 2009 年投入开发至今，共计生产井 64 口。近年来，随着 Q42 断块的进一步开发，面临高凝原油开采难等诸多问题。由于 Q42 断块高凝原油的固有特性，决定了其开采工艺技术与常规开采有较大的区别。因此通过对 Q42 断块高凝原油开采多种工艺进行对比和分析，建立具有生产现状适应性的工艺体系，为后续高凝原油的开采具有重要借鉴和指导意义。

2 原油性质研究

2.1 地面原油性质

从各油组统计结果来看，原油性质相差不大。主要含油层位 Es_3V 油组，平均地面原油相对密度 $0.8423g/cm^3$，原油黏度 $10.0mPa \cdot s$，凝固点 $41.7℃$，含蜡量 31.9%，胶质沥青含量 11.6%，含硫量 0.096%，初馏点 $123.7℃$，属于高凝油。

2.2 地下原油性质

Q42-24x1 井取样层位为 Es_3V 油组，井段 $1380.0 \sim 1389.6m$，地层原油密度 $0.8170g/cm^3$，地层原油黏度 $7.7mPa \cdot s$，体积系数 1.0386，原始饱和压力 $2.2MPa$，气油比 $10.4m^3/t$。

3 井下工艺研究

3.1 电热空心抽油杆采油工艺

将三相交变电流传输给空心杆内的电缆发热芯上，由电能转化为热能，产生的热能通过空心杆壁传导给油管内的原油，对油管内的原油进行全程加热。提高原油温度，防止油管内结蜡，改善原油流动性能。

3.2 双空心抽油杆循环加热工艺

利用地面加热装置把水加热，经循环泵加压后，注入双空心抽油杆的内管通道，热载体在循环泵

作者简介：韩羽（1988—），工程师，2011 年毕业于长江大学大学石油工程专业，工学学士学位，现为华北油田第四采油厂工程研究所注水管理室副主任，从事注采工艺研究工作。E-mail：cy4_hanyu@petrochina.com.cn

的高压驱动下，克服管壁摩擦，高速流至双空心杆的加热尾端，然后通过抽油杆的内外管环空上返，热载体在上返过程中对油井产出液进行加温，热载体至地面后经加热装置加热后再次入井循环，见图1。

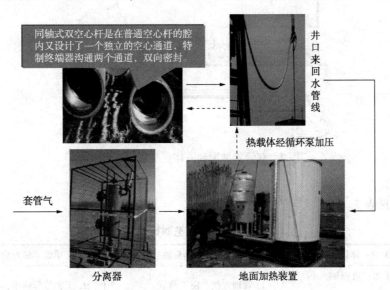

图1　双空心抽油杆循环加热工艺流程

3.3　现场应用情况及工艺对比

井下工艺对比见表1。

表1　井下工艺对比表

	电加热杆	双空心杆
前期成本投入	16.5万元	34.5万元
后期维护费用	耗电量约220kW·h/d，能耗较高	热源采集套管气且能耗低，可节约电能
使用情况	40口井使用该技术	4口井使用该技术
地面设施情况	地面设施简单，使用方便	地面需要配套加热装置、循环泵等装置
加热时间	可调控	不可调控
受外界影响情况	不受环境温度和长时间关井的影响	受套管气气量影响
安全情况	运行较为安全	停电时，电磁阀关闭不及时或关闭不严有安全隐患

4　集油工艺研究

4.1　双管集油配套一体化装置

柳泉油田双管集油工艺是利用双管掺水集油生产流程，通过将油井产液所脱出的污水加热，返输回油井井口，在最远单井末端掺入集油管线，提高集油管线中原油的温度。一体化装置是一种集合原油加热、油气水三相分离、油气混输、掺水泵掺水、自动化控制的一种撬装设备，通过将多个原来相互独立的功能实体采用一定方式结合成为一个单一实体，来实现转油站或接转站的油气水的分离、加热增压输送，以及满足双管掺水集油工艺的需要(图2)。

4.2　三管伴热集油

三管伴热是指将热水管、回水管与集油管包裹在一起，形成换热体，可使集油管升温，原油降凝，降低油井回压。由于Q42断块所处的36站系统集油能力已几近饱和，故Q42断块开发后期部分油井就近接入泉一站老管线，以三管伴热的方式进行集油。

4.3　单管集输配套井口电加热装置

该工艺利用井口产出的低温油、气、水混合液靠自身压力进入井口电加热器，经过电加热器后其温度达到集输油所需的温度值，由单管集油至接转站。

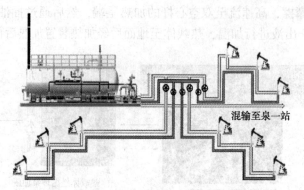

混输至泉一站

图 2　双管集油配套一体化装置工艺流程

4.4　工艺对比

集油工艺对比见表 2。

表 2　集油工艺对比表

	双管集油配套一体化装置	三管伴热集油	单管集输配套安装电加热装置
优点	1. 掺水选用污水，可以减少污染，保护环境 2. 充分利用污水的剩余热能，降低集输过程中的能耗	1. 管理方便，便于调节 2. 伴热效果好，井口回压低，集输距离长	1. 工艺流程简单，使用操作简单 2. 维修方便，日常维护工作量小 3. 建设投资较低
缺点	1. 系统集油能力受井数限制 2. 污水循环使用，管线腐蚀，易结垢	1. 由于伴热管线比其他集输流程建设投资较高 2. 热效率低，运行能耗较高	1. 适用范围小，仅适用于产液量高且连续出液的井 2. 集输距离短，易造成井口回压升高

5　小结

（1）空心杆循环加热工艺一次性投入材料成本较高，但综合年运行成本较低；运行温度受井口气压波动影响，利用伴生气生产能耗较低；但电磁阀关闭不及时或关闭不严时存在安全隐患。电热空心抽油杆工艺综合年运行成本稍高，但一次性投入材料成本低；井口出油温度相对平稳，安全性较好，综合对比后推荐使用电加热杆技术。

（2）三管伴热工艺热量损失大，但伴热效果好，维护工作简单。双管集油＋一体化装置热传递效率高，运行能耗较低，符合目前集团公司节能降耗要求。单管集输＋在井口安装电加热装置虽操作简单，但适用条件苛刻，不适合我厂生产实际情况。故针对 Q42 断块原油高凝特性，建议尽量利用原有的三管伴热集油工艺，需新建集油系统的区块采用双管集油配套一体化装置集油工艺。

（3）后续高凝原油区块开采可借鉴 Q42 断块的高凝原油开采工艺，进一步加强稠油集输、处理过程中的热能综合利用，降低项目投资、控制运行成本。

参考文献

[1] 张犁，韩春雨. 自动控制节能技术在稠油井口伴热工艺中的应用[J]. 石油石化节能，2010(6)：19-32.

[2] 龙震. 稠油管道输送技术方法综述[J]. 当代化工，2016，45(8)：2030-2032.

[3] 梁尚斌. 塔河油田深层稠油渗稀降黏技术研究与应用[D]. 成都：西南石油大学，2006.

[4] 郭继香，张江伟. 稠油掺稀降黏技术研究进展[J]. 科学技术与工程，2014，(6)：124-132.

[5] 包木太，范晓宁，曹秋芳，等. 稠油降黏开采技术研究进展[J]. 油田化学，2007，23(3)：284-288.

南堡油田2-3浅层普通稠油油藏二氧化碳复合吞吐技术研究与应用

张志鹏 张 进 魏 玲 王 昊 杨 佳 李石宽

【中国石油冀东油田公司南堡油田作业区】

摘 要： 针对南堡油田2-3区浅层普通稠油油藏多轮次二氧化碳吞吐增油效果变差，开展化学堵水+二氧化碳的复合吞吐技术研究，通过室内实验表明，多酚聚酯交联聚合物体系具有良好配伍性、抗剪切性、动态成胶性等性能。该技术已累计实施复合吞吐31井次，措施有效率92.07%，累计增油 $1.56×10^4/t$，平均单井累增油503t。矿场效果表明，复合吞吐技术可封堵高渗通道，扩大二氧化碳波及体积，有效动用剩余油，增长措施有效期，增加措施累增油量。这对类似浅层普通稠油油藏二氧化碳吞吐技术具有重要的借鉴意义。

关键词： 浅层普通稠油；二氧化碳；复合吞吐；多轮次；化学堵水

冀东南堡2-3浅层普通稠油油藏位于南堡凹陷西部，油藏为砂岩边底水层状油藏，主要含油层系为新近系明化镇组，属河流相沉积，油藏埋深1825~1860m，平均孔隙度29.3%，平均渗透率 $618.6×10^{-3}\mu m^2$，原始地层压力18.1MPa，该油藏边底水能量充足，依靠天然能量开发。原油平均密度为 $0.9328g/cm^3$，原油平均黏度为179mPa·s。

冀东南堡2-3浅层稠油油藏由于含油面积小，非均质性强，且存在强边、底水能量，常规开采含水上升快，采收率低[1]。自从实施二氧化碳吞吐技术，取得了良好的控水增油效果[2-4]。二氧化碳具有使原油体积膨胀、降低原油黏度、降低界面张力、酸化解堵、萃取作用、混相效应等作用[5-7]，因此二氧化碳吞吐开发具有较高的提高采收率效果。但随着吞吐轮次的增加，近井地带的剩余油饱和度逐步下降，注入二氧化碳沿优势渗流通道窜流，二氧化碳难以波及剩余油饱和度较高的低渗区域，吞吐效果差。多年来南堡油田先后试验尝试了二氧化碳+氮气、氮气+二氧化碳、增溶剂+二氧化碳、降黏剂+二氧化碳等多种复合吞吐方式研究，但效果都较差。最后按照先堵水封堵优势渗流通道，从而增大二氧化碳波及体积，更好动用非强水洗层原油，减弱底水锥进的思路[8-11]，经室内研究和现场应用，形成了化学堵水+二氧化碳的复合吞吐控水稳油技术。

1 体系性能评价实验

结合南堡2-3浅层普通稠油油藏特点和调剖体系的应用情况和效果，以"高效低成本"为原则，优选中高温交联聚合物段塞体系作为注入堵剂[12-16]。交联聚合物体系采用多酚聚酯交联聚合物体系，主体配方为：主体配方为：0.2%聚合物+0.2%交联剂+0.12%促胶剂+0.03%稳定剂+0.08%调节剂。

1.1 实验目的

多酚聚酯交联聚合物体系性能评价。

作者简介：张志鹏(1988—)，男，本科，工程师，主要从事采收率工艺研究工作。地址：河北省唐山市曹妃甸区汇丰路47号。E-mail：527735091@qq.com

1.2 实验内容

多酚聚酯交联聚合物体系配伍性、抗剪切性、地层砂影响、Fe^{2+}、Fe^{3+}影响、体系动态成胶、体系不同浓度成胶性能评价实验。

1.3 实验条件

实验介质：污水、地层清水(水源井)、蒸馏水、地层砂、化学堵挤、Fe^{2+}和Fe^{3+}药剂。
实验设备：烘箱、M750高温高压流变仪、搅拌器、天平、烧杯。

1.4 实验数据及分析

1.4.1 体系配伍性评价

体系配伍性评价结果见表1。地层清水、污水条件下，体系均可成胶，体系适应性较好，但清水配液后，体系成胶强度略高于污水配液成胶强度。

表1 地层清水、污水影响实验数据表

配液水	测试项目	测试时间/d					
		0	0.5	1.5	2	2.5	3
清水	复合黏度	53.12	68.38	52.31	86.61	417.6	476.6
	G'	0.289	0.305	0.223	0.319	2.517	2.908
	G''	0.315	0.302	0.242	0.441	0.74	0.712
污水	复合黏度	66.57	73.45	74.82	201.3	142	399.4
	G'	0.302	0.354	0.317	0.822	0.578	2.419
	G''	0.355	0.353	0.347	0.962	0.679	0.667

1.4.2 体系抗剪切性评价

在速率为1400r/min的条件下剪切，测定体系抗剪切性能见表2。高速剪切60min后溶液黏度保留率56%，经过烘箱3d养护后，体系黏度保持率恢复至70%，体系剪切恢复性能好。

表2 抗剪切性实验数据表

测试体系	测试项目	剪切时间/min					
		0	10	20	30	40	60
剪切后溶液	G'	0.345	0.256	0.255	0.216	0.301	0.266
	G''	0.329	0.312	0.324	0.278	0.271	0.247
	复合黏度	72.21	58.24	60.54	49.35	45.59	40.6
剪切、成胶后黏度(3d)	G'	4.521	5.057	4.436	4.209	4.163	4.16
	G''	1.012	0.999	1.065	0.907	0.949	0.941
	复合黏度	937.4	820.4	726.1	685.3	679.5	648.8
	黏度损失率%	—	12.5	22.5	26.9	27.5	30.8

1.4.3 体系地层砂影响评价

体系地层砂影响评价结果见表3。体系溶液经过与地层砂混合后，体系仍可成胶，且强度影响较小，该体系受到地层砂影响较小。

表3 地层砂影响实验数据表

聚合物：地层砂	3d后黏度/mPa·s(95℃)
01:00.8	828.8
01:00.5	841.9
01:00.2	842.5
1:00	861.5

1.4.4 体系 Fe^{2+} 和 Fe^{3+} 影响评价

体系 Fe^{2+} 和 Fe^{3+} 影响评价结果见表4。Fe^{2+} 对体系影响相对较大，并且随铁离子浓度的增加，成胶时间随之延长，现场施工过程中应对配制及注入设备及时进行防腐处理，并定期进行铁离子浓度检测。

表 4 铁离子影响实验数据表

测试项目	Fe^{2+} 浓度						Fe^{3+} 浓度			
	0	0.5	1	2	5	10	5	10	20
复合黏度	1241	1131	800	525.6	340.8	37.53	916.2	576.1	110.2
G'	7.64	6.882	4.8	3.307	1.929	0.139	5.515	3.342	0.49
G''	1.552	1.76	1.493	1.297	0.929	0.191	1.39	1.39	0.489

1.4.5 体系动态成胶性能评价

体系动态成胶性能评价结果见图1。体系在95℃、持续搅拌条件下，20h时反应速度加快，黏度急剧上升，体系黏度呈阶梯型增长，体系初凝时间为20h，终凝时间为70h，满足施工要求。

1.4.6 体系不同浓度成胶性能评价

体系不同浓度成胶性能评价结果见图2。主剂浓度在 0.08%~0.4% 范围内均能成胶，随着主剂浓度增大，体系黏度明显升高，当主剂浓度大于0.2%时，体系黏度升高缓慢。

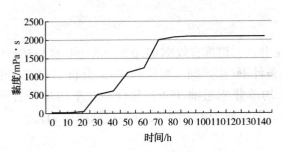

图 1 动态成胶实验曲线

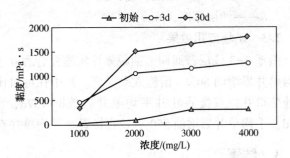

图 2 不同浓度成胶实验曲线

2 现场应用

2.1 选井原则

对于长期高液量生产油井；存在水窜通道以及强水洗层；多轮吞吐，吞吐效果变差[17-20]。

2.2 注入模型选择

（1）定向井：把堵挤在目的层的作用范围看作圆柱体（图3）。

定向井圆柱体按公式（1）计算：

$$V = \pi \phi a^2 \frac{h}{2} \alpha \tag{1}$$

式中　V——地层条件下的堵剂体积，m^3；

　　　ϕ——孔隙度，%；

　　　π——圆周率；

　　　a——处理半径，m；

　　　h——油层厚度，m；

　　　α——水淹面积系数。

（1）水平井：把堵挤在目的层的作用范围看成柱缺体（图4）。

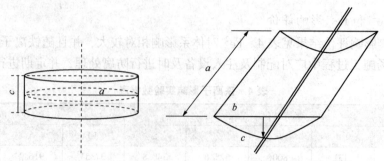

图3 定向井堵挤注入量计算模型　　图4 水平井堵挤注入量计算模型

水平井柱缺体按公式(2)计算：

$$V = \alpha\phi ab\frac{h}{2} \tag{2}$$

式中　V——地层条件下的堵剂体积，m^3；

α——水淹面积系数；

ϕ——油层孔隙度，%；

a——堵水剂进入水平段长度，m；

b——水平生产层段长度，m；

h——油层厚度，m。

2.3　矿场应用效果

南堡2-3浅层普通稠油油藏累计实施复合吞吐31井次，措施有效率92.0%，累计增油1.56×10⁴t，平均单井累增油503t，措施效果显著。其中在可对比条件下(生产同一层位油井)，分析二轮二氧化碳吞吐7口井，直接吞吐井平均单井有效期137d，平均单井累增油459t，复合吞吐平均单井有效期165d，平均单井累增油550t，较直接吞吐平均单井有效期增加28d，平均单井累增油增加91t。

3　结语

(1)多酚聚酯交联聚合物体系具有良好配伍性、抗剪切性、热稳定性等性能，是一种施工简单、安全可靠的堵水剂。

(2)针对南堡油田2-3浅层普通稠油油藏多轮次二氧化碳吞吐，增油效果变差的问题，复合吞吐技术可封堵高渗通道，扩大二氧化碳波及体积，有效动用剩余油，增长措施有效期，增加措施累增油量。

参考文献

[1] 金勇，刘红. 小断块边底水油藏开发实践与认识[J]. 大庆石油地质与开发，2006(06)：53-55+122.

[2] 罗福全，王森，王群会，等. 强边底水油藏特高含水期CO_2吞吐差异挖潜技术研究[J/OL]. 现代地质，2022，10(20)：1-8.

[3] 张娟，周立发，张晓辉，等. 浅薄层稠油油藏水平井CO_2吞吐效果[J]. 新疆石油地质，2018，39(04)：485-491.

[4] 李国永，叶盛军，冯建松，等. 复杂断块油藏水平井二氧化碳吞吐控水增油技术及其应用[J]. 油气地质与采收率，2012，19(04)：62-65+115.

[5] 陈举民，李进，曹红燕，等. 浅薄稠油油藏水平井CO_2吞吐机理及影响因素[J]. 断块油气田，2018，25(04)：515-520.

［6］ ROSTAMI B，POURAFSHARY P，FATHOLLAHI A，et al. A new approach to characterize the performance of heavy oil recovery due to various gas injections［J］. International Journal of Multiphase Flow，2018，99：273-283.

［7］ 杨晓勇，方舒，肖江河，等. 浅薄层稠油油藏二氧化碳采油技术研究与应用［J］. 石化技术，2021，28（09）：146-147.

［8］ 程柯扬，戚志林，田杰，等. 稠油油藏高轮次吞吐储层变化规律——以 HJ 油田为例［J］. 油气藏评价与开发，2022，12（05）：816-824.

［9］ 高军，闫治东，魏本兴，等. 青西油田多元复合吞吐研究与应用——以柳 5X 井为例［J］. 钻采工艺，2020，43（04）：43-46+8.

［10］ 陈方轩. 稠油油藏多轮次吞吐后复合化学吞吐技术研究［D］. 北京：中国石油大学（北京），2019.

［11］ 于春涛，金雪超. 低渗透油田水平井 CO_2 复合吞吐技术［J］. 油田化学，2018，35（04）：661-664.

［12］ 孙鹏超，唐可，赵勇，等. 多重交联聚合物溶胶在中高渗砾岩油藏的适用性［J］. 精细石油化工，2022，39（01）：58-64.

［13］ 李漂洋，饶丹梅，胡晓荣. 超交联有机聚合物的合成及其吸附性能应用进展［J］. 辽宁化工，2021，50（12）：1830-1832.

［14］ 毛必朋. 高温油藏交联聚合物凝胶系统研究进展［J］. 石化技术，2021，28（11）：4-5+198.

［15］ 魏学刚. 多段塞化学堵水优化设计及软件开发［D］. 西安石油大学，2021.

［16］ 张燕明，何明舫，赵振峰，等. 化学暂堵剂的研究进展［J］. 化工时刊，2021，35（04）：23-27+50.

［17］ 申成俊，桂常胜，仲洁云，等. 南堡陆地油田二氧化碳复合吞吐技术研究应用［J］. 内蒙古石油化工，2017，43（08）：77-78+95.

［18］ 毛冬冬，沈勇伟，郭建，等. 复合吞吐技术改善水平井生产效果研究［J］. 中国石油和化工标准与质量，2017，37（08）：13-14.

［19］ 马鹏，卢迎波，张志鹏，等. 超稠油油藏多介质复合吞吐关键参数研究与应用［J］. 中国石油和化工标准与质量，2020，40（17）：153-154.

［20］ 赵凤兰，宋黎光，侯吉瑞，等. 浅层边水断块油藏氮气复合吞吐实验［J］. 油气地质与采收率，2019，26（03）：85-91.

一种稠油混相计量技术及流量计装置研究

路胜杰[1] **米凯夫**[1] **罗 超**[2] **肖 雄**[2] **郭肇权**[1] **陈继革**[2] **王俊承**[1]

【1. 中国石油集团工程技术研究院北京石油机械公司；2. 成都洋湃科技有限公司】

摘 要： 稠油开采在能源结构中占据日益重要的地位，然而，在现实油田生产中，稠油井资源黏度大、流动性差，常规的分离计量方法无法做到准确计量。为了解决上述难题，本文研究了一种适合稠油生产中油、气、水三相流不分离混相计量的方法，开发出一套针对稠油的多相流计量装置，该方法利用到伽马射线技术测量稠油的相分率，使得稠油的相分率计量更精确，不受稠油形态的影响，该装置创新地将流线型纺锤体内节流装置和光量子相分测量系统相结合，同时测量稠油的混相流相分率、流速、温度、压力与压损等参数，经过综合计算完成稠油油气水混相的计量。实验结果表明，液流量、气流量、总流量标准偏差分别为 5.99%、3.42% 与 3.12%，其精度和测量范围可满足现场大部分稠油井计量。

关键词： 稠油；混相计量；流量计；光量子；相分率

世界上稠油资源极为丰富，稠油、超稠油、油砂和沥青大约占全球石油资源总量的 70%。全球稠油地质储量约为 $8150×10^8$ t，委内瑞拉最多，拥有世界稠油总量的 48%；其次是加拿大，占总量 32%；接下来的就是俄罗斯、美国和中国。

我国稠油资源量约有 $198.7×10^8$ t，现已探明 $35.5×10^8$ t。正在开采的油田中，稠油平均采收率不足 20%，开发潜力仍然巨大。我国目前已在 12 个盆地发现了 70 多个稠油油田，探明储量 $40×10^8$ t。储量最多的是辽河油田，然后依次是胜利油田、克拉玛依油田和河南油田。海上稠油集中分布在渤海地区，渤海已探明原油地质储量 $45×10^8$ m^3，其中 62% 为稠油[1]，但是稠油资源有其特殊的特性，比如，稠油黏度高、凝固点高、沥青质和胶质含量高，流动性差，上述特性使得稠油产量的准确计量成为一大难点。故准确计量产量对于稠油资源的储量评估及后期开发方案的制定有着至关重要的作用。

1 常规稠油计量方法

常用的稠油单井计量方法大多为分离计量法和翻斗量油计量法。分离计量法一般使用传统的测试分离器，对稠油进行油、气、水三相分离或气、液两相分离后再分别进行计量。由于稠油自身的特性，分离器对稠油的分离效果比较差，分离后的液体中仍残存部分气体，将在随后利用液相流量计或体积流量计测量液体流量时带来较大的误差。且稠油液相中的油、水也不易分离，导致油、气、水三相彻底分离比较困难，对先分离稠油、气液两相进而确定液相中的含水率也是一个挑战。此外，一般采用离线取样分析方法确定稠油中的含水率，无法实现对稠油含水率的实时在线计量。翻斗量油计量法是一种机械方法，其采用的设备有可动部件，对黏度较高的稠油计量误差较大，故障率高。另外，该方法需采用离线取样分析方式来确定稠油的含水率，进而计算稠油的油水流量，未能真正实现含水率和

作者简介：路胜杰，高级工程师，2008 年毕业于英国谢菲尔德大学，获硕士学位，现从事智能油气井计量相关工作。Email：lusjdri@cnpc.com.cn

油水流量的实时在线计量[1]。

上述两种稠油计量方法均存在一定局限性，尤其是对于高产稠油井口和常见的稠油汇管，这类管道口径较大，而且井口流体呈现油、气、水混相的特点，传统的稠油单井计量方法无法满足稠油生产的需求。伴随着混相计量技术的发展与应用，混相流量计量产品已初步应用于稠油混相计量。

2 混相计量技术在稠油计量的应用

2.1 混相稠油总流量计量方法

首先考虑稠油的物理特性，研究稠油在管道中流动的流体特征。稠油在流动时具有一定的黏性，用动力黏度表征。稠油的动力黏度计算采用长江大学地球化学系张春明的稠油动力黏度预测公式[2]：

$$\mu_t = (0.0148\ln T + 0.9421) \cdot \mu_{50}^{(3.1613-0.5525\ln T)} \tag{1}$$

式中 μ_{50}——50℃下的稠油动力黏度，mPa·s；

T——稠油的温度，℃。

混相流体在温度 t 下的动力黏度的计算公式为：

$$\mu_{mix} = \mu_g \cdot GVF + \mu_w \cdot WVF + \mu_o \cdot OVF \tag{2}$$

式中 μ_{mix}——混相稠油流体在温度 t 下的动力黏度，mPa·s；

GVF——体积含气率，%；

WVF——体积含水率，%；

OVF——体积含油率，%；

μ_g——气体的动力黏度，mPa·s；

μ_w——水的动力黏度，mPa·s；

μ_o——油的动力黏度，mPa·s。

由于 $\mu_g \leqslant \mu_w \leqslant \mu_o$，故 $\mu_{max} = \mu_o \cdot OVF$。$\mu_o$ 可通过实验测定，OVF 可通过光量子原理测得，因此 μ_{max} 可计算得到。

雷诺数（Reynolds number）可用来表征流体流动情况。$Re = \rho v d / \mu$，其中 v、ρ、μ 分别为流体的流速、密度与黏性系数，d 为特征长度。若流体流过圆形管道，则 d 为管道的当量直径。雷诺数越小意味着黏性力影响越显著，越大意味着惯性影响越显著。

当混相稠油在管道中流动时，雷诺数的计算公式为：

$$Re = \frac{354}{D \cdot \mu_{mix}} Q_m \tag{3}$$

式中 Re——雷诺数，无量纲；

Q_m——稠油流量，L/s；

D——管道内径，mm。

混相稠油流体计量设备中存在节流装置（本方法采用纺锤体节流装置），其流出系数 C（discharge coefficient，表征不可压缩流体通过节流装置的实际流量与理论流量的比值）与雷诺数 Re 的关系，可由公式（4）计算：

$$C = b\ln Re + e \tag{4}$$

其中，若 $Re \leqslant 2000$，则 $b = 0.0785$、$e = 0.2945$；若 $2000 < Re \leqslant 100000$，则 $b = 0.017$、$e = 0.7859$；若 $Re > 100000$，则 $b = 0$、$e = 0.995$。

通过测量节流装置产生的压力差 ΔP 可得到混相稠油的流量 Q_m，其计算公式为：

$$Q_m = C \cdot K \sqrt{\Delta P \rho} \tag{5}$$

式中 C——流出系数，无量纲；$K = \dfrac{\sqrt{2}\varepsilon \cdot \pi d^2}{4\sqrt{1-\beta^4}}$。

将公式（4）代入公式（5），可得：

$$Q_m = C \cdot K \sqrt{\Delta P \rho} = (b\ln Re + e) \cdot \frac{\sqrt{2}\varepsilon \cdot \pi d^2}{4\sqrt{1-\beta^4}} \cdot \sqrt{\Delta P \rho} \tag{6}$$

式中　d——纺锤体节流器件环形流通面积的等效直径(以下简称"等效喉径"),m;

　　　β——等效喉径与直管段直径之比,无量纲;

　　　ε——膨胀系数,无量纲;

　　　ΔP——节流器件上游入口取压口与等效喉径之间的压差值,Pa;

　　　ρ——节流器件等效喉径取压口处介质的混合密度,kg/m³。

为简化公式(6),定义 $g = \dfrac{4\sqrt{1-\beta^4}}{\varepsilon \cdot \pi d^2 \sqrt{2\Delta P \rho}}$,则 $Q_m = \dfrac{1}{g} \cdot C$。

若定义 $a = \dfrac{354}{D \cdot \mu_{mix}}$,则根据公式(3)可知,$Re = aQ_m$。

将公式(4)、公式(3)代入公式(6),可做如下推导:

$$Q_m = \frac{1}{g} \cdot C = \frac{1}{g} \cdot (b\ln Re + e) = \frac{1}{g} \cdot [b\ln(aQ_m) + e]$$
$$g \cdot Q_m = b \cdot \ln(a \cdot Q_m) + e \tag{7}$$

令 $f(Q_m) = gQ_m - b\ln(a \cdot Q_m) - e$,则 $f'(Q_m) = g - \dfrac{b}{Q_m}$。

根据牛顿迭代法,可依托计算机编程,迭代计算出 Q_m 的数值。

首先考虑雷诺数 $Re > 100000$。根据公式(4),计算得出流出系数 $C = 0.995$;根据公式(6)计算得出流量 Q_m;将流出系数 C 与流量 Q_m 代入公式(3),即可得出 Re。若 Re 值大于 100000,则当前计算正确。

其次考虑雷诺数 $2000 < Re \leqslant 100000$。此时流出系数 $C = 0.017\ln Re + 0.7859$,采用上述计算过程,若计算出的 Re 值在此区间,则当前计算正确。

最后考虑雷诺数 $Re \leqslant 2000$。此时流出系数 $C = 0.0785\ln Re + 0.2945$,采用上述计算过程,如果计算出的 Re 值在此区间,则当前计算正确。

上述流量计算与雷诺数 Re 的关系得到基本验证后,再考虑迭代算法,以观察改进效果。

当流出系数为 $C = 0.995$,将计算出的 Q_m 设为 Q_0,

$$Q_{mn+1} = Q_{mn} - \frac{gQ_{mn} - b\ln(aQ_{mn}) - e}{g - \dfrac{b}{Q_{mn}}} \tag{8}$$

将计算得出的 Q_0 值代入该迭代表达式,计算出 Q_1、Q_2、…,根据 Q_{mn+1} 和 Q_{mn} 的接近程度(差别是否小于1%),判断是否进行下一次迭代。具体为:若 $(Q_{mn+1} - Q_{mn})/Q_{mn+1} > 0.01$,则继续迭代计算;若 $(Q_{mn+1} - Q_{mn})/Q_{mn+1} \leqslant 0.01$,计算结束,从而得出稠油混相流的总流量 Q_m。

总体计算流程图如图1所示:

2.2 混相稠油相分率测量方法

对于稠油混相流计量,需要获取各种相态流体的流量信息。本研究基于多能量光电相分测量技术,依据物质与光量子的光电截面和康普顿截面,精确测量稠油混相质量相分率,从而实现大口径稠油混相流的实时在线测量[3]。

光量子简称光子(photon),是传递电磁相互作用的基本粒子,是一种规范玻色子。光子是电磁辐射的载体,而在量子场论中光子被认为电磁相互作用的媒介子。与大多数基本粒子相比,光子的静止质量为零,这意味着其在真空中的传播速度是光速。与其他量子一样,光子具有波粒二象性:光子能够表现出经典波的折射、干涉及衍射等性质;而光子的粒子性可由光电效应证明。光子只能传递量子化的能量,是点阵粒子,是圈量子粒子的质能相态。一个光子能量的多少正比于光波的频率大小,频

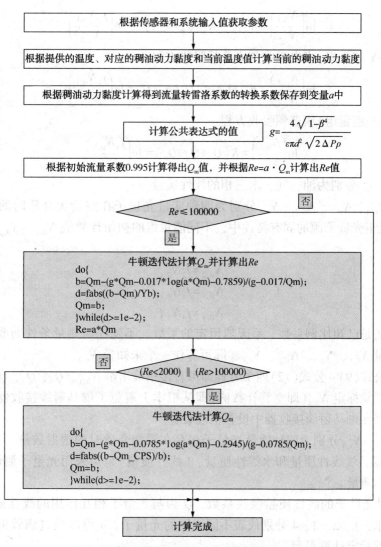

图 1　混相稠油总流量计算流程

率越高，能量越高。当一个光子被原子吸收时，即有一个电子获得足够的能量从而从内轨道跃迁到外轨道，具有电子跃迁的原子就从基态变成了激发态。

本文的光量子源采用基于豁免水平以下的 Ba-133 同位素源（25 微居，9.25E+5Bq）。Ba-133 光量子源每秒发射近百万个能量分别为 31keV、81keV、160keV 和 356keV 的多能量组光量子，通过对每一个光量子能量的测量（光量子的全能谱测量）依据物质与光量子的光电截面和康普顿截面来完成稠油混相流体的相分率测量（图 2）。

稠油井口产物普遍为油、气、水混相，下文以油、气、水三相为例，介绍光电效应混相稠油相分率的分析算法[4-5]：

光量子 1（31keV 能量组）光电吸收方程：

$$\ln\left(\frac{N_{o,1}}{N_{x,1}}\right) = a_{o,1}Q_o + a_{g,1}Q_g + a_{w,1}Q_w \qquad (9)$$

光量子 2（81keV 能量组）光电吸收方程：

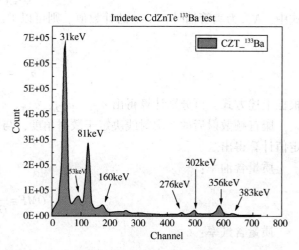

图 2　Ba-133 光量子全能谱

$$\ln\left(\frac{N_{0,2}}{N_{x,2}}\right) = a_{o,2}Q_o + a_{g,2}Q_g + a_{w,2}Q_w = \ln\left(\frac{f_2 N_{0,1}}{N_{x,2}}\right) \tag{10}$$

光量子 3（160keV 能量组）光电吸收与康普顿吸收方程：

$$\ln\left(\frac{N_{0,3}}{N_{x,3}}\right) = a_{o,3}Q_o + a_{g,3}Q_g + a_{w,3}Q_w = \ln\left(\frac{f_3 N_{0,1}}{N_{x,3}}\right) \tag{11}$$

光量子 4（356keV 能量组）康普顿吸收方程：

$$\ln\left(\frac{N_{0,4}}{N_{x,4}}\right) = K(Q_o + Q_g + Q_w) = \ln\left(\frac{f_4 N_{0,1}}{N_{x,4}}\right) \tag{12}$$

式中，Q_o、Q_g、Q_w 分别为油、气、水三相的线性质量。

上述四式中，$N_{0,1}$、$N_{0,2}$、$N_{0,3}$、$N_{0,4}$ 分别为四种能量光量子在空管无介质时的透射计数，为标定值。在 Ba-133 多能组光量子源的固有特性中，不同能量组的初始计数值 $N_{0,1}$、$N_{0,2}$、$N_{0,3}$、$N_{0,4}$ 存在比例关系：

$$\begin{aligned} N_{0,2} &= f_2 N_{0,1} \\ N_{0,3} &= f_3 N_{0,1} \\ N_{0,4} &= f_4 N_{0,1} \end{aligned} \tag{13}$$

其中，f_2、f_3、f_4 是已知比例系数，系天然恒定的系数，不随任何测量条件而改变。由于比例系数的存在，三个未知量 $N_{0,1}$、$N_{0,2}$、$N_{0,3}$、$N_{0,4}$ 实际可算作一个未知量 $N_{0,1}$。

因此，可通过公式(9)~公式(12)四个方程即可直接精确求解 $N_{0,1}$、Q_o、Q_g、Q_w，从而避免对 $N_{0,1}$ 进行测量或标定。无须标定 $N_{0,1}$（即空管计数值）即从根本上避免了伽马射线接收器中的温度漂移对测量的影响，从而无须在伽马射线接收器中设置恒温装置。

$N_{x,1}$、$N_{x,2}$、$N_{x,3}$、$N_{x,4}$ 分别为四种能量光量子在存在混相介质时的透射数量，为测量值。Q_o、Q_g、Q_w 分别为油线性质量、气线性质量和水线性质量。"线性质量"是指采用光量子测量工业混相流体时，光量子所穿过的介质质量。

a 为待测流体对光量子的线性质量吸收系数，Q 为与光量子相互作用的线性质量；下标 o、g、w 分别代表油、气、水，1、2、3、4 分别代表不同能级的光量子。a 可以通过满管油、满管水、工况条件下满管气分别进行标定计算得到。

例如，当满管油时，光量子 1（31keV 能量组）光电吸收方程可以变换为

$$\ln\left(\frac{N_{0,1}}{N_{o,1}}\right) = a_{o,1}Q_o \tag{14}$$

式中，$N_{o,1}$ 为满管油时 31keV 的计数值。则可以求出 $a_{o,1}$：

$$a_{o,1} = \frac{\ln\left(\frac{N_{0,1}}{N_{o,1}}\right)}{Q_o} \tag{15}$$

根据上述方式，可分别计算得出 $a_{o,1}$、$a_{o,2}$、$a_{o,3}$、$a_{g,1}$、$a_{g,2}$、$a_{g,3}$、$a_{w,1}$、$a_{w,2}$、$a_{w,3}$。

康普顿散射后的二次射线决定于散射角度，与散射物的材料无关的性质，则常数 K 亦可以通过标定值计算得出。

质量含油率：

$$OMF = \frac{Q_o}{Q_o + Q_g + Q_w} \tag{16}$$

质量含气率：

$$GMF = \frac{Q_g}{Q_o + Q_g + Q_w} \tag{17}$$

质量含水率：

$$WMF = \frac{Q_w}{Q_o + Q_g + Q_w} \tag{18}$$

结合纺锤体内节流差压原理测得的总流量 Q_m，可得油、气、水三相的流量：

$$\begin{aligned} Q'_o &= OMF \cdot Q_m \\ Q'_g &= GMF \cdot Q_m \\ Q'_w &= WMF \cdot Q_m \end{aligned} \tag{19}$$

3 稠油混相流量计的开发设计

基于上述混相稠油计量原理，根据稠油混相计量的特点，开发了适用于稠油混相计量的流量计产品，创新地把流线型纺锤体内节流装置和光电相分测量系统相结合，同时测量稠油的混相流相分率、流速、温度、压力与压损等参数，经过综合计算完成稠油油气水混相的计量。设置两组光量子测量系统，每个光量子测量系统由至少四组不同能级的光量子进行测量，每个光量子测量系统独立测量，然后进行数据融合，且两组测量系统互为备份，内部设计了流线型纺锤体节流装置[6-7]。

通过设置两组多参量传感器测量混相流温度、压力和差压，多参量传感器采用远传膜盒的方式实现稠油混相流在线计量。由于稠油的黏度对温度极其敏感，为了更准确测量管道中流动的混相稠油介质的温度，设计了一组单独的插入式温度传感器。产品如图3所示：

产品的设计规格如表1所示：

表 1　稠油混相流量计

设计压力	0~4MPa
操作温度	0~110℃
材质	SS，DSS
防爆等级	Exd Ⅱ BT4
防护等级	IP65
数据传输方式	RS485，Ethernet，Wi-Fi

图 3　稠油混相流量计(外观，内部结构)

总体上，纺锤体内节流设计结合两套光量子测量系统，实现了对稠油的混相在线实时计量，两组多参量传感器等冗余设计，提高了系统的容错性、可靠性和计量精度，创新的总流量迭代算法和光量子计量原理，提升了混相稠油计量的准确性，超快的5ms的下位机采集周期，精确地反馈了混相稠油流体的动态变化，嵌入式系统，能够对采集的数据进行计算、分析和存储，RJ45、RS485以及无线WIFI等多种数据传输方式，满足不同现场需求，可远程和自动化操作，系统处理软件，可远程、自动化、快捷地完成系统操作以及数据分析，支持不同温度下的稠油混相计量。

本流量计专门应用于稠油混相流量在线计量，可实时获取不同温度下，稠油混相流体总流量及各相态流量数据，为油井产量测定和油藏评估提供了基础信息。本流量计便于安装，操作安全，相对传统稠油计量方法，在降低油田开发成本的同时大幅提升了计量的效率和准确性。

4 样机计量验证

4.1 试验方法

试验在联合建设的环线上进行，环线框图如图4所示。

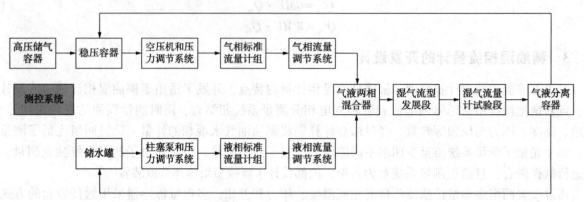

图4 气液测试环线框图

用于测试的气体为氮气，装在 $3 \times 4 m^3$ 的压力容器组中，对应的气体标况（20℃、101.325kPa）密度为 $1.1646 kg/m^3$。用于这些测试的液体是水，其标况密度为 $998.5 kg/m^3$。

参考气、液流量使用科里奥利质量流量计测量。测试环线参考不确定度源在95%置信度水平下扩展不确定度如表2所示。

表2 测试环线参考不确定度（在95%置信度水平）

不确定度源	扩展不确定度/%
参考气体质量流量	0.2
参考液体质量流量	0.2
参考表压	0.2
参考气压	0.015
参考气体压缩因子	0.02
参考温度	0.2

4.2 试验结果及分析

基于环线的处理能力，正式测试共记录了20个气液条件下的测试点，针对每个测量点，将180秒的参考数据与样机流量计导出的同一时间段的测量数据进行平均计算和对比。对比的数据与结果如表3所示。

表3 样机混相流量计测试结果

测试点序号	参考气体质量流量/（kg/h）	参考液体质量流量/（kg/h）	测量表气体质量流量/（kg/h）	测量表液体质量流量/（kg/h）	气体质量流量相对偏差/%	液体质量流量相对偏差/%
1	776.80	524.42	805.25	547.27	3.66	4.36
2	797.91	1036.88	805.62	1057.02	0.97	1.94
3	786.23	1553.48	788.25	1482.42	0.26	−4.57
4	1574.34	533.45	1569.87	497.73	−0.28	−6.70
5	1564.83	1010.60	1572.29	1002.37	0.48	−0.81
6	1549.88	1507.80	1569.69	1499.87	1.28	−0.53
7	1539.11	2039.05	1548.94	2095.92	0.64	2.79
8	1566.44	2528.98	1540.96	2612.81	−1.63	3.31

续表

测试点序号	参考气体质量流量/（kg/h）	参考液体质量流量/（kg/h）	测量表气体质量流量/（kg/h）	测量表液体质量流量/（kg/h）	气体质量流量相对偏差/%	液体质量流量相对偏差/%
9	2334.52	1019.22	2302.81	1024.38	-1.36	0.51
10	2340.00	1507.71	2358.99	1488.36	0.81	-1.28
11	2292.68	2044.90	2347.19	2023.49	2.38	-1.05
12	2340.24	2525.14	2351.61	2602.72	0.49	3.07
13	2348.74	3040.79	2323.07	3242.22	-1.09	6.62
14	3133.09	1053.50	2958.32	1081.39	-5.58	2.65
15	3107.55	1522.92	3001.74	1596.87	-3.41	4.86
16	3119.79	2059.71	3083.53	2081.50	-1.16	1.06
17	3089.21	2529.53	3138.60	2397.84	1.60	-5.21
18	3074.02	3037.49	3136.54	2897.89	2.03	-4.60
19	3134.99	3526.46	3183.45	3419.49	1.55	-3.03
20	3114.77	4078.81	3113.15	4114.56	-0.05	0.88

4.3 气体流量相对偏差及 LMF 分布

图 5 为气相流量相对偏差与质量含液率 LMF（Liquid Mass Fraction）的分布关系图。由图 5 可知，在记录的 20 个测试点中，测试点的 LMF 集中在 20%~70%范围内，且 18 个测试点的相对误差在±3.5%范围内。

4.4 液体流量相对偏差及 LMF 分布

图 6 为液相流量相对偏差与质量含液率 LMF 的分布关系图。从图 6 可看出，在记录的 20 个测试点中，测试点的 LMF 集中在 20%~70%范围内，且所有测试点的相对误差均在性能规范范围内。

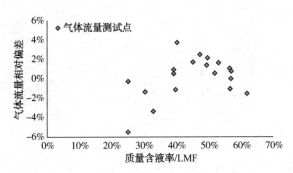

图 5　气相流量相对偏差与 LMF 分布关系图

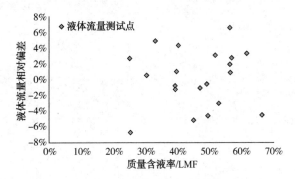

图 6　液相流量相对偏差与 LMF 分布关系图

4.5 不同置信水平下的相对偏差

不同置信水平下的相对偏差如表 4 所示。

表 4　不同置信水平下的相对偏差

	均方根偏差	在 95%置信水平的偏差（$K=2.021$）	在 90%置信水平的偏差（$K=1.684$）
气体流量	2.03%	4.10%	3.42%
液体流量	3.56%	7.19%	5.99%
总流量	1.85%	3.74%	3.12%

5　结论

本文针对混相稠油的特点，由于伽马光子和物质之间的作用，不受稠油形态的影响，是当前最准确的测量稠油中相分率技术，基于节流和光量子原理，提出一种针对稠油混相流的计量方法，并开发出可应用于稠油生产现场的混相流量计，实现在线计量大流量混相稠油，获取稠油井口和汇管中油气水各项流量等实时数据。本技术和产品提升了稠油混相计量的科技水平，为油气计量行业装备升级提供了先进的解决方案。

根据文中的测量方法制造的样机在多相流环线进行实验，证明此方法测量的液流量、气流量、总流量标准偏差分别为5.99%、3.42%和3.12%，其精度和测量范围可满足现场大部分稠油井计量。

参考文献

[1] 王雪飞，谭忠健，张金煌，等. 稠油测试中油气分离与产量计量方法[J]. 油气井测试，2019.4.

[2] 张春明，赵红静，肖乾华. 稠油黏度预测新模型[J]. 长江大学学报：自然科学版，2005.7.

[3] 潘艳芝，王栋，巩大利，等. 一种计量稠油中油气水三相流的方法和装置研究[P]. 西安交通大学学报，2016.7.

[4] 陈继革，徐斌，吴治永，成正东，李弘棣. 一种测量湿气中气油水三相质量流量的测量装置及测量方法[P]. 2016.8.

[5] 马跃，郑举，唐晓旭，等. 多相流量计在渤海稠油油田的应用研究[J]. 石油规划设计，2012.1.

[6] 徐英，蒋荣，张涛，等. 基于文丘里流量传感器的湿气两相流量模型研究[J]. 传感器与微系统，2016.5.

[7] 张丝雨，Henry Miao，吴浩达，等. 油井多相流计量技术研究进展[J]. 数码设计，2017.2.

普通稠油降黏剂微观驱油机理研究

钟明浩[1]　李宾飞[1]　赵洪涛[2]　霍　刚[2]　付显威[2]　王晓璞[1]

【1. 中国石油大学(华东)；2. 中国石油化工股份有限公司胜利油田分公司】

摘　要： 由于不利的水油流度比，普通稠油水驱开发过程中窜流严重，剩余油分布类型多样。本文通过室内实验，基于降黏效果、乳状液稳定性和波及面积分形维数对降黏剂进行了筛选，通过微流控模型和剩余油图形分析，研究了水驱、降黏剂驱后微观剩余油类型及其占比，分析了降黏剂驱对不同类型剩余油的动用程度。结果表明：降黏剂降黏效果越明显，其形成的乳状液越稳定，其驱油分形维数越高、波及范围越大。水驱后剩余油类型以簇状和多孔状剩余油为主，其所占比例超过80%；后续降黏剂驱过程中，降黏剂可以进一步增强水洗区域的洗油效率，同时扩大波及，使簇状剩余油减少46%，大部分簇状剩余油转换成多孔状剩余油与膜状剩余油。研究结果可为降黏剂优选和机理分析提供理论依据。

关键词： 降黏剂；剩余油；驱油机理；普通稠油；提高采收率

　　在油田开发过程中水驱仍然是我国油田最主要手段，但是经过长时间的水驱开发，大部分的水驱油藏都已经进入高含水期，原油采收率下降[1]。对于普通稠油而言，降黏剂能够有效降低原油黏度，提高冷采效果，在油田的部分冷采区块已经开展现场试验。但在驱油机理和渗流特征方面仍需进一步深化认识，尤其是对微观剩余油动用情况。其中微观可视化模型作为研究微观剩余油的主要手段，李俊键等许多学者也针对微观剩余油的赋存状态进行了大量研究，根据微观剩余油拓扑结构等特征将其划分为簇状、多孔状、柱状、滴状和膜状等五类[2-5]。本文以微观剩余油图像处理为基础，以室内物理实验与图像统计处理为主要研究手段，准备进一步完善现有微观剩余油降黏驱替研究，从微观层面研究剩余油的动用情况，从而指导油田合理开发。

1　降黏剂的筛选

1.1　实验材料及设备

　　实验材料主要包括：降黏剂 1#、2#、3#、4#、5#；实验用油为由胜利油田 X 区块稠油，25℃黏度为3521mPa·s 左右。

　　实验设备主要包括：MCR-302 安东帕流变仪；界面张力仪 TX500-C；双目倒置金相显微镜；恒温水浴箱；电子天平；玻璃棒；秒表；量筒；烧杯；微观芯片等。

1.2　实验方法

1.2.1　乳状液稳定性评价

　　利用流变仪测定原油及水包油乳状液的黏温曲线，并计算降黏率。降黏率计算公式如下：

基金项目：国家自然基金联合基金项目"难采稠油多元热复合高效开发机理与关键技术基础研究"(U20B6003)

作者简介：钟明浩(1996—)，男，现为中国石油大学(华东)在读研究生，主要研究方向为稠油高效开发。Email：895756389@qq.com

$$\eta = \frac{\eta_0 - \eta_1}{\eta_0} \times 100\%$$

式中　η——原油降黏率；

$\quad\quad\eta_0$——原油初始黏度，mPa·s；

$\quad\quad\eta_1$——加降黏剂后的黏度，mPa·s。

1.2.2　乳状液稳定性评价

记录各乳状液溶液不同时间析出水体积，以析水率评价乳状液的稳定性能，析水率计算公式如下：

$$f_v = \frac{V_2}{V_1} \times 100\%$$

式中　V_1——配制乳状液所用水体积；

$\quad\quad V_2$——析出水的体积。

1.2.3　分形维数评价

分形维数 Dr 是度量物体或分形体复杂性和不规则性的最主要的指标。实验所用芯片可近似认为是二维模型，因此水流指进模型的分形维数介于 1~2 之间。研究指出分形维数越小，两相界面越复杂，指流形态越细小分散，波及面积小；分形维数越大，波及面积越大。

使用 ImageJ 图像处理软件自带的 Fractal Box Count 插件，可快速测量目标分形体的分形维数。

1.3　结果与讨论

1.3.1　降黏性能

用安东帕流变仪测定原油及水包油乳状液的黏温曲线，并计算降黏率，结果见表 1，五种降黏剂形成的乳状液的黏度大小顺序为：1#>2#>4#>3#>5#。其中 1#、2#降黏剂效果较好。

表 1　不同降黏剂溶液降黏效果数据表

降黏剂名称	1#	2#	3#	4#	5#
降黏率/%	98.68	98.59	97.10	97.93	82.32

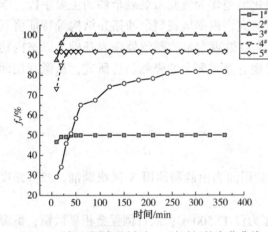

图 1　添加不同降黏剂时，f_v 随时间的变化曲线

1.3.2　稠油乳状液稳定性分析

稠油乳状液稳定性分析结果见图 1。稠油-乳状液稳定性大小顺序为 1#>2#>5#>4#>3#，其中 1#、2#乳状液界面稳定性较好。

1.3.3　稠油乳状液分形维数分析

实验结果见表 2。实验中所用降黏剂分形维数从大到小为：1#>3#>2#>4#>5#。说明：1#波及面积最大。

表 2　不同降黏剂分形维数

乳化剂名称	1#	2#	3#	4#	5#
分形维数 Dr	1.780	1.774	1.777	1.754	1.684

结果表明：乳状液的稳定性越强，分形维数越大，综合考虑降黏剂性能和经济因素，后续实验选择 1#作为注剂。

2　稠油冷采微观渗流实验

2.1　实验材料及设备

实验用油为由胜利油田 X 区块稠油与煤油配制而成，25℃黏度为 300mPa·s，降黏剂 1#，玻璃微观刻蚀模型(图 2)，尺寸为 40mm×40mm，孔喉直径为 50~150μm。

实验利用微观刻蚀模型进行驱替实验，通过照相机记录模型中流体运移变化过程。记录实验图像。

流程图如图 3 所示。

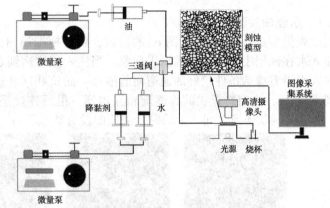

图 2　微观刻蚀模型　　　　　　　图 3　微观及二维驱油实验过程及装置示意图

2. 2　实验方法及步骤

2. 2. 1　实验方法

① 以 0.02mL·min^{-1}的速度，依次向微观模型中注入石油醚、无水乙醇与水，清洗微观模型并将模型置于 80℃烘箱内烘干；②以 0.02mL·min^{-1}的速度将模型中饱和地层水，完成后以相同速度饱和原油，完全饱和原油后，置于恒温环境下老化 1d；③将微观模型置于显微镜下，以 0.01mL·min^{-1}的速度向模型中注入地层水开始进行水驱；④通过显微镜观测水驱过程中的驱油特征及流体运移规律，记录宏观及微观驱油特征；⑤水驱至含水 98%停止水驱，再以 0.01mL·min^{-1}流速向模型中注入降黏剂，记录微观驱油特征变化；⑥清洗微观模型，整理实验设备，实验结束。

2. 2. 2　图像处理方法

通过 Adobe Photoshop、Image J 以及 Matlab 对微观玻璃刻蚀模型剩余油进行图像处理并分类统计，计算各类剩余油动用面积。

对微观实验图片的剩余油进行分类识别统计之前，需要对图片进行"三值化"处理，也就是进行岩石、油、溶剂的精确分离(图 4)。首先通过对实验图片进行精确"三值化"，得到岩石骨架，油、溶剂的图像；再根据剩余油与孔喉，喉道相连数总结出水驱剩余油分布类型，共计可分为 6 类。分别是膜状、滴状、柱状、多孔状、簇状以及角隅状剩余油。最后对处理后的图像进行各类剩余油的统计(图 5)。

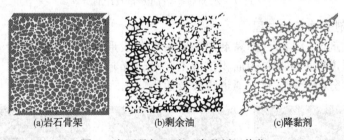

(a)岩石骨架　　　　　　(b)剩余油　　　　　　(c)降黏剂

图 4　岩石骨架、油、降黏剂三值化

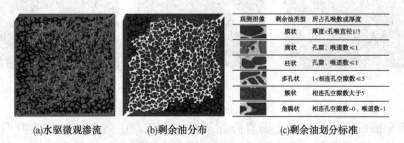

(a)水驱微观渗流　　　　(b)剩余油分布　　　　(c)剩余油划分标准

图 5　微观驱油结果及剩余油分布图

3 实验结果与分析

3.1 水驱油实验过程

对微观模型进行的水驱油(图6)的过程,就是模拟油田注水开发的过程。当注入流体达到0.1PV后,注入水在油层中出现明显的指进现象。当注入流体达到0.5PV后,图像中出现1条明显的水窜通道,注入水沿着渗透条件较好的通道向前推进,而这些网状通道之间则存在的大量剩余油。当注入流体达到1PV后,之前的指状前缘逐渐相互连通,最后连接呈网状。当注入流体达到3PV后含水达到98%,而这些网状通道之间大量的剩余油依旧没有被水驱替。

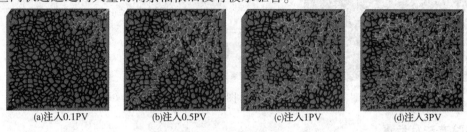

(a)注入0.1PV (b)注入0.5PV (c)注入1PV (d)注入3PV

图6 不同注入体积下水驱油实验结果

根据最终水驱的实验结果(图7),水驱后剩余油类型以簇状状和多孔状为主,所占比例超过80%。水驱后簇状剩余油占比最多为50%,观测并分析水驱后模型内剩余油的分布情况。水驱油结束后往往形成因大量被通畅的大孔道所包围的小喉道中簇状剩余油、因油滴卡断而形成簇状剩余油,以及连通孔隙的喉道处和"H"形孔道内形成的柱状剩余油,结果表明水驱油的驱油效率较低。

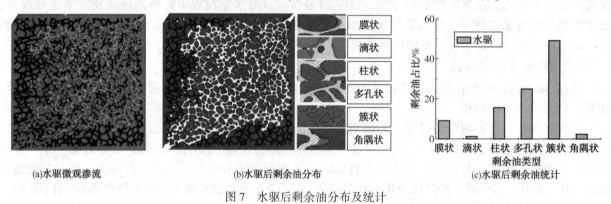

(a)水驱微观渗流 (b)水驱后剩余油分布 (c)水驱后剩余油统计

图7 水驱后剩余油分布及统计

3.2 水驱后降黏剂驱油实验过程

水驱后再进行降黏剂驱(图8),降黏剂沿水驱后期阶段形成的优势通道渗流,随着降黏剂驱油过程的进行,渗流优势通道向两侧扩展但面积扩展不显著,降黏剂溶液只是进一步提高了优势通道区域的洗油效率。经过图像分析计算,优势通道占波及面积的比例仅为43.1%。

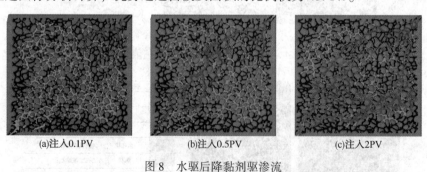

(a)注入0.1PV (b)注入0.5PV (c)注入2PV

图8 水驱后降黏剂驱渗流

图9为降黏剂驱油机理实验结果;随着降黏剂溶液的流动,残余油被拉伸变形,形成凸起油滴,凸起油滴被不断拉长,直至断裂,分离形成油滴,从而被降黏剂溶液携带洗出。乳状液的封堵作用,绝大多数乳液可以无阻碍地通过孔喉,而在后续乳液流体不断的冲刷下,附着的小液滴也易被捕集带

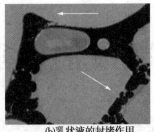

(a)原油水溶性降黏剂驱替微观作用　　(b)乳状液的封堵作用

图9　降黏剂驱油机理

出介质，卡堵概率很小。而当乳化液滴的粒径与孔喉相差不大时，较大的乳滴容易在较小的孔喉通道处发生卡堵，残余油与降黏剂溶液形成的乳状液聚集在喉道处，形成堵塞，从而扩大波及。

如图10所示，在水驱达到98%后向模型中注入降黏剂以达到洗油和调驱的作用，在高含水后采用降黏剂驱使得簇状剩余油减少46%。在水驱主要渗流通道附近，降黏剂可以有效地对高渗通道内的簇状剩余油进行拉油与洗油，驱替出高渗孔道内的原油。相较于水驱，降黏驱降低了簇状剩余油，使簇状剩余油转化为多孔状剩余油，使膜状剩余油转化为滴状剩余油。

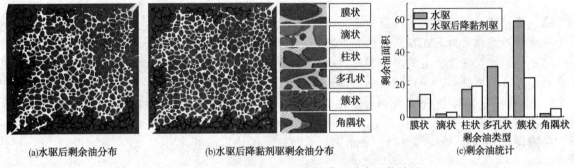

(a)水驱后剩余油分布　　　　(b)水驱后降黏剂驱剩余油分布　　　　(c)剩余油统计

图10　水驱及水驱后降黏剂驱剩余油分布及统计图

4　结论

基于降黏剂筛选和微观实验，完成了关于水驱、水驱后降黏剂驱的微观实验，主要取得以下结果：

（1）微观驱油实验结果显示，水驱后剩余油类型；以簇状状和多孔状为主，其所占比例超过80%；水驱后簇状剩余油占比最多为61%。水驱波及范围小，剩余油富集，如何动用簇状及多孔状剩余油应为主要方向。

（2）水驱后采用降黏剂驱，使簇状剩余油减少46%，簇状剩余油大部分转换成多孔状剩余油与膜状剩余油。观测到大部分的剩余油的动用形式为：簇状剩余油到多孔状剩余油，多孔状剩余油随后经过降黏与乳化洗油变为柱状，膜状和滴状剩余油。

（3）水驱后再进行降黏剂驱，降黏剂沿水驱后期阶段形成的优势通道渗流，随着降黏剂驱油过程的进行，降黏剂溶液进一步提高了优势通道区域的洗油效率。

参考文献

［1］王川，姜汉桥，马梦琪，等．基于微流控模型的孔隙尺度剩余油流动状态变化规律研究［J］．石油科学通报，2020，5（03）：376-391.

［2］R. Lenormand. Flow Through Porous Media：Limits of Fractal Patterns［J］. Proceedings of the Royal Society of London. Series A，Mathematical and Physical Sciences，1989，423（1864）：159-168.

［3］李俊键，苏航，姜汉桥，等．微流控模型在油气田开发中的应用［J］．石油科学通报，2018，3（03）：284-301.

［4］Marios S. Valavanides and Eraldo Totaj and Minas Tsokopoulos. Energy efficiency characteristics in steady-state relative permeability diagrams of two-phase flow in porous media［J］. Journal of Petroleum Science and Engineering，2016，147：181-201.

［5］王玉普，刘义坤，邓庆军．中国陆相砂岩油田特高含水期开发现状及对策［J］．东北石油大学学报，2014，38（01）：1-9+131.

差异岩相法表征麦凯河油砂垂向渗透率

郗 鹏 何慧卓

【辽河油田勘探开发研究院】

摘 要：M油田是中国石油第一个海外 SAGD 开发项目，早期受到地质认识及取心资料限制认为极薄的泥质纹层对 SAGD 汽腔发育没有影响，通过实际生产发现厘米级的泥质纹层对生产都有一定影响，本文借助大量的岩心实验数据同时结合岩相标定，定量分析不同类型泥质纹层对储层垂向渗透率的降低率，进而建立垂向渗透率的三维地质模型，分析认为大量泥质纹层主要分布在 F9、F8 岩相中，其中 F8 岩相的垂水比仅为 0.32，证明厘米级的泥质纹层对 SAGD 汽腔上升及流体的垂向渗流都有较大影响。

关键词：SAGD；垂向渗透率；垂水比；岩相；三维地质模型

1 前言

蒸汽辅助重力泄油技术（SAGD）是实现稠油和油砂开采的有效技术[1]。不同于常规油藏开发，SAGD 开发主要依靠注入井连续注入高温蒸汽加热油藏，稠油加热后受重力影响向下流入生产井内，因此在 SAGD 开发过程中储层的垂向渗透率十分重要的地质参数，受取心井限制且稠油岩心松散，垂渗测定在实验室中误差较大，本次采用差异岩相法来表征储层垂向渗透率，从而建立起整个区块的垂渗三维地质模型。

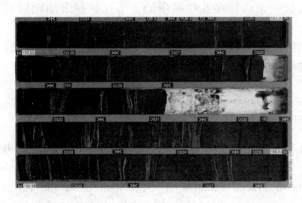

图 1 M油田 1AA08 井泥质纹层岩心图

2 地质特征

M油田位于加拿大阿尔伯塔省 Athabasca 油砂矿区东部，距离麦克迈里堡城西北约 35 公里，地面海拔 450~530m，油品性质为超稠油，采用双水平井 SAGD 开发[2-3]。M油田主力油层为下白垩统的上麦克默里组，油藏埋深 176m，平均油层厚度 18.3m，平均孔隙度 32%，平均渗透率 2856mD，平均含油饱和度 78.9%，重度范围 6°~9°API[4-5]，储层内发育了高频次、厚度薄的泥质纹层（图 1），此类泥质纹层降低了储层的垂向渗透率，影响汽腔上升的同时对流体的垂向渗流也有较大阻碍。

3 差异岩相法确定垂水比

垂水比：垂直渗透率与水平渗透率比值 K_v/K_h，通过对 M油田上麦克默里组岩心观察，依据粒度、泥质含量、测井相、沉积构造、生物构造等差异，将 M油田上麦克默里组划分为 4 种岩相，并

作者简介：郗鹏（1987—），男，高级工程师，现从事稠油油藏开发工作。E-mail：xipeng@petrochina.com.cn

将75口取心井精细岩相划分，对重点垂向渗透率的测定的取心段进行岩相标定，得到不同岩相段的垂水比。

F11岩相：岩性为细砂岩，粒径范围：0.17~0.3mm，自然伽马曲线呈平滑箱型，电阻率呈现高阻箱型无锯齿，泥质含量小于3%，统计171块岩心实验数据，F11岩相垂直渗透率/水平渗透率为0.76，无明显泥质纹层(图2)。

F10岩相：岩性为细砂岩，粒径范围：0.14~0.18mm，自然伽马曲线呈锯齿箱型，电阻率曲线呈现高阻钟型无锯齿，泥质含量3%~5%，统计128块岩心实验数据，垂直渗透率/水平渗透率：0.66，有明显泥质纹层，泥质纹层单层厚度小于1.5cm(图2)。

F9岩相：岩性为粉砂岩，粒径范围：0.07~0.12mm，自然伽马曲线呈多锯齿状钟型，电阻率曲线呈现高阻多锯齿状钟型，泥质含量5%~15%，统计68块岩心实验数据，垂直渗透率/水平渗透率：0.41，有大量泥质纹层，泥质纹层单层厚度1.5~5.0cm(图2)。

F8岩相：岩性为泥质粉砂岩，粒径范围：0.06~0.08mm，自然伽马曲线呈多锯齿状钟型，电阻率曲线呈现低阻平滑状钟型，泥质含量15%~40%，统计46块岩心实验数据，垂直渗透率/水平渗透率：0.32，有大段生物扰动构造及大量泥质纹层，泥质纹层呈现密集簇状，厚度大于50cm(图2)。

4 垂向渗透率模型建立

4.1 岩相模型建立

通过岩心观察M油田上麦克默里组发育大量的厘米级的泥质纹层，将地质模型纵向网格精度设定为10cm，平面上根据SAGD井对距离采用10m×10m。应用变差函数分析分别得到F11、F10、F9、F8四种岩相变差函数，采用序贯指示方法建立M油田岩相模型(图3)。

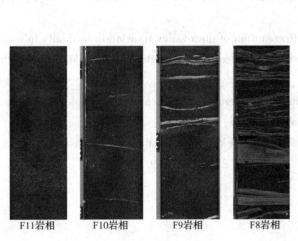
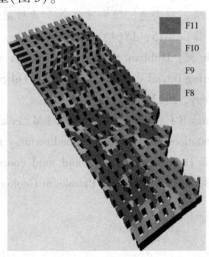

图2　岩相　　　　　　　　　　　　　　图3　M油田岩相模型

4.2 垂向渗透率模型

将测井解释得到的单井水平渗透率曲线用调和平均方法粗化到模型中，在岩相模型的控制下分别计算F11、F10、F9、F8四种岩相的水平渗透率变差函数，采用序贯高斯方法计算建立M油田水平渗透率模型(图4)，在水平渗透率模型的督导下乘以不同岩相的垂水比得到M油田垂直渗透率模型(图5)。

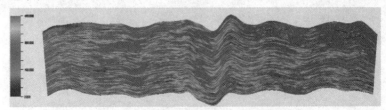

图4　M油田水平渗透率模型剖面

图5　油田垂直渗透率模型剖面

5　结论

（1）M 油田上麦克默里组划分为 F11、F10、F9、F8 四种岩相，其中 F11、F10 岩性为细砂岩，泥质纹层不发育，垂水比大于 0.6 属于良好的 SAGD 储层。

（2）通过 M 油田三维地质模型证明，泥质纹层主要发育在 F9、F8 岩相，位置在油藏中下部，在双水平井 SAGD 开发部署时尽量避开注汽井和生产井之间的泥质纹层。

（3）M 油田的水平渗透率 3800mD，垂直渗透率 1980mD，证明厘米级的泥质纹层会大大降低储层的垂向渗流能力，因此厘米级的泥质纹层对 SAGD 汽腔发育及流体的垂向渗流都有一定的影响。

参考文献

[1] Butler R M, Stephens D J. The Gravity Drainage of Steam-Heated Heavy Oil to Parallel Horizontal Wells [J]. Petroleum Society of Canada, 1981, 20（2）：90-96.

[2] 梁光跃，刘尚奇，陈和平，等. 油砂蒸汽辅助重力泄油开发过程中面临的夹层问题[J]. 科学技术与工程，2015；15(4)：68-73.

[3] Fustic M, Hubbard S M, SpencerR, et al. Recognition of downvalley translation in tidally influenced meandering fluvial deposits, Athabasca Oil Sands（Cretaceous）, Alberta, Canada. Marine and Petroleum Geology, 2012；29(1)：219-232.

[4] Thomas R G, Smith D G, Wood J M, et al. Inclined heterolithicstratification-terminology, description, interpretation and significance. Sedimentary Geology, 1987；53(1-2)：123-179.

[5] Smith D G. Tidal bundles and mud couplets in the McMurray Formation, northeastern Alberta, Canada. Bulletin of Canadian Petroleum Geology, 1988；36(2)：216-219.

稠油水平井变强度复合堵水
技术研究与应用

代亚男　周　杨　王美佳

【胜利油田分公司现河采油厂】

摘　要：现河稠油吞吐井多轮次吞吐后，地层能量下降快，采收率低，现场采用氮气泡沫调剖等工艺见到了良好效果，但随着注入轮次增多，常规的氮气泡沫调剖的增油效果和效益明显变差，碳排放量逐年增加。本文对热采多轮次调剖后的边水堵调开展技术复合应用研究，建立堵剂封堵强度与不同边水强度的对应关系实现高效长期稳定堵水，达到进一步提高稠油水平井开发效果的目的，实现节能降碳。

关键词：多轮次吞吐；水平井；堵水；节能降碳

现河稠油以热采为主，冷采为辅。吞吐井经多轮次吞吐后，地层能量下降快，边底水快速侵入，吞吐周期递减大、单井日产油下降、含水上升、油汽比下降，采收率低。针对该情况，现场采用氮气泡沫调剖等工艺取得了良好效果，但随着注汽轮次增多，常规氮气泡沫体系控制边水能力变差，无法有效抑制边水指进，导致汽窜及水侵现象加剧[1]。同时，随着"碳中和"的持续推进，提高稠油热采能效、实现节能降碳势在必行。通过分析蒸汽吞吐效果和效益的影响因素，发现边水入侵是影响蒸汽吞吐开发效果的首要因素，37%的低效无效井受边水入侵影响，需对边水堵调开展技术复合应用研究，建立堵剂封堵强度与不同边水强度的对应关系，实现高效长期稳定堵水，达到进一步提高稠油水平井开发效果的目的，实现高效开发、节能降碳。

稠油水平井堵水工艺主要采用机械堵水和化学堵水。现场施工采用同一类型堵剂时，往往难以满足"远调近堵"[2]的要求；采用多个段塞时，往往未能实现堵剂性能与封堵强度的合理匹配。因此，常规稠油水平井堵水主要存在堵剂在水平段易滞留、耐温差、封堵半径小、施工风险大、堵水成功率低的不足。

近年来，现河采油厂不断加大边水入侵的稠油油藏水平井攻关力度，优化了凝胶堵水措施方案，并研制了变强度复合堵水体系[3]，优化了定点分段堵水、错位精准注汽管柱配套[4]，逐步完善形成了水平井变强度复合堵水系列技术，边水稠油油藏堵水措施有效率的提升、采收率的提高做出了重要贡献。

1　水平井变强度复合堵水技术原理

蒸汽吞吐过程是非常复杂的传热传质过程。蒸汽注入开始时，由于原始地层与注入的蒸汽之间存在较大的温差，注入的蒸汽凝结成水并释放出热量来加热油层；当井底温度达到注入的蒸汽温度时，

作者简介：代亚男（1992—），女，硕士研究生，工程师，主要从事稠油堵水、蒸汽吞吐、降黏冷采、微生物吞吐等稠油开采工艺工作的研究。E-mail：daiyanan. slyt@ sinopec. com

就会形成一个蒸汽带，并且当连续注入蒸汽时，蒸汽带会向前扩展。因此，在注汽过程中，均质储层的温度随时间和距离而变化。如图1蒸汽吞吐过程的温度分布图所示，注入一定时间后，在以注入井筒为中心的油层中有四个不同的区域，即蒸汽带、热水带，冷水带和原始带[5]（原始油层尚未受注入蒸汽的影响）。根据这些温度变化，需要为不同区域地层选择相适应的堵剂。离井筒越近，要求堵水剂的耐温性更高。另外，如图2所示，井底与地层之间的压力差也随地层与井筒之间的距离而变化。在注入堵水剂或蒸汽的过程中，离井筒越远，地层压差越小；在开井生产中，地层压差变化相同。

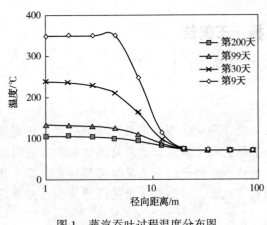

图1 蒸汽吞吐过程温度分布图

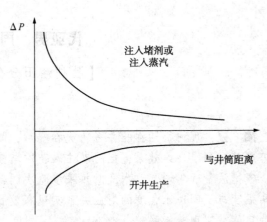

图2 地层压差随距井筒距离的变化

2 水平井变强度复合堵水技术适用条件

对具有边水的稠油油藏，根据水体能量大小进行分类，可以进一步细分为弱边水稠油油藏和强边水稠油油藏，其中弱边水稠油油藏水油体积比<5，强边水稠油油藏水油体积比>5[6]。对于不同能量的边水，不同位置的油井需要采取不同的治理对策：对于水体超过5倍的强边水稠油油藏，可针对一线井实施复合堵水热采，改善高强度凝胶颗粒封堵后的储层渗流能力，提高堵水开发效果，同时针对二线井实施凝胶堵水降黏冷采与调剖热采相结合，既可以延长堵调有效期，又实现经济效益最优化；对于水体小于5倍以下的稠油油藏，在一线井采用氮气泡沫调剖，整体开发经济效益最好。

3 水平井变强度复合堵水技术优化

3.1 测试找水技术

应用PNN测井等测试技术[7]，通过储层温度场、剩余油分布了解水平段动用情况，进行地层分析，识别水窜通道，为选井、确定堵水方式以及堵剂用量优化提供依据。

3.2 堵剂配方优化

根据稠油热采水平井地层的压力场、温度场分布特点，将封堵空间划分为近井区、过渡区和远井区，要求堵剂强度从远井区到井筒逐渐增强，从而实现深部堵水。为了实现"远调近堵"的堵水目标，稠油水平井堵剂的优选原则主要有以下几个方面：① 堵剂类型：根据完井方式特点决定；② "注得进"：堵剂能进入地层深部；③ "堵得住"：堵剂强度高、封堵稳定性好；④ 耐温性好：堵剂热稳定性好；⑤ 堵剂段塞组合：依据压力场和温度场匹配堵剂，发挥堵剂协同效应。

针对以上原则，通过室内实验，优选出了适应不同地带的先稀后稠、先细后粗，先深部堵水、后强力封口的多段塞组合堵剂体系。

（1）近井地带堵剂。近井地带温度在15~300℃，针对其生产压差大、受蒸汽冲刷等特点，自主研制出了过筛率高、耐温性能强、悬浮性好且价格低廉的复合堵剂。该堵水剂106μm筛子过筛率达100%；耐温性较强，180℃下呈凝固状态且强度较好；悬浮性好，且可快速脱水；价格低廉，可推广性强。

（2）过渡地带堵剂。过渡地带温度在120~150℃，生产压差较大，研制了强度较高、耐温较好的凝胶颗粒悬浮冻胶类堵剂。该堵剂具有较强的悬浮性能及吸附能力，与超细水泥颗粒混合后，在地层温度下形成高强度的混合胶体，可以有效进入地层深部，吸附并停留，形成用于堵塞水窜孔道的主力段塞。该堵剂106μm筛子过筛率达100%；耐温性强，180℃下呈凝固状态且强度较好；悬浮性好；岩心实验封堵率可达92.7%。

（3）远井地带堵剂。远井地带温度在70~120℃，研制了强度适中，耐温适中的冻胶类堵剂，对油藏伤害小，低温不凝固，90℃下29h堵剂终凝，耐高温达到150℃以上，可以起到驻留效果，延长稠化时间，实现高温堵水。

3.3 堵剂用量优化

在高含水水平井化学堵水中，在优选堵剂配方的基础上，需要进一步精准计算堵剂用量[8]，保证堵水效果的同时合理优化堵剂用量，才能获得更高的经济效益。

为达到上述目的，对边水水侵井，如图3所示，建立长方体模型计算堵水剂用量，

$$V = \alpha\phi abc$$

式中　　α——水淹面积系数；

　　　　ϕ——油层孔隙度；

　　　　a——堵水剂分布的最大水平深度，m；

　　　　b——水平生产层段长度，m；

　　　　c——油层厚度，m。

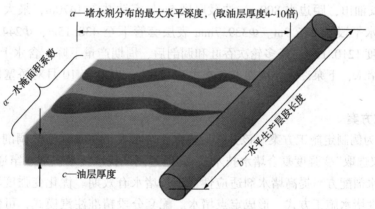

图3　水平井堵水长方体堵剂用量计算模型图

通过应用长方体模型精确计算水平井堵水剂用量，对堵水剂用量进行了优化，以免注入过多的堵水剂，成本过高，同时又保证了堵水效果，提高了堵水波及半径。

3.4 堵水及注汽柱优化配套

根据近年来PNN测井结果显示，目前水平井水窜类型已由初期的单点水窜演变为多点水窜，笼统堵水针对性较弱，难以准确封堵水窜通道，常规注汽也未能对准含油饱和度高的井段精准注入，造成堵水有效期相对较短，周期油汽比提升有限。

为此对多点出水的井段进行定点封堵、对高含油饱和度的井段错位精准注汽，分别优化形成稠油油藏水平井定点分段堵水、错位精准注汽管柱配套技术。根据测井结果，针对边水水窜井段，选择性配套不同孔径的配注器（图4），并应用封隔器进行封隔，实现对高含水井段的定点分段堵水。针对剩余油饱和度高的井段，选择性地配套不同孔径的注汽筛管[9]（图5）实现错位精准注汽。

该技术相较常规堵水技术，具有以下优势：

一是利用封隔器和配注器组合，实现定点分段堵水，较目前的笼统堵水，具有更强的针对性，可以使堵水剂更大程度地注入高含水井段，延长了堵水有效期，改善了堵水效果。

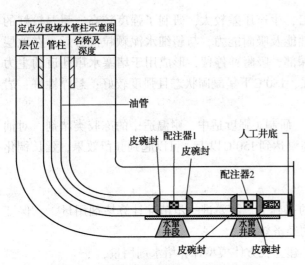

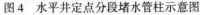

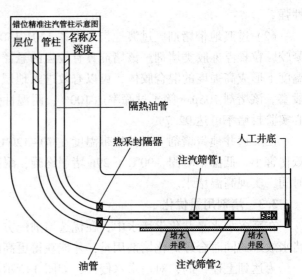

图 4　水平井定点分段堵水管柱示意图　　　　图 5　水平井错位精准注汽管柱示意图

二是根据剩余油饱和度的不同选择性配套注汽筛管，实现错位精准注汽，较目前的蒸汽吞吐，有效提高了热利用效率，提升了高含油饱和度的井段动用程度，实现了控水稳油开采。

4　现场应用

4.1　基础数据

CP2 井位于乐安油田，距边水 800m，油藏厚度 5m，完钻井深 1470m，最大井斜深度 1280.32m，最大井斜 90.13°，水平段长 275.9m。Φ339.7mm 表层套管下至 438.15m，Φ244.5mm 油层套管下至 1467.31m，桥塞深度 1210.19m。经多轮次吞吐和调剖后，周期产量下降，含水上升。2014 年 03 月对桥塞以上井段凝胶堵水，下泵冷采，周期末含水大 98.26%。2020 年 10 月对桥塞以上井段变强度复合堵水注汽热采。

4.2　堵水工艺方案

本文以 CP2 井为例制定施工方案。该井接近边水、含水大于 90%、泡沫调剖效果不明显，且水油体积比大于 5，建议选取"变强度复合堵水技术"，即通过测试找水技术识别水窜通道，确定堵水井段，优化形成变强度堵水剂配方，提高堵水剂适应性，延长堵水有效期。优化变强度堵水剂用量，提高波及效率。优化变强度堵水施工方式，形成定点堵水。配套分段精准注汽模式，可针对油藏特点按目标段需求选择注入参数，增加热半径纵深长度，解决水平段尖端动用矛盾，实现长井段精准注汽，延长水平段有效动用长度(图6、图7)。

4.3　现场应用及效果

CP2 井水平井段长，利用常规堵剂存在水平段易滞留、耐温差、封堵半径小、施工风险大、堵水成功率不足的缺点[10]。该井采用变强度复合堵水技术，不仅优化了堵剂配方和用量，而且优化了施工方式形成定点堵水，同时采用精准注汽，有效保证了堵水效果和热利用率[11]。工艺优化后，该井堵水压力最高至 11MPa，排量 10m³/h，注汽压力为 13MPa，注汽量 1350t，比前一轮次吞吐注汽量降低 150t，注汽压力提高 1.5MPa，说明堵水效果明显，阶段周期累油 734t，同比增油 113t，平均日产油 1.3t，同比增长 0.2t，阶段油汽比 0.54，同比提高 0.13。

2021 年，草 20 区块应用该成果现场实施 4 井次，注汽量 7132t，同比降低 856t，同比增油 1166t，综合油汽比 0.43，依据《IPCC 国家温室气体清单指南》，计算原油的实物量碳排放系数为 0.8363kg/kg，天然气的实物量碳排放系数为 0.5956kg/kg[13]，共节省 LNG 用量大约 1241.54t，则节省碳排放达 739.46t。

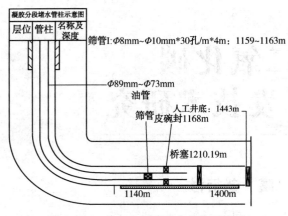

图 6　CP2 井定点分段堵水管柱示意图

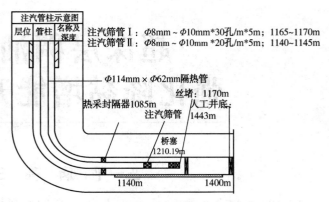

图 7　CP2 井精准注汽管柱示意图

4.4　结论及认识

（1）开展了变强度复合堵水研究，根据稠油油藏状况，结合测试找水技术识别水窜通道，确定堵水井段，优化形成变强度堵水剂配方，提高堵水剂适应性，延长堵水有效期。优化变强度堵水剂用量，提高波及效率。优化变强度堵水施工方式，形成定点堵水。

（2）针对该项目配套了分段精准注汽模式，可针对油藏特点按目标段需求选择注入参数[12]，增加热半径纵深长度，解决水平段远井地带动用矛盾，实现长水平井段精准注汽，增大水平段有效动用长度。

（3）2021 年，草 20 区块应用改成我国现场实施 4 井次，注汽量降低 856t，增油 1166t，共节省碳排放达 739.46t，取得较好效果，有效实现节能降碳。

（4）建议后期再优化生产过程中的测试工作，确保测试资料的齐全，为生产分析提供充足的数据资料。

参考文献

[1] 王进．稠油低效水平井综合治理技术研究[J]．辽宁化工，2021，50（06）：890-892．

[2] 郎宝山．稠油水平井大直径封漏堵水管柱的研制与应用[J]．特种油气藏，2020，27（03）：157-162．

[3] 刘强．辽河油田稠油油藏水平井找堵水配套工艺技术[J]．石油地质与工程，2019，33（01）：101-103．

[4] 檀森．春光油田稠油热采水平井乳化沥青堵水体系研究[D]．中国石油大学（华东），2018．

[5] 杨昕．辽河稠油热采水平井配套工艺技术研究[D]．大庆：东北石油大学，2018．

[6] 王志坚，宋岱锋，杨胜利，等．浅层稠油热采水平井高温堵水技术研究及应用[J]．化学工程与装备，2017（01）：65-67．

[7] 刘小亮．稠油水平井封堵调剖技术研究[D]．青岛：中国石油大学（华东），2015．

[8] 李红爽．辽河油田水平井找堵水技术研究与应用[J]．中外能源，2015，20（04）：58-61．

[9] 宋秀芬．曙光兴隆台超稠油油藏吞吐开发配套技术研究与应用[D]．大庆：东北石油大学，2015．

[10] 赵吉成．辽河油田稠油油藏筛管完井水平井分段化学堵水技术[J]．石油钻采工艺，2014，36（06）：90-93．

[11] 秦洪岩．水平井综合调堵技术的研究与应用[J]．化工管理，2014（08）：94．

[12] 宋杰鲲．山东省能源消费碳排放预[J]．技术经济，2012，31（1）82-85．

超深层稠油二氧化碳强化降黏增能开发技术研究

王一平 唐 亮 王 曦 赵衍彬

【中国石化胜利油田分公司】

摘 要：超深层稠油油藏具有较高地层压力，致使热力降黏效果差、稠油渗流阻力高，油藏开发难度大。由于 CO_2 具有一定的增能作用，且其溶解度会随地层压力的增加而增大，在深层稠油中具有较大降黏优势，结合 CO_2 强化溶解降黏剂大幅提高 CO_2 的溶解降黏作用，并发挥二者的协同降黏作用，实现深层低渗稠油有效降黏；通过实验对其降黏后的渗流规律进行了研究，研究表明，超深层稠油 CO_2 强化降黏增能开发过程中，存在三个生产阶段：CO_2 回采泄压阶段、降压稳产阶段、稳压泄油阶段，不同阶段具有不同的开发特征。该技术在矿场应用中初见成效，可实现超深层稠油油藏的有效开发。

关键词：超深层稠油；二氧化碳；强化溶解降黏；增能

对于埋深超过 1800m，油层条件下原油黏度大于 $50mPa \cdot s$ 的原油，可称为超深层稠油。由于超深层稠油具有油藏埋藏深、地层压力高原油流动性差等特点，导致开发难度大，单井产能低[1]。目前尚无明确合理的开发方式对深层低渗稠油的巨大储量进行经济有效动用。

1 开发制约因素

深层低渗稠油的有效开发主要受两方面因素制约：一是埋藏深引起的油藏压力高，二是油稠导致的渗流难度大。油藏压力高导致地面注汽压力高，当注入压力超过蒸汽临界压力（22.07MPa）时，具有一定干度的饱和蒸汽会变为液相高压热水[2,3]。饱和蒸汽与高压热水的热效果对比如表 1 所示：

表 1 饱和蒸汽与高压热水热效果对比表

热流体类型	热焓/(kJ/kg)	比容/(L/kg)
饱和蒸汽(干度=40%)	853	2033
高压热水	1.15	4.41

由表 1 可知，相同温度条件下，饱和蒸汽热焓为高压热水的 2.4 倍，比容为高压热水的 3.8 倍。由于液相高压热水的热焓及比容远小于气相饱和蒸汽，因此其加热降黏效果及作用半径明显弱于蒸汽，导致蒸汽热力降黏在深层低渗稠油中难以有效发挥作用。

受原油黏度高的影响，地层条件下原油渗流困难，冷采开发时极限泄油半径不足 10m，致使油井产能问题突出，因此，如何提高油藏渗流能力也成为攻关超深层稠油有效开发的关键。

基金项目：国家自然基金联合基金项目"难采稠油多元热复合高效开发机理与关键技术基础研究"（U20B6003）。

作者简介：王一平，中国石化胜利油田分公司勘探开发研究院副研究员。E-mail：wyp0950@163.com

2 深层稠油二氧化碳强化降黏增能开发技术

对稠油而言，CO_2 具有良好的降黏作用，其降黏机理包括溶解降黏、膨胀降黏、改善界面张力等，其中溶解降黏是最主要的作用机理[4]。CO_2 在原油中具有一定的溶解能力，其在原油中的溶解度为水中的 $7\sim9$ 倍[5,6]，且溶解 CO_2 后的原油黏度能够明显降低。

2.1 CO_2 降黏物模实验

实验模拟地层温度（100℃）下，逐渐增加反应釜内压力，以增大 CO_2 溶解度，设定反应釜内压力为 4MPa、8MPa、12MPa、16MPa、18MPa、22MPa，在外加动力搅拌 24h 平衡后，测试稠油流体黏度，实验数据如表 2 所示：

表 2　不同 CO_2 浓度降黏效果对比表

序号	反应釜压力/ MPa	CO_2 溶解度/ （m^3/m^3）	混溶前原油黏度/ mPa·s	混溶后原油黏度/ mPa·s	降黏率/ %
1	4	18.7	1100	977	11.2
2	8	36.6	1100	887	19.4
3	12	59.2	1100	817	25.7
4	16	71.4	1100	759	31.1
5	18	82.5	1100	715	35.1
6	22	93.6	1100	694	36.9

实验结果表明：随反应釜内压力升高，CO_2 在原油中的溶解度变大，降黏效果变好。作为制约热力降黏效果的高压因素，对 CO_2 降黏具有积极作用，因此对于深层低渗稠油而言，CO_2 具有较大的降黏优势。

2.2 CO_2 强化溶解降黏剂

虽然 CO_2 在深层稠油中具有一定的降黏作用，但毕竟 CO_2 在稠油中的溶解度有限，影响其溶解降黏的效果。从表 2 也可以看出，当反应釜压力增大到 22MPa 时，CO_2 的降黏率也仅有 36.9%。

为了进一步提高 CO_2 在稠油中的溶解度，研发了 CO_2 强化溶解降黏剂。通过该化学剂，一方面能够大幅提高 CO_2 在稠油中的溶解度，充分发挥 CO_2 对深层稠油的降黏优势，另一方面由于化学剂本身也具有一定的降黏性能，可与 CO_2 作用起到协同降黏效应。

通过室内实验模拟高温高压（温度 100℃，压力 22MPa）地层条件，对 CO_2 强化溶解降黏剂的增溶性能以及与 CO_2 的协同降黏性能进行了评价，增溶性能的评价结果如表 3 所示：

表 3　CO_2 在稠油中溶解度随 CO_2 强化溶解降黏剂浓度变化关系表

序号	CO_2 强化溶解降黏剂浓度/%	CO_2 溶解质量百分比/%
1	0.0	1.23
2	2.8	9.15
3	5.5	11.36
4	8.0	11.54

从实验结果可知，CO_2 强化溶解降黏剂的加入可大幅度增加 CO_2 在稠油中的溶解度。不加化学剂时，CO_2 在稠油中的溶解质量百分比仅为 1.23%，8% 浓度化学剂的加入即可使 CO_2 的溶解度提升 8 倍，达到 11.5%。

设定 22MPa 压力条件下，改变反应釜温度，对 CO_2+强化溶解降黏剂形成的强化溶解降黏体系进行降黏性能评价，评价结果如图 1 所示：

从图 1 中可以看出，在地层温度为 100℃时，CO_2+强化溶解降黏体系的降黏率可达 99.3%，比饱

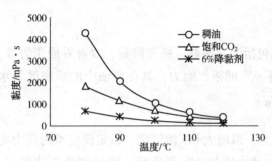

图1　不同降黏方式下降黏性能对比图

和 CO_2 高 62.4%，比单一应用强化溶解降黏剂高16.7%，即 CO_2+强化溶解降黏体系的降黏效果要明显优于单一降黏方式，且完全能够满足稠油降黏要求。

因此对于深层低渗稠油，可采用 CO_2+强化溶解降黏剂的方式进行降黏。

3　CO_2 强化溶解降黏开发渗流特征

为了对渗流阶段进行划分，并探讨不同阶段的渗流规律，对实验得到的采油曲线及产出油特征进行了分析。将第3吞吐周期的压力、采油速度随测试时间的变化绘制到同一坐标中，如图2所示：

由图2可以看出，生产过程中压力变化与采油速度变化具有较好的对应关系，且依据其变化规律可划分为3个阶段，在图中分别标记为阶段Ⅰ、阶段Ⅱ、阶段Ⅲ。

阶段Ⅰ：短时间内地层压力迅速从 20.8MPa 降至18.6MPa，但采油速度却很低。实验过程观察到该阶段的产出主要是 CO_2 气体，伴随气体带出极少量的原油。这是由于开井生产后，井筒附近的过饱和 CO_2 先被采出，少量原油伴随 CO_2 被带出，地层中渗流以单相的气相渗流为主，此时气相为连续相，属于 CO_2 回采泄压阶段。

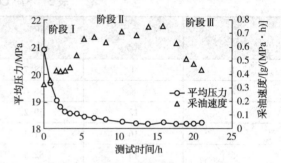

图2　第3吞吐周期压力及采油速度随测试时间变化曲线

阶段Ⅱ：该阶段在整个生产过程中持续时间最长，相比阶段Ⅰ地层压力下降明显变缓，整个阶段地层压力从 18.6MPa 下降到 18.1MPa，采油速度达到最高且能保持稳定，产出油如图3(a)所示，原油中含有大量的小气泡。

(a)阶段Ⅱ　　　　　　　(b)阶段Ⅲ

图3　不同渗流阶段产出油形态图

该阶段产出油主要为地层中饱和 CO_2 后的原油，压力降低后饱和其中的 CO_2 析出，但受原油黏度影响，析出的 CO_2 小气泡仍滞留于稠油中。原油在地层中以"泡沫油"[7]渗流为主，此时油相为连续相，气相为分散相。此阶段压力下降缓慢，采油速度高且稳定，并且持续时间较长，属于降压稳产阶段，是 CO_2 吞吐开发的主力生产阶段。

阶段Ⅲ：该阶段的地层压力基本保持稳定，但采油速度相比阶段Ⅱ有大幅度降低，产出油如图3(b)所示，主要为黏稠的原油，气泡含量低。此阶段的产出油主要是地层中未饱和 CO_2 的原油，流体在地层中渗流以单相的油相渗流为主。由于原油中 CO_2 含量低，原油黏度高，流动速度慢，且距井筒较远，故采油速度低，属于稳压泄油阶段。

4　应用实例

将研究成果在胜二区一口水平井实施了矿场应用。该井原油黏度高达 19096mPa·s，试验前采用注蒸汽热力开发，初期日产油 4.6t，后期因注汽压力高停止注汽，单井日产油降至 1.3t，累产油 2269t。

通过优化计算后，该井实施了 CO_2 强化溶解降黏开发，注入 CO_2 强化溶解降黏剂 17t，CO_2 气体 275t，试验初期日产油量 6.7t，平均日产油 6.2t，含水由 51% 降至 29%，取得了良好的开发效果。

5 结论

（1）超深层稠油受地层压力高、原油黏度高等因素的影响，蒸汽热力降黏效果差，原油在地层中流动困难，致使油井产能低，严重制约开发效果。

（2）采用"CO_2+CO_2 强化溶解降黏剂"组合方式进行超深层稠油二氧化碳强化降黏，具有良好的降黏效果。

（3）二氧化碳强化降黏增能开发过程存在三个生产阶段：CO_2 回采泄压阶段、降压稳产阶段、稳压泄油阶段，不同阶段具有不同的开发特征。

（4）矿场试验表明，二氧化碳强化降黏增能开发技术，可大幅提高超深层稠油油藏的单井产能，是一种有效的超深层稠油开发技术。

参考文献

[1] 丁一萍，等.低渗稠油油藏热采效果影响因素分析及水平井优化[J].断块油气田，2011，18(4)：489-492.

[2] 马爱青.深层特超稠油冷采技术研究[J].内蒙古石油化工，2011，17(21)：83-84.

[3] 王一平.深层低渗稠油降黏方式研究[J].承德石油高等专科学校学报，2016，18(1)：8-11.

[4] 妥宏，等.英2井深层稠油油藏注气吞吐降黏实验[J].新疆石油地质，2012，33(1)：108-110.

[5] 姜凤光.二氧化碳驱地下流体相态特征研究[J].特种油气藏，2014，21(6)：14-19.

[6] 邹斌，等.CO_2 与胜利稠油相互作用微观机理研究[J].化学工程与装备，2011，12(6)：1-3.

[7] 张代燕，等.稠油油藏启动压力梯度实验[J].新疆石油地质，2012，33(2)：201-204.

低效难采稠油化学降黏开发机理与应用

魏超平[1,2] **吴光焕**[2] **钟立国**[1] **赵红雨**[3] **唐 亮**[2]

【1. 中国石油大学(北京)非常规油气科学技术研究院；
2. 中国石化胜利油田分公司勘探开发研究院；3. 中国石化胜利油田分公司】

摘 要： 提出向油藏中注入化学降黏剂的开发方式，解决稠油油藏开发过程中油稠的问题。通过大量的室内模拟实验，测试了降黏驱对驱油效率和波及系数的影响，并揭示了降黏复合开发提高采收率机理：①"原位乳化携带"，通过乳化降黏、携带等作用，提高原油渗流能力和驱油效率，相比水驱可提高 38.4%；②"捕集封堵转向"，通过乳液在多孔介质中架桥效应和贾敏效应，形成封堵和调驱作用，使后续驱替液转向，从而扩大了波及体积；③"协同调驱"，降黏剂借助调驱剂作用，扩大降黏剂与原油作用范围，形成复合增效作用。该技术在胜利油田已累计增油 28.65×10⁴t，形成活跃边底水稠油化学降黏吞吐、强水敏和低效水驱稠油油藏降黏复合驱、深层低渗稠油油藏降黏引驱三项技术，为其他相似油田提供借鉴和参考作用。

关键词： 降黏驱；难采稠油；强水敏；深层低渗；活跃边底水；低效水驱稠油

0 引言

稠油由于其黏度大、流动困难，需要进行降黏开发。目前热采技术成熟，加热降黏效率较高，是稠油开发的主要方式。但热采开发存在着成本高、能耗高的问题，且部分油藏受水敏、埋藏深、渗透率低等原因，无法通过热采进行降黏，急需寻求新的降黏开发方式。因此提出了向油藏注入化学降黏剂的降黏驱开发方式，它是一种非热力采油技术。

改善普通稠油驱替过程中油水黏度比大的问题，主要有两种途径：提高驱替相黏度或者降低被驱替相黏度。在提高驱替相黏度方面，主要是应用聚合物驱，但根据其筛选标准，它适应于黏度小于 150mPa·s 的原油，并且矿场上实践也取得了显著的效果[1-4]，国内外学者在此方面也进行了大量的研究，对其提高采收率机理进行了细致的分析[5-9]。而降低被驱替相黏度的矿场实践和理论研究却很少，目前降黏剂的使用主要是和蒸汽一起，用其辅助蒸汽开采特稠油或者超稠油，同时形成了一些有效的开发技术，如 HDCS、HDNS 等[10-14]，而单纯化学降黏开发稠油的研究和矿场实践非常少。油藏工程人员主要是通过测试降黏剂与地层流体的配伍性、降黏率、乳状液的稳定性等指标来确定化学降黏开采稠油的方法是否可以应用于油藏[15-16]，矿场也根据这些测试结果进行了一些应用，但主要是采用吞吐的方式，暂未收集到驱替的方式在稠油油藏的应用情况。目前相关研究主要是围绕降黏驱的驱油效率及注采参数进行，例如，王剑峰、张付生、康万利等[17-18]通过岩心实验指出了，降黏驱能大幅提高驱油效率，并优化了注入时机、注入浓度等参数，但未对微观驱油机理进行研究。

由于稠油降黏驱是一项新的开发技术，为达到建立该技术体系、实现矿场应用的目标，需解决以

作者简介：魏超平(1982—)，男，湖北汉川人，副研究员，中国石油大学(北京)博士在读，主要从事稠油油藏开发研究工作。E-mail：chaopingwei@163.com

下四个方面的问题：①认识开发机理，研究技术可行性及适用性；②形成降黏复合冷采开发技术数值模拟方法，指导技术界限制定和参数优化；③建立稠油降黏驱开发技术政策界限，指导矿场高效应用；④根据不同的油藏类型，建立相应的降黏驱开发技术形式。自 2017 年底开始，胜利油田组建了一个研究团队，开展了稠油化学降黏开发技术研究，目前在室内研究和矿场实践方面取得了一些进展和成果。

1 化学降黏开发机理

1.1 原位乳化携带

室内实验表明，与水驱相比，降黏驱能大幅提高驱油效率，其比水驱高 38.4%，最终达到 78.7%。同时，对比两种开发方式的采油速度，降黏驱整个阶段采油速度为水驱 1.9 倍，峰值时可以达到水驱的 3 倍。测试数据显示，降黏驱可以提高驱油效率和采油速度。

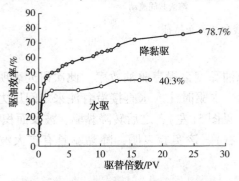
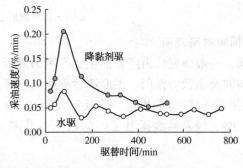

图 1　水驱和降黏驱驱油效率对比曲线　　图 2　水驱和降黏驱采油速度对比曲线

利用微观玻璃刻蚀模型驱替实验研究，对降黏剂如何在多孔介质中提高原油渗流能力和驱油效率进行分析，其表现主要存在两个方面：

（1）乳化分散。降黏剂一个特点就是可以分散乳化原油，形成水包油的小油滴，该作用机制有利于增强原油的流动性。当大油滴变成小油滴后，原油更利于通过狭窄的喉道[19]，同时形成水包油的乳状液后，原油在流动中将油分子之间的内摩擦力变成水分子之间的内摩擦力，原油表观黏度降低。采用高倍数字摄像机连续拍摄微观模型中某一点的原油状态，同时收集采出液（降黏驱采出液按时间先后顺序排列），并对其进行分析，如图 3 和图 4 所示。图 3 为水驱结束后某处未被水波及驱及的"死油区"，原油在孔隙和喉道处仍以油块的形式存在。注入降黏剂后，受其分散乳化作用的影响，原油不再以整块形式存在，而是变成小油滴，同时受剂的影响，油水界面张力降低，油滴近似球形存在。

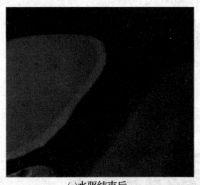
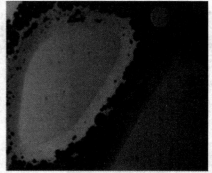

(a)水驱结束后　　　　　　　　　(b)降黏剂注入期间

图 3　微观模型中水驱与降黏驱原油状态对比

（2）乳化携带。通过 PIV 微通道测速实验，降黏剂驱替液能减少岩石壁附着残余油，形成乳状液一起流动，相当于把不可动原油转化成可动原油。见图 4，水驱后，管壁处吸附大量不可动残余油，实际渗流面积仅占 46%，降黏剂驱后，管壁处残余油厚度变小，实际渗流面积达到 68%，残余油大大减小。

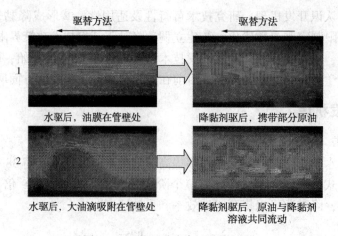

图 4　PIV 微通道残余油分布特征

1.2　捕集封堵转向

实验前，一般研究认为降黏剂主要作用为降低原油黏度，提高驱油效率。此次研究表明，降黏驱还具有提高波及系数的作用。平面填砂驱油模型显示，水驱时注入水直接沿着注采之间压力下降最快的方向(注采端连线)方向推进，波及系数为18.8%，见图5(左)，之后转降黏驱，波及面积明显扩大，提升至39.9%，波及系数提升了一倍以上，见图6(右)。该实验表明，降黏驱具有扩大波及系数的作用。

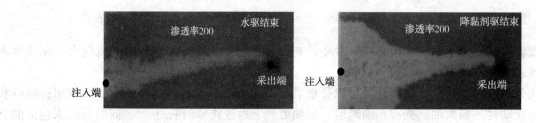

图 5　水驱和降黏驱结束时波及面积图

再次利用微观刻蚀驱替模型对注入降黏剂前后多孔介质中变化进行分析。注入降黏剂后，多孔介质中乳化形成的大量的小油滴，其通过应力捕集、截获捕集，在主流线上发生滞留，从而减小主流线的渗流面积，同时，部分大的液滴在小孔喉处形成贾敏效应，这样原有渗流通道阻力增加，后续驱替液部分或完全转向，进入未波及区域，形成调驱作用，见图6。

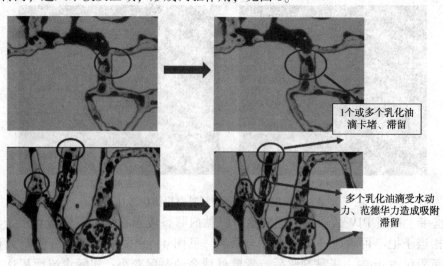

图 6　乳状液在多孔介质中被捕集示意图

1.3 协同调驱

当油藏进行入高含水阶段后再转降黏驱，受原有窜流通道的影响，单一降黏剂驱开发效果有限，需要进行降黏+调驱的降黏复合驱。根据双管填砂模型实验结果，作出水驱后转降黏驱采出程度与产水率对比曲线，见图7。采出程度曲线分析，转驱后，高渗管采出程度提高较大，为22%，而低渗管仅为1%；产水率曲线分析，高渗管转驱前后产水率一直较高，转降黏驱后，含水有一定的下降，然后又快速回升，而低渗管产水一直低于5%，说明驱替进入很少，并且一直到实验结束仍没有突破。在上述条件下，高含水后期，受动静态双重非均质性影响，降黏剂沿水窜通道快速流失，单一降黏驱开发效果差，转降黏驱采收率仅提高9%。

为避免这一缺点，进行降黏+调驱复合驱，对比水驱开发到底、水驱之后转单一降黏驱、水驱之后转单一泡沫驱、水驱之后降黏复合驱（降黏剂+泡沫剂）开发效果。从实验结果可知，降黏剂与泡沫剂实现了复合增效的作用。复合驱提高值（37.5%）>单一降黏剂提高值（12%）+单一泡沫剂提高值（22.5%）。降黏复合驱克服保证剂与原油充分接触，实现复合增效。

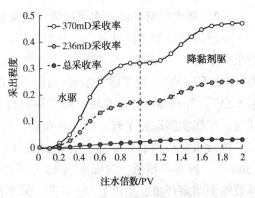

图7 注入倍数与采出程度

利用玻璃刻蚀模型微观驱替实验对作用机理进行分析，降黏剂借助调驱作用进一步扩大降黏波及范围，见图8。降黏驱波及系数可以在水驱的基础上提高17%，而采用降黏复合驱后可以再提高27%。图8（左）水驱中，由于油水互不相溶，两者界限分析，油是油，水是水；图8（中）降黏驱，由于乳化作用，小油滴分散在水相中，借助前面提到的扩波及作用，波及系数达到75%；采用复合后，见图8（右），降黏剂借助调驱作用进入单一驱替时未进入的区域。

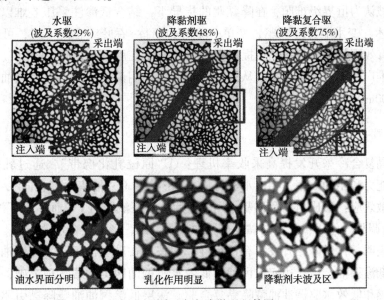

图8 不同开发方式微观驱替图

2 矿场实践与应用

近3年来，该技术在胜利油田得到推广与应用，覆盖地质储量3000余万吨。在强水敏稠油、低渗稠油、活跃边底水稠油、低效水驱稠油四类油藏实现突破，形成9个化学降黏开采示范区。目前已累计增油 $28.65×10^4t$，产生经济效益 8598.4 万元。同时减少蒸汽注入量 $63.5×10^4t$，减少 CO_2 排放 $14.3×10^4t$，实现了"增效、减排、节能"的绿色开发。

2.1 底水稠油化学降黏吞吐

太平油田沾 29 块为活跃底水普通稠油油藏，地面原油黏度 7090mPa·s，渗流率为 2827mD。受油稠和强底水双重影响，本块开发难度较大，先后采用了蒸汽吞吐试验和天然能量开发，但效果均不理想，主要表现为含水上升快、日产油下降快。2017 年后钻新井 9 口，全部采用化学降黏吞吐生产，第一年平均单井日产油 8.6t，累产油 40315t，平均单井累产油 4479t，新增 SEC 储量 11.44×10⁴t。化学降黏吞吐的生产特征为递减减缓，含水上升变慢。以 P10、P12、P29 井为例，三口井地质条件类似，分别采用蒸汽吞吐、天然能量、化学降黏吞吐生产，日产油年递减率分别为 79.5%、43.2% 和 14.5%，化学降黏吞吐低于其他两种方式。

2.2 强水敏感和低效水驱稠油油藏降黏复合驱技术

敏感性稠油油藏降黏复合驱开发技术：该类油藏天然能量开发，原油黏度高，采不出；热采开发，黏土含量高、水敏强，注不进，且加热半径小、生产递减快；水驱开发，油水黏度比大，生产表现为"增水不增油"。由于该类油藏一直无法找到适应的能量补充形成，生产上表现为"能量降、注不进、采不出"。胜利油田在金 8 块、尚二块进行了降黏复合驱，日产油提高 3.2%，含水下降 5 个百分点；同时，矿场实践取得了较好的经济效益，金 8 块平均桶油成本由 54 美元/桶降至 31 美元/桶。

低效水驱稠油油藏降黏复合驱开发技术：尚店油田尚 10-49 块原油物性差、油稠、注采井距大（300m），油井产量低，常规水驱 15 年采出程度仅为 2.91%。且由于原油重质沉淀，加上储层疏松，导致油泥堵塞严重，生产上"注不进、采不出"，油井停产、水井停注。2019 年 8 月，水井转降黏驱，由于地层能量得到充分补充，井组开井数由 2 口提升至 7 口，区块日产油从 1.7t 升至 17.8t，预计提高采收率 8.3%。

2.3 深层低渗稠油油藏"降黏引驱"开发技术

该类油藏开发存在三大难题：油稠、埋深大、低渗。热力采油要求储层渗透率大于 300mD，小于此界限的稠油油藏被认为世界级难题，在降黏驱的指导下，结合低渗注采压差难以建立的难点，创新形成"降黏引驱"技术，变水驱为降黏驱、变单一驱替为驱替+吞吐组合的形式，可使该类油藏技术极限井距扩大 60m、有效驱替单井控制储量提高 80%，该技术在胜利油田草 13 孔店、王 152、垦 119 等区块进行了试验和推广，实现了低渗稠油从未动用到有效动用的转变，同时使稠油油藏开发渗透率界限由 300mD 降至 100mD。

3　结论

（1）揭示了降黏复合冷采开发提高采收率机理：①"原位乳化携带"，通过乳化降黏、携带等作用，提高原油渗流能力和驱油效率，相比水驱可提高 38.4%；②"捕集封堵转向"，通过乳液在多孔介质中架桥效应和贾敏效应，形成封堵和调驱作用，使后续驱替液转向，从而扩大了波及体积；③"协同调驱"，降黏剂借助调驱剂作用，扩大降黏剂与原油作用范围，形成复合增效作用。

（2）矿场实践表明，化学降黏开发具有可行性。该技术在胜利油田已累计增油 28.65×10⁴t，且在强水敏稠油、深层低渗稠油、活跃边底水稠油、低效水驱稠油四类油藏实现突破，形成底水稠油化学降黏吞吐、强水敏感和低效水驱稠油油藏降黏复合驱、深层低渗稠油油藏降黏引驱三项技术，底水稠油化学降黏吞吐开发方式含水上升率、日产油递减率明显优于常规开发，强水敏感油藏开发桶油成本由 54 美元/桶降至 31 美元/桶，稠油油藏开发渗透率界限由 300mD 降至 100mD。

参考文献

[1] 刘朝霞，王强，孙盈盈，等. 聚合物驱矿场应用新技术界限研究与应用[J]. 油气地质与采收率，2014，21（2）：22-24.

［2］高玉鑫. 萨中二类油层聚合物驱开发指标预测方法研究［D］. 大庆：东北石油大学，2014.

［3］周丛丛. 大庆油田一、二类油层聚合物驱注采指标变化规律［J］. 断块油气田，2015，22（5）：610-613.

［4］谢晓庆，冯国智，刘立伟，等. 海上油田聚合物驱后提高采收率技术［J］. 油气地质与采收率，2015，22（1）：93-97.

［5］Asghari K，Nakutnyy P. Experimental results of polymer flooding of heavy oil reservoirs［C］//Petroleum Society's 59th Annual Technical Meeting. Calgary，Alberta，Canada，2008.

［6］张官亮，张祖波，刘庆杰，等. 利用 CT 扫描技术研究层内非均质油层聚合物驱油效果［J］. 油气地质与采收率，2015，21（1）：78-83.

［7］刘海波. 大庆油区长垣油田聚合物驱后优势渗流通道分布及渗流特征［J］. 油气地质与采收率，2014，21（5）：69-72.

［8］蒋明，许震芳，张铁麟. 齐 40 块稠油油藏聚合物驱可行性室内实验研究［J］. 断块油气田，1998，5（1）：45-49.

［9］Aguiar J，Carpena P，Molina－Bolivar J A，et al. On the determination of the critical micelle concentration by the yrene 1：3 ration method［J］. Journal of Colloid & Interface Science，2003，258（1）：116-122.

［10］李宾飞，张继国，陶磊，等. 超稠油 HDCS 高效开采技术研究［J］. 钻采工艺，2009，32（6），52-55.

［11］Huizhuan Xie，Fusheng Zhang，Lijian Dong. Study and application of the viscosity reducer used in production of the viscous crude oil［C］. SPE 65382-MS，2001.

［12］王金铸，王学忠，刘凯，等. 春风油田排 601 区块浅层超稠油 HDNS 技术先导试验效果评价［J］. 特种油气藏，2011，18（4），59-62.

［13］孙建芳. 氮气及降黏剂辅助水平井热采开发浅薄层超稠油油藏［J］. 油气地质与采收率，2012，19（2），47-53.

［14］SunJianfang，Li Zhengquan，Wu Guanghuan. Advancement and application of thermal recovery technology in heavy oil reservoir in shengli petroleum province［C］. IPTC 14582-MS，2011.

［15］王大威，张健，吕鑫，等. 双子表面活性剂对海上 S 油田稠油降黏性能评价［J］. 油气地质与采收率，2015，22（4），109-113.

［16］刘永建，金波. 辽河油田超稠油降黏剂的配制及应用［J］. 大庆石油学院学报，2004，28（6），20-22.

［17］王剑峰. 阿拉新稠抽油藏降黏剂驱油物理摸拟研究［D］. 大庆：大庆石油学院，2007.

［18］康万利，刘延莉，孟令伟，等. 永平油田稠油自发乳化降黏剂的筛选及驱油效果评价［J］. 油气地质与采收率，2012，19（1），59-61.

［19］赵红雨，李美蓉，曲彩霞，等. 普通稠油降黏剂驱与聚合物驱微观驱油机理［J］. 石油化工高等学校学报，2015，28（1）：59-64.

CO$_2$热复合开发动用亲油壁面稠油流体的分子动力学模拟研究

卢 宁[1]　东晓虎[1]　王海涛[2]　刘慧卿[1]　陈掌星[1,3]　曾德尚[1]

【1. 中国石油大学(北京)石油工程学院；2. 中国石化石油勘探开发研究院；
3. 加拿大卡尔加里大学化学与石油工程系】

摘　要： CO$_2$热复合开发是一种能够有效动用稠油剩余油，提高蒸汽吞吐、蒸汽驱开发后稠油油藏的复合开发技术，已在国内外多个稠油油田进行了矿场应用，并取得显著成效。为进一步探究CO$_2$热复合开发方式的作用机理，本文采用分子动力学模拟手段，基于胜利油田典型的稠油模型，开展了不同条件下CO$_2$热复合体系动用稠油流体的分子动力学模拟研究。结果表明，在亲油壁面上稠油易形成致密的膜状油层，且胶质是影响稠油剩余油中沥青质分子赋存的主要族组分。CO$_2$分子能够深入稠油体系内部，打散沥青质致密聚集体，并在上部形成一低密度层，从而有效启动亲油壁面上的稠油流体。模拟得到最佳的CO$_2$浓度范围为(15~20)wt.%，该范围能够充分发挥CO$_2$作用优势，溶胀稠油，并避免诱发沥青质再沉降过程。本文从分子层面揭示了CO$_2$热复合开发方式的微观作用机理，为矿场扩大应用提供理论依据。

关键词： 稠油剩余油；CO$_2$热复合；分子动力学

随着以蒸汽吞吐、蒸汽驱等方式开发的稠油油藏逐渐进入热采开发的中后期阶段，在长期蒸汽激励作用下，热波及区内稠油、水及储层岩石发生一系列复杂的物化作用，诱发蒸汽超覆、蒸汽窜槽、润湿改性、水锥等，使得储层内稠油剩余油的动用与开发更加困难[1,2]。因此，亟须选用合适的接替提高采收率(EOR)方式以保持油田稳产、增产。

CO$_2$热复合开发是一种能够有效动用稠油剩余油的稠油热复合开发技术。胜利[5]、大港[6]、新疆[7]等油田的应用经验表明，CO$_2$与稠油剩余油具有较好的亲和能力，易于使稠油混相，深入油层内部溶胀原油、降低油水界面张力、改善蒸汽驱蒸汽腔的形态和波及范围等优点。但受限于实验仪器的许用上限，目前尚难以直接开展高温高压下的稠油微观驱油实验以直观地探究其微观动用机理。

随着近些年计算机软硬件的技术的发展，分子动力学(MD)模拟在探究高温高压环境下储层原油与外流体、储层岩石壁面间的行为等领域取得了重要应用。特别是随着CUDA(统一计算设备架构)、OpenCL(开放运算语言)等基于GPU(显卡)流处理器计算技术的发展，GROMACS、NAMD、AMBER等

基金项目：国家自然科学基金企业创新发展联合基金项目(U20B6003)：难采稠油多元热复合高效开发机理与关键技术基础研究

作者简介：卢宁(1996—)，博士研究生，从事注蒸汽后稠油热复合开发技术方面研究工作，E-mail：luning96@qq.com

基于 GPU 加速的分子动力学软件包能够模拟的空间和时间尺度也在不断增长。Headen 等[15] 构建了约 50000 原子的沥青质、溶剂体系探究沥青质分子的聚集和自组装行为。随后，Javanbakht 等[16] 构建了含有 1005 个沥青质分子的溶剂体系，在长达 1000ns 时间尺度进行了动力学模拟，较好地再现了 Yen-Mullins 沥青质模型中的第二阶段——亚微米聚集体的沥青质行为。Etha 等[17] 研究了辛烷在 350nm× 0.5nm×65nm 聚合物改性的石英表面上的润湿行为，并指出液滴在壁面上润湿行为受到惯性驱动压力和平衡黏弹力决定。因此，在本文中，结合我国稠油油藏的地质和生产实际，构建蒸汽驱后亲油壁面的稠油剩余油赋存模型，采用 GPU 加速的分子动力学模拟软件包 GROMACS 进行分子动力学模拟，探究不同条件下 CO₂热复合开发动用稠油剩余油的微观作用机理，从而为矿场应用提供理论指导。

1 模拟参数

1.1 模型构建

针对我国胜利油田稠油的生产开发数据[18]，结合稠油流体的气相色谱及组分测试数据，构建了适合描述胜利稠油的平均化稠油分子模型，并采用 OPLS-AA/M 力场[19] 参数计算了稠油分子体系中的各项参数，各组分分布详见表 1。

长期蒸汽驱后，以石英为主体的砂岩储层壁面往往发生润湿改性，即从中性弱亲水壁面变为亲油、强亲油壁面。基于上述原因以及实验表征[20] 结果，本文使用的壁面为二甲基官能化的石英(001)壁面，其三维(xyz)尺寸为 10.32nm×5.96nm×2.16nm，采用 INTERFACE-CHARMM36 力场[21] 描述分子内及分子间相互作用，其润湿特征为强亲油，以符合稠油剩余油吸附壁面的实际地质特征。另外，水和 CO₂分别采用广为使用的 SPC/E，EPM2 力场模型以合理准确地描述二者在热复合体系中的行为。

使用 Packmol 软件构建 MD 模拟的初始构型，模型总原子数为约 90000 个，其三维尺寸(xyz)为 10.32nm×5.96nm×约 15.00nm。采用 GROMACS2019.6 版软件包进行 MD 模拟，所有的 MD 模拟均在 NPnAT 系综下，z 轴方向控压至 5.0MPa。应用 Verlet 算法计算范德华非键相互作用，PME 算法计算静电非键相互作用，二者截断半径均设置为 1.40nm。使用半 ε-双列表修正[22] 的 Lorentz-Berthelot 混合规则以合理描述复合力场下的各分子间非键相互作用(表 1)。

表 1 稠油平均分子模型参数

组分	结构	分子式	分子量/(g/mol)	质量分布/wt.%
饱和烃		C₃₀H₆₂	422.81	9.80
		C₃₅H₆₂	482.87	11.19
芳烃		C₃₅H₄₄	464.72	15.56
		C₃₀H₄₆	406.69	13.61

组分	结构	分子式	分子量/(g/mol)	质量分布/wt.%
胶质		$C_{40}H_{59}N$	553.90	5.71
		$C_{40}H_{60}S$	572.97	4.43
		$C_{29}H_{50}O$	414.71	24.56
		$C_{36}H_{57}N$	503.84	3.89
		$C_{18}H_{10}S_2$	290.40	0.75
沥青质		$C_{42}H_{54}O$	574.88	4.44
		$C_{66}H_{81}N$	888.36	2.29
		$C_{51}H_{62}S$	707.10	1.82
		$C_{56}H_{71}N$	758.17	1.95

1.2 模拟流程

首先构建稠油在二甲基化石英壁面上的赋存模型以模拟蒸汽超覆后稠油剩余油在亲油壁面上的赋存过程。时间步长设置为2fs，采用最陡下降法进行几何优化。进行100ns退火MD模拟将体系温度从503K逐步降至303K，具体方式为：0~30ns，保持系统温度503K，从30ns起至70ns将体系温度线性降至303K，自70ns起保持该温度模拟至100ns终止。在该过程中，采用V-rescale热浴控制体系温度，Berendsen压浴控制体系压力。

其次，向油层上部的水相引入CO_2分子进行CO_2热复合动用的微观机理研究。根据现场应用经验，分别构建CO_2质量分数为5wt.%、10wt.%、15wt.%、20wt.%、25wt.%的CO_2热复合体系。模拟温度分别设置为303K、403K、503K，以对应模拟稠油油层温度、波及区温度、前缘温度。时间步长设置为2fs，采用最陡下降法进行几何优化。使用V-rescale热浴和Berendsen压浴进行10ns平衡阶段的MD模拟，随后将压浴变换为Parrinello-Rahman压浴进行40ns生产阶段的MD模拟。每10000步输出轨迹和相关参数。所有的MD构型采用VMD软件进行可视化分析，相关模拟体系构型如图1所示。

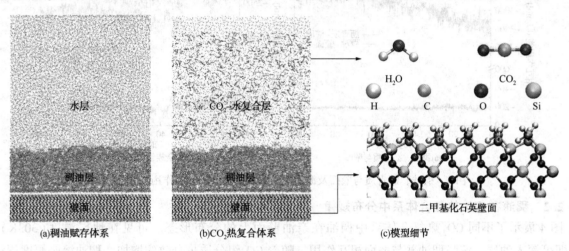

(a)稠油赋存体系　　　　(b)CO_2热复合体系　　　　(c)模型细节

图1　分子动力学模拟构型示意图

2　结果与讨论

2.1　稠油在亲油壁面的赋存行为

图2为稠油剩余油在退火过程中构型的变化趋势。RMSD曲线在5~15ns附近的跃迁表明体系内部组分发生分布重排，该过程在模拟早期(~20ns)的高热环境即已完成，表明体系已达到稳定状态。30ns后，随着体系温度从503K逐渐降低至地层温度303K，体系内RMSD曲线趋势变化不明显，说明中低温度对紧密吸附在亲油壁面上稠油的形态影响有限。对比高温期间(10ns)时和低温的期间(90ns)时稠油在壁面的吸附构型，可见其油水界面形态逐渐由凸弧状向油膜状过渡，其吸附形态更为稳定，更难以从壁面脱附。

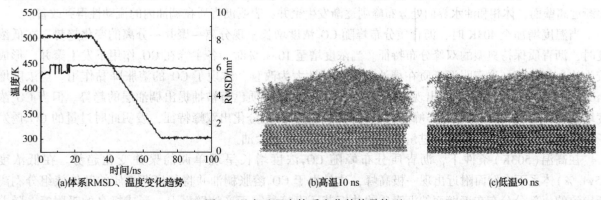

(a)体系RMSD、温度变化趋势　　　　(b)高温10 ns　　　　(c)低温90 ns

图2　退火过程中体系变化趋势及构型

沥青质作为稠油族组分中质量最重、极性最强的组分，其在不同环境下的变化特征往往决定了稠油体系的整体行为。为此，计算了稠油、沥青质与壁面，沥青质与其余族组分间相互作用能，结果如图 3 所示。如图 3(a)显示，沥青质与水间的相互作用在稠油体相间与壁面间的相互作用占比较低，这是因为沥青质以致密核心的方式被胶质、芳烃包裹在稠油致密核心之内，不与稠油壁面直接接触导致。再者，在长期蒸汽热作用下，沥青质部分活性基团与水发生相互作用，平铺于油水界面上，包裹稠油并阻碍水分子向稠油深层内部扩散。观察图 3(b)可见胶质与沥青质间相互作用最强，并且在退火末期仍保持高位($-2806.22kJ/mol$)。同时，在退火末期，芳烃组分与沥青质间的相互作用能也大为增强，这是因为体系温度下降使得芳烃与外流体间的相互作用降低导致的。轻质组分饱和烃则在整个退火过程中保持在稳定低值($-1066.17kJ/mol$)。此外，各组分在降温过程与沥青质的相互作用能均保持稳定并略有增加，表明常规蒸汽/热水体系难以动用紧密吸附在亲油壁面的剩余油。

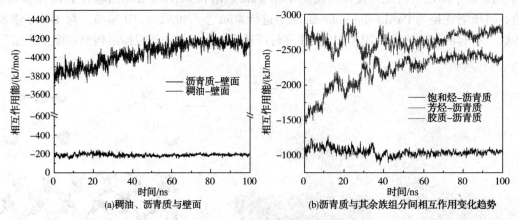

图 3　稠油、沥青质与壁面及沥青质与其余族组分间相互作用变化趋势

2.2　稠油在 CO_2 热复合体系中分布规律

图 4 展示了不同 CO_2 热复合体系中稠油在亲油壁面上的分布形态。可见在地层温度（303K）下，CO_2 即可深入油层，溶胀稠油并与壁面相互作用。随着 CO_2 组分质量分数的增加，稠油溶胀幅度逐渐增大，图 4(a)中可以清晰地观察到油-水界面逐渐上移的变化趋势。溶胀增幅自 20wt.%组起不再明显，且 CO_2 大量富集在油水界面处，表明已有足量的 CO_2 进入油层溶胀稠油。在波及区温度（403K）下，可见稠油层溶胀程度进一步增大，且中高浓度组出现低密度区，表明上部稠油具有被抽提出壁面的趋势，体现了 CO_2 改善稠油流动性、有效动用稠油剩余油的优势。在前缘温度（503K）下，可见稠油上部出现明显的松散的低密度区，CO_2 分子破碎了原本较为平整的油水界面，增加了水相与油相间的接触面积，从而有利于动用剩余油。

图 5 给出了沥青质组分在不同 CO_2 浓度体系中在近壁面上的质量分布。303K 下较低 CO_2 浓度时，沥青质在壁面上呈现双峰分布模式，即近壁面处吸附主峰和远壁面处油水界面的分布峰，这一特征与纯热环境类似。随着 CO_2 浓度的增长，沥青质组分的分布峰值外轮廓整体向远离壁面的方向扩张，壁面处主峰逐渐远离壁面，体相和油水界面处分布峰则逐渐发生聚并，表明沥青质在稠油内的流动性得到改善。

当温度增加至 403K 时，沥青质分布峰随 CO_2 浓度增长呈现分离—聚并—分离的变化趋势。在低浓度时，沥青质保持典型的双峰分布特征。当浓度增至 10wt.%时，各主峰在 CO_2 作用下发生聚并，形成较为均一的体相，这表明沥青质在稠油内的流动性大为改善，体现了 CO_2 的溶胀降黏作用。当浓度增至 20wt.%时，沥青质分布峰出现长尾现象，说明此时沥青质已有被抽提出稠油层的趋势。但当 CO_2 浓度增至 25wt.%时，沥青质分布峰的外轮廓稍有收缩，再次分化出双峰特征，表明此时过量的 CO_2 诱发了沥青质早期再沉降过程，即过量 CO_2 不利于动用稠油剩余油。

在高温（503K）条件下，沥青质分布峰随 CO_2 浓度增长呈现单调的聚并变化趋势。在低浓度（5wt.%）体系下在壁面附近出现一极高峰，这是由于 CO_2 溶胀稠油并将包裹沥青质的其他族组分剥离开导致的。部分分布在近壁面的沥青质的共轭芳环直接暴露于亲油壁面上，形成极高的吸附峰。随着

CO₂浓度的增长，CO₂大幅进入稠油层，其较好的亲油性在壁面上逐渐取代稠油组分，沥青质近壁面极高峰消失，其在稠油层的分布趋于均匀。与403K温度组类似，沥青质分布峰在(20~25)wt.%浓度下表现出早期再沉降特征。综上分析表明，对于当前体系，存在最适CO₂浓度范围以充分动用亲油壁面剩余油。

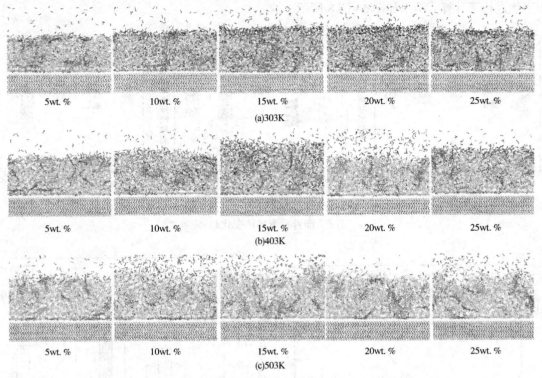

图4　不同CO₂热复合体系中稠油在亲油壁面上的分布形态，
沥青质和CO₂分子以CPK形式呈现，水分子被隐藏

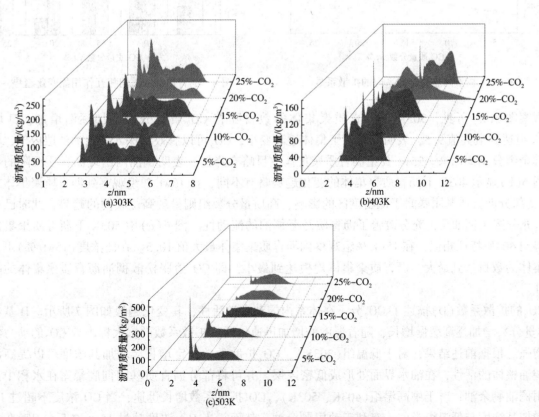

图5　沥青质组分在CO₂热复合体系中的质量分布

2.3 稠油剩余油动用的微观机理

为进一步探究 CO_2 热复合体系动用剩余油微观机理，分析其最适浓度范围，本文对稠油内部沥青质聚集体在不同 CO_2 体系的变化趋势，CO_2 在不同热复合体系内的扩散系数，以及稠油沥青质与 CO_2 间相互作用能进行了计算，结果如图6~图8所示。

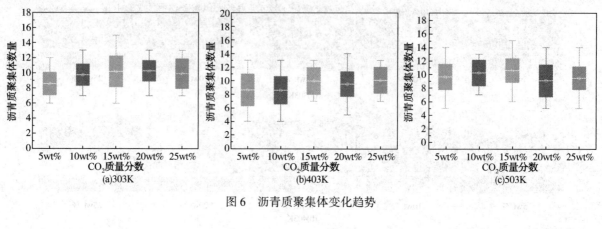

图 6　沥青质聚集体变化趋势

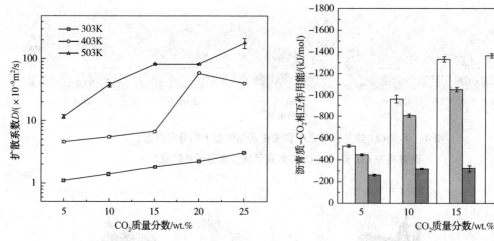

图 7　CO_2 在不同热复合体系内的扩散系数　　　图 8　沥青质与 CO_2 间相互作用能变化趋势

观察图6(a)可见，303K下沥青质聚集体的数目随着 CO_2 质量分数增加逐渐增加，其均值至20wt.%组达到最大值9.5，表明沥青质聚集体逐渐变小，CO_2 可以有效地深入剩余油油层内部，将沥青质与其余组分剥离出来。25wt.%组沥青质聚集体数目略有降低，表明稠油内出现沥青质沉降的早期特征。图6(b)显示403K下沥青质聚集体的变化趋势略有不同，在15wt.%组观察到沥青质聚集体最大值9.9。受部分沥青质基团暴露于低密度区的影响，高质量分数组则呈现高位波动的趋势，此时已有足量的 CO_2 充分溶胀稠油层，充分改善了沥青质乃至稠油的流动性。图6(c)中503K下沥青质聚集体的变化趋势与403K特征相似，在15wt.%组观察到沥青质聚集体最大值10.5。在此浓度(15wt.%)下，沥青质聚集体的数目达到最大，沥青质聚集体规模达到最小，即 CO_2 溶胀松散稠油沥青质聚集体的能力达到最佳。

CO_2 的扩散系数(D)描述了 CO_2 分子在体系内的动力学活性，其变化趋势如图7所示。D基本随着 CO_2 质量分数增加逐渐缓慢增长，随着温度的增加迅速倍增。扩散系数的增大标志着 CO_2 的动力学活性不断增强。根据前述结果，对于低温组(303K)，CO_2 扩散系数稳定增长，增加其浓度可以提高沥青质乃至稠油整体的活性，在油水界面处形成低密度层，并可将部分沥青质基团彻底暴露在水相中，有利于动用稠油剩余油；对于中高温组(403K、503K)，CO_2 扩散系数增长迅速，当 CO_2 浓度不超过15wt.%时，增加其浓度与低温组类似，有利于动用剩余油；然而，当 CO_2 浓度越过15wt.%后，CO_2 在油水界面大量堆积，形成隔层阻碍了水相与稠油层的直接接触，并易诱发稠油体相中沥青质再沉降等问题，不利于动用剩余油。

图8计算了沥青质组分在不同热复合体系内与CO_2间的相互作用能。对于同一温度条件，沥青质–CO_2间相互作用能呈现先增后减趋势，峰值顶点与沥青质的纵向分布结论一致。这一特征印证了前述分析的结论，即当前体系CO_2的最适浓度范围为$(15\sim20)$ wt.%。此外，高温（503K）条件下沥青质与CO_2间作用弱于其他组，推测高温下沥青质将发生早期再沉降过程，不利于动用剩余油。因此合理选用CO_2的添加浓度是非常重要的。

综上模拟结果，将CO_2热复合开发亲油壁面的作用机理对比总结如图9所示。

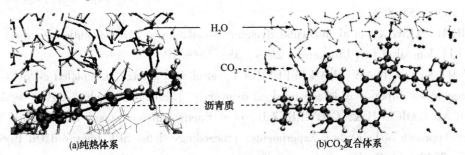

(a)纯热体系　　　　　　　　　　**(b)CO_2复合体系**

图9　纯热体系和CO_2复合体系沥青质在油水界面的分布特征

（其中，下方大分子为沥青质，水分子为折线型，CO_2分子为直线型）

当体系内没有引入CO_2时，可见沥青质分子共轭芳环骨架横亘在油水界面处，包裹稠油分子并极大地阻碍了水分子的进入，使得蒸汽/热水体系难以动用剩余油。当向体系内引入适量CO_2后，可见CO_2分子能够穿透以沥青质为核心的致密层，广泛地分布在沥青质侧链、杂原子附近，取代原本紧密吸附的胶质、芳烃等其他稠油族组分，为水分子提供了扩散渠道，并将沥青质活性侧链基团暴露在油水界面处，从而使原油充分溶胀，改善了稠油层内各组分的活性和流动性，继而有效地动用稠油剩余油。

3　结论

（1）稠油在壁面上赋存的模拟结果表明，稠油剩余油在亲油壁面上易形成致密的膜状油层，难以被常规蒸汽/热水体系动用。族组分内相互作用能分析证实，胶质–沥青质间相互作用是影响稠油赋存的重要影响因素。

（2）CO_2可以有效地动用亲油壁面上稠油剩余油，深入油层内部分离沥青质致密聚集体，并在油层上部形成低密度层，从而有效启动亲油壁面上的稠油流体。

（3）对于胜利稠油体系，CO_2的最适浓度范围为$(15\sim20)$ wt.%。该范围能够充分发挥CO_2作用优势，保证沥青质组分在热复合开发过程中的活性和流动性，过量CO_2则会诱发沥青质再沉降，不利于动用稠油剩余油。

参考文献

[1] PRATAMA R A, BABADAGLI T. A review of the mechanics of heavy-oil recovery by steam injection with chemical additives [J]. Journal of Petroleum Science Engineering, 2022, 208: 109717.

[2] DONG X, JIANG X, ZHENG W, et al. Discussion on the sweep efficiency of hybrid steam-chemical process in heavy oil reservoirs: An experimental study [J]. Petroleum Science, 2022.

[3] 曹绪龙, 吕广忠, 王杰, 等. 胜利油田CO_2驱油技术现状及下步研究方向 [J]. 油气藏评价与开发, 2020, 10(3): 51-59.

[4] ZHANG X, SU Y, LI L, et al. Microscopic remaining oil initiation mechanism and formation damage of

CO$_2$ injection after waterflooding in deep reservoirs [J]. Energy, 2022, 248: 123649.

[5] 张宗檩, 吕广忠, 王杰. 胜利油田 CCUS 技术及应用[J]. 油气藏评价与开发, 2021, 11(6): 812-22.

[6] 武玺, 张祝新, 章晓庆, 等. 大港油田开发中后期稠油油藏 CO$_2$ 吞吐参数优化及实践 [J]. 油气藏评价与开发, 2020, 10(3): 80-85.

[7] 周伟, 寇根, 张自新, 等. 克拉玛依油田九6区稠油油藏蒸汽-CO$_2$ 复合驱实验评价 [J]. 新疆石油地质, 2019, 40(2): 1.

[8] 王俊衡, 王健, 周志伟, 等. 稠油油藏 CO$_2$ 辅助蒸汽驱油机理实验研究 [J]. 油气藏评价与开发, 2021, 11(6): 852-857.

[9] LI B, LIU G, XING X, et al. Molecular dynamics simulation of CO$_2$ dissolution in heavy oil resin-asphaltene [J]. Journal of CO$_2$ Utilization, 2019, 33: 303-310.

[10] GODEC M, KUUSKRAA V, VAN LEEUWEN T, et al. CO$_2$ storage in depleted oil fields: The worldwide potential for carbon dioxide enhanced oil recovery [J]. Energy Procedia, 2011, 4: 2162-2169.

[11] PéREZ R A, GARCíA H A, GUTIéRREZ D, et al. Energy Efficient Steam-based Hybrid Technologies: Modeling Approach of Laboratory Experiments; proceedings of the SPE Improved Oil Recovery Conference, F, 2022 [C]. OnePetro.

[12] TETTEH J, BAI S, KUBELKA J, et al. Surfactant-induced wettability reversal on oil-wet calcite surfaces: Experimentation and molecular dynamics simulations with scaled-charges [J]. Journal of Colloid Interface Science, 2022, 609: 890-900.

[13] CHEN Z, LI Y, CHEN C, et al. Aggregation behavior of asphalt on the natural gas hydrate surface with different surfactant coverages [J]. The Journal of Physical Chemistry C, 2021, 125(30): 16378-16390.

[14] LU N, DONG X, CHEN Z, et al. Effect of solvent on the adsorption behavior of asphaltene on silica surface: A molecular dynamic simulation study [J]. Journal of Petroleum Science Engineering, 2022, 212: 110212.

[15] HEADEN T F, BOEK E S, JACKSON G, et al. Simulation of Asphaltene Aggregation through Molecular Dynamics: Insights and Limitations [J]. Energy & Fuels, 2017, 31(2): 1108-1125.

[16] JAVANBAKHT G, SEDGHI M, WELCH W R, et al. Molecular polydispersity improves prediction of asphaltene aggregation [J]. Journal of Molecular Liquids, 2018, 256: 382-394.

[17] ETHA S A, DESAI P R, SACHAR H S, et al. Wetting Dynamics on Solvophilic, Soft, Porous, and Responsive Surfaces [J]. Macromolecules, 2021, 54(2): 584-596.

[18] 曹嫣镔. 胜利稠油族组分结构分析及水热裂解行为研究 [D]. 青岛: 中国石油大学 (华东), 2017.

[19] ROBERTSON M J, TIRADO-RIVES J, JORGENSEN W L. Improved peptide and protein torsional energetics with the OPLS-AA force field [J]. Journal of chemical theory computation, 2015, 11(7): 3499-3509.

[20] KHANNICHE S, MATHIEU D, PEREIRA F, et al. Atomistic models of hydroxylated, ethoxylated and methylated silica surfaces and nitrogen adsorption isotherms: A molecular dynamics approach [J]. Microporous Mesoporous Materials, 2017, 250: 158-169.

[21] EMAMI F S, PUDDU V, BERRY R J, et al. Force Field and a Surface Model Database for Silica to Simulate Interfacial Properties in Atomic Resolution [J]. Chemistry of Materials, 2014, 26(8): 2647-2658.

[22] CHAKRABARTI N, NEALE C, PAYANDEH J, et al. An iris-like mechanism of pore dilation in the CorA magnesium transport system [J]. Biophysical journal, 2010, 98(5): 784-792.

基于二氧化碳辅助蒸汽驱技术的 CT 图像动态润湿性评价方法

李　禹[1,2]　刘慧卿[1,2]　焦　鹏[3]　东晓虎[1,2]　田云飞[2]　王　庆[3]

【1. 中国石油大学(北京)油气资源与探测国家重点实验室；
2. 中国石油大学(北京)石油工程学院；
3. 中国石油大学(北京)重质油国家重点实验室】

摘　要： 基于岩心物理模型，模拟二氧化碳辅助蒸汽驱的开发稠油油藏过程。结合 CT 技术以研究不同驱替阶段内的油水赋存状态，分析在二氧化碳和高温蒸汽协同作用下的砂岩表面润湿性变化及及其对油水在孔隙中的分布影响。以微观孔隙视角，采用接触角识别及计算算法获取接触角变化趋势，相关结果表明二氧化碳与高温蒸汽共同使得砂岩表面剩余油的铺展性大大降低，从而迫使砂岩表面亲水性增强，证明二氧化碳辅助蒸汽驱技术在稠油开发过程中对砂岩表面亲水性起到"1+1>2"的促进效果，为二氧化碳助力稠油油藏开发提供理论指导。

关键词： 二氧化碳辅助蒸汽驱；岩心驱替实验；CT 技术；接触角识别；润湿性变化

目前，采用各种技术观察稠油在多孔介质的流动变化与赋存方式对于指导稠油油藏开发成为一项热门领域[1-4]。稠油内由于沥青质和胶质含量较高，而在高温、气体和化学剂的综合影响下，这两种极性组分容易在开发过程中与岩石表面发生相互作用而诱导储层润湿性发生变化[5-10]。如何利用可视化手段观察到驱替过程中的润湿性变化成为研究的重点。部分学者通过利用二维可视化填砂模型或刻蚀模型等平面可视化模型，利用光学仪器捕捉开发过程中稠油在岩石壁面的位置及数量变化，以此判断润湿性的变化情况[11,12]。但以上模型难以模拟真实储层的岩石骨架及胶结物环境，不利于研究高温及化学剂存在情况下储层润湿性的变化[13,14]。因此本文基于岩心模拟实验和 CT 计算机扫描技术，获取驱替过程中的岩石表面油水分布图像，并引入基于原位润湿角识别及统计算法，分析在二氧化碳与蒸汽混合作用下稠油油藏内岩石表面润湿性的变化，为优化二氧化碳辅助蒸汽驱技术以提高稠油油藏采收率提供理论与实验支持。

1　物理模拟实验

1.1　实验材料

为模拟二氧化碳辅助蒸汽驱过程，对实验仪器的耐温耐压性能有一定的要求。实验仪器主要包含注入系统、模型系统和计量系统以及其他辅助部件。主要实验装置是驱替柱塞泵、蒸汽发生器、二氧化碳气瓶、气体流量控制计、岩心夹持器、回压柱塞泵、恒温箱及其他相关仪器。实验仪器如图 1 所示顺序进行连接。装置连接完成后需要进行气密性检测方可进行实验。

基金项目：2020 年国家自然科学基金企业创新发展联合基金项目(U20B6003)：难采稠油多元热复合高效开发机理与关键技术基础研究。

作者简介：李禹(1997—)，博士研究生，从事油藏数值模拟及分子动力学模拟。E-mail：ly15872410897@ 163.com

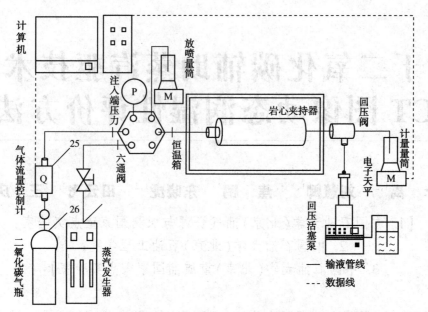

图 1　二氧化碳辅助蒸汽驱装置流程示意图

实验岩心样品来源于王庄油田郑 36 井区，经测试其黏土矿物总含量在 8.6% 左右，蒙脱石和伊/蒙混层等含量较高。地层水离子组成如表 1 所示，矿化度达到 13031mg/L。

表 1　地层水离子组成

离子组成	Na^+	Mg^{2+}	Ca^{2+}	HCO_3^-	Cl^-	SO_4^{2-}
含量/（mg/L）	4736	152.2	320.2	11606.4	4452.6	250.8

所选油样 50℃ 脱气原油黏度为 3376MPa·s，在地层条件下为普通 II 类稠油，沥青质含量为 7.5%，胶质含量为 14.9%，沥青质和胶质含量占比不高，这意味着沥青质与胶质所形成的聚集核容易分散在稠油体系中。

1.2　实验步骤

实验步骤主要分为实验前准备和正式实验两部分。实验前准备部分选取渗透率相近的岩心，进行洗油、烘干和气测渗透率等操作获得渗透率初始值 K_0。开展饱和水，获取液测渗透率数据和孔隙度。开展饱和油，记录含油饱和度，计算束缚水饱和度。将完成饱和油的岩心放入已设置地层温度的恒温箱中老化 72h，至此完成前期准备部分。

正式实验是模拟二氧化碳辅助蒸汽驱，利用蒸汽发生器与二氧化碳气体流量计控制注入量。实验过程中利用恒温箱控制实验装置温度达到地层温度，利用回压柱塞泵控制实验装置内流体压力达到地层压力。

驱替阶段分为三部分，第一阶段为蒸汽前置注入段，注入蒸汽的温度为 200℃，第一阶段注入 45PV 过热蒸汽；第二阶段为二氧化碳注入段，第二阶段注入在地层条件下 5PV 的二氧化碳气体；第三阶段为蒸汽后置注入段，第三阶段注入 50PV 过热蒸汽。

在注入过程中，以 25PV 为时间间隔，取出岩心夹持器中的岩心检测渗透率变化，并利用 CT 计算机扫描技术获取油水分布图像。蒸汽实验装置内冷凝形成热水，利用计量装置统计生产端含水率与采收率的变化。

选用三块岩性、渗透率相近的同一区块岩心进行重复实验，相关数据选取平均值进行处理，以尽可能减少非可控偶发性外源因素对实验结果的影响[15]。

2　CT 图像处理

CT 计算机扫描技术使用 SkyScan1174v2 扫描仪，以注入体积节点为扫描节点（25PV、50PV、75PV

和 100PV），选取特定位置端面的扫描图像为主要研究对象，其中初始状态如图 2（a）所示。使用 Avizo2019.1 三维可视化处理软件将岩心 CT 扫描图像进行选取并采用表面渲染处理等方法，将油水固三相予以区分，以此为接触角识别提供基础图像数据[16,17]。

(a)初始岩心端面全尺寸图

(b)50PV扫描放大图

(c)50PV处理放大图

图 2　基于 CT 扫描技术的岩心孔喉图像

基于 Avizo 处理后打的 CT 扫描图像，建立二氧化碳辅助蒸汽驱岩心油水分布驱替过程数据集，该数据集包含各注入时间的所有油水在孔隙内的分布图像。利用图像处理算法，将卷积深度学习网络算法引入油水两相的形态捕捉中，实现动态接触角的高精度识别，降低误差以及提高识别效率[18-20]。算法开发环境为 Windows+Python3.9+OpenCV4.6，神经网络优化算法使用 Adam 优化器，基于卷积深度学习网络算法识别接触角并计算其角度(算法逻辑见附录)。

接触角识别及计算角度算法主要分为三步：油水固图像识别分离，三相交界点判定以及接触角计算。

首先对油水固分布图像进行颜色校正，将所有图像颜色基于油水固分布分为三种颜色。后进行边缘检测，突出油水两相在岩石壁面的位置及分布差异。

其次，利用卷积神经网络主要开展接触角起点即三相交界点的识别：使用卷积神经网络算法对三相交界点进行识别训练，得到训练模型；利用其他未训练的横坐标输入训练模型中，获取三相交界点的计算纵坐标；选取计算纵坐标与实际纵坐标误差大于预设阈值，且最接近预设阈值的三相交界点坐标作为三相交界点。

最后，以三相交界点为圆心，通过扇形面积法计算训练模型的接触角，并汇总 CT 图像中所有润湿角的大小及润湿性变化，从而反映稠油动态开发过程中的润湿性变化。

3　结果讨论与分析

3.1　驱替实验结果

利用油水计量系统以及压力监测设备监控稠油油藏二氧化碳辅助蒸汽驱模拟开发过程中产出液以及压力的变化情况(图 3)。

依据生产动态变化曲线可知，初次蒸汽驱结束时，在蒸汽前缘抵达岩心出口端前(2.7PV)，注入压力升高较快且原油采收率增长最快；在蒸汽前缘抵达岩心出口端后，注入端压力明显下降，含水率急速上升，且采收率增长速度缓慢，长期处理增长迟缓状态。注入 5PV 二氧化碳过程中，出口端仍有少部分油水产出，这部分水由初次蒸汽驱残存的蒸汽冷凝所形成，而二氧化碳在本实验条件下无法凝结成为液体，因此采出液中含水率较小；后续蒸汽驱过程中采收率的增长幅度明显高于初次蒸汽驱，这意味二氧化碳气体促进了剩余油的运移与开采。在二氧化碳驱和后续蒸汽驱过程中，压力未发生明显上升，这意味着岩心内的渗流阻力未发生明显的上升。

将驱替岩心各注入体积节点处采用气测渗透率法测量岩心的渗透率，除以岩心初始渗透率进行以便于比对体现渗透率受影响情况，渗透率变化曲线如图 4 所示。

依据岩心渗透率变化曲线可知，在初次蒸汽驱阶段，渗透率持续下降；而转注二氧化碳后渗透率

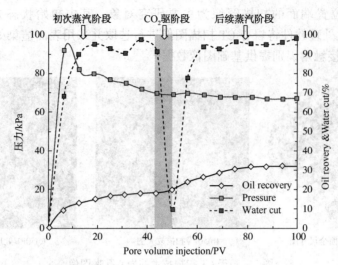

图 3　岩心生产动态变化曲线

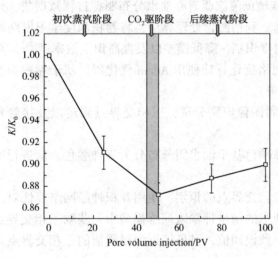

图 4　岩心渗透率变化曲线

曲线的变化趋势发生偏转；在重新进入蒸汽驱阶段后，渗透率相较于初次蒸汽驱阶段略高。此结果表明，在蒸汽热作用下，岩石颗粒发生热膨胀以及少量颗粒受蒸汽冲刷影响而发生运移，卡喉与架桥导致渗透率下降[21]。而二氧化碳加入后，一方面削弱岩石颗粒堵塞孔喉的能力；另一方面可能会降低与岩石表面的油膜的厚度[22]，扩大气体在岩石孔隙内可流动区域的横截面积从而提高渗透率。在后续蒸汽驱阶段，由于二氧化碳和高温对岩石表面的岩石润湿性及油膜厚度的影响，渗透率出现回升。

3.2　图像识别结果

通过初次蒸汽驱（25PV）获取的 CT 扫描处理图[图 5（a）]所示，孔喉岩石表面仍存在着大量的附着性油膜与小尺寸油滴。油膜铺展面积较大，且在孔隙间存在大量剩余油"桥联现象"，即形成大量的桥联剩余油。油膜边缘形状较为破碎，盲端剩余油的存量较大，具有较高的剩余油开发潜力。即初次蒸汽驱结束后，CT 图像显示出剩余油存量多，分布广，在岩石壁面铺展性高等特点。

在二氧化碳注入结束并转注一定体积的蒸汽后（75PV），通过获取的 CT 图像[图 5（b）]所示，初次蒸汽驱后的油膜表面相比，油膜面积被明显削减，在岩石表面的覆盖面积也已明显下降。桥联剩余油和盲端剩余油的数量已明显削减，取而代之的是在岩石表面出现大量的小型油滴，岩石表面的油滴尺寸明显小于初次蒸汽驱阶段，但总数明显增加。

在定性观察结束后，利用接触角识别计算算法对驱替过程各时间的 CT 图像进行分析，获取定量的润湿性变化规律。

初始状态下岩心含油饱和度较高，水在岩心内的占比较低，难以利用算法进行识别。因此，本算法主要识别开发后从 25PV 到 100PV 的四个时间的接触角。以图 5（a）为识别案例，基于色彩分割区分油水固三相，识别三相接触点并基于公式（1）的面积法计算接触角（图 6）。其中图 6（a），为一处典型的水湿接触角，经三相交界点识别后放大该区域获得图 6（b），经过对光学图像的相关处理后，如图 6（c）所示，以三相交界点为圆心，以 10 个像素点间距为半径绘制接触角计算区域图。

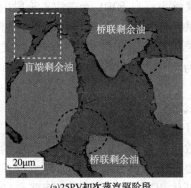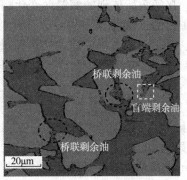

(a)25PV初次蒸汽驱阶段　　　　　　　　(b)75PV后续蒸汽驱阶段

图5　岩心CT扫描处理后油水固分布图

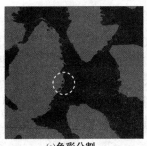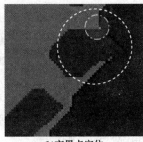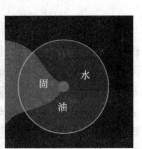

(a)色彩分割　　　　　　　(b)交界点定位　　　　　　(c)接触角计算

图6　接触角识别及计算实例示意图

$$\theta = \frac{S_{wet}}{S_{total}} \times 360° \tag{1}$$

式中　θ——接触角；

　　　S_{wet}——水相(蓝色)区域所占据的像素面积；

　　　S_{total}——接触角统计区域(圆形)所占的像素面积。

经统计,在蒸汽驱过程中(25PV),如表2所示,偏油湿的接触角占比较多,且接触角数量较多,但其接触角仍以水湿为主。

表2　25PV蒸汽驱接触角识别数据

润湿性	油湿	中心润湿	水湿
角度范围	<75°	75°~105°	>105°
接触角个数	17	8	24
占比	34.7%	16.3%	49.0%

如表3所示,对四个注入节点处所采集的岩心模型内接触角数据进行汇总,反映出二氧化碳辅助蒸汽驱过程中润湿性的动态变化。

表3　各时间接触角变化数据

时间/PV	接触角个数	占比/%		
		油湿	中性润湿	水湿
25	49	34.7	16.3	49.0
50	54	31.5	20.4	48.1
75	71	16.9	12.7	70.4
100	65	15.3	12.4	72.3

自25PV至50PV阶段内,注入流体仍主要为蒸汽,且二氧化碳注入时间较短,岩石表面的接触角

数量存在少量增加，接触角所体现的润湿性变化幅度较小；自 50PV 至 75PV 阶段内，注入流体全部为蒸汽，但残留在孔隙内的二氧化碳与岩石表面的接触时间延长，与在蒸汽所携带高温的共同影响下，接触角数量上升 31.5%，远超其他阶段的接触角增长幅度，亲水性也大幅增强，油湿接触角的占比锐减近一半；自 75PV 至 100PV 阶段内，注入流体全为蒸汽，接触角数量有所下降，且其显示出的润湿性变化较小。

综上，基于 CT 扫描图像的接触角识别及统计算法所得结果可显示出在二氧化碳的辅助作用下，蒸汽驱促使岩石增强亲水性的趋势被大大增强。在二氧化碳刚注入的过程中，亲水性变化效果并不明显，但在二氧化碳与后续蒸汽的协同作用下，接触角的数量和角度大小都发生了显著的变化，这意味着二氧化碳与蒸汽的协同效应对岩石表面润湿性的影响要远大于其二者各自独立发挥作用时的影响，即存在"1+1>2"的现象，这证明了蒸汽在二氧化碳的辅助作用下，降低岩石表面残余油存在的数量，对于提高稠油油藏蒸汽驱过程中的采收率具有重要帮助。

4 结论

岩心驱替模拟实验表明，受二氧化碳影响，稠油油藏的采收率有所提高，但该过程中驱替压力并未增加。基于微观图像结果，二氧化碳使得蒸汽驱后岩石表面覆盖的油膜面积减小，油膜厚度被减小。通过接触角识别及计算算法所获的各阶段内接触角占比结果显示，与蒸汽驱和二氧化碳驱阶段的接触角变化相比，后续蒸汽驱阶段内二氧化碳与蒸汽对岩石表面的剩余油产生复合作用，导致岩石表面的接触角数量出现增长，且大量接触角所显示出的亲水性显著增强，这体现出二氧化碳与蒸汽的协同效应所产生的影响大于其各自对岩石表面润湿性的影响。

参考文献

[1] Dong Xiaohu, Liu Huiqing, Chen Zhangxing, et al. Enhanced oil recovery techniques for heavy oil and oilsands reservoirs after steam injection[J]. Applied energy, 2019, 239: 1190-1211.

[2] Xiong Chunming, Ding Bin, Geng Xiangfei, et al. Quantitative analysis on distribution of microcosmic residual oil in reservoirs by frozen phase and nuclear magnetic resonance (NMR) technology[J]. Journal of petroleum science and engineering, 2020, 192: 107256.

[3] 苏航, 周福建, 刘洋, 等. 乳液在多孔介质中的微观赋存特征及调驱机理[J]. 石油勘探与开发, 2021, 48(06): 1241-1249.

[4] 王灵奎, 李群德, 杜海鹏, 等. 非均质稠油油藏油水赋存状态研究[J]. 测井技术, 2000(02): 96-101+158.

[5] 袁斌, 汪洋, 白航航, 等. CO_2 非混相驱原油膨胀及沥青质沉淀影响因素[J/OL]. 大庆石油地质与开发: 1-8[2022-10-16].

[6] 王卫东, 宫厚健, 桑茜, 等. CO_2 对原油中沥青质沉积作用的静态实验研究[C]. 2021 油气田勘探与开发国际会议论文集(中册), 2021: 296-302.

[7] 王千, 杨胜来, 拜杰, 等. CO_2 驱油过程中孔喉结构对储层岩石物性变化的影响[J]. 石油学报, 2021, 42(05): 654-668+685.

[8] 李晔帆. 沥青质在固体表面微观络合机制的分子动力学模拟[D]. 南京: 南京大学, 2020.

[9] 桑林翔, 吕柏林, 卢迎波, 等. 新疆风城 Z32 稠油油藏注气辅助蒸汽驱实验研究及矿场应用[J]. 油气藏评价与开发, 2021, 11(02): 107-113.

[10] 席长丰, 齐宗耀, 张运军, 等. 稠油油藏蒸汽驱后期 CO_2 辅助蒸汽驱技术[J]. 石油勘探与开发, 2019, 46(06): 1169-1177.

[11] 肖易航, 郑军, 何勇明, 等. 部分润湿多孔介质渗流规律实验研究[J]. 成都理工大学学报(自然科学版), 2021, 48(05): 617-625.

[12] 戴宗, 江俊, 李海龙, 等. 海相稠油油藏高倍数水驱岩心润湿性实验及微观机理[J]. 科学技术

与工程，2019，19(33)：157-163.

[13] 吴伟鹏，侯吉瑞，屈鸣，等．2-D智能纳米黑卡微观驱油机理可视化实验[J]．油田化学，2020，37(01)：133-137.

[14] Mohammed Mohammedalmojtaba, and Tayfun Babadagli. Wettability alteration：A comprehensive review of materials/methods and testing the selected ones on heavy-oil containing oil-wet systems[J]. Advances in colloid and interface science, 2015, 220：54-77.

[15] Gao Changhong, Li Xiangliang, Guo Lanlei, et al. Heavy oil production by carbon dioxide injection [J]. Greenhouse Gases：Science and Technology, 2013(03)：185-195.

[16] An Senyou, Yao Jun, Yang Yongfei, et al. The microscale analysis of reverse displacement based on digital core[J]. Journal of Natural Gas Science and Engineering, 2017, 48：138-144.

[17] Wang Xin, Yin Hongwei, Zhao Xia, et al. Microscopic remaining oil distribution and quantitative analysis of polymer flooding based on CT scanning [J]. Advances in Geo-Energy Research, 2019 (04)：448.

[18] Wang Yanwei, Liu Huiqing, Guo Mingzhe, et al. Image recognition model based on deep learning for remaining oil recognition from visualization experiment[J]. Fuel, 2021, 291：120216.

[19] Maalal Otman, Marc Prat, René Peinador, et al. Identification of local contact angle distribution inside a porous medium from an inverse optimization procedure [J]. Physical Review Fluids, 2021 (10)：104307.

[20] 刘金辉，廖飞，梁霄，等．卷积神经网络超分辨率杨氏接触角图像测量系统[J]．自动化与仪器仪表，2022(09)：238-242.

[21] 庄严．稠油油藏注蒸汽储层损害机理及保护措施研究[D]．成都：西南石油大学，2017.

[22] 陶冶．普通稠油油藏提高蒸汽驱开发效果技术研究[D]．西安：西北大学，2019.

附录

基于卷积深度学习网络算法识别接触角并计算其角度的算法逻辑结构

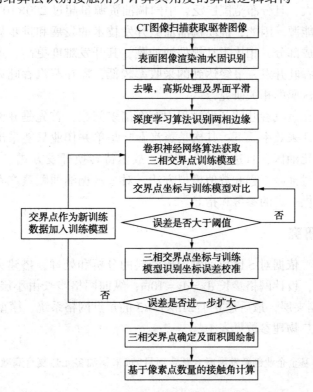

边水稠油油藏蒸汽吞吐
转驱井网设计优化研究

骆晨[1] 蒲超[2] 刘慧卿[1]

【1. 中国石油大学(北京)油气资源与探测国家重点实验室；
2. 大庆油田有限责任公司勘探开发研究院】

摘 要：本文以胜利油田 S 区块为例，从油藏开发现状出发，利用油藏工程和数值模拟方法开展了蒸汽吞吐转蒸汽驱井网设计优化研究。根据 S 区块的剩余油分布情况，在现有井网基础上，部署了反五点、反七点、反九点、反九点抽稀井网和小回字井网五种井网，并优选出反九点井网为最佳井网。该井网条件下，区块阶段累计产油量达到 $11.38×10^4$ t，采收率达到 42.6%。采用正交实验方法，对蒸汽驱开发参数进行优化设计，确定影响蒸汽驱开发效果的主控因素为采注比，最优注采参数组合为：采注比 1.2、注汽强度 2.4t/(d·ha·m)、注汽干度 0.7，优化后提高累产油量 $0.75×10^4$ t。

关键词：蒸汽驱；数值模拟；井网；注采参数；边水稠油油藏

全世界稠油资源量巨大，且分布范围广泛，中国稠油资源量超过 $200×10^8$ t，未来稠油将会是满足油气资源需求的重要替代能源。因此，推动稠油油藏开发技术的发展和进步势在必行。边底水稠油油藏作为稠油油藏的重要组成部分，相比于常规稠油油藏，其开发难度更高，边部的地层水会持续影响稠油开采，如果进行蒸汽吞吐开发，最终达到的采收率较低，需在蒸汽吞吐后期进行转驱调整，因此须进行边底水稠油油藏蒸汽驱的相关研究[1-4]。

胜利油田 S 区块油藏在蒸汽吞吐的开发过程中存在诸多问题，首先是井网设计不完善，存在大量未动用剩余油，油藏整体开采效率低下；其次是蒸汽吞吐是单井作业只能采出各油井井点附近油层中的原油，井间仍存在大量死油区，且边水入侵严重，故亟待转换开发方式[5-7]。因此，本文结合胜利油田 S 区块开发现状，通过油藏工程和数值模拟方法，对边水稠油油藏蒸汽吞吐转驱井网设计优化开展研究，可为矿场实践提供一定的参考和指导。

1 区块数值模拟研究

选取胜利油田 S 区块，依据对 S 区块油藏地质资料的分析和处理，搭建完整的数值模型。综合考虑 S 区块油藏井距与大小，设计网格步长 $dx = dy = 10m$；纵向网格步长由小层的厚度确定，其中 1 层、3 层为目标储层，2 层为隔夹层，最后建立了 215×75×3 的角点网格系统，模型的总网格数为 48375 个，如图 1 所示，储层及流体热物理参数见表 1。

基金项目：国家自然科学基金企业创新发展联合基金项目"难采稠油多元热复合高效开发机理与关键技术基础研究"，项目编号：U20B6003。

作者简介：骆晨(1995—)，男，湖北荆州人，博士研究生。E-mail：2022310182@ student. cup. edu. cn

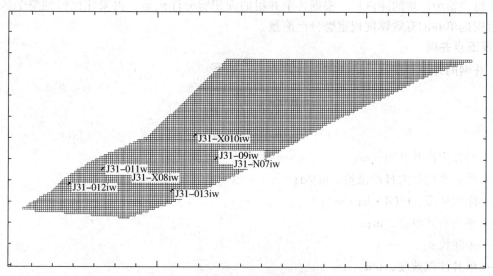

图 1 S区块油藏数值模型网格图

表 1 储层及流体热物理参数表

参数	取值	参数	取值
岩石压缩系数/(1/kPa)	$2.2×10^{-5}$	水导热系数[J/(m·d·℃)]	$5.35×10^4$
岩石热容/[J/(m³·℃)]	$2.35×10^6$	气相导热系数[J/(m·d·℃)]	2000
岩石导热系数/[J/(m·d·℃)]	$6.6×10^5$	顶底盖层热容[J/(m³·℃)]	$2.35×10^6$
油相导热系数/[J/(m·d·℃)]	$1.8×10^4$	岩石导热系数[J/(m·d·℃)]	$1.5×10^5$

2 蒸汽驱井网优化分析

蒸汽驱通常采用面积注采井网形式[1]。面积井网是将注入井和采油井按照一定的几何形状和密度，均匀布置整个开发区的含油面积上进行注水和采油的系统。根据S区块油藏的地质特征，研究反五点、反七点、反九点、以及由反九点井网演化而来的小回字、反九点抽稀井网的蒸汽驱开发效果，五种面积井网示意图如图2所示，面积井网参数设计如表2所示。

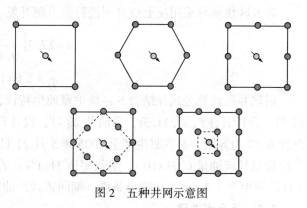

图 2 五种井网示意图

表 2 五种面积井网参数设计表

井网形式	井距/m	总井数/口	注汽井/口	采油井/口
反五点	80×80	50	23	37
反七点	90×100	43	14	29
反九点	100×100	60	10	50
反九点抽稀	110×110×140	61	7	54
小回字	120×120×80	80	7	73

在完成不同井网的部署设计后，需要对注汽井和采油井进行配注配产设计。合理的配注配产能够实现热蒸汽的有效利用，达到较高的开发效率，本文采用经典的 h 法来计算注汽量和采油量，首先根

据注汽强度得到整个区块的注汽量，根据各个井组的面积劈分注汽量，由采注比得到整个区块的总产液量，然后根据单井的有效厚度权重劈分产液量。

2.1 反五点井网

反五点井网的井距和注汽井的注汽量计算方法[1]如下：

$$d = 100\left(\frac{q_l}{Q_s \cdot h_0 \cdot R_{PI}}\right)^{0.5} \tag{1}$$

$$q_s = 10^{-4}Q_s h_0 d^2 \tag{2}$$

式中 d——相邻生产井井距，m；

q_l——单井平均最大日产液量，m³/d；

Q_s——注汽强度，t/(d·ha·m)；

h_0——平均有效厚度，m；

R_{PI}——采注比；

q_s——单井注汽速度，t/d。

根据目前井点位置结合式(1)计算，设计井距为 80m×80m 的反五点井网，共设计注汽井 23 口，根据 S 区块油藏井组控制面积和有效厚度等参数设计日总注汽量 247.43t；采油井 37 口，根据采注比计算日总产液量 272.17t，单井产液量由有效厚度权重得到，布置反五点井网，反五点井网控制范围内原有地质储量 41.8×10⁴t，蒸汽吞吐阶段已经采出 7.28×10⁴t，采出程度为 17%。以反五点井网开发，若以极限油汽比 0.12 为界限，蒸汽驱生产 4.8a，油汽比低于临界值，对应蒸汽驱阶段累计产油量 8.3×10⁴t，采收率达 36.4%；若以 0.1 为极限油汽比，蒸汽驱生产 6.2a 才达到临界条件，期间累计产油量 9.64×10⁴t，采收率为 39.54%。

2.2 反七点井网

若 S 区块油藏采用反七点井网进行蒸汽驱开发，则井距和注汽量根据以下两个公式[1]确定：

$$d = 87.7\left(\frac{q_1}{Q_s \cdot h_0 \cdot R_{PI}}\right)^{0.5} \tag{3}$$

$$q_s = 2.6×10^{-4}Q_s h_0 d^2 \tag{4}$$

根据井距计算公式并结合 S 区块油藏地形特征，部署 90m×100m 的的反七点井网，共设计注汽井 14 口，设计日注汽量 311.3t，采油井 29 口，设计日产液量 342.43t。以反七点井网开发，若以极限油汽比 0.12 为界限，蒸汽驱生产至 2025 年 5 月 21 日，转驱生产 4.75a，油汽比低于临界值，对应蒸汽驱阶段累计产油量 6.03×10⁴t，采收率达 31.1%；若以 0.1 为极限油汽比，蒸汽驱生产至 2027 年 12 月 4 日转驱生产 7.3a 才达到临界条件，期间累计产油量 7.12×10⁴t，采收率为 33.6%。

2.3 反九点井网

若 S 区块油藏采用反九点井网[1]进行蒸汽驱开发，则井距和注汽量根据以下两个公式确定。小回字井网和反九点抽稀井网也参考这两个公式来计算井距和注汽量。

$$d = 86.6\left(\frac{q_1}{Q_s \cdot h_0 \cdot R_{PI}}\right)^{0.5} \tag{5}$$

$$q_s = 4×10^{-4}Q_s h_0 d^2 \tag{6}$$

根据井距计算公式并结合 S 区块油藏地形特征，部署 100m×100m 反九点井网，共设计注汽井 10 口，设计日注汽量 239.34t，采油井 50 口，设计日产液量 263.27t。以反九点井网开发时，若以极限油汽比 0.12 为界限，蒸汽驱生产至 2027 年 7 月 24 日转驱生产 6.92a，油汽比低于临界值，对应蒸汽驱阶段累计产油量 10.07×10⁴t，采收率达到 40.5%；若以 0.1 为极限油汽比，蒸汽驱生产至 2028 年 1 月 16 日转驱生产 7.25a 才达到临界条件，期间累计产油量 11.04×10⁴t，采收率为 42.6%。

2.4 反九点抽稀井网

反九点抽稀井网[1]是在反九点井网的基础上，为了进一步扩大井网控制面积，保证边角井未波及区域原油能够被采出的一种井网，反九点抽稀井网的注采井数比由反九点井网的1∶3增加到了1∶7，能够提高产液量。因为反九点抽稀井网是在九点井网基础上进行加密，需要将井距进行调整，设计110m×110m×140m的反九点抽稀井网，共设计注汽井7口，采油井54。以反九点抽稀井网开发时，若以极限油汽比0.12为界限，蒸汽驱生产至2025年7月23日转驱生产4.1a，油汽比低于临界值，对应蒸汽驱阶段累计产油量8.57×10⁴t，采收率达到37.03%；若以0.1为极限油汽比，蒸汽驱生产至2027年1月12日转驱生产6.42a才达到临界条件，期间累计产油量10.09×10⁴t，采收率为40.6%。

2.5 小回字井网

相比反九点井网，小回字井网能进一步扩大蒸汽波及面积，提高采收率，小回字井网的注采井数由反九点井网的1∶3增加到了1∶9，能够提高产液量。小回字井网是在九点井网基础上进行加密，对井距进行调整，设计了120m×120m×80m的小回字井网，共设计注汽井7口，采油井73口。以小回字井网开发时，若以极限油汽比0.12为界限，蒸汽驱生产至2026年6月17日转驱生产5.8a，油汽比低于临界值，对应蒸汽驱阶段累计产油量8.89×10⁴t，采收率达37.78%；若以0.1为极限油汽比，蒸汽驱生产至2027年11月11日转驱生产7.25a才达到临界条件，期间累计产油量10.34×10⁴t，采收率为41.17%。

以极限油汽比为约束条件，比较五种井网的转驱时间，阶段累计产油量和采收率，结果如图3和图4所示。

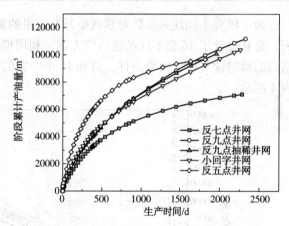

图3　不同井网阶段累产油对比（OSR = 0.1）

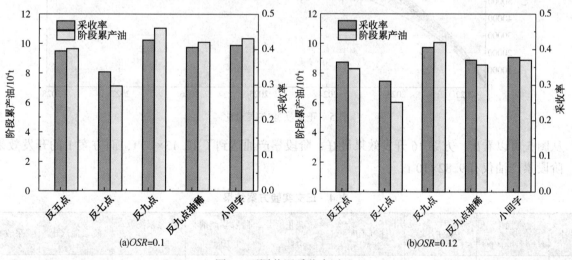

(a)OSR=0.1　　　　　　　　　　　(b)OSR=0.12

图4　不同井网采收率对比

由图3和图4可知，极限油汽比分别为0.1和0.12时，相比于其他4种井网，反九点井网的采收率和阶段累产油明显更高。当极限油汽比为0.1时，其阶段累产油可达11.04×10⁴，采收率可达42.6%，因此建议使用反九点井网进行S区块油藏的后续开发。

3 蒸汽驱注采参数优化分析

蒸汽驱的开发效果受采注比、注汽强度、注汽干度和蒸汽温度等因素的影响[8-12]。通过正交实验方法对蒸汽驱过程的注采参数进行优化，并通过极差分析和方差分析对试验结果进行研究和分析。通过对国内外浅薄层稠油油藏蒸汽驱注采参数优化的调研，并结合 S 区块的开发现状，选取如表 3 的蒸汽驱正交试验注采参数。

表 3 蒸汽驱 3 因素 4 水平表

水平	注汽干度	注汽强度/[t/(d·ha·m)]	采注比
1	0.4	1.6	1
2	0.5	2	1.1
3	0.6	2.4	1.2
4	0.7	2.8	1.3

为了研究不同注采参数对蒸汽驱开发效果的影响，并得到最优的注采参数组合，选用 4^4 正交实验表，总共设计了 16 套不同的蒸汽驱方案，利用拟合好的数值模型，修改对应的参数然后进行运算，以相同的瞬时油气比为约束条件，得到 16 个方案的阶段累产油量、累注汽量、油汽比和采收率如图 5 和表 4 所示。

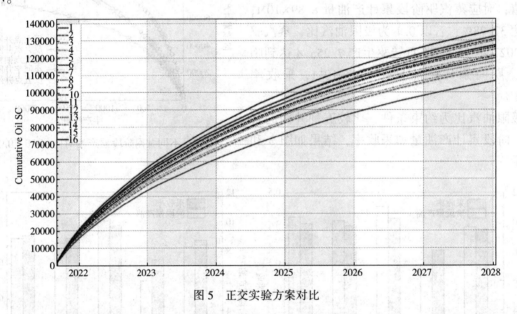

图 5 正交实验方案对比

从图 5 可以看出，方案 16 开发效果最好，阶段累产油达到了 $12.13×10^4$t，而方案 1 的开发效果最差，阶段累产油仅有 $9.82×10^4$t。

表 4 正交实验方案结果

序号	注汽强度/t/(d·ha·m)	采注比	注汽干度	截止条件	阶段累产油/10^4t	阶段累注汽/10^4t	阶段油汽比	采收率
1	1.6	1	0.4	$OSR_{in}=0.1$	9.82	61.4	0.143	0.399
2	1.6	1.1	0.5	$OSR_{in}=0.1$	10.48	61.69	0.154	0.415
3	1.6	1.2	0.6	$OSR_{in}=0.1$	10.84	59.58	0.166	0.423
4	1.6	1.3	0.7	$OSR_{in}=0.1$	11.21	58.86	0.175	0.432
5	2	1	0.5	$OSR_{in}=0.1$	10.63	66.16	0.146	0.418
6	2	1.1	0.4	$OSR_{in}=0.1$	11.02	61.15	0.165	0.428

续表

序号	注汽强度/[t/(d·ha·m)]	采注比	注汽干度	截止条件	阶段累产油/10⁴t	阶段累注汽/10⁴t	阶段油汽比	采收率
7	2	1.2	0.7	$OSR_{in}=0.1$	11.49	64.63	0.164	0.439
8	2	1.3	0.6	$OSR_{in}=0.1$	11.67	61.36	0.176	0.443
9	2.4	1	0.6	$OSR_{in}=0.1$	10.98	55.16	0.182	0.427
10	2.4	1.1	0.7	$OSR_{in}=0.1$	11.51	57.41	0.185	0.439
11	2.4	1.2	0.4	$OSR_{in}=0.1$	11.62	60	0.179	0.442
12	2.4	1.3	0.5	$OSR_{in}=0.1$	12.04	64	0.175	0.451
13	2.8	1	0.7	$OSR_{in}=0.1$	11.17	61.01	0.168	0.431
14	2.8	1.1	0.6	$OSR_{in}=0.1$	11.67	57.7	0.187	0.443
15	2.8	1.2	0.5	$OSR_{in}=0.1$	11.81	61.52	0.178	0.446
16	2.8	1.3	0.4	$OSR_{in}=0.1$	12.13	64.94	0.174	0.454

  对不同参数组合进行统计和分析：首先通过极差分析，得到各个参数的最优水平，并确定这些参数对蒸汽驱开发效果影响权重，再使用方差分析方法，确定主控因素并与直观分析结果相互验证，确保结果准确。

  对正交实验的16个方案的结果进行极差分析，结果如表5所示。将不同生产参数得到的阶段累产油进行主因素分析，得到各因素效应图如图6所示，由图可知影响程度顺序依次为：采注比>注汽强度>注汽干度。

表5　正交实验直观分析表

项目	注汽强度/[t/(d·ha·m)]	采注比	注汽干度
均值1	9.62	9.68	10.23
均值2	10.29	10.25	10.33
均值3	10.65	10.55	10.38
均值4	10.82	10.90	10.44
极差	1.21	1.22	0.22
排秩	2	1	3
最优水平	水平4	水平4	水平4

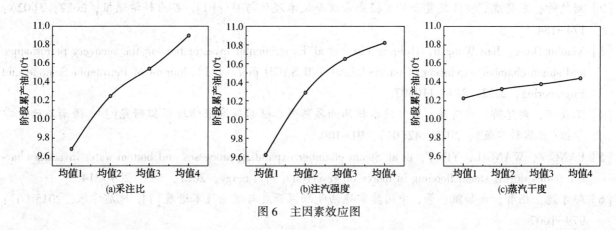

图6　主因素效应图

  根据以上分析，采注比是影响蒸汽驱开发效果的主控因素，随着采注比的增大，蒸汽驱阶段累产油逐渐增大，但边水入侵会更严重，且采注比上升会导致含水率上升加快不利于后续开发，因此以1.2作为最优采注比。

注汽强度主要影响油藏加热体积，随着注汽强度的增加，蒸汽注入速度加快，热蒸汽和储层进行热交换的时间减少[13,14]，热损失较少，驱油效果更好，同时考虑到现场施工条件以及后期增油效果变差，确定最优注汽强度为 $2.4t/(d \cdot ha \cdot m)$。蒸汽干度越高，携带的热量会越高，加热体积越大。从图6(c)可以看出，随着蒸汽干度的增加，阶段累产油略微增加，结合矿场蒸汽发生器等设备的影响和制约，选取0.7作为最优蒸汽干度。

正交实验的方差分析结果如表6所示：

表6　正交实验方差分析表

来源	自由度	平方和	均方	F-value	P-value
注汽强度	3	3.41	1.14	14.40	0.03
采注比	3	3.18	1.06	20.66	0.04
注汽干度	3	0.10	0.03	9.40	0.01

取检验水平 α 为0.05，查阅 F 分布临界值表 $F(0.05, 3, 3)$ 对应 $\lambda = 9.28$。采注比的 F 值为20.6明显大于临界值，其影响最大；其次为注汽强度，其 F 值为14.4同样大于9.28，说明数据分析准确。方差分析结果与极差分析的结果相吻合，证明了两种正交试验分析方法所得结果的正确性。

4　结论

本文结合胜利油田S区块油藏开发现状，利用油藏工程方法和数值模拟方法开展了蒸汽吞吐转蒸汽驱井网优化设计研究，得到以下结论：

(1) 通过数值模拟对比分析5种开发井网开发效果，优选出反九点井网开发方案，其采收率可达42.6%。

(2) 蒸汽吞吐转蒸汽驱最优的注采参数组合为：采注比1.2，注汽强度 $2.4t/(d \cdot ha \cdot m)$，注汽干度为0.7。

(3) 利用数值模拟和理论计算，优化S区块蒸汽吞吐转驱井网设计，对提高实际边水稠油油藏的开发效果具有较好的参考价值。

参考文献

[1] 刘慧卿. 油藏工程原理与方法[M]. 北京：中国石油大学出版社，2019.

[2] 刘慧卿，东晓虎. 稠油热复合开发提高采收率技术现状与趋势[J]. 石油科学通报，2022，7(02)：174-184.

[3] Xiaohu Dong, Jian Wang b, Huiqing Liu, et al. Experimental investigation on the recovery performance and steam chamber expansion of multi-lateral well SAGD process[J]. Journal of Petroleum Science and Engineering, 2022, 214, 110597.

[4] 王焱伟，刘慧卿，东晓虎，等. 边水稠油油藏蒸汽吞吐后转冷采物理模拟研究[J]. 西南石油大学学报(自然科学版)，2020，42(01)：91-100.

[5] PANG Z, WANG L, YIN F, et al. Steam chamber expanding processes and bottom water invading characteristics during steam flooding in heavy oil reservoirs[J]. Energy, 2021, 189: 204-214.

[6] 邹才能，杨智，朱如凯，等. 中国非常规油气勘探开发与理论技术进展[J]. 地质学报，2015(6)：979-1007.

[7] 常峰伟. 超稠油油藏吞吐后汽驱接替方式研究[D]. 青岛：中国石油大学(华东)，2018.

[8] ZHENG Q, LIU H, LI F, et al. Quantitative Identification of Steam Breakthrough Channel after Steam Flooding in Heavy Oil Reservoirs[J]. SPE Heavy Oil Conference Canada, 2012(1): 102-108.

［9］ 李萍，刘志龙，邹剑，等．渤海旅大 27-2 油田蒸汽吞吐先导试验注采工程［J］．石油学报，2016，37（02）：242-247.

［10］ KIRMANI D，R A，GHOLAMI R，et al. Analyzing the effect of steam quality and injection temperature on the performance of steam flooding［J］. Energy Geoscience，2021，2（1）：83-86.

［11］ 刘慧卿，陈月明，黄伟．蒸汽吞吐井流入动态预测［J］．油气采收率技术，1996（04）：75-78.

［12］ 李枞．中深层边底水稠油油藏热采开发模式研究［D］．北京：中国石油大学（北京），2020.

［13］ 吴向红，许安，范海亮．稠油油藏过热蒸汽吞吐开采效果综合评价［J］．石油勘探与开发，2010，37（5）：608-613.

［14］ Teng Lu，Zhengxiao Xu，Xiaochun Ban，et al. Effect of Flue Gas on Steam Chamber Expansion in Steam flooding［J］. SPE Journal，2022，27（1）：399-409.

边水稠油油藏蒸汽驱水侵规律研究
——以胜利油田 J 区块为例

王祚琛[1]　蒲　超[2]　刘慧卿[1]

【1. 中国石油大学(北京)油气资源与探测国家重点实验室；
2. 大庆油田有限责任公司勘探开发研究院】

摘　要：胜利油田 J 区块边水稠油油藏吞吐后续转驱过程中，边水入侵导致油藏压力升高、温度降低，严重影响油藏整体开发效果。结合目标油藏参数建立边水稠油油藏蒸汽驱机理模型，采用数值模拟手段研究了油藏参数及蒸汽驱开发参数等对边水入侵的影响，采用正交实验等方法分析模拟结果，确定了影响边水入侵的主控因素为转驱时机，吞吐转驱的最佳压力条件为 4MPa。在此条件下，探究边水入侵对蒸汽驱开发效果的影响，并解释一线排液井抑制边水入侵优化蒸汽驱开发效果的机理。综合以上成果，以该区块为例确定了一线水平井排液抑水方案，模拟预测结果表明：使用水平井排液有效抑制了边水入侵导致的油藏压力升高及温度降低的问题，可提高目标区块采收率 7.6%。

关键词：边水稠油油藏；蒸汽驱；边水入侵；排液抑水

与常规稠油油藏不同，边水稠油油藏的开发难度更高。在油藏开发过程中，边水入侵会对稠油油藏蒸汽驱开发带来很大的影响，必须采取辅助措施治理边水。本文充分调研国内外边水稠油油藏的开发实例[1-3]，并进行了深入细致研究。考虑到区块自 1998 年至今已经历了 20 余年的开发，蒸汽吞吐已达 23 轮次，蒸汽吞吐加热半径有限，气腔发育缓慢，吞吐预测采收率低，因此采用蒸汽吞吐转驱措施以提高采收率。但是边水稠油油藏蒸汽驱开发过程中边水入侵现象严重，这带来了两方面问题：一方面，入侵的水会吸收大量的蒸汽热能，加剧开发过程中的热损失，使蒸汽加热体积减小；另一方面，边水的入侵会使含油区域的平均地层压力升高，水蒸气比容降低[4]，热蒸汽体积减小，进而使得蒸汽驱过程中蒸汽的波及面积减小，因此开展区块蒸汽驱研究具有重要意义。

胜利油田 J 区块为强边水油藏，边水入侵问题十分突出[5]。本文以胜利油田 J 区块为研究对象，分析了区块蒸汽吞吐转蒸汽驱的开发过程中，吞吐转驱时机的主控因素、边水入侵对蒸汽驱开发效果的影响及排液井抑制边水入侵的效果，制定了排液抑水的方案，分析了优化方案的开采效果。本研究为边水稠油油藏蒸汽驱开采提供一定的借鉴指导。

1　区块机理模型的建立

边水稠油油藏机理模型的设计采用的是 J 区块的油藏参数，如表 1 所示。油藏网格数量为 70×30×7，网格步长为 10m×10m×1m，地层倾角 4°，油藏顶深 950m，油水界面深度 982m。

基金项目：国家自然科学基金企业创新发展联合基金项目"难采稠油多元热复合高效开发机理与关键技术基础研究"，项目编号：U20B6003。

作者简介：王祚琛(1997—)，男，山东博兴人，博士研究生。E-mail：2022310138@ student. cup. edu. cn

表 1 机理模型油藏物性参数

参数	数值	参数	数值
净毛比	1	原油压缩系数	8.59×10^{-4}
渗透率/mD	1470	原油体系数	1.03
孔隙度	0.333	原油黏度/mPa·s	302
地层水压缩系数/(1/MPa)	4.73×10^{-4}	原油密度/(g/cm³)	0.9924
地层水体积系数	1.015	水密度/(g/cm³)	1
水黏度/mPa·s	0.49	岩石压缩系数/(1/MPa)	3×10^{-5}

　　所建立机理模型如图 1 所示，油水接触关系如图 2 所示。为使机理模型更加贴近区块实际，按照区块所采用的反九点井网对机理模型进行井网设计，如图 3 所示。同时模拟多轮次吞吐后期转为蒸汽驱开发，以更准确地模拟边部水体与蒸汽驱开发的相互影响。

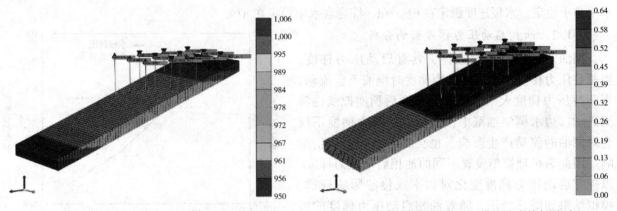

图 1 边水稠油油藏机理模型示意图　　　　　　图 2 边水稠油油藏机理模型油水接触关系

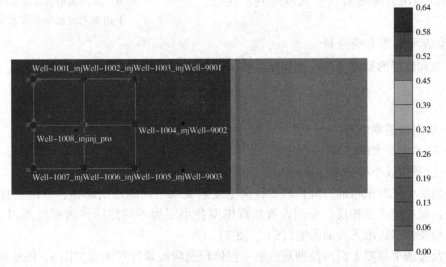

图 3 蒸汽驱反九点井网示意图

2 边水稠油油藏边水入侵影响因素分析

　　为明确影响边水稠油油藏水侵规律的主控因素，基于所建立机理模型采用单因素分析和正交实验，开展了油藏参数(水体倍数、油藏启动压力梯度、渗透率级差)及开发参数(转驱时机、注汽强度、采注比)对油藏水侵的影响分析。

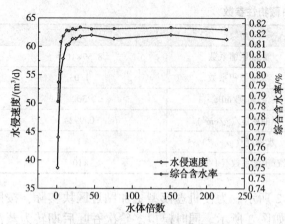

图 4　不同水体倍数下的水侵速度与含水率

2.1　油藏参数影响分析

2.1.1　水体倍数影响分析

水体倍数是油藏水体体积与原油储量的比值。改变机理模型的水体倍数，并使各机理模型均采用蒸汽吞吐开发至亏空体积 $10^5 m^3$ 转驱，研究蒸汽驱过程中水体倍数对水侵量和水侵速度的影响，计算结果如图 4 所示。

从图 4 结果可以看出，随着水体倍数的增加，边部水体的平均水侵速度与油藏生产的综合含水率变化规律相似。当水体倍数小于 20 时，平均水侵速度和综合含水率都随水体倍数增加明显上升；当水体倍数大于等于 20 时，平均水侵速度和综合含水率趋于稳定，水侵速度稳定在 $61 m^3/d$，综合含水率稳定在 81%。

2.1.2　油相启动压力梯度影响分析

稠油[6]属于非牛顿流体，具有启动压力梯度，当驱替压力梯度小于启动压力梯度时稠油不会流动，当驱替压力梯度大于启动压力梯度后稠油拟线性渗流流动。边水稠油油藏中，油相启动压力梯度不仅会对原油的流动产生影响，也会对边水入侵产生影响。因此为机理模型设置不同的油相启动压力梯度，以探究启动压力梯度变化对边水入侵的影响规律，模拟结果如图 5 所示。随着油相启动压力梯度的增加，边水稠油油藏的边水水侵速率与综合含水率逐渐降低，油相启动压力梯度对边水入侵起到一定的抑制作用。

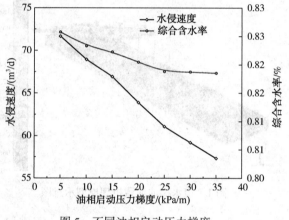

图 5　不同油相启动压力梯度下边水入侵速率和含水率

2.1.3　渗透率级差影响分析

渗透率级差和地层的韵律能在一定程度反映层间的非均质性[7]，层间渗透率级差定义：

$$K_{mn} = \frac{K_{max}}{K_{min}} \tag{1}$$

式中　K_{mn}——层间渗透率级差；

　　　K_{max}——层系内最大渗透率；

　　　K_{min}——层系内最小渗透率。

正韵律是地层中先沉积粗的、沉积的砂粒向上逐渐变细形成的地层韵律，纵向上自底部到顶部渗透率逐级降低，而反韵律则相反。分别设置机理模型各小层为不同韵律渗透率级差（1、3、5、7、9）来研究层间非均质性对边水入侵的影响（图 6、图 7）。

不同韵律及渗透率级差下机理模型蒸汽驱水侵体积及阶段累计产油量如图 8、图 9 所示。通过对比可以发现：反韵律边水稠油油藏进行蒸汽驱开发效果优于正韵律边水稠油油藏，其边水入侵体积小而且阶段累产油多。随着渗透率极差的增加，这一现象愈加明显。这是由于油藏蒸汽驱过程中边水自底部开始入侵，正韵律地层底部渗透率高，为底部入侵的边水提供了入侵优势通道，而反韵律地层底部渗透率低，一定程度上抑制了边水的入侵。随渗透率极差增加，正韵律地层底部形成的边水入侵优势通道渗透率增高，边水入侵更加严重，而反韵律地层底部渗透率的降低对边水入侵的抑制作用越来越强。

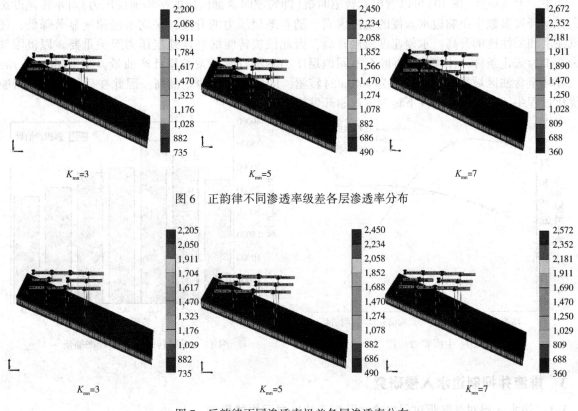

图 6　正韵律不同渗透率级差各层渗透率分布

图 7　反韵律不同渗透率极差各层渗透率分布

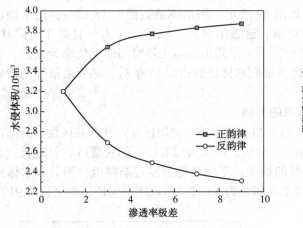

图 8　不同韵律及渗透率级差蒸汽驱水侵体积

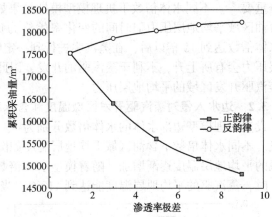

图 9　不同韵律及渗透率极差蒸汽驱累产油量

2.2　蒸汽驱开发参数影响分析

应用正交实验研究 J 区块蒸汽驱注汽强度、采注比及转注时机等开发参数对边水入侵的影响，指导区块后续转驱生产。各因素水平选择如表 2 所示。

表 2　蒸汽驱 3 因素 4 水平表

水平	转驱时机/MPa	注汽强度/[t/(d·ha·m)]	采注比
1	3	1.6	1
2	4	2	1.1
3	5	2.4	1.2
4	6	2.8	1.3

从主因素效应图(图10)可以看出，转驱时机(即转驱时含油区域的平均地层压力)对水侵速度影响较大，是开发参数中影响边水入侵的主控因素。随着地层压力的升高，平均水侵速度显著降低，随着注汽强度和采注比的升高，水侵速度缓慢升高，因此区块转驱的最佳地层压力至关重要。以极限油汽比为0.1为截止条件，计算蒸汽吞吐至不同地层压力转蒸汽驱开发的累计产油量，结果如图11所示，蒸汽吞吐至含油区域平均地层压力为4MPa时转驱，区块累计产油量最高，因此在后续区块蒸汽驱参数优化过程中，在该压力条件下转为蒸汽驱开发效果最佳。

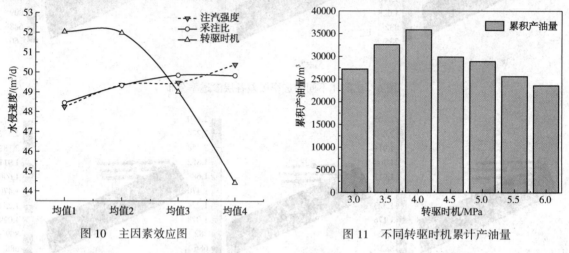

图10 主因素效应图   图11 不同转驱时机累计产油量

3 排液井抑制边水入侵研究

3.1 边水入侵对蒸汽驱过程中含油区域平均地层压力的影响

由于蒸汽驱的开发效果与地层压力息息相关，故研究水体倍数对含油区域的平均地层压力的影响十分重要[8]。不同水体倍数下机理模型模拟结果如图12所示。当水体倍数低于15倍时，边水稠油油藏含油区域平均地层压力随时间的变化率始终为负值，这表示含油区域地层压力一直处于下降状态，当水体倍数达到15倍以后，在蒸汽驱进行到一定时间后，平均地层压力随时间的变化率为正数，平均地层压力会有所上升，不利于蒸汽驱的开发，因此当油藏水体倍数达到15倍后，必须采取辅助措施降低蒸汽驱开发区域的平均地层压力。

3.2 边水入侵对蒸汽驱开发区域温度和含水率的影响

设置机理模型边部水体的水体倍数分别为1、15、20、30、50，使用反九点井网对区块进行蒸汽驱开发。不同水体倍数下含油区域平均地层温度如图13所示。由图可以看出，随着蒸汽驱的进行，含油区域的平均地层温度逐渐增加，随着模型水体倍数的增加，平均地层温度逐渐降低，当只有水体倍数为1时，蒸汽驱的平均地层温度能达到110℃，当水体倍数为50时，蒸汽驱平均地层温度仅为91℃。

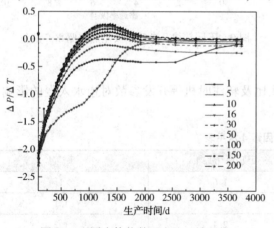

图12 不同水体倍数下含油区域平均
地层压力变化率随时间的变化

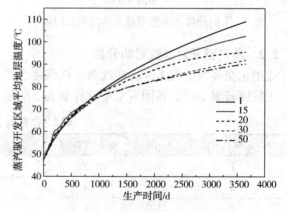

图13 不同水体倍数下蒸汽驱
开发区域平均地层温度

　　不同水体倍数下蒸汽驱开发结束时的温度场分布如图 14 所示。当水体倍数为 1 时，可以发现热蒸汽的波及范围较大且比较均匀，大部分蒸汽波及区域温度都能达到 220℃ 以上，注入井与生产井能够形成很好的热连通。随着水体倍数的增加，热蒸汽加热范围越来越小，且加热越来越不均匀，靠近边水的一侧蒸汽加热范围明显减小且蒸汽腔温度变低。当水体倍数为 50 时，蒸汽波及区域温度仅 160℃ 左右，且靠近边水一侧的注入井与生产井井间无法形成有效热连通。

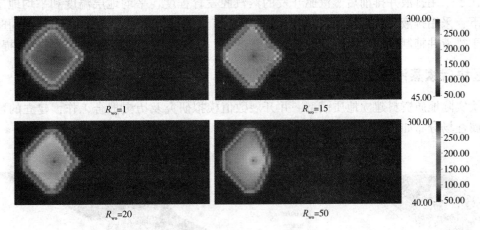

图 14　不同水体倍数下蒸汽驱开发区域温度场分布

　　不同水体倍数下，蒸汽驱开发区域含水率变化情况如图 15 所示，可以发现随着水体倍数的增加，蒸汽驱开发区域含水率明显增加。当水体倍数为 1 时，含水率只有 0.85；水体倍数为 50 时，含水率上升到了 0.92。

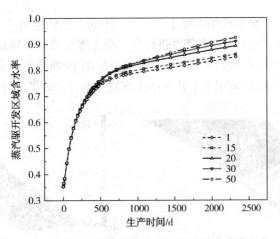

图 15　不同水体倍数下蒸汽驱开发区域含水率变化

3.3　排液井抑制边水入侵研究

　　针对强边水稠油油藏，可以在热采到一定阶段之后采用一线井排液，这样能够有效地抑制边部地层水的侵入，达到更好的开发效果[9]。在机理模型中部署排液井后进行研究，如图 16 所示。

图 16　排液井部署示意图

表 3 采用排液井前后对比

类别	蒸汽腔孔隙体积/10⁴m³	蒸汽腔孔隙体积倍数/PV	平均地层温度/℃	平均地层压力/MPa
不采用排液井	1.67	0.09	99.68	3.96
采用排液井	2.01	0.11	108.99	2.48

表 3 对比了采用排液井排前后蒸汽驱开发的蒸汽腔发育程度、平均地层温度和平均地层压力。相同水体倍数下，采用排液井排后压力降低了 1.5MPa，蒸汽腔发育体积扩大了 4000m³。同时，部署排液井后，由于排液井抑制了边水水侵，蒸汽腔发育良好，油藏的平均地层温度也有较明显提升。

4 J 区块后续蒸汽驱方案研究

根据区块实际地质资料建立地质模型，并开展数值模拟研究及历史拟合工作，建立的数值模型及蒸汽吞吐后属性场分布如图 17、图 18 所示。

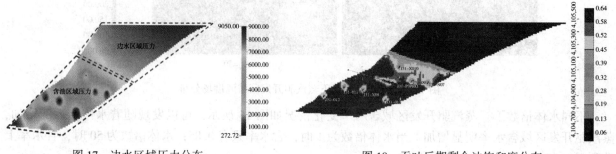

图 17 边水区域压力分布　　　　图 18 吞吐后期剩余油饱和度分布

在数值模拟研究的基础上，根据现场实际生产情况，不同井型的排液井井底压力均设置为 3MPa，最大排液量均不得超过 500m³/d，按上述约束条件进行蒸汽驱方案预测，分别得到直井井排排液、水平井井排排液及无排液井三方案生产 3a 后的饱和度场分布情况，如图 19 所示，得到三方案生产累产、含水率曲线，如图 20 所示。可以看出，区块采用水平井井排排液的方案开发效果最好，可提高采收率 7.6%。

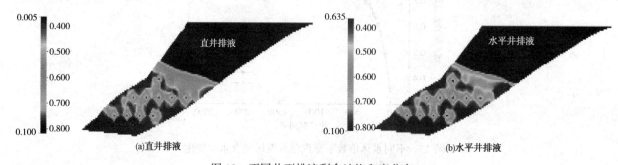

(a)直井排液　　　　(b)水平井排液

图 19 不同井型排液剩余油饱和度分布

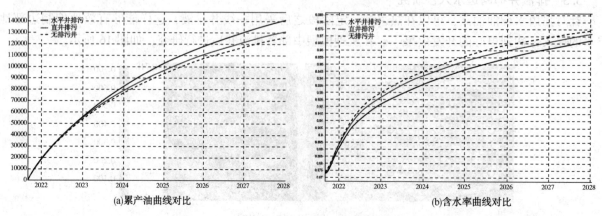

(a)累产油曲线对比　　　　(b)含水率曲线对比

图 20 不同井型排液累产油和含水率曲线对比

5 结论

(1) 随着水体倍数的增加，边部水体的水侵速度与综合含水率变化趋势相似，均为先增加再稳定；油相启动压力梯度能在一定程度上抑制边水入侵；反韵律边水稠油油藏进行蒸汽驱开发效果优于正韵律边水稠油油藏，随着渗透率级差的增加，反韵律储层开发效果越来越好，正韵律储层则越来越差。

(2) 转驱时机对边水的平均水侵速度影响最大。目标区块平均地层压力为 4MPa 为最佳转驱替时机。

(3) 各个水体倍数下，采用排液井蒸汽驱的开发效果都优于不采用排液井，同时采用水平井井排排液效果优于直井井排。目标区块采用水平井排液蒸汽驱开发可提高采收率 7.6%。

参考文献

[1] 刘斌，王洪辉，李淑敏. 小断块边水稠油油藏抑制边水侵入对策研究[J]. 成都理工大学学报：自然科学版，2009，36(5)：551-556.

[2] Taile，YANG Yuanliang，GAO Zhiwei，et al. Applicability of Nitrogen Foam in Developing Shallow-Thin Ultra-Heavy Oil Reservoirs[J]. Xinjiang Petroleum Geology，2021，42(6)：690-695.

[3] 刘慧卿，东晓虎. 稠油热复合开发提高采收率技术现状与趋势[J]. 石油科学通报，2022，7(02)：174-184.

[4] 吴正彬. 稠油油藏空气辅助蒸汽增产机理研究及应用[D]. 北京：中国石油大学(北京).

[5] 周志军，张文博，黄咏梅. 基于正交设计试验分析法的稠油油藏边水侵入主控因素研究[J]. 数学的实践与认识，2021，51(12)：156-162.

[6] 张旭. 水驱稠油非线性渗流数值模拟研究与应用[D]. 武汉：长江大学，2014.

[7] 赵北辰. 断块油藏水驱油注采耦合机理及参数优化[D]. 北京：中国地质大学(北京).

[8] TANG J，TING'EN，FAN H F，et al. Research on Macroscopic Heterogeneities and Their Effects on Thermal Recovery of Heavy Oil in L16 Oilfield[J]. Frontier，2018，8(5)：982-996.

[9] 李枞. 中深层边底水稠油油藏热采开发模式研究[D]. 北京：中国石油大学(北京).

机器学习辅助多轮次
吞吐汽窜通道识别研究

吕晓聪[1] 马良宇[2] 刘慧卿[1]

【1. 中国石油大学(北京);2. 中海石油(中国)有限公司天津分公司】

摘 要:蒸汽吞吐是提高稠油油藏采收率的有效技术之一。然而,在多次吞吐周期后高温蒸汽突破生产井,蒸汽窜流严重限制了稠油油藏注汽开发效果。为有效治理蒸汽突破问题,认识蒸汽窜流特征和规律至关重要。为此,笔者基于随机森林集成算法,建立机器学习辅助识别模型,用于预测蒸汽吞吐过程中蒸汽窜流通道。基于渗透率、蒸汽干度和注汽速度构造特征属性集,为构造训练样本集、蒸汽窜流重建集和预测集提供参考。基于实际数据,利用皮尔逊相关系数确定不同特征之间的线性相关性,从而实现特征参数的降维。采用随机过采样方法处理不平衡的训练样本集。结果表明,该模型能够准确描述蒸汽窜流规律,并预测后续轮次中的蒸汽传播特征。

关键词:机器学习;随机森林算法;蒸汽吞吐;汽窜通道识别;稠油油藏

随着我国经济的高速发展,原油对外依存度逐年增大,稠油作为一种非常规油气资源,能否高效低成本开采将对我国的石油工业产生重大的影响[1-3]。目前全球范围内的稠油、超稠油、特稠油和油砂的储量约为 $1.28×10^{11}t$,国外稠油主要集中在加拿大、委内瑞拉、美国等,目前我国共发现 70 多个稠油油藏,稠油资源储量约为 $300×10^8t$ 以上[4-5]。

井楼油藏为河南油田的连续稳产做出了巨大贡献,但随着开发年限的延长,稠油热采开发面临着诸多困难,主要有吞吐加热半径小、地层亏空严重、汽窜通道大量发育、油汽比急剧降低等,目前年产量不足 $20.0×10^4t$,对河南油田的稳产形势极为不利[6-7]。井楼 3711 区块作为井楼油藏中区典型代表区块,该区块具有含油面积大、含油小层多、主力油层发育等特点,所处开发阶段代表了浅薄层稠油的开发特点。本文首先分析了汽窜机理,在此基础上建立汽窜通道机器学习分析识别模型,并基于汽窜模型重构汽窜场,对认识目标区块汽窜规律,提高目标油藏的蒸汽波及体积,改善注汽开发效果,指导矿场生产实践具有重要作用。

1 汽窜机理研究

1.1 汽窜特征分析

在以蒸汽吞吐形式开始的稠油油藏中,因注入流体和地下原油的流度比差异过大、平面纵向非均质性、油井出砂等原因,都会导致相邻生产井生产时含水上升,如果生产井含水上升缓慢或突变不明显,此时不认为此井发生了汽窜或者热水窜,这类现象通常归结为因流体物性差异所导致的正常非活塞驱替现象或指进现象。若油井的含水或者井底温度暴性上升,变化幅度较大,且生产指示曲线无平

基金项目:国家自然科学基金企业创新发展联合基金项目"难采稠油多元热复合高效开发机理与关键技术基础研究",项目编号:U20B6003。

作者简介:吕晓聪(1989—),男,山东潍坊人,讲师,博士,从事稠油热力采油及二氧化碳埋存研究。

缓段，此时便认为油井发生了蒸汽(热水)窜流，严重干扰了井的正常生产。

井楼 3711 井区油藏在已投产的 50 口井中(包括已关井)，绝大多数井进入了高吞吐周期开采，开采过程中汽窜现象频繁，目前井区汽窜通道发育情况如图 1 所示，红色矢量线代表历史蒸汽吞吐过程中因邻井注汽而产生的汽窜通道，可以看出平面上汽窜通道发育严重，严重影响了 3711 井区的正常开采。

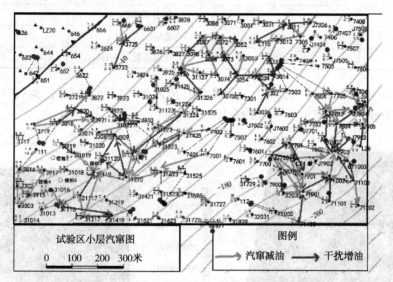

图 1 试验区汽窜通道发育图

反应点为邻井的汽窜指的是区域内某口井在注蒸汽时，该井的相邻生产井发生了汽窜现象，这种是最常见的汽窜形式，如图 2 所示，a1 井注汽时，b1、b2、b3、b4、c4 若处于生产状态，则这些井都有可能发生汽窜，汽窜方式可能为蒸汽窜流、热水窜流、产生压力传导现象等。井区内 50 口井在30 年的注汽过程中汽窜现象频繁发生，热水窜流占据主要方式，蒸汽窜流较少，窜流主要集中在那些井距较小且物性较好的区域，如楼 3711 井区的

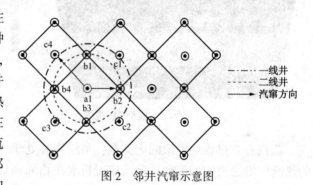

图 2 邻井汽窜示意图

东北、西南区域。压力传导现象因为其生产表现不够明显，故历史数据中对这类汽窜情况记录较少，后期可以通过机器学习模型对这类弱汽窜形式进行识别和预测。

1.2 油藏机理模型的构建

将油田现场的静态地质参数、动态注采参数经过平均简化等处理后，得到机理模型的相关参数，如表 1 所示。

表 1 油藏机理模型参数

参数名称	模型取值	参数名称	模型取值
井网类型	—	焖井时间/d	5
井半径/cm	12.70	周期生产时间/d	100
井距/m	100	周期注汽时间/d	10
平均有效厚度/m	4	注汽速度/(t/d)	100
孔隙度/%	30	井底注汽干度	0.70
初始含油饱和度/%	70	注汽温度/℃	280
可动饱和度/%	45	原油黏度/mPa·s	16200
残余油饱和度/%	25	油层顶深/m	200

续表

参数名称	模型取值	参数名称	模型取值
束缚水饱和度/%	30	层位总数	5
渗透率/mD	2000	岩石导热系数/[W/(m·℃)]	7.69
地层温度/℃	32	隔夹层厚度/m	0.50
脱气原油密度/(g/cm³)	0.94	地层压力/MPa	2.10
岩石热容/[J/(m³·℃)]	$7.2×10^4$	岩石压缩系数/(1/kPa)	$8×10^{-6}$

油藏机理模型的 3D 视图如图 3 所示，油藏模型 IJ 方向视图如图 4 所示，蒸汽吞吐井 1 号井和 2 号井位于油藏的两侧边部，两井处于同一水平线上。

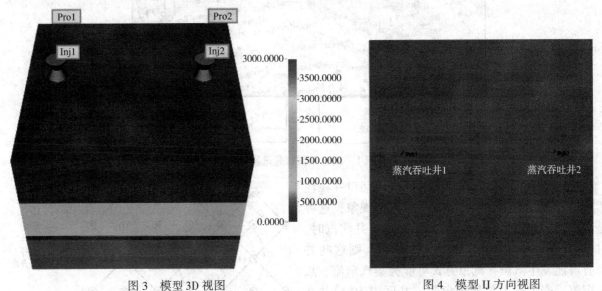

图 3 模型 3D 视图   图 4 模型 IJ 方向视图

蒸汽吞吐过程中汽窜的定义是：某注汽井处于注蒸汽阶段，其周围的吞吐井处于生产阶段，注入的热流体沿通道定向流动，蒸汽或凝析水在相邻一口或多口生产井被产出。为了定量描述油井汽窜程度的大小，本文选择汽窜速度描述汽窜发生的快慢，以此表征油井汽窜的程度，该汽窜程度是全区范围内的相对指标，综合反映了油井的区域物性、层间差异、注采参数、工程条件等因素的影响：

$$V_{steam} = \frac{D}{T_s} \tag{1}$$

式中 V_{steam}——汽窜速度，m/d；

D——注采井距，m；

T_s——汽窜时间，d。

汽窜程度的大小取决于注采井距和汽窜时间，汽窜时间指的是某一油井从注汽开始，直到相邻生产井见汽或含水暴性上升时所经过的时间(取值可能为 $1~n$，n 为邻井注汽天数)，井距一定时，汽窜速度与汽窜时间呈反比关系。图 5 红色曲线是蒸汽吞吐井 2 的井底温度变化曲线，可以看出在 1100 天左右(第 12 周期第 3 天注汽后)发生汽窜现象，吞吐井 1 处于注入阶段，吞吐井 2 处于生产阶段，吞吐井 2 的井底温度发生突变，此现象即代表吞吐井 2 发生了汽窜现象，若吞吐井 1 和 2 的井距为 100m，那么汽窜速度为 30.3m/d。

2 汽窜通道分析预测模型的构建

2.1 汽窜评价指标

针对邻井指标的筛选主要建立 4 个筛选条件：井距筛选、状态筛选、层位筛选、油井物性筛选。

以 a1(图2)井为例，经过井距、生产状态、生产层位、层位物性筛选后，某口井在蒸汽吞吐过程中周围可能发生汽窜的井就被限制到极有限的范围内，最终结合理论分析，选择注入井周围3口最有可能发生汽窜的邻井作为目标井，3口生产井必须满足上述所有筛选条件。针对这些相邻生产井所选择的指标有：邻井渗透率、孔隙度、渗透率级差、净总厚度比、韵律性等，并在后文对这些评价指标进行进一步处理和过滤。

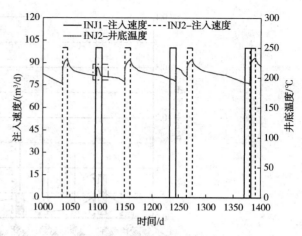

图5　井底温度突变曲线

2.2　汽窜数据降维

构建机器学习特征属性集时，并非所有与汽窜相关的数据都可以作为特征属性输入训练模型中，若输入基础数据的某两列或多列特征属性相似度极高，那么后期基于此数据集训练的机器学习模型将会出现非预期性偏移，模型的性能将会大幅下降，所以数据在输入之前还需要进行降维处理，此处采用数据相似性分析和树模型降维两种降维方式[8-9]。

首先使用 Pearson 相关系数对各属性之间的线性关系进行筛选[10]，其计算方式如下：

$$\rho_{X,Y} = \frac{cov(X, Y)}{\sigma_X \sigma_Y} = \frac{E[(X-EX)(Y-EY)]}{\sigma_X \sigma_Y} \tag{2}$$

式中　$\rho_{X,Y}$——属性 X，Y 的相关系数；

$cov(X, Y)$——X，Y 的协方差；

σ_X——X 的标准差；

$E(X)$——X 的数学期望。

若存在 n 个属性，随机挑取某属性 x，计算 x 与其他 $n-1$ 个属性的相关系数，若某两个属性的相关系数绝对值大于0.8，那么可以考虑删除其中之一参数。最终经相关性分析及理论分析后保留的属性有：吞吐所处周期数、开采层位、注汽速度、单周期注入氮气量、最大注汽压力、注汽干度、注汽井渗透率极值、注汽井层位平均渗透率、邻井1渗透率级差、邻井1的距离、邻井2的距离、区域井网密度、焖井天数、周期注汽量、邻井1的有效厚度、注汽井有效厚度、渗透率极值、地层系数、注汽生产层位。

经数据相似性分析后，数据集特征属性仍较多，使用此数据集建立机器学习模型前还需对特征集继续进行进一步降维操作，尤其是对于汽窜样本集较小的情况下，若使用过多的特征则会导致过拟合和维灾难等后果。本文进一步通过树模型对样本进行特征选择，分析各属性的重要性，进而筛选最优属性集。

特征选择是在 M 个特征集合中选择出 N 个有效特征子集($N<M$)，包含如下四个步骤：子集产生、子集评估、停止标准、结果确认。本文使用基于树模型的 Embedded 方法进行特征筛选，求取每一特征对于模型的贡献度，Ranking 得分阈值为0.02，不同属性的评价分数如图6所示，右侧散点是每个基础学习器得分。最终选择属性为：开采层位、地层系数、邻井1渗透率级差、注汽井渗透率极值、邻井1距离、邻井2距离、区域井网密度、吞吐所属周期数、注汽量、平均注汽干度、注汽速度。

2.3　随机森林回归模型的构建

随机森林是一种统计学习理论，主要采用 Bagging 抽样技术(有放回无权重抽样)，从原始样本集 N 中抽取 M 个子样本集(M/N 约等于2/3)，每个样本集中的样本可能会存在重复，这正是为了使随机森林不产生局部最优解，然后基于上述 N 个样本集构建 N 棵决策树，最终依靠每一棵决策子树的分类/回归结果来决定整个随机森林的结果[11,12]。

随机森林在构建决策树时，未对生成的决策树进行剪枝处理，其生长不受干扰，这涉及了两个重要过程：①节点分裂；②随机特征变量的随机选取。随机森林在分裂过程中，是按照一定的概率分布从全部 k 个属性随机抽取 z 个属性进行分裂($z<k$)，目的是为了提升回归精度。随机森林算法首先对输

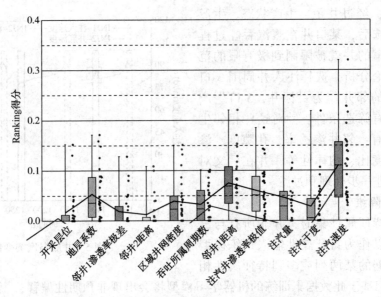

图 6　Embedded 法筛选的属性及其重要性得分

入的随机变量进行分组，然后使用 CART 算法对每一组变量生成一棵子树，让其充分生长，不进行剪枝操作，然后在每个节点上，重复随机分组，递归使用 CART 算法，直至所有节点均为叶子节点，随机森林模型构建过程如图 7 所示。

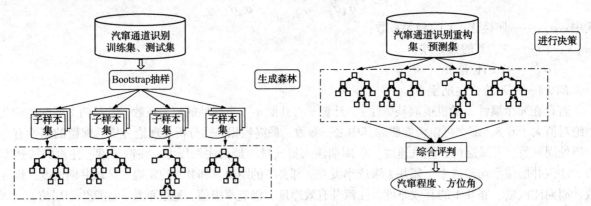

图 7　随机森林模型构建过程

最终构建的随机森林模型参数如表 2 所示，基分类器决策树个数为 400 棵。

表 2　随机森林模型参数

参数名称	参数取值
基分类器数(树木数)	400
Criterion	Mean Squared Error(MSE)
每个叶子结点包含的最少的样本数	1
内部节点(非叶子节点) 的最少的样本数	2
样节点最小权重系数	0.0
最大特征数	15
最大叶子结点数	不限制
最大深度	不限制
袋外分数	True

参数名称	参数取值
Verbose	0
抽样方式	Bootstrap
随机状态	默认随机数

随机森林的训练和验证结果如图 8 所示，模型的训练精度和预测精度均较高，训练精度为 95.28%，验证精度为 92.30%。随机森林回归模型针对汽窜方向的预测精度较高，这是因为汽窜的反复性和周期性造成的，随机森林回归模型更容易学习并发现汽窜方向的内在规律性。

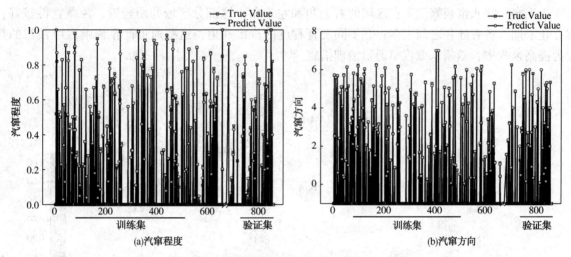

图 8　随机森林回归模型训练结果

图 9 是随机森林模型针对重构集的预测重构结果(共 128 个样本)，不同井不同周期的汽窜程度和汽窜方位角如图所示，左下角[0, -1]是绝大部分未发生汽窜的周期，此重构集的预测结果将和历史汽窜台账数据一起组合得到重构后的全区相对汽窜程度场。

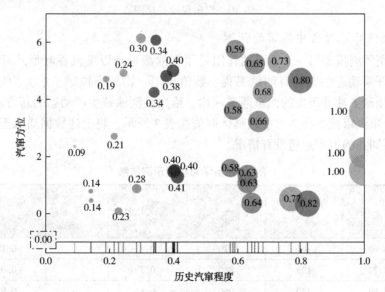

图 9　历史汽窜重构集重构结果

2.4　汽窜分析预测模型的应用

2.4.1　相对汽窜程度场的重构与分析

图 10 是机器学习模型重构后的全区汽窜矢量图，图中井与井之间的连线代表了汽窜方向，实线是

历史真实汽窜数据，虚线是机器学习模型针对重构数据集预测出的汽窜程度和汽窜方位，汽窜程度为全区相对指标。对于频繁发生汽窜现象的油井，根据周期注汽量加权平均整合至单条曲线上，取值范围为0~1。

从图10中可以看出：①3511、3612、3713、J306、3814、J305、J315、3507、3406、3711、3811这些井在注蒸汽吞吐时邻井容易发生汽窜，并且其邻井注汽时蒸汽也容易窜至上述井井底，体现出汽窜的"可逆性"；②图中所示的汽窜通道个数远小于汽窜的样本集数，说明存在重复出现的井间汽窜通道，体现了汽窜的"反复性"；③井距较远的井一般不会发生汽窜现象，3711~3709、3711~J305 井间距离较远，但是存在压力传导通道；④压力传导是普遍的汽窜形式，图中大部分的历史汽窜通道是以压力传导的形式存在的；⑤图中有22条通道机器学习模型对重构集预测新增的，大部分是压力传导通道；⑥蒸汽窜、热水窜频繁发生在区域的右上角和左下角，这部分区域井距较近、油藏物性较好；⑦蒸汽吞吐末期，各吞吐井之间大多存在不同发育程度的汽窜通道，这些通道严重影响后续注汽的热效率，为提高采收率，亟须采取汽窜通道治理措施。

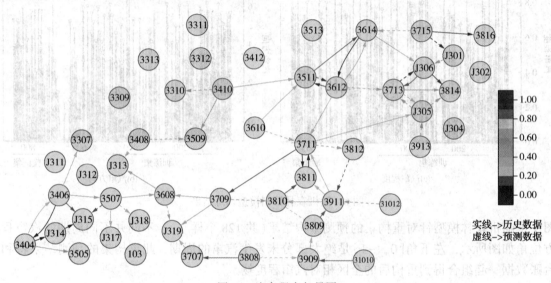

图10　汽窜程度矢量图

2.4.2　油井蒸汽吞吐过程中汽窜的预测

此汽窜通道识别预测模型另一个重要的作用是预测油藏未来以蒸汽吞吐形式开采时油井的汽窜情况。常规预测油藏开采动态的方法有油藏工程、数值模拟、物理模拟等，本文构建的机器学习模型，从数据的角度分析预测了油井历史的汽窜通道规律，给出预测油藏生产动态的新方法。

基于假设的10项汽窜预测样本，参数具体取值如表3所示，将上述数据输入至机器学习模型，模型给出了这10口不同井的汽窜通道发育情况。

表3　机器学习模型预测结果

井名	邻井1距离/ （小数）	注汽速度/ （m/d）	注汽量/ m³	注汽干度	…	预测周期 汽窜程度	汽窜方位角/ rad
31010	54.60	165	720	0.7	…	0.18	4.71
J315	48.72	135	880	0.7	…	0.01	-1.00
J314	59.60	120	960	0.8	…	0.98	0.21
3715	102.40	160	1200	0.9	…	0.89	0.16
3713	60.14	120	1150	0.7	…	0.75	0.80
3711	61.70	125	900	1	…	0.62	3.14

续表

井名	邻井1距离/ （小数）	注汽速度/ （m/d）	注汽量/ m³	注汽干度	…	预测周期 汽窜程度	汽窜方位角/ rad
3507	62.17	80	870	0.8	…	0.02	−1.00
3911	83.60	76	1020	0.68	…	0.00	−1.00
3511	103.35	82	650	0.8	…	0.82	1.85
3410	76.28	100	780	1	…	0.00	−1.00

3 结论

（1）构建机器学习基础样本集862项，重构集128项，预测集10项。利用回归随机森林建立汽窜识别预测模型，基分类器为400棵决策树，训练精度为95.28%，验证精度为92.30%。模型针对重构集新增识别22条汽窜通道，大部分是压力传导通道。

（2）利用随机森林回归算法构建出汽窜分析预测模型，该模型基于重构数据集可以更精确地描述地下汽窜场，也能预测油井下一周期吞吐时的汽窜情况，对现场蒸汽吞吐时汽窜通道的预测识别具有一定指导意义。

参考文献

[1] 童晓光，张光亚，王兆明，等．全球油气资源潜力与分布[J]．石油勘探与开发，2018，45（4）：727-736.

[2] 崔传智，郑文乾，祝仰文，等．蒸汽吞吐后转降黏化学驱加密井井位优化方法[J]．石油学报，2020，41（12）：1643-1648.

[3] LYU X, LIU H, PANG Z, et al. Visualized study of thermochemistry assisted steam flooding to improve oil recovery in heavy oil reservoir with glass micromodels[J]. Fuel, 2018：118-126.

[4] 张弦，刘建英，王海波，等．蒸汽驱汽窜物理模拟实验研究[J]．油气藏评价与开发，2012，2（5）：46-50.

[5] 郑家朋，东晓虎，刘慧卿，等．稠油油藏注蒸汽开发汽窜特征研究[J]．特种油气藏，2012，19（6）：72-75.

[6] PANG Z, LIU H, GE P, et al. Physical simulation and fine digital study of thermal foam compound flooding[J]. Petroleum Exploration and Development, 2012, 39（6）：791-797.

[7] HE H, LIU P, LI Q, et al. Experiments and simulations on factors affecting the stereoscopic fire flooding in heavy oil reservoirs[J]. Fuel, 2022, 314：123-146.

[8] 赵自翔，王广亮，李晓东，等．基于支持向量机的不平衡数据分类的改进欠采样方法[J]．中山大学学报：自然科学版，2012，51（6）：10-16.

[9] 虞晓芬，傅玳．多指标综合评价方法综述[J]．统计与决策，2004，000（011）：119-121.

[10] 方匡南，吴见彬，朱建平，等．随机森林方法研究综述[J]．统计与信息论坛，2011，26（3）：32-38.

[11] 赵艳红，姜汉桥，李洪奇，等．基于机器学习的单井套损预测方法[J]．中国石油大学学报：自然科学版，2020，44（4）：57-67.

[12] 姜新祝．基于过程神经网络的优势渗流场识别方法研究[D]．大庆：东北石油大学.

变干度蒸汽驱开发技术研究与应用

段强国 刘 影 杨晓强 郑利民

【中国石油辽河油田公分司欢喜岭采油厂】

摘 要：齐40块工业化蒸汽驱阶段采出程度达52%，可采储量采出程度达到85%以上，取得了较好的开发效果，属于中深层稠油油藏蒸汽驱成功案例之一。目前已进入剥蚀调整阶段，注采矛盾日益突出，递减不断加大，经济效益逐渐变差，为了稳定产量规模，需要将常规蒸汽驱进行一些改进和方案的调整，探索蒸汽驱开发后期接替技术势在必行。改善蒸汽驱后期开发效果的一种方法是在开发过程的某个阶段将注蒸汽转换为注热水，但热水的驱油效率远低于蒸汽的驱油效率，将蒸汽驱直接转热水驱开发，采油速度往往存在大幅下降的风险。为寻求一种即能节约注汽成本，又能提高热流体驱替体积，同时还能保持一定采油效率的蒸汽驱后期综合调控技术，通过应用室内实验、数值模拟、油藏工程计算等研究手段，明确了变干度蒸汽驱开发技术的驱油机理、开发特征，进而逐步完善了影响因素研究、技术界限优化等多项研究。近三年在齐40块优选31个井组实施变干度蒸汽驱，实施后日产油保持稳定，日节约燃料天然气 $1.5 \times 10^4 m^3$，阶段创效1020万元。该项技术试验的成功，取得两项成绩：一是有效保证了蒸汽驱后期稳油增效工作的开展，延长了蒸汽驱效益开发年限；二是在一定程度上，弥补了蒸汽驱向热水驱过渡的技术空白。

关键词：蒸汽驱；变干度；汽水交替；接替技术

齐40蒸汽驱采出程度达到52%，取得显著增油效果，但部分区域仍存在纵向动用不均问题。齐40块高倾角区域地层倾角15°~20°，覆盖面积 $0.58km^2$，地质储量 $266 \times 10^4 t$，共16个蒸汽驱井组，采出程度49.1%，受地层倾角及蒸汽超覆作用，油藏上倾部位汽窜严重，下倾部位受效差，动用程度低。为了解决高倾角动用不均问题，近两年围绕降低蒸汽干度开展研究工作，通过实验发现在蒸汽驱后期，部分井组采用低干度注汽一段时间、然后正常蒸汽再注入一段时间，合理地交替周期注入，可以实现储层中汽-水交替存在、交替驱油，称之为变干度蒸汽驱。该技术不仅利用低干度热流体驱出油层下部的原油，同时热流体依靠重力作用可以占据油层下方原油的孔道，将油层下方原油向其上方"挤"，从而有利于下一周期蒸汽注入时蒸汽能够驱替更多的原油。变干度蒸汽驱创效优势在于可以减少燃料消耗、减少井筒热损失及减少蒸汽窜流等几方面，相对于其他注汽方式而言，具有更广泛的适用性，这是齐40块蒸汽驱后期合适的接替开发方式之一。对此，开展深入的研究工作既有理论意义又有实用价值。

1 变干度蒸汽驱机理研究

为研究变干度蒸汽驱的机理，根据齐40块实际地质静态参数和生产动态参数建立了反九点井网概念模型，模型平面网格为140m×140m，网格步长为1m，纵向网格为35m，网格步长为1m，模型示意图如图1所示，概念模型参数如表1所示。

作者简介：段强国（1986—），男，高级工程师，2013年毕业于东北石油大学油气田开发工程专业，目前在辽河油田公司欢喜岭采油厂地质研究所工作，主要负责稠油蒸汽驱、吞吐开发管理工作。E-mail：1876947447@qq.com

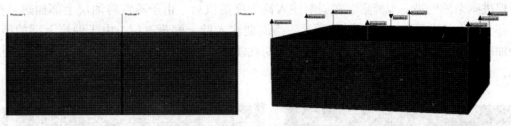

图 1 概念模型示意图

表 1 概念模型参数表

名 称	数 值	名 称	数 值
布井方式	反九点	油藏倾角/(°)	0
井距	70m	井底蒸汽温度/℃	230
模型网格	140×140×35	井底蒸汽干度/%	高干度期50%，低干度期10%
孔隙度/%	××	注汽强度/[m³/(d·ha·m)]	1.75
渗透率/mD	××××	采注比	1.2

1.1 利用低干度蒸汽(热水)的重力作用驱替油层下部原油

在注入低干度蒸汽阶段，由于井筒热量损失，低干度蒸汽注入地层中变为热水。由于水的密度略大于稠油，所以水在重力作用下向油层下部渗流，同时将油层下部的原油驱替到井筒周围，模拟结果见图 2 和图 3。热量通过低干度热蒸汽注入底层，并不是像蒸汽一样都聚集在顶部，而是低干度蒸汽向下渗流，驱替油藏下部的原油。这相比于只是驱替上层原油的高干度蒸汽驱，可以更有效提高采收率。

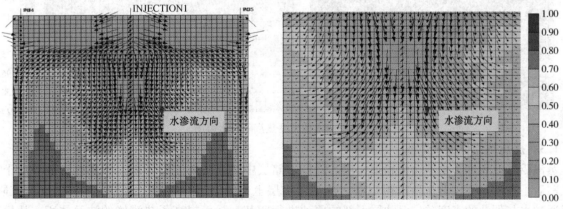

图 2 注入低干度蒸汽阶段热水渗流方向

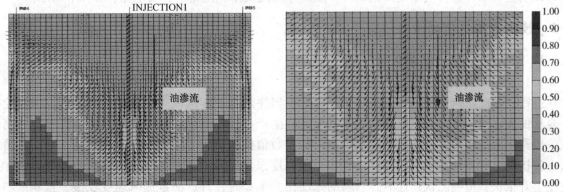

图 3 注入低干度蒸汽阶段油渗流方向

1.2 油层纵向压力波动，促使剩余油重新分布

在进行变干度蒸汽驱过程中，由于周期性注入高干度和低干度蒸汽，会在油层纵向上造成压力的

波动，会促进剩余油的进一步捕集。在周期注入高干度蒸汽后，由于蒸汽将油层上部加热，在重力的作用下，部分剩余油向下渗流，如图 4 所示。当周期注入低干度蒸汽后，由于油层下部的压力增高，促使剩余油向上渗流，如图 5 所示。从而通过周期性注入高干度蒸汽和低干度蒸汽，促使油层间的剩余油渗流，有利于捕捉剩余油。

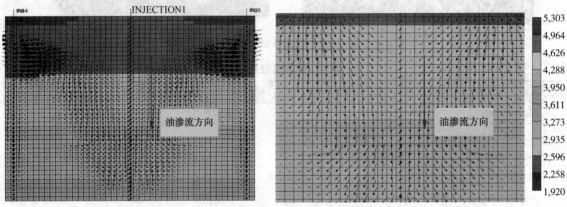

图 4　注入低干度蒸汽阶段压力场

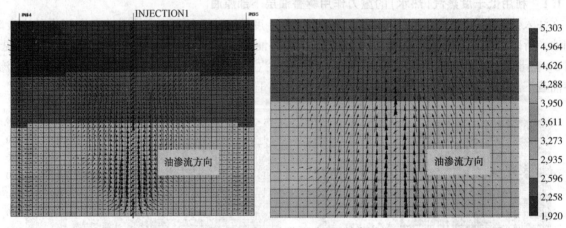

图 5　注入低干度蒸汽阶段压力场

1.3　提高热流体波及体积

蒸汽驱开发后期，由于蒸汽超覆作用，降低了储层中热流体的波及体积。当实施交替改变干度的蒸汽驱后，在注高干度蒸汽阶段可以利用蒸汽对油层上部原油进行驱替，而在注入低干度蒸汽阶段，可以通过水与稠油的密度差，对油层下部的原油进行驱替，从而提高了热流体的波及体积。从模拟温度场可以明显看出在进行变干度蒸汽驱时，热流体的波及体积得到了有效增加，如图 6 所示。

2　技术界限优化研究

2.1　变干度汽驱影响因素分析

2.1.1　采注比的影响

在进行变干度蒸汽驱过程中，采注比直接影响到注入高干度蒸汽阶段蒸汽腔的扩展。采注比过大时，容易加大引流，造成蒸汽以及热流体过早突破生产井底；当采注比过小时，则不利于注入高干度蒸汽阶段蒸汽腔的扩展，会造成热能利用率降低。数值模拟结果表明，周期采注比为 1.0 时，蒸汽腔无法有效扩展，日产油量水平较低，只有 3t。当周期采注比为 1.4 时，变干度蒸汽驱初期阶段，日产油速度上升很快，但随之快速递减。当周期采注比为 1.2 时，日产油量递减速度较慢，累积产油量最高。因此，推荐在实施变干度蒸汽驱时控制采注比在 1.2。在开展井组试验过程中，周期采注比保持在 1.2 左右，才能使下倾方向采油井快速、正常受效，而采注比小于 1.0 时，下倾方向采油井基本上难以受效[3]。

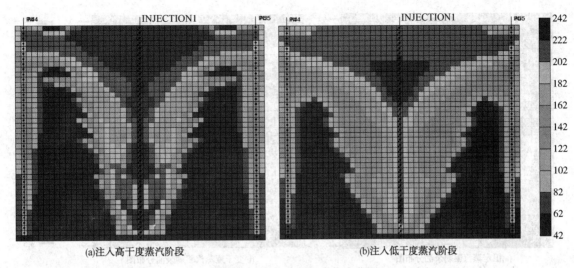

(a)注入高干度蒸汽阶段　　　　　　　　　　(b)注入低干度蒸汽阶段

图6　变干度蒸汽驱温度场变化图

2.1.2　隔层厚度的影响

变干度蒸汽驱在注低干度蒸汽阶段，重要的驱油机理是通过水的重力作用来驱替储层中下部的剩余油[2]。但是因为存在隔层，减弱了水的重力驱油作用，而随着隔层厚度的增加，变干度蒸汽驱的累积产油量降低。因此，隔层厚度越大，开发效果越差。

2.1.3　油藏倾角的影响

为研究油藏倾角对变干度蒸汽驱的影响，根据辽河油田实际地质静态参数和生产动态参数建立反九点井网概念模型，为对比不同地层倾角的影响，建立4个地层倾角方向为IK方向，倾角大小分别为0°、4°、8°和12°的概念模型。在油藏下倾方向含水饱和度较高，如图7所示。当油层倾角为12°时，采用恒定干度蒸汽驱和变干度蒸汽驱，采用恒定干度蒸汽驱在油层的下倾方向剩余油含量超过采用变干度蒸汽驱时油层下倾方向剩余油含量，如图8所示。

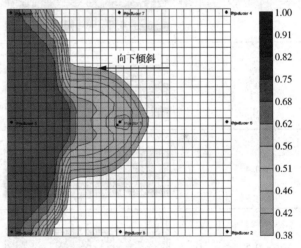

图7　油藏倾斜方向含水饱和度分布图

一般来说，当采用恒定干度蒸汽驱时，由于蒸汽密度较轻，随着地层倾角的增大，对油层上部驱替效果较为明显。随着地层倾角的增大，井组上部的蒸汽腔体积逐渐变大，而井组下倾方向的蒸汽腔体积变小。在实施变干度蒸汽驱时，随着地层倾角的增大，变干度蒸汽驱对下倾部位油藏的动用程度增大，地层下倾方向的累积产油量和日产油量增多，可见变干度蒸汽驱开采倾角大的油藏更有效。

2.1.4　沉积韵律的影响

为了研究渗透率变异系数对正韵律油藏蒸汽波及体积的影响，模拟研究了渗透率变异系数从0变化到0.8时对波及体积及开发效果的影响。随着变异系数的增大，正韵律油藏的蒸汽波及体积在增大，当变异系数超过0.6后波及体积减小；同时随着变异系数的增大，采出程度和油汽比逐渐增大，当变异系数超过0.6后采出程度和油汽比减小。

利用数值模拟方法，研究了反韵律油藏渗透率变异系数从0变化到0.8时对波及体积及开发效果的影响。随着变异系数的增大，反韵律油藏的蒸汽波及体积在减小；还可以看出，随着变异系数的增大，采出程度和油汽比逐渐减小(表2)。

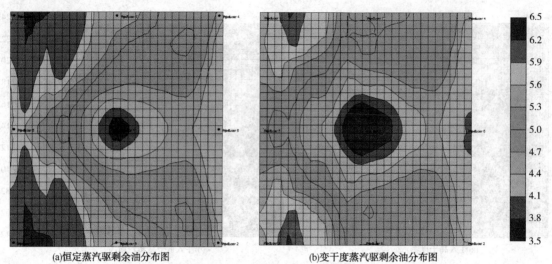

(a)恒定蒸汽驱剩余油分布图　　　　　　　　　　(b)变干度蒸汽驱剩余油分布图

图 8　倾斜油藏恒定干度与变干度汽驱开发效果对比

表 2　不同韵律下变干度蒸汽驱含水饱和度对比

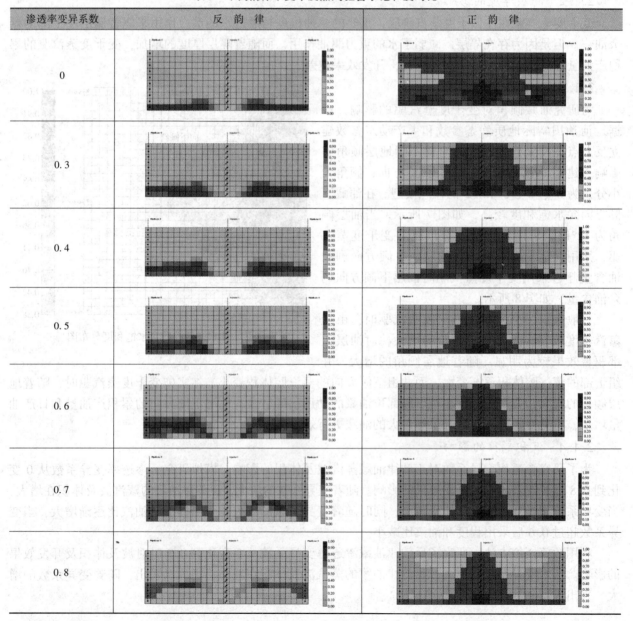

通过研究，得出以下结论：

一是变变干度蒸汽驱提高原油采收率的机理主要是利用水的重力作用在变干度蒸汽驱的低干度蒸汽驱阶段驱替油层下部原油、利用周期注入高干度和低干度的蒸汽引起油层纵向压力波动，从而促使剩余油重新分布、封堵高渗层、降低汽窜程度和提高热流体波及体积。

二是变干度汽驱在低干度注汽阶段，井组驱替压差迅速加大，同时只有保证周期采注比保持在1.2左右，才能保证下倾方向采油井快速、正常受效，取得较好效果。

三是随着油层倾角的增大，变干度蒸汽驱能更好地对油层下倾部位的剩余油挖潜。

四是油层沉积正韵律时，随着变异系数的增大，累积产油量在变异系数0.6时达到最大；油层沉积反韵律时，随着变异系数的增大，累积产油量逐渐减小。

2.2 变干度蒸汽驱时机研究

通过数值模拟，在转驱时机方面得出以下三点结论：

（1）蒸汽前期低含水阶段，进行变干度蒸汽驱，会造成采收率降低，开发效果变差的影响。

（2）蒸汽驱中期中含水阶段，进行变干度蒸汽驱，不会影响采收率以及开发效果。

（3）蒸汽驱后期高含水阶段，进行变干度蒸汽驱，相比较75%干度蒸汽驱，会有提高热流体波及范围，增强开发效果的作用；同时在高含水阶段，进行变干度蒸汽驱，含水率曲线会有一个下降的趋势，且含水率90%时，下降趋势最明显，见图9。

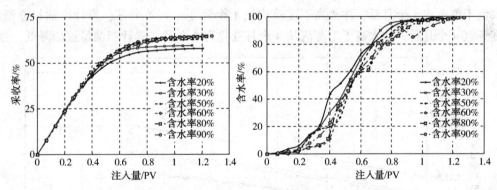

图9 不同注入时机的采收率、含水率变化曲线

3.3 变干度蒸汽驱操作参数研究

3.3.1 蒸汽干度的研究

室内实验提取了目前常规注汽的锅炉出口干度资料和38井组含水大于90%井组油藏资料建立模型。高干度阶段配75%干度蒸汽，低干度阶段配40%、30%、20%、10%、5%干度蒸汽，以相同周期比进行模拟实验，获取不同交替状态下的实验数据。

在等周期比，不同低干度条件下模拟试验中，以2年为时间跨度，驱油效率值随着低干度区间干度的增加而增加，低干度时段选用40%干度时效果最好。当蒸汽干度低于60%时，蒸汽驱效果对蒸汽干度相对敏感一些，随着蒸汽干度的增加，驱油效率上升也比较快；当蒸汽干度大于60%之后，蒸汽干度的增加对驱油效率的影响敏感程度降低了。通过分析不同注汽干度的驱油效率变化可以看出，当蒸汽干度在40%以下时，由于注入蒸汽的潜热较少，注入蒸汽必将会迅速地全部变为热水，这也是热水驱驱替原油；当蒸汽干度在40%和75%之间时，蒸汽潜热不断增多，这能形成一定的蒸汽带，这就是从热水驱向蒸汽驱的过渡的一个阶段；因此实际变干度注汽初始阶段操作中，高干度≥60%，低干度≥40%。

3.3.2 变干度注入周期的研究

3.3.2.1 恒定注高干度蒸汽时间，变化注低干度蒸汽时间的影响

变化低干度蒸汽注汽时间这一变量，进行6组对比实验，采用累积产油量作为对比指标，在注入高干度蒸汽4个月后，注入低干度蒸汽从1个月变化到4个月，累产油量逐渐增高；在注入高干度蒸汽4个月后，注入低干度蒸汽从4个月变化到6个月，累产油量逐渐降低，具体见图10。

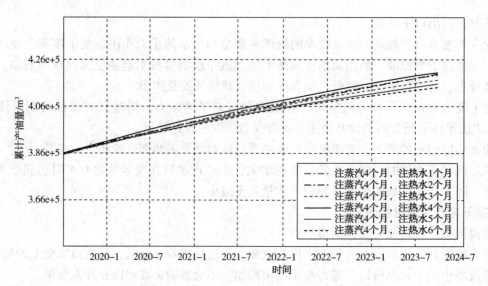

图 10　变化低干度蒸汽驱累积产油量对比曲线

3.3.2.2　恒定注低干度蒸汽时间，变化注高干度蒸汽时间的影响

与变化低干度蒸汽驱情况类似，针对变干度蒸汽驱的不同高干度注汽时间进行了 6 组对比模拟分析，在注入低干度蒸汽 4 个月后，注入高干度蒸汽从 1 个月变化到 4 个月，累计产油量逐渐增高；在注入低干度蒸汽 4 个月后，注入高干度蒸汽从 4 个月变化到 6 个月，累计产油量逐渐降低，见图 11。

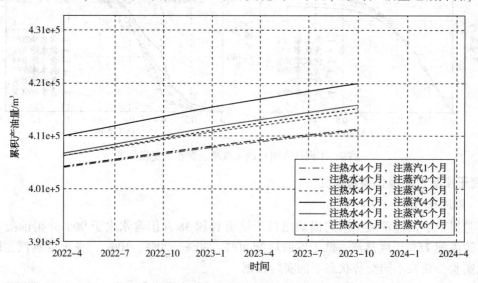

图 11　变化高干度蒸汽驱累积产油量对比曲线

3.3.2.3　等周期变干度蒸汽驱开发效果模拟对比

针对变干度蒸汽驱的高干度蒸汽和低干度蒸汽段塞大小，共进行 6 个方案对比研究，采用累积产油量作为对比指标。在等周期注入高干度蒸汽和低干度蒸汽从 1 个月变化到 4 个月后，累计产油量逐渐增高；在注入高干度蒸汽和低干度蒸汽从 4 个月变化到 6 个月后，累计产油量逐渐降低，见图 12。

4　现场应用

2019 年 6 月在齐 40 块高倾角（16.8°）区域优选两个井组实施变干度蒸汽驱，主要解决上倾汽窜严重，下倾动用不均，低效热循环等问题，利用 75% 与 40% 蒸汽干度轮换注汽，试验井组上倾方向地层温度下降得到缓窜，温度下降 7℃；下倾方向温度上升得到动用，温度上升 9℃，整体产量稳定递减得到控制。近两年逐步扩大变干度蒸汽驱应用规模，截至 2021 年底共有变干度蒸汽驱井组 31 个，实施以来阶段增油 0.85×10⁴t，阶段节约天然气 600×10⁴m³，创效 1020 万元。

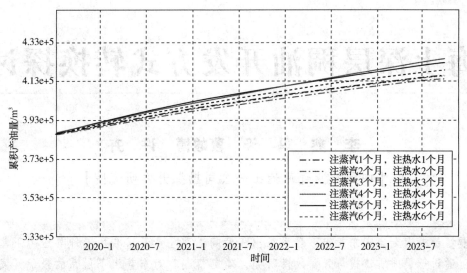

图 12　等周期变干度蒸汽驱累积产油量对比曲线

5　结论与认识

（1）变干度蒸汽驱提高原油采收率的原理主要是利用水的重力作用驱替油层下部原油、利用周期注入高干度和低干度的蒸汽引起油层纵向压力波动，从而促使剩余油重新分布、封堵高渗层和降低汽窜强度。

（2）在实施变干度蒸汽驱时，高干度值为 75%，低干度值为 40%，等周期注高干度与低干度注汽效果最佳，且轮换周期时间为 4 个月。

（3）现场试验表明，油藏高倾角区域实施变干度蒸汽驱，可以使上倾方向地层温度下降得到缓窜；下倾方向温度上升得到动用，整体产量保持稳定，递减可以得到控制，能够弥补蒸汽驱向热水驱过渡的技术空白，同样可以推广应用到其他蒸汽驱开发后期的油藏，对实现蒸汽驱高效开发具有较好的借鉴意义。

参考文献

［1］岳清山.稠油油藏注蒸汽开发技术［M］.北京：石油工业出版社，1998.

［2］刘影.蒸汽驱理论扩展和注采参数优化方法研究［D］.大庆：东北石油大学，2019.

［3］张弦，刘建英，等.辽河中深层稠油油藏蒸汽驱后开发方式优化研究［J］.复杂油气藏，2011，04（1）：50-54.

海上深层稠油开发方式转换探讨

李 鑫 冯 天 曹峻博 许 卉

【中国石油辽河油田分公司勘探开发研究院】

摘 要: 针对海上油田东营组下层系采出程度高, 吞吐产量递减快, 地层压力下降快, 难以长期稳产, 通过开展地质建模与开发数模研究, 确定蒸汽驱为东营组下层系的最优开发方式, 采用大井距不规则井网、直直组合、优化注采参数, 实验井组预计采收率42.7%, 较吞吐到底可提高13.2%, 实现经济有效开发, 也为同类油藏提高采收率提供借鉴。

关键词: 海上; 稠油油藏; 深层; 方式转换

0 前言

我国海上原油资源储量丰富, 渤海油田是其中极为重要的一部分, 其探明储量的一半以上均为稠油[1]。M油田为一普通稠油油田, 历经勘探部署阶段、评价部署阶段、产能建设阶段、层系细分调整阶段, 经过近20余年的多次调整, 目前采用放射状不规则井网, 井距100~250m, 蒸汽吞吐方式开发, 东营组下层系采出程度接近12%, 吞吐产量递减快, 地层压力下降快, 难以长期稳产, 开发矛盾日益突出, 为提高整体开发水平, 开展开发方式转换研究。

1 油藏概况

1.1 地质概况

M油田纵向发育Ng、Ed两套含油层系, 东营组下层系分为$d_1 Ⅲ$和d_2两个油层组, 油藏埋深1430~1630m, 为岩性油藏和岩性-构造油藏, 主要发育$d_1 Ⅲ_1^1$、$d_1 Ⅲ_1^2$、$d_2 Ⅰ_1^2$含油小层, 储层岩性为细砂岩、粉砂岩, 三角洲前缘沉积, 平均孔隙度26.9%, 平均渗透率1332mD, 油藏类型为构造-岩性、岩性油气藏, 具有多套油水系统, 20℃密度0.9633~0.9893g/cm³, 50℃黏度258~1270mPa·s, 地质储量$1439.9×10^4$t。

1.2 开发现状

截至2021年底, 该油田总井数151口, 其中生产$d_1 Ⅲ$油井61口, 累计产油$111.4×10^4$t, 阶段采出程度11.69%, 采油速度1.59%。生产d_2油井24口, 累计产油$57.2×10^4$t, 阶段采出程度11.75%, 采油速度1.09%。

2 开发难点分析

该油藏开发难点主要为井深、斜度大、油层分散、井网不规则, 由于海上平台采用放射状井网, 在油藏埋深1630m情况下, 井深最大可达2500m, 井斜最大达到40°, 由于含油井段长度达450m, 在

作者简介: 李鑫(1974—), 男, 高级工程师, 1997年毕业于大庆石油学院石油工程专业, 现从事油气田开发的研究工作

防碰设计绕障影响下，下部油层井网呈不规则形状，井距 100~250m 不等，油层层数多，单层厚度平均 2.3m，多因素共同作用，造成储量动用程度提高难。

针对以上开发难点，通过开展数模研究，确定合理的开发方式、合理划分开发层系，确定合理的井网、井距，并优化注采参数，实现东营组下层系经济有效开发。

3 转换开发方式研究

3.1 数值模拟研究

根据油层的构造及油层物性数据，结合单井资料建立非均质三维地质模型，平面上模拟区域进行 20m 等距网格（图 1）。模型中所有井的静态地质参数均按二次测井解释结果给出，采用随机模拟中的序贯高斯模拟法通过岩相模型约束建立孔隙度、渗透率模型，含油饱和度值按砂岩组平均值进行校正；历史拟合结果符合行业标准，模型中油藏参数可以反映油藏特征。模拟区域西北部。模型区域 d_1Ⅲ 油层地质储量 154×10^4t，共有 19 口井（直井 15 口，水平井 4 口）生产过 d_1Ⅲ 油层，d_1Ⅲ 油层累注蒸汽 8.52×10^4t，累注氮气 172.23×10^4m³，累产油 42.26×10^4t，累产水 24.54×10^4t。

由于下部地层受潜山基底的影响，局部存在缺失，接触关系既有披覆、超覆又有剥蚀，对潜山顶面复杂地层接触关系的刻画是本块构造建模的关键，在建模的过程中根据实钻潜山数据，整理编辑生成潜山面（图 1），再在结构模型里将潜山面假设为油水界面，切割已有地质模型解决潜山地层缺失的问题是本次建模的特点（图 2）。由于模拟区域 d_1Ⅲ 油层在开发过程中曾注入大量氮气，为了提高数值模拟精度，因此数值模拟计算中计算气-液、液-液平衡常数，确定氮气、二氧化碳在普通稠油中的组分基本信息，建立三相四组分模型是本次建模的另一特点。

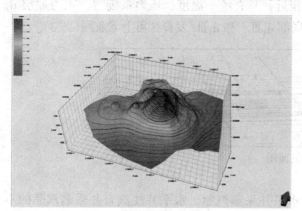
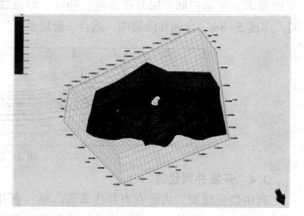

图 1 潜山形态图　　　　　　　　　　　　　图 2 潜山切割后的地质模型图

3.2 开发方式优选

稠油油藏的蒸汽吞吐主要是依靠天然能量进行生产，随着油层能量的衰竭及近井地带含水饱和度的升高，蒸汽吞吐就不能维持下去[2]。数模结果表明氮气辅助蒸汽吞吐、二氧化碳辅助蒸汽吞吐、多元热流体等方式较蒸汽吞吐提高采收率有限，二氧化碳辅助蒸汽吞吐最高也仅增加 1.6%（表 1），需要转换开发方式进一步提高采收率。

表 1 吞吐方式采出程度对比表

方　式	原始储量/t	阶段产油/t	阶段采出程度/%
蒸汽吞吐	440900	21097	4.8
蒸汽吞吐+CO₂	440900	22282	6.4
多元热流体	440900	28067	5.1
热水驱	440900	38358	8.7
蒸汽驱	440900	67017	15.2

（1）依据油藏筛选标准首选蒸汽驱。依据油藏筛选标准，$d_1\text{Ⅲ}$满足蒸汽驱、火驱、热水驱开发油藏条件。火驱机理复杂，调控难度大，技术成熟度低，热水驱现场实施效果差，蒸汽驱技术成熟度更高，因此初步筛选蒸汽驱作为方式转换首选。

（2）数值模拟计算结果表明蒸汽驱可获较高采收率。对比蒸汽吞吐、热水驱、蒸汽驱阶段采出程度，结果表明蒸汽驱阶段采出程度15.2%，热水驱阶段采出程度8.7%，蒸汽吞吐驱阶段采出程度4.8%，蒸汽驱阶段采出程度比热水驱高6.5%（表1）。

（3）蒸汽驱油实验表明驱油效率较高。××井$d_1\text{Ⅱ}_1$进行了不同温度水及蒸汽驱油实验，结果表明随着温度升高驱油效率明显提高，200℃蒸汽驱时驱油效率可达78.25%，较热水驱提高21.1%（表2）。

表 2　××井 $d_1\text{Ⅱ}_1$ 驱油效数据表

层位	项目	59℃水驱	100℃水驱	150℃水驱	200℃水驱	200℃蒸汽驱
$d_1\text{Ⅱ}_1$	驱油效率/%	49.04	57.15	63.86	66.89	78.25
$d_1\text{Ⅱ}_1$	S_{or}/%	38.97	31.76	25.79	23.0	14.96
$d_1\text{Ⅱ}_1$	孔隙体积倍数	24.9	27.0	25.8	19.0	23.8

（4）同类油藏蒸汽驱取得明显效果。××块东三段为深层层状普通-特稠油油藏，汽驱目的层为$d_3\text{Ⅱ}$砂组，采用100m井距反九点井网，转驱前采出程度31.9%，压力2.2MPa，目前采出程度51.6%，蒸汽驱先导试验井组日产油由转驱前40t上升到高峰期100t，预计采收率可达55%。

3.3　开发层系优选

一套独立的开发层系必须具备一定的厚度和储量，经济上有利的生产能力并满足采油速度和稳产年限要求，层系内储集层分布形态、物性、原油性质相近，具有统一温度、压力系统[3]。主力油层$d_1\text{Ⅲ}_1^2$厚度5~8m，含油井段集中，适合一套层系开发，局部$d_1\text{Ⅲ}_1^1$和$d_1\text{Ⅲ}_2$发育区可上下兼顾（图3）。

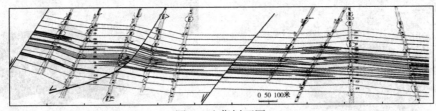

0 50 100米

图 3　油藏剖面图

3.4　开发井网优选

利用数值模拟方法研究直井注采蒸汽驱、直井注水平井采蒸汽驱、水平井注汽直井采蒸汽驱的不同井网组合，计算结果表明，直井注采蒸汽驱采出程度高（表3）。

表 3　不同井网蒸汽驱效果统计表

井网形式	累产油/t	净产油/t	采出程度/%	累注汽/m³
直井注采	78129	54722	14.58	327694
直井注水平井采	56053	41855	10.46	198761
水平井注直井采	70947	53485	13.24	244464
水平井注直井采	72169	53655	13.47	259200

3.5　开发井距优选

井距的大小不仅决定于油层与流体的性质，采油工艺水平以及采油速度的要求，同时还要考虑经济性，因此合理的井距要考虑达到储量损失最小、保证采油速度和稳产期、达到经济上允许的最高采收率[3]。

本次研究，根据油藏实际情况，不具备井网加密条件，因此在现有井位基础上，利用公式计算现有140~200m井距，采用灵活大井距不规则井网进行蒸汽驱开发可行。

3.6　注采参数优选

稠油油藏进行蒸汽驱开采，除了油藏地质参数要满足蒸汽驱开采筛选标准，并选择适当的蒸汽吞吐转汽驱条件及时机，合理的注采参数对蒸汽驱开采效果有很大的影响[4]。

3.6.1 注汽速度

注汽速度是影响蒸汽驱成功与否的重要因素，注汽速度越大，蒸汽驱成功的可能性越大[5]。分别设定单位体积注汽速率为 1.6t/(d·ha·m)、1.8t/(d·ha·m)、2.0t/(d·ha·m)、2.2t/(d·ha·m)和2.4t/(d·ha·m)。数模计算结果表明(表4)，d_1Ⅲ蒸汽驱注采井距较大，油层厚度小，采取较大注汽速度可保证井底蒸汽质量，单位体积注汽速率在 1.8~2.0t/(d·ha·m)时，开采效果好，有利于汽腔形成与扩展。

表4　不同注汽速率开发效果对比数模计算结果

注汽速率/[t/(d·ha·m)]	1.6	1.8	2.0	2.2	2.4
采出程度/%	11.5	15.2	15.5	15.6	15.6

3.6.2 井底蒸汽干度

蒸汽干度是衡量注入蒸汽质量的重要标志。注入井底蒸汽干度的高低，不仅决定蒸汽携带热量的多少、能否有效地加热油层，而且还决定蒸汽带体积能否稳定扩展、驱扫油层而达到有效汽驱开发。一般是注入蒸汽干度越高，开发效果越好。国内外研究资料也表明，对于油层厚度较薄的单层状和互层状油藏，要尽量提高井底蒸汽干度。但蒸汽干度太高，成本也高，因此，对经济合理的注汽干度进行优选[6]。

数值模拟结果表明，当井底干度达到40%后，再增加干度净产油与阶段采出程度提升趋势减缓(表5)。其他区块现场实施也说明井底干度达到40%以上蒸汽驱可以取得良好效果。

表5　不同井底蒸汽干度优选结果

井底干度/%	累产油/t	净产油/t	采出程度/%	累注汽/m³
20	59246	38247	13.4	293996
30	60562	390357	13.7	301380
40	62455	40328	14.2	309780
50	62948	40358	14.3	316253
60	63008	40418	14.3	316256

在此项研究过程中，针对普通蒸汽和高干度蒸汽的井底蒸汽干度进行数值模拟研究。计算结果表明，油藏埋深越大，需要井口注入蒸汽干度越高，当注汽速度150t/d，锅炉出口干度为95%时，1950m井深蒸汽干度满足油藏对热量的需求。

3.6.3 采注比

采注比是蒸汽驱阶段保证汽腔形成和扩大的重要操作参数，能否保证油层压力相对稳定直接关乎方式转换的最终效果。采注比过低，会造成井底持续积液，影响汽腔发育；采注比过高，地层压力下降快，注汽井与生产井之间的压力梯度较大，不利于汽腔发育。齐40块27井组蒸汽驱现场开发经验，热连通阶段采注比0.8，驱替阶段初期采注比1.0后期增加到1.2，剥蚀调整阶段采注比降到1.0。数模计算结果表明采注比不宜超过1.2(表6)。

表6　不同采注比数模计算结果

采注比	累产油/t	累注汽/m³	净产油/t	阶段采出程度/%
0.9	46415	231772	29860	10.53
1	52962	265270	34015	12.01
1.1	57655	288569	37043	13.08
1.2	62947	316253	40358	14.28
1.3	66255	331246	42596	15.03
1.4	67142	334753	43232	15.23

3.6.4 转驱时机

蒸汽吞吐转蒸汽驱的合理时机，既要考虑尽量提高吞吐阶段的采出程度，又要考虑为转入蒸汽驱开采创造有利条件，以期获得吞吐加汽驱的最佳效果[7]。通常油藏压力低于5MPa，含油饱和度大于45%，井间形成热连通为转驱时机。数模计算结果表明，继续吞吐2~3轮后温度场发育良好，井底温度较高，转蒸汽驱开发后阶段采出程度高(表7)。

表7 转驱时机数模计算结果

转驱时机	累产油/t	累注汽/t	净产油/t	阶段采出程度/%
不吞吐	60276	294341	39251	13.67
吞吐1轮	61371	288467	40766	13.92
吞吐2轮	62032	288489	41425	14.07
吞吐3轮	62067	285901	41646	14.08
吞吐4轮	62199	292860	41281	14.11

3.7 实施效果

依据以上研究，d_1Ⅲ部署蒸汽驱井组9个，生产井50口，优选北部主体部位2井组为先导试验井组，试验区油井14口，于2013年11月投产，目前日产液182.5t，日产油65.1t，含水64.3%，试验区d_1Ⅲ油层累产油12.5×10⁴t，累注汽5.5×10⁴t，累积油汽比1.7，采出程度16.5%。通过数模研究确定先导试验井组单向、双向受效井预测基准，预计吞吐到2034年采收率29.5%，2023年转驱，阶段累产油19.9×10⁴t，累注汽97.1×10⁴m³，预计采收率42.7%，较吞吐到底可提高13.2%。

4 结论

(1) 深层稠油油藏蒸汽吞吐后期，蒸汽驱仍为可行的转换方式，可有效改善开发效果。

(2) 海上平台特殊的生产条件下，可选择大井距不规则井网蒸汽驱，采用定向井注气定向井采油的井型组合效果更好。

(3) 合理的转换时机及参数优选是改善开发效果的关键；

(4) 为保证生产效果，可采用高干度注气，井底干度应大于40%。

参考文献

[1] 孙玉豹，王少华，吴春洲，等. 海上N油田蒸汽驱注采参数智能优化设计[J]. 科技和产业，2020，11(20)：216-221.

[2] 彭永灿，秦军，谢建勇. 中深层稠油油藏开发技术与实践[M]. 北京：石油工业出版社.

[3] 武毅，王化敏，薛尚义. 复杂断块油藏注水开发技术[M]. 北京：石油工业出版社.

[4] 吕政，李辉. 注38块蒸汽驱扩大井组油藏数值模拟研究[J]. 中国矿业，2018，10(27)：109-110.

[5] 金忠康，王智林. 稠油油藏蒸汽吞吐转蒸汽驱可行性研究[J]. 石油化工高等学校学报，33(5)：38-39.

[6] 符跃春. 杜84块超稠油蒸汽驱优化注采参数研究[J]. 内蒙古石油化工，2020，5：119-121.

[7] Chen L, Zhang G, Ge J, et al. Research of the heavy oil displacement mechanism by using alkaline/surfactant flooding system[J]. Colloids Surfaces A: Physicochemical Engineering Aspects, 2013, 434(19): 63-71.

火驱移动式电点火技术研究与应用

张福兴　杨显志　赵　超　程云龙

【中国石油辽河油田公司钻采工艺研究院】

摘　要： 火驱是稠油油田开发后期有效的开发方式之一，其成功的关键是油层的高效点火。移动式电点火工艺技术具有快速高温燃烧、容易调控、成本低等特点。本文在传统各种点火方式的基础上，创建了电点火传热理论模型，研制出整体外径 $\Phi25.4mm$、工作温度 $700℃$、功率 $80\sim150kW$ 系列化移动式电点火器，形成了较为成熟的移动式电点火工艺。现场试验结果表明，该技术为火驱提供了一种高效的点火方法，可满足薄互层/厚层/水淹/低渗等复杂类型油藏安全可控点火，具有广阔的应用前景。

关键词： 火驱；移动式电点火器；笼统点火；现场试验

火驱具有绿色、低碳、高效等技术特点，是稠油重要接替技术之一[1-6]。辽河油田已建成国内最大火驱生产基地，相继在杜 66 块薄互层油藏、高 3618 块及高 3 块厚层–块状油藏、锦 91 块中厚互层状水淹油藏、庙 5 块低渗透油藏等 5 个不同区块，截至 2021 年，转驱 161 个井组，实施储量 3092×10^4t，年产油 30 余万吨。辽河油田于 1997 年开展火驱技术探索，2005 年火驱先导试验获得成功，而关乎火驱成败的高温低成本点火技术一直未获突破。辽河油田火驱开发初期主要依靠蒸汽点火、化学点火[7]，注蒸汽点火成本相对较低、操作安全，但对于低温重质油藏较难实现；化学点火技术存在点火过程可控性差、多发生低温氧化等问题[8-10]；之后应用捆绑式电点火技术，具备点火温度高、可控性好等特点，但是捆绑式电点火器不能重复利用、点火工艺复杂、成本高[11,12]。

针对上述问题，研制了整体外径 $\Phi25.4mm$、工作温度 $700℃$、功率 $80\sim150kW$ 系列化移动式电点火器，创建了电点火传热理论模型，模拟温场演化规律，优化点火装置结构及点火时间，并突破了国内外无法整体制作耐高温、小直径、大热流密度电点火器的技术瓶颈，形成了较为成熟的移动式电点火工艺，可满足薄互层/厚层/水淹/低渗等复杂类型油藏安全可控点火。

1　移动式电点火工艺原理

笼统管柱点火工艺原理参见图 1，现场进行点火时，先按设计要求下入监测系统，顺次下入隔热管、过电缆封隔器、油管，逐级安装电缆保护器，一直下到设计位置。封隔器安装在隔热管与油管连

图 1　移动式电点火工艺

接处，待管柱完全下入后，连接井口装置及过连续管密封装置等，将注气装置与注气井口的油管接头连接，进行氮气试注及空气预注。

作者简介：张福兴，中国石油辽河油田分公司钻采工艺研究院，教授级高工。E-mail：lhzdx@163.com

待注气压力、排量稳定后，在注气过程中，利用连续管注入装置通过将移动式电点火器下入到预定位置，然后通电点火对注入空气进行加热，根据温度监测结果及油藏特点来对点火过程进行调控。待达到油藏方案的设计要求后，该井转为火驱注气井，带压作业提出连续管点火器，拆卸连续管注入装置。如进行分层点火，则根据设计要求，自由移动点火器到点火位置，通电加热实现移动点火，点火器达到重复使用目的同时，有效提高纵向动用程度，破解传统点火技术成本高、工艺复杂且无法实现分层点火难题。

2 移动式电点火器研制

根据电点火器下入工艺不同及能否重复利用的特点，可将电点火器分为捆绑式、插拔式及移动式电点火器。移动式点火器具有重复利用、运行成本低的特点，但受结构尺寸限制，难以实现热量的有效集中。本文主要针对移动式点火器尺寸结构小、强度低、难以实现热量有效集中的难题开展攻关。

2.1 井下集中式电加热器功率设计

在物理模型和数学模型的基础上，利用数值模拟软件对空气的传热过程进行了数值计算，以注气排量最大的 16000m³/d、门槛温度最高 463℃高 3 块厚状油藏为例，模拟结果见图 2。

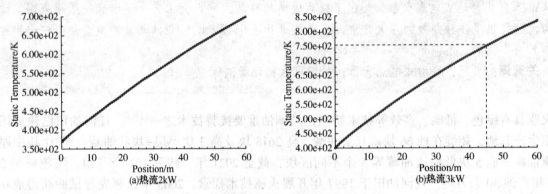

图 2 不同热流密度数值计算结果

通过图 2(a) 的模拟计算结果可知，设计热端长度 60m 的移动式电点火器，当功率密度 2.0kW/m 时，理论上可将流量 16000m³/d 的空气加热至 700k(423℃)左右，未达到该区块高温点火需求。重新设计计算后参见图 2(b)，结合图 3 点火过程的井筒纵向温度场数值计算结果，功率密度 3.0kW/m，当长度为 45m 时，即加热功率为 135kW，理论上可将流量 16000m³/d 的空气加热至 750K(477℃)，完全满足厚状油层块等区块的点火温度要求。

2.2 井下集中式电加热器研制

该技术采用 MI 电缆制作工艺，以镍铬丝作为加热导体，无缝不锈钢管作护套，氧化镁粉作绝缘的一种高温耐火电缆，通过瓷柱压制、电缆装配、整体拉拔等过程后形成的一种连续管式电加热器。其电缆外层为无缝铜(或不锈钢)护套，护套与金属线芯之间是一层经紧密压实的氧化镁绝缘层，其独特的结构，使矿物电缆具有优于其他类型的耐高温防火特性。

设计的集中式加热器由至少 20m 长的冷端和 50m 的热端组成；冷端和热端外护套为 825 合金，等径 Φ25.4mm；冷端长期工作温度为 150℃，热端长期工作温度 600～800℃，可承受在介质气化后的干烧状态。经过多年技术攻关，改进完善加工工艺，实现拉拔、退火同步控制，提升井下加热设备强度、绝缘等性能指标，突破点火器功率和长度的技术瓶颈，研制形成 80～150kW 大功率移动式井下集中式电加热器。

2.3 连续管电缆制作

根据电学及热工理论计算，对配套动力电缆提出如下制作要求：长期处于井下高温高压腐蚀环境，耐温在 150℃以上；连续管外径与加热器为等径结构 25.4mm；使用电压 1000V 以内，工作电流 125A；输出功率 80～150kW；耐压 2000V/min。电缆的外护管为强度不低于 CT80 的小直径连续油管，抗拉强度：630MPa；焊缝强度：630MPa。

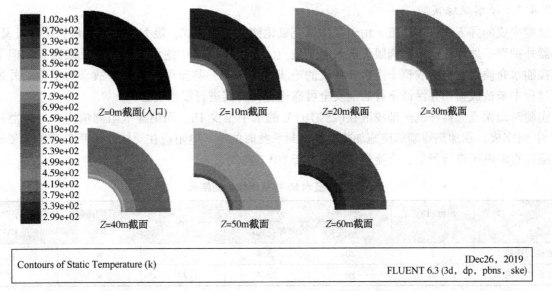

图3　功率密度3kW/点火器加热空气不同截面处数值模拟结果

　　采用全新的制作理念，将连续管环向焊接及电缆预埋穿接工艺相结合，现场制作出火驱电点火器配套用的连续管动力电缆，利用现场井管穿接一次成功。最终通过高压绝缘封装技术，将井下集中式加热器与连续管电缆制作成等径一体式的移动式电点火器装置，使发热体、电器元件和电缆等与连续油管成为具有整体密闭、耐压、绝缘的连续整体。通过地面供电设备及功率控制柜对其供电并进行功率调节，对目的油层的射孔段加热，使该井段近井地带温度升高至油层可燃介质自燃点温度以上。

2.4　室内实验

　　点火器样机制作完成后，为了保证现场试验的成功率，在室内分别进行了绝缘检测、浸水实验、耐压实验、耐温实验、功率实验等。

2.4.1　绝缘检测

　　根据 GB/T 13033.1—2007《额定电压750V及以下矿物绝缘电缆及终端》的相关规定，绝缘电阻（MΩ）与电缆长度（km）的积应不小于1000MΩ·km，当电缆长度小于100m时，测量的绝缘电阻应不小于100MΩ。在试制点火器样机过程中，为了保证试制样机的成功率，在整个项目研究的过程中，选择不同制作工艺加工出多种结构的样件，长度约10m左右，并截取0.5m进行样件的绝缘检测，当样件满足要求后再进行样机的试制。样件完成后，经烘干后反复检测加热丝之间、加热丝与外护管的绝缘电阻情况，检测数据参见表1。

表1　加热器样件及样机绝缘检测结果

待检产品 ＼ 参数	环境温度/℃	环境湿度/%	尺寸		导体电阻/MΩ	导体与护套电阻/MΩ
			外径/mm	长度/m		
试制样件1	30	65	25.4	0.45	0.378	0.376
试制样件2	35	67	25.4	0.40	0.943	0.859
试制样件3	37	67	25.4	0.44	0.027	0.031
试制样件4	37	67	25.4	0.45	3.758	3746
试制样件5	37	70	25.4	0.45	∞	∞
加热器样机1	39	70	25.4	70	∞	∞
加热器样机2	39	70	25.4	68	∞	∞

　　由表1数据可知，在反复试制第5次样件的基础上，得出绝缘电阻为无穷大后，并在此基础上进行了井下集中式加热器样机的试制，经室温绝缘检测，初步达到设计指标要求。

2.4.2 浸水绝缘实验

试制完成的井下点火器样机，由于采用填充氧化镁做绝缘方式，最大的弊端就是氧化镁极易吸潮，加热器外护管一处损坏，即使肉眼无法观测是疵点，在大气环境中绝缘检测无法反映出来，但下井后浸泡在油水介质下就会造成整个点火器样机的绝缘性能下降，甚至引发安全事故。为了检验外护管在拉拔过程中未造成损伤并保证下井后能安全可靠运行，对其进行浸水实验。

实验时确保点火器样机全部浸泡在(25±10)℃的水中至少1h。而绝缘电阻测量应在点火器从水中取出8h内完成，在加热器端部施加临时性密封。此时的绝缘电阻应在导体之间及全部导体和外护套之间施加直流电压进行测量，直流电压应不小于80V(表2)。

表2　浸水8h样机绝缘检测结果

参数 待检产品	浸泡时间/ h	直流电压/ V	尺寸		导体电阻/ MΩ	导体与护套电阻/ MΩ
			外径/mm	长度/m		
加热器样机1	8	80	25.4	70	∞	∞
加热器样机2	8	80	25.4	70	∞	∞

根据国家标准规定，当电缆长度小于100m时，测量的绝缘电阻应不小于100MΩ。而实测电阻均为无穷大，完全达到设计指标要求。

2.4.3 耐电压实验

耐电压实验的目的主要是保护绝缘层不被高压电击穿，现场要求点火器的试验中利用YDY工频高压试验车进行实验。实验电压施加在：①导体之间；②每根导体和不锈钢护套之间。试验时高压试验车升压速度应不低于150V/s，每次应持续5min，达到最高工作电压时持续15min，试验过程中电缆应不击穿(表3)。

表3　耐压样机绝缘检测结果

用途：连续管电缆		规格：25.4mm		长度：950m		测试结果
耐电压实验(直流)		导线电阻25℃/(Ω/km)		绝缘电阻25℃/(MΩ·km)		
kV	min	不大于		导体绝缘电阻	导体与护套绝缘电阻	
2.0	15	0.58		296	315	合格
2.5	15	0.58		299	313	
用途：电加热器		规格：25.4mm		长度：70m		测试结果
耐压实验(直流)		导线电阻25℃/(Ω/km)		绝缘电阻25℃/(MΩ·km)		
kV	min	不大于		导体绝缘电阻	导体与护套绝缘电阻	
2.0	15	95		∞	∞	合格
2.5	15	95		∞	∞	

根据国家标准规定，当电缆长度小于100m时，经高电压实验后，其测量的绝缘电阻应不小于100MΩ，而实测连续管电缆的绝缘为296MΩ，加热器的绝缘电阻为无穷大，完全达到设计指标要求。

2.4.4 耐温实验

耐温值是动力电缆的最大承受温度值，其实耐压和耐温值都是为了保护绝缘层不被损坏的最低值。火驱点火井根据油藏设计要求点火器出口温度要达到400~450℃，这要求设计的点火器的加热段工作温度应不低于600℃，而连续管电缆在井下整个点火周期中始终承受90~120℃的温度，因此要求动力电缆的耐温应在150℃以上。

根据设计要求对集中式加热器及动力电缆进行耐温实验。集中式加热器的耐温实验利用退火炉设备进行，实验时使点火器样机(加热器)在退火炉中缓慢行进，70m长的加热器在整个退火炉中以6m/h的移动速率，整个实验过程约12h；而针对连续管动力电缆的耐温实验，则是截取几段长约0.5m长的电缆样件放入烘干炉内，加热至150℃，持续24h左右。

实验完成后，分别利用兆欧表、万用表检测样机的绝缘电阻及通断情况，试验数据参见表4及表5。

表4 点火器样机进行耐温试验结果

主要参数 样机序号	耐温温度/ ℃	耐温时间/ h	耐电压/ kV	外观及线径变化	导线电阻 25℃/(Ω/km)	导体绝缘电阻 25℃/(MΩ·km)	导体与护套绝缘电阻 25℃/(MΩ·km)
加热器1	800	12	2.5	无变化	93.7	∞	∞
加热器2	800	12	2.5	无变化	92.6	∞	∞

表5 连续管电缆样件耐温试验结果

主要参数 样机序号	耐温温度/ ℃	耐温时间/ h	耐电压/ kV	导线电阻 25℃/(Ω/km)	导体绝缘电阻 25℃/(MΩ·km)	导体与护套绝缘电阻 25℃/(MΩ·km)
连续管电缆1	150	24	2.5	0.56	359	366
连续管电缆2	150	24	2.5	0.57	316	343
连续管电缆3	150	24	2.5	0.56	339	355

实验完成后，实测连续管电缆的绝缘最低为316MΩ，加热器的绝缘电阻为无穷大，完全达到设计指标要求。

2.4.5 联机调试及功率实验

联机调试完成后，对点火器进行功率实验，检验能否达到额定功率以及不同功率下点火器不同位置的温度变化情况。相关试验结果参见表6。

表6 点火器功率试验结果

日期 时间	变压器 输出/A	变压器 输出/V	测温点/℃				输出功率/ kW	备注
			测温点1	测温点2	测温点3	随机测温		
7：20	50	270	30	480	270		13.5	2013.08.20
7：50	60	325	32	575	350		19.5	
8：20	70	378	34	625	385		26.4	
8：40	80	415	36	695	415		33.2	将保温去除
9：35	101	570	37	489	425	419	57.8	
10：25	101	572	38	474	473	440	58.0	
10：45	101	574	43	491	490	486	58.2	
10：50	112	575	44	498	498		64.4	
11：00	116	670	45	516	518	519	78.1	
11：10	117	685	43	524	525	523	80.1	调至额定功率
11：15	117	685	44	528	528		80.1	
11：20	117	685	43	531	529	524	80.1	
18：30	121	701	43	526	525	522	84.7	
20：40	121	701	45	531	533	530	84.7	本次试验结束
2013.08.21日对点火器外观检测，无明显变化，导体与护套、导体间电阻绝缘均正常								

由表6实验数据可知，该点火器经过13个多小时的室内实验，联机调试正常、工作可靠，额定功率以上稳定工作7.5h，最高功率升至84.7kW，最高测温点达到695℃，完全达到设计指标要求，已具备进入现场的条件。

3 移动式电点火现场应用

该技术已在辽河油田的杜66、高3块、高3618块、锦91、庙5及吉林油田累计实施71井次，现场监测结果表明，点火温度均在450℃以上，产出端气体：$CO_2 > 12\%$，$O_2 < 1\%$，$Ig > 0.8$，均实现高温氧化燃烧，满足含油饱和度30%、层间压差10MPa的水淹多层、厚层级低渗油藏的高温点火需求，助推火驱规模实施。

2017年在锦91块水淹油藏火驱中锦45-012-新223井点火前实施试注氮气+空气预注工艺，管柱结构见图4，预热温度监测结果见图5。

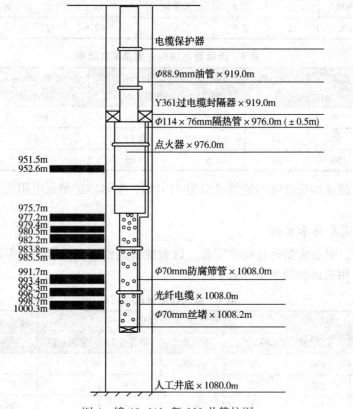

图4　锦45-012-新223井管柱图

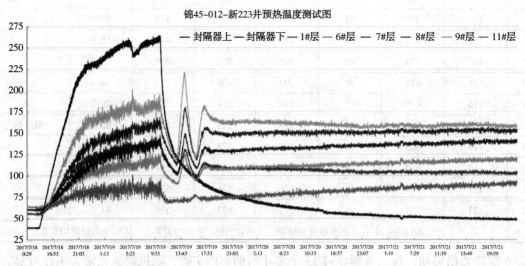

图5　锦45-012-新223井预注温度监测曲线

试注工艺总结：在点火前实施试注工艺，注入高压氮气可有效实现水泥污染解堵；试注过程测试吸气剖面，可准确了解地层吸气情况，为下部点火位置的确定及注气速度的调整提供依据。试注后更换管柱作业风险大。氮气的大量注入，给后期的作业处理增加了很大难度，需要作业处理油管压力和套管压力，作业过程中存在井喷风险。

预注工艺总结：热空气预注有助于提高近井地带油层温度，提高点火成功率；预注空气有助于疏通地层，降低点火时注气压力；地层非均质性和小层差异，导致油层吸气严重不均，加上注气量降低，产生压力波动，会导致小层淹没。

4 结论

（1）移动式电点火技术成为火驱开发的重要工程技术利器，破解火驱开发关键工艺技术难题，满足不同油藏高温点火需求，均实现高温氧化燃烧，有效提高纵向动用程度及采收率。

（2）该技术实现了火驱开发的升级换代，淘汰了成本高、风险大、效率低的落后技术，与传统捆绑电点火（70万元/井次）相比，降本达60%以上，在辽河油区累计实施71井次，降本达3000余万元，节能创效潜力巨大。

（3）该技术的成功实施为我国稠油转换开发方式火驱采油提供了示范作用，为新疆、吐哈油田火驱开发提供借鉴，也促进了行业技术的升级换代，为页岩油原位改质及煤层气化提供技术储备，潜在的社会效益更加显著。

参考文献

[1] SHAH A, FISHWICK R, WOOD J, et al. A review of novel techniques for heavy oil and bitumen extraction and upgrading[J]. Energy & Environmental Science, 2010, 3(6)：700-714.

[2] 郑维师，刘易非. 中国稠油热采技术分析与展望[J]. 特种油气藏，2004，11(s1)：

[3] 何江川，廖广志，王正茂. 油田开发战略与接替技术[J]. 石油学报，2012，33(3)：519-525.

[4] 王元基，何江川，廖广志，等. 国内火驱技术发展历程与应用前景[J]. 石油学报，2012，33(5)：909-914.

[5] RANA M S, SáMANO V, ANCHEYTA J, et al. A review of recent advances on process technologies for upgrading of heavy oils and residua[J]. Fuel, 2007, 86(9)：1216-1231.

[6] KHANSARI Z, KAPADIA P, MAHINPEY N, et al. A new reaction model for low temperature oxidation of heavy oil：Experiments and numerical modeling[J]. Energy, 2014, 64(1)：419-428.

[7] 张守军. 稠油火驱化学点火技术的改进[J]. 特种油气藏，2016，23(4)：140-143.

[8] NIU B, REN S, LIU Y, et al. Low-Temperature Oxidation of Oil Components in an Air Injection Process for Improved Oil Recovery[J]. Energy & Fuels, 2011, 25(10)：4299-4304.

[9] KHANSARI Z, GATES I D, MAHINPEY N. Low-temperature oxidation of Lloydminster heavy oil：Kinetic study and product sequence estimation[J]. Fuel, 2014, 115(1)：534-538.

[10] 于晓聪，张洪君，李树全. 重力火驱软卡原因分析及解决方案[J]. 科学技术与工程，2016，16(34)：70-76.

[11] 李友平，蔡文斌，李淑兰，等. SL-Ⅰ型大功率点火电炉的研制与应用[J]. 石油机械，2006，34(5)：25-26.

[12] 李淑兰，李友平，范海涛，等. 3DR-Ⅰ型火烧驱油电点火器的研制与应用[J]. 石油机械，2004，32(1)：28-30.

欢喜岭油田锦45-32-18块薄层稠油高效滚动开发技术与实践

谷艳荣　王　健　李　明　于立明　唐　龙　刘　然

【中国石油辽河油田分公司锦州采油厂】

摘　要： 开发30余年的稠油老区，初期只发现上部一套含油层系。在"三老资料"复查中发现一口老探井下部6.5m薄层具有较高产能，而其他油井未钻穿。通过应用井震联合技术，纵向上精细地质分层，平面上应用砂体追踪技术，精细刻画新发现层系地质特征，以老探井为中心滚动部署开发井。外扩部署过程中又发现两套新的含油层系，均具有薄层高产的特征。通过4次共滚动部署开发井67口，使区块采油速度由0.2%上升到1.7%，实现薄层稠油高效滚动开发。

关键词： 稠油；兴Ⅲ油层；锦45-32-18块

　　欢喜岭油田位于辽河盆地西部凹陷西斜坡南端。油层厚度大的整装油藏已基本发现并开发利用，剩余资源多为"低、深、难、稠、小"的薄层和难采储量。以薄层油藏为主要勘探对象，通过"三老"资料复查发现勘探闪光点，围绕出油气井点，运用小层对比，结合三维地震精细解释、储层反演技术落实构造和储层，优选薄层储量进行开发，取得了较好效果[1]，锦45-32-18块就是其中的典型区块。该区块经过30年的开发，已进入蒸汽吞吐开发后期，其开发目的层于I油层采出程度较高，油层水淹严重，开发潜力小。在"三老资料"复查中发现，一口老探井下部发育一套新层系，具有薄层高产的特征。通过井震联合技术逐步落实新层系地质特征，分批滚动部署开发井，后又陆续发现两套新层系，厚度在10m左右，新增石油地质储量125×10⁴t，新井初期平均产能8t/d。通过实施滚动部署，区块日产油由2017年初的20t上升到目前的150t，采油速度由0.2%上升到1.7%，实现薄层稠油高效滚动开发。

1　油藏概况

　　锦45-32-18块构造上位于辽河盆地西部凹陷西斜坡西南端，为一被三条边界断层夹持的单斜构造。主要开发目的层为下第三系沙河街组沙一段中—于楼油层，含油面积1.6km²，油层平均有效厚度9.1m，地质储量259×10⁴t。

　　1987年开始在锦45-32-18井于楼油层试采获得产能，1995年投入蒸汽吞吐开发。1995年开始按118m×118m正方形井网陆续部署各类油井30口，2009年之后产量逐年递减，到2016年年产油下降到0.9×10⁴t，处于低速开发阶段。

　　2013年在相邻区块一口老探井锦45-34-24井兴Ⅲ油层发现产能。该套油层厚度只有6.5m，累计产油达2.5×10⁴t，具有明显的薄层高产特征。通过地层对比认为该油层位于锦45-32-18块内，而锦45-32-18块内油井未钻穿该层系。因此开展了油藏精细描述工作，并针对该油层进行滚动部署研究。

　　作者简介：谷艳荣（1973—），女，高级工程师，1995年毕业于江汉石油学院石油工程专业，学士学位，现在辽河油田锦州采油厂地质研究所从事油藏开发工作。E-mail：guyanrong1973@sina.com

2 油藏精细描述技术

欢喜岭油田针对稠油油藏特点，利用不同开发阶段资料，应用不断发展的油藏描述技术手段，经过多年的实践和总结，逐步形成了以"地质、测井、地震、油藏工程多学科相结合为手段，不同开发阶段油藏描述技术规范为标准，三维地质建模和动态储量研究为核心"的油藏描述技术方法[2]。

2.1 层组划分

选取地层对比标志层，针对目的层，井震结合精细层位标定。通过地质统层，将兴隆台油层从上至下划分为兴I、兴II、兴III油组。其中兴III油组划分为3个砂岩组，其中兴III₃砂岩组是部署主要目的层。

2.2 精细构造解释

在精细层位标定的基础上进行构造解释。由于该井区兴III油层组完钻井少，主要通过VSP技术结合三维地震，辅助应用油藏剖面落实构造。遵循"井震结合"的总体思路，在有井控制的区域以地层对比为主，在无井控制区域，以地震解释为主，井震结合精确落实构造。利用两口井8个方向VSP非零偏剖面，为构造解释提供依据。

为了保证资料精细程度，处理过程中完成了地面高程静校正、钻井平台补心高校正、电缆校正、炮井深校正及计算机零时线校正。井口地面为零埋深，因而VSP资料预处理较为精细。利用了两套处理系统对比处理(斜井处理系统与哈里伯顿)。其中对锦45-35-191C井进行了4个非零偏观测系统的野外采集，其野外施工因素见表1。

表1 锦45-35-191C井VSP测井施工因素表

观测系统		非零1	非零2	非零3	非零4
井况	井别	开发井	开发井	开发井	开发井
	井型	斜井	斜井	斜井	斜井
	完井	套管	套管	套管	套管
观测系统	观测井段	220~1150m	220~1150m	220~1150m	220~1150m
	观测点距	30m	30m	30m	30m
	炮点方位	62°	273°	198°	128°
	炮点偏移	1210m	1250m	1200m	1250m
施工因素	激发	9m	9m	9m	9m
		150g	150g	150g	150g
	接收	SN388	SN388	SN388	SN388
		1ms	1ms	1ms	1ms
		4s	4s	4s	4s
工作量及评价	接收点数	96	96	96	96
	检查点数	0	0	0	0
	总炮数	48	48	48	48
	合格率	100%	100%	100%	100%

非零偏VSP剖面经过滤波、波场分离、模型正演、动校正等得到最终的VSP剖面，其CDP点间距为10m，其断层的断点清晰可靠，储层延伸明了。图1为锦45-35-191C井其中的一个非零偏VSP剖面。

井区构造复杂，断层发育。复杂断块油藏薄储层地震描述的难点：一是断块破碎，储层的地震反射特征不易识别；二是由于断层多，反演技术效果不好；三是受地震分辨率限制，储层界面识别困难[3]。首先精细解释几条骨干连井测线和过井剖面，在此基础上对三维地震资料进行50m×50m的密度解释，为保证解释精度，所有的测线横向和纵向均放大，避免了对断层组合体系认识不准所带来的混乱，以便发现反射波的细微差别，找准断点的准确位置，最大限度地保证层位对比和断层解释的准确可靠。

通过研究认为兴III₃顶面构造相对整装，为向南西倾没的单斜构造，高点埋深1150m，构造幅度140m，地层倾角4°~11°。该区域共发育断层10条，按走向划分为北东、近东西向和北西向三组断裂系统，其中三级断层2条，发育时间长、延伸距离长，控制研究区构造格局、沉积及油气成藏，不同

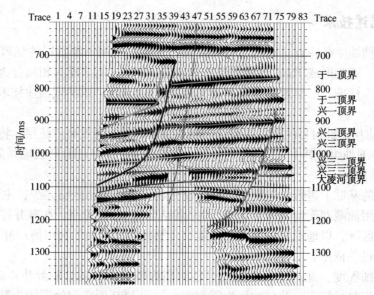

图 1　锦 45-35-191C 井非零偏 VSP 剖面

时期具有继承性，其余为块内次级断层，控制油层分布，使断块复杂化。

2.3　沉积及储层特征研究

在进行大量、细致的井间对比基础上，综合运用录井、测井、地震等资料，通过单井、联井和平面相分析，分析了研究区目的层的沉积相、亚相、微相类型及其特征，并建立了相应的识别标志。该区域兴Ⅲ组油层沉积时期，西部缓坡带主要发育冲积扇-扇三角洲-湖泊沉积体系。由该断块区钻遇兴Ⅲ组地层油井及后期投产开发井电测解释统计数据分析，该兴Ⅲ组储层砂体发育，厚度一般 15～29m，平均 19m。其中，兴Ⅲ$_2$ 砂体在平面上呈条带状分布，单井厚度最大达 18.4m，一般 4.5～14.3m；兴Ⅲ$_3$ 砂体单井厚度最大 14.7m，一般 3.2～12.8m。兴Ⅲ组储层岩性为灰色泥岩夹薄层褐灰色细砂岩，孔隙度 14.5%～31.5%，平均为 28.1%，渗透率 64.5～2184.3mD，平均为 1237.2mD，属高孔、高渗储层。

2.4　油水分布及油藏类型

锦 45 块主体部位有于楼油层及兴隆台油层两套油水系统。油层分布即受构造又受岩性控制，因此在成因分类上属于构造岩性油藏，在驱动类型上属于层状边底水油藏。其中于Ⅰ、于Ⅱ、兴Ⅰ、兴Ⅱ为主力含油层系，发育厚度较大，而兴Ⅲ油层相对较薄，单井厚度最大 19.5m，一般 7～16m，平均为 11.6m，主要受岩性控制，平面上锦 45-34-24 井区油层厚度大，向边部逐渐减薄。兴Ⅲ$_2$ 组油层厚度一般 6～12m，平均为 7.1m，主要分布在南东部，受岩性控制呈饼形分布。兴Ⅲ$_3$ 组油层厚度一般 5～11m，平均为 7.5m。从圈闭成因上划分，油藏类型为岩性-构造油藏，未见油水界面。

2.5　流体性质

锦 45 块于楼和兴隆台油层属于普通稠油油藏。对流体性质进行研究，收集了大量原油黏度样品。各个油层组黏度数据表见表 2。

表 2　锦 45 块原油黏度统计表

层位	样品数/个	原油黏度平均值 $\mu/mPa \cdot s$	备注	层位	样品数/个	原油黏度平均值 $\mu/mPa \cdot s$	备注
于Ⅰ	9	7697		兴Ⅱ	10	1234	
于Ⅱ	2	2790		兴Ⅲ	6	516	
兴Ⅰ	41	494					

主要研究目的层兴Ⅲ组油层 20℃ 脱气原油密度 0.9651g/cm^3，50℃ 脱气原油黏度 515.8mPa·s，胶质+沥青质含量 31.0%，含蜡量 3.2%，属于普通稠油。地层水水型为 $NaHCO_3$ 型，总矿化度平均 2595.7mg/L。

2.6　储量估算

锦 45-32-18 块部署研究目的层兴Ⅲ油层储量计算参数：$\Phi = 28.0\%$，$B_0 = 1.05$，$S_0 = 66.8\%$，$\rho_0 =$

$0.885 \mathrm{g/m^3}$，则单储系数 $= 100\Phi S_0\rho_0/B_0 = 100 \times 0.28 \times 0.668 \times 0.885/1.05 = 15.76 \times 10^4/(\mathrm{km^2 \cdot m})$

计算结果：锦45-32-18块兴Ⅲ油层含油面积 $0.316\mathrm{km^2}$，石油地质储量 $50 \times 10^4 \mathrm{t}$。

3 滚动开发与部署实践

3.1 井震联合技术实现兴Ⅲ油层滚动部署

由于兴Ⅲ初期油层只在一口老探井钻遇，平面储层发育情况不清，因此主要应用地震追踪目标砂体平面变化情况。纵向上精细地质分层，平面上应用砂体追踪技术，辅助应用其他断块老井资料精细刻画新发现层系地质特征，以老探井为中心滚动部署开发井。为降低部署风险，先部署大位移侧钻井落实该区域油层发育情况，分批滚动部署开发井，逐步外扩，边勘探边开发。由于新井钻遇井段长（450m左右）、钻遇层系多，加之兴Ⅲ储层发育薄、变化快，因此新井实施中应用三维地震追踪目的层，指导新井完钻，降低地质风险。首批新井实施后应用VSP技术结合高分辨三维地震资料，继续深化井区构造和储层研究。

3.2 滚动开发中发现新层系于Ⅱ和兴Ⅰ油层

2017年首批完钻16口滚动开发井，其中有8口井钻遇并投产兴Ⅲ油层，平均单井射开10.7m，初期平均日产油12t，薄层稠油获得较高产能。在兴Ⅲ油层陆续又外推10口井，均获得一定产能。

在首批新井实施过程中发现部分井非目的层于Ⅱ和兴Ⅰ油层发育一定厚度，试采获初期日产油20t的工业油流，证实锦45-32-18块又发现两套新的含油层系。同时利用三维地震技术追踪于Ⅱ和兴Ⅰ油层目标砂体，先后投产两口侧钻井均获得初期日产油15t以上的产能。

3.3 滚动开发带动区块整体部署

区块西部原于Ⅰ油层井网不完善，兼顾下部新层系，进行了整体部署，共部署开发井25口。同时在于Ⅱ和兴Ⅰ油层获得较高产能基础上，对这两套层系进行了综合地质研究工作，并进行了整体部署。地层对比结合三维地震落实兴Ⅰ油层顶面构造，落实于Ⅱ和兴Ⅰ油层厚度、储量。两套层系含油面积 $0.719\mathrm{km^2}$，地质储量 $75.2 \times 10^4 \mathrm{t}$。采用不规则井网，油层厚度大于15m区域，按118m井网部署直井，单井控制储量 $3.1 \times 10^4 \mathrm{t}$；厚度 $5 \sim 15\mathrm{m}$ 区域部署侧钻井，井距在 $90 \sim 160\mathrm{m}$ 之间，单井控制储量 $2.0 \times 10^4 \mathrm{t}$，局部可兼顾兴Ⅲ油层，共部署新井18口，实现薄层稠油整体部署。

3.4 滚动开发技术实践效果

锦45-32-18块通过实施滚动开发技术，先后发现三套新的含油层系，新增石油地质储量 $125 \times 10^4 \mathrm{t}$。三套含油层系具有薄层高产的特点，为区块后续开发提供了产能接替层。区块自2017年陆续投产新井56口，平均射孔厚度10m，平均单井初期日产油8t。通过实施滚动部署，区块日产油由2017年初的20t上升到目前的150t，采油速度由0.2%上升到1.7%，实现薄层稠油高效滚动开发。

4 结论

（1）锦45-32-18块开发30年后，在老区内部又发现三套含油层系，说明稠油老区内部薄层仍具有一定勘探开发潜力。

（2）"三老资料"复查是发现新层系的关键，井震联合技术可以作为识别欢喜岭油田薄层稠油的有效手段，滚动部署是提高欢喜岭油田薄层稠油开发效果的有效途径之一。

（3）该块的开发实践践行了"老区周边找新块""老区内部找新层"的滚动开发理念，取得了薄层稠油老区滚动开发的突破。

参考文献

[1] 周旭.特种油气藏[M].特种油汽藏，2007，8(增刊)：4-6.

[2] 任芳祥，孙红军，户昶昊.稠油开发技术与实践[M].沈阳：辽宁科学技术出版社，2011：1-13.

[3] 刘忠亮，李勤英，郝加良，等.第五届渤海湾油气田勘探开发技术座谈会论文集[M].烟台：山东石油学会，2011：81-85.

巨厚块状稠油油藏多元介质
辅助吞吐技术优化与应用

杨建平　徐　猛　曹敬涛　何建中　张　挺

【中国石油辽河油田分公司高升采油厂】

摘　要：GS油田稠油热采区块以蒸汽吞吐开发为主，油藏埋深1500~1900m，开发目的层有效厚度27.3~104m，为中深层巨厚块状普通稠油油藏，目前处于蒸汽吞吐中后期。针对吞吐轮次逐年增加，油井出现亏空、排水期延长、汽窜、回采速率低等问题，提出利用表面活性剂、二氧化碳（CO_2）、氮气（N_2）三元辅助蒸汽吞吐，通过比对现场实施效果，评价单一及组合作用效果，优化注入参数、顺序；根据吞吐井实施区域、轮次、汽窜等因素，优化组合方式，完善选井条件，优化施工方案，提升技术适应性，为类似区块的高效稳产提供技术支持。

关键词：多元介质；蒸汽吞吐；汽窜；排水期

针对GS油田稠油热采区块回采速率低、纵向动用差异大、重质组分沉积、排水期延长等制约区块开发的问题，开展了气体辅助蒸汽吞吐技术研究，利用CO_2、N_2的气体特性，改善蒸汽横向波及体积，调整纵向动用程度，改善原油流动性，补充地层能量，同时复配调剖封堵剂、表面活性剂等，强化驱油、封窜性能，实施后有效改善蒸汽吞吐开发效果。但受油层厚度大、层间物性差异等因素影响，各介质组合、段塞参数设计缺乏依据，导致措施吨油成本偏高，措施覆盖率低，且不同区块措施效果参差不齐、多轮次措施效果逐轮递减。因此，需要优化施工组合方式、施工参数，完善选井依据，提升技术适应性，扩大措施覆盖率，为吞吐后期降本增效和高效开发提供技术支撑。

1　研究内容

1.1　多元介质吞吐各介质作用机理

根据多元介质不同组合方式辅助吞吐实施情况，分析实施效果，评价各介质作用机理。注入N_2与空白注汽相比，平均单井排水期缩短10d、峰值产油量提高2.4t；与N_2+CO_2相比，平均周期产油下降236t，见表1。

表1　多元介质吞吐效果对比

措施井	措施	排水期/d	压力/MPa	峰值/t	生产周期/d	周期产油/t	周期日产油/t
1#/ G3-7-85	空白注汽	23	6.3		196	688	3.5
	表面活性剂+N_2	4	2.6	8.8	168	740	3.8
	表面活性剂+N_2+CO_2	3	2.4	8.7	230	1083	4.7
	N_2对比	−1	−0.2	−0.1		343	0.9
2#/ G3-6-0232	空白注汽	5	7.8		132	332	2.5
	表面活性剂+N_2	5	1.8	10.1	105	423	4
	表面活性剂+N_2+CO_2	3	2.5	8.3	125	553	4.4
	N_2对比	−2	0.7	−1.8		163	0.4

N_2 能够缩短排水期，提高初期峰值产油量，与空白注汽对比平均生产周期缩短 27.5d，主要是因为注汽时 N_2 可携带热量进入油层深部，扩大蒸汽横向波及体积、调整纵向动用剖面，转抽后使连续的油分隔为段塞式油，打破原油连续性，增强原油流动性，但随着油井产出的增加，N_2 增能作用逐步减弱，后期稳产能力降低。

CO_2 能够延长生产周期，提升稳产能力，与空白注汽对比平均生产周期延长 13.5d、周期日产油提升 1.55t，主要是因为 CO_2 在原油中的溶解度较大，随着注汽压力的上升，CO_2 溶解量增多，转轴后随着生产延长，油藏压力降低，油藏原油中的 CO_2 就会从原油中逐步分离出来，改善原油流动，延长油井稳产期及生产周期。

表面活性剂能够在储层内发泡，改善驱替环境，提升注汽压力，强化气体贾敏效应，迫使其进入未动用目的层，提升驱油效率。

1.2 吞吐参数设计优化

前期技术调研表明，气体吞吐参数普遍依据每米油层注入量、蒸汽用量比值进行设计。通过数据统计分析每米油层注入量、蒸汽用量比值与每米油层增油量的关系，初步制定了满足 GS 油田生产需求的施工参数，其中与蒸汽比值：N_2 为 40%~80%、CO_2 为 15%~30%、表面活性剂为 0.5%~0.8%；每米油层：N_2 为 1000~4000m^3/m、CO_2 为 1~2.5t/m、表面活性剂为 0.2~0.5t/m，可以避免周期递减，并根据不同轮次修正施工参数，见表 2，进一步提升参数适应性，保障措施效果。

表 2 气体吞吐施工参数设计模板

轮次	N_2 用量		CO_2 用量		表面活性剂用量	
	蒸汽比值/%	每米油层/(m^3/m)	蒸汽比值/%	每米油层/(t/m)	蒸汽比值/%	每米油层/(t/m)
多元介质参数	40~80	1000~4000	15~30	1~2.5	0.5~0.8	0.2~0.5
10 轮以下	20~70	1000~4000	20~30	1.5~2.5	0.5~1	0.2~0.4
10~15 轮	20~60	2000~4000	15~25	1.5~2.5	0.6~1.2	0.3~0.4
15 轮以上	40~80	1600~2000	15~25	1~1.5	0.6~1.2	0.25~0.5

1.3 吞吐选井条件优化

通过对不同组合方式措施效果评价发现：表面活性剂+N_2+CO_2 可有效缩短水期，延长稳产期，现阶段受轮次、井位、开采程度等因素影响较小，主要是因为该组合方式兼备调剖封窜、溶解降黏、增能助排作用，且可相互作用，提升增产能力。

表面活性剂+N_2：注汽压力、排水期、峰值均得到明显改善，汽窜严重的井产能效果不佳；可缓解汽窜，主要是加入表活剂产生泡沫体系，封堵高渗透层孔道，抑制汽窜影响；主体部位轻微汽窜产能相对较好，边部增产效果好于主体部位。

N_2 吞吐：前置、同注均可缩短油井排水期，前置井易出现气窜，同注可强化贾敏效应、抑制汽窜；同注增油、增压能力好于前置，如图 1 所示；低轮次措施井增产效果相对较好。

CO_2 吞吐：排水期得到改善，但同排量注汽压力下降井占实施井数的 70%，增能作用相对较弱。表面活性剂+CO_2 增压效果好于单一 CO_2，表面活性剂产生的泡沫体系可增大 CO_2 表观黏度，减缓 CO_2 返排速度，延长在油层中的作用时间，如图 2 所示；措施产能与采出程度有一定关系，地层亏空大，产能效果不佳，注采比接近 1，增产效果相对较好；压力突变形成新汽窜通道或轻微汽窜井实施后效果有所改善。

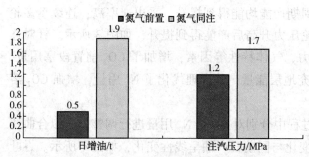

图 1 N_2 吞吐前置、同注增油、增压能力对比柱子图

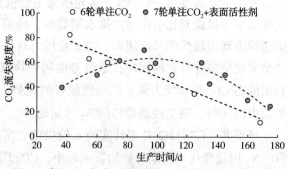

图 2 单注 CO_2 与表面活性剂+CO_2 气体流失程度对比图

通过现场实施摸索、总结出 N_2、CO_2 对措施影响规律，并根据不同组合方式作用效果，分析轮次、排水期、汽窜、井位等因素对吞吐效果影响，进一步优化了选井条件，见表3。

表3 多元介质吞吐选井条件表

措施类别	作 用 效 果	吞吐轮次	排水期/d	原油黏度	适 应 井 况
表面活性剂+ N_2+CO_2	①排水期长；②原油黏度大，油稠举升困难；③产能递减快，稳产能力差；④汽窜，消减汽窜占产影响；⑤非均质性强，纵向调剖	10轮以上	>30	2500~6000	①产能波动大；②汽窜占产影响大；③吞吐轮次高
表面活性剂+ N_2	①排水期长；②汽窜，消减汽窜占产及吞吐影响；③非均质性强，纵向调剖	10轮以上	15~30	1500~3000	①主体轻微汽窜井或遍部油井
N_2	①排水期长；②排液能力下降，增能助排；③较均质油层，纵向调剖	4~10轮	>15	1500~3000	①吞吐轮次低②无汽窜井③注汽压力下降井
表面活性剂+ CO_2	①排水期；②原油黏度大，油稠举升困难；③吞吐稳产能力差；④汽窜，消减汽窜占产及吞吐影响；⑤非均质性强，纵向调剖	小于10轮	<15	3000~6000	①压力突变形成新的汽窜通道②轻微汽窜井③注采平衡，注采比接近1
CO_2	①排水期；②原油黏度大，油稠举升困难	3~5轮	<10	3000~6000	①无汽窜井②注汽压力>16MPa

1.4 施工方案优化

1.4.1 多元介质注入顺序优化

N_2 难溶于水、微溶于油，压缩系数大、膨胀能力强，可实现压水、增能，提升采出速率，且具备隔热性能，可扩大蒸汽波及体积，降低热损失。CO_2 易溶于水和油，注入时首先进入水相，使水的黏度增加，流动性降低，从而提高油水流度比，改善驱油效率，进入油相，通过萃取等作用降低原油黏度，提高流动性。表面活性剂可改变界面张力，改善驱替环境，其发泡体系可强化气体贾敏效应，调整吸气剖面，增强驱油效率。

针对 N_2、CO_2 的气体特性及表面活性剂的性能，优化了单井吞吐施工方案，先注入表面活性剂+ N_2，提升其发泡特性，调整吸汽/气剖面，降低近井地带含水率，改善 CO_2 驱替环境；再注入 CO_2，并注入一定量 N_2，处使 CO_2 达到超临界状态，提升 CO_2 抽提作用，降低残余油饱和度，同时避免 CO_2 对注汽管柱的腐蚀；最后 N_2 与蒸汽同注，利用 N_2 隔热及次升气顶作用，改善油层纵向动用程度、扩大蒸汽平面波及体积。

1.4.2 多轮措施方案优化

通过对37口井/102井次的实施，首轮措施效果较好，次轮措施效果逐步下降，第三轮、第四轮措施效果下降幅度为3%~5%。多轮措施主要包含两类：一是连续型多轮措施；二是间歇型多轮措施。间歇型多轮措施对比空白注汽排水期缩短，峰值、周期产能均能得到提升，采出速率高；连续型多轮措施均表现出较快的采出速率，当二轮压力对比首轮压力升高后产能得到提升，如图3所示。针对连续型多轮措施井存在的问题，综合考虑锅炉注汽能力、气体特性等因素，增加了 CO_2 前置段塞用量，利用液态 CO_2 溶解能力强、膨胀性能好的优势，补充地层能量，并合理优化了 N_2 用量，增强 CO_2 溶解能力的同时，避免转抽后初期 N_2 大量返排。

典型井：G3-LH2 井累计实施6轮措施，实施过程中分别对 CO_2、N_2 用量进行调整，从拟合曲线看，N_2 用量变化对同期日产油影响较小，CO_2 用量变化与同期日产油呈线性变化，如图4所示。吞吐过程中增加 CO_2 用量，可保障措施效果。

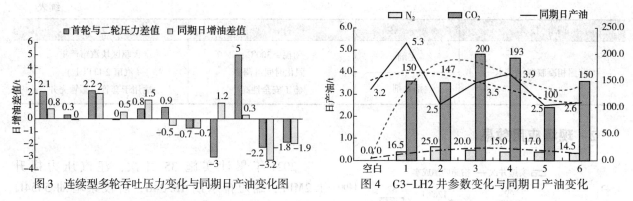

图3 连续型多轮吞吐压力变化与同期日产油变化图　　图4 G3-LH2井参数变化与同期日产油变化

1.4.3 汽窜井配套工艺优化

受油层厚度大、横跨层系多的影响，区块采用逐步上返油层生产，导致储层动用差异大，多轮次注汽后部分油层采出程度高，层间汽窜严重。针对油井汽窜程度的不同开展了技术研究：对轻微汽窜井(注汽中、末期汽窜，汽窜1~2口井)采用表面活性剂+气体组合方式吞吐，利用表面活性剂封窜性能，强化气体贾敏效应，实现调剖封窜，延缓汽窜时间，改善吞吐效果；对严重汽窜井(注汽前期汽窜，汽窜>2口井)采用调剖剂+气体组合方式吞吐，实现单井封堵吞吐；集团注汽形成封闭区域，控制能量外逸。

1. 集团注汽吞吐方案优化

集团注汽可有效抑制汽窜影响，但施工井组调整周期长、增产能力不足。为强化集团注汽效果，解决油井生产问题，在平面高部位油井注 N_2，形成次生气顶，携带热量，调整纵向波及程度，同时对汽窜通道进行增压，提升驱油效率；在平面低部位油井注入 CO_2，利用次生气顶、重力分异泄油作用，提升油井采出程度，进而实现集团注汽井组集中调控，提升措施覆盖率，降低措施吞吐吨油成本。

典型井组：G3-7-K26、G3-61-254、G3-6-024，根据油层垂向深度，分别对 G3-7-K26 注 CO_2、G3-6-024 注表面活性剂+N_2，并由上至下逐步滚动注汽，对比空白注汽，本轮集团注汽排水期缩短8.3d、注汽压力提升3.9MPa、周期增油提升2235t，见表4，注汽过程中未出现汽窜。

表4 集团注汽效果统计

井号	空白注汽			集团注汽			对比		
	压力/MPa	排水期/d	周期产油/t	压力/MPa	排水期/d	周期产油/t	压力/MPa	排水期/d	周期产油/t
G3-6-024	10.9	23	668.3	17.1	12	2149	6.2	-11	1480.7
G3-61-254	13.6	3	565.2	13.9	15	410.3	0.3	12	-154.9
G3-7-K26	10.8	31	322.6	16	5	1231.8	5.2	-26	909.2
平均/合计	11.8	19	1556.1	15.7	10.7	3791.1	3.9	-8.3	2235

2. 调剖剂+气体吞吐方案优化

调剖剂+气体吞吐可实现严重汽窜单井封堵吞吐，降低汽窜影响，改善吞吐效果。现场跟汽窜程度、温度、完井方式等因素对调剖剂的选择进行了优化，见表5。

表5 调剖剂配套方案优化

调剖技术	组　成	特　点	适用井
聚阳离子凝胶调剖	阳离子	耐温≥200℃； 封堵率≥85%； 地层伤害程度小	汽窜1~2口井， 适用于套管、筛管完井
	交联剂		
无机双激发调剖技术	主剂	封堵率≥95%； 耐温≥350℃； 耐冲刷性好	汽窜2口以上， 适用于套管完井
	分散剂		
	激活剂		

右上角：续表

调剖技术	组　成	特　　点	适　用　井
非固相凝胶调剖技术	主剂	耐温≥300℃； 固化时间可调； 施工安全性高	火驱区块汽窜严重 （汽窜2口以上）， 适用于套管、筛管完井
	活化剂		

2　现场应用效果

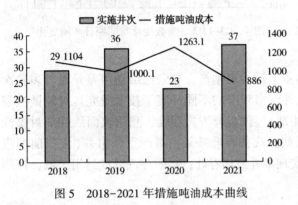

图5　2018—2021年措施吨油成本曲线

2021年累计实施35井次，注汽压力提升1.2MPa，缩短排水期18.34d，阶段累增油5454t，平均措施吨油成本为866元，同比2022年措施吨油成本下降29%，如图5所示。

3　结论

（1）多元介质辅助吞吐技术可以通过调配不同介质的组合方式、注入参数，协同作用解决吞吐井排水期长、油层动用不均等问题，可有效改善吞吐效果。

（2）通过对比现场实施效果，明确了巨厚块状普通稠油油藏多元介质辅助吞吐各介质不同组合方式作用机理及效果，依靠数据统计优化了施工参数、施工顺序，完善了选井条件。

（3）在现场实施过程中明确了多轮次措施效果影响因素，通过优化CO_2用量，补充地层能量，保障措施效果；其次，根据汽窜程度、完井方式等因素，优化了调剖剂+气体吞吐方案，进一步提升措施效果。

参考文献

[1] 刘怀珠，李良川，吴均. 浅层断块油藏水平井CO_2吞吐增油技术[J]. 石油化工高等学校学报，2014，27(4)：52-56.

[2] 程诗胜，刘松林，朱苏清. 单井CO_2吞吐增油机理及推广应用[J]. 油气田地面工程，2003，22(10)：16-17.

[3] 赵斌. 低渗透油层二氧化碳和氮气复合驱研究[D]. 大庆：东北石油大学，2019.

[4] 尤磊等，微乳液-CO_2-N_2复合体系协同降黏增能室内实验及矿场应用[J]. 石油地质工程，2021，35(4)：67-69.

[5] 王志兴. 断块油藏水平井组CO_2协同吞吐效果评价及注气部位优化实验研究[J]. 石油科学通报，2018，3(2)：183-194.

[6] 张戈，王梦涵，焦红岩，等. 断块油藏氮气吞吐筛选标准[J]. 断块油气田，2019，26(6)：766-770.

吞吐开发稠油油藏经济极限
油汽比计算新法

黄祥光

【中国石油辽河油田分公司经济技术研究院】

摘　要：经济极限油汽比对蒸汽吞吐开发油田具有重要的经济意义，目前蒸汽吞吐开发油田的单井经济极限油汽比采用中国石油天然气总公司和全国储委油气专业委员会的标准值 0.25，行业标准和国家标准并没有给出具体的计算方法。本文基于投入产出平衡原理，按照相关因素法确定操作成本，推倒得出蒸汽吞吐开发油田单井经济极限油汽比计算模型。以辽河油田区块 A 为例，计算不同油价、不同单井日产油下的单井经济极限油汽比，并绘制相应图版，评价了现经济条件和生产状况下的单井经济极限油汽比为 0.0823，目前油汽比仍大于单井经济极限油汽比，该井依然具有一定的经济效益，仍处于效益开发阶段。

关键词：蒸汽吞吐；稠油油藏；经济极限油汽比；投入产出平衡原理

0　引言

我国稠油开发以蒸汽吞吐为主，油汽比是蒸汽吞吐开发稠油油田的一项重要指标，但随着开发时间的延长，油汽比减小，油田总体开发效益逐渐下降。因此，对于合理确定油田的经济极限油汽比显得尤为重要。目前，蒸汽吞吐开发油田的单井经济极限油汽比采用中国石油天然气总公司和全国储委油气专业委员会的标准值 0.25，行业标准和国家标准并没有给出具体的计算方法[1-2]。文献[3-8]对其经济极限油汽比进行研究，但文献中的计算方法都把除注蒸汽的热采费用以外的操作成本当成与产油量相关的可变成本，并没有区分出操作成本中的固定成本项和可变成本项的相关因素。本文基于投入产出平衡原理，按照作业过程法和相关因素法确定操作成本，从而推导得出蒸汽吞吐开发油田单井经济极限油汽比计算模型，并以辽河油区吞吐开发较为完成的区块 A 为例，基于区块实际成本、税金等各项经济参数，运用推导得出的单井经济极限油汽比计算公式，计算得出不同油价、不同单井日产油下的单井经济极限油汽比，并绘制相应图版，以期为评判蒸汽吞吐开发油田单井生产是否具有经济效益提供指导。

1　辽河油区蒸汽吞吐稠油油藏现状

在 20 世纪 80 年代，辽河油区的稠油油藏以蒸汽吞吐开发方式投入开采。通过老区不断加密调整及产能规模的不断扩大，截至目前，大致经历 3 个阶段：1986—1995 年的大规模上产阶段，阶段末，月产油 55.07×10^4t，年产油 730.70×10^4t，累计产油 8730.89×10^4t，月注汽 112.39×10^4t，年注汽 1461.39×10^4t，累计注汽 13403.26×10^4t，月油汽比 0.49，年油汽比 0.5，累计油汽比 0.65；1996—2001 年的稳产阶段，阶段末，月产

基金项目：中国石油天然气股份有限公司科技重大专项"辽河油田千万吨稳产关键技术研究与应用"课题(2017E-16)。

作者简介：黄祥光(1980—)，男，硕士，高级工程师，毕业于中国石油大学(华东)石油工程专业，现从事油田经济评价及 SEC 储量评估工作

油 48.98×10^4t，年产油 590.15×10^4t，累计产油 12653.99×10^4t，月注汽 153.07×10^4t，年注汽 1735.73×10^4t，累计注汽 22957.15×10^4t，月油汽比 0.32，年油汽比 0.34，累计油汽比 0.55；2002 年至今的递减阶段，截至 2020 年底，辽河油区蒸汽吞吐稠油油藏月产油 30.26×10^4t，年产油 365.26×10^4t，累计产油 17002.31×10^4t，月注汽 116.39×10^4t，年注汽 1217.53×10^4t，累计注汽 50006.81×10^4t，月油汽比 0.26，年油汽比 0.3，累计油汽比 0.34[5]。

2 单井经济极限油汽比计算方法

经济极限油汽比是指在一定的技术经济条件下，稠油注蒸汽开发油田的吨油产品的税后产值和吨油成本相平衡时的汽油比，当油汽比低于经济极限油汽比时，油井生产开始亏损，经济效益为负[9-10]。

根据投入产出平衡原理和经济极限油汽比定义：

$$P_o - C_{fg} - C_{Vg} - T_{xo} = 0 \tag{1}$$

式中 P_o——原油价格，￥/t；

C_{fg}——单井吨油固定成本，￥/t；

C_{Vg}——单井吨油可变成本，￥/t；

T_{xo}——吨油税费，￥/t。

2.1 单井吨油固定成本

固定成本是指不受产量增减变动影响的各项成本费用，蒸汽吞吐开发的油田固定成本包括采出作业费、井下作业费、测井试井费、维护修理费、运输费、厂矿管理费，固定成本一般不随液量和油量的变化而变化，与油井开井数密切相关。

第 t 年的单井吨油固定成本表达式为：

$$C_{fg} = \frac{C_{fd}}{Q_t} \tag{2}$$

式中 C_{fd}——单井年固定成本，￥/a；

Q_t——第 t 年单井年产油量，t/a。

单井第 t 年年产油量用日产油量和生产时率表示为：

$$Q_t = 365 \cdot R \cdot Q_{td} \tag{3}$$

式中 R——生产时率，f；

Q_{td}——第 t 年单井平均日产油量，t/d。

单井吨油固定成本可改写为：

$$C_{fg} = \frac{C_{fd}}{365 \cdot R \cdot Q_{td}} \tag{4}$$

2.2 单井吨油可变成本

可变成本是指随产品产量增减而成正比例变化的各项费用，对于蒸汽吞吐开发的油田可变成本包括稠油热采费和油气处理费。

单井第 t 年的吨油可变成本计算公式：

$$C_{Vg} = C_{sg} + \frac{C_{zg}}{OSR_t} \tag{5}$$

式中 C_{Vg}——单井吨油可变成本，￥/t；

C_{sg}——单位油气处理费，￥/t；

C_{zg}——单位蒸汽发生费，￥/t；

OSR_t——油井第 t 年油汽比，f。

2.3 单井吨油税费及附加

对于蒸汽吞吐开发的油田，单井吨油税费及附加包括增值税、城市建设税、教育及附加、资源税和特别收益金[11-15]。

石油特别收益金是指国家对石油开采企业销售国产原油因价格超过一定水平所获得的超额收入按照比例征收的收益金。

石油特别收益金征收实行 5 级超额累进从价定率计征。具体征收比率及速算扣除数见表 1：

表 1 石油特别收益金征收比率表

原油价格/(\$ /bbl)	征收比率/%	速算扣除数/(\$ /bbl)	原油价格/(\$ /bbl)	征收比率/%	速算扣除数/(\$ /bbl)
65~70(含)	20	0	80~85(含)	35	1.5
70~75(含)	25	0.25	85 以上	40	2.5
75~80(含)	30	0.75			

单井吨油税费及附加计算公式：

$$T_{xo} = P_o \cdot \left[r_{zz} \cdot (r_c + r_j) + r_{zy} \right] + T_{tb} \tag{6}$$

式中 T_{xo}——吨油税费，¥/t；

P_o——原油价格，¥/t；

T_{tb}——特别收益金，¥/t；

r_{zz}——增值税率，f；

r_c——城市维护建设税税率，f；

r_j——教育及附加税税率，f；

r_{zy}——资源税税率，f。

2.4 单井经济极限油汽比计算公式建立

根据投入产出平衡原理和经济极限油气比计算公式，把式(4)~式(6)代入式(1)整理得到单井经济极限油汽比计算公式为：

$$OSR_1 = \cfrac{C_{zg}}{P_o - \cfrac{C_{fd}}{365 \cdot R \cdot Q_{td}} - C_{sg} - P_o \left[r_{zz} \cdot (r_c + r_j) + r_{zy} \right] - T_{tb}} \tag{7}$$

式中 OSR_1——经济极限油汽比，f。

3 实例应用

以辽河油区蒸汽吞吐开发较为完整的稠油区块 A 为例，结合其油藏相关开发及经济参数，利用所建立的蒸汽吞吐稠油油藏单井经济极限油汽比计算方法，确定不同油价、不同单井日产油量下的单井经济极限油汽比标准图版。

稠油区块 A 构造上位于辽河断陷西部凹陷西斜坡中段，是一个由北西向南东倾斜的单斜构造，开发目的层为下第三系沙河街组沙四上杜家台油层[16-17]。该块于 1994 年采用 200m 井距、正方形井网、蒸汽吞吐方式投入开发，截至 2021 年底，区块 A 共有采油井 31 口，开井 21 口，年产油 16404t，年产液量 56523t，年注汽量 44801t，年油汽比 0.36。成本取油藏 A2021 年实际发生成本，采出作业费 6153728 元，井下作业费 3877929 元，测井试井费 132558 元，维护修理费 1384774 元，运输费 856855 元，厂矿管理费 1424479 元，稠油热采费 8938291 元，油气处理费 1821572 元，增值税率、城市维护建设税税率、教育附加税税率、资源税税率取值见表 2。

表 2 辽河油区蒸汽吞吐稠油油藏 A 各项参数表

参 数	单 位	数 值	参 数	单 位	数 值
采出作业费	元	6153728	教育附加税税率	f	0.05
井下作业费	元	3877929	资源税	f	0.0456
测井试井费	元	132558	特别收益金起征点	\$ /bbl	65
维护修理费	元	1384774	汇率	f	6.5
运输费	元	856855	生产时率	f	0.82
厂矿管理费	元	1424479	生产井开井数	口	21
稠油热采费	元	8938291	年产液量	t	56523
油气处理费	元	1821572	年产油量	t	16404
增值税率	f	0.13	年注汽量	t	44801
城市维护建设税税率	f	0.07			

根据上述建立的蒸汽吞吐稠油油藏单井经济极限油汽比计算公式，结合蒸汽吞吐稠油油藏 A 的经济和开发参数，计算得到不同油价、不同日产油量下的单井经济极限油汽比(表3)。

表3　不同油价、不同单井平均日产油量下单井经济极限油汽比表

日产油/t 油价	2.5	3	3.5	4	4.5	5	10	15	20
30 $/bbl	0.644	0.4374	0.3558	0.3122	0.285	0.2664	0.206	0.1916	0.1851
40 $/bbl	0.2785	0.2312	0.2062	0.1908	0.1803	0.1727	0.1451	0.1378	0.1344
50 $/bbl	0.1776	0.1571	0.1452	0.1374	0.1318	0.1277	0.112	0.1076	0.1055
60 $/bbl	0.1304	0.119	0.112	0.1073	0.1039	0.1013	0.0912	0.0882	0.0868
70 $/bbl	0.1054	0.0978	0.093	0.0898	0.0874	0.0855	0.0782	0.076	0.075
80 $/bbl	0.0915	0.0857	0.082	0.0795	0.0776	0.0762	0.0703	0.0685	0.0676
90 $/bbl	0.0823	0.0776	0.0746	0.0724	0.0709	0.0697	0.0647	0.0632	0.0625

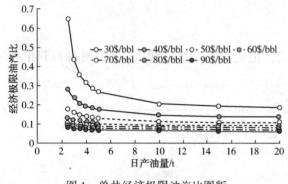

图1　单井经济极限油汽比图版

以横坐标为平均单井日产油量，纵坐标为经济极限油汽比建立二维直角坐标系，将表3中不同油价、不同单井平均日产油量的经济极限油汽比投在建立的二维坐标系中，即可得到评价区块的单井经济极限油汽比标准图版模型(图1)。从图1可看出，随着油价的升高，单井经济极限油汽比逐渐降低，当油价从 30 $/bbl 上升到 90 $/bbl 时，单井经济极限油汽比从 0.644 降至 0.0823；随着单井日产油的增加，单井经济极限油汽比逐渐降低，当单井日产油从 2.5t 增加到 20t 时，单井经济极限油汽比从 0.644 降至 0.1851。

稠油油藏 A 中有一口油井目前平均日产油量为 2.5t，油汽比为 0.18。根据单井经济极限油汽比研究成果，目前经济条件和生产状况下(产油量为 2.5t/d、油价 90 $/bbl)，单井经济极限油汽比为 0.0823，目前油汽比仍大于单井经济极限油汽比。由此可见，目前该井依然具有一定的经济效益，仍处于效益开发阶段，应维持生产。

4　结论

(1) 依据投入产出平衡原理，按照作业过程法和相关因素法确定操作成本，推倒得出开发中后期蒸汽吞吐稠油油藏单井经济极限油汽比计算模型，并以辽河油区蒸汽吞吐稠油油藏 A 为例，结合其开发、经济等参数，计算了不同油价、不同单井日产油量的经济极限油汽比并绘制其标准图版。

(2) 从蒸汽吞吐稠油油藏单井经济极限油汽比计算模型可以看出，油价、日产油和操作成本是影响单井经济极限油汽比的3个重要参数，单井经济极限油汽比与油价和日产油量呈负相关关系；在操作成本一定的情况下，单井经济极限油汽比与稠油热采费呈正相关关系。

参考文献

[1] 陈元千，周翠，张霞林，等. 重质油藏注蒸汽开采预测经济可采储量和经济极限油汽比的方法：兼评国家行业标准的预测方法[J]. 油气地质与采收率，2015，22(5)：1-6.

[2] Q/SY 01180—2020，中国石油天然气集团有限公司企业标准[S].

[3] 刘斌，郭福军. 油田经济可采储量确定方法研究[J]. 西南石油学报，1999，21(1)：83-87.

[4] 石启新，方开璞．注蒸汽开发经济极限油汽比及经济可采储量的计算方法及应用[J]．石油勘探与开发，2001，28(4)：97-98.

[5] 王俊魁，孟宪君．预测油藏可采储量的实用方法[J]．大庆石油地质与开发，2009，27(1)：51-54.

[6] 黄祥光．SEC准则下蒸汽吞吐稠油油藏递减率计算方法[J]．石油天然气工业，2022，29(2)：30-33.

[7] 安天下．含油气盆地不同勘探阶段勘探目标综合评价方法–以济阳坳陷为例[J]．中国石油大学胜利学院学报，2019，33(3)：27-31.

[8] 黄祥光．注蒸汽开发油藏SEC储量评估中递减率的合理确定方法[J]．油气井测试，2015，26(2)：12-15.

[9] 黄祥光．应用注采关系曲线计算热采稠油油藏的证实储量[J]．油气井测试，2014，22(2)：23-25.

[10] 高成全．商业油流标准确定方法探讨[J]．新疆石油地质，2002，23(3)：254-256.

[11] 张建强，李志刚，张连．单井商业油流标准的确定及其在苏北低渗透储量地区的应用[J]．石油天然气学报，2012，34(9)：368-370.

[12] 宫利忠，殷艳芳，刘亚军．储量评估中经济极限产量的计算方法与影响因素分析[J]．石油地质与工程，2010，24(6)：47-49.

[13] 王俊魁，孟宪君．预测油藏可采储量的实用方法[J]．大庆石油地质与开发，2009，27(1)：51-54.

[14] 刘斌．预测蒸汽吞吐阶段可采储量的简便方法[J]．石油勘探与开发，1997，24(1)：63-64.

[15] 黄祥光．一种新的蒸汽吞吐稠油油藏证实储量计算方法[J]．油气藏评价与开发，2013，3(3)：27-29.

[16] SY/T 5367—2010，中华人民共和国石油天然气可采储量计算方法行业标准[S].

[17] 周炎斌，何逸凡，章威．海上注水开发油田单井经济极限含水率分析[J]．岩性油气藏，2019，31(3)：130-134.

普通稠油油藏乳化驱油机理研究

孙宝泉

【中国石化胜利油田分公司勘探开发研究院】

摘　要：本文基于不同储层物性条件的水驱普通稠油油藏，研究了乳化降黏驱油剂主要性能指标（乳化降黏率、界面张力）对提高驱油效率的贡献大小和增效机理。并通过微观可视化驱油实验，明确了乳化降黏驱油剂在孔隙尺度的致效机理。实验结果表明，油藏条件下乳化降黏驱油剂需要依靠乳化降黏和降低界面张力的协同增效作用，才能大幅度提高驱油效率。乳化降黏驱油剂的乳化能力越强，油水界面张力越低，驱油效率提高量越大。但是降低界面张力对提高驱油效率的作用比提高乳化降黏率的作用更大。乳化降黏驱油剂注入初期通过降低界面张力，降低注入压力，提高注入能力。而注入后期通过将大块的原油乳化形成大量不同尺寸的油滴，增强原油流动性，提高驱油效率；乳化形成的界面相对稳定的稠油油滴，能够暂堵岩石的喉道和大块稠油与岩石颗粒形成的通道，扩大平面波及面积。降黏驱油剂驱油实现了提高驱油效率同时扩大波及范围。研究结果为水驱稠油开发用驱油剂研发指明方向，为大幅度提高水驱普通稠油采收率奠定基础。

关键词：普通稠油；乳化降黏驱油剂；乳化能力；界面张力；致效机理

0　引言

胜利油田已注水开发的普通稠油储量大，但是稠油黏度高、密度大，导致水驱稠油的采油速度低、平均采收率低，面临如何提高水驱稠油采收率的问题。特别是水驱稠油油藏中的深层低渗稠油、强敏感性稠油和强边底水稠油油藏，水驱采收率极低。化学驱作为一种水驱后提高采收率的重要开发方式，在不同类型油藏的开发中得到较好的应用效果。针对普通稠油油藏水驱过程中加入乳化型表面活性剂，也可改善水驱稠油开发效果，达到大幅度水驱普通稠油油藏提高采收率的目的。

1942 年 Subknow 提出用乳化剂开采重油或沥青的方法[1]，但是国外针对稠油主要以热采开发为主，化学驱方面的现场应用一直较少。Dezabala、李华斌等认为，油–水界面张力最低值可以表征油藏提高采收率的最高能力[2-3]。葛际江等指出，水驱后稠油油藏提高采收率应强化表面活性剂的乳化能力。通过快速乳化提高驱油剂对残余油的剥离能力；乳化形成的乳状液，可以通过捕集提高后续流体的波及系数[4-5]。朱怀江等认为，油–水动态界面张力最低值对驱替效率虽然有一定影响，但是油–水动态界面张力平衡值更重要，是决定驱油体系能否获得较高驱油效率的关键[6]。Liu Qiang 等采用筛选出的 5 种驱油剂进行驱油实验，水驱后提高采收率达 20%以上[7]。但是目前针对稠油化学驱主要以研究降黏剂的合成和乳化能力为主，部分专家研究了油水界面张力和乳化能力等单因素对提高驱油效率的作用[8-9]，并未系统对比乳化能力和油水界面张力对提高驱油效率的贡献大小。

本次研究利用金家油田的普通稠油和不同渗透率的储层岩心，多次开展稠油—维驱油效率实验，研

项目资助：国家基金项目"难采稠油多元热复合高效开发机理与关键技术基础研究"（U20B6003）。

作者简介：孙宝泉（1986—），男，2018 年毕业于中国石油大学（华东）地质工程专业，获硕士学位，现于胜利油田勘探开发研究院从事稠油开发研究工作

究了驱油剂主要性能指标对驱油效率的影响规律。定量对比了降低界面张力和乳化能力对提高水驱稠油驱油效率的贡献大小，为水驱稠油用乳化降黏驱油剂的研发指明方向。通过开展不同性能指标的驱油剂微观驱油实验，直观地观察了原油的变形和运移现象，揭示了新型驱油剂在水驱稠油开发过程中的致效机理。

1 实验准备

1.1 实验材料和装置

1.1.1 实验材料

稠油一维驱油效率实验样品为储层岩心，物性参数见表1。微观可视化驱油实验模型：根据岩石薄片获得孔隙结构图像，用激光刻蚀的玻璃仿真模型。实验用水：金家油田现场取样后，过滤处理的地层水。实验用油：经脱水及过滤处理后的金家油田原油。地层温度下（48.3℃）原油黏度为1460mPa·s，属于普通稠油。

表 1 实验用岩心物性参数表

样品编号	长度/cm	直径/cm	ϕ/%	K_a/10^{-3}μm^2	样品编号	长度/cm	直径/cm	ϕ/%	K_a/10^{-3}μm^2
No. 1	6.01	2.5	21.37	998	No. 7	6.09	2.5	20.65	129
No. 2	6.00	2.5	21.20	1010	No. 8	5.99	2.5	20.67	130
No. 3	6.36	2.5	21.17	1018	No. 9	6.15	2.5	20.36	116
No. 4	6.78	2.5	21.12	971	No. 10	6.00	2.5	20.29	126
No. 5	6.47	2.5	20.50	991	No. 11	6.14	2.5	20.24	120
No. 6	6.17	2.5	21.78	1101					

注：ϕ 为岩心孔隙度；K_a 为岩心空气渗透率。

为了研究化学剂的乳化能力和降低界面张力能力对水驱稠油驱油效率的影响，配制了4种不同性能的化学剂。其中J1乳化降黏率高、界面张力高；J2乳化降黏率低、界面张力中等；J3乳化降黏率高、界面张力中等；J4乳化降黏率高、界面张力低。4种化学剂性能评价结果如表2所示。

表 2 化学剂性能评价结果表

样品编号	乳化降黏率/%	自然沉降脱水率/%	吸附后降黏率/%	界面张力/(mN/m)	pH 值
J1	95.68	86.00	95.26	7.3×10^{-1}	6.0
J2	37.05	88.91	35.89	8.0×10^{-2}	7.0
J3	95.53	81.33	93.28	9.6×10^{-2}	7.5
J4	95.43	82.43	93.49	2.2×10^{-3}	6.0

1.1.2 实验装置

研究使用了稠油-热水相对渗透率实验装置和稠油微观可视化驱替实验系统两套实验装置。其中稠油-热水相对渗透率实验装置主要包括注入泵、中间容器、数字压力表、恒温箱、围压跟踪泵、出口油水分离器和数据采集系统，如图1所示。稠油微观可视化驱替实验系统主要包括高温高压微观可视夹持器、QIZEX泵、温控仪、莱卡高倍显微镜等，如图2所示。

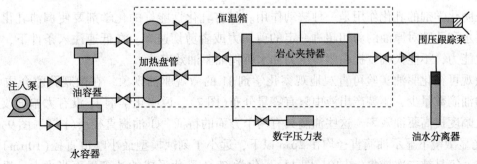

图 1 稠油-热水相对渗透率实验装置流程示意图

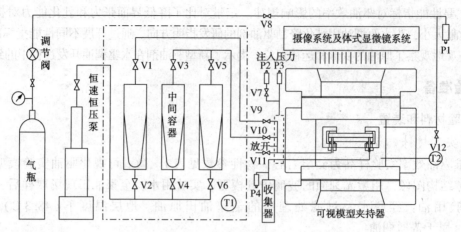

图2 稠油微观可视化驱替实验系统图

1.2 实验方法

稠油一维驱油效率实验参考《中华人民共和国天然气行业标准 SY/T 6315—2017》[10]。主要实验步骤如下：①岩样称重，饱和地层水，计算空隙体积和孔隙度(ϕ)。②设定恒温箱温度为实验温度。油驱水，建立束缚水饱和度(S_{wi})。③进行不同注入介质驱油。高渗稠油油藏中水驱前缘的推进速度约为 0.6m/d。折算成岩心流动实验的驱替速度约为 0.3mL/min。设置驱替前期，注入速度设定为 0.3mL/min。注入 10 倍左右孔隙体积后，注入速度提高为 1.0mL/min。低渗稠油油藏中水驱前缘的推进速度约为 0.2m/d。折算成岩心流动实验的驱替速度约为 0.05mL/min。设置驱替前期，注入速度设定为 0.05mL/min。注入 5 倍左右孔隙体积后，注入速度提高为 0.1mL/min。记录时间、产油量、产液量、进口压力、压差等实验数据；驱替倍数到达 30 倍孔隙体积以上，实验结束。④处理实验数据，计算并绘制驱油效率关系图。

稠油微观可视化驱替实验步骤为：①流程试压及实验用油、水预处理；②模型升温至油藏温度；③微观模型饱和水；④稠油驱替水，建立微观模型束缚水饱和度；⑤不同注入介质驱油实验，对实验全过程进行显微照相；⑥采用"解-合"法对驱油效果进行定性和定量分析[16]。

2 实验结果对比及机理分析

2.1 乳化能力对驱油效率的影响

为了研究乳化能力对驱油效率的作用大小，对比了高、低渗岩心中水驱和乳化能力强的化学剂 J1 驱实验结果。从驱油实验过程看(图3、图4)，注入速度为 0.3mL/min 时，高渗岩心中水对原油的剪切力低，化学剂 J1 不能通过乳化原油，增强原油的流动性。化学剂 J1 的驱油效率和水驱的驱油效率基本相同。当注入速度提高到 1.0mL/min 后(图3中三角形标记的位置)，产出液中有少量乳化油滴。化学剂 J1 驱的驱油效率仅比水驱提高 3.7%。低渗岩心在注入速度为 0.05mL/min 时，产出液中没有乳化油滴，驱油效率提高了 3.58%。注入速度提高到 0.1mL/min 后，产出液中有少量乳化油滴，化学剂 J1 驱的驱油效率比水驱提高 6.0%。驱替压力上表现为高渗和低渗岩心的驱替压差均低于水驱的驱替压差。如图5、图6所示。

实验证明化学剂的乳化作用是一种被动作用。只有乳化性能好的化学剂要使稠油乳化形成分散的油滴，需要水和孔隙对原油的剪切超过一定的剪切力或者剪切速率。在低速注入条件下，只依靠化学剂的强乳化能力，不能大幅度提高驱替压力和水驱稠油驱油效率。

通过微观可视化驱油实验可直观地观察化学剂 J1 的微观驱油现象。在微观孔隙介质中化学剂 J1 乳化形成的油滴数量少，驱替产出液中只有零星分布(图7)。说明化学剂 J1 没有大幅度改善原油流动性，不能大幅度提高驱油效率。这些油滴具有两个方面的特征：①油滴直径小(图8、图9)。产出液在 1000 倍荧光显微镜下显示油滴直径均在 2μm 以下，远小于刻蚀模型最小喉道直径(10μm)；②油滴界面稳定性差，容易被二次捕集(图10、图11)。化学剂 J1 乳化形成的油滴界面张力大，界面能高。油滴在孔隙中运移的距离短，甚至运移到相邻的孔隙中即被二次捕集。有部分油滴被孔隙中的大块油滴捕获聚并，还有部分油滴重新吸附在岩石表面，再次成为难驱动原油[11-13]。

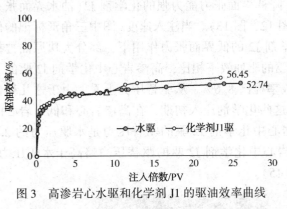

图 3　高渗岩心水驱和化学剂 J1 的驱油效率曲线

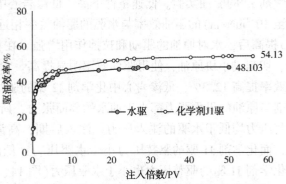

图 4　低渗岩心水驱和化学剂 J1 的驱油效率曲线

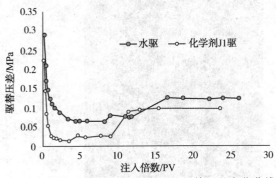

图 5　高渗岩心水驱和化学剂 J1 的驱替压差变化曲线

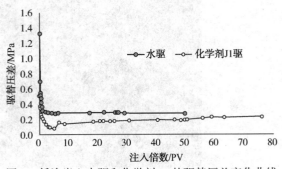

图 6　低渗岩心水驱和化学剂 J1 的驱替压差变化曲线

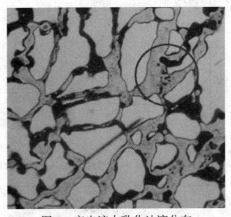

图 7　产出液中乳化油滴分布

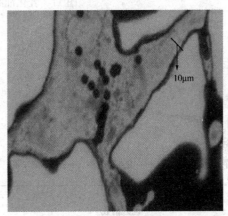

图 8　孔隙介质中乳化油滴大小

图 9　产出液中乳化油滴大小

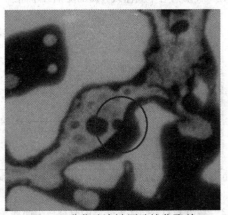

图 10　乳化油滴被原油捕获聚并

2.2 界面张力对驱油效率的影响

为了对比界面张力对驱油效率的作用大小，利用高、低渗两类岩心，开展了地层水、化学剂J1、化学剂J2的驱油实验。低速条件下高、低渗岩心中，降低界面张力能力强的化学剂J2(油水界面张力降至 10^{-2} mN/m)的驱油效率与水驱的驱油效率相近(图12、图13)。当注入速度(图中三角形标记的位置)提高后，水对原油的驱动和拉拽作用增强。在化学剂J2的低界面张力作用下，部分大块原油被拉拽、切割成小块原油，使得驱油效率明显提高。和水驱的驱油效率相比，高渗岩心中化学剂J2驱的驱油效率提高12.3%，低渗岩心中化学剂J2驱的驱油效率提高8.6%。从驱替压力上看，由于这几种化学剂与原油的界面张力都小于油水的界面张力，所以这些化学剂注入初期，在高渗岩心和低渗岩心的驱替压力均低于水驱的注入压力。注入后期，高渗岩心中化学剂J2驱的驱替压力是水驱压力的2.2倍，而化学剂J1驱的驱替压力小于水驱压力；低渗岩心中化学剂J2驱的驱替压力略高于水驱压力，而化学剂J1驱的驱替压力也小于水驱压力(图14、图15)。

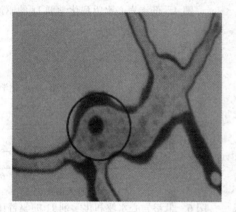
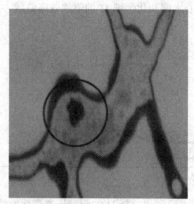

图11 乳化油滴二次吸附在岩石表面

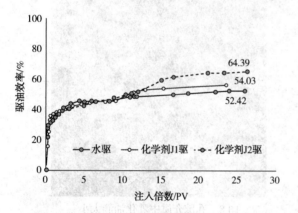

图12 高渗岩心不同注入介质的驱油效率曲线

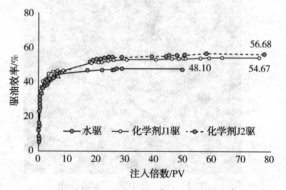

图13 低渗岩心不同注入介质的驱油效率曲线

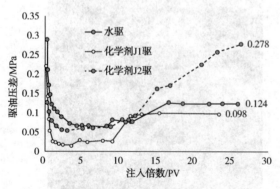

图14 高渗岩心不同注入介质的驱替压力曲线

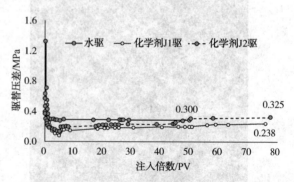

图15 低渗岩心不同注入介质的驱替压力曲线

化学剂 J2 与 J1 相比，J1 的乳化降黏率达到 95% 以上，油水界面张力为 10^{-1} mN/m；J2 的乳化能力差，界面张力为 10^{-2} mN/m。而化学剂 J2 的驱油效率比 J1 驱高 8% 以上。实验证明，降低油水界面张力比单纯增强化学剂的乳化能力对提高水驱普通稠油驱油效率的作用更大。

为了明确不同界面张力对驱油效率的影响大小，对比了 J1、J3、J4 三种化学剂的驱油效率实验结果。J1、J3、J4 的油水乳化降黏率均达到 95% 以上，三种化学剂的油水界面张力从 10^{-1} mN/m 到 10^{-3} mN/m，依次降低一个数量级。从三种化学剂的驱油效率实验结果分析（图 16、图 17），在高渗岩心中，和 J1 相比，J3、J4 的驱油效率依次提高 11.88% 和 20.83%。油水界面张力每降低一个数量级，驱油效率提高 10% 以上。在低渗岩心中，和 J1 相比，J3、J4 的驱油效率依次提高 7.95% 和 7.38%。油水界面张力每降低一个数量级，驱油效率提高 7% 以上。提高水驱普通稠油采收率，必须要降低油水界面张力。

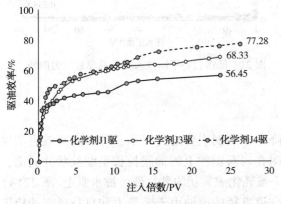

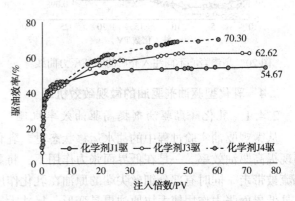

图 16　高渗岩心不同化学剂的驱油效率曲线　　　　图 17　低渗岩心不同化学剂的驱油效率曲线

2.3　乳化能力和降低界面张力的协同作用对驱油效果的影响

化学剂 J4 是乳化能力和降低界面张力能力均比较强的乳化型驱油剂。从高、低渗岩心中的驱油效率实验过程看（图 18、图 19），在低速条件下，高渗岩心中 J4 的驱油效率提高量为 14.3% 低渗岩心中的驱油效率提高不大。从最终的驱油效率提高量看，高渗岩心中 J1、J2、J4 驱比水驱的驱油效率分别提高 3.7%、12.3% 和 25%。J4 最终的驱油效率提高量比 J1 和 J2 的驱油效率提高量之和还高 9%。低渗岩心中 J1、J2、J4 驱比水驱的驱油效率分别提高 6.57%、8.58% 和 22.2%。J4 最终的驱油效率提高量比 J1 和 J2 的驱油效率提高量之和还高 7.05%。从驱替压力上看，化学剂注入后期，高渗岩心中化学剂 J4 驱的驱替压力是水驱压力的 5.2 倍，比单一性能好的化学剂的驱替压力高得多；低渗岩心中化学剂 J4 驱的驱替压力是水驱压力的 32.3 倍，比单一性能好的化学剂的驱替压力高 30 倍（图 20、图 21）。

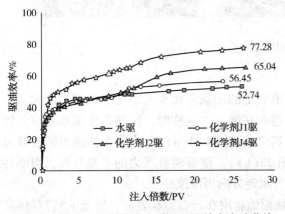

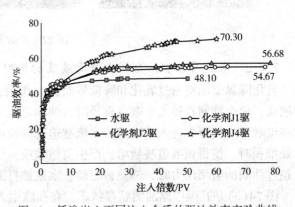

图 18　高渗岩心不同注入介质的驱油效率实验曲线　　　图 19　低渗岩心不同注入介质的驱油效率实验曲线

以上两个方面证明：注入水中加入的化学剂降低油水界面张力能力越强，乳化能力越强，最终的驱油效率越高。化学剂的乳化能力和降低界面张力存在协同增效作用，使储层中的原油在低剪切速率条件下被高效启动，并大幅度提高驱油效率。注入压力大幅度提高说明了乳化油滴在储层中形成相对稳定运移，形成大量油滴的暂堵效应。所以水驱普通稠油油藏提高采收率使用的化学剂，需要同时具有较强的乳化能力和降低界面张力能力。通过乳化降黏和降低界面张力协同增效，实现在目前水驱稠油油藏注入条件下大幅度提高采收率。

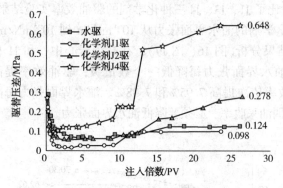

图20 高渗岩心不同注入介质的驱替压力曲线

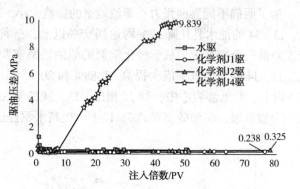

图21 低渗岩心不同注入介质的驱替压力曲线

2.4 乳化型驱油剂驱油的微观致效机理

2.4.1 乳化降黏驱油剂提高驱油效率机理

从微观驱油实验过程中的油水运移状态看，乳化降黏驱油剂主要通过以下三种方式高效启动原油实现提高驱油效率。一是在低界面张力作用下，将黏附在岩石颗粒上的油膜拉长呈细丝状并剥离，随水流被带走。同时有部分细丝尖端的原油在乳化作用下被乳化成雾状的乳状液，被水驱走[图22(a)]。二是低界面张力作用使大块原油更易变形。尺寸大于喉道直径的原油由于毛管力和自身形态的稳定性不能通过喉道。超低油水界面张力作用，可使大块稠油在水的拉拽下拉长变形后通过喉道[图22(b)]。三是大部分的大块稠油在界面张力作用下拉长后，被乳化成大量的尺寸大小不一的油滴，增加原油的流动性[图22(c)]。这是乳化降黏驱油剂提高水驱普通稠油驱油效率的主要机理。

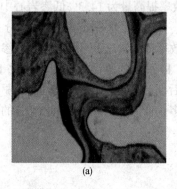
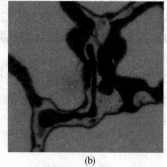
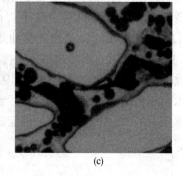

(a)　　　　　　　　　　(b)　　　　　　　　　　(c)

图22 原油不同运移类型

2.4.2 乳化降黏驱油剂扩大平面波及的机理

乳化降黏驱油剂通过乳化和降低界面张力作用，形成了的油滴界面相对稳定。油滴圆度大，不易被捕获。单个油滴直径大于喉道直径时，油滴进入喉道和在喉道中运移时，能够产生锁塞效应，暂堵这些细喉道。使原本进入该喉道的水流被迫选择流向其他通道[图22(a)]。当多个油滴不断在喉道入口处堆积时，使得该喉道被暂堵，产生贾敏效应，[图22(b)]。随着驱替压力的不断升高，当驱替压力超过油滴的暂堵压力时，油滴被驱动，喉道被打通，水流方向再次改变。

图24(a)是孔隙中原油的赋存状态。在孔隙中大块原油黏附在岩石颗粒表面，冒充了"岩石颗粒"，形成了油和岩石、油和油的"喉道"。图24(b)中当有油滴进入"喉道"时，油滴能够暂堵油和岩石或者油和油形成的"喉道"，造成该通道内压力升高，水分流到其他通道。同时由于原油有可塑性。通道内水流压力升高，使粘附的大块原油变形拉长，更有利于被驱走，如图24(c)所示。

乳化降黏驱油剂驱油过程中，持续对原油进行乳化，油滴的数量越来越多。对单一孔喉来说，断

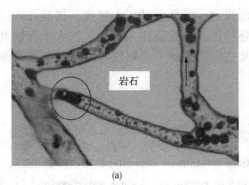
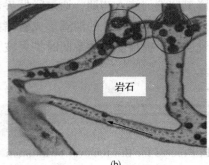

图 23　油滴暂堵孔喉的两种方式

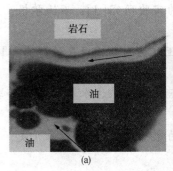
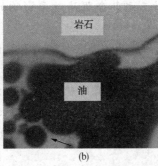
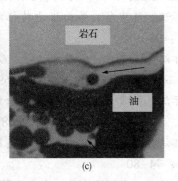

图 24　油滴暂堵原油和岩石间喉道的过程

断续续地有油滴运移至该孔喉滞留堆积和暂堵，形成多次暂堵的叠加效应。多个孔隙内的压力升高会叠加放大到局部区域，最终会叠加放大到整个模型，使整个模型的驱替压力不断升高，平面波及面积增大[14-15]。利用"解合法"对比分析水驱和驱油剂驱微观驱油实验结果（图25）：水驱平衡后的微观波及面积比较小，微观波及系数为35%。波及区外原油仍以连片状富集；在波及区内原油主要赋存于大孔隙中，喉道内较少，主要以块状或条带状赋存为主。微观驱油效率比较低，仅为32%。驱油剂驱平衡后，剩余油主要以网状方式赋存于主流线垂直方向的边角处，微观波及系数达到92%。在波及区内剩余油很少，仅有零星的油滴或油膜存在，微观驱油效率达到95%[16]。

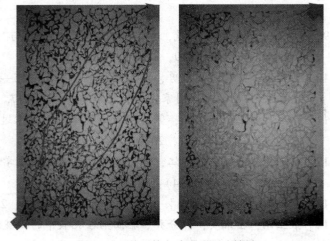

图 25　两种驱替方式微观驱油结果

3　结论

（1）乳化降黏驱油剂大幅度提高普通稠油的驱油效率需要依靠化学剂的乳化降黏和降低界面张力的协同增效作用。驱油剂的乳化降黏率越高，油水界面张力越低，驱油效率提高量越大。但是降低界面张力对提高驱油效率的作用更大。研发和评价水驱普通稠油用降黏驱油剂时，应使油水界面张力达到超低，兼顾增强化学剂的乳化降黏性能。

（2）乳化降黏驱油剂把大块的原油乳化形成大量的不同尺寸的油滴，增强原油流动性，提高驱油效率。同时乳化形成的界面相对稳定的油滴，通过多种形式的贾敏效应作用于不同区域内不同尺寸的孔喉，使驱替压力不断升高，平面波及面积逐步扩大。

（3）乳化降黏驱油剂注入初期，通过降低界面张力，降低驱替压力梯度，提高注入能力。而注入后期，乳化形成的大量不同尺寸的油滴形成暂堵叠加作用，提高注入压力，扩大平面波及面积。乳化降黏驱油剂驱油实现了提高驱油效率同时扩大波及范围。达到了大幅度提高水驱普通稠油油藏采收率的目的。

参考文献

[1] Subknow P. Process for the removal of bitumen from bituminous deposits[P]. US 2288857, 1942.

[2] DEZABALA E F, RADKE C J. A nonequilibriumdesc ription of alkaline waterflooding[J]. SPE Reservoir Engineering, 1986, 1(1)：29-43.

[3] 李华斌，陈中华. 界面张力特征对三元复合驱油效率影响的实验研究[J]. 石油学报，2006, 27(5)：96-98.

[4] 葛际江，王东方，张贵才，等. 稠油驱油体系乳化能力和界面张力对驱油效果的影响[J]. 石油学报(石油加工)，2009, 25(5)：690-696.

[5] 葛际江，张贵才，蒋平，等. 含烷氧基链节的硫酸盐表面活性剂的油-水界面张力和乳化性能[J]. 石油学报(石油加工)，2008, 24(5)：614-620.

[6] 朱怀江，杨普华. 化学驱中动态界面张力现象对气体效率的影响[J]. 石油勘探开发，1994, 21(2)：74-80.

[7] LIU Qiang, DONG Ming-zhe, MU Shan-zhou, et al. Colloids and surface A：Physicochem[J]. Eng A Spects, 2006, 273：219-228.

[8] 刘义刚，李彦阅，王楠等. 稠油乳化驱油机理及室内效果评价[J]. 海洋石油，2020, 40(1)：29-35.

[9] 张兴佳，卢祥国，王威，等. 稠油油藏乳化降黏与"宏观和微观"转向联合作业效果实验[J]. 大庆石油地质与开发，2019, 38(6)：102-108.

[10] 刘宝良，沈德煌，张勇，刘其成，等. SY/T 6315—2017，稠油油藏高温相对渗透率及驱油效率测定方法[S]. 北京：国家发展和改革委员会，2017.

[11] 卢川，赵卫，郭少飞，等. 稠油油藏降黏剂注入过程乳化机理可视化实验研究[J]. 重庆科技学院学报(自然科学版)，2017, 19(2)：1-4.

[12] 蒋平，张贵才，葛际江，等. 波及系数对稠油化学驱采收率的影响[J]. 西安石油大学学报(自然科学版)，2011, 26(4)：38-42.

[13] 赵福麟. EOR 原理[M]. 东营：石油大学出版社，2001：13-14.

[14] 张立娟，岳湘安，郭分乔. 驱油剂在孔喉中的微观流动和宏观渗流特性[J]. 油气地质与采收率，2008, 15(3)：57-59.

[15] 王卓飞，郎兆新，何军. 稠油化学驱微观机理及数学描述研究[J]. 石油勘探与开发，2005, 32(2)：113-115.

[16] 张民，王增林，杨勇，等. 利用"解—合"法分析稠油热水驱微观驱替效果[J]. 油气地质与采收率，2016, 23(1)：85-89.

超稠油油藏热化学驱油水渗流特征研究

孙宝泉

【1. 中国石化胜利油田分公司勘探开发研究院；2. 中国石化胜利油田分公司；
3. 中国石化胜利油田分公司现河采油厂】

摘 要： 为了研究超稠油油藏热化学驱开发过程中不同温度区域内的油水渗流特征，利用微观和一维物理模拟实验，定量研究了不同温度下热水和驱油剂对驱油效率的影响以及相对渗透率的变化规律，分析了热水和驱油剂驱油的致效机理和交互作用。实验结果表明，随着温度升高，热对提高驱油效率的作用不断增大，驱油剂对驱油效率的贡献先增大后减小。70℃热水驱转高温驱油剂驱时，驱油剂通过洗油和乳化携带作用，提高了波及区域的洗油效率，扩大波及作用较弱；直接进行高温驱油剂驱时，驱油剂乳化携带和乳化捕集作用增强，扩大波及作用增强。高温驱油剂驱的油相相对渗透率增大，水相相对渗透率变化较小。150℃下热和驱油剂的协同增效作用更显著。在热波及扩大前提下，强化了驱油剂的驱油和乳化作用，驱油效果更好。热水驱转高温驱油剂驱和直接高温驱油剂驱的油相、水相相对渗透率均明显增大。温度超过200℃后，高温限制了驱油剂发挥作用，驱油作用减弱，热是主要的增产因素。热化学驱的不同温度区域内，热焓和驱油剂从协同到限制，接替驱油实现大幅度提高超稠油油藏采收率。

关键词： 超稠油；热水驱；热化学驱；驱油机理；渗流特征

0 引言

世界稠油资源丰富，但是稠油黏度高、密度大，开采难度大[1-2]。注入热流体是开采稠油最有效的方法，目前以注蒸汽开发为主。但是注蒸汽开发过程中，存在蒸汽超覆和汽窜问题，减小了热量波及体积[3-9]。对于胜利油田超稠油来说，油层压力高，蒸汽的注入压力大，蒸汽干度低，蒸汽带窄、热水带宽。所以研究热水带内驱油剂对驱油特征的影响尤为重要。P. Srivastava 等学者研究了受岩石-油-水三相界面特性的影响，在热波及区域内热水的洗油效率低。为解决上述问题，发展了热化学驱油技术。即注蒸汽时加入适当的驱油剂来实现降低原油黏度进而降低注汽压力，提高储层的吸汽能力，扩大热波及范围。同时改变油、水界面特性提高波及区的驱油效率[10-13]。J. Bryan 等大部分学者聚焦在油藏温度下碱和表面活性剂对提高驱油效率的作用，对热采油藏中表面活性剂的作用机理研究较少。刘晏飞等通过实验验证了高温驱油剂的驱油效果，没有研究高温驱油剂驱在不同温度区域的渗流特征和驱油机理[14]。李安夏认为和热水驱相比，注入油水界面张力达到超低的高温驱油剂，导致最终采收率比同温度下单纯水驱低[14]，对热化学驱提高驱油效率提出相反观点。

本文利用自主研发的稠油高温相对渗透率实验装置，定量对比了 4 个温度下的热水驱、热水转高温驱油剂驱、直接高温驱油剂驱对提高驱油效率的贡献大小；利用高温高压的微观可视化物理模

作者简介：孙宝泉(1986—)，男，2018 年毕业于中国石油大学(华东)地质工程专业，获硕士学位，现于胜利油田勘探开发研究院从事稠油开发研究工作

拟实验装置，分析了70℃和150℃的热水和高温驱油剂的微观作用机理以及交互作用，明确了超稠油油藏热水带内热水和驱油剂提高采收率的作用机理，为超稠油热化学驱数值模拟和开发方案调整提供依据。

1 实验准备

1.1 实验材料和装置

1.1.1 实验材料

稠油一维物理模拟实验模型：采用6种不同目数石英砂制成的7支填砂管模型，物性参数见表1。微观可视化实验模型：根据岩石薄片测得的孔隙结构，用玻璃刻蚀的仿真模型。

表1 填砂管模型物性参数表

样号	长度/cm	直径/cm	ϕ/%	K_a/$10^{-3}\mu m^2$	样号	长度/cm	直径/cm	ϕ/%	K_a/$10^{-3}\mu m^2$
No.1	15	2.5	36.95	3198	No.5	15	2.5	36.91	3191
No.2	15	2.5	37.11	3217	No.6	15	2.5	37.01	3201
No.3	15	2.5	36.86	3181	No.7	15	2.5	36.98	3185
No.4	15	2.5	37.09	3201					

注：ϕ为模型孔隙度；K_a为模型空气渗透率。

实验用水：模拟地层水，矿化度为4368mg/L；高温驱油剂：浓度为0.5%，300℃老化前后的油水界面张力分别为2.8×10^{-3}mN/m和2.4×10^{-3}mN/m，降黏率分别为93.37%和90.57%；实验用油：王家岗油田王152块原油经脱水及过滤处理后，测定不同温度的黏度，见表2。地层温度（20℃）下原油黏度超过50000mPa·s，属于超稠油。其黏温曲线如图1所示。

表2 不同温度下流体黏度测试结果表

温度/℃	原油黏度/mPa·s	水黏度/mPa·s	油水黏度比	温度/℃	原油黏度/mPa·s	水黏度/mPa·s	油水黏度比
20	68440.0	1.0	68440	200	12.7	0.14	91
70	797.1	0.41	1959	250	5.36	0.11	49
150	38.7	0.19	204				

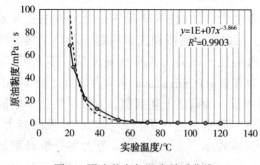

$y=1E+07x^{-3.866}$
$R^2=0.9903$

图1 原油黏度与温度关系曲线

1.1.2 实验装置

本此研究利用的稠油高温相对渗透率实验装置主要由驱替动力系统、压力控制系统、温度控制系统、出口回压控制系统和数据采集系统组成[15]（图2）。

稠油热采微观驱替实验系统主要包括高温高压微观可视夹持器、QIZEX泵、温控仪、莱卡高倍显微镜等（图3）。

1.2 实验方法

稠油一维驱替实验采用非稳态驱替法，详细实验步骤见《中华人民共和国天然气行业标准 SY/T 6315—2017》[16]。主要实验步骤如下：①干样称重，将填砂管抽真空饱和模拟地层水称重，计算空隙体积和孔隙度（ϕ）。②设定恒温箱温度为实验温度。根据实验温度设定出口回压，并高于该温度下蒸汽的饱和压力0.5MPa。③将填砂管模型分别在70℃、150℃、200℃、250℃下饱和稠油，建立束缚水饱和度（S_{wi}），并测定相应温度下的油相渗透率[$K_o(S_{wi})$]。④不同温度下热水（或高温驱油剂）驱油。记录时间、产油量、产液量、进出口压力、压差等实验数据。高温相对渗透率实验时，含水率达到99.9%以上且压差稳定后测定残余油条件下的水相渗透率[$K_w(S_{or})$]，实验结束；高温驱油效率实验时，驱替倍数到达25倍孔隙体积以上，实验结束。⑤实验数据处理，并绘出相对渗透率和驱油效率曲线。

稠油热采微观驱替实验步骤为：①流程试压及实验用油、水预处理，包括稠油脱水、除气；②微观模型饱和模拟地层水；③稠油驱替地层水，建立微观模型束缚水饱和度；④热水驱油实验，对实验全过程进行显微照相；⑤采用"解—合"法对热水驱驱油效果进行定性和定量分析[17]。

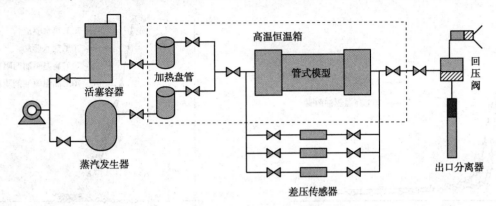

图2 稠油高温相对渗透率实验流程示意图

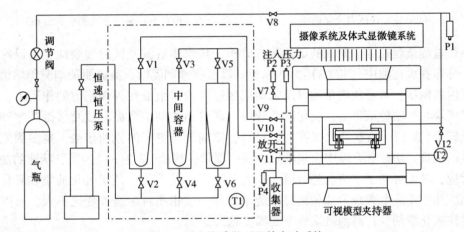

图3 稠油热采微观驱替实验系统

2 实验结果对比及机理分析

2.1 70℃驱替实验结果分析

不同驱替方式的驱油效率实验证明，热水驱转高温驱油剂驱和直接高温驱油剂驱的驱油效率均高于热水驱。但是热水驱转高温驱油剂驱仅提高驱油效率4.16%，提高幅度较小；直接高温驱油剂驱的驱油效率提高量达到10.1%（图4）。从驱替过程看，热水驱初期由于油水黏度比接近2000，黏度比很大，水要进入地层中需要更大的注入压力。所以驱替压力快速上升，压力更大，容易导致水的黏性指进而水窜。热水突破后，含水快速上升，驱替压力以及油相相对渗透率快速下降。高温驱油剂驱初期，高温驱油剂的加入减少了驱替前缘的黏性指进，降低了驱替压力上升速度。产油量增加速度比较慢，油相相对渗透率下降较慢；高温驱油剂溶液突破后，驱替压力下降慢，而且驱替压力高于水驱过程压力，产油量明显增加（图5）。高温驱油剂驱的油相相对渗透率和水相相对渗透率均增大。其中油相相对渗透率增幅明显，水相

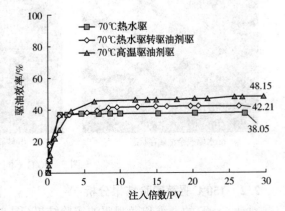

图4 70℃不同驱替方式驱油效率曲线

相对渗透率变化较小。两相等渗点小幅右移,两相渗流区域有所扩大[18-19](图6)。

从微观驱替实验结果分析(表2),热水驱转高温驱油剂驱和直接高温驱油剂驱均可提高微观波及和微观驱油效率。直接高温驱油剂驱提高微观波及系数为0.129,明显高于转驱的0.02,直接高温驱油剂驱扩大波及的贡献明显大于热水驱转高温驱油剂驱[20]。这与一维填砂管模型的驱油实验结果是一致的。

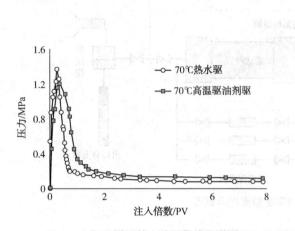

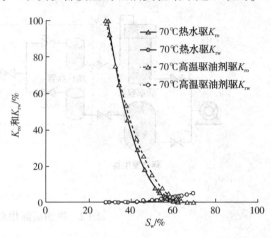

图5 70℃不同驱替方式压力变化曲线   图6 70℃不同驱替方式稠油高温相对渗透率曲线

从不同驱替过程微观孔隙中原油的赋存状态分析,热水驱后波及区的残余油主要以网状、条带状和块状为主,分布在大孔隙中[图7(a)]。热水驱转高温驱油剂驱时,高温驱油剂驱仍然沿着水流通道推进,波及区内的网状、条带状残余油以及未动用区边缘的剩余油在界面张力的作用下,拉长变形而分散成油珠状或块状被驱替液带走,乳化油滴较少。高温驱油剂主要提高波及区微观驱油效率,扩大平面波及贡献较小(表3)。直接高温驱油剂驱过程,驱油剂与更多的原油接触,更多的原油被乳化为粒径大小不等的油珠。油珠在孔隙中密集堆积,成团簇状乳状液[图7(c)]。当乳状液的油滴通过喉道时产生贾敏效应,从而封堵了水流优势通道,扩大了波及面积[21-22]。使得乳化捕集和乳化携带作用都明显强于转驱。相渗曲线上表现为油相相对渗透率增加,水相相对渗透率变化不大。所以在原始油藏状态下,越早注入化学剂,提高油藏采收率的幅度越大。

表3 70℃不同驱替方式微观驱油结果

微观参数	热水驱	热水驱转高温驱油剂驱	高温驱油剂驱
微观波及系数	0.498	0.518	0.627
微观驱油效率	0.573	0.622	0.645

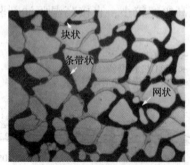
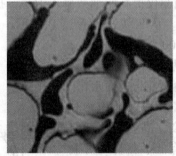
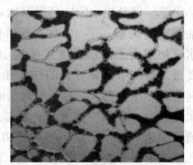

(a)水驱残余油赋存状态   (b)转驱残余油启动状态   (c)直接驱油剂驱原油乳化状态

图7 70℃不同驱替过程原油分布状态

2.2 150℃驱替实验结果分析

对比150℃的一维和微观驱油实验结果(图8、图9),150℃热水驱和70℃热水驱的驱油效率提高近10%。150℃热水驱的微观波及系数是70℃热水驱微观波及系数1.3倍,而微观驱油效率提高较小

（表4）。主要原因是：温度升高，原油体积膨胀和黏度降低，热波及范围增大，原油的渗流场扩大，热扩大波及作用非常显著。但是油水黏度比超过200，水驱稠油的微观驱油效率提高量较小。

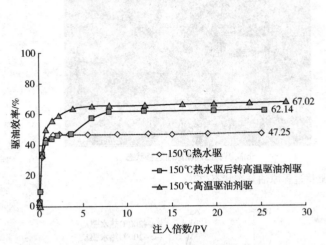

图8　150℃不同驱替方式驱油效率曲线

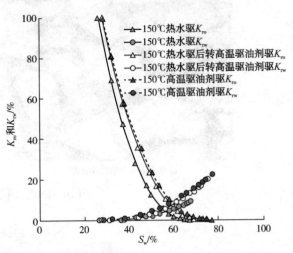

图9　150℃不同驱替方式稠油高温相对渗透率曲线

表4　150℃不同驱替方式微观驱油结果

参数	热水驱	热水驱转高温驱油剂驱	高温驱油剂驱
微观波及系数	0.635	0.807	0.926
微观驱油效率	0.593	0.862	0.905

和热水驱相比，热水驱转高温驱油剂驱和高温驱油剂驱的油相和水相相对渗透率都明显增大，等渗点明显右移，两相渗流区变宽[23-25]。两种驱替方式的驱油效率均大幅度提高，而且直接高温驱油剂驱提高幅度更大。在微观驱替方面，两种方式同时提高了微观波及和微观驱油效率。在热波及范围扩大的前提下，热和高温驱油剂的协同作用更显著，最终的驱油效率得到大幅度提高。

从微观油水赋存状态看，150℃热水驱后残余油呈分散的块状和条带状为主。高温使孔隙中形成了少量的黄色油水乳化液[见图10(a)]。在高温驱油剂驱过程中，大块的原油被拉长变形呈细丝状。在细丝末端油水形成一种稳定的细分散的雾状乳状液[见图10(b)]。附着于岩石表面的原油逐渐被拉扯变薄，甚至被剥离。说明在150℃高热焓的作用下，稠油的分子动能增加，稠油体积膨胀，密度变小；同时打破了稠油内部分子间的范德华力，降低了胶质和沥青质的氢键作用力，原油黏度降低。在此基础上，高温驱油剂更容易降低油水界面张力，使原油大幅度变形。高温驱油剂更容易进入原油内部形成乳状液，表现出驱油剂的乳化作用增强，乳状液在通过喉道时完全没有阻力，更多的原油通过水流被乳化携带出去。热强化了高温驱油剂的乳化携带作用和降低油水界面张力的能力。使高温驱油剂发挥了更大的驱油作用。一定高度的热和高温驱油剂协同作用，将最大程度提高超稠油热采采收率。

2.3　200℃和250℃驱替实验结果分析

和相同温度条件下的热水驱相比，200℃高温驱油剂驱的驱油效率仅提高4.3%，250℃热化学驱的驱油效率仅提高1.2%，两个温度下直接高温驱油剂驱的驱油效率提高量都不大。而且温度越高，高温驱油剂驱的驱油效率提高量越小（图11）。说明在200℃以上的热化学驱区域，由于原油黏度大幅度降低，油水黏度比较小，热水驱的驱油效率已经超过60%。高温驱油剂驱可动用的剩余油较少。而且温度越高，热对高温驱油剂的性能影响越大，高温驱油剂作用发挥限制越大。在该区域内，热是提高热化学驱采收率的主要因素。从相渗曲线看，热水驱和高温驱油剂驱的相对渗透率特征点和曲线形态变化不大，高温条件下驱油剂对油水在储层中的渗流影响不大（图12）。

由于微观可视化驱替实验装置无法实现160℃以上的微观驱替过程的观察和采集。所以在此不能对200℃和250℃的油水流动状态以及残余油分布进行分析。

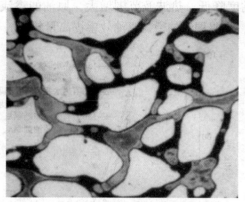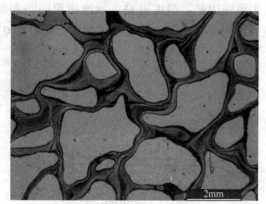

(a)热水驱残余油赋存状态   (b)高温驱油剂驱原油运移状态

图 10   150℃不同驱替过程原油分布状态

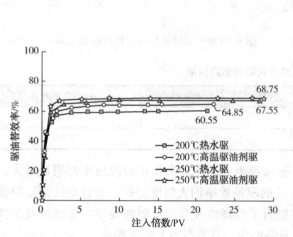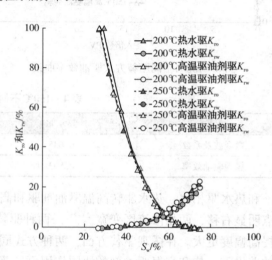

图 11   200℃和250℃不同驱替方式驱油效率曲线   图 12   200℃和250℃稠油高温相对渗透率曲线

2.4 不同温度下实验结果对比

对比不同温度下不同驱替方式的驱油效率结果看出(表5),不同温度的热水驱和高温驱油剂驱均能大幅度提高驱油效率。温度越高,热水驱的驱油效率越高,驱油效率提高量越大。说明提高注入蒸汽的热焓,进而提高储层温度,仍是超稠油油藏提高采收率的最有效方式。高温驱油剂驱方面,随着温度升高,高温驱油剂驱的驱油效率呈先增大后减小再增大的趋势。在200℃以下,高温驱油剂和热存在协同增效作用,两者对驱油效率的提高量是同步大幅增大。油墙区内的原油黏度大,单纯依靠驱油剂提高驱油效率的幅度有限。但是随着温度的升高,高温驱油剂驱的驱油效率升高。加入的高温驱油剂对驱油效率提高量不断增大,高温驱油剂对提高油藏采收率贡献持续增大。温度达到200℃后,随着温度升高,高温驱油剂驱的驱油效率提高量是先减小后增大。温度越高,高温驱油剂驱的驱油效率提高量不断减小,温度对高温驱油剂的限制越大,导致高温驱油剂驱的驱油效率有所下降。当温度达到250℃以上,即使高温驱油剂对提高驱油效率的贡献很小,但是高温对驱油效率的贡献大幅增加,热成为提高超稠油油藏采收率的主要因素(图13)。

表 5   不同温度下不同驱替方式驱油效率对比表

参 数	20℃	70℃	150℃	200℃	250℃
热水驱驱油效率/%	31.15	38.05	47.25	60.55	67.55
高温驱油剂驱驱油效率/%	31.05	48.15	67.12	64.85	68.75
驱油效率提高量/%	0.10	17.10	36.07	33.80	37.70

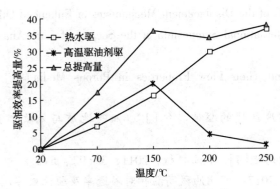

图 13　不同温度下不同驱替方式
驱油效率提高量对比图

热化学驱是大幅度提高超稠油采收率的杀手锏。提高注入蒸汽的温度和干度，更好地发挥热提高油藏高温区域采收率的作用是首要任务。但是受目前注汽技术和油藏条件的影响，在宽热水带中加入高温驱油剂提高低温区域的采收率是非常有效措施。热化学驱通过热、剂在不同温度区域的接替驱油和两者的协同作用，实现超稠油油藏高质量开发。

3　结论

（1）不同温度下，热水驱和高温驱油剂驱均可提高驱油效率。70℃下转驱时，驱油剂通过乳化携带作用提高了波及区域的洗油效率，扩大波及作用较弱。而直接高温驱油剂驱，驱油剂乳化携带和乳化捕集作用增强，扩大波及作用增强。热化学驱的油相相对渗透率增幅明显，水相相对渗透率变化较小。

（2）150℃热水带，热和化学剂协同作用是热化学驱的主要作用机理。在热扩大波及的前提下，驱油剂与更多原油接触，强化了驱油剂的降低界面张力和乳化作用，驱油效果更好。热水驱转高温驱油剂驱和直接高温驱油剂驱的油相和水相相对渗透率明显增大。

（3）随着温度升高，热对提高驱油效率的作用不断增大，驱油剂对驱油效率的贡献先增大后减小。在200℃以上的高温区域，热限制了高温驱油剂的驱油作用，驱油作用减弱。高热焓是提高超稠油采收率的主要因素。热化学驱通过热、剂在不同温度区域的接替驱油和协同作用，能够实现超稠油油藏效益开发。

参考文献

［1］张锐. 稠油热采技术［M］. 北京：石油工业出版社，1999.

［2］张方礼，刘其成，刘宝良，等. 稠油开发实验技术与应用［M］. 北京：石油工业出版社，2007.

［3］蒲海洋，何中，任湘. 油层纵向渗透率非均质性对蒸汽驱开采效果的影响［J］. 石油勘探与开发，1996，23（6）：50-54.

［4］施尚明，房晓萌，关帅，等. 稠油油田开发中后期储层非均质性评价与应用［J］. 断块油气田，2013，20（5）：627-630.

［5］宋杨. 薄层稠油水平井蒸汽驱优化设计［J］. 断块油气田，2013，20（2）：239-241，245.

［6］Michael E Hohn，Ronald R McDowell，David Matchen，et al. Heterogeneity of fluvial-deltaic reservoirs in the Appalachian Basin：A case study from the Lower Mississippian oilfield in central West Virginia［J］. AAPG Bulletin，1997，81（6）：918-936.

［7］Jon P. Fitch，Rick B. Minter. Chemical Diversion of Heat Will improve Thermal Oil Recovery［C］. SPE6172，1976.

［8］P. Srivastava，J. Debord，B. Stefan. A Chemical Additive for Enhancing Thermal Recovery of Heavy Oil［C］. SPE128327，2010.

［9］Hamida F M. Further Characterization of Surfactant as Steamflood Additives［C］. SPE20065，1990.

［10］J. Bryan，A. Kantzas. Improved recovery potential in mature heavy oil fields by alkali-surfactant flooding［C］. SPE117649，2008.

［11］Bryan，J.，Mai，A. and Kantzas，A.，"Investigation into the Processes Responsible for Heavy Oil Recovery by Alkali-Surfactant Flooding"，SPE 113993，2008 SPE Improved Oil Recovery Symposium，Tulsa，OK USA，Apr 19-23，2008.

［12］Dong, M. , Liu, Q. and Li, A. , "Micromodel Study of the Displacement Mechanisms of Enhanced Oil Recovery By Alkaline Flooding", SCA 2007-47, International Symposium of the Society of Core Analysts, Calgary, AB Canada, Sept 10-12, 2007.

［13］McAuliffe Clayton D. Oil-in-Water Emulsio ns and Their Flow Properties in Porous Media［C］. SPE4369, 1973.

［14］刘晏飞，唐亮，熊海云，等. 化学蒸汽驱不同温度区域的驱油特征［J］. 油气地质与采收率，2015，22(3)：115-118.

［15］孙宝泉. 稠油蒸汽相对渗透率试验回压控制系统的改进［J］. 石油机械，2011，39(9)：5-7.

［16］刘宝良，沈德煌，张勇，刘其成，等. SY/T 6315—2017，稠油油藏高温相对渗透率及驱油效率测定方法［S］. 北京：国家能源局，2017.

［17］张民，王增林，杨勇，等. 利用"解—合"法分析稠油热水驱微观驱替效果［J］. 油气地质与采收率，2016，23(1)：85-89.

［18］孙宝泉. 温度对稠油/热水相对渗透率的影响［J］. 西南石油大学学报(自然科学版)，2017，39(2)：99-104.

［19］吕玉麟，相天章. 稠油松散岩心相对渗透率曲线的最优化算法［J］. 力学学报，1995，27(1)：93-97.

［20］王增林，张民，等. 稠油热化学驱过程中影响因素及其交互作用对采收率的影响［J］. 油气地质与采收率，2017，24(1)：64-68.

［21］吴光焕，吴正彬，李伟忠，等. 热化学剂性能评价及辅助水平井蒸汽驱可视化实验［J］. 断块油气田，2016，23(5)：658-662.

［22］王卓飞，郎兆新，何军. 稠油化学驱微观机理及数学描述研究［J］. 石油勘探与开发，2005，32(2)：113-115.

［23］洪世铎，韩锦文. 温度对相对渗透率影响的探讨［J］. 中国石油大学学报，1988，12(4)：63-69.

［24］Poston S W, Ysaracl S, Hossain A K, et al. The effect of temperature on irreducible water saturation and relative permeabilities of unconsolidated sands［J］. SPEJ, 1970, 249(2)：170-180.

［25］Wang J, Dong M and Asghari K. Effect of oil viscosity on heavy-oil/water relative Permeabilities Curves［J］. SPEJ, 2006, 10(3)：11-15.

多孔介质普通稠油乳化降黏驱微观渗流可视化及驱替特征研究

张　民[1,2]　孙志刚[1,2]　孙宝泉[1,2]　张礼臻[1,2]　孙　超[1,2]　邢晓璇[1]

【1. 中国石化胜利油田分公司勘探开发研究院；
2. 山东省非常规油气勘探开发重点实验室(筹)】

摘　要：稠油乳化降黏是稠油冷采开发的主要机理，多孔介质中乳状液在孔隙尺度下的形成机制、运移特征和驱油机理仍需进行系统及深化研究。采用微观物理模型可视化地研究了多孔介质中乳状液原位形成过程，乳状液渗流过程中的调驱方式和乳状液滴在多孔介质中运移的时空分布规律。分别采用 3 根长度 30cm 的不同渗透率的露头岩心进行水驱+乳化降黏剂驱及乳化降黏剂驱并联驱替实验，对比研究了不同注入方式下岩心沿程压力分布及驱油效率的变化规律。实验表明，增大驱替速度和降低界面张力利于乳状液形成，乳状液通过 3 种不同堵调模式导致乳状液滴频繁绕流改道起到扩大波及作用，乳状液在多孔介质中呈现出"三快三慢"的渗流特征，沿着运移路径及驱替倍数增加，多孔介质中乳状液分布呈现规律性变化。不同驱油方式下，岩心并联试验不同岩心沿程压力分布及变化特征，驱油效率的增长方式，进一步验证了乳状液的渗流特征和驱油机理。该研究为稠油乳化降黏开采的冷采开发方式的推广应用具有指导意义。

关键词：稠油冷采；乳状液；渗流特征；驱油机理；微观模拟

1　前言

胜利油田作为国内稠油的主要生产基地之一，蒸汽热力采油一直是稠油开发的主导技术，在矿场取得了较好的开发效果[1-4]。但是，热力采油消耗大量燃料，增加了采油成本，也存在容易汽窜等问题，在高环保要求下，热力采油的现场应用受到制约[5-7]。另一方面，热力采油技术对薄层、深层、敏感及边底水活跃的稠油油藏的适应性差[8-13]。稠油冷采技术能够有效弥补热采的不足，尤其是化学降黏冷采开发技术注入油层后可降低油水界面张力和乳化分散稠油，形成"水包油"乳状液，在流动过程中将稠油间的内摩擦力变为水之间的内摩擦力，流动阻力大大降低，达到降黏开采的目的，同时具有成本低和易于操作的特点[14-18]。化学降黏冷采过程中形成的水包油乳状液体系可视为一种新的表观黏度较大的驱油体系，在储层多孔介质中运移时，调整流度比同时，具有乳化携带和乳化捕集作用，既可以扩大波及又可以提高驱油效率[19-23]。因此，稠油化学降黏冷采是经济高效开发稠油油藏的接替技术之一。但是，稠油化学降黏冷采过程中稠油在多孔介质中的原位乳化机制，形成乳状液在多孔介质中的渗流特征及乳状液的调驱特性，仍缺乏系统深入的研究。为此，首先采用微观模型可视化地研究了乳化降黏剂在模拟地层条件下的乳化过程，乳状液在运移过程中的堵调模式及乳状液在多孔介质中运移过程中的时空分布特征。进

作者简介：张民(1983—)，男，博士研究生，高级工程师，主要从事渗流特征、驱油机理和提高采收率室内物理模拟研究。E-mail：zhangminupc@126.com

一步地，采用不同渗透率的长岩心，研究不同驱油方式条件下，稠油化学降黏冷采过程中岩心沿程压力传递和驱油效率的变化规律。微观与宏观相结合，系统深入地研究了稠油化学降黏冷采过程中，乳状液在多孔介质中渗流特征和驱油机理，为稠油化学冷采技术的推广应用提供了指导。

2 实验

2.1 实验材料

实验试剂：降黏乳化剂为烷基苯磺酸盐，活性成分为30%，温度42℃且浓度为0.3%时，界面张力为1.68×10^{-3}mN/m，由东营市某化工厂提供。实验用水为胜利油田金8区块模拟地层水，矿化度为3070mg/L。实验用油为金8区块脱水原油，地层温度42℃条件下，黏度为900mPa·s。水驱+乳化降黏剂驱及乳化降黏剂驱替实验用露头岩心尺寸规格及物性参数见表1。实验用微观模型呈条带状，尺寸为2.5cm×7.5cm，渗透率为$468.5 \times 10^{-3} \mu m^2$，面孔率为34.7%。

表1 岩心物性参数表

实验	样号	长度/cm	直径/cm	ϕ/%	K_a/×$10^{-3} \mu m^2$
水驱+乳化降黏剂驱	No. 1	30.0	2.46	17.5	174.56
	No. 2	30.0	2.50	18.9	327.79
	No. 3	30.2	2.52	18.7	589.40
乳化降黏剂驱	No. 4	29.9	2.50	17.6	149.95
	No. 5	30.0	2.50	17.9	378.98
	No. 6	30.0	2.50	19.4	529.98

2.2 实验设备及步骤

2.2.1 微观模型驱替实验

微观驱替物理模拟装置由注入系统、数字摄像系统、微观模型夹持器系统(包括高温高压可视釜及内部的加热控温装置)等组成(图1)。

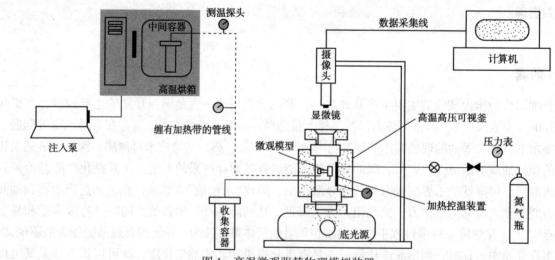

图1 高温微观驱替物理模拟装置

实验步骤为：①微观模型抽真空饱和模拟地层水；②饱和油；③乳化降黏剂溶液驱油至模型不出油为止。实验温度为42℃，驱替速度为0.003mL/min，实验过程中进行模型整体和局部的图像及视频采集。

2.2.2 并联长岩心驱替实验

实验装置由岩心夹持器系统、动力系统、温度控制系统、压力采集系统和数据采集系统5个模块组成(图2)。其中，每个岩心夹持器上加装3个压力采集点(图3)。采用该装置分别进行水驱+乳化降黏剂驱和乳化降黏剂驱油实验。

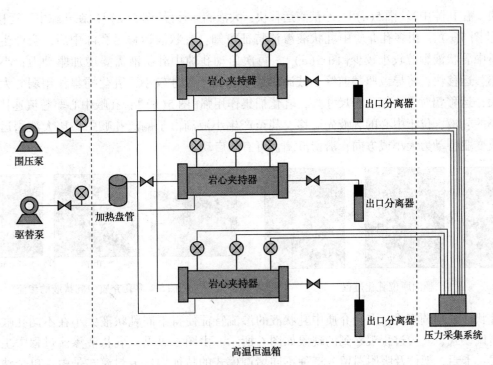

图 2　稠油驱替实验装置

实验步骤为：

实验一：水驱+乳化降黏剂驱。①取 3 根岩心分别采用驱替法饱和模拟地层水。②每根岩心再分别采用驱替法饱和油。③并联岩心夹持器，进行乳化降黏剂驱油至含水 98%。实验过程中，驱替速度为 0.5mL/min，实验温度恒定为 42℃，自动采集并记录驱替全过程沿程压力、驱油效率变化。

实验二：乳化降黏剂驱步骤。①②同实验一。③并联岩心夹持器，进行水驱油至含水 98%。④进行水驱后乳化降黏剂驱至含水 98%。实验条件及实验结果采集记录与实验一相同。

2.3　实验结果与分析

2.3.1　多孔介质中乳状液的形成及渗流特征

通过微观物理模拟实验，揭示了多孔介质中乳

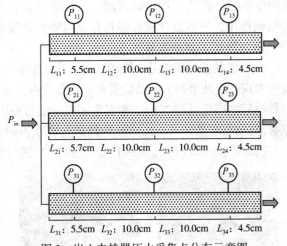

图 3　岩心夹持器压力采集点分布示意图

状液的形成机制，可视化研究了乳状液在多孔介质中的渗流特征、堵调模式及时空分布规律。

（1）乳状液的形成机制。乳化降黏剂从注入多孔介质到形成乳状液，经历了 2 个显著的状态：原油在与降黏乳化剂溶液接触界面处，由于溶液流动的切削作用下不断拉伸变形，当拉伸至某一程度从被拉伸原油的某处被切断，从而形成了乳状液，过程图像见图 4。从原油乳化过程可见，当降黏乳化剂溶液的降低界面张力作用使得原油更容易拉伸变形，在驱替溶液剪切力作用下将原油从本体上剥离下来，进入孔喉与驱替溶液充分接触并继续被剪切，当剪切力进一步地大于界面张力作用时，原油进一步剪切变形被扯断，形成乳状液滴，从而启动原油。

（2）乳状液的渗流特征。多孔介质中被以形成乳状液后，在多孔介质中渗流，为了进一步研究乳状液在多孔介质中的渗流特征，对渗流过程进行视频采集。观察发现在多孔介质的不同部位，不同大小的乳状液的运移呈现"三快三慢"的渗流特征。渗流过程截图(图5)所示，具体表现为：乳状液在喉

道中运移快，在孔隙中慢[图5(a)]；小液滴运移快，大液滴运移慢[图5(b)]；在孔隙中心运移快，在边壁处运移慢[图5(c)]。由多孔介质中乳状液渗流特征可知：乳状液运移至孔隙中后，会产生滞留聚集效应，喉道中乳状液颗粒较小较少[图5(a)]，再次启动孔隙中乳状液需要增加驱动力；小液滴质量小，尺寸小，运移快，将导致驱替前缘小液滴占优势，由于尺寸较小，乳化捕集作用弱，大液滴质量大、尺寸大，运移相对慢，但由于尺寸大，乳化捕集作用强[图5(b)]；孔喉中心驱替流速快，导致相同液滴大小的乳液，位于中心的乳液先运移，甚至产生小液滴由于偏离孔喉中心比大液滴运移慢的情况，如果改变驱替动力大小或方向，滞留液滴仍可有效启动。

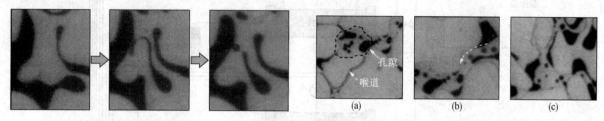

图4　稠油原位乳化过程　　　　　　　　图5　多孔介质中乳状液的渗流

（3）乳状液的堵调模式。多孔介质中乳状液的渗流特征使得不同乳状液大小在不同孔喉位置产生了不同的堵调模式，实验过程观察到的现象如图6所示。由图6可见，乳状液渗流过程中主要产生三种堵调模式：卡封、架桥及吸附滞留。三种不同堵调模式的特征为：卡封模式是由于单个油滴大于喉道大小，液滴类似于"软固体颗粒"卡在喉道处，产生贾敏效应；架桥模式是由于不同大小的油滴通过喉道时，产生无序拥挤现象，在喉道入口处产生堵塞；吸附滞留则是由于乳状液滴在运移过程中，与孔喉壁碰撞，产生二次吸附作用，从而滞留在孔壁边缘，减小了多孔介质内的渗流通道。由于乳状液的堵调作用，导致乳状液在多孔介质内频繁地发生绕流，从而扩大了孔隙级的波及，起到了边调边驱的效果，提高了驱油效率。

（4）乳状液的时空分布规律。对乳化降黏驱油的过程的不同驱替时刻及相同驱替时刻的乳状液进行观察发现，乳状液的大小及数量在多孔介质内呈规律性的分布，见图7。开始驱替阶段的图像见图7(a)，驱替过程的图像见图7(b)，驱替平衡时的图像见图7(c)。在图7(a)~图7(c)中选取不同驱替时刻相同驱替部位(标记为1-1、2-1和3-1)进行乳状液时间分布规律分析。在相同驱替时刻图像7(b)沿着驱替方向选取不同部位(标记为2-1、2-2和2-3)进行乳状液空间分布规律分析。

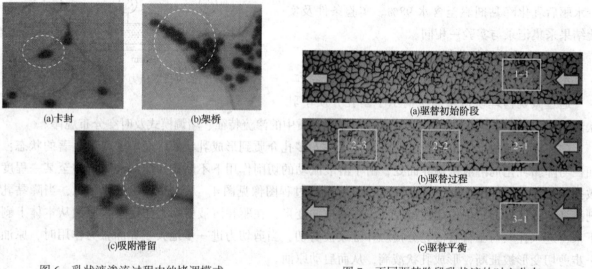

图6　乳状液渗流过程中的堵调模式　　　　图7　不同驱替阶段乳状液的时空分布

　　如图8所示，随着乳化降黏剂驱油过程的进行，相同的部位乳状液的数量越来越少[图8(a)]，这是由于随着驱替过程进行，相同部位乳化降黏剂的驱替倍数增加，该部位原油不断被乳化携带驱出模型。相同的驱替时刻，沿着乳状液的运移路径，乳状液的数量越来越多，液滴大小越来越小，这是由于随着乳状液在多孔介质中运移与孔喉相互作用被分裂成小乳液滴，小乳液滴运移的快，沿着驱替方向聚集，在驱替前缘聚集密度最大。

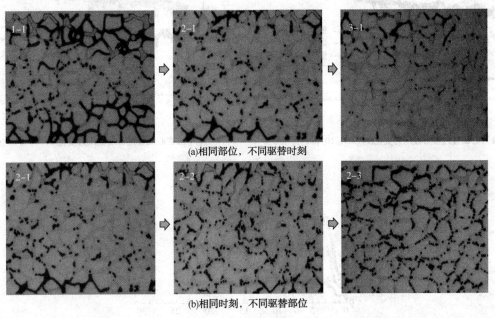

(a)相同部位，不同驱替时刻

(b)相同时刻，不同驱替部位

图8　乳状液的时空分布规律

2.3.2　并联长岩心乳化降黏驱油效果及对比分析

在采用微观模型进行多孔介质中乳状液形成及渗流特征可视化研究的基础上，分别采用长岩心并联驱替实验装置进行水驱+乳化降黏剂驱和乳化降黏剂驱油实验，通过驱油效果对比分析，进一步明确乳化降黏剂驱油的驱油机理。

（1）驱替压力变化特征。三根长岩心并联进行水驱+降黏乳化剂驱和乳化降黏剂驱油实验过程，注入端压力变化情况见图9。由图9可见，水驱后乳化黏剂驱形成油包水乳状液的堵调作用使得注入压力由水驱平衡时的0.37MPa升至转为乳化降黏剂驱平衡时的1.56MPa，压力提高了3.2倍。直接进行乳化降黏剂驱平衡时注入压力为1.94MPa，相当于水驱的4.8倍。同时，在乳化降黏剂驱过程中，随着原油乳化程度的增加，由乳状液贾敏效应产生的暂堵作用，导致注入压力跳跃式上升后稳定。

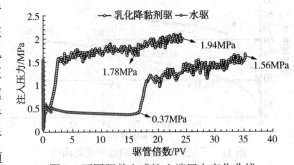

图9　不同驱替方式注入端压力变化曲线

乳化降黏剂驱时，不同驱替倍数条件下不同渗透率长岩心沿程压力变化曲线如图10所示。

由图10可见，不同渗透率岩心进行乳化降黏驱时，压力先降低后波动上升最后平衡。这主要是由于乳化降黏剂驱初始阶段降低界面张力作用占优势，稠油易变形启动，随着注入压力增加，剪切作用增强，稠油乳化程度增加，注入压力增加，由于乳状液的暂堵作用压力增加过程中发生波动。对比分析不同渗透率岩心在驱替过程中沿程压力变化可知，高渗透率岩心不同压力测点间压力梯度均匀，中渗岩心第2和第3测压点及低渗岩心的第1和第2测压点的压力梯度较大，说明对应的压力测点之间发生暂堵作用显著，渗透率越低，暂堵作用发生位置距离注入端越近。

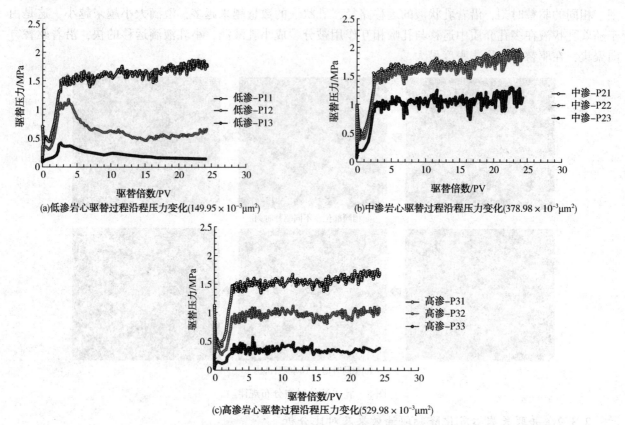

(a)低渗岩心驱替过程沿程压力变化(149.95×10⁻³μm²)

(b)中渗岩心驱替过程沿程压力变化(378.98×10⁻³μm²)

(c)高渗岩心驱替过程沿程压力变化(529.98×10⁻³μm²)

图10 乳化降黏驱不同渗透率岩心沿程压力变化

（3）驱油效率对比分析。水驱+乳化降黏剂驱与乳化降黏剂驱的驱油效率变化情况见图11。由图11

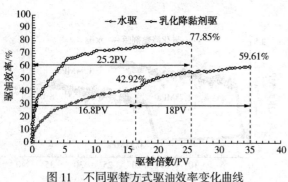

图11 不同驱替方式驱油效率变化曲线

可知，水驱 16.8PV 含水率98% 时驱油效率为 42.92%，后进行 18.4PV 乳化降黏剂驱至含水 98% 时驱油效率增至 59.61%，提高了 16.69%；直接进行 25.2PV 乳化降黏剂驱驱油效率为 77.85%，比水驱+降黏剂驱提高了 18.24%。从驱油效率曲线变化趋势可以看出，乳化降黏剂驱可快速提高驱油效率，直接 25.2PV 乳化降黏剂驱与水驱后 18.4PV 乳化降黏剂驱的驱油效率提高幅度对比，均说明直接乳化降黏剂驱提高驱油效率作用更显著。

3 结论

（1）多孔介质中乳化降黏剂驱时，降低界面张力作用和剪切力共同作用，使稠油原位乳化，形成水包油乳状液驱替介质，既降低油相表观黏度又调整流度比，启动原油，提高驱油效率。

（2）水包油乳状液在多孔介质中渗流时，通过卡封、架桥和吸附滞留三种方式暂堵孔喉，使得驱替介质频繁绕流，起到边调边驱的作用，扩大微观波及和提高驱油效率。

（3）乳状液在多孔介质中运移时，渗流速度呈现"三快三慢"的渗流特征，随着驱替过程的进行在时空分布上呈现较好的规律性。

（4）长岩心并联进行水驱+乳化降黏剂驱及乳化降黏剂驱实验的压力变化特征对比分析，进一步说明，乳化降黏剂驱具有调驱作用，岩心渗透率越低，距离注入端越近暂堵作用越显著。

（5）长岩心并联进行水驱+乳化降黏剂驱及乳化降黏剂驱实验的驱油效率变化对比分析说明，直接进行乳化降黏剂驱可快速提高驱油效率，直接进行乳化降黏剂驱提高驱油效率效果更显著。

参考文献

[1] 盖平原，赵延茹，沈静，等．胜利油田稠油热采工艺现状与发展方向[J]．石油地质与工程，2008，22(6)49-51．

[2] 杨勇．胜利油田稠油开发技术新进展及发展方向[J]．油气地质与采收率，2021，28(6)：1-11．

[3] 霍广荣，李宪民，张广卿．胜利油田稠油油藏热力开采技术[M]．北京：石油工业出版社，1999．

[4] 沈平平．热力采油提高采收率技术[M]．北京：石油工业出版社，2005．

[5] 金发扬，蒲万芬，任兆刚，等．稠油水驱降黏开采新技术实验研究[J]．特种油气藏，2005，12(6)：95-97．

[6] 蒋琪，游红娟，潘竟军，等．稠油开发技术现状与发展方向初步探索[J]．特种油气藏，2020，27(6)：30-39．

[7] 许鑫，刘永建，尚策，等．稠油油藏蒸汽驱提高热利用率研究[J]．特种油气藏，2019，26(2)：112-116．

[8] 王传飞，韦涛，李伟，等．浅薄层超稠油油藏HDNS高轮次吞吐开发特点及接替技术研究[C]．西安：2019年油气勘探与开发国际会议论文集，2019：980-987．

[9] 邓红伟．超深层低渗稠油CO_2增溶降黏体系研发与应用[J]．油气地质与采收率，2020，27(1)：81-88．

[10] 李伟忠．金家油田低渗敏感稠油油藏适度出砂室内评价[J]．断块油气田，2019，26(6)：810-815．

[11] 王一平．深层低渗稠油有效开发方式[J]．承德石油高等专科学校学报，2016，18(1)：8-11．

[12] 刘祖鹏．边底水稠油油藏水溶性降黏剂吞吐技术研究[J]．特种油气藏，2020，27(3)：99-104．

[13] 孙焕泉．水敏性稠油油藏开发技术[M]．北京：石油工业出版社，2017．

[14] 裴海华，张贵才，葛际江，等．化学驱提高普通稠油采收率的研究进展[J]．油田化学，2010，(32)：350-356．

[15] 王婷婷，卢祥国，曹伟佳，等．稠油表面活性剂乳化降黏效果及其作用机理研究[J]．石油化工高等学校学报，2017，30(3)：26-31．

[16] 胡渤，郑文乾，祝仰文，等．稠油油藏降黏化学驱注入方式优化[J]．油气地质与采收率，2020，27(6)：91-99．

[17] 皮之洋，金蕾，李得轩，等．稠油降黏开发技术及研究进展[J]．山东化工，2020，49(8)：96-97，101．

[18] 熊钰，冷傲燃，孙业恒，等．水溶性分散型降黏剂降黏及微观驱油机理[J]．油气地质与采收率，2020，27(5)：62-70．

[19] 魏超平，李伟忠，吴光焕，等．稠油降黏剂驱提高采收率机理[J]．油气地质与采收率，2020，27(2)：131-136．

[20] 王旭东，张建，施雷庭，等．稠油活化降黏机理及驱油效果研究[J]．特种油气藏，2020，27(6)：133-138．

[21] 包木太，范晓宁，曹秋芳，等．稠油降黏开采技术研究进展[J]．油田化学，2016，23(3)：284-288，292．

[22] 杨森，许关利，刘平，等．稠油化学降黏复合驱提高采收率实验研究[J]．油气地质与采收率，2018，25(5)：80-86，109．

超稠油注空气辅助井筒电加热原位裂解改质数值模拟研究

裴树峰[1,2]　郭省学[1,2]　刘　明[1,2]　梁　伟[1,2]　陈丽媛[1,2]　陈小磊[1,2]

【1. 山东省稠油开采技术重点实验室；2. 中国石化胜利油田分公司石油工程技术研究院】

摘　要： 超稠油电加热原位改质工艺通过地下加热使超稠油发生热裂解，产生易流动的轻质油和天然气等气体，可有效提升原油品质。该工艺具有高采收率、高热效率、降低水资源消耗和温室气体排放等优点。但是该工艺加热地层速率慢、时间长，加热井的温控范围有限。基于常规裂解改质技术的不足及注空气技术的优势，提出了注空气辅助原位裂解改质工艺，通过气体对流和原油氧化反应的热效应，提高加热速率和地层温度，增加油藏能量和加热井的波及体积，进一步提高采收率和能量效率。电加热原位裂解改质工艺的数值模拟结果表明，单纯电加热过程的热传递速率较慢，原油采出程度为 66.3%，能量效率为 $6.6 GJ \cdot GJ^{-1}$，单井的控温距离仅为 10m。与电加热原位裂解改质工艺相比，注空气能显著提高热传递速率，地层传热速率显著提高，原油采出程度提高 6.2%，能量效率达到了 $11.2 GJ \cdot GJ^{-1}$，提高 70.0%。加热井的控温范围可达 40m，而利用水平井可有效地提高单井的控温范围。

关键词： 超稠油；电加热原位裂解改质；注空气；低温氧化；热裂解

0　前言

基于井筒的电加热裂解改质工艺（ISU）是一项富有创造性的新技术，其加热温度高，具有高采收率、高热效率的特点[1-3]，适用于油页岩、低成熟度页岩油及超稠油油藏[4-6]。该技术通过地下电加热使超稠油发生热裂解，产生烃类气体、轻质油和焦炭等物质，相比于油藏内的超稠油，产出油的品质油明显提升，同时传统稠油热采过程中地面管道输送过程中的掺稀降黏工艺及后续炼化工艺，降低了温室气体排放[7-9]。然而，该工艺主要通过井筒内的电加热器加热储层，由于油藏内的超稠油在开采初期难以流动，因此热量传递方式主要为热传导，加热速率较慢且时间较长，导致单个加热井的控制范围有限，需要采用相对较小的井距。此外原位裂解改质过程电能消耗较大，成本较高，亟须有效技术提高其可行性与经济性[10-12]。

稠油注空气已运用到稠油油藏开发当中，室内及矿场试验表明，注入空气能与原油发生氧化作用，释放热量加热地层，同时氧化反应产生的烟道气能够有效驱替稠油[13-14]。基于常规原位裂解改质技术的不足及注空气技术的优势，本文提出了注空气辅助原位裂解改质工艺，拟具有提高储层加热速率（通过热传导和气体热对流实现热传递），补充和提高地层能量，提高加热井组的有效波及范围等优势，是一项极具潜力的新技术，本文通过油藏数值模拟手段研究了注空气辅助原位裂解改质的增产效果和增

基金项目：国家基金项目"难采稠油多元热复合高效开发机理与关键技术基础研究"（U20B6003）。

作者简介：裴树峰，2022 年毕业于中国石油大学（华东），获工学博士学位，现为中国石化胜利油田石油工程技术研究院博士后，主要从事稠油热采，注气提高采收率方面的研究。E-mail：shufengpei@163.com

效机制，为难动用超稠油储量的高效开发提供了新的思路。

1 目标超稠油油藏与开发现状

目标超稠油油藏的埋深为 810~960m，含油面积为 1.7km²，原油地质储量为 927×10⁴t，油层厚度为 1~15m。地层的原始压力为 8.1~9.2MPa，温度为 33℃，平均孔隙度和横向渗透率分别是 29% 和 1400mD。超稠油在地面条件下的黏度超过 100000mPa·s，储层归类为深层超稠油油藏。

自 1999 年以来，该区块一直通过蒸汽吞吐技术进行生产，截至 2014 年，大多数蒸汽吞吐井的吞吐周期超过 12 个，单周期平均采油量为 739t，而平均油汽比为 0.4m³/m³，原油采出程度仅为 24.1%。

如图 1 所示为该区块某油井蒸汽吞吐过程中单个周期的油汽比和累积油汽比的变化，可以看出，随着该井蒸汽吞吐工艺的进行，单个周期的油汽比逐渐上升，在第六周期油汽比达到最高值后，油汽比逐渐下降，第 11 个周期的后油汽比仅为 0.3m³/m⁻³。

能量效率是评估原位改质工艺经济性的重要参数，类比与油汽比，其定义为该过程产出油气燃烧释放的化学能与总消耗能量的比值，能量效率越高，表明其以能量计算的产出/投入比越高，潜在的经济可行性越高。蒸汽吞吐井的能量效率可以通过以下公式计算：

$$EOR = \frac{40\eta_{\text{otsg}}}{OSR(H_{\text{s,sg}} - H_{\text{w}})\rho_{\text{w}}} \times 10^6 \tag{1}$$

式中　EOR——能量效率，$\text{GJ} \cdot \text{GJ}^{-1}$；

$\quad\quad OSR$——油汽比，$\text{m}^3 \cdot \text{m}^{-3}$；

$\quad\quad \rho_{\text{w}}$——锅炉中给水的密度，$\text{kg} \cdot \text{m}^{-3}$；

$\quad\quad H_{\text{s,sg}}$——锅炉出口高温蒸汽的比焓，$\text{kJ} \cdot \text{kg}^{-1}$；

$\quad\quad H_{\text{w}}$——标况条件下水的比焓，$\text{kJ} \cdot \text{kg}^{-1}$；

$\quad\quad \eta_{\text{otsg}}$——蒸汽锅炉的热效率，小数。

图 2 显示了该油井蒸汽吞吐工艺过程中单个周期的能量效率和累计能量效率，该油井的能量效率先提高后呈下降趋势，在第 11 个蒸汽吞吐周期的能量效率仅为 4.6GJ·GJ⁻¹。

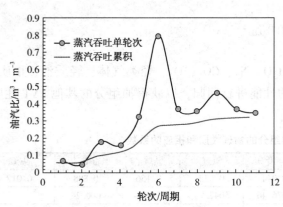
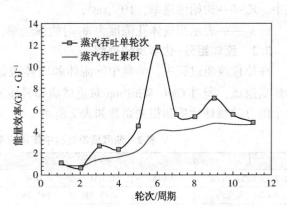

图 1　典型超稠油油井蒸汽吞吐过程油汽比　　　　图 2　典型超稠油油井蒸汽吞吐过程的能量效率

2 超稠油原位改质工艺数值模拟模型

根据该区块的地质资料，建立了超稠油原位电加热裂解改质的概念模型及注空气辅助工艺的数值模拟模型，模型包括地质模型和流体组分-化学反应模型等部分，模型由商业软件 CMG 进行计算。

2.1 地质模型与井网模型

采用规则的笛卡尔坐标系，建立模型的网格数为 2250 个 (15×15×10)，其中模型在 i、j、k 方向上的网格大小分别为 1m×1m×1m。油藏的原始压力为 8.5MPa，油藏温度为 33℃，该模型中使用的主要参数如表 1 所示。

表1　模型中所采用的的地质参数

参　数	数　值	参　数	数　值
地层深度/m	873	油相热传导率/J·(m·d·℃)$^{-1}$	1.15×10^4
地层厚度/m	10	水相热传导率/J·(m·d·℃)$^{-1}$	5.35×10^4
油藏初始压力/kPa	8500	气相热传导率/J·(m·d·℃)$^{-1}$	3.20×10^3
油藏初始温度/℃	33	上下围岩的热熔/J·(m³℃)$^{-1}$	2.35×10^6
地层压缩系数/kPa^{-1}	4.35×10^{-7}	上下围岩的热传导率/J·(m·d·℃)$^{-1}$	1.05×10^5
岩石热熔/J·(m³·℃)$^{-1}$	2.45×10^6	孔隙度	0.3
岩石热传导率/J·(m·d·℃)$^{-1}$	1.50×10^5	横向渗透率	1000

模型采用典型的正方形五点井网,井网如图3所示,包含四个加热(注气)井和一个的生产井,而加热井和生产井的间距为10m。

在井筒电加热器加热超稠油油藏过程中,超稠油会发生热裂解反应生成固体类物质焦炭,滞留在油藏中的焦炭会堵塞储层的孔隙,导致储层的孔隙度和渗透率大幅度降低[89-93]。在本模型中,储层孔隙度和渗透率的随焦炭的生成而降低的程度可以分别通过有效孔隙度[公式(2)]和Carmen-Kozeny方程[公式(3)][94]进行计算:

$$\varphi_f = \varphi_0\times(1-C_{coke}/\rho_{coke}) \quad (2)$$

式中　ρ_{coke}——在储层温度和压力下的焦炭密度,kg·m^{-3};

C_{coke}——地层中的焦炭含量,kg·m^{-3};

φ_0——初始孔隙度;

φ_f——当多孔介质中的焦炭含量为C_{coke}时的流体孔隙度。

$$K_f = K_0\times\left(\frac{\varphi_f}{\varphi_0}\right)^6\times\left(\frac{1-\varphi_0}{1-\varphi}\right)^2 \quad (3)$$

式中　K_0——初始渗透率,$10^{-3}\mu m^2$;

K_f——表示当流体孔隙度为φ_f时的渗透率,$10^{-3}\mu m^2$。

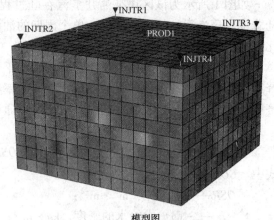

模型图

图3　原位裂解改质模拟过程中采用的模型

2.2　流体组分-化学反应模型

在原位改质过程中,油藏中的流体和固体包括H_2O、N_2、CO_2、O_2、烃类气体、轻质油、重质油和焦炭组成。通过CMG WinProp对重质油和轻质油的性能进行回归,以获得油组分的其他PVT性质,各个组分的物理性质和相关系数如表2所示。

表2　油藏模拟过程中使用的不同组分的物理性质和相应的系数

性质	水	烃类气体	氮气	二氧化碳	氧气	轻质油	重质油	焦炭
摩尔分子/kg·mol^{-1}	0.018	0.031	0.028	0.044	0.032	0.156	0.888	0.012
临界压力/kPa	22048.00	4615.31	3394.39	7376.46	5042.95	2364.36	600.24	—
临界温度/℃	374.15	16.81	-146.95	31.05	-118.57	371.70	926.94	—

同时,超稠油原位改质过程主要通过超稠油发生热裂解反应生成轻质油来提高原油品质和提高产油量,拟合了不同温度和时间后超稠油热裂解反应后的产物的质量分数来获得超稠油热裂解反应模型,反应具体的反应模型如表3所示,其中还包括了超稠油组分与空气的低温氧化反应,用于模拟注空气条件下超稠油与氧气的氧化反应。

表3　油藏模拟过程中使用的化学反应模型

反应	反应系数	指前因子/d^{-1}	活化能/kJ·mol^{-1}	反应熔/kJ·mol^{-1}
热裂解反应	HO→0.1807 HC GAS+0.5738 LO+0.2455 Coke	3.6×10^{18}	233.13	
低温氧化反应	HO+1.5O$_2$→0.99 HO+0.75 CO$_2$+H$_2$O	39024	28.7	407

3 超稠油原位改质过程的数值模拟结果

3.1 生产特征

超稠油原位改质过程中温度场和轻质油分布的变化如图4所示，随着加热器持续不断的加热地层，油藏温度缓慢提高。当加热时间较短时，地层内大部分区域的地层温度均低于280℃，达不到超稠油热裂解反应的温度，地层内的超稠油基本没有发生热裂解反应。

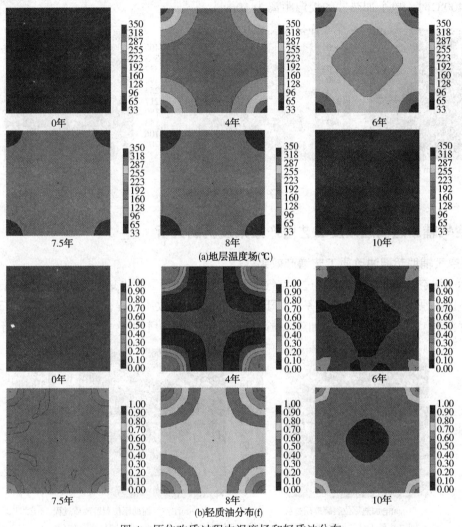

(a)地层温度场(℃)

(b)轻质油分布(f)

图4 原位改质过程中温度场和轻质油分布

当加热器继续加热油藏，油藏温度达到300℃以上后，油藏内的超稠油发生了热裂解反应，油相中轻质油的摩尔分数有了明显升高。当井筒内的电加热进一步加热地层，井网内油藏温度继续升高，此时，油相中轻质油的摩尔分数能够达到0.7以上。

原位改质过程中累积产油量如图5所示，结果表明，原位改质过程的原油采出程度最终能达到66.3%，其中，稠油和轻质油的累积产量分别为153.8m³和109.3m³，轻质油的产量占比为41.7%，相比原始超稠油的组成，原油品质大幅度提升。

通过计算，超稠油原位改质过程的能量效率为6.6GJ·GJ⁻¹，这表明当电加热器的加热温度为350℃时，超稠油原位改质过程产出油气的能量是总消耗能量的6.6倍。

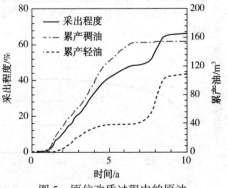

图5 原位改质过程中的原油
采出程度和累积产油量

3.2 电加热井的控温范围

通过调整加热井和生产井之间的间距，模拟了不同加热井和生产井之间的间距对于超稠油原位改质工艺的影响，来研究原位改质工艺加热井的控温距离。储层温度和累积原油产量的变化如图6所示。

结果表明，当井间距为10m时，储层已被加热到最高温度。当井间距为15m时，温度场结果显示大部分地层的温度均低于在280℃，只有加热井附近区域的温度较，因此需要加热井继续加热，使地层温度进一步升高到达稠油热裂解反应的温度。通过分析不同井间距条件下的储层温度场表明，当加热井温度为400℃时，单个加热井的控温距离为10m。

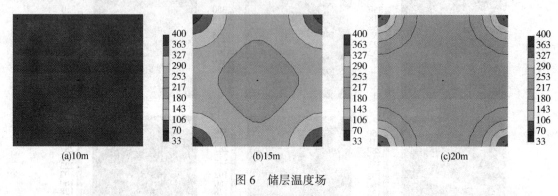

| (a)10m | (b)15m | (c)20m |

图6 储层温度场

4 注空气辅助超稠油改质工艺增产效果及机制分析

4.1 注空气辅助超稠油改质工艺增产效果

图7显示了注空气辅助超稠油改质过程空气注入6个月后地层温度的变化，显而易见，通过注入额外的空气可以明显提高原位改质过程的传速率。对于注空气辅助原位改质过程，储层的温度高于300℃，1/3区域的储层温度在320℃以上，而对于电加热原位改质过程，储层温度较低，大部分地区温度低于100℃。

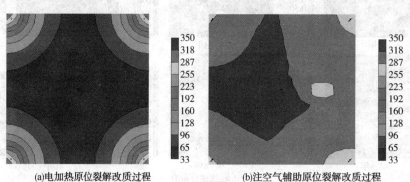

(a)电加热原位裂解改质过程   (b)注空气辅助原位裂解改质过程

图7 原位过改质过程和注空气辅助过程加热6个月后地层温度分布(℃)

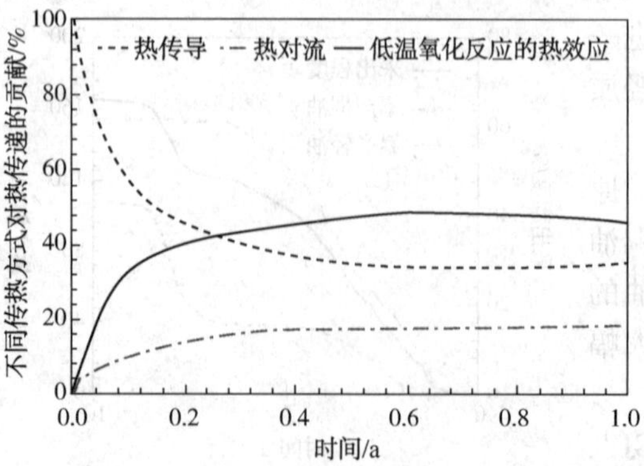

图8 热传导、热对流和低温氧化反应的
热效应对传热的贡献

相比于电加热原位改质过程地层传热主要依靠热传导，注空气辅助过程地层温度提高得益于注入气体的对流效应和超稠油与空气低温氧化反应的热效应，通过分析注空气过程中热传导、气体对流和低温氧化反应的热效应对传热的影响，结果如图8所示，在注空气辅助过程的初始阶段，热传导占据着传热的主要贡献。之后，由于超稠油与空气的氧化放热，低温氧化的热效应对传热的影响迅速增加，同时，热对流作用的影响也有所体现。0.3年后，低温氧化反应的热效应的影响超过了热传导的影响，而后热传导、热对流和低温氧化反应的热效应对储层中传热的贡献基本保持稳定。采油过程结束后，热传导、气体对流和氧化反应的热效应对传热的贡献分别为35.1%、18.8%和46.1%。注入空气对传热的贡献由注入气体的热对流效应和氧化反应的热效应组成，总体而言，空气注入的贡献率超过65%。

图9显示了注空气辅助原位改质工艺的累产油结果，结果表明，注空气辅助工艺，累积稠油的产量为141.1m³，累积轻油产量为138.2m³，最终原油采出程度为72.5%，相对于单纯的电加热过程提高了6.2%。通过对比累积轻质油和稠油产量，注空气辅助原位裂解改质过程原油采出程度的提高主要得益于累积轻质油产量。

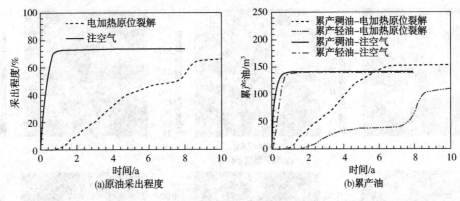

图9　注空气辅助原位改质过程原油采出程度

通过计算超稠油注空气辅助原位改质过程的能量效率为11.2GJ·GJ⁻¹，相比于电加热原位裂解改质过程，能量效率提高了69.0%。

4.2　注空气辅助超稠油改质工艺增效机制研究

注空气对超稠油电加热原位裂解改质过程采出程度的提高主要机理包括两个方面。首先是注空气能够显著提高原位裂解过程的传热速率，注入气体的热对流效应和低温氧化反应的热效应有利于提高地层温度，导致储层流体的黏度降低，流动性增强。同时，高温有利于地层稠油的热裂解反应，反应产生的烃类气体和轻质原油也有利于稠油组分的生产。

第二个原因是烟道气驱作用，低温氧化反应生成的二氧化碳和空气原始的氮气，都可以驱替储层中的原油流向生产井。图10和图11显示了电加热原位裂解改质和注空气辅助过程中网格(4, 4, 5)内气相流体的组成，同时显示了含油饱和度的变化。

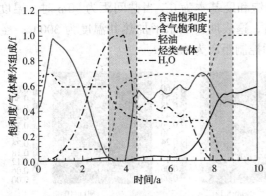

图10　电加热原位裂解改质过程中
网格(4, 4, 5)气相组成

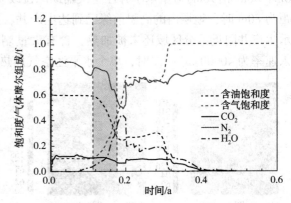

图11　注空气辅助原位裂解改质过程中
网格(5, 5, 5)气相组成

结果显示对于电加热原位裂解改质工艺，在含油饱和度下降时期，网格中水蒸气(第一阶段)和烃类气体、轻质油(第二阶段)作为驱替流体；而对于注空气辅助工艺，在含油饱和度下降时期，水蒸气、二氧化碳和氮气是主要的驱替流体，二氧化碳在气相中的摩尔分数在5~11mol%，而氮气在气相中的摩尔分数在50~70mol%，因此烟道气对于原油的具有明显的驱替作用。

5 注空气加热井的控温范围

5.1 直井的控温范围

图 12 显示了不同井间距条件下的温度场和剩余油饱和度场。结果表明,当井间距为 30m 时,高温前缘在已到达生产井。当井间距为 40m 时,高温前缘在 7.8 年波及生产井,同时,仅在生产井控制区域的边缘位置有少量剩余油。当井间距为 50m,含油饱和度分布图显示在生产井附近还存在大量的剩余油。

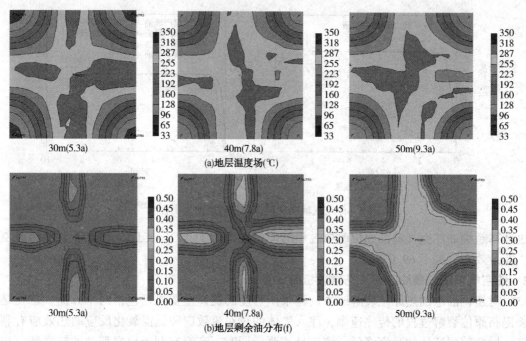

图 12 不同井距条件下温度分布以及地层剩余油分布

5.2 水平井的控温范围

水平井能够增加井眼与地层的接触面积,在稠油油藏开采中有着广泛的应用,基于水平井开采稠油油藏的优势,通过数值模拟,研究了水平井注空气辅助裂解改质工艺控温范围。采用了不同井间距(70m、80m 和 90m)对于水平井注空气辅助原位改质工艺的影响,结果如图 13 所示。结果表明,当井间距为 80m 时,地层内的高温前缘已到达生产井,原油饱和度基本为 0。当井间距为 90m 时,温度场显示生产井附近部分区域还未被加热,含有大量剩余油。这表明,当水平加热井温度为 300℃,空气注入速率为 40000sm³·d⁻¹时,单个水平注空气加热井的控制距离为 80m。

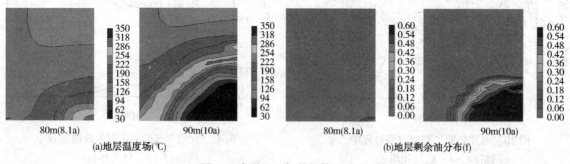

图 13 水平注空气井的控温距离

6 结论

基于常规单纯电加热原位裂解改质技术的不足及注空气技术的优势,提出了注空气辅助原位裂解改质工艺,理论分析及油藏模拟结果表明,改进的注空气辅助工艺,通过气体热对流强化热传递和原油氧化的热效应，能显著增强油层的加热速率，提高地层温度，增加加热井组的有效波及范围，提高产油速率和采收率，是一项极具潜力的新技术。

（1）电加热原位改质的数值模拟结果表明，该过程的热传递速率较慢，在350℃的加热温度下，6a后的地层平均温度为263℃，原油的最终采出程度为66.3%，能量效率为6.6GJ·GJ^{-1}。在加热温度为400℃，加热时间为10a的条件下，单个加热井的控温范围仅为10m。

（2）注空气能够显著提高原位改质工艺的热传递，相比于电加热过程的地层平均温度，注空气辅助过程的地层平均温度可提高157℃。全过程传热分析表明，注空气对传热的贡献超过64.9%。与单纯电加热相比，注空气辅助工艺原油提高了6.2%，能量效率提高了70.0%。

（3）注空气加热井的控温范围为40m，远高于电加热过程的加热井的控温范围。水平加热井的控温范围为80m，水平井能够显著提高了注空气加热井的控温范围。

参考文献

[1] Kumar J., Fusetti L., Corre B. Modeling in-situ upgrading of extraheavy oils/tar sands by subsurface pyrolysis[C]. SPE149217, 2011.

[2] Maes J., Muggeridge A. H., Jackson M. D., et al. Scaling analysis of the In-Situ Upgrading of heavy oil and oil shale[J]. Fuel, 2017, 195：299-313.

[3] Alpak F. O., Vink J. C. Adaptive local-global multiscale simulation of the in-situ conversion process[J]. SPE Journal, 2016, 21(06)：2112-2127.

[4] Pei S. F., Wang Y. Y., Zhang L., et al. An innovative nitrogen injection assisted in-situ conversion process for oil shale recovery：Mechanism and reservoir simulation study[J]. Journal of Petroleum Science and Engineering, 2018, 171：507-515.

[5] 雷光伦, 李姿, 姚传进, 等. 油页岩注蒸汽原位开采数值模拟[J]. 中国石油大学学报(自然科学版), 2017, 41(02)：100-107.

[6] Pan Y., Zhang J., Wang X., et al. Research on electric heating technology in-situ oil shale mining[J]. IOSR Journal of Engineering, 2012, 2(8)：39-44.

[7] Vinegar H. Shell's in-situ conversion process[R]. Colorado：Colorado Energy Research Institute, 2006.

[8] Fowler T. D., Vinegar H. J. Oil shale ICP-Colorado field pilots[C]. SPE121164, 2009.

[9] Fan Y., Durlofsky L. J., Tchelepi H. A. Numerical simulation of the in-situ upgrading of oil shale[J]. SPE Journal, 2010, 15(02)：368-381.

[10] 康志勤. 油页岩热解特性及原位注热开采油气的模拟研究[D]. 太原：太原理工大学, 2008.

[11] Kang Z., Yang D., Zhao Y., et al. Thermal cracking and corrseponding permeability of Fushun oil shale[J]. Oil Shale, 2011, 28(2)：273-283.

[12] Kibodeaux K. R. Evolution of porosity, permeability, and fluid saturations during thermal conversion of oil shale[C]. SPE170733, 2014.

[13] Wang Y. Y., Zhang L., Deng J. Y., et al. An innovative air assisted cyclic steam stimulation technique for enhanced heavy oil recovery[J]. Journal of Petroleum Science and Engineering, 2017, 151：254-263.

[14] Wang Y. Y., Zhang L., Ren S. R. Coke deposition during air injection assisted cyclic steam stimulation process：Mechanism study and field impact analysis[C]. SPE195360MS, 2019.

稠油降黏复合驱后剩余油分布规律研究

郑万刚[1,2,3]　汪庐山[1]　于田田[1,3]　张仲平[1,3]　曹嫣镔[1,3]　初　伟[1,3]

【1. 中国石化胜利油田分公司；2. 胜利油田管理局博士后工作站；
3. 山东省稠油开采技术重点实验室】

摘　要： 由于油水流度比大，水窜严重导致水驱稠油采收率偏低，为此提出堵调降黏复合驱技术思路。本研究采用核磁扫描驱替、微观刻蚀模型驱替实验等对水驱后以及降黏驱后的剩余油分布开展了分析，结果表明：水驱稠油过程中极易形成水流通道，见水早，波及效果差，剩余油主要包括柱状（孔隙）残余油、壁面油膜、盲端残余油和未波及区剩余油。核磁扫描发现，大孔隙中主要是柱状（孔隙）残余油、壁面油膜、盲端残余油，未波及区剩余油主要分布在小孔隙中。经过多级堵调降黏复合驱后，剩余油主要是未波及区剩余油和部分盲端残余油以及极少部分油膜，小孔剩余油动用幅度更大。

关键词： 稠油；降黏；复合驱；剩余油；规律

0　引言

国内外对于微观剩余油机理的研究已取得丰硕的成果，随着多种研究手段的出现，机理研究仍在不断推进和突破。传统手段对剩余油机理研究认为，孔隙结构及其非均质特征对剩余油具有较大的控制作用。其中，何建华研究发现，剩余油的形成主要受到毛管力的作用，可见指进、绕流和阻塞等不同的渗流现象[1]。谢丛姣[2]认为非活塞式驱油、绕流、卡断是剩余油形成的主要机制。杨珂、徐守余开展了微观实验研究，研究发现渗流机理受到储层润湿性的作用：在水润湿储层中，驱替机理和剥离机理在驱油过程中期主要作用，两者的协同能最大限度地提高采收率；油润湿储层中，驱替机理起主要作用[3]。

稠油水驱开发采收率低主要原因在于油水流度比大，水窜致使驱替不均衡，胜利油田针对水驱稠油开发矛盾，研发了兼具水相增黏和油相高效降黏的渗透降黏驱油剂[4]并通过调节聚合条件，研制了不同表观黏度的驱油体系。采用一维岩心模型并结合核磁扫描分析（4组实验），开展渗透改性降黏驱油剂（ZG-1、ZG-3）、普通聚合物（HPAM）驱油剂对稠油的驱替实验，研究驱油效率的变化，明确体系黏度和降黏活性对水驱稠油油藏提高采收率贡献规律。同时通过微观刻蚀模型实验明确降黏驱提高水驱稠油采收率机理。

1　实验方法及试剂

1.1　实验试剂及仪器

现场原油，油藏温度（50℃）脱气原油黏度205mPa·s；贝雷岩心，气测渗透率$2000×10^{-3}\mu m^2$；模拟地层水，成分及组成见表1。

基金项目：本文研究由国家重点研发计划项目（编号：2018YFA0702400）资助。

作者简介：郑万刚（1987—）男，博士后，副研究员，主要从事油田化学剂的研发工作。E-mail：zhengwangang. slyt @ sinopec. com

表1 胜利油田注入水组成

离子组成	Na⁺/K⁺	Ga²⁺	Mg²⁺	Ba²⁺	Cl⁻	SO₄²⁻	HCO₃⁻	总矿化度
含量/(mg/L)	8233	457	232	33.2	13245.89	9.61	1372.95	23583.65

实验仪器：化学驱物理模拟实验装置，DHZ-50-180，南通华兴石油仪器公司；核磁共振仪，MacroMR，苏州纽迈分析仪器股份有限公司；微观驱替装置，永瑞达公司；光学显微镜，HJ-4，常州国华仪器有限公司。

1.2 实验方法

一维岩心驱替实验：根据胜利油田尚一区油藏条件，对 Φ2.5cm×10cm 的一维均质岩心进行水驱实验；岩心气测渗透率为 $2000×10^{-3}\mu m^2$，岩心饱和水后进行水测渗透率，之后饱和胜利稠油，进行水驱稠油实验，记录整个驱替过程中采出液体中水和油的体积以及注入压力[5]。实验流程图如图1所示。

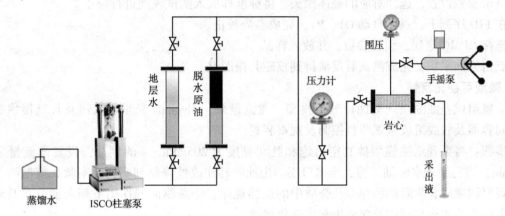

图1 水驱稠油驱替实验流程图

1.2.1 岩心准备

驱油前，岩心在85℃下烘干24h，去除岩心中的间隙水，记录岩心样品的质量 m_1。

1.2.2 抽真空饱和水

在抽真饱和水装置中，抽真空使其处于负压处理4h，之后通过内外压差使地层水进入真空状态的钢桶中，加压10MPa后饱和24h，记录饱和地层水之后的岩心质量 m_2，根据式（1）计算岩心孔隙体积。饱和水后在0.5mL/min的流速下测定水测渗透率，记录注入压差，根据式（2）达西公式计算岩心水测渗透率。

$$PV = \frac{m_2 - m_1}{d} \tag{1}$$

式中 PV——岩心中孔隙体积，cm^3；

m_2——饱和地层水后的岩心重量，g；

m_1——干燥的岩心重量，g；

d——模拟地层水的密度，g/cm^3。

$$K = \frac{Q\mu L}{A\Delta P} \tag{2}$$

式中 K——岩心的渗透率，D；

Q——驱替流体的流速，cm^3/s；

μ——驱替流体的黏度，$mPa \cdot s$；

ΔP——岩心前端和尾端的压力差，$10^5 Pa$。

1.2.3 岩心饱和油

在50℃条件下，用双缸恒流泵以0.05mL/min的流速向岩心夹持器中恒速注入胜利稠油直至出口端不再有地层水产出，建立原始饱和油及束缚水[6]。

1.2.4 水驱稠油实验

实验流程图如图1所示。在确保实验装置密封性良好前提下，设置恒定注入速度0.5mL/min，在50℃条件下水驱稠油实验，每隔2min接液一次，记录产出液中含水体积与稠油体积，并全过程记录注入压力。

1.3 核磁扫描方法

采用低场核磁共振分析测试系统，研究渗透改性降黏剂驱稠油后油水分布状态，探究岩心中可流动流体变化特征。使用低场核磁共振分析测试系统，测量岩心抽真空饱和油后、恒流速饱和水后以及渗透改性降黏剂驱稠油后一维岩心的进行核磁共振扫描，测试过程中，具体实验步骤及实验装置如下：

（1）开启射频电源，开启电脑及核磁共振分析应用软件。

（2）点击参数设置，选择对应的磁体探头，将标准样放入测试线圈进行校正。

（3）在FID序列下，点击自动O1、P1，完成参数校正。

（4）选择CPMG序列，设置参数，并放入样品。

（5）点击累加采集，完成测试后反演得到核磁共振图谱。

1.4 微观可视化驱替

实验装置组成：油湿微观刻蚀玻璃板模型、微流量泵、Olympus光学显微镜及长基摄像头、六通阀门、中间容器及管线组成微观驱替控制及观察装置。

实验步骤：将微观刻蚀模型抽真空后饱和胜利黏度为205mPa·s的稠油；设置微流量泵流速为0.05mL/min，进行微观水驱油实验，至出口端不出油时转注改性降黏剂驱，观察微观模型波及体积变化情况；观察调堵降黏驱后油滴在多孔介质中的运移规律、降黏驱油剂作用下剩余油分布及动用情况以及驱替全过程油水运移规律及含油饱和度变化规律[7]。

2 结果与讨论

2.1 体系黏度和降黏活性对水驱稠油油藏提高采收率贡献规律

采用一维岩心模型并结合核磁扫描分析，开展两种渗透改性降黏剂与普通聚合物HPAM驱油剂对不同黏度稠油的驱替实验，研究其驱油效率的变化。对比不同活性、不同黏度以及不同稠油黏度下驱油剂提高采收率的效果。

2.1.1 不同活性驱油剂（HPAM和渗透改性降黏剂）提高采收率效果

岩心饱和油后、水驱稠油结束后以及HPAM驱后的核磁共振扫描图如图2所示。与转注HPAM驱前的水驱阶段类似，在饱和油后，岩心核磁成像表明岩心含水饱和度约20%~40%，岩心中存在大量束缚水，随着水驱稠油时间的延长直至水驱不出油，岩心中的油被驱出，孔隙体积被含氢流体代替[8]，表现出更高的含水饱和度，大致处于40%~50%，核磁结果显示小孔采收率4.12%，大孔采收率25.11%，总采收率29.23%，与一维岩心水驱采收率相差不大。转注HPAM驱直至后续水驱不出油后核磁共振扫描显示，岩心含水饱和度进一步提高，大致到60%~70%，说明HPAM提高了采收率，但提高采收率效果较低；核磁共振显示HPAM提高小孔采收率5.2%，大孔采收率5.45%。

从水驱稠油后转注ZG-1驱油可知，水驱至0.45PV处含水率上升至90%以上，采收率增速放缓；水驱至1.21PV后，采收率达到98%，压力达到稳定0.32MPa，此时采收率为30.60%，转注渗透改性降黏剂ZG-1，注入浓度为3000mg/L。随着ZG-1的注入，含水率前期高含水，后期逐渐下降至最低83.33%，压力逐渐升高，注入0.6PV后，压力达到3.91MPa，后续水驱阶段，注入压力持续增大至最高值4.45MPa，然后逐步下降至平稳压力1.32MPa，此阶段含水率也缓慢上升[9]。最后后续水驱阶段含水率达到98%后，最终采收率为45.67%。最终采收率相对于前置水驱增加值为15.07%。对比相同黏度下的HPAM，由于ZG-1具有更低的表面张力，活性更高，其提高采收率较HPAM相对提高了4.92%。

对比核磁如图3看出，前置水驱阶段含水饱和度同样提高至40%~50%，与HPAM前置水驱一致，这是因为原油黏度相同、岩心渗透率相近以及同为水驱；核磁手段显示提高小孔采收率4.73%，大孔采收率24.33%，总采收率为29.06%。随着注入ZG-1以及后续水驱的进行，岩心中含水饱和度较HPAM岩心中更高，大致升高至70%，核磁显示ZG-1提高小孔采收率8.02%，大孔采收率7.39%。核磁手段与量化驱替结果一致，ZG-1较HPAM具有更低的界面张力更高的活性，以及ZG-1调节油水流度的能力更好，提高采收率效果同样更好。HPAM与ZG-1驱油效果对比见表2。

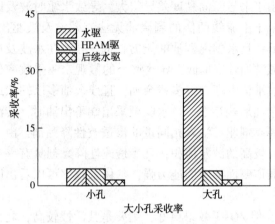

图2　水驱-HPAM驱-后续水驱
核磁共振扫描图（稠油205mPa·s）

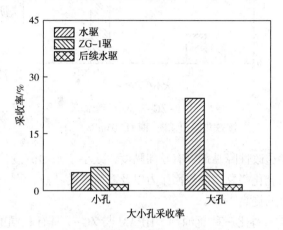

图3　水驱-ZG-1驱-后续水驱
核磁共振扫描图（稠油205mPa·s）

表2　HPAM与ZG-1提高采收率结果统计表

类　　型	黏度/mPa·s	水驱提高采收率/%	总采收率/%	聚驱提高采收率/%
HPAM	53	30.74	40.88	10.15
ZG-1	52.2	30.60	45.67	15.07

2.1.2　相同活性不同黏度渗透改性降黏剂提高采收率效果

从水驱稠油后转注渗透改性降黏剂ZG-3驱油可知，水驱至0.54PV处含水率上升至90%以上，采收率增速放缓；水驱至1.24PV后，采收率达到98%，压力达到稳定0.38MPa，此时采收率为30.94%，转入渗透改性降黏剂ZG-3驱，注入浓度为3000mg/L。随着ZG-3的注入，含水率前期高含水，后期逐渐下降至最低82.22%，压力逐渐升高，注入0.6PV后，压力达到6.46MPa，后续水驱阶段，注入压力持续增大至最高值6.69MPa，然后逐步下降至平稳压力1.84MPa，此阶段含水率也缓慢上升。最后后续水驱阶段含水率达到98%后，最终采收率为49.06%。最终采收率相对于前置水驱增加值为18.13%。相比于具有相同活性的ZG-1相比，ZG-3提高采收率值较其增加3.06%，原因是在具有相同活性的条件下，ZG-3具有更大的黏度，能够更好地改善水油流度比[10]，因此提高采收率值更大。ZG-1与ZG-3驱油效果对比见表3。

表3　ZG-1与ZG-3提高采收率结果统计表

类　　型	黏度/mPa·s	水驱提高采收率/%	总采收率/%	聚驱提高采收率/%
ZG-1	52.2	30.60	45.67	15.07
ZG-3	112.5	30.94	49.06	18.13

ZG-3驱替的核磁共振图像结果如图4所示，与ZG-1结果对比，ZG-3较ZG-1驱替后的含水饱和度高，与一维岩心驱替提高采收率效果相符。由图4可看出，前置水驱后核磁显示提高小孔采收率4.92%，大孔采收率25.14%，总采收率为30.06%。随着注入ZG-3以及后续水驱的进行，岩心中含水饱和度较HPAM和ZG-1驱替岩心中更高，核磁显示ZG-3提高小孔采收率9.59%，大孔采收率8.48%。

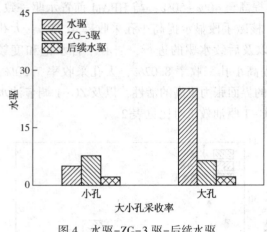

图4 水驱-ZG-3驱-后续水驱
核磁共振扫描图(稠油205mPa·s)

2.2 堵调降黏驱后稠油油藏剩余油分布规律

针对黏度为205mPa·s的稠油，通过微观可视化驱替实验，探究HPAM和2种渗透改性降黏剂驱替稠油提高采收率的效果，探究调堵降黏驱后油滴在多孔介质中的运移规律、剩余油分布状况等。前置水驱至采出端不出油时，水驱后微观照片如图5~图7中(b)所示。由于水与原油黏度差异很大，导致水驱时波及区域小，偏于主流线两侧的剩余油无法有效波及被驱出，采收率低；且水剥离稠油的能力较低，导致在水波及稠油的区域洗油效率也低，导致整个的微观水驱采收率偏低，玻璃平板中存在很多残余油，且残余油多以柱状或膜状残余油形式存在。待水驱至采出端不出油时，转渗透改性降黏剂驱，注入相同量的渗透改性降黏剂，由于渗透改性降黏剂具有较高黏度，减小了水油流度比，具有较高的波及体积；且渗透改性降黏剂具有一定的乳化降黏、低界面张力以及高活性的特点，剥离微观喉道壁面油膜的能力强，整体采收率可以看出明显的提高[11]。

对比三种驱油剂，HPAM与ZG-1具有相同的黏度，但ZG-1效果更好，主要是其活性较高，乳化稠油能力强，降黏明显，稠油易启动；而HPAM为普通聚合物，其主要为流度控制剂，剥离稠油主要在于乳化作用，其降黏效果较差，因此ZG-1具有更好地提高采收率的效果。对比ZG-1与ZG-3的微观驱油效果，二者具有相同的活性，但ZG-1黏度为52.2mPa·s，ZG-3黏度为112.5mPa·s，ZG-3具有更好的波及效果，能够更好地乳化原油，大分子降黏剂能够降低油膜内聚力、黏附力，在流体剪切力作用下，能够更好地分散成乳液起到降黏作用，从而携带更多的稠油。

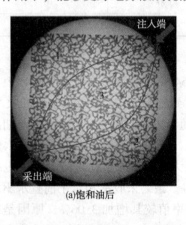
(a)饱和油后

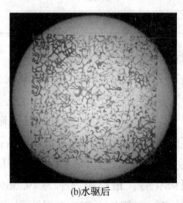
(b)水驱后

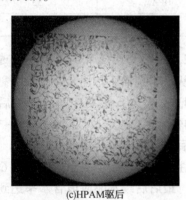
(c)HPAM驱后

图5 HPAM微观驱替照片

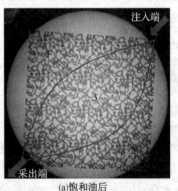

(a)饱和油后

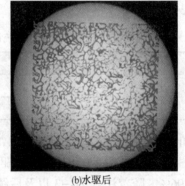
(b)水驱后

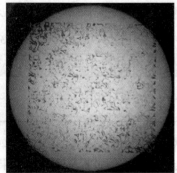
(c)ZG-1驱后

图6 ZG-1微观驱替照片

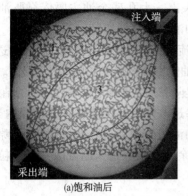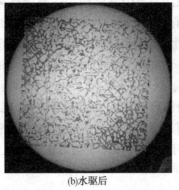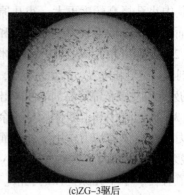

(a)饱和油后　　　　　　　　　　(b)水驱后　　　　　　　　　　(c)ZG-3驱后

图7　ZG-3微观驱替照片

稠油水驱残余油主要包括膜状残余油、孔隙残余油等，水的活性及黏度均较低，动用壁面油膜的能力弱，薄膜形态的残余油具有相当高的流动阻力，一般水驱是驱替不下来的，如图8所示；针对渗透改性降黏剂如ZG-1及ZG-3，其为大分子降黏剂，具有较高的黏度以及较高的表面活性，当渗透改性降黏剂沿油膜流动时，在油膜的上游端使油膜逐渐减薄、剥离，在下游端表面形成分散油滴，最终将油膜全部驱走，使油湿表面改变为水湿表面。在压力梯度不变的驱替过程中，渗透改性降黏剂可以有效降低油膜内聚力、黏附力，在流体剪切力作用下，壁面油膜被拉长、拉断，被拉断的油膜分散形成乳液，如图8所示。

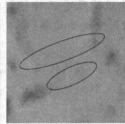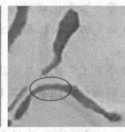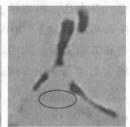

图8　渗透改性降黏剂驱前后残余油微观图

将微观刻蚀模型按照图8中所示分为1、2、3三个部分，根据定制平板时要求的喉道等面积参数，按照面积法，计算微观驱替各阶段采收率，所得HPAM、ZG-1及ZG-3的微观采收率效果如表4所示。从微观图及采收率图表中可以得出，水驱阶段，三种采收率差值不大，最后聚驱提高采收率在1和2部位提高较高，启动残余油能力强[12]；且三种化学剂微观驱替最终提高采收率结果与一维岩心宏观结果相近，黏度最大、具有活性的ZG-3提高采收率效果最好，其次是ZG-1，最差的为HPAM。

表4　微观驱替提高采收率效果

类　　别	水驱采收率/%			总采收率/%			聚驱提高采收率/%		
	区域1	区域2	区域3	区域1	区域2	区域3	区域1	区域2	区域3
HPAM	7.89	8.12	18.87	17.02	17.98	23.25	9.13	9.86	4.38
ZG-1	8.02	8.45	19.26	19.48	20.56	24.58	11.46	12.11	5.32
ZG-3	7.56	8.34	22.21	22.90	23.97	28.79	14.57	15.63	6.58

3　结论

(1) 结合一维岩心驱替实验与核磁共振扫描手段，对比研究了HPAM与ZG-1、ZG-3三种驱油剂提高采收率效果，其中相同黏度下的HPAM与ZG-1相比，活性高的ZG-1提高采收率效果好，提高采收率增长4.92%；相同活性的ZG-1与ZG-3相比，黏度高的ZG-3提高采收率效果好，提高采收率增长3.06%。在ZG-1、ZG-3的水相增黏、油相乳化降黏作用下，大孔和小孔剩余油均有不同程度提高，其中小孔提高幅度更大。小孔原油主要依靠驱油剂的黏弹性采出，大孔残余油主要依靠驱油剂的高表面活性，降低毛管力、黏附力和内聚力等，实现柱状残余油和油膜的高效驱替。

（2）微观驱替结果表明，渗透改性降黏剂具较高黏度，减小水油流度比，具较高波及体积；且渗透改性降黏剂具一定乳化降黏、活性高特点，剥离喉道壁面油膜和柱状残余油能力强，整体采收率明显提高。区域3中的残余油主要依靠降黏剂活性采出，区域1和区域2中的剩余油是降黏剂黏度和活性综合作用的结果。

（3）剪切作用和卡断作用是残余油启动和减少的主要机理。渗透改性降黏剂能够降低油膜内聚力、黏附力，在流体剪切力作用下，壁面油膜被拉长、拉断，被拉断的油膜分散形成乳液；柱状（孔隙或簇状）残余油的宽度大于喉道直径、小于孔隙直径，驱动力作用于残余油，被喉道卡断分散，形成粒径大于喉道直径、小于孔隙直径的乳液。

参考文献

[1] 何建华，张树林．高含水期微观剩余油分布研究[J]．石油天然气学报，2006(4)．

[2] 谢丛姣，刘明生，王国顺，等．基于砂岩微观孔隙模型的水驱油效果研究——以张天渠油田长2油层为例[J]．地质科技情报，2008，27(6)：58-58．

[3] 杨珂，徐守余．微观剩余油实验方法研究[J]．断块油气田，2009(04)：81-83．

[4] 郑万刚，束青林，曹嫣镔，等．梳型两亲渗透降黏驱油剂的制备及性能评价[J]．2022油气地质与采收率，29(3)：146-152．

[5] 王善堂，孙克己，郭省学，等．二氧化碳对稠油流变及渗流特征影响实验研究[A]．西安石油大学、陕西省石油学会．2019油气田勘探与开发国际会议论文集[C]．西安石油大学、陕西省石油学会：西安石油大学，2019：6．

[6] 贾俊敏．北部扎齐油田稠油冷采工艺优化与实践[J]．石油化工应用，2018，37(4)：59-62，72．

[7] 程亮，邹长军，杨林，等．稠油化学组成对其黏度影响的灰熵分析[J]．石油化工高等学校学报，2006，(3)：6-10．

[8] 余华杰，张慧．海上稠油油田常规冷采开发黏度极限探讨[J]．长江大学学报(自然科学版)，2016，(020)．

[9] 杨普华，杨承志．化学驱提高采收率[M]．北京：石油工业出版社，1988．

[10] 许俊岩．辽河油田稠油冷采技术研究与应用[J]．石化技术，2015，(7)：82-82，112．

[11] 周凤山，吴瑾光．稠油化学降黏技术研究进展[J]．油田化学，2001，18(3)：268-271．

[12] 秦冰．稠油乳化降黏剂结构与性能关系的研究[D]．石油化工科学研究院，2001．

胜利稠油多轮次热复合化学吞吐提效技术

殷方好[1,2] 张兆祥[1,2] 盖平原[1,2] 翟　勇[1,2] 何　旭[1,2] 刘廷峰[1,2]

【1. 山东省稠油开采技术重点实验室；2. 中国石化胜利油田分公司石油工程技术研究院】

摘　要：蒸汽吞吐是胜利稠油热采的主要开发方式，平均吞吐周期已达7轮次，处于高轮次吞吐阶段，周期产量和油汽比逐轮次下降。蒸汽吞吐加热范围受限，井间剩余油难以采出；同时随着吞吐轮次的增加，储层非均质性加剧，汽窜严重，层间层内动用不均，导致多轮次吞吐周期产油量和油汽比逐步降低。为此，以储层"热需求"为出发点，提高现场注汽量的合理性，配套完善了多轮次吞吐井分层均衡注汽工艺和水平井变点注汽工艺，改善由于储层非均质性导致的层间吸汽不均的现象，实现了精细注汽，提高储层动用程度；针对汽窜问题，研究形成了热采井体组合堵调技术，根据蒸汽吞吐温度场的分布特点，结合不同堵调体系的特点，形成了形成高低温、高低强度组合堵调工艺，扩大了蒸汽的有效波及体积，提高了蒸汽的热利用率；为了进一步提高多轮次吞吐的泄油半径，配套完善了化学热复合多轮次吞吐技术，采用降黏体系和气体辅助注汽，扩大降黏半径，提高多轮次吞吐的周期采油量。

关键词：蒸汽吞吐；多轮次；堵调；注汽参数；热复合

胜利油田稠油资源丰富，稠油热采年产量稳定在 450×10^4 t 左右。由于埋深、复杂边底水等原因，胜利油田大部分稠油储量不适合蒸汽驱。蒸汽吞吐一直是胜利热采的主导方式，覆盖储量和产量占比历年来都在95%以上。目前胜利油田稠油热采井平均吞吐周期已达7轮次，整体处于"高含水、中高轮次、中高采出"阶段，周期产油量和油汽比逐轮次降低，热采开发效益差。

胜利稠油具有"稠""薄""敏""水"等特点，通过对现场多轮次吞吐井的对比分析表明，造成上述现象的主要原因有以下几点：一是随着吞吐轮次的增加，汽窜与储层非均质互相促进，蒸汽无效窜流增加，造成近井地带局部富集剩余油，降低蒸汽热效率，表现为周期排水期长、产油量降低；二是胜利油田稠油多为薄互层油藏，采用一套井网开发多个小层，在笼统注气工艺下，由于层间的非均质性，导致储层吸汽不均，动用差异逐渐增大；三是蒸汽加热半径受限，蒸汽前缘波及的储层，原油黏度仍较高，无法采出。

近年来，为了确保胜利热采稠油的稳产和效益开发，研发配套了多轮次吞吐注汽参数一体化优化技术、热采井分层段均衡注汽技术、热采井组合堵调技术和化学热复合多轮次吞吐技术等热采老区多轮次提质增效手段，大幅度改善了储层非均质性导致的吸汽不均的现象，在提高蒸汽有效波及的基础上，扩大了降黏半径，提高了多轮次吞吐井的周期产油量和油汽比。

1　热采井分层段均衡注汽技术

胜利油田热采动用稠油油藏已进入多轮次吞吐开发阶段，随着吞吐轮次的增加，储层的非均质性加剧，热采直井常规龙头的注汽，导致层间、层内动用不均的现象更加严重；采用常规注汽工艺水平井的吸汽井段长度只有50m左右[4]，仅占全水平段的1/4，造成了控制储量的有效动用率低，无法充

基金项目：国家自然基金联合基金项目"难采稠油多元热复合高效开发机理与关键技术基础研究"（U20B6003）。

分发挥稠油油藏热采水平井开发的优势。采用直井分层注汽、水平井均衡变点注汽可以有效地调整注汽剖面，提高储层的动用程度。根据统计，胜利油田适合分层注汽的热采井占多层合采直斜井的34.8%，水平井也仅采用多段筛管的注汽方式。为此，研发了井下旋流整型等干度分配装置、临界流分段注汽配注器和热采水平井管内封隔器，形成了热采井分层段均衡注汽技术，可以满足不同的油藏、井况、工艺的分层段均衡注汽的需要。

1.1 直井分层注汽技术

采用分层注汽，可以显著改善热采直井的纵向吸汽剖面，有效启动低渗层，提高周期产油量。目前胜利油田根据不同油藏、不同工艺的需要，主要发展形成了4套分层注汽工艺(图1)。

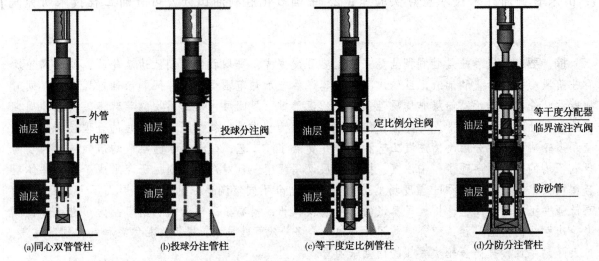

图1 分层注汽工艺

(1) 同心双管分层注汽技术：采用同心的内、外两根注汽管柱，分别对上下油层进行分层注汽。在夹层部位采用层间封隔器密封油套环空，采用内管封隔器密封内、外两根注汽管间的环空。其优点是可在地面对两根注汽管柱的注汽参数进行调控，分配精度高(表1)；缺点是只能实施两层分注，由于采用同心的两根注汽管柱，导致管柱起下工艺复杂，成本高。该技术主要应用于蒸汽驱和水平井蒸汽吞吐。

表1 孤岛中二中同心双管汽驱测试数据

分　　类	压力/MPa	温度/℃	流量/(t/h)	干度/%
外管	10.09	312.30	3.49	84.53
内管	10.07	311.90	3.04	85.62

(2) 投球分层注汽技术：采用投球打开井下分注阀的方式进行逐层注汽，是目前应用最多的一种直井分层注汽工艺。其优点是结构简单，成本低；缺点是由于采用逐层注汽的方式，造成先注汽的油层段焖井时间过长，导致热损失大，热利用率地，影响了周期产油量。

(3) 单管等干度定比例注汽技术：研发应用临界流定比例注汽阀和旋流式干度分配器，可精确控制各层段的流量、干度，采用层间封隔器密封油套环空，实现分层同注。其优点是管柱简单，可以实现多层按设计配汽量同时注入，蒸汽的热利用率高；缺点是适用于无套管内防砂管柱的热采井。

(4) 分层防砂分层注汽一体化技术：针对热采稠油普遍出砂的现象，为了扩大单管等干度定比例注汽技术的应用范围，研发了小直径的管内封隔器和分防分注一体化防砂管柱，实现了出砂热采井的分层注汽。

1.2 热采水平井均衡变点注汽技术

针对热采水平井常规单点注汽导致水平段动用程度低的问题，胜利油田研发了多种配注器均布在水平段[5]，提高了储层动用程度。但是进入多轮次吞吐阶段后，由于水平段采出程度的差异导致水平段的非均质性加剧，为了解决了多轮次吞吐后长水平段动用不均的问题，进一步提高储层动用程度和油井产量，配套形成了热采水平井多轮次吞吐变点注汽技术。

热采水平井微差井温测试分析技术，可实现水平段吸汽剖面的动态反演，定性分析各段动用程度，为吸汽剖面优化和调整、均衡动用水平各段奠定技术基础。在此基础上，建立了从"储层非均质性、测井解释结果、微差井温数据、上周期出汽点位置"四方面入手，通过微差井温测试、测井解释分析水平井的吸汽情况及动用程度，通过数值模拟软件优化水平段的吸汽剖面，为优化各周期配注器在水平段的位置和配汽量提供科学依据，实现热采水平井变点定比例按需注汽。为了保证注汽工艺管柱能够满足定比例调整的要求，研发了临界流分段注汽配注器，消除了不同井段吸汽差异的影响，实现不同注汽速度下的大压差强制分配，提高了蒸汽分配调控的精度和能力，流量误差小于6%。此外，研发了热采水平井管内封隔器，实现个配注器间的有效封隔，减少油套环空内的蒸汽窜流对蒸汽分配的不利影响。

1.3 应用效果

近年来直斜井分层注汽技术在胜利油田累计实施98井次，平均单井增油210t，平均油汽比提高0.11。

2 热采井组合堵调技术

胜利油田热采老区进入多轮次吞吐阶段，储层非均质性加剧，汽窜类型日益复杂，汽窜井数逐年增多。井间蒸汽窜流导致蒸汽波及不均，储层有效加热效率低，影响吞吐效果。2016年统计汽窜井数多达1190口，占总井数31.6%，严重影响了胜利稠油产量的稳定。由于蒸汽反复加热汽窜通道，导致优势通道不断发育，单一体系的调剖效果逐轮变差。为了胜利油田研发形成了热采井组合堵调技术，大幅度提高堵调措施的增油效果。

2.1 技术原理

根据蒸汽吞吐井温度场"近高远低"的分布特点，通过井间热干扰分析确定汽窜强度，利用井下温差测试结合测井解释曲线确定汽窜位置，结合不同堵调体系的耐温性能、封堵强度、运移能力等性能的特点，优化组合，形成了高低温、高低强度等不同方式的组合堵调技术，既降低了堵调成本，又提高了封堵强度。同时配套定点堵调工艺管柱，提高堵调的精准性，进一步保证措施效果。

（1）降低成本：单一堵调体系的耐温性、封堵强度越高，体系的成本越高。根据吞吐温度场的分布特点和封堵强度的差异，采用高低体系温、高低强度组合，可大幅度减少体系成本。与单一的高温、高强度体系相比，组合调剖可降低成本20%以上。

（2）提高封堵效果：通过室内实验表明，采用"凝胶+泡沫""热固+泡沫"等组合堵调工艺，发挥了泡沫运移距离远、凝胶和热固体系封堵强度大的优势，同时泡沫可以封堵凝胶等固结后的微小汽窜通道，组合调剖优于单一体系(图2)。

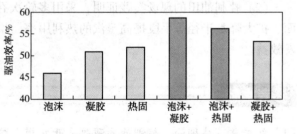

图2 不同体系双管驱油效率实验
（双管渗透率级差3，蒸汽驱1PV+调剖驱1.5PV）

2.2 现场实施效果

2018年以来，先后在胜利油田孤岛、滨南、孤东、新春等开发单位针对不同油藏矛盾，推广应用热采井组合堵调技术132井次，累计增油43740t，平均单井增油330t，油汽比提高0.15。平均单井措施成本降低25%以上。

3 热复合化学多轮次吞吐技术

稠油热采经进入多轮次吞吐阶段后，蒸汽径向波及范围仍然有限，井筒周围低含油饱和度区域重复加热，热利用率低，导致排水期不断增加，周期产油量逐周降低。多周期的无效加热也造成加热半径增加缓慢，井间剩余油难以动用。此外，对于原油黏度较高的稠油油藏，蒸汽加热前缘温度高于原始温度，但原油黏度仍较高，导致不能采出。热复合化学多轮次吞吐技术在注汽前注入高效降黏剂和 CO_2 等，降低蒸汽前缘原油的黏度及渗流启动压力梯度，增加油层能量，使蒸汽前缘的原油在生产时能流入井筒，从而扩大吞吐泄油范围，有效改善多轮次吞吐的开发效果。

3.1 热复合化学多轮次吞吐增效机理

（1）高效降低稠油黏度。研发了低浓度高校降黏体系，在加热前缘温度条件下（80℃），使用浓度小于 500mg/L 即可使稠油黏度大幅降低到 300mPa·s 以下，使加热前缘稠油具有流动性。图 3 为胜利孤东 827 块实验结果。

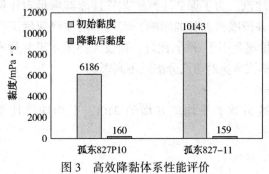

图 3 高效降黏体系性能评价

（2）降低稠油渗流启动压力梯度。蒸汽前缘区域的温度场低，原油黏度相对较高，启动压力梯度大[6]。在该区域采用化学降黏，作用显著，降低启动压力梯度幅度大。在生产压差 3MPa 的条件下，如果启动压力梯度从 0.3MPa/m 降低到 0.1MPa/m，可扩大动用半径 3.5m。

（3）高效降黏可以提高油相相对渗透率，降低残余油饱和度，增加产量。

（4）辅助气体增能降黏。采用 CO_2 能够部分溶于原油中，发挥溶解降黏作用，降低原油黏度的同时一定程度上补充地层能量。N_2 不溶于原油，以气体形式存在于地层中，用于补充地层能量；同时由于 N_2 密度低于蒸汽，位于蒸汽腔顶部，还可以形成隔热层减少地层热损失。

3.2 现场实施效果

在胜利油田孤东 827 区块进行了化学热复合多轮次吞吐试验，根据还区块的油藏地质条件，通过计算在经济极限条件下，热复合化学吞吐可扩大动用半径 7.6m，动用体积增大 34.96%，预测提高采收率 4%~6%。GD81X12 有效厚度 3.8~6.3m，原油黏度为 6000mPa·s，措施前为第 7 周期，注汽压力 16.6MPa，吞吐效果越来越差。第 8 周期采用降黏剂+ CO_2 辅助吞吐技术，周期有效生产时间延长 68d，周期增油 446t，产出投入比 3.6，取得了较好的增油效果。

4 结论及建议

（1）储层的非均质性导致热采井层内、层间动用程度差异较大，虽然已处于多轮次吞吐阶段，井筒周围仍存在剩余油富集区，潜力巨大。

（2）胜利油田的现场实践证明，采用多轮次吞吐提质增效技术，通过优化注汽参数、改善吸汽剖面、扩大降黏半径等手段提高蒸汽的热利用率，增加周期产油量，可大幅度提高稠油多轮次吞吐的开发效益。

参考文献

[1] 刘文章. 特稠油、超稠油油藏热采开发模式综述[J]. 特种油气藏，2002，（4）：21-27.

[2] 朱益飞，潘道兰. 提高孤东油田注汽系统效率的探讨[J]. 油田节能，2006，6（2）：18-23.

[3] 丁万成，王卓飞，赵建华，等. 降低稠油注汽系统能耗技术研究[J]. 特种油气藏，2005，12（4）：94-99.

[4] 刘慧卿. 水平井均匀注汽工艺在滨南油田的研究与应用[J]. 油气地质与采收率，2009，16（2）：106-107.

[5] 逯国成，刘明. 热采水平井蒸汽流量自调节装置[J]. 油气田地面工程，2011，30（1）：93-94.

[6] 柯文丽，喻高明，周文胜，等. 稠油非线性渗流启动压力梯度实验研究[J]. 石油钻采工艺，2016，38（3）：341-346.

蒸汽驱高效精细注汽技术研究

李友平[1,2]　戴宇婷[1,2]　刘　明[1,2]　刘廷峰[1,2]　王　飞[1,2]

【1. 山东省稠油开采技术重点实验室；2. 中国石化胜利油田分公司石油工程技术研究院】

摘　要：稠油资源丰富，约占全球石油资源总量的70%，其黏度高、流动性差，主要以热采方式开发。中国稠油普遍埋藏深、黏度大，主要以蒸汽吞吐方式开发。蒸汽吞吐波及半径仅为30~40m，效益开采为8~12个周期，平均采收率约为20%。蒸汽吞吐转蒸汽驱是国际主流选择，解决了热波及受限问题，但需要解决蒸汽高效利用的难题。以胜利油田为例，已动用热采稠油普遍存在"层多、层薄、非均质性强"等特点。多薄层采用直斜井笼统注汽，受储层非均质性及蒸汽超覆的影响，吸汽剖面不均，造成纵向及平面上各层段动用程度差异大，随着蒸汽吞吐轮次的增加，不均衡程度进一步加剧，蒸汽热利用率低，严重影响油藏的整体开发效益。多层系稠油油藏转蒸汽驱后，为避免蒸汽前缘的单层突进，攻关精细注汽技术，形成均衡驱替，扩大有效波及体积，提高蒸汽驱开发效果。

关键词：蒸汽驱；精细注汽；等干度分配

1　引言

胜利油田稠油热采开发目前主要采用蒸汽吞吐的开发方式，随着吞吐轮次的增加，大部分蒸汽吞吐的油藏已经进入开采后期，产油速度低，油汽比接近经济界限，采收率大幅降低，急需转换开发方式，目前已在蒸汽吞吐油藏中成功试验了蒸汽驱、SAGD和火烧油层等后续接替方式。蒸汽驱作为吞吐后首选的接替方式，蒸汽驱是改善稠油油藏开发效果，提高原油采收率的有效手段，其能够有效地扩大蒸汽波及体积，使蒸汽冷凝前缘遗留的残余油饱和度在蒸汽波及范围内降到很低，从而提高驱油效率。此外，蒸汽驱能够有效地利用蒸汽吞吐后的油藏余热，大幅度降低稠油黏度，同时蒸汽的蒸馏和脱气也发挥着重要的驱油作用，最终达到了提高采收率的目的。

2　现状分析

为有效提高蒸汽驱采收率及开发效果，在分析开发矛盾的基础上，以"汽"为突破口，实施高效精细注汽，一方面可以减少高、低渗透层由于吸汽能力不同，造成油层纵向上动用不均的问题；另一方面高温高压蒸汽随高渗透层窜流，形成大孔道，汽窜越来越严重，无效注汽严重影响开发效果的问题。开发矛盾与"汽"密切相关，想要提高注汽质量，就要实现从笼统注汽向精细注汽过渡，实施精细注汽是提高蒸汽驱采收率的必然要求。

3　蒸汽驱高效精细注汽技术

精细注汽技术主要改变以往的地面蒸汽分配和笼统注汽开发方式。将蒸汽从地面分配到井下配注进行全过程精细管理，从地面到井下都实现注汽精细化、科学化，以此来保证注汽效益。

基金项目：国家基金项目"难采稠油多元热复合高效开发机理与关键技术基础研究"（U20B6003）。

3.1 同心双管分层注汽技术

为了解决常规笼统注汽工艺在实际应用中存在的吸汽剖面不均匀、高渗层汽窜严重和低渗层动用程度低等问题，通过同心双管把蒸汽输送到所对应的油层，在地面分别对干度和流量进行控制，计量准确、动态调节方便，有效改善两储层吸气效果。示意图见图1。

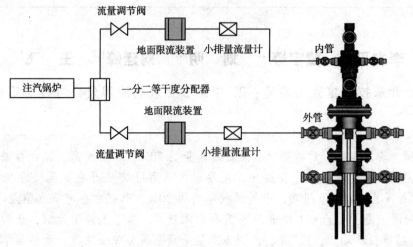

图1　同心双管分层注汽流程示意图

3.1.1　同心双管分层注汽工艺管柱

同心双管分层注汽管柱主要由隔热油管、井下补偿器、注汽内管、插入密封装置、悬挂封隔器、筛管、内管滑动密封、分层注汽封隔器等组成，见图2。

技术指标：

适用井型：直斜井蒸汽驱；管柱下深（m）：≤1500；隔层厚度（m）：≥3；管柱最大外径：152mm；分层能力：2层；耐压：21MPa；耐温：350℃。

技术优缺点：

地面分配流程可以实现内外管配汽参数的实时精确调控，管柱结构相对复杂。

3.1.2　地面旋流等干度、控流量分配技术

蒸汽驱所用蒸汽是由不同排量（23～130t/h）的注汽锅炉产生，通过注汽管网输送到各个注汽井，

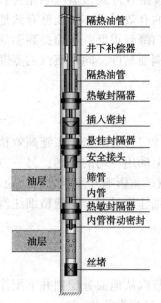

图2　同心双管分层注汽
工艺管柱示意图

根据井型、油层厚度、周期数等不同，设计各井注汽参数（流量、干度）。由于受蒸汽-水密度差异和各注汽井吸汽能力影响，双管同注过程中，存在流量和干度的"偏流"，影响各储层的注汽效果。提高地面注汽系统分配调控计量精度，保证不同储层的注汽数量（流量）和质量（干度），是提高整体热效率的有效手段。

蒸汽在管道流动过程中，存在（分层流、弹状流、环状流等）多种流型。室内研究表明，复杂的流型、装置结构及同注压力是影响干度、流量分配和计量主因。注汽井不同储层想要按设计的注入干度和流量注入，就要做到"先等干度、后控流量"的分配思路。

1. 地面旋流等干度分配技术

地面旋流等干度分配技术主要利用的旋流整形、等动能分配将复杂的多相流体进行等干度分配到各分支注汽井中。主要是将传统分配的每一个分支都换成一个特殊的旋流等动能分配系统，包括管道内的旋流器、分流通道和下游安装的临界流流量控制装置组成，三者紧密相连、缺一不可。

技术原理：

等动能是指流体在进入各分配支路内时仍能保持原来的动能或流速不变，这样在干度和速度都是关于轴线对称分布的情况下，如果各支路的流

道也围绕轴线进行分隔，分配到各支路的各相流量就直接与其流通截面积成比例。因此等动能分配法从本质上讲，是通过在结构上保持各支路的分隔截面与对应支路所分配两相流量比例的一致性来确保各支路干度相同的。各支路的截面比例通过分配器隔板来分隔，而各支路的流量比例则通过设计特定结构参数的临界流喷嘴来保障。这样各支路两相流流量随分隔截面比例而变，不管分隔比例为多少，都能保证各支路的分隔干度是一致的。图4(a)分配器截面按1∶1、1∶2、1∶3分隔示意图。

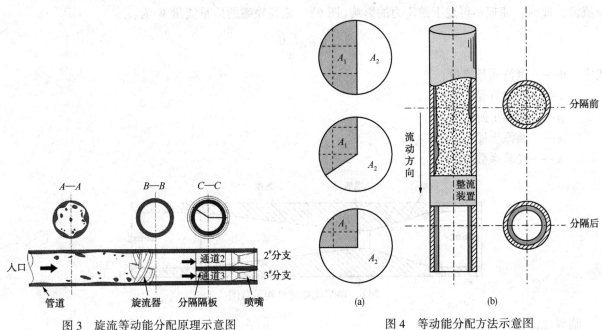

图3　旋流等动能分配原理示意图　　　　　图4　等动能分配方法示意图

等动能分配原理可用下式表示：

$$\frac{M_1}{M_2} = \frac{A_1}{A_2}$$

整流元件把两相流体在各种流型下统一转变成两束在管内并行流动的单相流体，每一相分别占据管内一个特定的区域，两相之间具有相对清晰光滑的分界面，并能维持足够长的距离，如图4(b)所示。与传统意义上的汽液分离不同，旋流原理并非将两相分"离"后流入各自的管道单独流动，而是通过一系列技术实现管道内的两相流分别流动。这种特殊的流动形态改变了两相流原有相分布和速度分布的多样性和随机性，使两相流在管内最大限度地保持有"秩序"的流动，为湿蒸汽的等干度分配奠定了基础。旋流过程中，离心力起了主导作用，重力及表面张力影响很小，因而改技术适用于竖直管道和水平管道的情况。

等动能分配评价：

通过气水两相实验平台，模拟1∶1、1∶2、1∶3等不同流量下的各同注井的干度偏差，结果表明小于3%，见图5，完全满足现场应用。

技术指标：

同注个数：3支；入口流量范围：1~15t/h；入口干度范围：0~100%；各支路偏差：≤6%。

2. 临界流流量控制技术

传统调控阀受汽水两相密度差及注汽压力差异的影响，无法有效调控，满足现场配注需求。采用临界流定流量控制装置，使喉口处流速达到临界流速，可实现各层按设计注入。

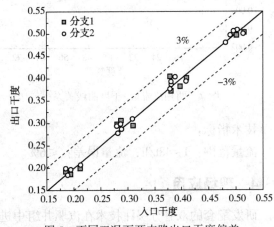

图5　不同工况下两支路出口干度偏差

技术原理：

临界流流量控制技术是通过临界流文丘里喷嘴俗称音速喷嘴，又称临界流喷嘴来控制流量，临界流文丘里喷嘴主要应用于流量标准的传递、流量测量和流量系统最大流量的限制。气流流经文丘里喷嘴时，当气流处于亚音速时，文丘里喷嘴喉部的气体流速将随上下游的压力差的增大而增大。当上下游的压力差增加到一定值时，文丘里喷嘴喉部流速达到最大流速——当地音速，即达到最大流速实现恒流量，此时，流速不再受下游压力的影响(图6)。流经喷嘴的质量流量 W 为：

$$W = a\frac{c^2 p}{x^b}$$

式中　W——蒸汽质量流量；

　　　c——喉口直径；

　　　p——喷嘴上游压力；

　　　x——蒸汽干度；

　　　a、b——经验系数。

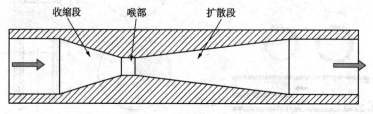

图6　临界流喷嘴结构示意图

临界流流量控制性能评价：

利用两相流实验系统，开展临界流量计算模型研究，进一步确定公式中的系数 a、b，实验上游压力范围 $2000\sim4500$kPa、流量范围 $1.0\sim4.0$m³/h、喷嘴直径范围 $8\sim14$mm，取得了相关的实验数据，实验结果如图7所示，根据实验数据，进行线性回归求得 a、b 两数值：$a = 0.3275$，$b = 0.486$。

利用回归得到的临界流量计算公式，进行了不同流量下的预测流量与实际流量对比实验，实验结果如图8所示：

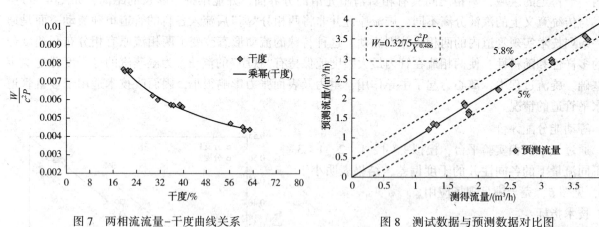

图7　两相流流量-干度曲线关系　　　　　图8　测试数据与预测数据对比图

技术指标：

流量范围：$1\sim48$t/h；流量误差：$\leqslant6\%$。

4　现场应用

研发配套的双管分层注技术在汽驱井组中进行了应用，实现双管注汽内外管按设计注入。监测数据见表1、图9。

表1　现场应用监测数据表

井号		压力/MPa	温度/℃	流量/(t/h)	干度/%
井1	外管	9.37	307.06	3.14	83.44
	内管	9.35	306.92	2.21	85.16
井2	外管	9.13	305.19	3.25	78.12
	内管	9.13	305.17	2.27	77.97

5　结束语

（1）等动能分配法可背压不同储层等干度分配，不但能满足等比例分配，也适用于不等比例分配，实现了等干度、控流量分配；采用该技术原理可应用于稠油热采井井下分层注汽的等干度分配器，在保证大于2层分注等干度的情况下，实现各层流量的准确分配。

（2）在不同的蒸汽入口压力下，当背压比小于0.9时，湿蒸汽在喷嘴内基本可以实现临界流动，且临界流量随入口蒸汽压力的升高而增大。临界流量随蒸汽干度的增加而降低，干度对临界流量的影响随入口压力的增加而增大。

图9　等干度、控流量分配现场实施图

（3）采用高效精细注汽开发，才能提高多层系油藏的动用程度及开发效果。采用的等动能分配技术实现了在一次注汽过程中同时对其进行蒸汽干度、流量的合理分配，为提高稠油油藏的开采效果提供技术保证。

参考文献

［1］林宗虎. 管路内气液两相流特性及其工程应用[M]. 西安：西安交通大学出版社，1992.

［2］巴忠臣，张元，赵长虹，等. 超稠油直井水平井组合蒸汽驱参数优化[J]. 特种油气藏，2017，24（1）：133-137.

［3］Hong K C. Two-phase flow splitting at a pipe tee[J]. Journal of PetroleumTechnology，1978，30（2）：290-296.

［4］林宗虎，王树众，王栋. 气液两相流和沸腾传热[M]. 西安：西安交通大学出版社，2003.

［5］Acrivos A，Babcock BD，Pigford RL. Flow distributions in manifolds[J]. Chemical Engineering Science，1959，10（1-2）：112-124.

［6］张炳东. 分相式气液两相流体等干度分配方法研究[D]. 西安：西安交通大学，2013.

注蒸汽热采调剖封窜技术研究与应用

管雪倩[1,2]　马爱青[1,2]　刘冬青[1,2]　何绍群[1,2]　曹秋芳[1,2]　王　涛[2,3]

【1. 山东省稠油开采技术重点实验室；2. 中国石化胜利油田分公司石油工程技术研究院；3. 中国石化胜利油田分公司】

摘　要： 针对多轮次吞吐稠油油藏汽窜严重、调剖封窜体系和工艺的油藏适应性差等问题，开展了注蒸汽热采调剖封窜技术研究，并在胜利热采老区进行大规模应用。首先在小分子磺酸盐泡沫剂基础上，添加大分子稳泡剂HPOSS-PS，形成强化泡沫，150~250℃条件下阻力因子89~251，是传统磺酸盐泡沫的1.78~2.33倍。其次攻关研究功能聚合物和酚类衍生物复合交联剂，形成耐温长效凝胶堵剂，油藏温度下成胶时间2~7d，180℃老化30d后封堵强度>5MPa/m，高温有效期延长1倍以上。结合储层非均质性和不同类型调堵剂特点，优化形成了"泡沫、凝胶+泡沫、凝胶+热固"等调剖封窜工艺，根据汽窜或吸汽不均程度优选最佳工艺，并优化工艺参数，形成注蒸汽热采调剖封窜技术。该技术在胜利单10X122块、单2、垦东18等高轮次吞吐稠油老区规模化应用，有效调整蒸汽流场、缓解井间热干扰，平均单井增油260t，含水下降5%，周期油汽比提高0.13。

关键词： 强化泡沫；耐温长效凝胶；调剖封窜；多轮次吞吐

胜利油田稠油热采探明储量7.3×10⁸t，以蒸汽吞吐开发方式为主，目前50%以上热采井进入高轮次吞吐阶段，平均吞吐周期高达7.1。多轮次吞吐后，储层非均质性加剧，蒸汽波及不均，纵向上表现为蒸汽超覆严重，储层动用不均、剩余油分布复杂，平面上表现为井间热干扰加剧，汽窜严重，轮次越高井间汽窜形式越复杂，不仅影响邻井周期产量，同时大幅降低了本井蒸汽热利用率，导致周期油汽比低，吞吐效果越来越差。

注蒸汽热采调剖封窜技术是热采提质增效的关键技术，通常利用泡沫、凝胶、热固等调堵剂调整吸汽剖面、封堵汽窜通道，有效扩大蒸汽波及、提高蒸汽热利用率[1]。随着吞吐周期增加，油藏矛盾更加突出，对调堵剂性能和调剖封窜工艺的适应性提出更高要求。目前胜利稠油热采应用最为广泛的调堵剂主要为泡沫和凝胶两类，为满足多轮次吞吐稠油油藏调剖封窜需求，我们优化研发了强化泡沫和耐温长效凝胶，大幅提高体系的封堵强度和封堵长效性。同时，针对多轮次吞吐稠油储层非均质强弱特征，结合调堵剂的耐温、封堵强度、运移能力等性能特点，模拟形成了"高/中温泡沫、凝胶/泡沫、凝胶/热固"等高低温组合、高低强度组合的低成本调剖封窜工艺，有效提高工艺的油藏适应性。近年来，在汽窜严重、平面矛盾突出的胜利单10X122块、单2、垦东18等高轮次吞吐稠油老区规模化应用注蒸汽热采调剖封窜技术，调整平面高耗带吸汽剖面，抑制汽窜，提高蒸汽热利用率，现场试验取得阶段性成效。

1　强化泡沫体系研发

氮气泡沫具有注入性好可进入地层深部、选择性封堵"堵大不堵小""堵水不堵油"工程风险小等优势，是热采调剖封窜的主导体系之一。传统氮气泡沫主要是小分子磺酸盐表活剂形成的泡沫体系，受

基金项目：国家基金项目"难采稠油多元热复合高效开发机理与关键技术基础研究"（U20B6003）。

作者简介：管雪倩，助理研究员，胜利油田分公司石油工程技术研究院。E-mail: guanxueqian.slyt@ sinopec.com

磺酸盐泡沫剂在气液界面饱和吸附量低影响，高温下稳泡能力和封堵强度不足，难以满足多轮次吞吐油藏需求[2-4]。为此，在磺酸盐泡沫剂基础上，添加大分子稳泡剂 HPOSS-PS，形成强化泡沫剂。该稳泡剂 HPOSS-PS 是一种基于亲水性笼型聚倍半硅氧烷头基及疏水性聚苯乙烯尾链的低分子量聚合物，具有两亲性，能够减小泡沫气液界面表面能，同时通过自身较强的增黏、补强性能，使泡沫液膜变厚、黏度变大，降低了泡沫重力排液速率。

1.1 稳泡性能

采用 TECLIS 高温高压泡沫扫描仪测定强化泡沫体积随时间的变化。如图 1 所示，150℃ 条件下，强化泡沫半衰期为 235s，是常规磺酸盐泡沫(半衰期 130s)的 1.8 倍，强化泡沫稳定性更强。

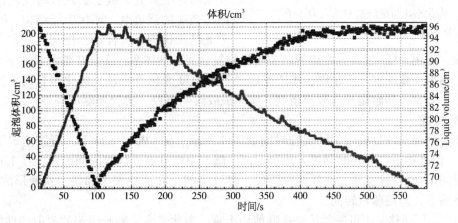

图 1 150℃强化泡沫起泡体积和半衰期

气液界面膜黏弹性直接决定了泡沫的稳定性，反映了气液界面膜抵抗扩张形变的能力。两种泡沫剂的界面扩张黏弹模量 E 和表面黏度 η 随频率 f 的变化如图 2 所示。

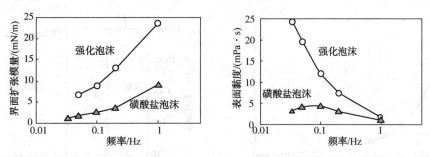

图 2 不同频率强化泡沫剂与磺酸盐泡沫剂黏弹模量和表面黏度

随着扩张频率的增大，泡沫剂溶液的界面扩张黏弹模量不断增大。当扩张频率较小时，气泡表面变形速率较慢，泡沫剂分子有足够的时间通过从表面和体相向新生表面的扩散修复由界面面积变化带来的表面张力梯度。扩张频率越大，给予被扰动的泡沫剂界面吸附膜重新恢复平衡的时间就越短，界面扩张黏弹模量就越大，液膜的机械强度增大，抗形变能力增强，液膜的排液速度减慢，从而导致泡沫半衰期增大，泡沫的稳定性能增强。从图中可以看出，频率 0.1Hz 时强化泡沫剂的界面扩张黏弹模量为 8.5mN/m，是常规磺酸盐泡沫剂的 3 倍左右，表面黏度是磺酸盐泡沫剂的近 10 倍，因此强化泡沫剂所形成的泡沫液膜强度更大，泡沫稳定性更强。

1.2 封堵性能

在管式模型中阻力因子的大小被作为表明封堵强度的评价标准。阻力因子是强化泡沫流体通过管式岩心的压差同单纯注蒸汽岩心两端压差的比值，不同温度条件下两种泡沫阻力因子对比如图 3 所示。80℃时，强化泡沫阻力因子为 388，与磺酸盐泡沫阻力因子接近。随着温度的升高，泡沫阻力因子下降，150℃时强化泡沫阻力因子为 251，250℃时为 89。150~250℃条件下，强化泡沫阻力因子是磺酸盐泡沫的 1.78~2.33 倍，封堵强度大幅提高，这与强化泡沫剂更高的黏弹模量密切相关。

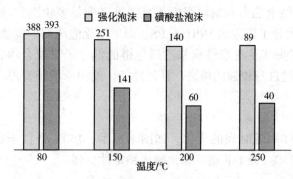

图 3 强化泡沫与磺酸盐泡沫阻力因子
（实验条件：渗透率 1900~4000mD）

2 耐温长效凝胶堵剂研发

聚合物类耐温凝胶是热采调堵主导体系之一，是由聚合物和交联剂等发生交联反应而形成的具有一定强度的网络结构的凝胶。传统凝胶高温易发生链断裂或过交联，导致网络结构破裂，凝胶脱水严重，封堵有效期短，难以满足多轮次吞吐油藏需求[5-8]。为此进行聚合物和交联剂攻关，一方面，在聚丙烯酰胺分子链上引入具有空间位阻和水解自阻滞效应的强负电、环状功能结构，通过调控共聚单元结构比例和聚合物，控制交联位点密度及分子量；另一方面，选用酚醛-桥接氧结构的酚类衍生物复合交联剂体系，实现在油藏温度下和注入蒸汽后的异步交联。根据油藏温度、矿化度、渗透率以及蒸汽温度变化等条件，优化聚合物、交联剂和助剂结构、浓度等，开发系列耐温长效凝胶堵剂，实现成胶时间可控、成胶强度可调。

2.1 成胶性能

不同温度下耐温长效凝胶堵剂的成胶时间如图4所示。60~90℃条件下，凝胶堵剂缓慢成胶，成胶时间2~7d，保证体系有充足时间进入地层深部。随着温度升高，成胶时间缩短，在150~180℃高温条件下成胶时间1~6h，这意味着在注蒸汽阶段，凝胶堵剂交联速率大大加快，快速形成高强度凝胶，有效封堵高渗通道，迫使蒸汽转向。

凝胶堵剂在地层运移时不可避免地受孔喉剪切影响，为此考察了凝胶堵剂的耐剪切性能。经高速剪切后凝胶强度恢复情况如图5所示。低剪切速率条件下，凝胶堵剂表观黏度稳定在 1×10^5 mPa·s 左右；突然增大剪切速率至 $100s^{-1}$，凝胶堵剂表观黏度迅速下降至 1×10^2 mPa·s；当剪切速率恢复至 $1s^{-1}$，凝胶堵剂表观黏度又逐渐恢复。凝胶体系强度在经历高速剪切后的恢复率为71.3%，抗剪切性能优良。

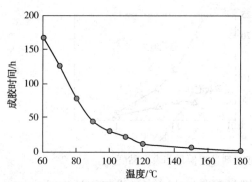

图 4 不同温度下耐温长效凝胶堵剂的成胶时间

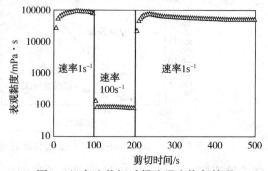

图 5 经高速剪切后凝胶强度恢复情况

2.2 封堵长效性能

采用一维岩心驱替装置测定了耐温长效凝胶堵剂和传统"PAM+酚醛树脂"类凝胶堵剂的封堵压力梯度。180℃条件下，不同老化时间的凝胶堵剂封堵强度对比如表1所示。耐温长效凝胶堵剂封堵强度远高于传统凝胶，封堵强度提高57%，并且在180℃老化30d后封堵强度>5MPa/m，高温有效期延长1倍以上，满足长效封堵需求。

表 1 不同老化时间下耐温长效凝胶堵剂和传统凝胶堵剂封堵强度（180℃）

老化时间/d	耐温长效凝胶堵剂封堵强度/(MPa/m)	传统凝胶堵剂封堵强度/(MPa/m)
0	5.5	3.5
5	5.5	2.7
10	5.5	1.8
20	5.2	0.6
30	5	0

3　多轮次吞吐稠油调剖封窜工艺优化

随着吞吐轮次增加，吸汽不均、井间汽窜等热采开发矛盾加剧，泡沫、凝胶等单一调剖工艺的油藏适应性变窄，无法同时满足低成本和高效的需求，为此不同调堵剂组合使用，形成组合应用工艺。目前胜利已形成了"泡沫、凝胶、凝胶+泡沫、凝胶+热固"等热采井调剖封窜工艺，依据多轮次吞吐油藏的调剖封窜需求以及不同堵剂的性能特点，优选最佳工艺，并优化工艺参数，形成注蒸汽热采调剖封窜技术，实现热采稠油的经济有效开发。

胜利油田蒸汽吞吐用调堵剂主要包括热固堵剂、耐温凝胶、强化泡沫。热固堵剂封堵能力强、耐300℃高温，固结时间2~12h，适合近井封堵。耐温长效凝胶堵剂在初始状态下为流动性液体，注入油藏后受温度、孔喉剪切等影响缓慢成胶，实现目标层位的封堵，可进行深部调堵。强化泡沫运移能力强，可边调剖边运移，耐高温，适合深部调堵。

针对热采井非均质强弱特征，首先建立汽窜、吸汽不均两种地质模型，并分为弱、中、强三个阶段，以油汽比为指标，分别对比不同类型堵剂和组合方式的封堵效果。以汽窜为例，依据汽窜通道的发育情况分为三个阶段：弱汽窜、中汽窜、强汽窜。弱汽窜阶段没有形成汽窜通道，温度场发生定向发育；中汽窜阶段汽窜通道初步形成，尺度较小；强汽窜解读汽窜通道发育完全，尺度较大。

依据吞吐轮次、井距、非均质差异等因素影响，分别采取"泡沫、凝胶、凝胶+泡沫、凝胶+热固"等热采井调剖封窜工艺，以油汽比增加值为指标，优化最佳工艺。以胜利某油井为例，该井与邻井井距150m，吞吐14周期，埋深1800m，渗透率1200mD，原油黏度10000mPa·s，孔隙度32%，通过模拟几种工艺的温度分布场和增效效果(表2)，推荐最佳工艺为"凝胶+热固"组合工艺。不同汽窜或吸汽不均程度下调剖封窜最佳工艺如表3所示。结合三种调堵剂性能特点，耐温凝胶和热固堵剂注入方式优化为前置；强化泡沫注入方式优化为前置或伴注。并以耐温长效凝胶堵剂为例优化了堵剂的注入强度(图6)，为现场实施提供了定量依据。

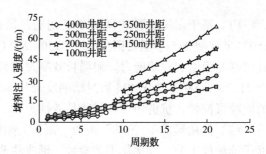

图6　凝胶堵剂注入强度优化曲线

表2　某一方案不同调剖封窜工艺增效效果

调剖封窜工艺	油汽比增加值	调剖封窜工艺	油汽比增加值
泡沫	0.08	凝胶+泡沫	0.13
凝胶	0.11	凝胶+热固	0.24

表3　不同汽窜或吸汽不均程度下最佳调剖封窜工艺

油藏矛盾程度	汽窜油藏最佳调剖封窜工艺	吸汽不均油藏最佳调剖封窜工艺
弱	泡沫	泡沫
中	凝胶+泡沫	凝胶+泡沫
强	凝胶+热固	凝胶

4　现场试验效果

胜利油田稠油热采以蒸汽吞吐开发方式为主，目前进入多轮次吞吐阶段，油藏非均质性强，井间汽窜严重，蒸汽主要在已动用区域无效窜流。2016年以来，注蒸汽热采调剖封窜技术在单10X122块、单2、垦东18等高轮次吞吐稠油老区规模化应用，对窜流高渗通道进行封堵，有效调整蒸汽流场、缓解井间热干扰，改善开发效果。措施井涵盖汽窜严重、平面矛盾突出的蒸汽吞吐稠油油藏，累计实施300余井次，平均单井增油260t，含水下降5%，周期油汽比提高0.13。

以SJSH2ZP9井为例，该井于2013年投产，措施前吞吐3周期。层间干扰严重，动用程度差异大；

平面矛盾突出，汽窜严重；蒸汽热利用率低，严重影响油井生产、注汽质量。为此进行注蒸汽热采调剖封窜工艺，根据工艺方式优选模板，采用"凝胶+泡沫"组合工艺进行调剖封窜。按照蒸汽吞吐温度场的分布，前置注入耐温长效凝胶堵剂400m³，伴注强化泡沫剂3t、氮气4×10⁴m³。措施后注汽压力提升2.3MPa，平均含水下降9.6%，累增油703t，周期油汽比提高0.2(图7)。

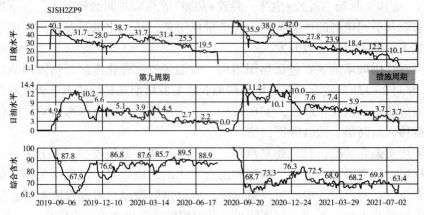

图7　SJSH2ZP9井生产曲线

5　结论

（1）基于多轮次吞吐稠油油藏调剖封窜需求，研发了强化泡沫和耐温长效凝胶堵剂。强化泡沫150℃半衰期235s、阻力因子251，150～250℃条件下阻力因子是传统磺酸盐泡沫的1.78～2.33倍，具有较好的稳泡和封堵能力。耐温长效凝胶堵剂油藏温度下成胶时间2～7d，经高速剪切后凝胶强度恢复率71.3%，180℃老化30d后封堵强度>5MPa/m，高温有效期较传统凝胶堵剂延长1倍以上，具有较好的成胶可控性、抗剪切性和封堵长效性。

（2）优化形成了"泡沫、凝胶、凝胶+泡沫、凝胶+热固"等调剖封窜工艺，根据汽窜或吸汽不均程度优选最佳工艺，并优化工艺参数，形成注蒸汽热采调剖封窜技术。

（3）注蒸汽热采调剖封窜技术在高轮次吞吐稠油老区规模化应用，有效调整蒸汽流场、缓解井间热干扰，平均单井增油260t，含水下降5%，周期油汽比提高0.13。

参考文献

[1] 刘文章. 普通稠油油藏二次热采开发模式综述[J]. 特种油气藏, 1998；5(2)，1-7.

[2] 刘世达，张强. 强化泡沫驱复配的研究与评价[J]. 当代化工, 2016, 45(08)：1729-1731.

[3] 王春智，李兆敏，李松岩，等. 耐高温强化泡沫体系提高超稠油油藏采收率研究[J]. 石油化工高等学校学报, 2016, 29(01)：14-20.

[4] 孙琳，魏鹏，蒲万芬，等. 抗温耐油型强化泡沫驱油体系性能研究[J]. 精细石油化工, 2015, 32(03)：19-23.

[5] 黎刚，徐进，毛国梁，等. 水溶性酚醛树脂作为水基聚合物凝胶交联剂的研究[J]. 油田化学, 2000, 17(4)：310-313.

[6] 于海，张鹏，姚培正. 聚丙烯酰胺凝胶体系[J]. 杭州化工, 2011, 41(1)：17-19.

[7] 伊卓，赵方园，刘希，等. 三次采油耐温抗盐聚合物的合成与评价[J]. 中国科学：化学, 2014, 44(11)：1762-1770.

[8] 陈雷，邵红云，赵玲，等. 复合型耐温抗盐延缓交联聚合物堵剂的室内研究[J]. 精细石油化工进展, 2006, (07)：8-10.

深层稠油减氧空气泡沫驱提高采收率技术研究与实践

朱永贤[1] **尹玉川**[2] **周小淞**[2] **张立东**[2] **魏 勇**[3] **汪小涛**[4]

【1. 中国石油吐哈油田分公司；2. 中国石油吐哈油田分公司工程技术研究院；

3. 中国石油吐哈油田分公司开发事业部；4. 中国石油吐哈油田分公司鲁克沁采油管理区】

摘 要：鲁克沁中区三叠系为超深特稠油油藏，水驱实现了有效开发，但受储层非均质性强和油水流度差异大的影响，面临含水高、预测采收率低等难题，因此，提出减氧空气泡沫驱技术思路，通过物模和化学实验等手段明确泡沫在多孔介质中的渗流规律和提高稠油油藏采收率机理，研发耐温抗盐起泡剂，现场试验效果明显，验证了减氧空气泡沫驱在稠油油藏的技术有效性，拓宽泡沫驱应用界限，为鲁克沁超深特稠油油藏有效开发提供了技术保障。

关键词：减氧空气；泡沫驱；特稠油；提高采收率

泡沫驱作为近年兴起的一项三次采油提高采收率技术[1]，综合了气驱[2]与泡沫驱的优点，可通过泡沫较高的视黏度封堵高渗通道，有效降低水油流度比，扩大波及体积，同时利用其与原油良好的界面活性及降黏特性提高驱油效率，最终达到提高采收率的目的[3-4]。目前，国内外针对稀油油藏开展的泡沫驱研究及试验较多，但对于水驱开发的稠油油藏，泡沫驱技术研究及试验的相关报道较少。综合分析认为泡沫驱机理可满足水驱稠油油藏改善水油流度比、扩大波及体积为主的提高采收率技术需求[5-7]，有必要深入开展技术研究及现场试验。

1 研究区概况

1.1 油藏地质概况

鲁克沁中区油藏属于断块型、超深特稠油油藏，油藏整体孔隙度较高，中区平均孔隙度23.5%，平均渗透率230mD，储层层间非均质性强，平均渗透率变异系数0.97，平均突进系数4.35，最大渗透率级差为161.8。油层埋深2500~3100m，油藏属于异常低温正常压力系统，平均地温梯度2.51℃/100m，平均压力系数1.01。地下原油黏度286mPa·s，原油密度0.96g/cm³。地层水水型为$CaCl_2$型，地层水矿化度高，为100252~174925mg/L，其中钙镁离子浓度高达4800~6500mg/L。

1.2 开发简况

为实现经济有效开发，鲁克沁油田先后开展了井筒掺稀、化学降黏、常规注水、分层系开发、天然气吞吐、蒸汽吞吐等矿场试验，形成了以常规注水、分层系开发、调剖为主体的注水开发技术。通过注水开发实现了鲁克沁中区稠油有效动用，但受储层非均质性强和油水流度差异大的双重影响，自2008年规模实施水驱开发后，水驱指进现象严重，含水上升率和自然递减率大，水驱采出程度仅6.2%，综合含水达71%。

1.3 油田开发面临的矛盾

1.3.1 储层非均质严重,原油黏度高,含水上升快

鲁克沁油田渗透率级差一般在 80 以上,变异系数大于 0.7,突进系数大于 3,表现为严重非均质性。地层油水黏度比较大,在 635~1168 之间。在严重非均质性和油水黏度比大双重因素影响下,油田含水上升快。图 1 为鲁克沁中区含水与含水饱和度关系曲线,稠油见水后含水迅速上升,直接进入中含水期。

1.3.2 水驱采收率较低

通过室内水驱油、数值模拟、经验公式及统计规律多种方法预测得到鲁克沁中区水驱采收率为 13.5%~15.8%(图2),因此迫切需要探索有效提高采收率的技术手段。

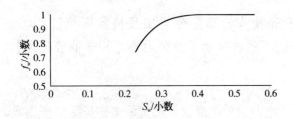

图1 鲁克沁中区含水与含水饱和度关系曲线

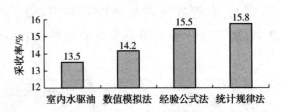

图2 鲁克沁中区水驱采收率预测

2 泡沫提高稠油采收率机理研究

泡沫驱是以泡沫为主要驱替介质的提高采收率技术,利用泡沫的贾敏效应、高视黏度等作用,封堵水流优势通道,扩大波及体积,实现降水增产的目的。为研究泡沫提高稠油采收率机理,开展了稠油泡沫驱宏观和微观驱替实验,研究泡沫的封堵机理、驱油机理和泡沫在多孔介质中的破灭再生机理。

2.1 泡沫宏观驱油实验

通过岩心驱替实验,研究泡沫提高稠油水驱后宏观波及体积能力和驱油机理。

2.1.1 主要实验过程

利用单管和双管并联岩心驱替装置开展驱替实验(图3),驱替管直径 $\Phi3.8cm$、长 2m,实验用水采用模拟地层水,矿化度 160599mg/L,实验用油采用试验区原油,原油黏度 286mPa·s,岩心充填天然油砂和石英砂,实验时首先对每支填砂管模型饱和地层水,再对每支填砂管饱和试验区原油,然后开展水驱,直至出口端综合含水率为98%时停止水驱,水驱结束后以相同线速度交替注入泡沫0.3PV后,继续水驱直至综合含水率为98%时止,记录实验时两端压差、出口端产液量以及产油产水量。

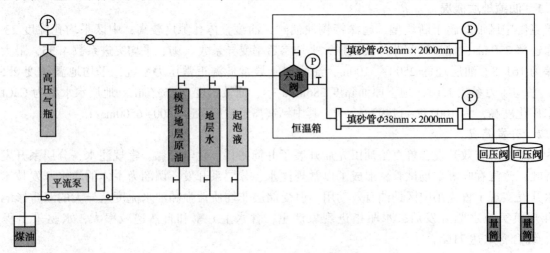

图3 双管并联驱替实验流程图

2.1.2 实验认识

（1）泡沫具有较高的视黏度，能够大幅降低流度比。分别在注入速度为 0.5m/d、1.0m/d、2.0m/d、4.0m/d 及 5.0m/d 的条件下，计算泡沫的视黏度、水和油的流度比、泡沫和油的流度比，实验结果如图 4 和图 5 所示，泡沫视黏度可达 800mPa·s 以上，水的流度约为 420mD·mPa⁻¹·s⁻¹，油的流度约为 $0.94 \sim 3.18$mD·mPa⁻¹·s⁻¹，泡沫的流度为 $1.32 \sim 4.87$mD·mPa⁻¹·s⁻¹。稠油泡沫驱可将流度比从水驱时的 $133 \sim 439$ 降至 $0.93 \sim 2.46$，显著改善了流度比，从而减缓指进现象。

（2）泡沫能降低高渗层吸入量，增加低渗层吸入量，起到扩大波及体积作用。高、低渗透率填砂管渗透率分别为 3670mD 和 730mD，双管并联实验高渗管和中高渗管分液量变化如图 6 所示。泡沫由于具有较高的视黏度，能对高渗通道产生明显的封堵作用，而对低渗层的封堵作用较弱，因此泡沫驱降低高渗通道的吸入量，增加低渗层或部位的吸入量，从而起到扩大波及体积的作用。

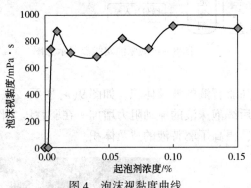

图 4 泡沫视黏度曲线

（3）稠油泡沫驱能降低含水，提高采收率。稠油泡沫驱驱油效果分析如图 7 所示。从图中可知，随着注入水体积的增加，综合含水率和采收率均先快速增加后增加幅度变小，注入 0.3PV 的泡沫驱提高的采收率为 14.21%，整个驱油阶段含水率最大降幅 23.75%。所以，即使对于原油黏度高达 286mPa·s 的稠油油藏，泡沫驱仍然能有效封堵高渗层，扩大纵向波及效率，起到降水增油作用。

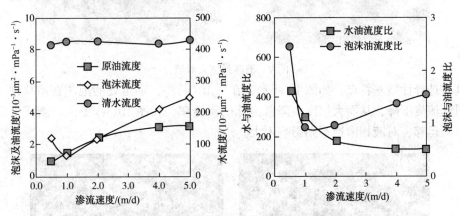

图 5 渗流速度对水、油及泡沫流度和流度比的影响

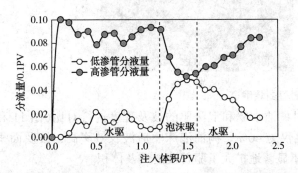

图 6 并联填砂管泡沫驱替实验分液量变化曲线

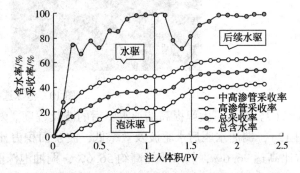

图 7 并联填砂管泡沫驱采收率和含水率变化曲线

2.2 泡沫微观封堵实验

2.2.1 主要实验过程

利用自制的微观仿真模型开展泡沫微观封堵实验，模型尺寸为 80mm×21mm×3mm，中间设有窗口

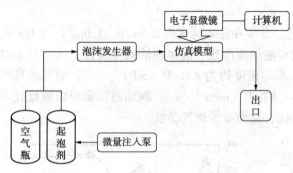

图 8 微观驱油实验流程示意图

可用于电子显微镜观察，两边各有进出口管线连接。实验流程如图 8 所示，实验时先将微观模型中饱和模拟油（黏度 286mPa·s），以一定速度水驱油至模型不出油为止，然后以相同速度注入泡沫体系至不出油为止，并录制驱替全过程的动态图像。通过分析泡沫在稠油中封堵实验图像，研究泡沫在稠油中的微观封堵机理。

2.2.2 实验认识

（1）泡沫具有堵塞喉道和选择性封堵特点。泡沫堵塞喉道现象是泡沫驱驱油的重要机理，能显著提高驱替液的波及体积。如图 9（a）所示，泡沫在喉道 a 处聚集，由于贾敏效应，堵塞大孔隙喉道，导致后续泡沫液的流动阻力增加，在驱替压力作用下，气泡转而流向未被波及的小喉道 b，如图 9（b）所示，提高了驱替液的波及体积。

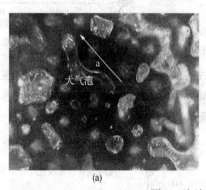
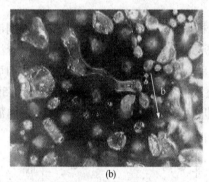

(a)　　　　　(b)

图 9 泡沫封堵大喉道

泡沫还具有选择性堵塞特点，如图 10 所示，在图 10（a）中，喉道处的泡沫在运移到一定的位置后停止不动，引起流度下降，从而大幅度地降低泡沫的渗透率，在图 10（b）中，油滴或水溶液则绕过气泡沿着压降方向运移，对液相渗透率则影响不大。

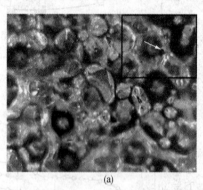
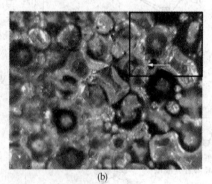

(a)　　　　　(b)

图 10 泡沫选择性封堵喉道

（2）泡沫可大幅提高稠油水驱后的波及程度。对稠油水驱和泡沫驱的波及程度进行对比（图 11 和图 12），稠油水驱后水驱波及效率低，波及面积占比仅为 40%。稠油泡沫驱后波及效率高，波及面积占比高达 96.6%，较水驱提高约 56.6%，稠油泡沫驱显著地扩大了驱替液的波及体积。

（3）稠油泡沫驱具有五种微观驱油机理，适用于稠油高含水期提高采收率。通过研究泡沫的微观驱油过程，同时对比分析稠油水驱和泡沫驱的驱油效果，结合泡沫的微观封堵实验，得出泡沫微观驱油机理有五种：泡沫乳化和分离作用、泡沫剥离油膜和挤压携带作用、泡沫搅动作用、泡沫"堵大不堵小"、泡沫高黏度控制流度比。

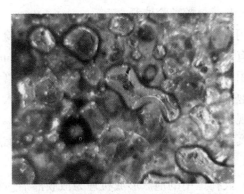

图 11　饱和稠油模型水驱后效果　　　　　　　图 12　饱和稠油模型氮气泡沫驱后效果

　　泡沫乳化和分离、剥离油膜等作用如图 13 所示，产生原因是起泡剂是一种表面活性剂，稠油被表面活性剂乳化，形成大量的水包油(O/W)型乳状液，同时由于表面活性剂能降低油水界面张力，使得残留在孔壁上及细小孔隙中的残余油软化，更易被驱出孔隙。

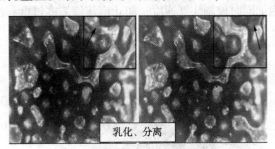

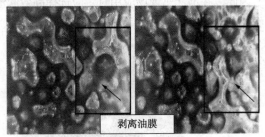

图 13　泡沫乳化分离稠油和剥离油膜实验图

　　泡沫搅动作用如图 14 所示，产生原因是泡沫在多孔介质中渗流，由于原油及驱替压力挤压的影响，会循环往复地发生聚并、破裂现象，这种过程会加剧孔喉中泡沫的运动，促使泡沫的乳化及剪切作用发生的更频繁，更有利于泡沫驱油过程。

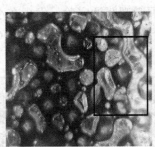

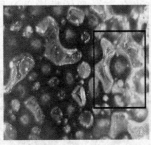

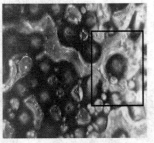

图 14　泡沫的搅动过程

　　泡沫高黏度改善流度比，泡沫在地层多孔介质内渗流，由于孔隙喉道的非均质性，导致气泡在穿过孔隙喉道时，界面会发生变形，引起黏滞阻力增加，泡沫的视黏度增加，从而大幅度地降低气相(泡沫)的渗透率，但对液相(油水混合物)渗透率则影响不大。

　　综上，泡沫能很好地封堵多孔介质中的高渗透大孔道，使得更多的驱替液流向流动阻力更大的小喉道，扩大驱替液的波及体积；同时，泡沫的高黏度控制流度比，降低了气相渗透率，提高驱油效果。因此，泡沫驱适用于水驱油藏高含水期提高采收率，尤其适用于因黏度差异大导致注入水指进的水驱稠油油藏。

2.3　泡沫在多孔介质中破灭与再生

　　多孔介质中泡沫是气体分散在含有薄膜的连续液体中的分散体系，其中气体可以是连续也可以非连续，利用可视化微观仿真模型研究泡沫在多孔介质中破灭与再生机理。

2.3.1 主要实验过程

利用自制的玻璃微珠模型开展驱油对比实验，模型尺寸为80mm×21mm×3mm，模型中玻璃微珠粒径规格有两种，一种为0.4mm；另一种为0.9mm，按照菱面体排列，孔隙度约为25.96%，中间设有窗口可用于电子显微镜观察，两边各有进出口管线连接。实验采用气液同注的方式，利用微量注入泵控制起泡剂注入速度，气体流量计控制气体注入速度，电子显微镜采集泡沫驱微观驱油过程，实验时先将微观模型中饱和模拟油（原油黏度为286mPa·s），以一定速度水驱油至模型不出油为止，然后以相同速度注入泡沫体系至不出油为止，并录制上述驱替过程的动态图像。

2.3.2 实验认识

（1）大孔道中的泡沫形成机理为液膜滞后。用0.9mm粒径玻璃微珠充填的大孔道微观模型开展驱油实验，通过分析驱油实验录像，如图15所示，发现在大喉道中泡沫的形成机理只有液膜滞后。这种方式形成的泡沫是连续的，没有分离的气泡的形成，只是扩大了单个气泡的体积。在表面活性剂充足时，产生的大气泡较稳定，易堵塞大喉道，起到封堵高渗层的目的。实验发现：当体系内表面活性剂浓度较低时，产生的泡沫极不稳定易破灭；当注入气体速度过大，气体前缘容易在大喉道处形成气窜，未能通过液膜滞后作用产生泡沫。因此，在泡沫驱现场应用时，应选择高效起泡剂同时控制注气速度，防止泡沫液浓度过低和注气速度过大而影响泡沫稳定性。

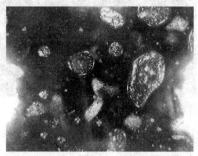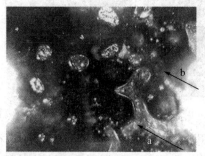

图15 大孔道中液膜滞后实验图

（2）小孔道中泡沫的形成有3种机理，泡沫在多孔介质中可以不断破灭与再生，是一个重复循环的过程。用0.4mm粒径的玻璃微珠制作小孔道微观仿真模型开展微观驱油实验，发现在小孔道中泡沫的形成有3种不同的机理，分别是液膜滞后、泡沫卡断及泡沫分叉，其示意图分别如图16所示。其中泡沫卡断及泡沫分叉是在大孔道中未发现的现象。

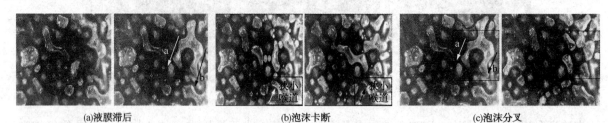

(a)液膜滞后　　　　　　　　　(b)泡沫卡断　　　　　　　　　(c)泡沫分叉

图16 小孔道中液膜滞后、泡沫卡断、泡沫分叉实验图

泡沫卡断如图16（b）所示，在狭小喉道处，会重复地发生泡沫卡断现象，气泡不断地分裂成多个气泡，产生的新气泡可以沿着驱替方向流出孔隙。泡沫分叉如图16（c）图中所示，由于气泡的体积较大，泡沫在多孔介质中沿着压降方向运移时，喉道a或喉道b均不能容纳气泡通过，因此在驱替压力作用下，气泡会发生变形，同时从喉道a及喉道b进入下一个孔隙，随着驱替压力的持续作用，气泡分裂成两个或多个气泡。

综上，通过对比分析不同大小喉道中泡沫的形成与再生，可以得出：泡沫的形成与喉道的大小及注气速度有关。在大喉道中，低气体注入速度下，泡沫由液膜滞后机理形成，当气体注入速度过高时，易形成气窜；在小喉道中，泡沫有液膜滞后、泡沫卡断及泡沫分叉3种形成机理，其中，泡沫卡断现象的产生需要足够狭小的喉道及较高的注气速度，而泡沫分叉产生的前提是孔隙内有液膜滞后及泡沫卡断产生的泡沫。泡沫卡断和泡沫分叉是泡沫在多孔介质中再生的重要机理，证明了泡沫在多孔介质中可以不断破灭与再生，是一个重复循环的过程。

3 起泡剂研究与评价

起泡剂是形成泡沫的必要组分，将直接影响泡沫性能和泡沫驱现场实施效果，开展高效泡沫驱油体系研究，并开展发泡及稳泡性能、耐盐性能和驱油效果评价[8-10]。

3.1 起泡剂研究

从分子结构入手，针对鲁克沁稠油油藏高温、高盐、原油黏度高的特点，采用阴、非离子基团同分子设计，复配氟碳类起泡剂 XHY-4，XHY-4 是一种特殊的复合体系，主要由复合碳氢表面活性剂和氟碳表面活性剂组成。其中碳氢表面活性剂分子化学键的化学能高，分子中的双键和羟基跟磺酸基共同对金属离子起到螯合作用，耐盐能力强，在油层能形成高效、稳定的泡沫，有效解决起泡剂抗高盐及耐稠油技术瓶颈。

3.2 起泡剂性能评价

XHY-4 具有耐温、抗盐、泡沫综合指数高、使用浓度低等优点，在超低浓度 0.001%~0.1%、高温（80~110℃）和高盐（170000mg/L）条件下，仍然具有理想的发泡效果及较高视黏度，且该体系在中高渗（200~500mD）条件下，与稠油（250~500mPa·s）流度比 M 小于 1，可以实现理想的流度控制；此外，在宽气/液比（0.25~3.0）的范围内，仍然有较高的阻力因子，可大幅度地提高泡沫驱油体系在油层中的波及效率及流度控制。

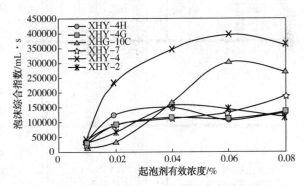

图 17 不同起泡剂溶液泡沫综合指数评价结果

在温度 78℃，常压下，用地层水配制 6 种不同类型不同浓度的起泡剂溶液，从图 17 可知，在不同起泡剂浓度条件下，XHY-4 起泡综合指数最高，具有较好的耐盐性能。

采用并联岩心驱油实验评价 XHY-4 泡沫体系的驱油性能，先对并联岩心水驱至含水 98%，再进行泡沫驱及后续水驱。注入 0.4PV 泡沫，再次水驱至含水 98%时，结果见表 1，XHY-4 泡沫体系提高采收率 16.51%。

表 1 并联岩心泡沫驱油实验结果

泡沫用量	参数	采收率/%			提高采收率/%
		水驱	泡沫驱	后续水驱	
0.4PV	高渗管	48.45	59.79	62.27	13.82
	低渗管	22.56	38.84	42.09	19.53
	综合	36.28	49.95	52.79	16.51

4 矿场试验

4.1 方案要点

2014—2018 年，先后在鲁克沁玉东区块开辟了先导、扩大和工业化 3 个试验区，共部署 40 注 116 采，设计注入总段塞 0.45PV，气液交替注入，气液比 1:1，初期交替周期 30d，起泡剂有效浓度 0.1%，地面配套 42~50MPa、含氧量 0.5%~5%的减氧空气注入机组，额定排量 1000~2500m³/h；注液泵压力等级 35~50MPa，额定流量 10m³/h；采用 KQ78（65）-70 注气井口，耐压 70MPa，材料级别 EE 级；井下管柱采用永久式封隔器+气密封扣油管；其中工业化试验区部分油井配套注气吞吐措施。

4.2 实施效果

4.2.1 泡沫驱可实现有效封堵，扩大波及体积

实施泡沫驱后，试验区注入井的注液、注气压力均逐渐上升，平均压力上升 4.4~6.6MPa，见表 2，证实泡沫驱可实现有效封堵。

表 2　玉东 203 泡沫驱先导区试验井注入压力变化对比

井号	注气压力/MPa			注液压力/MPa		
	第一轮	多轮次后	对比	水驱时	多轮次后	对比
玉东 2-42	19.7	25.0	5.3	14.0	18.3	4.3
玉东 203	14.8	22.4	7.6	9.3	13.3	4.0
玉东新 3-3	21.0	26.3	5.3	2.8	17.3	14.5
玉东 204-19	26.0	27.4	1.4	11.3	15.0	3.7
平均	20.75	25.18	4.43	9.35	15.98	6.63

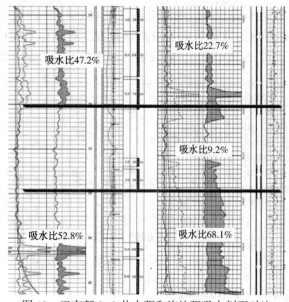

图 18　玉东新 3-3 井水驱和泡沫驱吸水剖面对比

现场统计显示，所有泡沫驱注入井在实施泡沫驱后吸水剖面均得到改善，剖面动用率提高约 15%~20%(典型井如图 18 所示)，证实了泡沫驱能够起到扩大波及体积作用。

4.2.2 试验区降水增油效果显著，大幅改善了开发效果

自 2014 年 8 月启动先导试验到 2021 年，3 个试验区累计注气 $1.42×10^8Nm^3$，累计注液 $150×10^4m^3$，油井见效率 71%，累计增油 $30.1×10^4t$，泡沫驱取得了明显的增油降水效果，例如先导区部署 4 注 19 采，产状变化曲线如图 19 所示，产油量由 67t/d 上升至 130t/d、日增油 63t，含水由 77% 下降至 32%、下降 45%，累计增油 $10.7×10^4t$，试验区产液和含水大幅下降，产油大幅增加，表现出泡沫作为高视黏度驱替介质的见效特征。

实施泡沫驱后，大幅改善了开发效果，试验区含水上升率由试验前的 7.7% 最高降至 -15.6%，下降 23.1%，自然递减率由试验前的 12.4% 下降至 -21.5%，降低 32.9%，预计提高采收率 10%(图 20)。

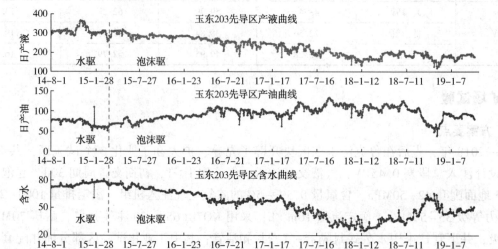

图 19　鲁克沁泡沫驱先导试验区油井生产曲线

5 结论

（1）形成了稠油油藏泡沫驱开发理论。其核心机理：一是形成的泡沫具有较高的视黏度，并且泡沫剂具有乳化和剥离作用。二是泡沫在油藏中破灭-再生理论，在油藏较大范围内可以生成稳定的泡沫。由于泡沫和泡沫剂的存在，可改善油水驱流度比，显著降低非均质性和流度比差异大带来的指进现象，同时，泡沫剂提高洗油效率。泡沫破灭，注入气可进入原水驱未波及孔隙和渗流通道，起到扩大波及体积的作用。

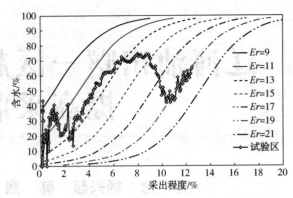

图 20　泡沫驱试验区含水与采出程度曲线

（2）形成了一套泡沫驱开发技术体系。包括泡沫驱机理研究、泡沫驱宏观微观物模实验、参数优化及方案设计、抗盐高黏泡沫体系研发、泡沫驱注采工艺配套、减氧空气泡沫生成与控制、泡沫驱安全监测与控制、油藏效果评价与调整等核心技术。

（3）首次将泡沫驱应用于稠油油藏开发，并拓展了泡沫驱适用范围。研发了能适应高温高盐高黏稠油油藏的泡沫体系，将泡沫驱技术应用的原油黏度界限由 50mPa·s 拓宽至 286mPa·s，矿化度由 20000mg/L 拓宽至 180000mg/L，大幅度拓展了泡沫驱适用范围。

（4）鲁克沁稠油油藏减氧空气泡沫驱试验取得明显的增油降水效果。减氧空气泡沫驱在鲁克沁超深特稠油油藏的成功应用，验证了泡沫驱可以作为水驱稠油油藏高含水期后的一种开发方式，对国内外深层稠油的有效开发具有重要的指导作用和广泛的借鉴意义。

参考文献

[1] 张然，杨双春，潘一，等. 泡沫驱提高油田采收率的研究进展[J]. 能源化工，2017，38(03)：73-76.

[2] 郭万奎，廖广志，邵振波，等. 注气提高采收率技术[M]. 北京：石油工业出版社，2003.

[3] 耿小烨，范洪福，罗幼松，等. 泡沫驱机理实验研究进展[J]. 重庆科技学院学报(自然科学版)，2011，13(3)：10-13.

[4] 唐晓东，张洋勇，李晶晶，等. 鲁克沁超深层特稠油空气泡沫驱起泡体系实验研究[J]. 应用化工，2015，44(07)：1272-1276.

[5] 裴海华，葛际江，张贵才，等. 稠油泡沫驱和三元复合驱微观驱油机理对比研究[J]. 西安石油大学学报(自然科学版)，2010，25(1)：53-57.

[6] 任韶然，于洪敏，左景栾，等. 中原油田空气泡沫调驱提高采收率技术[J]. 石油学报，2009，30(3)：413-416.

[7] 高海涛，李雪峰，赵斌，等. 中渗特高含水油藏空气泡沫调驱先导试验[J]. 油田化学，2010，27(4)：377-380.

[8] 韩国彬，吴金添. 起泡剂 C12E8 的表面动力学性质[J]. 物理化学学报，1999，15(4)：327-331.

[9] 胡世强，刘建仪，王新裕，等. 高温高压下泡沫稳定性和 PV 性能的研究[J]. 天然气工业，2006，27(6)：106-108.

[10] 马媛媛. 氮气泡沫驱注入参数优化室内实验研究[D]. 大庆：东北石油大学，2017.

辽河油田曙一区超稠油油藏蒸汽驱提高采收率技术

孙 念 杨兴超 韩 煦 马 凤 丁靓靓 赵洪岩

【中国石油辽河油田分公司】

摘 要：辽河油田曙一区超稠油资源量丰富，但油藏埋藏深、原油黏度大，已超过常规蒸汽驱的黏度界限，长期处于蒸汽吞吐开发，采收率低。本文从超稠油蒸汽驱开发机理入手，综合利用室内物理模拟、数值模拟及动态分析等方法，揭示其剥蚀为主、驱替为辅的驱油机理，深化认识充分预热是超稠油转驱关键，据此建立不同类型超稠油蒸汽驱启动温度界限，形成驱替层段组合、井网井距优化、分阶段变速注汽等关键设计，超稠油油藏蒸汽驱最终采收率可由原蒸汽吞吐方式的35%提高到蒸汽驱方式的65%，对辽河油田产量效益接替意义重大。

关键词：超稠油；蒸汽驱；开采规律；技术界限

辽河油田曙一区超稠油是辽河稠油重要组成部分，地质储量占比18.5%，产量占比45%，对辽河油田千万吨稳产起着至关重要的作用。

辽河油田曙一区超稠油油藏构造上位于辽河坳陷西部凹陷西斜坡中段，含油目的层为新生界下第三系的沙河街组兴隆台油层和上第三系馆陶组馆陶油层，平面上分布在杜84块、杜229块、杜813块、杜212块、杜80块等7个区块中，油藏埋深550~1150m，油层温度下脱气原油黏度(5.8~23.2)×10^4mPa·s。自1996年蒸汽吞吐试采获得成功后，各开发单元陆续投入蒸汽吞吐开发，至今平均吞吐15.7个周期，采出程度32.2%，周期油汽比由高峰期的0.68下降到0.21，已接近经济极限。2005年开始提高采收率技术攻关与探索，先后开展了SAGD试验和蒸汽驱试验，其中，适合SAGD开发的馆陶油层和兴Ⅰ、兴Ⅵ组已进入SAGD工业化，适合蒸汽驱的兴Ⅱ-Ⅴ组处于扩大实施阶段。

常规蒸汽驱要求的原油黏度界限为10000mPa·s以下，超稠油黏度在50000mPa·s以上，远超过常规蒸汽驱的界限，有效蒸汽驱难度极大。国内开展过多项超稠油蒸汽驱先导性试验及室内研究[7-12]，获得了一定效果和认识，其中辽河曙一区杜229块超稠油蒸汽驱试验较为成功，为超稠油蒸汽驱技术的应用提供了依据。本文在充分借鉴前期实施经验的基础上，综合运用物理模拟及数值模拟等手段，对超稠油蒸汽驱开发机理、技术界限、油藏工程设计及调控等方面进行深入研究，有效指导超稠油蒸汽驱扩大实施。

1 超稠油蒸汽驱开采规律研究

原油黏度越大，原油的流动性越差，因此超稠油蒸汽驱的驱替特征与普通稠油、特稠油油藏存在较大差异。数值模拟与比例物理模拟实验结果表明，普通稠油蒸汽驱呈现出驱替为主的机理，超稠油蒸汽驱呈现出剥蚀为主的机理。超稠油蒸汽驱时，开始在油层顶部实现热连通，蒸汽与下部油层接触

作者简介：孙念（1983—），女，2009年毕业于大庆石油学院油气田开发专业，现主要从事蒸汽驱开发设计与调控等方面的研究工作。E-mail：110465983@ qq. com

并加热原油。随着汽驱进行，高温蒸汽腔逐渐扩展下移，实现剥蚀产油(图1)。根据现场经验，剥蚀产油期可达到8年以上。因此，超稠油蒸汽驱开发是先预热连通、再剥蚀采油，主要以剥蚀作用为主。

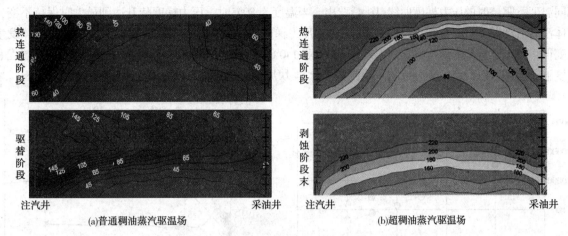

(a)普通稠油蒸汽驱温场　　　　　　　　(b)超稠油蒸汽驱温场

图1　普通稠油-超稠油蒸汽驱物理模拟温场图

同时根据油墙的聚集运移规律，明确超稠油蒸汽驱具有高峰产量不明显、剥蚀产油期长的开发规律。蒸汽驱开发过程中，在连续注入蒸汽的推动作用和冷油区的封堵作用下，溶剂带和热水带中的原油聚集，在前缘形成高含油饱和度的"油墙"，其具有含油饱和度高、油相渗流能力强的特点。不同油品油墙的形态和饱和度均存在差异，决定开发规律的差别。根据普、特稠油与超稠油油墙聚集规律对比，普、特稠油驱替油墙厚、含油饱和度低、作用力持续且易于运移，易出现产量峰值，例如热连通阶段油墙厚度为16m、含油饱和度0.57，厚度最大值可达20m、含油饱和度0.6，高峰产量达20t/d左右，驱替稳产期长达4年。而超稠油蒸汽驱驱替作用力时间短、油墙薄、饱和度高、难运移，热连通阶段油墙厚度仅为12m、含油饱和度0.61，厚度最大值为15m、含油饱和度0.65，因此超稠油转驱后快速进入剥蚀阶段，生产井快速并保持较高产液温度，驱替阶段无明显的高峰产量，但由于超稠油蒸汽驱后期持续剥蚀，且油墙含油饱和度高达0.68，因此后期呈现较长时间产量稳定的剥蚀产油期，开发模式差异很大(图2)，且具有较高的采油速度和油汽比。

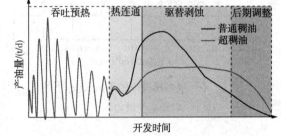

图2　普通稠油与超稠油开发模式示意图

2　超稠油蒸汽驱启动温度界限研究

采用黏温曲线法、单管驱替法和小尺度数模法综合确定超稠油蒸汽驱的启动温度界限。

2.1　黏温曲线法确定拐点温度

稠油属于粘塑性非牛顿流体，对温度有较强的敏感性，超过拐点温度就可实现由粘塑性流体向拟塑性流体的转变，从而实现流动。根据杜229块和杜84块的实测黏温数据(图3)，利用稠油拐点温度测算方法[13]，得出曙一区超稠油拐点温度计算公式：

$$T_0 = 17.56 \lg \mu_{50} - 6.77 \tag{1}$$

式中　T_0——原油拐点温度，℃；

　　　μ_{50}——50℃脱气原油黏度，mPa·s。

通过该方法可计算出超稠油各区块的拐点温度基本在75～90℃范围内，见表1。

表1　黏温曲线法确定的各区块拐点温度

区　　块	杜84	杜813	杜212	杜80	杜229
50℃原油黏度/mPa·s	232000	133400	134200	84500	73900
拐点温度/℃	87.4	83.2	83.3	79.7	78.7

2.2 单管驱替法确定启动温度

针对杜84块油样，采用 Φ2.54cm×50cm 一维填砂管模型，开展不同温度条件下超稠油蒸汽驱驱替实验。由不同温度下驱替时的压力梯度曲线(图4)看出，当温度为80℃时，压力梯度陡升达到最大时保持不变，说明流体没有流动即无法驱替。当温度为100℃时，压力梯度缓慢上升达到最大时保持不变，说明流体发生黏弹性变形，可以驱替但流动不畅。当温度为120℃和140℃时，压力梯度升高后有个回落，说明在此温度和压力梯度下，流体可以流动，驱替成功。因此对于杜84块原油，蒸汽驱启动温度在100℃左右。

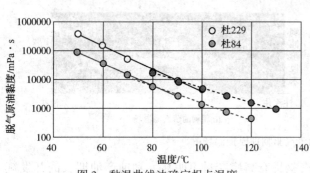

图3 黏温曲线法确定拐点温度

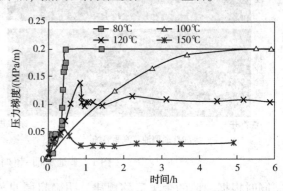

图4 单管驱替模型杜84块不同温度压力梯度对比曲线

利用小尺度数值模拟技术，可以利用一组驱替实验而模拟出其他原油黏度、不同渗透率条件下的若干组驱替过程，并以注入端压力为约束条件来确定启动温度。按照前述的杜84块单管驱替物理模拟实验模型，建立小尺度数值模拟模型，在拟合实验过程的基础上，按照不同黏度和渗透率，正交设计不同 K/μ_o 条件下进行蒸汽驱替的数值模拟。建立 K/μ_o 与启动温度关系如图5所示，随 K/μ_o 减小，汽驱启动温度升高。回归公式如下：

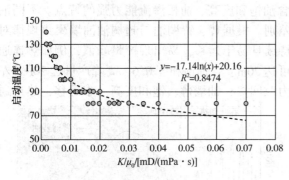

图5 小尺度数模拟的不同 K/μ_o 下的
启动温度散点图

$$T_{启动} = 20.16 - 17.14\ln\left(\frac{K}{\mu_{50}}\right) \qquad (2)$$

式中 $T_{启动}$——蒸汽驱启动温度，℃；

K——油层渗透率，mD；

μ_{50}——50℃下脱气原油黏度，mPa·s。

根据各区块的原油黏度和渗透率，可确定出各区块的启动温度见表2，启动温度在80~100℃之间，略高于黏温曲线法确定的拐点温度。

表2 单管驱替法确定的各区块启动温度界限

区 块	杜84	杜813	杜212	杜80	杜229
原油黏度 μ_o/mPa·s	232000	133400	134200	84500	73900
渗透率 K/mD	2190	1853	2760	2119	2370
K/μ_o/[mD/(mPa·s)]	0.009	0.014	0.021	0.025	0.032
最低启动温度/℃	100.1	93.5	86.7	83.3	79.1

2.3 先导试验法验证启动温度

在超稠油杜229块蒸汽驱先导试验采收率已达60.3%，该试验是在油藏温度升高到75~80℃时开展的，这个温度与实验室确定的启动温度基本一致。

3 超稠油蒸汽驱实施界限

3.1 最低产油量及厚度界限

蒸汽驱的投入较大，且超稠油的油价又相对较低，因此需要确定最低产油量及厚度界限以作为部署依据。

3.2 最低产油量界限

按照投入产出法计算最低产油量。当投入产出平衡时即经济效益为零时，所计算的产油量即为最低产油量界限。计算公式：

$$Q_{\min} = \frac{C_{\mathrm{fon}}}{a \times P_{\mathrm{o}} \times R_{\mathrm{o}} \times (1 - T_{\mathrm{axo}}) - C_{\mathrm{VO}}} \tag{3}$$

式中 $Q_{\min}$——最低产油量，10^4t；

$\quad C_{\mathrm{fon}}$——新增钻井及地面投资，10^4 元；

$\quad\ P_{\mathrm{o}}$——油价，\$/bbl；

$\quad\ a$——国际油价与股份公司对超稠油定价的换算系数；

$\quad R_{\mathrm{o}}$——原油商品率，小数；

$\quad T_{\mathrm{axo}}$——综合税率，小数；

$\quad C_{\mathrm{vo}}$——操作成本，10^4 元。

按照曙一区现有井网及转蒸汽驱时新增钻井投资、锅炉投资，并考虑到操作成本与油价的正相关性[14]，计算出当油价为 60 \$/bbl 时，最低产油量界限为 2.5×10^4t。

3.3 最低汽驱层段厚度界限

利用单井组数值模拟模型，根据不同区块的油藏特点，计算了不同厚度下各块蒸汽驱的累计产油量(图 6)。在油价 60 \$/bbl 时，各块最低油层厚度需要达到 14~18m。当油价升高，则油层厚度可适当放宽。

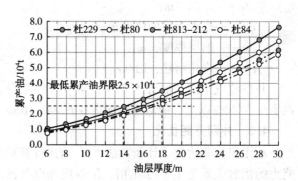

图 6 不同区块不同厚度下蒸汽驱产油量对比(单井组)

按照转蒸汽驱的厚度界限及产量界限，在具备一定隔层及净总比条件下，划分与组合驱替层系。

4 超稠油蒸汽驱油藏工程设计

4.1 单井最大产液能力及最低注汽速度确定

这两个参数是设计蒸汽驱井网的重要依据。

4.1.1 单井最大产液能力

蒸汽驱过程中单井最大产液能力一般可通过先导试验或者蒸汽吞吐试采结果、数值模拟结果来确定。在没有先导试验的区块，可按照下面的公式进行类比确定。

$$q_{\mathrm{lmax}} = J_1 \times h \times \Delta P \tag{4}$$

式中 q_{lmax}——单井最大产液量，$\mathrm{m^3/d}$；

$\quad J_1$——比采液指数，$\mathrm{m^3/(m \cdot d \cdot MPa)}$；

$\quad h$——油层厚度，m；

$\quad \Delta P$——生产压差，MPa。

根据杜 229 块蒸汽驱先导试验结果，单位厚度下的比采液指数为 $0.89\mathrm{m^3/(MPa \cdot m)}$，生产压差 2MPa。其他区块可按照产出混合液黏度与杜 229 块的比例关系来确定其比采液指数，再根据本区块的油层厚度即可计算出各区块的最大产液量(表 3)。

表3 不同区块单井最大产液能力计算结果表

区块	比采液指数 J/[m³/(m·d·MPa)]	单井最大产液能力/(m³/d)	平均油层厚度/m
杜229	0.89	51.0	27.3
杜80	0.79	48.9	29.5
杜813	0.78	45.8	27.8
杜212	0.78	46.2	28.3
杜84	0.91	49.0	25.6

4.1.2 单井最低注汽能力

以保证井底蒸汽干度大于50%为约束条件来确定单井最低注汽能力。在当前隔热工艺水平下，井底蒸汽干度可采用以下公式计算：

$$X_i = X - \frac{Q' \times L}{q_{is} \times H_{WV}} \qquad (5)$$

式中　X_i——井底蒸汽干度，%；

　　　X——井口蒸汽干度，%；

　　　Q'——每米井筒热损失，kJ/(h·m)；

　　　L——井深，m；

　　　q_{is}——冷水当量的注汽速度，kg/h；

　　　h——油层厚度，m；

　　　H_{wv}——汽化潜热，kJ/kg。

井口蒸汽干度一般可达75%，曙一区兴隆台油层各区块的埋藏深度在750~950m，若保证井底蒸汽干度在50%以上，最低注汽速度应在84~106t/d。

4.2 井网井距优化

利用蒸汽驱优化设计新方法[15]，前述计算的各块蒸汽驱过程中单井最低注汽能力与单井最大产液能力的倍数关系为1.8~2.1倍，接近反九点井网的注采井数比3，因此可采用反九点井网。根据蒸汽驱井距计算公式及各区块的油层厚度，计算出不同厚度下井距在68~80m。

$$D = 100 \times \left(\frac{n \times q_1}{Q_{is} \times h_o \times F_A \times R_{PI}} \right)^{0.5} \qquad (6)$$

式中　D——井距，m；

　　　n——注采井数比，反九点井网取3；

　　　q_1——单井产液量，m³/d，根据先导试验取值；

　　　Q_{is}——单位油藏体积注汽速率，t/(d·m·ha)，取蒸汽驱要求的界限值1.8；

　　　h_o——平均油层厚度，m；

　　　F_A——井网面积系数，反九点井网取4；

　　　R_{PI}——井组采注比，取蒸汽驱要求的界限值1.2。

现场蒸汽驱试验实际井网形式为正方形反九点井网，井距为70m，与所计算的井网井距基本相适应，因此可优选蒸汽驱适宜井网井距为反九点井网70m井距。对于在直井井网间已有的加密水平井，根据数值模拟研究，可作为辅助提液手段和监测手段加以利用。

4.3 分阶段注汽参数设计

为充分发挥超稠油蒸汽驱的剥蚀作用，根据不同开发阶段汽腔、油墙及微观作用力变化规律优化形成个性化注采参数。热连通阶段以蒸汽驱替为主，设计关键是培育汽腔、建立温场，因此应加大注汽量，设计注汽速率为2.0t/(d·m·ha)；剥蚀阶段初期以剥蚀为主，设计关键是充分换热、保持汽腔均衡扩展，因此应温和注汽，设计注汽速率为1.6t/(d·m·ha)；剥蚀阶段后期，汽腔已扩展到生产井，设计关键是防止汽窜、提高油汽比，因此应尽量降低注汽量，设计注汽速率为1.3t/(d·m·ha)。

5 超稠油蒸汽驱跟踪调控

根据超稠油蒸汽驱开发机理，形成超稠油蒸汽驱全过程防窜调控理念，建立以"产液温度定状态，排液量控汽腔，压差控制防汽窜"为核心的分阶段系列调控方法，即热连通及驱替阶段主力部位按照以液控汽的理念防窜扩波及、非主力部位吞吐引效牵引汽腔，剥蚀阶段在细分层系开发的基础上，降低操作压力促进剥蚀、提高油汽比，从而保障汽腔均匀扩展及汽化潜热充分释放。

6 应用效果

截至 2022 年 10 月，辽河油田超稠油蒸汽驱已陆续转驱 49 个井组，覆盖杜 229、杜 84、杜 80 等 3 个区块，年产油规模 $21×10^4$t。其中原油黏度 73900mPa·s 的超稠油油藏杜 229 块蒸汽驱试验取得了成功，该试验自 2007 年开始，采用 70m 井距反九点井网进行蒸汽驱 15 年，采收率已由转驱前蒸汽吞吐的 35% 提高到目前的 64.3%。超高黏度超稠油油藏杜 84 块蒸汽驱试验也取得了突破，该块油藏埋深 735~780m，黏度 170000mPa·s，2019 年开展了 4 个 70m 井距反九点注采井组的蒸汽驱先导试验，转驱后日产油由 31t 上升至 60t，采油速度 2.4%，油汽比 0.22，目前采出程度 44%，预计最终采收率可达 65%。

7 结论

(1) 首次认识蒸汽驱过程中油墙的聚集运移规律，揭示超稠油剥蚀为主、驱替为辅的驱油机理，明确超稠油蒸汽驱剥蚀稳产、无明显产量高峰的开发规律。

(2) 超稠油油藏转驱前需要充分预热，所建立的不同黏度下启动温度界限可保证转驱成功。

(3) 超稠油分阶段注汽参数需要优化设计：热连通阶段注汽速率 2.0t/(d·m·ha)；剥蚀阶段注汽速率 1.6t/(d·m·ha)；调整阶段注汽速率 1.3t/(d·m·ha)。

(4) 超稠油蒸汽驱扩大实施效果显著，其中原油黏度 170000mPa·s 的超高黏度超稠油油藏实现蒸汽驱的突破，预计最终采收率可达 65%。

参考文献

[1] 刘尚奇, 王晓春, 高永荣, 等. 超稠油油藏直井与水平井组合 SAGD 技术研究[J]. 石油勘探与开发, 2007, 34(2): 234-238.

[2] 刘梦. 辽河油田超稠油油藏 SAGD 技术集成与应用[J]. 辽宁化工, 2012, 41(11): 1214-1219.

[3] 刘振宇, 张明波, 周大胜, 等. 曙光油田杜 84 块馆陶超稠油油藏 SAGP 开发研究[J]. 特种油气藏, 2013, 20(6): 96-98.

[4] 高永荣, 郭二鹏, 沈德煌, 等. 超稠油油藏蒸汽辅助重力泄油后期注空气开采技术[J]. 石油勘探与开发, 2019, 46(1): 109-115.

[5] 卢洪源. 辽河稠油 SAGD 开发地面工艺关键技术[J]. 原油集输处理, 2019, 38(03): 27-33.

[6] 王国栋. 超稠油蒸汽驱先导试验效果分析[J]. 中外能源, 2014, 19(10): 44-46.

[7] 杨元亮. 胜利单 56 超稠油油藏蒸汽驱先导性试验[J]. 石油天然气学报(江汉石油学院学报), 2011, 33(1): 142-144.

[8] 肖卫权, 高孝田, 张玉霞, 等. 河南油田超稠油油藏蒸汽驱的可行性及先导性试验[J]. 石油天然气学报(江汉石油学院学报), 2008, 30(1): 341-343.

[9] 朱桂林, 王学忠. 准噶尔盆地春风油田薄浅层超稠油水平井蒸汽驱试验[J]. 科技导报, 2014, 32(31): 55-60.

[10] 曹嫣镔, 刘冬青, 张仲平, 等. 胜利油田超稠油蒸汽驱汽窜控制技术[J]. 石油勘探与开发,

2012，39(6)：739-743.

[11] 张初阳，王晗，韩怀，等．浅薄层特超稠油吞吐中后期间歇汽驱现场试验[J]．江汉石油学院学报，2002，24(3)：43-45.

[12] 孙新革，马鸿，赵长虹，等．凤城超稠油蒸汽吞吐后期转蒸汽驱开发方式研究[J]．新疆石油地质，2015，36(1)：61-64.

[13] 夏洪权，李辉，刘翎，等．稠油拐点温度测算方法研究[J]．特种油气藏，2006，12(13)：49-51.

[14] 赵永博，罗东坤，臧丽娜．原油价格对勘探开发投资及操作成本的传导机制分析[J]．中外能源，2016(01)：32-37.

[15] 岳清山，赵洪岩，马德胜．蒸汽驱最优方案设计新方法[J]．特种油气藏，1997，4(4)：19-23.

海上稠油热水复合驱提高采收率技术研究

廖　辉　陈建波　冯海潮　耿志刚　崔　政

【中海石油(中国)有限公司天津分公司】

摘　要： 渤海150~350mPa·s稠油探明地质储量水驱平均采收率26%，效果相对欠佳，水驱后仍有大量剩余油富集，有进一步挖潜空间。针对这部分稠油水驱采收率较低，同时热水驱技术应用到海上可能存在的挑战等问题，开展了热水复合驱提高采收率技术研究。通过文献调研，并结合室内物模实验研究，初步明确了增效机理，热水复合驱增效机理主要为通过降低界面张力、乳化降黏，提高流动性来提高驱油效率，同时还能扩大波及。以L5油田地质油藏参数为基础，开展数模研究，对影响热水复合驱效果的影响因素进行了详细分析，同时研究了海上不同井距对热水复合驱波及体积的影响，并对L5油田进行了效果预测，预计生产20年，采收率能进一步提高3%。研究认识为渤海稠油水驱后进一步增效提高采收率奠定了基础，为海上热水复合驱技术应用提供了技术保障。

关键词： 热水；稠油；复合驱；波及；增效机理

渤海油田一半以上探明地质储量是稠油，其高效开发具有重要意义[1,2]。对于稠油开发，行业标准[3~4]以地层原油黏度150mPa·s作为热采的界限，并且在稠油热采方面具有较为成熟的技术[5~7]。渤海油田结合地质油藏特征，经过多年探索实践，形成了具有海上特色的开发方式。对于350mPa·s以上的稠油油藏采用注蒸汽吞吐开发，350mPa·s以下的稠油油藏采用水驱开发。但是因为稠油具有较高的黏度，同时由于水油流度差异较大，在地层渗流过程中会产生生注入水快速突进，导致油井高含水，减小了注入水波及范围，影响开发效果，如：150~350mPa·s稠油探明地质储量水驱平均采收率仅26%，仍有较大提高的空间。因稠油对温度敏感性强，对于普通稠油，适当地升温即能快速降黏，所以，热水驱是开发普通稠油的最佳选择[8,9]，但由于热水携带的热量较少，其并未大规模应用于矿场实践。同时，国内外相关也研究表明，注热水的同时辅助加入化学药剂，能充分发挥热水的热作用及化学剂的协同作用，改善开发效果，并且随温度升高，效果变好[10]。但热水复合增效技术种类多样、机理复杂，国内外研究尚不成熟，且目前仅是试验阶段，并未大规模推广，因此需要开展热水复合增效技术研究。以L5油田为目标，研究了水驱油田采用热复合化学驱进一步提高采收率技术，同时也为海上油田热水复合化学驱提供了一定理论指导，丰富了海上稠油热采技术体系。

1　热复合化学增效机理研究

以L5油田稠油为研究对象，采用一维高温驱替实验装置及微观可视化实验装置利用室内物模实验研究了热水复合化学增效过程及增效机理。主要实验参数有：采用人造天然岩心，渗透率5000~

基金项目：中海石油(中国)有限公司天津分公司自主科研项目"绥中36-1/旅大5-2水驱后注热机理研究及应用"(ZZKY-2020-TJ-08)。

作者简介：廖辉(1988—)男，工程师，硕士，主要从事油气田开发及提高采收率方面的研究工作。E-mail：liaohui3@cnooc.com.cn

6000mD，实验用油为 L5 油田油样，108℃条件下，设计了热水驱、热水+降黏剂、热水+驱油剂、热水+泡沫、热水+复合驱油剂 5 组实验方案，并绘制了不同热-化学驱替方式驱油效率对比图。实验研究发现不同驱油体系间驱油规律存在较大差异，蒸汽加入不同化学药剂均能提高驱油效率，热水+复合驱油剂提高驱油效率最高，驱油效率为 63.5%，较单一热水驱提高 15 个百分点。分析认为热复合化学对稠油的增效机理主要为：①降黏类化学剂通过乳化分散或者溶解稠油中重质组分降低原油黏度，从而提高稠油流动能力，如图 2；②表面活性剂类物质通过降低油水界面张力，改变储层润湿性，剥离岩壁原油，乳化形成水包油乳状液降低黏度，提高流动能力，提高驱油效率[5,6]，如图 3；③泡沫或者复合驱油剂在地层孔隙介质中运移产生较大的渗流阻力，封堵高渗通道，提高热水的热利用率，扩大波及体积，如图 4；④热水降低原油黏度，提高稠油流动能力[5,6]。热复合化学技术能大幅度提高 L5 油田稠油油藏采收率。

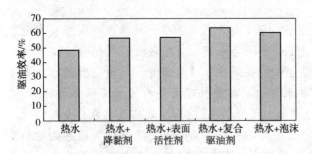

图 1　热水复合不同化学药剂效果对比

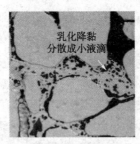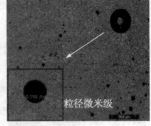

图 2　降黏剂乳化分散降黏

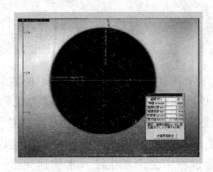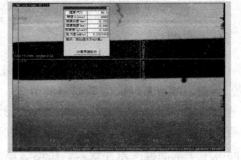

图 3　表面活性剂降低油水界面张力

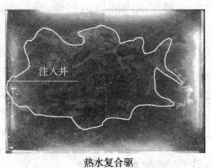

热水驱　　　　　　　　　　　　　　热水复合驱

图 4　复合驱油剂扩大波及

2　数值模型建立

以 L5 油田地质油藏参数为基础，建立了一个(1 注 4 采)热采机理数值模型，运用 CMG 开展热采化学增效数值模拟研究，模型及相关参数如表 1、图 5 所示。

表1 油藏模型关键参数选取

模型参数	取 值	模型参数	取 值
网格	27×19×10	黏度/mPa·s	460
油藏顶深/m	1189	温度/℃	57
孔隙度	0.35	压力/MPa	13
渗透率/mD	6000	水平段长度/m	240
含油饱和度	0.677	井距/m	300

3 热复合化学驱影响因素研究

3.1 注入温度

热水携带的热量越高，加热降黏效果越好。考虑海上常规管柱耐温极限不超过120℃，分别对比了注热温度从57℃、80℃、108℃三个不同温度的开发效果(图6)。

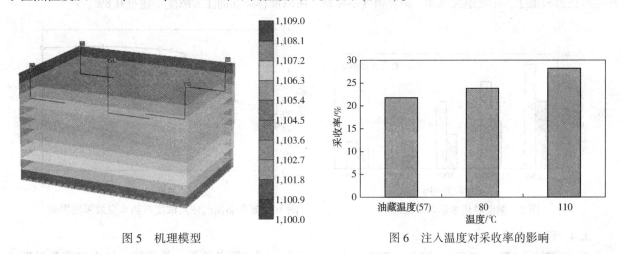

图5 机理模型　　　　图6 注入温度对采收率的影响

通过数模研究发现，采收率随着温度升高，逐渐增大，108℃时采收率最高，推荐注热温度不超过108℃。热水驱后油井生产周期明显延长了，80℃、108℃热水驱相对常规冷水驱(57℃)分别提高采收率2.1%、6.4%。主要是因为，稠油对温度敏感，热水驱主要是通过降低原油黏度，改善流度比，增大油相相对渗透率，提高水驱油效率，降低残余油饱和度，减缓含水上升。

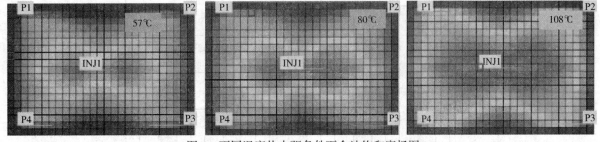

图7 不同温度热水驱条件下含油饱和度场图

3.2 原油黏度

稠油黏度对温度具有极强的敏感性，对比了热水对不同黏度稠油开发效果的影响。结果表明，热水随黏度增大，热水驱采收率提高幅度呈先增后降的趋势，600mPa·s黏度下增效效果较好。且黏度太小，冷采效果已经比较好，实施热水驱增效不明显；且黏度太大，热水因携热量小增效能力有限，需采用注蒸汽开发(图9)。

3.3 复合驱油剂注入浓度

复合驱油剂兼具聚合物和降黏剂、表面活性剂的双重优势。加降黏剂作为热化学驱技术中的一种辅助降

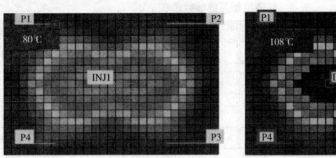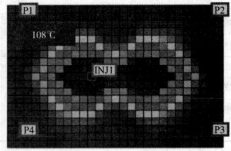

图 8　80℃、108℃热水驱黏度场图

黏方式，其对开发效果具有较大影响。对复合驱油剂注入参数进行了研究（图10），随着浓度增大，采收率与累产油呈增大趋势，当浓度超过0.8%后，基本趋于平稳。主要是因为，复合驱油剂具有降低稠油黏度、增大水相黏度双重作用，能起到辅助降低原油黏度的作用，当原油中降黏剂浓度达到一定程度后，体系中原油黏度已经较低了，浓度继续增加，降黏幅度不明显，所以推荐降黏剂注入浓度不超过0.8%。

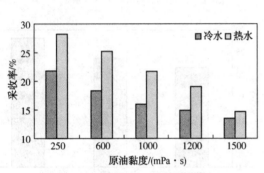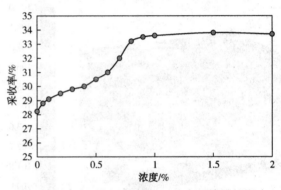

图 9　黏度对热水驱效果的影响　　　　图 10　复合驱油剂注入浓度对热水驱效果的影响

3.4　注采井距

对比研究了150m、250m、300m、350m、400m五个不同井距条件下，热水驱、热水复合驱对稠油开发效果的影响。结果表明，随着井距增大，热水驱及热水复合驱波及范围均呈减小趋势，热水驱时，400m井距条件下，其波及不足150m井距条件热水驱的一半，但是热水复合驱能在热水驱的基础上进一步扩大波及面积，相同井距条件下，热水复合驱能明显提高油井产量及采收率（图11、图12）。

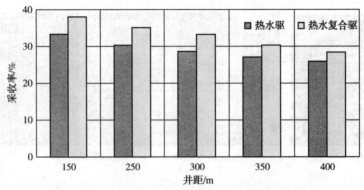

图 11　不同井距条件下热水/热水复合驱效果对比

3.5　注入方式

针对海上应用阶段不同的问题，对比了吞吐后转热水驱及转热水复合驱，水驱后转热水驱及热水复合驱的效果。结果表明，蒸汽吞吐后转热水复合驱及转热水驱效果均比冷采后转热水驱或热水复合驱效果好，主要是因为蒸汽吞吐后转热水复合驱能够充分利用吞吐阶段余热，热采效果相对较好，且采用复合驱能够在水驱基础上进一步改善热采开发效果（图13、图14）。

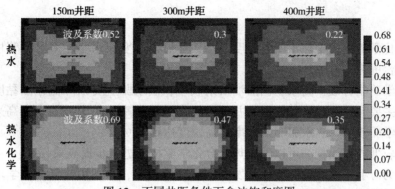

图 12　不同井距条件下含油饱和度图

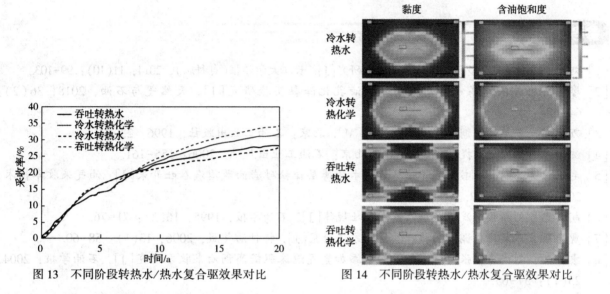

图 13　不同阶段转热水/热水复合驱效果对比

图 14　不同阶段转热水/热水复合驱效果对比

4　热复合化学驱效果应用

以 L5 油田为例，该油田是典型的边水稠油油藏，其地下原油黏度为 210~460mPa·s，因原油黏度大，水油流度差异大，水驱油非活塞式推进，油井含水上升快，水窜严重，导致油井产能低、开发效果较差，整体表现为高含水低采出程度的特征，需要采用增效措施进一步提高产能、改善水驱开发效果。2021 年该油田开展了热水驱先导试验，上述问题仍然存在，计划开展热水复合增效技术来改善开发效果。对比了热水驱及热水复合驱效果，预计生产 20 年，采收率提高 3%（图 15、图 16）。

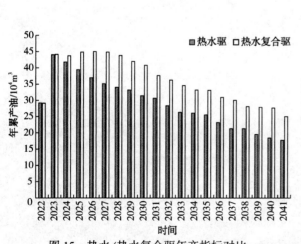

图 15　热水/热水复合驱年产指标对比

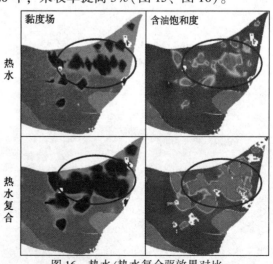

图 16　热水/热水复合驱效果对比

5　结论

（1）热水复合化学驱技术中热水所需温度不高，不需要改变原水驱注采井的管柱和增加过多的设备，能充分利用平台废热进行加热。

（2）热复合化学驱能有效提高水驱稠油油田采收率，热水驱主要以降低原油黏度提高流动能力为主，其中化学药剂主要起到辅助降黏作用，并通过提高洗油效率、扩大波及来提高采收率，提高热利用率，热水复合化学驱较单一热水驱驱油效率提高幅度达到15%。

（3）对于黏度较低的普通稠油可以采用热复合化学驱技术进一步提高采收率。

（4）研究成果为海上普通稠油的高效开发提供了理论指导，对利用热复合化学增效技术改善海上稠油水驱后开发效果具有重要的指导意义。

参考文献

[1] 刘光成. 渤海稠油多元热流体吞吐技术研究[J]. 长江大学学报（自科版），2014，11（10）：99-103.

[2] 廖辉，唐善法. 高沥青质深层超稠油乳化降黏实验研究[J]. 天然气与石油，2018，36（2）：64-67.

[3] 万仁浦，罗英俊. 稠油热采工程技术[M]. 北京：石油工业出版社，1996：23-26.

[4] 沈平平. 热力采油提高采收率[M]. 北京：石油工业出版社，2006：155-161.

[5] 毛卫荣，高莉，宋书君，等. 具边底水的薄层疏松砂岩油藏蒸汽吞吐开采[J]. 油气采收率技术，2000，7（4）：9-12.

[6] 胡常忠，刘新福. 浅薄层稠油蒸汽吞吐规律[J]. 石油学报，1995，16（2）：71-76.

[7] 曹光胜. 厚层块状稠油油藏产量劈分方法研究[J]. 特种油气藏，2006，13（1）：58-60.

[8] 袁士义，刘尚奇，张义堂，等. 热水添加氮气泡沫驱提高稠油采收率研究[J]. 石油学报，2004，25（1）：57-65.

[9] 郭太现，苏彦春. 渤海油田稠油油藏开发现状和技术发展方向[J]. 中国海上油气，2013，25（04）：26-30.

[10] 廖辉，王刚，邓猛，等. 海上普通稠油热-化学驱研究探索[J]. 当代化工，2021，50（01）：200-203.

渤海稠油油田水平井找水控水一体化技术研究

刘 畅 邹 剑 兰夕堂 代磊阳 张 璐 张丽平

【中海石油(中国)有限公司天津分公司渤海石油研究院】

摘 要：海上稠油油田水平井多数采用筛管防砂完井，筛管与井壁之间存在轴向窜流，为解决水平井找水、分段控堵水难题，通过室内水平井控堵水模拟装置，开展基于电控阀控水管柱的梯度智能控堵水实验研究，分别测定筛管外环空化学封隔器(ACP)封隔强度、凝胶堵剂封堵率，结果表明：ACP环空抗压强度 $P>2MPa/m$，凝胶堵剂封堵率 f 为95.79%，封堵后，高、低渗透层出现"剖面反转现象"，使原来产液少的低渗透管分流量 Q 由封堵前的9%上升至80%，超过了高渗透管的产出，低渗透管得到了较好动用，说明梯度智能控堵水技术具有较好堵水效果。目前已经完成3井次的现场应用，单井增油达5000m³，含水率下降10%。

关键词：稠油油田；水平井；筛管完井；电控阀；筛管外环空化学封隔器；凝胶堵剂；梯度智能控堵水

0 前言

水平井由于生产井段长、泄油面积大、单井产能高等优势[1-4]，近年来，逐步得到推广与应用，以渤海油田为例，现有水平井888口，其中稠油油田水平井不少于200井次，且这些水平井多采用筛管完井方式进行防砂[5-6]，筛管与井壁之间存在30mm左右的环空，存在轴向窜流。并且稠油油田原油黏度较高，流动较为困难，导致此类水平井在找水、分段堵水等方面，难度较大[7-9]。目前，水平井堵控水主要集中在智能找水开关井筒控水、基于桥塞的化学分段堵水、化学暂堵-强堵剂联合堵水、ICD分段完井控水、AICD自动控水等技术研究[10-16]。电控阀作为一种新型找控水工具，能够在地面通过控制柜、电缆对井下电控阀的开度进行无限调节，适用于射孔完井或存在筛管外封隔器的水平井，目前已在部分油田进行了先导性试验，取得了成功[17]，但该技术还不能解决稠油油田常规筛管完井(无管外封隔器)水平井的找控水问题。

本文针对上述问题，借助电控阀技术优势，提出渤海稠油油田筛管完井水平井梯度智能控堵水技术，即：通过ACP对筛管外环空进行化学封隔，实现水平井筛管外环空分段[18-19]，在此基础上，通过电控阀找控水管柱，确定出水位置，然后根据生产需要，调整各段电控阀的开度，进而实现井筒控水目标，如果井筒控水效果理想，可按此制度进行生产(第一阶段：井筒控水)，如果控水效果不理想或控水一段时间后，效果变差，可打开对应出水段的电控阀，关闭其他段电控阀，将化学堵剂从电控阀注入出水地层，实施地层的定位深部封堵，进一步增强堵水效果(第二阶段：地层深部堵水)[20-21]，进

作者简介：刘畅(1995—)，男，现工作于中海石油(中国)有限公司天津分公司，从事酸化、压裂、堵水、防砂等增产措施的项目研究、工艺设计及技术服务等工作，增产措施助理工程师。E-mail：liuchang33@cnooc.com.cn

而实现梯度智能堵控水目标。室内实验研究表明：ACP 筛管外轴向封隔强度 $P>2MPa/m$，借助电控阀找控水管柱作为定位注入管柱，凝胶堵剂对高渗出水管封堵率 f 为 95.79%，封堵后，高、低渗透管出现"剖面反转现象"，低渗透管得到了较好的动用。

1 实验条件

1.1 实验材料及条件

1.1.1 实验材料

管外化学封隔器(ACP，中石油勘探院)，引发剂为过硫酸盐(自备)。

凝胶堵剂：聚合物(北京恒聚化工集团有限责任公司)，有效含量 C_1 为 88%，交联剂(山东丰泰化工科技有限公司)固含量 C_2 为 30%。

陶粒(河南天祥新材料股份有限公司)。

1.1.2 实验条件

实验用水：渤海某稠油油田注入水，矿化度为 6223mg/L，水型为 $NaHCO_3$ 型。

实验温度：60℃，电加热带控制。

1.2 实验设备

1.2.1 ACP 筛管外封隔实验

全尺寸筛管外环空抗压模拟装置(天津万钧海洋工程技术有限公司制)(图1)。

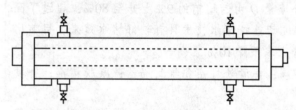

图 1 全尺寸筛管外环空抗压模拟装置示意图
备注：外管管径 $D_{外}$ 为 $8\frac{1}{2}$in；筛管管径 $D_{筛}$ 为 $5\frac{1}{2}$in，筛管缝宽 d 为 120μm，注入管管径 $D_{注}$ 为 $2\frac{7}{8}$in，模型有效长度 $L_{模}$ 为 1.5m

其他设备：氮气瓶(出口压力 $P_{出}$ 为 ≤20MPa)、中间容器(容积 V=12L)、填砂管(端面通径 $d_{端}$×长度 $L_{管}$=2.5cm×80cm)、电加热套及配套管阀等。

1.2.2 定位注入堵剂试验

氮气瓶(出口压力 $P_{出}$≤20MPa)、中间容器(容积 V=12L)、电控阀(自主设计)、简易膨胀式封隔器及配套液控管线(自主设计)、填砂管(端面通径 $d_{端}$×长度 $L_{管}$=2.5cm×80cm)、管线短节及阀门等。

1.2.3 堵剂封堵测试实验

平流泵、中间容器(容积 V=12L)、填砂管(端面通径 $d_{端}$×长度 $L_{管}$=2.5cm×80cm)及配套管阀。

1.3 实验方案

1.3.1 ACP 筛管外封隔实验

实验流程图见图 2。

(1) 组装试压工装及验封，确认工装合格。

(2) 将筛管与外管之间的环空装入陶粒，模拟砾石充填筛管完井。

(3) 连接电控阀控堵水管柱，并连同注入系统一起连入工装中，调整开关，确保电控阀 2 关闭，电控阀 1 打开。

(4) 依次将氮气瓶、12L 中间容器(装注入液体用)与电控阀控堵水管柱连接；

(5) 配制 40L 前置液(聚合物浓度 $C_{聚}$ 为 0.3%)和 20L ACP。

(6) 先将自来水、前置液依次通过注入装置，对工装进行预处理至四个阀门均有水、前置液流出为止，然后将 14.95L ACP 与 29.88g 引发剂(按 50cm 长度设计)混匀后，注入工装，最后用平台水将电控阀控堵水管柱中的 ACP 驱替干净，工装套上加热套，设定温度 60℃，保温 10h，待其固化，待用。

1.3.2 定位注入堵剂实验

实验流程图见图 3。

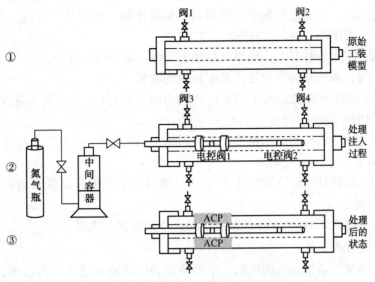

图 2　ACP 筛管外封隔实验过程

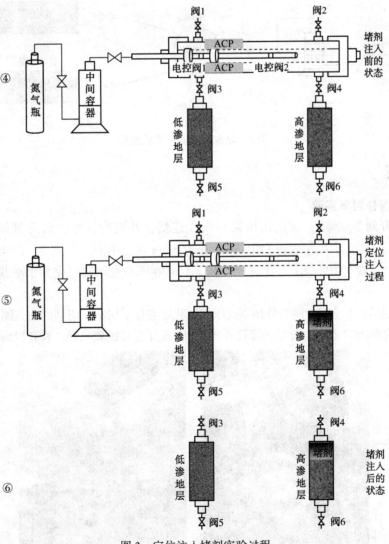

图 3　定位注入堵剂实验过程

（1）取两根填砂管，分别制作高（水相渗透率 $K_高$ 为 4941mD）、低（水相渗透率 $K_低$ 为 776mD）渗透岩心管，并用平台注入水、原油进行饱和，模拟高、低渗地层。按照并联方式，进行水驱至产出液含水不变时，停止水驱，关闭前后阀门，待用。

（2）调整电控阀控堵水管柱开关，确保电控阀 1 关闭，电控阀 2 打开。

（3）按照堵剂配方，采用现场平台注入水配制凝胶堵剂。

（4）将阀 1、阀 2 连接压力表，阀 3、阀 4（两阀均朝上）打开，开始注入凝胶堵剂，待阀 3、阀 4 见到凝胶堵剂后，关闭阀门。

（5）将低、高渗透岩心管按照图示位置，连接到阀 3、阀 4 上，模拟低、高渗透地层，将阀 3、阀 4、阀 5、阀 6 全部调至打开状态。

（6）采用电控阀控水管柱，继续定位注入 0.5PV 堵剂（PV 指的是高渗管的岩心孔隙体积）后，关闭阀 3、阀 4、阀 5、阀 6。

（7）将高、低渗透管置于 60℃烘箱中，保持 3d，待其成胶，待用。

1.3.3 堵剂封堵测试实验

按图 4 连接实验装置，通过六通阀控制，单独测试高渗透管封堵后的渗透率，计算堵剂对高渗管（对应高渗地层）的封堵率，同时，测试封堵前后高、低渗透管的分流量。

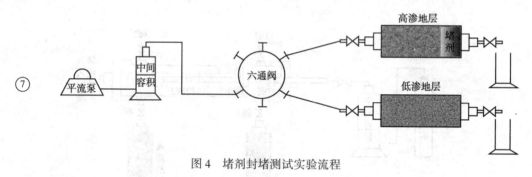

图 4　堵剂封堵测试实验流程

2　结果分析

2.1 ACP 筛管外封隔实验

关闭阀 1，打开阀 2、阀 4，采用试压泵与阀 3 连接，并进行注水，对筛管外环空 50cm 长度的 ACP 胶塞进行试压，当压力 P_{50cm} 达到 1MPa 时，压力 5min 保持不降，且阀 2、阀 4 没有刺漏现象，说明 ACP 胶塞耐压 P_{50cm} 在 1MPa 以上，按理论计算，ACP 在砾石充填筛管完井水平井环空中轴向抗压强度 $P>2MPa/m$。

在全部实验完成后，对全尺寸筛管外环空抗压模拟装置进行了切割，切割剖面见图 5。可以看出，切割截面整齐、完整，说明 ACP 在砾石充填的筛管外环空中形成了坚硬的胶塞环，具有较高的抗压强度。

图 5　ACP 管外环空封隔后的截面

2.2 定位注入堵剂实验

在"2.1ACP 筛管外封隔实验"形成的 ACP 胶塞基础上，将低、高渗透管依次接入阀3、阀4，分别模拟水平井对应的低、高渗透段，然后，调整电控阀控水管柱，打开电控阀2，关闭电控阀1，实现堵剂对高渗管的定位注入。整个注入过程中，阀1、阀2对应压力见表1。可以看出，高渗段注入凝胶堵剂压力 $P_{凝胶}$ 为 0.5MPa，而低渗段没有压力显示，说明 ACP 管外封隔效果好，电控阀1完全关闭。电控阀控水管柱能够实现堵剂的定位注入。

表 1　堵剂注入过程中的压力变化

注入量 $Q_注$/PV	阀 1 处压力 $P_{阀1}$/MPa	阀 2 处压力 $P_{阀2}$/MPa	注入量 $Q_注$/PV	阀 1 处压力 $P_{阀1}$/MPa	阀 2 处压力 $P_{阀2}$/MPa
0	0	0	0.5	0	0.5

2.3 堵剂封堵测试实验

将"2.2　定位注入堵剂实验"中已处理好的低、高渗透管按照并联方式接入物模试验装置中(图4)，测试封堵后的渗透率，计算封堵率，同时，根据低、高渗透管产出情况，计算分流量。

封堵率测试结果见表2。高渗透管渗透率 $K_高$ 由封堵前的4941mD 降至封堵后的208mD，封堵率为95.79%，低渗透管封堵前后渗透率基本保持不变，说明电控阀控水管柱具有较好的定位注入效果，并且进入高渗透管的凝胶堵剂起到了明显的封堵作用。

表 2　高、低渗透管的封堵率

岩心		岩心管长 $L_管$/m	端面直径 $d_端$/m	注入排量 $V_注$/mL·min^{-1}	注入压力 P/MPa	渗透率 K/mD	封堵率 f/%
高渗透管	封堵前	0.8	0.025	2	0.011	4941	95.79
	封堵后	0.8	0.025	2	0.261	208	
低渗透管	封堵前	0.8	0.025	2	0.07	776	1.41
	封堵后	0.8	0.025	2	0.071	766	

高、低渗透管封堵前后的分流量见图6。由图可以看出，封堵前，91%以上的产出液由高渗透管产出，封堵后出现"产液剖面反转"现象，即：原来产液少的低渗透管产出也由封堵前的9%大幅上升至80%，超过了高渗透管的产出，这种"产液剖面反转"现象促使了原来低渗透管得到更大程度的动用，进而使采出程度得到有效提高。

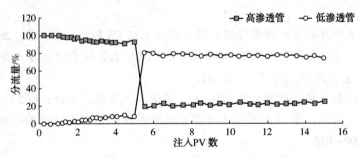

图 6　高、低渗透管封堵前后的分流量变化

3　结论

(1) ACP 具有较好的筛管外封隔作用，电控阀具有找水、井筒控水功能，还可以作为定位注入管柱，实施后续化学堵剂的定位注入，实现地层深部堵水目标。

(2) 基于 ACP、电控阀控水管柱、凝胶堵剂各自特点，形成的梯度智能控堵水技术具有可行性，该工艺具有找水、井筒控水、地层定位深部堵水的多重优点，且可以根据实际措施效果，梯度开展，具有较强的可操作性。

参考文献

[1] 袁淋，李晓平，延懿晨，等．底水油藏水平井临界产量确定新方法[J]．天然气与石油，2015，33（1）：65-68．

[2] 屈亚光，安桂荣，周文胜，等．底水油藏水平井开发效果影响因素分析[J]．科学技术与工程，2013，13（12）：3406-3409．

[3] 李传亮，朱苏阳，柴改建，等．直井与水平井的产能对比[J]．岩性油气藏，2018，30（3）：12-16．

[4] 周代余，江同文，冯积累，等．底水油藏水平井水淹动态和水淹模式研究[J]．石油学报，2004，25（6）：73-77．

[5] 史进．疏松砂岩水平井分段筛管完井研究[J]．科学技术与工程，2014，14（23）：43-45．

[6] 龙明，何新容，王美楠，等．渤海底水油藏水平井合理生产能力研究[J]．天然气与石油，2018，36（4）：79-83．

[7] 张厚青，刘冰，徐兴平，等．底水油藏水平井最优避水高度及合理长度的研究[J]．科学技术与工程，2012，12（4）：774-778．

[8] 朱立国，王秀平，黄晓东，等．渤海油田筛管完井水平井分段堵水室内实验研究[J]．石油化工应用，2015，34（3）：41-43．

[9] 于蓬勃．底水稠油油藏水平井见水特征及影响因素[J]．天然气与石油，2015，33（5）：36-40．

[10] 魏发林，刘玉章，李宜坤，等．割缝衬管水平井堵水技术现状及发展趋势[J]．石油钻采工艺，2007，29（1）：40-43．

[11] 张国文，任家萍，张卫平，等．水平井筛管完井找堵水工艺技术研究[J]．石油机械，2012，40（12）：10-12．

[12] 甄宝生．井下智能找水、堵水技术在渤海油田水平井中的应用[J]．油气井测试，2016，25（4）：56-57．

[13] 赵吉成．辽河油田稠油油藏筛管完井水平井分段化学堵水技术研究[J]．石油钻采工艺，2014，36（6）：90-93．

[14] 闫海俊，胡书宝，谢刚，等．基于改性氰凝的水平井定点堵水技术[J]．石油钻探技术，2018，46（2）：98-102．

[15] 杜勇．底水油藏水平井配套暂堵实现强凝胶堵水技术研究[J]．钻采工艺，2017，40（1）：51-53．

[16] 高智梁，郑旭，任宜伟，等．海上X油田水平井智能分采管柱卡堵水潜力井筛选及应用效果分析[J]．石油钻采工艺，2017，39（1）：88-91．

[17] 左立娜．应用电控配产技术控制无效循环[J]．石油石化节能，2018；8（5）：32-35．

[18] 周赵川，陈立群，高尚，等．CESP水平井环空化学封堵工艺在渤海油田的应用[J]．断块油气田，2013，20（3）：400-402．

[19] 商乃德，邹明华，魏发林，等．水平井环空化学封隔材料—MMH/MT/AM体系的流变性能研究[J]．油田化学，2016，33（4）：589-593．

[20] 贾虎，蒲万芬．有机凝胶控水及堵水技术研究[J]．西南石油大学学报（自然科学版），2013，35（6）：141-149．

[21] 陈曦，谭国锋．油田堵水复合铝凝胶制备及性能评价[J]．精细石油化工进展，2012，13（2）：8-10．

海上蒸汽吞吐井高效注汽
关键工艺研究与实践

韩晓冬　王弘宇　刘　昊　曹子娟　毕培栋　陈　征

【中海石油(中国)有限公司天津分公司】

摘　要：渤海油田现有热采注汽管柱条件下井底蒸汽干度较低，达不到方案设计要求，同时注汽管柱自身无长效测试功能。为进一步提升海上注汽工艺管柱性能，开展了海上高效注汽及监测工艺管柱研究。通过模拟计算，明确了影响注汽管柱隔热效果的影响因素，研制了气凝胶隔热管+隔热接箍组合管柱，以提升注汽效果；以高温光纤测试技术为基础，结合海上热采井特点和测试需求，优化设计了长效测试工艺。现场试验证明，高温光纤测试工艺首次成功实现了海上热采井全井筒长效测试，可满足海上热采井长效测试技术需求；通过高温监测数据进行拟合计算，应用高效注汽工艺后，井底干度可达 0.5 以上，注汽效果大幅提升。配套形成的高效注汽及监测工艺管柱将进一步提高海上稠油油田规模化热采开发效果。

关键词：热采；注汽管柱；隔热效果；海上稠油；均衡注热

渤海油田蒸汽吞吐先导试验取得了较好的开发效果[1-7]。统计分析发现，在现有海上常用注汽管柱工艺条件下，热采井井底蒸汽干度较低，达不到方案设计中蒸汽干度为 0.4 的要求，在一定程度上影响了热采开发效果[8-10]。另一方面，注汽管柱自身无长效测试功能，无法有效监测注蒸汽过程中井筒沿程的热力参数变化，只能通过高温五参数测试或者微温差测试在较短时间段内获取温压参数，无法实现全井筒全时域监测，且上述作业相对复杂，风险较高[11-14]。为进一步提升海上注汽工艺管柱性能，从提升注汽效果和兼具长效测试功能两方面入手，开展了海上高效注汽及监测工艺管柱研究，并进行了现场试验，以期为海上稠油规模化热采提供有效的技术支持。

1　注汽管柱隔热效果影响因素分析

隔热管隔热性能直接影响热采开发效果，而隔热管隔热等级和接箍隔热效果是影响隔热性能的两个主要因素[15-18]。为了对比隔热管隔热等级和接箍隔热效果对井底蒸汽质量的影响，应用 Wellflo 软件建立典型井模型进行了模拟分析(图 1、图 2)。计算条件如下：井口蒸汽干度为 0.82，注汽压力为 15MPa，注汽速度为 9t/h；注汽管柱外径为 114.3mm，内径为 88.9mm；A 级至 E 级 5 个隔热等级的隔热管的导热系数分别为 0.070W/(m·℃)、0.050W/(m·℃)、0.030W/(m·℃)、0.010W/(m·℃)、0.005W/(m·℃)；接箍分为不带隔热衬套和带隔热衬套两种。

由图 1、图 2 可知：接箍隔热条件下井底蒸汽干度可达 0.22~0.37，热损失为 19.2%~25.6%，与无隔热衬套条件下相比，井底干度大幅提升，井筒沿程热损失明显降低；在接箍隔热条件下，隔热等级从 A 级升高至 E 级，井底蒸汽干度提高 0.15，热损失降低 6.4 个百分点。因此，为保证注汽质量，注汽管柱接箍要进行隔热处理，同时尽可能使用高隔热等级的隔热油管。

作者简介：韩晓冬(1989—)，男，中国石油大学(华东)，硕士，稠油采油工程师，稠油热采技术。E-mail：hanxd4@cnooc，com．cn

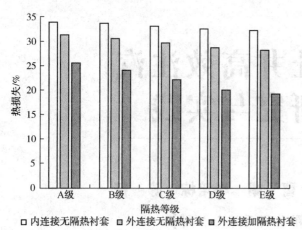

图 1　隔热等级和接箍情况对井底热损失的影响

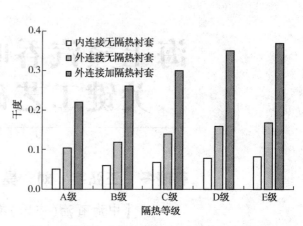

图 2　隔热等级和接箍情况对井底蒸汽干度的影响

目前海上油田应用的隔热油管属于内连接隔热油管，接箍不隔热，导致油套环空中存在局部高温点，管柱热损失较大。采用的高真空隔热油管隔热等级出厂标准为 E 级，但随着使用周期的增加，其隔热性能会随着真空度的降低逐渐变差，影响注汽效果和套管安全。2013—2017 年渤海油田热采应用高真空隔热油管使用情况统计如表 1 所示，高等级的隔热油管导热系数下降明显，隔热性能明显下降，造成井筒热损失增大。

表 1　渤海油田高真空隔热油管检测情况统计

级　　别	2013 年	2014 年	2015 年	2016 年	2017 年
A 级	4	31	128	30	32
B 级	278	120	8	209	233
C 级	29	105	27	33	50
D 级	9	124	27	0	0
E 级	117	297	62	0	10
D+E 级占比	0.52	0.62	0.35	0	0.03
合计	437	677	252	272	325

2　高效注汽管柱工艺优化

2.1　隔热管柱优化

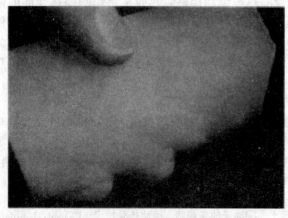

图 3　气凝胶块体示意图

针对高真空隔热管隔热等级对真空度依赖度高、隔热等级下降较快的不足，研制了气凝胶隔热管[19]。该隔热油管与高真空隔热油管的主要区别是内外管之间除了抽真空，还填充了导热系数和密度极低的气凝胶材料（导热系数 $\lambda \leqslant 0.02\text{W}/(\text{m}\cdot\text{℃})$；密度为 3.55kg/m^3，仅为空气密度的 2.75 倍，降低了隔热性能对真空度的依赖，使用寿命可延长 50%以上，提高隔热油管应用时效，降低热采开发成本。气凝胶及气凝胶隔热油管外观如图 3 所示。气凝胶隔热油管视导热系数不大于 $0.01\text{W}/(\text{m}\cdot\text{℃})$，耐温可达 400℃，接箍处连接方式为外连接，接箍扣型为 114.3mmBC。

2.2 隔热接箍优化

为了降低隔热油管接箍处的热损失，采用可与气凝胶隔热油管配合使用的高真空隔热接箍。高真空隔热接箍隔热原理与高真空隔热油管类似，其结构包括外管、内管，内外管中段有真空隔热层。高真空隔热接箍最高隔热等级为 C 级［0.02W/（m·℃）≤λ<0.04W/（m·℃）］，接箍扣型为 114.30mmBC，最大外径为 139mm，长度为 226mm。

优化后的隔热油管内外管采用外连接方式且采用高真空隔热接箍，可有效降低接箍处非隔热段长度，降低接箍热损失，提升隔热管柱整体隔热性能。

2.3 水平段均衡注汽管柱优化

2.3.1 注汽方式优化

本次研究主要包括笼统注汽和不同配汽阀个数的均匀注汽，由于海上稠油油藏非均质性相对来说比较弱，所以本次着重考虑以下的注汽方式：

（1）笼统注汽：A 点、B 点和 C 点出汽，见图4。

（2）均匀注汽：2 个、3 个、4 个、5 个、6 个以及 7 个配汽阀。

图4 不同出汽位置（笼统注汽）示意图

对比了9种不同注汽方式的效果，从温度场来看（图5），尽管 A22H 井非均质性不强，但是笼统注汽在注汽过程中依然在出汽点附近形成局部高温区，并且在多轮次后出汽点附近蒸汽波及的范围远远大于其余地方；而7个注汽点均匀注汽形成的温度场相对均匀。

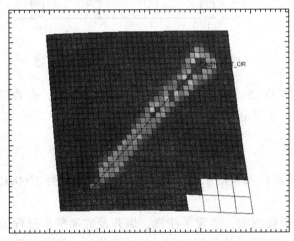

(a)单点注汽的温度场(A点注汽)

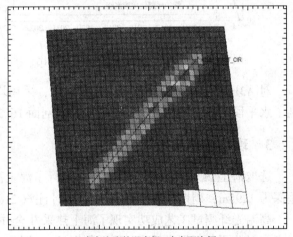

(b)多点注汽的温度场(7个点配汽阀)

图5 不同注汽方式下温度场分布

对比不同注汽方式下的生产效果（图6），均匀注汽明显优于笼统注汽。对比了不同配注阀条件下的增油效果（图7），结果表明注汽阀越多增油效果越明显，但是在均匀布置5个配汽阀以后，增油幅度一直处于较低水平。因此，建议海上稠油水平井适宜的注汽方式是均匀注汽，配汽阀个数建议使用4~5个。

2.3.2 使用阶段优选

本次研究对比了从第1周期、第4周期、第7周期以及第10周期开始使用配汽阀均匀注汽（以5个配汽阀为例），从生产效果看（图8），不同阶段使用配汽阀均匀注汽都能改善水平井热采开发效果。

对比第1次使用配汽阀均匀注汽和笼统注汽当周期的增油量，在初期和中高轮次以及高轮次使用配汽阀都可以显著地提高水平井热采生产效果（图9），但是在使用多轮次之后，从累计增油量来看还是在生产初期（1~4 周期）使用的效果更明显。

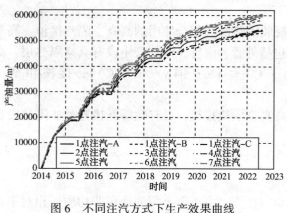

图6　不同注汽方式下生产效果曲线

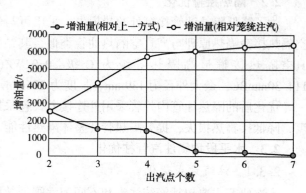

图7　不同注汽方式下增油效果统计结果图

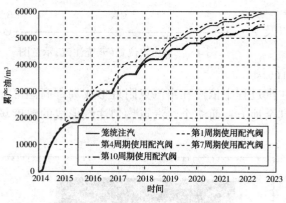

图8　不同配汽阀使用阶段生产效果对比

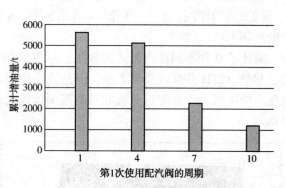

图9　第1次使用配汽阀周期增油量

对 A3H 井第三周期注汽方式进行优化,采用均匀注汽(5个配汽阀),对比之前笼统注汽,有效提高了水平段的吸汽比例,提升水平段吸汽剖面16.7%,如图10所示。

3　现场应用及效果分析

选取海上热采蒸汽吞吐井 A3h 井进行了海上高效注汽及监测工艺现场试验。该井斜深为2160m,垂深为1295m,周期注汽量为5560t,累计注汽21d。

高温光纤测试工艺成功实现了海上热采井全井筒长效测试,实现了注汽、焖井及放喷整个过程的温度实时监测。根据光纤实时测试数据显示(图11),新型高效注汽管柱与以往工艺相比,隔热油管外壁平均温度下降超过100℃,隔热效果提升明显。

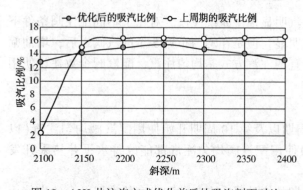

图10　A3H 井注汽方式优化前后的吸汽剖面对比

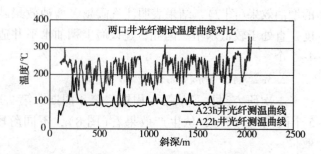

图11　高温光纤测试温度对比

结合监测数据,应用软件对该井次关键热力参数进行拟合计算,并与 A2h 井进行对比(表2)。由表2可知,A3H 井井底干度为0.50左右,比前一周期提高0.32,且与 A2h 井相比,沿程热损失降低

8.26个百分点，井底干度提高0.38，蒸汽注入质量明显改善。对使用后的气凝胶隔热油管进行抽检，结果表明气凝胶隔热油管使用1周期后，隔热等级D级以上合格率达90%，高于常规高真空隔热油管。

表2 不同试验井隔热效果对比

井 号	A2h	A3h
蒸汽注入速度/(m³·h⁻¹)	10.4	11.9
蒸汽注入干度	0.82	0.84
注入压力/MPa	12.5	12.5
顶部封隔器处温度/℃	346.3	324.0
顶部封隔器处拟合蒸汽干度	0.13	0.51
沿程热损失/%	26.01	17.75
千米热损失%	13.68	9.20

4 结论与认识

（1）为提升海上油田注汽管柱隔热效果，研制了外连接气凝胶隔热技术+高真空隔热接箍注汽工艺，形成全密封无热点井筒配套工艺，能有效降低井筒热损失，提升井底干度。

（2）为保证注汽效果，海上热采井注热管柱应尽可能选用隔热等级较高的隔热油管且选用隔热接箍来进一步降低注热管柱散热点。

（3）数模对比不同周期由笼统注汽转均匀注汽生产效果，从累计增油量来看，生产初期(1~4周期)转均匀注汽的生产效果最为明显。

（4）优选高温光纤作为海上热采井高温监测工艺，形成了海上热采高效注汽及监测工艺管柱，并取得了较好的应用效果，可为海上稠油规模化热采开发提供有效技术支持。

参考文献

[1] 张维申. 水平井在齐604块薄层稠油热采中的应用[J]. 特种油气藏, 2008, 15(3): 49-55.

[2] 周守为. 海上油田高效开发技术探索与实践[J]. 中国工程科学, 2009, 11(10): 55-60.

[3] 李敬松, 姜杰, 朱国金, 等. 稠油水平井多元热流体驱影响因素敏感性研究[J]. 特种油气藏, 2014, 21(5): 103-108.

[4] 刘敏, 高孝田, 邹剑, 等. 海上特稠油热采SAGD技术方案设计[J]. 石油钻采工艺, 2013(4): 94-96.

[5] 郑伟, 袁忠超, 田冀, 等. 渤海稠油不同吞吐方式效果对比及优选[J]. 特种油气藏, 2014, 21(3): 79-82.

[6] 刘新光, 田冀, 李娜, 等. 海上稠油热采开发经济界限研究[J]. 特种油气藏, 2016, 2(3): 106-109.

[7] 张华, 刘昊, 刘义刚, 等. 多元热流体吞吐初期井间窜流复合防治[J]. 石油钻采工艺, 2017, 39(4): 495-498.

[8] 薛婷, 檀朝东, 孙永涛. 多元热流体注入井筒的热力计算[J]. 石油钻采工艺, 2012, 34(5): 61-64.

[9] 邹剑, 韩晓冬, 王秋霞, 等. 海上热采井耐高温井下安全控制技术研究[J]. 特种油气藏, 2018, 25(4): 154-157.

[10] 刘同敬, 雷占祥, 侯守探, 等. 稠油油藏注蒸汽井筒配汽数学模型研究[J]. 西南石油学报, 2007, 29(5): 60-61.

[11] 张华，刘义刚，周法元. 海上稠油多元热流体注采一体化关键技术研究[J]. 特种油气藏，2017，24(4)：171-174.

[12] 李洪，陈森，周伟，等. 稠油热采隔热油管技术适应性分析[J]. 石油化工应用，2014，33(3)：17-18.

[13] 张卫行，孙玉豹，林珊珊，等. 海上稠油油田蒸汽驱高效隔热注热管柱设计[J]. 石油化工应用，2019，38(4)：26-28.

[14] 周赵川，王辉，戴向辉，等. 海上采油井筒温度计算及隔热管柱优化设计[J]. 石油机械，2014，42(4)：43-48.

[15] 刘晓燕，赵海谦，王忠华. 真空隔热油管接箍传热实验与模拟研究[J]. 工程热物理学报，2009，30(11)：1895-1897.

[16] 王忠华，刘晓燕，赵海谦. 无衬套真空隔热油管接箍视导热系数模拟计算[J]. 油气田地面工程，2009，28(1)：39-40.

[17] 杜韧之，宫树战，杨成玉，等. 一种外加厚高真空隔热油管：205422560[P]. 2016-08-03.

[18] 邹剑，孟祥海，顾启林，等. 海上热采井筒隔热工艺管柱研制与应用[J]. 石油矿场机械，2019，48(2)：62-65.

[19] 沈静，赵晓红，梁伟，等. 一种气凝胶隔热油管：205243430[P]. 2016-05-18.

[20] 王宏亮，鄢华春，冯德全，等. 高温高压油气井下光纤光栅传感器的应用研究[J]. 电子激光，2011，22(1)：16-19.

稠油底水油藏双高阶段精细挖潜研究

郭敬民　刘春艳　孙恩慧　马佳国　彭　琴

【中海石油(中国)有限公司天津分公司】

摘　要：作为国内最大的原油生产基地，渤海油田自 2010 年以来已经连续 12 年稳产 3000×10⁴t，得益于对各类油藏的精细开发，其中，稠油油藏的高效开发是渤海油田稳产、上产的重要支撑之一，本次研究以 C 油田，该油田为大型稠油底水油田，经过 18 年的开发，综合油田含水已达 96%，部分主力砂体采出程度已高达 45%，已进入双高阶段，油田上产面临的困难与挑战越来越大。受原油黏度大影响，底水突破速度快于常规黏度的油藏，导致新井含水上升快，产能递减快，围绕油田核心矛盾，针对剩余油柱高度低、夹层发育不稳定、水平井开发效率不足等关键难题，开展了深入的挖潜研究，在微构造预测、夹层分布预测、水平井开发策略等方面形成多项创新技术。通过研究成果在 C 油田的应用，有效提高了油田的开发效果，该研究成果对稠油底水油藏双高阶段持续调整挖潜具有重要意义。

关键词：稠油底水油藏；渤海湾；微构造；夹层刻画；水平井开发策略

在稠油底水油藏开发过程中，由于受底水与稠油双重因素限制，新井投产后含水上升速度快、产油量递减快，尤其在底水水体大、能量充足的强底水油藏，生产井避水效果直接决定了井位开发效果的好坏。针对这一类型的油藏，学者做了大量研究工作，喻高明等利用数值模拟对影响底水油藏开发效果的各类因素进行了分析，并提出有针对性的开发策略[1]，陈志海通过对比水平井与直井在底水油藏的开发效果，提出水平井更适合底水油藏的高效开发[2]，郭长永等通过实钻地质数据结合数值模拟分析了水平井底水水侵的过程，并结合地质因素提出了有针对性的封堵底水思路[3]，近年，结合底水油藏的开发效果，学者及油田研究人员针对底水油藏开发做了大量结合油田实际的研究工作，戴建文等阐述了围绕"寻夹避窜"的规避气窜、水窜开发思路[4]，张东等通过数值模拟结合实例提出了针对不同底水厚度设计油层避水高度下限的开发策略[5]，李向平等阐述了低渗情况下底水油藏依靠聚合物微球调驱及封堵底水的研究效果[6]。

本文以渤海湾 C 油田为例，阐述了 C 油田在进入双高阶段后，通过精细挖潜研究提出了一套稠油底水油藏高效开发技术，该技术系列有效指导了 C 油田近年加密调整项目的顺利开展，收获 20 余口百吨以上高产井，助力油田日产油再创高峰，单井平均产能为项目实施前的 2.3 倍、日产油为项目实施前的 2.6 倍、累产油为项目实施前的 2 倍，实现底水油藏开发中后期的高效开发。

1　地质油藏特征

渤海湾 C 油田位于沙垒田凸起中部，为发育于古基底之上的披覆背斜构造，圈闭幅度低，背斜两翼地层倾角约为 3°，断层不发育。油田主力含油层段为明化镇组，曲流河相沉积砂体分布广泛且连片发育。该油田主力砂体内部水体能量大，一直依靠天然能量开发，因此，C 油田一直采用水平井大泵

作者简介：郭敬民(1986—)，男，现就职于中海油天津分公司渤海石油研究院，开发地质工程师，工程师。E-mail：guojm6@ cnooc. com. cn

抽的开发模式，并取得了很好的开发效果。随着油田开发阶段的推进，剩余油柱高度逐年降低，水平井邻近避水高度下限，新井对构造变化变得极为敏感，2m左右的构造变化即可导致井位低效，如何延缓底水锥进锥进速度是油田当前面临的核心问题。为了保证油田后续持续稳产，开展针对底水油藏特高含水期的加密调整研究。

2 开发技术研究

针对微构造追踪难、厚砂体夹层刻画难、水平井高效开发难等一系列难题，近年开展大量技术攻关，形成了一套特高含水期加密调整技术，为油田双高阶段的高效开发提供了技术支持。

2.1 地质模式辅助下的微构造快速追踪方法

在低幅底水油藏中，水平井避水高度的变化对新井投产效果影响极大，而水平井实施极容易受到构造起伏变化的影响，尤其是10~50m级别的小范围的构造变化，水平井通常长度为200~300m，局部的微构造变化会影响水平段实施过程中的稳斜角度，从而影响一整段的避水高度，因此，开展微构造研究对低幅底水油藏高效开发具有重要意义。当前微构造存在三个方面的问题：一是地震面元级别精度的微构造研究需要消耗大量的人力与时间成本，例如一个2km×2km的工区，地震面元是15m×15m，进行微构造研究需要完成270个地震剖面的追踪，工作量巨大；二是人工追踪完成后需要横、纵剖面闭合、圆滑处理，易丢失小尺寸构造变化细节；三是在油田高速开发阶段，微构造人工追踪无法满足快速打井快速出图的速度，亟须通过自动化研究开展微构造研究效率。

2.1.1 研究方法

本次研究提出了一种地质知识库约束下的微构造快速定量识别技术(图1)，对开发中后期微构造研究、储层刻画及井位优化具有重要意义。主要研究思路为：首先通过计算机技术对地震数据体segy进行拆解，读入计算机内存，通过滤波降噪技术去除资料中的噪点数据；根据预设的区域振幅区间、种子坐标及地震极性等确定追踪方式，沿着中心发散式路径逐道追踪；追踪过程中，当遇到废弃河道时，根据预设的废弃河道宽度，在间断点处进行河道宽度限定下的跳跃追踪；在砂体叠置位置，根据统计的单期次河道砂体厚度，自主判断上覆河道砂是否存在下切情况，即上覆河道砂厚度小于预设河道厚度时，开始追踪上覆砂体顶面，若大于单期河道厚度，则改为在预设深度范围内追踪下伏砂体顶

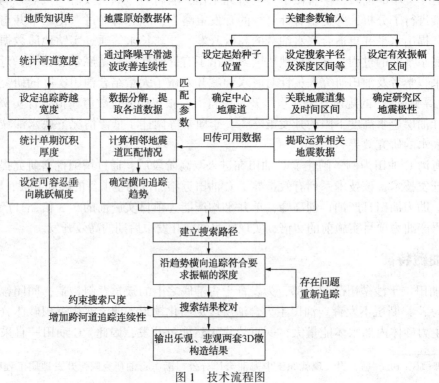

图1 技术流程图

面；追踪过程中，根据各个区域地质单元参数，分区设定追踪条件，保证追踪结果连续、定量、可控。

以跨越河道追踪为例，如图2所示，追踪C油田943砂体局部微构造，在微构造追踪过程中，当Tr1位置遇到废弃河道，Tr2、Tr3位置地震轴波形发生突变，追踪出现间断。依据以上追踪模式，根据该砂体地质知识库，废弃河道最大宽度为100m，最小宽度为80m，80m半径内为废弃河道内部不稳定砂体，不做搜索目标；为避免搜索范围过大导致过度追踪，限定废弃河道宽度的1.2倍即120m为搜索上限，以废弃河道最小宽度80m、120m为半径进行搜索，在80~120m半径内寻找地震波形相似的地震道，Tr4、Tr5不符合条件，不作为连续追踪目标，Tr6点符合条件，判定为废弃河道另一侧点坝砂体，从Tr6开始继续逐个地震道追踪，直到遇到地震轴突变且搜索半径内无法搜索到满足条件的地震道位置。

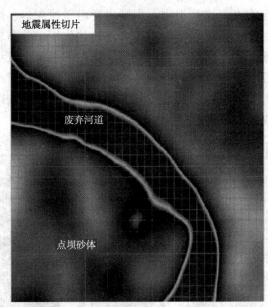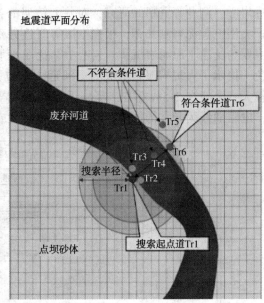

图2　废弃河道参数辅助微构造追踪

2.1.2　微构造研究应用效果

本次研究指导开发人员更精细地优化井位至构造高部位，增加避水高度，延缓了含水上升速度，并且，在井位实施过程中，实现了根据着陆情况及实时井震标定，快速预测水平段悲观、乐观等多套不同风险等级的构造预测面，为井位顺利实施提供了有力的技术保障。

以C油田C11井布井区域为例，如图3左，研究初期认为该区域最大油柱高度临近布井下限，水平井实施存在风险。利用微构造追踪技术得到加密修正后微构造图（图3右），对比人工追踪结果（图3左），分辨率提高了25倍。根据微构造图，该区域南侧存在20m宽的微构造高点了，高点区域虽然规模较小，厚度仅2m左右，但发育较连续，可将C11水平井布置在叠置砂体之上，使避水高度整体抬高1~2m。C11实钻结果证实，依托该研究有效提高了避水高度，初期获得日产超过700t，取得了较好的研究效果。

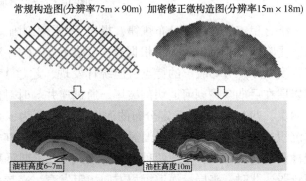

图3　微构造追踪与人工追踪对比

2.2　基于"沿河刻画"理论及调谐振幅反演的河流相厚储层夹层精细刻画技术

C油田主力砂体多发育曲流河多期叠置砂体，储层具有砂岩百分含量高（55%~80%）、砂体厚度大（平均厚度22m）的特点，具有典型的"富砂型"储层特征，由于砂体纵向上切叠关系多变，砂体内部结构复杂，给夹层刻画带来了一定难度。搞清砂体内部夹层成因，分析夹层分布规律及控制因素，是夹层精细刻画研究的关键。另一方面，受储层厚度厚影响，地震资料无法反映储层内部结构特征。当砂体厚度超过地震资料1/2波长时，地震资料出现严重失真，地震同相轴会出现明显的"分叉"现象，地震剖面上可见"夹层假象"，此时，有夹层与无夹层位置的储层地震剖面特征相似，亟须通过井震结合进行地震资料分析，改善地震资料，指导夹层刻画。

2.2.1 基于"沿河刻画"的河流相多期叠置砂体夹层分布规律分析

本次研究以797典型曲流河超限厚砂体为例，通过岩心、测井等资料，确定了对底水起遮挡作用的主要夹层类型，并阐述了主要夹层的岩电特征。结合露头分析及现代沉积理论，分析夹层沉积成因，提出了"沿河刻画"的夹层刻画技术思路。

通过岩心、测井等资料的研究，对井上钻遇的各类夹层进行识别，识别出泛滥平原泥岩、废弃河道、侧积夹层三类泥岩测井相，根据全区等时连井对比，发现砂体内对底水起遮挡作用、分布较稳定的泥岩主要为泛滥平原泥岩沉积。岩心上，泛滥平原泥岩夹层多为黄褐色等氧化色，也可见灰绿色等弱还原色，揭示了大规模泥岩形成后，河道内水位下降，泥岩暴露氧化。通过统计，797泛滥泥岩厚度变化较大，一般在2.5m左右，部分泛滥平原泥岩厚度可达5m以上，测井响应特点为伽马曲线为异常高值，电阻曲线为异常低值，曲线形态为尖峰状或平坦锯齿状(图4)。

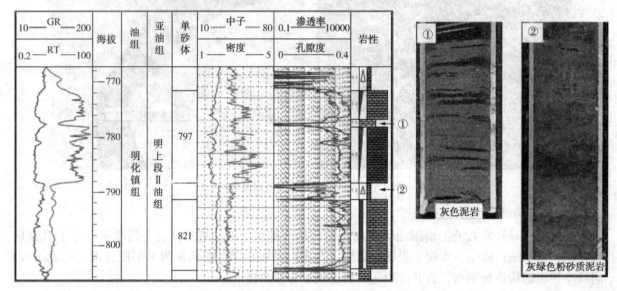

图4　洪泛泥岩典型岩心特征

结合稳定泥岩夹层分布规律，提出了"沿河刻画"的夹层刻画思路。研究发现，泛滥平原泥岩发育情况受晚期沉积影响较大，根据美国学者G. A. Zeito对13条曲流河露头剖面的研究，泛滥平原泥岩具有厚度较厚、分布较广的特点，但统计发现，超过150m的稳定泥岩层仅占17.3%，这是由于大部分泥岩层在后期会遭到河道切割破坏。通过连井等时对比，建立等时地层格架，大致将797砂体划分为3个期次，797砂体内较稳定分布的泥岩夹层主要为三期与二期沉积之间，具有一定连续性，是二期砂体沉积末期发育的大范围泛滥泥岩沉积，三期砂体在泥岩沉积之上进行了切割叠置，由于河道不同区域冲刷下切的差异，呈现两种模式，模式1：三期沉积与二期沉积间隔时间较长，且三期河道下切作用较弱，此时，夹层沿河道沉积方向稳定发育，夹层范围与晚期河道沉积带延伸方向具有一致性；模式2：三期沉积与二期沉积间隔时间短，且部分区域的夹层被三期河道剥蚀，如河道b、河道c下部夹层，夹层不发育或间断发育。797砂体西侧沿河道方向发育一套较稳定的夹层，东侧发育间断分布夹层或无夹层。

2.2.2 基于匹配追踪分频及调谐振幅反演的超限厚储层夹层刻画方法

797砂体过路井位主要集中在砂体中部，外围无井区夹层刻画是本次研究的难点。本次研究利用不同频率开展超限厚储层地震正演实验，发现厚储层内部夹层在不同频率下响应特征存在差异，优选部分匹配效果较好的单频体重构地震资料，可实现对地震资料的改善。本次研究采用匹配追踪分频方法获取单频体，结合各区域过路井实钻情况选取不同单频体，进行调谐振幅反演，成功消除厚储层地震轴内部"夹层假象"。

1. 不同频率下夹层正演响应特征

本次研究通过给定不同频率进行厚储层的正演实验，分析不同频率对地震波形的响应特征。根据探井测井资料，给定泥岩层纵波速度为2500/s，砂岩的纵波速度设为2240m/s，泥岩密度设为2.4g/cm³，砂岩密度设为2.2g/cm³。根据797砂体实钻井统计，设定储层厚度25m，包含夹层厚度为3m，根据第三期沉积砂岩平均厚度，夹层位于储层顶之下10m位置。建立两组模型，第一组模型有夹层，第二组模型无夹层。

正演结果反映出：当频率低于25Hz时，地震波形与储层整体匹配效果较好，地震波形厚度接近储层厚度，模型一、模型二的地震波形相似；当频率升高时，地震波形出现复波特征，地震波形形态为偏态，30Hz时，模型一、模型二均出现复波特征，模型一中夹层位置形成一定的反射轴，但反射轴与夹层匹配较差，模型二中存在振幅较弱反射轴；当频率到达50Hz时，模型一中顶部第三期沉积砂体与地震轴匹配效果较好，夹层反射轴厚度依然匹配较差；当频率继续升高，复波特征逐渐加强，当频率达到75Hz时，地震波与夹层匹配效果最好，超过75Hz以后，地震波与储层匹配效果愈发变差（图5）。

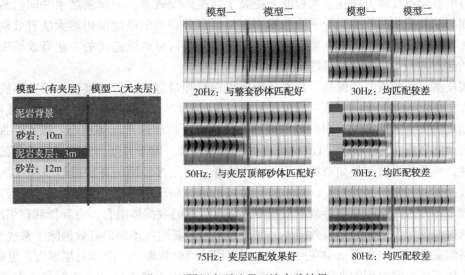

图5 不同频率下地震正演实验结果

研究发现，随着频率的升高，地震波形出现复波现象时，当储层内发育夹层时，多个地震波形的振幅均较强，而无夹层发育的储层地震波形仅第一个波形振幅较强，之下的波形振幅均较弱，证实了储层发育夹层时地震波形与无夹层时地震波形存在明显差异。另一方面，在不同频率下，部分频率与储层单一特征匹配较好，如上述实验中，20Hz时地震波形与整套砂体匹配较好，50Hz时地震波形与夹层上砂体匹配较好，75Hz时地震波与夹层匹配效果较好，而其他频率的地震波形与储层整体匹配效果均较差，研究表明，通过剔除与储层匹配效果较差的频率，挑选与储层特征相似的部分频率重新组成地震波可实现改善地震资料的目的。

2. 匹配追踪分频方法

基于上述地震正演实验，开展地震资料分频处理。在时间域研究中，尤其在超厚储层内部夹层的研究中，容易受到各频段的干扰，通过频谱分解获取频率域数据，可明显减少不同频率叠加对储层细节刻画不清的问题，优选频谱分解方法可以使提取得到的不同频率更准确地反映储层内部特征。

当前常用的分频方法主要有：短时傅里叶变换、小波变换、S变换、匹配追踪。傅里叶变换速度较快，但提取的频率特征容易受到窗函数的影响，小波变换和S变换不能自适应窗函数，存在分辨率不够的问题，无法真正获得任一采样点的瞬时频率特征。而本次研究采用了匹配追踪分频方法，该方法克服了前面所述的问题，它具有较高的时频分辨率及局部自适应性，能同时在时间域和频率域获得较准确的定位。

匹配追踪分频方法的技术核心是：将信号变为一系列与信号局部结构特征最佳匹配的时频原子的线性组合，计算获取地震数据的局部瞬时属性，再选出匹配最佳的时频原子进行叠加重构。基于雷克子波的匹配追踪分频方法引入了信号的瞬时特征，通过对信号的复分析可以得到瞬时振幅、瞬时相位和瞬时频率，将瞬时振幅最大处对应的时间作为延时的初始值，继而获得延时处的瞬时相位和瞬时频率，由于控制参数的初始值通过信号的瞬时特征给出，无须搜索整个子波库，缩小了过完备子波库的搜索范围，从而加快了匹配追踪的计算效率。匹配追踪时频谱的解析表达式：

$$f(t) = \sum_{n=0}^{N-1} \left[R^n f(t), g_n(t) \right] g_n(t) + R^N f(t)$$

3. 调谐振幅反演方法

在通过匹配追踪得到地震数据一系列连续离散频率体后，根据 797 砂体不同区域实钻情况，利用调谐振幅反演技术对各个区域的井上、井间地震数据体进行选取部分频率进行重构。厚储层超过地震分辨率，在地震剖面上表现为多个反射轴或无响应，主要原因是部分频率调谐厚度与储层厚度不匹配，产生干扰作用，调谐振幅反演挑选部分频率重构地震资料，去除了干扰频率产生的假象。

当前已有的波阻抗反演方法在很大程度上提高了井震匹配效果，但反演结果井间仍然存在一定假象；阻抗剖面与子波褶积过程中，受子波分辨率影响，超分辨率的厚储层仍然无法有效刻画，导致厚储层刻画仍然存在一定困难。调谐振幅反演方法，通过分频目标曲线迭代的方法有效解决了子波分辨率不够带来的储层刻画效果不佳的难题。

调谐振幅反演算法的核心步骤是：首先分析地震资料频带宽度，若地震资料频宽不满足目标储层厚度要求，需要拓宽频带宽度；分析目标储层结构，导入匹配追踪算法得到的一系列连续离散频率体，利用频率与厚度的关系式计算出对应的频率范围，优选合适的调谐单频体组合；以 GR 曲线为目标曲线，充分结合地震数据，对于井上，GR 体参照井上实钻结果，对于井间，比对井间地震波形与井上地震波形相似性，借鉴地震波形最相似的井上的 GR 特征，利用神经网络算法进行目标反演，得到对应的系列伽马数据体；利用得到的 GR 数据体进行加权调谐振幅反演，得到新的数据体，若得到的数据体与井匹配效果不理想，修改加权参数重新反演，修改所选的数据体组合，直到得到理想的数据体。

通过调谐振幅反演生成新的地震数据体，如图 6 所示，新地震体剖面有效消除了常规 90°相移地震剖面中的夹层假象，而原本地震轴中夹层响应得到保留。通过提取 797 砂体夹层属性，可以看到，图 7 中左侧为原始地震体提取得到的夹层范围，呈全区发育，外围无井控区域多为假象，而通过新地震体得到的夹层分布范围更加合理，通过新钻井验证，本次研究刻画的夹层新井匹配准确率达到 95% 以上。

2.3　底水油藏水平井高效开发技术

2.3.1　早期生产阶段开发策略

C 油田以底水油藏为主，含水上升快，生产井投产后初期生产阶段，采用大液量还是小液量生产，进而提高底水油藏水平井早期(含水 90% 以内)的累产油，对生产影响至关重要。

为了研究不同油柱高度下的开发策略，开展数模驱油机理分析。图 8 为地层原油黏度为 350mPa·s 时，不同油柱高度下的驱油效率图。研究结果显示，当油柱高度为 8m 时，水平井的初期含水上升快，驱油效率低，增加产油量主要通过增大累产液量来提高驱油效率实现的。当油柱高度为 20m 时，水平井的初期含水上升快，驱油效率高，早期靠扩大波及实现增油。

通过数模研究不同油柱高度对采液速度的敏感性，地层原油黏度取 350mPa·s，日产液量分别取 50m³/d、400m³/d、2000m³/d，图 9(a) 为油柱高度 12m 下水平井累产油与含水关系图，图 9(b) 为油柱高度 30m 下水平井累产油与含水关系图，从两张图中的对比曲线看出，当油柱高度较小时，累产油对采液速度不敏感，当油柱高度较大时，初期采液速度越小，累产油越高，累产油对采液速度较敏感。

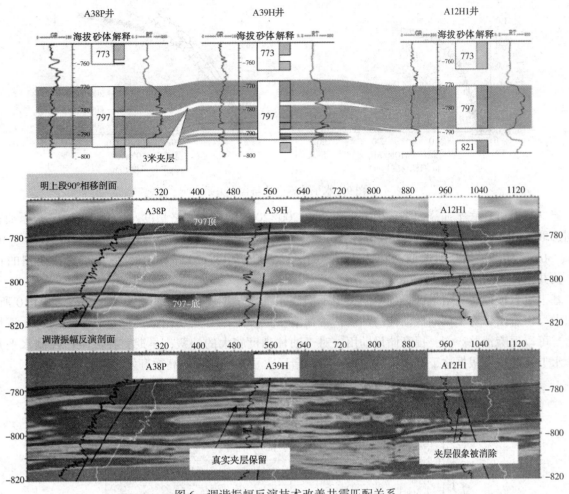

图 6　调谐振幅反演技术改善井震匹配关系

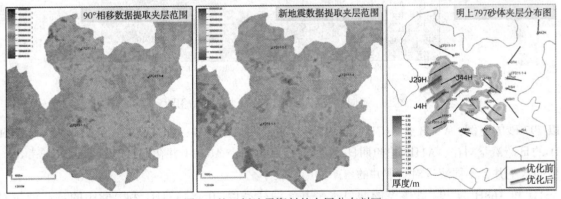

图 7　基于新地震资料的夹层分布刻画

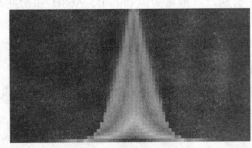

(a)油柱高度8m　　　　　　　(b)油柱高度20m

图 8　不同油柱高度下的驱油效率图

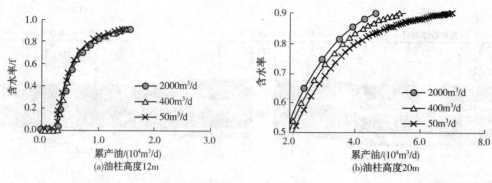

图 9　水平井累产油与含水关系

建立数模机理底水油藏模型，模型采用 200×200×20 的网格，网格长度：10m×10m×1m，原油黏度分别选取 3mPa·s、30mPa·s、142mPa·s、350mPa·s，油柱高度分别选取 4m、8m、12m、16m、20m、30m，初期液量分别选取 200m³/d、400m³/d、800m³/d、1200m³/d，水平井布置在模型的正中间，关井条件为水平井低于 10m³/d 关井。

基于机数模理研究结果，得到不同类型不同底水油藏早期生产阶段开发策略图版，如图 10 所示。从图中可以看出，对于稠油低油柱的油藏，常规液量生产难以有效动用该类储量，早期适合大液量强采生产可以保障油井产能，提高储量动用，对于油柱高度较大的油藏，早期宜控液生产控制水平井初期含水上升速度。根据这个开发策略图版，可以指导水平井早期阶段高效开发。

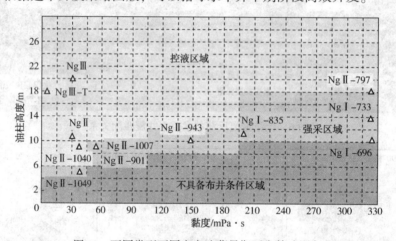

图 10　不同类型不同底水油藏早期开发策略图版

以 797 砂体为例，A1H3 和 A67H1 为 797 砂体上的两口水平井，油柱高度接近，为 12m。A1H3 和 A67H1 的日产液量对比，A1H3 井初期日产液量为 400m³/d。A67H1 井初期日产液量为 900m³/d，对于低油柱的水平井，不同液量对水平井的累产油影响较小。

A31H 和 A68H 为 797 砂体上的两口水平井，油柱高度 20m，A31H1 和 A68H 的日产液量对比，A31H1 井初期日产液量为 400m³/d，A68H 井初期日产液量为 1000m³/d，对于高油柱的水平井，不同液量对水平井的累产油影响较大，初期日产液量越低，累产油量越大。

2.3.2　油田开发后期不同驱动类型油藏的高效开发模式

C 油田进入特高含水期，剩余油分布较复杂，根据不同的驱动油藏类型，依托剩余油富集区，部署生产井进行高效开发至关重要。依托储层精细描述，基于差异驱替波及分析，形成稠油底水油藏不同驱动类型 4 种剩余油分布模式，创新性建立了"分类调整、均衡挖潜"的整体加密调整挖潜模式，给出了不同驱动类型油藏的开发特征及高效开发模式，如图 11 所示。

（1）气顶+底水驱动：开发生产初期生产井布井位于油层的中部（上避气、下避水），生产动态显示初期气油比高、含水上升快、产量递减快；开发中后期动用区域油气界面整体抬升。加密模式采用

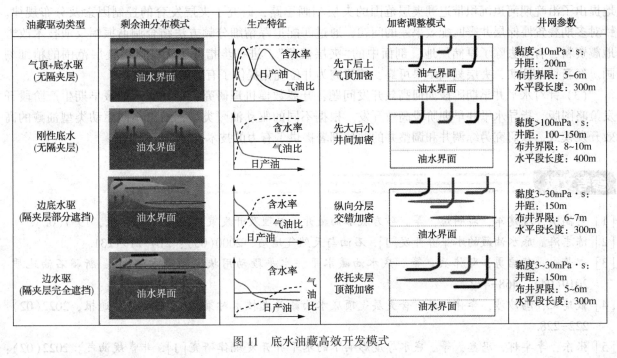

油藏驱动类型	剩余油分布模式	生产特征	加密调整模式	井网参数
气顶+底水驱（无隔夹层）	油水界面	含水率 日产油 气油比	先下后上 气顶加密	黏度<10mPa·s：井距：200m 布井界限：5~6m 水平段长度：300m
刚性底水（无隔夹层）	油水界面	含水率 气油比 日产油	先大后小 井间加密	黏度>100mPa·s：井距：100~150m 布井界限：8~10m 水平段长度：400m
边底水驱（隔夹层部分遮挡）	油水界面	含水率 气油比 日产油	纵向分层 交错加密	黏度3~30mPa·s：井距：150m 布井界限：6~7m 水平段长度：300m
边水驱（隔夹层完全遮挡）	油水界面	含水率 气油比 日产油	依托夹层 顶部加密	黏度3~30mPa·s：井距：150m 布井界限：5~6m 水平段长度：300m

图 11　底水油藏高效开发模式

先下后上、气顶加密的开发模式。

（2）刚性底水驱动：开发生产初期生产井布井位于油层的中上部（避水），生产动态显示初期含水上升快、产量递减快，后期日产量平稳；开发中后期动用区域油水界面整体抬升。此类油藏井控之外剩余油富集，加密模式主要采用先大井距后小井距，井间加密的方式开发。

（3）边底水驱动：开发砂体整体为刚性底水油藏，受隔夹层影响（局部发育）呈现含水缓慢上升的特点，递减相对缓慢，含水率上升较缓；开发中后期动用区域油水界面呈现差异抬升特点。此类油藏受隔夹层遮挡、老井未动用区域剩余油富集，加密模式为纵向分层，交错加密方式开发。

（4）边水驱动：开发砂体整体为刚性底水油藏，受隔夹层影响（发育方位广泛）呈现含水缓慢上升、持续低含水的特点，递减相对缓慢，开发中后期动用区域油水界面抬升范围小。此类油藏受隔夹层强遮挡、老井未动用区域剩余油富集，但井距应在 300m 以上，加密模式为采用依托夹层，顶部加密方式开发。

3　技术应用效果

针对微构造追踪难度大、超厚储层夹层刻画难度大、水平井高效开发策略等一系列难题，开展技术攻关研究，在微构造追踪、夹层分布规律、底水油藏水平井高效开发策略等方面形成多项创新技术。该技术及方法在油田实现规模化应用，取得了较好的成效，并推广应用至周边的多个类似油田，指导了井位 150 余井次，合计累增油超 500×10^4t，为油田稳产上产提供了重要的技术支撑。通过此项目研究，摸索出一套适合海上大型稠油底水油田双高阶段的高效调整挖潜技术体系，为稠油底水油藏开发中后期的高效开发提供了重要的技术支撑，取得了巨大的经济和社会效益。

4　结语

（1）针对 C 油田剩余油柱低、水平井避水高度不足的问题，开展地质模式指导下的微构造追踪研究。从地震资料分解入手，实现了地震数据的高效读取，利用废弃河道宽度、单期河道厚度等地质参数指导追踪过程，解决了地震轴突变导致追踪间断的问题，实现了高效的微构造自动追踪，利用高精度的构造指导井位优化取得了较好的效果。

（2）针对河流相厚储层夹层刻画难度大的问题，从研究区夹层的沉积成因入手开展分析，创新性地提出了沿晚期河道沉积带追溯夹层范围的夹层刻画思路，研究了夹层发育的控制因素及分布规律。针对多期叠置厚储层井震匹配效果差的问题，通过匹配追踪精细分频方法结合调谐振幅反演技术改善地震资料，有效去除了厚储层地震剖面中的"夹层假象"，进一步指导了无井区域夹层范围的精细刻画。经新钻井证实，夹层刻画结果可靠，该研究为井位优化提供了有力的技术指导。

（3）针对水平井早期阶段如何高效开发问题，开展数模机理研究，得到底水油藏早期生产阶段开发策略图版，指导水平井早期阶段高效开发。根据不同的驱动油藏类型，给出不同驱动类型油藏的高效开发模式，该研究为综调井和调整井的井位部署提供了有力的技术支持。

参考文献

[1] 喻高明，凌建军，蒋明煊，等. 砂岩底水油藏开采机理及开发策略[J]. 石油学报，1997(02).

[2] 陈志海. 底水油藏的水平井开发[J]. 石油与天然气地质，2000(03)：214-219+231.

[3] 郭长永，熊启勇，邓伟兵，等. 底水油藏水平井水平段动用状况预测方法[J]. 新疆石油地质，2019(04)：468-472.

[4] 戴建文，冯沙沙，李伟，等. 含夹层气顶底水油藏开发技术对策[J]. 石油科学通报，2022(02)：222-228.

[5] 张东，李丰辉，冯鑫，等. 底水厚度影响下的水平井开发规律研究[J]. 非常规油气，2022(02)：58-64.

[6] 李向平，段鹏辉，汪澜，等. 低渗透底水油藏剩余油分布规律及挖潜措施研究——以长庆油田 Y19 井区为例[J]. 西安石油大学学报(自然科学版)，2022(04)：69-75+126.

利用烟道气余热提高海上稠油聚驱油田采收率研究

刘 斌 徐中波 岳宝林 朱志强 冯海潮

【中海石油(中国)有限公司天津分公司渤海石油研究院】

摘 要：为进一步改善稠油油藏开发效果、实现废弃能源的有效利用，本文对海上稠油油田烟气余热辅助聚合物驱可行性进行评价。结果表明：不同的井口注入温度60℃、70℃和80℃，到油层后其温度分别为56℃、66℃和71℃，注入温度越高，到油层后温度损失越大；利用烟气余热加热后，注入温度达到80℃时，提高采收率最高，比未经加热正常注入，提高采收率8.8%，具有良好的效果，可在海上适度推广。

关键词：平台烟气余热；井底溶液温度；聚合物驱；采收率；物理模拟

0 引言

海上平台排放的烟气中残余热量占燃料发热总量的50%~60%，可见烟气余热潜力巨大，受海上平台设计及空间限制，安装烟气余热回收系统，能够有效回收热量，提高能源利用率[1-3]。其原理为通过换热介质，加热注入水、聚合物溶液等生产流程上的流体，改善注入流体性能；注入温度高于地层温度时，加热地层原油致使黏度降低，改善流度比[4-5]，但注入温度过高，也会使聚合物分子链断裂，聚合物溶液性能变差，开发效果变差[6-8]。目前利用海上平台烟气余热实施聚合物驱的研究相对较少，无经验可循，是否能够改善聚合物驱开发效果需要通过室内实验进行评价，通过计算加热后流体从井口经井筒热损失，到井底的实际温度；研究不同井底温度对聚合物驱效果的影响。本文的研究对于海上油田提高废物循环利用、节能减排、提高油田开发效果具有重要意义。

1 井底流体温度计算

在注入加热流体的过程中，由于井筒内流体与地层存在温度差，会产生热量损失，并且热损失主要发生在井筒段，因此准确计算井底处流体温度对于聚合物驱效果影响具有重要意义[6-8]。渤海某油田X区注水井注水温度为60℃，余热回收系统最高可将注水温度提高20℃。因此，以井口注入温度80℃为温度最高值，地层温度按照测试温度64℃设置。

1.1 单井建模过程

根据渤海某油田X区注水井的基本信息，如注水量(水聚总量)、井口注入温度、井深MD、井深TVD、注入通道等(表1)，运用Wellflo软件中的Injection模块进行计算。

基金项目：国家科技重大专项"渤海油田加密调整及提高采收率油藏工程技术示范(编号：2016ZX05058-001)"。

作者简介：刘斌，男，高级工程师，毕业于东北石油大学油气田开发工程专业并获硕士学位，目前主要从事油气田开发方面工作

1.2　计算方法

基于 Ramey's 和 Willhite's 热损失计算模型，建立了井筒温度计算方法，具体的计算公式为：

$$T_f = T_{ei} + A\left[1 - e^{(z_{bh}-z)/A}\right]\left(\frac{g\sin\theta}{g_c JC_{pm}} + \phi + g_T\sin\theta\right) + e^{(z_{bh}-z)/A}(T_{fbh} - T_{ebh})$$

表 1　渤海某油田 X 区注水井状况统计

井号	注入量/(m³/d)	井口注入温度/℃	井深 MD/m	井深 TVD/m	注入通道
X1	963		2089.8	1418.4	3½in 油管
X3	705		1874.1	1422.7	3½in 油管
X5	405		2006.3	1418.0	3½in 油管
X6	418		1925.8	1464.3	3½in 油管
X8	523		1687.3	1430.3	3½in 油管
X10	806		1859.9	1444.6	3½in 油管
X11	250		1798.6	1465.9	3½in 油管
X17	752	80.0	1430.0	1430.0	3½in 油管
					3½in 油管与 5½in 套管环空
X19	505		1692.2	1442.5	3½in 油管
X22	660		1492.7	1419.5	3½in 油管
X24	460		1647.3	1408.9	3½in 油管
X29	530		1792.4	1438.2	2⅞in 油管
					2⅞in 油管与 4½in 油管环空

其中，

$$T_{ei} = T_{eibh} - g_T Z$$

$$A = \frac{C_{pm}W}{2\pi}\left(\frac{k_e + T_D r_{to} U_{to}}{r_{to} U_{to} k_e}\right)$$

式中　A——松弛距离，m；

　　C_{pm}——井筒流体热容量，J/℃；

　　g_c——换算因子，32.2kg·m/(N·s²)；

　　g_T——低温梯度，℃/m；

　　k_e——地层传导率，W/(m·℃)；

　　r_{to}——油管外半径，m；

　　T_{ei}——任意深度原始地层温度，℃；

　T_{eibh}——原始井底地层温度，℃；

　　T_f——井筒温度，℃；

　　U_{to}——总传热系数，W/(m²·℃)；

　　W——总质量流量，kg/s；

　　z_{bh}——总井深，m；

　　θ——管斜度，度；

　　ϕ——结合焦耳-汤普森和动能效应的参数；

　　Z——从地表计算的井深，m；

　　T_D——无因次温度；

　　T_{ebh}——井底地层温度，℃；

　T_{fbh}——井底处井筒温度，℃。

基于以上公式，在已知注水井井筒结构参数(井斜深、垂深、井斜角)、地层参数(地层温度、地层压力)、注入参数(注入量、注入温度)、环境参数(水温、环境温度)的条件下,计算出注水井井底处注入流体的温度。

1.3 计算结果

利用 Wellflo 软件,取地层温度为 64℃、不同的井口注入温度(60℃、70℃、80℃)计算注水井井底处注入流体的温度,以 80℃为例,计算结果见表 2。

表 2 井口注入温度为 80℃时渤海某油田 X 区注水井井底流体温度计算结果

井号	注水量/(m³/d)	井口注入温度/℃	地层温度/℃	井底注入流体温度/℃
X1	963			72
X3	705			71
X5	405			71
X6	418			70
X8	523			70
X10	806			71
X11	250	80	64	70
X17	752			72
X19	505			70
X22	660			71
X24	460			70
X29	530			71
平均值	581			71

由表 3 可得出,当井口注入温度为 80℃时,渤海某油田 X 区注水井井底处注入流体的平均温度为 71℃。依据相同的方法计算不同井口温度(60℃、70℃、80℃)对应井底的温度,见表 3。

表 3 不同井口温度计算后对应的井底温度

井口温度/℃	60	70	80
井底温度/℃	56	64	71

由表 3 可看出,随着井口温度逐渐增大,井底温度逐渐增大,两者成正向变化;随着井口温度逐渐增大,井筒热损失逐渐增大,分别为 4℃、6℃、9℃。

2 井底流体温度对聚合物驱影响研究

聚合物溶液经加热后注入地层,会对近井范围内的地层产生热传导,致使岩石膨胀及原油降黏,可有效改善聚驱的驱油效果,但随着聚合物溶液体系温度的升高,自身特性会发生变化,如黏度降低等。因此,研究不同井底流体温度对聚驱效果影响是十分必要的。

2.1 实验模型

根据渤海某油田渗透率分布制作人造均质岩心,岩心规格:30.0cm×4.5cm×4.5cm,见图 1。

图 1 实验用模型设计示意图

2.2 实验用油、水及化学剂

(1)实验用油:采用现场地面脱气脱水原油与航空煤油按一定比例调和而成的模拟油,65℃下黏度为 75.3mPa·s。

(2)实验用水:根据现场注入水矿化度配制相近矿化度的模拟水,总矿化度为 9857.1mg/L,离子组成见表 4。

表4 模拟水离子组成

离子组成	Ca^{2+}	Mg^{2+}	Na^+	HCO_3^-	Cl^-	SO_4^{2-}	总矿化度
浓度/(mg/L)	278.3	300.8	3100.4	320.7	5775.4	81.5	9857.1

（3）实验化学剂：疏水缔合聚合物（简称 AP-P4），固含量为88%，相对分子质量为1200万。

配制聚合物溶液步骤：①配制浓度5000mg/L的母液，在油藏温度65℃的恒温箱中老化12h；②将老化好的母液，稀释至浓度为1750mg/L的目的液，再放置65℃恒温箱中老化3~4h。

2.3 实验装置

岩心驱替系统、真空泵、压力传感器、ISCO泵（工作压力：0~68.0MPa，速度精度：0.001mL/min）、恒温箱（精度0.1℃）、油水计量系统（精度0.01mL）等实验设备。

2.4 实验方案

各方案均为：不同温度下（56℃、66℃、71℃），水驱至含水98%+注聚合物0.3PV+一次后续水驱至含水98%时结束。

2.5 实验步骤

① 岩心抽空、饱和水，测定孔隙体积，计算孔隙度；②饱和油，建立原始状态，测定原始含油量，计算原始含油饱和度，束缚水饱和度；③老化24h后，水驱至综合含水98%；④注聚合物0.3PV，再后续水驱至综合含水98%。

3 实验结果及分析

根据实验结果，各方案采收率对比参见表5。

表5 各方案各阶段采收率总表

方案	温度/℃	含油饱和度/%	平均渗透率/mD	水驱采收率/%	聚驱提高采收率/%	总采收率/%
一	56	75.7	1500	32.4	12.7	52.3
二	66	76.1	1600	34.6	11.7	51.7
三	71	75.3	1450	39.5	14.8	60.5

由表5可以看出，方案三采收率最高，为60.5%，比其他两个方案分别高8.2%和8.8%；方案一的采收率最低仅为52.3%；方案三的水驱采收率和聚驱提高采收率仍然较其他两个方案高，分别为39.5%和14.8%；方案二虽然实验温度比方案一提高10℃，但聚驱提高采收率前者比后者低1个百分点。

图2为各方案累积注入PV数与含水率及采出程度的对比曲线。

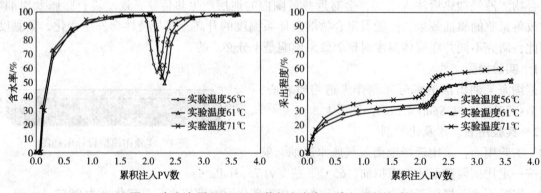

图2 各方案累积注入PV数与含水率、采出程度关系图

3.1 水驱阶段

这一阶段，方案三采收率最高为 39.5%，方案一最低为 32.4%，相差 7.1 个百分点。如图 2 所示，随着注入体系温度的升高，无水采收期延长，含水上升幅度变缓。主要是因为储层中原油逐渐被加热，稠油的黏度对温度十分敏感，致使储层原油黏度不断降低，流动性变好，油水黏度比下降明显，注入水前缘推进速度变缓，改善水油流度比，驱替更均匀，黏性指进得到抑制，从而延长了无水采收期，放缓含水上升速度。

3.2 聚驱阶段

方案三聚驱提高幅度最高为 14.8%，方案二虽然实验温度比方案一提高 10℃，但聚驱提高采收率前者比后者低 1 个百分点。分析认为，方案二注入体系到井底的温度为 66℃，与储层温度 64℃相差不大，储层加热作用较弱，故储层未发生热膨胀作用，而随着温度的升高，聚合物受热降解，自身分子结构性被破坏，体系黏度有所下降，造成驱替相聚合物溶液体系与被驱替相储层原油流度比下降，导致采收率有所下降。

3.3 后续水驱阶段

在后续水驱阶段，各方案含水率均有不同程度的下降，随着温度逐渐升高，含水率下降幅度不断减小，达到最低含水率值后，上升速度明显加快。方案一条件下，含水率最低下降至 49.6%，经 0.13PV 后，含水上升至 80%；方案三条件下，含水率最低下降至 56.7%，经 0.08PV 后，含水上升至 80%。分析认为，聚合物体系在高温条件下，自身分子结构受到一定程度的破坏，导致不能维持较高的体系黏度，难以对储层中大孔隙进行有效封堵，无法建立较高的残余阻力系数，注入水较易突破，含水上升快。

4 结论

(1) 不同的井口注入温度(60℃、70℃、80℃)经井筒至地层后，温度分别为 56℃、66℃、71℃，并且注入温度越高，温度损失越大。

(2) 利用烟气余热加热后，注入温度达到 80℃时，提高采收率最高，比未经加热正常注入，提高采收率 8.8%。

(3) 利用平台烟气余热对聚合物溶液体系进行加热，可以一定程度改善聚驱效果，同时能够提高资源利用率，该方法可在海上平台适度推广。

参考文献

[1] 杨树. 海洋石油平台余热利用研究[J]. 船舶工程，2005，37(5)：94-96.

[2] 欧光尧，陈炽彬，江陵. 热油循环方法回收利用燃气透平机烟气余热——海上气田燃气透平机烟气余热的回收利用[J]. 天然气工业，2011，31(9)：107-111.

[3] Campbell J M, Maddox R N. Gas conditioning and processing[M]. 6th edition Norman USA. Campbell petroleum series Inc，1984.

[4] 陈涛平，刘继军. 高凝油热水驱提高采收率实验[J]. 大庆石油学院学报，2008，32(4)：45-48.

[5] 李菊花，凌建军. 热水驱开采高凝油数模研究[J]. 特种油气藏，2000，7(2)：25-27.

[6] 鲁港，李新强，杨兆臣，等. 井筒热损失计算的改进算法[J]. 特种油气藏，2006，13(3)：99-101.

[7] 曾玉强，李晓平，陈礼，等. 注蒸汽开发稠油油藏中的井筒热损失分析[J]. 钻采工艺，2006，29(4)：44-46.

[8] 王志国，马一太，李东明，等. 注汽过程井筒传热及热损失计算方法研究[J]. 特种油气藏，2003，10(5)：38-41.

海上水驱稠油油藏提高采收率物理模拟实验研究

葛涛涛　刘　东　李廷礼　吴婷婷　廖　辉

【中海石油(中国)有限公司天津分公司】

摘　要：热水复合增效技术基于热水、化学药剂及非凝析气体不同作用机理，进行三者有机结合，可进一步提高水驱稠油油藏采收率[1-2]。本文以渤海 L 油田实际地质油藏参数为基础，结合室内物理模拟实验，开展了海上水驱稠油油藏热采开发黏度界限、注入介质优选研究，优化了注入温度、注入浓度、气液比等关键注采参数，并对比分析了水驱、热水驱与热水复合驱的开发效果。研究结果表明：随着黏度的增加，水驱稠油油藏提高驱油效率幅度先增大后减小，当黏度大于 500mPa·s 时，下降幅度逐步增大，综合考虑陆上油田热水驱开发实例和海上油田开发经验，推荐海上热水驱开发黏度界限为 150~500mPa·s；热水复合驱(烟道气/泡沫)驱油效果最好，达到 84%；考虑海上老井条件限制，井底注入温度不超过 108℃，其他注入参数优化结果为：驱油剂注入质量分数不超过 1.0%，泡沫注入质量分数不超过 1.2%，气液比为 1:1~1.5:1。实例计算表明，热水复合驱能够提高波及体积和驱油效率，比水驱采收率提高 7.6%，可以为海上水驱稠油油藏进一步提高采收率提供借鉴意义。

关键词：热水复合驱；黏度界限；介质优选；注采参数；开发效果

0　引言

　　渤海稠油资源丰富，占比达到 50% 以上，沉积类型以河流相和三角洲相为主，储层物性以特高孔特高渗为主。海上开发实践表明，对于地层原油黏度 50~150mPa·s 稠油油藏，海上采用水平井水驱开发，整体加密综合调整、细分优化注水、产液结构调整等，采收率达到 40% 左右，开发效果较好。地层原油黏度介于 150~350mPa·s 的海上稠油油藏，目前采出程度较低，处于高含水阶段，水驱采收率平均为 26%，采收率偏低，亟待探索其他提高采收率技术。热水复合增效充分融合热水、化学药剂及气体不同作用机理，通过降低原油黏度、增大油相渗透率、延缓含水上升、降低界面张力、扩大波及系数及增压助排等主要作用，能够进一步提高水驱稠油油藏采收率，且能有效利用海上平台锅炉的余热，达到降本增效目的。地层原油黏度大于 350mPa·s 稠油油藏，海上采用水平井热采吞吐开发，开辟了 LD 和 N 两个油田先导试验区，开发效果较好，奠定了海上热采开发基础。

　　因此，本文以目标油田地质油藏参数以依据，开展海上热水复合增效开发黏度界限和注入介质优选物理模拟实验，确定合理注入参数，预测开发效果，为海上该类油田开发提供一定指导意义，进一

基金项目：中海石油(中国)有限公司"十四五"综合科研"渤海典型稠油油藏热采提高采收率及关键工艺技术研究"(YXKY-2021-TJ-01)。

作者简介：葛涛涛(1985—)男，江西，工程师，硕士，2013 年毕业于中国石油大学(北京)油气田开发专业，主要从事油气田开发及提高采收率方面的研究工作

步提高海上稠油热采开发水平。

1 海上热水驱开发黏度界限研究

1.1 实验装置和材料

采用一维物理模拟实验装置开展不同黏度（120~2000mPa·s）稠油热水驱一维物理模拟实验，分析原油黏度对热水驱驱油效率的影响规律，实验条件及实验步骤如下：

（1）实验条件：压力12MPa，温度56℃，实验用油采用L油田原油与煤油按照不同比例复配、实验用水采用L油田地层水样。

（2）实验步骤：制作一维填砂管；抽真空饱和地层水；饱和原油实验；驱油效率实验。

1.2 实验结果分析

1.2.1 不同原油黏度驱油效果对比实验研究

原油黏度范围为120~2000mPa·s，渗透率为6000mD左右，孔隙度33.5%~35.9%，水驱后转热水驱，注入温度110℃，水驱速度2.0mL/min。通过对不同原油黏度进行热水驱油效率实验，实验参数及结果如表1和图1所示，从实验结果表1可以看出：不同原油黏度稠油与驱油效率呈三段式变化，当原油黏度小于500mPa·s时，随着原油黏度增大，水驱驱油效率由48.2%降低至42.4%，热水驱驱油效率由71.8%降低至67.2%，驱油效率高，呈缓慢降低阶段；原油黏度由500mPa·s增大至1000mPa·s时，水驱驱油效率由42.4%降低至25.8%，热水驱驱油效率由67.2%降低至38.3%，驱油效率由较高过渡到较低，呈快速下降阶段；原油黏度由1000mPa·s增大至2000mPa·s时，水驱驱油效率由25.8%降低至22.0%，热水驱驱油效率由38.3%降低至29.5%，驱油效率低，呈趋于平稳阶段；随着原油黏度升高，热水驱相比水驱驱油效率提高幅度呈先上升后下降趋势，原油黏度在120~500mPa·s时，驱油效率提高增幅较大，达到20%以上。

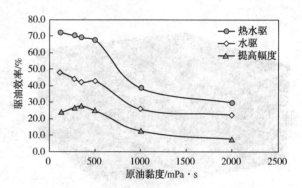

图1 不同原油黏度稠油驱油效率实验对比

表1 不同原油黏度稠油水驱与热水驱一维驱替实验

实验序号		1	2	3	4	5	6
原油黏度/mPa·s		120	280	350	500	1000	2000
渗透率/mD		6020	6351	6276	6132	6370	6095
孔隙度/%		34.4	35.6	34.4	33.5	34.7	35.9
初始含油饱和度/%		85.7	85.8	85.8	84.8	86.3	83.4
水驱速度/（mL/min）		2.0					
驱油效率/%	水驱	48.2	43.9	41.6	42.4	25.8	22.0
	热水驱	71.8	70.3	69.1	67.2	38.3	29.5
	提高幅度	23.6	26.4	27.5	24.8	12.5	7.5

1.2.2 不同原油黏度热水驱开发界限机理研究

通过建立典型稠油油藏机理模型基础参数如表2所示，模型如图2所示，研究海上不同原油黏度热水驱提高采收率，分析不同原油黏度条件下，水驱与热水驱的采收率变化规律，数值模拟结果（图3）表明：随着原油黏度增加，水驱及热水驱采收率均呈下降趋势，黏度越低，水驱开发效果越好；而在提高采收率幅度上，原油黏度小于400mPa·s时，随黏度增加，采收率提高值呈上升趋势，并逐步稳定，最大提高采收率幅度为8.8%；原油黏度在400~1000mPa·s，呈快速下降趋势，提高采收率幅度从

8.8%降低到 4.3%；而当原油黏度大于 1000mPa·s，提高采收率幅度曲线呈缓慢下降，主要因为随着原油黏度增大，热水携带热量有限，降黏幅度降低，且由于海上井距过大，热损失消耗大，进一步降低了热水驱开发效果，增效能力有限，需采用注蒸汽开发。

表2 海上典型热水驱开发稠油油藏机理模型基础参数取值

机理模型参数	取 值	机理模型参数	取 值
网格	27×19×10	温度/℃	56
油藏埋深/m	1150	压力/MPa	11
孔隙度/小数	0.35	井控储量/$10^4 m^3$	50
渗透率/mD	上部：3000；下部：7800	注采比	1:1
初始含油饱和度/小数	0.75	井网	行列井网
地层原油黏度/mPa·s	150~2000	井距/m	350×350

图2 海上典型稠油油藏热水驱开发机理模型

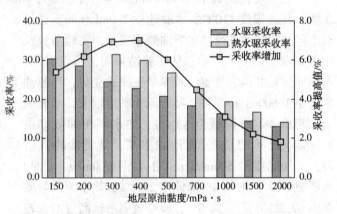

图3 不同原油黏度水驱与热水驱提高采收率效果对比

1.2.3 海上热水驱开发黏度界限研究

热水驱增产机理主要包括降低原油黏度、改变润湿性、热膨胀和降低油水界面张力。与蒸汽驱相比，热水驱不易像蒸汽驱一样产生重力超覆现象，体积波及系数相对较大。同时，国内外调研结果表明，自 1960 年以来，热水驱技术主要开展了室内实验和数值模拟研究，实际油田现场试验应用相对较少[3-5]（表3），尚未实现工业化推广，该技术应用在原油黏度 100~650mPa·s 稠油油藏，主要开发方式有注水开发转热水驱、蒸汽吞吐转热水驱等，可在水驱或吞吐后提高采收率 5% 左右。

表3 国内外热水驱调研实例

油田名称	恩平18-1	辽河锦99块	新疆吉7井区	河南泌125断块	胜利孤岛	印尼 Balamsouth
埋藏深度/m	1376	1425	1317~1660	590	1185~1327	183~274
有效厚度/m	4.4	21.2	7.8~25.3	11.9	2.0~9.4	18
孔隙度/%	26.6	29	20.1	28.5	32~35	
渗透率/mD	316	737	60~175	1606	1264~3370	
原油黏度/mPa·s	110	229	100~500	650	20~130	
油层温度/℃	74	51	53.8	41	66	
开发方式	注水	注水	注水	冷采/蒸汽吞吐	注水/蒸汽吞吐	注水
预测采收率/%	32.8	24.6	20	28.5	28.7	
注热水方式	矿场试验	物理实验	物理实验	数模研究	矿场试验	矿场试验
温度提高/℃	40	25~35	25	30	35	注入85
提高采收率/%	6.6	6.7~8.9	7.3	5.1	7	7.2

同时，海上水驱开发油田实践证明：对于地层原油黏度在 50~150mPa·s 稠油油田，海上采用水驱开发，通过整体加密综合调整、细分优化注水、产液结构调整、推进矢量井网优化、细分开发层系等，采收率达到 40% 左右，开发效果较好；而针对地层原油黏度在 150~350mPa·s 的稠油油田，采用水驱开发，通过水平井应用、层系井网调整、注采结构优化等，采收率达到 25% 左右，开发效果有待进一步提高。对于原油黏度大于 350mPa·s 的稠油油藏，海上采用热采开发，目前已在 L 和 N 油田采用水平井吞吐热采先导试验，地层原油黏度在 500~1300mPa·s，采收率在 16%~23%，开发效果较好。

综合考虑室内物理模拟实验、机理模型、实例调研和海上开发实践结果，推荐海上热水驱开发黏度界限为 150~500mPa·s。

2 海上水驱稠油油藏热水复合不同注入介质优选实验研究

海上受经济、技术、平台等条件限制，需要满足高速高效开发要求，针对 L 目标稠油油田，目前采用注水开发，采出程度低，压力保持水平较低，综合含水高，需在热水驱为基础，探索化学剂、气体复合对开发效果影响，改善热水驱驱油效率及波及体积，提高产能及采收率。因此，本文共设计了六组注入介质优化实验（表4），对比不同注入介质对热水增效的驱油效果，其中烟道气/氮气能通过溶解降低原油黏度，为地层补充能量；驱油剂能够降低界面张力，形成 O/W 型乳状液，改变润湿性；泡沫具有较强的"堵调"作用，随着含油饱和度降低，泡沫优先进入高渗透优势通道，在岩石表面附着，对注入介质产生附加阻力，并在孔隙吼道处变形产生贾敏效应，扩大波及范围，作用明显[6-12]。

表4 热水复合不同注入介质驱油效率实验

注热介质	热水	热水+驱油剂	热水+氮气	热水+氮气泡沫	热水+烟道气	热水+烟道气泡沫
渗透率/mD	6351	5906	6100	6268	6128	6061
孔隙度/%	35.6	34.1	33.5	34.1	33.5	31.5
初始含油饱和度/%	85.8	83.6	83.3	83.6	86	88.8
水驱速度/(mL/min)	2.0					
驱油效率/%	70.3	75.4	77.5	78.9	82.7	84.4
在热水驱上提升/%	—	5.1	7.2	8.6	12.4	14.1

从实验结果可以看出：热水复合不同注入介质，相比热水驱，驱油效率可提高 5.1%~14.1%，效果较为明显；单独的热水+驱油剂提高驱油效果有限，相对于热水驱仅提高了 5.1%，这是由于在高孔高渗介质中，驱油剂容易窜进流失，无法发挥较好的驱油效果；相比于热水复合氮气驱，由于烟道气中的 CO_2 溶解度明显高于 N_2，原油溶解 CO_2 后体积膨胀能力更强，黏度降幅更大，改善流度比，进一步提高驱油效率，烟道气的复合增效效果更好，驱油效率提高 5% 以上；热水复合驱（泡沫）由于泡沫驱综合了热水、氮气、二氧化碳、表面活性剂等的协同增效作用，相比热水驱可提高 8.6%~14.1%，驱油效果改善明显。

3 海上水驱稠油油藏热水复合增效注采参数优化研究

基于上述机理模型，开展水驱稠油油藏热水复合增效注入参数优化，包括注入温度、驱油剂质量分数、泡沫质量分数、气液比，确定热水复合增效合理的注入参数。

3.1 注入温度

通过不同注入温度数值模拟研究，分析了注入温度从 50~130℃ 的开发效果，结果表明：稠油对温度敏感，注入温度越高，注入热水所含的热焓值越高，原油黏度越低，流动性越好，同时，进一步降低了残余油饱和度，改善了油水流度比，采收率逐渐增大，当温度逐步增大时，采收率增加幅度变缓，130℃ 时采收率最高，达到 31.2%，同时考虑海上水驱稠油油田老井井下水泥环耐温（上限110℃）和完井工具耐温(上限120℃),推荐井底注入温度不超过108℃(图4)。

3.2 驱油剂质量分数

驱油剂作为化学增效一种常用药剂,其对开发效果有较大影响。本次设计驱油剂质量分数为0.2%、0.4%、0.6%、0.8%、1.0%、1.2%进行研究(图5)。

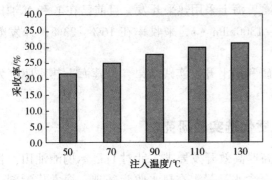
图4 不同注入温度对采收率的影响

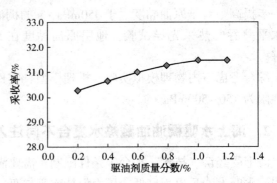
图5 不同驱油剂质量分数对采收率的影响

从数值模拟结果可以看出:随着驱油剂质量分数增大,采收率也随之增加,当质量分数超过1.0%后,采收率呈平稳趋势。主要是:一方面,驱油剂可以提高原油驱油效果;另一方面,热水伴注驱油剂过程中,驱油剂可以适当降低原油黏度,当原油中驱油剂质量分数达到一定程度后,质量分数继续增加,采收率增幅不明显,所以推荐降黏剂注入质量分数不超过0.8%。

3.3 泡沫质量分数

随着泡沫注入质量分数增加,泡沫驱效果越好,但是当超过一定质量分数后,效果基本趋于稳定,推荐泡沫注入质量分数不超过1.2%(图6)。这主要是因为,随着泡沫质量分数增大,泡沫在地层封堵产生的阻力因子越大,当质量分数高于一定时,阻力因子不再变化,封堵能力达到最大[13]。

3.4 气液比

烟道气中包含氮气和二氧化碳,其可以起到降低原油黏度、增压助排等作用研究了烟道气中气液比0.5:1~2:1时对热泡沫驱的影响(图7)。

数值模拟结果表明,气液比过高或过低,效果均相对较差,建议气液比为1:1~1.5:1。这可能是因为,氮气是均匀分散在泡沫溶液中,当体系气液比过高或过低时,由此而产生的阻力因子较小,泡沫的封堵能力受到限制,同时若气液比过高,在一定程度上还会产生气窜,造成封堵失败。此外,气液比过高,还会增大药剂用量,增大作业费用,经济效益变差[13]。因此,合适的气液比产生的泡沫稳定,对地层形成有效封堵,在现场施工过程中,要合理的控制气液比。

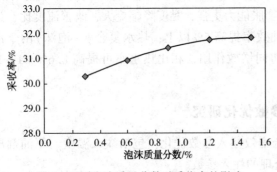
图6 不同泡沫质量分数对采收率的影响

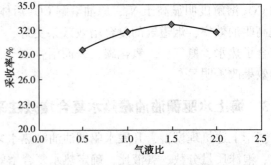
图7 不同气液比对采收率的影响

4 L油田开发效果预测

依据L油田实际油藏模型,优选具备完善的注采井网、油井类型丰富、受冷采区影响较小的试验目标区(图8),总井数14口(3注、11采),其中生产井8口,2025年新井3口,该区块渗透率

6130mD，地层原油黏度 280mPa·s，平均厚度 34.6m，目前日产油 180t，日产液 1300t，含水率 86.2%，累产油 66×10⁴t，动用储量 641×10⁴t，采出程度 10.3%，预测水驱采收率 24.1%。

基于上述数值模拟优化结果，L 油田试验目标区采用热水复合驱油剂、泡沫及烟道气，注入温度 108℃，驱油剂质量分数 1.0%，泡沫质量分数 1.2%，气液比 1.5:1，采注比 1:1，注入方式采用间隔注入。本试验区初期采用热水复合烟道气、驱油剂，后期热水复合烟道气、驱油剂及泡沫。

通过对比水驱开发、热水驱开发、热水复合驱开发效果预测可以看出（图 9）：与水驱开发相比，热水驱年累增油 27.4×10⁴t，单井增油 1.9×10⁴t，采收率提高 4.3%；与热水驱相比，热水复合驱累增油 21.4×10⁴t，采收率提高 3.3%，比水驱开发提高采收率 7.6%，开发效果明显改善。

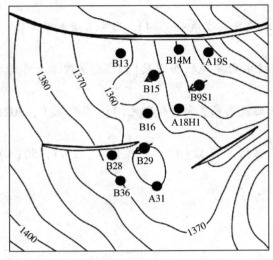

图 8　L 油田热水复合驱先导试验区目前井网部署图

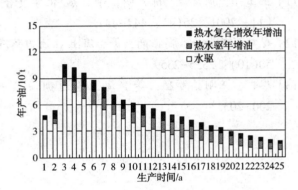

图 9　L 油田先导试验区水驱、热水驱、
热水复合驱开发效果对比

5　结论及建议

（1）随着地层原油黏度增加，水驱、热水驱驱油效率呈三段式变化：缓慢下降、快速下降、平稳阶段，提高驱油效率及采收率幅度先增加后降低，结合陆上油田热水驱开发实践和海上油田开发经验，推荐海上热水复合驱开发黏度界限为 150~500mPa·s。

（2）从实验结果可以看出，综合考虑驱油剂、泡沫、烟道气的不用增油机理，热水复合烟道气、泡沫驱油效率最高，"调堵"作用明显，比热水驱提高 14.1%。

（3）考虑海上老井条件限制，热水复合驱井底注入温度不超过 108℃，其他注入参数优化结果为：驱油剂注入质量分数不超过 1.0%，泡沫注入质量分数不超过 1.2%，气液比为 1:1~1.5:1。

（4）根据数值模拟优化结果，L 油田采用热水、驱油剂、烟道气及泡沫复合驱开发效果最好，单井增油 1.9×10⁴t，比水驱提高采收率 7.6%，开发效果明显改善。

参考文献

[1] 李锋，邹信波，王中华，等. 海上稠油地热水驱提高采收率矿场实践[J]. 中国海上油气，2021，33（1）：104-112.

[2] 张健，梁丹，康晓东，等. 海上稠油油田热水化学驱油技术研究[J]. 中国海上油气，2021，33（5）：87-93.

[3] 刘颖. 锦99块稠油地热水驱提高采收率实验研究[D]. 大庆：大庆石油大学，2009.

[4] 徐波，张渴健，史环宇. 古城油田泌浅10区转热水驱试验研究[J]. 云南化工，2018，45（2）：115-119.

[5] 李军营, 康义逯, 高孝田, 等. 河南油田泌 125 块热水驱技术可行性研究[J]. 西部探矿工程, 2005, 6: 73-74.

[6] 魏宇翔. 特稠油油藏蒸汽吞吐后转热水驱开发物理模拟研究[D]. 北京: 中国石油大学(北京), 2017.

[7] 郑伟. 渤海稠油热水驱驱油效率规律研究[J]. 技术研究, 2019, 68, 81.

[8] 吴婷婷, 廖辉, 葛涛涛, 等. 渤海特稠油油藏油溶性降黏体系辅助热采室内实验研究[J]. 当代化工, 2020, 49(8): 1618-1621, 1625.

[9] 何春百, 张健, 崔盈贤, 等. 海上油田蒸汽吞吐化学增效技术研究[J]. 科学技术与工程, 2017, 17(5): 172-176.

[10] 李锦超, 王磊, 丁保东, 等. 稠油热/化学驱油技术现状及发展趋势[J]. 西安石油大学学报(自然科学版), 2010, 25(4): 36-39.

[11] 王玉斗, 周彦煌, 陈月明, 等. 热/化学复合采油技术研究现状与进展[J]. 南京理工大学学报[J], 2001, 25(4): 444-447.

[12] 廖辉, 王大为, 高振南, 等. 海上 D 油田蒸汽泡沫驱提高采收率实验研究[J]. 当代化工, 2021, 50(10): 2355-2359.

[13] 廖辉, 王刚, 邓猛, 等. 海上普通稠油热-化学驱研究探索[J]. 当代化工, 2021, 50(1): 200-203.

海上蒸汽吞吐井高温电泵注采
一体化关键技术研究

李 越 于法浩 蒋召平 张华 侯新旭 喻小刚 曾 润

【中海石油(中国)有限公司天津分公司】

摘 要：海上稠油热采蒸汽吞吐技术已在渤海油田稠油区块取得了良好的开发效果，海上稠油热采主要采用电潜泵和射流泵两种举升方式，其中，电潜泵采用注采两趟管柱作业模式开展注热及生产，存在作业费用高、躺井时间长、占用平台作业资源、频繁洗压井影响热能利用等问题。为降低热采作业成本，提高热采井开发效益，针对海上蒸汽吞吐井电潜泵注采一体化工艺开展管柱结构、深井封隔器、深井安全阀、液控 Y 接头等技术攻关。电潜泵注采一体化管柱整体耐温350℃，耐压 21MPa，不动管柱实现注热、焖井、放喷、生产需求，为海上蒸汽吞吐井电潜泵注采一体化技术持续研究奠定基础。

关键词：稠油热采；蒸汽吞吐；电潜泵；注采一体化

0 引言

自 2008 年起，渤海油田稠油热采技术已先后在南堡35-2 油田、旅大27-2 油田、旅大21-2 油田、旅大 5-2 北油田进行了推广应用，截至 2021 年底，已累计作业 50 余井次，取得了良好的开发效果[1-5]。在注采工艺方面，射流泵采用注采一趟管柱，电潜泵则采用注采两趟管柱，电潜泵注采两趟管柱及注热时下入注热管柱，生产时起出注热管柱再下入生产管柱。在注热转生产更换管柱作业时，主要存在如下问题：①两趟管柱增加了热采操作费，修井作业费约占海上热采总费用的 30%；②洗压井作业对储层造成冷伤害，降低后续热采开发效果；③占用海上规模化热采平台修井资源，导致作业窗口紧张。随着海上稠油热采开发不断深入，电潜泵注采两趟管柱已不能满足开发需求，对此，需要开展电潜泵注采一体化工艺及技术研究。

陆地油田已成熟开展抽油杆注采一体化推广应用，并尝试进行金属螺杆泵注采一体化矿场试验，但海上油田受平台空间限制，举升方式与陆地油田区别较大，借鉴应用受到限制[6-8]。同时，根据海洋石油安全生产条例，海上生产井必须配备井下安全控制措施。

针对以上问题，笔者借鉴海上电潜泵生产管柱，设计了适用于海上蒸汽吞吐井的电潜泵注采一体化技术，该技术通过一趟管柱集成注热、生产及安全控制，可显著降低热采操作费，对海上稠油热菜油田规模化开发具有较好的推广应用价值。

1 电潜泵注采一体化管柱工艺研究

电潜泵注采一体化管柱借鉴海上油田成熟应用的 Y 型管柱结构，开展管柱工艺研究。

1.1 管柱设计要求

海上蒸汽吞吐井电潜泵注采一体化管柱主要考虑以下关键点：为降低注热损失，采用 E 级气凝胶

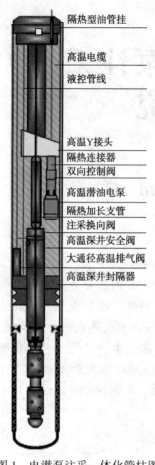

图1 电潜泵注采一体化管柱图

隔热油管；为保障套管安全，环空需注入高纯度氮气；结合稠油热采生产经验，高温电潜泵机组需具有气液分离功能；考虑海上井型特点，水平段设计为均匀注气管柱；考虑海洋石油安全生产要求，具备高温井下安全控制系统。

1.2 注采一体化管柱设计

以 L 油田 4 井为例，注采一体化管柱设计如图 1 所示。

电潜泵注采一体化管柱包含耐温 330℃ 电潜泵机组、高温隔热 Y 接头、注采换向阀、深井安全阀、大通径排气阀、深井封隔器和双向控制阀 6 个关键工具。除双向控制阀，均具备液控功能，其中高温隔热 Y 接头、注采换向阀为常开状态；深井安全阀、大通径排气阀为常闭状态。

热采作业前下入注采一体化管柱，通过液控管线打压关闭 Y 接头与电潜泵机组通道，保护电潜泵不受蒸汽干扰；通过液控管线打压开启深井安全阀，开启井筒注热通道，实现注热；由注热转生产时，液控管线打压关闭注采换向阀，关闭井筒注热通道；液控管线泄压打开 Y 接头，井液自大通径排气阀进入油套环空，通过电潜泵将地层流体举升至井口。

耐高温深井安全阀用于控制井筒油管通道的开启关闭，深井封隔器用于封隔油套环形空间，为井筒安全提供保障。

2 电潜泵注采一体化关键工具研究

电潜泵注采一体化关键技术研究主要包含井下工具及电潜泵机组。其中，井下工具全新研发了具备液控功能的高温隔热 Y 接头、注采换向阀、耐高温深井安全阀，具备单流功能的耐高温单向阀。

2.1 高温隔热 Y 接头

高温隔热 Y 接头结构如图 2 所示，主要由液控接头、金属密封、柱塞、弹簧等组成。

注热前，通过上部打压，液压驱动柱塞向下移动，推动弹簧关闭油管与电潜泵机组连通通道，达到防止蒸汽窜动至电潜泵机组的目的。

高温隔热 Y 接头耐温 350℃，最大外径 214mm，额定工作压力 38MPa，开启压力 MPa。

2.2 注采换向阀

注采换向阀结构如图 3 所示，主要由液控接头、金属密封、中心管、弹簧、阀板等组成。

注采换向阀打压关闭，泄压开启。注热前，通过地面液控管线泄压，弹簧回弹带动中心管上行，阀板打开，从而开启注热通道；生产前，通过地面液控管线打压，弹簧压缩带动中心管下行，阀板关闭，从而关闭注热通道，并实现 Y 堵功能，防止电潜泵机组举升流体进入注热通道，保障举升效率。

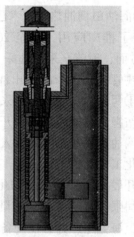
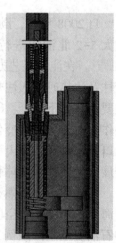

图2 高温隔热 Y 接头示意图

注采换向阀耐温 350℃，最大外径 160mm，关闭压力 38MPa。

2.3 耐高温深井安全阀

耐高温深井安全阀结构如图 4 所示，主要由中心管、阀板、柱塞、弹簧、主体等组成。

耐高温深井安全阀打压开启，泄压关闭。注热前，通过地面液控管线打压，弹簧推动柱塞下行，阀板打开，开启注热通道；当地面液控管线泄压，弹簧推动柱塞上行，阀板自动关闭。

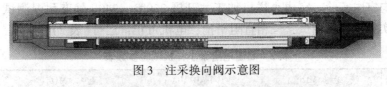

图3　注采换向阀示意图

图4　耐高温深井安全阀示意图

2.4　单向阀

单向阀结构如图5所示，主要由金属密封、中心管、弹簧、金属球等组成。

图5　双向控制阀示意图

单向阀无需液控管线控制，采用定压开启形式。以图5所示，当地层流体自右侧流入单向阀时，通过接触金属球，压缩弹簧实现正向开启，打开电潜泵机组至Y接头通道，正向开启压差0.1MPa。

单向阀耐温350℃，最大外径102mm，耐压21MPa。

3　电潜泵注采一体化井下机组研究

电潜泵注采一体化技术是将350℃蒸汽注入到地层，根据注热井实测数据，全管柱采用隔热措施后，光纤监测管壁外最高温度约250℃，但随着时间的延长，隔热油管存在隔热性能降低的风险。同时，考虑在注热阶段电潜泵机组不运转，处于静态耐温状态，确定耐高温电潜泵机组静态耐温为330℃。

3.1　高温电潜泵材料优选

结合现有材料研究情况，通过广泛材料对比分析测试，评价高温电潜泵机组所需提升的关键材料，包含电磁线、电机油、机械密封、止推轴承、密封圈等。

对关键材料在高温环境下的稳定性进行测试研究，材料耐温性能达到350℃（表1）。

表1　高温电潜泵关键材料评价参数表

参数	电磁线	止推轴承	密封圈	电机油
材质	聚酰亚胺+无机矿物复合	硬质合金	金属+石墨	无机硅油
温度	350℃	350℃	350℃	350℃
试验时间	30×24h	30×24h	30×24h	30×24h
结果	绝缘>1000MΩ	绝缘>1000MΩ	绝缘>1000MΩ	绝缘>1000MΩ

3.2　高温电潜泵结构设计

由于耐高温电机油在低温环境下（<70℃）黏度大，现场作业时不具备高温电机油加热注入条件，因此将电机和保护器设计为一体式。

保护器分为上下两节，上节保护器设置多道机械密封，下节保护器采用金属波纹管形式用于电机油呼吸，并耐高温（图6）。

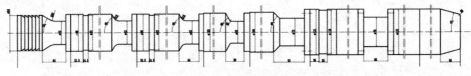

图6　一体式电机图

3.3 高温电潜泵试制及实验

经过机组试制与室内实验，完成小样机加工并开展 330℃、240h 静态耐温测试，静态耐温实验结束后开展机组控在实验及绝缘测试，三相直阻平衡，电机可正常运行(表2)。

表2 高温电潜泵小样机试验参数表

实验温度/℃	绝缘/MΩ	直阻 AB/MΩ	直阻 AC/MΩ	直阻 BC/MΩ
275	15	1.62	1.62	1.61
150	35	1.42	1.42	1.41
100	50	1.27	1.27	1.265

4 结论

(1) 电潜泵注采一体化管柱设计充分借鉴了现有海上 Y 型生产管柱结构，并通过采用气凝胶隔热油管、设计具有液控功能的井下工具及研发耐高温电潜泵机组，满足了蒸汽吞吐井在注热、焖井、放喷及生产过程中的注采工况及安全要求，实现了注采一体化工艺。

(2) 室内实验表明井下工具尺寸配合良好，启闭灵活，耐温达350℃，耐压21MPa；高温电潜泵机组小样机 330℃ 静态实验后，三相直阻平衡，绝缘良好，满足海上蒸汽吞吐井电潜泵注采一体化工艺技术要求，后续需不断研究，实现现场应用。

参考文献

[1] 唐晓旭，马跃，孙永涛. 海上稠油多元热流体吞吐工艺研究及现场实验[J]. 中国海上油气，2011，23(3)：185-188.

[2] 刘敏，高孝田，邹剑，等. 海上特稠油热采 SAGD 技术方案设计[J]. 石油钻采工艺，2013，35(4)：94-96.

[3] 赵利昌，林涛，孙永涛，等. 氮气隔热在渤海油田热采中的应用研究[J]. 钻采工艺，2013，36(1)：43-45.

[4] 王通，孙永涛，邹剑，等. 海上多元热流体高效注入管柱关键工具研究[J]. 石油钻探技术，2015，43(6)：93-97.

[5] 吴怀志，吴昊. 关于海上采油工艺发展的思考[J]. 中国海上油气，2012，24(1)：79-81.

[6] 刘小鸿，张凤义，黄凯. 南堡 35-2 海上稠油油田热采初探[J]. 油气藏评价与开发，2011，1(1/2)：61-63.

[7] 刘花军，王通，孙永涛，等. 新型油管高保温热力补偿器[J]. 石油机械，2014，42(9)：69-71.

[8] 巩小雄，王爱华，李军，等. 深层稠油天然气吞吐注采一体化技术研究与应用[J]. 石油天然气学报(江汉石油学院学报)，2008，30(1)：303-305.

稠油油藏多轮次吞吐后汽窜通道表征及治理技术研究

马良宇[1]　**刘慧卿**[2]　**吕晓聪**[2]　**东晓虎**[2]　**王　成**[1]

【1. 中海石油(中国)有限公司天津分公司；2. 中国石油大学(北京)】

摘　要： 井楼油藏 3711 井区在多轮次吞吐开采后出现汽窜通道发育、油气比低等问题，油田稳产难度巨大。本文立足于井楼稠油井区高效热采开发目标，分析了油田生产动态，总结出井楼油藏的汽窜规律和汽窜原因，并分析不同含油饱和度范围内油藏温度和对应的孔隙体积倍数，定量表征了地下窜流程度。基于定量化的井组汽窜程度研究了 3 种典型汽窜治理技术的适应性，包括小区域多井组合吞吐、汽窜通道控制下的变形井网蒸汽驱、氮气泡沫辅助蒸汽驱。研究结果表明：氮气泡沫辅助变形井网蒸汽驱可有效治理汽窜，当油汽比降至 0.1 以下时，全区累计产油量为 26.44×10^{4}t，采收率为 53.95%。研究结果对改善目标油藏注汽开发效果，指导矿场生产实践具有重要作用。

关键词： 汽窜治理；组合吞吐；变形井网蒸汽驱；氮气泡沫；数值模拟

随着我国经济的高速发展，原油需求量逐年上升，稠油作为一种非常规油气资源，能否高效低成本开采将对我国的石油工业产生重大的影响[1]。河南井楼油田 3711 区块具有含油面积大、含油小层多、主力油层发育等特点，随着油井吞吐轮次的增加，汽窜通道大量发育，导致油汽比急剧降低。目前治理汽窜的措施有：关井、限液生产、组合吞吐、氮气泡沫、耐温凝胶封堵等，但在划分组合吞吐区域、设置化学剂封堵用量时缺乏必要的设计方法和理论依据。基于上述问题，本文首先分析了油藏动态并建立油藏数值模型，定量表征井楼油藏 3711 井区多轮次吞吐后的地下窜流通道场，基于此通道场划分组合吞吐区域和变形井网蒸汽驱井组，设置氮气泡沫药剂用量，并给出不同方案的增油效果，实现了对窜流通道的精准治理[2]。

1　油田开发动态

井楼油田 3711 井区处在泌阳凹陷西北部古城远源三角洲与南部长桥扇三角洲砂体的交会处，主要发育水下分流河道、河口坝、席状砂等微相，沉积相如图 1 所示。

3711 井区目的层位为Ⅳ1~Ⅳ4 层，共 7 个小层，油层埋深 160~230m，脱气原油黏度 18000mPa·s，总储量为 48×10^{4}t，属于浅层、高孔、高渗、特稠油储层，各层物性参数如表 1 所示。

3711 井区范围如图 2 所示，目前井区正常生产的油井 42 口，全部以蒸汽吞吐形式开采，吞吐井距为 60~100m。月度生产数据和累计生产数据统计如图 3 所示，该区域累计注汽 49.85×10^{4}t，累计产液65.18×10^{4}t，累计产油 16.21×10^{4}t，核实采出程度 33.16%。目前地层压力为 0.86MPa，全区剩余可采储量为 32.69×10^{4}t，具备一定的转蒸汽驱条件[3]。

井楼 3711 井区部分井累计吞吐超过 20 个周期，单井平均产液量 4.61t/d，平均日产油 0.42t，采注比 1.31。图 4 是Ⅳ1~Ⅳ3 层周期产油量变化曲线，可以看出周期产油量总体呈下降趋势。

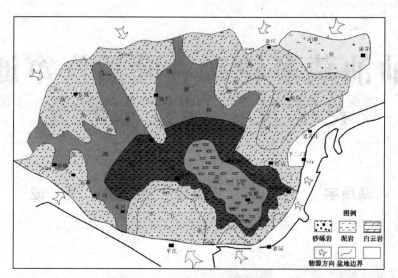

图1　井楼3711井区沉积相图

表1　井楼3711井区各层物性参数表

层位	面积/km²	平均厚度/m	渗透率/D	孔隙度/小数	储量/10⁴t
Ⅳ1	0.028	1.2	0.41	0.25	0.7
Ⅳ2¹	0.122	1.8	1.18	0.27	4.6
Ⅳ2²	0.331	5.0	3.83	0.35	34.7
Ⅳ2³	0.088	1.4	1.59	0.29	2.6
Ⅳ3	0.040	2.2	2.47	0.30	1.8
Ⅳ4¹	0.128	1.4	2.01	0.31	3.8
Ⅳ4²	0.019	1.6	0.53	0.27	0.6
合计	0.756	14.6	—	—	48.9

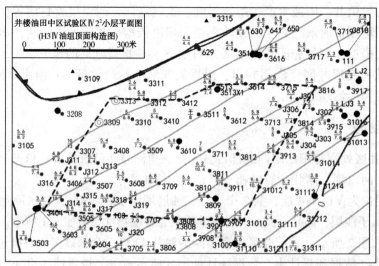

图2　井楼3711井区井位图

井楼3711井区热采主要存在以下问题：①地下窜流通道发育严重，注入蒸汽无效循环；②井网不完善，具备更新潜力；③核实采出程度33.15%，地下累计亏空量15.30×10⁴t，油藏压力保持水平低；④套损井多（楼103、楼3707、楼J318、楼J320均工程关井或封井、楼3812井套管错断等），局部区域失控。目前亟需转换热采开发方式，治理汽窜通道，延长热采开发有效期。

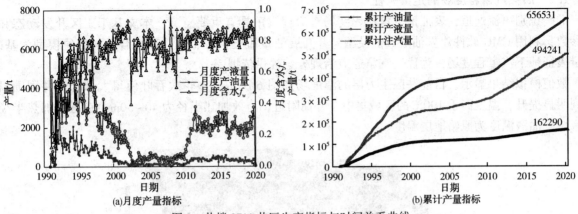

(a)月度产量指标

(b)累计产量指标

图3 井楼3711井区生产指标与时间关系曲线

2 汽窜规律及影响因素分析

2.1 油藏汽窜规律分析

目前井区多轮次吞吐过程中汽窜通道的发育情况如图5所示，红色矢量线代表蒸汽吞吐过程中因邻井注汽而产生的汽窜通道，可以看出平面上汽窜通道发育严重，严重影响了3711井区的正常开采。

井楼3711井区的汽窜特点包括：①多向性：若单口注汽井和周围的相邻生产井位于井网密度大、井距小、物性较好的区域时，那么此区域易形成多向性汽窜井组，如3711工区的西南部位，J317、3507、3605井附近；②重复性：若注入井注汽时，邻井发生汽窜现象且未采取治理措施，那么邻井在下个周期也极易发生汽窜，比如反复汽窜的3511、3711井等；③转向性：蒸汽吞吐注汽时，若已形成了汽窜通道，那么汽窜通道两端的蒸汽吞吐井都有可能发生汽窜现象，如3711~3811、3507~J317之间；④时差性：汽窜井发生在不同吞吐周期时的汽窜时间可能会有所差异，这种差异主要取决于相邻注汽井的距离、邻井的注汽量等；⑤负效性：在蒸汽吞吐阶段时，相邻生产井会因为邻井蒸汽、热水的窜入而减产，据统计井楼3711井区因汽窜限液等措施减产约 $2.9 \times 10^4 t^{[4]}$。

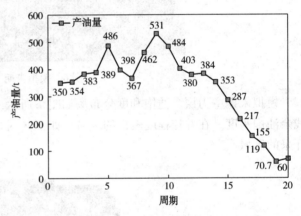

图4 Ⅳ1~Ⅳ3层周期产油量

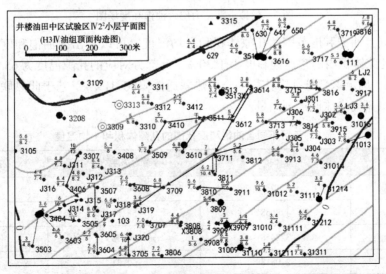

图5 井区历史汽窜通道发育情况

2.2 油藏汽窜程度场的定量表征

准确识别窜流通道，表征地下窜流程度场对治理汽窜具有重要意义，本文基于工区开发动态和油藏参数，利用 CMG 软件建立油藏数值模型，并开展油藏历史拟合工作，以拟合后的数值模型为基础，定量表征地下汽窜程度场，为优选汽窜通道治理方案提供依据[5]。

数值模拟结果显示，目前井区主力层的温度场如图 6 所示，多轮次吞吐使得大部分油井周围温度得到明显提升，温度高于 100℃ 的区域集中于井筒附近，有效加热半径为 40~50m，在有效加热半径以外区域，油藏温度为原始地层温度。

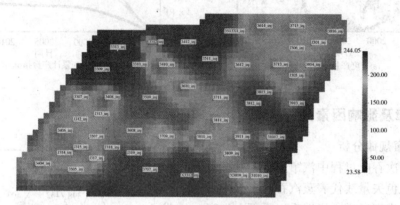

图 6　模拟末期主力层温度场图

模拟末期主力层含油饱和度分布场如图 7 所示，在汽窜频繁发生的井间，含油饱和度基本降低为残余油饱和度。在井控程度较低的区域，如工区西北部分，此处剩余油呈连片分布特征，是后续重点开采的区域。

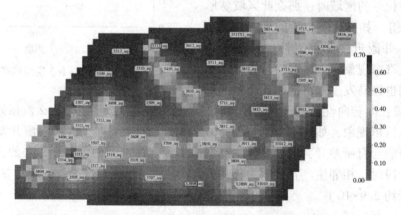

图 7　模拟末期主力层含油饱和度场图

表 2 为工区不同含油饱和度范围的孔隙体积和平均温度，可以看出含油饱和度较低的孔隙，其平均温度较高，10% 孔隙体积内的含油饱和度小于 30%，此部分对应的孔隙温度为 65.06℃。以临界含油饱和度 0.30 为界限，确定该部分孔隙体积为全区热联通体积(0.1PV)，基于此热联通体积划分组合吞吐区域、设置各井组氮气泡沫调剖剂用量[6]。

表 2　工区不同含油饱和度范围的孔隙体积和平均温度

平均 S_o/小数	孔隙体积/m³	平均温度/℃	孔隙体积倍数/小数
原始	621734	56.02	1.00
<60%	478658	58.58	0.77
<55%	322458	60.73	0.52
<50%	210818	62.31	0.34

续表

平均 S_o/小数	孔隙体积/m³	平均温度/℃	孔隙体积倍数/小数
<45%	146750	64.74	0.24
<40%	83000	64.93	0.13
<30%	61025	65.06	0.10

3 汽窜治理方式适应性评价

井楼 3711 井区经多轮次蒸汽吞吐后，汽窜通道发育现象严重，汽窜通道之外的区域存在着大量剩余油，油藏具有较大的开发潜力，亟须采取一系列措施治理汽窜通道。本部分基于已定量表征的油藏汽窜程度场，研究 3 种不同的汽窜治理措施：①小区域多井组合吞吐；②变形井网蒸汽驱；③氮气泡沫辅助蒸汽驱，分析不同汽窜治理技术的实施参数及应用效果，提高 3711 井区热采开发效果[7]。

3.1 小区域多井组合吞吐

小区域多井组合吞吐是蒸汽吞吐后期有效治理汽窜的一种热开采方式，其原理是将射孔层位相对应、汽窜通道发育严重的油井组合起来集中注汽、统一生产，以此达到消除井间驱替压差、扩大蒸汽波及体积的目的。组合吞吐的关键是如何划分组合吞吐区域。本文基于汽窜通道场、油井开发动态设置以下划分原则[8]：

（1）基于汽窜程度场划分组合吞吐区域，各井之间存在一定的热连通性。

（2）区域内所有吞吐井的生产层位必须相同或有交集，油井工况良好。

（3）受制于现场设备，组合吞吐区域内油井数目应控制在 5~10 口左右。

（4）井距较近、物性相似、汽窜频繁发生的两口井应处于同一组合吞吐区域。

根据以上原则，最终得到组合吞吐区域如图 8 所示。

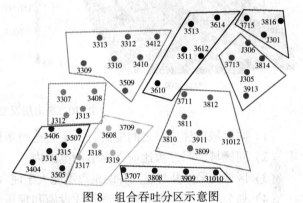

图 8　组合吞吐分区示意图

根据井楼相似油藏的开发经验[8]，确定蒸汽吞吐过程中注汽强度为 100t/m，单井周期注汽天数为 7d，焖井时间 3d，生产时间 120d，各井组配注系数如表 3 所示。

表 3　组合吞吐周期注汽量设置

蒸汽吞吐区域	蒸汽吞吐井/口	区域总注汽量/t
J301 井组	3	2233.05
J305 井组	5	3917.17
3511 井组	5	3618.43
3911 井组	7	6541.02
3312 井组	7	6580.20
3808 井组	4	2709.06
J319 井组	4	3567.03
J312 井组	4	3483.01
J314 井组	6	4561.46

将各参数代入 CMG 模型运算后，结果如图 9 所示，组合吞吐生产至第 8 周期末时，油汽比降至 0.097，此时全区累计产油量为 21.70×10⁴t，采收率为 44.30%。

图 10 是组合吞吐第 8 周期末的主力层温度场图和含油饱和度场图，在组合吞吐消除井间压差、扩

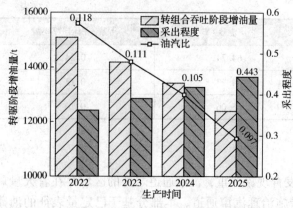

图9 楼3711井区组合吞吐开发效果预测曲线

大波及体积等机理的作用下,汽窜通道以外的剩余油可以被开采出来,组合吞吐能明显抑制汽窜现象的发生,进一步提高油藏的开发效果。

3.2 汽窜通道控制下变形井网蒸汽驱

蒸汽驱是多轮次吞吐后最常用的接替开采措施,其能有效动用井间剩余油,提高采出程度。3711井区目前含油饱和度0.55、地层平均压力0.74MPa、油藏温度61℃,各项指标均满足转驱条件和转驱时机要求[2]。

3711井区各井之间存在热连通,蒸汽吞吐转入常规蒸汽驱形式也可能会发生井间汽窜,所以考虑基于变形井网蒸汽驱的形式开采,此种井网形式和注汽井数量不受几何规则限制,只取决于井间的汽窜连通情况,划分区域时主要基于以下原则[9]:

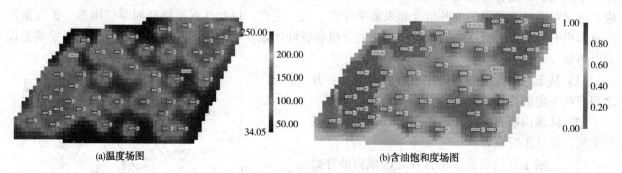

(a)温度场图 (b)含油饱和度场图

图10 主力层温度和含油饱和度场图

(1)同区域的注汽井之间应具有一定的连通条件,存在汽窜通道。

(2)同区域注采井数比应在合适的范围内。

(3)区域内采油井与注汽井的距离不能大于注汽井的控制半径,注汽井尽可能位于变形井网的中部。

(4)划分时应考虑地面的注汽管线设施和现场设备的蒸汽发生能力。

以油藏数值模拟所得的相对汽窜程度场为基础,基于上述分区条件,将目标油藏划分为如下5个区域,井网形式如图11所示。

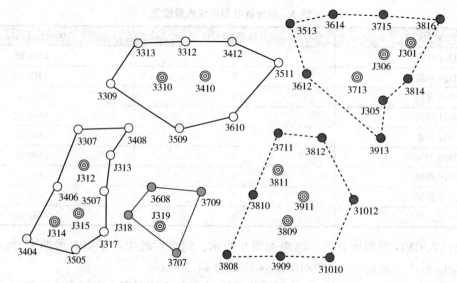

图11 变形井网蒸汽驱分区示意图

根据井楼相似油藏开采经验[10]，注汽强度取值为2t/（d·m·ha），全区总注汽量为355t/d，依据井组控制体积和井组剩余可采储量劈分各区域的注汽量；采注比取值为1.2，则全区各生产井总采液量为426t/d，各区域内生产井的配产量依据油层厚度和单井剩余可采储量加权进行劈分，如表4所示；注汽干度为0.4。

表4 变形井网蒸汽驱注采参数表

区域内注入井	综合配注系数	日注汽总量/t	区域日配产量/t
3310、3410	0.251	95.53	99.93
3713、J306、J301	0.121	84.10	92.07
J312、J315、J314	0.225	51.34	103.95
J319	0.198	20.85	42.76
3811、3911、3809	0.206	103.15	82.79

将各参数代入CMG模型运算后，结果如图12所示，可以看出转驱第1年增油量较高，油汽比逐年下降，转驱第5年全区瞬时油汽比降至为0.095，此时累计产油量为23.17×10⁴t，最终采出程度为47.28%，较组合吞吐升高了2.98%。

图13是转驱5年后主力层含油饱和度场图，可以看出汽窜通道控制下的变形井网蒸汽驱可有效降低井间含油饱和度，5个蒸汽驱区域含油饱和度已基本降低至残余油饱和度，各注入井间的汽窜通道对后续的汽窜已基本不产生影响，蒸汽驱区域之外仍存在一定的含油饱和度富集区。

图12 楼3711井区变形井网蒸汽驱开发效果预测曲线

3.3 氮气泡沫辅助蒸汽驱

氮气泡沫辅助蒸汽驱被广泛应用在稠油油藏中后期提高采收率开发中，在氮气泡沫"遇水生泡，遇油消泡"的作用下，高渗水层的渗流阻力会大幅增加，促使后续注入的蒸汽进入之前未波及的区域，增大蒸汽的热波及范围，提高热效率，故考虑选用"氮气泡沫+变形井网蒸汽驱"作为3711井区汽窜的治理措施[11~13]。

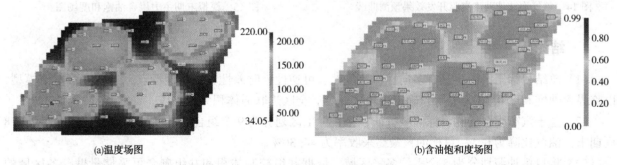

(a)温度场图　　　　　　　　　　　　(b)含油饱和度场图

图13 主力层温度和含油饱和度场图

3711井区热连通体积为0.1PV，即全区氮气泡沫地面注入总量为62172m³，气液比2：1，所需发泡剂溶液体积21300m³，发泡剂质量浓度0.5%[14]。基于数值模拟预测的汽窜程度场劈分可得各区氮气泡沫注入量如表5所示，3713井区因汽窜程度高，氮气泡沫用量较大。

氮气泡沫辅助蒸汽驱参数为：注汽井6口，生产井29口；注汽强度为2t/（d·m·ha）；采注比1.2；注汽干度取60%；段塞方式为一级段塞。依据油藏平均有效厚度、井组控制面积、注汽强度等参数设置总注汽量为355t/d，产液量426t/d，各井组注入井配注量和生产井配产量如表4所示。氮气泡沫注入结束后，目标油藏转入变形井网蒸汽驱。

表5 区域氮气泡沫用量设计表

井 组	基于数值模拟汽窜程度配注系数/小数	所需氮气泡沫体积/m³
3310	0.025	1554.30
3511	0.165	10258.38
3713	0.294	18278.56
3507	0.153	9512.32
3709	0.189	11750.50
3911	0.173	10755.76
合计	1	62172

氮气泡沫辅助蒸汽驱开发效果预测曲线如图14所示，转驱阶段第6年的油汽比降低至极限油汽比0.1以下，转驱阶段累计增油量为$8.66×10^4$t，累计采出储量为$24.87×10^4$t，最终采收率为50.76%。

图15为模拟末期主力层含油饱和度场图，在"氮气泡沫+变形井网蒸汽驱"的作用下，不仅井网内部的含油饱和度降低为残余油饱和度，各个井网区域之间的含油饱和度也有所降低，其开采效果优于变形井网纯蒸汽驱。

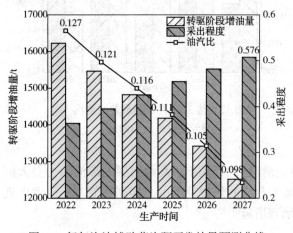

图14 氮气泡沫辅助蒸汽驱开发效果预测曲线

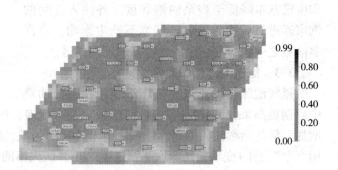

图15 模拟末期主力层含油饱和度场图

4 结论

（1）总结目标工区汽窜具有多向性、反复性、可逆性、时差性和负效性特点，建立油藏数值模型，以临界含油饱和度0.30为界限，确定多轮次吞吐后全区热联通体积为0.1PV。

（2）基于汽窜程度场和目标油藏特征，将目标工区划分为9个组合吞吐区域，组合吞吐生产至第8周期末，油汽比降为0.1，目标油藏最终采收率为44.30%。

（3）将目标油藏划分为5个多注多采区域，依据井组控制体积和井组剩余可采储量劈分各区域的注汽量，依据油层厚度和单井剩余可采储量进行劈分各区域内生产井的配产量，油气比降至0.1时，最终采出程度为47.28%，汽窜通道控制下的变形井网蒸汽驱可有效治理汽窜。

（4）筛选氮气泡沫调剖后转蒸汽驱作为汽窜治理的方式，基于汽窜程度场劈分各区域的氮气泡沫用量，当油汽比降至0.1以下时，最终采收率为53.95%。

（5）针对稠油油藏多轮次吞吐后汽窜通道发育等问题，采取"驱"的开发效果优于吞吐开采形式，其中"热驱+非凝析气体+化学剂"的复合开采形式效果最好。

参考文献

[1] 童晓光，张光亚，王兆明，等. 全球油气资源潜力与分布[J]. 石油勘探与开发，2018，45(4)：727-736.

[2] 刘慧卿. 热力采油原理与设计[M]. 北京：石油工业出版社，2013：12-15.

[3] 孙新革，赵长虹，熊伟，等. 风城浅层超稠油蒸汽吞吐后期提高采收率技术[J]. 特种油气藏，2018，25(3)：6.

[4] 郑家朋，东晓虎，刘慧卿，等. 稠油油藏注蒸汽开发汽窜特征研究[J]. 特种油气藏，2012，19(6)：72-75.

[5] 李康康. 稠油开发后期转热化学驱提高采收率技术研究——以新浅45区典型井组为例[D]. 中国石油大学(北京)，2021.

[6] 张红玲，刘慧卿，王晗，等. 蒸汽吞吐汽窜调剖参数优化设计研究[J]. 石油学报，2007(02)：105-108.

[7] XU A，MU L，BO B，et al. Development and Application of a Modified Superheated Steam Flooding Assisted by N2 Foam and High-Temperature Resistant Gel[J]. Abu Dhabi International Petroleum Exhibition & Conference，2017.

[8] 魏振国，王若浩，熊正友，等. 井楼油田零区稠油热采组合吞吐技术实验研究[J]. 石油地质与工程，2017，31(6)：4.

[9] 曹嫣镔，刘冬青，张仲平，等. 胜利油田超稠油蒸汽驱汽窜控制技术[J]. 石油勘探与开发，2012.

[10] 肖卫权，高孝田，张玉霞，等. 河南油田超稠油油藏蒸汽驱的可行性及先导性试验[J]. 石油天然气学报，2008，30(1)：3.

[11] 庞占喜，程林松，李春兰. 热力泡沫复合驱提高稠油采收率研究[J]. 西南石油大学学报，2007.

[12] 马道祥，石晓渠，张清军，等. 河南井楼油田楼资27井区氮气泡沫调驱技术应用研究[J]. 石油地质与工程，2011(3)：3.

[13] 于会永. 河南井楼油田氮气泡沫调剖参数优化设计[D]. 北京：中国石油大学(北京).

[14] 王静伟，郭彦丽，曲剑，等. 特稠油油藏过热蒸汽吞吐+氮气泡沫调剖技术开采效果评价——以河南井楼油田楼六区Ⅳ7层为例[J]. 石油天然气学报，2012，34(02X)：3.

海上稠油水平井蒸汽驱方案
设计与矿场试验

▼

王 成 孟祥海 韩晓冬 王弘宇 张 伟 苏 毅

【中海石油(中国)有限公司天津分公司】

摘 要: 渤海稠油油藏储量丰富,热采吞吐先导试验取得了一定效果。但随着多轮次吞吐的衰竭开发,试验区热采产能持续下降、经济性也随之逐渐变差,亟须在热采吞吐基础上开展蒸汽驱先导试验。渤海 N3 油田 S 井区经过前期开发,已基本满足转驱条件。研究确定了渤海 N3 油田 S 井区蒸汽驱油藏开发方案和注汽参数,优化了注热管柱,包括井下高温安全控制系统和井筒高效隔热工艺,实现了热采井注热和生产时安全可控,并且大幅降低井筒热损失,"气凝胶隔热油管+高真空隔热接箍"全密闭无热点注热管柱隔热效果好。2020 年 6 月开展海上稠油水平井蒸汽驱现场试验,截至 2021 年 12 月底,B5 井组蒸汽驱累采油 12.83×10⁴t,阶段采收率 4.86%。与冷采相比,蒸汽驱井组增产 30~90m³/d,蒸汽驱开采效果良好,目前处于热连通阶段。

关键词: 水平井蒸汽驱;渤海油田;安全控制;高温测试;矿场试验

渤海油田稠油资源储量规模大[1-3],原油黏度大于 350mPa·s 的稠油三级地质储量达 7.41×10⁸t,未动用三级储量 6.5×10⁸t[3]。在中国陆地油田稠油分类的基础上,结合渤海稠油黏度分布范围和开发方式,可将进一步将普通稠油(黏度 50~10000mPa·s)细分为地层原油黏度 50~150mPa·s 的普 I-1 类稠油、地层原油黏度 150~350mPa·s 的普 I-2a 类稠油和黏度 350~10000mPa·s 的普 I-2b 类稠油。对于普 I-2b 类稠油,国内外通常采用热采开发[4],如辽河油田杜 66 块、锦 45 块、齐 40 块[5]、胜利孤岛油田[6]、风城油田[7]等。由于海上油田环境的特殊性,稠油热采开发起步较晚。自 2008 年以来,在渤海湾地区逐步开展多元热流体吞吐和蒸汽吞吐的热采先导性试验研究[8-10]。多元热流体吞吐技术首先在渤海 N3 油田进行了先导试验,取得了较好的开发效果[11,12]。但是随着吞吐轮次增加,油藏压力逐渐降低,继续吞吐的潜力及经济效益变差[13],亟待寻找替代技术来保障稠油的稳产增产,以达到进一步提高采收率的目的。对标陆地类似油田,蒸汽驱是吞吐后进一步提高采收率主要的开发方式[14,15],在国内外稠油油田应用广泛且技术成熟。为进一步提高渤海 N3 油田采收率,开展蒸汽驱先导试验,研究海上中深层稠油油藏蒸汽驱配套工艺,探索此类稠油油藏的高效开发技术。

1 试验区概况

渤海 N3 油田位于渤海海域中部,处于石臼坨凸起的西南端,周围被秦南凹陷、南堡凹陷以及渤中凹陷环绕[16]。根据构造和断裂特征分为断块区、南区、斜坡区及 S-1 区。油层主要集中在明化镇组下段和馆陶组顶部,属于高孔高渗储层,其中明化镇组发育曲流河沉积,储层单层厚度小(4~10m),平

作者简介:王成,中海石油(中国)有限公司天津分公司渤海石油研究院,工程师,从事海上稠油热采技术研究与现场实践。E-mail:wangcheng32@cnooc.com.cn

面展布范围局限，以构造-岩性油藏为主，"一砂一藏"特征明显；馆陶组发育辫状河沉积，储层单层厚度大（15~22m），砂体横向展布范围广，为构造层状油藏。

渤海 N3 油田南区为稠油油藏，地层原油密度和黏度分别为 0.954~0.987g/cm³ 和 413~926mPa·s，平均值分别为 0.937g/cm³ 和 580mPa·s。南区油藏内部从东南向西北黏度逐渐增大。2005 年 9 月投产，初期衰竭开采，截至 2008 年 8 月，共开井 23 口，采出程度 0.72%，冷采效果差。2008 年，基于主力砂体采用水平井多元热流体吞吐，热采产能可达冷采的 2~3 倍。但随着多轮次吞吐的衰竭开发，试验区热采产能持续下降、经济性也随之逐渐变差，亟须在热采吞吐基础上开展蒸汽驱先导试验。为降低先导试验阶段的投资风险，综合对比地层压力、井网完善程度、油层厚度、含油饱和度等条件，选择 N3 油田 S 井区作为蒸汽驱先导试验区。S 井区地层厚度 5~8m，原油地下黏度 450~620mPa·s，边水能量弱，该井区共有 8 口生产井（5 口热采井、2 口冷采井、1 口调整井），井网相对完善，综合含水 39.6%，采出程度 20.5%，平均地层压力 5.0MPa，满足蒸汽驱要求，且该区块地质油藏特征能够代表渤海弱水体普Ⅱ类稠油油藏，实施蒸汽驱先导试验具有一定代表性。

2 油藏工程方案

渤海 N3 油田 S 井区油藏构造和井位如图 1 所示。蒸汽驱油藏方案设计以最大化动用 S 井区可采储量为目标，初期选择位于中部的 B5 井作为转驱井，后期考虑汽窜影响，适时转驱 B6 井。

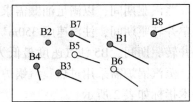

图 1 渤海 N3 油田蒸汽驱井组井位示意图

通过数值模拟，优化了注汽速度、采注比、井底注汽干度和采液速度，通过对比不同参数条件下的累积产油量和采收率优选注采参数。优化结果如表 1 所示，2020—2024 年，B5 井单井注入，初期注汽速度 300m³/d，高峰注汽速度 350m³/d，井底蒸汽干度 0.8，采注比 1.2，受效水平井单井产液 80~110m³/d；2025—2030 年，B5 井和 B6 井两井同注，其中 B5 井注汽速度 300m³/d，B6 井注汽速度 200m³/d，井底蒸汽干度 0.7~0.8，采注比 1.2，受效水平井单井产液 100~170m³/d。

表 1 单井转驱阶段采液速度确定

序号	井号	单井转驱阶段优化采液速度/(m³/d)	两井转驱阶段优化采液速度/(m³/d)
1	B3	80	130
2	B4	90	150
3	B6	80	100
4	B7	80	170
5	B1	110	50
6	B2	20	600
合计			440

数模结果表明，按照单井极限产油量 10m³/d（极限油汽比 0.23），截至 2030 年，蒸汽驱累积产油量 51.1×10⁴m³，阶段提高采出程度 14.6%。

3 采油工艺方案

3.1 地面注热装备及流程

蒸汽驱地面注热装备为蒸汽锅炉，配套地面工艺流程包括：①水处理流程；②原油处理流程；③注氮气流程，如图 2 所示。

整个蒸汽驱期间，蒸汽锅炉排量应满足油藏最大注热需求，地面工艺流程应满足蒸汽锅炉所需的净水、燃料油要求，以保障蒸汽锅炉的长期稳定运行。

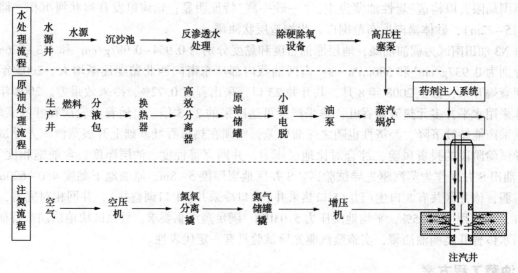

图2 地面注汽工艺流程

3.1.1 蒸汽锅炉

蒸汽驱期间，以满足油藏需求注汽速度、井底蒸汽干度为基础，开展了注汽井井筒参数计算，B5井单井转驱期间，注汽速度350m³/d，蒸汽锅炉出口过热度20~30℃时井底蒸汽干度80%；B5、B6井两井转驱期间，B5注汽速度最低为200m³/d，蒸汽锅炉出口过热度50℃时井底蒸汽干度为75%。因此，蒸汽锅炉需采用过热蒸汽锅炉形式，综合考虑井口装置耐温限制，过热度设计为50℃，其他关键技术指标如表2所示。

表2 蒸汽锅炉关键技术指标

序号	参 数	取 值	序号	参 数	取 值
1	类型	卧式直流	6	额定蒸发量/(t/h)	21
2	额定工作压力/MPa	21	7	最大蒸发量/(t/h)	23
3	额定蒸汽温度/℃	370	8	设计热效率/%	燃油>90%，燃气>92%
4	干度/%	100	9	燃料	原油、天然气
5	过热度/℃	50			

3.1.2 水处理流程

蒸汽驱期间，以满两井转驱期间，注汽速度要求500m³/d，考虑1.1倍富余量，因此水处理设备净水排量设计为550t/d。过热蒸汽锅炉入口水质参考GB/T 12145—2016《火力发电机组及蒸汽动力设备水汽质量》标准要求，净水中溶解氧≤0.007mg/L、总硬度≈0。渤海N3油田优先采用地热水井作为水源，海水为备用水源；采用EDI除硬/除盐+膜除氧装置，以满足净水硬度及溶解氧指标要求，确保锅炉稳定运行；采用二级反渗透装置，确保EDI除硬/除盐装置正常运行。

3.1.3 燃料油处理流程

为确保蒸汽锅炉正常运行，燃料油含水应<3%。2019年1月，通过对N3平台原油处理系统的调研和现场试验，平台原油处理系统燃料油含水率0.7%~0.8%，满足蒸汽锅炉燃料需求。过热蒸汽锅炉燃料主要为原油，通过锅炉热力计算，两井转驱期间过热蒸汽锅炉最高需求燃料油为36.2m³/d。考虑N3平台热介质锅炉燃料油需求量2.5m³/d及1.1倍富余量，因此，平台原油处理系统设计排量应不小于42.5m³/d。2019年1月，通过对N3平台原油处理系统的调研和现场试验，平台原油处理系统排量可达60~65m³/d，满足蒸汽锅炉燃料需求。

3.2 注汽工艺

综合考虑井筒安全控制、井筒高效隔热以及井筒温度监测3个方面，开展注汽管柱设计，以保障蒸汽驱井筒的安全及汽驱效果。

3.2.1 井筒安全控制

为了满足海上稠油热采井注热和生产时安全可控，油套环控采用高温环空封隔器、热敏封隔器；隔热油管内部采用高温安全阀的方式，满足了海上稠油热采井紧急状况的关断功能。

1. 高温井下安全阀

高温井下安全阀是一种自平衡、阀瓣型、地面控制的油管携带式安全阀，主要用于热采井在应急情况下快速关断油管通道，防止井下流体上返，避免井喷、环境污染等事故的发生，保障热采井安全生产。

高温井下安全阀主要由上接头、液控接头、柱塞、压帽、弹簧套、弹簧、中心管、扶正环、固定座、销轴、扭簧、阀板和下接头组成，如图 3 所示。

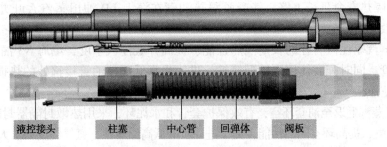

图 3　高温井下安全阀结构示意图

高温井下安全阀上接头设计有液压孔，从液压孔处打压，推动柱塞向下移动，柱塞推动相连接的弹簧和中心管向下运动，中心管向下顶开阀板，井下安全阀打开。当液控管线泄压后，在回弹体的作用下，阀板关闭、中心管归位，此时安全阀关闭。

高温井下安全阀采用全金属密封，在常温和350℃高温下保持优良的密封性能；开启、关闭灵活可靠。

2. 高温环空封隔器

高温环空封隔器用于热采井封隔油层以上油套环空，防止高温热流体上窜到由套管和隔热管组成的环形空间，从而达到减少井筒热损失、保护套管和水泥环的目的。同时，该封隔器安装有高温排气阀，具有地面控制的环空注氮通道，可从油套管环空补充注入氮气隔热、增能，同时在后期修井作业中也可以提供洗压井通道。

高温环空封隔器主要由封隔器本体和高温排气阀组成，封隔器本体由坐封机构、锁紧机构、密封件、锚定机构、解封机构等五部分组成，如图 4 所示。

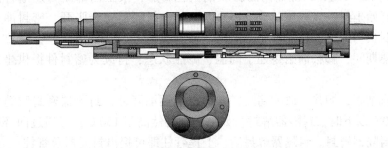

图 4　高温环空封隔器结构示意图

高温环空封隔器下至设计井深，从环空液控管线加压，坐封机构在液压力的作用下，首先推动锚定部件卡瓦撑开，实现封隔器的锚定，再压缩密封组件，密封油套环空。放压后，锁紧机构锁紧，防止密封组件回弹，完成坐封，坐封压力 25MPa。配套高温排气阀及环空定压开启装置，可实现环空注氮气/洗压井作业。解封时，上提管柱，实现解封，解封负荷 200kN。

高温环空封隔器采用液压管线控制坐封，具备自补偿功能，中心管隔热，具备注氮气/洗压井通道，双向卡瓦锚定，"石墨+改性聚四氟乙烯"组合密封，在高低温下均有良好的密封性能。耐温可达 350℃。

3.2.2 井筒高效隔热

井筒采取良好的隔热措施，可进一步降低注汽热损失，确保井底获得较高的蒸汽干度。主要包括隔热油管选型、油套环空隔热方式优选。

1. 隔热油管优选

隔热油管性能应满足行业标准 SY/T 5214—2013《预应力隔热油管》以及总公司企业标准《海上稠油热采井套管和油管设计要求》相关规定，重复使用的隔热油管视导热系数指标应满足 $\lambda<0.06W/(m\cdot ℃)$ 要求。

对比了高真空隔热油管和气凝胶隔热油管性能参数及应用情况：高真空隔热油管内管、外管之间填充隔热材料，并抽真空处理，在陆地油田及海上油田热采井广泛应用；气凝胶隔热油管内管、外管之间填充硅气凝胶材料（密度最小的固体，一般常见的气凝胶为硅气凝胶），导热系数只有传统材料的1/4，可使隔热管的隔热寿命延长1倍。气凝胶隔热油管在海上 LD 油田蒸汽吞吐井成功应用1井次，现场应用表明隔热效果良好。

因此，为确保蒸汽驱注汽管柱的长期隔热性能、提高井底注汽干度，渤海 N3 油田蒸汽驱先导试验选用气凝胶隔热油管，同时配套使用隔热型接箍，进一步降低隔热油管接箍处的热损失。

2. 环空隔热工艺

为防止井底高温蒸汽上返至油套环空，有效保护套管和水泥环，采用热敏封隔器封隔油套环空。同时，间歇向环空中充满氮气，提高环空隔热性能，为了进一步降低高温腐蚀，氮气纯度要求大于99.9%。

热敏封隔器采用热敏药剂作为坐封胶筒的动力源，当温度升高后，热敏药剂的体积膨胀，推动胶筒扩张，密封油套环空。既可单级使用，封隔上部油套环空，防止热流体上返，从而减少热损失；又可多级使用，封隔不同层位，实现分层、选层注汽，改善油层吸汽剖面；同时还可根据不同工艺需求增加穿越、单流机构，实现过封隔器测试、环空注氮气、反循环洗压井。

热敏封隔器主要由连接部分、坐封部分、密封部分、锁紧部分以及单流机构组成，如图5所示。

图5 热敏封隔器结构示意图

热敏封隔器的工作原理如下：

（1）坐封：按照设计要求下至预定井深，注热开始后，在高温流体的加热作用下，封隔器温度逐渐升高，当温度达到180℃时，封隔器内的膨胀剂汽化膨胀，液缸内部压力逐渐升高，推动楔入体上行，密封件扩张，开始坐封；当温度达到240℃以上时，封隔器完全胀开、密封油套环空，同时锁紧机构锁紧、防止坐封机构回退，封隔器完全坐封。

（2）注汽：注热期间，膨胀剂始终处于高温、膨胀状态，持续为密封件提供坐封动力，确保密封效果。

（3）解封：注汽结束，焖井、放喷期间，井筒温度逐渐降低，封隔器密封胶筒产生一定程度的回缩，当温度降至150℃以下时，封隔器解封；如果温度仍然高于150℃，可通过向环空中注入洗压井液冷却封隔器，直至封隔器解封。封隔器解封后，上提管柱即可提出封隔器及管柱。

3.2.3 高温监测技术

注汽期间，实时监测顶部封隔器以上油套环空及水平段管柱内的温度，能够为注采参数调整和调剖封窜提供指导和依据，并间接判断隔热油管的隔热性能、封隔器的密封性能。

渤海油田井下高温监测注热管柱示意图如图6所示，顶部封隔器以上，测试光缆捆绑在隔热油管外壁下入；顶部封隔器以下，测试光缆通过 Y 型穿越装置进入普通油管内部，下入至注汽管柱底部并用光缆固定装置固定。热采高温光纤测试采用单一壁厚大通径高强度光缆进行光纤测试作业。其中1根纤芯为连续分布式测温光纤、1根光纤光栅点式测温光纤。测温长度5km，耐温可达400℃。目前该工艺已在渤海油田现场完成了10余井次的注热井温度监测作业。

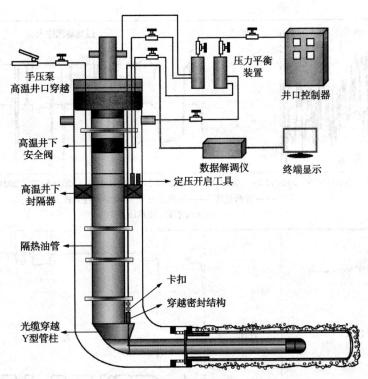

图6 井下高温监测注热管柱示意图

4 实施过程及效果

4.1 实施过程

2020年6月，渤海N3油田B5井组开始转蒸汽驱。初期注入湿饱和蒸汽，注汽速度280t/d，井口温度280~310℃，井口干度0.85左右。2021年3月14日，开始注过热蒸汽。由于井下安全阀耐温限制，注汽量无法达到方案设计注汽量。过热蒸汽注入速度为250t/d，井口干度1.00，过热度20~25℃，注汽压力10.0~11.0MPa。截至2021年12月底，其中湿饱和蒸汽2.97×10⁴t，过热蒸汽6.4×10⁴t，注蒸汽参数如图7所示。

4.2 实施效果

4.2.1 高温监测

根据光纤测试的温度曲线可知，2020年6月27日温度曲线与地层温度梯度保持一致；2020年6月29日—2020年8月23日油套环空温度保持在100℃以内，这是因为配套形成的"气凝胶隔热油管+高真空隔热接箍"全密闭无热点注热管柱隔热效果好；2020年9月28日—2021年7月29日油套环空温度升高至130~150℃，这是由于在注热过程中注热系统故障停止注热，累计50多次，多次冷采交变对注热管柱隔热效果影响较大。

井下高温封隔器和安全阀处温度较高，在200~250℃，虽然高温封隔器中心管采用隔热油管，但隔热效果达不到隔热油管本体隔热效果，导致油套环空温度较高，但热采完井固井的耐温等级仍能满足注热的技术需求。

4.2.2 井筒隔热效果

根据注汽井井口蒸汽参数和注热管柱参数，采用Wellflo软件，计算注汽井井底蒸汽参数，从而计算注蒸汽过程中的热损失，计算结果如表5所示。注汽过程中，从井口到顶封位置(1409m)的热损失率为8%~11%，千米热损失为5%~8%，明显低于常规注热管柱的热损失(千米热损失为10%~15%)，"气凝胶隔热油管+高真空隔热接箍"全密闭无热点注热管柱具有良好的隔热效果。

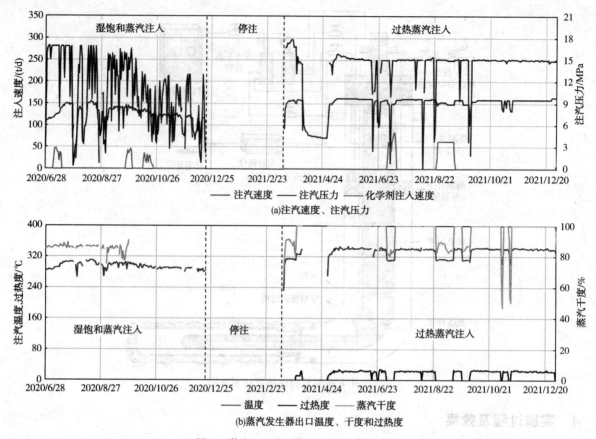

图 7　渤海 N3 油田蒸汽驱注汽参数曲线

4.2.3　蒸汽驱开采效果

截至 2021 年 12 月底，B5 井组蒸汽驱累采油 12.83×10⁴t，阶段采收率 4.86%。井组生产曲线如图 9 所示。与冷采相比，蒸汽驱井组增产 30~90m³/d，蒸汽驱开采效果良好。根据陆上蒸汽驱见效标准(产液、流压、含水、温度上升)，渤海 N3 油田蒸汽驱目前处于热连通阶段。B1 井井口温度从 56℃ 上升至 84℃，日增液 65m³，含水上升 37%，已经建立热连通；B7/B3/B4/B6 井温度变化幅度较小，日增液 28~47m³，日增油 12~27m³，含水上升 0~46%；B8 二线受效井，B2 为定向井距离较远，目前暂无见效迹象。

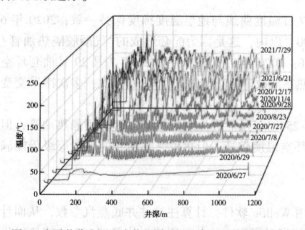

图 8　水平井蒸汽驱注汽井不同时间油套环空温度测试曲线

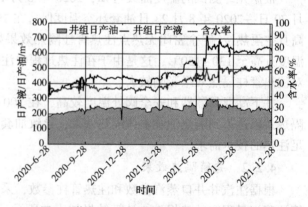

图 9　渤海 N3 油田蒸汽驱井组生产动态曲线

5　结论

(1) 渤海 N3 油田 S 井区经过前期开发，已基本满足转驱条件，且该区块地质油藏特征能够代表渤海弱水体普Ⅱ类稠油油藏，实施蒸汽驱先导试验具有一定代表性。

（2）确定了渤海 N3 油田 S 井区蒸汽驱油藏开发方案和注汽参数，优化了注热管柱，包括井下高温安全控制系统和井筒高效隔热工艺，实现了热采井注热和生产时安全可控，并且大幅降低井筒热损失，"气凝胶隔热油管+高真空隔热接箍"全密闭无热点注热管柱隔热效果好，注汽过程中，从井口到顶封位置（1409m）的热损失率为 8%~11%，千米热损失为 5%~8%。

（3）截至 2021 年 10 月底，B5 井组蒸汽驱生产 490d，累采油 $11.33 \times 10^4 m^3$，阶段采收率 4.46%。与冷采相比，蒸汽驱井组增产 30~90m^3/d，蒸汽驱开采效果良好，目前处于热连通阶段。

参考文献

[1] 郭太现，苏彦春. 渤海油田稠油油藏开发现状和技术发展方向[J]. 中国海上油气，2013，25(3)：26-35.

[2] 张健，梁丹，康晓东，等. 海上稠油油田热水化学驱油技术研究[J]. 中国海上油气，2021，33(5)：87-93.

[3] 李萍，刘志龙，邹剑，等. 渤海旅大 27-2 油田蒸汽吞吐先导试验注采工程[J]. 石油学报，2016，37(2)：242-247.

[4] 沈平平. 热力采油提高采收率[M]. 北京：石油工业出版社，2006：155-161.

[5] 范世通. 欢喜岭油田齐 40 块蒸汽驱开发蒸汽腔发育规律研究[J]. 特种油气藏，2013，20(1)：92-94.

[6] 田仲强，黄敏，田荣恩，等. 胜利油田稠油开采技术现状[J]. 特种油气藏，2001，8(4)：52-55.

[7] 霍进，吕柏林，杨兆臣，等. 稠油油藏多元介质复合蒸汽吞吐驱油机理研究[J]. 特种油气藏，2020，27(4)：93-97.

[8] 唐晓旭，马跃，孙永涛. 海上稠油多元热流体吞吐工艺研究及现场试验[J]. 中国海上油气，2011，23(3)：185-188.

[9] Sun, Y., Zhao, L., Tao Lin, Sun, Y., et al. Case Study：Thermal Enhance Bohai Offshore Heavy Oil Recovery by Co-stimulation of Steam and Gases[J]. 2013. Paper SPE 165410 Presented at SPE Heavy Oil Conference, Calgary, Canada, 11-12 June.

[10] 白健华，刘义刚，王通，等. 海上同心管射流泵注采一体化技术研究[J]. 中国海上油气，2021，33(2)：148-155.

[11] Liu D., Zhao C., Su Y., et al. New research and application of high efficient development technology for offshore heavy oil in China[J]. 2012. Paper OTC 23015 Presented at the Offshore Technology Conference, Houston, Texas, USA, 30 April-3 May.

[12] 彭世强，郑伟. 海上稠油多元热流体吞吐产能影响因素研究——以渤海 N 油田为例[J]. 石油地质与工程，2020，34(3)：67-70.

[13] 李浩，潘广明，聂玲玲，等. 渤海湾盆地 A 油田水平井网下热采气窜主控因素[J]. 石油地质与工程，2019，33(5)：60-64.

[14] 李延杰，李娜，谭先红，等. 海上 M 稠油油田吞吐后续转驱开发方案研究[J]. 西南石油大学学报(自然科学版)，2018，40(2)：98-106.

[15] 王大为，杜春晓，耿志刚，等. 海上特稠油油藏蒸汽吞吐转蒸汽驱物理模拟研究[J]. 新疆石油天然气，2020，16(4)：47-53.

[16] 李浩，胡勇，别旭伟，等. 渤海南堡 35-2 油田原油物性差异地质成因分析[J]. 中国海上油气，2019，31(5)：53-61.

海上稠油热采井耐高温注采
一体化技术研究及应用

尚宝兵　吴华晓　赵顺超　方　涛　于法浩　韩晓冬

【中海石油(中国)有限公司天津分公司】

摘　要: 渤海油田稠油资源量巨大,热采是一种有效地提高采收率开发方式。对于海上热采井,受平台空间、承重能力限制等因素,陆上油田常用的有杆泵注采一体化工艺无法应用,为此开展了适用于海上热采井的人工举升工艺研究。对于电潜泵井,针对常规的井下安全阀及过电缆封隔器不满足耐温要求的问题,研发了一套耐高温高压井下安全控制系统,由此形成了成熟的电潜泵注采两趟管柱,该工艺在现场成功应用30余井次,为渤海油田稠油热采积累了丰富的经验。为实现注采一体化,研发形成了同心管射流泵注采一体化工艺,该套系统的最高耐温为350℃,井下安全控制装置耐压21MPa,目前该工艺在渤海油田已开始规模化应用,有效提升了热采井的开采效果。同时,目前正在攻关研究耐高温电潜泵注采一体化工艺,有望实现海上稠油热采注采一体化技术的又一次跨越。

关键词: 热采井;人工举升;电潜泵;井下安全控制;注采一体化

渤海油田稠油资源量丰富,为有效提高稠油开发效果,从2008年开始开展了热采试验,包括蒸汽吞吐和多元热流体吞吐,取得了较好的生产效果[1-2]。但是对于海上热采井,受井下高温限制,海上油田常规的电潜泵举升工艺技术无法直接应用。因此,在充分论证各种举升工艺对于海上稠油热采井的适用性后,研制了相关配套工具,满足了海上油田热采井举升需求,目前已形成了电潜泵注采两趟举升工艺和射流泵注采一趟管柱举升工艺,并在渤海油田得到了推广应用。对于电潜泵井,研发了耐高温井下安全控制系统,满足了热采井的井下安全控制需求[3-6]。针对电潜泵举升工艺需采用注采两趟管柱的限制,研究形成了射流泵注采一体化举升工艺技术,完成了井下关键工具设计、地面配套工艺设计等,新技术的应用有助于大幅降低海上稠油热采井的操作费,提升稠油热采的开发效益,助力海上稠油油田的规模化开发。

1　不同举升工艺适应性分析

针对海上油田平台面积小、承重量受限,热采生产时注热量大、产量较高等特点,对比了不同人工举升工艺技术的优缺点及适应性,明确了需要攻关的方向。其中,电潜泵是渤海油田最常用的人工举升方式,具有排量大、便于调节、地面工艺流程简单、占地面积小等优点。但是对于海上热采井,电潜泵举升系统常规的井下安全控制工具不满足耐高温要求。螺杆泵分为地面驱动抽油杆传动螺杆泵和井下电机驱动螺杆泵两种。常规的螺杆泵定子为橡胶,耐温150℃,且螺杆泵在海上油田应用的检泵周期相对较短,不适于海上油田热采井。气举也是一种常用的人工举升方式,但是气举需要有充足

作者简介:尚宝兵,中海石油(中国)有限公司天津分公司,工程师。E-mail: shangbb@cnooc.com.cn

的气源，渤海稠油油田一般无充足气源，因此不适用于海上热采井。有杆泵是陆上油田热采井最为常用的一种举升方式。但是对于海上油田，有杆泵地面设备尺寸大，抽油机配重大，无法适用于海上热采井。此外，射流泵也是一种成熟的人工举升工艺，其结构简单无运动部件、紧凑可靠、使用寿命长、检泵维修方便。但目前没有配套的井下安全控制系统，且须配备地面动力液分离系统以及注入系统。

根据以上对比分析，结合海上油田的实际需求，确定了电潜泵和射流泵两种举升工艺可用于海上油田热采井，针对这两种举升工艺开展了配套的井下安全控制系统、关键工具研究，以满足海上热采井的举升需求。

2 电潜泵举升工艺技术研究

电潜泵是海上油田最常用的人工举升工艺。针对常规的电潜泵管柱不满足耐高温需求的问题，研发形成了一套耐高温井下安全控制系统，包括井下安全阀、过电缆封隔器、耐高温排气阀，如表1所示。

表1 主要安全控制工具原理及关键参数

工 具	主 要 功 能	设备关键参数
井下安全阀	液压控制，封堵油管内部通道。打压时保持开启，紧急情况下泄压后关闭	耐温达350℃，耐压35MPa
过电缆封隔器	封堵油套环空，其上还设计有电缆穿越通道和放气阀。从而可以实现电缆的穿越，以及套管放气需求	耐温为350℃，耐压21MPa
耐高温排气阀	与封隔器连接后下入井筒内，工作原理与安全阀类似。上部连接液控管线，通过液控管线加压时排气通道打开，封隔器上、下环空连通；当地面控制液控管线泄压后流通通道关闭，封隔器上、下环空通道关闭	耐温为350℃，耐压为21MPa

2.1 电潜泵管柱热采流程

海上油田热采井注入的热流体温度最高可达350℃。由于常规的电潜泵系统无法承受如此高的温度，因此采用的是注采两趟管柱。在注热流体之前先下入注热管柱，包括4½in隔热油管、耐高温井下安全阀、过电缆封隔器、放气阀等，如图1(a)所示。注热完成后，再进行焖井、然后进行自喷生产。油井自喷结束后，进行一次换管柱作业，下入电潜泵生产管柱。井下管柱包括4½in隔热油管、井下安全阀、过电缆封隔器和电潜泵，如图1(b)所示。

2.2 矿场应用

目前稠油热采井电潜泵举升工艺已在渤海油田得到广泛应用，从2008年开始南堡35-2油田、旅大27-2油田的热采井使用的均为此种人工举升工

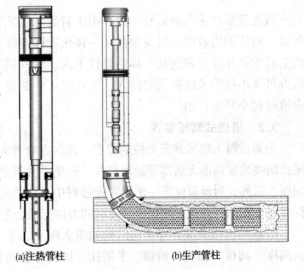

(a)注热管柱　　　(b)生产管柱

图1 电潜泵注采两趟管柱结构图

艺，为渤海油田稠油热采奠定了坚实的基础。但是，此种工艺在一个热采周期内，需要进行两次换管柱作业，导致修井作业费用大大增加。此外，换管柱作业期间洗压井液漏失，对地层造成冷伤害，使得热采效果大大降低。

3 射流泵举升工艺技术

由于目前的电潜泵举升工艺管柱无法满足注热阶段的耐高温需求，为此探索研究了适用于海上热采井的射流泵注采一体化工艺技术[7]。

3.1 井下管柱及工艺

整体管柱为同心双管结构，如图2所示。外管为4½in隔热油管，由井口装置中的大油管悬挂器

悬挂。自上而下，隔热油管依次连接隔热型补偿器、热采封隔器、坐落接头、射流泵外筒、筛管短接等工具；内管为 2.063in 小油管，由井口装置中的小油管悬挂器悬挂，小油管下端连接有射流泵内筒及内插管。

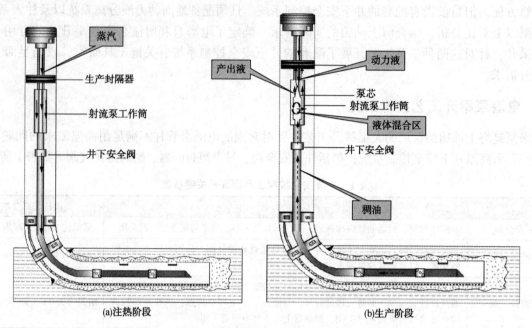

图 2 射流泵注采一体化管柱结构

与电潜泵注采两趟管柱相比，由于射流泵工艺管柱井下没有橡胶等部分，均为金属结构，仅此其耐温、耐压能力较强。射流泵注采一体化管柱能够实现试压、注热、洗压井、生产、安全控制等功能。该工艺主要作业过程包括一体化管柱下入、管柱试压、注蒸汽焖井、洗压井作业和投泵生产等。其中蒸汽可从小油管及环空同时注入，生产时从小油管泵入动力液，在射流泵处地层液与动力液混合，混合液通过小环空产出。

3.2 机械式防喷装置

为满足海上热采井安全控制需求，蒸汽吞吐井亦需要配置井下安全阀。与液控式防喷装置相比，机械式防喷装置内部无活塞等运动部件，避免了井下杂质卡住运动部件导致安全阀无法正常打开或关闭的问题。另外，射流泵注采一体化实施过程中，注热时需起出一根内管，生产时会重新接入，这为机械式深井安全阀的打开或关闭提供了便利的条件。综合考虑，选择机械式深井安全阀进行井筒安全控制。

研制的机械式深井安全阀结构如图 3 所示，主要由接头、外罩、阀体等结构组成。其中阀体主要由阀座、阀板、扭簧、销轴、平衡孔、板簧等组成。机械式深井安全上端连接射流泵外筒，下端连接筛管短接，内部设有射流泵插入通道。

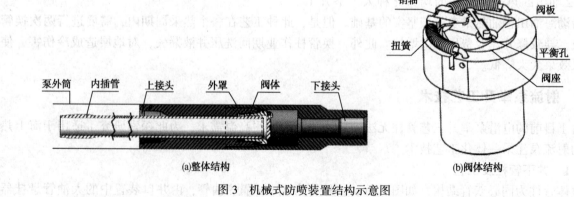

图 3 机械式防喷装置结构示意图

机械式防喷装置的工作原理为：注蒸汽前，先起出一根小油管，机械式防喷装置在扭簧的作用下，阀板贴合在阀座上，安全阀处于关闭状态；注热时，注入压力大于地层压力，阀板打开，蒸汽通过防喷装置注入地层。当注热过程中遇到紧急情况时，井口停止注热，油管内压力小于地层压力，安全阀关闭，阻止流体上返；生产时，重新接入起出的小油管，射流泵内插管插入安全阀中并将其打开，地层流体流入油管中。

3.3 地面工艺流程

射流泵注采一体化技术除井下管柱及工具，还包括地面配套流程及设备。地面流程包括产出液初级处理和动力液供给两部分，产出液的初级处理由油气水砂分离器来实现，动力液的供给由动力液泵来实现。

考虑到水源井水作为动力液易结垢且热采平台处理量有限，以动力液循环利用为目标，设计了闭式地面工艺流程，如图4所示。主要由油水砂分离器、动力液泵、变频柜、高低压过滤器、流量计、地面管汇等设备组成。

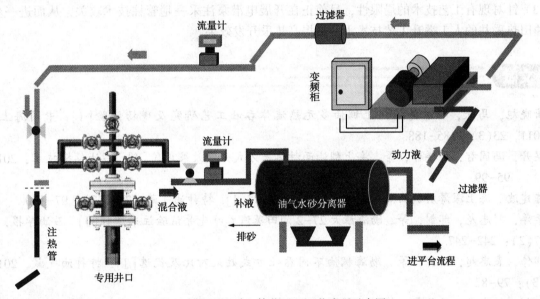

图4 射流泵注采一体化地面工艺流程示意图

3.4 矿场应用

研发的射流泵注采一体化技术首先在渤海L油田蒸汽吞吐井得到了成功应用。该井为一口水平生产井，斜深达到2430m，水平段长357m，采用砾石充填防砂。原油黏度为3016mP·s(50℃)。该井从2013年开始已经进行了3个轮次的蒸汽吞吐生产，采用的是电潜泵注采两趟管柱。为进一步提高生产效果，在第4轮次采用了射流泵注采一体化举升工艺，应用后注热、焖井、生产阶段均实现了不动管柱，也验证了该种工艺的可靠性。目前，该技术在海上超稠油LD油田规模化应用，从完井阶段即下入了射流泵注采一体化工艺管柱，目前各热采井正按照设计的投产顺序依次实现生产，开启了在该油田规模化应用的序幕。

与传统的电潜泵注采两趟管柱工艺相比，射流泵注采一趟管柱节省了生产操作费，同时不再需要进行动管柱作业。此外，在注蒸汽和生产过程中不再需要压井作业，有效提高了热采效果。

4 下步攻关方向

目前应用的射流泵注采一体化工艺初步满足了一趟管柱实现注热和生产的需求，节省了热采井的生产操作费，简化了生产操作流程。但该工艺需要地面注入动力液，在地面需要配备相应的油水处理设施以及动力液注入设备。因此针对这些问题，目前正开展更加高效的电潜泵注采一趟举升工艺的技术攻关，进一步简化海上油田热采井的生产操作流程，不断提升热采开发效果。其中，电潜泵注采一趟举升工艺包括几种不同思路：一是研发耐温370℃的电潜泵，满足蒸汽吞吐过程中井下350℃的耐温需求；二是优化井下工艺管柱，使得目前的电潜泵能够满足蒸汽吞吐的工况要求，实现注采一体化；三是优化井下工艺，探索应用高效电潜泵投捞工艺，在不动井下管柱的条件下实现电潜泵的快速投捞，实现电潜泵注采一体化。

5 结论

（1）针对海上热采井的特点，研究的电潜泵耐高温井下安全控制系统，满足了海上热采井的井下安全控制需求。目前电潜泵注采两趟管柱举升工艺已在渤海热采井得到广泛应用，为推动渤海油田热采技术的进步，提升海上油田稠油热采开发水平做出了重要贡献。

（2）新研发形成的射流泵注采一体化举升工艺可实现一趟管柱完成注热、焖井及生产，在一个蒸汽吞吐周期内不需再进行换管柱作业，极大降低了一个热采周期内的生产操作费，提升了蒸汽吞吐井的开发效果，该技术目前已在渤海油田开始规模化应用。

（3）针对现有工艺技术的局限性，目前正在开展电潜泵注采一趟管柱技术攻关，从而进一步提升海上油田热采井的人工举升工艺技术水平，提高热采开发效果。

参考文献

[1] 唐晓旭，马跃，孙永涛．海上稠油多元热流体吞吐工艺研究及现场试验[J]．中国海上油气，2011，23(3)：185-188．

[2] 梁丹，冯国智，曾祥林，等．海上稠油两种热采方式开发效果评价[J]．石油钻探技术，2014，42(1)：95-99．

[3] 陈建波．海上深薄层稠油油田多元热流体吞吐研究[J]．特种油气藏，2016(2)：97-100．

[4] 李萍，刘志龙，邹剑，等．渤海旅大27-2油田蒸汽吞吐先导试验注采工程[J]．石油学报，2016，37(2)：242-247．

[5] 郑伟，袁忠超，田冀，等．渤海稠油不同吞吐方式效果对比及优选[J]．特种油气藏，2014，21(3)：79-82．

[6] 邹剑，韩晓冬，王秋霞，等．海上热采井耐高温井下安全控制技术研究[J]．特种油气藏，2018，25(04)：154-157+163．

[7] 白健华，刘义刚，王通，等．海上同心管射流泵注采一体化技术研究[J]．中国海上油气，2021，33(02)：148-155．

基于渤海普通稠油油藏化学冷采流场调控技术研究

吕金龙　庞长廷　黎　慧　宋　鑫　李彦阅　王　楠

【中海石油(中国)有限公司天津分公司渤海石油研究院】

摘　要：渤海油田稠油储量丰富，而大部分稠油油藏难以通过常规水驱开发有效动用，稠油冷采技术对于普通油藏的有效动用意义重大，成本与热采相比更具优势。因此，本文提出了降黏辅助冷采提高采收率，通过室内动静态评价实验对乳化降黏剂的性能和影响因素进行研究。结果表明：乳化降黏剂具备超低界面张力、优良注入性及高效洗油率，当体系浓度大约 3000mg/L 时，水与原油间界面张力较低，为 10^{-2}mN·m^{-1} 数量级，降黏率可以达到 90%，采收率增幅 6.1%。对于非均质性较强的储层，建议该体系可与调堵体系结合使用，形成复合调驱技术，实现协同增效，调剖剂合理段塞尺寸 0.05~0.075PV，合理调剖时机为含水率 90% 左右。化学冷采体系辅助流场调控技术作为海上稠油油藏的一种有效开发手段，已在渤海油田成功应用，取得了较好的降水增油效果，具备较好的技术应用前景。

关键词：渤海普通稠油；乳化降黏剂；润湿性；流度比；驱油效率

　　稠油开采过程中，由于原油黏度和储层非均质性的影响，水驱开发效果较差，存在大孔道发育程度高、含水率升高过快的问题[1-4]。针对稠油，主要通过蒸汽驱、掺稀油和加化学药剂等方法来降黏开采[5-9]。通常化学降黏的方法占地面积较小、可以节省作业空间，提升作业效率，而且降黏幅度大、工艺简单，在陆地和海上油田已经得到应用[10-12]。乳化降黏剂是一类大分子降黏剂，相对分子质量达到 2 万左右，具有水相增黏、油相降黏的功能。针对渤海稠油油田水驱开发问题，采用乳化降黏剂(水相适当增黏，油相最大程度降黏)是解决稠油流动的关键，通过聚合物凝胶体系和乳化降黏剂有效结合，对于提高稠油油藏阶段开发效果具有重要意义。与热降黏相比较，乳化降黏具有在技术上相对简单、药剂费用较低的优势。为此，本研究以油藏工程、物理化学和高分子化学为理论指导，以室内评价、微观分析和物理模拟为技术手段，开展了新型技术及其组合方式研究，这将为渤海油田矿场实践技术提供新的方法。

1　实验

1.1　实验材料

　　乳化降黏剂有效含量为 100%，实验用油取自渤海 B 油田，黏度 200mPa·s，实验用水为油田注入水。油藏温度 70℃。

　　实验岩心为人造均质和非均质岩心，由石英砂与环氧树脂胶结而成，外观尺寸为：宽×高×长 =

作者简介：吕金龙，注水助理工程师，就职于中海石油(中国)有限公司天津分公司渤海石油研究院。E-mail：lvjl6@cnooc.com.cn

4.5cm×4.5cm×30cm。均质岩心渗透率 K_g 为 $500×10^{-3}\mu m^2$ 和 $1500×10^{-3}\mu m^2$。非均质岩心包括高中低三个渗透层,各个小层渗透率 K_g 为 $3000×10^{-3}\mu m^2$、$1500×10^{-3}\mu m^2$ 和 $500×10^{-3}\mu m^2$。

1.2　仪器设备

采用 DV-II 型布氏黏度仪测试原油和乳状液黏度,驱油效率实验仪器设备主要包括平流泵、压力传感器、岩心夹持器、手摇泵和中间容器等。除平流泵和手摇泵,其他部分置于恒温箱内。实验设备流程见图1。

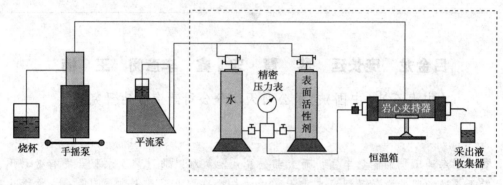

图1　实验设备及流程示意图

1.3　方案设计

1.3.1　乳化降黏剂驱油效率及其影响因素

(1) 药剂浓度的影响(方案1-1-1~方案1-1-4)。在均质岩心上,水驱至含水90%,再分别注1000mg/L、2000mg/L、3000mg/L 和 4000mg/L 乳化降黏剂,最后后续水驱至含水98%。

(2) 段塞尺寸的影响(方案1-2-1~方案1-2-4)。在均质岩心上,水驱至含水90%,再分别注0.1PV、0.2PV、0.3PV 和 0.4PV 乳化降黏剂(优化浓度),最后后续水驱至含水98%。

1.3.2　调剖与乳化降黏剂复合驱油效果及其影响因素

(1) 调剖段塞尺寸的影响(方案2-1-1 和方案2-1-4)。在非均质岩心上,水驱至含水90%,注"调剖剂(段塞尺寸:0.025PV、0.05PV、0.075PV 和 0.1PV)+乳化降黏剂(采用优化段塞尺寸和浓度)",最后后续水驱至含水98%。

(2) 调剖时机的影响(方案2-2-1 和方案2-2-4)。在非均质岩心上,水驱至含水40%、65%、90%和98%,注"调剖剂(优化段塞尺寸)+乳化降黏剂(采用优化段塞尺寸和浓度)",最后后续水驱至含水98%。

2　结果分析

2.1　乳化降黏效果

采用注入水配制不同浓度乳化降黏剂,按一定油水比与原油混合,油藏温度条件下放置1h,搅拌2min(搅拌桨转速250r/min),测试乳状液黏度。黏度测试结果见表1。

表1　降黏率结果　　　　　　　　　　　　　　　　　　　　　　　%

参数 油:水	药剂浓度/(mg/L)				
	500	1000	2000	3000	4000
7:3	28.93	57.42	80.20	86.93	88.52
6:4	33.03	81.04	89.14	92.58	93.27
5:5	71.04	87.64	91.12	93.15	94.21
4:6	81.60	91.10	95.09	95.71	97.55
3:7	82.22	94.44	95.56	96.67	98.89

从表1可以看出，在"油：水"比相同条件下，随药剂浓度增加，乳状液黏度下降。在药剂浓度相同条件下，随"油：水"比减小即乳状液中原油含量减少，乳状液黏度降低。随药剂浓度增大和"油：水"比减小，乳化液降黏率都呈现增大趋势。进一步分析可以看出，当"油：水"比低于7：3和药剂浓度高于3000mg/L时，乳状液黏度值较低，降黏率可以达到90%。

2.2 界面张力

采用注入水配制乳化降黏剂，它们与原油间界面张力测试结果见表2。

表2 界面张力测试结果   mN/m

药剂浓度/(mg/L)	500	1000	2000	3000	4000
界面张力/(mN/m)	$9.40×10^{-1}$	$5.40×10^{-1}$	$1.72×10^{-1}$	$4.11×10^{-2}$	$3.39×10^{-2}$

从表2可以看出，乳化降黏体系与原油间界面张力较低。随药剂浓度增大，体系与原油间界面张力都呈现下降趋势。当体系浓超过3000mg/L时，界面张力可达×10^{-2}数量级。由此可见，该体系降低油水界面张力较好。

2.3 乳状液结构

采用注入水配制乳化降黏剂（$C_s = 3000$mg/L），将其以"油：水 = 3：7"与原油混合均匀，用体式显微镜观测乳状液结构；然后将乳状液进行油水分离，再测试新配制乳化降黏剂与分离原油（简称乳化油）间乳状液结构，重复上述实验4次。乳状液微观结构观测结果见图2。

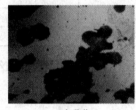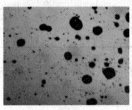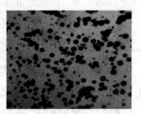

一次乳化   二次乳化   三次乳化   四次乳化

图2 乳状液微观结构

从图2可以看出，随乳化次数增加，乳化原油与新配制乳化降黏剂乳化效果变好，具体表现为油滴粒径减小，原油分散程度高。由此可见，原油与乳化降黏剂作用后，乳化降黏剂中部分成分已经进入原油中，使原油组分发生变化。当乳化油与新配制乳化降黏剂接触时，乳化油可以被更好地分散到乳化降黏剂中，形成油滴直径更小的"O/W"乳状液。

2.4 乳化降黏剂驱油效率及其影响因素

2.4.1 药剂浓度的影响

乳化降黏剂浓度对驱油效率影响实验数据见表3。

表3 采收率实验数据

方案编号	药剂浓度/(mg/L)	工作黏度/mPa·s	含油饱和度/%	采收率/%		
				水驱	最终	增幅
1-1-1	1000	0.7	76.6	21.3	30.4	5.2
1-1-2	2000	0.8	76.9	20.9	31.7	6.1
1-1-3	3000	1.0	76.7	20.7	32.4	6.8
1-1-4	4000	1.2	76.8	21.1	33.3	7.7

从表3可以看出，随乳化降黏剂浓度增加，最终采收率增加，但增幅逐渐减小。从技术和经济角度考虑，推荐乳化降黏剂合理浓度范围为1000~3000mg/L。

2.4.2 乳化降黏剂段塞尺寸的影响

乳化降黏剂段塞尺寸对驱油效率影响实验数据见表4。

表4　采收率实验数据

参数　　　方案编号	段塞尺寸/PV	工作黏度/mPa·s	含油饱和度/%	采收率/%		
				水驱	最终	增幅
1-2-1	0.1		77.2	20.8	29.6	4.0
1-2-2	0.2	0.8	77.6	20.9	30.8	5.2
1-2-3	0.3		76.9	20.9	31.7	6.1
1-2-4	0.4		77.5	21.1	32.5	6.9

从表4可以看出，随乳化降黏剂段塞尺寸增加，采收率增加，采收率增幅也逐渐增加。从技术和经济角度考虑，乳化降黏剂合理段塞尺寸应小于0.3PV。

2.5　调剖与乳化降黏复合效果

2.5.1　调剖剂段塞尺寸影响

调剖剂段塞尺寸对乳化降黏剂驱油效果影响实验结果见表5。

表5　采收率实验数据（$C_S = 3000mg/L$，0.1PV）

参数　　　方案编号	调剖段塞尺寸/PV	含油饱和度/%	采收率/%		
			水驱	最终	增幅
2-1-1	0.025	71.4	15.8	34.9	14.1
2-1-2	0.050	70.7	15.9	39.7	18.9
2-1-3	0.075	70.9	16.0	47.4	26.6
2-1-4	0.100	71.1	15.6	51.8	31.0

从表5可以看出，随调剖剂段塞尺寸增加，采收率增加，但采收率增幅逐渐减小。从技术和经济角度考虑，调剖剂合理段塞尺寸0.05~0.075PV。

2.5.2　调剖时机的影响

调剖时机（段塞尺寸0.075PV）对乳化降黏剂驱油效果影响实验结果见表6。

表6　采收率实验数据（$CS = 800mg/L$，0.1PV）

参数　　　方案编号	调剖段塞时机/（含水率）	含油饱和度/%	采收率/%		
			水驱	最终	增幅
2-2-1	水驱40%	71.0	7.8	52.2	31.4
2-2-2	水驱65%	71.7	11.2	50.8	30.0
2-2-3	水驱90%	70.9	15.9	48.9	28.1
2-2-4	水驱98%	71.5	20.8	36.1	15.3

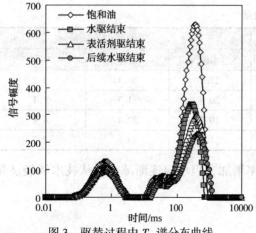

图3　驱替过程中T_2谱分布曲线

从表6可以看出，随调剖时机提前或含水率降低，乳化降黏剂驱采收率增加，但采收率增幅减小。从技术和经济角度考虑，合理调剖时机为含水率90%左右。

2.6　含油分布可视化研究

核磁共振T_2谱不同阶段的测试结果见图3，MRI图像见图4，图像的颜色反映了岩石中油水分布情况，蓝色区域代表水区，其他为油区。

从图3可以看出，核磁共振T_2谱呈现三峰，表明岩石内部的孔隙分布不均，具有非均质性特点，T_2值在100~1000ms范围内的大孔隙占主要部分，小孔喉次之，中孔喉最少。随着驱替过程的进行，各峰峰面积均有下降，且右峰下降速度最快，幅度最大，左侧两峰变化较小。分析认为，由于大孔隙渗流阻力较小，乳化降黏剂主要在大孔隙中发挥洗油作用，中小孔隙几乎未被动用，最终成为残余油。水驱结束后，右峰曲线下降明显，相比于水驱结束，化学驱与后续水驱结束后曲线降幅较小，表明乳化降黏剂扩大波及体积效果不明显，调驱能力较弱，只增加了大孔隙中油的采出程度，从而提高最终采收率。进一步分析可知，在水驱形成优势渗流通道的情况下，乳化降黏剂主要动用 T_2 值在 100ms 以上的高渗透区域原油，对孔径较小的中低渗透区域残余油动用程度较弱。

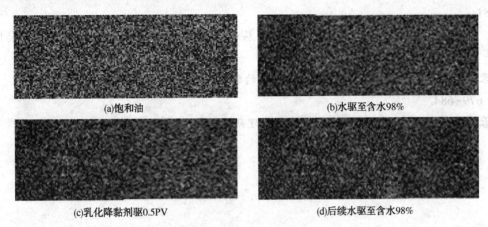

(a)饱和油　　　　　　　(b)水驱至含水98%

(c)乳化降黏剂驱0.5PV　　　(d)后续水驱至含水98%

图4　驱替过程中核磁共振成像

从图4可以看出，水驱过程中，由于岩心的非均质性，驱替水沿岩心的高渗透条带实现突破，形成水流优势通道，在优势通道之外形成了较多不连续的片状残余油。乳化降黏剂驱后，可以明显发现残余油变少，表明乳化降黏剂在岩心大孔隙内发挥了一定程度的洗油作用，最终采收率提高。

3　小结

（1）当乳化降黏剂浓度高于 3000mg/L 时，降黏率可以达到 90%，界面张力可达 $\times 10^{-2}$ 数量级，合理段塞尺寸应小于 0.3PV。

（2）对于油藏非均质性比较储层，建议注入乳化降黏剂前对高渗透层实施调堵，调剖剂合理段塞尺寸 0.05～0.075PV，合理调剖时机为含水率 90% 左右。

（3）通过核磁结果可以看到，在水驱形成优势渗流通道的情况下，乳化降黏剂主要动用 T_2 值在 100ms 以上的高渗透区域原油。

参考文献

[1] 辛寅昌，董晓燕，卞介萍，等.高矿化度稠油流动的影响因素及改善原油流动的方法[J].石油学报，2010，31（5）：480-485.

[2] 林日亿，李兆敏，王景瑞，等.塔和油田超深井井筒掺稀降黏技术研究[J].石油学报，2006，27（3）：115-119.

[3] 葛际江，王东方，张贵才，等.稠油驱油体系乳化能力和界面张力对驱油效果的影响[J].石油学报（石油加工），2009，25（5）：690-696.

[4] 朱怀江，杨普华.化学驱中动态界面张力现象对气体效率的影响[J].石油勘探与开发，1994，21（2）：74-80.

[5] 闫建文，李建阁，刘会文，等.聚合物凝胶封堵剂性能评价及现场试验[J].石油钻采工艺，2006，28（3）：50-53.

[6] 朱怀江，朱颖，孙尚如. 预交联聚合物凝胶调驱剂的应用性能[J]. 石油勘探与开发，2004，31（2）：115-118.

[7] 武建明，石彦，韩慧玲，等. 凝胶聚合物调驱一体化技术在沙南油田的应用[J]. 石油与天然气化工，2015，44（1）：79-82.

[8] 孙焕泉. 胜利油田三次采油技术的实践与认识[J]. 石油勘探与开发，2006，33（3）：262-266.

[9] 王大威，张健，崔盈贤，等. 海上 S 油田稠油乳化降黏技术[J]. 油田化学，2015，32（2）：263-281.

[10] 陶磊，李兆敏，毕义泉，等. 胜利油田深薄层超稠油多元复合开采技术[J]. 石油勘探与开发，2010，37（6）：732-736.

[11] 李美蓉，齐霖艳，王伟琳，等. 胜利超稠油的乳化降黏机理研究[J]. 燃料化学学报，2013，41（6）：679-684.

[12] 李美蓉，向浩，马济飞. 特稠油乳化降黏机理研究[J]. 燃料化学学报，2006，34（2）：175-178.

渤海 L 油田注热水开发结垢规律及耐高温防垢剂评价

庞 铭 陈华兴 方 涛 赵顺超 王宇飞

【中海石油(中国)有限公司天津分公司】

摘 要：为了减少注热水开发过程结垢对油田正常生产的影响，对渤海 L 油田注热水条件下的结垢规律进行了研究，并筛选评价了耐高温防垢剂。通过行业标准法预测了不同温度下 L 油田注入水结垢趋势和结垢类型，采用室内动态结垢模拟实验研究了不同温度下注入水沉降垢和悬浮垢的结垢规律，并对结垢产物进行了 XRD 衍射组分分析、扫描电镜微观结构观察以及元素能谱分析，通过实验前后溶液中的钙离子浓度变化来评价防垢剂防垢性能。研究结果表明，L 油田注入水随着温度升高，结垢趋势加剧。在注热温度 130℃下，行业标准法预测的结垢量达到 90mg/L，结垢产物为碳酸钙垢；动态结垢实验得到的沉降垢量为 37.3mg/L，受结垢挂片腐蚀的影响悬浮垢量达到 1023mg/L，实验得到的结垢产物以钙、镁、铁的碳酸盐为主，含一定量铁的腐蚀产物，且随温度升高，结垢产物更为复杂。经过防垢性能筛选评价实验，共聚物型耐高温防垢剂 YFFZ636 防垢效果最佳，在 130℃时防垢率达到 92.6%。推荐在注水加热设备前添加 YFFZ636 耐高温防垢剂，加药浓度 100ppm。

关键词：海上油田；注热水；结垢；防垢剂

注热水开发可以提高稠油油藏的采收率，是提高稠油油藏开发效果的一种经济有效的技术手段[1-6]。但在注热水开发过程中，由于温度较高，容易引起注水管柱和地层中结垢[7,8]。渤海 L 油田为典型的稠油油田，前期为冷采开发，后续计划注热水，设计注热水温度为 130℃。L 油田现行注水温度在 60℃左右，部分注水井已经出现因结垢导致管柱拔不动、分层注水工具因结垢失效、地层频繁垢堵等问题。鉴于后期 L 油田将进行注热水开发，油田水在更高的温度下的结垢规律不明，有必要开展 L 油田注热水工况下的结垢机理研究，并且评价优选针对性的耐高温防垢剂，指导 L 油田注热水开发过程的结垢防治，避免因结垢影响开发效果。

1 实验

1.1 材料和仪器

渤海 L 油田现场注入水(注水水源为处理合格后的注入水)，矿化度 7849mg/L，pH 值 8.2，$CaCl_2$ 水型，离子组成为：$K^+ + Na^+$ 2166mg/L，Mg^{2+} 146mg/L，Ca^{2+} 681mg/L，Cl^- 4573mg/L，HCO_3^- 241mg/L，CO_3^{2-} 41mg/L；防垢剂 YFFZ633(有机聚磷酸盐防垢剂)、YFFZ634(有机聚磷酸盐防垢剂)、YFFZ635(聚合物阻垢剂)、YFFZ636(共聚物阻垢剂)。

CWYF-I 型室内动态高温高压反应釜，南通华兴石油仪器有限公司；Quanta450 型环境扫描电子显

作者简介：庞铭，男，就职于中海油天津分公司，工程师。E-mail：pangming3@cnooc.com.cn

微镜(带能谱分析)，美国 FEI 公司；X'Pert MPD PRO 型 X-射线衍射仪，荷兰帕纳科公司；ESJ220-4B 电子天平(精度为 0.1mg)，沈阳龙腾电子有限公司；N80 碳钢结垢挂片，杭州冠洁工业清洗水处理科技有限公司。

1.2 实验方法

1.2.1 实验准备

取 L 油田现场注入水，搅拌均匀后按照石油天然气行业标准 SY/T 5329—2012《碎屑岩油藏注水水质指标及分析方法》中推荐的滤膜过滤法进行过滤，得到无悬浮杂质影响的注入水样品备用。

1.2.2 动态结垢实验

为更好地实际注水井正常注入工况下井下管柱内结垢情况，设计了动态结垢模拟实验。将制备好的污水装入动态高温高压反应釜，反应釜内安装好 N80 结垢挂片，流速设置为现场实际注入速度 1.5m/s，动态结垢实验时间为 72h。实验完毕后按照石油天然气行业标准 SY/T 5329—2012《碎屑岩油藏注水水质指标及分析方法》中推荐的滤膜过滤法将反应釜中的污水进行过滤，并对滤膜进行称重，计算水中悬浮垢结垢量，计算公式如下：

$$C_1 = \frac{m_2 - m_1}{V} \tag{1}$$

式中 C_1——悬浮垢结垢量，mg/L；

m_1——过滤前滤膜重量，g；

m_2——过滤后滤膜重量，g；

V——过滤污水总体积，L。

将实验前后的结垢挂片进行称重，计算沉降垢结垢量，计算公式如下：

$$C_2 = \frac{m'_2 - m'_1}{V'} \tag{2}$$

式中 C_2——沉降垢结垢量，mg/L；

m'_1——实验前结垢挂片重量，g；

m'_2——过滤后滤膜重量，g；

V'——过滤污水总体积，L。

1.2.3 结垢产物分析

将动态结垢实验后的滤膜表面悬浮垢进行扫描电镜微观形貌和能谱分析，再利用 X 射线衍射仪对这些悬浮垢进行组分分析，确定结垢产物主要的成分。

1.2.4 防垢剂评价

防垢剂筛选评价实验采用现场处理后注入水进行实验。防垢实验评价主要在密闭老化罐中进行，将老化罐填装 2/3 容积的现场注入水(添加或不添加药剂)，然后置入恒温箱中，10h 后取出，冷却、过滤并滴定清液中各种离子的含量，防垢率=实验后钙离子浓度/实验前钙离子浓度×100%。防垢剂评选周期 10h/轮，评选温度：130℃，防垢剂加药浓度：50mg/L、100mg/L、150mg/L。

2 结果与讨论

2.1 海上 L 油田水结垢趋势预测

2.1.1 碳酸钙结垢趋势预测

参考行业标准 SY/T 0600—2016 油田水结垢趋势预测方法，对 L 油田现场注入水在不同温度下的碳酸钙垢结垢指数 SI 和最大结垢量进行了预测，其中结垢指数 $SI<1$，表示溶液无碳酸钙结垢趋势；结垢指数 $SI=0$，表示溶液中碳酸钙处于临界状态；结垢指数 $SI>0$，表示溶液中的碳酸钙有结垢趋势。图 1 为油田注入水不同温度条件下的结垢趋势预测结果，可见单一注入水的结垢指数 SI 值与碳酸钙最大结垢量均随着温度升高而增大。温度大于 70℃以后，结垢指数 $SI>1$，L 油田注入水开始结垢。在热水驱温度 130℃下，碳酸钙最大结垢量达到 90mg/L。

2.1.2 硫酸钙结垢趋势预测

油田硫酸盐垢主要是有 $CaSO_4$、$BaSO_4$ 和 $SrSO_4$，其中以 $CaSO_4$ 最为多见，$CaSO_4$ 垢在 38℃ 以下时生成物主要是石膏 $CaSO_4 \cdot 2H_2O$，超过这个温度主要生成硬石膏 $CaSO_4$，有时还伴有半水硫酸钙 $CaSO_4 \cdot 1/2H_2O$。硫酸盐垢形成主要由于两种不相容水的混合，即在富含成垢阳离子的油层中注入含 SO_4^{2-} 的注入水，致使在油层、近井地带或井筒生成硫酸盐垢。

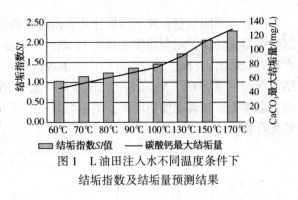

图 1 L 油田注入水不同温度条件下
结垢指数及结垢量预测结果

L 油田注入水、地层水成垢阳离子主要为钙镁离子，不含钡锶离子，因此主要针对硫酸钙（石膏 $CaSO_4 \cdot 2H_2O$、硬石膏 $CaSO_4$）进行预测，参考行业标准 SY/T 0600—2016 油田水结垢趋势预测方法中的硫酸钙垢预测公式：

$$S = 1000(\sqrt{X^2 - 4K_{sp}} - X)$$

式中　S——$CaSO_4$ 结垢趋势预测值，mmol/L；

　　　K_{sp}——溶度积常数，由水的离子强度和温度的关系曲线查的；

　　　X——Ca^{2+} 与 SO_4^{2-} 的浓度差，mol/L。

由水中实测 Ca^{2+} 与 SO_4^{2-} 的浓度，再计算出水中的 $CaSO_4$ 实际含量 C，（其中 C 取 Ca^{2+} 与 SO_4^{2-} 的浓度最小值），单位 mmol/L，将 S 与 C 进行比较。

式中：$S<C$ 有结垢趋势；$S=C$ 临界状态；$S>C$ 无结垢趋势。

如表 1 所示，经公式计算，L 油田注入水与地层水的硫酸钙结垢趋势预测值 S 均大于水中硫酸钙实际含量 C，无硫酸钙垢结垢趋势。

表 1　L 油田注入水与地层水不同温度条件下 $CaSO_4$ 结垢趋势预测

水源类型	C	$S_{60℃}$	$S_{70℃}$	$S_{80℃}$	$S_{90℃}$	$S_{100℃}$	$S_{130℃}$	$S_{150℃}$	$S_{170℃}$
注入水	0.054	4259	4297	4258	4203	4091	4044	4078	4043

2.2 海上 L 油田注入水动态结评价实验结果

2.2.1 不同温度下的沉降垢评价结果

在高温高压腐蚀动态评价过程中，置入结垢挂片，对不同温度条件下注入水的结垢行为进行动态评价，将动态条件下结垢挂片上附着的结垢物称为沉降垢，将实验后水中的结垢物称为悬浮垢，评价沉降垢和悬浮垢的质量变化。对不同温度结垢挂片进行增重分析，其结果如表 2 所示。由上述实验结果可知，注入水在不同温度条件下，在 1.5m/s 的流速下，附着在结垢挂片上的沉降垢总量随温度升高而快速增加，在初始评价温度 60℃ 时，结垢挂片上的沉降垢结垢量 13mg/L，当温度增加到 130℃ 时，沉降垢结垢量为 37.3mg/L，结垢量为地面流程温度条件时的近 3 倍，当温度进一步升高，沉降垢结垢量增加的幅度有所增大，温度为 170℃ 时，沉降垢结垢量为 81.5mg/L。

表 2　不同温度下注入水沉降垢变化情况

温度/℃	挂前重量/g	挂后重量/g	质量增加/g	结垢量/(mg/L)
60	32.6832	32.7027	0.0195	13.00
90	32.5734	32.6092	0.0268	17.87
110	32.5607	32.6066	0.0549	30.60
130	32.6818	32.7378	0.056	37.30
150	32.488	32.5909	0.1029	68.60
170	31.6501	31.7723	0.1222	81.50

图 2 为不同温度条件下结垢挂片表面附着的沉降垢 X 颜色曲线图谱，由图可知，在 60℃时，由于沉降垢垢量较少，衍射曲线表现为 Fe 基体，未能检测到沉降垢的组分；90℃时，X 衍射曲线显示结垢产物有 $CaCO_3$、$(Mg_{0.03}Ca_{0.97})(CO_3)$、$BaMg(CO_3)_2$ 三种组分；温度在 110~180℃时，X 衍射曲线显示结垢产物主要为 $Ca_{0.1}Mg_{0.33}Fe_{0.57}CO_3$。随着温度的增加，注入水结垢挂片表面沉降垢的组分越来越复杂，总体上，随着温度的增加，结垢组分中多了铁、镁、硫等元素，且结垢物多是钙镁复合物或钙镁铁复合物。

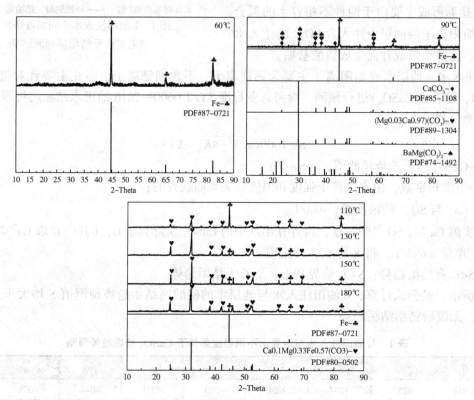

图 2 注入水不同温度条件下沉降垢 XRD 分析

2.2.2 不同温度下的悬浮垢评价结果

注入水高温高压动态实验评价后，对实验后的水样利用 0.45μm 纤维滤膜进行过滤分离，开展不同温度条件下注入水实验后的悬浮垢含量、粒径中值的评定，并对过滤后的固悬物进行了扫描电镜和 XRD 的分析测试。

图 3 为不同温度条件下注入水实验后水样过滤滤膜的宏观形貌，由图可知，实验后水样中过滤出来的悬浮物主要是土黄色、深灰色的物质，呈粉末状。实验后水样中悬浮物统称为悬浮垢，表 3 为根据过滤水样体积、滤膜前后质量获得的结垢量情况，从实验结果来看，悬浮垢含量随温度变化趋势呈现先增后降再增的变化趋势。当温度在 60~150℃时，悬浮垢量随温度升高而不断增大，当温度进一步增大，结垢量开始减少。在 60℃时悬浮垢量为 93.67mg/L，温度为 150℃时，悬浮垢量升高到 1361mg/L，结垢量增加了近 14 倍。

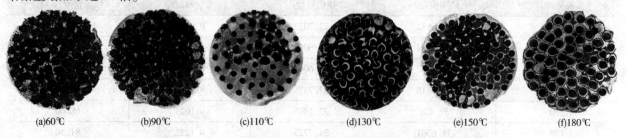

(a)60℃　　(b)90℃　　(c)110℃　　(d)130℃　　(e)150℃　　(f)180℃

图 3 注入水不同温度条件下实验后水样中过滤后滤膜上悬浮垢照片

表 3　注入水不同温度条件下实验后水样悬浮垢测量结果(72h)

序号	温度/℃	滤膜过滤前重量(m_1)/g	滤膜过滤后重量(m_2)/g	结垢量/(mg/L)
1	60	0.0731	0.1012	93.67
2	90	0.0716	0.1193	159.00
3	110	0.0827	0.2313	495.30
4	130	0.064	0.3709	1023.00
5	150	0.0713	0.4796	1361.00
6	180	0.077	0.3583	937.67

　　针对过滤后滤膜上的固悬物进行了微观形貌和能谱分析，SEM 分析表明，大多数温度下获取的悬浮垢呈絮团状，单颗粒存在较少，以团状、聚合形式存在为主，130℃下获得的悬浮垢单颗粒粒径相对较大。从元素组成来看，所有固悬物中都含有较高的 Fe，表明悬浮垢是腐蚀产物及结垢产物的复合产物。总体上，随着温度的增加，悬浮垢中 Fe 含量占比总体上呈降低的趋势，表明温度较低时(<110℃)悬浮垢中腐蚀产物占主导地位，温度较高时，悬浮垢中结垢产物占主导地位(表 4)。

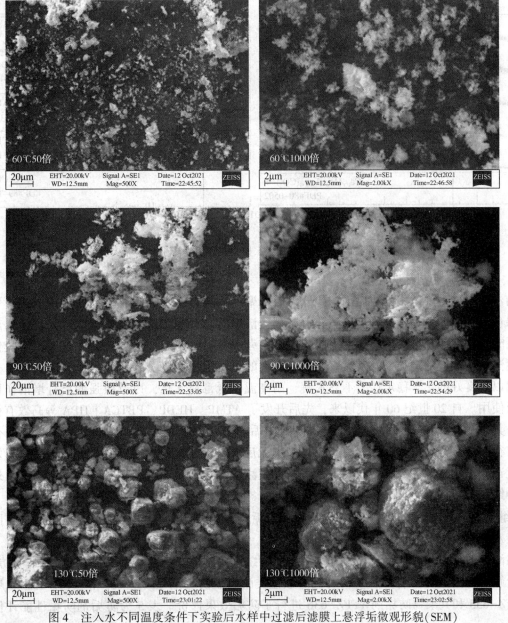

图 4　注入水不同温度条件下实验后水样中过滤后滤膜上悬浮垢微观形貌(SEM)

表 4 注入水不同温度条件下实验后水样中过滤后滤膜上悬浮垢元素分析结果

元素 条件	C	O	Fe	S	Mn	Ca	Si	Cl	Mg
60℃	11.48	3.67	81.90	—	1.44	—	1.51		—
90℃	29.24	16.81	50.26	0.82	0.92	0.97	0.85	0.13	—
110℃	5.03	1.48	91.17		1.46	0.59			
130℃	15.07	21.28	59.65		0.85	2.26	0.37		0.52
150℃	14.25	23.11	60.06	—	1.39	0.88	0.31	—	—
180℃	23.47	20.19	51.43	1.37	1.02	1.49	0.38	0.33	0.33

滤膜上悬浮垢的 X 衍射分析结果如图 5 所示，衍射分析结果表明，60~150℃范围内，注入水在不同温度条件下实验后的悬浮垢主要成分为 $Ca_{0.1}Mg_{0.33}Fe_{0.57}(CO_3)$；当温度升高到 180℃时，结垢产物除了 $Ca_{0.1}Mg_{0.33}Fe_{0.57}(CO_3)$，还增加了 $CaCO_3$ 和 $CaCl_2$ 以及少量的 $FeCl_2$；总体上，温度越高，悬浮垢的组分越复杂。

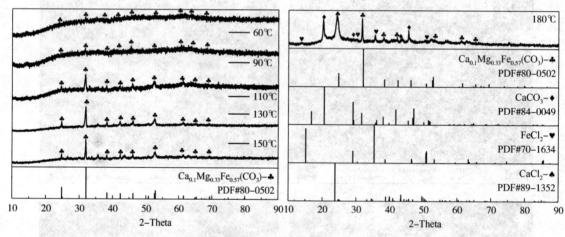

图 5 注入水不同温度条件下实验后水样中过滤后滤膜上悬浮垢 X-衍射谱图

2.3 耐高温防垢剂筛选评价

目前油田水处理中常用的防垢剂主要分为无机聚磷酸盐类、有机膦酸(盐)及聚羧酸类、聚合物阻垢剂及绿色阻垢剂四大类。无机聚磷酸盐阻垢剂受潮后会部分水解成正磷酸盐，容易与金属离子发生反应。同时长期使用大量聚磷酸盐会引起藻类的富营养化，污染水质。因此，无机聚磷酸盐作为单一阻垢剂逐渐被淘汰，随之开发的是具有化学稳定性的有机阻垢剂以及绿色环保型的阻垢剂。有机磷酸类阻垢剂以其良好的化学稳定性、不易水解、耐高温、低毒或无毒，以及极强的螯合增溶作用，至今仍被广泛使用。自 20 世纪 60 年代以来，先后开发了 ATMP、HEDP、PBTCA、HPA 等高效有机膦酸类阻垢剂，其中 90 年代初开发的大分子有机磷酸阻垢剂 PAPEMP 阻垢效果最佳，它的分子中有多个醚键，具有很高的该容忍度和分散作用，与氯基本无反应[9-10]。随着人类环保意识的提高，开发低磷或无磷、无毒、可生物降解的阻垢剂成为科研人员关注的焦点。自 20 世纪 90 年代以来，国内外先后研发了多种绿色阻垢剂，目前最具代表性的是聚天冬氨酸(PASP)和聚环氧琥珀酸(PESA)[11]。其中 PASP 是继聚丙烯酸型后出现的一种绿色环保型阻垢剂，国内外报道居多。PESA 是近年来美国研发的一类环境友好型阻垢剂。

而在海上 L 油田热水驱高温工况下，常规防垢剂的防垢性能下降，无法满足油田结垢防治需要，需要评价筛选耐高温防垢剂[12-15]。对有机磷酸盐类耐高温防垢剂 YFFZ-633 和 YFFZ-634、聚合物防垢剂 YFFZ-635 和共聚物防垢剂 YFFZ-636 进行了防垢效果评价。表 5 为防垢剂防垢性能评价实验结果，由表可知，现场取回的注入水中在实验前进行了钙离子浓度测定，测定结果为 683.96mg/L，在不加防垢剂的情况下，在 130℃温度条件下静置 10h 后的钙离子浓度大幅降低至 313.14mg/L，说明有大量钙离子以沉淀的形式析出水体，导致水中钙离子浓度大幅降低。将 4 种防垢剂分别按 50ppm、100ppm、150ppm 浓度加入水样后，再次在 130℃温度条件下静置 10h，实验结束后，观察水样是否有沉淀物析出，总体上，加入防垢剂后的水样中水样较为清澈，水体底部无明显的沉淀物，滴定各水样中钙离子浓度。在 130℃温度下，4 种防垢剂的防垢率整体上均在 80% 以上。当防垢剂浓度为 50ppm 时，各防垢剂的防垢率低于 87%；当药剂浓度进一步提高至 100ppm 时，YFFZ-636 防垢性能表现优异，防垢率为 92% 以上；当防垢剂浓度进一步增加时，防垢率反而有小幅下降，但总体上在 86% 以上。推荐 L 油田在热水驱加热设备前加注 YFFZ-636，注入浓度为 100ppm，可有效缓解加热设备及沿程注水管汇的结垢。

表5 耐高温防垢剂防垢性能评价结果

药剂名称	防垢剂浓度/(mg/L)	ρCa^{2+}/(mg/L)	防垢率/%
原水/常温	0	683.96	—
空白/130℃	0	313.14	—
YFFZ-633	50	556.54	81.37
YFFZ-634	50	586.63	85.77
YFFZ-635	50	579.11	84.67
YFFZ-636	50	594.84	86.97
YFFZ-633	100	594.09	86.86
YFFZ-634	100	611.19	89.36
YFFZ-635	100	605.37	88.51
YFFZ-636	100	633.55	92.63
YFFZ-633	150	564.06	82.47
YFFZ-634	150	594.09	86.86
YFFZ-635	150	594.09	86.86
YFFZ-636	150	601.61	87.96

3 结论与认识

通过行业标准法预测了注入水在不同温度下的结垢趋势，结垢类型为碳酸钙垢，结垢程度随着温度升高而加剧，预测在热水驱温度 130℃下碳酸钙最大结垢量为 90mg/L。

利用室内动态结垢模拟实验研究了不同温度下 L 油田注入水沉降垢和悬浮垢的结垢量和结垢产物变化规律。从结垢量上看，随着温度升高沉降垢和悬浮垢量都呈现增大趋势，但当温度超过 150℃后悬浮垢量开始减少。在热水驱温度 130℃下，沉降垢量为 37.3mg/L，悬浮垢量为 1023mg/L。实验模拟得到的结垢量大于行业标准法预测值，主要是由于动态结垢实验中结垢挂片腐蚀产物和注入水中残余固体悬浮物的影响。从实验后的结垢产物来看，随着温度升高，结垢产物更趋复杂，以含钙、镁、铁的碳酸盐为主，同时含有一定量铁的腐蚀产物。

针对 L 油田热水驱的结垢问题，评价了 4 种耐高温防垢剂，其中共聚物型防垢剂 YFFZ636 在热水驱温度 130℃下防垢效果最佳，推荐在热水驱加热设备前加入 100ppm 的 YFFZ636 防垢剂，以预防加热设备、管线及井下结垢。

参考文献

[1] 郭殿军, 张力佳, 周志军. 阿拉新阿A区块浅薄层稠油油藏热水驱开发效果研究[J]. 长江大学学报(自然科学版), 2019, 16(08): 23-27+5.

[2] 张民, 杨勇, 王增林, 等. 不同润湿性条件下稠油热水驱微观驱油效果对比[J]. 科学技术与工程, 2016, 16(26): 195-199.

[3] 张民, 王增林, 杨勇, 等. 稠油热水驱微观驱油效果影响因素分析[J]. 特种油气藏, 2015, 22(03): 89-92+155.

[4] 崔盈贤, 张健, 赵文森, 等. 南堡35-2油田化学辅助热水驱油的试验研究[J]. 石油天然气学报, 2013, 35(06): 124-126+9.

[5] 冯海潮, 刘东, 张占女, 等. 稠油油田注热增效研究及实践[J]. 石油化工应用, 2021, 40(12): 30-35.

[6] 任耀宇, 张弦, 罗鹏飞, 等. 特低渗透轻质油藏热水驱提高采收率试验研究[J]. 非常规油气, 2019, 6(01): 69-74.

[7] 马丽萍, 徐春梅, 贾玉琴, 等. 特低渗油藏热水驱阻垢剂的合成、评价及应用研究[J]. 油气藏评价与开发, 2014, 4(02): 46-49.

[8] 徐加放, 史睿, 李影, 等. 松辽盆地某高温特低渗油田注水系统防垢方法[J]. 油田化学, 2021, 38(03): 540-546.

[9] 舒福昌, 赖燕玲, 张煜, 等. 吴旗油田结垢原因及防垢研究[J]. 石油地质与工程, 2007(02): 100-102+10.

[10] 王吉. 油田注水系统碳酸盐阻垢剂的制备与应用[J]. 精细石油化工进展, 2020, 21(02): 25-28.

[11] 任大军, 庄梦娟, 张淑琴, 等. 绿色阻垢剂研究进展[J]. 工业水处理, 2021, 41(12): 41-45.

[12] 周厚安, 冷雨潇, 刘友权, 等. 高温气田水新型阻垢剂的研究与应用[J]. 石油与天然气化工, 2017, 46(01): 57-62.

[13] 任坤峰, 舒福昌, 邢希金, 等. 适用于伊拉克某油田耐温抗盐型阻垢剂性能研究[J]. 海洋石油, 2016, 36(01): 48-51.

[14] 王栾, 侯艳红, 刘星, 等. CO_2驱采出水中高温阻垢剂研制及评价[J]. 全面腐蚀控制, 2011, 25(04): 36-39.

[15] 马丽萍, 黎晓茸, 谭俊领, 等. 一种低成本耐高温阻垢剂的合成及性能评价[J]. 海洋石油, 2014, 34(02): 64-68.

海上稠油多轮次蒸汽吞吐复合增效技术研究及实践

刘 昊 罗少锋 韩晓冬 夏 欢 张 洪 张弘文

【中海石油(中国)有限公司天津分公司】

摘 要：渤海油田稠油储量丰富，但动用程度低，综合考虑蒸汽吞吐技术在海上实施的可行性和经济性，同时为确保试验效果降低试验风险，优选 LD-2 油田两口井，开辟蒸汽吞吐先导试验区，目前已完成 5 井次蒸汽吞吐先导试验。随着吞吐轮次的增加，周期生产效果逐渐变差；2017 年现场压力恢复测试 2 个月仍无法观察到径向流阶段；蒸汽吞吐加热半径有限，加热区外的原油流动性差。针对以上问题，开展降黏剂筛选评价、气体增能助排、化学复合增效等技术研究，并建立了海上稠油热采多轮次吞吐复合增效参数优化模板，指导海上稠油热采复合增效方案的制定，A3 井第二轮次注汽前前置一定量的水溶性降黏剂，开展解堵降压试验，注汽过程中注汽压力平均下降 1MPa，取得了一定的现场实施效果。

关键词：海上稠油；多轮次吞吐；复合增效；优化模板

渤海油田稠油储量丰富，是渤海油田上产的主阵地之一，目前已开辟形成多元热流体先导试验区和蒸汽吞吐先导试验区。蒸汽吞吐作为稠油油藏最成熟、应用最广的稠油热采技术之一，2013 年渤海油田开展了海上稠油油田蒸汽吞吐先导试验。目前已完成 5 井次的蒸汽吞吐，配套形成适合海上稠油热采的六大系统，并满足单井、单轮次的技术需求。随着吞吐轮次的增加，蒸汽吞吐井的周期生产效果变差，为了提高海上稠油油田的周期生产效果，开展复合增效技术研究。

1 概况

LD-2 油田重质稠油储量主要集中在明化镇组和馆陶 I 油组，A2、A3 作为两口先导试验井，目前已完成 5 井次蒸汽吞吐试验，累产原油 $6.68 \times 10^4 \mathrm{m}^3$，2017 年开展现场压力恢复测试 2 个月仍无法观察到径向流阶段，利用数值模拟法预测目前地层压力 11.81MPa，地层压降 0.99MPa；油藏工程方法预测目前地层压力 11.89MPa，地层压降 0.91MPa。单井控制储量 $45 \times 10^4 \mathrm{m}^3$，采油速度 1.3%~2.2%，累积油气比 2.31，井控储量采出程度 6.6%，1-1308 砂体储量采出程度 2.2%。

2 降黏剂的筛选评价

2.1 油溶性降黏剂的筛选

2.1.1 降黏效果评价

针对 5 种油溶性降黏剂进行筛选评价，评价测试结果见表 1。测试结果表明 CYJ-R、CYJ-A 及 YR-2 降黏剂浓度 10% 时降黏率均大于 85%。

作者简介：刘昊，就职于中海石油(中国)有限公司天津分公司渤海石油研究院，工程师，从事海上稠油热采技术研究与现场实践。E-mail：liuhao28@ cnooc. com. cn

表1　LD-2-A2井原油掺入油溶性降黏剂后黏度测试结果

药剂	温度/℃	转速/(r/min)	加量5%时原油黏度/mPa·s	加量10%时原油黏度/mPa·s	备注
YR-5			1260	708	胜利
油溶性降黏剂1#			1064	496	中海油
CYJ-R	52	250	924	364	中海油
CYJ-A			728	276	中海油
YR-2			696	252	胜利

2.1.2　油溶性降黏剂对原油降黏及流变的评价

针对筛选出降黏效果较好的CYJ-A油溶性降黏剂，进一步开展不同浓度的降黏效果及对流变的影响研究，测试结果见表2、表3。

表2　不同浓度油溶性降黏剂CYJ-A降黏效果测试结果(降黏效果好的)

浓度/%	黏度/mPa·s	降黏率/%	备注
1	1733	38.3	
3	1030	63.3	
5	729	74.1	52℃
8	389	86.2	
10	276	90.2	

表3　不同浓度CYJ-A降黏剂对流变影响(52℃)

浓度/%	本构方程	屈服值τ_0/Pa	相关R^2	备注
0	$\tau=2.7926\gamma+0.2103$	0.2103	0.9998	Binham
1	$\tau=1.7957\gamma+0.1210$	0.1210	0.9993	Binham
3	$\tau=1.0667\gamma+0.0742$	0	1.0000	Newton
5	$\tau=0.7540\gamma+0.0304$	0	0.9999	Newton
8	$\tau=0.4011\gamma+0.0191$	0	0.9999	Newton
10	$\tau=0.2842\gamma+0.0160$	0	0.9999	Newton

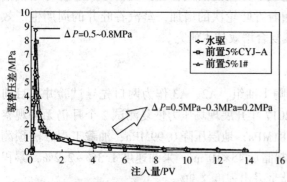

图1　不同降黏剂对降低注入压力的影响(52℃)

研究结果表明：在油藏温度时，降黏剂CYJ-A的浓度大于3%，原油在52℃后流型即可转变为牛顿流体[1]。

2.1.3　油溶性降黏剂对注入压力的影响的研究

对比了前置5%CYJ-A(降黏优)、前置5%降黏剂1#(降黏一般)对降低注入压力的影响，结果如图1所示。

前置CYJ-A可降低注入压力0.5~0.8MPa，同时提高驱替效率7.52%。

2.2　水溶性降黏剂的筛选评价研究

针对9种水溶性降黏剂进行筛选评价，降黏效果见表4。

表4　水溶性降黏体系效果评价结果(52℃)

药剂	浓度	降黏率/%	描述	备注
低聚复合体系	0.5%	99.5	油样乳化分散为小颗粒状，分散均匀	胜利
水溶性自扩散体系	400ppm	99.3	油样乳化分散为小颗粒状，分散均匀	胜利
水溶性降黏剂1#	0.5%	96.1	油样乳化分散为小块状	中国海油
水溶性降黏剂2#	0.5%	97.3	油样乳化分散为丝条状	中国海油

药　剂	浓　度	降黏率/%	描　述	备　注
水溶性降黏剂 3#	0.5%	96.4	油样乳化分散为小块状	中国海油
1 号样品	0.5%	97.5	油样乳化分散为丝条状	中国海油
2 号样品	0.5%	96.9	油样乳化分散为小块状	中国海油
3 号样品	0.5%	98.1	油样乳化分散为较大颗粒，较均匀	中国海油
稠油降黏剂 VR-102	0.5%	98.7	油样乳化分散为较小颗粒，分散均匀	中国海油

降黏效果优：低聚复合体系、水溶性自扩散体系、稠油降黏剂 VR-102；降黏效果良：3 号样品、1 号样品、水溶性降黏剂 2#；降黏效果一般：2 号样品、水溶性降黏剂 3#、水溶性降黏剂 1#。

3　不同气体(N₂、CO₂ 等)增能助排效果评价

在改善油田水驱开发过程中，注入不同气体后存在一定降黏增能助排的效果，利用高温高压稠油 PVT 装置系统开展 N_2 及 CO_2 等气体溶解对原油高压物性的影响研究[2-3]。

3.1　实验装置

实验装置包含高压物性测试装置(图 2)和气体辅助吞吐实验及测试流程图(图 3)。

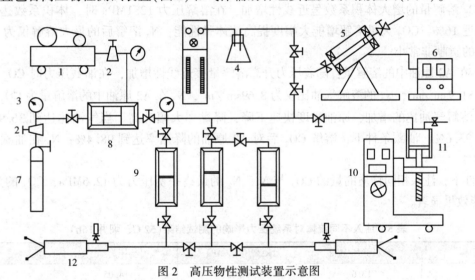

图 2　高压物性测试装置示意图

1—空气压缩机；2—调压阀；3—压力表；4—分离器；5—高压落球黏度计；6—黏度计控制器；
7—气样瓶；8—气动增压泵；9—活塞容器；10—T 控制器；11—T 储样器；12—电动计量泵

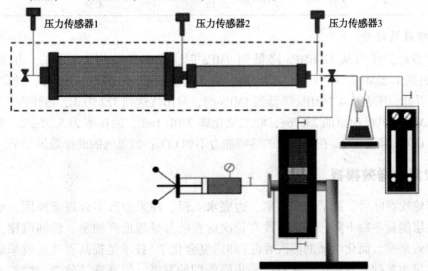

图 3　气体辅助吞吐实验装置及测试流程图

3.2 实验结果与分析

3.2.1 增能降黏效果评价

在地层温度52℃下按照生产气油比向脱水原油样品中注入气体后，原油各主要物性特征变化。利用稠油高压物性分析仪及高温高压黏度计开展相关测试，饱和压力及体积系数与溶剂气油比的关系曲线如图4、图5所示。

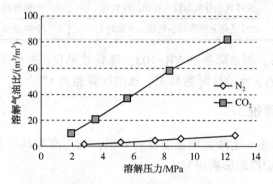

图4　饱和压力与溶解气油比的关系曲线　　　图5　体积系数与溶解气油比的关系曲线

随着CO_2溶解量的增大体积系数呈近线性增加，在溶解压力12.1MPa时，体积系数达到1.158即体积膨胀将近16%，CO_2大量溶解增能大幅度提高流体弹性能；N_2溶解后的最大溶解仅为1.0218，对流体弹性能的贡献非常小。

CO_2/N_2在A2原油中的溶解量：随着压力升高溶解量接近线性增加，在油藏压力时CO_2的溶解气油比能够达到81.9sm^3/m^3，N_2的溶解气油比仅为8.69sm^3/m^3，N_2在A2原油中的溶解量为CO_2的1/10。

随CO_2溶解气油比的增加，原油黏度快速下降，降黏率大幅升高。当气油比达到36.9sm^3/m^3时，其降黏率达93.6%，油藏条件下，溶解CO_2后对A2原油的降黏率达到98.4%；N_2在油藏条件最大降黏率为53.7%。

油藏条件下，注入相同物质的量的CO_2与N_2，N_2的最终平衡压力为12.6MPa，CO_2的为4.56MPa，说明N_2增能效果显著。

表5　注入不同流体对系统压力影响的测试结果(52℃、焖井16h)

注入流体	注入压力/MPa	最高压力/MPa	平衡压力/MPa	注入量/mL
注水	13.6	14.05	14.05	52.61
注入氮气	13.1	13.5	12.6	4394
注热二氧化碳	4.77	5.12	4.56	4309

3.2.2 助排效果评价

注入氮气后吞吐，压力从12.6MPa降低到9MPa时，只出气达到871.1mL，占注入氮气总量的19.8%；压力降低到1.28MPa，共吐出原油41.4g，未见到游离水，吐氮气3079mL，助排率9.43g/L；注入二氧化碳气后吞吐，压力从4.76MPa降低到3MPa时，只出气达到322.7mL，占注入CO_2总量的7.5%；压力降低到0.16MPa，共吐出原油23.76g，吐二氧化碳3301.1mL，助排率为5.51g/L。氮气吞吐实验中无效产气量大于CO_2，印证了N_2在原油中的溶解能力不如CO_2；但氮气的助排效果好于二氧化碳。

4　多轮次复合增效模板

稠油油藏多轮次吞吐后，除了由于汽窜、边底水入侵、注采参数不合理等原因，单纯蒸汽吞吐加热半径有限，地层能量不断下降，都是导致高轮次后吞吐井呈现低产油量、低油汽比、高含水的开发特征，周期生产效果差。而化学辅助蒸汽吞吐(即热复合化学)技术是提高吞吐采收率的有效途径，它是以蒸汽携带热量为基础，利用化学体系进一步降低稠油黏度、提高洗油效率、增加油层能量、提高稠油渗流能力，达到热能和化学体系复合增效、实现改善稠油热采开发效果的目的[4-5]。

结合室内实验结果和现场生产分析，确定该阶段优化的关键参数为泡沫剂注入量、降黏剂注入强度、蒸汽注入强度和氮气注入强度。

运用正交实验方法进行设计方案及结果分析，优化了第4到第10周期堵调+化学辅助蒸汽吞吐阶段的关键参数，形成多轮次复合增效模板，指导工艺方案的优化。

主要参数如下：蒸汽强度 12~16t/m；注汽速度 10~12t/h；焖井时间 5~7d；降黏剂强度 0~0.014t/m；氮气强度 0~900Nm³/m；泡沫剂用量 10~12t。

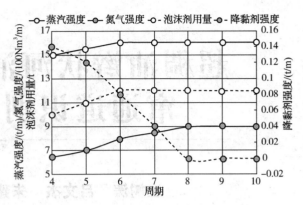

图6　不同周期堵调+化学辅助蒸汽
吞吐阶段的参数优化结果

5　现场实施效果

注汽前注入一定量的水溶性降黏剂，试验其降低注汽压力的效果。A3井第二周期的注汽速度维持在10t/h左右，但注汽压力低于第一周期的注汽压力，平均降低 1.0~1.5MPa。

A3井的井底流温来看，第二周期的注汽效果较好。

6　结论

（1）室内实验表明，优选的前置油溶性降黏剂可降低注入压力 0.5~0.8MPa，同时提高驱替效率7.52%。

（2）采用正交实验方法优化了第4到第10周期堵调+化学辅助蒸汽吞吐阶段的关键参数，形成多轮次复合增效模板，指导优化工艺方案。

（3）现场实践应用结果表明：注汽前注入一定量的水溶性降黏剂，试验其降低注汽压力的效果。A3H井第二周期的注汽速度维持在 10t/h 左右，但注汽压力低于第一周期的注汽压力，平均降低 1.0~1.5MPa。

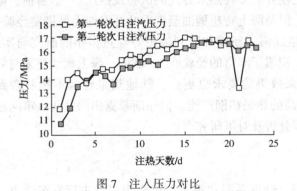

图7　注入压力对比

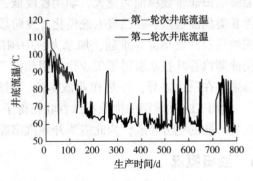

图8　井底流温对比

参考文献

[1] 罗哲明，李传宪. 原油流变性及测量[M]. 东营：石油大学出版社，1994.

[2] 谢尚贤. 大庆油田 CO_2 驱油室内实验研究[J]. 大庆石油地质与开发，1991，10(4)：51-58.

[3] 张小波. 蒸汽-CO_2-助剂吞吐开采技术研究[J]. 石油学报，2006，27(2)：79-83.

[4] 霍广荣，李献民，等. 胜利油田稠油油藏热力开采技术[M]. 北京：石油工业出版社，1999.

[5] 李宾飞，张继国，陶磊，等. 超稠油 HDCS 高效开采技术研究[J]. 钻采工艺，2009，32(6)：52-55+142.

超稠油辫状河油藏蒸汽吞吐汽窜通道识别与调堵研究

王树涛　吕文杰　朱建敏　程　奇　徐锦绣

【中海石油(中国)有限公司天津分公司】

摘　要：渤海首个大规模热采开发的超稠油油藏冷采开发无产能，目前主要依靠长水平井蒸汽吞吐开发，第一口开发井高峰日产油超过100t。随着开发井不断投产，第一周期就出现了邻井间气窜问题，严重影响已投产井的正常生产。由于地层原油黏度超过50000mPa·s，数模研究蒸汽吞吐第一周期普通的储层大孔道中也无法建立与邻井的热连通。通过综合分析辫状河沉积模式、录井、测井资料和动态数据，创新提出了高含水饱和度差油层作为汽窜通道的假设，并通过数值模拟和室内实验得到了验证。研究表明，超稠油油藏成藏过程中储层物性较差的区域原油充注不充分，含水饱和度最高能达到80%以上，导致孔隙中以可流动水为主，容易成为汽窜通道。为减少汽窜对在生产热采井的影响，开展了泡沫调堵研究，室内实验显示泡沫对井间汽窜有一定的抑制作用，将用于矿场汽窜调堵试验。

关键词：超稠油；辫状河；蒸汽吞吐；汽窜通道；泡沫调堵

渤海油田非常规稠油储量大，动用程度低，正在开展多种热采方式的试验及推广[1,2]。目前，渤海油田普Ⅱ类稠油蒸汽吞吐已进入规模化开发阶段，但是海上特超稠油蒸汽吞吐开发尚无可借鉴经验[3]。特超稠油高效开发是世界难题，加拿大、中国陆地辽河、新疆和胜利油田等经过多年的研究与实践，特超稠油蒸汽吞吐技术取得了工业化应用和推广，积累了丰富的经验[4,5]。然而，海上稠油热采与陆地稠油热采存在巨大差异，注热作业成本高，对热采效果的要求也更高，陆地热采经验不能照搬到海上[6,7]。渤海 LD-N 超稠油油藏蒸汽吞吐获得了很高的热采初期产能，但逐渐暴露出的井间汽窜问题制约了热采产能的充分释放，为此需要开展汽窜原因分析及对策研究[8]。

1　油田概况

渤海 LD-N 油田地层自上而下为第四系平原组、新近系明化镇组、馆陶组以及古近系东营组，主要含油层系为新近系明化镇组和馆陶组。油藏类型为油水界面不规则的底水块状油藏(图1)，沉积相为辫状河沉积，特高孔渗储层，明下段孔隙度平均值34.4%，渗透率平均值4181.2mD；馆陶组孔隙度平均值32.9%，渗透率平均值2908.3mD。明下段油藏埋深-945.4～-845.0m，钻井揭示油层厚度8.7～49.7m，各井钻遇底部油水界面为-945.3～-921.4m；馆陶组油藏埋深-930.0～-1060.5m，钻井揭示的油层厚度44.2～85.5m，各井钻遇底部油水界面为-1060.5～-1037.3m。LD-N 油田新近系地面原油性质属超重质特~超稠油，具有密度高、黏度高、含硫量低、胶质沥青质含量高、含蜡量中偏高、凝固点高等特点。

油田采用长水平井蒸汽吞吐开发，水平段长度500m，井距75m，注热参数如下：周期注汽量为6000t，井底注汽干度大于0.35，注汽速度300t/d，焖井时间5d，注汽温度340℃。方案预测第一周期单井高峰日产油 77~126t,累产油(1.43~1.90)×10⁴t。已投产井高峰日产油 71~121t,其中第一口井生产 180d 的累产油 1.10×10⁴t,目前日产油 50t,预测周期累产油能达到设计值。

在 X22 井蒸汽吞吐的注蒸汽阶段,邻井 X23 开始出现汽窜现象,表现为"两高一低"的特征,汽窜前日产油 90t,含水率 20%,井口温度 80℃;汽窜后日产油 30t,含水率 80%,井口温度 110℃,如图 1 所示。

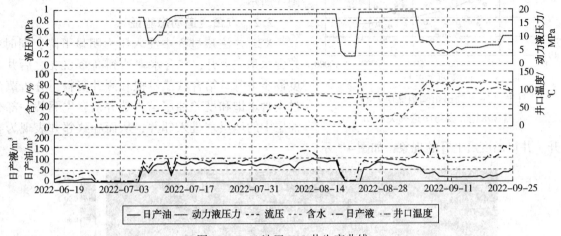

图 1　LD-N 油田 X23 井生产曲线

2　基于辫状河沉积模式的汽窜通道识别分析

2.1　高含水饱和度差油层的识别与分布规律

LD-N 油田辫状河沉积,砂质为主,泥岩甚少。测井解释夹层的岩性一般是细砂岩及以下岩性为主,局部有一些泥质条带。探井 2 井馆陶组内夹层岩心为粉砂岩,颜色白,充注差,原油以油斑形式存在,含水饱和度高达 83.6%,证实了高含水饱和度差油层的存在,如图 2 所示。探井附近新完钻的水平井 X12 井在水平段尾段 2053~2083m 伽马升高、电阻率降低,录井为中细砂岩、无显示,进一步证实了高含水饱和度差油层存在。结合成藏规律分析,辫状河沉积变化快,储层纵向非均性强,厚层砂岩中夹薄层泥质细-粉砂条带或泥岩条带,其中泥质细-粉砂岩由于物性差,稠油难以充注或充注不饱满,导致存在高含水饱和度差油层。

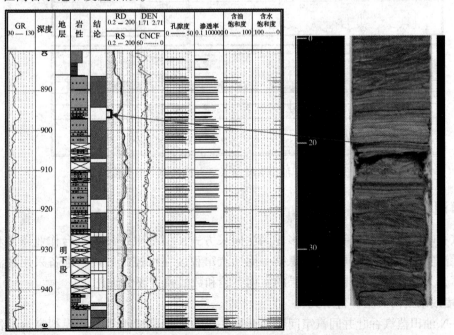

图 2　LD-N 油田探井 2 井测井曲线与岩心图

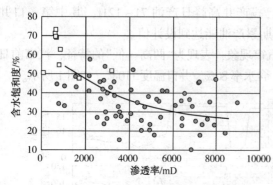

图3 LD-N油田馆陶组储层岩心
实测含水饱和度与渗透率关系图

统计分析岩心资料，岩心实测渗透率与含油饱和度呈正相关，与含水饱和度呈负相关，物性较差的储层含水饱和度较高，含水饱和度最高能达到80%以上，导致孔隙中以可流动水为主，容易成为汽窜通道，如图3所示。

2.2 汽窜通道动态验证

X22井注热过程中注入压力明显下降，同时X23井含水率先上升，在含水率达到高峰80%之后井口温度逐步上升。结合数值模拟和测井资料，分析蒸汽通过高含水饱和度差油层窜入邻井前，先驱替一部分差油层中的地层水进入邻井，从而导致邻井表现为含水先上升、井口温度后上升的现象，如图4所示。

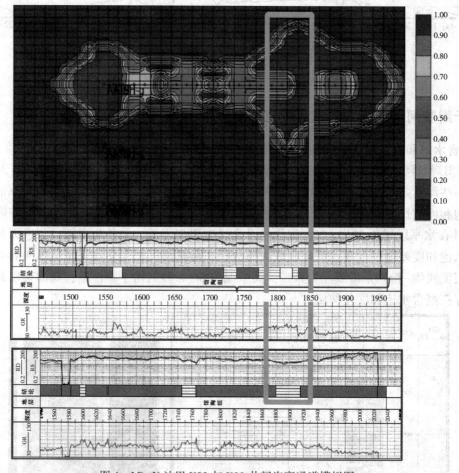

图4 LD-N油田X22与X23井间汽窜通道模拟图

3 汽窜调堵对策研究

目前蒸汽吞吐井间汽窜防治主要为多井同注同采方式，但受限于海上平台作业条件和要求，第一周期部分井无法实现邻井同注同采。考虑第一周期汽窜程度在可控范围内，准备采用高温泡沫调堵的方式控制汽窜，为此开展了泡沫调堵效果的室内实验和数模模拟评价研究。

3.1 调堵效果室内实验评价研究

针对LD-N油田蒸汽吞吐井间汽窜问题，开展一维双管驱替模拟实验，模拟高含油饱和度油层段与高含水饱和度差油层段的渗流阻力差异，并评价泡沫对高含水饱和度差油层的调堵效果。

实验过程：①高、低渗透填砂管准备工作：分别将60目和120目的石英砂放置到托盘内，加少许水(砂水体积比为10∶1)将其搅拌均匀，采用分段压制将其压实，直至填满为高、低渗透填砂管。②饱和油实验：实验用油为现场生产井取得的实际原油，装入中间容器中待用，将模型接入饱和油流程，打开烘箱，温度调为70℃；填砂管放入加热套中，加热套温度调节为200℃，管线用伴热带缠绕，伴热带温度设定为100℃，之后恒温2h；将实验用油以0.2mL/min速度注入岩心，进行油驱水，建立束缚水；当压差稳定，记录此时的压差及从岩心中驱替出的累计水量，计算出岩心原始含油饱和度。③双管并联准备工作：将低渗透填砂管放入另一个加热套中，温度设定为200℃，用三相阀将准备好的高渗透填砂管和低渗透填砂管并联，不改变烘箱、加热套和伴热带温度，之后恒温2h。④200℃热水驱替：设定回压为2MPa，以1mL/min速度进行200℃热水驱替，用25mL量筒收集高、低渗透填砂管的产出液，每1h更换量筒，每换一个量筒标记好顺序，记录不同时段产出液的液量，含油量。⑤200℃热水+起泡剂驱替：将两个填砂管分别重新饱和油、饱和水，设定回压为2MPa，以1mL/min速度进行200℃热水驱替并伴注1%浓度起泡剂及氮气(气液比1∶1)，用25mL量筒收集高、低渗透填砂管的产出液，每1h更换量筒，每换一个量筒标记好顺序，记录不同时段产出液的液量、含油量。

实验结果：200℃热水驱替150min之后，累计产油38.0mL，驱替效率26.2%；200℃热水+起泡剂驱替150min之后，累计产油46.6mL，驱替效率32.1%。相对于对照组，200℃热水+起泡剂驱替含水率有一定程度下降，双管实验表明泡沫起到了良好的堵调作用和驱油效果，如图5所示。

泡沫具有堵水不堵油的特性，加入起泡剂后，在低渗管生成泡沫，对低渗管起到堵调作用，相较热水驱，注入的热水更多地流向了填充油样的高渗管。随着高渗管的油被不断采出，高渗管内含油饱和度不断下降，起泡剂在高渗管内生成泡沫，封堵优势通道，提高高渗管的采出率。

3.2 调堵效果数值模拟评价研究

根据室内实验优选出的起泡剂性能，通过数值模拟对比了不同泡沫前置段塞情况下的汽窜调堵效果，确定前置400m³泡沫方案最优，并且汽窜调堵效果明显，如图6所示。

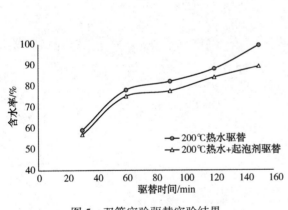

图5 双管实验驱替实验结果

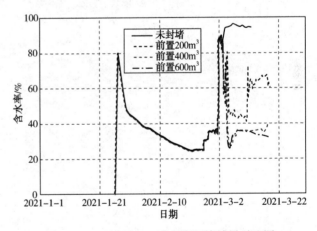

图6 LD-N油田X23井汽窜调堵效果对比图

4 结论

(1) 辫状河沉积变化快，储层纵向非均性强，厚层砂岩中泥质细-粉砂岩由于物性差，超稠油油藏原油难以充注或充注不饱满，导致存在高含水饱和度差油层。

(2) 结合岩心资料统计分析和数值模拟，超稠油油藏差油层含水饱和度最高能达到80%以上，导致孔隙中以可流动水为主，容易成为汽窜通道。

(3) 通过室内实验和数模模拟评价了泡沫的汽窜调堵效果，优选出了前置400m³的泡沫调堵方案，将用于矿场的汽窜调堵试验。

参考文献

[1] 刘小鸿, 张凤义, 黄凯, 等. 南堡35-2海上稠油油田热采初探[J]. 油气藏评价与开发, 2011(1-2).

[2] 唐晓旭, 马跃, 孙永涛. 海上稠油多元热流体吞吐工艺研究及现场试验[J]. 中国海上油气, 2011(3).

[3] 吴永彬, 李松林. 海上底水稠油油藏蒸汽吞吐可行性研究[J]. 钻采工艺, 2007(3).

[4] 余洋, 冯国庆, 陈仁人等. 春10井区特稠油水平井蒸汽吞吐注采参数优化研究[J]. 石油地质与工程, 2016(03).

[5] 赵淑萍. 陈家庄油田南区薄层特稠油油藏高效开发关键技术及其应用[J]. 油气地质与采收率, 2012(03).

[6] 王大为, 周耐强, 牟凯. 稠油热采技术现状及发展趋势[J]. 西部探矿工程, 2008(12).

[7] 陈伟. 陆上A稠油油藏蒸汽吞吐开发效果评价及海上稠油油田热采面临的挑战[J]. 中国海上油气, 2011(6).

[8] 杨元亮. 浅薄层超稠油水平井蒸汽驱汽窜控制因素研究[J]. 特种油气藏, 2016(6).

渤海高温油田智能分注技术创新与实践

王 威 陈 征 张 乐 徐元德 蒋少玖 张志熊

【中海石油(中国)有限公司天津分公司】

摘 要: 渤海油田稠油储量丰富,热水驱作为稠油热采重要手段被应用于渤海油田。但目前渤海油田热水驱温度较高,现有智能分注工作筒在高温条件下可能出现动密封结构失效、陶瓷水嘴零部件发生形变、工作筒关键零件腐蚀等现象发生,难以实现稠油油田热水驱的要求。为此,针对现场实际情况,渤海油田通过优化智能分注工作筒、测调仪,创新形成了一套适用于渤海油田的高温边测边调智能分注技术,能够大幅提升智能分注井下工具耐温程度,保障稠油热水驱开发顺利实施。目前,该技术已在现场应用 3 口井,为渤海油田稠油热采提供了有力技术支持。

关键词: 渤海稠油油田;热水驱;高温;边测边调技术

渤海油田稠油储量丰富。目前,油田常用的稠油开采方式主要是稠油冷采和稠油冷热采[1]。稠油冷采方式主要是通过注入化学剂降低原油黏度,但采收率相对较低[2,3]。而稠油热采方式是利用稠油黏度-温度流变特性通过提高温度降低原油黏度进而提升开采效果[4-6]。热水驱作为稠油热采的重要手段以其工艺简单、成本较低、流度密度与原油相近而被油田科技工作者们应用于渤海稠油油田[7,8]。渤海稠油油田热水驱的水温一般在 120℃ 左右,而现有的智能分注管柱最高耐温 120℃,难以满足智能分注工作筒长期稳定有效,工作筒易在高温条件下出现动密封结构失效、陶瓷水嘴零部件发生形变、工作筒关键零件腐蚀等情况,影响稠油油田的开发[9]。为解决上述问题,本文从现场实际出发,通过优化高温智能分注工作筒动密封结构设计、公差配合设计、材料优选及测调仪流量计选型、密封优化设计、测调仪扭矩优化设计、电子元器件优选,创新形成了一套适用于渤海油田的高温边测边调智能分注技术,能有效提高井下工具耐温程度,保证工具长期有效,为稠油热水驱开发顺利实施提供技术支持。

1 高温边测边调工艺组成及原理

高温边测边调工艺主要包括地面控制器、测调仪及工作筒。以电信号为媒介,通过电缆作业的方式,下入测调仪与工作筒对接,通过地面控制器控制注水测调仪器,调节注水工作筒水嘴的大小,改变各层注入量。同时利用测调仪检测井底温度、压力、流量参数,并通过地面控制器对井下参数进行监测。

2 井下工具设计

2.1 高温边测边调工作筒优化设计

2.1.1 工作筒组成

智能分注工作筒主要由上接头、外筒、活动水嘴组件、固定水嘴组件、下接头以及其他配套密封件组成,中部设置有中心通道和桥式通道双流道,实现多层测调分注,下部设置活动水嘴与固定水嘴,

---

作者简介:王威(1995—),男,硕士研究生,初级工程师,2020 年 6 月毕业于东北石油大学,现就职于中海石油(中国)有限公司天津分公司。E-mail:wangwei217@cnooc.com.cn

活动水嘴组件轴向移动实现水嘴开度大小的控制。

2.1.2 工作筒工作原理

1. 分层注水原理

在注水过程中，流体从工作筒上接头流入，一部分流体流入中心通道，另一部分流体流入桥式通道，流体经中心通道被注入地层，另一部分流体与流经桥式通道的流体在下接头处汇合一起流入下一地层(图1)。

图1　高温边测边调工作筒分层注水原理示意图

2. 分层测调原理

工作筒内部设计无级可调节水嘴，包括活动水嘴和固定水嘴两部分，活动水嘴连接调节套，调节套在测调仪调节块的带动下，沿行程螺纹旋转，实现轴向的上下移动，从而实现工具水嘴的开关，进而实现对地层配注量的控制。

2.1.3 结构优化设计

由于高温边测边调工作筒在高温分注井中应用，长期受地层高温高压环境影响，边测边调工作筒的优化设计主要针对动密封问题、公差配合问题以及材料腐蚀问题开展。

1. 密封设计

针对高温边测边调工作筒的使用环境及使用特点，其动密封结构优选 BALSEAL(巴塞尔)密封，其中 BALSEAL(巴塞尔)密封优势主要包括：

(1) BALSEAL(巴塞尔)密封能够降低调节扭矩。它可以抵抗压缩变形，其独特的线圈可以补偿不对准、容差变化和表面不规则在陶瓷调节套结垢后外径尺寸增大的情况下，BALSEAL(巴塞尔)密封的应用使调节水嘴时动密封产生的阻力不至于急剧增加，因而降低了水嘴因阻力过大而无法调节的风险。

(2) BALSEAL 斜圈弹簧在压缩时具有独特的偏转和力特性，在工作挠度范围内施加几乎恒定的力。

(3) 在水环境下具有优异的密封性能，在酸性环境下具有良好的密封性能。

(4) BALSEAL(巴塞尔)密封适用的压力范围更广。

(5) BALSEAL(巴塞尔)密封适用的温度范围更广。

2. 公差配合设计

由于在高温环境下，调节套和陶瓷水嘴，因材质不同热膨胀系数不同，引起的变形量不同，可能导致陶瓷水嘴碎裂，因此，对零件公差进行校核和优化，通过适当放大调节套和陶瓷水嘴的配合公差，避免陶瓷水嘴被挤裂，同时增大活动部件间隙，在确保密封性前提下，确保高温条件下水嘴调节灵活可靠，避免活动部件遇卡。同时，优化出水口结构，将焊接结构由螺纹和O圈替换，避免焊接引起的密封问题，提高可靠性。

3. 材料优选

由于在高温环境下，酸化作业过程中，存在工作筒关键零件腐蚀失效的风险，以往边测边调工作筒选用的经过 QPQ 处理的 42CrMo，因此，需要通过材料优选，选取耐腐蚀材质，保证井下工作筒长期有效。

其中 17-4PH 合金是由铜、铌/钶构成的沉淀硬化型马氏体不锈钢。具有高强度、高硬度，较好的焊接功能和耐腐蚀功能性能，良好的衰减性能和抗腐蚀疲劳性能。因此，选用 17-4PH 代替 42CrMo 作为本体钢体材料，使得材料耐腐蚀性能大幅提高。

2.1.4 技术指标

工作筒外径 $\Phi80mm$，内通径 $\Phi46mm$，仪器总长 2111mm，工作温度 $-20\sim150℃$，工作压力

70MPa，流量范围 $10\sim1000\text{m}^3/\text{d}$，可应用在 4.75in、4in、3.88in、3.25in 防砂内通径的高温注水井。

2.1.5 工作筒结构优势

（1）设计有中心通道和桥式通道结构。满足多层注水测调，具有压力平衡功能。

（2）水嘴耐腐蚀，抗磨损，可无级调节注水量。

（3）采用格莱圈及巴塞尔密封，测调扭矩低，可轻松调节注入水嘴。

（4）预留氧活化测试通道，满足氧活化测试需求。

2.2 高温边测边调测调仪优化设计

2.2.1 测调仪组成

温测调仪是高温边测边调分注工艺的关键井下工具，其主要作用是监测井下各地层温度、流量、压力等参数，同时调配各地层分层注水量。测调仪结构主要包括：扶正、防过载电缆头，流量计，压力、温度传感器，线路控制、测量模块，变速控制伺服电机，凸轮机构，导向支撑臂，调节执行机构，加重杆连接头等。其中测调仪结构见图2。

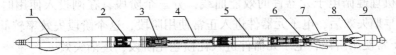

图2 调仪器整体结构示意图

1—扶正、防过载电缆头；2—流量计；3—压力、温度传感器；4—线路控制、测量模块；5—变速控制伺服电机；
6—凸轮收放机构；7—导向支撑臂；8—调节执行机构；9—加重杆连接头

2.2.2 测调仪工作原理

测调仪下井开臂后通过锥体导向坐到工作筒上，仪器的调节爪带动水嘴调节组件通过梯型螺纹做上下运动，从而带动活动水嘴在固定水嘴上来回移动，进而达到将活动水嘴的出水口开大或关小的作用，实现调节注水量的功能。测调仪在调节工作筒水嘴开度的同时可以监控井下压力和温度参数，同时通过流量计测算流体流速，从而得到流体的流量值，并通过电缆将测得的数据参数反馈至地面控制设备。

2.2.3 结构优化设计

由于高温边测边调测调仪仅在作业期间处于高温环境，主要涉及密封及电子元器件针对150℃高温工作环境的选型。边测边调测调仪的优化设计主要针对测调仪流量计选型问题、密封问题、测调仪输出扭矩问题、电子元器件选型问题开展。

1. 流量计选型

流量计作为井下测调仪的重要组成部分，由于需要在井下长期监测流量，需要流量计具备坚固耐用、无运动部件、耐腐蚀锈蚀、可靠性高和抗污能力强的特点。海上油田常用的流量计主要有电磁流量计、超声波流量计和涡街流量计可供选择。

其电磁流量计主要工作原理是电磁流量计测量原理，基于法拉第电磁感应定律。根据电磁感应定律，在非磁性管道中，利用测量导电流体平均速度而显示流量的流量计。工作原理示意图见图3。涡街流量计是根据卡门涡街原理，当水流在过流通道经过涡街流量变计时，会产生正比于流速的两列旋涡，根据旋涡的释放频率得到测试流量。

超声流量计是采用超声波脉冲顺流和逆流声速传输速度不同的原理来测量流体流动速度，以此换算出流量大小的仪器。

与超声波流量计和电磁流量计相比，涡街流量计量程较小，测量精度较低。与电磁流量计相比，超声波流量计具有机械结构隐患小，有优良的温度、

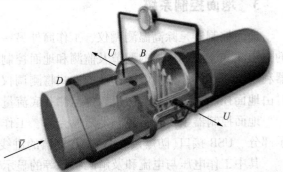

图3 电磁流量计工作原理示意图

压力、抗腐蚀特性。因边测边调测调仪流量测试范围较大、在井下工作时间较短等特殊情况下，需要量程比较大的流量计。综合判断三种流量计的结构特点及优势，因此高温边测边调分注工艺所用超声流量计。

2. 密封优化设计

在高温环境下，普通密封圈无法满足150℃环境下的密封要求，因此O型密封圈选用进口派克VG109氟橡胶密封圈。工作温度高（-42~204℃），具有抗气爆（RGD）、抗挤出特点，可满足高温条件下密封长期有效。

3. 测调仪扭矩优化设计

由于在高温环境下，普通电机减速器总成，内部结构精密，高温条件下结构受热变形，易出现输出扭矩降低情况。为此，综合考虑所使用材料的热可靠性和轴承润滑油脂的黏性，优选MAXON高温可靠性电机，其长期可靠工作温度为150℃，可满足高温条件下测调仪工作正常。

4. 电子元器件优选

高温老化筛选机理遵循电子元器件的效能曲线，分三个阶段，在刚投入使用时一般失效率较高，叫早期失效，经过早期失效后，电子元器件进入正常使用阶段，这个阶段失效率较低，叫稳定期（恒定失效率期），过了正常使用阶段，电子元器件进入耗损老化阶段，逐渐失效。

由于常规电子元器件适用温度在120℃以内，150℃环境下，电子元器件存在失效风险。井下仪器电气部分整体按照环境温度150℃进行设计，对各种电子元器件进行严格选型，按照高温优先原则进行筛选。对电子元器件进行高温存储老化、高温存储老化、高温功率老化筛选。

2.2.4 测调仪技术特点

1. 同心对接容易可靠

测调仪与边测边调工作筒采用同心对接方式，对接容易可靠。

2. 调配效率高

全数字数据通信，数据地面直读、测调一体化的测试调配方法，并且井下仪器可重复起下对任意层段进行调配，有效提高调配效率。

3. 检测方法灵活

可采用上提或下放两种方式重复起下对全井调配结果进行统一检测，可实现任意换层段测量并调节注水流量，有效防止由于层间干扰带来调配的诸多不便。

4. 测调直观

采用多个位置传感器，能在线反馈仪器的工作状态，直观了解仪器的井下工作情况，使测调工作能更准确、快捷、有效安全地进行。

5. 施工安全可靠

流量计采用非截流潜水式测量设计，结构定位采用无外露螺钉设计，导线布线采用隧道式过线设计，无节流密封圈，不易遇阻更安全。

3 地面控制系统

地面控制器是除高温测调仪、工作筒外另一件核心设备，高温边测边调分注工艺技术包括工作筒的分层注入、测调仪器的调节及监测和地面控制系统的控制与显示。地面控制器与验封测调一体化仪器利用电缆连接，采用电缆作业的方式将测调仪下入井下，一趟电缆作业完成对所有层段的调配，同时由地面控制器及配套上位机软件监测井底流量、压力、温度等参数，实时显示。

地面控制器主要包括控制器防爆壳体、工作电压与电流和及解码状态等的显示部分、操作界面显示部分、USB接口（防爆接线盒）、控制器的进线和出线口。

其中工作电压与电流和及解码状态等的显示部分用来监测工作时的电流与电压的大小及解码状况，以便更准确地控制井下仪器工作；操作界面显示部分为触摸式控制，方便可靠；控制器的进线和出线口，用来将 220V 供电电压引入控制器，并将地面控制信号传输到井下测调仪器中，电缆采用船用电缆。地面控制器结构见图 4。

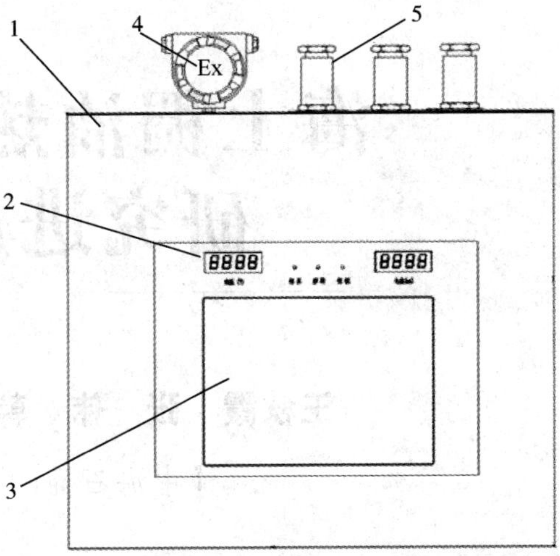

4 现场应用

自开展现场应用以来，高温边测边调技术已在渤海油田成功完成 3 口井现场成果转化，目前在井完好率达 100%。

5 结论

（1）高温边测边调工作筒通过动密封结构设计、公差配合设计、材料优选可满足井下 150℃ 高温条件长期稳定有效。

（2）高温边测边调测调仪通过流量计选型、密封优化设计、测调仪扭矩优化设计、电子元器件优选可满足井下 150℃ 高温条件下的测调。

（3）高温边测边调技术可实现防砂内通径 4.75in、4in、3.88in、3.25in4 高温注水井的分层注水，可满足渤海油田高温注水井全尺寸覆盖。

图 4 地面控制器结构

1—控制器防爆壳体；2—工作电压与电流和及解码状态等的显示部分；3—操作界面显示部分；4—USB 接口；5—控制器的进线和出线口

参考文献

[1] 袁栋. 我国稠油开发的技术现状及发展趋势探析[J]. 中国石油和化工标准与质量，2021，41（11）：162-163.

[2] 王赫. 稠油冷采中微球调驱体系渗流规律研究[D]. 大庆：东北石油大学，2021.

[3] 杨洋. 冷采稠油井射孔段检测与解堵技术研究[D]. 西安：西安石油大学，2021.

[4] 刘慧卿，东晓虎. 稠油热复合开发提高采收率技术现状与趋势[J]. 石油科学通报，2022，7（02）：174-184.

[5] 杜春晓，耿志刚，廖辉，等. 渤海稠油油田开发技术国际对标研究[J]. 当代化工，2022，51（08）：1984-1990.

[6] 陈秋月，王中华，王婷，等. 利用地热能提高稠油油藏采收率的探索与实践[J]. 石油化工应用，2022，41（06）：43-47.

[7] 吴春洲. 稠油热水驱用耐温纳米冻胶堵剂室内研究[J]. 当代化工，2022，51（03）：589-593.

[8] 郝潇潇. 渤海稠油油藏热采渗流规律研究[D]. 北京：中国石油大学（北京），2017.

[9] 于志刚，周振宇，葛嵩，等. 海上高温油田电缆永置智能分注工艺研究与应用[J]. 石化技术，2022，29（06）：90-92.

海上稠油热采关键工艺技术研究进展及实施成效

王秋霞 张 伟 韩晓冬 王弘宇 刘 昊 王 成

【中海石油(中国)有限公司天津分公司】

摘 要: 渤海油田稠油油藏资源丰富,目前动用程度较低。针对海上稠油热采油藏埋深、水体活跃、储层复杂、热损高、平台空间小、井距大、成本高、单井经济累产要求高等技术难题,以大幅度稠油提高采收率和提高经济效益为目标,分别从多功能规模化热采注热装备、井下高温安全控制系统、高干注汽、高温长效光纤测试、同心管射流泵注采一体化等方向取得稠油热采关键技术突破,保障了 LD 油田蒸汽吞吐先导试验顺利实施,并建设形成首个水平井过热蒸汽驱先导试验、首座规模化热采示范平台,有力推动渤海特稠油油藏和薄互层稠油油藏整体开发进程。系统分析海上稠油热采规模化开发过程中出现的问题,总结规律认知,制定措施,创新技术,助推渤海稠油热采持续高效开发。

关键词: 热采;井下安全控制;高干注汽;高温测试;注采一体化

渤海油田自 2008 年起开始稠油热采开发实践,热采开发技术的应用使得单井产能明显增加[1-3]。热采开发是现阶段高效开发稠油油藏的主要技术之一,为了进一步保障海上稠油热采井安全注热和生产,进一步提高稠油热采井的注热和生产效果,攻关配套了稠油规模化热采地面装备、井下高温安全控制系统、高干注汽、高温长效光纤测试、同心管射流泵注采一体化等关键技术,保障了旅大 27-2 油田蒸汽吞吐先导试验顺利实施,并建设形成首个水平井过热蒸汽驱先导试验、首座规模化热采示范平台,有力推动渤海特稠油油藏和薄互层稠油油藏的整体开发进程。

1 海上稠油热采关键技术探索

1.1 多功能规模化热采注热及烟道气净化回注装备

图 1 多功能规模化热采注热及
烟道气净化回注装备

利用蒸汽锅炉产生高干度蒸汽,同时将锅炉产生的烟道气利用双疏膜技术除尘,陶瓷膜技术脱硫处理,根据油藏需求将净化后的烟道气随蒸汽注入油藏。利用蒸汽,气体协同作用增产,扩大热量波及范围,补充储层能量,达到提高油井产能目的,同时具有低碳环保、节约集成特点,满足海上稠油油田高效经济开发需求。

与陆地同等排量装备比,面积减少 12m²、重量减少 9t、寿命提高 10 年,可实现油气混烧;具有烟气脱尘、除硫功能、实现"蒸汽+烟气"复合增效,烟道气净化(图 1)。

1.2 井下高温安全控制系统

根据"海洋石油安全管理细则"总局令第 25 号相关规

定："气井、自喷井、自溢井应当安装井下封隔器；在海床面 30m 以下，应当安装井下安全阀"。稠油热采井蒸汽注入过程中井下温度和压力较高，常规井下安全控制工具无法满足其海上稠油热采井井下高温高压工况的要求，攻关配套主要由高温封隔器、高温安全阀、高温排气阀、定压开启工具、地面控制系统 5 部分组成的井下高温安全控制系统，其主要功能是实现油管和油套环空通道的开启和应急关闭。关键技术指标见表 1。

表 1　井下高温安全控制系统关键技术指标

高温封隔器		高温安全阀		高温排气阀	
耐温等级/℃	350	耐温等级/℃	350	耐温等级/℃	350
耐压等级/MPa	21	耐压等级/MPa	21	耐压等级/MPa	21
控制管线坐封压力/MPa	29	开启压力/MPa	10	开启压力/MPa	10~17
自补偿距离/m	0.5~5	关闭压力/MPa	3.8	关闭压力/MPa	3.8~10

1.3　高干注汽技术

采用高真空/气凝胶材料隔热油管，配套隔热接箍、隔热扶正器、隔热补偿器，形成全密闭无热点注汽管柱，同时环空采取间歇/连续注氮工艺，进一步降低热井筒沿程损失，提高注汽质量，保障热采效果。

为了弥补高真空隔热油管存在的隔热效果对真空度依赖大、使用寿命等问题，研制了气凝胶隔热管。因其特殊结构形式消除了热对流、热传导和热辐射，隔热等级 E/D 级；隔热寿命为 15~30 个注汽周期。

隔热接箍配套隔热油管使用，采用"内管+隔热层+外管"的隔热结构设计，降低油管接箍处的热损失。

为提高热能利用率，保护套管及水泥环，环空采取注氮隔热措施；制氮设备采用高纯度制氮机，氮气纯度可达到 99.9%，油套环空充满氮气避免高温井液上返至环空，增加隔热效果，同时降低腐蚀。

1.4　高温长效光纤测试技术

结合海上油田现有管柱结构，形成了一种可实现热采井高温井下长效测试的工艺管柱，通过采用 Y 型穿越装置实现管内外温度、压力监测，其中 Y 型穿越装置以上可实现对环空温度、压力长效监测，Y 型穿越装置以下实现水平段温度、压力长效监测，同时地面安装光纤密封保护器，降低作业风险，从而实现热采井温度、压力数据长效、安全监测。具体测试管柱图见图 2。

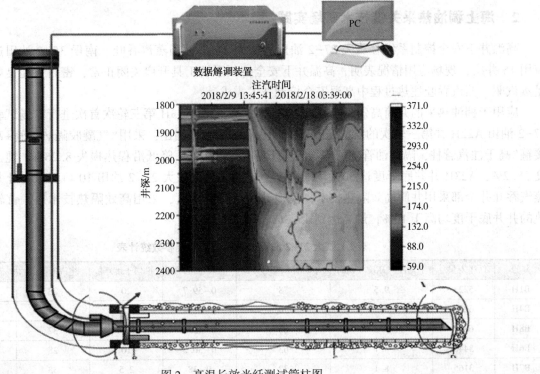

图 2　高温长效光纤测试管柱图

1.5 同心管射流泵注采一体化技术

利用射流泵注采一体化管柱实现注热、焖井、生产、井下安全控制等功能，该管柱主要包括工作筒、内泵筒、生产泵芯等。其中工作筒、内泵筒分别与同心双级油管连接，内泵筒插入工作筒内，两者配合形成插入密封定位。工作时，生产泵芯插入内泵筒，动力液通过喷嘴高速喷出，将井底液体吸入，两种液体在喉管中进行混合、能量交换，最终将井底流体举升至地面。

注汽时：注热前起出1根小油管、开启注热通道；分别从同心内管、同心内/外管间环空注入蒸汽；蒸汽输入量达到设计值后进行焖井。

生产时：投产前回接1根小油管；投入生产泵芯，动力液从同心内管注入，动力液与地层流体的混合液从同心内/外管间环空产出(图3)。

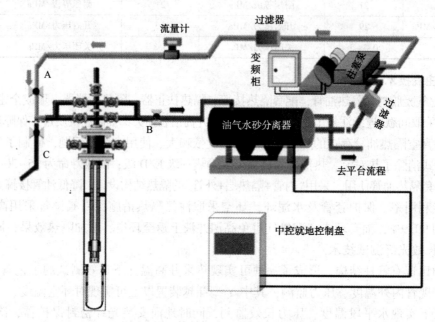

图3　同心管射流泵注采一体化流程图

2　海上稠油热采关键技术矿场实践

高温井下安全控制系统在旅大27-2油田和旅大21-2油田蒸汽吞吐、南堡35-2油田过热蒸汽驱应用15井次，现场应用情况表明，高温井下安全控制系统工具开启关闭正常，密封性能良好，能够满足蒸汽驱、蒸汽吞吐注热过程中高温安全控制技术需求。

应用于稠油热采的井筒高效隔热技术在旅大27-2油田A23H第三轮次首次进行矿场试验，与旅大27-2油田A22H井第三轮次的"高真空隔热油管+普通接箍"相比，采用"气凝胶隔热油管+高真空隔热接箍"高干注汽管柱，隔热油管外壁平均温度下降超过100℃，降低沿程热损失8.26%，纯提高井底干度38.2%，A23H井井底干度达50%。海上首个规模化热采旅大21-2油田10口蒸汽吞吐井的首轮次蒸汽吞吐井全部采用井筒高效隔热技术，模拟计算了井底干度，采用高效隔热技术后，首轮次正常注热的井井底干度均高于10%，最高达到45.3%。

表2　旅大21-2油田热采井注热关键参数统计表

井号	总注入量/t	平均注汽速度/(t/h)	平均井口干度/%	井底干度/%	平均干度/%	注汽时间/d	有干度时间/d
B1H	5223	9.5	78	0~59.7	20	23	19
B4H	6252	8.2	70	0~32.7	3.9	34	12
B8H	6828	9.5	85	0~42.5	21.4	32	31
B6H	5446	8.7	63	0~30.3	10	28	15
B7H	3165	8.1	32	0~38	2.5	33	4

井号	总注入量/t	平均注汽速度/(t/h)	平均井口干度/%	井底干度/%	平均干度/%	注汽时间/d	有干度时间/d
B9H	5062	9	60	0~30.3	3.2	26	3
B10H	3960	9.2	58	0~39.6	15	21	11
B2H	5600	12.5	84	34~44	39.6	20	20
B3H	6637	9.8	78	9.2~38.9	23.3	30	28
B5H	6375	10.5	86	41~50.3	45.3	26	26
平均	5454.8	8.3				27.4	

高温长效光纤测试技术已累计成功应用 4 井次,为注热管柱隔热效果评测、特殊位置的关键温度、水平段的整体动用情况、增效措施优选和方案的精准模拟提供第一手数据支持(图 4~图 6)。

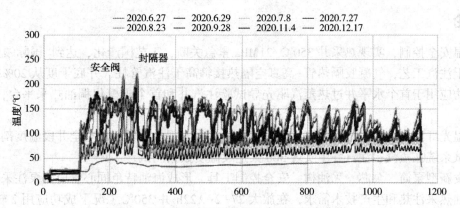

图 4　注汽过程中不同时间油套环空温度曲线

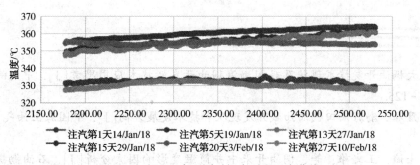

图 5　注汽过程中不同时间水平段温度曲线

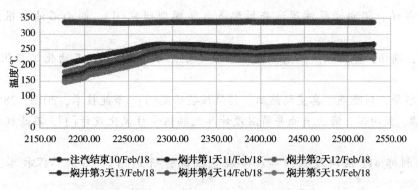

图 6　焖井过程中不同时间水平段温度曲线

形成海油特色同心管射流泵注采一体化工艺,旅大 27-2-A22h 井 350℃工况下成功应用 2 轮次,较两趟管柱单井单轮次节约操作费 30%以上,提高生产时率 4%,在旅大 5-2 北特-超稠油规模化热采井中全部实施。

3 存在的主要问题分析

（1）井下高温安全控制系统中关键部件高温胶筒研发是一项"卡脖子"技术，目前依赖于欧美国家进口，因此，为了保障海上稠油热采规模化实施不受限制，"十四五"期间完成该项技术的国产化。

（2）对比陆地油田，井筒千米热损失存在一定的差距，需要在隔热油管尺寸、新型隔热油管及加工制造工艺等方面进行优化完善。

（3）高温长效测试工艺目前已实现全井筒全时域的温度监测，需要进一步优化完善，实现温压同测功能。

（4）同心双管沿程摩阻导致井口注汽压力升高，影响注汽质量，尤其是对首轮次注热影响较大，如何进一步降低沿程摩阻，保障注汽质量。

4 结论

（1）高温安全控制，实现热采井350℃/21MPa紧急关断，工艺国产化，达到"国际领先"水平。

（2）高干注汽工艺，气凝胶隔热管+高真空隔热接箍高干注汽管柱，井底干度从20%提升到50%，该工艺也成功应用于首个水平井过热蒸汽驱先导试验注汽井和首个规模化稠油热采平台，取得了良好的试验效果。

（3）高温光纤测试，通过结构创新、管柱优化，首次实现水平段和环空全井段温度剖面实时监测。高温光纤测试系统在蒸汽驱注汽井中实现360天连续温度数据测试。

（4）研发新型泵筒、泵芯、采油树、安全控制工具，形成海油特色同心管射流泵注采一体化工艺，满足海上稠油热采注热和生产技术需求，在旅大27-2-A22h井350℃工况下成功应用2轮次，较两趟管柱单井单轮次节约操作费30%以上，提高生产时率4%。

参考文献

[1] 姜伟.加拿大稠油开发技术现状及我国渤海稠油开发新技术应用思考[J].中国海上油气，2006，18（2）：123-125.

[2] 郭太现，苏彦春.渤海油田稠油油藏开发现状和技术发展方向[J].中国海上油气，2013，25（4）：26-30.

[3] 单学军，张士诚，王文雄，等.稠油开采中井筒温度影响因素分析[J].石油勘探与开发，2004，31（3）.

[4] 刘同敬，雷占祥.稠油油藏注蒸汽井筒配汽数学模型研究[J].西南石油学报，2007，29（5）：60-61.

[5] 李洪，陈森，周伟，等.稠油热采隔热油管技术适应性分析[J].石油化工应用.2014，33（3）：17-18.

[6] 曹喜承，王忠华，刘晓燕.真空隔热油管传热性能研究[J].节能技术，2010，28（5）：419-421.

[7] 周赵川，王辉，戴向辉.海上采油井筒温度计算及隔热管柱优化设计[J].石油机械.2014，42（4）：43-48.

[8] 孙建芳.胜利郑411区块超稠油单相渗流特征试验研究[J].石油钻探技术，2011，39（6）：86-90.

烟道气辅助蒸汽吞吐
提高稠油采收率技术研究

吴婷婷　刘　东　郑文乾　缪飞飞　王树涛

【中海石油(中国)有限公司天津分公司渤海石油研究院】

摘　要：烟道气的主要成分是 N_2 和 CO_2，通过向原油中注入烟道气的注气膨胀实验，得到烟道气提高稠油采收率的增效机理。在此基础上，通过对 M 油田注气膨胀实验的 PVT 数据拟合，得到了将增效机理进行数模表征的 K 平衡常数。然后，利用 PVT 拟合结果，开展烟道气辅助蒸汽吞吐数值模拟研究，最后通过对比蒸汽吞吐与烟道气辅助蒸汽吞吐的开发效果，明确了烟道气辅助蒸汽吞吐的适用条件，并对 M 油田开发效果进行预测。结果表明：烟道气增效机理主要为溶解降黏、补充能量和扩大波及，该开发方式适用于水体较弱且地层能量不足的油藏，在 M 油田应用后预测 8 个周期可在蒸汽吞吐基础上提高单井累产油 8680 m^3，整体采出程度提高 1.5%。

关键词：烟道气辅助蒸汽吞吐；注气膨胀实验；PVT 拟合；K 平衡常数；数值模拟

渤海油田稠油资源丰富，稠油的规模化热采开发将成为渤海上产稳产的重要组成部分。而目前渤海稠油热采动用程度低，已实施热采先导试验区的经验证明，单纯蒸汽吞吐开发产能低、递减快、采收率低，无法满足海上高速高效开发的需求；并且海上热采开发成本高、经济效益差。研究表明，在蒸汽中复合烟道气可进一步降低原油黏度，并且补充地层能量、扩大波及体积[1-7]。为进一步明确烟道气增效内在机理、精细数模表征及增效效果，本文基于 M 油田流体性质及地质油藏特征，开展了室内实验及数值模拟研究，并取得了较好的应用效果，对下一步推广应用具有一定的指导意义。

1　注气膨胀实验

1.1　实验设备及方法

高压物性实验装置由 PVT 筒、数据采集与处理系统组成，实验装置见图 1。PVT 筒一侧配置有活塞，活塞由步进电机驱动；另一侧没有活塞，没有活塞的一侧由耐高压玻璃板密封。PVT 筒侧边设有注气管、压力表、取样管。将取样管连接至数据采集与处理系统，可直接获取原油注烟道气后的相关数据。

图 1　高压物性实验装置

基金项目：中国海洋石油有限公司综合科研项目"渤海典型稠油油藏热采提高采收率及关键工艺技术要求"(课题编号 YXKY-2021-TJ-01)。

作者简介：吴婷婷(1985—)，女，辽宁省铁岭市人，高级工程师，硕士，2011 年毕业于东北石油大学油气田开发专业，从事海上稠油热采技术研究工作。

选取 B5H 井地面分离器原油，在地层温为 54℃、地层压力为 15MPa 条件下进行复配地层原油。开展注气膨胀实验时所用烟道气的组成为 88%N_2+12%CO_2。分别按照气油比 5、8、12、24 将烟道气注入 PVT 筒中，使烟道气与油样充分混合，升压至烟道气全部溶解，记录不同气油比下的原油性质[8]。

1.2 实验结果及分析

1.2.1 对原油黏度的影响

不同气油比的原油黏度如图 2 所示，可以看出随气油比增加原油黏度不断降低，当气油比从 5 增加到 12 时，原油黏度从 5100mPa·s 快速降低到 2300mPa·s，原油黏度下降 55%；继续增加气油比，原油黏度缓慢降低到 1500mPa·s，原油黏度下降 71%。可见烟道气对原油有降黏作用，黏度的降低可以有效提高原油流度，降低流度比，减少黏性指进的影响，从而增大波及系数。

1.2.2 对膨胀系数的影响

膨胀系数是指一定温度下注气后原油在饱和压力下的体积与同温度注气前原油在饱和压力下的体积之比，表示气体使原油膨胀的程度。

不同气油比的膨胀系数如图 3 所示，可以看出随气油比增加，原油膨胀系数增加，当气油比从 5 增加到 24 时，原油体积系数从 1.017 增加到 1.037，提高了 1.1 倍。体积膨胀增加了地层的弹性能量，有利于膨胀后的剩余油脱离地层水及岩石表面的束缚，从而降低残余油饱和度，提高采收率。体积膨胀越大，增油效果越明显。

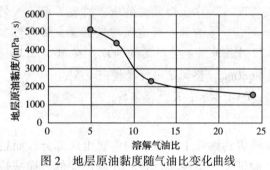

图 2　地层原油黏度随气油比变化曲线

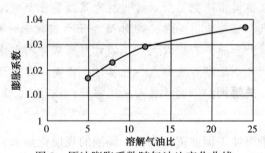

图 3　原油膨胀系数随气油比变化曲线

2　增效机理数模表征

如何在数模中表征出烟道气溶解降黏和补充能量的作用，为在烟道气辅助蒸汽吞吐数值模拟时对这些增效机理进行表征，本文在数值模拟中引入气液 K 值表。本文通过对实验数据进行拟合，进而计算得到气液 K 值表。

2.1 组分劈分

在数值模拟时，如果原油组分较多，会出现模型计算速度慢，收敛性较差等弊端，因此，需要对原油组分进行劈分，将性质相近的原油组分归并为一组，并且组分劈分后的原油性质与组分劈分前的原油性质等效[9]。

本文使用 Whitson 方法对原油组分进行劈分，组分劈分的表达式为：

$$N_d = 1 + 3.3\ln(N - 7) \tag{1}$$

式中　N_d——组分劈分后的组分数；

N——组分劈分前的组分数。

组分劈分后组分 i 的分子量为：

$$M_i = M_k e^{\frac{k}{N_d^i}\ln\left(\frac{M_K}{M_k}\right)} \quad i = 1, 2, \cdots, N_d \tag{2}$$

式中　M_k——实验得到的原油的分子量；

M_K——最高组分的分子量。

根据式(2)得到组分劈分后的分子量，可对组分劈分前分子量处于 M_i 与 M_{i-1} 之间的归为一组。使用上述方法对本文所用油样进行组分劈分结果如表 1 所示，组分劈分后，油样共分成 6 个组分。

表 1 劈分后的组分组成

组分名称	组分组成	组分名称	组分组成
组分 1	$C_1 : C_4$	组分 4	$C_{13} : C_{20}$
组分 2	$C_5 : C_7$	组分 5	$C_{21} : C_{30}$
组分 3	$C_8 : C_{12}$	组分 6	$C_{30}{}^+$

2.2 PVT 拟合

PVT 拟合的目的为：通过对劈分后各组分的临界压力、临界温度、偏心因子、摩尔质量、进行调整，使流体的 PVT 性质与实验数据相吻合[10]。基于实验数据得到拟合前后各组分的性质参数如表 2 所示。

表 2 拟合前后各组分的性质参数

组分	临界压力/MPa		临界温度/℃		偏心因子		摩尔质量	
	拟合前	拟合后	拟合前	拟合后	拟合前	拟合后	拟合前	拟合后
$C_1 : C_4$	42.4	42.4	200.4	200.4	0.0106	0.0106	50.1	50.1
$C_5 : C_7$	36.6	36.6	395.1	395.1	0.216	0.216	89.2	89.2
$C_8 : C_{12}$	25.5	25.5	516.6	516.6	0.387	0.387	110.6	110.6
$C_{13} : C_{20}$	17.6	17.6	722.1	722.1	0.569	0.569	196.5	196.5
$C_{21} : C_{30}$	11.2	11.2	835.7	835.7	0.89	0.923	365.1	396.2
$C_{30}{}^+$	9.6	8.4	935.6	1123.1	1.11	1.36	658.8	736.2

气液 K 值为平衡条件下，烟道气在气体中摩尔质量与液体中摩尔质量的比值，PVT 拟合完成后，输出的气液 K 值表如图 4 所示，可以看出，在温度一定的条件下，随压力的增加 K 值逐渐减小，说明压力升高，烟道气在原油中的溶解度逐渐增大；在压力一定的条件下，随温度的增加 K 值逐渐增大，说明温度升高，烟道气在原油中的溶解度减小。

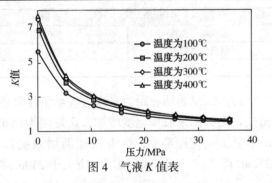

图 4 气液 K 值表

2.3 基于 PVT 拟合结果的数值模拟

建立烟道气辅助蒸汽吞吐数值模拟机理模型，对比使用图 4 所示的气液 K 值表与不使用气液 K 值表烟道气辅助蒸汽吞吐的数值模拟结果，数值模拟 8 个轮次后得到的原油黏度分布对比图如图 5 所示，可以看出，与不使用气液 K 值表的结果相比，使用气液 K 值表对应的黏度降低程度较大，波及程度较高，烟道气的增效机理主要为溶解降黏和扩大加热腔的作用，说明使用气液 K 值表可对烟道气的增效机理进行有效表征。

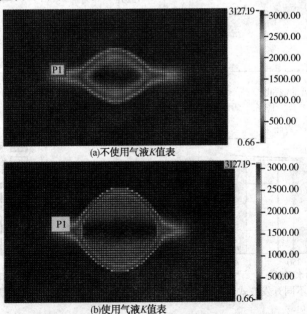

(a)不使用气液 K 值表

(b)使用气液 K 值表

图 5 使用气液 K 值表与不使用气液 K 值表黏度分布对比

3 适应性研究

3.1 模型建立

根据渤海 M 油田的地质油藏特征和流体性质，利用 CMG 软件建立地质模型，其网格参数为 100×100×16，1 口水平井开发，具体参数设置见表3。

表3 渤海 M 油田馆陶组模型参数

因素	参数	因素	参数
油藏类型	边水油藏	网格参数	100×100×16
地层倾角	5°	油藏温度	53℃
顶深	1500m	地层原油黏度	2900mPa·s
孔隙度	0.3	原油密度	0.98g·cm⁻³
水体倍数	5	水平段长度	300m

3.2 适用条件

建立模型后，以单井累产油和 8 周期采出程度为指标，利用数值模拟方法对比了不同油层厚度、不同距边水距离下烟道气辅助蒸汽吞吐与单纯蒸汽吞吐的开采效果，注入参数见表4。

表4 注采参数设置

因素	参数	因素	参数
蒸汽注入温度	340℃	N_2：CO_2	4：1
蒸汽注入速度	300t/d	气水比	80
蒸汽干度	0.7	产液速度	120t/d

计算结果表明，距边水太近含水快速突破，烟道气辅助增油效果不明显；随距边水距离增加，烟道气辅助提高采收率幅度增加，这是因为烟道气可以在降低原油黏度的同时补充一定的地层能量（图6）；达到一定距离后，烟道气辅助增效提高采收率幅度变缓。对于 16m 油层，距边水距离应大于 350m（图7）；对于 38m 油层，应大于 250m（图8）。

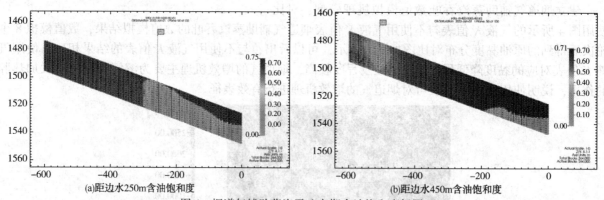

(a)距边水250m含油饱和度   (b)距边水450m含油饱和度

图6 烟道气辅助蒸汽吞吐末期含油饱和度场图

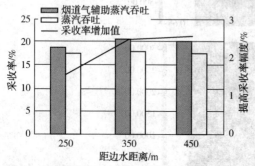

图7 油层厚度 16m 不同开发方式采收率对比

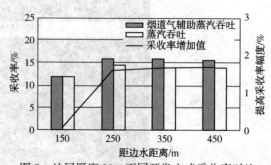

图8 油层厚度 38m 不同开发方式采收率对比

3.3 效果预测

渤海 M 油田目标区块渗透率 3000mD，地层原油黏度 2900mPa·s，平均厚度 25m。依据区块实际油藏模型，预测该区块 10 口井 8 个周期蒸汽吞吐累产油 $103.9×10^4$t，烟道气辅助蒸汽吞吐累产油 $112.6×10^4$t，较单纯蒸汽吞吐累增油 $8.7×10^4$t，平均单井累增油 8700t，整体采出程度提高 1.5%（图9）。

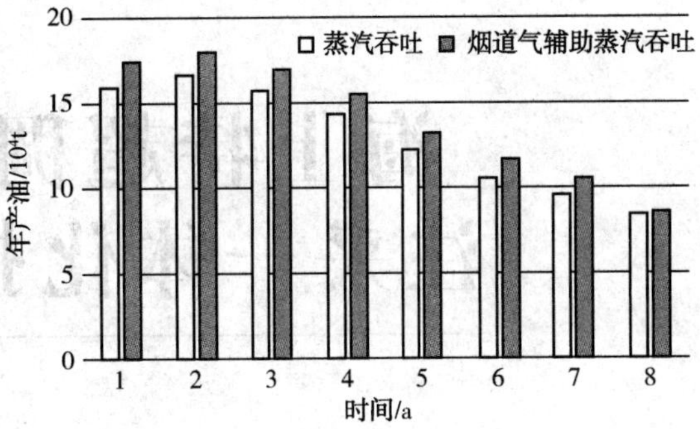

图 9　年产油预测图

4　结论

（1）烟道气增效机理主要为溶解降黏、补充能量和扩大波及，其增效机理在数值模拟中可以通过 K 平衡常数进行表征。

（2）烟道气辅助蒸汽吞吐开发适用于水体较弱且地层能量不足的油藏，对于较薄的 16m 油层，距边水距离应大于 350m；对于较厚的 38m 油层，应大于 250m。

（3）在 M 油田应用后预测 8 个周期可在蒸汽吞吐基础上提高单井累产油 8700t，整体采出程度提高 1.5%。

参考文献

[1] 潘一，付洪涛，殷代印，等．稠油油藏气体辅助蒸汽吞吐研究现状及发展方向[J]．石油钻采工艺，2018，40(01)：111-117．

[2] 张启龙，马帅，霍宏博，等．基于数值模拟的渤海多元热流体增产机理研究[J]．中外能源，2020，25(09)：32-35．

[3] 张启龙，韩耀图，陈毅，等．海上多元热流体参数优化及选井原则研究[J]．油气勘探与开发，2020，38(04)：71-76．

[4] 张彩旗，刘东，潘广明，等．海上稠油多元热流体吞吐效果评价研究及应用[J]．油气藏评价与开发，2016，6(02)：33-36．

[5] 刘东，李云鹏，张风义，等．烟道气辅助蒸汽吞吐油藏适应性研究[J]．中国海上油气，2012，24(S1)：62-66．

[6] 廖辉，吴婷婷，邓猛，等．稠油热化学驱提高采收率机理及应用研究进展[J]．当代化工，2019，48(11)：2623-2625．

[7] 李宪腾，赵东亚，李兆敏，等．烟道气驱油机理与技术综述[J]．石油工程建设，2016，42(1)：1-6．

[8] 刘玉奎，郭肖，张弦，等．不同气体注入对挥发油流体性质的影响[J]．油气藏评价与开发，2015，5(3)：28-32．

[9] 赵超斌，夏朝晖，郭春秋．流体样品重质组分劈分优化规律[J]．大庆石油地质与开发，2008，27(5)：67-69．

[10] 吴昊．原油状态方程和黏度模型适应性分析[J]．石油化工应用，2021，40(10)：19-27．

海上特超稠油热采射流泵注采一体化技术研究与应用

喻小刚　于法浩　李　越　将召平　李海涛　曾　润　侯新旭

【中海石油(中国)有限公司天津分公司】

摘　要： 特超稠油是渤海油田增储上产重要部分，蒸汽吞吐是主要开采手段。现有电潜泵注采两趟管柱存在修井频次高、费用高、修井液漏失影响注热效果等问题，一定程度制约了特超稠油经济高效开发。为提高特超稠油热采开发效益，基于射流泵举升机理，通过一体化管柱设计、关键工具及地面装备研发，创新研发了射流泵注采一体化技术。该技术在旅大 5-2 北油田 A12H 井已成功完成注热、焖井、放喷和转抽：①整个系统经受住高温、低温、高低交变严峻工况的考验，整体平稳运行，满足高温高压注采要求，目前产液量 150m³/d，含水率 22%；②与注采两趟管柱相比，该技术单轮次降低作业费用 150 万以上，节省作业时间 21d；③因修井液基本无漏失，提升了注热效果，减少了热采返排时间。

关键词： 海上特超稠油；热采；射流泵；注采一体化；井下安全阀

渤海油田特超稠油储量丰富，热采是行之有效的开采手段。自 2008 年起，渤海油田先后在南堡 35-2 油田、旅大 27-2 油田进行了多元热流体、蒸汽吞吐试验，为海上特超稠油开发奠定了良好基础。

在注采工艺方面，主要采用注采两趟工艺管柱，即注热时下入注热管柱，生产时下入生产管柱[1-4]。由于注热转生产期间需要更换管柱作业，这就导致存在以下问题：一是两趟管柱作业增加了热采操作费用，有统计表明，修井作业费用占了海上热采总费用的 40% 以上；二是更换管柱作业期间，洗压井液对油层造成了冷伤害，降低了热采开发效果。

随着海上稠油热采开发步伐的不断推进，注采两趟工艺管柱已不能满足海上热采需求。由于注采一体化技术可同时实现注热和采油两种工艺，且能降低热采操作费用，因此中海油加快了注采一体化技术研究。目前陆地油田主要采用杆式泵注采一体化技术(如胜利油田、辽河油田、新疆油田等)，但是受海上平台空间限制，不能在海上油田推广使用[5-8]。此外，根据海洋石油安全生产条例，海上注热井必须解决井下安全控制问题。

针对以上情况，通过技术攻关，研制出了适用于海上油田的同心管射流泵注采一体化技术。

1　技术原理

同心管射流泵是利用射流原理将注入井内的动力液的能量传递给井下油层产出液的无杆采油设备[12-13]，与常规的套管式射流泵不同，同心管射流泵采用同心双泵筒：内泵筒和工作筒。内泵筒与工作筒之间设置有插入密封结构，工作时内泵筒插入工作筒，泵芯插入内泵筒。因此，同心管射流泵具有两个特点：一是能够实现注采一体化，通过上提一根小油管后，内泵筒与工作筒之间环形通道打开，形成注蒸汽通道；二是检泵非常方便，只需切换专用采油树阀门，实现反循环便能起出泵芯进行检修。

1.1　井下管柱及工艺原理

同心管射流泵注采一体化管柱采用同心双油管，由外管柱和内管柱组成。

外管柱(由下至上)由引鞋+普通油管(含若干配注阀)+变扣+井下安全装置+射流泵工作筒+隔热油管+热采封隔器+补偿器+隔热油管+外管悬挂器组成；内管柱(由下至上)由射流泵内泵筒+小油管+内管悬挂器组成，如图1(a)所示。

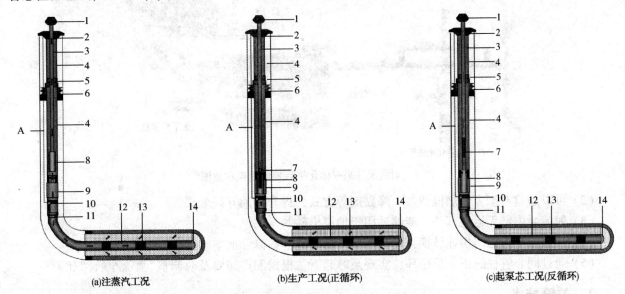

(a)注蒸汽工况   (b)生产工况(正循环)   (c)起泵芯工况(反循环)

图1　射流泵注采一体化管柱示意图

1—内管悬挂器；2—外管悬挂器；3—小油管；4—隔热油管；5—补偿器；6—热采封隔器；7—泵芯；8—射流泵内泵筒；
9—射流泵工作筒；10—井下安全装置；11—变扣；12—普通油管；13—配注阀；14—引鞋；A—液控管线

注蒸汽前，起出泵芯，并起出一根小油管，如图1(a)所示。此时，射流泵内泵筒从射流泵工作筒中拔出，注蒸汽通道打开，蒸汽通过同心管柱环空，以及内管柱注入井底。注热时，外管柱和内管柱受热后均会伸长，其伸长量差由起出的一根小油管的长度补偿。

注热结束后，回接之前起出的一根小油管，从而使射流泵内泵筒重新插入射流泵工作筒。试压合格后，投入泵芯，恢复生产。

生产时，启动正循环，动力液通过采油树进入内管柱，沿内管柱到达泵芯，在泵芯内产生负压吸入地层产液，与动力液混合后进入扩散管，随后通过同心管柱环空上返产出，如图1(b)所示。更换泵芯时，启动反循环，动力液通过同心管柱进入射流泵内泵筒，从内管柱返回至井口，反流动力液撑开泵芯的皮碗，将泵芯带至井口，如图1(c)所示。

1.2　地面设备及工艺原理

同心管射流泵的地面流程主要包括产出液初级处理和动力液供给两部分，如图2所示。油气水砂分离器对产出液进行初级处理，分离后的水相作为动力液继续循环使用，分离后的油相和气相进入平台流程进行后续处理。地面柱塞泵对动力液进行加压，通过调节配套的变频柜输出频率，从而调节动力液的排量，控制井底流压和产液量的目的。注采一体化采油树满足注热与生产的双重需求，实现同心管柱流体的正循环、反循环。

注热转生产时地面设备如下切换：注热前，关闭并切断地面生产流程，连接注热管线，试压合格后开始注热；生产前，切断并拆除注热管线，连接地面流程管线，试压合格后恢复生产。

1.3　技术特点

同心管射流泵工作时，以高压水为动力液，驱动井下泵芯工作，以动力液和产出液之间的能量转换达到举升的目的。在产出液的举升过程中，由于动力液的加入、喷嘴和喉管对产出液的搅动作用，使混合液形成水为连续相，稠油为分散相的水包油乳状液，其产出液黏度大幅度降低，摩阻变小，有利于举升。

同心管射流泵注采一体化技术具有以下优点：

(1) 由于生产管柱(也是注热管柱)采用隔热油管，对产出液进行保温，利于举升。

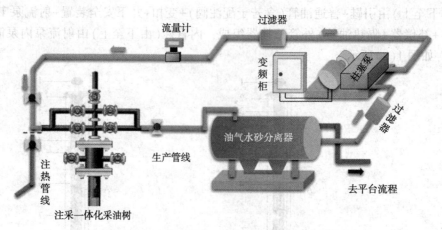

图 2　射流泵注采一体化平台地面流程示意图

（2）可以通过对动力液加温或加入降黏剂等方式，提升稠油开采效果。

（3）射流泵内部无运动部件，能够适用于地层出砂井。

（4）注热与生产之间快速转换，避免地层冷伤害，节约修井成本。

（5）通过同心管柱的正、反循环，实现泵芯起下，根据配产需要及时调整"喷嘴/喉管"比。

2　关键技术

2.1　同心管射流泵

2.1.1　结构

同心管射流泵主要由泵芯、内泵筒和工作筒组成。其中泵芯如图 3 所示，内泵筒与工作筒如图 4 所示。

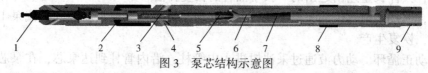

图 3　泵芯结构示意图

1—打捞矛；2—皮碗；3—过滤管；4—动力液入口；5—喷嘴；6—喉管；7—扩散管；8—胶筒；9—胶圈

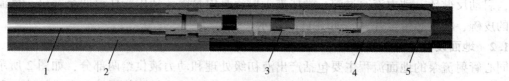

图 4　内泵筒与工作筒结构示意图

1—内管柱；2—外管柱；3—内泵筒；4—工作筒；5—插入密封

泵芯主要由打捞矛、皮碗、过滤管、动力液入口、喷嘴、喉管、扩散管、胶筒、胶圈等组成。泵芯与内泵筒之间设有插入密封，内泵筒与工作筒之间亦设有插入密封。

2.1.2　工作原理

射流泵泵芯插入内泵筒，内泵筒插入射流泵工作筒。生产时，动力液通过内管柱进入泵芯，通过泵芯的喷嘴喷出，由于流体速度显著增加，导致压能显著降低，从而在喷嘴周围形成负压区，井底产液被吸入泵芯内，与喷出的动力液混合，再经过扩散管扩散，逐步恢复压能。混合液经过流道进入同心管柱环空，依靠压能举升至地面。

2.1.3　技术参数

射流泵工作筒外径 114.3mm，内径 69mm，长度 1.64m。射流泵内泵筒外径 69mm，内径 37mm，长度 1.68m。泵芯外径 37mm，长度 1.1m。

2.2　注采一体化采油树

2.2.1 结构

注采一体化采油树采用双级油管头，采油树主体增加了小油管四通，内含内管悬挂器，采油树两侧增加了双翼，主通径上有一个组合阀和平板闸阀，其中组合阀由气动安全阀和平板闸阀组成。

2.2.2 工作原理

（1）注热。如图 5（a）所示，注热前，动力液管线切换为注热管线。关闭 G 阀、H 阀，打开 A 阀、B 阀，以及 C 阀、D 阀、E 阀、F 阀。此时蒸汽分别通过内管柱和油管环空注入井底，该种注入方式下蒸汽的摩阻小，干度高。

（2）正循环。如图 5（b）所示，关闭 G 阀、E 阀、F 阀，打开 A 阀、B 阀、C 阀、D 阀、H 阀。此时，动力液进入内管柱，产出液走油管环空。正循环主要用于同心管射流泵正常生产或下入泵芯。

（3）反循环。如图 5（c）所示，关闭 D 阀、H 阀，打开 A 阀、B 阀、C 阀（安装泵芯投捞器）、E 阀、F 阀、G 阀。此时，动力液进入同油管环空，产出液走内管柱。反循环主要用于起出泵芯。

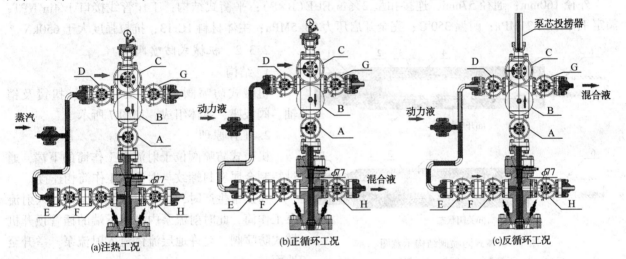

图 5 射流泵注采一体化采油树示意图

A—主阀；B—气动安全阀；C—清蜡阀；D—动力液进口上翼阀；
E、F—动力液进口下翼阀；G—混合液出口上翼阀；H—混合液出口下翼阀

2.2.3 技术参数

规范等级：PSL-3；性能等级：PR1；额定工作压力：5000psi；温度等级：370℃；上法兰设 4 个穿越孔；内通径 80mm。

2.3 井下安全控制装置

由于同心油管柱的独特结构，即"大油管内套小油管"，导致现有的耐高温井下安全阀无法正常使用。针对这种情况，笔者团队前期设计了多种方案，并从中优选出了 2 种方案用于现场试验，分别为机械式防喷阀、耐高温深水式安全阀，两种工具均耐温 350℃。其中，机械式防喷阀结构简单，能够防止注热期间井底热流体上返，满足前期试验的基本安全要求；耐高温深水式安全阀通过液控管线在地面进行控制，最大下入垂深为 1300m[14]，满足注采一体化技术在海上油田推广的需求。

2.3.1 耐高温深井式安全阀

1. 结构

耐高温深井式安全阀主要由上接头、液控管线接头、活塞腔、活塞、中心管、连接环、弹簧、主体、阀板座、扭簧、阀板、下接头组成，如图 6 所示。

2. 工作原理

耐高温深水式安全阀连接液控管线后，在地面打压，液压驱动安全阀内的活塞向下移动，活塞推动相连接的弹簧和中心管向下运动，当中心管接触到锥塞时，阀板上下液压连通建立压力平衡，继续

打压，中心管向下顶开阀板，井下安全阀处于打开状态。当安全阀需要关闭时，泄掉液控管线内的压力，在弹簧力的作用下，中心管和活塞回到初始位置，此时阀板失去支撑，且在扭簧的作用下，阀板与阀板座紧密贴合，井下安全阀关闭，达到隔离井下流体的目的。

图6　耐高温深井式安全阀结构示意图

1—上接头；2—液控管线接头；3—活塞腔；4—活塞；5—中心管；6—连接环；7—弹簧；8—主体；
9—阀板座；10—扭簧；11—阀板（含锥塞）；12—下接头

3. 技术参数

外径160mm；通径57mm；连接扣型 2⅞in EUE（B×P）；平衡式结构；工作管线接口 1/4in NPT；额定工作压力21MPa；耐温350℃；完全开启压力23.5MPa；主体材料1Cr13；抗拉强度大于650kN。

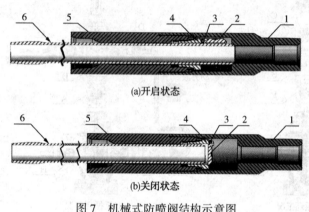

(a)开启状态

(b)关闭状态

图7　机械式防喷阀结构示意图

1—下接头；2—阀板；3—扭簧；
4—阀板座；5—主体；6—插管

2.3.2　机械式防喷阀

1. 结构

机械式防喷阀由下接头、阀板、扭簧及销轴、阀板座、主体组成，如图7所示。

2. 工作原理

机械式防喷阀位于射流泵工作筒的下端，通过特制金属密封螺纹与射流泵工作筒相连接。

当正常生产时，由于射流泵内泵筒插入射流泵工作筒，此时射流泵内泵筒下端的插管顶开机械式防喷阀，允许地层流体流入射流泵，举升至地面。

当注入蒸汽时，上提一根内管柱，此时插管拔出，机械式防喷阀在扭簧的作用下关闭。机械式防喷阀类似于单向阀，当注入蒸汽压力大于地层压力时，蒸汽推开阀板注入井底；当遇到紧急情况时，停止注热，在扭簧的作用下，机械式防喷阀随即关闭，阻止井底流体上返，达到维护井筒安全的目的。

3. 技术参数

外径120mm；内径57mm；连接扣型 2⅞in EUP×TR100 B；平衡式结构；无工作管线接口；额定工作压力35MPa；耐温350℃；主体材料N80-13Cr；抗拉强度≥650kN。

2.4　专用动力液分离器

射流泵注采一体化专用动力液分离器应满足以下要求：①能够实现海上热采井产出液中多相介质高效分离与集输；②具备罐内流体补充与排泄功能；③能够进行温压、液位、水质监测；④能够实现安全监测与控制；⑤便于平台吊装、安装。

研制的专用动力液分离器如图8所示。分离器整体为卧式、撬装结构，外部设置有混合液进入、输油、动力液排出、泄放、补液接口，分别与流程相应的管线连接；距离罐底一定距离设置上、中、下三个观察口，用于取样观察动力液的水质；罐底设置两个沉砂漏斗，能够收集并排出分离出的固相杂质；另外，分离器外部还设置有温压、液位、关停设备。分离器内部设置有冲击挡板、助流板、迷宫装置、填料装置和收集槽等，用于实现油、气、水、砂等多种介质的分离与油气的集输。

动力液分离器主要利用重力沉降原理实现油、气、水、砂三相分离，整个分离工艺流程为：①热采井产出液经混合液管线进入分离器，并以较高速度冲击到挡板上，利用气、液、固的比重差完成初步分离；②经初步分离后的产出液进入二级分离区，经过迷宫装置、填料装置的进一步分离及重力沉降，彻底实现油、气、水、砂的分离；③分离器出的油、气通过输油管线进入平台生产流程；分离出的动力液经出口管线进入柱塞泵；分离出的砂进入沉砂漏斗中。研制的专用动力液分离器主要参数见表1。

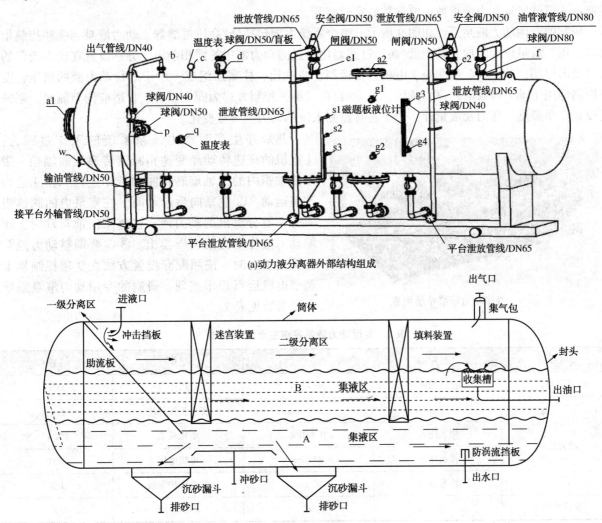

(a)动力液分离器外部结构组成

(b)动力液分离器内部结构组成

图8　动力液分离器结构组成

表1　专用动力液分离器主要技术参数

指标	参数	指标	参数
撬装尺寸(长×宽×高)	5.8m×2.6m×4.5m	输油口位置	1.17m(距罐底)
设计压力/温度	2.65MPa/120℃	水质观察口位置	0.5m/1m/1.5m(距罐底)
工作压力/温度	2.0MPa/50℃	电气防爆等级	二级
最大处理液量	279m³/d	设计寿命	10年
容积	15m³		

与传统分离器[9-10]相比，专用动力液分离器具有以下技术特点：①分离器内部斜板、迷宫装置、收油槽式设计，外部输油口、动力液口及沉砂漏斗设计，能够实现注采一体化井产出液高效分离、油气集输及动力液供给；②专门增设补气、补水、开式排放与闭式排放接口与流程，满足分离器补液及

排泄需求；③增设动力液水质取样观察口、压力和液位变送器，用于监测设备运行参数与安全保护；④分离器采用了撬装式、罐体与鞍座分开设计满足海上平台吊装需求。

2.5 专用动力液泵系统

射流泵注采一体化专用动力液泵系统应满足以下要求：①具备动力液增压及自适应调节功能；②具备自动与手动控制功能且切换简单易操作；③整体适应海上环境，关键部件具有可靠的耐磨、密封性能；④能够实现动力液参数、电参数的实时监测。

研制的专用动力液泵系统如图9所示。整个系统主要包括低/高压过滤器、动力液泵、变频控制柜及温、压、流量仪表组成。其中低/高压过滤器用于过滤动力液中的固相杂质，分别设置在动力液泵的入口及出口端；动力液泵由底座、电机、变速箱、曲轴箱、柱塞泵组成，用于进行动力液的增压；变频控制柜用于动力液泵的启停、调压、手动/自动控制，控制方式为固定压力、自适应调节流量。系统还设置多个温度、压力及流量计，用于实时监测系统的动力液参数变化。

图9 专用动力液泵系统组成

热采井生产时动力液泵系统的工作过程为：①电机的高速转动经变速箱减速传递至曲轴箱，带动曲轴箱内的曲轴旋转；曲轴带动连杆、柱塞进行往复运动。②柱塞向后运动时，柱塞泵内的阀体吸入分离器分离出的动力液；柱塞泵向前运动时，压缩动力液使动力液增压排出。③需要调整动力液泵的排出压力时，按照配套设置方法在变频控制柜上调节电机运行频率实现。研制的专用动力液泵系统主要参数见表2。

表2 专用动力液泵系统主要技术参数

系统设备	指标	参数	指标	参数
低/高压过滤器	过滤精度	20/40目	适用压力	2/25MPa
动力液泵	流量	7.5m³/min	变速箱传动比	5.6
	吸入压力	0.3MPa	电机功率	75kW
	排出压力	25MPa	电机电压	380V
	柱塞直径	42mm	电机防护等级	IP56
变频控制柜	功率	90	防护等级	IP23

与传统柱塞泵相比[11-12]，专用动力液泵系统具有以下技术特点：①除实现动力液增压，还具有流量自适应调节、自动/手动控制，自动化程度高；②关键部件，如曲轴、连杆、柱塞等，均采用球墨铸铁或陶瓷材质，强度高、耐磨性强、重量轻；③电机、变频柜防尘、防爆等防护等级高，适应海上环境；④底座采用整体式撬装金属底座，动力液泵安装在撬底座上，方便固定和移动。

3 现场试验

截至目前，研发的同心管射流泵注采一体化技术在旅大5-2北油田热采井A12H井顺利完成了注热、焖井、放喷和转抽，整体运行平稳。A12H井目的层为馆陶组，完钻斜深2166m，垂深1044m，水平段实钻619m，解释油层498.1m，前端453.7m连续油层段下入筛管生产，尾端差油层泥岩段封堵。

其间，注采一体化系统历经了下管柱作业、注蒸汽焖井作业、热采试采作业，各项作业实施效果为：①下管柱作业期间，同心内、外管柱顺利下入。内管打压21MPa×5min，内、外管间环空打压10MPa×5min，压力不降合格，管柱符合耐压要求；②注热焖井阶段：试验第一轮次累计注入蒸汽量6000m³，最高注入压力17MPa，锅炉最高出口温度350℃，焖井6d。整个系统承受多次高温、低温及高低温交变等严峻工况的考验；③生产期间，放喷阶段日产液 40m³ 左右，射流泵生产阶段日产液 150m³ 左右，与注采两趟管柱模式下电潜泵产液水平相当。

同时，射流泵注采一体化技术与该井注采两趟技术相比，减少作业费用 81%，节省作业费用 82%，同时注采转换期间修井液基本无漏失，提高了注热效果，减少了注热后的返排时间，较常规注采两趟管柱提前见油。射流泵注采一体化技术大幅提高了稠油热采开发效益，助推了海上特超稠油规模化热采进程(图 10)。

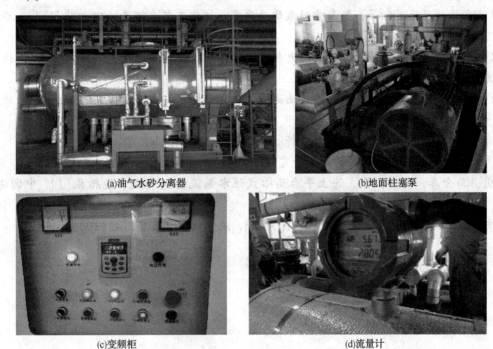

(a)油气水砂分离器　　　　　(b)地面柱塞泵

(c)变频柜　　　　　(d)流量计

图 10　海上油田试验地面设备

4　结论与建议

(1) 创新形成了海上特超稠油热采射流泵注采一体化技术，包括关键工具、装备及工艺的研发，一趟管柱集成两趟管柱的注热、焖井、生产、安全控制等功能，满足海上平台环境、热采井注采及安全作业等需求。该技术的创新研发与成功实践，解决了注采两趟管柱修井频繁、费用高、修井影响生产时效等一系列问题，助推了海上特超稠油规模化开发。

(2) 室内和现场试验表明了同心管射流泵、井下安全工具配合良好、启闭灵活，射流泵工作筒与内泵筒插入密封性能良好，耐温达 350℃，耐压达 20MPa，泵芯、试压泵芯和固定阀起下可靠，具备在现场推广应用的条件。

(3) 基于射流泵注采一体化现有技术成果，以提高射流泵注采一体化技术适应性为目标，研发井下温压监测技术、高效产出液处理及动力液增压技术，优化形成井下安全控制技术、长效井口装置及快速作业工具，健全注采一体化技术体系，并通过注采一体化技术扩大试验，提升注采一体化技术稳定性，为该技术在旅大 5-2 北 I 期油田、锦州 23-2 油田应用提供了技术支撑。

参考文献

[1] 王通，孙永涛，邹剑，等. 海上多元热流体高效注入管柱关键工具研究[J]. 石油钻探技术，2015 (06)：12-16.

[2] 刘花军，孙永涛，王新根，等. 海上热采封隔器密封件的优选试验研究[J]. 钻采工艺，2015

（03）：21-24.

[3] 刘花军，王通，孙永涛，等．新型油管高保温热力补偿器[J]．石油机械，2014（09）：32-35.

[4] 赵利昌，林涛，孙永涛，等．氮气隔热在渤海油田热采中的应用研究[J]．钻采工艺，2013（01）：
    9-13.

[5] 张华，刘义刚，周法元，等．海上稠油多元热流体注采一体化关键技术研究[J]．特种油气藏，
    2017，24（4）：171-174.

[6] 刘若虚，岳慧，刘花军，等．热采喷射泵举升注采一体化工艺在河南油田的应用[J]．石油地质与
    工程，2011（01）：115-118.

[7] 巩小雄，王爱华，李军，等．深层稠油天然气吞吐注采一体化技术研究与应用[J]．石油天然气学
    报，2008（01）：121-125.

[8] 盖平原，曲丽，张紫军，等．稠油热采油藏一体化设计研究与应用[J]．油气地质与采收率，2003
    （02）：4-8.

[9] 程纠．海洋平台油气水分离器设计与分析[D]．成都：西南石油大学，2014：25-36.

[10] 王超．卧式油气水三相分离器的流场研究[D]．吉林：吉林大学，2011：55-63.

[11] 邹昌明，马金喜，黄岩，等．海上平台离心式注水泵流量调节及节能措施[J]．中国海洋平台，
     2019，34（3）：91-95.

[12] 张文杰，魏玉莲．海上平台注水泵技术探究[J]．流体机械，2017，45（10）：51-53.

海上底水稠油油藏冷采井转热化学复合吞吐研究与实践

吴 桐 朱 琴 冯海潮 吕文杰 黄 琴

【中海石油(中国)有限公司天津分公司】

摘 要: 针对渤海强底水稠油油藏水平井 A 井冷采后期出现的日产油低、含水率高等问题,通过室内物模实验结合油藏数值模拟开展了热化学复合吞吐技术增效机理研究,并对注入参数进行了优化,应用于矿场先导试验。该技术可以在不换耐高温管柱的前提下,将热水、氮气、化学剂有机结合,利用多介质发挥协同增效作用,达到抑制水锥、降低原油黏度等目的。LD 油田 S 井区 A 井冷采转热化学复合吞吐后,降水增油效果显著,第一轮含水率由 74% 最低降到 1%,有效期 5 个月,累增油 4800m³。热化学复合吞吐技术的成功试验,为海上类似稠油油藏低产低效井治理提供了新的思路和经验。

关键词: 底水稠油;低产低效井;热化学;协同增效;提高采收率

对于底水稠油油藏水平井,常规冷采开发面临着含水上升快、采收率低的问题,如何改善高含水后的开发效果成为亟须解决的难题。LD 油田 S 井区 A 井地面原油黏度高达 4000mPa·s,冷采后期含水大于 70%,产液能力大幅下降,在不更换冷采管柱的前提下不适宜转高温热采。国内外研究实践表明,稠油油藏在注热水的同时加入氮气与化学剂,降水增油效果显著,已得到广泛应用[1-3],但在海上水平井冷采后转低温热化学增效技术尚不多见。为此,针对 A 井储层流体性质及生产动态,开展了热化学复合吞吐技术的研究与矿场先导试验,为海上冷采稠油油藏的低产低效井治理提供了一条新的方法与思路。

1 油藏概况

1.1 地质油藏特征

A 井位于 LD 油田 S 井区馆陶 V 油组块状底水油藏,孔隙率 31.1%,渗透率 2429mD,水体倍数 31~78 倍,地层温度 62.5℃,平均油层厚度 20m。开发方案阶段,该井无 PVT 样,类比地层原油黏度为 270mPa·s。投产初期,出现生产压差高、比采油指数低的问题,取地面原油化验后更新黏度认识,根据实际生产气油比和渤海稠油经验公式折算出地层原油黏度为 1500mPa·s。

1.2 开发动态分析

A 井初期冷采平均日产油 47m³,生产 3 个月后开始见水,含水突破后产液能力下降,经过环空补液、井筒降黏、环空补柴油等措施均未见效果,怀疑地层存在原油乳化、近井堵塞现象。取样对比分

基金项目:中海石油(中国)有限公司天津分公司自主科研项目"绥中 36-1/旅大 5-2 水驱后注热机理研究及应用"(ZZKY-2020-TJ-08)。

作者简介:吴桐(1996—),女,油藏助理工程师,2021 年毕业于中国石油大学(北京),获硕士学位,主要从事在生产油田动态分析、稠油油田热采提高采收率研究。E-mail:wutong6@cnooc.com.cn

析后发现 A 井的胶质沥青质含量较邻井 B 更高,导致原油更重更稠(表1),在地层中也更易发生乳化。A 井生产 1 年后含水率达到 75%,日产油仅 7m³,累产油 0.74×10⁴m³。

表1 A 井地面原油性质统计表

井号	地面密度/(g/cm³)	地面原油黏度/mPa·s
A	0.983	7764
邻井 B	0.979	3914

针对该井含水高、产能低、管柱耐温性低等问题,提出热化学复合吞吐增效的对策,并成功试验了第一轮热化学复合吞吐。

2 室内物理模拟实验及机理研究

2.1 原油降黏机理研究

(1)研究及实践表明,稠油受热后其黏度会大幅降低(图1)。但 A 井受冷采管柱耐温性限制,不适用于常规的注蒸汽等热采,于是提出热水加热降黏。热水携带的热量能有效加热近井地带的原油,同时降低油水间界面张力[4]、改变油水相渗、热膨胀热传导[5]等,降低稠油的渗流阻力,提高其流动性。

(2)氮气在较高压力下能部分溶解于原油中[6]。渤海稠油地层压力一般在 10~20MPa 之间,通过 PVT 实验研究了 80℃下氮气体积对原油黏度的影响规律(图2),结果表明在地层压力条件下原油黏度可降低 20%左右。

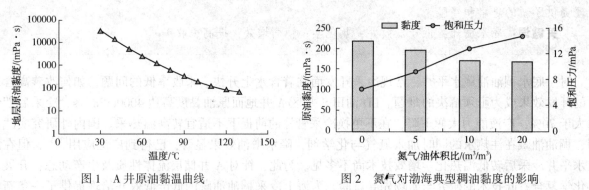

图1 A 井原油黏温曲线 　　　图2 氮气对渤海典型稠油黏度的影响

(3)水溶性降黏增效剂可以与地层流体形成水包油型乳状液(见图3),把原油流动时油膜间的摩擦转变为水膜间的摩擦,减小稠油的流动阻力,达到降黏目的。

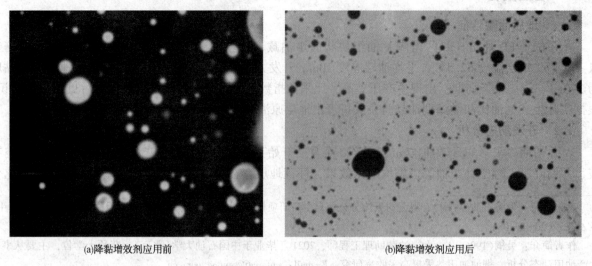

(a)降黏增效剂应用前 　　　(b)降黏增效剂应用后

图3 降黏增效剂降黏实验

2.2 控制水锥机理研究

（1）氮气进入稠油油藏地层后，受油水流度差异大的影响，会首先进入渗流阻力较小的水锥体中，推动水向油层下部运移，降低油水动态界面。同时，油气水的密度差异导致油层顶部氮气聚集，补充能量，形成气驱油、油驱水的过程，从而延缓底水再次锥进[7-12]。

（2）高温起泡剂与氮气在井底能形成"遇油消泡、遇水稳定"的氮气泡沫，泡沫首先扩散至高渗条带，增加高渗条带中水的流动阻力，为剩余油提供优势通道，达到调剖堵水的目的[13-19]。

通过室内静态起泡实验和岩心流动实验对氮气泡沫性能进行评价，实验结果表明，随着起泡剂浓度增加，起泡体积越大，析液半衰期(从泡沫中排出一半的液体所需的时间)越长，泡沫综合指数(起泡体积×析液半衰期)越高，即泡沫的稳定性越强、堵水调剖性能越佳；同时，泡沫的阻力因子(相同流量条件下泡沫驱渗流阻力与水驱渗流阻力之比)增加，封堵能力加强(图4、图5)。

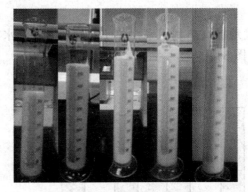

图4 不同浓度起泡剂起泡实验

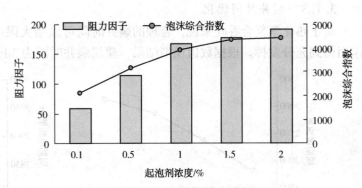

图5 不同浓度起泡剂性能对比图

此外，起泡剂中加入一定浓度的降黏增效剂，可以增大起泡体积，进一步提高氮气泡沫性能(表2)。

表2 1%起泡剂溶液中加入不同浓度降黏增效剂起泡性能对比

增效剂浓度/%	0.25	0.5	0.75	1.0
高温起泡剂浓度/%	1.0	1.0	1.0	1.0
起泡体积/mL	515	545	540	540
析液半衰期/min	10.00	10.42	10.92	9.90
泡沫综合指数	5150	5679	5897	5346

2.3 防乳及解堵机理研究

防乳增效剂可以抑制地层中形成流动性差的油包水型乳状液，提前防乳；同时还可以对已经形成的油包水型乳状液进行破乳，提高原油流动性。

利用油溶性解堵剂的"相似相溶"原理[20]可以溶解近井地带堵塞的胶质、沥青质，解除有机质的污染，疏通原油的流动路线(图6)。

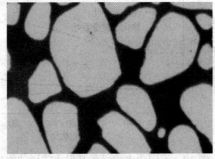
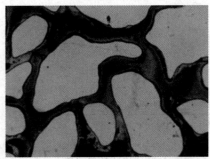

(a)解堵剂应用前　　　　　　　　　(b)解堵剂应用后

图6 油溶性解堵剂解堵实验

3 数值模拟研究及参数优化

3.1 注热优化

3.1.1 注热水量优化

数模结果表明，随着注热水量增加，吞吐周期产油量初期增加；但随着注热量进一步增加，增油幅度减小。因此，建议周期注热量为3000t(图7)。

3.1.2 注热速度优化

适当提高注热速度可以缩短油井停产的时间，有利于增加产量；此外，注入速度在一定程度上会影响井筒热损失，这将直接影响井底注入温度的大小。因此，注入速度不能太低。考虑现场注热设备及油藏实际吸液能力等因素，建议注热速度为320~360t/d(13.3~15.0t/h)。

3.1.3 焖井时间优化

对于热化学复合吞吐来说，合理的焖井时间可以最大限度地提高热利用率，并使氮气泡沫的堵水作用得到充分发挥。根据数值模拟结果，建议焖井时间为3d(图8)。

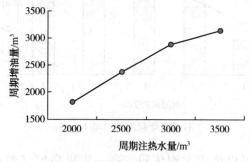

图7 不同周期注热量增油效果对比

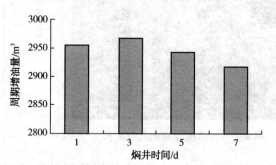

图8 不同焖井时间增油效果对比

3.2 气液比优化

起泡剂与氮气形成泡沫过程中，地层中的气液体积比直接影响了泡沫体系的稳定性、持久性和封堵性等。气体含量较高可加强起泡剂与地层、气体之间的相互作用，有利于泡沫的形成，同时也可以适当增大波及体积；但气液比过高时易形成气窜而不利于泡沫的形成，筛选出最佳气液比对现场技术实施具有重要意义。

数值模拟结果表明，一定范围内气液比越大，泡沫性能较好，周期增油量越高。因此建议气液比不低于0.2∶1，即氮气注入量大于$10\times10^4Nm^3$(图9)。

3.3 多介质协同增效机理研究

研究表明，热化学复合吞吐能够实现热+气+化学的有机结合，热水携带的热量能够让化学剂堵水降黏的作用得到更好的发挥，化学剂的堵水调剖作用能够降低含水，减缓热损失。热与化学的协同增效作用能够实现调剖堵水、降低原油黏度、增加地层能量、扩大波及范围等，提高原油采收率(图10)。

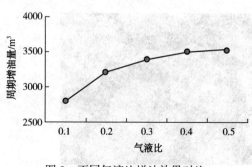

图9 不同气液比增油效果对比

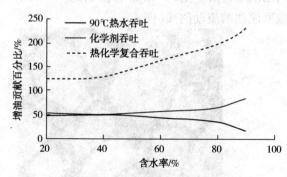

图10 不同含水阶段各开发方式增油贡献对比图

根据数模结果，A井热化学复合吞吐八轮次较冷采方案累增油 $2.36×10^4m^3$，单井动用储量采出程度提高 3.4%。

4　矿场试验效果

针对A井冷采后期出现的近井地带堵塞、原油乳化、产液能力低等问题，第一轮热化学复合吞吐采用热水+氮气+化学剂（前置高效解堵剂+防乳增效剂+高温起泡剂）的组合。第一轮措施前日产油 $5m^3$，含水 74%；第一轮措施后高峰日产油 $56m^3$，高峰日增油 $51m^3$，含水率最低降至 1%，有效期 150d，累增油 $0.48×10^4m^3$。

第一轮措施失效后，A井亟须解决的主要矛盾转化为含水高、原油稠，第二轮热化学复合吞吐对注入参数进行了优化，采用热水+氮气+化学剂（高温起泡剂+降黏增效剂）的组合。第二轮措施前日产油 $10m^3$，含水高达 89%；第二轮措施后高峰日产油 $44m^3$，高峰日增油 $34m^3$，含水率最低降至 11%，目前正处于第二轮有效期内（图11）。

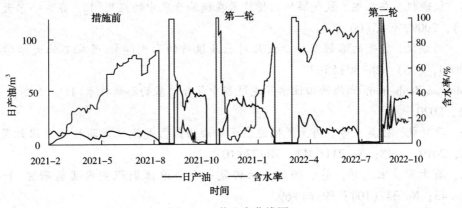

图11　A井生产曲线图

矿场试验结果表明，底水稠油油藏冷采低产低效井转热化学复合吞吐，能达到降水增油的目的，改善开发效果，该技术是可行且有效的。

5　结论与认识

（1）针对底水稠油油井冷采后期出现含水率高、日产油低等问题，可采用热水+氮气+化学剂的复合增效方法提高采收率，该技术将热水、氮气、化学剂有机结合，通过多种介质的协同增效作用，达到抑制水锥、降低原油黏度等目的。

（2）渤海LD油田S井区A井试验了冷采转热化学复合吞吐后，单井含水下降幅度最高达到 73%，单井产能最高可达到措施前的 11 倍，取得了明显的降水增油效果。

（3）热化学复合吞吐技术可以在不换耐高温管柱的前提下提高剩余油动用程度，节省大量成本，经济有效，在冷采稠油油藏的低产低效井治理方面具有非常广阔的应用前景。

参考文献

[1] 王其伟. 泡沫驱油发展现状及前景展望[J]. 石油钻采工艺，2013，v.35；No.206(02)：94-97.

[2] 裴海华，葛际江，张贵才，等. 稠油泡沫驱和三元复合驱微观驱油机理对比研究[J]. 西安石油大学学报（自然科学版），2010，v.25；No.120(01)：53-56+111.

[3] 刘新光，程林松，庞占喜. 多孔介质中稳定泡沫的封堵性能试验研究[J]. 石油天然气学报，2008，No.106(04)：129-133+136+177.

[4] 张伟，孙永涛，林涛，等. 海上稠油多元热流体吞吐增产机理室内实验研究[J]. 石油化工应用，

2013, v. 32; No. 134(01): 34-36.

[5] 都檬阁. 普通稠油多元热流体吞吐的加热范围表征方法及应用[D]. 北京: 中国石油大学(北京), 2020.

[6] 刘尧文, 刘建仪. 氮气的溶解及抽提效应对原油性质的影响[J]. 西安石油大学学报(自然科学版), 2004, (05): 28-30+55-3.

[7] 高超勇. 应用氮气提高稠油热采效果工艺技术在辽河油区的应用[J]. 特种油气藏, 2003, (S1): 88-89+94-172.

[8] 张英利. 草古1潜山底水油藏氮气压水锥技术研究及应用[J]. 河南石油, 2004, (05): 42-43+3-4.

[9] 徐国瑞. 渤海底水油田泡沫控水锥技术研究与应用[J]. 石油化工高等学校学报, 2013, v.26; No.104(06): 61-64.

[10] 王喜泉. 稠油蒸汽吞吐化学封堵底水技术研究[J]. 特种油气藏, 2005, (03): 69-71+110.

[11] 吴金儒, 侯晓权, 乔东旭. 氮气隔热助排技术在稠油开采中的应用[J]. 齐齐哈尔大学学报(自然科学版), 2009, v.25(06): 34.

[12] 刘尧文, 刘建仪. 氮气的溶解及抽提效应对原油性质的影响[J]. 西安石油大学学报(自然科学版), 2004, (05): 28-30+55-3.

[13] Salim Moussa Zoubeirou. 渤海油田注水开发过程中复合堵塞的解堵技术[D]. 青岛: 中国石油大学(华东), 2020.

[14] 张吉磊, 李廷礼, 张昊, 等. 海上低幅边底水稠油油藏氮气泡沫调驱技术应用效果评价[J]. 钻采工艺, 2019, v.42; No.211(04): 70-73+10.

[15] 郑继龙, 翁大丽, 宋志学, 等. 渤海J油田氮气复合泡沫调驱室内实验研究[J]. 天津科技, 2016, v.43; No.347(10): 59-61+69.

[16] 毕长会, 王泊, 白长奇, 等. 稠油热采氮气泡沫辅助蒸汽驱技术研究及应用——以河南油田稠油开发为例[J]. 石油地质与工程, 2014, v.28(06): 115-117.

[17] 张艳辉, 戴彩丽, 徐星光, 等. 河南油田氮气泡沫调驱技术研究与应用[J]. 断块油气田, 2013, v.20; No.115(01): 129-132.

[18] 彭昱强, 徐绍诚, 莫成孝, 等. 渤海稠油油田氮气泡沫调驱室内实验研究[J]. 中国海上油气, 2008, (05): 308-311.

[19] 尹太恒, 赵冀, 唐永亮, 等. 注氮气控制底水锥进实验研究[J]. 石油化工高等学校学报, 2017, v.30; No.125(03): 50-55.

[20] 杨森, 许关利, 刘平, 等. 稠油化学降黏复合驱提高采收率实验研究[J]. 油气地质与采收率, 2018, v.25; No.134(05): 80-86+109.

海上疏松砂岩稠油
油藏防砂技术研究及实践

张晓封 高 尚 代磊阳 邹 剑 兰夕堂 王天慧

【中海石油(中国)有限公司天津分公司】

摘 要: 海上油田以疏松砂岩油藏为主,具有储量大,物性好,单井产量高,采油速度高的特点。疏松砂岩颗粒胶结较差,高黏原油的携带和热采施工会加剧疏松砂岩稠油油藏的出砂问题,大量出砂将带来生产隐患和降低经济效益,成为制约海上疏松砂岩稠油油田高产稳产的一大难题。本文根据疏松砂岩稠油油藏开发中油井出砂问题,研发出针对出砂井的油层修复、化学防砂一体化技术;针对水平井,研发出不动管柱重复机械防砂技术,最终形成针对海上稠油油田完整的油井出砂治理技术体系。研究成果在海上油田成功应用,通过防砂治理,充分发挥了油井的生产潜力,取得了良好的经济效益和社会效益,为海上油田的持续高产稳产提供了有力的技术保障。

关键词: 疏松砂岩;稠油油藏;化学防砂;机械防砂

我国海上稠油资源储量丰富,疏松砂岩稠油油藏地质结构疏松、原油黏度较高,伴随着稠油的热采,开发过程中高黏度的原油往往会携带地层砂产出,造成不同程度的出砂问题,严重影响了稠油井的开采程度[1-4]。油藏出砂会降低地层孔隙之间的连通性,加剧地层胶结结构的破坏,增大渗流阻力,出砂严重将堵塞近井地带与井筒。地层砂粒进入井筒将腐蚀生产设备和输油管道等,增加开采成本,甚至产生套管损坏、油井停产、地层坍塌等后果[5-7]。防砂问题也是油气开发一直在解决的问题,如何有效防砂成为制约稠油油田高效开发的难题。本文针对上述制约海上疏松砂岩稠油油藏出砂等技术难题,开展科技攻关,研发形成海上油田疏松砂岩稠油油藏的防砂技术。

1 新型化学防砂技术研究

对于出砂的防治能够抑制高渗层大孔道的继续发育,从而降低含水上升的速度。相应地,对于高含水大孔道的封堵,有利于油井均衡产液,降低局部产液强度,减小速敏造成的出砂风险。新型化学防砂剂具有外界感知能力,通过键合作用,分子与硅基表面上大量的羟基形成稳定的氢键,把亲水性无机相与分子有机相连接起来,在亲水性固体表面生成稳定的半固体膜形成空间网状结构,水分子充满在网络的空隙中,生成失去流动性的半固体状凝胶-固体颗粒体系。分子在地层中的含水孔隙中发生反应,而不在含油孔隙中发生反应,达到防砂不堵油的目的。

该防砂体系达到了较高的化学防砂强度,药剂耐冲刷强度达到180mL/min,折合成现场产液强度为66m³/(d·m),能满足海上疏松砂岩稠油油藏的需要。

"变浓度、变排量、组合段塞、逐级处理"的施工方式,实现长井段均匀防砂,针对海上油井大段

作者简介:张晓封,就职于中海石油(中国)有限公司天津分公司,助理工程师。E-mail: zhangxf73@cnooc.com.cn

合采，同一防砂段内油层非均质性强，以及水平井长水平段、非均质性强的特点，利用药剂的成胶反应可控，防砂剂与诱发剂配合使用能加速药剂反应的特点，对高渗层段产生封堵，使后续注入药剂转向进入渗透率相对较低的井段，实现水平井均匀防砂。同时利用药剂遇水稀释到一定浓度后开始成胶的特性，采用"变浓度、变排量、组合段塞、逐级处理"的施工方式，实现长井段非均质储层的均匀防砂，提高防砂效果。

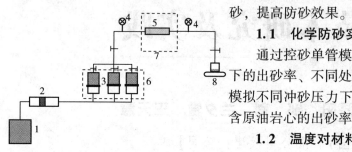

图1 岩心模拟试验流程图

1—蒸馏水；2—平流泵；3—储药罐；4—压力表；5—模拟岩心；6—保温箱；7—保温箱；8—天平

1.1 化学防砂实验方法

通过控砂单管模拟岩心流动实验，模拟不同防砂体系使用量下的出砂率、不同处理温度下的出砂率，通过砂粒胶结冲刷实验模拟不同冲砂压力下的出砂率、不同矿化度水处理下的出砂率、含原油岩心的出砂率以及不同产液强度下的出砂率(图1)。

1.2 温度对材料控砂性能的影响

如表1~表3所示，在30℃、50℃和80℃三个温度下，新型化学防砂剂的控砂能力几乎相同。在新型化学防砂剂对岩心的处理量为0.5PV时，改变处理温度从30℃到80℃，岩心出砂率略有升高。30℃温度下，冲砂排量为120mL/min时，岩心出砂率为0.1344‰，80℃温度下，冲砂排量为120mL/min时，岩心出砂率为0.1493‰。

表1 30℃不同泵流量下的岩心出砂率

流量/(mL/min)	表面皿+滤纸净重/g	表面皿+滤纸+砂粒重/g	冲出砂质量/g	出砂率/‰
10	124.3990	124.3997	0.0007	0.0002
30	121.7652	121.7680	0.0028	0.0009
50	124.4522	124.4700	0.0178	0.0059
70	122.3068	122.4264	0.1196	0.0399
100	122.5007	122.7877	0.2870	0.0716
120	124.0073	124.4374	0.4301	0.1344

表2 50℃不同泵流量下的岩心出砂率

流量/(mL/min)	表面皿+滤纸净重/g	表面皿+滤纸+砂粒重/g	冲出砂质量/g	出砂率/‰
10	123.0954	123.0967	0.0013	0.0004
30	121.8330	121.8379	0.0049	0.0016
50	122.7219	122.7385	0.0166	0.0055
70	124.2060	124.3270	0.1210	0.0403
100	121.9103	122.1976	0.2873	0.0958
120	123.5302	123.9918	0.4616	0.1539

表3 80℃不同泵流量下的岩心出砂率

流量/(mL/min)	表面皿+滤纸净重/g	表面皿+滤纸+砂粒重/g	冲出砂质量/g	出砂率/‰
10	125.0721	125.0739	0.0018	0.0006
30	123.1010	123.1073	0.0063	0.0021
50	124.7000	124.7190	0.0190	0.0063
70	123.1922	123.3328	0.1406	0.0469
100	121.3440	121.6360	0.2920	0.0973
120	124.2098	124.6578	0.4480	0.1493

1.3 压力对材料控砂性能的影响

如表4和图2所示，压差对岩心出砂率有较大影响。60℃温度下，新型化学防砂剂对岩心的处理量为0.5PV时，随着压差和冲砂排量的增大，岩心出砂率增大。冲砂排量为50mL/min、压差为0.7MPa时，岩心出砂率为0.0058‰，冲砂排量150mL/min，压差为3.02MPa时，岩心出砂率增大为0.1699‰。压差越大，冲刷力越强，出砂率越大。模拟岩心泵排量为 150mL/min，驱替压差为 3.02MPa，相当于 200m 射孔油层厚度的油井产液 544.32m³/d，地层压力为 10.07MPa，出砂率为 0.1699‰。

表4　60℃不同岩心压差下的出砂率

流量/(mL/min)	压差/MPa	表面皿+滤纸净重/g	表面皿+滤纸+砂粒重/g	冲出砂质量/g	出砂率/‰
50	0.70	121.6984	121.7175	0.0173	0.0058
100	1.89	124.007	124.2630	0.2623	0.0874
150	3.02	125.0870	125.5366	0.5096	0.1699
200	6.12	125.2109	125.9323	0.7214	0.2405
250	11.06	121.6560	122.5590	0.9030	0.3010
300	25.10	122.0078	123.2095	1.2017	0.4006

1.4　产液强度对材料控砂性能的影响

如表5和图3所示，产液强度对岩心出砂率有较大影响。60℃温度下，新型化学防砂剂对岩心的处理量为 0.5PV 时，随着冲砂排量的增大，岩心出砂率逐渐增大。排量从 10mL/min 增大到 250mL/min，出砂率由 0.0004‰ 逐渐增大到 0.3010‰。

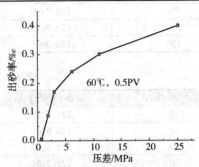

图2　不同压差防砂剂处理下岩心的泵流量-出砂率曲线

表5　60℃不同泵排量下的岩心出砂率

泵排量/(mL/min)	表面皿+滤纸净重/g	表面皿+滤纸+砂粒重/g	冲出砂质量/g	出砂率/‰
10	123.0355	123.0367	0.0012	0.0004
30	121.9992	122.0040	0.0048	0.0016
50	124.0782	124.0984	0.0202	0.0067
70	124.7004	124.8179	0.1175	0.0392
100	123.0011	123.3000	0.2989	0.0996
120	122.4501	122.9101	0.4600	0.1533
150	122.5762	123.0858	0.5096	0.1700
170	123.0030	123.6265	0.6235	0.2078
200	121.0048	121.7262	0.7214	0.2405
250	124.2100	125.1130	0.9030	0.3010

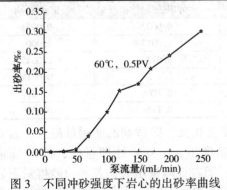

图3　不同冲砂强度下岩心的出砂率曲线

1.5　原油黏度对材料控砂性能的影响

如表6所示，原油黏度对岩心出砂率有影响。60℃温度下，新型化学防砂剂对岩心的处理量为 0.5PV、冲砂排量为 50mL/min 时，随着原油黏度增大，岩心出砂率逐渐增大。原油黏度约为 100mPa·s 时，岩心出砂率为 0.0571‰，原油黏度增大到 50000mPa·s 时，岩心出砂率增大为 0.2040‰。

表6　60℃不同原油黏度的岩心出砂率

原油黏度/mPa·s(60℃)	表面皿+滤纸净重/g	表面皿+滤纸+砂粒重/g	冲出砂质量/g	出砂率/‰
100	124.5025	124.6737	0.1712	0.0571
3000	121.7129	121.9497	0.2368	0.0789
10000	123.9870	124.3800	0.3930	0.1310
50000	124.0023	124.6143	0.6120	0.2040

1.6 防砂剂用量对控砂性能的影响

如表7~表10和图4所示，岩心的出砂率与防砂剂对岩心的处理量呈负相关，防砂剂的使用量越大，岩心出砂率越低，并且随着冲砂排量的增大，出砂率增大。60℃温度下，0.3PV处理量时，冲砂排量从10mL/min到120mL/min，岩心出砂率从0.001‰到0.1938‰；随着处理量增大，各种冲砂排量下岩心出砂率均降低。到处理量为1PV时，冲砂排量从10mL/min到120mL/min，岩心出砂率从0.0001‰到0.0586‰。

表7 60℃0.3PV药剂处理的岩心出砂率

流量/(mL/min)	表面皿+滤纸净重/g	表面皿+滤纸+砂粒重/g	冲出砂质量/g	出砂率/‰
10	121.5052	121.5053	0.0031	0.0010
30	121.5163	121.5162	0.0087	0.0029
50	126.8266	126.8418	0.0352	0.0117
70	122.2420	122.4108	0.1688	0.0563
100	125.8015	126.2635	0.3620	0.1207
120	122.3098	122.8911	0.5813	0.1938

表8 60℃0.5PV药剂处理的岩心出砂率

流量/(mL/min)	表面皿+滤纸净重/g	表面皿+滤纸+砂粒重/g	冲出砂质量/g	出砂率/‰
10	121.5217	121.5228	0.0011	0.0004
30	126.6103	126.6164	0.0061	0.0020
50	125.8012	125.8205	0.0193	0.0064
70	122.2461	122.3632	0.1171	0.0390
100	122.4210	122.7174	0.2964	0.0988
120	121.5048	121.9591	0.4543	0.1514

表9 60℃0.7PV药剂处理的岩心出砂率

流量/(mL/min)	表面皿+滤纸净重/g	表面皿+滤纸+砂粒重/g	冲出砂质量/g	出砂率/‰
10	126.0205	126.0211	0.0006	0.0002
30	125.3700	125.3720	0.0020	0.0007
50	126.2198	126.2346	0.0148	0.0049
70	124.1006	124.2101	0.1095	0.0365
100	122.5601	122.8105	0.2504	0.0835
120	125.2900	125.5903	0.3003	0.1001

表10 60℃1.0PV药剂处理的岩心出砂率

流量/(mL/min)	表面皿+滤纸净重/g	表面皿+滤纸+砂粒重/g	冲出砂质量/g	出砂率/‰
10	123.8720	123.8740	0.0002	0.0001
30	122.6913	122.6930	0.0017	0.0006
50	126.0970	126.1100	0.0130	0.0043
70	123.1897	123.2847	0.0950	0.0317
100	124.3050	124.4758	0.1708	0.0569
120	124.4126	124.5884	0.1758	0.0586

实验结果表明，岩心的出砂率与防砂剂对岩心的处理量呈负相关，防砂剂的使用量越大，岩心出砂率越低，并且随着冲砂排量的增大，出砂率增大。60℃温度下，0.3PV处理量时，冲砂排量从10mL/min到120mL/min，岩心出砂率从0.001‰到0.1938‰；随着处理量增大，各种冲砂排量下岩心出砂率均降低。到处理量为1PV时，冲砂排量从10mL/min到120mL/min，岩心出砂率从0.0001‰到0.0586‰。

2 水平井不动管柱重复机械防砂技术研究

2.1 小筛管二次防砂

目前海上大量采用水平井进行开采，由于泥质、稠油、细粉砂对筛管的堵塞，油井生产一段时间后筛管容易出现穿孔损坏而出砂，水平井的出砂治理就成了一大难题。由于水平井在打捞防砂管柱时裸眼段极易坍塌，因此，水平井出砂后的通常做法是进行侧钻。而侧钻作业不但费用高，而且作业复杂，对平台的钻修井设备要求较高，有时甚至不得不动员钻井船进行作业，这使得水平井出砂后迟迟得不到复产，严重影响了油田的开发开采效果。这就要求在现有条件下找到一种能够简便、快速的恢复水平井产能的方法，因此，本文开创性地提出了在原有筛管里下入小筛管进行二次完井同时充填轻质覆膜颗粒的防砂方式，以低成本、易充填、多功能为目标，研发出了一种轻质覆膜颗粒，本体为苯乙烯刚性材料，其具有密度低、易携带、强度高、亲油疏水等特性，成本较现阶段颗粒降低30%，充填率较现阶段陶粒提高50%以上，20/40 目覆膜颗粒

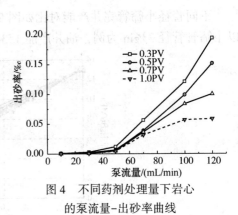

图 4　不同药剂处理量下岩心
的泵流量-出砂率曲线

较常规陶粒阻水能力提高 1.5 倍。该技术不仅有效地解决了水平井出砂问题，而且大大地节约了水平井进行侧钻的费用。

2.2　新型瘦身筛管

要实现水平井的二次完井，就必须配套相应的筛管和工具。针对二次完井时防砂管柱不需要循环冲砂、内径小、不需要替钻井液等特点，分别设计了简易防砂管柱和砾石充填防砂管柱，这两套管柱可以满足小内径筛管和长水平段的作业要求。与常规防砂作业相比，不动管柱二次防砂要求筛管外径尽量小，以保证管柱的顺利下入和足够的砾石层厚度。通过小外径筛管研发，新型筛管结构由内到外由打孔基管、内保护套、大尺寸过滤层、小尺寸过滤层、外保护罩等组成。与常规金属网布优质筛管相比，减少了两层泄流网，筛管尺寸显著减小。另外，筛管外细内粗双层滤网结构，抗堵塞能力很强，不易堵塞，同时其流通性能也得到进一步提升，保证了二次防砂后的产能。

2.3　预充填筛管防砂

为进一步简化施工难度、降低成本，创新研发一种预充填筛管防砂技术，在筛管内外两层屏障间预先充填一定厚度具有过滤/控水功能的颗粒材料，两端密封后所形成的一种防砂筛管。其屏障类型为绕丝、冲缝护套、割缝管等，颗粒材料为常规陶粒、轻质陶粒、钢珠等。

预充填筛管防砂技术兼具砾石充填防砂的挡砂效果及筛管独立防砂施工简单特性，具有很强的地层适应性，抗堵塞性能好，耐高温、酸碱腐蚀，且充填材料及充填厚度按照需要适当调整，适用于充填难度较大的长水平段油井。

2.4　二次充填防砂产能预测方法

考虑井斜影响，考虑地层出砂影响，基于等值渗流阻力法，推导复杂完井方式下的油水渗流过程，初步建立了二次充填防砂方式下的油井产能模型，预测复合防砂工艺对油井产能的影响。二次充填防砂产能公式如式(1)所示：

$$\begin{cases} R_1 = \dfrac{\mu_L \ln\left[(r_{sc} + l_1)/r_{sc} + S_{sc} \right]}{2\pi h' k_{fs}} \\[2mm] R_2 = \dfrac{\mu_L \ln\left[(r_{sc} + l_1 + l_2)/(r_{sc} + l_1) + S_{cg} \right]}{2\pi h' k_{fs}} \\[2mm] R_{3i} = \dfrac{\mu_L \ln\left[(r_{sc} + l_1 + l_2 + l_3)/(r_{sc} + l_1 + l_2) + S_\theta \right]}{2\pi h k_{fi}} \\[2mm] R_{3m} = \dfrac{\mu_L \ln\left[(r_{sc} + l_1 + l_2 + l_3)/(r_{sc} + l_1 + l_2) + S_\theta \right]}{2\pi h k_m} \\[2mm] \dfrac{1}{R_3} = \dfrac{1}{R_{3m}} + \sum_{i=1}^{n} \dfrac{1}{R_{3i}} \\[2mm] R_4 = \dfrac{\mu_L \ln\left[(r_{sc} + l_1 + l_2 + l_3 + l_4)/(r_{sc} + l_1 + l_2 + l_3) + S_\theta \right]}{2\pi h k_m} \\[2mm] Q = \dfrac{P_e - P_{wf}}{R_1 + R_2 + R_3 + R_4} \end{cases} \tag{1}$$

不同管径小筛管完井产能对比如图 5 所示，小筛管完井方式下，小筛管管径越大，油井产能越大，以小筛管管径 3½in 为例，油井产能 153m³/d，对比无筛管产能降低 17.6%。

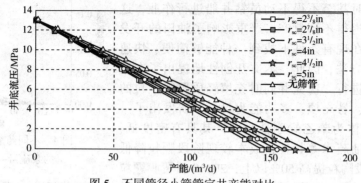

图 5　不同管径小筛管完井产能对比

3　现场应用

通过梳理当前防砂技术发展脉络，针对当前技术发展中存在的痛点，攻关形成两种防砂思路，针对性研发出新体系和新工具，在试验中进一步优化改进，最终提升防砂措施的成功率和效果。该技术体系在海上累计应用 18 井次，累计增油达 20.8×10⁴m³，其中化学防砂应用 12 井次，阶段增油已达 15.1×10⁴m³，有效期已经达到 3 年以上；机械防砂应用 6 井次，阶段增油 5.7×10⁴m³，有效期达 2 年以上。

4　结语

随着海上疏松砂岩稠油油藏不断的勘探开发，出砂更为严重，做好防砂工作更为艰巨和重要，一些新区新层，随着油藏条件的变化逐渐开始出砂，需要采取有效的防砂措施才能确保正常生产。本文攻关和优化改进的防砂技术，能够很好地满足储层需求，且有效期和针对性强。该防砂技术将为海上油田疏松砂岩高效开发提供技术支持。

参考文献

[1] 韩国庆，符翔，吴晓东，等．适度出砂开采方式在海上油田的应用[J]．国外油田工程，2004，20（2）：19-21.

[2] 曾祥林，何冠军，孙福街，等．SZ36-1 油藏出砂对渗透率影响及出砂规律实验模拟[J]．石油勘探与开发，2005，32(6)；105.

[3] 田红，邓金根，孟艳山，等．潮海稠油油藏出砂规律室内模拟实验研究[J]．石油学报，2005，26（4）：85-86.

[4] 韩国庆，李相方，吴晓东，等．渤海稠油油田适度出砂生产可行性研究[J]．钻采工艺，2004，27（3）：29-32.

[5] 周守为．海上稠油高效开发新模式研究及应用[J]．西南石油大学学报，2007，29(5)：1-4.

[6] 李泽斌．稠油井防砂方式优选[D]．武汉：长江大学，2013.

[7] 耿娜娜．稠油热采井高温防砂技术研究[D]．青岛：中国石油大学，2007.

海上普通稠油油田缔合聚合物复合堵塞机理与治理方法研究

袁晓南　兰夕堂　高　尚　张丽平　张　璐

【中海石油(中国)有限公司天津分公司】

摘　要：渤海普通稠油油田 S 油田自单井化学驱实施以来，注聚井堵塞问题也表现的日益突出，部分注聚井进行多次解堵后仍然达不到油藏配注需求，极大影响了 S 油田开发效果。本文针对 S 油田注聚井堵塞问题开展了堵塞特点及伤害机理研究，利用扫描电镜、红外光谱及原子力显微镜等实验仪器对该油田注入过程中形成的缔合类堵塞物与常用聚丙烯酰胺类堵塞物进行对比研究，深刻发现缔合类堵塞物比常规堵塞物结构更加复杂，包裹油污能力更强，更加难以解除，针对缔合类堵塞物独特的伤害特点研发出一套新型 SOA 解堵剂，通过室内实验发现新型 SOA 解堵剂对缔合聚合物类堵塞物降解率达到 90% 以上，而当 SOA 与酸组合使用后降解率达到 99% 以上，基于该实验发现形成了一套 SOA 解堵剂与酸交替注入新工艺。研究成果在 S 油田完成 4 井次现场应用，有效率 100%，现场试验取得了显著效果，为海上油田注聚井高效解堵提供有力的指导，具有很好的推广应用前景。

关键词：缔合聚合物；重质组分；氧化；解堵；酸液

近年来，国内外研究人员针对聚合物堵塞问题开展了较为深入的分析与研究，R. A. Shaw 与 D. H. Stright JR[1] 通过室内实验评价聚合物驱替原油效果时发现，聚合物配制过程中极容易由于聚合物溶解不充分而形成类似"鱼眼"等难溶解的胶团，这些胶团注入储层后极其容易造成注聚井堵塞伤害；卢祥国[2] 等通过研究发现化学驱时注入的聚合物相对分子质量的大小与驱油效果有着重要联系；Mullin 与 J. W. Crystallisation[3] 研究发现，储层长期注入聚合物后，聚合物会对地层岩石喉道造成一定堵塞，且伴随着聚合物持续的注入，注入压力的不断提升，给储层带来更多伤害；Dovan H T 与 Hutchins R D[4] 通过研究发现聚合物分子在岩石中吸附滞留后相互缠绕形成复杂，容易对储层造成伤害；FleTcher[5] 等通过研究发现，三价铁离子及储层黏土矿物对注聚井注入能力有很大的影响；唐洪明[6] 等通过对聚合物分子结构形态及渗流特性研究发现聚合物的吸附、滞留会导致聚合物分子线团尺寸增大；王业飞[7] 等研究发现缔合类聚合物动态吸附滞留量大，室内研究表明缔合聚合物会在注入端附近建立很高的流动阻力，因而缔合聚合物对储层的伤害可能会更加复杂，给缔合类堵塞物高效解除带来了极大的困扰。

M. McGlalhery[8] 等通过使用强氧化极二氧化氯来解除注入聚合物对储层造成的伤害；孙海鸥[9] 等将氧化剂与表面活性剂结合形成复合解堵剂，室内实验发现解堵剂对堵塞物溶解率超过 85%；李根生[10] 等研究高压水喷射解堵与化学解堵联合解堵技术，在华北油田、胜利油田开展了 30 多井次应用，取得一定效果。

作者简介：袁晓南，就职于中海石油(中国)有限公司天津分公司，助理工程师。E-mail：yuanxn2@cnooc.com.cn

目前国内外针对注聚井解堵的技术主要有高压喷射与氧化解堵两种方式，其中氧化剂或氧化剂+表面活性剂复合解堵技术基本能够达到注聚井解堵的目的，水力高压喷射与化学解堵相结合的方式应用的效果更优，但由于海上油田平台空间限制，很难针对注聚井而开展复杂的解堵工艺，同时由于海上油田受限于平台使用寿命，以高速开发为显著特点，因此注聚井配注要求较高，部分注聚井进行多次解堵仍然达不到效果，在油田生产实际中针对缔合聚合物解堵也尚未找到比较理想的技术对策。因此需要针对海上缔合类堵塞物开展深入分析研究。本文从缔合聚合物分子结构入手，结合微观实验分析手段，深入对比剖析了缔合类堵塞物与常规聚丙烯酰胺类堵塞物的特点，明确了缔合类堵塞物的独特性，针对缔合堵塞物特点研究出一套高效解堵液体系，并形成了一套针对缔合类堵塞物的注聚井解堵新工艺，成功进行现场应用，为 S 油田注聚井解堵提供有力技术支撑。

1　缔合类堵塞物伤害机理剖析

1.1　堵塞物成分分析

从缔合与常用聚丙烯酰胺聚合物分子结构入手，开展了分子结构对比分析，同时选取油田现场取出的堵塞物垢样，开展两种类型堵塞物成分分析，实验用的部分水解聚丙烯酰胺 HPAM，大庆炼化提供，聚合物的相对分子质量 1300 万；缔合聚合物 AP-P4，四川光亚聚合提供，相对分子质量 1000 万，分子式及成分见图 1 及表 1。

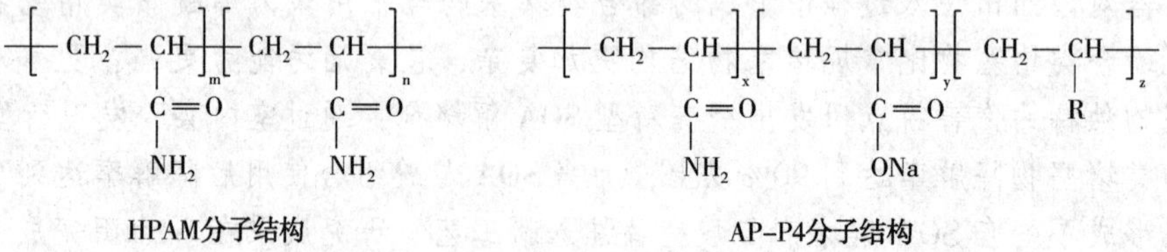

HPAM分子结构　　　　　　　　　AP-P4分子结构

图 1　不同聚合物分子结构对比

表 1　两种堵塞物成分分析

编号	含水率/wt%	含油率/wt%	其他/wt%
1#缔合类	18.8	21.85	59.35
2#缔合类	11.25	24.31	64.44
3#缔合类	22.81	12.12	65.07
4#缔合类	12.06	16.62	71.32
5#聚丙烯酰胺类	25.26	11.25	63.49
6#聚丙烯酰胺类	23.22	10.2	66.58
7#聚丙烯酰胺类	22.14	9.14	68.72

通过深入研究发现，缔合在微支化和水溶性聚合物分子链上增加了缔合功能基团，并将线型分子结构改为微支化的新型分子构型，使聚合物具备了实现了缔合基团吸附提高残阻、分子间缔合耐盐高效增黏、高剪切解缔合-低剪切自发再缔合及微支化的可逆过程，实现聚合物高效增黏、耐盐、抗剪切特性，因此缔合聚合物在驱油过程中与地层原油形成更加稳定的驱替体系。受缔合聚合物基团微观性能影响，缔合类堵塞物比聚丙烯酰胺类堵塞物含油率平均高8%，说明缔合类堵塞物包裹油能力更强，缔合类堵塞物比聚丙烯酰胺类堵塞物含水率低7%，表明其脱水老化程度更高，因此针对缔合类堵塞物的解堵难度更高。

1.2　堵塞物原油组分分析

为进一步弄清两种堵塞物中含油率差异，开展了堵塞物原油组分分析。实验仪器：层析柱，内径为 7~10mm，有效长度为 100~150mm；分析天平；电热干燥箱；箱式高温电阻炉；旋转蒸发器；具塞称量瓶，25~50mL；超声波清洗器；具塞三角瓶，250mL（表 2）。

表2 不同堵塞物类型组成及含量分析

组分 编号	饱和烃/%	芳香烃/%	胶质/%	沥青质/%
聚丙烯酰胺类堵塞物	28.98	26.93	30.20	13.89
聚丙烯酰胺类堵塞物	27.40	27.37	30.58	14.65
AP-P4 类堵塞物	22.61	22.38	33.16	21.85
AP-P4 类堵塞物	23.10	26.77	32.63	17.50

表2对比常规聚丙烯酰胺类堵塞物与缔合类堵塞物中原油组分分析，缔合类堵塞物中胶质和沥青质的含量明显更高，说明缔合聚合物与绥中36-1油田普通稠油接触后更容易与重质组分接触后驱替效果更优，但同时形成的堵塞物体系更加稳定，也更难解除。

1.3 两种堵塞物红外光谱分析

为弄清堵塞物的结构是否发生改变，开展堵塞物红外光谱实验。通过堵塞物红外光谱与标准谱图的比较，可以定性确定化合物的结构，图2选取常规聚丙烯酰胺类堵塞物与缔合聚合物类堵塞物开展红外光谱分析对比。

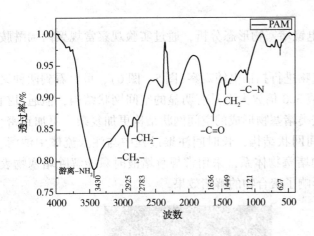
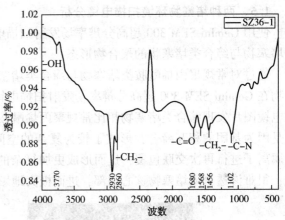

图2 不同堵塞物红外光谱对比

通过对堵塞物的红外光谱分析观察到，$1677cm^{-1}$ 处是酰胺基团的羰基的伸缩振动吸收，$1610cm^{-1}$ 处是羧基上羟基的最强吸收峰。$1575cm^{-1}$ 处是聚丙烯酸钠链节 $C=O$ 的伸缩振动峰，$1410cm^{-1}$ 是此链节的 $C=O$ 吸收特征谱带。由图中可以看出，缔合类堵塞物与金属离子交联后，上述 $1575cm^{-1}$ 处吸收峰消失，$1410cm^{-1}$ 处吸收峰减弱。因此说明缔合类堵塞物分子中侧链 $-COO^{-1}$ 官能团与多价金属离子发生了交联反应。

1.4 两种堵塞物原子力显微镜（AFM）分析

通过原子力显微镜观察堵塞物的纳米结构，更好地了解堵塞物的形态[11]。使用的原子力显微镜（AFM）探针为商用氮化硅针尖，型号为 TAP 150（MPP-12100-10），操作模式为分子力模式，微悬臂的长度、厚度、宽度分别为 $1.5～2.5\mu m$、$115～135\mu m$、$25～35\mu m$，共振频率为 $150～200kHz$，弹性系数为 $5N/m$。

通过使用原子力显微镜对两类堵塞物表面进行三维结构分析，从图3、图4可以看出，在堵塞物表面无明显的网状结构，有明显的高低凸起，并且凸起分布不均匀，表明了其中的聚合物中的分子链相互的卷曲、收缩形成大的胶团。而不同的堵塞物样品表现出不同的凸起形状，常规聚丙烯酰胺类堵塞物凸起形状较小，而缔合聚合物类堵塞物凸起形状尤其明显，说明堵塞物分子链卷曲收缩更加复杂。

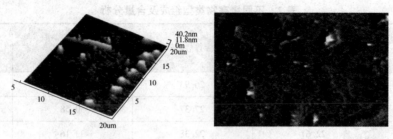

图 3　常规聚丙烯酰胺类堵塞物

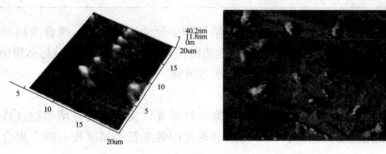

图 4　缔合类堵塞物

1.5　两种堵塞物环境扫描电镜分析

使用 Gemini SEM 300 超高分辨率场发射扫描电镜堵塞物形态分析，通过实验观察常规聚丙烯酰胺类堵塞物与缔合类堵塞物的聚合物形态。

通过对常规聚丙烯酰胺类堵塞物与缔合类堵塞物进行扫描电镜观察（图 5、图 6），可以看到两种聚合物在 Gemini SEM 300 超高分辨率场发射扫描电镜 300 倍放大下具有明显的空间网状结构，但通过扫描电镜图片发现缔合类堵塞物相比常规聚丙烯酰胺类堵塞物形成的空间网状结构更加复杂、更加致密，这是因为基团的相互缔合，形成了较为复杂的空间网状结构，长时间注聚过程中与注入流体中油污、金属离子进行再次交联包覆，进而形成更加复杂的堵塞物体系，采用常规解堵液时只能解除堵塞物表面，很难渗透进入堵塞物核心内部，进而极大地影响了聚合物的解堵效果。

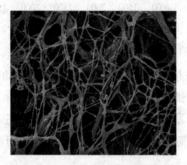
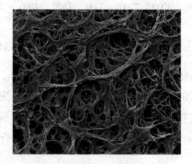

图 5　常规聚丙烯酰胺类堵塞物　　　　图 6　缔合类堵塞物

2　解堵剂研究

油田矿场聚合物驱时使用的聚合物相对分子质量非常高，达到上千万，因此聚合物溶液具有较高的黏度和较强的稳定性。而此类高分子聚合物一般在氧化反应条件下才会使得分子链断裂，形成许多小分子量的短链，从而才使得聚合物得到降解，黏度降低从而易于流动，不再堵塞。缔合聚合物是通过在部分水解聚丙烯酰胺 HPAM 的基础上添加亲油型的基团改进而来，其主链为稳定性较高的碳—碳键（C—C），这种 C—C 键结构较稳定，不容易断裂，要使其断裂，要么是高温条件，要么是强氧化剂作用。对于储层而言。地层温度是无法改变的，解除这些高分子聚合物所引起的堵塞唯一有效的便只能考虑使用强氧化剂使 C—C 断裂。

2.1 解堵剂机理

针对缔合聚合物上述特性，研究并形成一种 SOA 安全高效型氧化解堵体系，通过溶解、渗透、分散、溶胀、降解，逐步将堵塞物解除。SOA 氧化解堵剂在水溶液中能够逐步反应形成强氧化能力的羟基自由基，当强氧化性的羟基自由基与聚合物接触反应后，会引发一系列的连锁氧化反应，产生新的自由基，极其活跃的自由基促使聚合物长链发生 α-或 β-裂解反应，将长链聚合物分子逐步裂解成可溶性短链分子。

通过 SOA、常规氧化剂（过硫酸铵）与缔合聚合物反应后测试活性氧含量发现，SOA 活性氧释放速度平稳，具有延缓活性氧释放速率性能，在 60℃下静置 48h 后，活性氧含量保持 4.6% 以上。而常规氧化剂 18h 活性氧含量就降低至 50% 以下，48h 活性氧含量降低至 1%，SOA 解堵剂不仅增加解聚剂的安全性，还能够延长解聚剂作用时间，增强降解效果，进而能够实现安全高效的深部解堵（图7、图8）。

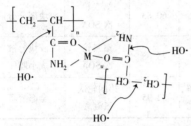
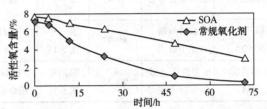

图7　SOA 氧化解堵剂反应机理　　　图8　两种氧化剂与缔合聚合物反应后活性氧含量

2.2 解堵剂性能评价

针对渤海油藏条件，结合解堵剂的性能特点，开展 SOA 氧化解堵剂解堵工艺参数设计研究，确定最佳施工参数及段塞组合模式。SOA 氧化解堵剂矿场施工解堵时，解堵剂浓度、用量及注入段塞组合方式均会不同程度影响解堵剂的解堵效果。

实验仪器及用品：广口瓶（250mL）、数显鼓风干燥箱、电子天平（精度 0.1mg）；老化聚合物（绥中 36-1 油田 L21 井）、SOA 氧化解堵体系、蒸馏水。

实验方法：选取现场用堵塞物，从定性与定量两个维度来评价，定性方面主要通过浸泡、溶解、分散、降解的方式来观察老化聚合物降解表观特征，定量方面主要通过配制解聚剂溶液溶解老化聚合物，放置于恒温的水浴中恒温，同时密封反应，通过堵塞物溶解前后质量变化考察解堵剂性能（表3）。

表3　不同氧化剂对缔合老化聚合物降解率

反应时间/h　　溶解率/%	5%过硫酸铵	5%次氯酸钠	3%SOA	4%SOA	5%SOA
4	5.51	10.58	56.12	65.8	66.62
8	8.62	12.66	65.54	71.96	73.75
12	10.23	16.99	72.86	76.22	79.25
24	11.75	24.46	77.66	81.85	83.89
48	13.86	30.67	81.18	84.52	85.06

通过缔合老化聚合物定性及定量实验发现，海上常用的过硫酸钠类传统氧化解堵剂对缔合老化聚合物溶解率很低，48h 反应后溶解率仅为 13.86%，且从反应图片也可以看出，老化聚合物在过硫酸铵溶液中基本没有变化。而 3%SOA 氧化解堵剂对缔合老化聚合物溶解率 8h 就可以达到 65% 以上，48h 溶解率达到 80% 以上，且从反应图片也可以老化聚合物在 SOA 溶液中基本全部溶解。通过实验发现 SOA 浓度 4% 与 5% 时对堵塞物溶解率差别不大，因而优选 SOA 浓度 4%。

2.3 解堵剂与酸组合工艺研究

通过针对缔合类堵塞物与常规聚丙烯酰胺来堵塞物的分析发现，结合高尚、张璐等[12-13]在 2017 年开展的堵塞物多轮次研究思路，本文开展了 SOA 对缔合类堵塞物多轮次溶解率实验，同时海上油田由于受平台空间限制，水处理流程较短，注入井往往容易受到无机质伤害，因而为了更加有效地解除注入井伤害，需要引入酸液对无机质进行有效解除，进而实现对堵塞物的完全解除，开展了解堵剂多轮次及解堵剂与酸交替注入的多轮次解堵实验(表4)。

表4 不同段塞组合对老化聚合物的溶解状态

时间/h	1#垢样			2#垢样			3#垢样		
	处理轮次	溶解状态	溶解率/%	处理轮次	溶解状态	溶解率/%	处理轮次	溶解状态	溶解率/%
0	第一轮次SOA	高强度胶块	0	第一轮次氟硼酸	胶块无明显变化	0	第一轮次SOA	高强度胶块	0
4	第二轮次SOA	胶块溶胀变大	65.76	第二轮次SOA	胶块小幅度胀大	54.62	第二轮次SOA	胶块溶胀变大	65.22
8	第二轮次SOA	胶块部分分散	73.82	第三轮次SOA	胶块胀大	60.83	第二轮次SOA	胶块部分分散	73.06
12	第三轮次SOA	胶块分散成小胶团	86.97	第三轮次SOA	胶块部分分散	75.68	第三轮次SOA	胶块分散成小胶团	86.07
24	第四轮次SOA	原油悬浮上部，砂粒沉于底部	90.33	第四轮次SOA	部分垢样未溶解，剩余垢样松软	82.95	第四轮次氟硼酸	全部溶解	99.11

通过实验发现堵塞物在经过4个轮次的SOA溶解后大部分胶团都已经溶解，只剩下部分无机质没有溶解，溶解率达到90.33%；堵塞物先通过1个轮次氟硼酸溶解，然后再进行3个轮次SOA溶解后还剩余部分垢样未溶解，剩余垢样松软，通过观察发现还有少量聚合物没有完全溶解，且溶解率只有82.95%；堵塞物先进行3个轮次SOA溶解后再进行第4个轮次的氟硼酸溶解，发现堵塞物几乎可以全部溶解，溶解率达到99%以上。因此通过研究形成了4%SOA多轮次处理+酸化的解堵工艺。

3 现场应用

通过研究形成了一套针对缔合老化聚合物解堵的新技术，即SOA解堵体系多轮次(3个轮次以上)+酸化。S油田J井是一口注聚井，该井2018年进行了2次酸化解堵，2次高压冲洗，但有效期都只有10d左右，2019年3月进行了一次高压冲洗+酸化作业，有效期仅7d，通过分析该井的作业井史发现该井存在近井及深部的聚合物堵塞，多次解堵有效期较短，说明污染没有完全解除，因此开展了SOA解堵体系多轮次(3个轮次)+酸化技术矿场试验。

SOA解堵体系多轮次(3个轮次)+酸化组合工艺成功在S油田J井进行现场实施，其中S油田J井针对注聚层位进行解堵，作业前注聚层位注入压力11.2MPa，日注入量0m³，作业后注聚层位注入压力10.66MPa，日注入量420m³。该技术成功推广至S油田A井、D井、L井，其中S油田D井作业前注入压力10.5MPa，日注入量210m³，作业后注入压力6.5MPa，日注入量530m³；S油田A井作业前注入压力9.95MPa，日注入量272m³，作业后注入压力9.97MPa，日注入量680m³；S油田L井作业前注入压力10.1MPa，日注入量50m³，作业后注入压力7.5MPa，日注入量598m³，解堵效果极其显著，该技术的成功应用为目标区块注聚油田开发效果提供了有力的技术支撑。

4 结论

(1)缔合类堵塞物与聚丙烯酰胺类堵塞物相比，表现出了明显不一样的特征，缔合聚合物对S油田原油中沥青质、胶质等重质组分吸附力更强，形成的堵塞物中重质组分含量更高，微观形态下堵塞物分子链卷曲收缩更加复杂，且含水率比常规聚丙烯酰胺类堵塞物低，脱水老化更加严重，形成了更加复杂、稳定的堵塞物体系，因而常规解堵体系很难有效解除。

(2)针对缔合聚合物复杂堵塞的成分和结构特点，研究并开发出一套SOA解堵体系，该解堵体系在水溶液中能产生具有强氧化的羟基自由基，且能够缓慢释放活性分子，48h 活性氧含量一直保持在 50% 以上，能够保证对缔合类堵塞物的氧化降解。

（3）通过室内实验发现，多轮次注入 SOA 解堵体系对缔合堵塞物溶解率达到 90%，优于单轮次 81% 的溶解率；多轮次注入 SOA 且多轮次注入 SOA 解堵体系+酸化后处理的解堵工艺明显优于酸化+多轮次注入 SOA 解堵体系，前者对缔合类堵塞物溶解率达到 99% 以上。

（4）多轮次注入 SOA 解堵体系(3 个轮次以上)+酸化组合工艺技术在绥中 36-1 油田进行了 4 井次的现场应用，成功率 100%，具有极强的推广价值。

参考文献

［1］R. A. Shaw and Stright，D. H. Jr. Performance of the Taber South Polymer Flood［C］. Journal of Canadian Petroleum Technology-77-01-02，1977.

［2］卢祥国，高振环. 聚合物分子量与岩心渗透率配伍性——孔隙喉道半径与聚合物分子线团回旋半径比［J］. 油田化学，1996，13(1)：72-75.

［3］Dovan，H. T. and HuTchins，R. D. Dos . Cuadras Offshore Polymer Flood［C］. Journal of Petroleum Technology-20060，1990.

［4］Mullin，J. W.，Crystallisation. Butterworth Heinenann［J］. Oxford，1993. PP. 173-175.

［5］FleTcher. Formation Damage From Polymer Solutions：Factors Governing Injectivity［C］. SPE Reservoir Engineering-20243，1992.

［6］唐洪明，孟英峰，杨潇，等. 储层矿物对聚丙烯酰胺耗损规律研究［J］. 油田化学，2001，18(4)：342-346.

［7］白世勋. 耐温抗盐聚合物的渗流特征及驱油特性研究［D］. 青岛：中国石油大学(华东)，2015.

［8］Mc GlaThery MS. US paTenT 4871022，1989.

［9］孙海鸥. 聚驱三元驱注入井解堵技术研究［D］. 大庆：大庆石油学院，2008.

［10］李根生，黄中伟，张德斌，等. 高压水射流与化学剂复合解堵工艺的机理及应用［J］. 石油学报，2005(1). 96-99.

［11］朱怀江，罗健辉，隋新光，等. 新型聚合物溶液的微观结构研究［J］. 石油学报，2006(6)：79-83.

［12］余东合，范秋菊，修书志，等. 新型低伤害络合酸体系评价实验［J］. 石油钻采工艺，2017，39(6)：760-765.

［13］高尚，张璐，刘义刚，等. 渤海油田聚驱受效井液气交注复合深部解堵工艺［J］. 石油钻采工艺，2017，39(3)：375-381.

氮气泡沫凝胶多轮次调驱及其在海上水平井油藏的应用

张言辉 李 超 罗宪波 王成成 邓 琪

【中海石油(中国)有限公司天津分公司)】

摘 要: 针对纯发泡剂半衰期较短、对注入水窜流通道封堵效果较差的实际问题,开展了氮气泡沫凝胶调驱体系研究。室内实验评价结果表明,乳液聚合物和交联剂是影响泡沫凝胶体系成胶强度和成胶时间的主要因素,其最优浓度范围为2000~3000mg/L。发泡剂对泡沫凝胶体系成胶强度和成胶时间无显著影响。基于析液半衰期和起泡体积,优选出起泡剂最优浓度范围为2500~4000mg/L。凝胶泡沫体系都具有良好的老化性能,气泡剂浓度对凝胶老化性能无显著影响。氮气泡沫凝胶多轮次调驱在渤海BZ水平井油藏的应用表明,多轮次调驱效果显著,其中单轮次调驱最大含水下降幅度为9%~12%,有效期为300~370d,提高采收率幅度为5%~6%,大幅提高海上水平井油藏开发效果。

关键词: 泡沫凝胶体系;调驱;起泡剂浓度;乳液聚合物浓度

相比陆上油田,海上油田采油速度高,极易造成注入水突进,特别是稠油油藏,易引起油水水驱产量递减快。并且海上油田平台处理能力受限、平台寿命受限,因此迫切需要降低无效水循环的提高采收率技术。

调驱是在调剖的基础上,通过注入驱替剂进一步驱出油层中的原油,以降低油井含水,改善注水开发效果,提高原油采收率[1-6]。调驱技术发展多年,在陆地油田和海上部分油田已经进行了一系列矿场应用,并取得了一定效果。其中氮气泡沫调驱是一种主要调驱技术,并在渤海油田得到广泛应用[7-9]。但应用过程中出现泡沫半衰期较短,高渗透层难以有效封堵的问题[10-11]。目前对于泡沫体系的室内研究较多,对于氮气泡沫凝胶体系的研究较少[12-15]。为此开展氮气泡沫凝胶体系实验研究与多轮次调驱矿场应用。

1 氮气泡沫凝胶体系调驱机理

氮气泡沫凝胶体系是利用氮气、起泡剂和凝胶,注入地层后形成稳定的泡沫凝胶体系,该体系有机组合了泡沫和凝胶的特点,具有黏度高、贾敏效应、乳化能力、选择性封堵等一系列特点。

泡沫是一种气液分散相体系,该体系具有"堵大不堵小"和"堵水不堵油"的特点。泡沫优先进入储层中的大孔隙,并且在含水饱和度较高的孔隙中形成较为稳定的强泡沫,通过增大注入水的流动阻力,迫使注入水进入中低渗透储层驱替原油。

起泡剂能起到降低油水界面张力、改变岩石表面润湿性和乳化原油等作用,能够使得岩石表面的

作者简介:张言辉(1987—),男,2012年毕业于中国石油大学(华东)油气田开发工程专业,硕士。现工作于渤海石油研究院,主要从事油田开发调整方案设计、生产动态跟踪及化学驱等领域方面的研究。E-mole: zhangyh27@cnooc.com.cn

油膜剥离下来，并通过促使油包水型乳状液转化成水包油型乳状液，从而提高原油的流动性，形成流动相。

凝胶体系具有较高的封堵强度，还具有稳泡和固泡作用，从而延长泡沫的有效期。通过凝胶体系和泡沫体系的有机组合，可以达到较好的调驱效果。

2 凝胶泡沫体系评价与优选

2.1 凝胶泡沫体系浓度优选

凝胶成胶后，强度增大，可以减缓氮气泡沫体系形成泡沫的半衰期，便于选择性封堵储层大孔道。成胶强度和成胶时间对氮气泡沫凝胶体系的封堵作用至关重要。凝胶由聚丙烯酰胺、交联剂等组成。本体系中，聚丙烯酰胺主要为乳状聚合物，交联剂为交联剂 G。为了研究聚合物浓度对成胶强度和成胶时间的影响，聚合物浓度分别设置 500mg/L、1000mg/L、1500mg/L、2000mg/L、2500mg/L、3000mg/L、3500mg/L 和 4000mg/L。实验结果如图 1 所示，可以看出随着聚合物浓度的升高凝胶时间缩短、凝胶强度显著增大，但当浓度达到 3500mg/L 时，凝胶强度增加趋势变缓，因此对于注入前期要求成胶时间长强度低，乳液聚合物使用浓度在 2000~3500mg/L 较为合适。

同理，开展了不同交联剂 G 浓度下的成胶强度和成胶时间实验，如图 2 所示。可以看出交联剂 G 使用浓度在 2000~3000mg/L 较为合适。

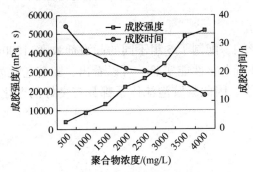

图 1 乳液聚合物浓度对成胶强度及
成胶时间的影响

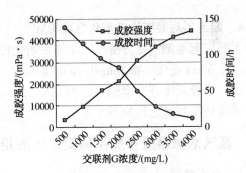

图 2 交联剂 G 浓度对成胶强度及
成胶时间的影响

2.2 凝胶泡沫起泡剂浓度优选

起泡剂的起泡性能和稳泡性能对储层调驱效果起着极大的作用。高性能的起泡剂应具有阻力因子高、吸附损失少、界面张力低、驱油效率高等特点。本次通过析液半衰期和起泡体积优选起泡剂的浓度。设计了三组不同的聚交比(1500：1500、2000：2000、2500：2500)进行研究。从图 3 和图 4 可以看出，在不同聚交比下，随着起泡剂浓度的增加，析液半衰期和起泡体积均逐步增加，当起泡剂浓度在 2500~4000mg/L 时，半衰期和起泡量均趋于稳定，因此，起泡剂最佳使用浓度范围 2500~4000mg/L。

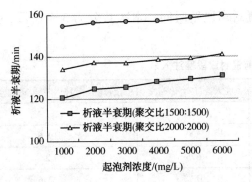

图 3 起泡剂浓度对析液半衰期的影响

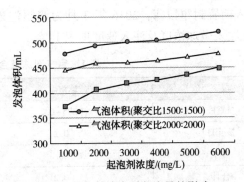

图 4 起泡剂浓度对起泡量的影响

2.3 起泡剂对凝胶泡沫体系成胶强度及成胶时间影响

为了研究起泡剂对凝胶泡沫体系成胶强度和成胶时间的影响,保持乳液聚合物浓度和交联剂 G 的浓度不变,分别改变加入起泡剂的浓度,观察成胶强度和成胶时间。在不同聚交比(1500∶1500 和 2500∶2500)情况下,起泡剂浓度与成胶强度和成胶时间的变化曲线如图 5、图 6 所示。可以看出,随起泡剂浓度的增加成胶强度略有降低,但变化幅度很小,基本保持稳定。成胶时间也无明显变化。因此,起泡剂浓度对成胶时间和强度影响不大,还主要取决于乳液聚合物和交联剂 G 浓度。

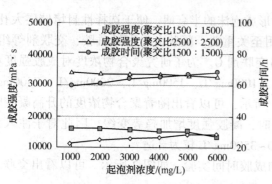

图 5 起泡剂浓度对成胶效果的影响

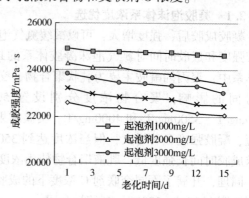

图 6 起泡剂浓度对成胶老化性能影响

2.4 起泡剂对凝胶泡沫老化性能影响

为了研究起泡剂浓度对凝胶泡沫体系老化性能的影响,配制了 5 组不同的起泡剂浓度(1000mg/L、2000mg/L、3000mg/L、4000mg/L 和 4000mg/L)分别进行老化性能实验。可以看出,随着老化处理时间的增长、成胶强度有下降趋势,但总体变化幅度很小。因此凝胶泡沫体系都具有良好的老化性能,发泡剂浓度对凝胶老化影响不大。

3 氮气泡沫凝胶多轮次调驱矿场应用

3.1 油藏概况

根据氮气泡沫凝胶技术特点,该技术应该选择油层分布连续、有良好的连通性、储层非均质性强且注采不均衡的油田。BZ 油田全部采用水平井单砂体开发,主力储层孔隙度分布范围 27.3%~41.4%,渗透率分布范围 24.8~3721.4mD,具有高孔高渗的储集物性特征。B 砂体是 BZ 油田的主力砂体,砂体平均有效厚度为 7.2m,平均孔隙度为 32.6%,渗透率为 1266mD,砂体共用 2 口水平注水井、4 口水平采油井。水平井投产后单井产能较高,砂体初期采油速度较高,达到 10.9%。砂体经过 3 年的持续稳产后,含水上升加快,产量递减较大,部分井组出现优势通道。为了改善开发效果砂体先后于 2016 年、2019 年开展了 2 轮次氮气泡沫凝胶调驱。在第一轮调驱实施前,砂体综合含水率 57%,采出程度 15%,2 口水平注入井日注入量 1082m³,4 口水平采油井日产液量 1107m³。

3.2 注入参数及注入方式

注入前置封窜段塞:2016 年 3 月为调驱注入前置封窜段塞时间,本次共分为 3 个阶段,共持续 22.6d,注入微球浓度及注入速度见表 1。

表 1 氮气泡沫复合调驱前置封窜段塞注入表

段塞	微球浓度/%	注入速度/(m³/d)	注入时间/d
试注	0.05~0.2	400	1
核壳球	0.2	500	19.6
注水	0	675	2
合计	0.2	1575	22.6

注入氮气泡沫调剖段塞：2016 年 4 月～2016 年 5 月为调驱注入氮气泡沫调剖段塞阶段，本次为段塞交替注入方式，共分为 5 个段塞，该注入方式可以使驱替体系更好地发挥协同作用，本次注入时间共计 32d，如表 2 所示。

表 2　氮气泡沫调剖段塞注入表

段塞	试注	前置液	泡沫 1	保护液 1	泡沫 2	保护液 2	泡沫 3	保护液 3	泡沫 4	保护液 4	泡沫 5	保护液 5	合计
注入时间/d	0.5	1	4	1	5	1.3	5	1.3	5	1.3	5	1.3	32

调剖后恢复注水：调驱注入完成后，恢复注水，扩大水驱层内和平面上的波及体积。本阶段调整注采结构，同时对受效井提液。

3.3　多轮次调驱实施效果

第一轮调驱实施后，井组含水率最高下降 10%，高峰日增油达到 104m³。井组开采曲线如图 7 所示。

第二轮调驱于 2019 年实施，井组含水率最高下降 9%，高峰日增油达到 54m³。驱前递减率为 35%，调驱实施后递减率降为-8.9%。调驱有效期达到 300d。

将两轮调驱后的含水率下降幅度曲线作在同一张图中进行对比（图 8）。从含水率最大下降幅度来看，第一轮调驱的最大含水下降幅度（12%）稍大于第二轮非均相复合调驱的最大含水下降幅度（9%），从有效期来看，第一轮氮气泡沫调驱的有效期（370d）要大于第二轮非均相复合调驱（300d）。两轮调驱效果的差异除了与调驱体系有关外，还与调驱时的物质基础（采出程度、含水率）等因素有关。

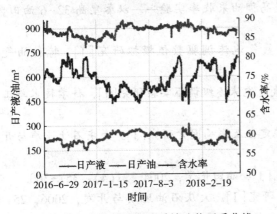

图 7　氮气泡沫凝胶调驱受效油井开采曲线

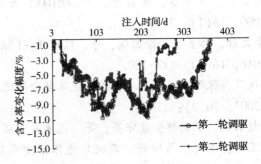

图 8　两轮调驱降水效果对比

绘制两轮调驱的含水率与采出程度曲线，如图 9 所示，可以看出，经过第一轮调驱砂体的采收率由 34% 提高到 41%，提高幅度为 6%。第二轮调驱采收率由 41% 提高到 46%，提高幅度为 5%。经过两轮调驱砂体采收率开发效果大幅改善，累计提高采收率 11%。

4　结论

（1）综合考虑凝胶泡沫体系的成胶强度和成胶时间两方面因素，优选出了凝胶泡沫体系的乳液聚合物和交联剂 G 最优浓度范围，为 2000～3000mg/L。

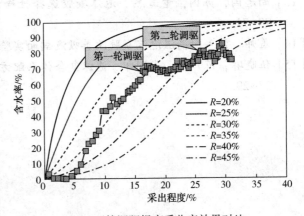

图 9　两轮调驱提高采收率效果对比

（2）起泡剂浓度对泡沫质量有显著影响，基于析液半衰期和起泡体积，优选出了凝胶泡沫体系的起泡剂最优浓度范围，为 2500～4000mg/L。

（3）凝胶泡沫体系都具有良好的老化性能，气泡剂浓度对凝胶老化性能、凝胶成胶时间和成胶强度均影响不大。

（4）BZ油藏的氮气泡沫凝胶调驱实践表明，两次调驱效果显著，单轮次调驱最大含水下降幅度为9%~12%，有效期为300~370d，提高采收率幅度为5%~6%，显著改善油田的开发效果。

参考文献

[1] 张增丽，雷光伦，刘兆年，等. 聚合物微球调驱研究[J]. 新疆石油地质，2007，28（6）：749-751.

[2] 李宾飞. 氮气泡沫调驱技术及其适应性研究[D]. 北京：中国石油大学，2007.

[3] Lei G，Li L，Nasr- El-Din H A. A new gel aggregates for water shut-off treatments[R]. SPE 129960，2010：41-48.

[4] 张彦庆，刘宇，钱昱. 泡沫复合驱注入方式、段塞优化及矿场试验研究[J]. 大庆石油地质与开发，2001，20（1）：46-48.

[5] 蒲万芬，赵帅，王亮亮，等. 聚合物微球粒径与喉道匹配性研究[J]. 油气地质与采收率，2018，25（4）：100-104.

[6] 苏毅，赵德喜，刘宁，等. 双高油田复合调驱技术研究及应用[J]. 复杂油气藏，2018，11（2）：79-83.

[7] 彭星强，沈德煌，徐绍诚，等. 氮气泡沫调驱提高稠油采收率实验——以秦皇岛32-6油田为例[J]. 油气地质与采收率，2008，15（4）：59-61.

[8] 彭昱强，王晓春，罗富平，等. QHD32-6油田氮气泡沫调驱数值模拟研究[J]. 特种油气藏，2009，16（1）：71-74.

[9] 李文静，林吉生，徐国瑞，等. 绥中36-1油田氮气泡沫逐级调驱实验研究[J]. 科学技术与工程，2016，16（9）：177-180.

[10] 钱昱，张思富，钱彦琳，等. 泡沫复合驱泡沫稳定性及影响因素研究[J]. 大庆石油地质与开发，2001，20（2）：33-35.

[11] 赵长久，么世椿，鹿守亮，等. 泡沫复合驱研究[J]. 油田化学，2004，21（4）：357-360.

[12] 王冰，王波，葛树新. 凝胶发泡体系室内实验研究[J]. 大庆石油地质与开发，2006，25（3）：62-64.

[13] 尚志国，苏国，董玉杰. 泡沫凝胶选择性堵水剂的研制与应用[J]. 油田化学，2000，23（1）：70-71.

[14] 盖帅. 注入耐高温泡沫凝胶改善吸汽剖面实验模拟[J]. 油气田地面工程，2012，31（8）：27-28.

[15] 伍晓琳，陈广宇，张国印. 泡沫复合体系配方的研究[J]. 大庆石油地质与开发，2000，19（3）：27-29.

海上稠油低产井
热化学复合吞吐技术研究

张弘文　张　华　罗少锋　邹　剑　王秋霞　冯海潮

【中海石油(中国)有限公司天津分公司】

摘　要： 利用两种表面活性剂和多元热流体构筑适用于海上油田稠油冷采低产低效井热化学复合吞吐体系。首先，利用显微镜和黏度仪研究了海上 X 油田稠油黏度随温度和含水率的变化，其次利用表面活性剂构筑热化学复合吞吐体系，最后，通过室内岩心驱替实验验证了此类体系提高采收率的效果。结果表明，在50℃下，X 油田脱水脱气原油黏度为4045mPa·s，且当含水率低于50%时，其黏度随含水率的升高而上升；加入以 1∶2 的比例加入两种表面活性剂后，原油的反向乳化点明显降低；与低温多元热流体吞吐相比，热化学复合吞吐具有良好的提高采收率效果，具有良好的应用前景。

关键词： 表面活性剂；防乳化；热化学复合吞吐；稠油热采

我国稠油资源丰富，近年来为保障国家能源安全，越来越多的稠油油藏投入开发。目前对稠油的开发主要有稠油热采和稠油冷采两种开发方式[1-3]。由于稠油黏度对温度的敏感性，越来越多的科研人员将目光投向了稠油热采。稠油热采又包括蒸汽吞吐、蒸汽驱、热水驱、多元热流体吞吐等多种手段[4-6]。

多元热流体是通过向目标油层注入氮气、二氧化碳和蒸汽，通过热降黏、提高热效率、汽驱、重力驱以及增能保压等机理提高稠油采收率[7,8]。这项技术已在国内外诸多油田进行了矿场试验。2009年，孤岛采油厂 GDN5-604 进行了第一口井试验，作业后效果明显，综合含水率下降了27.2%，日产油增加约 3 倍[9]；2010 年，渤海油田南堡 35-2 平台率先试验在海上油田试验多元热流体技术，试验结果增产显著，产量提高近 2 倍，周期产能提高 1.6 倍[10]；2016 年，新疆油田进行多元热流体试验，两口井作业前采出程度约30%，作业后单井日产油达到 7.9 吨，两个月累计产油 900 吨，显著改善了开发现状[11]。

由于大量气体的引入，科研工作者们考虑是否可以将这项技术应用于稠油冷采低产低效老井，在利用氮气补充老井地层能量的同时发挥多元热流体中热的降黏作用。然而试验结果却不尽如人意。在注入多元热流体后，油井日产液、日产油以及流压均无明显变化。结合生产曲线以及地质油藏认识，科研工作者们认为注入量低，地层能量补充不足以及注入温度低，乳化现象严重是导致此现象的原因[12]。

如何防止在老井注入多元热流体过程中出现乳化现象影响油井正常生产成为这项技术是否能继续在稠油冷采低产低效老井上应用的瓶颈。同时稠油冷采老井由于井筒完整性和相关井下工具耐温的限制，其注热温度较低，因此，科研工作者们考虑利用相关化学剂在解决乳化问题的同时进一步对稠油进行化学降黏。基于此思路，本文利用防乳表活剂和增效表活剂构筑了热化学复合吞吐体系，并通过

作者简介：张弘文(1995—)，男，毕业于中国石油大学(华东)，稠油采油工程师，主要从事海上稠油热采技术研究工作。E-mail：zhanghw34@cnooc.com.cn

室内物模实验评价了其使用效果，为热化学复合吞吐技术的进一步应用奠定了基础。

1 实验过程

1.1 材料和仪器

实验材料：蒸馏水、目标油田稠油、表面活性剂、模拟岩心等。

实验仪器：布氏旋转黏度计，美国博勒飞公司；LEICA DM2500P 显微镜及配套仪器，德国徕卡公司；T18 高速分散机，德国 IKA 公司。

1.2 实验方法

1.2.1 稠油黏度测试

采用黏度计(6r/min)测定目标油田脱水稠油黏度，测试温度范围为 40~120℃。

1.2.2 稠油反向乳化点测试

采用黏度计(6r/min)测定目标油田稠油在不同含水率下黏度，测试温度为 50℃。

1.2.3 驱油效果评价

向饱和油的填砂模型中注入多元热流体体系或化学辅助多元热流体体系，注入 0.5PV 后停止注入，放置一段时间后从另一端进行驱替，观察采出液状态。

2 实验结果分析

2.1 原油与乳状液黏度分析

目标油田稠油黏度随温度的升高而降低，在 50℃下其黏度为 4045mPa·s。同时原油表现出很强的温度敏感性，其黏度随温度的升高而下降，但是值得注意的是，即使温度达到 120℃，其黏度依然无法降低到 50mPa·s。因此对于目标油田，单纯升温对提高采收率的影响十分有限(图 1)。

图 2 为不同温度下目标油田稠油黏度随含水率的变化。整体上来说，当含水率低于 50% 时，稠油黏度随含水率的升高而升高，高于 50% 时其黏度呈现下降的趋势。因此目标油田稠油的反向乳化点所对应的含水率为 50%。同时在相同含水率下，温度越低，黏度越大。出现这个现象的原因解释如下。少量的水加入稠油中，在胶质、沥青质的作用下，其首先会和原油形成油包水乳状液，急剧增加稠油的黏度，随着水的不断增多，稠油和水形成的体系中的连续相逐渐由油相转变为水相，形成的乳状液也由油包水转变为水包油乳状液，因此当到达反相点后体系的黏度降低。同时，温度升高，稠油黏度降低，水在聚并过程中受到的阻力更小，更容易相互聚并，因此在相同含水率下，随着温度的升高，稠油和水形成的体系黏度降低。

从图 1 和图 2 可以看出，目标区块稠油具有黏度大、易乳化的特点，因此在进行低温多元热流体吞吐时需考虑添加化学药剂在进一步降黏，同时解决乳化的问题。

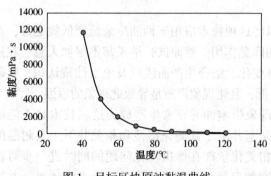

图 1　目标区块原油黏温曲线

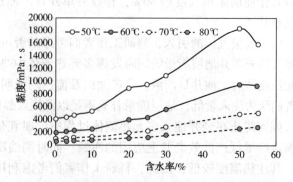

图 2　目标区块原油黏度随含水率和温度的变化

2.2 药剂性能评价

图 3 为在不同条件下稠油黏度的变化。在这 4 类体系中，含水 30% 的乳状液黏度最高，达到了

10930mPa·s；含水 30%的乳状液和增效剂复配体系黏度最低，仅有 143mPa·s；同时与含水 30%的乳状液相比，含水 30%的乳状液和防乳药剂体系黏度虽有降低，但其降低幅度远不及加入增效剂的体系。

基于图 3 的实验结果，对含水 30%乳状液+防乳药剂体系和含水 30%乳状液+增效药剂体系的微观形貌进行了观察，相关结果如图 4 所示。

从图 4 中可以看出，在刚搅拌均匀时，防乳药剂和水以水包油乳状液的形式存在于体系中，在静止条件下，随着时间的延长，水包油乳状液不断聚并，最终表现为油水分离的状态，因此其表现出的黏度略高。而含水 30%乳状液+增效药剂的微观形貌则与其不同，在搅拌结束时，其便能形成相对稳定的水包油乳状液，因此其表现出的黏度较低。

从作用机理的角度来说，防乳药剂的主要成

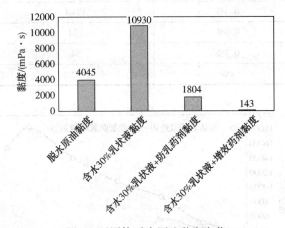

图 3　不同体系中原油黏度变化

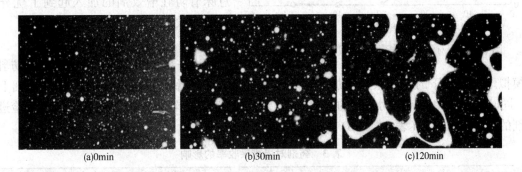

图 4　含水 30%乳状液+防乳药剂体系微观形貌随时间变化

分是聚醚类表面活性剂，其可以快速渗透至油水界面，将油水界面上的胶质沥青质顶替下来，对油包水乳状液进行防乳破乳[13]。增效药剂的主要成分是甜菜碱型表面活性剂，其具有良好的亲水性以及乳化分散性。因此单独加入防乳药剂，含水 30%乳状液体系黏度下降幅度不及单独加入增效药剂的下降幅度。

为了在现场使用时尽可能地避免乳化现象的出现，选择将这两种药剂进行复配。表 1 未不同比例下含水 30%乳状液+药剂的黏度变化。从表中可以看到，在防乳药剂∶增效药剂＝1∶2 的比例下，含水 30%乳状液+药剂的黏度最低，因此将两种药剂的使用比例确定为 1∶2。

表 1　不同药剂比例体系黏度变化

防乳药剂∶增效药剂	脱水原油黏度	含水 30%乳状液黏度	含水 30%乳状液+药剂黏度
1∶2			124
1∶1	4045	10930	333
2∶1			842

在确定药剂比例的前提下，以黏度为标准，对药剂的使用浓度进行了评价，相关结果如表 2 所示。从表中可以看出，无论在什么温度下，随药剂浓度的增加，其降黏效果均变好，当药剂浓度达到 0.7%时，继续升高药剂浓度，含水 30%乳状液＋药剂体系黏度下降不明显，因此，最佳使用浓度确定为 0.7%。

表2　不同温度、不同药剂浓度下体系黏度的变化

项目	50℃	60℃	70℃
0.1%	3347	2956	2567
0.3%	1740	1550	1423
0.5%	124	132	111
0.7%	34	42	34
1%	32	39	34

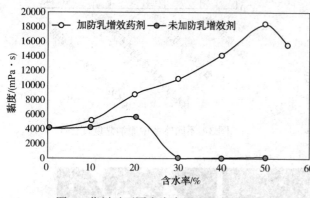

图5　药剂对不同含水率原油黏度的影响

为了进一步验证复配药剂的防乳降黏效果，在50℃下，对在不同含水下乳状液+药剂体系的黏度进行了测定，结果如图5所示。从图中可以看到，加入防乳增效剂后，在任何含水条件下，其黏度均低于未加药剂的体系。同时值得注意的是，加入防乳增效剂的体系在含水率为30%时黏度便大幅降低，这意味着防乳增效剂的加入起到了优异的防乳增效的效果。

2.3　室内物模评价

进一步利用岩心驱替实验评价防乳增效药剂对在模拟地层条件下的使用效果。加入防乳增效剂后，采收率在低温多元热流体的基础上提高了16.9%，同时采出液由渗流阻力较大的油包水型转变为渗流阻力较小的水包油型。物模实验进一步验证了药剂的防乳降黏性能（表3、图6）。

表3　药剂对提高采收率的影响

低温多元热流体吞吐			热化学复合吞吐		
驱油量/mL	驱油效率/%	采出液黏度/mPa·s	驱油量增加/mL	驱油效率提高/%	采出液黏度/mPa·s
51	43	4501	20	16.9	32.5

(a)未加药剂　　　　　　　(b)加药剂

图6　不同驱替条件下采出液微观形貌

3　结论

（1）目标区块原油反向乳化点大约为含水率为50%时。

（2）筛选出的化学增效药剂配方为防乳药剂：增效药剂=1：2，最佳使用浓度为0.7%。

（3）化学增效药剂与含水原油接触后，首先其中的防乳药剂会将原油中的乳化水释放出来，其次其中的增效药剂与体系中的游离水形成水包油乳状液大幅降低含水原油黏度，进而达到防乳增效的目的。

参考文献

[1] 刘全国，张韬，尚智美，等．稠油冷采降黏技术在胜坨油田的应用[J]．当代化工研究，2021(17)：103-104.

[2] 李飞鹏．中低渗深层稠油冷采技术矿场实践认识[J]．石化技术，2020，27(05)：349-350.

[3] 钟小侠，林洞峰，陈希，等．稠油热采工艺在渤海油田稠油开采中的应用[J]．天津科技，2022，49(02)：30-32+36.

[4] 赵庆辉，张鸿，杨兴超，等．深层超稠油油藏蒸汽吞吐后转汽驱实验研究[J]．西南石油大学学报（自然科学版），2021，43(03)：146-154.

[5] 付顺龙，张易航，刘汝敏，等．稠油、超稠油热采技术研究进展[J]．能源化工，2020，41(02)：26-31.

[6] 李锋，邹信波，王中华，等．海上稠油地热水驱提高采收率矿场实践——以珠江口盆地EP油田HJ油藏为例[J]．中国海上油气，2021，33(01)：104-112.

[7] 孙涛．海上稠油多元热流体开采技术[J]．化工管理，2021(18)：88-89.

[8] 曹猛．海上典型普通稠油多元热流体开采机理及技术对策研究[D]．中国石油大学（北京），2019.

[9] 栾仕杰，于田田，李丙成，等．高温泡沫改善多元热流体开发效果室内研究[J]．化学工程与装备，2015(12)：104-106.

[10] 唐晓旭，马跃，孙永涛．海上稠油多元热流体吞吐工艺研究及现场试验[J]．中国海上油气，2011，23(03)：185-188.

[11] 吴文炜．新疆浅层稠油多元热流体开采研究[D]．北京：中国石油大学（北京），2019.

[12] 王少华，孙永涛，王梦莹，等．多元热流体热采稠油乳状液的形成及稳定性研究[J]．石油化工高等学校学报，2014，27(04)：66-71.

[13] 赵士乐．聚醚类原油破乳剂的制备及性能[D]．云南：山东大学，2016.

[14] 邓军．聚醚类耐高温破乳剂的设计、合成及性能研究[D]．武汉：武汉理工大学，2015.

水驱稠油油藏开发中后期
转热水驱提效实验研究
——以渤海 LD-5 稠油油田为例

冯海潮　朱　琴　刘　东　解　婷　刘子威

【中海石油(中国)有限公司天津分公司】

摘　要：针对海上水驱稠油油藏开发中后期转热水驱开发如何提高采收率的问题，以渤海 LD-5 油田为目标油田，通过室内岩心驱替实验开展常规水驱和高温热水驱开发效果及生产规律对比研究、水驱后转热水驱时机研究；研究结果表明，LD-5 油田常规水驱后转 110℃ 热水驱开发可发挥热水对稠油的加热降黏、改善流度比作用，提高阶段驱油效率；从提高驱油效率角度，LD-5 油田越早转热水驱，其注入热焓值越高、稠油受热降黏效果越好，驱油效率增幅越高；从热水利用程度最大化的角度，LD-5 油田水驱至含水率 60% 左右可实现注入热水利用程度最大化，经济性更好。研究结果可指导 LD-5 油田水驱后热水驱方案设计及实施，并可为相似水驱稠油油藏开发中后期转热水驱提高采收率提供借鉴和指导。

关键词：稠油油藏；水驱开发；实验研究；热水驱；提高采收率

以 LD-5 油田为代表的海上普通稠油油藏由于具备一定的冷采产能，初期多采用水驱开发[1-2]，后期采用综合调整[3-4]、调整井[5-6]的方式完善注采井网提高油田采收率。但受到地层原油黏度大影响，井网加密调整后其采收率仅能达到 25%~30% 左右，仍有较大挖潜空间，亟须采取合适的方法降低稠油黏度提高采收率。目前业内常用的降黏增效方式是通过向地层注热实现稠油降黏的热力吞吐[7-8]、热驱[9-10]等热采开发方式，一般应用与水驱难动用的稠油油藏开发，且需要配套专用的热采生产管柱和热采完井。海上水驱稠油油藏受冷采生产管柱和冷采完井的限制，耐温上限一般在 100℃ 左右，虽然不能直接套用蒸汽吞吐、蒸汽驱等热采开发方式，但是可以借鉴其思路探索 100℃ 左右的高温热水吞吐、驱实现稠油降黏提高采收率的目的。具体方式可选用水井端注热、油井端注热，其中，水井端注热指热水驱，其多作为蒸汽吞吐、蒸汽驱后进一步提高采收率的一种热采接替方式[11]，20 世纪 80 年代国际上已经有矿场应用实例，国内孤岛油田、古城油田等稠油油田曾先后实施热采后转热水驱矿场试验[12-13]；油井端注热指油井井筒注热降黏。海上对水驱后稠油油藏热水驱增效的研究较为薄弱，目前研究多采用油藏数值模拟方法[14]，缺少更为直观的室内驱油实验研究支撑。本文通过岩心驱替实

基金项目：中海石油(中国)有限公司天津分公司自主科研项目"绥中 36-1/旅大 5-2 水驱后注热机理研究及应用"(ZZKY-2020-TJ-08)。

作者简介：冯海潮(1987—)，男，工程师，2010 年毕业于东北石油大学石油工程专业，2014 年毕业于东北石油大学油气田开发工程专业，获硕士学位，现主要从事稠油油藏冷采后转热采提高采收率研究工作。E-mail：fenghch@cnooc.com.cn

验开展常规水驱和高温热水驱的开发效果及生产规律差异、水驱后转热水驱时机等研究，明确 LD-5 稠油油田热水驱较常规水驱的主要增油阶段和水驱后最佳转热水驱时机，为油田综合调整后进一步提高采收率提供指导，并可为相似水驱稠油油藏开发中后期进一步提高采收率提供借鉴。

1 油田概况

LD-5 油田属于渤海典型稠油油田，主力含油层系为古近系东营组东二上段和东二下段。其中，东二上段地层原油黏度 210~460mPa·s，东二上段地层原油黏度 49~64mPa·s，采用行列式井网常规注水开发(图 1)。截至 2020 年底，油田综合含水率 88.3%，采出程度 10.9%，预测开发末期水驱采收率 25%。地层原油黏度大成为制约 LD-5 油田高效开发的主要问题，水驱后开展热采增效对 LD-5 油田进一步提高采收率有重要意义。

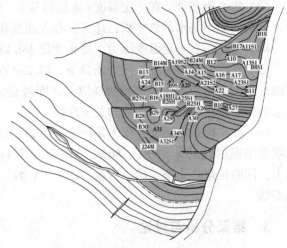

图 1 渤海 LD-5 油田主力层位井位示意图

2 实验

2.1 实验材料与设备

实验用油：LD-5 油田 B25H 井脱气原油，52℃条件下原油黏度 273mP·s。

实验用水：LD-5 油田模拟地层水，矿化度 5000mg/L，水型为 $NaHCO_3$。

实验岩心：填砂管岩心，长度 30cm，渗透率 7000~8500mD，模拟主力层位渗透率。

实验压力：模拟 LD-5 油田地层条件压力，13MPa。

实验温度：模拟 LD-5 油田地层温度，52℃。

实验装置：热采多功能一维岩心驱替实验装置(图 2)。

图 2 热采多功能一维岩心驱替实验装置

2.2 实验内容

2.2.1 不同温度水驱油实验

在模拟的 LD-5 油田真实地层条件下(渗透率 6000mD，压力 13MPa，温度 52℃)，采用油田脱气原油、模拟地层水分别开展 52℃ 水驱、110℃ 热水驱一维岩心驱替实验，记录不同注入体积下的产液量、产油量，分析提高注水温度后 LD-5 油田含水率的变化规律和对驱油效率的影响。

2.2.2 水驱后转热水驱时机实验

在模拟的 LD-5 油田真实地层条件下(渗透率 6000mD，压力 13MPa，温度 52℃)，采用油田脱气原油、模拟地层水开展 52℃ 水驱至 40%、60%、80%、95% 含水率后转 110℃ 热水驱的一维岩心驱替实验，记录不同注入体积下的产液量、产油量，分析 LD-5 油田不同转热水驱时机下含水率的变化规律和对驱油效率的影响。

2.3 实验步骤

(1)岩心饱和模拟地层水：在实际油层温度下，岩心抽真空 2h 后饱和模拟地层水，测定岩心孔隙度。

(2)水测渗透率：岩心饱和水后，在恒压恒速泵的排量分别为 0.46mL/min 和 0.92mL/min 的情况下注入模拟地层水，待岩心两端压差稳定后，记录此时岩心两端的压差，通过计算最终确定岩心的水测渗透率。

（3）岩心饱和油：在一定温度（地层温度）、压力条件下进行油驱水，直至出口端全部产出油为止；记录油驱出的水的总体积，计算岩心含油饱和度。

（4）老化：在一定温度压力下静止老化 48h 以上。

（5）在实际油层温度、压力条件下，以 2mL/min 的注入速度，分别用 52℃、110℃ 模拟水进行水驱油，直至产出液含水率达到 98% 以上，同时记录产出液、油、水量、注入 PV 数、注入压差。绘制驱油效率、含水率与注入倍数的关系曲线。

（6）在实际油层温度、压力条件下，以 2mL/min 的注入速度，用 52℃ 模拟水进行常规水驱，至产出液含水率达到 40%、60%、80%、95% 时改用 110℃ 模拟水进行水驱油，直至产出液含水率达到 98% 以上，同时记录产出液、油、水量、注入 PV 数、注入压差。绘制驱油效率、含水率与注入倍数的关系曲线。

3 结果分析与讨论

3.1 注热温度对驱油效率的影响

通过绘制的不同温度水驱油实验驱油效率和含水率对比图可以对比分析注热温度的提高对开发效果的影响。52℃ 驱油实验，在注入倍数 0.5PV 以内，以水对油的驱替作用为主，驱油效率与含水率均近似呈线性提高，0.5PV 时，驱油效率在 30.0% 左右，含水率在 75% 左右；注入倍数超过 0.5PV 后，注入水突破，水对油的驱替作用逐渐减弱，转而以水对油的携带作用为主，无效注水量逐渐增加，进入高含水阶段，驱油效率增幅减缓，水驱 1.5~3.0PV 时含水率维持在 98% 以上，该阶段驱油效率仅提高 1.5%，最终驱油效率达到 40.4%。110℃ 热水驱油实验在注入倍数 2.0PV 以内均能保持较高的驱油效率增长速度，驱油效率达到 66.0% 左右，含水率仅 96% 左右；随着注入倍数的增加，驱油效率呈现增幅减缓的趋势，水驱 2.0~3.0PV 时驱油效率提高 3.9%，含水率上升 0.8%，最终驱油效率达到 70.3%。

对比 52℃ 水驱和 110℃ 热水驱驱油效率和含水率曲线可以发现：驱替 0.5PV 以内，两者基本重合，表明在驱替初期主要以水对油的驱替作用为主，受注热水时间短影响，注入热量较少且水-油热交换时间较短，热水对油的加热降黏不充分；进入水携油阶段后，随着注热时间的延长，注入热量增加、热交换更加充分，稠油黏度受热下降，流动性显著增强，110℃ 热水驱的含水率上升速度明显低于 52℃ 水驱，且驱油效率较 52℃ 水驱出现显著提升，该阶段热水对稠油加热降黏、改善流度比的作用逐渐占据主导地位（图 3）。

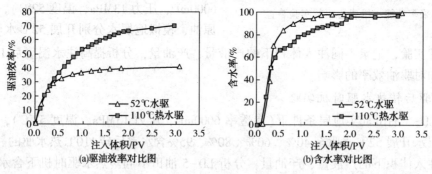

图 3 不同温度水驱油实验结果图

3.2 水驱稠油转热水驱时机分析

图 4（a）为水驱至 40% 含水率后转 110℃ 热水驱的实验结果，其中红色点代表注热水驱节点。转热水驱后驱油效率曲线未观察到明显的上翘，继续驱替 0.3PV 左右含水率曲线出现短暂的平缓段，随后再次升高；水驱阶段末驱油效率 18.9%，热水驱阶段驱油效率 47.1%，最终驱油效率达到 66.0%，较

52℃水驱油实验提高驱油效率25.6%。

图4(b)为水驱至60%含水率后转110℃热水驱的实验结果,其中红色点代表注热水驱节点。转热水驱前驱油效率曲线开始呈现随着注入体积的增加而向下方偏折的趋势,表明继续水驱开发驱油效率提高幅度减缓;转热水驱后驱油效率曲线随注入体积增加的趋势由向下偏折转为较明显的向上偏折,表明转热水驱后较为明显地提高了驱油效率;含水率曲线在转热水驱0.2PV后出现大幅下降,含水最大由77.2%下降至最小60.3%,降低16.9%,降水有效期0.5PV;热水驱降水增油作用明显,水驱阶段末驱油效率26.0%,热水驱阶段驱油效率38.9%,最终驱油效率达到64.9%,较52℃水驱油实验提高驱油效率24.5%。

图4(c)为水驱至80%含水率后转110℃热水驱的实验结果,其中红色点代表注热水驱节点。转热水驱前驱油效率曲线开始呈现随着注入体积的增加而向下方偏折的趋势,表明继续水驱开发驱油效率提高幅度减缓;转热水驱后,驱油效率与注入体积曲线出现一段较为明显的直线段,表明转热水驱后能够一定程度地提高驱油效率;含水率曲线在转热水驱后即出现较明显的下降,含水最大由81.0%下降至最小76.3%,降低4.7%,降水有效期0.5PV左右;热水驱降水增油作用较为明显,水驱阶段末驱油效率30.8%,热水驱阶段驱油效率31.1%,最终驱油效率达到61.9%,较52℃水驱油实验提高驱油效率21.5%。

图4(d)为水驱至95%含水率后转110℃热水驱的实验结果,其中红色点代表注热水驱节点。转热水驱前驱油效率曲线已经趋于平缓,转热水驱后驱油效率曲线出现明显的上翘趋势,驱油效率增加;含水率曲线在转热水驱后即出现较明显的下降,含水最大由95.0%下降至最小90.0%,降低5.0%,降水有效期1.3PV左右;热水驱降水增油作用较为明显,水驱阶段末驱油效率38.6%,热水驱阶段驱油效率12.1%,最终驱油效率达到50.7%,较52℃水驱油实验提高驱油效率10.3%。

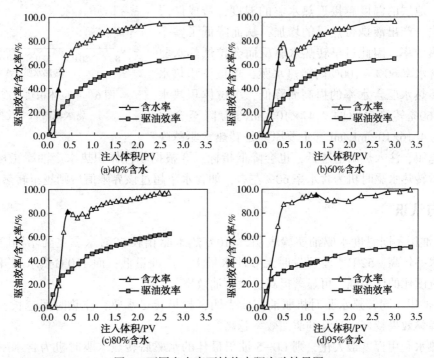

图4 不同含水率下转热水驱实验结果图

对比水驱至含水率40%、60%、80%、95%等4个条件后转热水驱的实验结果可以发现:①越早转热水驱,最终的驱油效率越高,水驱至40%含水转热水驱可较水驱至95%含水转热水驱提高驱油效率15.2%,主要原因是转热水驱时间越晚,注入的热水量越小,进而造成注入热焓值低;同时,注热时间短也会造成水-油换热时间短、换热效果差,最终都会导致热水驱的加热降黏效果偏差,从而降低驱油效率。②越晚转热水驱,降水增油的表现越明显,水驱至40%含水转热水驱含水率未出现明显的下

降，而水驱至95%含水转热水驱含水率不但明显下降而且降水有效期持续很长时间，越高含水转热水

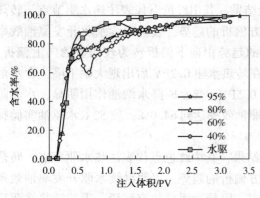

图5 不同转热水驱时机含水率变化曲线图

驱则驱油效率曲线越能观察到上翘现象，分析原因主要为水驱和热水驱的初期含水率都主要呈上升的趋势，在该阶段转为热水驱，只会降低含水率上升的速度，含水率总体的趋势还是以上升为主，因此能观察到转热水驱后含水率上升速度的减缓；而在进入高含水阶段后，含水率上升速度很小甚至趋于平稳，此时转为热水驱，稠油加热降黏后流动能力显著增强，产油能力显著提高，含水率变化趋势主要受热水驱控制，出现较明显的降水增油效果(图5)；同理转热水驱时含水率越高，则驱油效率曲线越容易表现出向上的偏折。

3.3 单位体积热水产油率

单位体积热水产油率指注入单位体积热水产出的油量，它能反映不同热水驱实验对热水的利用程度，单位体积热水产油率数值越高，代表热水的驱油效果越高，单位体积热水产油率越低，代表热水的无效利用率越高，该指标能从一定程度上反映热水驱的经济性。

由图6可以看出，单位体积热水产油率指标受到转热水驱时机影响，表现为两段式的特征：①含水率0~60%内转热水驱，单位体积热水产油率指标随转热水驱含水率的提高而提高，单位体积热水产油率由直接热水驱的6.56×10^{-2} mL/mL提高至含水60%转热水驱的7.47×10^{-2} mL/mL，主要原因是，注热时间越长，地层的温度越接近热水驱的温度，造成储层顶底盖层热损失、产出液携带热量的增加，从而降低了整个热水驱阶段的热效率，因此过早转热水驱反而会拉低热水驱的经济性。②含水率60%~100%内转热水驱，单位体积热水产油率指标随转热水驱含水率的提高而降低，单位体积热水产油率由含水60%转热水驱的7.47×10^{-2} mL/mL降至含水95%转热水驱的4.16×10^{-2} mL/mL，主要原因是转热水驱越晚

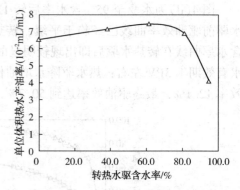

图6 单位体积热水产油率随转热水驱时机变化曲线

则热水驱时间越短、注入热焓值越低，也会降低指标。③根据单位体积热水产油率指标判断LD-5油田最佳的水驱后转热水驱时机为含水率60%左右，如含水率超过该界限值后则越早转热水驱效果越好。

4 结论与认识

（1）LD-5油田不同温度水驱油实验表明，110℃热水驱相较52℃水驱主要增油阶段是水携油阶段，该阶段含水率较高，52℃水驱开发时无效注水量大，产油量低；而110℃热水驱开发时对稠油加热降黏、改善流度比的作用强，可显著提高阶段驱油效率。

（2）LD-5油田不同转热水驱时机驱油实验表明，越早转热水驱，注热时间越长、注入热焓值越高、稠油受热降黏效果越好，最终的驱油效率越高。

（3）考虑热水利用程度最大化，则LD-5油田最佳的水驱后转热水驱时机为含水率60%左右，含水率超过该界限值后依旧为越早转热水驱开发效果越好。

参考文献

[1] 康凯，冯敏，李彦来，等. 旅大5-2油田合理生产压差确定[J]. 新疆石油地质，2011，32(02)：170-172.

[2] 柴世超，葛丽珍，杨庆红，等．秦皇岛32-6稠油油田注水效果分析[J]．中国海上油气，2006，018(004)：251-254.

[3] 郭太现，王世民，王为民．埕北油田综合调整实践[J]．中国海上油气，2005，(05)．

[4] 田博，李云鹏，贾晓飞，等．渤海SZ油田剩余油控制因素及挖潜策略研究[J]．西南石油大学学报(自然科学版)，2018，040(005)：28-36.

[5] 岳宝林，石洪福，解婷，等．渤海油田调整井实施界限研究[J]．石油化工应用，2020，039(011)：28-32.

[6] 霍宏博．笼统注水对调整井钻井安全的影响[J]．石油钻采工艺，2018，040(004)：425-429.

[7] 郑伟，张利军，朱国金，等．渤海L油田稠油水平井蒸汽吞吐开发效果分析[J]．石油地质与工程，2019，033(004)：80-87.

[8] 刘东，李云鹏，张凤义，等．烟道气辅助蒸汽吞吐油藏适应性研究[J]．中国海上油气，2012，024(A01)：62-66.

[9] 桑林翔，吕柏林，卢迎波，等．新疆风城Z32稠油油藏注气辅助蒸汽驱实验研究及矿场应用[J]．油气藏评价与开发，2021，011(002)：241-247.

[10] 宫宇宁，王宇豪，朱舟元．国外蒸汽泡沫驱矿场实施效果[J]．新疆石油地质，2021，042(001)：120-126.

[11] 张义堂，张世民，赵郭平，等．热水添加氮气泡沫驱提高稠油采收率研究[J]．石油学报，2004，025(001)：57-65.

[12] 魏振国，李云，石晓渠，等．薄层稠油提高采收率技术研究[J]．河南石油，2004，(S1)：42-43.

[13] 薄芳，高小鹏，胡龙胜，等．应用热水驱技术提高孤岛油田渤21断块采收率[J]．国外油田工程，2005，(01)：43-44.

[14] 冯海潮，刘东，张占女，等．稠油油田注热增效研究及实践[J]．石油化工应用，2021，040(012)：30-35.

基于稠油非线性渗流的海上水驱稠油油藏剩余油分布及挖潜界限研究

高 岳 徐中波 王公昌 邓景夫 王美楠

【中海石油(中国)有限公司天津分公司】

摘 要：针对稠油流体的非线性渗流特征，根据室内实验结果，回归出启动压力梯度与压力梯度、黏度与剪切速度的非线性关系方程，将修正后运动方程引入到黑油模型中，建立了考虑稠油启动压力梯度和剪切变稀特性的非线性黑油模拟器，并以渤海 SZ 油田为靶区，开展了数值模拟研究工作。研究发现：相较于普通牛顿模型，非线性模型中，稠油启动压力梯度，导致井网的波及系数降低，同时在波及范围内，原油黏度随流速的增大而降低，有效改善了稠油的流动性，主流线上能够达到更大的驱油效率。通过分析不同水淹区域内面积波及系数的变化规律，绘制了 SZ 油田不同井型有效动用范围图版，指导 6 口侧钻调整井井距优化，侧钻后效果明显好于原井眼。该成果对指导海上稠油油田调整挖潜工作具有较好的指导意义。

关键词：稠油高效开发；数值模拟；启动压力梯度；剪切变稀；非线性渗流

不同于常规稀油，稠油在多孔介质渗流中的渗流规律不符合达西公式的线性渗流，呈现出非线性渗流的特性[1-3]。具体体现在，稠油中的胶质沥青质含量较大，分子间黏弹性作用强，其在多孔介质中渗流中，当驱动压力超过某个界限值后，其分子结构首先变形破坏，稠油才会发生流动。并且稠油黏度越大，启动压力梯度越大。朱静[4]、杨金辉[5]等[6]通过实验发现，稠油表现出宾汉流体的特征，且具有一定的剪切稀释性，但稠油对温度的敏感性较强，在较高温度下，表现出牛顿流体特征。姜瑞忠[7]、辛显康[8]等[9-11]，将稠油启动压力梯度考虑到数值模拟过程中，明显提升了数值拟合精度和剩余油表征精度。

综上所述，稠油启动压力梯度和剪切变稀的非线性渗流特性，得到众多学者的证实和认可，在黑油数值模拟器中同时考虑稠油启动压力梯度和剪切变稀的非线性渗流特性，对提升稠油油藏剩余油的分布规律和波及程度认识，意义深刻。因此本文从稠油非线性渗流机理出发，建立了一套同时考虑稠油启动压力梯度和剪切变稀特性的非线性黑油模拟器，通过对剩余油赋存规律的研究，进一步明确稠油油藏波及范围的动用界限，并形成了稠油油藏不同井型下有效动用半径图版，来指导 SZ 油田高含水阶段调整井井位优化。

1 稠油非线性渗流规律

1.1 启动压力梯度

以 SZ 油田为研究靶区，通过测定原油在填砂管中稳定渗流的压差，分析原油渗流特征。矿场试验表明，稠油渗流曲线前期的弧线段不明显、过渡快，当驱替压力梯度达到稠油流动的临界值时，原油

作者简介：高岳，男，初级工程师，主要从事海上油气田开发与研究工作。E-mail：gaoyue8@cnooc.com.cn

很快进入线性流动阶段，所以拟启动压力梯度模型更符合稠油的渗流特征。

通过测定不同流度下的启动压力梯度，如图1所示，发现启动压力梯度与油相流度之间存在明显的乘幂关系，随着流度的减小，启动压力梯度先缓慢变大，当流度减小到临界流度时，启动压力梯度迅速增加，所以在评价稠油流动时可用流度的乘幂关系处理启动压力梯度，如图1所示。

为了实现非均质油藏的客观模拟，基于油相的运动方程并结合启动压力梯度与流度的变化关系曲线，得到了稠油启动压力梯度表达式为：

$$G = a \left(\frac{KK_{\text{ro}}}{\mu_{\text{o}}} \right)^b \tag{1}$$

油相运动方程为：

$$v_{\text{o}} = - \frac{KK_{\text{ro}}}{\mu_{\text{o}}} (\nabla p - G) \tag{2}$$

式中　G ——稠油启动压力梯度，MPa/m；

　　a，b ——拟合因子；

　　K ——渗透率，mD；

　　K_{ro} ——油相相对渗透率；

　　μ_{o} ——油相黏度，mPa·s；

　　v_{o} ——油相速度，m/s；

　　∇p ——压力梯度，10^{-3}MPa/m。

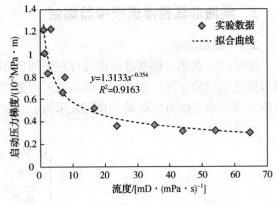

图1　启动压力梯度与流度的关系曲线

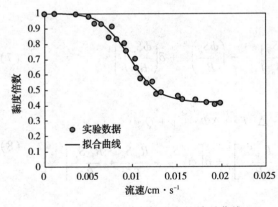

图2　启动压力梯度与流度的关系曲线

1.2　剪切稀释性

在稠油流变性实验中，稠油的黏度发生了随剪切速度增大而非线性降低的现象，将不同剪切速度下原油黏度与初始状态下原油黏度的比值定义为黏度倍数，绘制原油黏度倍数与剪切速度关系曲线，如图2所示。当剪切速度较低时，原油黏度处于最大值并保持不变；当流动速度加快，在剪切变稀的作用下黏度逐渐下降，该阶段与幂律流体类似；超过一定流速后，黏度下降到较低水平，流体达到稳定状态，随流动速率升高，黏度稳定在较低值并保持不变，在此将流动阶段发生变化的剪切速率定义为临界剪切速率。

可以将稠油黏度的变化以非线性函数的形式给出，其表达式为：

$$\eta_{\text{r}} = \frac{1 - \eta_{\text{min}}}{1 + e^{(v - v_0)/dv}} + \eta_{\text{min}} \tag{3}$$

式中　η_{r} ——黏度倍数，无因次；

　　η_{min} ——极限黏度倍数，无因次；

　　v ——剪切速度，cm/s；

　　v_0 ——中值剪切速度，cm/s；

　　dv ——拟合参数，cm/s。

2 稠油非线性渗流模拟器编制

2.1 运动方程

理论研究表明，稠油渗流曲线存在弧线段不明显、过渡快的特点，所以采用拟启动压力梯度渗流模型描述油相的非线性渗流所造成的误差可忽略不计，而水相和气相的渗流仍满足达西渗流模式，所以油、气、水三组分的运动方程可表示为：

油组分：

$$\vec{v}_{o} = \begin{cases} 0 & |\nabla \Phi_{o}| < G \\ -\dfrac{KK_{ro}}{\mu_{o}\eta_{r}}(\nabla p - G) & |\nabla \Phi_{o}| \geqslant G \end{cases} \tag{4}$$

气组分：

$$\vec{v}_{g} = -\frac{KK_{rg}}{\mu_{g}}\nabla p \tag{5}$$

水组分：

$$\vec{v}_{w} = -\frac{KK_{rw}}{\mu_{w}}\nabla p \tag{6}$$

式(4)至式(6)中，$\vec{v}_{o}$、$\vec{v}_{g}$、$\vec{v}_{w}$ 表示油、水、气各相流体的渗流速度，m/s；K 为油藏的绝对渗透率，$10^{-3}\,\mu m^2$；K_{ro}，K_{rg}，K_{rw} 表示油、气、水各相流体的相对渗透率，无因次量；g 为重力加速度常数，m/s^2；ρ_{o}、ρ_{g}、ρ_{w} 表示油、水、气各相流体的密度，kg/m^3；G 为启动压力梯度，MPa/m；D 为油藏深度，km；μ_{o}、μ_{g}、μ_{w} 表示油、气、水各相流体的黏度，$mPa\cdot s$。

2.2 全隐式数值模型

对于建立的变启动压力梯度渗流微分方程进行差分离散化，得到各相流体的隐式差分格式如式(7)至式(9)所示：

油组分：

$$\Delta[F_{o}^{n+1}{}^{(l+1)} T_{o}^{n+1}{}^{(l+1)} \Delta\Phi_{o}^{n+1}{}^{(l+1)}] + Q_{vo}^{n+1}{}^{(l+1)} = \frac{V_{b}}{\Delta t}\left[\left(\frac{\phi S_{o}}{B_{o}}\right)_{n+1}^{(l)} - \left(\frac{\phi S_{o}}{B_{o}}\right)^{n} + \bar\delta\left(\frac{\phi S_{o}}{B_{o}}\right)\right] \tag{7}$$

气组分：

$$\Delta[T_{w}^{n+1}{}^{(l+1)} R_{sw}^{n+1}{}^{(l+1)} \Delta\Phi_{w}^{n+1}{}^{(l+1)}] + \Delta[F_{o}^{n+1}{}^{(l+1)} T_{o}^{n+1}{}^{(l+1)} R_{so}^{n+1}{}^{(l+1)} \Delta\Phi_{o}^{n+1}{}^{(l+1)}] + \Delta[T_{g}^{n+1}{}^{(l+1)} \Delta\Phi_{g}^{n+1}{}^{(l+1)}] + Q_{vg}^{n+1}{}^{(l+1)}$$

$$= \frac{V_{b}}{\Delta t}\left\{\left[\phi\left(\frac{S_{g}}{B_{g}} + \frac{R_{so}S_{o}}{B_{o}} + \frac{R_{sw}S_{w}}{B_{w}}\right)\right]_{n+1}^{(l)} - \left[\phi\left(\frac{S_{g}}{B_{g}} + \frac{R_{so}S_{o}}{B_{o}} + \frac{R_{sw}S_{w}}{B_{w}}\right)\right]^{n} + \bar\delta\left[\phi\left(\frac{S_{g}}{B_{g}} + \frac{R_{so}S_{o}}{B_{o}} + \frac{R_{sw}S_{w}}{B_{w}}\right)\right]_{n+1}^{(l)}\right\} \tag{8}$$

水组分：

$$\Delta[T_{w}^{n+1}{}^{(l+1)} \Delta\Phi_{w}^{n+1}{}^{(l+1)}] + Q_{vw}^{n+1}{}^{(l+1)} = \frac{V_{b}}{\Delta t}\left[\left(\frac{\phi S_{w}}{B_{w}}\right)_{n+1}^{(l)} - \left(\frac{\phi S_{w}}{B_{w}}\right)^{n} + \bar\delta\left(\frac{\phi S_{w}}{B_{w}}\right)\right] \tag{9}$$

其中，

$$Q_{vo} = V_{b}q_{vo}$$
$$Q_{vw} = V_{b}q_{vw}$$
$$Q_{vg} = V_{b}q_{vg}$$
$$F_{o} = 1 - G/|\nabla\Phi_{o}|$$
$$T_{1} = \frac{KK_{rl}A}{B_{1}\mu_{1}L}$$

式(7)至式(9)中，n 表示第 n 个时间步；l 表示迭代次数；Δt 表示时间步长，s；V_{b} 表示网格块的体积大小，m^3；$\bar{\delta}$ 为 $n+1$ 时间步 P_o、S_w 等参数第 $l+1$ 次、第 l 次迭代的差值。

通过上述步骤建立了渗流微分方程的数值模型，在此基础上对流动修正系数等参数进行相关的数值处理，最终实现全隐式求解。

3 流场分布特征及波及范围规律研究

以渤海 SZ 油田物性参数为基础，建立 3 注 6 采排状井网，研究稠油非线性渗流特性对流场分布特征的影响规律。其中，模型大小：网格总数为 31×31×10，网格步长为 $\Delta x = \Delta y = 20\text{m}$，$\Delta z = 2\text{m}$；油藏物性参数：孔隙度为 0.31，平面渗透率为 3000mD，纵向渗透率为平面渗透率的 0.1 倍；PVT 参数：岩石压缩系数为 $4.35 \times 10^{-4}\text{MPa}^{-1}$，地层水压缩系数为 $4 \times 10^{-4}\text{MPa}^{-1}$，地层水黏度为 0.5mPa·s，地层水的体积系数为 1.01，地层原油高压物性如图 3 所示。

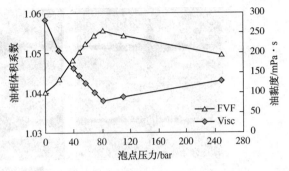

图 3 地层原油高压物性参数曲线

绘制不同含水阶段，模型启动压力梯度与原油黏度流场图，如图 4 和图 5 所示，在不同开发阶段，稠油的启动压力梯度和黏度都发生了变化。稠油的启动压力梯度与稠油的流度有关系，开发初期稠油流度较大，启动压力梯度较小，随着含油饱和度的增大，稠油的有效渗透率降低，流度降低，启动压力梯度增大，并且启动压力梯度的变化，主要集中在含油饱和度变化明显的主流线上。稠油的黏度主要受油相流速的影响，因此黏度在主流线变化大，随着驱替压力梯度增大而降低。

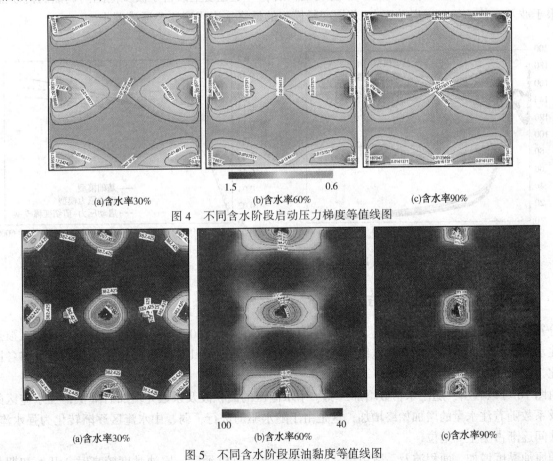

(a)含水率30%　　(b)含水率60%　　(c)含水率90%

图 4 不同含水阶段启动压力梯度等值线图

(a)含水率30%　　(b)含水率60%　　(c)含水率90%

图 5 不同含水阶段原油黏度等值线图

对比不同井网形式下，不同模型的含油饱和度，如图 6 所示，普通模型未考虑稠油流体的非线性渗流特征，其水驱前缘推进较为均匀，饱和度在注水井附近下降明显。启动压力模型，考虑了稠油的启动压力梯度，影响稠油的波及范围，导致井网波及范围越小，启动压力+剪切变稀模型，在压力梯度较高的主流线上原油黏度下降幅度更大，流动能力更强，相比其他区域的低压力梯度区域，含油饱和度会迅速下降，使油水前缘突进，而在压力梯度较低的区域形成剩余油的聚集。

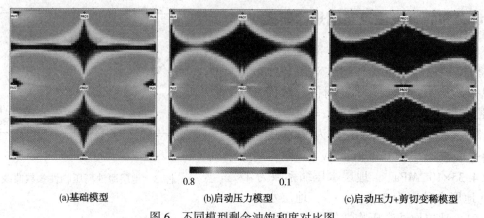

(a)基础模型　　　　　　(b)启动压力模型　　　　　(c)启动压力+剪切变稀模型

图6　不同模型剩余油饱和度对比图

同时，对比三个模型的生产曲线，如图7和图8所示，启动压力+剪切变稀模型在开发初期日产油能力最高，这是由于近井带附近流速增加，原油剪切变稀，黏度降低，原油启动后流动能力更强。但启动压力梯度限制了注入水的波及程度，加剧了水相的指进现象，加快了生产井的含水上升速度，产量递减增大，因此在开发后期，基础模型的日产油量最高。综合来看，基础模型的采出程度更高，启动压力梯度模型采出程度最低，考虑稠油剪切变稀后，一定程度上改善了波及范围内稠油的流动能力，但受限于波及系数的约束，启动压力+剪切变稀模型的最终采出程度比普通模型小。

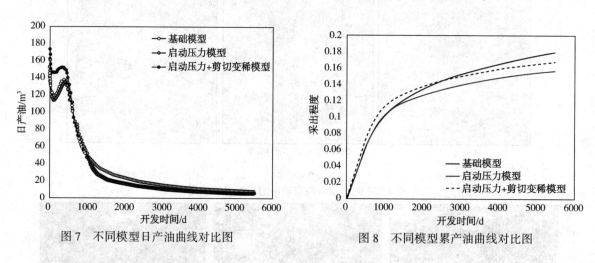

图7　不同模型日产油曲线对比图　　　　　图8　不同模型累产油曲线对比图

4　稠油挖潜界限定量表征方法

分别绘制原油黏度为20mPa·s、50mPa·s、100mPa·s和200mPa·s条件下，不同水淹区波及系数随注水倍数变化曲线。为使各水淹级别变化趋势对比效果，及其井间组成变化趋势明显，将各图组合对比，结果图9所示。

由图10可以看出，随注水倍数增加，弱、中水淹区的面积波及系数先增加后降低，强水淹区的面积波及系数随着注水量的增加始终增加，这是由于随水驱的进行，弱、中水淹区逐渐转化为强水淹区，并在井间逐渐占据主导地位。

随原油黏度增加，面积波及系数由增到降的拐点出现时机延后。原油黏度较高时，开发初期井间水驱波及效果不佳；原油黏度较低时，随注水倍数增加，未水淹区、弱水淹区和中水淹区很快转化为强水淹区；强水淹区和全水淹区的面积波及系数增长速率随原油黏度增加而降低。

在基准条件下，绘制 G_t 分别为 0MPa/m、0.005MPa/m、0.01MPa/m 和 0.015MPa/m 条件下，不同水淹级别的面积波及系数随注水倍数变化曲线(图10)。

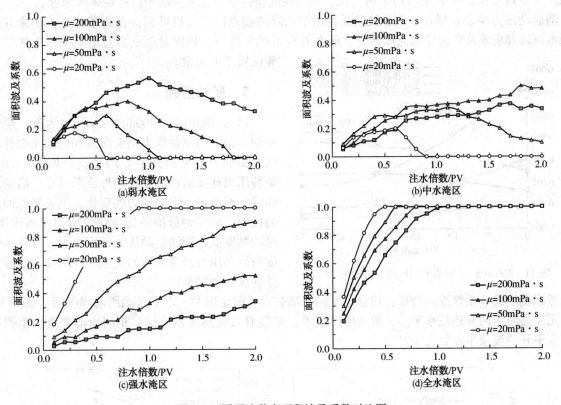

图9　不同原油黏度面积波及系数对比图

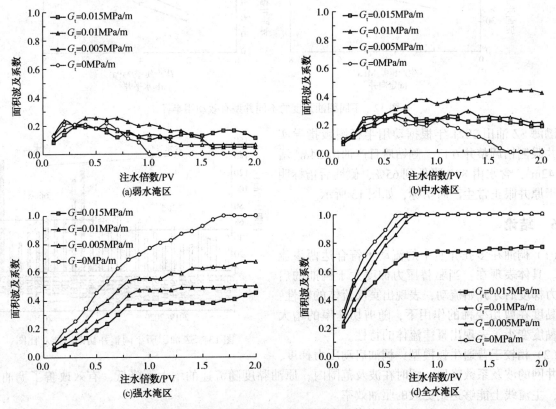

图10　不同启动压力梯度面积波及系数对比图

由图 10 可以看出，随注水倍数增加，井间水驱波及范围增加，弱、中水淹区的面积波及系数先增后降，强水淹区的面积波及系数始终增加；在水驱后期，当 G_l 较高(>0.01MPa/m)时，随注水量增加，面积波及系数增长到一定值(<1)不再变化，说明在此条件下，注采井间始终存在未水淹区。

随启动压力梯度 G_l 增加，面积波及系数由增到降的拐点出现时机延后，在此条件下，注采井间很多未水淹区和弱水淹区向中水淹区转变；而在 G_l 较低的条件下，相同时刻更多会出现中水淹区向强水淹区转变的现象。

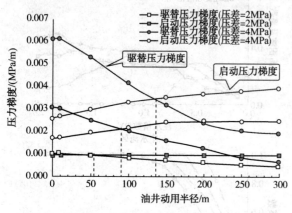

图 11　400mPa·s 稠油不同压差下的动用半径

5　矿场应用

以 SZ 油田边部 400mPa·s 稠油为例，绘制出不同压差下的驱替压力梯度曲线和启动压力梯度曲线，横轴为距离油井中心的距离。如图 11 所示，驱替压力梯度从油井中心向外逐渐减小，启动压力梯度逐渐增大，启动压力的变化，主要受原油黏度的控制，油井附近原油流速快，剪切变稀作用强，原油黏度低，稠油启动压力梯度更大。驱替压力梯度与启动压力梯度曲线的交点所处的位置，即为油井的极限动用半径。

考虑稠油的非线性渗流特征，建立了不同原油黏度下的定向井、水平井动用范围图版，如图 12 所示。无论是对定向井还是水平井，增大生产压差，都能有效提高波及范围；相同原油黏度、生产压差下，水平井的波及半径要大于定向井。

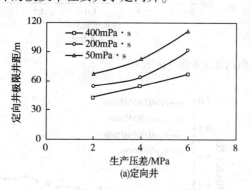

(a)定向井

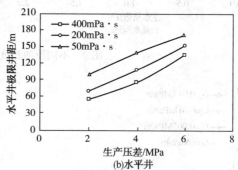

(b)水平井

图 12　不同稠油黏度的不同井型有效动用半径

渤海 SZ 油田 2021 年根据动用半径图版指导实施原井眼侧钻调整井 6 口，侧钻后日产油由 24m³ 增加到 42m³，含水由 88%降低到 65%，侧钻后指标明显好于原井眼正常生产时指标，如图 13 所示。

6　结论

（1）稠油在多孔介质中的流动不符合达西渗流规律。具体表现在：当驱替压力梯度大于稠油的启动压力梯度后才开始流动，表现出宾汉流体的特性；稠油黏度在剪切变稀的作用下，随剪切速率的增大流体黏度变小，表现出幂律流体的特性。

（2）相较于普通牛顿模型，稠油启动压力梯度，导致井网的波及系数降低，同时在波及范围内，原油黏度随流速的增大而降低，有效改善了稠油的流动性，主流线上能够达到更大的驱油效率。

（3）通过稠油面积波及系数，确立了渤海 SZ 油田不同井型下有效动用范围图版，发现无论是对定

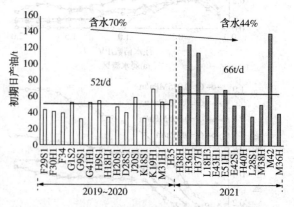

图 13　SZ 油田历年调整井初期产能对比图

向井还是水平井，增大生产压差，都能有效提高波及范围；相同原油黏度、生产压差下，水平井的波及半径要大于定向井。根据该图版，指导 SZ 油田调整井井位优化，措施效果较好。

参考文献

[1] 柯文丽，喻高明，周文胜，等. 稠油非线性渗流启动压力梯度实验研究[J]. 石油钻采工艺，2016，38(03)：341-346. DOI：10.13639/j. odpt. 2016. 03. 013.

[2] 王泊. 多孔介质中稠油的非线性渗流特征实验与分析[J]. 科学技术与工程，2014，14(25)：187-190+194.

[3] 宁丽华. 稠油拟启动压力梯度测定实验方法及应用[J]. 石油化工高等学校学报，2011，24(01)：59-63+85.

[4] 朱静，李传宪，辛培刚，等. 稠油体系的微观结构及流变性分析[J]. 西安石油大学学报(自然科学版)，2012，27(02)：54-57+120.

[5] 杨金辉. 稠油流变性及其对渗流的影响研究[D]. 北京：中国地质大学(北京)，2018.

[6] 张代燕，彭军，谷艳玲，等. 稠油油藏启动压力梯度实验[J]. 新疆石油地质，2012，33(02)：201-204.

[7] 姜瑞忠，倪庆东，张春光，等. 基于应力敏感的稠油油藏变启动压力梯度渗流模型与数值模拟研究[J]. 油气地质与采收率，2021，28(06)：54-62.

[8] 张春光. 稠油油田考虑启动压力梯度的渗流场变化规律及优化调整[D]. 青岛：中国石油大学(华东)，2020.

[9] 辛显康. 基于非线性渗流的水驱稠油油藏数值模拟技术研究[D]. 武汉：长江大学，2015.

[10] 薛颖，石立华，曹跃，等. 一种新的非线性渗流数值模拟模型[J]. 非常规油气，2022，9(05)：103-116.

[11] 姚同玉，黄延章，李继山. 孔隙介质中稠油流体非线性渗流方程[J]. 力学学报，2012，44(01)：106-110.

注采一体化技术在海上
稠油老井热采的矿场应用

曹子娟 邹 剑 王弘宇 刘 昊 张 华 李 越

【中海石油(中国)有限公司天津分公司】

摘 要：目前海上稠油热采均采用注采两趟技术，由于注热转生产期间需要更换管柱作业，导致作业周期长、作业成本高、同时洗压井造成热量大量损失，限制海上稠油油田的高效开采。为了进一步试验并验证海上稠油老井热采注采一体化工艺的可靠性，渤海油田开展了老井热采电潜泵注采一体化工艺的矿场试验，本文主要介绍电潜泵注采一体化的结构、工作原理和性能特点，以及其他井下关键配套工具和试验情况。通过采用电潜泵注采一体化工艺后，老井热采有效减少施工工序，消除了洗压井对热效率的影响，同时节约作业时间和后续作业成本，为注采一体化技术在海上油田稠油热采的推广应用提供参考。

关键词：老井；海上稠油热采；注采一体化；矿场应用

随着世界能源消耗的增加以及常规能源在许多国家的开采趋近枯竭，稠油作为世界能源的组成的重要部分，其高效经济的开发成了各国石油领域研究的重点。中国拥有丰富的稠油储量，主要分布在我国的辽河油田、胜利油田和新疆油田等[1~2]，以中国海油渤海油田为例，针对海上稠油油田开发，先后开展了蒸汽吞吐、多元热流体吞吐等先导试验，均取得良好的增产效果，展现出了优异的应用前景和发展潜力[3~5]。

目前海上稠油热采试验井的举升工艺通常采用电潜离心泵举升方式，而常规电潜泵耐温等级低，成为限制海上稠油油田热采规模化应用的难题[6~7]。其次，因为耐温限制，热采井必须采用注采两趟管柱作业，不仅是管柱作业及维护成本高，更是影响注热的最终效率[8]。为了进一步释放稠油油田产能，降低热采操作成本，开展海上稠油老井热采注采一体化技术研究和矿场试验对于推动海上稠油老井热采稳产有着重要意义。

目前针对海上油田稠油热采井注采一体化工艺，已有科研人员进行了大量研究，通过优选海上油田热采井注采一体化举升工艺以及对注采一体化管柱、井下关键工具、专用井口装置和配套地面设备的设计形成了海上油田稠油热采井注采一体化工艺技术[9~13]。为了进一步试验并验证海上稠油老井热采注采一体化工艺的可靠性，渤海油田开展了电潜泵注采一体化工艺研究，同时进行矿场试验，并最终取得了良好的效果。本文主要介绍电潜泵注采一体化的结构、工作原理和性能特点等，以及其他井下关键配套工具和试验情况，为注采一体化技术在海上稠油老井热采的推广应用提供参考。

1 海上老井多元热流体吞吐电潜泵注采一体化技术

1.1 结构及工作原理

电潜泵由电泵机组、电缆及配套工具和温压监测组成(图1)。工作原理是当离心泵工作时，进入

作者简介：曹子娟(1996—)，女，中国石油大学(北京)，硕士研究生，初级工程师，主要研究方向为稠油热采工艺技术。E-mail：caozj3@cnooc.com.cn

叶轮排液孔道里的井液由叶轮的叶片驱动，相对于泵轴心旋转，由于离心力的作用液体被甩到叶片边缘，将动能变为压能，通过导轮的集流作用进入上一个叶片，叶轮的逐级升压使泵出口压力获得足够的压头，泵的最下级叶轮在油套环空沉没压力的作用下吸入液体，通过举升井液，再将泵的机械能转为流体的动能和压能。

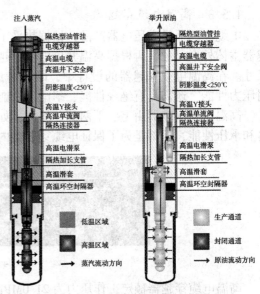

图 1　电潜泵注采一体化工艺

1.2　性能特点

电潜泵是海上油田最常用的人工举升方式，具有使用范围广、功率排量长、管理方便、经济效益显著等特点，其优势在于排量大，一般在 $80\sim700\mathrm{m^3/d}$，该技术具有结构原理简单、技术性能突出及耐高温高压的特点，是一种低成本的热采工艺技术。

1.3　关键工艺技术研究

1.3.1　高温井下安全阀

高温井下安全阀结构如图 2 所示，主要包括液控接头、柱塞密封、柱塞、中心管、回弹体、阀板等。常规井下安全阀所有需要密封的地方全部采用密封圈密封，动力组件采用活塞式结构，而高温井下安全阀在结构上采取"环状+柱塞"的密封方式，在材质上选择进口"718"合金钢为传动，确保高温工况下安全阀的耐久和耐磨损性。

高温井下安全阀采用全金属密封件结构设计合理，能在常温、350℃高温下保持优良的密封性能，并且当温度由高温降低时，仍然具有良好的密封性。试验过程中阀板反复多次开启、关闭，且每次开启关闭的压力值均在许可范围内，多次开启关闭后的性能稳定。

图 2　高温井下安全阀

高温井下安全阀额定工作压力为 35.0MPa，耐温高达 350℃，阀体的最大外径为 150.00mm，最小内径为 71.42mm，阀板完全开启压力为 11.2MPa，抗拉强度大于 650kN。

1.3.2　高温过电缆封隔器

随着稠油开采的逐步深入及开采难度的不断增加，电动潜油离心泵凭借其独特优点，被广泛应用于高产井、含水井、斜井以及定向井。由于常规封隔器无法实现注蒸汽的要求，另外现有的放气阀无法高温下耐压，因此现有封隔器的性能并不能满足稠油注汽电潜泵采油的要求。如何解决井下穿越封隔器耐温耐压的要求就成了电缆穿越封隔器设计的首要任务。

井下电缆穿越封隔器如图 3 所示，设计了防中途坐封装置采用了液压坐封丢手、筒状卡瓦锚定和上提管柱解封的结构形式，具有下放时抗碰撞、液压坐封灵活、防上顶能力强等特点。

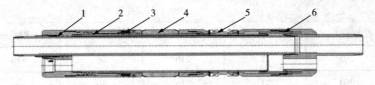

图 3　井下电缆穿越封隔器

1—中心管密封机构；2—液缸机构；3—胶筒锁紧机构；4—胶筒密封机构；5—卡瓦及卡瓦锁紧机构；6—解封机构

高温过电缆封隔器额定工作压力为 21.0MPa，耐温为 300℃，最大外径为 216.00mm，最小内径为 52.00mm，放气阀通道最小内径为 35.00mm，最大下入深度为 3000m，坐封压力为 35.0MPa，解封载荷为 270kN。

1.3.3　高温电缆穿越

电缆穿越器是高压电器产品,根据热采工艺耐温耐压要求,采油树技术参数确定高温井口电缆穿越器主体外形尺寸,再根据高温井口电缆穿越器主体外形尺寸,确定高温井口穿越器主体的内部结构尺寸。在高温电缆穿越器的设计中,既要考虑其在250℃高压饱和水蒸气的恶劣环境下的密封性能、耐压力性能,还需具有绝缘性能、耐电压性能以及高温导电材料的导电性能和壳体材料耐高温性能。

高温电缆穿越器由上、下两部分组成,如图4所示,上部是为了保证电缆穿越器主体的绝缘、密封和承压性能,下部是为了保证电缆穿越器内部电极与电缆连接后的绝缘、密封和封固性能。

图4　高温井下穿越器

高温电缆穿越器额定工作压力为21.0MPa,工作温度为250℃,额定电压为100V,井口主体密封部位尺寸为62mm。

2　矿场应用

在渤海Y油田热复合吞吐作业期间,成功进行了6井次注采作业(注入温度:150~190℃,注入速度:192t/d,焖井3d)。

2.1　油田概况

该井块为具有多套油水系统的复杂断块油藏,具有厚、陡、窄、稠的特征,属于东营组,储层物性为中高孔、中高渗(平均孔隙度31.1%,平均渗透率523.1mD),油层厚度最大140m,地面原油黏度为3629~7169mPa·s,第一轮次多元热流体吞吐设计注入量3000t,注入温度150~190℃,焖井3d。

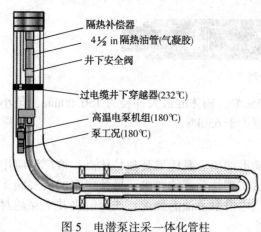

图5　电潜泵注采一体化管柱

2.2　工艺设计

井口采用高温电泵注采一体化专用采油树,以满足注热、冷采工艺转换的冷热交替变化。管柱设计主要包含:耐高温井下安全阀、耐高温过电缆封隔器(含自动排气阀)、耐高温井下开关、耐高温井下单流阀、液控Y接头总成、Y接头平行管柱、高温电泵机组、耐高温电缆及电缆穿越器、高温高压监测系统(图5、表1),一趟管柱实现注热、生产、安全控制等功能。

表1　井下关键工具参数

工具类型	尺寸参数					
	温度等级/℃	压力等级/MPa	最大外径/mm	内通经/mm	长度/mm	控制管线规格/in
耐高温Y接头	205	21	216	50	430	—
耐高温井下穿越	204	21	216	40	—	1/4
耐高温安全阀	204	34.5	137	71	1560	1/4
高温放气阀	204	34.5	56	—	647	1/4

2.3　生产动态及效果分析

根据现场注热情况,以渤海Y油田A33井为例,累计注入3000t(水当量),最高注入压力

16.68MPa，发生器最高出口温度192℃，焖井3d，截至2022年9月5日，生产370d，累产液8803m³，累产油5503m³（图6）。截至目前，电潜泵注采一体化平稳运行，其余5口热采试验井均平稳生产。

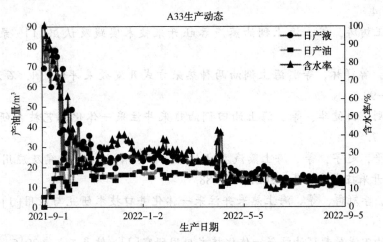

图6 渤海Y油田A33井生产动态

渤海Y油田矿场试验的6口老井热采作业，承受住了泡沫、防乳剂、降黏剂等复杂流体工况，以及高温、低温及高低温交变等严峻工况的考验，同时通过监测多元热流体吞吐作业过程，均未发现注采一体化井口及电缆穿越器有刺漏情况。目前这6口井均顺利启泵生产，且措施前后电泵绝缘情况一切正常（表2），标志着电潜泵注采一体化工艺的可靠性，不仅实现了注采的快速转换，还一定程度上降低了热采作业成本。

表2 渤海Y油田多元热流体吞吐井电泵绝缘情况统计表

井号	注热前		注热后	
	三相直阻/Ω	绝缘直阻/MΩ	三相直阻/Ω	绝缘直阻/MΩ
A33	5.30	1000	4.55	15
A32	4.00	1000	4.00	100
A24	4.70	1000	4.77	229
A25	4.20	1000	4.16	275
A35	3.90	1000	3.99	247
A23	4.50	1000	4.35	218

3 结论与认识

（1）海上稠油老井多元热流体吞吐矿场试验采用电潜泵注采一体化工艺后，有效减少了施工工序，消除了洗压井对热效率的影响，同时节约作业时间和后续作业成本。

（2）针对试验的电潜泵注采一体化工艺，其经受住了泡沫、防乳剂、降黏剂等复杂流体工况，以及高温、低温及高低温交变等严峻工况的考验，井下关键工具安全、可靠，为保障海上稠油老井稳产、安全、高效开采奠定了坚实的基础。

（3）电潜泵注采一体化技术在海上稠油老井的成功试验，指导了海上稠油热采井注采一体化的关键技术配套，为以后推动海上稠油老井热采稳产奠定了基础。

参考文献

[1] 李亮. 海上稠油常用开采方式综述[J]. 内蒙古石油化工，2012(14)：2.

[2] 顿铁军. 中国稠油能源的开发与展望[J]. 西北地质, 1995, 16(1): 4.

[3] 唐晓旭, 马跃, 孙永涛. 海上稠油多元热流体吞吐工艺研究及现场试验[J]. 中国海上油气, 2011, 23(3): 4.

[4] 朱琴, 刘东, 王树涛, 等. 海上稠油蒸汽吞吐开采技术实践及认识[J]. 录井工程, 2019, 30(1): 8.

[5] 梁丹, 冯国智, 曾祥林, 等. 海上稠油两种热采方式开发效果评价[J]. 石油钻探技术, 2014, 000(001): 95-99.

[6] 陈华兴, 刘义刚, 白健华, 等. 海上油田稠油热采井注采一体化工艺技术研究[J]. 石油机械, 2020, 48(4): 7.

[7] 于法浩, 蒋召平, 赵宇, 等. 海上蒸汽吞吐热采注采一体化技术研究及应用[C]. 第20届五省(市、区)稠油开采技术论文集, 2021, 83-88.

[8] 王宝军, 刘鹏, 李冠群, 等. 海上热采井注采一体化井口技术研究与应用[J]. 石油机械, 2022, 50(3): 7.

[9] 王学忠. 春风油田浅层超稠油注采一体化技术应用研究[J]. 钻采工艺, 2015, 38(2): 3.

[10] Hua Zhang, Pingli Liu, Qiuxia Wang, etc. Artificial Lift System Applications for Thermally Developed Offshore Heavy[C]. Offshore Technology Conference Asia 2022, 22-25 March 2022·Kuala Lumpur, Malaysia. Oil Reservoirs

[11] 张方圆. 稠油水平井注采一体化技术研究[D]. 青岛: 中国石油大学(华东), 2017.

[12] 张华, 周法元, 王秋霞, 等. 海上稠油多元热流体注采一体化关键技术研究[C]. 中国海洋石油有限公司, 2016.

[13] 刘昊, 张华, 韩晓冬, 等. 海上热采井口抬升安全控制优化设计及应用[J]. 中国石油大学胜利学院学报, 2020, 34(1): 4.

渤海稠油油田"堵调驱"综合治理技术研究与应用

鲍文博　李彦阅　庞长廷　王　楠　黎　慧　宋　鑫

【中海石油(中国)有限公司天津分公司渤海石油研究院】

摘　要：渤海油田属于常规稠油油藏，具有丰富的稠油资源。近年来，在水驱开发过程中，由于驱替流度比大、洗油效率低、渗透率高等原因，导致大部分稠油油田储层宏观和微观非均质性日益复杂，优势通道发育明显，水驱开发效果逐年变差。针对上述问题，构建了以凝胶封堵剂、微球调驱剂、高效驱油剂为主的"堵调驱"综合治理体系，并基于核磁共振手段开展了"堵调驱"综合治理技术机理分析。研究结果表明，采用凝胶封堵剂先对优势通道进行治理有助于发挥"微球/高效驱油剂"协同效应，室内实验条件下采收率增幅为15.37%。核磁共振测试结果表明，"堵调驱"综合治理措施可以有效治理高渗层优势通道，进一步扩大对中低渗层不同尺寸孔隙中剩余油动用程度。目前，该技术已在渤海油田累计应用20余井次，实现递减增油超 $15 \times 10^4 m^3$，取得了良好的增油降水效果。

关键词：稠油油田；堵调驱；核磁共振；采收率

渤海油田属于常规稠油油藏，稠油储量占比高达70%。近年来部分水驱稠油油田由于原油黏度高、油水流度比大、洗油效率低等原因，加之储层本身平均渗透率高、非均质性强等特点，导致水流优势通道不断发育，储层非均质恶化程度进一步加剧，严重影响了稠油油田的水驱开发效果[1-5]。

为此，科研工作者针对稠油油田调剖调驱技术进行了大量的研究与应用。单景玲等采用非均质双管物理模拟实验评价了封窜剂+驱油剂组合调驱提高蒸汽驱采收率效果[6]；魏超平等通过填砂驱油模型和微观玻璃刻蚀模型开展了稠油降黏剂提高采收率机理研究[7]；王凯等研制了一种适用于海上稠油油田的盐敏自增稠型聚合物[8]；刘延民等通过复配聚合物与常规泡沫得到适用于海上非均质稠油油藏的新型强化氮气泡沫体系[9]。

基于上述研究基础，结合渤海油田实际问题和调堵技术应用情况，提出"封堵无效水循环、调控低效水循环、提高波及区驱油效率"的"堵调驱"综合治理思路，构建了以凝胶封堵剂、微球调驱剂、高效驱油剂为主的"堵调驱"综合治理体系，并以物理模拟和核磁共振技术手段，开展了"堵调驱"综合治理技术增油效果及作用机理研究，并对矿场应用效果进行了分析，为其他同类油藏的矿场实践提供了宝贵经验。

1　实验部

1.1　实验材料

实验药剂包括凝胶封堵剂、微球调驱剂、高效驱油剂。凝胶封堵剂是由无机铝凝胶和聚丙烯酰胺

作者简介：鲍文博(1995—)，男，初级工程师，硕士，2020年毕业于东北石油大学油气田开发专业，研究方向：海上油田采油工程技术研究与应用工作。E-mail：baowb2@cnooc.com.cn

两部分组合而成的凝胶体系。微球调驱剂主要由纳微米级聚合物微球组成。高效驱油剂主要成分为乳化降黏表活剂。以上三种药剂均为中国海油天津分公司提供。实验用油为煤油与脱气原油按固定比例配制而成，油藏温度下黏度为70mPa·s，实验用水为地层模拟水。

实验岩心为石英砂环氧树脂胶结人造非均质岩心，外观尺寸：宽×高×长 = 4.5cm×4.5cm×30.0cm，高、中、低三小层渗透率分别为10000mD、3000mD和500mD，其中高渗层厚度0.5cm，其余两层厚度为2cm。

1.2 实验步骤

（1）室温下岩心抽真空，饱和地层水，测量孔隙体积，计算孔隙度。

（2）油藏温度65℃下，饱和模拟油（70mPa·s），计算含油饱和度。

（3）油藏温度65℃下，水驱至含水98%。

（4）按实验方案注入设计段塞尺寸调驱剂，后续水至98%。

核磁共振实验研究：岩心饱和油后，在三种不同渗透率小层的采出端，分别截取相同尺寸岩心样品（0.5cm×1.8cm×3.0cm），浸入一定浓度二价锰离子溶液中，使锰离子扩散进入岩心水相中以屏蔽水中H元素信号，然后开展核磁共振实验，测试不同渗透率层位油相的信号幅度[10]。注入不同体系，后续水驱至98%后，再次以相同方法对岩心取样，浸入二价锰离子溶液后，测试不同渗透率层位油相的信号幅度。对比前后油相信号差异，分析不同渗透率小层中剩余油的动用程度。岩心及核磁测试样品，如图1所示。

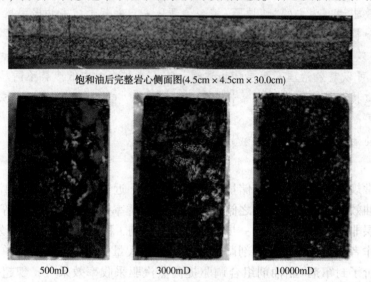

饱和油后完整岩心侧面图(4.5cm × 4.5cm × 30.0cm)

500mD　　　　3000mD　　　　10000mD

图1 饱和油后岩心切割图片

1.3 实验方案

1.3.1 体系性能评价

利用 Quanta FEG450 场发射扫描电子显微镜测试凝胶封堵剂；利用 MALVERN ZETASIZER 3000HSA 粒径分析仪测试微球调驱剂粒径分布；利用 TX-500C 旋滴界面张力仪测试高效驱油剂与原油界面张力。

1.3.2 增油效果评价

方案1：饱和油+水驱至含水98%。

方案2：饱和油+水驱至含水98%+0.1PV 高效驱油剂（C_S=1200mg/L）+后续水驱至含水98%。

方案3：饱和油+水驱至含水98%+0.1PV 微球调驱剂（C_P=3000mg/L，缓膨12h）+后续水驱至含水98%。

方案4：饱和油+水驱至含水98%+0.1PV 凝胶封堵剂（候凝48h）+后续水驱至含水98%。

方案5：饱和油+水驱至含水98%+0.1PV 凝胶封堵剂（候凝48h）+0.1PV 微球调驱剂（C_P=3000mg/L，候凝12h）+0.1PV 高效驱油剂（C_S=1200mg/L）+后续水驱至含水98%。

2 结果与讨论

2.1 体系性能评价

凝胶封堵剂扫描电镜测试结果如图 2 所示。

从图 2 可以看出,凝胶形貌呈现出一定孔洞形态,凝胶结构由无机凝胶的密实堆积结构和有机凝胶的"孔-网"空间结构相互穿插构成,整体表现为"高致密度、多层次性"空间网状结构。

微球调驱剂配制浓度 3000mg/L,其初始和老化 20d 后粒径测试结果如图 3 所示。

从图 3 可以看出,微球调驱剂具有良好的水化膨胀性能,老化 20d,平均粒径由 $0.2\mu m$ 膨胀至 $1.1\mu m$,具备架桥封堵和深部运移能力。

采用模拟水配制高效驱油剂溶液,其与原油间界面张力测试结果见表 1。

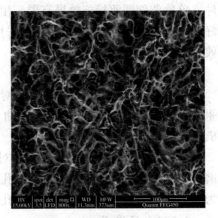

图 2 凝胶形貌扫描电镜图

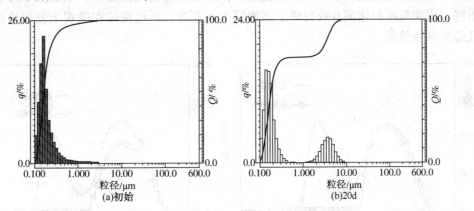

图 3 微球调驱剂粒径测试结果

表 1 界面张力测试结果

表面活性剂浓度/(mg/L)	界面张力/(mN/m)	表面活性剂浓度/(mg/L)	界面张力/(mN/m)
400	2.56×10^{-1}	1000	9.15×10^{-2}
600	1.62×10^{-1}	1200	8.66×10^{-2}
800	1.03×10^{-1}	1600	7.27×10^{-2}

从表 1 可以看出,随高效驱油剂浓度增大,与原油间界面张力都呈现下降趋势。进一步分析发现,在浓度大于 800mg/L 时,界面张力下降趋势趋于平缓,因此高效驱油剂浓度并非越大越好,处于经济性考虑,选用浓度在 $800\sim1200$mg/L 之间。

2.2 增油效果实验研究

不同注入体系的增油效果见表 2。

表 2 增油效果实验结果

方案	方案组成	水驱采收率/%	最终采收率/%	化学驱采收率增值/%
1	水驱对照实验	13.08	13.08	—
2	水驱+高效驱油剂+后续水	13.34	17.25	3.91
3	水驱+微球调驱剂+后续水	13.78	19.31	5.53
4	水驱+凝胶封堵剂+后续水	12.81	22.28	9.47
5	水驱+凝胶封堵剂/微球调驱剂/高效驱油剂+后续水	13.27	28.64	15.37

从表 2 可以看出,在小层渗透率级差较大、非均质性较强的情况下,水驱开发时主要对高渗层中原油进行驱替,因此 5 组实验中水驱采收率均较低。从采收率增值来看,对于非均质性严重的储层条

件，单独调剖调驱措施效果有限。相比之下，凝胶封堵剂/微球调驱剂/高效驱油剂的综合治理效果较好，采收率增幅为15.37%，说明采用凝胶对优势通道进行治理有助于"微球/高效驱油剂"发挥协同效应。

2.3 核磁共振测试结果

通过借助核磁共振技术，可以对比测试方案1和方案5的剩余油信号幅度，从微观角度分析"堵调驱"综合措施后，不同孔隙中剩余油含量的变化情况，进而帮助研究"堵调驱"综合治理措施的作用机理。

"堵调驱"综合治理措施与水驱对照组各小层核磁共振实验结果如图4~图6所示。核磁共振T_2图谱通常是一条双峰曲线，流体在大孔隙中受作用力较弱，弛豫时间较长，因此双峰曲线中间的凹点即为大小孔隙的临界值，右侧代表大孔隙，左侧代表小孔隙[11-12]。

2.3.1 高渗层

由图4可以看出，水驱后高渗层大孔隙中几乎检测不出原油信号，说明大孔隙中原油得到充分动用，而小孔隙中原油信号幅度几乎没变，相比之下，采取综合治理措施后，小孔隙中原油信号幅度有一定程度下降，说明凝胶封堵剂有效封堵了高渗层中大孔道，后续流体在微观上发生液流转向，扩大了对中小孔隙的波及效果。

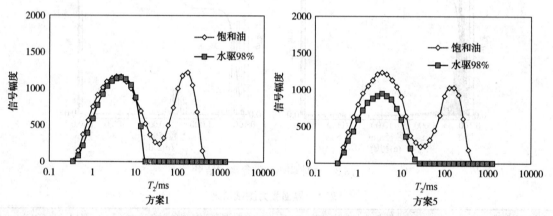

图4 水驱及措施前后核磁共振T_2谱测试结果（10000mD）

2.3.2 中渗层

如图5所示，由于纵向非均质性严重，水驱开发难以启用中渗层，水驱前后中渗层剩余油信号幅度保持一致。采取堵/调驱一体化措施后，中渗层大孔隙中原油信号幅度大幅下降，中小孔隙中信号幅度也有一定程度下降。说明"堵调驱"综合治理效果显著，与水驱相比，能更加充分地动用中渗层剩余油，在缓解层间孔隙矛盾的同时，也改善了层内微观非均质性，使大小孔隙均受到波及，极大限度地提高了原油采收率。

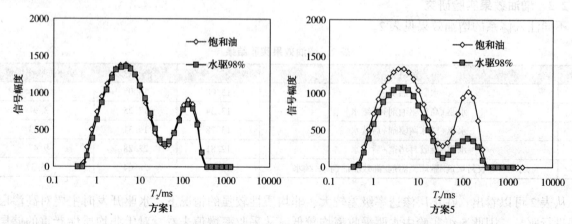

图5 水驱及措施前后核磁共振T_2谱测试结果（3000mD）

（3）低渗层

由图6可以看出，措施后低渗层中原油信号幅度有所下降，说明该技术可以有效动用低渗层剩余油，提高低渗层动用效果。总体来看，"堵调驱"综合治理技术宏观上可以对不同渗透率层进行逐级治理，微观上可以改善对小孔隙的波及效果，与单一调剖调驱体系相比能发挥体系间的协同作用，具有较大优势和应用潜力。

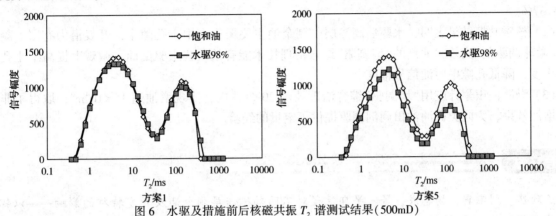

图6 水驱及措施前后核磁共振 T_2 谱测试结果（500mD）

2.4 现场应用

该项技术近年来共在渤海油田实施20余井次，累计增油超 $15 \times 10^4 m^3$，取得了良好的经济效益。以S油田C区为例，该区属于高孔高渗油藏，地层原油黏度在 $37.4 \sim 154.7 mPa \cdot s$，平均为 $95.5 mPa \cdot s$。2019年9月底，C区综合含水85.1%，随后开展了"堵调驱"区块整体综合治理。措施后净增油 $1.2 \times 10^4 m^3$，递减增油 $1.8 \times 10^4 m^3$，井组生产曲线如图7所示，水驱含水率-采出程度曲线如图8所示。

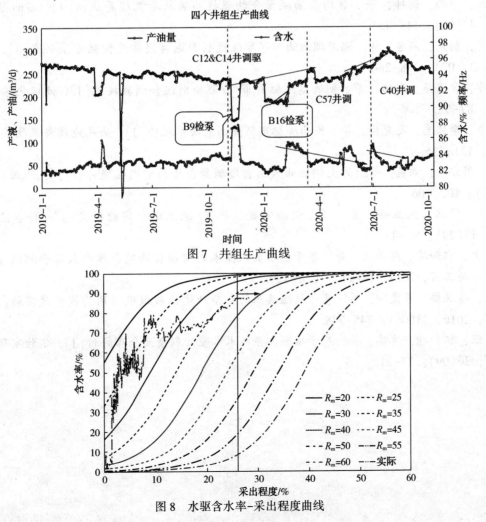

图7 井组生产曲线

图8 水驱含水率-采出程度曲线

可以看出，措施后井组含水上升趋势得到了显著抑制，日产油量明显增加，同时水驱含水率-采出程度曲线在措施后明显向下偏移，说明增油降水效果显著。

3　结论

（1）凝胶封堵剂/微球调驱剂/高效驱油剂的"堵调驱"综合治理措施可在水驱基础上提高采收率15.37%。

（2）核磁共振结果表明，水驱后高渗层中剩余油主要聚集在中小孔隙中，开发潜力有限。凝胶封堵剂/微球调驱剂/高效驱油剂的"堵调驱"综合治理技术能有效改善水驱剖面，微观上提高中小孔隙的动用程度，降低孔隙中原油信号幅度。

（3）渤海油田累计应用"堵调驱"综合治理技术20余井次，实现增油超$15 \times 10^4 \mathrm{m}^3$，取得了非常显著的增油效果，为同类稠油油田调剖调驱提供了宝贵的经验。

参考文献

[1] 王欣然，刘宗宾，杨志成，等.早期注聚对不同韵律储层剩余油及开发特征的影响——以锦州Z油田行列井网为例[J].断块油气田，2020，27（02）：238-243.

[2] 李廷礼，刘彦成，于登飞，等.海上大型河流相稠油油田高含水期开发模式研究与实践[J].地质科技情报，2019，38（03）：141-146.

[3] 谢晓庆，康晓东，曾杨，等.海上油田不同开发方式组合模式探讨[J].中国海上油气，2017，29（04）：85-90.

[4] 卢祥国，曹豹，谢坤，等.非均质油藏聚合物驱提高采收率机理再认识[J].石油勘探与开发，2021，48（01）：148-155.

[5] 陈明贵，杨光，石鑫，等.渤海稠油油田早期注聚剖面返转规律及控制方法研究[J].油田化学，2017，34（02）：278-284.

[6] 单景玲，裴海华，郑伟，等.稠油蒸汽驱封窜剂/驱油剂组合调驱技术[J].油田化学，2022，39（01）：87-92.

[7] 魏超平，李伟忠，吴光焕，等.稠油降黏剂驱提高采收率机理[J].油气地质与采收率，2020，27（02）：131-136.

[8] 王凯，周文胜，刘晨，等.海上稠油油藏用自增稠聚合物的室内性能评价[J].油田化学，2019，36（01）：102-106.

[9] 刘延民，章杨，王玉婷，等.海上稠油油藏强化N_2泡沫调驱实验研究[J].科学技术与工程，2017，17（29）：80-87.

[10] 周尚文，郭和坤，薛华庆，等.基于核磁共振技术的储层含油饱和度参数综合测试方法[J].科学技术与工程，2014，14（21）：224-229.

[11] 马康，姜汉桥，李俊键，等.基于核磁共振的复杂断块油藏微观动用均衡程度实验[J].断块油气田，2016，23（06）：745-748.

[12] 张新旺，郭和坤，沈瑞，等.基于核磁共振技术水驱油剩余油分布评价[J].实验室研究与探索，2017，36（09）：17-21.

316L 材质液控管线在高温下失效分析

曾 润 于法浩 李 越 喻小刚 李海涛 侯新旭

【中海石油(中国)有限公司天津分公司】

摘 要： 高温注热期间 316L 材质液控管线发生开裂失效，温度升高后环空中的腐蚀条件更加苛刻，并且随着温度升高液控管线热应力也随之增大。本文通过有限元计算、高温高压热采模拟实验、扫描电镜观察(SEM)、能谱分析(EDS)以及激光共聚焦观察等研究方法，研究 316L 材质液控管线热采服役环境中热应力变化及模拟热采工况下应力腐蚀行为。结果表明：液控管线最大热应力随着温度从 200℃ 升至 350℃ 而增大，其数值与屈服强度比值由 38% 增至 93%。高温高压含氧模拟热采工况下，316L 材质液控管线出现周向平行裂纹，并随应力减小，应力腐蚀敏感性降低，由宽的群裂纹转向为零散微裂纹。

关键词： 316L 不锈钢；液控管线；热采环境；有限元计算；应力腐蚀

1 前言

在中低温采油阶段，316L 液控管线可以服役整个采油周期。在高温注热期间，316L 液控管线发生开裂失效，可见热采服役环境对液控管线失效有较大的影响。液控管线在海上热采井中处于套管和油管所形成的环形空间中，注热期间环空内局部最高工作温度可以达到 350℃，环空内介质为高温高压水蒸气、氮气、氧气、矿物盐等混合介质，与注热前相比腐蚀性加剧[1-3]。隔热油管与液控管线之间的热膨胀差异以及隔热油管、液控管线、管线护罩之间的束缚对液控管线热膨胀释放有一定阻碍作用，液控管线不完全热膨胀使得液控管线产生热应力，实际热应力大小受温度、材质等多种因素影响[4-7]。

液控管线在高温具有腐蚀性介质的环空中会发生点蚀等局部腐蚀，热应力会使液控管线在点蚀等局部缺陷处出现应力集中并诱发形成腐蚀微裂纹，随着应力与腐蚀的协同作用，导致裂纹的生长和扩展，最终引发穿孔和脆性断裂，存在着应力腐蚀失效风险[9-10]。实际工况中液控管线失效一般表现为开裂，开裂后管线内部与井筒连通导致地面控制柜泄压时无法将安全阀内压力泄压至零，安全阀轧板上作用的压力一直与环空压力相等会导致海上热采井安全阀无法正常关闭，井下安全阀无法起到设定的防止井喷作用，从而产生安全隐患影响热采工艺在海上稠油热采的有效应用[11-12]。

为准确分析热采服役环境中 316L 液控管线的应力状态以及服役损伤情况，本文将采用 ANSYS 19.0 有限元分析软件分析 316L 液控管线在 200℃、260℃、300℃、350℃ 四个温度下的热应力状况，并结合 300℃ 高温高压模拟实验将有限元计算与模拟实验结果关联分析实际服役条件下的损伤情况。

2 实验材料与方法

2.1 实验材料

实验用材料为海上稠油热采井将要投入使用的 316L 液控管线，316L 液控管线成分见表 1，外径 6.35mm，内径 3.75mm，壁厚 1.3mm。

表1　316L 液控管线成分　　　　　　　　　　　　　　wt%

材质	C	Si	Mn	P	S	Cr	Ni	Mo	N
316L	0.03	0.75	2	0.045	0.03	16.7	10.02	2.03	0.1

2.2　有限元计算

采用 ANSYS19.0 有限元分析软件计算液控管线在热采工况中 200℃、260℃、300℃及 350℃四个温度节点的热应力情况；并模拟 U 形弯试样加载过程计算表面应力分布，以此将工况温度计算的热应力以及高温高压模拟实验结果的损伤情况与实际工况中液控管线损伤情况建立关联。

2.3　高温高压模拟实验

根据某油田采出水的水质分析报告，配制模拟油田采出液用于电化学测试与高温高压腐蚀模拟实验，模拟油田采出液水质成分见表2。

表2　模拟油田采出液水质成分　　　　　　　　　　　　mg/L

离子	Na⁺	K⁺	Mg²⁺	Ca²⁺	Cl⁻	SO₄²⁻	HCO₃⁻
含量	9339.8	741.5	866.5	1085.3	18441.0	2029.5	555.4

根据 GBT 15970.3—1995 使用两步法制作 U 形弯；为比较应力对液控管线在热采服役环境中服役损伤的影响，制作有应力加载和无应力加载两种形式的 U 形弯试样；有应力加载 U 形弯试样通过螺栓与螺帽将其加载到两臂平行，无应力加载试样在一步法制作完成后不再加载应力，然后通过悬挂架把两种形式的 U 形弯挂在高温高压釜内。高温高压模拟实验温度为 300℃，氧气分压为 0.21MPa，实验时间为 72h，实验结束后停止加热将试样从釜内取出进行分析测试。

3　有限元计算

3.1　有限元建模参数

316L 液控管线在高温下的热膨胀系数、杨氏模量等物理参数随温度变化，液控管线屈服强度见表3，合金材料的泊松比通常约为 0.3，杨氏模量和热膨胀系数见表4。

表3　316L 液控管线的屈服强度　　　　　　　　　　　　MPa

材质	室温	200℃	260℃	300℃	350℃
316L	276	230	215	205	193

表4　316L 液控管线与 N80 隔热油管的热膨胀系数和弹性模量

材质	温度/℃	弹性模量/GPa	热膨胀系数/10⁻⁵℃
316L	200	186	1.655
	260	182	1.692
	300	180	1.718
	350	177	1.747
N80	200	191	1.362
	260	187	1.381
	300	183	1.403
	350	178	1.424

液控管线井下的实际分布形态复杂，现场实际安装操作中液控管线通常会有一定的弧度；液控管线经电缆卡子束缚在油管接箍处，所以油管接箍外壁与套管内壁间距为液控管线在环空中的弧高度，热采井用套管与隔热油管尺寸信息见表5。

表5　套管与隔热油管尺寸信息

材质	公称尺寸/in	内径/mm	通径/mm	外径/mm	接箍外径/mm
隔热油管	4½	100.3	—	120.6	141.5
套管	8⅝	205.7	202.5	219.1	244.5

　　根据油管和套管尺寸可以确定通常情况下弧的高度为35mm，因此确立实际工况模型的弧的高度为35mm，建立液控管线热应力计算模型的示意图如图1(a)所示。对此模型的描述：根据实际油管长度，定义这段带有弧形的液控管线弦长为10000mm，液控管线外径6.35mm，内径3.75mm，两端受液控管线护罩约束部位保持直线，端部直管段长度200mm，中部弧的高度为35mm。

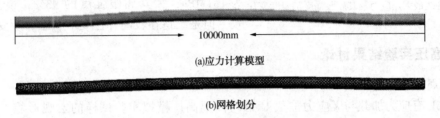

(a)应力计算模型

(b)网格划分

图1　液控管线应力计算模型建立及网格划分示意图

　　考虑到使用10000mm液控管线长径比过大，为减小计算误差和网格划分精度对算力的要求，根据实际模型尺寸使用10∶1比例。

　　利用三维建模软件 UGNX 创建模型后，直接导入 ANSYS WORKBENCH 中进行有限元分析计算。液控管线的管径较小、管壁较薄，为保证计算结果的准确性及合理性，在网格划分时，整体采用全局单元尺寸控制网格大小，划分单元为四面体单元，网格划分示意图如图1(b)所示。

3.2　热应力计算结果分析

　　图2为液控管线在200℃、260℃、300℃、350℃时，利用 ANSYS 计算得到的316L 液控管线热应力分布云图。其中 A1、A2、A3 区域为拉应力区域，且 A1 和 A3 为接近油管接箍侧区域，A2 位于中部微小弧形区域背离隔热油管侧，由于拉应力是应力腐蚀开裂的必要条件，所以 B1、B2、B3 压应力区域不参与比较最大热应力，最大拉应力出现在贴近油管接箍侧的 A1 和 A3 部位。

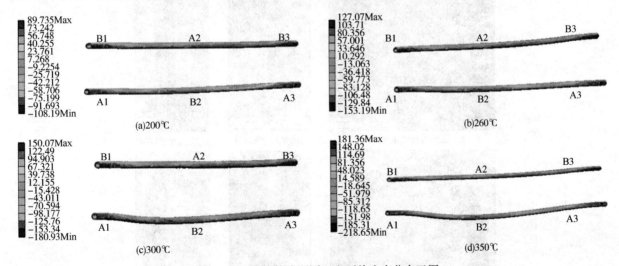

图2　316L 液控管线不同温度下热应力分布云图

　　316L 液控管线在200℃时所受最大热应力为89MPa 明显低于屈服强度，维持在较小的弹性变形状态，在260℃时受到的最大热应力为127MPa，低于屈服强度，维持在一定的弹性变形状态；在300℃时受到的最大热应力为150MPa，低于屈服强度，维持在弹性变形状态；在350℃时受到最大热应力为

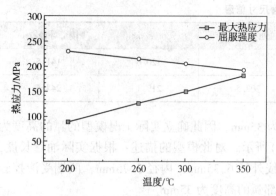

图3　316L液控管线最大热应力及其屈服强度随温度变化

181MPa，低于屈服强度，并维持在较高的弹性变形状态。

根据热应力计算结果得到316L液控管线热应力及其屈服强度随温度变化，如图3所示。

在热采服役环境条件下，随温度升高，316L液控管线的屈服强度呈现下降趋势，最大热应力随温度的升高而增大，屈服强度和最大热应力在数值上相互靠近，在300℃时液控管线受到的热应力为150MPa，为其屈服强度的73%，在350℃时液控管线受到的热应力为181MPa，为其屈服强度的93%，虽然没有屈服失效，但是维持在较高弹性变形状态，所受的热应力大。

4　高温高压实验结果讨论

4.1　宏观腐蚀形貌

图4是316L有应力加载与无应力加载U形弯高温高压模拟实验试样的宏观形貌。通过图4(a)、图4(b)、图4(c)可以看出，加载应力的U形弯试样从各个视角观测，拉伸面都出现众多接近平行分布的周向裂纹并且在裂纹的位置继续腐蚀产生了腐蚀产物沿着裂纹方向覆盖，U形弯顶部最大拉应力区完全覆盖一层稀疏的腐蚀产物，U形弯侧臂有稀疏分布的周向裂纹以及腐蚀产物。通过图4(d)、图4(e)、图4(f)可以看出，无应力加载的U形弯整体颜色暗淡，表面仍然是高温氧化膜，在U形弯顶部没有出现腐蚀与开裂，应力对316L液控管线在热采服役环境应力腐蚀开裂有重要的促进作用。U形弯顶部向两侧应力逐渐减小，裂纹分布特征由宽的群裂纹转向零散微裂纹，说明应力对裂纹的萌生和扩展具有加速作用，高应力可以促使裂纹快速萌生与扩展，应力减小裂纹萌生后扩展缓慢，低应力区域裂纹萌生缓慢。

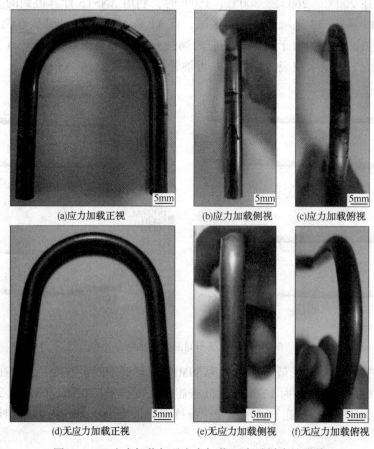

(a)应力加载正视　　(b)应力加载侧视　　(c)应力加载俯视

(d)无应力加载正视　　(e)无应力加载侧视　　(f)无应力加载俯视

图4　316L应力加载与无应力加载U弯试样腐蚀形貌

4.2 微观形貌

图 5 是 316L 材质液控管线有应力加载与无应力加载 U 形弯高温高压模拟实验试样的微观形貌；通过图 5(a) 与图 5(b) 对比可以看出，加载应力的 U 形弯腐蚀产物分布密集有一定的起伏，通过 EDS 判断主要成分为高温氧化膜破坏后继续腐蚀形成的铁的氧化物，在氧化物间隙还附着一些盐，无应力加载的 U 形弯表面基体主要是一层高温氧化膜局部区域伴随着腐蚀产物堆积，从 EDS 判断表面为含铬镍氧化层并且吸附着一些矿物盐。

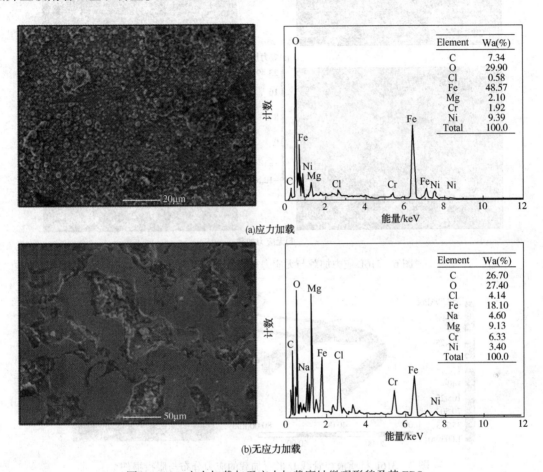

Element	Wa(%)
C	7.34
O	29.90
Cl	0.58
Fe	48.57
Mg	2.10
Cr	1.92
Ni	9.39
Total	100.0

(a)应力加载

Element	Wa(%)
C	26.70
O	27.40
Cl	4.14
Fe	18.10
Na	4.60
Mg	9.13
Cr	6.33
Ni	3.40
Total	100.0

(b)无应力加载

图 5　316L 应力加载与无应力加载腐蚀微观形貌及其 EDS

4.3 裂纹形貌分析

图 6 是 316L 液控管线有应力加载与无应力加载高温高压模拟实验试样的激光共聚焦 3D 形貌。通过图 6(a) 与图 6(b) 对比可以看出加载应力的 U 形弯表面可以观测到清晰的裂纹，不加载应力的 U 形弯表面无失效裂纹，仅存在一层较为平整的高温氧化膜，该结果与现场样件失效行为具有较高的一致性[2,3,7]。

4.4 应力-腐蚀损伤分析

图 7 是 316L 液控管线 U 形弯有限元计算得到的应力分布云图与高温高压模拟实验后的试样对比图，从图中可以看出，在顶部最大应力区因塑性变形最大应力超过屈服强度，从 U 形弯顶部向侧面，裂纹特征由宽的群裂纹特征转向单条微裂纹，根据工况下的热应力计算，300℃ 的最大热应力为 150MPa，为其屈服强度的 73%，对应于图中 C 区域内（即 U 形弯直管段），C 区域内存在失效裂纹，可见在 300℃ 的工况条件下 316L 存在较大的应力腐蚀失效风险。因此，316L 材质液控管线的失效主要是由高温和接箍处的共同产生的热应力，并且由于氧气的参与，形成了应力腐蚀开裂。

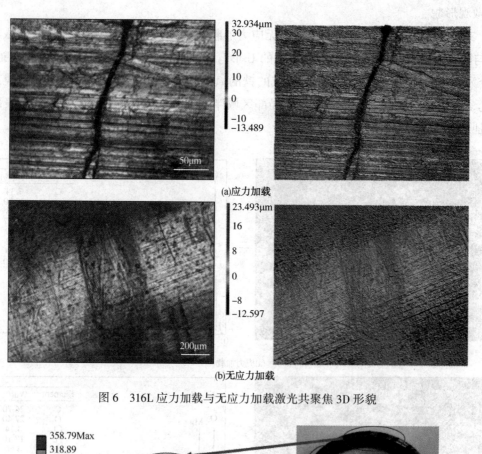

(a)应力加载

(b)无应力加载

图 6 316L 应力加载与无应力加载激光共聚焦 3D 形貌

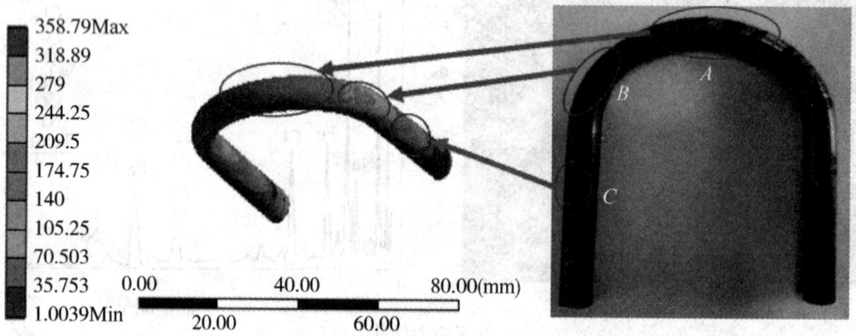

图 7 316L 材质液控管线 U 形弯加载的应力分布与服役损伤

工况条件下所受最大应力与屈服强度的比值越大，应力腐蚀越敏感，较高的热应力使得基体在弹性变形时钝化膜已经脆性开裂，露出新鲜的 316L 基体继续腐蚀，使得 316L 液控管线在短时间内应力腐蚀开裂。316L 液控管线在热采温度升高后越来越接近韧脆转变温度，材料的脆性增大，也使得 316L 液控管线在此种工况环境存在较大失效风险。

5 结论

通过对 316L 材质液控管线在不同热采工况温度下的有限元热应力分析以及高温高压热采模拟实验，得到如下结论：

（1）316L 材质液控管线在 200~350℃温度范围内，最大热应力均出现在接近油管接箍侧区域，其数值逐渐增大，最大热应力与其屈服强度比值由 38%增至 93%。

（2）高温高压含氧模拟热采环境下，316L 应力加载试样拉应力面出现多条平行周向裂纹，并且随应力减小，应力腐蚀敏感性降低，由宽的群裂纹转向为零散微裂纹。

（3）温度和应力对 316L 材质液控管线热采工况下应力腐蚀开裂敏感性有显著影响。

参考文献

[1] 曾玉强，刘蜀知，王琴，等. 稠油蒸汽吞吐开采技术研究概述[J]. 特种油气藏，2006，13(6)：5-9.

[2] 仇朝军，周小杰，施曾宝，等. 渤海某井蒸汽吞吐管线断裂原因分析[J]. 涂料与保护，2019，40(5)：21-31.

[3] 方建波，薛艳，马有龙，等. 某热采井825镍基合金液控管道腐蚀原因分析[J]. 腐蚀与防护，2020，41(8)：65-69.

[4] M. A. Kappes. Localized corrosion and stress corrosion cracking of stainless steels in halides other than chlorides solutions：a review[J]. Corrosion Reviews，2019，38(1)：1-24.

[5] B. Dong，W. Liu，F. Wu，et al. Determination of critical salinity of pitting and uniform corrosion of X60 under $CO_2 - O_2$ coexistence environment[J]. Anti - Corrosion Methods and Materials，2020，67(2)：166-177.

[6] L. T. Chang，M. Grace Burke. Stress corrosion crack initiation in machined type 316L austenitic stainless steel in simulated pressurized water reactor primary water[J]. Corrosion Science，2018，138：54-65.

[7] 李瑞川，庄传晶，闫化云，等. 海上某油田生产井316L锈钢毛细管泄漏失效分析[J]. 腐蚀与防护，2016，37(10)：816-820.

[8] S. C. Yoo，K. J. Choi，T. Kim，et al. Microstructural evolution and stress-corrosion-cracking behavior of thermally aged Ni-Cr-Fe alloy[J]. Corrosion Science，2016，111：39-51.

[9] M. Ijiri，T. Ogi，T. Yoshimura. High-temperature corrosion behavior of high-temperature and high-pressure cavitation processed Cr - Mo steel surface[J]. Heliyon，2020，6(8)：e04698.

[10] B. Panda，M. Sujata，M. Madan，et al. Stress corrosion cracking in 316L stainless steel bellows of a pressure safety valve[J]. Engineering Failure Analysis，2014，36：379-389.

[11] 顾启林，孙永涛，马增华，等. 316L不锈钢液控管线失效分析[J]. 石油化工腐蚀与防护，2017，34(6)：41-44.

[12] Z. P. Lu，T. Shoji，Y. Takeda，et al. Effects of loading mode and water chemistry on stress corrosion crack growth behavior of 316L HAZ and weld metal materials in high temperature pure water[J]. Corrosion Science，2008，50：625-638.

高温低黏油-化学复合吞吐工艺研究

毕培栋　张　伟　王秋霞　苏　毅　张　华　张弘文

【中海石油(中国)有限公司天津分公司】

摘　要：稠油热采过程中的原油乳化情况可能会造成地层堵塞，影响热采井产量。采用高温低黏油-化学复合吞吐措施工艺，以低黏油和化学降黏剂为采油介质，利用注入低黏油稀释地下稠油、化学破乳降黏增效等作用，能够有效解除近井地带乳化堵塞，实现增产增效。开展相关室内实验，稠油掺入低黏油后黏度显著降低，低黏油作为化学剂的溶剂载体，改变稠油状态，化学剂促进低黏油与稠油混合溶解，减小乳状液尺寸，降低液阻效应，改善稠油流动性，扩大波及范围，具有工艺简单、成本低、低碳等优势。

关键词：稠油；低黏油吞吐；原油乳化；解堵；降黏剂

稠油热采是开发稠油的有效方法[1-3]，向地层中注入蒸汽等高温水相流体后，有可能会发生原油乳化情况，增大原油表观黏度，甚至可能堵塞地层孔喉，影响油流通道，从而影响热采井产量[4-6]。在一定含水率区间内，地下稠油加热后，降温后易形成稳定高黏的 W/O 乳状液，并且含有大量水滴和水滴聚集体的乳状液具有显著的液阻效应，原油在储层孔喉中流动会产生液阻效应，增大流体的表观黏度，造成驱替困难。解决乳化堵塞问题的关键在于降低稠油黏度和降低液阻效应影响，研究形成一套高温低黏油-化学复合吞吐解堵措施工艺。

在陆地油田，低黏油吞吐技术已经取得广泛应用[7-10]。辽河油田井筒和地面管线掺轻质油研究和应用结果表明，掺轻质油可使稠油黏度显著降低，稀稠比 2∶8 时可使超稠油黏度降低 95% 以上。乳化严重普通稠油低温时掺稀降黏效果一般，需要升高温度或者添加破乳剂[11-12]。本文针对原油乳化造成的地层堵塞问题，结合乳化稠油特征及可用低黏油资源，开展不同条件下稠油掺稀降黏实验，以降低原油黏度。同时开展不同降黏剂破乳降阻实验研究以解决液阻效应问题。综合实现降黏以及降阻的目的，有效解除近井地带乳化堵塞，从而改善热采效果。

1　实验过程

1.1　材料和仪器

实验材料：目标油田乳化稠油、低黏油[#1]、低黏油[#2]、常规降黏剂[#1]、复合降黏剂等。

实验仪器：Haake MARS40 高温高压模块化流变仪，赛默飞世尔科技公司；奥林巴斯 BX53 显微镜及配套仪器，日本奥林巴斯株式会社公司。

1.2　实验方法

1.2.1　低黏油掺稀降黏实验

开展稠油与低黏油的混合稀释，测量目标油田稠油、掺稀后原油的黏度等流变性参数，稠油与低黏油混合物流变性实验条件和实验方案设计如下：

作者简介：毕培栋(1996—)，男，硕士研究生学历，初级职称，主要从事海上稠油热采技术研究和现场实施工作，现就职于中海石油(中国)有限公司天津分公司渤海石油研究院。E-mail：bipd@cnooc.com.cn

测量温度：50℃、60℃、70℃、80℃；

低黏油：低黏油#1、低黏油#2，黏温性质如表1所示。

表1　低黏油#1与低黏油#2黏温数据

温度/℃	低黏油#1黏度/mPa·s	低黏油#2黏度/mPa·s	温度/℃	低黏油#1黏度/mPa·s	低黏油#2黏度/mPa·s
30	76	963.4	70	7.67	89.75
40	20.79	478.31	80	6.93	60.78
50	12.32	248.62	90	6.45	44.3
60	10.17	139.36	100	4.03	43.92

稠油：目标油田50%含水率乳化稠油。

稀稠比：1∶9、2∶8、3∶7；

经流变仪测定该目标油田乳化稠油与两种不同黏度的低黏油，在不同温度和掺稀比情况下掺稀混合物的黏度。

1.2.2　液阻效应实验

采用具有5个测压点的填砂管和实际地层砂（洗油筛析后配制）填砂后，在50℃下，以0.2mL/min速度注入含水40%稠油，监测各点压力变化，测算填砂管各段稠油表观黏度，测算填砂管中稠油表观黏度与采用流变仪测得的稠油黏度进行对比。

1.2.3　破乳降阻评价实验

实验方法与低黏油掺稀降黏实验类似，在低黏油#1中分别加入不同浓度的常规降黏剂#1和复合降黏剂，降黏剂破乳降阻实验条件和实验方案设计如下：

测量温度：50℃、60℃、70℃、80℃。

低黏油：低黏油#1（50℃黏度为12mPa·s）。

降黏剂：常规降黏剂#1、复合降黏剂。

稠油：目标油田50%含水率乳化稠油。

2　掺稀降黏实验结果分析

如图1所示，为目标井采出油样外观状态，从外观和微观状态来看，油样呈现明显的反相乳化状态，取样黏度4845mPa·s（50℃），含水48%，脱水后原油黏度仅为1214mPa·s（50℃），说明原油乳化后乳液黏度大幅上升，是脱水原油的3倍左右。

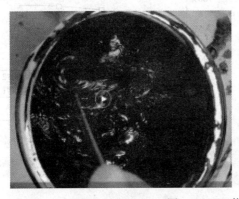

图1　A1H1井采出油样状态

将含水50%的乳化稠油与低黏油#1在不同温度和掺稀比下进行掺稀降黏实验，根据降黏实验表明，60℃稀稠比3∶7时降黏率为98.06%，稀稠比1∶9时掺稀降黏率为90.02%，在不同掺稀比和温度条件下均可取得良好的掺稀降黏效果（表2）。

表 2　稠油与低黏油#1掺稀降黏实验结果

掺后低黏油比例	最终含水	掺稀后黏度/mPa·s				掺稀降黏率			
		50℃	60℃	70℃	80℃	50℃	60℃	70℃	80℃
0%	50%	7698	3895	2234	1309				
10%	45%	1397	768	441	292	81.85%	90.02%	94.27%	96.20%
20%	40%	374	246	172	133	95.14%	96.80%	97.76%	98.27%
30%	35%	221	150	101	88	97.13%	98.06%	98.69%	98.85%

同样将含水50%的乳化稠油与低黏油#2在不同温度和掺稀比下进行掺稀降黏实验，60℃稀稠比3∶7时降黏率为88.95%，稀稠比1∶9时掺稀降黏率为75.66%，由于低黏油#2黏度较高，50℃下原油黏度为248mPa·s，掺稀降黏效果相较低黏油#1较差。

表 3　稠油与低黏油#2掺稀降黏实验结果

掺后低黏油比例	最终含水	掺稀后黏度/mPa·s				掺稀降黏率			
		50℃	60℃	70℃	80℃	50℃	60℃	70℃	80℃
0%	50%	7698	3895	2234	1309				
10%	45%	3488	1874	1106	710	54.69%	75.66%	85.64%	90.77%
20%	40%	2400	1299	778	505	68.82%	83.12%	89.89%	93.44%
30%	35%	1495	850	526	344	80.58%	88.95%	93.17%	95.54%

掺稀降黏实验中，所用低黏油黏度越低，掺稀降黏的效果也更好，向目标油田稠油中加入低黏油#1和低黏油#2，在不同的掺稀比情况下，黏度更低的低黏油#1降黏效果都更好，在现场实践中，建议使用低黏油#1进行高温低黏油复合吞吐解堵作业（图2）。

掺稀降黏实验中，随着实验温度的升高，降黏率也随之升高，如图3所示，在不同的实验温度情况下，掺稀降黏效果与温度呈正相关，对于黏度较高的低黏油#2该效应更为明显。由于低黏油的比热容比水要小得多，在注入过程中，低黏油温度损失较快，为避免地层造成冷伤害，因此有必要加热低黏油，充分发挥热能和掺稀的双重降黏效果，有效解除近井地带堵塞。

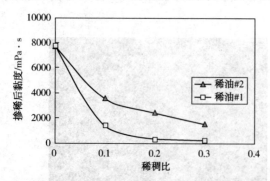

图2　50℃下低黏油#1和低黏油#2掺稀降黏效果对比

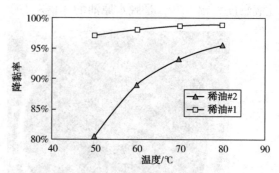

图3　温度对于掺稀降黏率的影响

3　破乳降阻实验结果分析

3.1　液阻效应评价

原油乳化引起地层堵塞的主要原因为原油黏度升高和液阻效应的存在，流变仪测得的原油黏度通常无法充分反映乳化原油在地层中流动的难易程度，因此通过岩心驱替实验模拟乳化稠油在地层中的流动过程，通过达西渗流公式反推乳化稠油的表观黏度，与原油采用流变仪测得的黏度对比，可以量化评估液阻效应对于原油流动的影响。

根据岩心驱替实验结果，含水 40% 稠油岩心驱替实验折算黏度为 10615mPa·s，是流变仪测定黏度（3801mPa·s）的 3 倍左右。预计含水升高时，液阻效应导致的黏度增大倍数会进一步提高。通过显微镜拍照结果统计储层孔喉直径和乳化液大小的匹配程度。统计结果显示，储层孔喉直径 5~20μm，W/O 乳状液中水滴粒径达 10~50μm。反相乳化后，原油在储层孔喉中流动会产生液阻效应，加大流体在地层中流动的难度。

3.2 降黏剂降阻效果

高温低黏油吞吐开采效果与地下低黏油与稠油的接触效率及混合稀释效果直接相关。降黏剂可以改善低黏油和稠油的接触效率和混合效果。在高温低黏油吞吐开采稠油过程中，油藏稠油处于油包水乳化状态。通过在含水低黏油中加入乳化降黏剂或一方面可以降低低黏油黏度、提高低黏油注入速度，同时，可以在低黏油对稠油的稀释降黏作用基础上通过改变地下油水乳化状态进一步降低稠油黏度。

表4　不同降黏剂降黏降阻实验数据

含水率/%	黏度/mPa·s			粒径/μm	
	原油	降黏剂#1	复合降黏剂	降黏剂#1	复合降黏剂
0	1329	33.1	14.6	10.1	7.3
20	1752	55.4	23.0	14.3	7.5
30	2439	149.4	30.7	19.2	8.4
40	4536	285.3	39.6	25.3	10.6
50	7698	843.4	52.1	32.8	12.4
60	17673	1572.8	65.3	40.6	14.7

向低黏油#1中分别添加 1% 浓度的常规降黏剂#1和复合降黏剂，与目标油田乳化稠油进行掺稀实验评价，根据实验结果，原油黏度和液滴粒径都在一定程度上得到降低，相较于常用的降黏剂#1，复合降黏剂在降低原油黏度和减弱液阻效应方面效果更为显著，因此建议开展高温低黏油复合吞吐解堵作业过程伴注复合降黏剂。

如图4所示，通过显微观察分析，加入降黏剂体系后，在室内实验条件下可实现乳状液由大粒径 W/O 转为小粒径 O/W，在降黏基础上达到降阻的目的。从显微观察结果可以得出，在不同含水率情况下，复合降黏剂相较于常规降黏剂#1，形成的 O/W 乳状液黏度更低、液滴尺寸更小，可以显著地减弱液阻效应，提升原油在地层流动性。

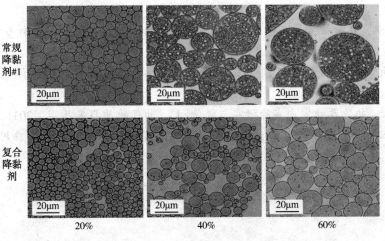

图4　加入降黏剂后液滴形态

加入复合降黏剂后，W/O 乳状液发生破乳，W/O 乳状液中内相水液滴析出，随之发生 O/W 乳化，逐渐转变为分散程度较好的 O/W 乳状液，W/O 液滴半径减小数量减少，O/W 液滴增加，黏度和液阻效应降低。

4 结论

（1）造成原油乳化堵塞问题的关键为原油黏度高和液阻效应强，通过高温低黏油复合吞吐工艺，可以有效降黏降阻，解除乳化堵塞，实现增产增效。

（2）掺入低黏油可以显著降低原油黏度，同时作为油溶性化学剂的载体，有效防止地层再次出现乳化问题，掺稀降黏效果与温度呈正相关，与低黏油黏度呈负相关，建议采用黏度更低的低黏油[#1]实施作业，同时采用加热装置加高温低黏油，进一步提升降黏效果。

（3）低黏油伴注降黏剂可以实现乳状液由大粒径 W/O 转为小粒径 O/W，显著减弱液阻效应，提升原油在地层的流动性。复合降黏剂形成的 O/W 乳状液黏度更低、液滴尺寸更小，建议高温低黏油吞吐解堵作业中伴注复合降黏剂，在降黏基础上达到降阻目的。

参考文献

[1] 杨光璐，李迎环，何慧卓. 特稠油油藏多元热流体吞吐技术研究与应用[J]. 特种油气藏，2020，27(2)：103-107.

[2] 刘义刚，邹剑，张华，等. 稠油热采高效供水系统改进与应用[J]. 科学技术与工程，2019，19(20)：211-214.

[3] 孙江河，范洪富，张付生，等. 提高稠油采收率技术概述[J]. 油田化学，2019，36(2)：366-371.

[4] 孟祥海，张云宝，张德富，等. 稠油乳化降黏剂筛选及其注入参数优选实验——以渤海 LD5-2 油藏为例[J]. 当代化工，2016，45(11)：2612-2614.

[5] 孙娜娜，敬加强，蒋华义，等. 稠油水包油型乳状液表观黏度的影响因素及预测模型[J]. 石油学报(石油加工)，2016，32(5)：987-996.

[6] 满江红，陈雷. 掺稀降黏工艺在塔河油田试油开采中的应用[J]. 石油钻探技术，2002，(4)：65-65.

[7] 赵海洋，王世杰，李柏林. 塔河油田井筒降黏技术分析与评价[J]. 石油钻探技术，2007，35(3)：82-84.

[8] 蒙永立，郭文德，徐明强，等. 新疆油田稠油掺低黏油降黏研究[J]. 新疆石油科技，2004，14(3)：2.

[9] 杨亚东，杨兆中，甘振维，等. 掺稀采油在塔河油田的应用研究[J]. 西南石油学院学报，2006，28(6)：53-55.

[10] 眭芬. 塔河油田缝洞型超深超稠油藏效益开采技术研究[J]. 油气藏评价与开发，2020，10(2)：7.

[11] 周克厚，缪云. 热油吞吐室内实验研究与评价[J]. 油气地质与采收率，2011，18(4)：75-77.

[12] 解来宝，吴玉国，宫克，等. 稠油降黏方法研究现状及发展趋势[J]. 应用化工. 2018，(6)：1291-1295.

河道型稠油油藏早期流压变化规律研究

邓 琪 李 超 刘美佳 付 蓉 吴春新 张言辉

【中海石油(中国)有限公司天津分公司】

摘 要：分析井底流压变化规律是油田开发的一项重要工作，目前方法难以利用早期压力变化速度，来分析对应河道动态渗流边界特征。针对这一问题在分析实际生产井压力变化规律的基础上，采用渗流力学方法，分别推导了直井与水平井的地层压力与压力变化速度分布计算式。研究表明早期天然能量开发阶段，定产量生产时井底流压呈线性规律下降，且河道越窄，对应下降速度越大。实例应用表明本文方法简单可靠，可用于准确分析河道砂油藏早期井底流压变化规律，并快速分析动态渗流边界特征。

关键词：河道砂；直井；水平井；压力变化速度；地层压力分布

海上油田开发通常优先实施油井、随后实施注水井，导致早期阶段往往依靠天然能量定产量生产。此时井底流压曲线常表现出不同的变化特征(图1)。研究不同流压变化特征，对于正确认识油藏具有十分重要的意义[1-11]。张玄奇等[12]利用密度迭代法计算气井的井底流压。罗志锋等[13]基于质量守恒、动量守恒、能量守恒原理研究了异常高压、特高产气井井底流压计算方法。赵金等[14]同样基于质量与能量守恒定律建立了煤层气井底流压数学模型。杨红斌等[15]利用渗流力学方法得到了考虑应力敏感对储层造成伤害情况下，采油指数和生产压差之间的关系模型。以上研究均未提出利用早期流压数据计算河道动态渗流边界的方法。

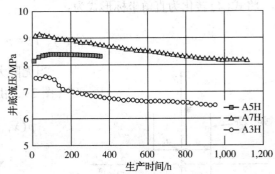

图1 开发初期不同井底流压变化图

本文从不稳定渗流的数学模型出发，分析了井底流压变化的影响因素，与压力变化速度计算式，并以此为基础得到了基于流压数据河道动态渗流边界计算方法。

1 直井压力变化规律

由不稳定渗流力学可知，无限大地层中直井生产的平面径向流数学模型为：

$$
\begin{cases}
\dfrac{1}{r}\dfrac{\partial}{\partial r}\left(\dfrac{\partial p}{\partial r}\right)=\dfrac{1}{\eta_1}\dfrac{\partial p}{\partial t} \\[2mm]
p\big|_{r\to\infty}=p_i \\[2mm]
\lim\limits_{r\to 0}\left(\dfrac{1}{r}\dfrac{\partial p}{\partial r}\right)=\dfrac{q\mu}{2\pi K_1 h} \\[2mm]
p\big|_{t=0}=p_i
\end{cases}
\tag{1}
$$

作者简介：邓琪，就职于中海石油(中国)有限公司天津分公司渤海石油研究院，高级工程师。E-mail：dengqi@cnooc.com.cn

导压系数计算式:

$$\eta = \frac{K_1}{\phi\mu C t} \tag{2}$$

式中 P_i ——原始地层压力, MPa;

　　t ——生产时间, ks;

　　h ——储层厚度, m;

　　r ——径向距离, m;

　　q ——产量, m^3/ks;

　　K_1 ——储层渗透率, μm^2;

　　ϕ ——孔隙度, f;

　　μ ——地层流体黏度, $mPa\cdot s$;

　　C_t ——综合压缩系数, MPa^{-1}。

由式(2)可得不稳定渗流的压力解为:

$$p(r,\ t) = p_i - \frac{q\mu}{4\pi K_1 h} Ei\left(\frac{r^2}{4\eta_1 t}\right) \tag{3}$$

由文献[3]可知, 式(3)可近似表达为:

$$p(r,\ t) = p_i - \frac{q\mu}{4\pi K_1 h}\ln\frac{4\eta_1 t}{\gamma r^2} \tag{4}$$

式中 γ ——常数 1.781。

将式(4)转化为直角坐标形式为:

$$p(x,\ y,\ t) = p_i - \frac{q\mu}{4\pi Kh}\ln\frac{4\eta_1 t}{\gamma(x^2 + y^2)} \tag{5}$$

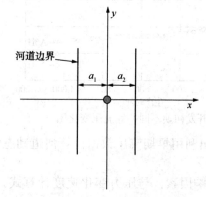

图2 河道型油藏直井开发示意图

当无限大地层, 变为河道油藏时, 对于河道中间一口定向井生产(图2), 由势的叠加原理可知, 此时地层不稳定压力解为:

$$p(x,\ y,\ t) = p_i - \frac{q\mu}{4\pi Kh}\left\{\sum_{i=1}^{\infty}\ln\frac{4\eta_1 t}{\gamma[x^2 + (y - ia_1)^2]} + \right.$$

$$\left.\sum_{i=1}^{\infty}\ln\frac{4\eta_1 t}{\gamma[x^2 + (y + ia_2)^2]} + \ln\frac{4\eta_1 t}{\gamma(x^2 + y^2)}\right\} \tag{6}$$

分别利用式(5)、式(6)得到无限大与河道型油藏早期压力降落曲线, 如图3所示。

由图3可以看出, 在产量一定的情况下, 随着生产的进行, 无限大与河道型油藏在井底流压上均出现近似直线段特征, 且河道越窄斜率越大, 对应的压力降落速度越大。

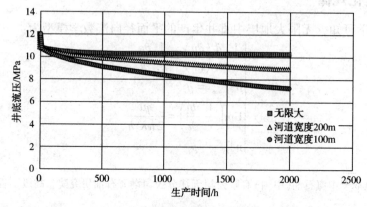

图3 无限大与窄河道油藏早期压力降落曲线对比图

利用式(6)对时间进行求导，得到河道型油藏不同平面位置下的压力变化速度计算公式为：

$$p(x, y, t)' = -\frac{q\mu}{4\pi Kh} \frac{d\left\{\sum\limits_{i=1}^{\infty} \ln \frac{4\eta_1 t}{\gamma[x^2 + (y - ia_1)^2]} + \sum\limits_{i=1}^{\infty} \ln \frac{4\eta_1 t}{\gamma[x^2 + (y + ia_2)^2]} + \ln \frac{4\eta_1 t}{\gamma(x^2 + y^2)}\right\}}{dt}$$

(7)

由式(7)可以看出，压力变化速度影响因素主要为产量、流度系数、河道形状与井所处的平面位置。利用式(7)进一步得到不同河道宽度下的压力降落速度，如图4所示。

由图4可以看出，流压降落速度与河道宽度存在乘幂关系，河道越宽对应的压力降落速度越大；特别地，当河道宽度为100m时对应的压力降落速度为0.03MPa/d，投产一个月流压下降约0.9MPa，因此对于地饱压差较小的河道型油藏，应提前安排好合理的注水井实施时间，以及时补充地层能量。

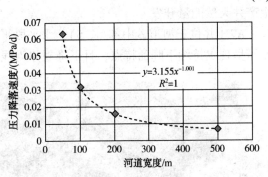

图4　不同河道宽度的压降速度图

2　水平井压力变化规律

当河道油藏采用水平井开发时，可利用保角变换将水平井转化为直井，由渗流力学可知，水平井儒可夫斯基变换公式为：

$$z = x + iy \tag{8}$$

$$\xi = u + iv = r_\xi e^{i\theta} \tag{9}$$

$$\frac{z}{L/2} = \frac{1}{2}\left(\xi + \frac{1}{\xi}\right) \tag{10}$$

$$\frac{x}{L/2} = \frac{1}{2}\left(r_\xi + \frac{1}{r_\xi}\right)\cos\theta \tag{11}$$

$$\frac{y}{L/2} = \frac{1}{2}\left(r_\xi + \frac{1}{r_\xi}\right)\sin\theta \tag{12}$$

$$r_\xi = \sqrt{u^2 + v^2} \tag{13}$$

$$\cos\theta = \frac{u}{\sqrt{u^2 + v^2}} \tag{14}$$

$$\sin\theta = \frac{v}{\sqrt{u^2 + v^2}} \tag{15}$$

以此为基础利用式(5)、式(6)得到水平井开发河道宽度下的平面压力与压力变化速度计算公式为：

$$p(u, v, t) = p_i - \frac{q\mu}{4\pi Kh}\left\{\sum\limits_{i=1}^{\infty} \ln \frac{4\eta_1 t}{\gamma[u^2 + (v - ia_1)^2]} + \sum\limits_{i=1}^{\infty} \ln \frac{4\eta_1 t}{\gamma[u^2 + (v + ia_2)^2]} + \ln \frac{4\eta_1 t}{\gamma(u^2 + v^2)}\right\}$$

(16)

$$p(x, y, t)' = -\frac{q\mu}{4\pi Kh}\frac{d\left\{\sum\limits_{i=1}^{\infty} \ln \frac{4\eta_1 t}{\gamma[u^2 + (v - ia_1)^2]} + \sum\limits_{i=1}^{\infty} \ln \frac{4\eta_1 t}{\gamma[u^2 + (v + ia_2)^2]} + \ln \frac{4\eta_1 t}{\gamma(u^2 + v^2)}\right\}}{dt}$$

(17)

此外还可利用微元法，将水平段等效为若干直井利用势的叠加原理得到对应的压力与压力变化速度计算公式。计算结果同样表明压力变化速度与河道宽度存在良好的乘幂关系。因此可利用生产井早期井底流压曲线，分析对应的动态渗流边界。

3　实例应用

以渤海 KL 油田为例，该油田为典型的河流相储层，以曲流河与河道沉积为主，储层渗透率 2100mD，地层厚度 6~12m，地层原油黏度 105mPa·s，采用水平井与定向井联合开发。投产初期采用生产井天然能量开发。

A7H 井位于河道砂中部(图5)，水平段平行河道分布，该井投产后采用定产量生产，投产后井底流压呈现出持续下降的特点，且下降规律为线性变化(图6)。

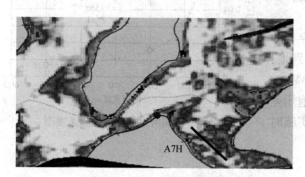

图 5　KL 油田 A7H 井位图

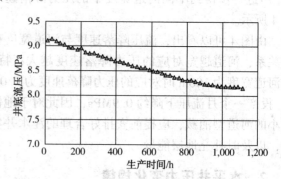

图 6　A7H 井投产后井底流压变化曲线

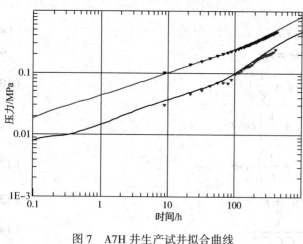

图 7　A7H 井生产试井拟合曲线

由本文研究可知，该压力变化为典型河道砂特征，由实际数据得到该井目前井底流压下降速度为 0.02MPa/d，利用本文方法计算得到对应的动态渗流河道边界为 260m。

为了验证本文方法的可靠性，将该井实际生产数据，利用生产试井技术，得到对应的双对数曲线如图 7 所示。由图 7 可知，A7H 目前生产 1115h 内表现出明显的线性流特征，拟合得到对应的动态渗流边界为 230m，与本文方法计算结果相当，表明该方法可用于河道砂油藏的动态渗流边界计算。

4　结论

(1) 针对河道型砂体的实际情况，利用渗流力学方法分别推导了直井与水平井的地层压力与压力变化速度分布计算式。

(2) 研究表明早期天然能量开发阶段，定产量生产时井底流压呈线性下降，且河道越窄，对应下降速度越大。

(3) 实例应用表明本文方法简单可靠，可用于河道砂油藏的动态渗流边界快速计算。

参考文献

[1] 詹泽东，邓伟飞，严焕榕，等. 致密气藏边界流晚期定流压产量递减模型研究[J]. 西南石油大学学报(自然科学版)，2022，44(03)：85-92.

[2] 吕雯静，孙正龙，刘博文，等. 吉木萨尔油页岩限流压裂孔眼摩阻优化方法[J]. 西安石油大学学报(自然科学版)，2022，37(03)：49-57.

[3] 冯汝勇，柳迎红，廖夏，等. 基于井底流压的煤储层含气量计算方法研究[J]. 煤炭科学技术，

2020, 48(S1): 105-108.

[4] 林加恩, 何辉, 魏云, 等. 考虑吸附效应的非达西流压裂水平井试井分析[J]. 科学技术与工程, 2019, 19(23): 84-91.

[5] 周丛丛, 崔长玉, 郭松林. 聚合物驱生产井流压特征规律分析及影响因素研究[J]. 特种油气藏, 2019, 26(05): 112-117.

[6] 王志荣, 杨杰, 陈玲霞, 等. 非线性井底流压条件下煤层气试验井产能预测模型及应用[J]. 河南理工大学学报(自然科学版), 2019, 38(04): 39-48.

[7] 彭本虎, 张雷, 唐志昊. 一种煤层气井稳定产气量及稳产流压的确定方法[J]. 天然气工业, 2018, 38(S1): 94-97.

[8] 张建光, 李湘萍, 王传睿, 等. 页岩气藏水力压裂中应力-流压耦合效应及人工裂缝扩展规律[J]. 中国石油大学学报(自然科学版), 2018, 42(06): 96-105.

[9] 胡秋嘉, 贾慧敏, 祁空军, 等. 高煤阶煤层气井单相流段流压精细控制方法——以沁水盆地樊庄—郑庄区块为例[J]. 天然气工业, 2018, 38(09): 76-81.

[10] 金永进, 林伯韬, 王如燕, 等. 注 N_2 井井筒温度压力耦合下的井底流压计算[J]. 石油钻采工艺, 2018, 40(04): 489-493.

[11] 卢文涛, 李继庆, 郑爱维, 等. 涪陵页岩气田定产生产分段压裂水平井井底流压预测方法[J]. 天然气地球科学, 2018, 29(03): 437-442.

[12] 张玄奇, 陈薇, 李剑鹏. 利用密度迭代法计算气井的井底流压[J]. 西安石油大学学报(自然科学版), 2014, 29(01): 56-59.

[13] 罗志锋, 王怒涛, 黄炳光, 等. 异常高压、特高产气井井底流压计算方法研究[J]. 石油钻采工艺, 2013, 35(03): 59-62.

[14] 赵金, 张遂安. 煤层气井底流压生产动态研究[J]. 煤田地质与勘探, 2013, 41(02): 21-24+28.

[15] 杨红斌, 王志城, 谢新秋, 等. 应力敏感条件下合理井底流压的判定研究[J]. 科学技术与工程, 2012, 12(07): 1492-1495.

边底水普通稠油油藏活性气溶胶提高采收率技术研究与应用

于红军　毛振强　刘高文　于　梅　韩春梅

摘　要： 普通稠油油藏油水黏度差异大、流度比高[1]，投产后边底水突进速度快，导致油井高含水，同时，高含水后热采利用率低，效果与效益变差。目前常规化学堵调和降黏技术应用较为普遍[2]，但效果不够明显。将活性剂雾化后，液体粒径能达到 $0.002 \sim 100 \mu m$，能够很好地进入储层，一方面氮气与起泡剂相互作用在地层形成泡沫，起到暂堵调剖和洗油的作用；另一方面，降黏气溶胶比表面积大，进入微孔喉后与原油接触充分，实现高效降黏。通过矿场应用，多段塞、多类型活性气溶胶注入后，生产井能量回升，液量上升，含水下降，产油量增加，说明该技术能够很好地起到增能、调剖、洗油和降黏的作用。

关键词： 高青油田；活性气溶胶；边底水稠油；驱替；提高采收率

1　前言

目前，国内外边底水普通稠油油藏普遍采用天然能量开发和注蒸汽热采。开发过程中，边底水突进速度快，导致油井高含水，产量大幅下降，同时也会导致热采效率大幅降低，另外，在多轮次蒸汽吞吐后，近井地带含油饱和度下降，也会导致含水上升和热利用率降低，蒸汽热采效果变差，稠油油藏采收率低。

为了有效挖潜井间剩余油，从根本上提高稠油油藏动用程度和采出程度，我们提出活性气溶胶提高采收率技术，将不同化学药剂制备成气溶胶的方式，注入地层。

本文设计室内实验进行起泡剂和降黏剂的筛选，制备不同类型气溶胶并进行人造岩心驱替实验，在此基础上开展数值模拟研究，优化各项注入参数，进行了现场试验，取得了较好的增产效果。

2　技术思路与基本原理

所谓活性气溶胶是利用特殊制备工具，将降黏剂、起泡剂和驱油剂等活性药剂均匀地分散在气体中形成相对稳定的悬浮体系。雾化后，活性药剂液体空气动力学直径可达到 $0.002 \sim 100 \mu m$。从流体力学角度，活性气溶胶实质上是气态为连续相，液态为分散相的极其稳定的多相流体[5]。在实际应用过程中，搭配不同类型的化学剂复合应用[3]。

首先用将起泡剂制备成封堵气溶胶，注入地层后，在高渗透高含水饱和度带，活性气溶胶气液相互作用形成泡沫，对大孔道进行有效封堵，使得后续注剂更好地进入到低渗透、高含油饱和度带，提高波及[1]；之后将降黏剂制备成降黏气溶胶，注入地层，由于微粒直径小，加之有气体携带，因此制成气溶胶后，化学药剂能够更好地被送入微孔喉，且气溶胶比表面积大，能够剧烈地与原油作用，降低原油黏度、改善原油流动性；目前主要使用氮气作为载体制备气溶胶，大量的氮气进入地层后，能够有效提高地层能量。

3 室内实验研究

3.1 主要实验仪器

DF-101D 磁力加热搅拌器；温度计；秒表；烧杯；滴定管；支架；NDJ-1F 布氏黏度计；HH-6 数显恒温水浴锅；3D 填砂管模型；气溶胶制备装置；产出液收集装置；烘箱；恒温水浴；微量泵；模型夹持器；回压阀；计算机。

3.2 活性剂筛选

3.2.1 原料

原油和地层水：均为高青油田产出油和水，50℃ 地面原油密度 0.9934g/cm³，地面原油黏度 2968cP，地层水为 $CaCl_2$ 水型，矿化度 23000mg/L。

活性剂：因此本次初步选取 3 种起泡剂（分别为 LWF-1、LWF-2、LWF-3）和 3 种水溶性降黏剂（分别为 VRW-1、VRW-2、VRW-3），进行室内筛选实验。

3.2.2 起泡剂筛选方法

（1）选取 3 种起泡剂并设定一定的浓度（0.5%），与油田产出水配置药剂溶液，测试起泡体积和半衰期，观察药剂溶液与地层水的配伍性[3]。

（2）利用筛选出的性能最好的起泡剂按照不同浓度配制药剂溶液，测试不同浓度下的发泡能力。

3.2.3 起泡剂筛选结果

通过对比评价 0.5% 浓度下不同活性剂的发泡情况，LWF-1 与 LWF-2 与地层水配伍性好，且 LWF-2 发泡性能最佳，同时洗油性能好，因此选取 LWF-2 进行现场应用。筛选结果见表 1。

表 1 起泡剂筛选结果

药剂编号	发泡体积/mL	半衰期/s	洗油效率/%	溶液颜色
LWF-1	490	195	54%	透明
LWF-2	550	253	51%	透明
LWF-3	520	226	42%	半透明

3.2.4 起泡剂浓度

通过评价不同浓度下发泡能力（表 2），选取 0.5% 浓度的该类活性剂进行现场应用。

表 2 LWF-2 质量百分比对起泡能力的影响

序号	浓度/%	发泡体积/mL	半衰期/s
1	0.1	455	141
2	0.3	512	247
3	0.5	550	253
4	1	541	231
5	1.5	555	249

3.2.5 降黏剂筛选方法[6]

用高 63 块产出水分别配制三种降黏剂 1% 样品水溶液，放入 50℃ 的恒温水浴中，恒温静止 1h，在恒温的条件下搅拌 2min，在 20s 内迅速用旋转黏度计测定制备的稠油乳液，测得 50℃ 时的黏度，并计算降黏率。

3.2.6 降黏剂筛选结果

通过对比评价 1% 浓度下不同降黏剂的降黏情况，三种降黏剂与原油混合搅拌后，油滴均匀分散在水中，未见透明水层 VRW-1 降黏率最高，降黏效果最好，因此选取 VRW-1 进行现场应用。筛选结果见表 3。

表3 水溶性降黏剂筛选结果

药剂编号	浓度	不搅拌黏度/cP	降黏率/%	乳液黏度/cP	降黏率/%
VRW-1	1%	439.3	85.2	152	94.9
VRW-2	1%	644.1	78.3	193	93.5
VRW-3	1%	724.2	75.6	212	92.9

3.2.7 降黏剂浓度

通过评价 VRW-1 不同浓度下降黏率(表4),当浓度超过 1% 时,降黏率变化不大,因此,选取 1% 浓度的降黏剂进行现场应用。

表4 VRW-1 质量百分比对降黏率的影响

序号	浓度/%	乳液黏度/cP	降黏率/%
1	0.5	252	91.5
2	1	155	94.8
3	1.5	152	94.9
4	2	147	95.0

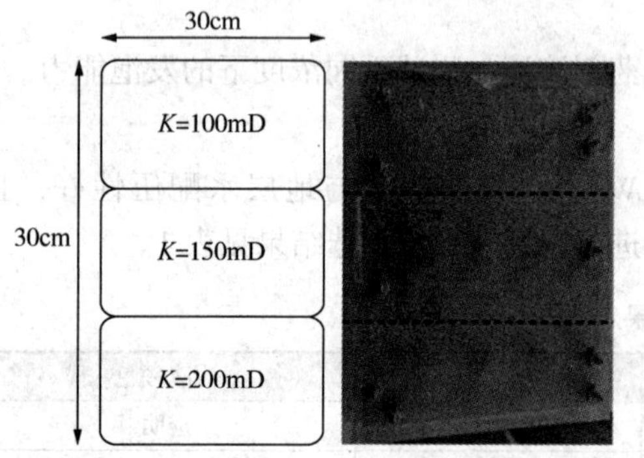

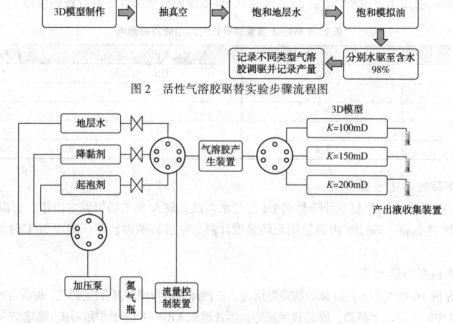

图1 不同渗透率下的三维岩心模型

3.3 岩心驱替实验

3.3.1 实验目的

通过活性气溶胶驱替,验证活性气溶胶驱替对边底水普通稠油油藏提高采收率情况。

3.3.2 实验方法与步骤[4]

根据高青油田高63块储层渗透率分布特征制作了三个三维人造岩心模型来研究储层非均质性对活性气溶胶增产效果的影响。人造岩心的宽度和长度均为30cm,厚度为3cm,如图1所示。三层的渗透率分别为100mD、150mD、200mD,三层是相互分开的,流体不在层间交换。

实验步骤与实验装置流程见图2和图3,设计封堵气溶胶和降黏气溶胶段塞各4个,共计8个段塞,交替注入。

图2 活性气溶胶驱替实验步骤流程图

图3 活性气溶胶驱替实验装置流程图

3.3.3　实验结论

（1）不同渗透率岩心采收率均有较大幅度提高，渗透率越低，岩心采收率提高幅度越高，说明高含水后，低渗岩心中剩余油富集，封堵气溶胶段塞有效改善驱替剖面；

（2）三种不同渗透率岩心含水均有较大幅度下降，说明一方面封堵气溶胶起到了封堵大孔道的作用，另一方面降黏气溶胶改善了原油流动性，提高了油相渗透率；

（3）以上两点说明，气溶胶交替驱能够有效改善稠油油藏驱替剖面，提高洗油效率（图4、图5）。

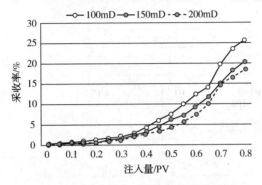

图4　不同渗透率下采收率变化情况

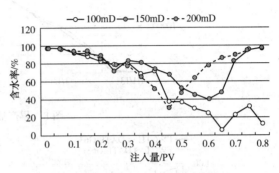

图5　不同渗透率下含水率变化情况

4　数值模拟

4.1　地质建模

地质模型边界以高63-平1井组范围：南部以剥蚀线为边界，东、西部以断层为边界，北部外扩至油水边界外。模型范围内包括总井数5口；模型平面网格步长25m×25m，由于模型范围内东营组顶部被剥蚀，储层建模以馆陶组底面（剥蚀面）为模型顶面。地质模型总网格数42×28×30＝35280个（图6、图7）。

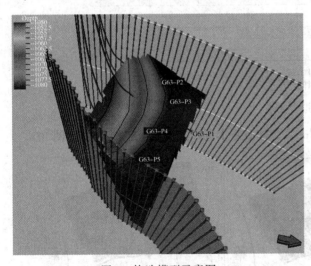

图6　构造模型示意图

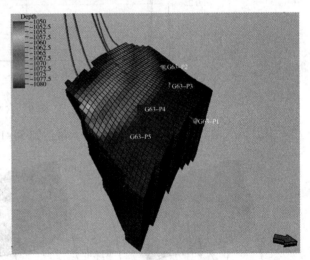

图7　网格模型示意图

4.2　数值模拟

4.2.1　历史拟合

从历史拟合情况看，井组综合含水上升趋势基本一致，末期含水基本一致；模型计算累产油与实际累产油相对误差<－3%。模型精度可满足下步措施效果预测（图8、图9）。

4.2.2　方案预测

高63-平1井注入气溶胶（气1200m³/h及液4m³/h），模型范围内其他油井正常生产；分别预测对比：无措施方案和注入量分别为10m³、20m³、30m³、40m³、50m³、60×10⁴m³等方案的1年开发指标。

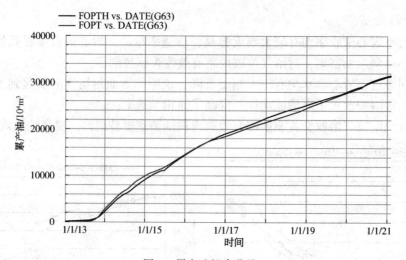

图 8 累产油拟合曲线

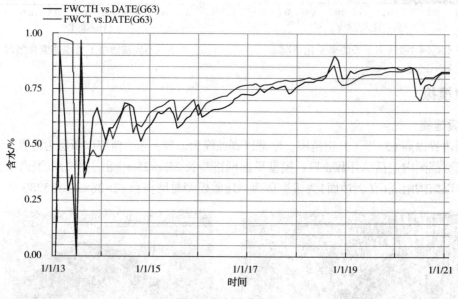

图 9 含水拟合曲线

从注入气溶胶波及范围预测看，注入量达到 $50 \times 10^4 \text{m}^3$，气溶胶基本可以波及到全部对应油井(图 10)。

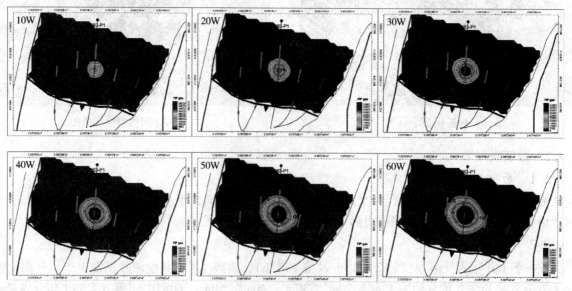

图 10 不同注入量下气体波及范围对比示意图

从井组指标预测曲线看，从井组指标预测曲线看，注气溶胶量越多累产油量越高(图11)。

从累增油量看，注入量越多累增产油量越多；从换油率(每10^4m^3气溶胶的增油量)看，注入量$50×10^4m^3$时达到峰值，之后开始下降，经济性逐渐变差。综合各个参数预测结果，推荐总注入量$(50～60)×10^4m^3$左右，井组预计增油773～892t(图12)。

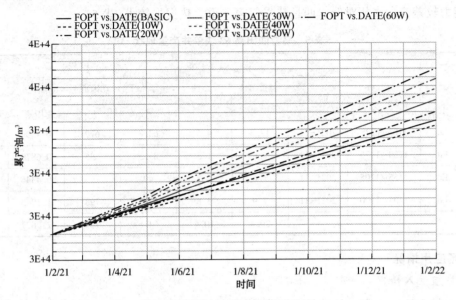

图11 不同方案累产油预测曲线

5 矿场应用效果评价

5.1 区块概况

5.1.1 地质概况

高青油田高63块位于高青油田北部。该区东营组地层北倾，走向近东西向，地层倾角10°～26°，被两条北东走向的断层切割而形成断阶带。油层分布受地层剥蚀线和油水边界双重控制，南北较薄，中部较厚，平均厚度约15m。地面原油相对密度0.9934，黏度2968mP·s。东营组油藏类型为

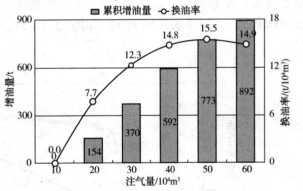

图12 方案预测结果对比示意图

高孔、中低渗、地层不整合底水稠油油藏。区块动用面积0.3km²、动用储量54×10⁴t(图13、图14)。

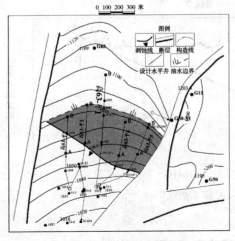

图13 高63块构造井位图

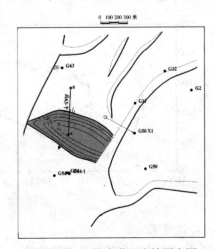

图14 高63块东营组有效厚度图

5.1.2 开发存在问题

区块油井 5 口,目前产量均较低,且累产少,采出程仅 11.2%:一是原油性质差、黏度高,导致原油在储层、井筒处均流动困难;二是井段位于低部位的油井受边底水水侵和油水流度比差异大的双重影响含水高;三是弹性开发地层亏空较大,部分油井后期补孔井段位于构造高部位,受边底水的影响小,排液能力较差,含水相对低。四是热采气窜严重,热损失较大(表 5)。

表 5 高青油田高 63 块单井产量现状

| 井号 | 层位 | 井段/m | 目前产量 | | | | | 累产 | |
			时间	日产液/(t/d)	日产油/(t/d)	含水/%	动液面/m	油/10^4t	水/10^4m³
高 63-平 2	Ed	1105~1125	2021-11	12.3	4.5	63.8	679	0.4509	1.4177
高 63-平 3	Ed	1130~1175	2021-11	7.6	1.3	83.5	685	0.6879	1.6156
高 63-平 4	Ed	1155~1205	2021-11	1.6	0.8	49	793	0.4346	0.4583
高 63-平 5	Ed	1405~1490	2021-11	7.9	3.8	51.6	798	1.1943	0.7687
合计				29.4	10.4	64.6	739	2.7677	4.2603

5.2 矿场应用情况

5.2.1 井组注入情况

2021 年 11 月 6 日—12 月 1 日进行注气溶胶施工,最终实际累注氮气 50.4×10⁴m³,注液 2239m³,防膨剂 4t,发泡剂 7t,降黏剂 24t。施工过程中注入压力较平稳,平均注气压力 18.5MPa(10.77~21.97MPa),平均注水泵压力 17.7MPa(2.1~21.32MPa),注入过程中最高注入压力 21.97MPa(图 15)。

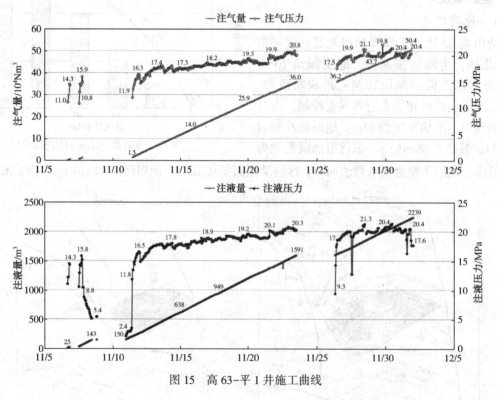

图 15 高 63-平 1 井施工曲线

5.2.2 实施效果

施工过程中对应油井先后被气溶胶波及,受效顺序为高 63-平 4、高 63-3 平、高 63-平 2、高 63-

平5。从生产情况来看，部分油井含水下降，说明注入能量超覆作用起到积极效果，其次增能效果明显，低产低液井液量明显增加，井组日产液由29.4t上升到37t，上升7.6t，日产油由10.4t上升到14.2t，上升3.8t，含水由64.6%下降到61.6%，下降3%，动液面由739m上升到662m，上升77m。该井组的实施，使该块由单井吞吐向复合技术手段驱替补能的开发方式转变有积极探索意义。

6 结论与认识

（1）从药剂筛选结果来看，用该区块目的层产出水配制0.5%浓度的起泡剂发泡效果较好，1%浓度的水溶性降黏剂综合降黏效率最高。

（2）从室内驱替实验结果来看，该类油藏高含水后，两种不同类型的气溶胶交替注入后能够大幅提高采收率和降低含水，说明封堵气溶胶起到了很好的调剖封堵作用，降黏气溶胶能够很好地降低原油黏度，改善原油流动性。

（3）数值模拟结果显示，随着注入量的增加，增油量增加，但是存在拐点，说明注入量过大容易造成气窜。

（4）现场应用来看，注入后液面上升，含水下降，说明活性气溶胶能够有效增加地层能量和改善波及，动用了注水开发未动用或者动用较差的储层。

参考文献

[1] Ronald E. Terry, J. Brandon Rogers. Applied petroleum reservoir engineering[M]. ISBN-13：978-0-13-315558-7，ISBN-10：0-13-315558-7. 2014-01：227-266.

[2] 梁金慧. 我国油田化学堵水调培剂研究进展[J]. 中国石油和化工标准与质量，2020，40(14)：150-151.

[3] 郑继龙，宋志学，陈平，等. SZ36-1油田氮气泡沫驱油体系的筛选及性能评价[J]. 精细石油化工进展，2013，14(04)：34-37.

[4] 左光远，曲本权，赵希春，等. 泡沫驱替模拟实验装置的研制[J]. 石油仪器，2010，24(06)：24-25+28+100.

[5] Estrela Raissa；Swain Mark R. ；Roudier Gael M. Detection of Aerosols at Microbar Pressures in an Exoplanet Atmosphere[J]. The Astronomical JournalVolume 162，Issue 3. 2021.

[6] 熊钰，冷傲燃，等. 稠油冷采降黏剂分散机理与驱替实验评价[J]. 新疆石油地质，2021，42(01).

海上稠油规模化热采技术创新与实践

苏彦春[1,2]　杨仁锋[1,2]　张利军[1,2]　谢昊君[1,2]　王泰超[1,2]

【1. 海洋石油高效开发国家重点实验室；2. 中海油研究总院有限责任公司】

摘　要： 海上非常规稠油储量巨大，但受制于高额的开发投资、海洋平台环境、安全环保要求等问题，其单井产量经济界限是陆地油田 10 倍以上，导致海上稠油热采储量动用比例较低。为了提高稠油储量动用率，以提高单井累产油量为出发点，开展了海上稠油特色热采理论与技术攻关：建立了海上稠油热采开发条件下多场耦合特色技术理论，并根据该理论形成热采关键参数预测方法；基于提高地层热利用率理论，行业内首创大井距蒸汽吞吐高速高效注采模式，大幅度提高单井累产油量的同时，加速了海上平台、钻采新工艺、新技术研发，实现了海上稠油热采"安全、经济、有效"开发。研究成果助力世界范围内首个海上规模化热采油田实现高效开发，油田投产以来，单井产能以及周期产量达到设计预期，开发效果明显优于陆地相似油田。

关键词： 海上稠油油藏；大井距热采；开发理论；高速高效开发；规模化热采

0　引言

海上稠油储量资源巨大，其中稠油储量超半数，但热采动用储量较低[1-5]。其中，黏度大于 350mPa·s 的探明储量占到总探明地质储量的一半以上[6-8]，根据开发经验，热采仍是动用该部分类型稠油的最有效手段，也是支撑海上稠油上产、稳产的重要基础。

在陆地油田数十年的稠油热采开发过程中，形成了蒸汽吞吐、蒸汽驱、SAGD 以及火驱等成熟的热采技术体系。借鉴陆地油田经验，海上也在逐步开展稠油热采先导试验。从 2010 年开始，先后在渤海两个油田开展了多元热流体吞吐和蒸汽吞吐先导试验，取得了较好的增油效果，实现了海上稠油安全热采，证明了海上稠油热采开发的可行性。但先导试验都是基于老平台，热采井数少、工艺流程简单、注汽效果较为一般，远不能满足海上稠油规模化热采需求[9-12]。海上稠油规模化热采不同于陆地油田，其开发投资、钻完井费用、操作费用是陆地油田的 10 倍以上，高额的开发投资带来了极高的经济累产油界限。根据计算，规模化热采单井累产油量经济界限不低于 $10 \times 10^4 m^3$，是陆地油田的 10~20 倍。因此，如何突破经济界限壁垒，提高单井累产油量，探索适合于海上稠油热采的开发模式，是实现规模化热采实施的基础。

1　考虑海上大井距热采开发特点的多场耦合理论

精确地表征热采过程中温度场、渗流场及压力场是开发方案设计的基础。目前，已报道的蒸汽吞吐产能计算模型分为等温模型和非等温模型两类。其中，Boberg-Lantz 产能模型为经典等温模型，其加热区半径计算采用 Marx-Langenheim 方法，该方法假设蒸汽注入地层后，油藏分为加热区和未加热区两部分，且加热区为等温区，其温度为井底处蒸汽温度；李春兰等首次提出地层温度的非等温分布模型，推导了蒸汽吞吐焖井后加热区半径计算公式和初期产量计算公式，该模型考虑加热区温度沿径向线性递减；何聪鸽等引入热水区前沿温度，建立了地层温度非等温分布模型，假设加热区由蒸汽区和热水区组成，蒸汽区温度为井底处蒸汽温度，而热水区温度由井底处蒸汽温度线性递减至初始油藏温度[13-15]。

近年来，蒸汽吞吐温场扩展模型已由"两区"细化为"三区"（图1），但对热液区温场分布的刻画采用线性下降方法简单处理［图2（b）］，也未考虑蒸汽超覆的影响。因此，需对热液区实际真实的温场分布和蒸汽超覆现象定量化表征。为了更准确地评价稠油油藏蒸汽吞吐产能，需要建立考虑热液区非线性温度分布和蒸汽超覆的产能模型。该模型的建立主要存在两方面难点：①确定热液区温场真实分布函数，精确定量表征温场扩展变化；②表征实际蒸汽超覆现象，进而精确表征加热半径变化。

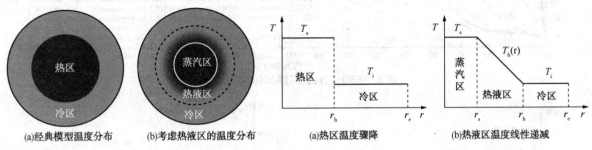

| (a)经典模型温度分布 | (b)考虑热液区的温度分布 | (a)热区温度骤降 | (b)热液区温度线性递减 |

图1 不同温场表征方法模型 　　　　图2 不同热液区表征方法示意图

1.1 热液区温场非线性分布定量表征模型

基于一维管式驱替实验，建立同尺度数值模型，在实验结果拟合基础上，建立油藏尺度驱替模型，表征热液区前缘温度变化规律，归一化处理获得热液区温场分布的非线性指数函数，为精确表征温场扩展分布奠定理论基础。对于稠油油藏热力开采过程中吞吐井的产能评价而言，准确表征油藏温度非常关键。为此，采用了基于实验室尺度的填砂管模型数值反演的手段（图3），进行了蒸汽前缘温度的分布规律研究。

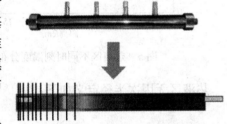

图3 填砂模型及实验室尺度的数值模拟模型

室内填砂管模型尺寸 60cm×Φ3.8cm，孔隙度28%，渗透率2.5D，原始含油饱和度82%，50℃下原油黏度1341mPa·s，蒸汽注入速率3mL/min，蒸汽温度250℃，干度0.8，回压1MPa。实验以J2油田静态参数为例（表1）。

表1　J2稠油地质油藏参数表

参数	数值	参数	数值
油层厚度/m	40(7.5×3+10+7.5)	井底流压/MPa	6
孔隙度	0.28	油藏温度/℃	40
渗透率/mD	1200	束缚水饱和度	0.33
油藏压力/MPa	10	原油黏度(@50℃)/(mPa·s)	320

在填砂实验结果拟合的基础上，修改模型孔渗及流体物性等参数，利用上述拟合后的填砂模型，建立蒸汽驱模拟模型，表征汽驱的前缘温度变化规律，如图4所示。

基于上述温度分布模拟结果，可以得到蒸汽驱方式下的热液区温度分布（图5），进一步可得相应的热液区半径 r_{hl}。

在热液区温度分布的基础上，分别对热液区半径和热液区温度无因次化处理，进而得到归一化的热液区温度分布，实验数据的拟合结果显示热液区无因次温度和无因次半径符合指数函数分布，如图6所示。

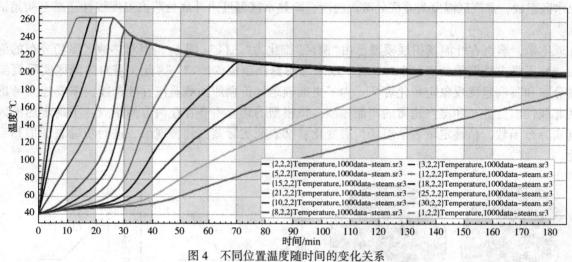

图 4 不同位置温度随时间的变化关系

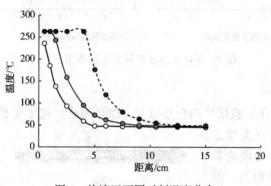

图 5 热液区不同时刻温度分布

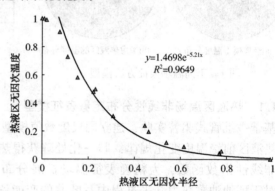

图 6 热液区无因次温度分布

热液区无因次半径定义如下：

$$r_D = \frac{r_i}{r_{hl}}$$

（1）

式中 r_i——至井筒的距离，m；

r_{hl}——热液区半径，m。

热液区无因次温度定义如下：

$$T_D = \frac{T_{ri} - T_i}{T_s - T_i}$$

（2）

式中 T_{ri}——距井口 r_i 位置处温度，℃；

T_s——蒸汽温度，℃；

T_i——原始油藏温度，℃。

由实验数据拟合结果，热液区无因次温度和无因次半径满足如下关系：

$$T_D = 1.4698e^{-5.21r_D}$$

（3）

1.2 考虑蒸汽超覆现象的定量表征数学模型

针对蒸汽超覆现象，考虑蒸汽和凝结物的重力分离效应，表征汽液在油层剖面上产生流速差异现象，气液界面呈"倒台状"，引入蒸汽超覆形状系数，表征注汽开发过程中油层超覆程度的强弱。

考虑到蒸汽超覆的影响，赖令彬等、田亚鹏等假设蒸汽区为以吞吐井为中心的倒立的圆台体（图7）；基于该假设条件对 Marx - Langenheim 方法进行了推广[16]，获得了等效加热半径。

在求解蒸汽区加热半径的过程中，引入了两个中间变量：蒸汽超覆形状系数和顶、底盖层加热半径之比，蒸汽超覆形状系数可以表示为：

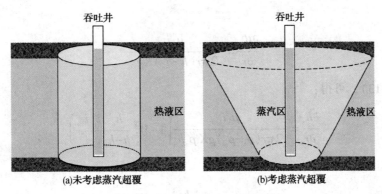

(a)未考虑蒸汽超覆　　　　　　　　(b)考虑蒸汽超覆

图7　加热区蒸汽前缘示意图

$$A_{rd} = \sqrt{\frac{\mu_s i_{s,j}}{\pi(d_o - d_s)gh_j^2 k_{s,j} d_s}} \qquad (4)$$

其中，

$$i_{s,j} = I_s \cdot \frac{K_j h_j}{\sum_{j=1}^{z} K_j h_j} \qquad (5)$$

式中　A_{rd}——蒸汽超覆形状系数，反映了黏滞力和重力的比值对气液界面的影响；

I_s——总蒸汽注入量，kg/d；

Z——油藏小层数；

K_j——第 j 油层渗透率，mD；

h_j——第 j 油层厚度，m；

$i_{s,j}$——注入第 j 油层的蒸汽量 kg/d；

μ_s——蒸汽黏度，mPa·s；

d_o——原油密度，kg/m³；

d_s——蒸汽密度，kg/m³；

$k_{s,j}$——第 j 油层蒸汽有效渗透率，mD。

从本质上说，蒸汽超覆为在注蒸汽过程中，蒸汽和凝结物由于重力分离作用，汽液在油层剖面上产生流速差异的现象。

如图8所示，当气液界面形成并达到稳定后，垂直于油层平面上各点势相等。气液界面上、下相对于平面 $z=h$ 的势分别为：

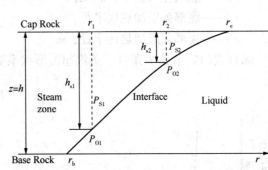

图8　考虑蒸汽超覆的蒸汽前缘示意图

$$\Phi_{s1} = p_{s1} - \rho_s g h_{s1} \qquad (6)$$

$$\Phi_{s2} = p_{s2} - \rho_s g h_{s2} \qquad (7)$$

$$\Phi_{o1} = p_{o1} - \rho_o g h_{s1} \qquad (8)$$

$$\Phi_{o2} = p_{o2} - \rho_o g h_{s2} \qquad (9)$$

在气液界面上：

$$p_{s1} - p_{o1} = p_{s2} - p_{o2} \qquad (10)$$

将式(6)~式(9)代入式(10)，并取极限可得：

$$\frac{\partial \Phi_s}{\partial r} - \frac{\partial \Phi_o}{\partial r} = (\rho_o - \rho_s)g\frac{\partial h_s}{\partial r} \qquad (11)$$

根据达西定律，对蒸汽则有：

$$\frac{\partial \Phi_s}{\partial r} = -\frac{\mu_s i_s}{2\pi r h_s K_s \rho_s} \qquad (12)$$

对原油则有：

$$\frac{\partial \Phi_o}{\partial r}=-\frac{\mu_o i_o}{2\pi r(h-h_s)K_o\rho_o}\tag{13}$$

由式（11）～式（13），可得：

$$\frac{\partial h_s}{\partial r}=-\frac{\mu_s i_s}{2\pi r(\rho_o-\rho_s)gK_s\rho_s h_s}\left(1-M_{eq}^*\frac{h_s}{h-h_s}\frac{i_o}{i_s}\frac{i_{sb}}{i_{oe}}\right)\tag{14}$$

其中，

$$M_{eq}^*=\frac{\mu_o^* K_s i_{oe}\rho_s}{\mu_s K_o i_{sb}\rho_o}\tag{15}$$

当 $M_{eq}^* \ll 1$ 时，蒸汽超覆高度随半径的关系式为：

$$\frac{\partial h_s}{\partial r}=-A_{rd}^2\frac{h^2}{2rh_s}\frac{i_s}{i_{si}}\tag{16}$$

基于 Van Lookeren 理论，假设注入蒸汽在径向上的流动速率与半径平方差成正比，结合蒸汽超覆高度随半径的关系式，考虑边界条件：当 r 等于 r_b 时，h_s 等于 h，积分可得蒸汽前缘方程。

蒸汽区高度与顶、底盖层加热半径之比的关系：

$$\frac{\partial h_s}{\partial r}=-A_{rd}^2\frac{h^2}{2rh_s}\frac{i_s}{i_{si}}\tag{17}$$

蒸汽径向质量流速和注入速率之间的关系：

$$\frac{i_s}{i_{si}}=\frac{r_e^2-r^2}{r_e^2-r_w^2}=1-\frac{r^2}{r_e^2}\tag{18}$$

边界条件：

$$r=r_b \quad h_s=h\tag{19}$$

式中　h_s——蒸汽区高度，m；

$\quad\quad i_s$——蒸汽径向质量流速，kg/d；

$\quad\quad i_{si}$——蒸汽注入速率，kg/d；

$\quad\quad r_b$——底部盖层加热区半径，m；

$\quad\quad r_e$——顶部盖层加热区半径，m。

综合式（17）和边界条件，蒸汽超覆形状系数同顶、底盖层加热半径之比存在如下关系：

$$\frac{1}{A_{rd}^2}=\ln y-\frac{1}{2}+\frac{1}{2y^2}(y\geq 1)\tag{20}$$

式中　y——顶、底盖层加热半径之比。

随着顶、底盖层加热半径之比增大，更多蒸汽聚集在油藏顶部，反映蒸汽超覆较严重。

无因次形状因子 A_{rd} 越小，顶底盖层散热半径之比 y 越大，蒸汽超覆程度越严重。A_{rd} 大于 3 时，y 随 A_{rd} 的变化幅度较小，蒸汽超覆程度相对较弱；A_{rd} 接近 1 时，y 随 A_{rd} 变化幅度相对较大，蒸汽超覆程度较严重（图9）。

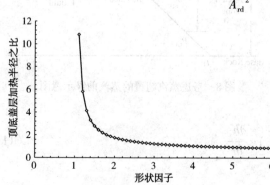

图9　顶底盖层加热半径比值与形状因子关系

2 考虑大井距耦合温场以及蒸汽超覆的产能评价模型

稠油是温度敏感的非牛顿流体，具有启动压力梯度和启动温度(非牛顿流体转变为牛顿流体的临界温度)特征，油藏温度低于转化温度时，稠油呈现非牛顿流体状态[17-19]。因此，模型中需要考虑启动压力梯度对产能的影响，故建立了考虑热液区温场非线性分布、蒸汽超覆以及流度依赖的启动压力梯度的不同类型稠油油藏热量及产量评价模型，并进行了求解。

为综合考虑多孔介质渗透率与黏度对稠油启动压力梯度的影响，在实验数据的基础上，构建了基于流度的启动压力梯度模型，发现实验数据与关联式的拟合程度较高，二者呈幂指数关系。如图10(a)和图10(b)所示，随着稠油流度增大，启动压力梯度和拐点温度均逐渐减小。

产能模型中启动压力梯度的表征考虑采用图10(a)所示的稠油启动压力梯度与原油流度的关系。建立三区复合地层、圆形封闭边界、中心一口吞吐井的拟稳态产能模型，该产能模型主要包括小层注汽(气)量劈分、加热区半径求解、地层温度动态、平均地层压力动态、含水饱和度动态、周期余热量求解、油(水)产量求解等部分。

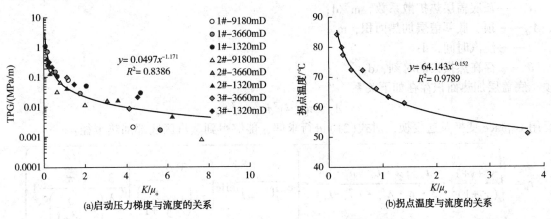

图 10 稠油启动压力梯度、拐点温度与流度的关系

(a)启动压力梯度与流度的关系　　(b)拐点温度与流度的关系

2.1 模型假设

圆形封闭地层中心存在一口吞吐井，整个油藏包括若干水平小层，每个小层具有均一的油层厚度、渗透率、孔隙度、初始地层压力及初始油、水饱和度，不同的渗透性小层被非渗透层所隔开。考虑到原油和蒸汽密度不同产生重力分异作用，蒸汽易于向油层顶部运移，出现蒸汽超覆现象。与常规原油不同，当达到某特定温度时，稠油呈现牛顿流体状态，在该温度值(转化温度)以下时，稠油呈现非牛顿流体状态，即存在启动压力梯度。

在建立描述热采驱油过程的渗流数学模型时，考虑了以下几点基本假设：

(1)油藏均质各向同性，注入每一小层的蒸汽量按地层系数(渗透率和油层厚度乘积)进行劈分。

(2)在相同吞吐轮次内加热半径保持恒定，从焖井结束开始，考虑到加热区导热损失和产液携带热量，加热区中温度逐渐降低。

(3)蒸汽和油藏间的传热及蒸汽冷凝过程瞬间完成。根据中海油锦州23-2区块油样的实验测试结果，可得相应的油、水相对渗透率曲线和黏温曲线。考虑到热采过程中地层温度呈非等温分布，该油藏为由蒸汽区、热液区和冷区组成的复合油藏。蒸汽区温度均一，即蒸汽区平均温度，而热液区温度由蒸汽区温度降低至前沿温度(原油黏温曲线拐点温度)，呈非线性下降，且热液区非线性温度分布通过基于实验室尺度的填砂模型数值反演确定。

(4)蒸汽超覆加剧地层与顶底盖层之间导热造成的热损失，通过确定顶底盖层加热半径之间的关系，引入等效半径，在拟稳态产量公式基础上，建立了考虑蒸汽超覆的蒸汽吞吐产能预测模型。

(5)考虑启动压力梯度为原油流度(油藏渗透率与原油黏度的比值)的函数，值得注意的是，蒸汽区和热液区稠油被加热，考虑该区域原油服从牛顿渗流特征，而未加热区原油服从非牛顿渗流特征(考虑启动压力梯度)。

2.2 模型表征

2.2.1 加热半径

1. 蒸汽区加热半径

根据能量守恒定律,油藏注入热量的速率等于顶底盖层的热损失速率与油层能量增加速率之和,具体到蒸汽区,注入热量为蒸汽潜热,即

$$i_{s,j} \cdot x \cdot L_v = M_R \cdot \frac{dA_{s2}}{dt} \cdot \frac{h_j}{3}(y^2 + y + 1) \cdot (T_s - T_i) + \int_0^t \frac{\lambda'_e(T_s - T_i)}{\sqrt{\pi\alpha'(t-\delta)}} \frac{dA_{s1}}{d\delta}d\delta$$

$$+ \int_0^t \frac{\lambda'_e(T_s - T_i)}{\sqrt{\pi\alpha'(t-\delta)}} \frac{dA_{s2}}{d\delta}d\delta \tag{21}$$

式中　M_R——油藏热容量,kJ/(m³·℃);

　　　　λ'_e——顶底盖层导热系数,kJ/(d·m·℃);

　　T_s,T_i——井底蒸汽温度、初始油藏温度,℃;

　　　　α'——顶底盖层热扩散系数,m²/d;

A_{s1},A_{s2}——顶、底部盖层加热面积,m²;

　　　　t——注汽时间,d;

　　　　δ——存在热损失的时刻,d。

顶、底盖层加热面积存在如下关系

$$A_{s1} = \pi r_e^2 = y^2 \pi r_b^2 = y^2 A_{s2} \tag{22}$$

运用 Laplace 变换及逆变换,对式(21)进行求解,能够得到蒸汽区底部加热半径:

$$r_b = \sqrt{\frac{y^2+y+1}{(y^2+1)^2} \cdot \frac{i_{s,j} \cdot x \cdot L_v \cdot h_j \cdot \lambda}{3 \cdot \pi \cdot \lambda'_e \cdot (T_s - T_i)} \cdot \left(e^{\frac{9t_D}{4\lambda^2\left(1+\frac{y}{y^2+1}\right)}} \mathrm{erfc}\left(\frac{3\sqrt{t_D}}{2\lambda\left(1+\frac{y}{y^2+1}\right)}\right) + \frac{3}{\lambda}\frac{\sqrt{\frac{t_D}{\pi}}}{\left(1+\frac{y}{y^2+1}\right)} - 1\right)} \tag{23}$$

其中,

$$t_D = \frac{4\lambda'_e t}{M'_R h_j^2} \tag{24}$$

$$\lambda = \frac{M_R}{M'_R} \tag{25}$$

式中　t_D——无因次时间;

　　M'_R——顶底层热容量,kJ/(m³·℃);

　　λ——油层热容与顶底层热容之比。

为便于计算产量,可将蒸汽区等效为圆柱体,此时蒸汽区的等效加热半径可表示为:

$$r_s = \sqrt{r_b^2 \cdot \frac{y^2+y+1}{3}}$$

2. 热液区加热半径

根据能量守恒定律,油藏注入热量的速率等于顶、底盖层的热损失速率与油层能量增加速率之和,具体到热液区,注入热量为饱和热水热焓,即

$$i_{s,j} \cdot (h_{ws} - h_{wr}) = M_R \cdot \frac{dA_h}{dt} \cdot h_j \cdot (T_h - T_i) + 2\int_0^t \frac{\lambda'_e(T_h - T_i)}{\sqrt{\pi\alpha'(t-\delta)}} \frac{dA_h}{d\delta}d\delta \tag{26}$$

式中　T_h——热液区温度,℃;

　　　A_h——热液区加热面积,m²;

　　h_{wr}——初始油藏温度条件下水的热焓,kJ/kg;

　　h_{ws}——饱和热水的热焓,kJ/kg。

运用 Laplace 变换及逆变换，对式(26)进行求解，能够得到

$$A_h = \frac{i_{s,j}(h_{ws} - h_{wr})M_R \cdot h_j \cdot \alpha'}{4\lambda'^2} \cdot \left(e^{t_D}\text{erfc}\left(\sqrt{t_D}\right) + 2\sqrt{\frac{t_D}{\pi}} - 1 \right) \tag{27}$$

另一方面，从定义出发，可得

$$A_h = \int_{r_s}^{r_h} dA_h = \int_{r_s}^{r_h} 2\pi r(T_h - T_i)\,dr \tag{28}$$

由式(32)和式(33)可得

$$F(r_h) = \int_{r_s}^{r_h} 2\pi r(T_h - T_i)\,dr - \frac{i_{s,j}(h_{ws} - h_{wr})M_R \cdot h_j \cdot \alpha'}{4\lambda'^2} \\ \cdot \left(e^{t_D}\text{erfc}(t_D) + 2\sqrt{\frac{t_D}{\pi}} - 1 \right) \tag{29}$$

根据温度分布模拟结果得到热液区温度分布，可知

$$T_h = T_i + T_D \cdot (T_s - T_i) \tag{30}$$

$F(r_h) = 0$ 为非线性方程，能够利用牛顿迭代方法进行求解：

$$r_h(m+1) = r_h(m) - \frac{F[r_h(m)]}{F'[r_h(m)]} \tag{31}$$

2.2.2 平均油藏压力动态

在注汽阶段，蒸汽的注入引起油藏压力的增加，由物质平衡方程可知：注入蒸汽在地下的体积等于孔隙体积的膨胀量和油藏流体体积压缩量之和。因此，在焖井阶段结束时，油藏平均压力可表示为：

$$P_{\text{avg},s} = P_i + \frac{G_w \cdot B_w}{N \cdot B_o \cdot C_e} + \frac{N_{os} \cdot (T_{savg} - T_i) \cdot \beta_e}{N \cdot C_e} + \frac{N_{oh} \cdot (T_{havg} - T_i) \cdot \beta_e}{N \cdot C_e} \tag{32}$$

式中 $P_{\text{avg},s}$——焖井阶段结束油藏平均压力，MPa。

同理，在生产阶段，流体的产出引起油藏压力的下降，产出流体的地下体积等于油藏流体体积膨胀量与孔隙体积压缩量之和。因此，在生产阶段，油藏平均压力可表示为：

$$P_{\text{avg},p} = P_{\text{avg},s} - \frac{N_w B_w + N_o B_o}{N \cdot B_o \cdot C_e} - \frac{N_{os}(T_{savg} - T_{as}(t_p, M, j)) \cdot \beta_e}{N \cdot C_e} - \frac{N_{oh}(T_{havg} - T_{ah}(t_p, M, j)) \cdot \beta_e}{N \cdot C_e} \tag{33}$$

式中 $P_{\text{avg},p}$——生产阶段油藏平均压力，MPa。

2.3 产能评价模型应用

基于建立的考虑非线性热液区分布以及蒸汽超覆的产能模型，可得计算相应的生产动态。为了验证模型的正确性，将所建模型的计算结果同 CMG 模拟结果进行对比。在计算和模拟过程中，输入参数为 LD2 等 2 个油田实际吞吐井的相应数据。表 2 为对比结果，可以看出，产油和产水情况拟合较好。关于产油情况，可以看出，模型的计算结果和 CMG 软件模拟结果非常接近，首轮次内，累产油量相对误差为 2.65%~5.43%，证明该模型可用于海上稠油初期产能的评价。

表 2　改进的产能预测模型预测结果与实际开发效果对比

区块/代号	井名/代号	初期累产油(实际)/m³	初期累产油(模型)/m³	拟合误差/%
LD2	1#	21814	22856	4.78
LD2	4#	14416	14814	2.76
LD7	22#	18259	18984	3.97
LD7	23#	21376	21942	2.65
NB3	2#	19918	20415	2.49
NB3	31#	15939	16402	2.91
NB3	33#	24307	23256	-4.32

续表

区块/代号	井名/代号	初期累产油(实际)/m³	初期累产油(模型)/m³	拟合误差/%
NB3	34#	31290	32376	3.47
NB3	42#	16862	17778	5.43
NB3	44#	15239	15995	4.96
小计	—	199420	204818	3.76

3 基于海上稠油大井距热采理论的高速高效开发注采参数设计方法

3.1 海上稠油热采"地面-井筒-油藏"一体化热利用率评价方法

热采过程中,"热量"是提高采收率的核心。建立了考虑热液区分布及全过程热损失的"地面→井筒→

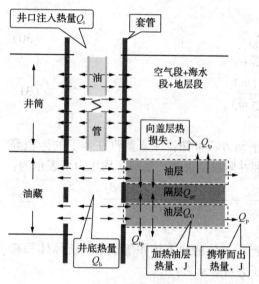

图 11 全过程热量利用率描述模型

油藏"全尺度热量一体化评价模型(图11),定量计算热采向顶底盖层、隔层及随液产出的损失情况(图12),明确了各部分热量利用变化规律,为注热效果提升奠定理论依据。

为了改进多轮次吞吐末期以及多层油藏隔夹层热损失大的问题,提出了"高热量、高强度"的海上特色注入模式,为注汽效果的提升提供基础。

3.2 海上稠油热采特色注采参数设计

稠油热采注采参数优化要结合注汽设备性能、地质油藏参数特征,最终确定合理的注采参数。与陆地油田"低速、高频及匀速"的注汽模式不同,追求高采出程度,而海上稠油热采遵循"少井、高产"的开发要求,因此与陆地油田方案设计差异明显。

以提高油层注入热量以及热利用率为出发点,利用油藏数值模拟方法优化注蒸汽过程中注汽干度、周期注汽量等关键参数。结合注蒸汽产能热利用率评价图版结果,注入热量提高20%,加热半径提高5m,加热区原油黏度降低20%。提高注入热量可以通过提高蒸汽干度和蒸汽量来实现。通过对典型区块的蒸汽吞吐数值模拟评价,在首周期注蒸汽量5000m³(水当量)条件下提高水平段平均蒸汽干度可以有效提高单井累产油量(图13);但受到首周期地层压力高和大井深条件下的井筒热损失等影响,首周期井底干度最高只能达到0.4左右。在首周期注汽干度0.4左右的条件下,逐步提高周期注汽量(水当量),也可以大幅提高单井累产油量(图14);但当周期注气量超过6000~8000m³后,增幅不再明显;因此海上蒸汽吞吐首周期注汽量一般在6000m³左右、后续周期逐步递增。同时,注汽量和注汽干度过高带来的增油量可能会与锅炉耗油量等操作成本持平。因此,海上注蒸汽开发注采参数设计要统筹兼顾开发过程的各个环节和流程,最优参数点为经济性最佳的阈值。

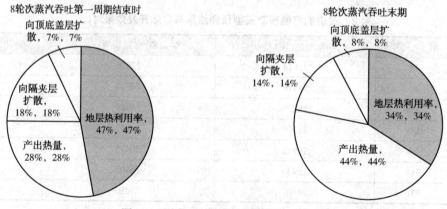

图 12 不同吞吐轮次末期热利用率变化

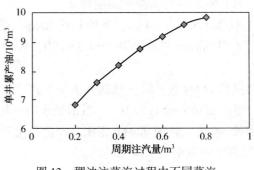
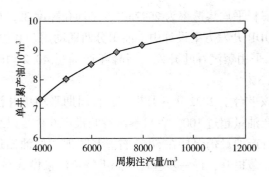

图13　稠油注蒸汽过程中不同蒸汽
干度对累产油量的影响

图14　不同吞吐周期注汽量条件
下单井累产油量对比

　　根据海上稠油热采特点、配套工程、钻采技术进展，大井距高效开发理论与数值模拟研究，最终建立海上注蒸汽开发最优注采参数（表3）。同时，高速高效开发注采模式也助推了如隔热工艺管柱、过热蒸汽锅炉、水处理减段工艺等技术的突破。多专业的技术突破，降低了长井段注汽带来的热量损失问题，根据在生产油田注热效果统计，油层热利用率提高8.3%。

表3　海上稠油注蒸汽高效开发注采参数优化表

开发方式	参数	优化值
蒸汽吞吐	注汽干度	首周期不低于0.4，逐周期递增约，第六、七周期不低于0.7
	注汽强度	单砂体油藏200~400t/m；多层油藏120~160t/m。注汽量逐周期提高5%
	周期注气量	平均单井周期注气量5000~6500t
	焖井时间	3~5d
	注汽速率	首周期不低于250m³/d，第二周期起不低于300m³/d
蒸汽驱	注汽干度	不低于0.8
	采注比	1.3~1.4m³/m³
	注汽速率	不低于300m³/d

4　海上稠油规模化热采技术工业化应用情况

4.1　辽东作业区某L2稠油油藏蒸汽吞吐规模化应用

　　L2油田位于渤海东北部，油藏埋深-1970~-1150m，为中深层油藏。其中，该油田西块地层原油黏度2908.8~9987mPa·s，属于普通稠油油藏。主力含油层位Ⅳ油组为层状边水油藏，水体倍数约为4~11倍；Ⅴ油组为块状底水油藏，水体倍数约为25~65倍。原始地层压力超过15MPa，平均油层厚度40m。渗透率分布范围11.0~10286.0mD，平均值为3268.0mD。测井分析孔隙度分布范围25.0%~35.5%，平均值30.3%；具有特高孔渗的储层特征。

　　ODP开发方案中，L2油田西块采用蒸汽吞吐热采开发，部署10口水平井，其中Ⅳ油组9口，Ⅴ油组1口。蒸汽吞吐生产8周期，累产油100.2×10⁴t，阶段采出程度18.2%。

　　该平台于2020年9月投产，首周期平均单井注汽量约5400t，井底干度达到0.2~0.4。下泵生产后，有5口热采井日产油量超过100、并稳产3个月以上，首轮次热采有效生产时间超过330d。生产1年后统计，平均单井累产油量达到1.7×10⁴t，其中，1#单井首周期累产达到5×10⁴t，方案设计超出预期。

4.2　辽东作业区某L5特超稠油油藏蒸汽吞吐规模化应用

　　L5油田位于渤海东北部，油藏埋深-1050~-860m，井点钻遇厚度58.6~128.9m，50℃地面原油黏度高达36427~53203mPa·s，边、顶、底水发育，水体能量超过10倍。属块状厚层特超稠油油藏。

测井解释平均渗透率为 2992mD，平均孔隙度 32.3%，具有特高孔特高渗的储层特征。

ODP 开发方案设计中，油田分两期动用。其中，I 期部署水平井 24 口，平均井长 500m，设计井距 75m，采用蒸汽吞吐开发，高峰年产油量 40.2×10^4t，8 周期吞吐累计产油 299.3×10^4t，阶段采出程度 12.3%。

该平台于 2022 年 4 月投产，首周期平均单井注汽量约为 6000t，第一批次井下泵生产后，平均单井日产油量超过 100。首口蒸汽吞吐投产 6 个月以来，累产油量突破 1.2×10^4t，目前处于第一轮次中后期，日产油量仍保持在 50 左右。与陆地相似油田辽河杜 84 块、胜利郑 411 相比，产能及生产有效期都有显著提升，进一步验证了海上特色注采模式在特超稠油油藏中热采应用的潜力。

4.3 海陆热采开发典型参数对比

综合海上已生产和在建设热采油田的蒸汽吞吐开发数据，并与陆上典型油田进行对比（表4）。对于海上不同类型稠油油田，在注汽模式上，周期注汽量为陆地相似油田的 2 倍以上，注汽干度显著提升；此外，在生产关键参数上，海上蒸汽吞吐首周期平均油汽比在 $(2.1 \sim 4.1)$m^3/m^3 之间，较陆上典型油田 $(0.38 \sim 1.35)$m^3/m^3 提高约 2～3 倍，初期产能约为陆地油田的 2~5 倍以上。但受海上高昂的钻完井、工程投资及操作费影响，热采后期海上的经济极限油汽比普遍在 0.26～0.5m^3/m^3，远高于陆上油田平均水平。这也导致目前海上大多热采油田经济年限内的采收率仅有 12%～20%，较陆上 25%～50% 的注蒸汽采收率仍存在一定差距。因此海上稠油开发急需对热采后期的低成本接替方式和复合增效技术进行攻关，以保障未来海上稠油热采的稳产和提高采收率。

表 4 渤海热采油田开发数据与实际生产对比结果

类型	油田/代号		地面原油黏度/ mPa·s	周期注汽量/ m³	注汽干度	渗透率/ mD	单层厚度/ m	首周期 平均日产/ t	首周期 油汽比	经济极限 油气比
厚层	海上	L2	5400	5400	>0.4	3350	17~48	56.0	4.1	—
		L5	36400~53200	6000	>0.4	2992~3192	40~80	57.7	2~3	0.5
	陆上	杜 84	168150~231910	3600	<0.3	1900~5500	34~80	13.3	0.38	0.15
		冷 41	23675~57090	3000	<0.3	1381	54~109	5.5	0.41	0.15
薄互层	海上	PL1	1900	4500	>0.6	1453	10~30	50~75	2.13	0.36
		KL9	1800~4000	5100	>0.6	2000	2~18	40~45	2.83	0.26
		JZ2	400	5100	>0.6	900	7.8	40~45	2.17	0.28
		LD7	1700~4700	6000	>0.4	2000	2.2~10	35~47	3.0	—
	陆上	齐 40	2141~3127	1500	0	2141~3127	2~10	22	1.35	0.15
		杜 66	300~2000	1800	0	781	0.4~12.6	8.5	1.13	
		锦 45	10278	2500	0	870	11.1~12.1	26	1.24	

5 结论

（1）针对海上稠油热采开发特点、难点，在陆地油田成功经验基础上，探索并形成了海上稠油规模化热采高效开发关键技术路径。

（2）建立了海上大井距稠油热采特色开发理论：行业内首次建立考虑注蒸汽热液区分布、蒸汽超覆的大井距渗流模型及其表征方法，基于大井距热采特色理论建立了热采产能、动用半径、加热半径的精确数值表征方法。

（3）基于热利用率理论，建立了稠油热采高速高效特色注采模式，满足海上稠油热采少井高产的开发要求，推动了新技术、新工艺的研发。在辽东湾 2 个油田开展规模化热采试验，实现了较好的开发效果，首周期平均油汽比可达到 $2\sim4m^3/m^3$，验证了海上稠油大井距热采技术应用的潜力。

（4）受海上工程、钻完井和操作费的影响，海上稠油热采经济极限油汽比高达 $0.26\sim0.5m^3/m^3$，根据目前储量规模将有近半数的油藏无法实现规模热采经济开发，未来需要进一步攻关低成本热采接替技术和增效技术。

参考文献

[1] 陈伟．陆上 A 稠油油藏蒸汽吞吐开发效果评价及海上稠油油田热采面临的挑战[J]．中国海上油气，23(6)：384-386.

[2] 徐文江，姜维东．我国海上低品位稠油开发技术进展[J]．石油科技论坛，2014，(1)：10-14.

[3] 刘小鸿，张风义，黄凯，等．南堡 35-2 海上稠油油田热采初探[J]．油气藏评价与开发，2011(Z1)：61-62.

[4] 朱国金，余华杰，郑伟，等．海上稠油多元热流体吞吐开发效果评价初探[J]．西南石油大学学报(自然科学版)，2016，38(4)：89-94.

[5] 郑伟，袁忠超，田冀，等．渤海稠油不同吞吐方式效果对比及优选[J]．特种油气藏，2014，21(3)：79-82.

[6] 孙新革，马鸿，赵长虹，等．风城超稠油蒸汽吞吐后期转蒸汽驱开发方式研究[J]．新疆石油地质，2015，36(1)：61-64.

[7] 郑伟．渤海油田稠油多元热流体吞吐井间气窜规律研究[J]．重庆科技学院学报(自然科学版)，2016，18(6)：1-4.

[8] 刘新光，王磊，田冀，等．海上稠油油田火烧油层数值模拟[J]．特种油气藏，2016，23(6)：93-96.

[9] 刘光成．渤海稠油多元热流体吞吐技术研究[J]．长江大学学报(自科版)，2014，11(10)：99-103.

[10] 王泰超，朱国金，王凯，等．海上稠油油藏蒸汽吞吐后转火驱开发研究[J]．特种油气藏，2019，26(5)：100-105.

[11] 郑伟，谭先红．渤海稠油不同吞吐方式效果对比及优选[J]．特种油气藏，2014，21(03)：79-82.

[12] 祁成祥，李敬松，姜杰，等．海上稠油多元热流体吞吐注采参数多因素正交优化研究[J]．特种油气藏，2012，19(5)：86-89.

[13] FAROUQ Ali S M, JONES J A, MELDAU R F. Practical heavy oil recovery [M]. Calgary：University of Calgary Press, 1997.

[14] BOBERG T C. Thermal methods of oil recovery [M]. New York：Jone Wiley & Sons, Inc, 1988.

[15] 许家峰．考虑启动压力梯度普通稠油渗流规律特征研究[D]．北京：中国石油大学，2007.

[16] 杨戬，李相方，陈长星，等．考虑稠油非牛顿流体性质的蒸汽吞吐产能预测模型[J]．石油学报，2017，38(1)，84-90.

[17] LIU H, WANG J, XIE Y, et al. Flow characteristics of heavy oil through porous media [J]. Energy Sources, Prat A, 2011, 34(4)：347-359.

[18] SOCHI T. Pore-scale modeling of non-newtonian flow in porous media [D]. London：Imperical College London, 2007.

[19] 许家峰，程林松，李春兰，等．普通稠油油藏启动压力梯度求解方法与应用[J]．特种油气藏，2006，13(4)：53-57.

加拿大油砂钻完井技术与发展

丁吉平[1,2]　**杨国彬**[1,2]　**林盛杰**[1,2]　**董盛祥**[1,2]　**孙振虎**[3]

【1. 中国石油集团工程技术研究院有限公司；2. 油气钻完井技术
国家工程研究中心；3. 中国石油大学(北京)】

摘　要：油砂约占世界石油资源可采总量的32%，可作为油气资源的战略性接替领域，随着国际油价持续走高，各国对油砂开采进入了新一轮商业开发热潮。加拿大油砂探明储量居世界首位，主要 Athabasca、Peace River 和 Cold Lake 3 个矿区，其中 Athabasca 矿区储量最为丰富，Athabasca 矿区整体采用 SAGD 方式进行开采，但由于储层垂深浅(166~240m)、地层胶结性差和水平段长(约800m)等特性，对钻完井提出了更为严苛的技术要求。通过对麦凯河油砂钻完井技术分析可为国内浅层油砂开发提供一定的参考。

关键词：非常规油气；油砂；SAGD 开采；钻完井分析

2020 年，全球石油、煤炭和天然气消费占一次能源消费结构比重分别为31%、27%和25%[1]，预计到2050 年全球油、煤、气、非化石能源供应占比分别为22%、4%、27%和47%，油气供应量仍将占全球一次能源消费量的半壁江山，是能源安全供应的"压舱石"。当前全球高品位常规油气资源面临枯竭的趋势，非常规油气已成为油气资源的战略性接替领域，在全球油气贡献中的作用和地位日益突出。非常规油气资源通常包括页岩油气、油砂、煤层气等资源，根据美国地质调查局2004 年的统计，世界上油砂油可采资源量约为 $1035.1 \times 10^8 m^3$，约占世界石油资源可采总量的32%[2,3]。油砂(又称沥青砂)是一种含有天然沥青的砂岩或其他岩石，通常是由沥青、砂粒、水等矿物质组成的混合物，其具有埋深浅、黏度高和流动性差等特性。随着近些年来全球对能源需求增加、油气价格上涨及开发技术进步等因素影响，对油砂的开采备受各国关注。全球油砂自然资源储量丰富的国家有：加拿大、俄罗斯、委内瑞拉、美国和中国等，其中加拿大油砂探明储量居世界第一。中国油砂油地质资源量 $59.7 \times 10^8 t$，可采资源量 $22.58 \times 10^8 t$，储量位居世界第 5 位，资源潜力极大，是今后我国非常规油气资源勘探开发一块重要领域。

加拿大油砂资源主要分布在西加拿大沉积盆地，分为 Athabasca、Peace River 和 Cold Lake 3 个矿区，面积为 $14.2 \times 10^4 km^2$，资源量达 18000 亿桶，主要储层为早白垩纪疏松的石英砂岩[4]。其中，Athabasca 地区油砂最富集油砂原始地质资源量可达 14800 亿桶，Peace River 砂区资源量有 1830 亿桶，Cold Lake 油砂区资源量为 1360 亿桶。目前 Athabasca 矿区是全世界最大的油砂开采矿区[5]。阿萨巴斯卡地区块整体采用 SAGD 方式进行开采[6]，麦凯河开采为国内油砂开发提供一定程度的借鉴意义。

1　加拿大麦凯河油砂钻完井分析

1.1　地质概况

麦凯河油砂区块主要包括南、北两部分，总面积约752km²，本区地层自下而上依次为泥盆系 Bea-

作者简介：丁吉平，男，就职于中国石油集团工程技术研究院有限公司，工程师。E-mail: dingjipingjason@ 163.com verhill Lake 群、白垩系 McMurray 组、Clearwater 组/Wabiskaw 组、Grand Rapids 组和第四系(图1)。其中白垩系 McMurray 组是主要目的层段，Wabiskaw 组也有油砂分布，但厚度小，目前不具有商业开采价值。油砂产层 McMurray(MCMR)组，底面深度约210m，地层厚度10.8~44.1m，平均27.9m，主要由86%的细砂岩、2.3%的粉砂岩和12.3%的泥岩构成。岩心分析数据表明储层孔隙度平均值为33%左右；渗透率平均值为907×10^{-3} μm^2左右。

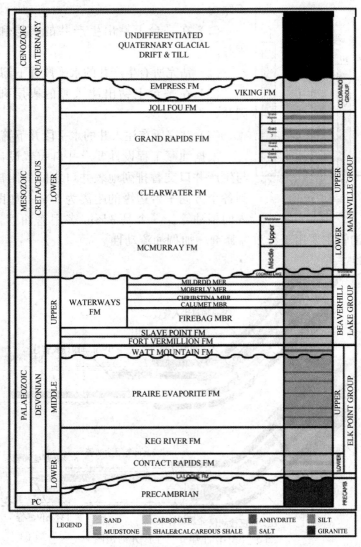

图1　麦凯河油砂区块地层柱状图

1.2　油藏工程设计概况

油藏工程设计重点考虑了开发方式选择、井距优化和水平段长度等开采因素。加拿大油砂开采主要采用钻井开采和露天开采(采矿法)两种方式生产。当油砂埋深超过75m时采用钻井开采，小于75m时采用露天开采。钻井开采又分为钻井出砂冷采和钻井热采两种；钻井热采主要包括蒸汽辅助重力泄油(SAGD)、蒸汽吞吐(CSS)、火烧油层、蒸汽辅助溶剂萃取(VAPEX)、溶剂脱沥青等技术，钻井热采中 SAGD 开采方式应用最广[7]。

麦凯河商业项目周围目前有多个商业性 SAGD(蒸汽辅助重力泄油)项目在生产。所有这些项目均已证实了采用 SAGD 技术进行原油开采的商业可行性。麦凯河油砂区块油藏的所有关键特征均表明采用 SAGD 技术是理想之选：优质储层、储层连通范围大、盖层坚硬。因此，麦凯河油砂区块选用了 SAGD 进行开采。通过模拟计算最终确定 SAGD 注入井和生产井间的最佳垂直间距采用5m，井对的水平井段与垂直方向呈90°，最优水平段长度为850m，井对间侧向间距为125m。

1.3 钻完井分析

1.3.1 钻完井概况

麦凯河 1 期的初始开发区域由 8 个钻井平台上的 42 个井对组成，每个平台包括 4 到 6 个不等的井对(图 2)，平台钻井顺序为 AJ AE AA AB AD AH AC AF。采用批钻井技术，使用一台超级单斜钻机以 45°开钻，井深 1300m 左右、垂深约 210m，目标储层位于 McMurray 地层。麦凯河油砂区块批量钻井的工序为：

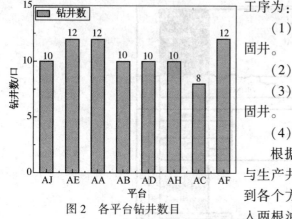

图 2 各平台钻井数目

(1) 在平台上钻出生产井的表层和中间井眼并下套管固井。

(2) 钻完所有生产井的水平段并下筛管。

(3) 在平台上钻出注入井的表层和中段井眼并下套管固井。

(4) 钻完所有注入井的水平段并下筛管。

根据油藏工程设计要求井口布置设计为一排，注热井口与生产井口交替排列地表井口之间的距离为 17m，井眼中心到各个方向平台边缘的距离为 50m。如图 3 所示，生产井下入两根油管，一个是 3½in 多用途油管，另一个是 4½in 生产油管，其中多用途油管主要用于释放稀释剂增加稠油流动性。

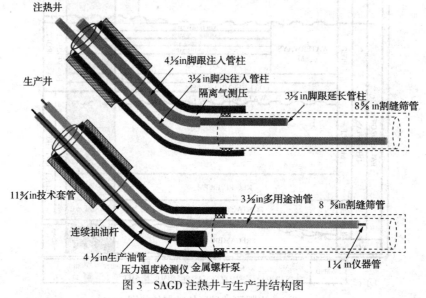

图 3 SAGD 注热井与生产井结构图

1.3.2 钻完井分析

1. 钻井周期与进尺

井身结构以三开为主(除 AJ 平台)，一开井深约为 93m，二开井深约为 407m，三开井深约为 860m。通过图 4 对 84 口井进行钻井分析发现，钻井周期明显下降，从最高 13d 下降到最低 5d，降幅为 61.5%，单井平均钻井周期 7.2d；日进尺从最低 140.3m 提升到最高 220.5m，提升幅度为 36.4%(图 5)；平均米进尺费 1370.9 \$/m，其中 AJ 平台米进尺费最高，为 1658.4 \$/m，主要原因是 AJ 平台下入导管(开钻首个平台)，以阻止表层井眼钻进时碎石塌落和泥水的流入井筒。但在实际钻井过程中 AJ 平台未发生此类事件，此后其他平台不在下入导管。8 个平台平均水平段长度为 865.4m，基本满足油藏工程设计要求(850m)。

2. 钻具组合

1 期钻井主要的问题之一是测量精度。经过一些不同井下钻具组合试验，加上测量试验(包括陀螺仪、随钻陀螺仪和 2 项同时测量)和弯曲试验以后，采用硬钻铤替代柔性钻铤解决了问题。具体优化钻具组合如下：

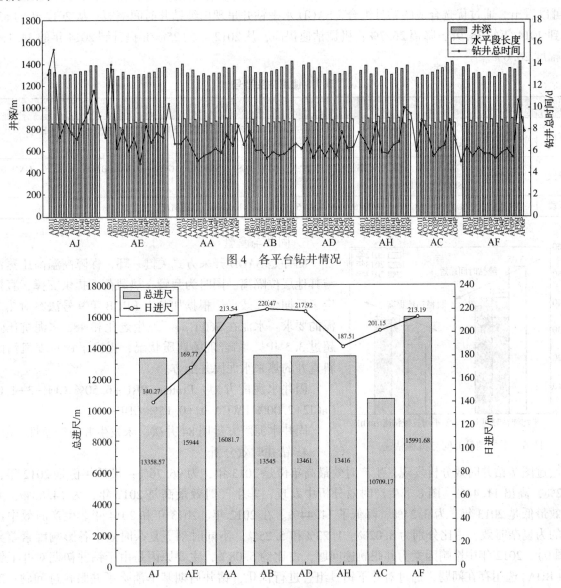

图 4　各平台钻井情况

图 5　进尺情况

一开钻具组合为：375mm 牙轮钻头+203.2mm 螺杆（1.83°，ABI）+203.2mm 无磁钻铤 1 根+200mmEMWD 短接+203.2mm 无磁钻铤 2 根+139.7mm 加重钻杆若干。扩眼钻具组合为带导引短接的505mm 扩眼器+钻井稳定器。

二开钻具组合：375mm 牙轮钻头+203.2mm 螺杆（1.83°，ABI）+203.2mmDGR 短接+203.2mmEWR－P4 短接+203.2mm HCIM 短接+203.2mm 无磁钻铤 1 根+200mmEMWD 短接+203.2mm 无磁钻铤 2 根+139.7mm 加重钻杆。

三开钻具组合：270mm PDC 钻头+269mm RMRS 接头+203.2mm 螺杆（1.83°，ABI）+203.2mm DGR 短接+203.2mm ADR 短接+203.2mm HCIM 短接+203.2mm 无磁钻铤 1 根+200mmEMWD 短接+203.2mm 无磁钻铤 2 根+139.7mm 加重钻杆若干。

使用钻头类型如表 1 所示，通过分析发现，在 GRAND RAPIDS 层位：钻速为 18.1~53.3m/h，平均钻速 32.7m/h，钻头推荐型号为 GXD－C1X；CLEARWATER＋WABISKAW 层位：钻速为 17.5~30.4m/h，平均钻速 21.1m/h，钻头推荐型号为 GXD－C1X；MCMURRAY 层位：钻速为 27.2~47.6m/h，平均钻速 38.1m/h，钻头推荐型号为 U616M。通过钻头机械钻速判断 MCMURRAY 和 GRAND RAP-

IDS 层系钻进速度快，岩石可钻性较好；CLEARWATER 层系钻进速度相对较慢，岩石可钻性较差。图 6 中可以看出，通过优选合适的钻具组合，SAGD 水平钻井呈现出纯钻井时间缩短，从 2012 年的 53.1h 缩短到 2014 年的 38.9h，降幅 26.7%；机械钻速提高，从 2012 年的 25m/h 提升到 2014 年的 34.1m/h，提升幅度 26.6%。

表1 使用钻头型号

井段	钻头类型	主要的钻头型号
一开段	牙轮钻头	GXD-C1X、XR+6CPS、GTX-CS1X、T11P、H2027601、GTX-CS1、SB115U、MX-S1、GX-1X、XT2GLC、SB115U-6CPS、SB1150、HOLE OPENER、M6980
二开段	牙轮钻头	GXD-C1X、XR+6CPS、GTX-CS1X、GTX-CS1、SB115U、GDX-C1X、SB115U-6CPS、GXD 01X、SB1150、XT2GLC
三开段	PDC 钻头	U616M、U6163、TN20169、HOXS616、QD606、HOX616、SOH616P、JF9520

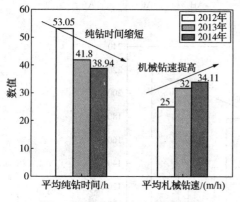

图6 平均纯钻时间与机械钻速

3. 固井与套管

固井是 SAGD 开采方式关键一环，保障高温高压蒸汽层与其他层位隔离，同时为套管在热载荷下提供支撑，直接决定了后期生产效果。根据加拿大 ERCB 第 9 号法案对热采水泥的要求：水泥在 360℃时不发生老化和 48h 水泥抗压强度超过 3.5MPa，结合现场地质状况，提出了针对麦凯河区块斜直井的热采水泥固井配方。

固井水泥配方为：Proteus PRO+0.50% CFL-3+1.00% CaCl2+2.00% FWCA-H+0.15% CDF-4P。

固井水泥配方运用 84 井次，未发生井筒完整性事故。

4. 钻井时效分析

通过图 7 钻井时效分析发现，生产时效最高年份是 2013 年，为 96.76%；最低年份是 2012 年，为 85.32%，高出 11.44%。图 8 非生产时效分析中发现，非生产时效最高是 2012 年，为 14.68%；非生产时效最低是 2013 年，为 3.24%，降低了 11.44%。在 2012 年、2013 年和 2014 年非生产时效中占比最大的为复杂时效，占比分别为 8.02%、1.23% 和 5.25%。不同时刻下复杂时效中各影响因素差异较大（图 9），2012 年中影响因素为井眼轨迹问题，占比约 5.08%，主要原因是由于钻井初期对井下钻具组合（BHA）选用存在问题，通过对井下钻具组合进行优化，钻井后期基本消除了井眼轨迹问题；2013 年中影响因素为套管问题，占比约 3.48%；2014 年中影响因素为套管问题，占比约 0.46%。

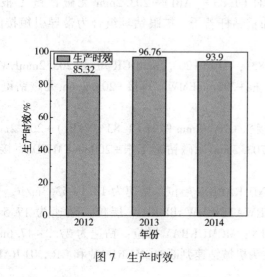

图7 生产时效

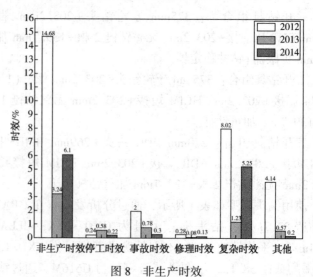

图8 非生产时效

2 加拿大麦凯河油砂开发挑战

2.1 开发难点

通过麦凯河1期开采分析发现，区块目前采用斜井开发方式，需要租赁特殊的斜井钻机进行施工，日租赁费用高，一对井钻井成本需要270h美元；斜井口要配备特殊采油，作业工序复杂，成本相较于直井井口装置大幅上升；由于斜井井筒长，围岩不稳固时井筒维护困难。采用绞车提升时，提升速度低、能力小，磨损严重，动力消耗大，提升费用高。后期修井需要采用专门斜井修井机，作业工序复杂、成本极高。

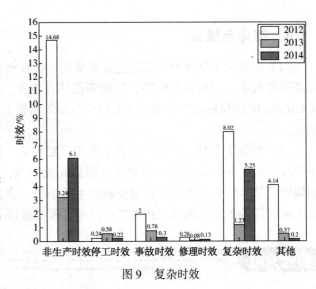

图9 复杂时效

2.2 斜改直可行性分析

1. 国内外超浅层非常规油气开发现状

哈萨克斯坦莫尔图克油田油藏埋深浅，开发层位岩性以泥质粉砂岩为主要，地层胶结性差。钻井中存在造斜点超浅、造斜率高、施工难度大等诸多技术难点。以MB-14井为例，井身结构采用"直—增—稳"三段制，直井井眼尺寸为 $\Phi444.5mm$，井深为20m；造斜段井眼尺寸为 $\Phi311.2mm$，造斜率为 $10.474°/30m$，造斜点井深仅为25.55m；水平段井眼尺寸为 $\Phi215.9mm$，水平段长200.04m，实际水垂比达1.9，水平井造斜段采用了单弯单稳柔性钻具组合： $\Phi311.2mm$ 牙轮钻头+ $\Phi203mm$ 弯螺杆（2°/2.25°）+631X4A0+MWD短节+ $\Phi159mm$ 无磁钻铤（1根）+4A1X410+ $\Phi127mm$ 加重钻杆[8]。

委内瑞拉JUNIN油田主力油藏埋深 $290\sim420m$，Oligceno储层岩性为细砂岩-砂砾岩，颗粒成分主要为石英、少量长石，储层表现为疏松、弱-未固结特性。为了保证钻遇率，提高超稠油采收率，设计钻井采用三维水平井，水平段长度1000m，这给钻井工艺带来井眼轨迹控制难，大位移长水平段管柱摩阻扭矩大，井壁失稳等技术挑战。井身结构采用三开设计，井眼轨迹结构设计：直井段→增斜段→稳斜段→增扭段1→增扭段2→扭方位段→1000m水平段[9]。

中国克拉玛依风城油田油藏埋深在 $115\sim215m$ 之间，平均值为180m，储层主要为油染褐色、浅灰色中细砂岩，孔隙式胶结为主，胶结疏松。采用"SAGD+直井"开发模式，井身结构为三开结构，注热井与生产井上下间距为5m，两井井口相距 $18\sim20m$，水平段距离500多米。生产井钻井采用："直—增—稳—增—平"五段制的轨迹，注汽井钻井采用"直—增—增—平"四段制的轨迹[10]。

通过国内外超浅层非常规油气开发现状可知，绝大部分超浅层或浅层油田采用的是直井水平井开采模式。相较于斜井开采，直井开采工艺具有成熟且后期易维护的特点，可以有效解决沉没度不足、修井等诸多的问题，大大提高开发效率，降低开采成本。

2. 钻井改直可行性分析

超浅水平井水平段延伸长度受摩阻系数、靶前距、钻具组合井身结构等钻井因素影响。为实现超浅水平井达到最高水垂比，现通过调整靶前距进行优化设计。在摩阻系数及钻具组合固定的情况下（后续也可通过优化钻井液润滑性及钻具中加入水力震荡等方式优化水平段摩阻），通过调整靶前距来实现水平段延伸极限。钻具组合优化在本文钻具组合中体现。采用150m、175m、200m靶前距进行优选，最终确认175m靶前距为水平段延伸最佳靶前距（表2）。通过分析初步验证了麦凯河斜改直可行性，为后续钻井优化设计提供一定依据。

表2 水平段极限距离

靶前距/m	全角变化率/(°/30m)	漂浮优化段长/m	极限水平段长度/m
150	11.391	250	578
175	9.852	300	600
200	9.851	170	522

3 结论与建议

（1）麦凯河 1 期油砂开采已经证明采用 SAGD 模式是一种行之有效的开采方式，批钻井技术可以提高钻井效率、缩短钻井周期，从而降低钻井成本。当钻遇 GRAND RAPIDS 层位、CLEARWATER 和 WABISKAW 层位钻头推荐型号为 GXD-C1X 牙轮钻头，MCMURRAY 层位钻头推荐型号为 U616M PDC 钻头。

（2）相较于常规直井水平井开采模式，麦凯河 1 期油砂开采采用斜水平井钻井模式，为此需要租赁斜井钻机，井口装置特殊定制且后期修井成本高，这也是造成油砂开采成本居高不下的原因之一。如何降低油砂的开采成本是目前面临的主要难题，直井水平井钻井技术取得了较好的开发效果，将会是未来浅层油砂主要的开发技术之一。通过模拟验证了麦凯河区块直井水平井钻井的可行性。

参考文献

[1] 邹才能，潘松圻，马锋. 碳中和目标下世界能源转型与中国能源人新使命[J]. 北京石油管理干部学院学报，2022，29（3）：11.

[2] 薛成，冯乔，田华. 中国油砂资源分布及勘探开发前景[J]. 新疆石油地质，2011，32（04）：348-350.

[3] 马锋，张光亚，王红军，等. 全球重油与油砂资源潜力、分布与勘探方向[J]. 吉林大学学报（地球科学版），2015，45（004）：1042-1051.

[4] Gies JP, Anderson J C. Alberta oil sandsdevelopment [J]. Proceedings of the National Academy ofSciences of the United States of America, 2010, 107（3）：951.

[5] 师良. 加拿大油砂开发技术对中国油砂开发技术的启示[J]. 延安大学学报：自然科学版，2018，37（2）：6.

[6] 刘烈强，张玮. 加拿大非常规油藏浅层 SAGD 钻井技术[J]. 石油钻采工艺，2014，36（02）.

[7] 王健，谢华锋，王骏. 加拿大油砂资源开采技术及前景展望[J]. 特种油气藏，2011，18（05）：16-20.

[8] 廖超，丁浩，黎剑，等. 浅析莫尔图克油田 MB-14 超浅水平井轨迹控制技术[J]. 西部探矿工程，2015，27（05）：55-56.

[9] 伊然，裘智超，刘翔，等. JUNIN4 油田水平井电热带井筒降黏技术研究与应用[C]//2019 油气田勘探与开发国际会议.

[10] 杨智，孟祥兵，吴永彬，等. 风城浅层超稠油油藏双水平井 SAGD 关键技术及发展方向[J]. 特种油气藏，2021，28（01）：92-97.

渤海稠油油田热化学复合
增效技术研究与应用

冉兆航　张　洪　王曼依　杨　彬　连正新

【中海石油(中国)有限公司天津分公司】

摘　要：渤海在生产稠油油田，原油黏度较高，流动性差，近井地带及油管容易形成有机垢，造成产液下降，但目前稠油井大多采用常规冷采完井方式，井筒管柱不具备蒸汽吞吐条件，此外，油水流度比大，含水上升快，导致大量油井低产低效，针对以上问题，基于室内实验，开展热化学复合吞吐机理研究，利用热水、气与化学的协同作用，可实现解除有机堵塞、降黏原油黏度、控水稳油等目的，在筛选主溶剂的基础上，注入氮气，并加入表面活性剂、起泡剂，制定油溶性多功能降黏解堵体系，最终形成了稠油老井不动管柱热化学复合吞吐增效设计方法。LD 油田率先开展本项技术矿场试验，措施后平均含水率由90%下降至20%，平均日产油提高 5~8 倍，应用结果表明，该技术能有效恢复低效井产能，对于稠油老井增产增效具有重要意义。

关键词：稠油油田；热化学复合吞吐；油溶性多功能降黏解堵剂；表面活性剂；起泡剂

现在稠油开采以蒸汽吞吐和蒸汽驱为主，从 20 世纪 70 年代后期开始，针对注蒸汽采油方法中存在的问题，出现了一种新的稠油开采方法——热/化学复合开采技术，即在注入蒸汽的同时，有目的地加入一些化学剂，改善热力采油的效果[1-6]。刘慧卿等[7]阐述了 3 种典型的稠油热复合开发提高采收率技术，包括蒸汽—非凝析气、蒸汽—化学剂及蒸汽—溶剂复合技术，总结了不同热复合技术的作用机理及应用效果。胡成亮等[8-10]主要从地层条件下自动生成 CO_2 气体，起到既能降低原油黏度又有溶解气驱替原油的作用，同时与化学降黏剂复合，提高降黏和驱替协同效应，能有效改善稠油在地层中的流动性。

以上方法是均在蒸汽吞吐或蒸汽驱过程中加入化学剂，以进一步降低原油黏度，或稠油冷采情况下，注入 $CO_{2等}$ 气体，改善稠油流动性。然而，渤海油田稠油储量规模较大，相当一部分老井是以常规冷采进行开发，油井堵塞严重，管柱及地面设备不具备注蒸汽的高温条件，同时稠油老井处于高含水状况，泡沫堵水效果差，造成低效井问题突出，针对以上现象，以 LD 油田为例，开展热化学复合增效技术攻关与应用。

1　油田概况

LD 油田位于渤海海域，油田范围内平均水深约 23.0m，主要发育馆陶组，平均孔隙度 30.3%，平均渗透率 2144.7mD。油藏主要为受构造控制的块状底水构造油藏，水体倍数约 20 倍，呈现中等~大水体特点。馆陶组油藏埋深-1970~-1150m，为中浅层油藏，平均油层厚度为 38m。原油性质表现为重质原油，具有黏度高、胶质沥青质含量高、含蜡量低、含硫量低、凝固点中等的特点。利用探井原

作者简介：冉兆航(1989—)，男，油藏工程师，就职于中海石油(中国)有限公司天津分公司。E-mail：ranzhaohang@126.com

油样品，在实验条件为40~280℃条件下进行黏温曲线测定，实验结果认为，该油田稠油对温度具有较强敏感性，黏度变化的拐点温度约56℃。基于PVT取样分析，地层原油黏度为1500mPa·s，属于特稠油油藏。

由于LD油田为底水稠油油藏，投产后，油井含水快速上升，低产井数量逐步增加，约占1/3，部分井在一个月时间内，含水率由0上升至90%，产量递减幅度达80%。总结这类低产井，存在以下四大问题：①原油性质变稠，流动性差；②胶质沥青质堵塞地层及井筒；③边底水稠油油藏，含水上升快；④常规冷采管柱不具备蒸汽吞吐降黏条件。

为改善LD油田的开发效果，针对这类低产井，在不动管柱的条件下开展热化学复合增效技术研究。

2 室内实验

2.1 复合增效技术原理

为提高渗透率恢复作用，考虑通过热+化学药剂协同作用，溶解堵塞在筛管或近井地带有机质，同时，气体疏通渗流通道，降低后续原油流动阻力。通过注热+化学+气体协同作用下，降低原油黏度，增加流动性能。在协同作用下，补充地层能量，可进一步提高开采效果，达到老井增产引效的目的。

吞吐模拟实验装置如图1所示，具体包括以下方面：

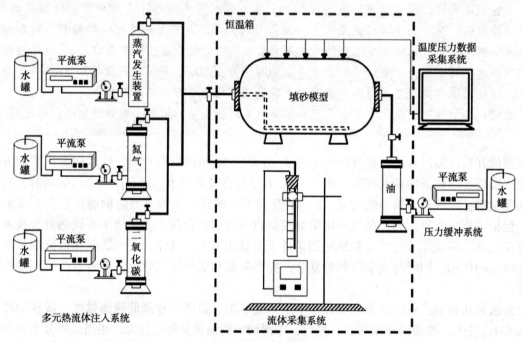

图1 吞吐模拟实验装置图

（1）模型填砂：将模型竖立，从上端填砂口填入配制的模拟地层砂，待砂子到达填砂口后，将填砂口封堵，通过中间轴心小幅度摇晃模型，静止1h，打开填砂口继续填砂，重复几次直到填砂口砂子不再减少。

（2）饱和地层水：恒温45℃，通过柱塞泵以注入速度30mL/min，向模型注入配制的模拟地层水，直到采出端见水并保持1h，恒温放置24h。

（3）饱和地层油：恒温45℃，通过柱塞泵以注入速度30mL/min从模型中部向模型饱和稠油，模型两端同时打开阀门排水，直到模型两端产出液不含水，并保持1h，恒温放置24h。

（4）吞吐采油：从模型下部采出井按照设计速度注入多元热流体，模型中部连接的中间容器打开排水保持模型压力稳定，待达到注入量后关井，焖井30min，控制回压采出直到采液速度低于5~10mL/min，记录注入压力、温度、采出油、气和水变化。

热+化学剂(油溶性降黏解堵剂)+氮气协同作用下，污染恢复率都可达到90%左右，实现解除有机堵塞的目的。

通过二维物理模拟研究论证了，冷采、热水吞吐、热水+化学+气体的增产效果，对比了三种方式下的采油指数(图2)，实验结果表明，注热+气体+化学剂吞吐高峰采油速度可提高到3.6mL/(min·MPa)，相较于冷采，产能提高近4倍，相较于热水吞吐提高2~3倍，周期增油140mL，增油幅度33%。此外，实验结果也表明，热水+气体+化学剂吞吐可有效降低产出含水5%~10%，实现了稳油控水的目的。

在污染程度为2.5%时，不同渗透率级别岩心

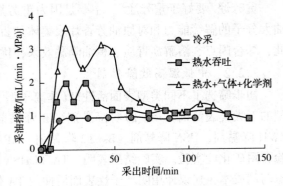

图2　不同开采方式下采油指数变化

2.2　药剂选择

借助稠油热采实验平台，采用行业通用的基础化学原料，形成油溶性多功能降黏解堵体系，主要思路为：①首先筛选主溶剂，通过相似相容原理，对胶质、沥青质分子聚集体能起到溶解、剥离作用，稠油体系的胶体特性减弱，体系黏度降低。②加入表面活性剂，形成空间位阻效应，阻止胶质、沥青质分子再次聚集，具有极强的增溶分散作用。③最后需加入起泡剂，在注入氮气或二氧化碳后，形成泡沫，封堵水的渗流，实现控水目的。

2.2.1　主溶剂选择

主剂优选：以降黏率和溶解沥青质速率为指标，室内评价了几种油田常用溶剂对该油田稠油的降黏效果和溶沥青质，如表1所示。

表1　油田常用溶剂对该油田稠油的降黏效果和溶沥青质效果

类型	溶剂	特稠油黏度，50℃，33085mPa·s								沥青质溶解速率/[mg/(mL·min)]，50℃
		溶剂加入量/%								
		2		5		10		20		
		黏度/mPa·s	降黏率/%	黏度/mPa·s	降黏率/%	黏度/mPa·s	降黏率/%	黏度/mPa·s	降黏率/%	
混合烃类	煤油	22683	31.44	8089	75.55	1835	94.45	943	97.15	0.3
	柴油	28999	12.35	18097	45.30	11414	65.50	6458	80.48	0.2
烷烃	十三正构烷烃	24628	25.56	10818	67.30	3361	89.84	2167	93.45	0.2
	十三异构烷烃	22389	32.33	7307	77.91	1538	95.35	698	97.89	1.4
	十五烷烃	25621	22.56	12235	63.02	4784	85.54	2829	91.45	0.3
芳烃	重芳烃1#(闪78℃)	22974	30.56	8487	74.35	1750	94.71	865	97.39	3.2
	重芳烃2#(闪98℃)	24566	25.75	12250	62.97	3400	89.72	1240	96.25	2.7

实验结果表明：

重芳烃溶剂在解沥青质、稠油降黏效果方面要好于烷烃、主要是重芳烃中含有苯环结构，根据相

似相溶原理，能更好地溶解沥青质。

重芳烃[1#]要好于重芳烃[2#]，主要是因为重芳烃[1#]闪点相对较低，碳链相对较短，渗透性更强，对原油大分子的解缔能力和对原油芳香片聚集体的拆散能力更强，从而使得溶解能力和降黏效果更好。因此，综合闪点、溶解沥青质、稠油降黏效果，优选重芳烃[1#]作为目标溶剂。

2.2.2 中低温高效降黏剂

初步筛选了不同类型表面活性剂(非离子型、非离子-阴离子结合型、阴离子型、阳离子型、复配型的五大类表活剂)共计10种降黏剂(TB降黏剂、TM降黏剂、TA降黏剂、LM降黏剂、AN降黏剂、ZWH降黏剂、HSN降黏剂、Bs-12降黏剂、APG降黏剂、FMES降黏剂)进行高温老化实验、降黏实验、耐矿化度实验。实验结果表明，TA和HSN降黏剂具有良好的耐温、降黏剂和耐矿化度情况，考虑药剂成本，建议使用阴离子性表面活性剂TA作为中低温降黏剂。

120℃老化后1%浓度的中低温高效降黏剂降黏体系对南堡35-2油田B34井、LD21-22井、恩平18-1油田A9井、金县1-1油田A22井原油降黏后黏度在10~57mPa·s之间，50℃下降黏率均在93%以上。但经过160℃老化后，中低温高效降黏剂的降黏效果有部分降低，降黏率在82%~88%之间，但50℃下降黏后的黏度为496.6/mPa·s，较120℃老化后中低温高效降黏剂50℃下降黏后的黏度18.22/mPa·s相差甚远。

中低温高效降黏剂对原油的界面张力在0.32~0.56mN/m之间，随着降黏剂浓度从0.2%增加至1%，油水界面张力逐渐降低。热+中低温高效降黏剂驱油降黏体系对热驱油效率提高幅度大，采用120℃+0.5%中低温高效降黏剂驱替时，最终驱油效率相比于120℃蒸汽驱，提高了11.2%。

2.2.3 中低温强化型起泡剂

室内对不同种类的表面活性剂，开展了性能评价与优选。测定起泡剂在120℃下的阻力因子，实验步骤如下：

(1)制作模拟岩心管，采用地层水驱替，记录地层水驱替压差(基础压差)，同时计算出渗透率。

(2)将配制好的起泡剂装入中间容器，起泡剂浓度为1%。

(3)准备氮气气瓶。

(4)将岩心管放入一维驱替模型中，温度设定为120℃，压力8MPa，然后打开中间容器阀门和气瓶阀门，注入起泡剂溶液和气体，泡沫气液比为1:1，记录泡沫驱替压差(工作压差)。

(5)当驱替2h后，停止注入泡沫，改用清水驱替清洗岩心管。

实验结果表明(表2)，在六种起泡剂中，综合考虑药剂的静态和动态评级结果，建议使用烷基磺酸钠作为中低温起泡剂主剂，为进一步提升药剂起泡强度，加入一定浓度(0.3%)的二氧化硅纳米凝胶提升药剂稳泡性能，起泡性能提升50%。阻力因子表明，强化型起泡剂阻力因子可到178，说明加入稳定剂后，起泡能力有较大提升，能实现控水目的。

表2 不同种类的表面活性剂性能评价结果

样品	外观	起泡体积/mL	析液半衰期/s	阻力因子
酚醚羧酸钠	白色或淡黄色膏体	475	441	121
烷基磺酸钠	白色或淡黄色膏体	480	484	132
十六烷基苯磺酸钠	白色固体	325	320	100
N，N-油酰甲基牛磺酸钠	黄色均匀液体	500	326	78
醇醚磺酸钠(AES)	无色透明液体	450	415	56
醇醚羧酸钠(PH-FA-1)	黄色均匀液体	479	452	73

基于以上研究，最终研发了适用于热化学复合吞吐用的高效多功能化学产品：在注热水+氮气的基

础上，主要添加油溶性多功能降黏解堵剂、中低温高效降黏剂和强化型起泡剂。通过室内实验评价了药剂的效果(图3)，形成油溶性多功能降黏解堵剂，药剂降黏率≥90%，溶沥青速率3.0mg/(mL·min)；研发中低温高效降黏剂，150℃老化后药剂降黏率大于≥95%；优化纳米材料强化型起泡剂，150℃老化后起泡体积450mL，半衰期500s，阻力因子相较于普通泡沫提升50%。

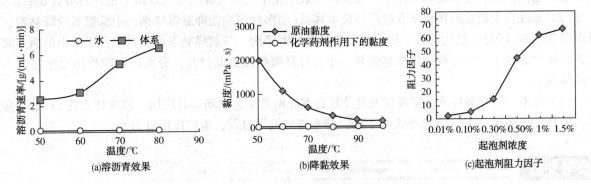

图3 LD油田热化学复合吞吐实施前后效果对比

3 矿场应用

针对稠油油田常见的低效井，分为四大类，制定了四种热化学复合吞吐体系：

第一类，产液高，含水高的井(含水率>80%)：主要加入强化型起泡剂，以控水为主要目的，由阴非离子表面活性剂、乳液聚合物类稳定剂组成，具有较强的起泡、稳泡性能，堵调效果好。

第二类，产液低，含水高的井(含水率>60%)：主要加入溶性解堵降黏剂以及起泡剂，主要由重芳烃、互溶剂、渗透剂等组成，具有分散、溶解和降黏作用，实现有机解堵。

第三类，产液低，中低含水的井(含水率20%~60%)：仅加入溶性解堵降黏剂，由重芳烃、互溶剂、渗透剂等组成，具有分散、溶解和降黏作用，实现有机解堵。

第四类，产液低，低含水的井(含水率<20%)：加入油溶性降黏解堵剂，同时加入水溶性降黏剂，主要由磺酸盐类阴离子表面活性剂组成，可实现稠油乳化分散，降黏的目的。

将本项技术陆续应用于LD油田的11口低效井，控水增油效果突出，以A2H/A3H两口井为例(图4)，A2H井措施前日产油5m³，措施后日产油40m³，日产油提高8倍，而含水率由74.1%下降至4.2%。A3H井措施前日产油16m³，措施后日产油82m³，日产油提高5倍，而含水率由91.8%下降至33.2%，下降幅度大。

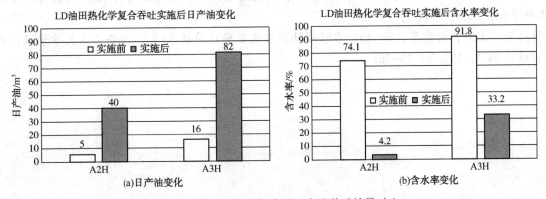

图4 LD油田热化学复合吞吐实施前后效果对比

矿场应用结果表明，针对稠油老井普遍存在近井堵塞、原油黏度大、流动性困难和含水上升快等问题，热化学复合吞吐为增产增效提供了新的思路和方向，技术适用范围广，资源占用少，无需动管柱作业、作业时间短，作业风险小，推广应用潜力大。

4　结论

（1）针对在生产油田稠油老井，近井有机堵塞、含水上升速度快，产出液流动性困难等问题，提出油井复合吞吐增效工艺技术思路。复合吞吐增效工艺利用热水、气与化学的协同作用，实现降低原油黏度，增能保压，控水稳油等作用，实验结果表明化学剂和气体的加入取得了更好的增效效果。

（2）形成自主研发的热化学吞吐产品技术体系（油溶性多功能降黏解堵剂、中低温高效降黏剂、中低温强化型起泡剂）。优化筛选了油溶性多功能降黏解堵剂，药剂降黏率高；自主合成了中低温高效降黏剂；优化形成了纳米材料强化型起泡剂。并针对目前的四类低效井，分类制定四种热化学复合吞吐产品体系。

（3）在不动管柱条件下，实现稠油老井复合吞吐增效工艺现场高效应用，该项技术在 LD 油田实施后，日产油提高 5~8 倍，含水率大幅下降，控水增油效果显著，推广应用潜力大。

参考文献

[1] 常运兴，张新军.稠油油溶性降黏剂降黏机理研究[J].油气田地面工程，2006，25(4)：8-9.

[2] 徐家业，张群正，吴复雷，等.稠油热采添加剂现场蒸汽吞吐试验[J].西安石油学院学报，1998，13(6)：25-27.

[3] 王玉斗，周彦煌，陈月明，等.热-化学复合采油技术研究现状与进展[J].南京理工大学学报：自然科学版，2001，25(4)：444-448.

[4] 陈艳玲，胡江，张巧莲.垦西特稠油化学降黏机理的研究[J].地球科学—中国地质大学学报，1998，23(6)：605-609.

[5] 陈秋芬，王大喜，刘然冰.油溶性稠油降黏剂研究进展[J].石油钻采技术，2004，26(4)：45-48.

[6] 朴弼善，孙加元，陈俊.多功能复合化学剂在蒸汽吞吐中的应用[J].石油钻采工艺，2003，25(z1)：16-18.

[7] 刘慧卿，东晓虎.稠油热复合开发提高采收率技术现状与趋势[J].油气田地面工程，2022，7(2)：174-184.

[8] 胡成亮，魏玉莲，熊英，等.稠油复合吞吐开采技术[J].油气田地面工程，2007，26(10)：21-22.

[9] 陶磊，王勇，李兆敏，等，张继国.CO_2/降黏剂改进超稠油物性研究[J].陕西科技大学学报：自然科学版，2008，26(6)：25-29.

[10] 杨胜来，王亮，何建军，等.CO_2吞吐增油机理及矿场应用效果[J].西安石油大学学报：自然科学版，2004，19(6)：23-26.

稠油井节能降耗型降黏举升工艺适应性分析

孙洪舟　宋新玥　孙　麟　王中华　李大伟　韩吉顺

【中国石化胜利油田河口采油厂】

摘　要：本论文主要研究内容是：以节能降耗增效为原则，如何在多种多样的稠油井降黏举升工艺中，根据不同油品性质和区块条件，针对性选择适合的稠油井降黏举升工艺技术，通过建立科学的选择依据和高效的选择方法，为油田高效开发稠油油藏提供技术支持。

关键词：稠油井举升；节能降耗；井筒降黏；科学高效

中国石化胜利油田河口采油厂稠油储量丰富，稠油产量占全厂原油产量的22.8%，稠油开采对全厂产量形式至关重要，针对稠油特有的黏度大、重质组分含量高等油品性质，河口采油厂在前期的研究和现场应用中，已经研究出大量的举升方式和管柱设计组合，但是由于稠油井分布广泛，区块差异大，以及部分偏远井地面设施配套困难等问题，亟须制定一套科学合理高效的选择方法，保证在可应用的举升方式中选择出节能降耗、经济效益最高的方法，为稠油油田的效益开发提供技术支持。

1　研究背景

1.1　研究目的及意义

中国石化胜利油田河口采油厂位于山东省东营市河口区，油藏类型丰富，稠油储量占比较大，含油面积35.42km^2，探明储量5837.8×10^{4}t，动用地质储量4972.46×10^{4}t，占全厂动用储量的11.1%，年产油60×10^{4}t，占全厂的22.8%。

目前，稠油井开采的井筒降黏主要主要有三种方法，电加热降黏工艺，地面掺水降黏工艺和井筒掺水降黏工艺。本次研究是依据不同的油品特性和区块条件，制定一套科学合理高效的选择方法，保证在可应用的举升方式中选择出节能降耗、经济效益最高的方法，既能保证稠油井的正常生产，又能提高稠油油田开发的经济效益。

1.2　河口采油厂稠油举升工艺研究现状

胜利油田河口采油厂稠油区块多，稠油产量大，稠油井筒降黏技术发展多样化，主要应用的技术有：电加热降黏技术、地面掺水降黏工艺、井筒掺水降黏技术等技术。

1.2.1　电加热降黏举升技术

电加热降黏技术对地面设备的要求简单、生产管理也比较方便，现场应用的主要弊端是：耗电量高、运行成本高。

作者简介：孙洪舟(1986—)，男，本科，2008年07月毕业于大庆石油学院石油工程专业，学士学位，高级工程师，现从事油气田开采研究工作。E-mail：sunhongzhou. slyt@ sinopec. com

1. 电热杆降黏工艺

电热杆采油工艺，目前主要由电热杆、电三通以及电控柜等部件组成，工作时采用交流电，重要的构成部分是空心抽油杆和电缆芯。与其他井筒降黏工艺相比，该技术仅用物理的方法降低产出液黏度，避免了热流体侵入油层造成地层伤害，具有热效率高、工作周期短、不污染地层的特点。

此外，电热杆降黏工艺还有一个分支技术是空心杆热电缆整体加热的技术。主要原理如下：发热电缆通过空心抽油杆、抽油泵的中心通道进入油井尾管部位，通过底部专用加热装置和抽油杆壁，构成一个闭合的回路，利用集肤效应原理同时对泵上、泵下及泵体本身进行加热，从而降低整个井筒内原油黏度，同时也提高了泵效。[1]

2. 电热油管降黏工艺

这项工艺运用了初中物理的一个电学原理：当导体中有电流通过时，导体会发热，热量与电流的平方成正比，用公式表示即是 $Q = I^2Rt$。电热油管降黏工艺正是在这个机理上形成的，目前该技术的电能转换效率已经超过95%。

3. 电缆加热降黏工艺

对于凝固点较高的稠油井，会用到有别于电热杆的电缆加热降黏工艺，主要发热元件是三芯加热电缆，三相电源的两线中间接三芯电缆，并用卡箍将其固定在井下油管的外部，地面柜子送电后，三芯电缆的电阻元件就会发热，热交换的原理会使电缆热量传给井筒内的流体，实现加热井筒内原油的目的。

整个过程电阻元件加热的可控温度在80℃左右，有效功率在45~65W/m。此外，该工艺还有一个最大的优点就是下入深度很深，可以满足深部稠油井的有效开采，跟普通的电热杆降黏工艺相比，缺点是加热效率太低，而且在作业过程中容易受到碰撞而破损失效，这两个不利因素致使该项工艺近年来应用较少。

1.2.2 地面掺水降黏举升技术

对于普通稠油井采用井筒或地面掺水以降回压，在条件允许的情况下最大程度提高掺水温度以提高掺水降黏效果，研究和实践表明，掺水降黏举升工艺生产的油井，其掺入水量以保证井筒内油水混合液的含水率大于80%为宜[2]。

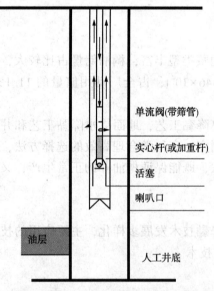

图1 空心杆开式循环掺水抽油系统示意图

单流阀(带筛管)

实心杆(或加重杆)

活塞

喇叭口

油层

人工井底

1.2.3 井筒掺水降黏举升技术

井筒掺水降黏技术在河口采油厂应用的有两类：一是空心杆开式循环降黏技术；二是空心杆密闭式循环井筒降黏技术。

1. 空心杆开式循环降黏举升技术

该技术的基本原理是将本区达标污水经泵房的计量阀组计量、加热炉加热后分配到单井，热水从三通进入空心杆后，经单流阀入油管，再与原油混合形成水包油的乳化液，井口产出液温度可达50~65℃，达到降低原油黏度的目的(图1)。这项技术在河口采油厂广大稠油区块得到了广泛的应用，优点明显：现场管理方便，运行成本低，缺点是配套工程量大且繁杂，主要是地面掺水系统的新建、铺设或改造。

2. 空心杆闭式循环降黏举升技术

该技术是在近年迅速推广起来的一项新型井筒降黏技术，尤其是以同轴式双空心杆掺水降黏工艺为代表，工作原理是：应用地面加热装置，将软化水加热到120℃左右后，通过泵循环，经特制四通接头，导入双空心杆内、外通道，形成一个密闭循环系统，从而达到对井筒原油加热升温目的(图2)。

这套循环系统的热载体不与原油和空气接触，减少了热载体的浪费和泄漏问题，消除了环境污染

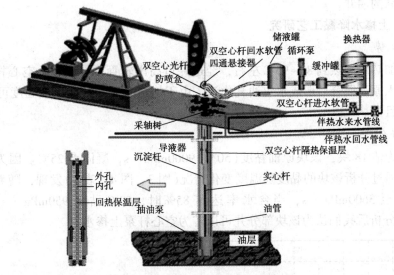

图 2　空心杆闭式循环掺水抽油系统

的可能。该技术单井掺水系统自成独立体系，地面流程较为简单，现场管理方便，运行成本低。主要适用于边缘零散的稠油油井以及原油黏度超高的超稠油井。

3. 井筒化学降黏技术

化学吞吐采油技术是稠油油藏开采的一种有效方法，主要作用原理是通过周期性向油层中挤注处理液，使接触到的稠油强乳化降黏，并有效解除近井地带有机物堵塞、改善油层岩石润湿性，降低油水界面张力，从而使稠油流动性得到改善，激励深部稠油流动，达到提高油井产量的目的。常用的方法包括：水溶性降黏剂降黏、活性水降黏、稠油催化降黏、油溶性降黏剂降黏、加降凝剂降黏等。河口采油厂稠油区块应用较为成熟的降黏剂是水溶性乳化降黏剂，该技术井下工艺较为简单，但管理运行需要投入一定人力，受黏度、含水、矿化度等因素影响，使用效果有一定局限性。

2　研究内容

对已应用井筒降黏技术的井例进行分析，从中总结出各类技术的优缺点、适用条件和实际应用的注意事项。

2.1　电热杆降黏工艺研究

2.1.1　技术优势

耗电量大，成本较高，并且对工作环境要求高，电热杆联接处必须干燥无水。[3] 为了节能降耗，电加热井需要建立使用台账，方便技术人员随时跟踪油井生产情况，根据相关生产数据及时调整加热功热，做好用电挖潜工作。

2.1.2　典型井例

典型井例为沾 11 块某井，该井所在断块为一南高北低的潜山断块高点，预计圈闭有利的含油面积 0.2km²，储量 20×10⁴t，沾 11-斜 1 井原油 50℃黏度 17.3×10⁴mPa·s，60℃黏度 6.6×10⁴mPa·s，70℃ 2.9×10⁴mPa·s，80℃ 1.2×10⁴mPa·s。通过电加热杆+隔热管配套油溶性降黏剂举升工艺，地面管输掺水电加热，井口温度达到 116℃，管输温度 59℃，日产液达到 11m³，日产油 6.4t，使用后功图显示生产状况良好，实现了超稠油冷采，为同类型原油井筒举升提供了借鉴意义。

2.1.3　适用条件

目前河口采油厂共应用该稠油举升工艺 20 口。电热杆降黏举升工艺虽投入相对较高(前期投入电热杆一套需要 25 万元，后期每天平均需用电费 650 元)，但仍可适用于以下油井：油稠井(黏度大于 10000mPa·s)，供液能力不强，含水低原油日产高的稠油井，可以采用电热杆举升工艺；不好管理的偏远稠油井；注汽效果好，原油黏度、地层能量足，地面掺水有困难的高产稠油井；新井投产，采出程度低，稠油黏度高的油井。

2.2 空心杆泵上掺水降黏工艺研究

2.2.1 技术优势

本区污水通过加热炉加热到 80~95℃ 左右，经过井口高压软管、三通进入空心杆后经单流阀、筛管进入油管，与泵入原油混合后形成水包油乳化液。由于加热后的井口产出液温度可达 70℃ 左右，从而达到降黏抽稠的目的。[4]

2.2.2 典型井例

典型应用井例为沾 18 块，该块原油黏度（50℃）9000mPa·s，凝固点 25℃。因为黏度高，该块之前电热杆井较多，通过分析该块的黏度随温度变化情况（图3、图4、表1）发现，随着温度的升高黏度急剧下降，60℃ 降至 3600mPa·s，当含水率达到 85% 时，60℃ 黏度 950mPa·s，50℃ 时黏度值 1137mPa·s，综合分析后我们认为该块部分井可以转为空心杆泵上掺水。

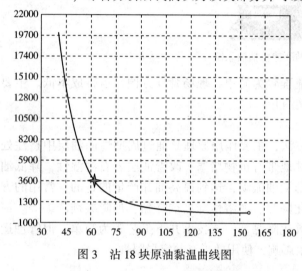

图3 沾18块原油黏温曲线图

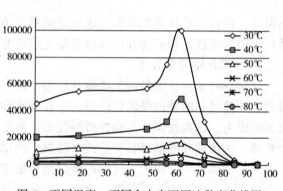

图4 不同温度、不同含水率下原油黏度曲线图

表1 不同温度、不同含水率下原油黏度表

乳化油含水%	不同温度(℃)下的黏度/mPa·s				
	30	40	50	60	70
47.5	56900	26650	11643	3917	2953
56.0	75100	32350	14520	6060	2650
62.2	100500	49400	16350	7060	2090
70	42400	21500	9756	4200	1200
75	22300	12550	6883	2900	860
85	3500	1548	1137	950	657
95	937	230	145	83	29

应用后掺水系统运行正常，掺水压力 2.5~3MPa、泵站出口温度 60~65℃、单井进口温度 50~53℃、总掺水量 380~410m³/d。改掺前后生产稳定，年节约电费 586 万元。

2.2.3 适用条件

目前河口采油厂共应用该稠油举升工艺 267 口。与电热杆相比，空心杆掺水工艺具有投资少、维护费用低的优点。空心杆泵上掺水降黏工艺的适用条件为：黏度不能过高，一般不超过 10000mPa·s；需要建设地面掺水管网，对使用井的地理位置有要求；空心杆泵上掺水降黏工艺，具有一定的局限性，受注汽情况、原油黏度、掺水压力、温度的限制，因此对原油黏度大、注汽差及掺水条件达不到的油井，不建议采用空心杆掺水降黏工艺；对于部分由于掺水压力低，效果不好，供液情况差的井，可采用提高掺水温度或者在掺入水中加入一定量的降黏剂溶液降低油水混合物的黏度，保证正常生产，提高油井产量。

2.3 闭式循环井筒加热工艺研究

2.3.1 技术优势

热载体经循环泵加压升温后，通过四通接头注入 $\Phi42mm$ 空心杆内通道，在尾端经过沉降室，通过外环空返至地面储液罐再次循环加温。

通过分析图5可以发现，井口液温相同时，电加热液温明显高于热水循环井，热损失大。

通过分析图6(加热深度1200m、黏度15000mPa·s、含水75%、液量20m³水循环加热功率15kW时的水循环沿程温度图)可以发现，热水循环进出口温差仅有25℃，小温差加热可以实现节能降耗。

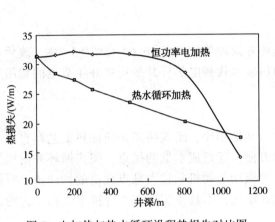

图5 电加热与热水循环沿程热损失对比图

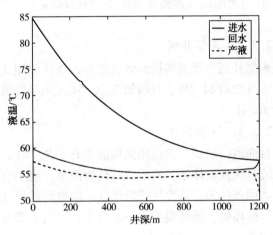

图6 水循环沿程温度图

2.3.2 存在问题

闭式循环井筒加热使用的空心杆直径大，导致举升载荷增大。该工艺目前采用42mm空心杆，相比原来采用36mm空心杆自重增加近2t，导致静载荷增大；由于空心杆直径变大，导致空心杆与油管环形空间变小，同时表面积增大导致摩擦载荷增大，由于空心杆自重增加导致惯性载荷增大，所以该工艺需要配备大功率的拖动电动机和较大悬点载荷的抽油机。

2.3.3 参数优化与应用

我们试验应用闭式循环井筒加热降黏工艺，取得了一定效果，但在实际应用中，不少稠油井出现杆断或负荷重举升困难等问题。我们针对这种情况，通过分析计算闭式循环井筒加热工艺的循环量、循环深度、循环温度对举升载荷的影响，对该工艺进行优化，保证油井的正常生产。

闭式循环井筒加热工艺的参数设计依据和所需热量的计算与空心杆泵上掺水相同。应用的关键点在于优化循环热水参数。在产液确定的情况下，由井口热水温度决定循环水量。

利用埋南91块某井的油井生产数据、油井基础数据及相关流体物性参数，进行了油井热流体循环参数的敏感性分析，根据油井实际循环参数，限定条件为循环量为48m³/d、循环深度为1300m、循环温度为110℃中的一个，产量为15m³/d，分析发现：

(1) 在其他参数不变的前提下，随着循环量增大，表现出悬点最大载荷变小、最小载荷变大、载荷差变小的趋势，井口产出液温度和循环液返出温度均呈现增大的趋势。

① 当地面脱气油黏度是200000mPa·s时，循环量大于48m³/d可保证油井正常生产；

② 当地面脱气油黏度是100000mPa·s时，循环量大于40m³/d可保证油井正常生产；

③ 当地面脱气油黏度是低于20000mPa·s时，循环量在20～30m³/d范围内即可保证油井正常生产。

(2) 在其他参数不变的前提下，随着循环温度增大，表现出悬点最大载荷变小、最小载荷变大、载荷差变小的趋势，井口产出液温度和循环液返出温度均呈现增大的趋势。

①当地面脱气油黏度是200000mPa·s时，循环温度大于等于110℃可保证油井正常生产；

②当地面脱气油黏度是100000mPa·s时，循环温度大于等于100℃可保证油井正常生产；

③当地面脱气油黏度是低于20000mPa·s时，循环温度在80~95℃范围内即可保证油井正常生产。

（3）在其他参数不变的前提下，随着循环深度增大，均表现出悬点最大载荷变小、最小载荷变大、载荷差变小的趋势，但载荷差的降低幅度变小。

①当地面脱气油黏度是200000mPa·s时，循环深度大于等于1100m可保证油井正常生产；

②当地面脱气油黏度是100000mPa·s时，循环深度大于等于900m可保证油井正常生产；

③当地面脱气油黏度是低于20000mPa·s时，循环深度在600~900m范围内即可保证油井正常生产。

2.3.4 典型井例

典型井例为埕南超稠油区块某井，该井改闭式循环井筒加热前产量36.6%/5%/86.3%，改后产量44.8%/8.2%/81.5%，日增油3.2t。闭式循环井筒加热技术代替电热杆井平均单井年节电的费用约为30万元/口。

2.3.5 适用条件

目前河口采油厂共应用该稠油举升工艺140口。与其他相比，闭式循环井筒加热工艺具有单井掺水系统自成独立体系，地面流程较为简单，现场管理方便，运行成本低的优点。闭式循环井筒加热工艺的适用条件为：需要气管网供气；需要配备大功率的拖动电动机和较大悬点载荷的抽油机；对循环深度、循环量、循环温度有一定要求；适用于部分地处偏远，不具备实施空心杆掺水降黏工艺的地面条件的井。

3 研究结论

（1）本次研究汇总了河口采油厂常用的各类稠油井井筒降黏举升工艺技术（表2），并对其优缺点进行了比对分析。

表2 常用稠油井举升工艺技术表

稠油举升工艺技术	电加热降黏工艺	空心杆单芯电缆加热降黏工艺	
		空心杆三芯电缆加热降黏工艺	
	井筒掺水降黏工艺	地面掺水降黏工艺	
		空心杆开式循环降黏举升技术	套管掺水降黏技术
			空心杆泵上掺水降黏技术
		空心杆闭式循环降黏举升技术	同轴杆中杆循环降黏技术
			杆中连续杆循环降黏技术

（2）本次研究通过对现有的井筒降黏举升工艺技术进行筛选分析，通过科学研究和现场实践总结出各降黏举升工艺的适用范围，对后续的稠油井开发具有很强的指导作用。

①对于原油黏度介于3000~10000mPa·s之间的稠油井，具备配套掺水条件的，使用空心杆开式循环降黏举升技术；

②对于原油黏度介于3000~10000mPa·s之间的稠油井，不具备配套掺水条件，但有气管网的，使用杆中杆闭式循环降黏举升技术；

③对于原油黏度介于3000~10000mPa·s之间的稠油井，不具备配套掺水条件，且无气管网的，使用电热杆降黏举升技术；

④对于原油黏度介于10000~200000mPa·s之间的稠油井，有气管网的，使用杆中杆闭式循环降

黏举升技术；

⑤ 对于原油黏度介于 10000~200000mPa·s 之间的稠油井，无气管网的，使用电热杆降黏举升技术；

⑥ 同时，对于黏度大于 30000mPa·s 稠油，需配套井筒保温；黏度大于 100000mPa·s 稠油，需要配套降黏剂加井筒保温。

（3）制定出了一套科学合理高效的稠油举升工艺筛选表（图 7），为稠油油田的效益开发提供技术支持。

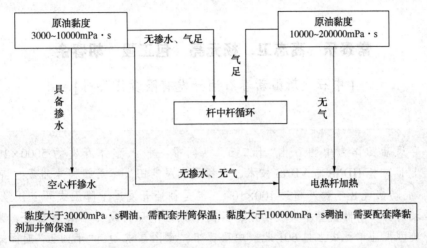

图 7　稠油举升工艺筛选表

参考文献

[1] 徐娜娜. 稠油井举升方式优化策略[J]. 石油石化物资采购, 2019(31): 43-43.

[2] 王忠滨, 崔海亮, 林秋民. 孤岛油田稠油井动态"一井一策"管理技术[J]. 内蒙古石油化工, 2012(5): 101-102.

[3] 杨帆. 油田稠油举升工艺现状及适用性技术研究[J]. 石油石化节能, 2021(4, 5-8): I0002, I0003.

[4] 王艳玲. 孤东稠油井井筒举升工艺应用效果分析[J]. 今日科苑, 2008(16): 76-77.

浅薄层超稠油油藏的持续高效开发技术及发展方向

常泰乐　高志卫　杨元亮　包正强　胡春余

【中石化新疆新春石油开发有限责任公司】

摘　要：春风油田作为中国石化"十二五"期间唯一投入整体开发的 $5000×10^4t$ 级储量油田，"十三五"期间依托 HDNS 与 VDNS 技术，支撑了春风油田浅薄层超稠油油藏的持续高效开发。截至 2022 年，成功实现 8 年稳产超过 $100×10^4t$。但是稠油开发属于降压式开采，经过近 12 年的高效开发，区域内易动用储量基本实现动用，且高周期后老区开发矛盾日益凸显。为此新春公司选取胜利西部典型稠油单元成立排 601 北、中项目组，意图寻求如何"十四五"期间老区实现连续稳产、可持续发展。项目组接手排 601 北、中区块后先后通过开展梳理目前区域基本情况，研究目前先进开发技术，完成 8 项成熟技术扩展，研究攻关了 2 项接替技术，调研储备了 2 项前瞻技术，支撑了春风油田浅薄层超稠油油藏的持续高效开发。力求在产生了巨大社会经济效益的同时，形成的关键技术丰富了稠油开发理论与技术，通过推广应用到新疆、河南以及胜利东部等同类型油田，支撑了低品位超稠油油藏的规模效益开发。

关键词：春风油田；浅薄层油藏；蒸汽吞吐；驱泄复合；冷热交替；火烧驱油

1　前言

春风油田排 601 北区、中区是胜利西部投入最早、最典型的产能区块，储集层系为沙湾组，动用储量 1000 多万吨，埋藏深度 -610~-420m，砂体平均厚度 7.4m，油层厚度 3~6m，孔隙度 31%~35%，渗透率 2~5μm²，地面原油密度为 0.9235g/cm³，油层温度 18~32℃，地下原油黏度 50000~90000mPa·s，当温度为 50℃ 时原油黏度为 4000~7000mPa·s，地层水为氯离子含量为 1127.0~7349.0mg/L 的 $NaHCO_3$ 水型，矿化度为 2974.0~14062.0mg/L，属于薄浅层特超稠油高渗透砂岩油藏。针对该区域埋藏浅、厚度薄、地层压力低，地层原油黏度高特点，春风油田创新使用 HDNS 吞吐技术，目前可采储量 $212×10^4t$，采出程度 15.8%。稠油开发属于降压式开采，经过近 12 年的高效开发，区域内易动用储量基本实现动用，且高周期后老区开发矛盾日益凸显。这些对于落实集团公司党组提出的推动准噶尔盆地发展规划落实，新春公司"十四五"规划目标落地，实现春风油田老区油井的有效、高效开发，提出了巨大的挑战。

基金项目：国家重点研发项目"稠油化学复合冷采基础研究与工业示范"（编号：2018YFA0702400）、中国石化科技攻关项目"胜利 2020 年油气开采基础前瞻项目"（编号：P20058）联合资助。

作者简介：常泰乐（1988—），男，汉族，贵州大学，内蒙古包头人，硕士，中级工程师，研究方向为油气田开发专业。E-mail: changtaile.slyt@ sinopec.com

2 春风油田老区稳产的难点分析

2.1 春风油田规模阵地越来越少，新井补充较弱

此次分析数据来源是 2010—2021 年开发数据，目前春风油田动用储量为 8000 多万吨，连续 8 年年产油超过 $100×10^4$ t，从动用储量来看，春风油田稠油动用储量占公司动用储量的 93.3%；从年产量来看，春风油田稠油年产量占公司年产量的 88.8%。春风油田稠油开发能否持续稳定对于新春公司老区稳产与公司"十四五"发展全面可持续发展具有重要意义。但是从油田历年新投井的变化情况来看，从总体来看，春风油田稠油的产量的稳步提升主要与每年新井投产量与老井措施有效率有关（表 1），例如 2016 年产量的回落，主要原因是该年新井投产仅为 10 口，新井产量贡献率较低，但从春风油田开发情况来看，由于近 11 年的勘探开发，主体已基本实现动用，剩余未动用储量主要以带边底水稠油为主，可动单元区块趋于零散，建产 $5×10^4$ t 以上的规模阵地越来越少，新井补充较弱，平均年递减为17.9%，稳产难度较大，需要高效的措施来延缓递减率。

表 1 春风油田浅薄层稠油历年新井生产情况统计表

年度	投产井数/口	产量占比/%	年总递减/%
2010 年	45	1.7	10.2
2011 年	115	4.9	14.8
2012 年	63	5.4	13.3
2013 年	174	8.9	20.1
2014 年	68	2.3	21.4
2015 年	221	12.6	17.6
2016 年	10	0.8	14.9
2017 年	123	8.8	22.9
2018 年	66	7.7	20.9
2019 年	135	17.2	22.9
2020 年	124	21.0	—
2021 年	84	8.5	—

2.2 老区吞吐轮次增加，经济效益逐年变差

通过油藏特征规律研究，精细储层描述，在此基础上结合动态监测资料，与数模结果相印证，综合研究来看稳产难度之所以大，主要有以下几个原因：一是整体吞吐轮次较高，蒸汽吞吐开发效果效益逐年变差。例如排 601 北、中区块开发时间较长，目前 26~30 周期油井占比较高，根据三线四区分类，目前无效、低效井占总井数的 51.9%（表 2）。随着吞吐轮次增加，导致产能和效益双下滑。以排601 中区为例，目前生产井 50% 油井集中在 21~30 周期，周期生产从 160d 下降到 130d，周期平均日产油从 8.5t 下降到 2.3t，吨油操作成本由 916 元/吨上升至 924 元/吨。

表 2 春风油田排 601 中区油井效益情况统计表

按吨油利润分类		采油井/口	产液量/t	产油量/t	含水/%	吨油利润/元	吨油成本/元
高效(>1400 元)		13	5957	1053	82.3	1491	496
有效(1000~1400 元)		26	5910	842	85.8	1263	724
低效(0~1000)	>目标值 593 元	22	4433	530	88	830	1157
	<目标值 593 元	12	4261	415	90	323	1664
	小计	34	4373	489	88.8	651	1336
无效(<0)		8	3022	185	93.9	-796	2783
总计		81	4987	663	86.7	839	1148

第二个问题是高轮次吞吐，压降逐渐增大，由于储层埋深浅，原始地层能量弱，经过多年吞吐降压开发，老区地层能量保持率低于50%。同时，近井压力降低，导致储层流体没有足够的生产压差输送至井筒并采出，高周期油井呈现"高温低液"的生产特点(图1)。

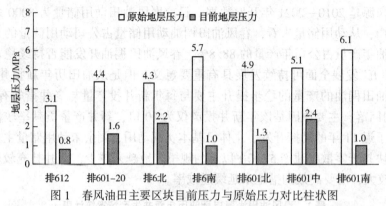

图1　春风油田主要区块目前压力与原始压力对比柱状图

第三个问题是降压开采造成边底水内侵，含水逐年升高，受边底水影响，单元内地层能量保持率低造成多个单元水淹区逐年扩张。例如投入最早的排601北中单元，目前关停27口(不包含报废25口)，占关井数的47.4%，位于区块的东部和北部，损失可采储量62.3×10⁴t(图2)。

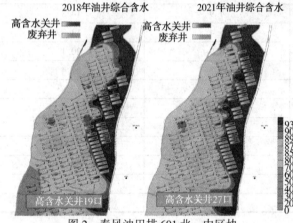

图2　春风油田排601北、中区块
2018—2021年含水井变化图

2.3　老区井间与排间剩余油相对富集，存在一定潜力

通过对以上问题进行细致分析，深化地质认识，总体来看，单井间开发效果差异大，而差异蕴含也表明有很多潜力，一方面老区低效井、无效井储量规模较大，随着勘探难度增加，老区储量落实，较发现新储量节省前期投入，且基础配套，较动用新储量开发投入少。另一方面根据近两年的浅钻井钻遇情况与更新井生产情况实现，高轮次吞吐后井间剩余油相比原始含油饱和度有所下降，但仍相对富集。同时根据区块数值模拟也显示目前春风油田老区剩余油普遍分布，差异富集。平面上井间、排间富集剩余油，靠近东部断层附近储量动用程度低，这一些也显示了目前老区油井在采收率、采油速度提升方面还具有一定潜力，而这一切的潜力都可以让我们挖潜增效(图3~图4)。因此，2022年项目组基于胜利西部最具代表性的老区排601北、中区块问题与潜力分析，以老区高质量可持续发展为导向，以广泛调研+精细措施实施为手段，持续探索胜利西部拓宽存量实现公司的持续稳定发展之路。

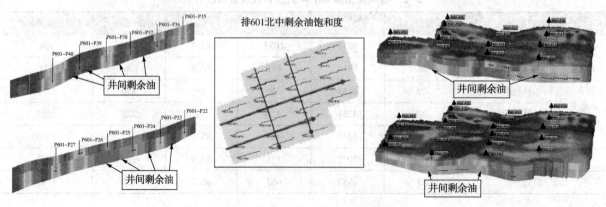

图3　春风油田排601北区井间、排间数值模拟

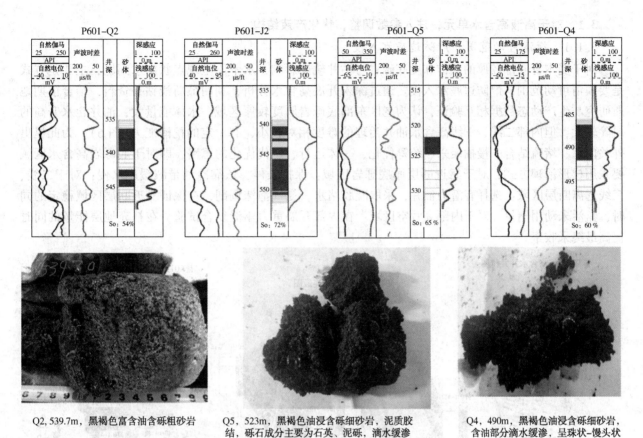

Q2, 539.7m, 黑褐色富含油含砾粗砂岩　　Q5, 523m, 黑褐色油浸含砾细砂岩, 泥质胶　　Q4, 490m, 黑褐色油浸含砾细砂岩, 结, 砾石成分主要为石英、泥砾, 滴水缓渗　　含油部分滴水缓渗, 呈珠状–馒头状

图 4　春风油田老区浅钻井含油饱和度与取心图

3　全力抓好老区现有成熟技术

从老区油井的生产动态来看, 老区油井目前主要存在两个问题: 一是受储层物性影响, 例如在排 601 条带西北部出现部分油井低产低效; 二是受低饱和度底砾岩与高存水影响的高液高含水油井较多, 例如排 601 北、中区块的东部。为此 2022 年项目组重点针对这两点问题, 对各个关键要素作用机理的基础上进行协同融合, 跟踪分析注采参数对开发效果的影响, 从油井转周着手, 尤其对于高轮次后, 油井加热半径已趋于固化, 为此需要兼顾产量与效益, 对不同吞吐周期的注汽强度、氮气用量、降黏剂使用条件及用量进行了优化, 结合目前 7 项成熟的采油技术, 进一步丰富 HDNS 与 VDNS 吞吐技术(图 5)。

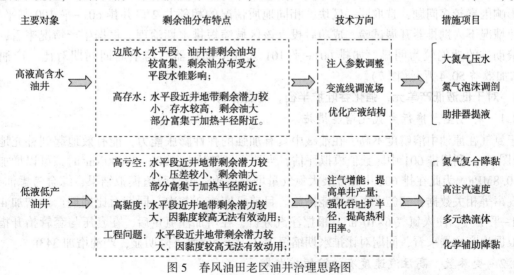

图 5　春风油田老区油井治理思路图

3.1 对于高液高含水单元，注入参数调整，优化产液结构

3.1.1 摸清可动范围，严防边底水入侵

对于受本身底部较厚的低饱和度底砾岩与钻井轨迹影响，水平段呈现点状出水问题，主要是方式是要摸清可动范围，严防边底水入侵。通过深入开展高含水分析，利用最新浅钻井资料，结合前期地质研究与生产动态数据相互验证，认为老区东部底砾岩厚度较厚区域，水体能量大，油井含水升高的风险较大，但内部二线、三线高含水油井治理的难度相对较小，有一定的挖潜能力（图6）。为此提出外关内驱、堵疏结合、慢抽缓采、统筹优化、一体运行、迭代优化的思路，即对于底砾岩高含水区域要采用梯形治理方式，对于靠近断层厚底砾岩区域：保持长停，依靠冷油带减缓底水侵；对于二线、三线远离断层区域：选择有潜力油井，采取凝胶堵水，氮气泡沫调剖，在保证靠近断层区域稳定的同时，盘活未动用储量。对于内部高亏空区域：在内部开展重力驱泄复合试验，在补充地层能量的同时提高最终采收率。

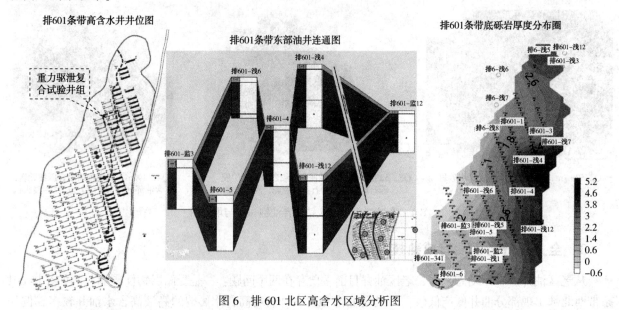

图6　排601北区高含水区域分析图

3.1.2 强化排液能力，减缓存水影响

针对本身储层相对较好，但受高轮次影响，近水平段动用后，存水逐渐增加，热效率受效减损，注入参数调整，变流线调流场，优化产液结构。主要是通过调研，通过引入助排器，根据其提液助排的特点，选取了有效厚度相对较厚，累产油、累产水相对较多，排水期相对较长的，同时为解决单一井试验影响因素较多问题，选取同一区块，相同地质情况的相邻井2口井排601-平100与平101井，根据作业情况下入助排器开展试验，成功后投入该区域缩短排水期治理。根据生产情况来看，助排器起到提液助排的功能较为明显，如排601-平101入井下助排器后与上周期同期对比，产油量增加240t，增加效益50.4万元（图7）。

3.2 对于低液低产单元，强化吞吐扩半径，提高热利用率

3.2.1 补亏空，推行大氮气增能措施

由于氮气在原油中溶解度不高，在油藏中具有加强的弹性膨胀能力，能有效地起到补充地层能量的作用（图8），利用排601中区数值模拟评估，当注入氮气增加 $5000\sim30000Nm^3$ 时，可以增加地层压力 $0.5\sim0.8MPa$，为此在排601中区开展大氮气量增能措施，依靠数值模拟结果，综合考虑油井亏空、存水、气窜等相关数据，实施大氮气增能措施。目前已实施2井次，同期对比周期产油增加435t，其中排601-平1井，注入氮气 $6\times10^4m^3$，根据注汽分析，在增加注氮量后，在套压与套管抬升指标明显变好，根据生产数据来看，同期对比排水期缩短15d，综合含水下降明显，产油增加343t。

3.2.2 变参数，高注汽速度有效缩短排水期

根据胜利油田经验公式蒸汽吞吐下特稠油的极限流动半径大部分在 $40\sim50m$ 之间，排601中区井

距与排距为100×120m。且根据四维地震测试资料与目前生产动态油井的温度场等值线图分布情况均表明，目前中区低效井区域由于受黏度影响，储层平面动用明显不均，大部分仅动用A、B靶点附近稠油，整体呈点状动用，尚具有一定的动用潜力(图9)。选取排601中部1口高轮次、高黏度、低产低效典型油井，开展大注汽速度试验。第一轮在注汽量相同条件下，较上周期排水期缩短7d，目前已完成第二轮注汽(注汽量减少460t)，同期对比排水期缩短1d，产油量增加118t，效益增加29.5万元，目前第二益已超过停产前一轮次生产效益。

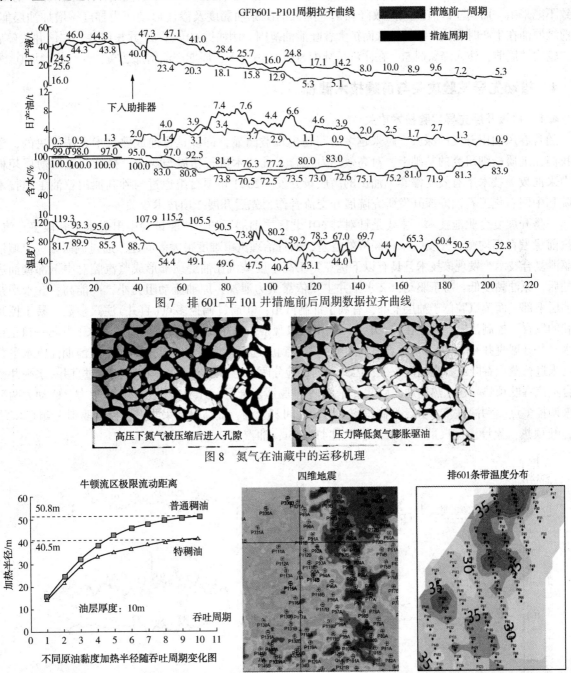

图7　排601-平101井措施前后周期数据拉齐曲线

图8　氮气在油藏中的运移机理

图9　春风油田老区油井加热半径综合分析图

3.2.3　调流场，氮气复合降黏技术见成效

氮气复合降黏技术将氮气与注入药剂充分混合，形成气溶胶或微泡沫，能够实现高效降黏和驱调于一体，扩大波及体积，改善油水流度比，提高驱油效率，从而有效动用地层剩余油。针对多轮次后近井地带形成稠油环常规吞吐无法突破沟通低黏度原油问题，依托氮气复合降黏、大注汽速度等技术，提高

周期油汽比。例如对排601-平140井开展氮气复合降黏吞吐试验。在总结借鉴排626区块高效降黏体系试验存在问题的基础上，进行迭代优化，充分利用复合体系吞吐降黏强、封堵强、助排等特点，通过配合蒸汽增加原油降黏效果，达到"一加一大于二"的效果，提高油井的整体开发效果，通过实施效果来看，生产时间、温度等指标向好，日产油较上一轮增加4.6t，油汽比提升0.110，效益提升21.6万元。

3.2.4 抓主因，化学降黏辅助油井无效变有效

相关文献指出，对于特超稠油当注入蒸汽时蒸汽加热前缘温度高于原始温度，但原油黏度仍较高，导致不能采出。而当注汽前注入高效降黏剂，降低前缘原油黏度及渗流启动压力梯度、增加油层能量，使前缘原油在生产时能流入井筒，从而扩大吞吐泄油范围。例如排601-平97井长停井，在该井扶停后的第二轮次转周前，注入降黏剂5t，在注汽量减少800t的情况下，周期产油增加279t，油汽比增加0.22。

4 推动先导试验攻关与前瞻技术储备

4.1 积极开展先导实验技术攻关

随着春风油田开发的深入，越来越多的问题也日益凸显，许多是目前成熟技术无法解决的，还需要我们在地质精细研究的基础上，对高效热力复合采油技术进行拓展与深化，持续完善浅薄层超稠油热力采油攻关技术来有效支撑春风油田的高质量开发。2022年项目组通过与胜利油田石油工程技术研究院和中国石化工石油勘探开发研究院展开交流合作，先后开展2项技术攻关。

一是开展复合驱泄技术。主要是针对排601北区之前展开的蒸汽驱试验中出现水平井段多点汽窜，蒸汽前缘发育不均衡，开发效果和经济效益差，而且治理汽窜难度很大等问题。通过调研新疆风城油田的驱泄复合技术，发现该技术且具有以下优点：①高干度蒸汽在油层顶部形成蒸汽腔对中下部稠油进行降黏后，原油黏度低，易于驱动；②水平井主要依靠重力泄油，原油流动阻力小，产能高；③水平井位于油层下部，而蒸汽腔位于油层上部，有利于抑制汽窜；④通过调控多点（直井）注汽参数，易于控制蒸汽腔的发育，控制汽窜。为此在排601北区利用两口观察井直井前期与一口前期注汽水平井与一口正在生产水平井开展直井+水平井驱泄复合试验研究，考虑到所选两口观察井直井前期与一口前期注汽水平井前期均未进行蒸汽吞吐或吞吐轮次较少，因此计划试验分两步走，逐步推进，即前期通过直井+水平井整体组合蒸汽吞吐预热，建立热连通，后期直井-水平井驱泄复合组合开发，利用该技术重力、驱动力两种作用来调控多点（直井）注汽参数，抑制汽窜，驱动井间剩余油，提高最终采收率。目前驱泄井组已实施三轮吞吐预热，累计注蒸汽量16100t，累产油4103.5t，油汽比0.255（图10）。

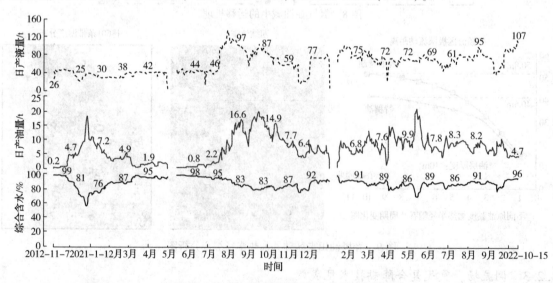

图10 排601北区驱泄复合井组开发曲线

二是开展冷热交替技术。近年来，一方面受环保要求，春风油田稠油热采注汽锅炉由燃油改为燃气，但自产气量严重不足，受外购天然气价格影响，制汽成本大幅上升。另一方面，多轮次吞吐后，

地温场已基本建立，而注入蒸汽油受地下存水、亏空等因素影响降黏效果。为此需要转变降黏方式，攻关化学剂降黏冷采技术成为胜利西部稠油降本增效的重点研究方向之一。与蒸汽热采相比，化学剂降黏冷采施工流程简单、成本低、排放低，单井周期注入费用节约(30~36)万元，每少注1t蒸汽，可减排0.15t二氧化碳。2022年开始排601北、中项目组经过与中国石化石油勘探开发研究院交流，引入了冷热交替技术，目前已实施2口，其中实施时间较长的排601-平146井目前日产油5.1t，排水期较正常吞吐时缩短21d(图11)。

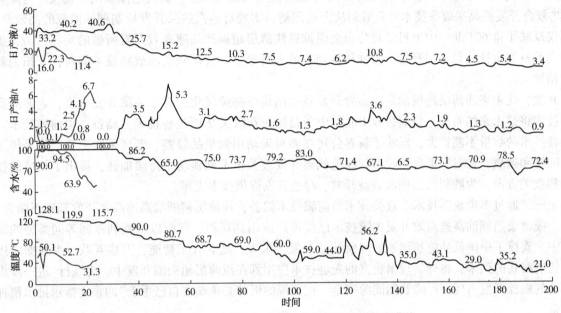

图11　排601-平146井措施前后周期数据拉齐曲线

4.2　坚决做好前瞻开发技术储备

对于油田开发来说，如何高轮次吞吐接替技术的探索是重中之重，为此通过多次调研，建议储备两项前瞻技术。一是锅炉烟道气回收利用技术。稠油热采制汽锅炉产生的烟道气中含有10%~15%的二氧化碳和80%~85%的氮气，可以有效改善油田开发效果、提高采收率，烟道气回收利用技术具有节能减排和提高采收率的双重意义。须研制锅炉烟道气安全高效的回收、净化、注入专用设备，实现锅炉烟道气资源化利用；开展不同油藏类型不同开发方式下烟道气适应性研究，形成烟道气开发的筛选标准，保障开发效果。二是火烧驱油技术。火烧驱油通过燃烧储层剩余的重质组分加热并驱替轻质组分，具有蒸汽驱、气驱、混相驱和非混相驱等复合驱油机理，是黏度小于50000mPa·s稠油油藏提高采收率的有效接替技术。通过调研可知新疆油田的红浅1井区，通过实施火烧驱油技术，阶段累产油超过9×10⁴t，阶段采出程度22%，预期最终采收率65.1%效果。通过对比国内外油田火烧油层开发效果对比表，我们区块内的排601中区以及排601-20区块地质基础相仿(表3)，通过数模研究表明，排601-20区块采用火烧驱油技术作为高轮次吞吐接替技术，预计可提高采收率18%左右。

表3　国内外油田火烧油层开发效果对比表

分类	区块名称	埋深/m	厚度/m	渗透率/mD	孔隙度/%	原油黏度/mPa·s	S_o/小数
国外油田	Suplacu(罗马尼亚)	76	13.7	2000	0.32	595	0.78
	Miga(委内瑞拉)	1234	6.1	5000	0.23	280	0.78
	Pavlova(苏)	250	7.0	2000	0.32	2000	0.78
	Balol(印度)	1050	6.5	10000	0.28	150	0.70
国内油田	杜66	950	5.5	781	0.26	2000	0.50
	红浅1块	550	7.7	760	0.25	16608	0.30
春风油田	排601中区	440~660	2~7	5158	0.32	50000~90000	0.65
	排601-20	360~550	0.8~6	1160	0.36	24800~42000	0.66

5 浅薄层超稠油可持续开发技术的未来展望

通过对春风油田的开发情况分析，可以鸟瞰春风油田浅薄层超稠油高速高效开发的整体状况，并借此展望春风油田浅薄层超稠油在未来的开发趋势。

首先，成熟技术在老区未来开发过程中将继续大放异彩，当前稠油蒸汽热采开发后期面临的主要问题，包括：蒸汽超覆及汽窜带来的能量损耗；注蒸汽储层物性变化；热采过程中原油性质变化及边底水的水体侵入。排601北、中项目组2022年通过应用大氮气压水、氮气泡沫调剖、氮气复合降黏等7项热复合开发提高采收率技术可有效解决上述问题，实现对蒸汽热采开发后期稠油油藏的高效开发。这不仅反映了排601北、中项目组对公司全面推进浅薄层超稠油高速高效开发所做的实际努力，更反映在当前日益重视油藏精细开发，力推科技创新的大背景下，公司坚实的成熟技术储备，开拓创新的石油精神。

其次，在未来浅薄层超稠油高速高效开发技术结构将持续优化，对于油藏开发来说，老区的高效接替技术将是未来的希望，目前排601北、中项目组正在攻关2项接替技术，储备2项前瞻技术，高效接替技术的数量不断扩大，反映了新春公司在面对未动用储量品位差、老区采收率低、热采排放量大等问题和挑战，在老区提高采收率和绿色低碳开发攻关技术创新动力持续加强，提出了相应的技术对策和攻关方向，为胜利西部稠油效益开发、绿色开发提供技术支撑。

第三，通过多项成熟技术、攻关技术与前瞻技术储备，浅薄层超稠油高速高效开发基础不断夯实。目前，浅薄层超稠油高速高效开发关键技术已经推广应用到新疆、河南以及胜利东部等同类型的油田开发中，支撑了中国低品位超稠油的规模效益开发。未来，随着人工智能、万物互联、大数据应用等新的智能时代的到来，将会涌现出更多的先进技术应用到在浅薄层超稠油开发中，为践行"进一步提升国内油气勘探开发力度，保障我国能源安全，把能源的饭碗必须端在自己手上"的重要指示批示精神积蓄力量。

参考文献

[1] 杨勇. 胜利油田稠油开发技术新进展及发展方向[J]. 油气地质与采收率，2021，28(6)：1-11.

[2] 常泰乐，杨元亮，高志卫，等. 氮气泡沫在浅薄层超稠油油藏开发中的适用性[J]. 新疆石油地质，2021，42(6)：690-695.

[3] 顾浩，孙建芳，秦学杰，等. 稠油热采不同开发技术潜力评价[J]. 油气地质与采收率，2018，25(3)：112-116.

[4] 马翠玉，刘月田，王春红，等. 浅薄层稠油油藏水平井蒸汽吞吐注汽参数分析[J]. 科学技术与工程，2013(8)：2203-2207.

[5] 张华珍，邱茂鑫，张珈铭，等. 2021国外油气田开发技术发展动向与展望[J]. 世界石油工业，2021，28(6)：66-73.

[6] 葛明曦. 辽河油田中深层超稠油SAGD开发技术[J]. 特种油气藏，2021，28(4)：F0003.

[7] 张方礼，户昶昊，马宏斌，等. 辽河油田火驱开发技术进展[J]. 特种油气藏，2020，27(6)：12-19.

[8] 李苒，陈掌星，吴克柳，等. 特超稠油SAGD高效开发技术研究综述[J]. 中国科学：技术科学，2020，50(6)：729-741.

[9] 任芳祥，孙洪军，户昶昊. 辽河油田稠油开发技术与实践[J]. 特种油气藏，2012，19(1)：1-8+135.

[10] 王传飞，韦涛，李伟，等. 浅薄层超稠油油藏HDNS高轮次吞吐开发特点及接替技术研究[C]. 西安石油大学、陕西省石油学会：西安石油大学，2019：980-987.

基于数据驱动的水平井蒸汽吞吐产量预测方法

王成成　李　超　张言辉　刘美佳

【中海石油(中国)有限公司天津分公司渤海石油研究院】

摘　要：针对稠油油藏水平井蒸汽吞吐产量影响因素众多、传统神经网络产量预测模型泛化能力弱、稳定性差的问题，基于主成分分析(Principal Component Analysis，PCA)和随机森林算法(Random Forest，RF)提出一种PCA-RF产量预测机器学习模型。首先利用相关分析筛选出水平井蒸汽吞吐产量的主控因素，并通过PCA对水平井产量主控因素进行主成分提取，再利用集成机器学习算法RF对主成分提取之后的样本数据进行学习训练，并优化了模型参数决策树数量和最大树深度，最终形成产量预测机器学习模型。实例应用表明，PCA-RF产量预测组合模型可以较为准确地预测水平井蒸汽吞吐周期产油量，预测平均相对误差小于10%。该方法对稠油油藏蒸汽吞吐生产动态开发调整以及大数据和机器学习在石油方面的应用研究具有重要的现实意义。

关键词：稠油油藏；蒸汽吞吐；水平井；产量预测；机器学习；主成分分析；随机森林

稠油油藏的渗流规律与开发规律不同于常规油藏，正确合理地预测稠油油藏水平井蒸汽吞吐的产量变化，对于较好地利用水平井进行稠油油藏的高效开采，具有深远而重要的意义[1]。目前的稠油水平井蒸汽吞吐产量预测方法主要有Arps产量递减分析法[2-3]、数值解析模型[4-5]、数值模拟法[6]、多元线性回归[7-8]等。但是这些方法适用条件苛刻，应用范围小，具有一定局限性。BP神经网络[9]因可以描述多个自变量与一个或多个因变量之间的非线性关系，挖掘数据之间隐藏的规律，建立多变量的产量预测模型，与其他产量预测方法相比预测结果更加可靠，因而在产量预测中应用广泛。但传统的BP神经网络模型往往会产生过拟合的问题，即对训练集的拟合效果很好，但对测试集的预测效果精度很差，导致训练出来的预测模型没有实用价值；且影响产量的因素众多，主观选取往往没有考虑影响因素与产量的相关程度以及影响因素之间的相关性，一定程度上也造成BP神经网络产量预测模型训练速度慢和产生过拟合的问题。

针对上述问题，笔者提出一种PCA-RF产量预测组合模型。在根据油藏工程理论尽可能全面地选取水平井产量的影响因素的基础上，先利用相关分析对水平井蒸汽吞吐产量的主控因素进行筛选，然后采用主成分分析法(PCA)对主控因素进行主成分提取，消除了主控因素间的相关性，减少模型参数输入，且保留了样本数据的绝大部分信息；最后利用集成机器学习算法中的随机森林(RF)对水平井蒸汽吞吐历史生产数据进行学习训练，避免了预测模型过拟合的问题，提高了预测模型的泛化能力。所建立的稠油油藏水平井蒸汽吞吐产量预测模型经矿场实际数据测试，可以对水平井周期产量变化进行较为准确的预测，为生产开发决策提供指导。

作者简介：王成成，就职于中海石油(中国)有限公司天津分公司，助理工程师。E-mail：wangchch7@cnooc.com.cn

1 研究区概况

目标油藏 xx 区块位于 xx 油田中部，区域构造上属于准噶尔盆地西部隆起的次一级构造单元。主力油层埋深 440~660m，厚度为 2.5~16m，平均为 9.1m，孔隙度为 35.5%，平均渗透率为 4660×10^{-3} μm^2，油藏温度 28℃时，脱气原油黏度为 50000~90000mPa·s，属于典型的"浅薄低稠"高孔高渗油藏。该区块从 2010 年投入开发，至今已投入开发蒸汽吞吐水平井 306 口，大部分油井蒸汽吞吐已超过 15 个周期，整体已进入高轮次吞吐阶段。

2 基于 PCA 和随机森林的水平井产量预测方法

本文所提出的水平井蒸汽吞吐产量预测方法基于各水平井蒸汽吞吐生产历史大数据，对已投产水平井蒸汽吞吐历史生产数据进行学习训练，挖掘出其中隐藏的规律，预测其他水平井蒸汽吞吐的周期产油量，样本数据量越大，预测结果越准确。目前，该油田已经建立了完备的油田基础数据库，能够快速获取已投产各水平井的生产动态数据以及地质、工程方面的静态数据。

2.1 数据收集与预处理

根据各水平井吞吐周期历史生产数据的完整性、准确性以及数据规模，选取其中 180 口蒸汽吞吐水平井作为研究样本对象，收集了这些井从投入开发至今的吞吐周期生产数据，共 2906 个吞吐周期生产数据。

影响水平井蒸汽吞吐周期产油量的潜在因素很多，包括地质因素、工程因素、生产管理因素等，根据油藏工程理论以及现场能够提供的数据初步选取 18 个与周期产油量相关的影响因素，包括吞吐周期、储层有效厚度、单井控制面积、原油黏度、水平井水平段长度、周期注汽量、周期注汽强度、周期注汽压力、周期焖井时间、周期注氮量、周期生产时间、累积注氮量(包含预测周期)、累积注汽量(包含预测周期)、累积产油量(不包含预测周期)、累积产水量(不包含预测周期)、累积产液量(不包含预测周期)、累积油汽比(不包含预测周期)、累积回采水率(不包含预测周期)。

2.2 相关分析确定水平井产量主控因素

相关分析就是研究两个变量之间的相关程度，其作用在于从所有的自变量中判断出哪些自变量对因变量的影响较大，从而确定主控自变量，舍去对因变量影响较小的自变量。

根据收集的研究区的 180 口井的 2906 个吞吐周期数据，每个周期包括上述 18 个影响因素数据，运用成熟的商业软件 SPSS，利用 Pearson 相关系数对各影响因素与周期产油量进行相关分析。计算的相关系数绝对值由大到小排序结果如表 1 所示。

表 1 各影响因素与周期产油量的相关分析结果

影响因素	与周期产油量的相关系数的绝对值	影响因素	与周期产油量的相关系数的绝对值
周期生产时间	0.629	累积注汽量(包含预测周期)	0.174
累积油汽比(不包含预测周期)	0.430	累积注氮量(包含预测周期)	0.170
周期注汽强度	0.238	原油黏度	0.130
周期注汽量	0.238	储层有效厚度	0.097
周期焖井时间	0.236	累积产水量(不包含预测周期)	0.081
吞吐周期	0.224	累积产液量(不包含预测周期)	0.077
水平井水平段长度	0.198	周期注汽压力	0.071
单井控制面积	0.196	累积回采水率(不包含预测周期)	0.065
周期注氮量	0.178	累积产油量(不包含预测周期)	0.001

根据影响因素与周期产油量的相关性分析结果，筛选出相关系数绝对值大于 0.1 的影响因素作为水平井周期产油量的主控因素，包括周期生产时间、累积油汽比(不包含预测周期)、周期注汽强度、周期注汽量、周期焖井时间、吞吐周期、水平井水平段长度、单井控制面积、周期注氮量、累积注汽量(包含预测周期)、累积注氮量(包含预测周期)、原油黏度 12 个主控因素。

2.3 样本数据主成分提取

主成分分析(Principal component analysis，PCA)是 Pearson 提出的一种基于降维思想的多元统计方法[10]。该方法将多个指标转化为少量相互独立且包含原始数据大部分信息的综合性指标[11]。通常把转化生成的综合指标称为主成分。

前面通过相关分析筛选出了 12 个周期产油量主控因素，但这些主控因素之间也存在着相关性，因此需要通过主成分分析消除它们之间的相关性，减少样本输入维度，简化模型结构，提高分析效率，一定程度上提高模型训练的速度和精度。

具体的对样本数据主成分提取步骤如下：

(1) 原始水平井蒸汽吞吐周期产量主控因素数据集矩阵可表示为：

$$X = (x_1, x_2, \cdots, x_{12})_{2906 \times 12} \tag{1}$$

式中 $x_1, x_2, \cdots, x_{12}$——筛选出的按相关系数由大到小排序的 12 个周期产量的主控因素。

(2) 对原始数据 X 进行标准化处理，消除指标间的量纲及数量级差异。

$$\begin{cases} \overline{X} = (\overline{x}_{ij})_{2906 \times 12} \\ \overline{x}_{ij} = \dfrac{x_{ij} - \mu_j}{\sigma_j}(i = 1, 2, \cdots, 2906, j = 1, 2, \cdots, 12) \end{cases} \tag{2}$$

式中 $\overline{X}$——原始数据集标准化之后的向量矩阵；

$\overline{x}_{ij}$——原始数据集标准化之后的向量矩阵中第 i 个样本对应的第 j 个因素；x_{ij} 原始数据集向量矩阵中第 i 个样本对应的第 j 个因素；

μ_j 和 σ_j——原始数据中第 j 个因素的均值与标准差。

(3) 计算各主控因素之间的相关系数矩阵 R(表 2)。

表 2　周期产油量主控因素相关系数矩阵

相关系数	x_1	x_2	x_3	x_4	x_5	x_6	x_7	x_8	x_9	x_{10}	x_{11}	x_{12}
x_1	1.000	0.254	0.111	0.111	0.100	0.118	0.018	0.119	0.128	-0.160	0.080	0.242
x_2	0.254	1.000	0.120	0.120	-0.006	0.238	-0.018	0.024	0.046	-0.268	0.058	0.170
x_3	0.111	0.120	1.000	1.000	0.285	0.108	0.334	0.353	0.335	-0.028	0.950	0.211
x_4	0.111	0.120	1.000	1.000	0.285	0.108	0.334	0.353	0.335	-0.028	0.950	0.211
x_5	0.100	-0.006	0.285	0.285	1.000	-0.119	-0.214	0.978	0.954	0.125	0.318	0.806
x_6	0.118	0.238	0.108	0.108	-0.119	1.000	0.055	-0.051	-0.059	-0.096	-0.197	0.054
x_7	0.018	-0.018	0.334	0.334	-0.214	0.055	1.000	-0.202	-0.111	-0.032	0.314	-0.272
x_8	0.119	0.024	0.353	0.353	0.978	-0.051	-0.202	1.000	0.963	0.096	0.366	0.825
x_9	0.128	0.046	0.335	0.335	0.954	-0.059	-0.111	0.963	1.000	0.096	0.352	0.789
x_{10}	-0.160	-0.268	-0.028	-0.028	0.125	-0.096	-0.032	0.096	0.096	1.000	-0.006	-0.027
x_{11}	0.080	0.058	0.950	0.950	0.318	-0.197	0.314	0.366	0.352	-0.006	1.000	0.195
x_{12}	0.242	0.170	0.211	0.211	0.806	0.054	-0.272	0.825	0.789	-0.027	0.195	1.000

(4) 计算相关系数矩阵 R 的特征值和特征向量，按照特征值大小对特征值进行降序排序，对应的特征向量组成矩阵 R_1，并计算出各主成分的方差贡献率和累计方差贡献率。主成分是以 R_1 中的元素为系数，以标准归一化之后的 $\overline{X} = (\overline{x}_1, \overline{x}_2, \cdots, \overline{x}_{12})$ 为基向量的线性组合，且各主成分之间互不相关。

令 $Y = \bar{X} \times R_1$，则可得到主成分变换之后的数据集，可用式(3)表示：

$$\begin{cases} Y_1 = -0.2454\bar{x}_1 + 0.0793\bar{x}_2 + 0.0374\bar{x}_3 - 0.0858\bar{x}_4 + 0.0157\bar{x}_5 + 0.0157\bar{x}_6 + \\ \quad 0.1136\bar{x}_7 - 0.1065\bar{x}_8 - 0.3174\bar{x}_9 - 0.2109\bar{x}_{10} + 0.8649\bar{x}_{11} - 0.0812\bar{x}_{12} \\ \qquad\qquad\qquad\qquad\qquad\qquad \vdots \\ Y_{12} = -0.0150\bar{x}_1 - 0.0036\bar{x}_2 - 0.7961\bar{x}_3 - 0.2455\bar{x}_4 + 0.3906\bar{x}_5 + 0.3906\bar{x}_6 + \\ \quad 0.0008\bar{x}_7 + 0.0031\bar{x}_8 + 0.0221\bar{x}_9 - 0.0044\bar{x}_{10} + 0.000007\bar{x}_{11} + 0.0075\bar{x}_{12} \end{cases} \quad (3)$$

(5)为了保证信息的完整性以及随机森林模型的训练精度，本文选取累计方差贡献率大于99%的成分作为主成分，因为前8个主成分的累积方差贡献率达到了99.49，可以反映原始数据的绝大数信息，如表3所示。令 $Y = (Y_1, Y_2, \cdots, Y_8)$，作为水平井蒸汽吞吐产量预测模型的数据集。

表3 方差累计贡献率大于99%的主成分

主成分	特征值	方差贡献率/%	方差累计贡献率/%
Y_1	4.46	37.13	37.13
Y_2	2.54	21.16	58.29
Y_3	1.62	13.51	71.80
Y_4	0.95	7.94	79.74
Y_5	0.82	6.80	86.54
Y_6	0.71	5.95	92.49
Y_7	0.63	5.27	97.76
Y_8	0.21	1.73	99.49

现以累积注氮量和累积注汽量两个主控因素为例查看数据预处理结果(图1)。从图1(b)中可以看出，经过标准化处理之后，数据的取值范围变小且趋于相同，平均值为0，方差为1；从图1(c)经过PCA提取之后，消除了累积注氮量和累积注汽量的相关关系。

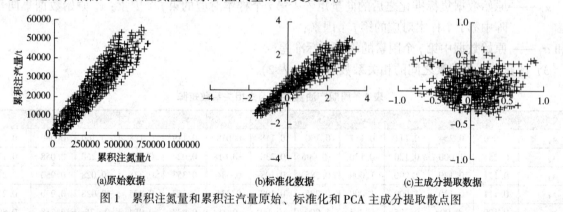

(a)原始数据　　　　　　(b)标准化数据　　　　　　(c)主成分提取数据

图1 累积注氮量和累积注汽量原始、标准化和PCA主成分提取散点图

2.4 随机森林产量预测模型的训练

随机森林[12](Random Forest, RF)是 Leo Breiman 于2001年提出的基于 Bagging 集成学习理论[13]与随机子空间方法[14]相结合的一种机器学习算法。RF 具有不易被噪声干扰、容噪能力强，能够很好地解决单个学习器性能提升的瓶颈问题以及过拟合问题，提升学习器的泛化能力[15]。将主成分提取之后的数据输入随机森林模型进行学习训练，随机森林对水平井蒸汽吞吐影响因素与产量进行回归，弥补单一决策树回归易收敛到局部最优解和过度拟合等缺陷[16]，可以很好地解决稠油油藏水平井蒸汽吞吐产量预测影响因素众多、模型泛化能力差的问题。

本文 PCA-RF 模型的编程是在 Python3.7.6 环境下，同时结合第三方机器学习库 scikit-learn 进行的。经过主成分提取之后的样本数据总共包含2906个吞吐周期，8个主成分的数据集，为了提高模型的泛化能力，随机从中选取80%的数据作为训练集对产量预测模型进行训练，选取20%的数据作为测试集对训练之后的模型进行测试。因此产量预测模型的训练输入数据为 $Y_{2334 \times 8}$，包括2324个吞吐周期的 8 个主成分数据集，输出数据为周期产油量。通过运用决定系数 R^2 对模型的训练精度进行衡量，决定系数可采用式(4)计算，决定系数越接近于 1，表明预测值与实际值之间的拟合程度越高，模型的训练精度越高，预测结果更可靠。

$$R^2 = 1 - \frac{\sum\limits_{i=1}^{m} (y_i - y'_i)^2}{\sum\limits_{i=1}^{m} (y_i - \bar{y})^2} \tag{4}$$

式中　y_i——实际周期产油量，t；

　　　y'_i——模型输出预测周期产油量，t；

　　　$\bar{y}$——所有输入样本实际周期产油量的平均值，t；

　　　m——训练样本个数。

在确定模型的输入数据、输出数据和评价指标后，还需要确定随机森林模型的决策树数量和最大树深度。这里采用网格搜索算法，以两个参数不同取值组合对应的模型决定系数 R^2 趋近于 1 且趋于稳定为原则，最终确定随机森林模型的决策树数量和最大树的深度，以提高模型的预测精度，并防止其过度拟合数据。图 2 绘制了决策树数量在 1 到 100 之间且最大树深度分别为 5、9、13、17、21、25 时的模型的决定系数 R^2 变化曲线。如图 2 所示，当最大树深度一定时，决策树数量大于 50 时，决定系数 R^2 几乎稳定；当决策树数量一定时，最大树深度大于 17 时，决定系数 R^2 几乎不变。因此，在 PCA-RF 组合模型中，决策树数量取 50，最大树深度取 17。

利用最佳模型参数对训练集进行学习训练，将模型预测的周期产油量与实际周期产油量的对比结果绘制于图 3 中，从图 3 中可以看到，周期产油量预测值与实际值呈现出典型的正相关关系，决定系数 R^2 达到 0.9618，说明预测值与实际值差距小，模型训练情况良好。

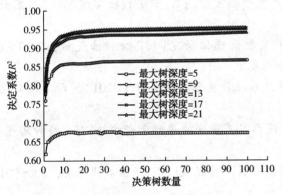

图 2　随机森林模型决定系数 R^2 与决策树
数量和最大树深度的关系

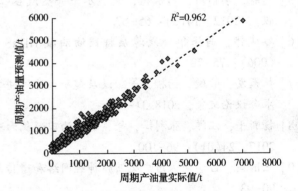

图 3　训练集周期产油量预
测值与实际值对比图

2.5　随机森林产量预测模型的预测

利用在最佳模型参数下训练得到随机森林产量预测模型对测试集(582 个样本数据)进行测试，将模型预测的周期产油量与实际周期产油量的对比结果绘制于图 4 中，从图 4 中可以看到，周期产油量预测值与实际值呈现出典型的正相关关系，决定系数 R^2 达到 0.96，说明预测值与实际值差距小，模型泛化能力强。测试集预测周期产油量与实际周期产油量的平均相对误差为 7.46%，满足工程计算的要求。因此，PCA-RF 稠油蒸汽吞吐周期产量预测模型可以用于矿场应用。

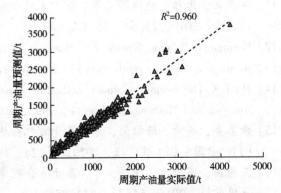

图 4　测试集周期产油量预测值与实际值对比图

3 结论

（1）利用相关分析确定了水平井周期产油量的 12 个主控因素，利用 PCA 对 12 个主控因素进行主成分提取，得到了保留原始数据 99.49% 的信息量的 8 个主成分，消除了主控因素之间的相关性；确定了随机森林模型决策树数量和最大树深度分别为 50 和 17，得到了 PCA-RF 水平井蒸汽吞吐周期产量预测模型。

（2）实例数据应用表明，本文提出的 PCA-RF 蒸汽吞吐产量预测模型可以利用已知的工程施工参数和历史生产指标参数较为准确地预测水平井蒸汽吞吐周期产油量，测试集预测值与实际值决定系数为 0.96，平均相对误差在 10% 以内，预测精度满足矿场要求。

（3）在目前产量预测模型的基础上，可以对蒸汽吞吐工程参数进行优化，指导生产方案的调整；还可以对现场原始资料进一步分析，筛选出更多周期产油量的影响因素，增加模型输入样本有价值的特征，可能会进一步提高模型的精度。

参考文献

[1] 石达友. 超稠油油藏水平井产量变化规律研究[D]. 青岛：中国石油大学，2009.

[2] 郑可，李凡华，胡春锋. 稠油油藏水平井产量递减规律分析[J]. 石油天然气学报，2009(5)：349-352.

[3] 成亚斌，李凡华，李健. 水平井递减规律分析[J]. 内蒙古石油化工，2009，035(004)：118-120.

[4] Z. Wu，S. Vasantharajan，P. V. Suryanarayana. Inflow Performance of a Cyclic Steam Stimulated Horizontal Well Under the Influence of Gravity Drainage[C]. SPE127518，2011.

[5] 周舰，李颖川，刘永辉，等. 水平井蒸汽吞吐产能预测模型[J]. 重庆科技学院学报（自然科学版），2012，14(3)：65-67.

[6] 谷建伟，冯保华. 浅薄层特稠油油藏 HDNS 开采数值模拟研究[J]. 特种油气藏，2013，020(006)：75-79.

[7] 杜殿发，管璇，杨柳，等. 浅层超稠油水平井蒸汽吞吐产量预测模型[C]. 2018 国际石油石化技术会议论文集，2018. 31-38.

[8] 杨新平，汪洋，张利锋，等. 新疆油田超稠油蒸汽吞吐产量递减率预测新方法[J]. 特种油气藏，2017，24(01)：96-100.

[9] 王国昌，吕学菊. 用广义回归神经网络和遗传算法分析产量递减[J]. 新疆石油地质，2006(01)：90-93.

[10] Pearson K. Principal components analysis[J]. The Lon-don，Edinburgh and Dublin Philosophical Magazine and Journal，1901，6(2)：566.

[11] 李夕兵，朱玮，刘伟军，等. 基于主成分分析法与 RBF 神经网络的岩体可爆性研究[J]. 黄金科学技术，2016，23(6)：58-63.

[12] Breiman L. Random forests[J]. Machine Learning，2001，45(1)，5-32.

[13] Breiman L. Bagging predictors[J]. Machine Learning，1996，24(2)：123-140.

[14] Ho T K. The random subspace method for constructing decision forests[J]. IEEE Transactions on Pattern Analysis and Machine Intelligence，1998，20(8)：832-844.

[15] 余嘉熹，李奇，陈维荣，等. 基于随机森林算法的大功率质子交换膜燃料电池系统故障分类方法[J]. 中国电机工程学报，2020，3(22)：1-9.

[16] 王茵茵，齐雁冰，陈洋，等. 基于多分辨率遥感数据与随机森林算法的土壤有机质预测研究[J]. 土壤学报，2016，53(2)：342-354.